“一带一路”煤炭资源专题图书

海外煤炭资源开发前景研究

下　　册

张智明　苏新旭　等　编著

煤 炭 工 业 出 版 社

·北　　京·

全书目录

上册

下册

第七篇

美利坚合众国
United States of America

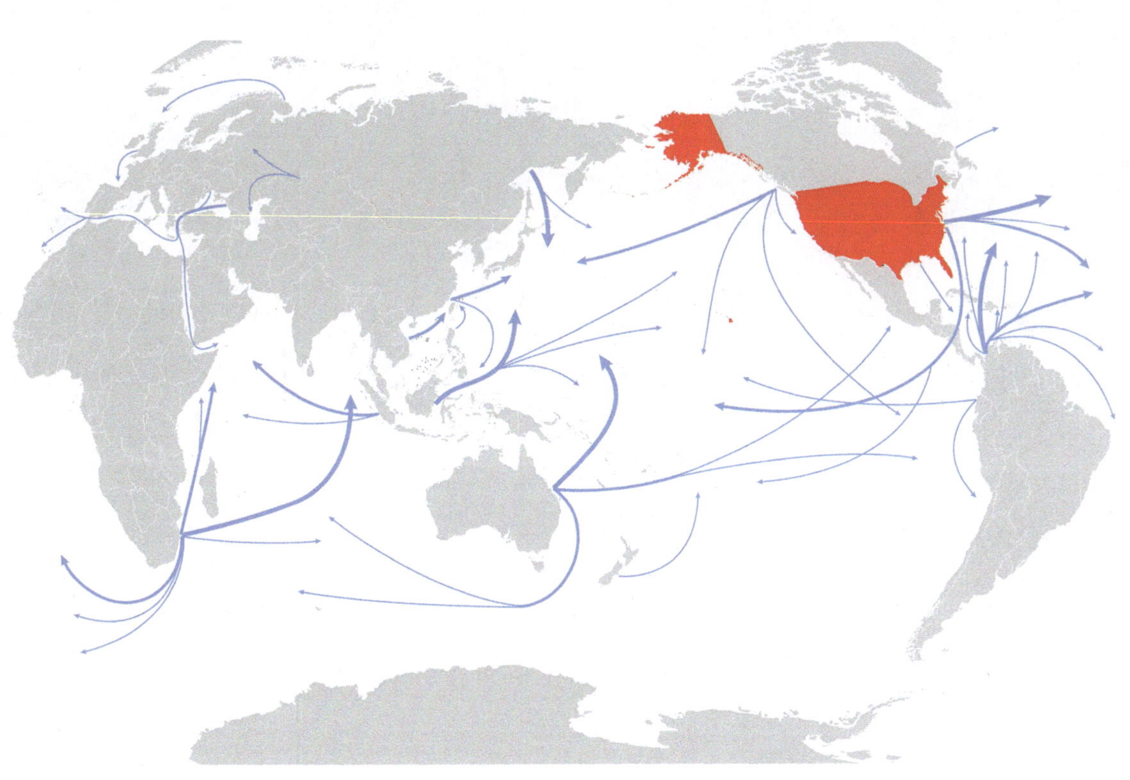

主　编　苏新旭

副主编　张智明　陆伯炎　梁富康　宁　静　杨建国

编　写　苏新旭　陆伯炎　梁富康　宁　静　杨建国　刘科明
　　　　舒晓霞　董大啸　彭北桦　岳　洋　吴　超　王雁刚
　　　　苏　洁　黄　曼　李　千　周　密　张　贺　张　帅

第七篇 美利坚合众国

目　　录

第一章 投资环境分析

第一节 概 述

一、基本国情

美利坚合众国（United States of America）简称美国，位于北美洲中部，与加拿大接壤，南靠墨西哥湾，西临太平洋，东濒大西洋，领土包括北美洲西北部的阿拉斯加和太平洋中部的夏威夷群岛等，海岸线2268 km，国土面积936.4 万 km^2，为世界第四大国。

人口为3.24 亿（2016 年数据），是世界第三大人口大国，白人占80%，其余分别为非洲裔、亚裔等。人口比较密集的州包括新泽西、罗德岛、马萨诸塞、康涅迪格和马里兰等州。首都华盛顿哥伦比亚特区（Washington D. C.），城市人口60.17 万，都会区人口558 万。宗教方面，51.3% 的居民信奉新教，23.9% 的居民信奉天主教，其余宗教还包括摩门教、犹太教、佛教和伊斯兰教。美国宪法没有规定官方语言，通用英语。有31 个州立法规定英语为官方语言，南部部分州将英语和西班牙语作为工作语言。总统贝拉克·侯赛因·奥巴马二世（Barack Hussein Obama II）于2009 年1 月就任，任期4 年，并于2013 年1 月获得连任。

二、自然地理和气候特征

美国自然景观丰富，从佛罗里达温暖的海滩到阿拉斯加寒冷的北国地带；从中西部平坦广阔的大草原到终年为冰雪覆盖的洛矶山脉，其中享誉全球的是壮观的大峡谷、宽广的密西西比河，以及声如雷鸣的尼加拉大瀑布。美国陆地（阿巴拉契山除外）可以分为7 个主要地区：阿巴拉契山区、沿岸低地、中部平原区、奥沙克山区、洛矶山脉、西部草原及盆地和太平洋海岸低地。

美国由东向西可分为5 个地理区。①东南部沿岸平原，分为大西洋沿岸平原和墨西哥沿岸平原两部分。这一地带海拔在200 m 以下，多数由河川冲积而成，特别是密西西比河三角洲，是世界上最大的三角洲，土色黝黑，土壤肥沃。河口附近有一些沼泽地。位于这一地理区的佛罗里达半岛是美国最大的半岛。②阿巴拉契亚山脉，位于大西洋沿岸平原西侧，基本与海岸平行，长2300 多千米，一般海拔1000 ~ 1500 m，由数条平行山脉组成。③内地平原，呈倒三角形，北起漫长的美国与加拿大边界，南达大西洋沿岸平原的格兰德河一带。④西部山系，由西部两条山脉所组成，东边为洛矶山脉，西边为内华达山脉和喀斯喀特山脉，乃造山运动后的产物。内华达山脉的惠特尼峰海拔4418 m，为美国大陆最高点，喀斯喀特山脉的雷尼尔山海拔4392 m，仅次于惠特尼峰。⑤西部山间高原，由科罗拉多高原、怀俄明高原、哥伦比亚高原与大峡谷组成，为美国西部地质构造最复杂的地区。大峡谷位于亚利桑那州西北部，由一系列迂回曲折、错综复杂的山峡和深谷组成，气势雄伟，岩壁陡峭，为世界上罕见的自然景观。

美国河流湖泊众多，水系复杂，从总体上可分为三大水系。①凡位于洛矶山以东，注入大西洋的河流都称为大西洋水系，主要有密西西比河、康乃迪克河和哈得森河。其中密西西比河全长6021 km，居世界第三位。②凡注入太平洋的河流称太平洋水系，主要有科罗拉多河、哥伦比亚河、育空河等。③北美洲中东部的大湖群，包括苏必略湖、密歇根湖、休伦湖、伊利湖和安大略湖，总面积24.5 万 km^2，为世界最大的淡水水域，素有“北美地中海”之称，其中密歇根湖属美国，其余四湖为美国和加拿大共有。苏必略湖为世界最大的淡水湖，面积仅次于里海而居世界第二位。

由于幅员辽阔和众多的地理特征，美国几乎有着世界上所有的气候类型。东北部沿海和五大湖区属“大陆性温带阔叶林气候”（温带大陆性湿润气候），受拉布拉多寒流和南下冷空气影响，冬季较冷，夏季较温和，多雨雪，年平均降雨量1000 mm左右。东南部和墨西哥湾沿岸属于“亚热带森林气候”（副热带湿润气候），受墨西哥湾暖流影响，温暖湿润，年降雨量2000 mm以上，墨西哥湾沿岸1月平均气温11℃，7月份28℃。中部平原寒暖气流均可长驱直入，夏季炎热，冬季寒冷多雪。西部内陆高原冬季干燥寒冷，夏季干燥炎热，年降雨量500 mm以下。西部太平洋沿岸南段属“亚热带地中海型气候”，北段属“温带海洋性气候”。

美国农业、矿产和森林资源丰富，在世界上占有举足轻重的地位。耕地、牧地约4.3亿ha，占全球农业用地10%左右。美国耕地面积占全国土地面积的18.01%。农业自然条件得天独厚，土壤肥沃，雨量充沛，加上现代化的生产手段，使得美国粮食产量约占世界总产量的1/5，主要农畜产品如小麦、玉米、大豆、棉花、肉类等产量均居世界第一位。铁、铜、铅、锌、镍、煤、石油、天然气以及硫黄、磷酸盐、钾盐等矿物储量位居世界前列，钼、钒、钨、金、银、铀、硼等矿藏也在世界储量中占较大比重，但钛、锰、锡、钴、铬等矿产主要依赖进口。美国许多矿产资源具有埋藏浅、分布集中、开采条件较好的特点。2012年底（据BP，2013），美国煤炭探明储量近2372亿t，占全球总储量的27.6%，居世界首位。根据BP的统计，截至2015年底，美国的煤炭探明储量为2372.95亿t，占全球的26.6%，储产比为292。其中，无烟煤和烟煤为1085亿t，次烟煤和褐煤为1288亿t（次烟煤，是一种变质程度介于烟煤与褐煤之间的煤炭，主要用作电煤，次烟煤的发热量为4614～6393 kcal/kg，内部含水量一般为15%～30%，没有结焦性）。按照煤的挥发分及黏结性，美国将煤炭分类为无烟煤、烟煤、次烟煤和褐煤。其中，无烟煤分为超无烟煤、无烟煤、次无烟煤；烟煤分为低挥发份烟煤、中挥发分烟煤、高挥发分A烟煤、高挥发分B烟煤、高挥发分C烟煤；次烟煤分为A次烟煤、B次烟煤、C次烟煤；褐煤分为A褐煤和B褐煤。

有色金属矿以铜、铅、锌、金矿为主，部分是三者共生矿，2011年，铜矿探明储量3.5亿t，铅矿探明储量6.1亿t，均居世界第五位（据Mineral Commodity Summaries，2012）。截至2012年底（BP，2013），美国已探明石油储量350亿桶，居世界第11位；已探明天然气储量8.5万亿m^3，居世界第5位。美国林业资源比较丰富。北有阿拉斯加的寒带林，大陆本土有广阔的温带林，在波多黎各和夏威夷还有繁茂的热带林。全美共有6.5亿ha的森林和草地，其中森林约占一半，约3亿ha，森林覆盖率达33%。林地面积仅次于加拿大和巴西，居全球第3位。主要树种有美洲松、黄松、白松和橡树类。

第二节 政治经济环境

一、政治状况

（一）政治沿革

在地理大发现之前，北美大陆上长期生活着印第安人等美洲原住民。15世纪后，欧洲开始向北美地区移民。17世纪初，英国许多为躲避宗教迫害的清教徒前往北美大陆。1620年，清教徒乘坐“五月花号”到北美并在船上制定《五月花号公约》，约定组织公民团体，这一公约为后来北美建立自治政府奠定了社会契约的基础。

从1607年到1733年，英国殖民者先后在北美洲大西洋沿岸东岸建立了13个殖民地，这些地区后来成为美国建国初期的13个州。18世纪中叶，英属北美殖民地与英国之间出现裂痕。随着殖民地的不断扩张和启蒙运动的逐渐兴盛，北美十三州萌生了脱离英国的独立意识。1773年，波士顿发生倾茶事件，反英斗争逐渐升温。1775年北美独立战争爆发。1776年5月，北美十三州代表在费城召开第二次大陆会议，于7月4日签署著名的《独立宣言》，7月4日后被定为美国国庆日。美国于1787年颁布宪法，实行总统制，将国家结构形式确定为联邦制，在世界上首次建立了立法、司法和行政三权分立体制。

建国后，美国继续向西扩张，到19世纪中期，其领土已扩展到太平洋沿岸。在国家发展过程中，原有的奴隶制等矛盾逐渐积累，最终在1861—1865年爆发了南北战争。战争以工商业资本为主的北部各州击败了以种植园农业为主的南部各州而告终，美国最终完成了统一并且废除了奴隶制，国内生产力得到了进一步解放。经过长期的国内建设以及第二次工业革命的洗礼，美国迅速成为世界经济大国，并在两次世界大战后一跃成为超级大国。

根据美国《独立宣言》和1787年宪法，美国实行总统制共和制，国家结构形式为联邦制，确立立法、行政和司法三权分立制度。作为历史最悠久的立宪共和国，美国在政治架构、分权制衡、民主化和行政效率等方面在世界上依然保持领先地位。

（二）地缘政治与外交政策

美国的地缘优势十分明显，其领土横跨北美中部地区，东西临近两大洋，南北仅与加拿大和墨西哥相邻，边界明确，邻国少且实力比美国弱。历史上除珍珠港事件和“9・11”事件中本土遭到袭击外，美国本土并未受到他国的直接入侵。广阔的领土、丰富的资源、良好的气候以及优越的地理优势使得美国政治稳定、经济发展良好，迅速成为世界强国，并成为世界上唯一的超级大国。

美国历届政府上台后便会提出其对外政策。奥巴马政府上台后在亚太地区推行“再平衡”战略，巩固与传统盟友关系，提升与新兴大国关系，推动建设“多伙伴世界”。在欧洲方面，继续巩固北约与北美—欧洲自贸区建设。在非洲继续加强资金投入，推广民主和人权价值观。在地区政策中，美国加大对亚太投入，促进中东国家“民主转型”，保持跨大西洋关系稳定。继续从阿富汗撤军，推进防止核扩散。大力实施“出口倍增”计划，开展经济外交，拓展全球市场，应对美国金融危机和欧洲债务危机对经济的冲击。

民主党和共和党在伊朗核协议、对华贸易战、美俄关系、亚太再平衡、是否传播美国认定的“普世价值”等具体议题上的主张有所不同，党派政治斗争僵持状态将会持续，但是美国总体政治体制稳定性强，政局整体稳定。

（三）双边关系

美国作为世界上唯一的超级大国，是世界上维持最庞大外交队伍的国家之一，其利益分布在全世界各地。在对外关系中，同欧洲的关系是其传统外交方向，也是重点方向。拉美地区是其传统势力范围，也是美国培植亲美势力的重点地区。伴随着亚太、非洲和中东等地新兴市场国家的逐步崛起，美国也不断加强对这一地区的投入。

1. 美国同俄罗斯及中亚国家的关系

美国曾长期将苏联看作是战略对手。苏联解体后，美国加强同原苏联加盟共和国的关系。同时，美国同俄罗斯的关系也在曲折中向前发展。奥巴马政府上台后，调整同俄罗斯的关系，就核安全、核问题和地区热点不断加强合作。2012年11月16日，美国国会众议院通过法案给予俄罗斯“永久正常贸易关系”地位。美国和俄罗斯在防止核扩散、朝核问题、中东及北非地区冲突等重大国际问题上保持合作与对话。2014年以美国为首的西方国家围绕乌克兰问题对俄罗斯实行制裁措施，在叙利亚问题上两国也存在分歧，美俄关系出现紧张，但合作与对话还是这两个大国的首选。

美国政府重视发展对中亚关系，发展同中亚的关系不仅是美国推进中亚“民主化”的重要步骤，也是美国稳固其在阿富汗地位的重要保障。美国领导人多次访问中亚国家，都是为了加强同中亚国家的合作，是与俄罗斯争夺地缘优势的表现。同时，美国国务院通过非政府组织和民间机构向中亚国家的自由组织提供资金及培训，鼓励该地区的“颜色革命”，培养亲美政府，排挤俄罗斯影响。如吉尔吉斯斯坦爆发的“郁金香革命”和格鲁吉亚的“玫瑰花革命”等。美国在中亚的战略利益，包括安全、能源和内部改革3个方面：第一，打击恐怖主义和防止伊斯兰宗教极端主义势力的泛起；第二，支持政治和经济改革，推进民主化；第三，中亚丰富的能源资源和巨大的开发潜力意味着美国能源资本可以从这个地区的投资中获取丰厚的利润回报。

2. 美国同拉丁美洲国家的关系

拉丁美洲被美国认为是其传统势力范围，被称为美国的“后院”，在历史上便同美国建立起紧密的关系。现阶段，哥伦比亚、巴拿马和智利等国与美国保持紧密的同盟关系，美国在这些地区还设有军事基地，美国也是这些地区外来资本的重要来源地。虽然有左翼政府如委内瑞拉、古巴、玻利维亚等出现，但美国与拉美国家的关系依然十分密切，委内瑞拉是美国石油重要来源地之一。奥巴马政府上台后十分重视改善美拉关系，2012年2月18—20日，国务卿克林顿访问墨西哥。在对拉美政策上，美国逐步解除对古巴的封锁，积极参与美洲国家组织会议，与新兴市场国家如巴西、墨西哥等加强政治、经济、文化的联系。近年来，拉美区域内政治经济合作和对话机制的建立，为拉美国家独立创造了条件，拉美国家对美国的依赖程度正在降低。美国也在努力改善与拉美国家的关系，调整对古巴的政策，2014年美古两国领导人宣布对重新建立外交关系进行磋商，美古关系开始正常化。

3. 美国同非洲国家的关系

非洲拥有丰富的石油资源，逐渐成为全球石油供应链的重要一环。近年来，美国为确保能源安全，在非洲开展了大量外交、军事和经济活动。美国是世界上消费石油最多的国家，非洲蕴藏丰富的石油资源，是美国全球石油战略中的一个不可或缺的石油供应地。石油安全战略是美国维护其国家利益的一项重要战略，美国历届政府都非常重视石油外交，美国运用政治、经济、军事等手段推行的石油外交取得了一定的成效。

“9·11”事件后，美国加紧调整对外政策，重新确认非洲的战略价值，将其作为美国全球战略的一个支撑点。奥巴马政府上台后继续加强对非外交。2012年6月14日，白宫发布《美国对撒哈拉以南非洲的战略》报告，提出美国对非洲战略四大支柱，即巩固民主制度、促进经济增长和贸易投资、维护和平与安全及创造机遇和促进发展。美国不断提供资金推广民主建设与市场经济，以稳定非洲政治局势为重要外交目标，进而巩固美国在非的力量存在，保证美国从非洲能够得到稳定连续的能源供应。

4. 美国同日本、韩国的关系

美国同日本在战后保持长期的政治军事同盟关系。双方同为八国集团和二十国集团国家，在各领域都有着紧密的合作。而且美国在日本本土和冲绳地区都驻有大量海陆空部队，两国建立了紧密的政治、经济、军事联系，《日美安保体系》是美国在西太平洋安全体系的基石。2011年日本发生特大地震、海啸和核泄漏之后，美国对日本救灾提供支援，帮助日本灾后重建。2012年，美国、日本、澳大利亚首次进行联合军演。在2016年美国大选期间，日本首相安倍晋三表示：无论谁当选美国总统，日本都将进一步加强与美国的关系。

美国同韩国在第二次世界大战之后特别是朝鲜战争中结成的战略同盟关系一直持续至今。美国的军事存在一直被韩国视为朝鲜半岛安定和平的重要基石。双方还在政治、经济等领域展开了密切的合作。2011年10月12日，美国国会批准《美韩自贸协定》，2012年3月15日，该条约正式生效。2012年12月，朴槿惠当选新任韩国总统，美国表示将在同新政府的交往中继续强化美韩同盟。2015年，韩国领导人在美国访问时提出，韩国正式申请加入美国主导的“经济北约”TPP，希望美国施压逼迫朝鲜停止核开发和导弹试验，并再次提出强化韩美同盟关系，与美国探讨朝鲜半岛作战指挥权移交协议。

5. 美国同东盟的关系

美国长期以来同东南亚国家存在政治和军事合作，菲律宾和泰国为美国的军事盟友。奥巴马政府上台后调整对亚太战略部署，进一步加大对东盟的关注和投入，从政治、经济和军事等方面加强与东南亚国家关系，同多个国家展开多次军事演习。而为了加强同东盟的关系，2011年4月26日，美国任命了首位美国驻东盟大使。同时，美国加强与缅甸新政府的对话，与越南就双边政治、安全与防务磋商，与菲律宾就地区热点问题加强合作，向其提供军事援助和军事训练。2016年，美国－东盟领导人会议发表联合声明，重申双方未来合作的17项原则，对双方关系的进一步发展具有重大意义。

6. 美国同南亚国家的关系

美国历届政府十分重视同南亚特别是同印度和巴基斯坦的关系，印度和巴基斯坦均是美国重要的合作伙伴。奥巴马政府上台后继续稳定发展与印度关系，扩大美印在军事、民用核能等方面的合作。美国在阿富汗反恐战争中与巴基斯坦关系起伏较大，目前进入调整阶段。美国在发展与印巴关系的同时，还加强与孟加拉国和尼泊尔等国的关系。

7. 美国与中东国家的关系

中东和平进程困难重重。美国坚持以两国方案解决以色列和巴勒斯坦冲突，与以色列政府关系不和睦。美国2011年撤军伊拉克，伊拉克境内极端组织“伊斯兰国”肆虐。2014年美国进军叙利亚，对叙利亚和伊拉克实行空中打击。奥巴马承诺从阿富汗撤军，但由于阿富汗政治形势动荡，美政府减缓撤军。总体来看，中东政局动荡不安，美国与中东各国存在复杂的经济政治利益关系。

8. 美国与中国的关系

中美关系最早可以追溯到清朝时期。1784 年美国商船到达中国，这一年被认为是两国关系的开始。1844 年，中美签署不平等条约《望厦条约》。1862 年，美国在北京设立驻华公使馆。1878 年，大清国在美国华盛顿设立驻美公使馆。这一时期，大量华工前往美国工作，美国也成为中国首批官派留学生的目的地。

1912 年中华民国建立，两国于 1913 年 5 月建交。1928 年美国与南京国民政府签订《中美关税新约》，标志美国正式承认南京国民政府为中国的合法政府。第二次世界大战期间，美国作为同盟国大力支持中国抗战，在规划战后国际秩序中积极支持中国成为联合国常任理事国。第二次世界大战结束后，美国支持国民党政府进行“内战”。

新中国成立后，美国对新中国采取外交上不承认、经济上禁运与封锁和军事上威胁的政策。朝鲜战争中更使双边关系跌入谷底，政府与民间往来基本中断。1971 年美国国家安全顾问亨利·基辛格秘密访华。1972 年 2 月，美国总统尼克松访华，双方发表《上海公报》，两国关系开始松动。1979 年 1 月 1 日双方正式发表《中美建交公报》，两国正式建立外交关系，同年 1 月，邓小平副总理访美，开启两国高层互访交流，中美关系进入“蜜月期”。

20 世纪 80 年代末 90 年代初，国内外形势的变化，以美国为首的西方国家宣布对华经济制裁，中美关系再度下滑。在东欧剧变、苏联解体、1996 年台海导弹危机、1999 年中国驻南使馆遭到轰炸、银河号事件和 2001 年南海撞机等一系列事件后，双边关系持续恶化，两国关系跌入冰点，中美关系进入了低谷期。

“9·11”事件后，中美关系本质上发生变化。中国公开强烈支持打击恐怖主义，在联合国安理会投票支持安理会第 1373 号决议，支持美国等联军对阿富汗的军事打击。中美开展了反恐方面的双边对话。两国关系不断提升。特别是近几年，两国关系持续提升，各领域往来频繁。2005 年，美国提出两国是“利益相关的参与者（Stakeholder）”的论点，着重强调双方的可合作性。2011 年发表《中美联合声明》，确认中美双方将共同努力，建设互相尊重、互利共赢的中美合作伙伴关系。这是中美双方对中美关系的最新定位和表述。

2013 年习近平主席在美国加州“庄园外交”中提出建设“中美新型大国关系”，以进一步推动中美关系稳定健康发展。2015 年 9 月习近平主席对美国进行国事访问，进一步促进中美关系发展。在双方的共同努力下，中美同意继续努力构建基于相互尊重、合作共赢的新型大国关系，在网络安全和两军关系上实现新突破，在气候变化、经贸、人文和反腐执法等领域扩大合作。但是两国关系中战略竞争性要素并未减少，甚至呈现出上升的趋势。目前，中美两国关系中存在人权、知识产权、人民币汇率等一系列问题，但双方共同的利益远远大于彼此的分歧。中美双方在政治、经济、文化和教育等各领域都展开了密切的合作。

（四）政治环境分析

美国曾为英国殖民地，独立后通过兼并、扩张、购买和战争等手段迅速扩大领土，并在两次世界大战后成为超级大国。美国建立了较为完善的国家政治制度和法律体系，长期保持了国内政局的稳定和社会的良好秩序，周边环境整体较好。虽然每年有拉美等裔人员通过非法渠道偷渡到美国，但没有对美国政治和社会产生较大冲击，美国仍为最发达的经济体和吸收外国投资最多的国家。

1. 政治制度稳定，议会政治特点明显

美国实行三权分立制度，并且通过宪法明确地划分了各政治机构的职权与责任，使得美国形成了完善且运转高效的立法、司法和行政体系，形成了以共和党和民主党为主要政党的两党制。在建国两百多年的历史中，美国的政治体制始终保持稳定运转，各机构有序运行，成为世界上少数的政治体制持续稳定的国家。

在美国三权分立的政治体制架构中，国会居于其政治体制的核心地位，国会政治对于立法过程、政府行为及公共政策都有着十分重要的影响。美国国会议员与国会运作制度是解读美国国会政治的两个重要切入点。从国会的运作角度来看，国会本身是一个利益各方进行博弈的场所，利益各方通过游说议员向国会提交议案、进行辩论，进而形成法案。美国国会往往成为不同利益集团之间竞相进行政治游说的场所。国会具有政治交易市场的特性，而作为政治产出的需求方，各利益集团常通过游说等方式争取国会支持或者阻止某些法案的通过，或向政府施加压力以影响政府的公共政策制定。

从美国国会议员的角度来看，议员的政治行为对于国会议题的设置和运作有着重要作用。从国会议员政治行为的驱动机制来看，其在国会中的政治活动主要考虑的是局部利益，包括个人当选的利益驱动、选区的利益以及同个人或选区有关利益集团的利益。国会议员的当选有赖于选举，选民的选票和利益集团的支持是其当选的重要条件，因而美国国会议员具有较强的意识形态情结，考虑更多的是自己在党派争斗中的立场。

国会议员通常在某些利益集团的游说下，或者由于其固有的对某国的敌视，对来自该国的投资提出限制或者加强安全审查的议案，议员的议案往往能够引起媒体和舆论的广泛关注，使得一些并不真正涉及国家安全的外国投资方案在民意或者政治压力之下被否决。

2. 联邦政府对待外资态度中立，各州政府吸引外资意愿较强

美国的外资政策应从两个层次上来理解：一是联邦政府的外资政策，即联邦政府直接对外国企业颁布实行的政策。二是美国州和地方一级政府的外资政策。传统上看，美国联邦政府对外国直接投资实行中立政策，即联邦政府既不反对、歧视外国资本流入美国，也不以任何方式对外资进入美国实行倾斜和优惠政策，外国企业与美国企业享有同等权利。

在美国州和地方一级的外资政策上，各州和地方政府拥有自己的立法、行政和司法的权利。州和地方政府的外资政策也是美国外资政策的一个重要组成部分。近年来，州和地方政府外资政策在美国整个外资政策中所占分量有明显提高的趋势。对许多外国投资者来说，州和地方政府的外资政策会成为其考虑对美投资的决定性因素。长期以来，美国大多数州和地方政府普遍认为引进外国资本有利于本地区经济发展和创造就业。目前，联邦政府许多旨在促进地方经济发展的计划因联邦预算困难而被搁置或被取消，州和地方政府只能依靠自己的力量来应付各种困难。在这种情况下，吸引外国投资自然就成为许多州和地方政府经济发展战略的重要组成部分。

3. 外国投资面临政府审查，泛政治化倾向明显

美国外资投资委员会（CFIUS）的职责是对可能影响美国国家安全的外商投资交易进行审查。该委员会由美国财政部长担任委员会主席，其他主要代表来自国防部、国务院和国土安全部等 9 个政府机构。美国国会近年来在外资审查方面不断强化对国家安全审查的监督，使得美国的外资安全审查制度不断复杂。迪拜港口世界收购美国港口事件促使布什政府于 2007 年 7 月 26 日签署了《外商投资与国家安全法案》。这一法案是对《埃克森——佛罗里奥修正案》的进一步修订，它在对外资安全审查方面特别扩充了国家安全的审查内容和范围，从而进一步在“国家安全”的大旗下构筑起了针对外国直接投资的准入壁垒。

近年来，赴美投资的中国企业也遇到了外资投资委员会的阻碍。中海油、三一重工和华为的投资先后被否决。外资投资委员会审查的核心标准在于对“控制”与“国家安全”的认定上，而这种认定受到国会议员及游说团体的影响。议员可能会基于其代表的利益集团的立场提出带有政治色彩的议题，干预外资的进入，进一步加深了经济问题的泛政治化。外资投资安全审查委员会所进行的审查已不简单是经济问题，而开始越来越带有一定政治意义。

4. 法律法规体系健全，法制观念深入人心

美国法治的基础是其作为由移民社区组成的联邦制国家，在社区法治的基础上，形成了由社区法治到州法治，再至国家法治的独特的法治模式。在两百多年的发展中，美国逐步形成了完善的法律体系，在各个领域形成了依法治理的模式。同时，由于联邦国家的特点，美国各州可以根据各自的实际情况设立相关法律法规，使得同一事实在不同州之间的法律标准存在一定差异。

美国被称为是世界上“最擅长打官司”的国家，律师、法律会伴随美国人的一生。在此所形成的法制观念、契约精神等成为美国的立国理念，也是美国人在商务合作中十分重视的部分。

5. 公民环保意识较强，环保制度建设完善

美国是世界上最早建立环评制度的国家之一，早在 1969 年就颁布了《国家环境政策法》。该法规定对可能影响环境的活动和项目要进行环境影响评价，凡属联邦政府执行的活动和项目以及由联邦政府补助、担保或核准的活动和项目，由联邦政府有关部门负责对环境影响评价的审批和监督。

美国环境评估制度非常重视公众参与。《国家环境政策法》不仅规定联邦政府的所有机构的立法建议和其他重大联邦行动建议在决策前都要进行环境影响评价，编制环境影响评价报告书，而且还要征求公众意见，进行公众评议。

依据联邦法律，美国大部分州、市制定了较联邦法更为严格的环境质量法，规定凡州或地方政府拟定的项目以及需要州或地方政府核准的私人项目都要进行环境影响评价，特别是要进行有可能会带来环境问题的商业项目时，必须进行严格的环境评估，并将相关情况向政府部门与公众通报。

6. 中美合作领域不断拓展，双边交流深度日益增强

中美经贸关系是中美关系的重要组成部分。作为世界上最大的发展中国家和最大的发达国家，中美两国在人力资源、市场、资金和技术等方面具有很强的互补性，双边经贸关系的稳定健康发展符合两国的长远利益。近年来，中国企业在美投资发展迅速，规模不断扩大，领域逐渐拓宽。中国对美投资主要集中在制造、批发零售、商务服务以及能源等行业。

目前，中美两国在经贸合作方面取得了重大进展。中国赴美投资和上市的企业也日益增多，但中国在美投资的比重仍然较小，合作的主要部分仍为贸易合作。近几年的中美战略与经济对话也在不断为双方的企业展开投资类活动搭建平台。习近平主席访美时不断强调要建立“新型大国关系”，密切两国多领域的合作。在当下中国经济不断成长的大环境下，中美之间的战略合作将会越来越密切，两国多领域交流将日益频繁。

二、经济运行状况

世界经济论坛《2016—2017 年全球竞争力报告》显示，美国在全球 148 个国家中排名第 3 位，与上年度持平。世界银行《2016 全球营商环境报告》显示，美国在 189 个国家中排名第 7 位，与上年度持平。

（一）产业结构

美国具有典型的发达国家产业结构，无论是对国民经济的贡献，还是提供就业人数方面，服务业都在国民经济中均占据主导地位，工业次之，农业占比最小。

美国为全球最大的农业出口国之一，农产品主要包括玉米、小麦、糖和烟草，中西部大平原地区惊人的农业产量使其被誉为“世界粮仓”。美国虽然拥有丰富的矿产资源，包括黄金、石油和铀，但许多能源的供应都依赖于外国进口，近年来，随着美国国内页岩气产业的发展与其能源战略的调整，美国对进口能源的依赖开始逐渐降低。美国的服务业，特别是金融业、航运业、保险业以及商业服务业占国内生产总值较大比重，全国 3/4 的劳动力从事服务业。

从产业的地区分布来看，各地区的经济活动重心不一。例如纽约是金融、航运、出版、广播和广告等行业的中心，也是世界名列前茅的经济中心；洛杉矶是唱片、电影和电视节目制作中心，也是北美洲西岸以至亚太区的经济中心；旧金山湾区和太平洋沿岸西北地区是技术开发中心；硅谷更是全球高科技和科研中心。美国中西部是重工业中心，但近年来，美国重工业发展遭遇衰落，2014 年，美国最大的汽车产业城市底特律申请破产。芝加哥是该地区的金融和商业中心，东南部以医药研究、旅游业和建造业为主要产业。

2015 年美国产业结构如图 7－1－1 所示。

1. 农业

美国耕地面积占全国土地面积的 18.0%，发展农业的自然条件得天独厚。粮食产量约占世界总产量的 1/5，是农产品净出口国。主要农产品如玉米、小麦、棉花和大豆等产量均居世界首位。美国农业高度发达，机械化、自动化、电气化和商品化程度高，农业基础设施发达，生产率高，注重科技化的产业升级和健全社会化农业服务体系，建立起地区专业化的农业格局。

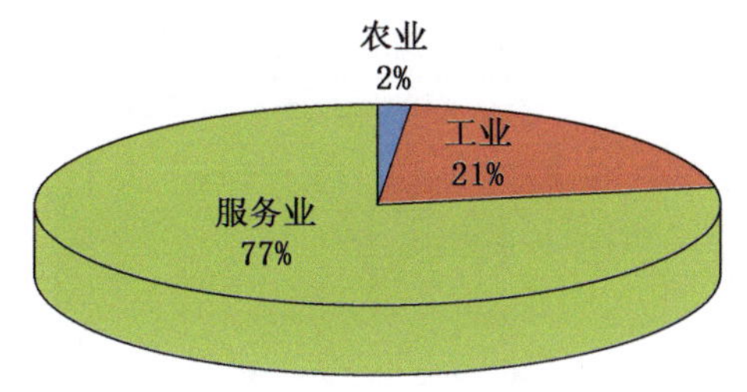

图 7－1－1　2015 年美国产业结构
（CIA The World Factbook）

农业一直以来是美国政府重点保护和扶持的产业。政府为农业提供农业信贷和农业保险，通过税收优惠和各种补贴减轻农民负担，对农业生产要素提供补助，推动农业科研和技术普及，通过“直接收购”和“无追索权贷款”等提供价格收入支持政策。美国还拥有众多的农会及农业企业集团，在产业化经营上实力较强。近年来，尽管农业产值占国内生产总值比重较小，2005—2015年农业产值仅占国内生产总值的1%左右，但美国农业增长较稳定。

2. 工业

美国工业体系技术先进、门类齐全、体系完整，生产率高、实力雄厚，新兴部门和尖端技术发达。汽车、飞机制造、机床与精密仪器和造船业等最为发达，现代化水平较高。此外，采矿、冶金、化工、国防工业、微电子技术、激光技术、生物工程、信息技术、核能和新材料、生物工程和计算机技术等领域也处于世界领先地位。

由于产业升级等多方面原因，美国于20世纪80年代开始“去工业化”。“去工业化”造成的美国产业“空心化”问题在金融危机后突显，使美国经济增长缺乏必要动力，失业率持续攀升。

为平衡美国经济，迎来实体经济的回归，奥巴马政府近年来开始实施“再工业”计划。2010年8月11日政府颁布实施《美国制造业振兴法案》，旨在提振实体制造业，降低生产成本，创造更多就业岗位。2014年，美国工业生产增长率约为1.71%，占当年美国国内生产总值的20.7%。制造业出现了对外投资下降和税收利润上升趋势。工业生产增长率在缓慢减少，美国的“再工业化”战略正在生效，但效果在逐渐减弱。

3. 服务业

美国的服务贸易行业居世界领先地位，在国民经济中占有极其重要的位置，其中保险、计算机与信息、金融、个人文化与休闲、通信、建筑、交通运输、旅游版税和许可证等水平较高。2014年服务业占美国国内生产总值的78.0%。同时，美国还是目前全球最大的服务业进出口国和顺差国，其出口市场主要集中在日本、加拿大和墨西哥等国家。

服务业还是吸纳美国社会就业的主要渠道。据统计，各项服务行业就业人口约1.2亿，占总就业人口的79.1%，其中管理、专业和技术类领域就业人口占总就业人口的37.3%，销售等领域就业人口占24.2%，其他服务行业占17.6%。

（二）宏观经济现状

2011—2015年美国主要经济指标见表7-1-1。

表7-1-1 2011—2015年美国主要经济指标

指标 \ 年份	2011	2012	2013	2014	2015
总人口/人	3.12×10^8	3.14×10^8	3.16×10^8	3.18×10^8	3.21×10^8
人口年增长率/%	0.8	0.8	0.7	0.8	0.8
城镇人口百分比/%	80.9	81.1	81.3	81.4	81.6
国内生产总值（GDP）/美元	1.55×10^{13}	1.62×10^{13}	1.67×10^{13}	1.73×10^{13}	1.79×10^{13}
人均国内生产总值/美元	49781.7	51433.2	52660.4	54398.5	55836.8
实际国内生产总值增长率/%	3.7	2.2	1.5	2.4	2.4
通货膨胀率/%	3.2	2.1	1.5	1.6	0.1
失业人口比例/%	9.05	8.2	7.4	6.2	—
中央政府债务总额（现价本币）	1.40×10^{13}	1.52×10^{13}	1.61×10^{13}	1.69×10^{13}	—
中央政府债务总额占GDP比率/%	90.2	94.4	96.8	97.5	—
总储备（现价美元）	5.37×10^{11}	5.74×10^{11}	4.49×10^{11}	4.34×10^{11}	3.84×10^{11}
总储备可支付进口月数	2.0	2.1	1.6	1.5	1.4
商业服务出口额（现价美元）	6.06×10^{11}	6.34×10^{11}	6.79×10^{11}	7.23×10^{11}	7.31×10^{11}
商业服务进口额（现价美元）	4.04×10^{11}	4.24×10^{11}	4.36×10^{11}	4.57×10^{11}	4.67×10^{11}
实际有效汇率指数	95.1	98.0	99.1	101.2	113.8

表 7-1-1（续）

指标 \ 年份	2011	2012	2013	2014	2015
银行资本对资产的比率/%	12.2	12.0	11.8	11.7	11.8
银行不良贷款率/%	3.8	3.3	2.5	1.9	1.5
贷款利率/%	3.3	3.3	3.3	3.3	3.3
贷款的风险溢价/%	3.2	3.2	3.2	3.2	3.2
上市公司市值占 GDP 百分比/%	100.8	115.6	144.2	151.8	139.7

数据来源：世界银行数据库

美国是世界第一经济强国，其国内生产总值位居世界首位。2005—2012 年美国国内生产总值所占世界经济比重保持在 20% ~30% 之间。

2005—2007 年，美国经济呈上扬走势，但实际国内生产总值增速不断下降。受金融危机影响，2008 年和 2009 年美国经济开始负增长。得益于美国政府的各项政策及巨额经济刺激计划，2010 年美国经济开始缓慢复苏，实际国内生产总值增长率恢复到 2.4%，经济总量基本恢复至危机前的水平。2011 年，随着美国政府刺激经济措施的逐步退出，加之消费上升势头重回疲软，美国经济复苏步伐明显放缓，全年增速明显下滑。2012 年的欧债危机对美国经济也造成了一定影响，但美国经济总体上还是保持了向上的势头，全年国内生产总值增长率达到了 2.2%，2014 年及 2015 年生产总值增长率均保持在 2.4%，经济复苏步伐稳定。

2005—2015 年美国国内生产总值（GDP）与人均国内生产总值如图 7-1-2 所示。

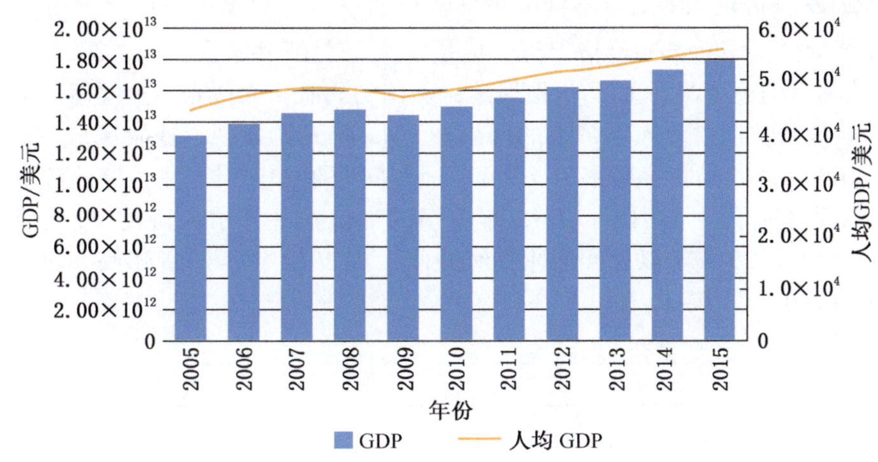

图 7-1-2　2005—2015 年美国国内生产总值（GDP）与人均国内生产总值（世界银行数据库）

1. 受金融危机影响，经济出现负增长

2007 年 8 月，次贷危机开始席卷美国、欧盟和日本等世界主要金融市场，投资者开始对按揭证券的价值失去信心，引发流动性危机。2007 年第四季度以来，由于次贷危机爆发导致的金融危机日益严重，大批投资银行纷纷倒闭，股市剧烈震荡，同时，受国际石油和原材料价格暴涨、出口需求下降、国内消费疲软等的影响，危机逐步向实体经济蔓延。美国商务部公布的数据报告显示 2008 年第一季度美国经济增长 -0.7%，开始步入衰退。虽然第二季度小幅增长 0.6%，但美国经济持续负增长。2008 年第四季度实际国内生产总值增长率更是跌至历史性低点的 -6.8%，全年经济增长率回落至 -0.4%。2009 年第一和第二季度，国内生产总值分别下滑 6.4% 和 0.7%，全年经济出现 3.1% 的负增长，创 60 年来最严重衰退纪录。除批发贸易、教育业小幅上涨之外，房地产业、矿业、零售业、农业、制造业等均下滑明显。

2. 2010 年经济开始复苏

为应对金融危机的冲击，美联储通过公开市场操作、降低联邦基金基准利率、降低贴现率、推出新的流动性管理工具等货币政策及弱势美元的汇率政策对金融市场进行了全面干预。2009 年 2 月 17 日，美国总统奥巴马签署总额为 7870 亿美元的经济刺激计划。此经济刺激计划是第二次世界大战以来美国政府最庞大的开支计划。得益于美国政府的各项政策及巨额经济刺激计划，2010 年美国经济开始缓慢复苏。同时，由消费和企业投资拉动的经济增长逐步呈现。在第三季度，个人消费支出环比增长 2.8%，消费取代库存调整重新成为支撑经济增长中的最大动力。2010 年美国实际国内生产总值增长率恢复到 2.4%，经济总量基本恢复至危机前水平。

3. 2012 年经济继续复苏

2012 年美国经济处于缓慢复苏之中，国内生产总值增长率为 2.2%，但经济增长的持续性受到考验。首先，出于对“财政悬崖”的担忧，不少美国企业宁可持有现金也不愿增加投资和雇佣，拖累了经济恢复。其次，鉴于工资收入并无太大增长，国内个人消费支出强劲增长的趋势可能无法持续。最后，由于脆弱的全球经济，特别是欧洲和中国等重要海外市场的增速放缓，美国制造企业无法大幅增加出口，成为美国经济复苏的另一个不利因素。

4. 2014 年以来经济复苏步伐稳定

2011 年，随着美国政府刺激经济措施的逐步退出，加之消费上升势头重回疲软，美国经济复苏步伐明显放缓，纵观全年，美国经济增速开始明显下滑，经济复苏呈逐步反弹态势。上半年，受国际能源价格上涨等因素影响，经济表现堪忧，一季度仅增长 0.4%，为复苏以来最低水平，“二次衰退”的压力显著上升。但 2014 年开始，美国经济增长恢复至稳定状态，2014 年及 2015 年 GDP 增长率均为 2.4%，经济复苏进入稳定阶段。

5. 通胀压力有所回落

2008 年，为应对金融危机，美国政府试图通过宽松的货币政策来刺激经济，但其向市场注入的流动性却进一步推高了物价。国际石油价格上涨，更是加大了美国的通胀压力。2008 年的通货膨胀率上升到 3.8%。2009 年，由于国际大宗商品价格回落，美国的通胀压力得到明显缓解。但好景不长，美国实施的宽松的货币政策及长期财政赤字带来的恶果在 2011 年开始显现，通货膨胀率由 1 月的 1.6% 升至 9 月的 3.9%，2011 年年均通货膨胀率为 3.2%。通胀问题越来越引人注目。能源价格和中间品价格上升，是造成通货膨胀上升的主要因素。2012 年美国的物价水平基本保持稳定，通胀压力有所回落，通货膨胀率降低至 2.1%。2012 年以后，通胀继续减小，到 2014 年，通货膨胀率仅为 0.1%，2015 年通货膨胀率更是降为了 0（图 7－1－3）。

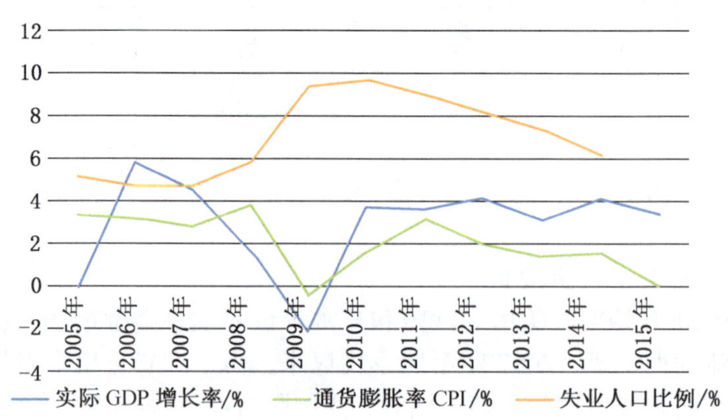

图 7－1－3　2005—2015 年美国国内生产总值增长与通货膨胀水平（世界银行数据库）

6. 失业率呈下降趋势

金融危机发生之前，经济增长为就业提供大量的机会，美国失业问题并不严重，但金融危机的到来造成失业率持续攀升。美国劳工部的数据显示，2007 年 12 月陷入衰退以来，美国共损失超过 840 万个就业岗位，为第二次世界大战以来美国历次经济衰退中就业岗位损失数量最多的一次。危机中失业的人数已从760万人上升到1570万人。2009年10月，失业率更是达到10.1%，创26 a来新高。2010年，美国就业市场并没有随着经济复苏出现实质性好转，建筑业和公共部门的人数仍在不断增长，全年失业率一直在9.5%以上，约为经济衰退前的两倍。直到2011年，失业率逐步下降，年底回落至8.6%，失业人数降至1269.2万人。此后，全年失业率逐步稳定下降，2014年全年失业率为6.2%，已基本恢复至经济危机之前的水平。

7. 美国政府债务持续攀升

美国政府债务自金融危机以来持续攀升。中央政府债务占GDP比重也在不断上升。到2014年，中央政府债务总额已经达到GDP的97.5%，中央政府濒临破产边缘。近年来美国政府债务逐年攀升的原因在于奥巴马政府的多项政策。首先，为使经济从危机中复苏，奥巴马政府出台了多项经济刺激政策，加大政府开支。另外，奥巴马政府推出的医疗保险法案也在一定程度上增加了政府的开支。政府债务问题成为美国经济未来发展的一个未知因素。

（三）外国投资状况

2011—2015年美国外国投资及能源产销统计见表7-1-2。

表7-1-2 2011—2015年美国外国投资及能源产销统计

指标 \ 年份	2011	2012	2013	2014	2015
外国直接投资净额（现价美元）	1.83×10^{11}	1.35×10^{11}	1.18×10^{11}	1.36×10^{11}	-3.08×10^{10}
外国直接投资净流入（现价美元）	2.57×10^{11}	2.43×10^{11}	2.77×10^{11}	2.07×10^{11}	3.79×10^{11}
外国直接投资净流入占GDP比/%	1.7	1.5	1.7	1.2	2.1

数据来源：世界银行组织

1. 外资流入规模波动较大

美国是世界上吸引外资最多的国家。2005—2008年，经济的增长为美国吸引了大量外资，美国利用外国直接投资的规模大体上呈现逐年上升趋势。而金融危机的发生，使得全球经济走势疲软，2008—2009年遭遇了外国直接投资的“滑铁卢”。随着全球经济回暖和美国经济逐步企稳回升，大量的外资开始重新涌入美国。2010—2012年美国外商直接投资额持续增长，高于金融危机爆发前水平。2015年，得益于股权投资的激增、并购交易的飙升以及美元的升值，美国外国直接投资净流入大幅增加。值得注意的是，2015年美国对外投资同时也在增加，这使得外国直接投资净额为负。受税收规则影响，2015年，许多美国公司通过将公司注册地从高税率国家迁往低税率国家以更好地达到避税目的的手段躲避本土的高税负，导致美国外国直接投资净额为负。

2. 来源分布情况

美国吸收外资的地区来源以欧洲、加拿大和亚太地区为主。根据2015年美国经济分析局统计，位居外资投资国前列的有英国（4834.18亿美元）、日本（4112.01亿美元）、荷兰（3284.00亿美元）和加拿大（2689.72亿美元）。

3. 行业分布情况

对美国的外国直接投资流向了各个产业，以制造业、金融保险、房地产、批发贸易、信息及专业和科技服务为主。

4. 美国投资管理制度框架

美国政府在外资的准入方面没有太多的限制，对外资采取倾向鼓励政策。《埃克森佛罗里奥修正案》《2007年外国投资法和国家安全法》及其实施细则和《2008年关于外国人收购、兼并和接管的条例》构成了美国投资管理的基本制度框架。《国际投资和服务贸易普查法》则确立了投资领域报告制度，规定了不同类型外国投资应向美国商务部、农业部等不同政府部门进行报告的义务。

5. 投资优惠政策

在吸引外国直接投资方面，美国的优惠政策是鼓励向内陆、清洁能源及相关产业、基础设施建设和公益项目的投资。在地区优惠方面，联邦政府对落后地区实行税收优惠，主要是鼓励外资流向这些地区，帮助这些地区增加就业与收入。在清洁能源及相关产业方面，美国联邦政府的投资激励措施包括税收优惠、信息支持、资金支持、技术协助等4个方面，具体的措施主要有燃料电池、太阳能、小型风力发电行业企业可减免30%企业所得税，废热、地热发电企业减免10%所得税等。

（四）中国对美国的直接投资

2010—2014年中国对北美洲国家直接投资情况见表7-1-3、表7-1-3。

表7-1-3 2010—2014年中国对北美洲国家直接投资流量统计表 万美元

国家（地区） \ 年份	2010	2011	2012	2013	2014
加拿大	11429	55407	79516	100865	90384
美国	130829	181142	404789	387343	759613
百慕大群岛	17086	11583	3899	1893	70769
北美洲	262144	248132	488200	490101	920766

表7-1-4 2010—2014年中国对北美洲国家直接投资存量统计表 万美元

国家（地区） \ 年份	2010	2011	2012	2013	2014
加拿大	260260	372756	505072	619619	778908
美国	487399	899303	1707977	2189956	3801097
百慕大群岛	35267	75184	337250	51399	215144
北美洲	782926	1347243	2550299	2860947	4795149

数据来源：2014年度中国对外直接投资统计公报

作为世界最大的经济体和吸收外资最多的国家，美国的投资环境具有诸多优势，为中美经贸合作创造了良好的空间。美国是区域性自由贸易协定的重要参与方，辐射的市场范围非常广泛，在美国投资有助于培养企业国际竞争力，提高企业在全球市场的参与度。

中国企业在美投资发展迅速，规模不断扩大，领域逐渐拓宽，方式日趋多元，已成为发展互利共赢的中美经贸关系的重要推动力和合作亮点。据中国商务部统计，近年来中国对美国的非金融类直接投资快速增长，从2010年的13.08亿美元增长至了2014年的75.96亿美元。截至2014年末，中国对美国的直接投资存量达到了380.1亿美元。中国对美投资涵盖多个领域，主要集中在制造、商务服务、批发零售、金融、科研/技术服务、化石能源和化工业、地勘等行业。但是从目前来看，中国在美国直接投资的绝对数额还是很小，仅占美国全部外来直接投资总存量的不足1%。

中美双方在能源方面进行合作存在潜力，2008年中美两国正式签署《中美能源环境十年合作框架》，确定了电力、清洁水资源、交通、大气治理、湿地和其他自然资源的保护等五个优先合作领域，为中美能源合作开辟广阔前景。大力发展新能源是中国实现可持续发展的重要保障，中国企业可以抓住美国大力发展新能源的契机，学习其先进技术，开展与其在新能源领域的相关合作，其中页岩气的开发是新兴的投资领域，对两国的企业来说都具有广阔的合作前景。

三、政治经济总结

美国位于北美洲中部，与加拿大和墨西哥接壤，总人口约3.21亿，国内政局稳定，社会环境良好，是政治风险较低的海外投资目标国之一。美国经济以服务业占主导，工业和农业占比较小，它是世界上经济规模最大、市场经济最为自由、拥有坚实的经济发展基础和良好的投资环境的国家。

政治方面，美国建立了较为完善成熟的国家政治制度和法律体系，是世界上少数的政治体制高度稳定的国家之一。强大的国力和高度有效的外交政策使其周边环境整体较好。值得注意的是，美国联邦制体系使得各州的法律标准存在一定差异。虽然议会与政党活动在制度框架下有序进行，但议会政治的特点十分突出。近年来政党和议会活动日趋分化，特别是利益集团所支持的游说活动对国家政策的影响越来越大。而有些国会议员也会在某些利益集团的游说下，使得一些并不真正涉及国家安全的外国投资在民意或者政治的压力之下被否决。

经济方面，美国是世界最大的经济体和吸收外资最多的国家。美国的投资环境具有诸多优势，如完善的市场经济体制、规章制度和税收体系。尽管金融危机和欧债危机等使美国经济有所下滑，但其经济近年来呈现逐步复苏的态势，大量国际资本回流美国市场。同时，美国是区域性和国际性自由贸易协定的重要参与方，辐射的市场范围非常广泛，国际竞争力较强，在全球市场参与度方面优势明显。

在我们研究的这些富煤国家中，美国在多贝尔全球矿业投资环境排名中仅次于澳大利亚和加拿大。美国主要优势在于稳定的政治制度，稳步复苏的宏观经济，完善的法律体系，雄厚的工业基础，领先的科学技术，以及广阔的市场机会。近年来美国发生的“页岩气革命”使得美国国内对煤炭需求量大幅下降，虽然美国大量煤炭企业希望将煤炭出口到亚太市场，但受西部港口等基础设施的制约，使得这些计划难以实现。基于这种情况，我们认为在美国的投资应更侧重于新能源及清洁能源的开发利用，对于煤炭等传统能源方面的投资应谨慎考虑。

第三节 法 律 环 境

一、矿产资源开发相关法律制度

（一）主要监管机构

美国内务部（Department of the Interior）是矿产资源的主管部门。内务部下设 8 个部门，与矿产资源管理相关的主要有土地管理局（Bureau of Land Management，简称 BLM）、地质调查局（U. S. Geological Survey，简称 USGS）、地表采矿复垦执行办公室（Office of Surface Mining Reclamation and Enforcement，简称 OSM）等。

土地管理局是联邦政府对公有土地及其地下矿产资源的管理机构①。其职能主要包括：土地利用规划；负责煤炭租约的发放及同租约发放有关的各类采矿计划、经营计划等的审查；负责发放许可证和采矿租约，审查矿山规划、经营规划和其他开发计划，资源保护与环境保护，保证政府的权益得到适当补偿等。土地管理局下设 10 个部门，管理煤炭资源的部门主要是矿产、不动产和资源保护处，该处下设 5 个科，固体矿产科是煤炭租约的具体管理部门。土地管理局同时还设有 12 个州的派出机构，每个州都设立一个土地管理局驻州主任。

地质调查局主要进行煤炭资源评估，其制定的矿产资源计划（Energy Resources Program，简称 ERP）是对地质矿产资源及其开发所带来的环境、经济、人类健康的影响的基本研究，该机构的研究数据对矿产资源监管决策者具有重大意义。

地表采矿复垦执行办公室于 1977 年设立，主要职能为管理地表采矿活动及地下采矿活动对地表的影响。此外，劳工部（Department of Labor）下设的矿山安全与卫生监察局（Mine Safety and Health Administration，简称 MSHA）是监管矿山安全的主要机构②，该机构根据联邦环境法律制定和执行环境法规，保护自然环境和人类健康不受环境危害影响。

（二）矿业权出让

根据美国矿业法规定，对不同矿种采取不同的出让方式。美国分陆上矿产及水域矿产两大类进行分别管理，陆上矿产根据在国民经济发展中的作用、意义和供求状况分可标界矿（Locatable Mineral）③、

①除内务部土地管理局外，农业部森林局（联邦农用土地内矿业权的管理）、国防部（军事基地内矿业权的管理）、内务部印第安事务局（印第安人保留地内矿业权的管理）、能源部等，对各自所管辖联邦土地范围内的矿产资源的勘查开发也有管理权。

②1977 年颁布的《联邦矿山安全与健康法》，将矿山安全执法责任从内务部转到劳工部，并命名新机构为 MSHA。

③可标界矿产主要包括除铜、铅、锌外的金属矿产和金刚石、宝石、石膏等非金属矿产。

可租赁矿和材料矿①三类。

1. 可标界矿产

1872 年的矿业法规定：只要发现矿产资源，就可以在公有地上自由地立杆标界矿产，只需交纳很少的钱就可以开采。但到目前该类矿产只包括金属矿呈脉状、块状、砂金状的金属矿区。经过检验，该矿区包含有经济价值的矿物，可以申请专有权（patent）并进行开采或转让。内务部土地管理局是该类矿业权证审核的部门。

2. 可租赁矿产

1920 年的《矿产租赁法》规定，可租赁矿包括石油、天然气、煤炭、磷、钾、硫、沥青等沉积岩矿。1935 年的法案将探矿许可证及其权利取消，直接改为租约，同时授予探矿许可和采矿许可。内务部土地管理局是负责矿业权租赁的主要部门。

1976 年美国国会采纳的《联邦煤矿租赁修正案》规定，对美国联邦煤矿实行竞争性租赁，标价必须达到公平市场价值（fair market value）。②

《矿产租赁法》规定，租约除经内务部长的批准，不得分租和转租。《矿产租赁法》规定煤矿承租区块面积不得超过 2560 acre（1 acre = 4046. 856 m^2）。该法第 27 条还规定，任何个人、团体、公司在任何一个州持有的租约总面积不得超过 46800 acre。

1）与煤矿相关的土地租约

只有依照 FLPMA（Federal Land Pdicy and Management Act）的规定，根据 BLM 的规定进行了评估后，才能被允许获得相应的土地及矿产租约。在那些煤炭资源开发可能会与其他资源的保护与管理相冲突的情况下，或者与公共土地的使用目的相冲突的情况下，BLM 可能会减少相应的土地面积，或对其使用进行限制。

不是所有的公共土地都适合煤炭的勘探或租赁，在美国有严格的土地用途计划。根据相关规定，有 4 种与煤炭租赁相关的审查：对煤炭开发潜力的鉴定；对土地是否适合煤炭开发的鉴定；对土地多用途使用以及持续生产之间冲突的衡量；对土地所有者意愿的咨询。

BLM 可以为租赁相应的煤炭资源而授予相应土地的使用权，但是在某些情况下，将不会授予土地使用权。

2）竞争性煤矿租赁的程序

地方性租赁。BLM 会选择合适的地域进行地区内的竞争性出售。这需要在考虑土地使用以及持续生产计划、预期煤炭需求、潜在环境和经济影响的前提下，选择潜在的煤炭租赁地域。根据近些年来煤炭租赁的情况，几乎所有的租赁都是通过申请获得的。

依据申请授予的煤矿租约。专门机关会指定一个产煤区域采取竞争性销售，BLM 将会接受获取该地区租赁权的申请，并进行必要的审查。该审查的目的是确认申请符合该地区的资源管理计划，并且包含足够的地质信息以确定煤炭的公平市场价值。

在 BLM 接受一项申请后，该机构将根据《国家环境政策法案》进行环境评估或环境影响报告，在环境评估或环境影响报告的草案完成后，BLM 将就该租赁项目征求公共意见，BLM 应当就该项目询问本地、州、印第安部落以及其他联邦机构的意见。

3）煤炭租赁条款和条件

租约赋予了承租人对租约中所规定地区的煤炭储备进行勘探、开采、运输、处置等的权利。煤炭租约授予的条件是租赁方持有 BLM、OSM 以及其他本地和州政府有权机关颁发的许可和证照。

（1）租期。一项租约的初始期限为 20 a，但是若该煤炭资源未能得到有效开发，租约可以在少于 10 a 的时候被终止。另外，若承租人没能及时支付租金，也会被终止该项租约。此外，如果承租人未能

---

①包括砂砾、石、黏土等建筑材料。

②公平市场价值是指由一个具有足够相关知识但是不负担必须出售义务的出售方出售该地区煤炭储量所能获得的现金额，或上述现金的合理等价物；或者出售/租赁给一个具有足够相关知识且有意愿购买但非必须购买/租赁的第三方所能获得的现金额，或上述现金的合理等价物。

遵守《矿产租赁法》的规定，或者其他任何监管规则的要求，BLM 也将采取措施取消该租约。

（2）租约的修订。承租人可以申请对租约进行修订，根据 2005 年的《能源政策法案》(the Energy Policy Act of 2005，EPA）的规定，承租人可以在该租赁权范围的基础上附加连续不间断的土地不超过 960 ha。租约的修正将不会通过竞争性的出价程序实现，国家将会依据公平市场价格收取相应的租赁费用，或者通过收取现金的方式，或者通过调整特许费用的方式实现。在一项租约被修订之前，承租人应当填写书面的承诺，该承诺表明承租人接受租约修订的条件。在修订该租约之前，BLM 需要出具环境评估或环境影响报告。

3. 材料矿或可售矿产

材料矿（Materials）或可售矿产（Salable Minerals）主要针对砂、石、浮石等。最早在矿业法中此类矿产可以免费采用及出售，但在 1974 年的建材矿法中，将砂石、石材黏土等建筑原料矿产分离出来，规定对这些矿产采取标价出售的方法出让采矿权。采矿者一次性买下矿权后，不再向政府交纳租金和权利金。

4. 印第安人土地

对印第安人土地上的矿产资源，国家实行代管，矿业申请人对该土地上的矿产资源的开采要申请许可，国家收取权利金，再将权利金返还于印第安的土地。

5. 费用

美国的矿产资源有偿使用制度主要由 3 个部分组成，即权利金、红利和矿业权租金。

（1）权利金。权利金是采矿权人因开采非他所有的矿产资源而对所有人的支付，其征收的法律依据是 1920 年的《矿产租赁法》及包括其修正案在内的一系列补充法案。

（2）红利。红利是在矿业权的竞争性招标、拍卖过程中，矿业投资者为取得一些远景较好、盈利潜力较大的矿产地的矿业权而向矿产资源的所有者一次性支付的现金，所体现的是矿产资源的级差收益。红利制度已成为美国联邦及各州政府优化配置其矿产资源的基本手段。

（3）矿业权租金。矿业权租金是矿业权人为取得矿产资源的使用权，按照其所占用的矿产地的面积每年向所有者支付的费用。

（三）煤炭立法及其修改情况

1. 煤炭立法概况

美国煤炭储量占世界储量的 26.1%，居世界第一，是重要的煤炭出口国，煤炭资源在东、中、西部地区都有分布。

美国关于煤炭资源的立法主要分为基本法和专门立法。1920 年颁布的《矿产租赁法》(Mineral Leasing Act，简称 MLA）是规范包括能源类矿产在内的矿产资源管理的基本法律。除此之外，为了规范工业生产、矿山安全和环境保护等，还进行了专门立法。

在规范工业生产方面，1976 年美国颁布了《联邦煤炭租赁法修正案》(Federal Coal Leasing Amendment Act of 1975，FCLAA)；1977 年颁布的《联邦矿山安全与健康法》(Federal Mine Safety and Health Act，也称 the Mine Act)、《煤矿安全与健康法》(Coal Mine Safety and Health Act）和 2006 年颁布的《矿山改进与新应急反应法》(Mine Improvement and New Emergency Response Act，简称 MINER)）是调整矿山安全的主要法律。

此外，美国特别注重矿产开发的复垦和环境治理工作，多部法律都涉及这一内容，如 1969 年的《国家环境政策法案》(National Environment Policy Act，NEPA)、1976 年的《资源保护和再生法》(Resource Conservation and Recovery Act of 1976，简称 RCRA)、1977 年的《地表采矿管理与复垦法》(Surface Mining Control and Reclamation Act，简称 SMCRA)、1987 年的《清洁水法》(Clean Water Act）和 1990 年的《清洁空气法》(Clean Air Act）等。

2. 1872 年矿业法的修改

2003 年，美国国会众议院议员 NickRahall（D－WV)、ChrisShays（R－CT）和 JayInsle（m－WA）针对陈旧的 1872 年《矿业法》提出修订草案，称为《2003 年矿产勘查与开发法》(H. R. 2141，The Mineral Exploration and Development Act of 2003)。该法案包括了财政改革、环境保护规定、对土地资源

非采矿价值的承认以及清洁闭坑矿山规划。具体内容包括：

（1）把不负责的采矿活动从某些特殊地点清除出去。根据联邦政府目前对矿业法的解释，矿业被认为是公共土地的最高的和最好的利用。这样，联邦土地管理部门给予矿业土地利用的优先权（preference）：优先于娱乐、洁净水以及狩猎用地。修改后，矿业改革法案将把矿业从土地利用层级（land use hierarchy）的顶端拉下马。

（2）建立新的矿业环境标准。

（3）执行财政改革。

（4）创立“闭坑矿山土地基金”（Abandoned Mine Land Fund）。美国现有数量庞大的硬岩矿山，要复垦这些矿山将花费巨大，目前，这项复垦工作还没有资金来源。该法案对于联邦土地上的闭坑的硬岩石矿山建立了一项复垦基金（AMLF），全部权利金和费的收入进入“闭坑矿山土地基金”。

美国内务部在建议修订法律的同时，也采取大量行动，不断实质性改变着1872年的国会立法。克林顿政府任期内，美国内务部出台一些新的规则以修改本部门出台的硬岩采矿地表管理规则，于2001年1月正式生效。2010年10月，美国内务部修订或废止了若干项关键规定：

（1）删除了“实质性不能挽回损害（substantial irreparable harm）”的具体规定。据此，管理人员酌情判断一个项目可能引起“实质性不能挽回损害”则阻止其开工。

（2）修订了衔接性规定和一些责任规定。

（3）废止了关于民事处罚的规定。

（4）内务部法律顾问已经推翻了克林顿政府时期关于加利福尼亚沙漠土地公司“不适当损害”的法律意见，他认为土地管理局在法规对“不适当损害”没有定义的情况下不能下结论。

（5）修正了《煤炭管理规定》。

从法律制度上来看，美国1872年矿业法是虽经多次立法修改但仍然生效的、普遍受到质疑的和不断为行政法规侵蚀的最古老的制定法之一。1872年普通矿业法改革的努力在该法成文之后不久就已经开始了，但该法对从公共土地开采贵金属不收费的规定一直没有改变。1872年美国矿业法改革，已经迫在眉睫，成为当前美国各届政府关注的焦点。

（四）矿山安全

根据1977年颁布的《联邦矿山安全与健康法》的规定，矿山安全的监管机构由内务部转移到劳工部，由矿山安全与卫生监察局行使执法职责。为了避免其滥用权力，还规定建立独立的联邦矿山安全与健康复审委员会，对矿山安全与卫生监察局的行动进行司法复审。此外，为扩大矿工的权利，该法第3章规定了煤矿矿井过渡性强制安全标准，第4章规定了尘肺抚恤金。

2006年颁布的《矿山改进与新应急反应法》是对《联邦矿山安全与健康法》第316条的修正，通过提高事故发生前的预警能力从而保护矿山健康和安全。

另外，《煤矿安全与健康法》规定了煤矿矿井视察①、重大安全事故调查、违规行为监管等制度。对于违规行为，矿主需承担民事赔偿责任。此外，它还规定，若矿井条件、设施将损害矿工的安全和健康，煤矿视察人员有权移除矿井设备、收回矿业权。

二、跨国矿业投资相关法律制度

（一）国家安全审查机制

美国对外资一般持开放的态度，但是近些年来也开始对外国投资施加各种限制措施，包括交易的延迟和政治干预。

目前，美国对外国投资的管制主要包含在以下一些法律中：《1988年综合贸易与竞争法》（the Omnibus Trade and Competitiveness Act of 1988），即《埃克森—菲洛里奥修正案》（Exon – Florio amendment），该法案修正了《1950年国防生产法》（the Defense Production Act of 1950）第721节，建立了美国的外资并购国家安全审查机制；此后颁布的《关于外国人并购、收购、接管的条例》（Regulation Pertaining to

---

①地下矿井每年考察4次，地表矿井每年考察2次。

Mergers Acquisitions and Takeovers by Foreign Person, 1991)，确立了自愿申报原则；1993 年的《国防授权法》(the National Defense Authorization Act, 1993) 即《伯德修正案》(Byrd Amendment)，又对 1988 年法律进行了修改；2007 年，美国颁布了《2007 年外国投资与国家安全法》(the Foreign Investment and National Security Act of 2007，简称 FINSA)，该法对《1950 年国防生产法》进行了再次修正，进一步完善了美国的外资并购中的国家安全审查制度。美国外资并购国家安全审查制度的基本框架如下：

1. 审查机构

（1）外资委员会。外资委员会（Committee on Foreign Investment in the United States，简称 CFIUS）主要负责监控和评估外国投资对美国的影响，其由财政部、国务院、商务部、国防部、司法部、国土安全部、能源部、劳动部以及国家情报局组成。

（2）总统。根据 FINSA 的规定，只有总统有权阻止某项外资并购项目，CFIUS 只有建议总统阻止该项外资并购的权力，总统在 CFIUS 的建议下做出决定，并可以直接命令司法部长执行其命令。

（3）国会。2007 年的立法赋予了国会对 CFIUS 的监督权，该法要求 CFIUS 完成审查程序后应当向国会进行书面报告。

2. 审查标准

（1）审查范围。CFIUS 对外资的审查必须符合两个条件：第一是对于并购项目，只要外国实体以各种方式持有美国公司证券达到控股数量从而导致一个美国实体被外国控制，或由于合资导致一个现存的美国商业实体为外国所控制等情况，CFIUS 就要进行审查；第二是外资并购必须涉及“国家安全”，这一概念具有极大的弹性，《埃克森—菲洛里奥修正案》规定的审查对象主要是对美国国防需要至关重要的产品、服务和技术的外资并购项目，FINSA 则将涉及美国关键的基础设施、核心技术的外资并购项目和外国政府直接或间接参与的外资并购项目都包括在审查范围内。

（2）审查考虑因素。FINSA 在第一节对“国家安全”进行了规定：“对国家安全的含义应被解释为与国土安全有关的问题，而且应当包括对关键基础设施的影响。”[①] 该条规定十分广泛，为便于操作，该法规定了总统和 CFIUS 在审理具体案件时应当考虑的因素。总体上，所谓的审查“标准”均为原则性、描述性措辞，定义不清晰，导致 CFIUS 和总统有充分的自由裁量权，并可能因为政治目的而滥用这项权力。

3. 审查程序

涉及外国“获取、并购或接管”美国实体的交易中任何一方，都可自愿就该交易是否涉及美国国家安全向 CFIUS 提交书面通知要求审查。虽然该通知是自愿的，但是规避审查将导致该交易一直处于待审查状态，存在被禁止的风险，因此，交易双方一般会及时通报，以免出现收购被禁止的情况。除交易双方主动通报外，CFIUS 的成员机构也可以针对未通报的交易主动向财政部长递交机构通报。

CFIUS 采取逐案审查的方法，整个程序自收到企业申报起，最长不超过 90 d，分为审查（review）、调查（investigation）和总统裁决 3 个阶段。审查期限为 30 d，若该交易不涉及美国国家安全，则 CFIUS 将通知相关方不予调查，调查程序结束。

3 种案件必须进入为期 45 d 的调查期，一是经调查确实威胁到美国国家安全的案件，二是外国政府控制的并购案件，三是外国人拟控制美国关键基础设施的案件。调查结束后，CFIUS 将调查结果报告总统，并提出是否批准交易的建议。若各成员机构对该交易可能产生的影响无法达成一致，CFIUS 主席将会在向总统提交的报告中详细阐述各种不同看法，请总统裁决。总统需要在 15 d 内做出最后决定，并将其所做决定结果通报给国会。

（二）反垄断审查

美国没有独立的外国投资法，其并购法律体系不区别外国人和本国人，因而适用于全部涉外并购。

美国对并购规制的法律体系分为制定法和判例法两大部分，其中，制定法由 3 部反垄断法构成。《谢尔曼反托拉斯法》(以下简称《谢尔曼法》)、《克莱顿法》和《联邦贸易委员会法》构成了美国反垄断法律体系的基本框架。

---

①“国家安全”指与国土安全相关的事项，包括关键基础设施的应用。

1. 法律框架

《谢尔曼法》于1890年颁布，是美国的第一部反垄断法，也是美国反垄断的基本法。它比较原则性地鼓励竞争、禁止垄断，将垄断或企图垄断的行为，将联合或共谋垄断的行为视为“严重的犯罪”，但却未对这种行为进行具体的界定。[①]《克莱顿法》于1914年颁布，美国通过这部法律对垄断行为进行了具体的界定。

其后，美国国会先后通过了《塞勒—凯弗维尔反兼并法》《哈特—斯科特—罗迪诺反托拉斯改进法》《反托拉斯程序修订法》。

与《克莱顿法》同年颁布的《联邦贸易委员会法》规定，任何并购必须获得联邦贸易委员会或者司法部的批准，未经批准，资产不得并购为一体。为了保证该法的实施，美国随后成立了联邦贸易委员会负责执行《联邦贸易委员会法》和《克莱顿法》。

除了上面提到的3部制定法，美国司法部为了便于执行反托拉斯法，每隔若干年就颁布一次并购准则（merger guidelines），用于衡量什么样的并购可以被批准。最新的并购准则是1992年颁布的《横向合并指南》。准则制定的主要依据是《克雷顿法》第七节、《谢尔曼法》第一节和《联邦贸易委员会法》第五节，其目的是为政府判断一项并购实质上是否有可能严重损害竞争提供一套分析的程序及标准。1992年的《横向合并指南》开宗明义地宣告，它不涉及非横向合并，这表明美国政府没有改变它们自1984年以来对垂直并购和混合并购基本上不干预的态度。1992年《横向合并指南》对如何分析企业并购的垄断效应规定了具体框架，主要起到了一种指导作用，没有法律效力，但从操作层面看，并购准则对企业并购行为的影响程度并不亚于制定法。

2. “实质减少竞争”标准

根据美国《横向合并指南》，“实质减少竞争”是指企业合并导致的相关产品的价格应当显著高于没有出现合并情况下的价格，而且这种价格的差异难以在2年内消除。

美国《克莱顿法》的第7条确立了美国企业并购控制采用“实质性减少竞争”的标准[②]。该标准是指反垄断法只控制以实质性减少竞争为目的或者结果的合并。根据美国的反垄断法，不仅要规制已被证明是损害竞争的合并行为，而且要规制对竞争实际上还没有产生损害但可合理预见其将产生损害的合并行为。简言之，对竞争造成损害或损害的可能性是禁止公司合并的实质标准。

（三）美国页岩气政策现状

20世纪70年代末，美国政府就开始鼓励开发本土的非常规资源。政府将致密气、煤层气和页岩气统一划归为非常规天然气，并通过立法落实对非常规天然气的补贴政策，这些补贴政策最早开始于1978年的《天然气政策法案》(Natural Gas Policy Act of 1978)。1978年的《能源税收法案》和1980年的《原油暴利税法》(Windfall Profits Tax Act）出台，对2003年之前生产和销售的页岩气和致密气实施税收减免，对油气行业实施5种税收优惠。1990年的《税收分配的综合协调法案》和1992年的《能源税收法案》扩大了非常规能源的补贴范围。美国对页岩气的税收减免政策前后共持续了23年。

在1997年颁布的《纳税人减负法案》(Taxpayer Relief Act of 1997）中，美国政府依然延续对非常规能源实行税收减免政策，直到2006年美国政府出台新的产业政策。《能源政策法案》(Energy Policy Act of 2005）第1345条规定：在2006年投入运营、用于生产非常规能源的油气井，可在2006—2010年享受每吨油当量22.05美元的补贴。此项政策使得美国非常规气探井数量大幅上升，天然气储量和产量也随之大幅增加。

在美国，除联邦政府出台的一系列产业政策外，拥有页岩气资源的德克萨斯州、俄亥俄州、宾夕法尼亚州的州政府也相继颁布了一些鼓励政策，其中最具代表性的是德克萨斯州。这些补贴政策与联邦政府的政策并不冲突，在很大程度上鼓励了石油天然气公司对页岩气资源进行开发。

---

①该法在第1条和第2条分别规定：“任何契约、以托拉斯形式或其他形式的联合、共谋，用来限制洲际间或与外国之间的贸易或商业，是非法的。任何人签订上述契约或从事上述联合或共谋，是严重犯罪”；“任何人垄断或企图垄断，或与他人联合、共谋垄断洲际间或与外国间的商业和贸易，是严重犯罪”。

②对此标准，美国《克莱顿法》表述为“严重减少竞争或产生了垄断的趋势”。1957年美国最高法院DuPont案的判决中指出，《克莱顿法》第7条的目的是为了在早期（in its incipiency）阻止实质性减少竞争的行为，由此确立了并购法上的早期原则。

此外，美国能源部设立了很多专项基金，支持研究机构和中小型技术公司开展新技术研究。在专项基金的资助下，大量页岩气开发核心技术被研发出来，且至今仍在广泛运用。

除了制定税收补贴政策、设立基金支持技术研发外，美国政府还一直致力于打造多元化的投资环境，建立自由市场机制。如1978年美国国会通过的《天然气政策法案》，放松了对天然气价格的管控，使气价的变动完全由市场需求来决定，联邦政府只通过环境保护和管道建设进行有限介入，这在一定程度上使天然气市场成为具有竞争性的市场。

美国是世界上天然气管网最发达的国家，这为页岩气入网销售、降低运输成本提供了便利。1992年，美国政府决定取消管道公司对天然气购销市场的控制，禁止天然气生产者拥有天然气管网资产。在产业模式上，美国政府采取了天然气开采和管道运输业务分离的模式，规定管道公司只能从事输送服务，避免垂直垄断型产业链出现。政府还规定天然气生产商和用户对天然气管网拥有公平准入条件，中小型能源公司可以及时通过输气管网销售页岩气。这种产业政策促进了美国天然气市场公平竞争环境的形成，提高了天然气运输市场效率，更好地保护了市场参与者的利益。同时，为缓解能源供应紧张，降低非常规天然气的开发成本，政府对管道公司实行税率减免政策。此外，国家对一些地区的天然气管道建设实行激励措施，以降低了管道建设风险。

三、法律环境总结

美国是最典型的以市场经济法则为主的国家。历史上，美国的矿产开发管理制度也经历了一个逐步发展的演变过程，由单纯的鼓励开发的“自由进入”政策，转变为目前加强政府管理控制的政策，以便达到所谓“理智”地综合利用、保护性开发各种矿产资源的目标。为了保证本国经济长期稳定发展对矿物原料的需求，美国政府相继陆续颁布了大量有关矿产资源方面的法律法规。其中主要有《矿地租借法》《材料法》《外大陆架土地法》《深海底固体矿产资源法》《采矿法》《矿产转让法》《建材矿法》《征收土地矿产法》《露天采矿管理土地复垦法》《地下水保护法》《环境保护法》《国家采矿控制法》《战略物资储备法》等一系列法律法规，使美国矿业活动有法可依。为了执行这些法律法规，美国联邦政府和州政府也相应建立了一套矿政管理机构来行使国家对矿产勘查开发和环境保护的监督管理。同时，为满足经济发展对矿产资源的需求，美国政府实行灵活的经济调控手段，保护或鼓励某类矿产的开发。

美国是一个法制走在世界前列的国家，再加上存在联邦和州两套立法，法律制度健全，门类繁多。矿产资源立法也体现了这一特点，从体例上说，不仅有基本立法，还有规范某一领域的专门立法。从内容上看，《矿产租赁法》对每一事项都规定得非常细致和具体。此外，美国对矿产企业还施加了严格的环境治理和复垦义务，不仅明确了复垦标准、程序、目标，还规定了环境恢复保证金制度。对于外资并购，美国实行国家安全审查制度，相关主管机关和人员会因法律对“国家安全”标准界定不清而拥有充分的自由裁量权，并可能因为政治目的而滥用这项权力。对竞争造成损害或损害可能性的，可能还会触发反垄断审查。同时，作为矿业法典的1872年矿业法虽然表面化地“稳坐钓鱼台”，但法律的修改已是大势所趋，法律的稳定性又成为投资者担心的一大因素。

从上述各方面来看，在美国进行矿产资源投资虽然存在机遇，但更多的是面临着挑战。

第四节 税 制 研 究

一、税制总论

（一）税收体制简介

美国现行税法是世界上最复杂的税法体系之一。美国税收管辖权分属联邦政府、50个州和哥伦比亚特区及各县市。美国的个人、公司及其国外分支机构必须就其全球收入缴纳美国联邦税、州税和地方税。

美国现行税制是以所得税为主体税种，辅以其他税种构成的。主要税种有个人所得税、公司所得税、社会保障税、销售税、财产税、遗产与赠与税等。美国税收由联邦政府、州政府和地方政府征收，联邦政府主要征收个人所得税、公司所得税、社会保障税、遗产与赠与税以及关税等。联邦政府的总税收中，个人所得税约占1/3，社会保障税约占1/3，公司所得税约占1/6，其他税收约占1/6等。州政府及地方政府征收州所得税、特许规费、销售税、使用税及财产税等。在美国，联邦税法是由议会和总统负责起草并批准，财政部负责发布税收条例，对税法进行解释。美国税务局（IRS）负责执行税法、征税、处理纳税申报表、发放退税以及将征收到的税款移交美国财政部。

（二）整体税收环境

整体而言，美国税法的特点是税赋较重但税收法则透明，在美国实际税赋通常介于38%～40%。根据普华永道会计师事务所2016年全球税负排名，美国的整体税负为43.9%，全球排名第53位。通过中间公司（如比利时、卢森堡等）优惠税收协定和避税目的而设立公司会遭到美国反避税的严格审查，投资美国适宜采用债务和转移定价的方式节税，尽可能不将利润留在美国境内。美国主要税种的税率见表7－1－5。

表7－1－5 美国税率概览（税率更新至2015年12月31日）

税种	税率	计税基础
联邦所得税	15%～39%（a）	应税所得为年度总收入减去税法允许的扣除额的差额
州和地方所得税	0～13%	公司联邦所得税的计算中可以扣减缴纳的州所得税
资本利得税	15%～39%	购买时的成本与处置收入的差额
销售与使用税	2.9%～7.25%	商品或服务的交易价格
消费税	根据产品的不同而不同	最终消费者购买商品时的价格
社会保障税	7.65%（雇主）；5.65%（雇员）	工资总额
进口关税	从价税率、从量税率以及复合税率 其中从价税率0到20%不等	完税价格
预提所得税	30%	支付的利息、股息红利、特许权使用费金额、咨询费

除S类公司和小型C类股份有限公司（后者一般指在任意3年内年平均总收入不超过750万美元的企业）以外的其他公司制税收居民企业，每年缴纳的所得税额不得低于暂定最低税额（Tentative minimum tax）。纳税人需要就暂定最低税额超过应纳联邦公司所得税的部分缴纳税款，称为替代最小税额（Alternative minimum tax）。暂定最低税额为其替代性最低应纳税所得额（Alternative minimum taxable income（AMTI））减去40000美元免征额后，适用20%的恒定税率计算出的应纳税额。

截至目前，美国与中国大陆签订了税收协定，协定规定中国大陆股息的预提所得税率为10%，利息的预提所得税率为10%，特许权使用费的预提所得税率为10%。美国没有与中国香港签订双边税收协定，因此香港公司从美国直接取得股息、利息等收入均需要在美国代扣代缴30%的预提所得税。

二、与煤炭开采行业相关其他税费政策①

（一）矿业税费种类

美国矿业资源税费包括矿产资源收费和矿产资源税。具体内容如下：

红利，又称租赁红利或现金红利等，是承租人付给出租人的矿产租约报酬，它以每英亩产出作为支付标准。

矿地租金，又称延期地租，一般情况下，典型的租约在1 a内终止，而延期地租就是矿产公司为延期勘探和生产等活动，保持合同的有效性而支付给出租者的费用。它不是对矿产生产的赔偿，而是支付延期勘探和生产租赁所有权的开始。

权利金，即矿区使用费，是矿区开始生产后承租者按矿产品销售收入（或销售量、利润）一定比例支付给出租者的部分，在生产暂停时，承租者应支付最低权利金。美国对联邦土地上可租让矿产的权

①资料来源：毕马威国际税务资料、《对外投资合作国别（地区）指南》（中华人民共和国商务部）。

利金费率为：露天矿，按坑口售价 12.5% 征收，井工矿按坑口售价 8% 征收。

废弃矿物土地收费，对地下和地表矿产都按每吨 0.315 美元的标准征收废弃矿山土地收费。

超级基金，是一种环保型基金，主要用于治理全国范围内闲置不用或被抛弃的危险废物处理场，包括工业用地、汽车加油站、废弃库房、废弃的可能含有铅或石棉的居住建筑物等，并对危险物品泄漏做出紧急反应。

（二）美国煤炭行业其他收费

美国煤炭行业其他收费见表 7－1－6。

表 7－1－6　美国煤炭行业其他收费

税　种	州　政　府
财产税	州政府税率为 0.65%，县政府的税率各县不等，在 2.50% ～4.21% 之间
采掘税	根据各州政府的规定不同征收
煤炭消费税	地下采矿的税率低于 50 美分/t 或煤炭销售的 2%，露天矿税率低于 25 美分/t 或煤炭销售的 2%
复垦税	露天矿 0.35 美元/t，井工煤矿 0.15 美元/t，或按坑口售价的 10% 征收；褐煤矿 0.1 美元/t，或按坑口价的 2% 征收；所得税款至少 50% 返回到采后复垦工作中

三、税制总结

美国是税法健全但复杂、执法严格但公平公正、税赋较高但亦有优惠的典型西方发达国家。美国拥有健全、完善的税收制度环境，其税收法律条款非常复杂，但操作性很强，真正做到了每一项税收征管程序都有法可依。由于美国税法种类繁多，且条文多而细，一般纳税人很难弄明白，故委托会计师事务所等中介机构代理纳税事宜是较为普遍的现象。此外，美国同其他发达国家一样，高福利的实现必须依靠高税收的依托。据普华永道和世界银行共同合作最新发布的 2016 年全球 189 个主要经济体总体税赋情况排名，综合税赋从重到轻，美国税收负担排名第 66 位，整体税赋为 43.9%，在本书涉及富煤国家中属于税赋较重国家序列。

第五节　环　评　体　系

本节是针对在美国开展矿业项目所涉及的环境监管机构、相关法律法规、获得环境许可证的具体申请审批流程以及环境影响评价体系的概要分析。美国是联邦制国家，到目前为止，美国有 73 个联邦行政机关及其下属机构制定了有关环境影响评价制度的行为规章，其中有 8 个州是以行政条例的形式要求环境影响评价，25 个州是通过立法具体规定环境影响评价。

一、矿业项目开发的环境监管机构及相关环境法律

（一）环境监管机构

美国矿业项目开发过程中主要涉及如下的环境审批部门：

联邦职能部门：

（1）环境影响评估委员会；

（2）美国联邦和州环保局；

（3）内政部地表采矿复垦和执法办公室；

（4）环境质量委员会；

（5）联邦能源部。

州级别职能部门：

（1）州环境质量部；

（2）州自然资源保护部。

（二）环境相关法律及法规

涉及的国家级法律法规如下：

（1）国家环境政策法案（NEPA）；

（2）环境质量委员会条例（CEQ 条例）；

（3）美利坚合众国宪法（1992 年修订）；

（4）联邦土地政策和管理条例；

（5）清洁空气法；

（6）联邦水污染控制法（清洁水法案）；

（7）安全饮用水法案；

（8）固体废物处置行为法案；

（9）综合环境反应、补偿和责任法案；

（10）有毒物质控制法案；

（11）濒危物种法案；

（12）候鸟条约法案；

（13）地表采矿控制与回收法案；

（14）联邦露天采矿管理复垦法（1977 年）；

（15）州环境政策法案。

二、环境审批

（一）环境审批工作参与主体

（1）环境影响评价主体。

根据国家环境政策法案（NEPA）的规定，除联邦机关外，依法享有管辖权或者拥有特殊的专门知识的任何联邦官署、相应的联邦州和地方官署、总统、环境质量委员会以及公众都可以成为环境影响评价的主体。

（2）行政执法主体。

美国环境影响评价制度中行政执法主体主要是指对环境影响评价报告进行审核的组织者，即对环境影响报告书负主要责任的联邦行政机关。另外，经法律法规授权的联邦环保局（EPA）和各州政府环境保护机关也是环境影响评价制度的执行主体。

（3）公众参与。

环境质量委员会条例（CEQ 条例）对公众参与的程序做了详细规定，包括参与阶段、参与范围、参与人员、参与效果以及参与的限制等。美国的环境影响评价程序中有两个阶段直接包含公众参与：第一阶段，行政机关认定其拟议的行为无重大环境影响，公示“无重大影响认定”文件，公众予以审查并具有最终的决定效力；第二阶段，即报告书的评论和定稿，这是整个环境影响评价中最重要的阶段。其间公众先有 45～90 d 对于报告书初稿的评论期，评审机关在 30 d 之内对公众的意见给出回应，然后项目方需修改初稿，该报告书定稿之后，公众再次获得 30 d 对定稿的审阅期。

（二）环境许可审批流程

（1）首先由项目方提交项目申请。

按照 NEPA 规定，在美国开发所有矿产项目前，均需要进行环境保护的相关工作。

（2）项目筛选工作。

新申请项目计划是否需要编写环境影响评价报告，启动决定是由 CEQ 条例规定的。项目进入早期开发阶段时，项目方必须声名是否被要求编写环境影响评价报告。筛选项目阶段，项目将被划分为 3 类。第 1 类，该项目对环境没有影响，不需要编写环境影响报告。第 2 类，根据项目规模和影响，需要编写环境影响评价报告。第 3 类，该机构不确定其项目是否需要编写环境影响报告，其需要进行环境影响评估，评估相当于一个小型环境影响评价。

（3）第 1 类项目公示“无重大影响认定”文件，并进入公众审查阶段。

如认为该项目属于不要求做环境影响评价的第1类项目，联邦环保局则要发表一份“无重大影响认定”文件，并交由相关各方和公众审查。如相关各方和公众认可该认定，则无须编制报告书；如推翻则必须编制报告书，进入第2类项目审批流程。

（4）第3类项目编制环境评估报告，并提交审批。

由于无法确认该项目是否需要环境影响评价工作，因此需要进行环境影响评估，编制环境影响评估报告是为主管机关就拟议行为对环境可能产生的影响及其程度做出基本的判断，以决定是否进一步编制环境影响评价报告。因此，编制评估报告是编制环境影响评价报告的前置程序。只有当评估报告认定拟议项目可能对环境产生显著影响时，执法部门才要求编制环境影响评价报告。若该评估认定该项目无重大环境影响，则直接颁布环境许可证。在CEQ条例中并未规定环境影响评估的公众参与相关条款，即主管机构无须在编制评估报告时告知公众，无须将准备的评估草案送交公众评论及征求公众对于评估的意见。

（5）联邦能源部审核第2类项目环境影响评价职权范围。

对于第2类被预测对环境有较大影响的项目，NEPA还规定联邦机构在做出是否批准环境许可证的最终决定之前需要项目申请者进行环境影响评价工作，并且编写环境影响评价报告，按行政程序执行。在此筛选阶段，联邦能源部将针对此类项目审批其环境影响评价工作的职权范围。

（6）项目方进行实地调查、数据收集、环境影响评价准备工作。

（7）项目方进行环境影响评价工作、可行性分析、替代方案的选取和评估。

环境影响评价工作步骤：

项目方首先应结合相关的法律法规文件判断是否需要进行环境影响评价工作，如果无法确定的，可以同环境委员会进行商议决定。没有显著环境影响评价的活动是不需要做环境影响评价的。需要做环境影响评价的项目又分为需要做详细的项目环境影响评价和简单的项目环境影响评价两种。

需要做环境影响评价的项目，按照以下步骤进行环境影响评价工作：

① 准备项目执行概要分析；

② 项目描述、目的、需要和项目实施替代方案选择；

③ 设置背景环境基准；

④ 进行环境影响评价、研究削减措施、制定监管计划；

⑤ 准备承诺文件，包括环境管理计划、全面的监测计划、环境和社会经济资源影响的缓解计划。

（8）撰写并提交环境影响评价报告书。

在决定编制报告书之后，环保部会根据环评职权范围确定报告书中讨论问题的范围，即环境影响评价文件的内容。相关部门在《联邦公报》上发表一个“意图通告”，把编制意图通知有关各方和公众。报告书内容确定之后，项目申请方就开始编制报告书初稿，在编制初稿过程中，必须尽量公开讨论包括拟议行动在内的所有可供选择方案的环境影响。

（9）环境影响评价报告进入审查期。

报告书初稿完成之后，环保部也必须将它在《联邦公报》上公布并分送有关各方，邀请各方举行公开听证会。任何公民都可对初稿提出意见。在公示期结束后，环保部必须把所有实质性评论作为附件附在报告书定稿之后，再次邀请有关评审机构进行审查。主要评审机构包括联邦和州环保部、环境质量委员会。所有的利益相关者均有权利针对报告初稿提出异议，项目方需要将各方意见纳入环评报告终稿的编写中。审查期通常为45~90 d，但是这段时间也可被环保部门延长或缩短。

（10）项目方根据公示及评审意见修改环评报告，提交终稿。

（11）环评报告终稿进入审查期；联邦环保部做出最终决定。

项目方针对利益相关者的意见修改环境影响评价报告书初稿，并再次提交，由联邦和州环保部、环境质量委员会再次审查。环保部在30 d内给出最终决定。若环评报告符合要求，则颁布环境许可证；若仍然存在问题，则该项目被拒绝开发。

环境许可证遭到拒绝的原因有很多，其中包括但不限定于：再生计划不够完善；不利再生的可能性；特殊的地形、文化资源、科学特征、地点在冲积谷底显著位置；关键的生物繁殖、生态脆弱、公众危害风险或者土地不适合开采等原因。

项目实施后，公众及相关部门对项目进行环境监督。项目方需要每年在特定时间（各州略有差异）之前，提交主管机关一份年度报告供审核，一般为12月31日之前。

从提交环评报告起，整个审批流程需要3～4个月完成。具体环境许可证审批流程如图7－1－4所示。

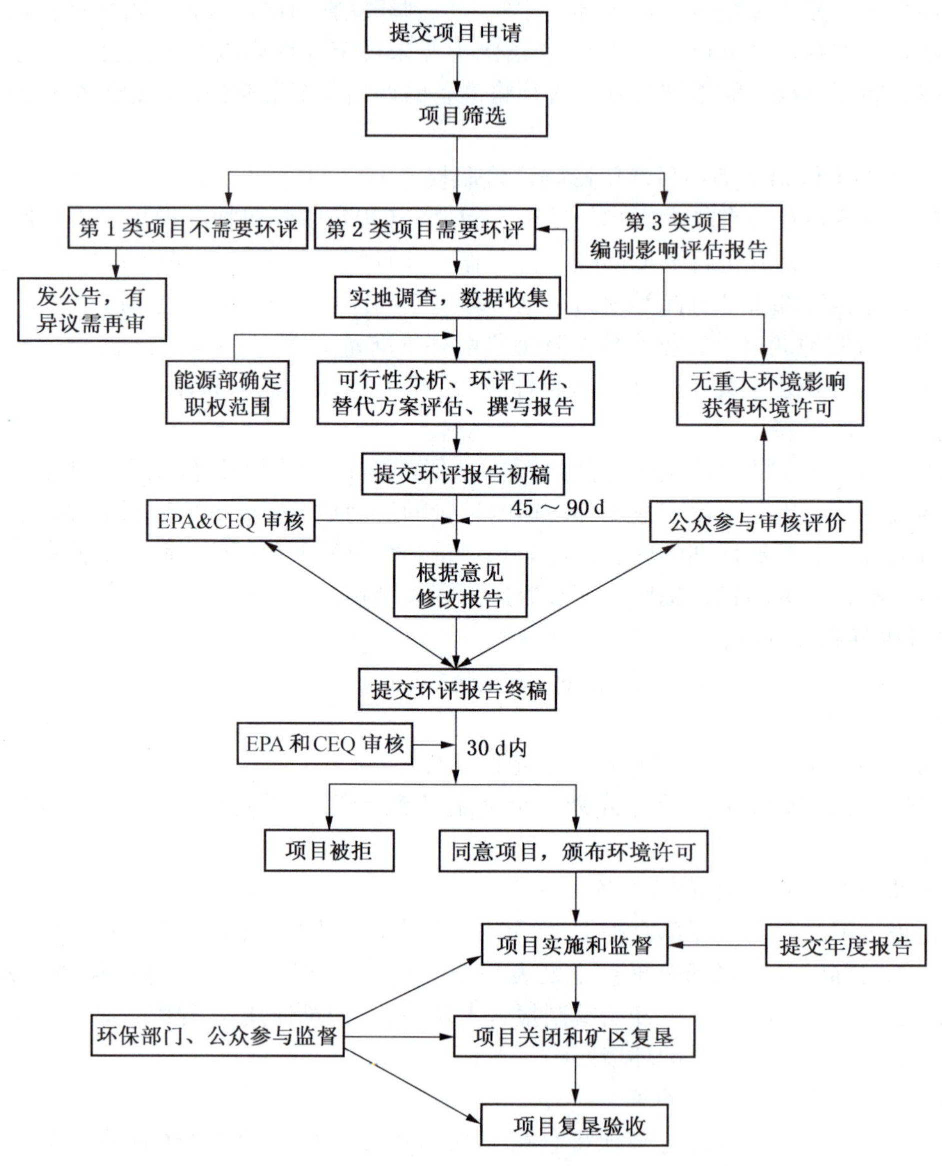

图7－1－4 环境许可证审批流程图

（三）复垦计划

CEQ法规规定：项目申请者需要在环境影响评价报告中包括矿区复垦计划，该计划必须详细列出项目申请者计划以何种方式遵守分级的规定，进行回填、水控、复垦和煤矿的保护等；同时应采取相应措施，消除包括土地所有者和公众成员的不动产和个人财产、公共道路、溪流和所有其他公共财产所受到的损害，包括土壤侵蚀、塌陷、滑坡、水体污染及危害生命财产的其他危险。此外，为了遵循空气和水质量法律规则及任何适用的健康和安全标准，该计划也必须列出需要采取的步骤。

三、环境影响评价

环境影响评价报告书内容有以下方面：

0. 执行概要

执行概要，它是对于整个项目和替代方案的环境影响进行分析并得出结论的简单概括总结。主要内容包括项目的简单概述、项目的目的和需要、项目实施地的社会经济现状情况、项目实施的目的和必要性。清晰、精确地描述出项目一定要实施的原因和目的、带来的利益。描述设备和详细的工程设计细节，以支持精确的环境影响识别。涵盖项目实施的全部生命周期的细节描述，包括从准备阶段、建设阶段、运行阶段一直到关闭阶段。描述项目的备选方案，并且评价备选方案的目的和必要性、优缺点、技术可行性、经济可行性评价。描述矿业项目的经济可行性。

环境影响调查中的公众参与、公众咨询、合作单位、替代方案、环境影响评价等具体内容的摘要。

1. 前言

项目基本信息描述。

（1）背景环境。

地理位置、周边的交通环境、人文环境等。

（2）项目的目的和需要。

项目实施地的社会经济现状情况，说明项目实施的目的和必要性。

精确地描述出项目实施的原因和目的、带来的利益。设备和详细的工程设计细节以支持精确的环境影响识别。涵盖项目实施的全生命周期的细节描述，包括从准备阶段、建设阶段、运行阶段一直到关闭阶段。

（3）项目决策。

（4）授权相关法律和条例，计划和项目与政策的关系。

包括资源管理计划、相关的矿产开采的许可证和租赁权等授权许可。当前环境影响评价工作涉及的联邦和州的法律和条例、使用许可证。

（5）调查和公众参与。

根据职权范围的规定，在范围内进行环境的基本调查工作，为后续的环境影响评价工作搜集基础数据。

进行环境影响评价工作前的公众宣传工作，包括张贴公告，在项目网站上公示等，公示举行公众参与的活动地点、时间、参与人员以及最后的结果。

外部群众的调查评论搜集整理。内部调查和合作机构、部落政府和政府的协商情况。

（6）在环境评价报告中未分析的资源和土地管理局项目。

没有在环境影响评价报告中分析的部分原因，不在评价范围之内或者对其没有影响的项目等等，需要进行解释。

2. 提议项目和替代方案

（1）替代方案的构想。

对现有方案的分析结论，存在的问题，提出替代方案。

（2）替代方案的详细描述和总结。

（3）剔除的替代方案。

经过仔细的分析发现不可行的替代方案。

（4）替代方案的详细分析。

对每一个目前看来合理的项目替代方案进行分析，明确它的技术方法、每一个阶段的详细信息，为下一步分析每一个活动的环境影响评价进行前期的数据准备。

（5）合理的可以预见的活动。

对于每一种替代措施的一些可以预见的活动进行总结。

（6）替代方案环境影响的总结。

对于提议项目和替代方案的环境影响评价进行简单的总结，阐述每一个项目对于环境影响的要点。

3. 环境影响的描述

（1）地质矿产。

描述自然地理学和地形学、区域地质学、项目地区地质学及矿产资源种类、品质和产量的介绍。地质危害：包括自然沉降和人为沉降、古生物学概要、潜在的化石种类以及其他的古生物学资源。

（2）水资源的影响。

① 地表水：

降雨量和蒸发量，受矿区影响流域的具体水文水质状况，可能受到的影响、地表水质标准、地表水的利用等信息。

② 地下水：

主要的地下水含水层的影响情况。

（3）土壤。

主要的土地资源类型及其面积、土壤资源的评价和限制因素，以及项目对土壤的影响。

（4）大气质量。

① 大气资源管理条例。

国家和州的环境空气质量标准、新能源的性能标准、污染气体的国家排放标准、污染气体排放是否符合一般的联邦条例、联邦操作许可项目、有危险的空气污染物、二氧化碳和其他温室气体、州的大气质量条例中规定的具体约束标准。

② 地区大气质量。

空气质量达到标准、空气质量相关值。

（5）气候和温室气体排放。

区域性气候和对环境质量的影响、气候变化和温室气体的排放。

（6）植被。

植被群落、珍稀植物品种、湿地和水滨区域、有害物种及入侵物种。

（7）野生动物和鱼类。

陆地生物、水生生物、濒危的野生动物种类。

（8）牧场和放牧区域。

（9）土地和房地产。

（10）娱乐。

（11）景观资源。

（12）文化资源。

对规章制度、文化资源的评选标准，就文化历史、文化资源方面对矿区及矿区周边需要评价的范围进行调查，传统服饰等搜集整理。

（13）健康和安全：危险物品。

危险物品的定义和管理、项目相关的危险材料、固体废物的定义和管理、拟进行采矿活动产生的固体废弃物、健康和安全管理。

（14）社会经济。

社会经济基础情况、人口统计资料、就业情况、劳动力情况、经济情况、耕地和牧场、个人平均收入、住房、交通、公共基础设施、服务、当地政府的财务状况。

重点描述输水管道、废水管道、污水处理厂、固废处置设施、应急响应（火灾和救护车）、卫生保健、公众教育、税收情况、预算总结。描述社会组织和现状、大牧场和放牧活动、室外娱乐设备等。

（15）环境公平性。

少数民族、低收入群体对环境的利用，评价他们利用环境的现状。

4. 环境后果

总结第 3 部分中对于各种要素的环境影响评价的方法和结果汇总，包括拟建环境影响评价项目和替代方案的环境影响评价工作。对于每一种不利的影响，都需要提出相应的应对措施。

5. 环境管理计划

环境影响评价应包括环境管理计划，以防止、减轻和监控不利的环境影响。环境管理计划将采取足够的细节来描述监测管理的操作，并方便后续审计工作。该计划中，应该明确责任人在每一工作环节中的应尽义务、需要实现的效果、确认计划能够有效地解决潜在的问题等。环境管理计划应当有下列内容：应对措施的细节；监测应对方案的技术；分析方法和可信度；评价关联性的指南；环境监测计划执行的具体范围；滑坡、排污、爆破的影响；绿化计划；水环境质量监测；大气环境质量监测；职业健康和安全。另有监测的机理和方法、监测计划、监测数据的报告周期、环境监测计划的实施和监督的财政预算及意外事件应对方案。

6. 咨询和协调

回顾公众参与的全过程，以及参与合作的相关部门，需要获得这份环境影响评价报告书草稿的机构和个人列表。

7. 复垦计划

环境影响评价报告书内容还应包括参考文献、术语、索引、附件（包括图和表）。

四、环评体系总结

美国作为西方发达国家，政治制度成熟完善，社会安全稳定。虽然在全球经济衰退的大背景下，美国经济在国际中的地位有所下降，但美国仍是世界上规模最大、综合实力最强的经济体，是海外投资最主要的目的国之一。美国拥有 3 亿多人口，人均消费能力强且倡导信用消费，是世界上最大的消费市场之一。作为世界上最大的能源消费国和能源进口国，其国内能源消费市场广阔。能源消费结构以石油和天然气为主，煤炭在能源中的比重不断降低，然而美国作为全球煤炭可采储量最丰富的国家之一，整体煤炭行业仍给国内外投资者提供了大量的市场机会。美国的环境保护工作一直处于国际领先水平，对环境要求也非常严格，其对环境保护工作非常重视，因此美国环境法律体系规范完善；环境影响评价工作较为复杂，审批程序也较为烦琐，除联邦政府制定了相关法律约束外，各州也有州级的环境监管部门和相应的环境法律法规规范在该州矿业开发项目。

在美国负责其环境保护的主要监管机构包括环境影响评估委员会、联邦和州环保局、环境质量委员会和联邦能源部。其中环境影响评估委员会负责环评报告的编写审查；能源部负责初步环评审批，并确定环评职权范围；最终报告的审批是由联邦和州环保局和环境质量委员会共同审批决定；内政部地表采矿复垦和执法办公室负责矿产项目关闭之后的生态修复监管工作。主要环保法律是国家环境政策法案和环境质量委员会条例。美国为联邦国家，各州对环境要求、环境审批程序、环境影响评价报告的要求略有不同，但大体一致。

环境审批主要包括以下程序步骤：提交项目申请；项目筛选分类；确认职权范围；实地调查、数据收集；可行性分析、替代方案评估、进行环评工作并撰写报告；提交环评报告并进行技术审查；公众参与的环评报告审查；修改报告、提交终稿并由环保局和环境质量委员会共同审批。环境影响评价报告主要包括以下内容：项目基本信息描述、提议项目和替代方案、环境影响的描述、环境影响后果、环境管理计划、咨询和协调等方面内容。从提交环评报告起，整个审批流程在 3 ~4 个月内完成。

总体来说，美国作为资源大国、发达国家，政府和民众对矿山环境保护工作非常重视，环境保护工作起步相对较早，环评体系非常完善。

五、环境保护成本分析

矿业投资环境是指在矿业领域开发投资中面对的各种周围情况和条件的总和，一般是按照影响的要素分类分析。这些主要因素包括：目标国自然资源、政治环境、经济环境、法律体系、财税体系、环境保护成本等。本节主要探讨环境保护成本因素对境外投资矿业尤其是煤炭工业的主要影响。

在本节研究中，主要通过 5 个方面对目标国家的环境保护成本进行定性分析，分析后给出“高”“中”“低” 3 种评估结论。以环境审批一般办理时限为例，“高” 表示目标国家环境审批一般办理时限相对于其他国家较长，反之则判定为“低”，当目标国家环境审批一般办理时限介于“高”和“低”之间，结论偏中性，无法给出“高”或“低”的单方面结论时，则评估结果为“中”。

评估目标国家环境保护成本的5个因素依次为目标国家环境法律体系完善程度、环境审批程序复杂程度、环境审批一般办理时限、公众参与程度及环境保护敏感度、矿区复垦及环境保护保证金收取要求。

1. 环境法律体系完善程度

美国作为发达国家，是全球煤炭可采储量最丰富的国家，世界上最大的能源消费国和能源进口国。美国完整继承了西方的司法体系，法制健全。具体在环境保护领域，美国的环境保护工作起步很早，其环境法律体系非常完善，除联邦政府制定联邦法律，对各州环境保护进行统一管理外，各州尤其是资源大州都制定了配套的相关环境法律规范各州的环境保护工作。在美国现行法律中，主要约束开展矿业项目环境保护工作的联邦法律包括环境质量委员会条例、国家环境政策法案及联邦露天采矿管理复垦法等。与此同时，各州也针对水、空气、土地退化、动植物等方面制定了相关配套法律法规，如州环境政策法案等，此类州级法律依据联邦法律为背景和基准制定，具体标准略有不同。

综上所述，对美国环境法律体系完善程度评定为“高”。

2. 环境审批程序复杂程度

由于美国政府长久以来一直对自然资源非常重视，对环境保护的重视程度也属于世界前沿水平。美国属于联邦制国家，美国对于环境审批程序主要由联邦政府统一负责，审批全流程要求公众参与。相对于其他国家，美国的环境审批程序相对复杂，主要包括提交申请、项目分类、实地调查、数据收集、环境影响评价准备工作、编写职权范围、开展环境影响评价工作、可行性分析、替代方案的选取和评估、撰写并提交环评报告及对环评报告进行初审、修改、公示、补充材料、再次审查等常规审批流程。区别于其他国家，美国在项目分类阶段，若拟建项目被分为第3类项目，即无法确认该项目是否需要环境影响评价工作时，需要进行环境影响评估，编制环境评估报告是为主管机关就拟议行为对环境可能产生的影响及其程度做出基本的判断，以决定是否进一步编制环境影响评价报告。这一环节类似于预评估步骤。然而近几年由于环境保护工作重视程度的提高，绝大多数矿产开发项目都需要做环境影响评价，鲜有项目被分为第1或3类。另外，除环境影响评价工作本身外，环境审批流程中还涉及可行性分析、替代方案的选取和评估，这在某种程度上也增加了环境审批程序的复杂性。

综上所述，对美国环境审批程序复杂程度评定为“高”。

3. 环境审批一般办理时限

尽管美国的环境审批程序较为复杂，但是由于主要由联邦部门负责，不需要各州分别审批，因此美国政府办事效率比较高，环境审批一般办理时限较短。一般情况下，自环境影响评价报告提交之日起，至少需要5个月以上完成全部审批程序。然而审批流程中的项目定级分类、环境影响评估、替代方案选取和评估以及公众参与等因素可能会导致环境审批时间变长。

综上所述，对美国环境审批一般办理时限评定为“中”。

4. 公众参与程度及环境保护敏感度

在美国，环境质量委员会条例对公众参与的程序作了详细规定，包括参与阶段、参与范围、参与人员、参与效果以及参与的限制等。美国的环境影响评价程序中有两个阶段直接包含公众参与：第一阶段，行政机关认定其拟议的行为无重大环境影响，公示“无重大影响认定”文件，公众予以审查并具有最终的决定效力；第二阶段，即报告书的评论和定稿，这是整个环境影响评价中最重要的阶段。其间公众先有45～90 d对于报告书初稿的评论期，具体时间按具体项目而定，可被环保部门延长或缩短。评审机关在30 d之内对公众的意见作出回应，若有需要，项目方需要修改初稿，该报告书定稿之后，公众再次获得30 d的审阅期。美国公众对环境保护工作极为重视，环境保护敏感度高，近几年存在因环保问题遭到公众反对，最终导致矿业项目环境审批时间延长、环境保护时间和金钱成本增加甚至流产或被政府叫停的案例。

综上所述，对美国公众参与程度及环境保护敏感度评定为“高”。

5. 矿区复垦及环境保护保证金收取要求

美国对环境保护非常重视，相关配套法律体系建立早，且规范全面。联邦露天采矿管理复垦法于1977颁布，自该法律颁布后，项目方需要边开采边对采矿活动破坏的土地依法进行复垦活动，复垦率要求达到100%。联邦政府和州政府对煤矿复垦的验收标准很高，规定种上植被5 a后验收，验收达不到标准，需要第二个5年后再行验收，否则，不返回环境保证金。所有的煤矿开采活动都必须按规定缴纳土地复垦保证金，保证金的缴纳额度根据许可证所批准的复垦要求和各矿区自然状况确定，每一个许可证所呈缴的保证金不得少于1万美元。按季度上缴，其中50%上缴联邦政府，用于全国范围内的紧急情况项目或没有开展矿山复垦项目的州政府土地复垦；50%留在州政府，用于各州的矿山复垦项目。

综上所述，对美国矿区复垦及环境保护保证金收取要求评定为“高”。

经定性分析结果显示，评估美国环境保护成本的5个因素：国家环境法律体系完善程度、环境审批程序复杂程度、公众参与程度及环境保护敏感度、矿区复垦及环境保护保证金收取要求这几项均评定为“高”；环境审批一般办理时限评定为“中”。总体而言，美国被定级为环境保护高成本国家。

第六节　基　础　设　施

一、交通

（一）铁路

截止到目前，美国以约23万km的铁路里程居于世界首位，并且遥遥领先于其他国家铁路路网规模。美国铁路以货运为主，但是美国货运铁路网分布不均匀，北部密，南部稀。以东西干线为主，南北干线较少（图7－1－5）。铁路连接的主要是经济发达地区，东部以纽约、费城、华盛顿为代表，西部以旧金山、洛杉矶为代表。

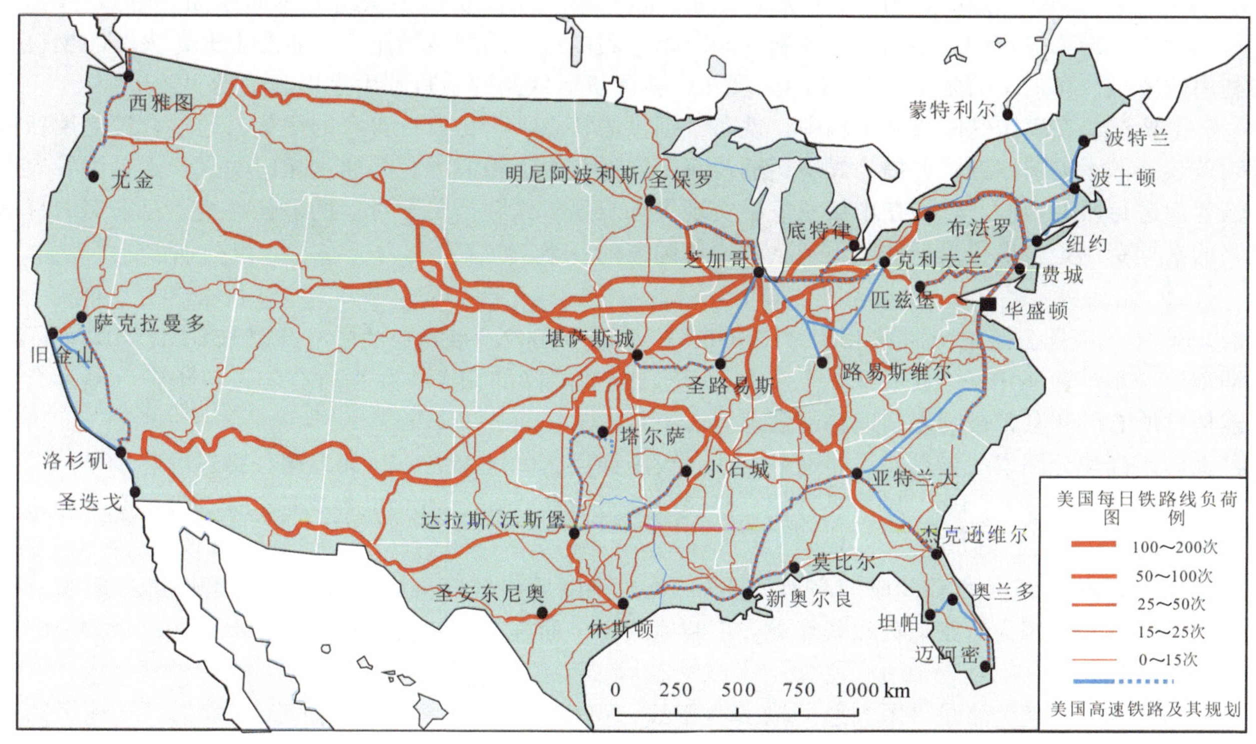

图7－1－5　美国铁路路网分布图

除了一家地方铁路公司以外，美国铁路货运公司全部为私人所有和运营。美国铁路货运公司以市场机制为基础，以互相尊重产权为前提，形成了以互惠互利为基础的开放通路权制度。还通过签订合作协议的方式，制定联合运价，协调运营组织，降低运输成本，提高服务质量，实现了多赢的格局。通过发挥行业协会作用，保证整个铁路行业顺畅运作。

美国铁路在发展重载运输的同时，还积极发展联合运输。通过铁路集装箱联运方式，继续扩大投资更新和扩建铁路，确保货物无损、准时和稳定送达目的地，提高经营效率，让广大客户更加满意。

目前，美国铁路网拥堵的线路不到1%。但是，随着运输需求不断增加，路网不足的问题将日益凸显。为进一步促进美国高速铁路的研究进展，实现美国未来25 a内高速铁路的发展目标，2011年2月9日美国政府发布了第一个高速铁路发展6年计划，计划投资530亿美元，用于新建高速铁路走廊，将现有一些线路升级为高速铁路线路。目前，美国高速铁路的研究进程取得了很大进展，但真正把计划落到实处仍需付出很大努力。

美国矿产品和农产品是铁路货运的主要商品，其中煤炭占43%。煤炭是美国铁路运输的最重要的货物，约占铁路运量的1/5。货运铁路公司从运输煤炭上取得的收入要多于其他商品。美国煤炭产地集中在少数的几个州内，而消费地却分散在全国。这样的产销格局之所以能够存在，是因为美国拥有世界上最高效和最发达的由铁路主导的煤炭运输系统。

煤炭供需上的“一对多”“大对大”使铁路具备了充分发挥计划性、降低运输成本和企业存货成本，实现路企双赢的条件。美国铁路所运输的煤炭中95%都是通过标准列车完成的，可以实现较低的单位成本。在煤炭装卸方面，美国铁路使用专用装卸设备。在维修设施方面，美国铁路采用了一些新的车辆维护设备，使煤炭运输列车更换车轮时间从以前的几天减少到10 s左右。在运营调度方面，相邻铁路公司的调度实现合署办公，取得了显著效益。

1980年《斯塔格斯法》出台后，美国货运铁路逐渐成为全球最有活力的铁路运输体系，铁路公司的运作效率得到普遍提升。2010年煤炭的RPTM（每吨每英里收益）比1981年降低了49%。2010年美国铁路运煤的平均RPTM为2.5美分，远低于铁路所运送的其他大宗货物，不及除煤炭之外其他所有货物平均RPTM（5.33美分）的一半。

近些年来，一些铁路的费用有所增加，但是，这些增长主要是由于铁路成本的增加，诸如劳动力、燃料和钢铁。随着技术的改进以及管理制度的改革，美国火车的燃料利用率一直在上升，火车的燃料平均利用效率是汽车的4倍多，从1980年到现在，美国货运铁路的燃料利用率提高了约99%。

综上所述，在美国铁路煤炭运输中，铁路根据供需特点在努力发挥自身的优势，通过合理应用新技术装备、新的运输组织方式，提高煤炭运输效率，降低煤炭运输成本，并通过相应的运价体系引导煤炭运输客户进行服务定制，从而在市场竞争中实现供求双赢。铁路是美国货运的最佳方式。目前美国货运铁路的平均费用是全世界最低的，不到欧洲主要国家的一半。

（二）公路

2009年，美国公路系统拥有4.10×10^6 mile（1 mile = 1609.344 m）的中心线路和8.50×10^6 mile的机动车道（平均每条中心线路有2.1个车道）。随着高速路网的完工，几乎所有的人口集中区域都有公路连接，所有的州县都被州际高速路网覆盖。

美国是高速公路发展最迅速、路网最发达、设施最完善的国家之一，其高速公路建设起步早。美国公路总里程约6.30×10^6 km，居世界首位，高速公路近90000 km，占全世界高速公路总里程的1/3，承担着全美公路运量21%以上。

目前，只有1956年之前建成的高速公路和2005年以后州政府修建的收费公路可以继续收费。但是，很多高速公路因为道路老化和联邦资金不断地减少，面临巨大的新建和维护成本问题，很多公路得不到及时维护。

公路特别是高速公路是美国交通运输的主干线，可以运输东西海岸之间的人和货物。高速公路在2009年承受大约3.0×10^{12} mile的行车里程，其中7.170×10^{11} mile是在州际公路上，而剩下的大约2/3则是在城市公路上。美国公路系统中的车辆大部分是私人车辆，包括汽车、轻型卡车、货车和摩托车，其中84%适于全国范围的旅行。尽管最近20年间卡车的数量翻倍增加，但是在整个公路交通系统中仍然占据相对较小的份额。

货车的流量通常集中在一些路段上，这些路段承载了相当比例的卡车流量，在主要的大都市区，高峰时期客车和货车的流量超过路面的承载能力，并引起道路拥堵。假设公路网运力不发生变化，考虑到卡车和客车的增加速度，那么到2040年预计高峰时段出现反复拥堵的路段将高达37%，而2007年的这一数字为11%。

公路货运对促进美国的经济发展和维持人民的日常生活有着重要的意义，货运量和运输货物的价值在整个货运体系中都占很大比例。2009年，公路系统共完成货运161亿t，总价值14.9万亿美元。在全部货运中，卡车货运所占比例在运量和价值上都超过了70%。在美国，长途货运卡车通常集中在连接人口中心、港口、边境口岸和其他主要的活动枢纽的中心道路上。只有14个州和6个州的收费高速公路当局允许长组合车辆（LCV）全线或部分线路通行。到2040年，美国国家公路系统中长途卡车的流通量预计将会大幅度提高。

综上所述，美国有高度发达和密集的公路网络，是高速公路发展最迅速、路网最发达、设施最完善的国家之一，公路货运对促进美国的经济发展和维持人民的日常生活有着重要的意义，货运量和运输货物的比重较大。但是，据美国法律，只允许州政府修建收费公路，其他新修公路免费，而且很多州因为资金短缺而致使老旧公路得不到及时维护，部分大都市拥堵严重，而且这个状况还可能继续恶化，大部分公路限制LCV车辆通行，使得长途货运的前景并不乐观。

（三）港口

海港口岸是美国国内通往国际贸易的大门，连接着美国和世界。这些港口分布于大西洋、太平洋、海湾和五大湖沿岸。大西洋岸的重要港口有纽约、巴尔的摩、波士顿、诺佛港、费城、波特兰。纽约港是美国最繁忙的海港，也是全球最大的港口。太平洋岸的主要港口有旧金山、长滩、洛杉矶、波特兰、西雅图及加州的里士满。旧金山港是美国第二大海港，吞吐量位居世界前列。墨西哥湾的重要港口有新奥尔良、休斯敦和巴敦罗基。大湖区重要港口有芝加哥、底特律、杜鲁斯与苏必略和托雷多，坐落在密歇根湖南岸的美国第三大城市芝加哥为著名的内陆港口，美国大湖区的主要港口是河口湖港，拥有全国最大的铁路枢纽，有32条铁路干线交汇于此。

现在美国的港口和航道每年要处理超过20亿t国内和进出口的货物，预计到2020年，运送货物的总量要比2001年增加一倍。大部分国内生产的日用品和制成品通过水路运输，全美国将近一半的小麦、面粉、大豆、大米、棉花产品都是经由美国的港口出口。美国生产的煤炭、谷物和木材也是由于有效的运输系统而在国际市场上有良好的竞争力。

停靠美国港口的船只，35%为装载石油和天然气的油轮；31%为集装箱轮船，装载一般性的进出口货物并运往国内外市场；17%为干散货船，运输钢铁、煤炭和粮食；9%为滚装船舶，运输进出口的车辆；6%为普通货船。

美国大部分港口采用的管理模式是由政府机构、国营企业与私人企业共同经营管理。近年来，民营化的趋势日益明显，其特点是打破单一由国家或政府经营的港口管理模式，减少国家在港口经营管理中的直接参与度。

美国港口具有以下特点：（1）完善高效的管理体制，港务局、码头装卸公司、码头公司、工会各司其职，充分发挥了船公司、码头公司等企业在市场竞争中的经营活力，同时还能保证码头工人享有优厚的生活待遇；（2）快捷方便的联运方式，铁路、公路、内河与港口紧密合作，铁路线直接延伸到码头前沿，港口货运站直接与高速公路相连，联运相当发达；（3）重视环境保护与资源节约，在法律、法规上强制和引导节能，通过财政激励措施鼓励用户使用更高能效标准的产品。

美国东海岸和西海岸的几大重要煤炭港口如图7－1－6所示。

（1）纽约—新泽西港。

该港口是美国第一大城市和主要海港之一，美国第三大集装箱港，大湖流域重要的出入门户，美国最大的交通枢纽，两条横贯美国东西大陆桥的桥头堡。

（2）弗吉尼亚港。

美国第七大港口，在美国东海岸港口中排名第三，拥有4个海港和1个内陆港。弗吉尼亚港是美国东海岸一个重要的煤炭进出口的港口。包括：（1）明道码头联营公司，拥有2000万t的年吞吐量，能容纳载重17.8万t的船舶，由CSX运输公司负责将弗吉尼亚州、西弗吉尼亚州和肯塔基州的煤运送到

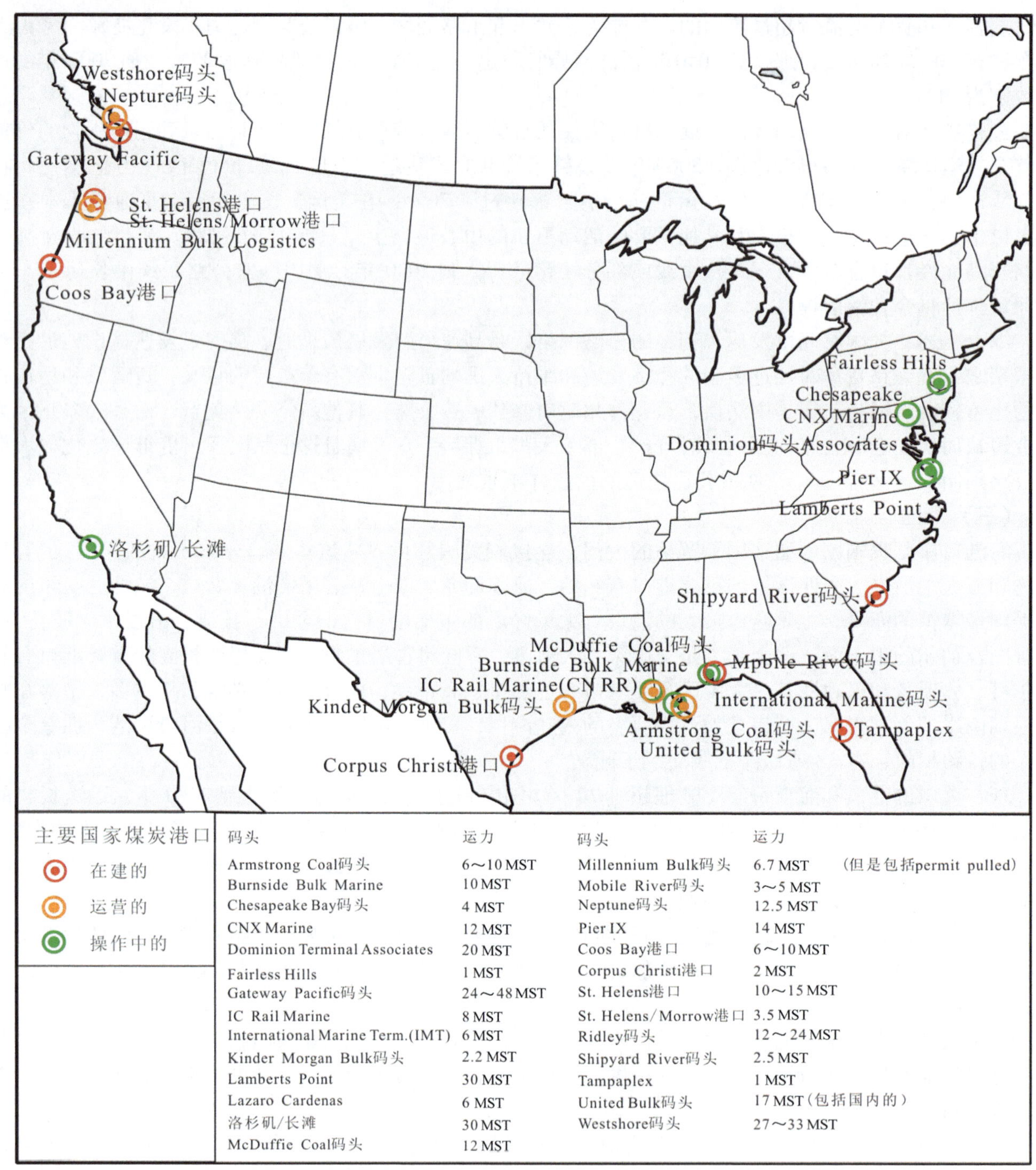

图 7-1-6 北美主要煤炭港口分布图

此；(2) 砍得摩根散货码头——Pier Ⅵ，每天能装 85000 ~ 90000 t 的煤船，每年的吞吐量为 1200 万 t 煤和 136 万 t 地下存储仓，由 CSX 铁路运来最高品质的冶金煤和动力煤。

(3) 莫比尔港。

亚拉巴马州唯一的深水港，美国最大的深水港之一，同时，2010 年全美国按吞吐量排名第七，美国最大的散装木材港口，美国第二大煤炭码头和美国最大的煤炭进口码头。服务航线超过 130 条，有 14 个公共码头和 155 个专用码头，34 个深水泊位。南部密克杜费岛是煤炭装船区，在莫尔比河岸有 2 个泊位，前沿水深 12.4 m，装船机每小时装煤 4000 t，后方有宽阔的堆场。2010 年，总吞吐量为 1560 万 t。

(4) 新奥尔良港。

仅次于纽约——新泽西港的第 2 大港口。美国南部墨西哥湾海岸线的中心，密西西比河的出海口，典型的河口港。美国中部地区的内河航运网在此和远洋运输连接，经由墨西哥湾通往世界各地。全美 20 个州同新奥尔良港有水网相通，加上发达的经济腹地，使新奥尔良港在周边的港口中有很大的竞争优势。港口货物吞吐量中占首位的是石油，其次为谷物、杂货、煤炭等。

（5）洛杉矶—长滩港。

主要港区在圣佩德罗湾，由东、西毗邻的洛杉矶港和长滩港组成，可供 18 万 t 以下船舶出入。港区拥有各种专业化码头、仓库和现代化装卸、冷藏等设施。洛杉矶港位于西部，有各类深水码头 55 个，14 个石油码头和 8 个船坞，年货物吞吐量 4000 多万吨，煤炭运输在长滩港整体运量里只占一小部分。

墨西哥湾海岸和东部海岸的海港承担了部分美国煤炭出口。6 个主要海港承担了 2010 年美国煤炭出口量的 94%，它们是东部海岸的巴尔的摩港口和诺福克港口、墨西哥湾的莫比尔港和新奥尔良港、西部海岸的西雅图港和五大湖区的底特律港。

综上所述，海港口岸是美国国内通往国际贸易的大门，连接着美国和世界。这些港口分布于大西洋、太平洋、海湾和五大湖沿岸。现有的美国港口和航道每年要运输超过 20 亿 t 国内和进出口的货物。美国港口具有完善高效的管理体制、快捷方便的联运方式、重视环境保护与资源节约的特点。墨西哥湾海岸和东部海岸的海港承担了大部分的美国煤炭出口。几大重要煤炭港口有纽约—新泽西港、弗吉尼亚港、莫比尔港、新奥尔良港和洛杉矶—长滩港。

二、电力

美国是世界上最大和最发达的经济体，煤炭资源丰富，油气资源大量依赖进口，总装机容量、燃气发电量、核电装机容量及发电量和消费电量均为全球第一，电力结构以火电为主，电网规模大，电力工业规模与中国相当。

（一）美国电网的发展历程及未来规划

美国通过电网改革和区域联网，将传统的分散的电网相互联合，逐步形成了美国东部、西部和得克萨斯三大联合电网（图 7－1－7）。智能电网代表当今世界电力系统发展的方向，2007 年美国国会颁布《能源独立与安全法案》，以法律形式确立了智能电网的国家战略地位。

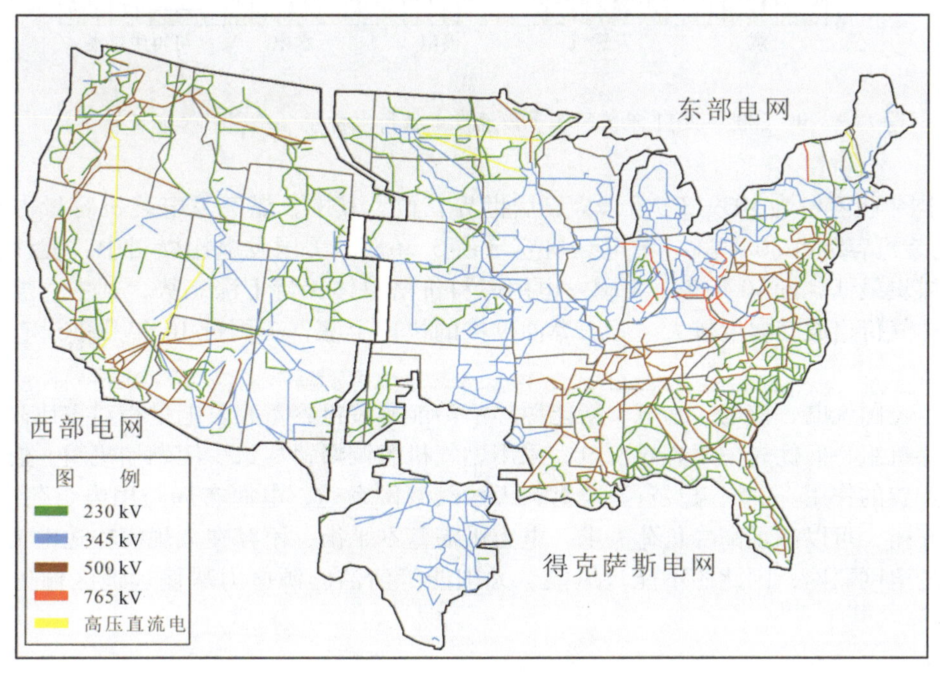

图 7－1－7　美国三大电网图

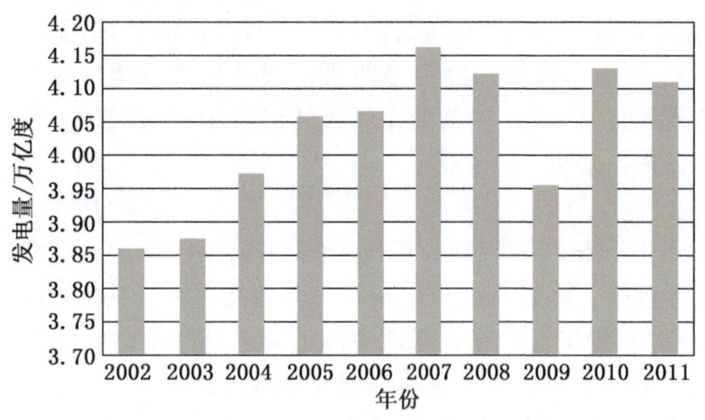

图7-1-8 美国发电量（美国能源信息管理局）

（二）美国电力生产和消费

美国天然气管网四通八达，气电比重高，燃气轮机和联合循环等调峰电源直接建在用电负荷中心，电力供需以就地满足为主。

从历史上看，美国电力生产从1949年到2007年稳步上升，发电总量同比只在1982年和2001年小幅下跌两次。2007年以后的4年下降了3次（图7-1-8）。2000—2010年，美国电力消费总体呈上升趋势，美国工业和居民电价也呈现稳步上涨态势。

在美国，用于发电的主要燃料是煤、天然气、核电、水电、风能和太阳能。近几年来发电总量和煤的发电量都有下降的趋势。经济衰退是2008—2009年发电量减少的重要原因。近期来，煤炭发电的份额加速下降，低到40%左右（图7-1-8）。与此同时，天然气的发电份额却有明显上升的趋势。再生能源的比例一直在上升，但其总量依然较低。

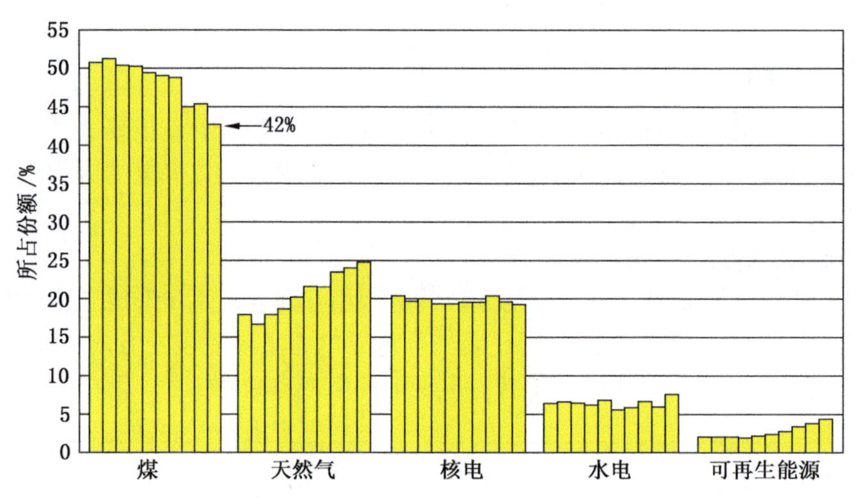

图7-1-9 2002—2011年美国各种能源发电量所占份额（美国能源信息管理局）

2010年美国装机容量为103913.7万kW，居世界首位。其中，燃气发电装机容量占总装机容量的39.43%，煤电装机容量占30.49%，油电装机容量占5.36%。美国发电用燃料中，燃油价格最高，其次是天然气，煤炭最低。近10年来，美国发电用燃料价格总体保持上涨态势，其中，煤炭价格持续上涨，燃油、天然气价格波动幅度较大。鉴于燃油价格的快速上涨，美国近10年几乎没有新增燃油装机容量。

综上所述，美国气电、核电、水电、新能源等清洁能源装机容量和发电量相对占比高。尽管燃气装机比例超过燃煤机组，但优先采用燃煤发电，采用燃气机组调峰，尽量少用燃油机组，燃料价格因素发挥了资源优化配置的作用。美国煤炭资源丰富，天然气管网发达，电源布局与用电负荷中心基本一致，调峰电源装机充裕，可以满足高峰负荷需求，电力供需基本平衡，不存在大规模输送电力的需求。由于还未与全国性的电网联网，因此还不能将风能、太阳能等清洁能源电力从偏远地区输送到人口密集中心。

三、基础设施总结

作为世界上交通运输业较发达的国家，美国已建立起庞大的铁路、公路、航空、内河航运和管道运输网，美国铁路、公路、航空、管道运输的运力均居世界首位。

铁路是美国货运的最佳方式。目前美国货运铁路的平均费用是全世界最低的，不到欧洲主要国家的一半。联邦铁路局宣称美国的铁路系统是全世界最节约，最高效，最经济的系统。在美国铁路运输煤炭的过程中，铁路根据供需关系在努力发挥自己的优势，通过合理应用新技术装备、新的运输组织方式，提高煤炭运输效率，降低煤炭运输成本；并通过相应的运价体系引导煤炭运输客户进行服务定制或选择，从而在市场竞争中实现供求双赢。

美国拥有高度发达和密集的公路网络，是高速公路发展最迅速、路网最发达、设施最完善的国家之一，但很多州因为资金短缺而使老旧公路得不到及时的维护，部分大都市拥堵严重，这种状况还可能继续，大部分公路限制 LCV 车辆通行，长途货运的前景也并不乐观。

海港口岸是连接美国和全球贸易的大门。美国的港口具有完善高效的管理体制、快捷方便的联运方式、重视环境保护与资源节约，每年要吞吐超过 20 亿 t 国内外货物。美国重要煤炭港口有纽约—新泽西港、弗吉尼亚港、莫比尔港、新奥尔良港和洛杉矶—长滩港。

此外，美国气电、核电、水电、新能源等清洁能源装机和发电量相对占比高。尽管美国燃气装机比例超过燃煤机组，但优先采用燃煤发电，采用燃气机组调峰，尽量少用燃油机组，燃料价格因素发挥了资源优化配置的作用。美国煤炭资源丰富，天然气管网发达，电力布局与用电负荷中心基本一致，调峰电源装机充裕，可以满足高峰负荷需求，电力供需基本平衡，不存在大规模输送电力的需求。美国正在推进全国性的电网联网、建设智能电网，以将风能、太阳能等清洁能源从偏远地区输送到电力消费中心。

总体而言，美国良好的基础设施条件有利于对其能源投资，尤其是资源开发投资。

本章参考文献

[1] 中华人民共和国商务部．对外投资合作国别（地区）指南——美国（2015 年版）[R]．北京：商务部对外投资和经济合作司，2015.

[2] 中华人民共和国商务部，中华人民共和国国家审计局．国家外汇管理局．2015 年度中国对外直接投资统计公报 [M]．北京：中国统计出版社，2015.

[3] 中国出口信用保险公司．国家风险投资报告——美国 [R]．北京：中国出口信用保险公司，2015.

[4] 杨会军．列国志——美国 [M]．北京：社会科学文献出版社，2004.

[5] 杨立杰，刘淑萍，谷玥，等．美国概况 [OL].(2012)[2012 - 02 - 17] http://news.xinhuanet.com/ziliao/2002 - 01/28/content_257426.htm.

[6] 中华人民共和国外交部．美国国家概况 [OL].(2015)[2015 - 11 - 15] http://www.fmprc.gov.cn/web/gjhdq_676201/gj_676203/bmz_679954/1206_680528/1206x0_680530/.

[7] 中华人民共和国驻美利坚合众国大使馆．国家概况 [OL].(2015)[2015 - 12] http://www.china - embassy.org.

[8] Klaus Schwab. The Global Competitiveness Report 2016—2017 [R]. World Economic Forum.

[9] Doing Business 2015. 12th edition [R]. The World Bank, International Finance Corporation.

[10] World Economic Outlook Database: United States [R]. International Monetary Fund . November 2015.

[11] Introduction – United States. 20 April 2006 [R]. CIA World Factbook. URL accessed 3 May 2006.

[12] "Gross Domestic Product: 4th Quarter and Annual 2013 (advance)" Bureau of Economic Analysis [R]. January 30, 2014.

[13] "Stock of Foreign Direct Investment" [R]. CIA World Factbook.

[14] Trade Union Density OECD [R]. StatExtracts. Retrieved: May 1, 2013.

[15] 安永会计师事务所．Worldwide Corporate Tax Guide 2016 [G].

[16] 安永会计师事务所．Worldwide Personal Tax Guide 2016 [G].

[17] 安永会计师事务所．Worldwide VAT, GST and Sales Tax Guide 2016 [G].

[18] 普华永道会计师事务所．A Comparison of Tax System in 189 Economies Worldwide 2016 [G].

[19] 中华人民共和国商务部．对外投资合作国别（地区）指南（2015 年版）[G].

[20] 国家税务总局．税收服务"一带一路"战略专题 [OL] http://www.chinatax.gov.cn/n810219/n810744/n1671176/index.html.

[21] 国家税务总局．中国居民赴美国投资税收服务指南［G］.
[22] 孙承．美国现行税务管理体制特点及启示［J］．税务与经济，2008，02.
[23] G Guenther. Federal Tax Benefits for Manufacturing［R］. CRS Report for Congress.
[24] 德勤会计师事务所．投资美国：国际税务及事业指南［G］.
[25] 毕马威会计师事务所．投资美国中国公司指南［G］.
[26] 阿历克西·德·托克维尔．论美国的民主［M］．北京：译林出版社，2012.
[27] 杨兆龙，陈夏红．大陆法与英美法的区别［M］．北京：北京大学出版社，2009.
[28] 王振东．现代西方法学流派［M］．北京：中国人民大学出版社，2006.
[29] 齐树洁．美国司法制度［M］．厦门：厦门大学出版社，2010.
[30] 中国出口信用保险公司．国家风险投资报告——美国［R］．北京：中国出口信用保险公司，2012.
[31] 中华人民共和国商务部．对外投资合作国别（地区）指南——美国（2012 年版）［R］．北京：商务部对外投资和经济合作司，2012.
[32] H. J. 贝尔曼，李焕庭．美国法律的历史背景［J］．法学评论，1984，(03).
[33] 高鸿钧．英国法的域外移植——兼论普通法系形成和发展的特点［J］．比较法研究，2009，(03).
[34] 冯玉军．当代美国法律思想的演进谱系［J］．法学家，2007，(06).
[35] 霍普勋爵，刘晗．普通法世界中的混合法系［J］．清华法学，2012，(06).
[36] 让·路易·伯格，郭琛．法典编纂的主要方法和特征［J］．清华法学，2006，(02).
[37] 冯静．美国司法积极主义哲学论［M］．上海：上海人民出版社，2012.
[38] 齐树洁．美国司法制度［M］．厦门：厦门大学出版社，2010.
[39] 杨锐．美国国家公园的立法和执法［J］．中国园林，2003，(05).
[40] 廖欣．完善我国现行《矿产资源法》的思考［J］．湘潭大学学报，2005，(03).
[41] 白洋．从三次能源立法看美国能源政策演变［J］．经济研究导刊，2013，(03).
[42] 罗佐县．美国页岩气勘探开发现状及其影响［J］．中外能源，2012，(01).
[43] 彼得—克雷斯迪安·弥勒—格拉夫，刘旭．国家与市场关系的法治化——德国、欧共体以及美国思路的比较［J］．经济法论丛，2010，(02).
[44] Fiona Woollard. The Doctrine of Doing and Allowing Ⅱ: The Moral Relevance of the Doing/Allowing Distinction. Cambridge: Philosophy Compass, 2012.
[45] Masahiro Yamada. The structure of emotions and the law system［J］. THE SOCIOLOGY OF LAW, 2004, (07).
[46] Kahn Charles N. Intolerable risk, irreparable harm: the legacy of physician - owned specialty hospitals. Health Affairs, 2006.
[47] Greenhouse. The U. S. Supreme Court: A Very Short Introduction［M］. Oxford: Linda Oxford University Press Inc, 2009.
[48] Ki - Hyun Kim, Du - Young Kim. Heavy metal pollution in agricultural soils: Measurements in the proximity of abandoned mine land sites (AMLS)［J］. Journal of Environmental Science and Health, 1996.
[49] Robert K. Dixon, Elizabeth McGowan, Ganna Onysko, Richard M. Scheer. US energy conservation and efficiency policies: Challenges and opportunities［J］. Energy Policy, 2010.
[50] F. T. Cawood. The South African mineral and petroleum resources royalty act — Background and fundamental principles［J］. Resources Policy, 2010.
[51] Yu. V. Razovskii. Differentiation conditions for mining, ground, and financial rent［J］. Metallurgist, 1995.
[52] Clark, Harry L, Wang, Lisa W. Foreign Investment and National Security［J］. The China Business Review, 2008.
[53] Hui Shan. The effect of capital gains taxation on home sales: Evidence from the Taxpayer Relief Act of 1997［J］. Journal of Public Economics, 2010.
[54] Lei Ma, Liang Cheng, Manchun Li. Quantitative risk analysis of urban natural gas pipeline networks using geographical information systems［J］. Journal of Loss Prevention in the Process Industries, 2013.
[55] Curtis M. Oldenburg, Steven L. Bryant, Jean - Philippe Nicot. Certification framework based on effective trapping for geologic carbon sequestration［J］. International Journal of Greenhouse Gas Control, 2009.
[56] Snow, Nick. BLM releases proposed oil shale development regs［J］. Oil & Gas Journal, 2008.
[57] 中华人民共和国外交部．美国国家概况［OL］.(2013)［2013 - 01 - 15］http://www.fmprc.gov.cn/mfa_chn/gjhdq_603914/gj_603916/bmz_607664/1206_608238/.
[58] 中华人民共和国驻美利坚合众国大使馆．国家概况［OL］.(2013)［2013 - 03 - 06］http://www.china - embas-

sy. org.

[59] 王恺．中美环境影响评价法律制度比较研究［D］．太原：山西大学，2012.

[60] 闫高丽．中美环境影响评价制度的差异及其原因评析［J］．公民与法，2011，6：60－63.

[61] 马绍峰．美中环境影响评价制度比较研究——兼评我国《环境影响评价法》［J］，环境法论坛，2004，3：115－117.

[62] John W. Stampe, Lessons Learned from Environmental Impact Assessments: A Look at Two Widely Different Approaches — The USA and Thailand [J]. The Journal of Transdisciplinary Environmental Studies 2009, vol. 8, No. 1.

[63] 国外环评法律制度选介．(2012)[2012－07－02] http://www.docin.com/p－500172240.html.

[64] Guidebook for Evaluating Mining Project EIAs, 1st Edition, July 2010. Environmental Law Alliance Worldwide (ELAW) 1877 Garden Avenue Eugene, OR 97403 U. S. A [OL]. (2010)[2010－06] http://www.elaw.org.

[65] EIA Technical ReviewGuidelines: Non－Metaland Metal MiningRegional Document, prepared under the CAFTADR Environmental Cooperation Program to Strengthen Environmental Impact Assessment (EIA) Review. (Prepared by CAFTADR and US Country EIA and Mining Experts). http://libms1.albany.edu: 8991/F/? func = direct&doc_number = 1594877&l_base = alb01.

[66] Ochoa mining project websites, Ochoa Mine Project Draft EIS, published in the Federal Register on August 9, 2013. http://www.nm.blm.gov/cfo/ochoaMine/draftEIS.html.

[67] Department of Nature Resource, Colorado division of reclamation mining &safety, Colorado Surface Coal Mining Reclamation Act [OL]. (2006－08－07) http://mining.state.co.us/Rules/Pages/home.aspx.

[68] Department of Nature Resource, Colorado division of reclamation mining &safety, Colorado Regulations of the Colorado Mined Land Reclamation Board for Coal Mining [OL]. (2005－09－14) http://mining.state.co.us/Rules/Pages/home.aspx.

[69] MontanaEnvironmental Quality Council 2013—2014, Montana Environmental Policy Act 2012 [OL]. http://leg.mt.gov/eqc.

[70] Montana Audubon, SB 233 Amendments to the Montana Environmental Policy Act 2011 [OL]. http://www.mtaudubon.org/issues/act/priority2011_MEPA.html.

[71] Montana's Official State Website, Montana Strip and Underground Mine Reclamation Act: Definitions and Strip Mine Permit Application Requirements [OL]. (2012)[2012－04－13] http://www.mtrules.org/gateway/Subchapterhome.asp? scn = 17.24.3.

[72] Montana's Official State Website, Coal and Uranium Mine Permitting [OL]. (2008)[2008－10－10] http://www.deq.mt.gov/CoalUranium/Coalpermitting.mcpx.

[73] Montana's Official State Website, Permitting and Compliance Division [OL]. (2013)[2013－11－20] http://www.deq.mt.gov/pcd/default.mcpx.

[74] US Environmental Protection Agency, Environmental Impact Statement (EIS) Database 2012 [OL]. [2012－06－25] http://www.epa.gov/compliance/nepa/eisdata.html.

[75] US Environmental Protection Agency, Mid－Atlantic National Environmental Policy Act (NEPA), Environmental Assessments & Environmental Impact Statements. Serving: Delaware, District of Columbia, Maryland, Pennsylvania, Virginia, and West Virgini [OL]. (2013)[2013－06－21] http://www.epa.gov/reg3esd1/nepa/eis.htm.

[76] Simplify compliance drive success (BLR websites), West Virginia Environmental Impact Statement: What you need to know, 2013 [OL]. http://www.blr.com/Environmental/Emergency－Planning－Response/Environmental－Impact－Statement－in－West－Virginia.

[77] Federal Highway Administration, U. S. Department of Transportation. A Guide to the Federal－Aid Highway Emergency Relief Program [EB/OL]. (2012) http://www.fhwa.dot.gov/.

[78] North American Electric Reliability Council (ENRC). ERO Compliance Monitoring and Enforcement Program: 2014 ERO CMEP Implementation Plan (Version 1.2)[M]. 3353 Peachtree Road NE Suite 600, North Tower, Atlanta, GA 30326. 2014.

[79] Sharon J. Laskowski, Venkata V. Ramayya, et al. Electronic Access to Standards on the Information Highway [EB/OL]. NIST Interagency/Internal Report (NISTIR) －5708. 1995. http://www.nist.gov.

[80] U. S. Department of Energy: Energy Perspectives 1949—2011 [EB/OL]. (2012) http://www.eia.gov/totalenergy/data/annual/perspectives.php.

第二章 煤炭资源分析

第一节 资源概览

一、美国地质概况

美国位于北美大陆之上，其地质演化过程与北美板块的运动息息相关。

（一）北美大地构造分区

北美大陆可划分为 4 个一级构造单元，构成以克拉通为中心，环带状分布的显生宙造山带和中新生代大陆边缘的格局：①加拿大地盾，核心相当于今天美国的五大湖区；②北美中部地台区，地盾和它相邻的地台被称作是克拉通；③显生宙造山带，包括西部的科迪勒拉造山带、东部的阿巴拉契亚造山带等；④中新生代大陆边缘，美国东部海岸和墨西哥海岸形成了被动大陆边缘和裂谷盆地。美国西部海岸由转换断层边界和海沟组成，属于活动大陆边缘。

（二）北美的构造—沉积演化

北美太古宙陆核在经历了古元古代（20 亿～18 亿年前）、中元古代（10 亿～13 亿年）的造山作用（增生和拼合）之后，北美大陆的 75% 已经形成。1.1 亿～0.9 亿年前，由于伸展作用，北美大陆出现陆内裂谷，其中心位于美国的五大湖区。

像多数大陆一样，北美大陆的古生代的地质历史包括两个部分，一是在克拉通内部陆表海的海进和海退，二是围绕其边缘的造山作用。

新元古代至早寒武世，北美大陆海相沉积仅限于克拉通的阿巴拉契亚山和科迪勒拉山边缘的被动陆缘。中寒武世—早泥盆世，北美克拉通发生了大范围的海侵海退。在此期间，北美大陆东部伴随阿佩托斯洋的张开和闭合，先后出现了塔柯尼克造山作用、加里东造山作用和阿卡迪亚造山作用，阿巴拉契亚造山带形成。

北美中晚泥盆世—早石炭世晚期又发生了一次大规模的海侵海退。晚石炭世的沉积被限制在克拉通的边缘，北美大陆由东往西，岩石由非海相碎屑岩和煤层，逐渐变为海陆过渡相、海相碎屑岩和灰岩。北美东部的石炭纪煤盆地位于赤道附近，气候温暖，雨量充沛。

在此期间，一直是被动大陆边缘的北美大陆的西部伴随弧陆碰撞，出现安特丽造山作用，科迪勒拉活动带系列造山作用的序幕拉开。由于冈瓦纳大陆和劳亚大陆碰撞，北美大陆的南部发生了瓦失陶造山作用，阿巴拉契亚活动带的中部和南部发生褶皱并形成阿勒格尼造山作用。

二叠纪，联合古陆的拼合基本完成。随着联合古陆的拼合，北美大陆变得非常干旱。北美随着陆表海的进一步向西退却，陆相沉积范围逐渐扩大，出现红层。

中生代开始，陆相沉积在北美克拉通的大部分地区持续。三叠纪，联合古陆开始裂解，阿巴拉契亚地区开始形成块状断裂和火山活动。随着大西洋的形成和生长，北美的东部边缘由汇聚型大陆边缘变为被动大陆边缘。白垩纪，阿巴拉契亚山再次被抬升。从阿巴拉契亚山脉侵蚀来的沉积物被搬运到东部正在生长的大陆架上。现如今阿巴拉契亚山脉显著不同的地貌是新生代抬升与剥蚀的结果。

北美科迪勒拉活动带在二叠纪或者三叠纪出现陆弧相撞的索诺玛造山作用，法拉隆大洋板块与北美大陆板块的俯冲碰撞导致中晚侏罗世—白垩纪内华达造山作用、塞维尔造山作用以及晚白垩世—古近纪的拉拉米造山作用，均被统称为科迪勒拉造山作用。内华达造山作用在北美西缘产生大量花岗质岩浆，而塞维尔造山作用导致地壳缩短，产生南北走向的山脉。

中侏罗世，圣丹斯海两次淹没北美的内部，使海相沉积重新覆盖该地区。晚侏罗世，圣丹斯海开始向北退去。白垩纪全球海平面上升导致了在大陆上广泛的海侵，以致海相沉积持续覆盖了北美科迪勒拉地区大多数地区。在美国的中部地区产生了一个巨大的南北走向的白垩纪内陆海道，占据了塞维尔造山带的东部地区，这个海道将北美分为东西两个大陆。受科迪勒拉造山作用影响，白垩纪内部海道的西部海岸沉积较厚。当中生代结束时，白垩纪内部的海道从克拉通撤退，海水分别退到北部和南部，在沿岸平原上，边缘海相和陆相沉积形成广泛的含煤沉积。

晚白垩世至新生代早期的拉拉米造山作用发育在塞维尔造山带的东边，即现今的洛矶山。多数变形以垂直的断陷抬升的形式（而非大多数造山作用的典型挤压）引起褶皱和逆冲断层。始新世中期，当岩石圈下的地幔柱刺穿上覆的大洋板块，拉拉米变形停止，部分地区经历了大规模的块断作用（盆岭地区）、广泛的火山作用（从北部的哥伦比亚高原到科罗多拉高原，多数为玄武质岩浆）、垂直上升和深部侵蚀作用（科罗拉多高原）、裂谷作用（Rio Grande 裂谷）。在新生代的前半部分，一个俯冲带沿科迪勒拉的整个西部边缘（西太平洋海岸）出现，但是，现在其大部分是转换板块边界。地震活动和火山作用暗示板块相互作用仍在科迪勒拉地区继续，尤其是靠近西部边缘。

北美中部的大陆内部由大平原和中央低地组成。白垩纪时，大平原被祖尼陆表海覆盖，古近纪早期发生海退。伴随这个短暂海相沉积序列之后，大平原的所有其他沉积都发生在陆相环境里，尤其是冲积扇体系。它们形成了向东变薄的沉积物楔体。中央低地在新生代的大部分时间里是一个活跃的侵蚀区而非沉积区，侵蚀掉的沉积物在海湾的沿岸大平原沉积下来。

晚三叠世—侏罗纪，北美和南美分离，墨西哥湾形成，并经历了广泛的蒸发相沉积。白垩纪海湾地区的沉积物形成一个向海变厚的楔体。古近纪和新近纪，从中央低地、大平原地区，以及阿巴拉契亚山脉侵蚀掉的沉积物被搬运到墨西哥湾和大西洋海岸平原沉积下来，在大西洋海岸平原和海湾海岸平原形成一个从美国东北部到德克萨斯州的连续带。

北美经历了至少 4 次更新世的冰川期，更新世也是构造作用和火山作用活跃期，造山活动持续到今天。沿圣安德列斯转换板块边界的北美和太平洋板块之间的相互作用产生了褶皱、断层、大量盆地和区域抬升。

综上所述，北美克拉通形成于太古宙、元古宙古老的陆核的拼合增生过程。古生代由于阿佩托斯洋的张开和闭合以及冈瓦纳大陆和劳亚大陆的拼合形成了阿巴拉契亚造山带，在中生代这个造山带还受到块状断裂构造和火山活动、抬升作用的影响，三叠纪时期其东缘由汇聚型大陆边缘转化被动大陆边缘。由于古生代的陆—弧碰撞增生，以及中生代法拉隆大洋板块与北美大陆板块的俯冲碰撞形成了科迪勒拉造山带，这个造山带的不同地区在新生代还经历了断陷抬起、块断作用、火山作用、垂直上升等，现今它的西缘以转换断层边界为主。墨西哥湾地区形成于晚三叠世—侏罗纪北美大陆和南美大陆的分裂。

新元古代至早寒武世，北美大陆海相沉积仅限于克拉通的阿巴拉契亚山和科迪勒拉山边界的被动陆缘。中寒武世—早石炭世，北美大陆出现 2 次大范围的海侵海退。晚石炭世的沉积被限制在北美大陆克拉通的边缘，北美东部的石炭纪煤盆地位于赤道附近，气候温暖，雨量充沛。二叠纪由于气候逐渐变得干燥，陆表海的进一步向西退却，出现红层，并持续到早侏罗世。白垩纪北美大陆上广泛的海侵，以致海相沉积持续覆盖了北美科迪勒拉地区大多数地区，在美国的中部地区出现白垩纪内陆海道。晚白垩世，白垩纪内部海道从北美克拉通撤退，在沿岸平原上，形成了广泛的含煤沉积。中新生代，来自科迪勒拉、阿巴拉契亚山和中央低地的沉积物被搬运到大西洋海岸平原和墨西哥湾海岸平原，造成油气资源和煤炭资源的富集。

因此，造山作用、赤道—近亚热带附近、海退成为美国晚石炭世、晚白垩世和第三纪成煤作用的关键。

二、矿产资源

美国是世界上矿产资源最丰富的国家之一，是世界上最重要的矿产品生产、消费和贸易国之一，矿业是美国的基础性产业，在美国国民经济中占有重要地位。

（一）美国主要矿产资源世界排名及静态保证年限

目前美国矿产的储量居世界第 1 位的有铍、镍、钍、天然碱、溴、硫酸钠、硅藻土；第 2 位的有铼、钼、硼、钇、银、磷、硫、钛；第 3 位的有锑、铋、铂族金属、钨、稀土、铝、碘；第 4 位的有锰、重晶石；第 5 位的有天然气、铜、金、铅、锌、硒、；第 6 位的有镉、铁、锆和铪、锂；第 7 位的有银和钾盐；第 8 位的有磷酸盐和铀矿；石油居世界第 10 位。

根据目前美国的矿产生产能力，主要矿产储量的静态保证年限分别为煤257年，石油10.7年，天然气12.5年（据BP 2013统计，2012年产量和储量数据），铜31年，钼42年，金13年，铅18年，锌16年，银22年，重晶石23年，石膏74年等（2011年产量和储量数据，据U. S. Geological Survey，2012）。

（二）美国矿产资源特点

（1）矿产资源丰富，但余缺并存。美国已发现有2500多种矿物，其中探明储量的矿产达88种，是世界上矿产资源最为丰富的国家之一。资源较为丰富的有煤、天然气、镍、天然碱、钼、铝、铀、铜、金、硫、磷等。有些矿产资源由于美国的经济体量太大而不能满足需求的，甚至还需要从国外进口，如石油、锰、砷等几十种矿产属于短缺资源。

（2）各类矿产资源丰富状况不尽相同。就总体来看，美国矿产资源以非金属矿产资源最为丰富，分布亦广，金属矿和能源矿次之。

（3）矿产资源地理分布广泛，但不均匀。总体看来，固体矿产中金属矿产主要分布在西部地区，中部和东部较少；非金属矿产则均有分布。

三、美国的煤炭资源分布

美国煤炭资源分布广，煤种齐全。依据地理分布、成煤条件等，美国可划分出5个含煤区，即阿巴拉契亚含煤区、伊利诺斯含煤区、洛矶山及北大平原含煤区、墨西哥湾海岸含煤区和科罗拉多高原含煤区。为保证21世纪的煤炭能源安全，美国地质调查局将此5个含煤区作为优先评价区。

目前，这5大含煤区的煤炭年产量占全美煤炭年产量的90%以上。伊利诺斯含煤区是美国开采历史最早的产煤基地之一，含煤地层为宾夕法尼亚系，主要可采煤层为Springfield、Herrin、Danville，煤种为中、高挥发性烟煤，含煤区东部以及西南部出产焦煤。海岸平原含煤区含煤地层为第三系，分布零散、孤立、埋藏量不大，煤种为褐煤。洛矶山及北大平原含煤区含煤地层有侏罗系、白垩系、第三系，以第三系为主，煤种为次烟煤和褐煤。科罗拉多含煤区含煤地层主要为第三系和白垩系，煤种为中—高挥发分烟煤和次烟煤。

但是在目前，有人对煤炭储量真实性的担忧，有可能影响煤炭开采行业的未来。

据美国ABC新闻2月23日报道，美国地质调查局（USGS）最近的一份报告指出，以目前的煤价和采矿效率，坐落于蒙大拿州至怀俄明州边境的美国最大的煤炭资源基地——粉河盆地的煤炭储量将会在短短数十年中被耗尽。USGS的这一结论打破了“北部平原的群山之下蕴藏的煤层储备足够维持美国数个世纪所需”的认知神话，更反映出煤炭商所面临的经济现实正在悄然改变。开采成本上升、煤价低迷以及遭受到致力于抗击气候变化的政府打压，都可能对具有开采价值的储量预估产生影响。该报告的作者之一，USGS的地质学家Jon Haacke指出，那些声称美国煤炭储备足以维持开采200多年的夸大估量是基于美国能源部1990年最后更新的数据而言的。粉河盆地的最大开采寿命只有约40年时间。USGS研究负责人James Luppens表示，美国能源部的数据“绝对需要修正”。

行业分析人士称，几十年以来，美国能源部一直未就可开采和不可开采的煤炭储量做出区分。美国能源部网站上仍显示着基于目前开采速率估计开采煤炭储备将持续261年。对储量的错误评估可能会影响到煤炭行业未来的前景（中国能源报，2016）。

第二节 煤 炭 工 业

美国是世界煤炭资源最为丰富的国家之一。据BP 2016年世界能源统计回顾，截止到2015年年底，美国的煤炭探明储量为2372.95亿t，占全球的26.6%，储产比为292。其中，无烟煤和烟煤为1085亿t，次烟煤和褐煤为1288亿t。

据美国能源信息管理署资料，2011年美国在产煤矿1325个，总计产煤992.76 MST，占世界总产量（7695.4 MST）的12.9%，居世界第二位（Statistical Review of World Energy 2012，BP）。2011年产量高于400万短吨的大矿47个，共生产了全美国60%以上的煤炭。按产煤品种统计的煤矿数量如下：烟煤1216个，次烟煤26个，褐煤20个，无烟煤64个。

一、煤炭工业简史

美国煤的采矿史始于1720—1750年开采弗尼吉亚州的里士满，1750—1800年，发现阿巴拉契亚盆地的煤炭资源。美国独立战争结束后，随着人口西移，逐步发现内陆地区煤炭资源，包括德克萨斯州、北洛矶山地区、科罗拉多高原以及北大平原区。

1830年后，随着铁路的兴建，美国的煤炭工业开始腾飞，直至1918年，美国的工业都近乎完全依靠煤炭支撑。第二次世界大战期间，煤炭生产达到一个历史高峰，随后很短的时间内石油取代煤炭成为主要能源，造成煤炭消费不断下降。20世纪60年代开始，由于煤炭储量丰富、煤价走高和电力需求增加，美国国内煤炭产量和消费量又开始上升，这种趋势一直延续到21世纪初，之后煤炭产量开始趋于平稳(图7-2-1)。

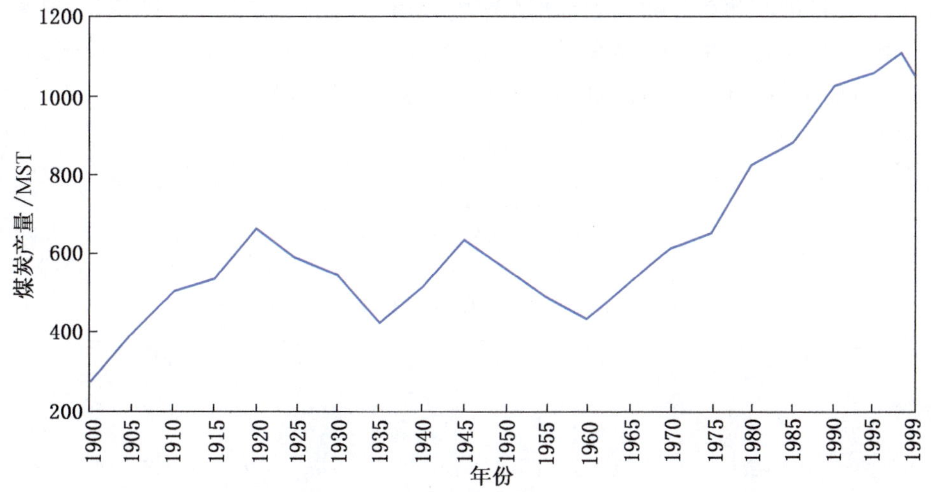

图7-2-1　1900—1999年美国煤炭产量趋势图（Pierce和Dennen，2009）

美国的煤炭资源分布广泛，但过去煤矿开采及煤炭消费都集中在东部，伊利诺斯盆地和阿巴拉契亚盆地的产量曾占全国产量的90%以上（图7-2-2）。自1990年美国颁布空气清洁法案后，由于除硫成

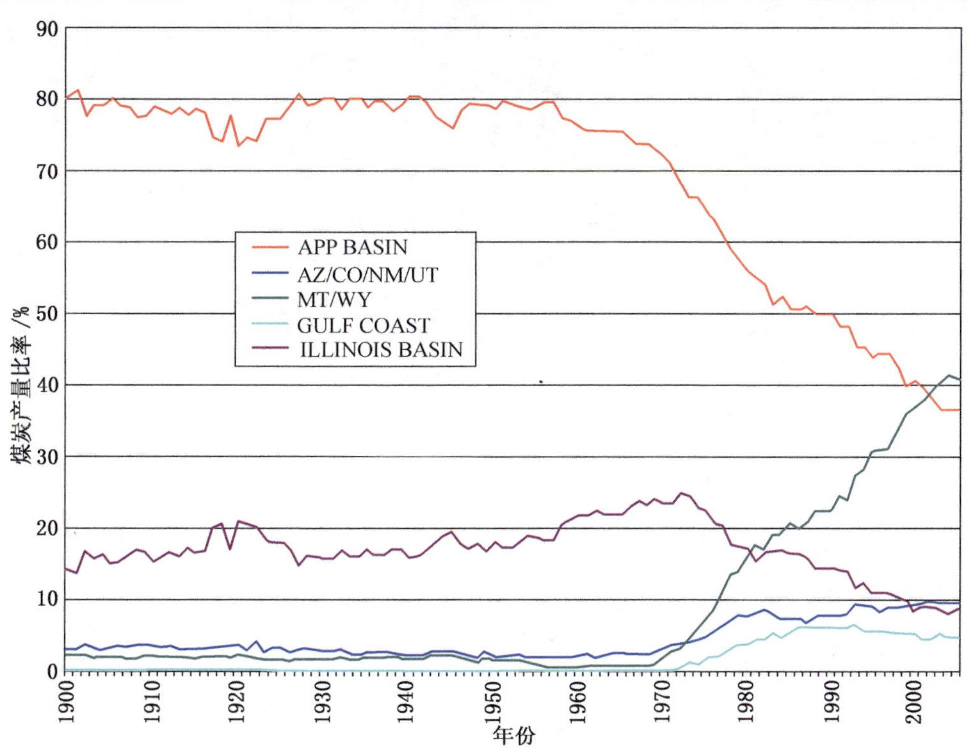

注:APP BASIN—阿帕拉契山盆地；AZ—亚利桑那州；CO—科罗拉多州；NM—新墨西哥州；UT—犹他州；MT—蒙大拿州；WY—怀俄明州；GULF COAST—海湾平原区；ILLINOIS BASIN—伊利诺斯盆地（Pierce和Dennen，2009）

图7-2-2　美国主要产煤区全国煤炭产量比率

本高，电厂逐渐转向利用西部的低硫煤。北洛矶山和北部大平原区可露采的剩余煤炭资源丰富，硫分低，采矿成本低廉，造成近年来煤矿开采业逐渐西移。西半部的蒙大拿州和怀俄明州自2000年起，年产量跃居全国第一，西南部的亚利桑那州、科罗拉多州、新墨西哥州、犹他州的年产量也在稳步增加（图7－2－2）。

二、美国煤炭生产与销售

美国煤炭的产地非常集中，全美分为3个产煤大区：阿巴拉契亚产煤区、内陆产煤区和西部产煤区（图7－2－3）。阿巴拉契亚产煤区的煤炭产量在全美占比超过1/3，其主要产煤州为西弗尼吉亚，煤主要用于发电、金属冶炼和出口；内陆产煤区主要产煤州为德克萨斯；西部产煤区产煤量占美国的一半以上，大型露天矿较多，怀俄明州东北和蒙大拿州东南的粉河盆地是西部最主要的煤炭产区（图7－2－3）。2011年，怀俄明州产量最大，占美国煤炭总产量的40%，其次是西弗吉尼亚州（12%）和肯塔基州（10%）。美国煤产量前十位煤矿中，怀俄明州占9个（表7－2－1）。

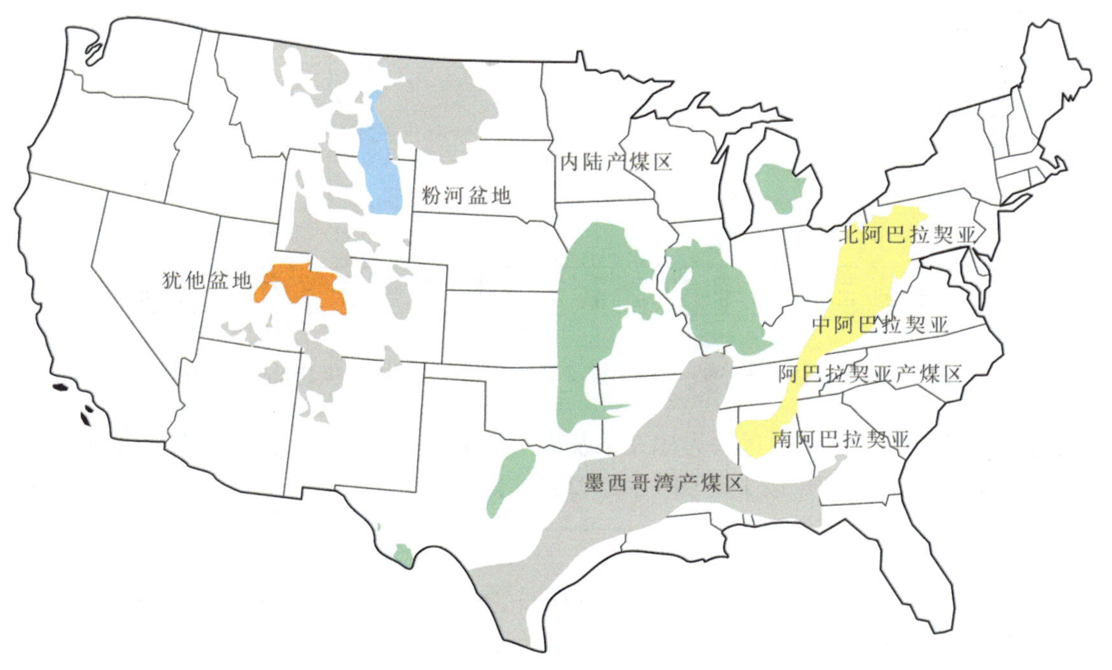

图7－2－3 美国煤炭主产区分布图

表7－2－1 2011年美国煤产量前十位的煤矿

序号	矿名/所属公司	类型	州	产量/短吨
1	North Antelope Rochelle Mine/Peabody Powder River Mining Ll	露天	Wyoming	109064323
2	Black Thunder/Thunder Basin Coal Company Llc	露天	Wyoming	104958277
3	Cordero Mine/Cordero Mining Llc	露天	Wyoming	39455590
4	Antelope Coal Mine/Antelope Coal Llc	露天	Wyoming	37060246
5	Eagle Butte Mine/Alpha Coal West，Inc.	露天	Wyoming	25365054
6	Buckskin Mine/Kiewit Mining Group	露天	Wyoming	24967006
7	Belle Ayr Mine/Alpha Coal West，Inc.	露天	Wyoming	24582007
8	Caballo Mine/Peabody Caballo Mining，Llc	露天	Wyoming	24137594
9	Spring Creek Coal Company/Spring Creek Coal Llc	露天	Montana	19080552
10	Rawhide Mine/Peabody Caballo Mining，Llc	露天	Wyoming	15011017

2011 年美国的一次能源消费结构中煤炭为20%，消费量为10 亿 t，其中92.6% 用于发电，2.1% 用于炼焦，5.3% 用于其他。2014 年煤炭占一次能源消费结构的 19.7%，2015 年降为 17.4% （BP，2016）。因此，电力市场是决定煤炭前景的关键。从历史上看，美国的电力生产稳步上升，煤炭作为主要发电能源的历史已经超过60 年，近几年来煤电在美国电力中的占比正在下降，造成煤电比例下降的原因是天然气发电成本低于煤，且天然气的排放物更容易达到空气清洁法案的标准。2011 年美国煤炭产销分布如图 7 -2 -4 所示。

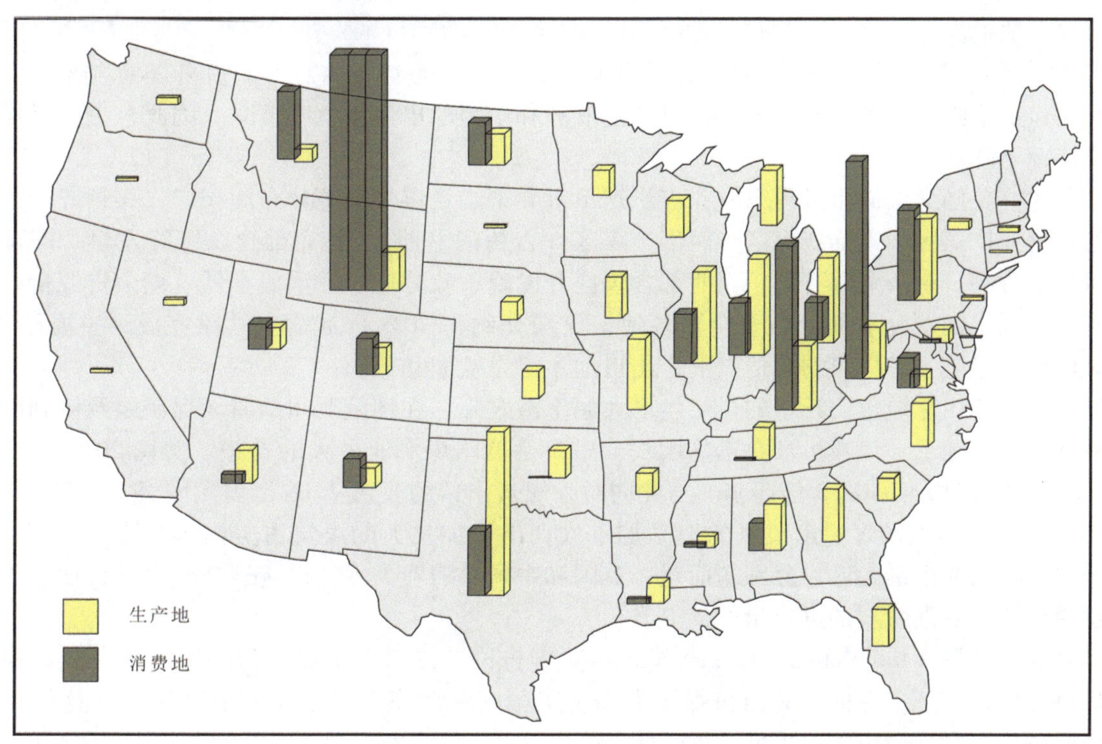

图 7 -2 -4　2011 年美国煤炭产销分布图

在 2013 年的前 8 个月里，美国 39% 的电力来自煤炭，较 1990 年的 55% 大幅下降。在 2013 年的整个 8 月份，天然气发电量占 27%，相比 10 年前提高了 17%，因为水力压裂法大幅增加了天然气的产量。美国能源情报署（Energy Information Administration）表示，预计在接下来的 30 年里，随着天然气用量的上升，煤炭的用量将下降几个百分点。

美国电力公司（American Electric Power Co.）在 11 个州拥有发电设施，仅仅在几年之前，该公司发电量的 86% 来自煤，这使得该公司成为美国最大的煤炭买家，而在 2013 年的前 9 个月当中，这个比例降至 76%。该公司的首席执行长埃金斯（Nick Akins）预计，这一比例将在 2015 年触底，降至 50% ~ 60%。

煤炭不会很快消失的一个理由是，监管机构不愿让公共事业公司过于依赖天然气，因为他们害怕天然气价格突然上涨会导致电价大幅上升，而且，这些公司在电厂投资了数十亿美元，这些投资还没有赚回成本。让电厂继续运行，直到债务偿清，这种做法通常更合逻辑，否则公用设施的用户就得为非生产性资产埋单（华尔街日报，2014）。

美国煤炭资源丰富，产量巨大，但每年仍需从国外进口一些更低价的煤，煤炭来源地主要为南美洲国家。美国出口煤炭远多于进口煤炭，属煤炭净出口国。2011 年，进口煤炭占比 1%，出口煤是进口煤的 8 倍以上。出口的煤产品主要是炼焦煤和动力煤，欧洲和亚洲是美国最大的煤炭输出地。美国的煤炭生产商对未来煤炭出口亚洲市场，特别是对中国和印度抱有很大的希望。

根据美国能源信息管理局的统计，2015 年，美国煤炭产量同比下降 10% 至 9 亿短吨，这是 1986 年以来最低水平。自 2008 年以来，美国煤炭产量持续下降。

值得注意的是，在美国 5 个主要煤田中，阿巴拉契亚中部煤田的产量降幅最大。2010—2014 年期间，该煤田产量的年平均降幅达到 40%，这主要是由于复杂的采矿地质环境和高运营成本。与此同时，天然气价格下跌以及国际需求下降是美国整体煤炭产量下降的一大原因。阿巴拉契亚北部煤田、洛基山煤田以及西部的粉河盆地的煤炭产量降幅在 10% ~20%。与之相反的是，伊利诺斯盆地的煤炭产量增长 8%。

整体来看，美国大部分煤炭是用于发电。但是，随着天然气价格下降以及可再生能源装机容量持续增加，电力领域对煤炭需求急剧下降。2014 年，美国燃煤发电量仅占发电总量 39%，天然气占 27%，可再生能源占 7%。

纵观 2015 年，美国可再生能源装机容量迅速增长，这一态势还将在今后几年不断持续。2015 年，美国煤炭出口量下降，尤其是对主要出口目的地欧洲和中国的出口量急剧下降。因此，美国煤炭产量未来还有望持续下降。

综上所述，美国煤炭储量世界第一，煤炭产量世界第二。煤炭资源分布面积广，煤种齐全，产地集中在阿巴拉契亚产煤区、内陆产煤区和西部产煤区（含粉河盆地），其东部含煤区开发早、产量高、需求大，但是硫分高、剩余资源有限，而西部含煤区开发晚、硫分低、开采成本低、剩余资源量高，导致采矿业西移。煤炭消费分散地分布于全国各地，煤炭（约占 70%）运输由铁路完成，主要用于发电。美国出口煤炭总量是其进口煤的 8 倍以上，出口地主要是欧洲和亚洲。

在阿巴拉契亚山脉绿色山丘里的煤炭生产大幅下滑之际，在怀俄明州的露天煤矿以及伊利诺伊州和印第安纳州平原的地下，煤炭生产在迅速增长。出口是美国煤炭业最大的希望。美国 2012 年出口煤炭 1.142 亿 t，相当于 10 年前的 3 倍还多。与此同时，煤炭出口的收入从 16 亿美元增至 148 亿美元。

2012 年，美国最大的煤炭出口目的地是加拿大，出口加拿大的煤炭占美国煤炭出口总量的 42%。如今，美国煤炭的 3 个最大客户分别是荷兰、英国和中国。随着天然气供应逐渐减少，再加上欧洲正试图逐步摆脱核能，欧洲煤炭的进口量大幅上升。

近日国际能源署（International Energy Agency）警告说，美国煤炭业将与印尼、澳大利亚和俄罗斯等国艰难争夺出口市场。在向亚洲出口煤炭方面，美国的一些竞争对手距离亚洲更近，这就降低了运费，而且劳务成本和环境成本也更低。国际能源署天然气、煤炭和电力部门的负责人瓦罗（Laszlo Varro）说，在亚洲市场，美国就是那个高成本的边际供应商（华尔街日报，2014）。

据美国能源部能源信息署（EIA）最近发布的 5 月份数据，2016 年前 4 个月美国煤炭产量为 2.11 亿短吨，同比下降 32.94%；一季度煤炭出口 1415.2 万短吨，同比减少 35.61%。

美国联邦数据显示，虽然美国仍是一个煤炭净出口国，但是 2015 年煤炭出口量连续 3 年直线下滑。“全球煤炭需求更缓慢增长，更低的国际煤炭价格，以及其他煤炭出口国的更高产量都使美国煤炭出口量下滑。”美国能源信息管理局表示。2015 年，美国出口 7400 万 t 煤炭（BP 统计为 6590 万 t），比 2014 年减少 23%，是下滑的第三年。2012 年美国煤炭出口量曾创下纪录，达 1.24 亿 t。

事实上，天然气价格的走低和环保法规的制约一直影响着美国煤炭产业发展，许多开采商不得不另觅出路，计划在西海岸新建出口港，向亚洲出口煤炭，不想此举又引来种种非议。

2012 年，美国 37.4% 的电力来自煤炭，远低于 2007 年的 48.5%。虽然美国能源信息署（EIA）预计 2014 年天然气价格的上涨将使煤炭形势略有好转，但对污染排放的限制也会更加严格。前途未卜的煤炭业只好把目光转向需求旺盛的亚洲市场。

在美国西部，有关能源的争论屡见不鲜，但因煤炭出口引发的口水战还是第一次。煤炭产地指责港口城市不配合；环保人士则说煤炭公司缺乏环保意识，凡与煤炭沾边的各州各市在就业与贸易问题上相互指责，陷入一种“公说公有理，婆说婆有理”的混乱局面。

三、美国煤炭工业面临的挑战

2016 年 4 月 13 日，美国煤炭巨头、全球第三大煤炭生产商、全球最大私营煤炭生产商皮博迪（Peabody Energy）申请破产保护。这并不是个案。在皮博迪申请破产前，2016 年 1 月，美国第二大煤炭生产商阿奇煤炭公司（Arch Coal）申请破产保护；2015 年 8 月 3 日，美国第三大煤炭生产商阿尔法自然资源公司（Alpha Natural Resources）申请破产保护；2015 年 5 月，美国爱国者煤炭公司（Patriot Coal）申请破产保护。有数据显示，过去 3 年，美国已有 50 多家煤炭公司申请破产。煤炭巨头相继陨落，煤炭行业成为人们眼中日渐衰落的行业。“也许煤炭的使用不会像以前那么多，但仍然会是一个举足轻重的产业，也不会像人们想象的那样糟糕。”世界煤炭协会执行会长本杰明·斯伯顿对《中国经济周刊》表示。

煤炭行业财富形势逆转，与应对气候变化的努力密不可分。2015 年 12 月达成的巴黎气候协议成为一个全球性的信号，预示着整个世界正在远离化石燃料。天然气热潮所带来的廉价替代能源更是直接挤压着煤炭企业的生存空间。

“很明显，美国的煤炭行业经历了一段艰难的时期。特别是由于美国的页岩气热潮，带来了廉价的天然气。”世界煤炭协会执行会长本杰明·斯伯顿对《中国经济周刊》表示，“但受到影响的并不仅仅是煤炭行业，事实上，许多油气公司也受到了影响。今年以来，大量的油气公司申请了破产保护，甚至连许多可再生能源公司也走到了破产边缘。我想，主要挑战还是在于能源价格，更重要的是政策。”

2016 年 2 月 16 日，德勤会计师事务所发布的一份报告称，预计在油气价格持续低迷的环境下，2016 年全球有大约 175 家能源勘探和开采公司宣告破产，占到该行业企业数量的 35%。

2015 年 8 月 3 日，美国总统奥巴马宣布了一项非常重要且饱受争议的环境能源政策——《美国清洁电力计划》，旨在加快清洁能源的使用，削减发电厂的碳排放，以应对气候变化。该计划要求美国现存的电厂到 2030 年时，与 2005 年相比要减少 32% 的温室气体排放量，同时要求届时美国发电量的 28% 来自风力和太阳能等再生能源（2014 年该比例仅为 13%）。

2016 年 3 月 8 日，美国能源信息署（EIA）发布了月度短期能源展望报告。报告显示，2015 年 4 月中，天然气发电量第一次超过了煤炭发电量，2015 年煤和天然气的发电份额几乎相同，各提供约 1/3 的发电量。EIA 预计较低的天然气价格将导致美国燃气发电量（33.4%）超过燃煤发电量（32%）。同时，EIA 的数据显示，自 2011 年以来煤价已经下跌 62%，过去的 12 个月以来下跌了约 18%。

“即使经历了一系列破产、整合和大规模减产等深度精简，美国的煤炭业可能仍将深陷债务危机。到 2020 年，美国煤炭商的总负债将从 2014 年的 1000 亿美元减少到 700 亿美元，但这不足以改变这个行业使其重新变得有利可图。”麦肯锡在最近一份报告中指出。麦肯锡指出，美国煤炭业每年用于偿还流动债务的成本为 90 亿 ~ 100 亿美元，这相当于每生产 1 短吨煤炭就需付出约 10 美元债务成本。在过去 10 年中，美国煤炭商的平均净现金利润约 2 美元/短吨，受低迷的市场价格影响，预计到 2020 年美国国内煤炭产量将下降至 6.67 亿短吨/年，而销售收入将不足以支付债务。

而在本杰明·斯伯顿看来，从长期来看，煤炭仍将在美国能源消费中扮演重要角色。本杰明·斯伯顿说，麦肯锡去年发布的报告仍然显示，煤炭在美国工业中占比仍然非常重要；2015 年，奥巴马总统发布了《美国清洁电力计划》；环境保护署（Environmental Protection Administration）预计，到 2030 年也即该计划实施后的 15 年内，煤炭仍将提供美国电力供应的 27%（该数字目前为 33% ~ 35%），仍将在美国能源版图中占据重要地位。本杰明·斯伯顿表示，从全球版图看，煤炭的需求也是持续的。一方面，中国对煤炭仍有大量需求，印度正在大量使用煤炭以改善本国能源形势，在欧洲，德国去年的煤炭需求事实上增长了。另一方面，过去几年来对于煤炭行业的投资有所下降。未来，煤炭价格将有所回升（中国经济周刊，2016 年）。

第三节　主要含煤盆地分析

美国煤炭资源集中分布在 5 个大型 ~ 超大型含煤区中，它们是伊利诺斯含煤区、阿巴拉契亚盆地含煤区、墨西哥湾海岸含煤区、科罗拉多高原含煤区及北洛基山和大平原含煤区。

一、阿巴拉契亚盆地含煤区

（一）含煤区概述

阿巴拉契亚盆地位于阿巴拉契亚山地的西北侧，呈北东走向，海拔 300 ~ 600 m，温带和亚热带气候。该盆地划为3个煤区，即北煤区、中煤区和南煤区（图7-2-5）。区域内交通十分便捷，铁路、公路、航空、水运等构成了强大的立体交通网络。

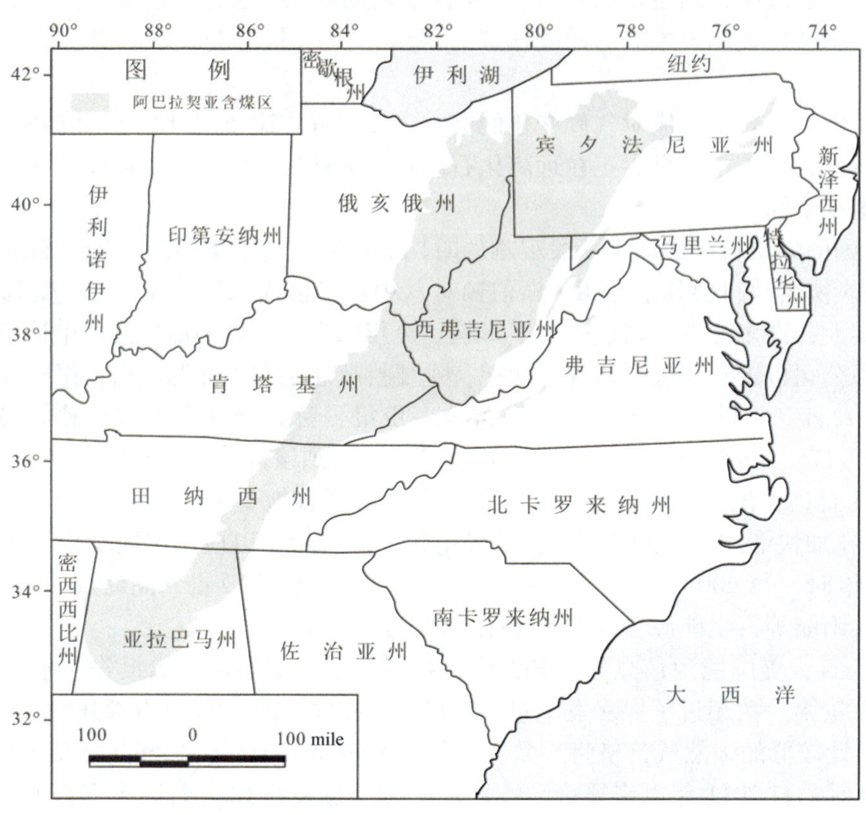

图7-2-5 美国东部阿巴拉契亚盆地的位置及分区图（Ruppert，2001）

北煤区和中煤区1997年评估的原始储量为573亿短吨，剩余储量约为242亿短吨，2012年的储量为984亿短吨。

阿巴拉契亚盆地主要是一个晚石炭世（阿勒格尼造山运动）发育的磨拉石盆地。煤田构造相对简单。在肯塔基州，煤田构造是一北东走向的开阔向斜，松树山逆冲断层把整个煤田分为2个区块。东南区块的煤层因冲断作用而抬高，煤层未遭受大的逆冲断层破坏，保持近水平的产状。西北区块是煤的主产地，煤层因牵引作用发生褶曲，呈宽阔的屉状向斜。由于松树山断层的冲断作用，断层两侧的煤层出露在不同的高度上，但倾角都很平缓。松树山断层未延入西弗吉尼亚州，故该州内的煤田构造是一个不对称的宽缓背斜，北西翼宽缓，南东翼不全。

阿巴拉契亚盆地由宾夕法尼亚系和二叠系构成的碎屑楔明显为东南厚北西薄，呈镰刀状（图7-2-6），其主控因素是宾夕法尼亚系沉积时的构造挤压和隆升。宾夕法尼亚系的沉积类型多样，包括山麓、谷底平原、水道充填、沼泽、泥炭沼泽、湖泊、三角洲、泻湖和浅海等堆积环境。

（二）含煤区主要煤层

1. 六大主力煤层概述

煤层主要赋存于宾夕法尼亚系。宾夕法尼亚系由4个群组成，自下而上依次是：郗茨维勒群，赋存郗3号、庞德溪和火黏土3大煤层；阿勒格尼群，发育基坦宁和上自由港2个主要煤层；考内茅夫；毛农嘎勒群，赋有匹茨堡煤层。这6层煤是主力煤层。其中，中上部煤层，上自由港、下基坦宁和匹茨堡煤层只见于北煤区，中下部煤层郗3号、庞德溪和火黏土煤层仅在中煤区发育。

在阿巴拉契亚盆地的煤产量中，匹茨堡煤层比例最高，1998年其产量居全国第二，居阿巴拉契亚盆地首位。煤的发热量高，可用于冶金和发电，资源量为160亿短吨。上自由港煤层产量曾是北煤区的第3，在全美排第14位，资源量小于310亿短吨。下基坦宁煤层在该盆地为第6高产煤层，用来炼焦和

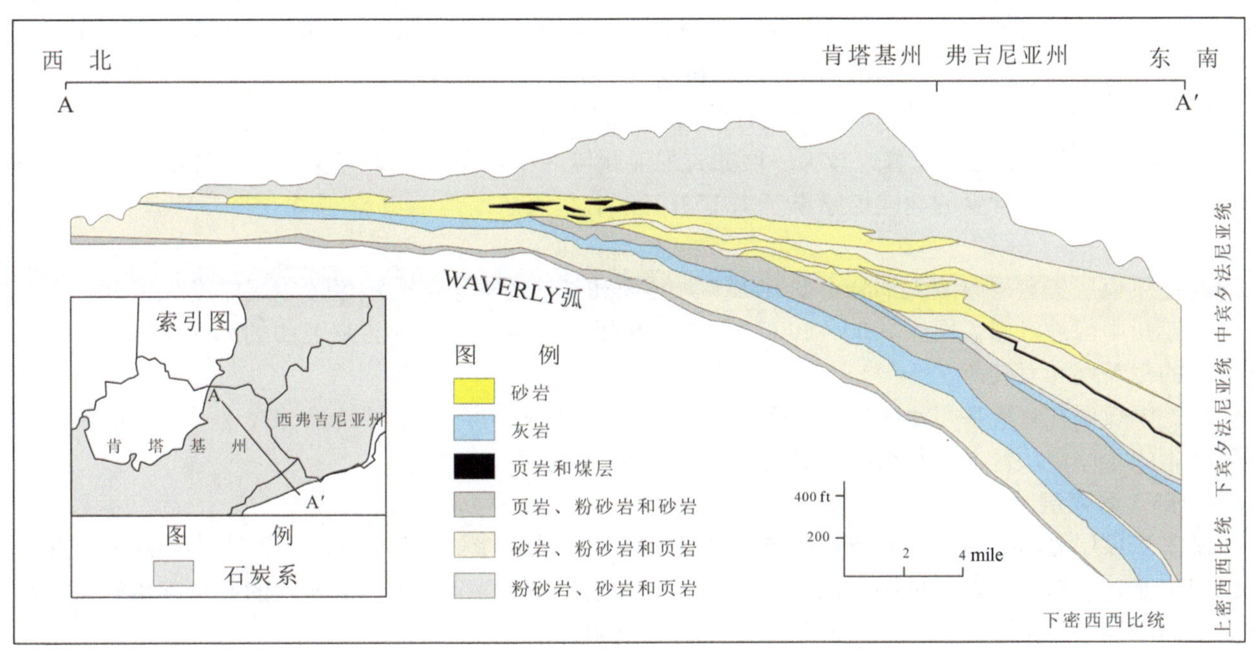

图7-2-6 阿巴拉契亚盆地中部（中煤区）的横剖面图（Ruppert和Rice，2001）

发电。原先计算的资源量为262亿短吨。

北煤区的3层煤，发热量均高于12000 Btu/lb（平均为12890~13130 Btu/lb，1 Btu/lb = 0.56 kcal/kg），平均灰分9%~12%，硫分均高于2%（平均为2.24%~2.90%）。自东向西，平均灰分和硫分增高，煤级降低，从东部低挥发分烟煤到西部高挥发分的C级烟煤。尽管还有剩余资源量，但多数不适合炼焦。

相对而言，中煤区的煤层以低硫（约1%）为特征，火黏土煤层灰分为（10.62±4.53）%，硫分（0.99±0.46）%；庞德溪煤层灰分为（7.24±3.98）%，硫分为（1.05±0.77）%；鄱3号煤层灰分为（5.75±2.24）%，硫分为（0.66±0.16）%。

2. 火黏土煤层

火黏土煤层主要分布于肯塔基州和西弗吉尼亚州，这两个州资源量分别为32亿短吨和18亿短吨，总计50亿短吨，其他不足1亿短吨。开采区集中在肯塔基含煤区的西南部及中部和西弗吉尼亚含煤区的中部。这层火黏土煤主要在肯塔基州开采，最高年产量可超过2亿短吨。

火黏土煤层的组成岩石有砂岩、粉砂岩、页岩和底黏土层，在肯塔基常见潮汐沉积、水面开阔的海湾沉积和湖相沉积。西弗吉尼亚的火黏土煤带被包含在一套砂岩和砂质页岩的地层中。

火黏土煤层煤质较好，灰分、发热量、水分等指标都较理想。大部分地区覆盖层厚度小于1000 ft（1 ft = 0.3048 m），便于露天开采；肯塔基州煤区中—东部的广大地区覆盖层厚度小于200 ft，是开采上的首选地区。除肯塔基州西部外，大部分地区该层煤的硫分小于1%。肯塔基州的煤层厚度相对较小，但厚度变化也较小，极薄煤层仅见于西部。西弗吉尼亚州的煤厚度变化较大。从火黏土煤层已开采地区和覆盖层厚度的叠合情况上看，西弗吉尼亚州的开采面积显然要比肯塔基州小得多，两州交界区域则有较大面积尚未开采。

3. 庞德溪煤层

庞德溪煤层起自田纳西州，其主体大致沿肯塔基州与弗吉尼亚州的州界进入西弗吉尼亚州。该煤层分为两支：左支近北北东走向，基本上还未评价，本节不讨论；右支即其主体呈北东—北东东向。剩余资源量共87亿短吨。已知开采区中，弗吉尼亚州的开采比例最高，约一半的含煤地区进行过开采，肯塔基州的开采规模大于西弗吉尼亚州，开采历史最长，最高年产量达到1.8亿短吨，西弗吉尼亚州的最高年产量达到1亿短吨。

与该层煤共生的岩石有砂岩、粉砂岩、页岩、黏土岩和灰岩。庞德溪煤层堆积在一个因海平面上升而多次发生幕式海侵的低位海岸平原。主要的沉积环境包括：泥炭泥潭、分流水道和相关的洪积平原、河口坝、滨海平原、（河口）海湾、浅海沼泽和浅海平原。

庞德溪煤层的一个特点是厚度变化大且包括了多层煤，许多地方有煤层厚度突变的现象，厚度1～40 ft。沿盆地东南缘煤层厚度普遍较大。西弗吉尼亚州境内稳定保持有2层煤，且越向北东其间的夹矸层越厚。总体看，非常少的地区煤厚小于1.17 ft，肯塔基州东南角的Pike县煤最厚且厚煤区分布面积最大。

庞德溪煤层覆盖层厚度大部分小于1000 ft，仅Harlan县的极小部分地区覆盖层厚度大于2000 ft，西弗吉尼亚州中部地区覆盖层厚1000～2000 ft，肯塔基州的Pike县、西弗吉尼亚州的Fayette县和Nicholas县等地的覆盖层相对较薄。

庞德溪煤层在肯塔基州地区硫分都高于1%，西弗吉尼亚州有3个县的硫分高于1%。庞德溪煤层开采区集中于厚煤层区，这与火黏土煤层相同。

4. 鄱3号煤层

鄱3号煤层分布于弗吉尼亚州和西弗吉尼亚州的12个县（图7－2－7）。鄱3号煤层的分布明显偏阿巴拉契亚盆地东南，属于早期沉积。西弗吉尼亚州的产量较稳定，弗吉尼亚州的产量起落较大。鄱3号煤层的厚煤层基本都已开采，剩余资源量为51亿短吨。

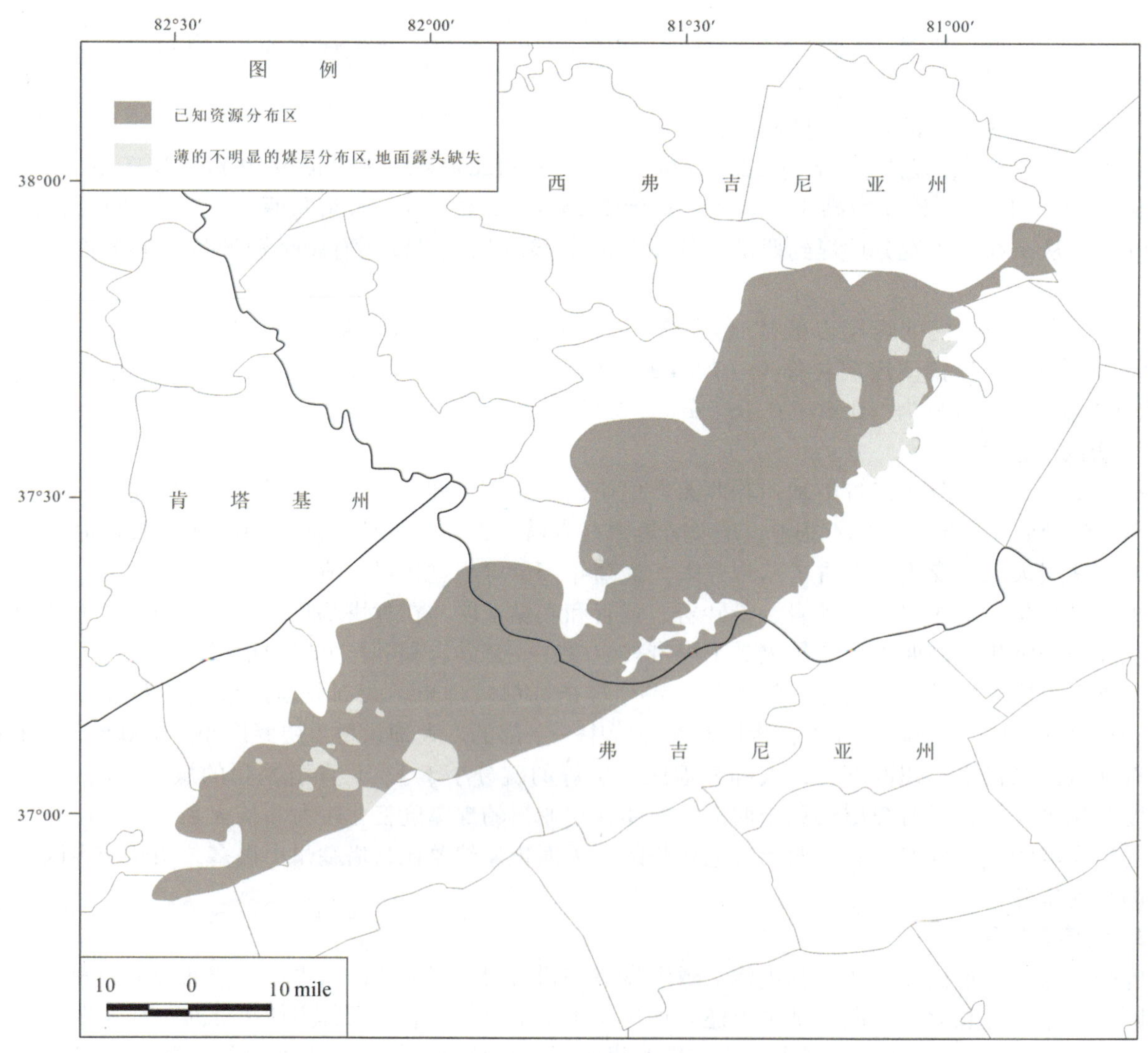

图7－2－7 阿巴拉契亚盆地中煤区鄱3号煤层分布图（Milici等，2001）

郗3号煤层赋存于郗卡洪塔斯组，郗卡洪塔斯组空间相变甚大，其发育严格受郗卡洪塔斯盆地的制约。在弗吉尼亚州 Dickenson 县，郗卡洪塔斯组是一个向南西尖灭的楔形沉积体，但郗3号煤层的空间分布十分稳定。西弗吉尼亚州的郗卡洪塔斯组尽管砂岩发育，但郗3号煤层、郗4号煤层（位于 Eckman 砂岩之下）和郗7号煤层（位于 Flattop Mountain 砂岩之下）的空间分布较为稳定。

郗卡洪塔斯盆地中的沉积在阿勒格尼造山运动中随阿巴拉契亚山脉的崛起而变形。在弗吉尼亚州，郗3号煤层位于松树山冲断层的上盘，邻近松树山断裂，煤层出露的最高部位是 Powell 谷背斜的仰起端。在西弗吉尼亚州，郗3号煤层被褶皱成几个幅度不高但却十分明显的背斜和向斜，其中最大的是 Dry Fork 背斜，它使郗卡洪塔斯盆地东南部的煤层出露地表。

普遍认为郗卡洪塔斯组的沉积环境，是一系列向北西推进的三角洲的朵叶体，它们向西（海）以石英砂岩的沙坝或沙堤为边缘。郗3号煤层是沿着海岸低地由多雨而形成的穹状泥炭变成的煤。郗3号煤层的厚度变化在倾向上为东南厚、西北薄，沿走向则是中间厚、两端薄。在弗吉尼亚州和西弗吉尼亚州各有一个煤层沉积中心，两者之间的北西向隆起区是薄煤层区。

郗3号煤层的灰分、水分、硫分低，发热量高，属低硫煤，可用于冶金工业。郗3号煤层的煤质显示了有规律的变化。半无烟煤仅见于西弗吉尼亚州的 McDowell 县和 Mercer 县，邻近沉积中心。高挥发分的A类烟煤仅见于盆地的西南端弗吉尼亚州的 Wise 县，主体是低挥发分的烟煤。

从郗3号煤层的覆盖层厚度图上看，由南西向北东方向逐渐变薄，从弗吉尼亚州北东 0～200 ft 向弗吉尼亚州北西变厚为 2000 ft 以上。

郗3号煤层的剩余资源量为51亿短吨。其中，弗吉尼亚州剩余资源量25亿短吨，西弗吉尼亚州尚有剩余资源量26亿短吨。西弗吉尼亚州开采的煤的煤质、煤层厚度、覆盖程度均优于弗吉尼亚州，因此开采程度更高。

（三）小结

综上所述，阿巴拉契亚盆地位于阿巴拉契亚山地的西北侧，主要是一个晚石炭世（阿勒格尼造山运动）发育的磨拉石盆地，煤田构造相对简单。在肯塔基州，煤田构造是一北东走向的开阔向斜，松树山逆冲断层把整个煤田分为2个区块，交通便利。该盆地曾被划为北煤区、中煤区和南煤区，主产区在北煤区和中煤区。由于最厚、最易开采和质量最好的煤炭的耗尽，阿巴拉契亚盆地的产煤顶峰期已经过去。北煤区和中煤区 2011 年储量为 984 亿短吨，多是埋藏较深、层厚较薄、质量较差的煤。

阿巴拉契亚盆地煤层主要赋存于宾夕法尼亚系。6层煤是主力煤层由下往上依次郗3号、庞德溪和火黏土3大煤层（仅在中煤区发育）；基坦宁、上自由港和匹茨堡煤层（只见于北煤区）。北煤区的3层煤，由于硫分均高于2%，多数不适合炼焦，尽管剩余资源量巨大，但不是理想的开发煤层。

火黏土煤层煤质较好，灰分、发热量、水分等指标都较理想，主要分布于肯塔基州和西弗吉尼亚州，两州剩余资源量总计50亿短吨，其他州剩余1亿短吨。大部分地区覆盖层厚度小于 1000 ft，便于露天开采；肯塔基州煤区中—东部的广大地区覆盖层厚度小于 200 ft，是开采的首选地区。两州交界区则有大面积尚未开采。

庞德溪煤层起自田纳西州，其主体大致沿肯塔基州与弗吉尼亚州的州界进入西弗吉尼亚州，剩余资源量共87亿短吨。厚度变化大且包括了多层煤，只有极少地区煤厚小于 1. 17 ft，肯塔基州东南角的 Pike 县煤最厚且厚煤区分布面积最大，庞德溪煤层覆盖层厚度大部分小于 1000 ft，肯塔基州除 Pike 县和 Floyd 县外的其他地区硫分都高于1%。厚煤、覆盖薄、硫分低的地区基本上都已开采。

郗3号煤层见于弗吉尼亚州和西弗吉尼亚州的12个县，发热量高，主体是低硫低挥发分的烟煤，可用于冶金。煤层空间分布十分稳定，由南西向北东方向逐渐变薄。剩余资源量为51亿短吨，厚煤、覆盖薄、优质的煤主要集中在西弗吉尼亚州，多已被开采。

二、伊利诺斯含煤区

（一）含煤区概述

伊利诺斯盆地是美国中部重要的含煤区，位于美国东—中部，密歇根湖西南 100 km，平面形态近菱形，其主体位于伊利诺伊州（图7－2－8）。区域内交通十分便捷，铁路、公路、航空、水运、管道等构成了便捷的立体交通网络。

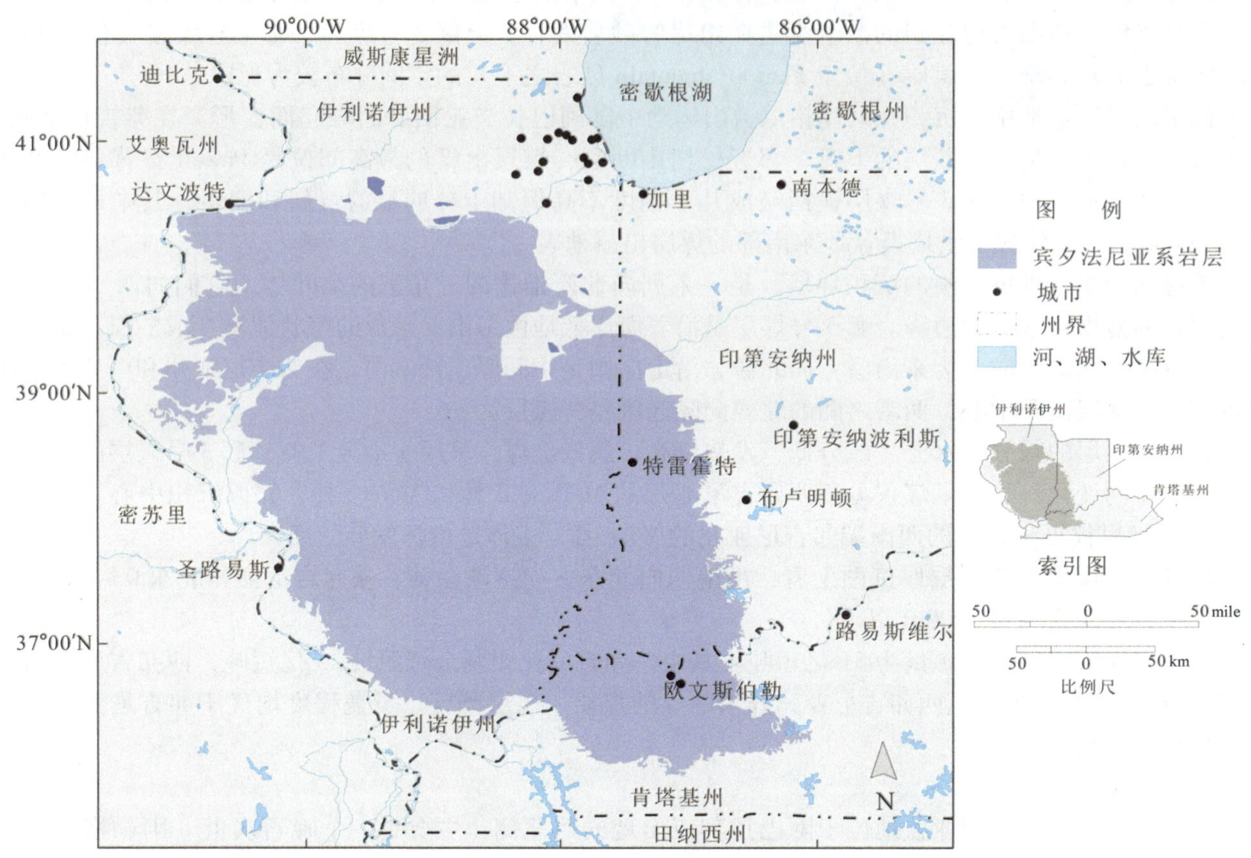

图 7-2-8 伊利诺斯盆地位置（Pierce 和 Dennen，2009）

2011 年，伊利诺斯盆地在产煤矿 77 个，产煤 116 MST，多年来在伊利诺斯盆地南部已经生产了超过 80 亿 t 煤，特别是在哈里斯堡煤田和肯塔基州的西部煤田。

伊利诺斯盆地是北美主要克拉通盆地之一，上覆前寒武纪晚期至寒武纪裂谷盆地。前寒武纪基底之上是古生代海相沉积物（以白云岩和石灰岩为主），密西西比湾和伊利诺斯盆地汇合处，古生代的地层上超覆了白垩纪和第三纪的海相、三角洲和近岸沉积物。

（二）含煤区的地质特征

伊利诺斯盆地主要含煤地层为宾夕法尼亚系，主要位于伊利诺伊州、印第安纳州和西肯塔基州。宾夕法尼亚系 90% ~95% 都是碎屑岩，其向北、西北方向尖灭。宾夕法尼亚系分为 Raccoon Greek 群、Carbondale 群（组）、McLeansboro 群。伊利诺伊州和西肯塔基州 Raccoon Creek 群分为 Caseyville 组和 Tradewater 组。伊利诺伊州南部和西肯塔基 Caseyville 组含多个薄层透镜状煤层，Tradewater 组的煤层厚度、连续性比 Caseyville 组略优。伊利诺斯盆地主要的有经济效益的煤层都在 Carbondale 群（组），包括 Davis、Dekoven、Colchester、Survant、Springfield 和 Herrin 煤层。伊利诺伊州 Danville 含煤段是 McLeanboro 群中唯一有经济效益的重要煤层，与下伏的 Carbondale 群（组）的煤层相比，厚度小且分布局限。在西肯塔基州，McLeansboro 群含有 3 个有经济效益的重要煤层，分别是 Paradise、Baker 和 Coiltown 煤层。

宾夕法尼亚系沉积时，盆地为一南北向箕状坳陷，沉积中心位于伊利诺伊州的中南部（图 7-2-9）。盆内主要构造带有 La Salle 背斜带、DuQuoin 单斜带和 Cottage Grove - Rough Greek 断层系统。这些构造带界定了 Fairfield 盆地（图 7-2-10）。

伊利诺斯盆地的煤层超过 20 个，具有经济价值的煤层主要为 Springfield、Herrin 和 Danville（在肯塔基西部对应为 Baker）3 个煤层。伊利诺伊州和印第安纳州主要煤层沿盆地边缘出露，下倾至 Fairfield

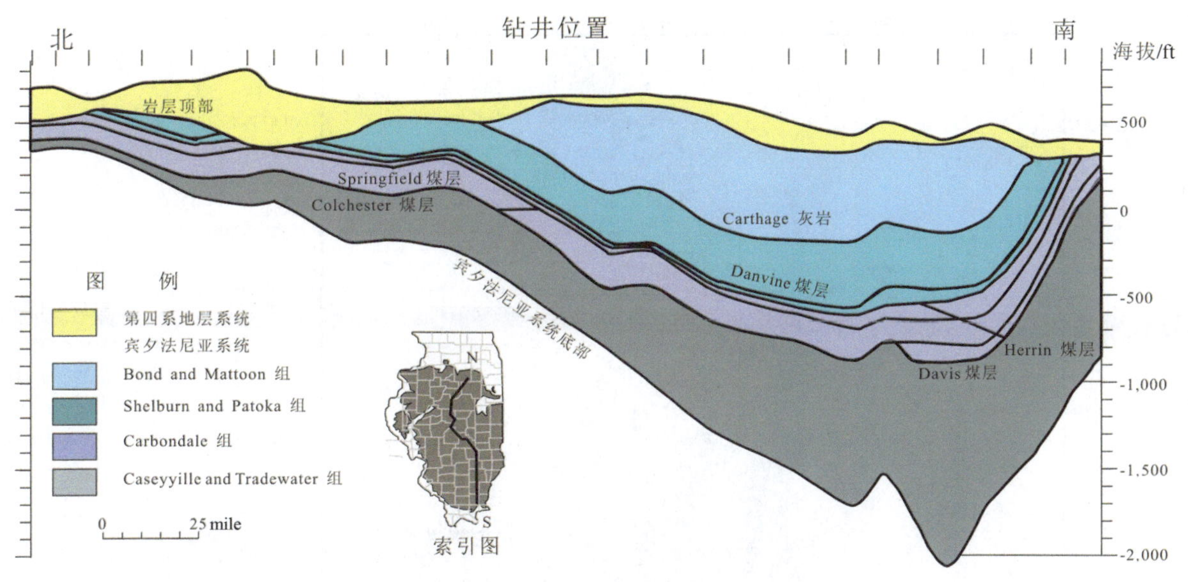

图 7-2-9 伊利诺斯盆地（宾夕法尼亚系）南北向剖面（Hatch 和 Affolter，2002）

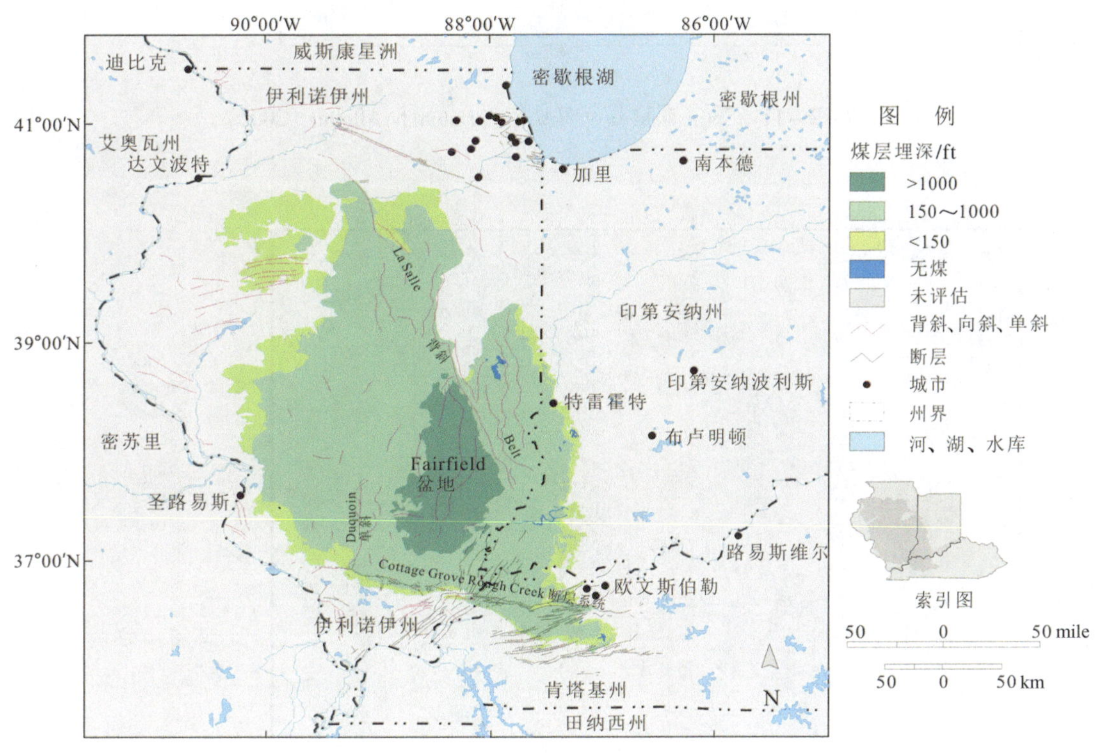

图 7-2-10 盆地构造带分布和 Springfield 煤层埋深图（Hatch 和 Affolter，2002）

盆地中心的埋深超过 1000 ft，如 Springfield 煤层。

Springfield 煤层在盆地中的分布范围最为广泛，煤层厚度为 3～7 ft（图 7-2-11），盖层厚 6～24 ft。Herrin 煤层在伊利诺伊州多数地区的平均厚度超过 6 ft（图 7-2-12）。印第安纳州煤层成矿不是很好。西肯塔基州在盆地南部边缘的狭长带，厚度最大达 10 ft。Herrin 煤层的盖层也是变化的，伊利诺伊州为黑色页岩或灰岩，60～80 ft 厚，最大达 100 ft。Danville-Baker 煤层，在伊利诺伊州东—中部厚 6 ft，成煤广泛（图 7-2-13），硫分相对低，井工开采。印第安纳州煤层厚度介于 0.2～6.5 ft 之间，北厚（4.3 ft）南薄（2.1 ft）。西肯塔基州，此煤层为多个煤条带的混合体，上部成煤差，下部成煤较好。

伊利诺斯盆地的煤炭资源特征：灰分约为 11%，发热量约为 11000 Btu/lb，硫分普遍较高，为

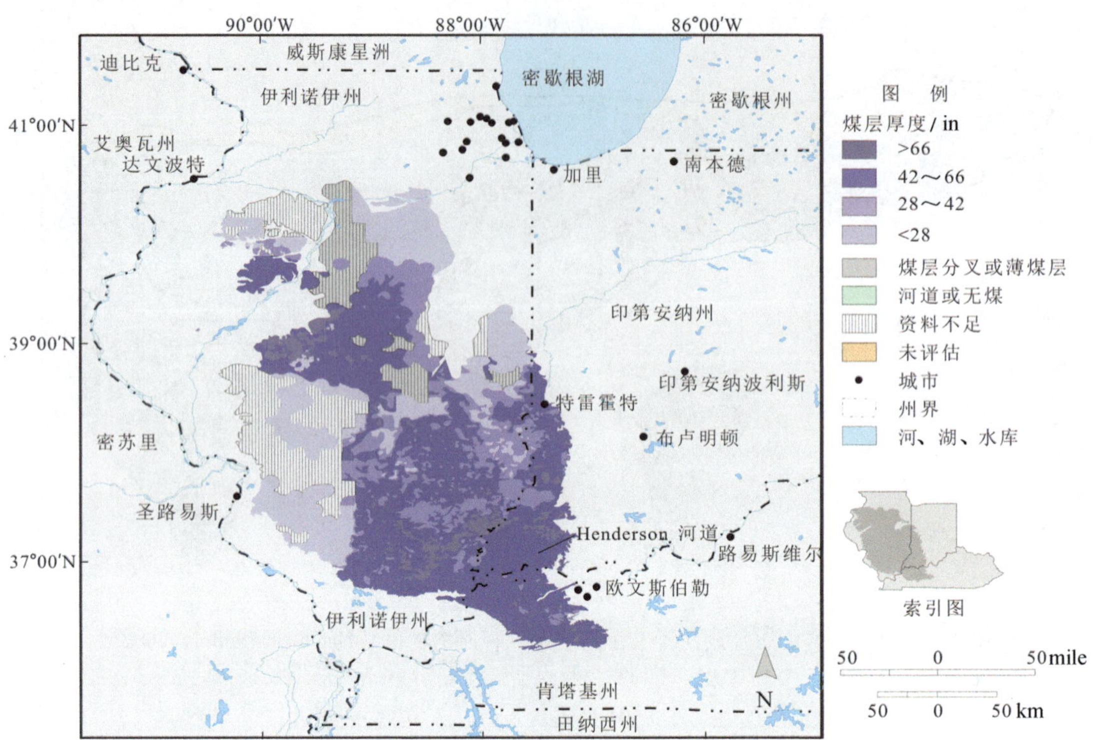

图 7-2-11 Springfield 煤层厚度图（Hatch 和 Affolter，2002）

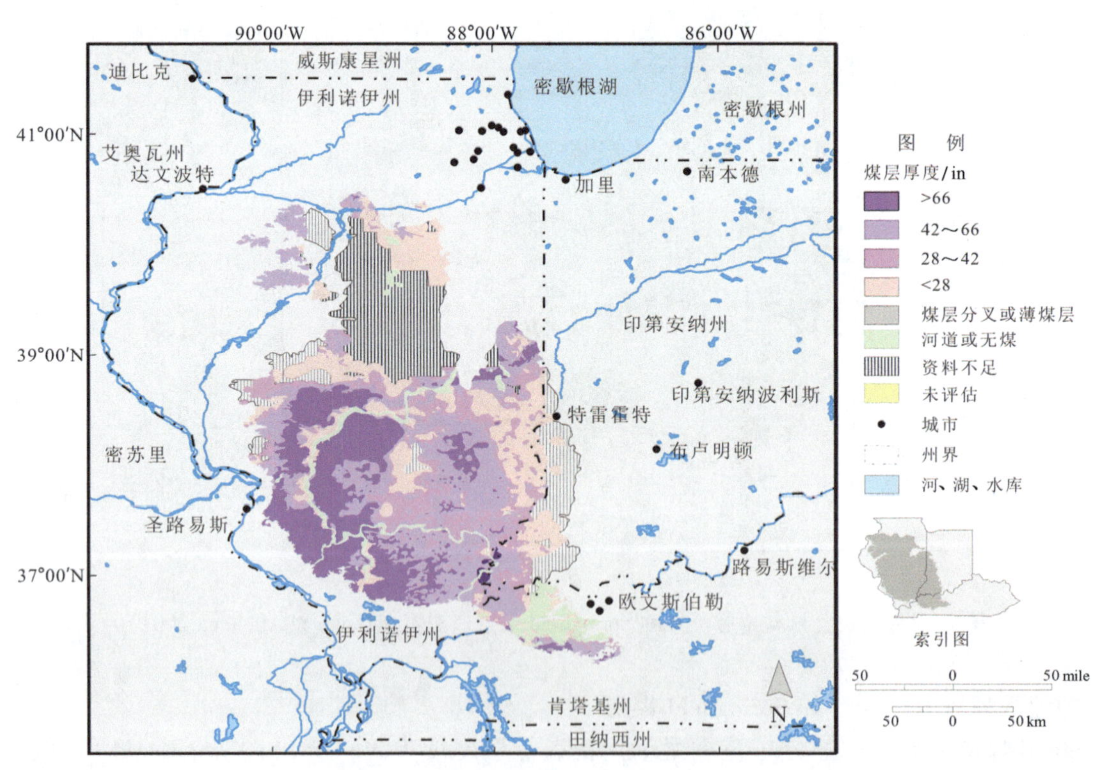

图 7-2-12 Herrin 煤层厚度图（Hatch 和 Affolter，2002）

2.9%～3.5%，3 个主要煤层相似。盆地从西北向东南热值增加，西肯塔基州从东到西，热值增加。盆地北部，伊利诺伊州和印第安纳州的大部分地区，煤级为高挥发分 C 烟煤。伊利诺伊州东南部和西肯塔基的局部地区，煤级达到高挥发分 A 烟煤。3 个主要煤层的许多微量元素的平均含量也相似：砷

5.8～19 ppm、汞 11～0.12 ppm 和铅 13～18 ppm。

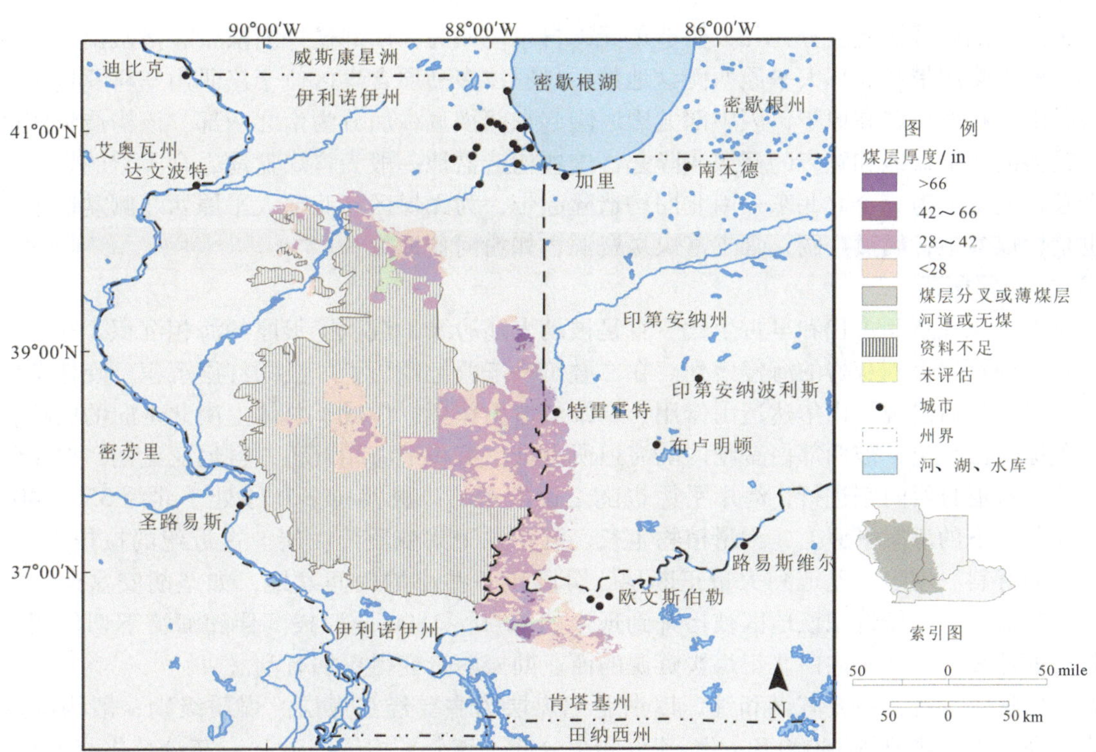

图 7－2－13 Danville－Baker 煤层厚度图（Hatch 和 Affolter，2002）
（煤层厚度包括煤条带的上下两部分）

按照露采标准，整个盆地资源量合计 134 亿短吨。按照煤层厚度超过 42 in（1 in＝0.0254 m），埋深大于 150 ft（井工）的标准，Springfield 煤层、Herrin 煤层和 Danville－Baker 煤层的资源量分别为 530 亿短吨、556 亿短吨、74 亿短吨，主要分布在伊利诺伊州，整个盆地资源量合计 1320 亿短吨。

伊利诺斯盆地原始煤资源量中，只有 51% 是可采资源量，其中，伊利诺伊州为 46 亿短吨，印第安纳州西南为 33 亿短吨，肯塔基州西部为 27 亿短吨。对伊利诺斯盆地所有 16 个区块来说，只有 9% 的量目前经济可采，其中，伊利诺伊州占原始煤资源的 13% （9 亿短吨），西南印第安纳州占 7% （1.7 亿短吨），西肯塔基占少于 0.01% （7000 万短吨），总计 11.4 亿短吨。

（三）小结

伊利诺斯盆地是美国中部重要的含煤区，主体位于伊利诺伊州，年产量可达到美国年度煤炭产量的 10% 。

伊利诺斯盆地主要含煤地层为宾夕法尼亚系，主要位于伊利诺伊州、印第安纳州和西肯塔基州。伊利诺斯盆地的煤层超过 20 个，具有经济价值的煤层主要为 Springfield、Herrin 和 Danville（在肯塔基西部对应为 Baker）3 个煤层。伊利诺伊州和印第安纳州主要煤层沿盆地边缘出露，下倾至 Fairfield 盆地中心的埋深超过 1000 ft，如 Springfield 煤层。

伊利诺斯盆地的煤炭资源煤质特征：灰分约为 11% ，发热量约为 11000 Btu/lb，硫分为 2.9% ～3.5% 。盆地北部大部分地区煤级为高挥发分 C 烟煤，小部分地区煤级达到高挥发分 A 烟煤。

按照露采标准，整个盆地资源量合计 134 亿短吨，按照井工开采标准，整个盆地资源量合计 1320 亿短吨，主要分布在伊利诺伊州。只有 51% 是可采资源量。多年来，在伊利诺斯盆地南部已经生产了超过 80 亿吨煤。目前，资源量中只有 9% 经济可采，其中，伊利诺伊州 9 亿短吨，西南印第安纳州 1.7 亿短吨，西肯塔基州 7000 万短吨，总计 11.4 亿短吨。

三、科罗拉多高原含煤区

美国主体大陆区域构造上分为几大构造单元，自东向西为：西部逆冲断层带、洛矶山—科罗拉多高原带、东部前山隆起带和北部大平原西侧盆地带。科罗拉多高原含煤区位于洛矶山—科罗拉多高原带的南部。洛矶山—科罗拉多高原带，因中部尤因塔隆起东西横亘，而分为南北两部。该构造带较简单，表现为一些较大的构造盆地和宽广的褶皱或隆起，这些构造盆地一般为含煤盆地，含丰富的煤炭资源。东部前山隆起带基本上为一个北北东—南北向构造隆起带，为无煤区。北部大平原西北侧盆地带，为构造盆地，也是含煤盆地，幅员广阔，含丰富煤炭资源，如粉河盆地。

（一）含煤区概述

科罗拉多高原在新元古代和早古生代一直是被动大陆边缘，沉积了很厚的海相沉积，寒武系出现了明显的由砂岩到页岩再到灰岩的海侵序列。在二叠纪—三叠纪经历了广泛的红层沉积。晚侏罗世—白垩纪，该地区以西先后出现了内华达造山作用、塞维尔造山作用，形成了总体上南北走向的山岭，该地区成为前陆盆地。白垩纪，被西部白垩纪内陆海道所占据，沉积了海相沉积，科尼亚克期，白垩纪内陆海道开始收缩，海退自西向东进行，海岸平原也随之逐渐东移。科罗拉多高原处于北纬 35°～40°之间的亚热带气候条件下的海岸平原上，大量植物生长、沉积并聚集变质为泥炭。古近纪的拉拉米运动时期，产生了宽广的背斜、坳陷、盆地和大量正断层，分隔出一些小的山间盆地，如圣胡安盆地、尤因塔盆地、皮斯安斯盆地等。新近纪该地区被抬升到现今的 1200～1800 m 海拔。伴随河流下切作用，白垩纪地层不断接近地表，使区域内白垩纪煤炭资源的商业勘探前景变得更加有利。

含煤区内资源丰富，主要有煤和铀，以白垩纪煤层为主要经济煤层。煤质级别一般为次烟煤至烟煤。发热量高，平均热值约 14000 Btu/lb；硫分和灰分低，硫分平均值低于 1%，灰分变化范围介于 5%～25%。煤炭的开采矿区主要分布在犹他州和科罗拉多州。

按照煤层厚度大于 1 ft、埋深小于 6000 ft 的标准，科罗拉多高原含煤区的煤炭资源总量为 5300 亿短吨。还有约 173 万亿 ft^3 的原地煤层气资源。主要分布在科罗拉多州的皮斯安斯（Piceance）盆地、科罗拉多州和新墨西哥州的圣胡安（San Juan）盆地、犹他州的尤因塔盆地（瓦萨其 Wasatch 高原）。2011 年，区内煤储量分布为科罗拉多州 2.25 亿短吨，新墨西哥州 5.18 亿短吨，犹他州 2.01 亿短吨（EIA，2012）。科罗拉多高原含煤区共有煤矿 47 个，多集中于科罗拉多州和犹他州，其中年产量 400 万短吨以上的煤矿共 6 个。

（二）含煤区内的主要煤盆地

科罗拉多含煤区分为 9 个含煤盆地，分别为圣胡安盆地、亨利山（Henry Mts）盆地、凯普罗维特（Kaiparowits）高原、南皮斯安斯盆地、南瓦萨其高原（S. Wasatch）、戴斯拉多（Deserado）含煤区、丹福斯山含煤区（Damforth Hills）、扬帕（Yampa）含煤区、黑山（Black Mesa）盆地（图 7－2－14）。

黑山盆地资料缺少且储量较小，本节不作介绍，其余 8 个含煤盆地的情况如下。

1. 圣胡安盆地

圣胡安盆地位于科罗拉多州和新墨西哥州交界处，盆地轮廓呈椭圆形（图 7－2－14）。盆地地形落差超过 3500 ft，陡峭的单斜层为区域内最显著的地形特征（图 7－2－15）。

圣胡安盆地内矿产资源极其丰富，主要为煤、铀、石油和天然气。20 世纪 80 年代起，晚白垩世 Fruitland 组的煤层气开始开发，是美国主要的煤层气产区之一。重要的 550 号和 64 号高速公路穿越圣胡安盆地，还有其他一些州高速、县级公路以及未铺砌的油气运输道路。

圣胡安盆地煤炭资源的工业开发始于 20 世纪初期，多为井工开采的小矿，供给当地市场。20 世纪 60 年代末至 70 年代初，一些大型露天煤矿投产，煤炭几乎全部供给电厂。目前盆地内在产煤矿集中在盆地西部（图 7－2－15），共 6 个煤矿。

古新世中早期，盆地开始形成，始新世继续沉降，盆地基底为晚白垩世（71～74 Ma）侵入岩。圣胡安盆地为一不对称的构造沉降区，上白垩统为盆地的主要含煤地层，其厚度最大达 6000 ft。上白垩统沉积相为海陆交互相，表现为 4 个海进海退旋回，所有的海退滨海砂岩之上都覆盖有含煤段。

圣胡安盆地白垩纪共 4 个煤层，由上往下分别为 Fruitland 组、Hogback Mountain tongue、Gibson 煤

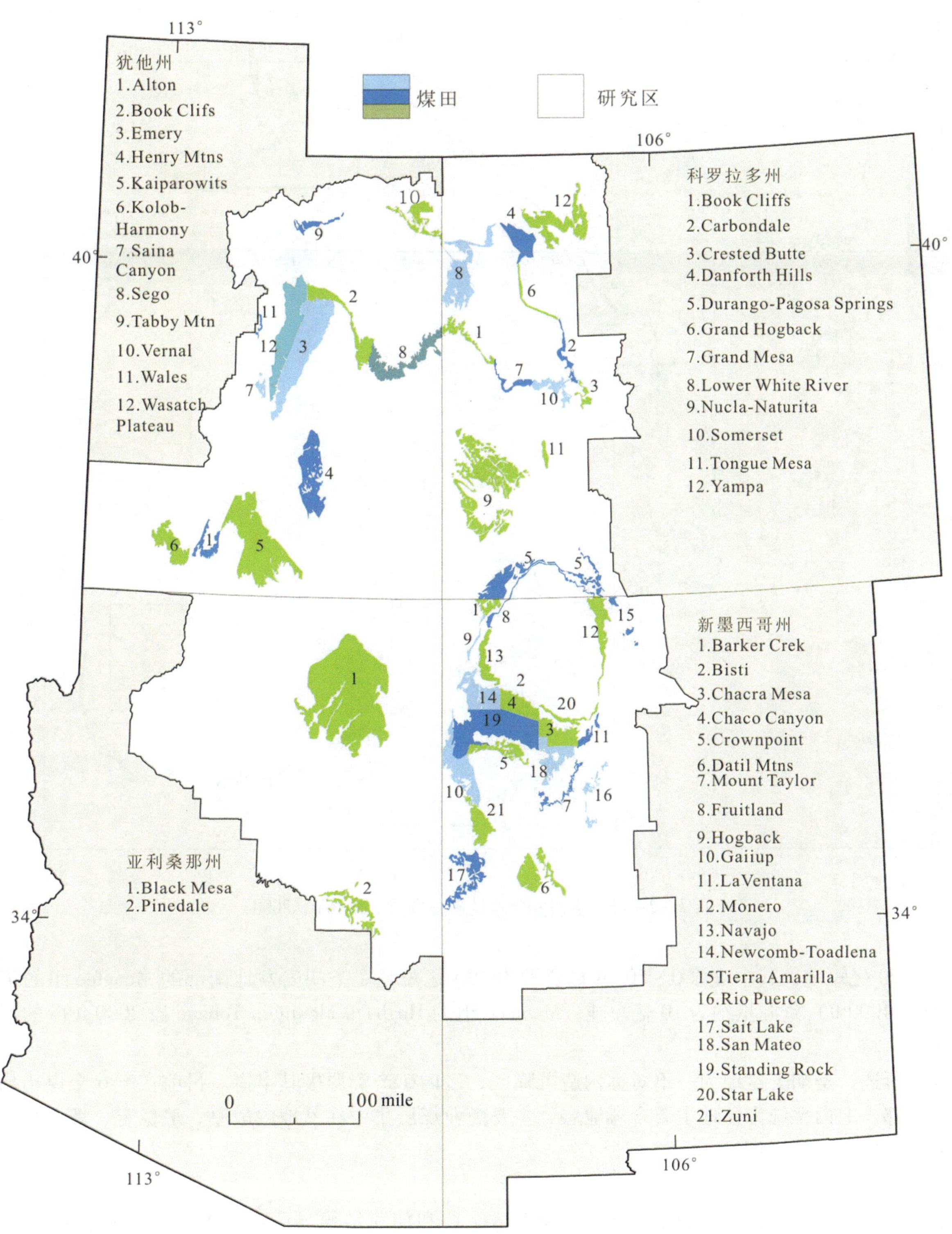

图 7－2－14　科罗拉多含煤区煤田分布图（Kirschbaum，2000）

段和 Dilco 煤段（图 7－2－16）。盆地内最厚且最稳定的煤层在 Fruitland 组，其煤炭资源最为丰富，主要商业开采煤层集中在此段。Fruitland 组由泥岩、粉砂岩、砂岩、炭质页岩及煤组成，为近岸沼泽沉积环境。

Fruitland 煤层是低硫高灰，水分则随着深浅变化，煤级介于次烟煤 A 与低挥发分烟煤之间。从西南往北煤级略微增加，盆地北中部（现今盆地轴部以北）煤级达到最高，净煤层厚度达到最大。

Fruitland 组煤资源埋深最浅且分布最为广泛，按照煤层厚度大于 1 ft、埋深小于 6000 ft 的标准，资

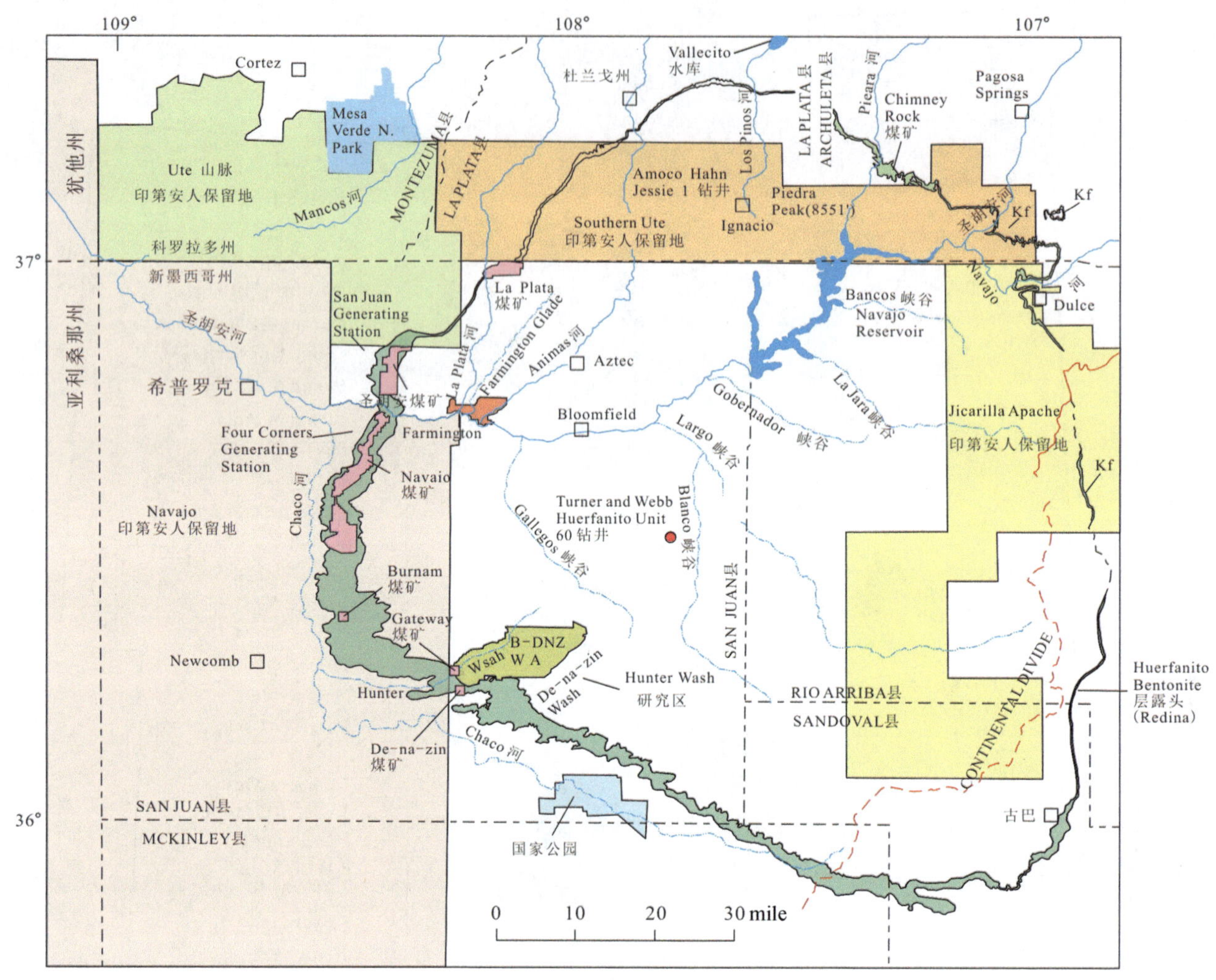

图7-2-15 圣胡安盆地煤矿分布图（Fassett，2000）

源总量2300亿短吨，其中埋深0～500 ft煤资源为190亿短吨。圣胡安盆地南部的Menefee组的下含煤带（250～4000 ft）资源量约为10亿短吨；Menefee组的Hogback Mountain Tongue段2000 ft深的资源量为113亿短吨。

综上所述，圣胡安盆地为一不对称构造沉降区，区内矿产资源极其丰富。目前在产6个煤矿均集中在盆地西部，上白垩统为盆地主要含煤地层，主要商业煤层集中在盆地内最厚、最稳定、埋深最浅且分布最为广泛的Fruitland组。

2. 亨利山盆地

亨利山盆地分布于犹他州的韦恩（Central Wayne）和加菲尔德（Garfield）两县，属于向斜构造盆地，地形变化强烈，东部地形陡峭起伏，中部为平顶山（台地），西部边缘为单面山脊。含煤区土地多数处于美国土地管理局（BLM）管辖下，但多数情况下煤资源开发不会受限。该区不通铁路，最近的铁路线距离煤田北部约60 mile，24号州际公路穿过煤田北部。

亨利山盆地的煤资源主要赋存在晚白垩世地层内。晚白垩世共分3个组（群），即Dakota砂岩、Mancos页岩和Tarantula Mesa砂岩。Dakota砂岩下部煤层不连续且很少有超过2 ft厚的。Mancos页岩分5段，自下而上分别为Tununk、Ferron砂岩、Blue Gate、Muley Canyon砂岩及Masuk段。其中，Ferron上段为透镜状砂岩、炭质泥岩和煤互层，含5个煤层（厚度达到可开采），为曲流河分流河道和泛滥平原沉积环境。Muley Canyon砂岩段的上段为透镜状砂岩、炭质泥岩和煤互层，厚度92～209 ft，含3～10个煤层不等，此含煤带中的煤层是亨利山煤田区最厚且最稳定的，沉积环境为河流或潮道海岸平原。

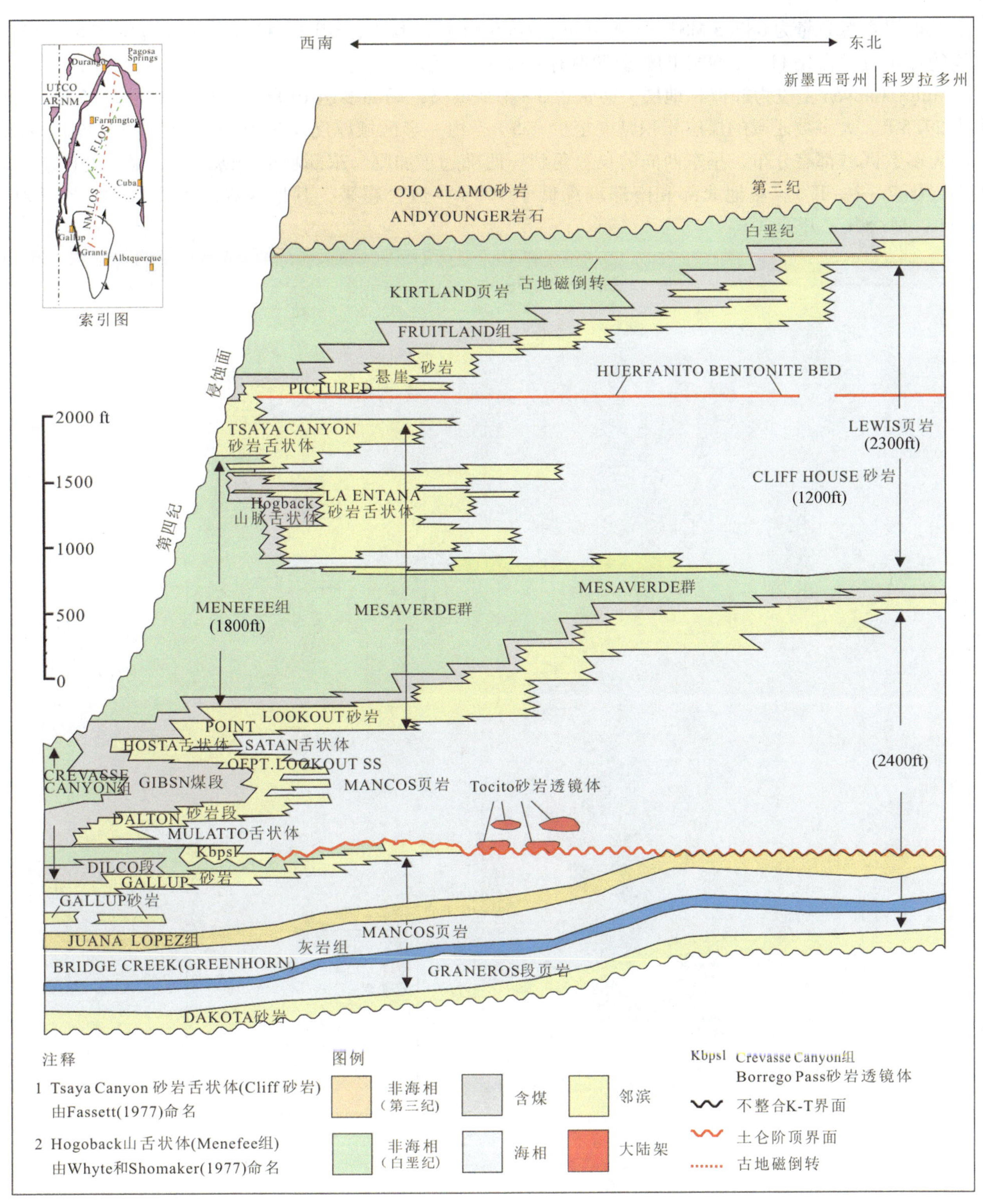

图 7-2-16 圣胡安盆地上白垩世地层剖面图（Fassett，2000）

亨利山盆地的煤资源主要赋存于 Mancos 页岩组的 Ferron 段和 Muley Canyon 段。Ferron 煤资源赋存于上段 50 ft 厚含煤带中，分布 1～5 个煤层不等，总厚度 16.5 ft，平均厚 1～3 ft。煤资源区域分布不均匀，东西向呈豌豆形散乱分布在亨利山盆地。开发条件最好的为煤田北、中、南部 3 个相距甚远的区域，中部储量的不确定性大。沉积环境为河流三角洲体系，出露在盆地边缘，在盆地中心埋深超过 2000 ft。因而，Ferron 煤层只要足够厚，即视为潜在可采。

煤质为高挥发分 C 级烟煤，灰分为 14.5%，硫分高，达到 2.5%，热值为 11038 Btu/lb。

原地煤资源总量为683.5 MST，3/4分布在Garfield县，其中，探明和控制资源量占比27%，100 ft以浅的煤炭资源占比11%，68%的煤资源赋存在2~6 ft的煤层中。

Muley Canyon上段为非海相地层，通常含3~4个煤层，局部多达10层，一般厚度为2~5 ft，总厚度为27.5 ft。大多数区域的煤层累积厚度至少有5 ft，约一半区域厚度超过10 ft（图7-2-17）。在煤田的大多数区域都有分布，呈东西向的长豆角状。西部趋于加厚，东部趋于变薄，厚度最大处位于盆地中心（图7-2-17）。盆地北部和南部埋深低于100 ft，适合露采，其他含煤地区多数埋深在100~1000 ft，适合井工开采。

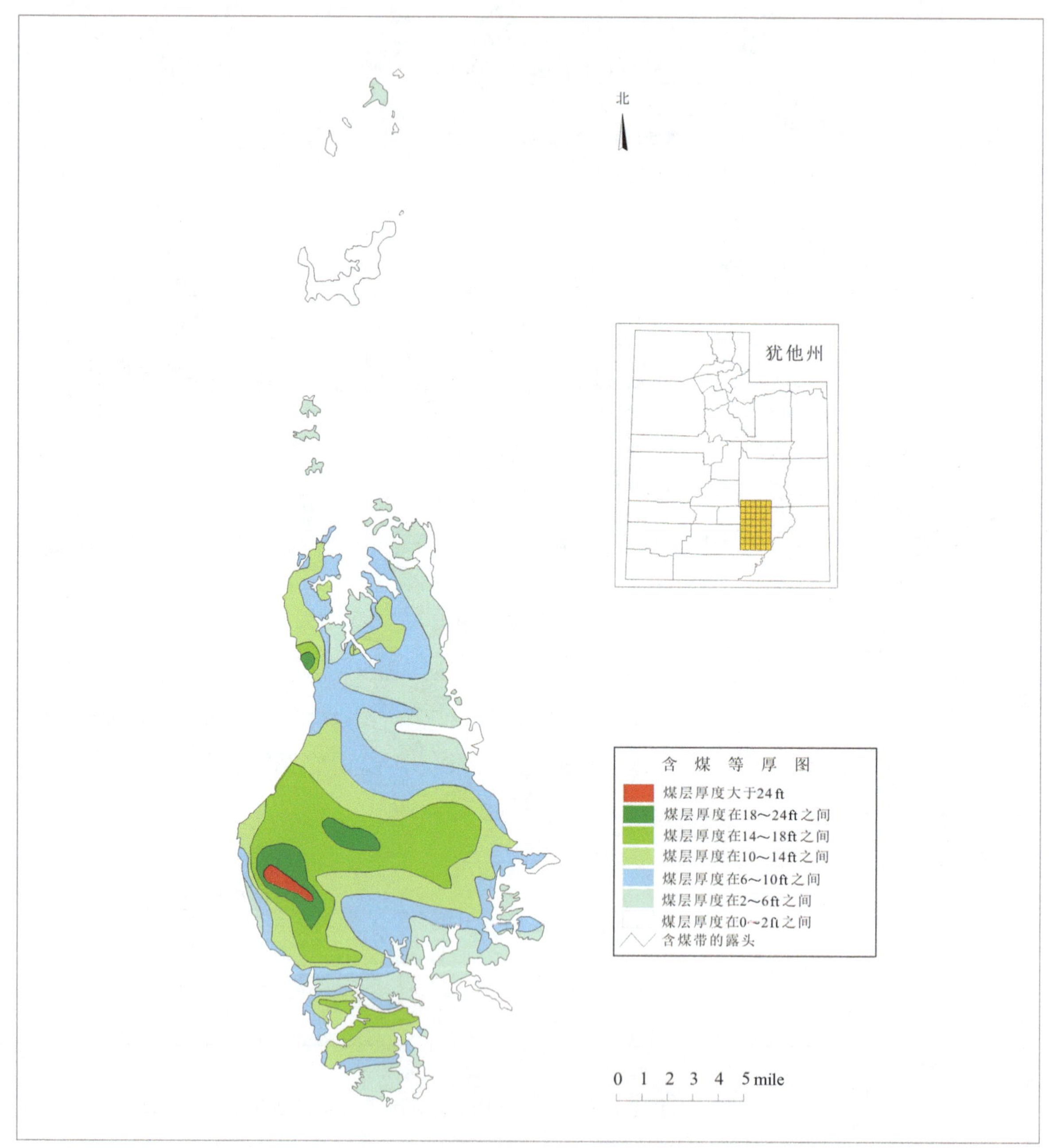

图7-2-17 Muley Canyon含煤带等厚图（Tabet，2000）

煤质为次烟煤A到高挥发分烟煤C，水分多(12.1%)，灰分和热量分别为11.74%和10086 Btu/lb，平均硫分为0.9%。

原地资源量15.261亿短吨。绝大部分位于Garfield县，750万短吨位于Wayne县。探明和控制资源量占比62%。几乎所有的资源量都位于深度2000 ft以内，大部分埋深小于1000 ft。深度100 ft以内的资源量占比25.6%（3.91亿短吨）；91%的煤资源赋存在大于6 ft厚度的煤层中，70%位于超过10 ft厚度的煤层中。

Ferron砂岩段的煤资源开发前景有限，煤层太薄且不连续，经济效益不高，煤质较差，灰分和硫分高，在环境条件制约下，适合露天开采的区域有限。Muley Canyon段的煤层厚度和稳定性、煤质都超过Ferron砂岩段的煤层。Tarantula Mesa下的Muley Canyon深层煤开发潜力最大。1100 ft以浅发育的厚6～15 ft的煤层，原地资源量达4.5亿短吨。Muley Canyon的煤可能适合发电，尽管有些煤层有高灰、高硫的特点。

综上所述，亨利山盆地煤资源主要赋存在晚白垩世Mancos页岩组Ferron砂岩段和Muley Canyon砂岩段，原地煤资源总量6.835亿短吨。Muley Canyon砂岩段煤质级别为次烟煤A到高挥发分烟煤，煤层厚度大、稳定、分布广、埋深浅、资源量大，大多数区域的煤层累积厚度至少有5 ft，合计厚度为27.5 ft，硫分低（0.9%），盆地北部和南部埋深低于100 ft，适合露采，其他含煤地区多数埋深在100～1000 ft，适合浅层或中等深度的井工开采。原地资源量15.261亿短吨，探明和控制资源量占比62%。

3. 凯普罗维特高原

凯普罗维特高原位于科罗拉多高原的西南部，分布于犹他州南部的Kane和加菲尔德县。地貌特征为四周被悬崖峭壁所限的平顶山（图7－2－18），高于周边6500 ft。高原北部为国家森林区，约75%属于国家纪念地。只有12号公路穿过其北部。

凯普罗维特高原煤矿开采始于19世纪初，开采量一直较小。目前，仅有一家公司具有凯普罗维特高原煤炭采矿权。

凯普罗维特高原构造格局表现为侏罗山式褶皱。高原上大部分的地层倾角小于6°，断层相对比较少，且大多分布于周缘地区。

煤层主要赋存于上白垩统下部的Dakota组和Straight Cliffs组的Smoky Hollow段和John Henry段。Smoky Hollow段上部和John Henry段的煤层一般比较厚，一直是勘查开发重点，含煤地层厚度为50～700 ft。其他煤层一般比较薄且不连续，或者埋深过大而不具开采价值。

凯普罗维特高原煤质为次烟煤C到高挥发分A级烟煤，挥发分高（36.1%～41.4%），大部分含煤带的硫分值低于1%，热值为9890～12640 Btu/lb。

凯普罗维特高原埋深6000 ft以内且煤层厚度超过1 ft的资源量共610亿短吨，6000～8500 ft深度内还有17亿短吨的煤资源。剩余资源量巨大，只能依靠井工方式开采。受目前开采技术限制，340亿短吨煤炭资源量不能利用，可利用的280亿短吨煤炭资源量中110亿短吨赋存于3.5～7.0 ft的煤层中，110亿短吨赋存于7.1～14 ft厚的煤层中，6亿短吨赋存于14 ft厚的地层中。此外，大量的煤资源位于国家历史遗迹中，未来开发受到联邦法律限制。

4. 南皮斯安斯盆地

南皮斯安斯盆地位于科罗拉多高原北中部，出露地层为晚白垩世Mesaverde群（组），范围涉及犹他州5个县（图7－2－19）。有州际70号高速、大量州内高速和区域高速以及两条铁路穿过该区。

南皮斯安斯盆地轴向为北西—南东向，其西侧和南西边缘地层倾角较缓，东侧倾角较陡。褶皱、断层发育，多分布于盆地边缘。

含煤地层为上白垩统Mesaverde群（组），约2100～5600 ft厚，形成于晚坎帕尼亚期和Maastrichtian期间的海退过程中，沉积环境主要为河流、海岸平原沼泽、河口和滨海，Mesaverde群（组）的上段主要为海道关闭后的陆相沉积。

晚白垩世含煤地层露头倾角变化范围较大，各煤田的地层倾角介于5°～90°之间，分为黑钻煤群和Cameo－Fairfield煤群。

煤质介于次烟煤A和无烟煤之间。由于盆地腹地的煤层埋深较大，以及侵入岩体的存在，煤质级别表现出边缘至中心增加的趋势。灰分为1.9%～29.9%，硫分为0.3%～3.2%，热值为8160～15190 Btu/lb。

Cameo－Fairfield煤群发育了皮斯安斯盆地分布范围最广的可采煤层，同时也是当地天然气的重要来源（图7－2－20）。净煤层厚度在评价区中部达到50～100 ft，北东小部分地区最厚可达100～140 ft，

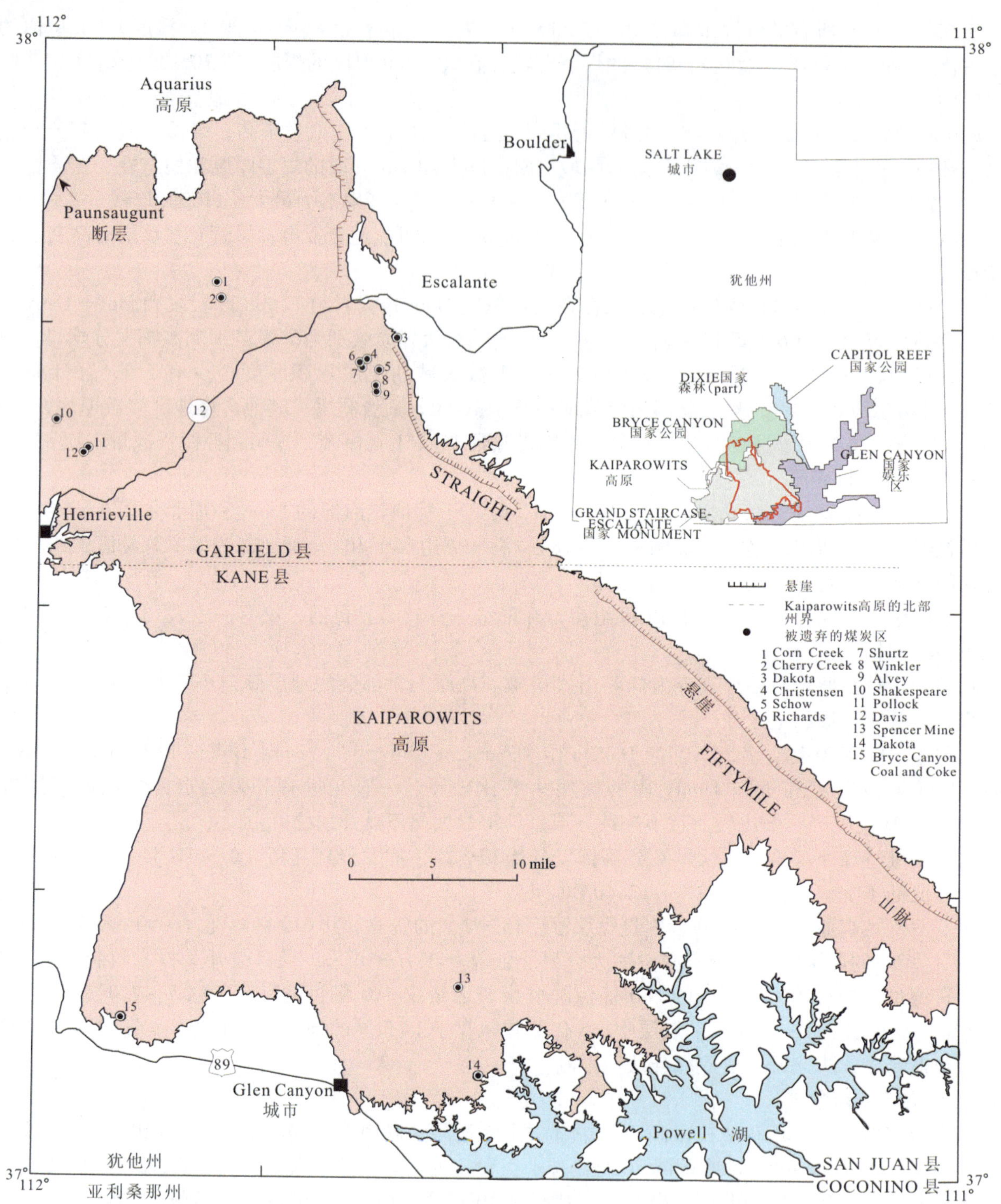

图 7-2-18 凯普罗维特高原位置图（Hettinger，2000）

资源量共计2200亿短吨，但是由于绝大多数埋藏深度大（超过3000 ft深），或者赋存在小于3.5 ft厚的煤层中，仅有340亿短吨（28%）的原地资源量达到地下开采标准。煤层中赋存的天然气具有经济开采的可能性。

5. 南瓦萨其高原

南瓦萨其高原位于犹他州中部，北北东向延伸，分布于Emery、Sanpete和Sevier 3个县。70号州际高速公路东西向穿过此区块，区块内分布有州内高速和一些未铺装的道路。

早期的煤矿开采几乎位于高原北部，主要满足盐湖城的市场需求。南瓦萨其高原的采矿活动相对较

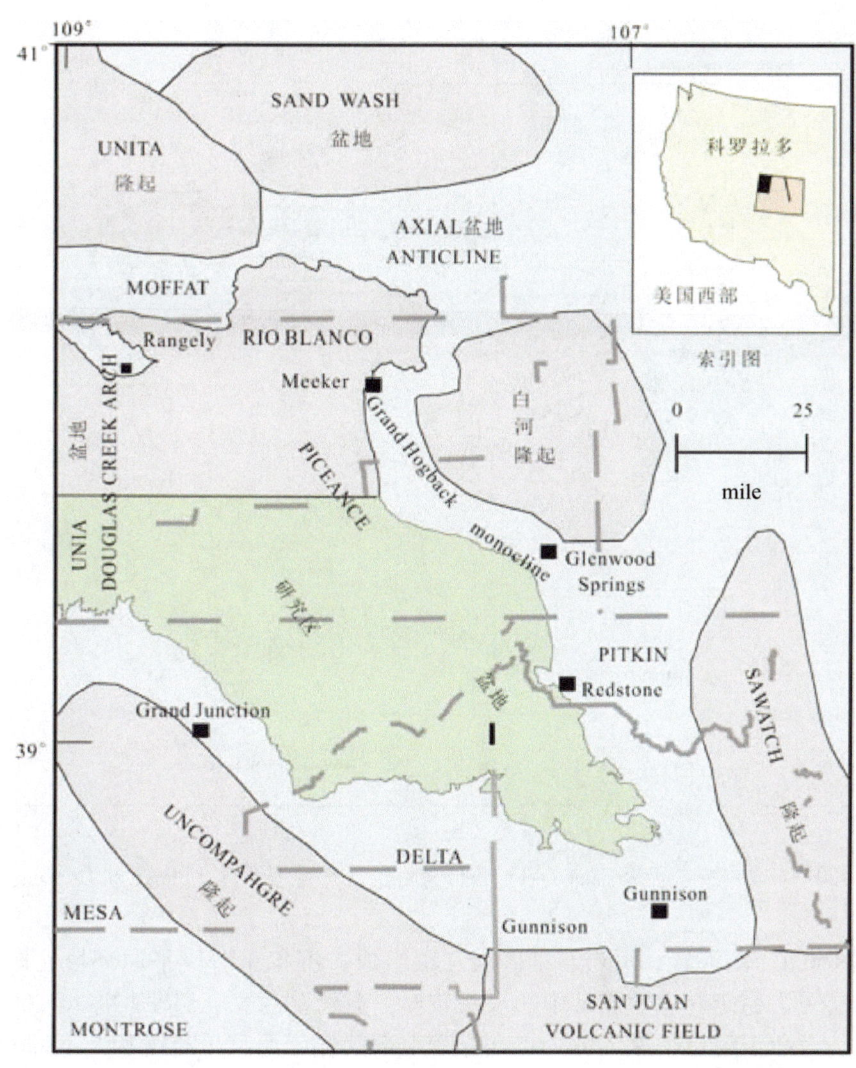

图7-2-19　皮斯安斯盆地位置及周边构造单元分布图（Hettinger等，2000）

少。目前唯一的在产煤矿是1941年投产的SUFCO煤矿。

南瓦萨其高原的地层向西微倾，角度一般小于5°，西部是一单斜褶皱。背斜和向斜褶皱翼部倾角通常小于10°，平均3°~4°。断层破碎带发育，增加了煤炭开采难度。高原东部分布3个正断层带，形成一系列小型地堑。

晚白垩世Mesaverde群由坎帕期的地层组成，分为Star Point砂岩、Blackhawk组、Price River组的Castlegate砂岩段，以及Price River组的主体。煤层主要赋存于晚白垩世Mesaverde群Blackhawk组的下部150 ft的地层段内，所有煤层埋深都在5500 ft以内。Blackhawk组的煤质级别为高挥发分B级和C级烟煤，没有结焦性，表现出往南降低的趋势。煤质特点为高挥发分（38.1%），低硫分（0.5%），低水分（9%）和低灰分（7%），热量为11626 Btu/lb。

南瓦萨其高原煤资源总量为68亿短吨，其中500 ft以内的煤资源量为3.4亿短吨，2000 ft以内的煤资源量为37亿短吨，2000~3000 ft为18亿短吨，超过3000 ft为12亿短吨。经济可采资源数据不详，参照临区，估算北瓦萨其高原的经济可采资源约占17%。

6. 戴斯拉多含煤区

戴斯拉多含煤区是指下白河煤田的北部区域。下白河煤田是洛矶山和科罗拉多高原地区一个较有优势的含煤区，位于科罗拉多州的西北角、南皮斯安斯盆地的北部，分布在Garfield、Moffat和Rio Blanco 3个县。戴斯拉多含煤区位于科罗拉多州的Rangely县的北部，其南边为Dinosaur国家历史遗址。

Mesaverde群的含煤段厚度为300~600 ft，平均为490 ft，自下而上分别为下煤段、主含煤段和上煤

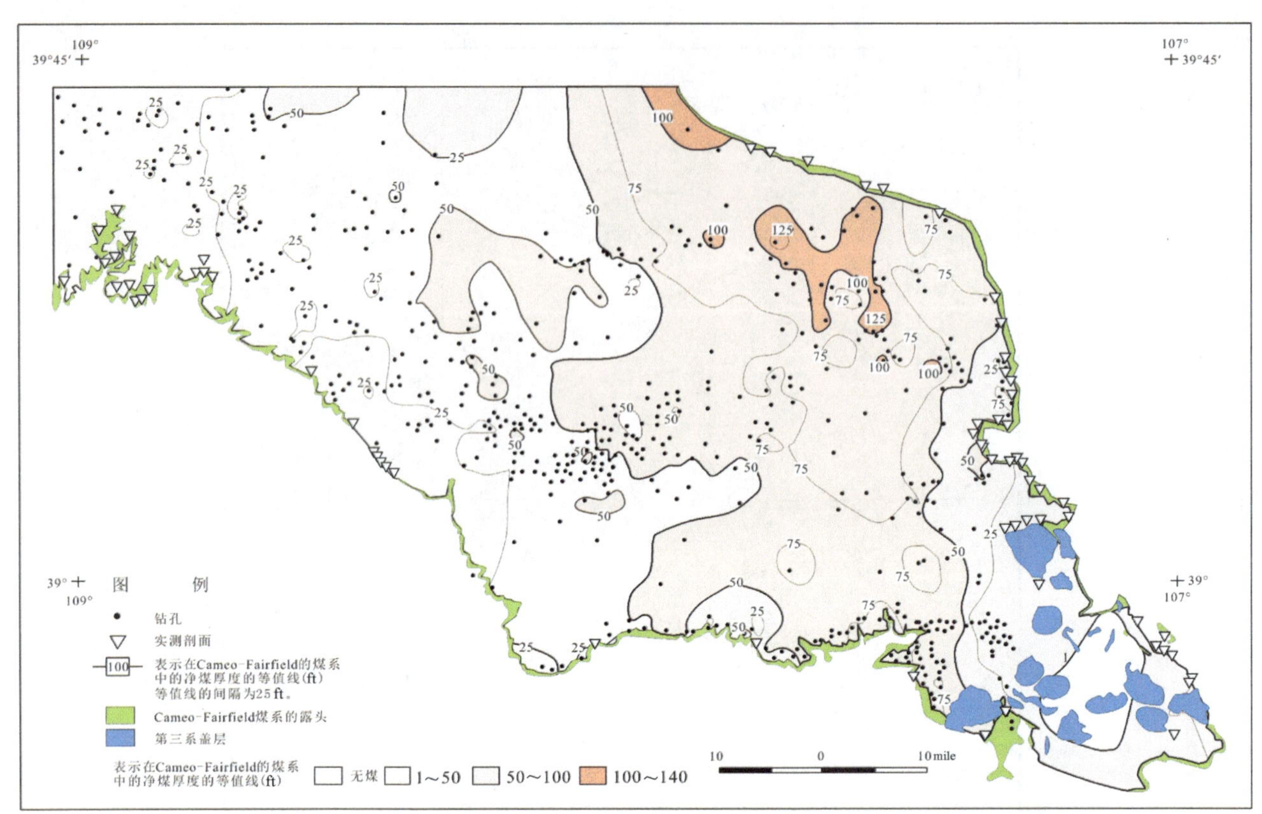

图 7-2-20 南皮斯安斯盆地 Cameo-Fairfield 煤群的净煤层等厚图（Pierce 和 Dennen，2009）

段。下煤段平均厚 150 ft，由泥岩、页岩与细砂岩互层组成，沉积于海岸平原环境，薄层透镜状煤层遍布，但其顶部的煤层更为稳定。主含煤带中的煤层较厚，有经济意义，其平均厚度 160 ft，主要由泥岩、砂岩和煤沉积组成，沉积于海岸平原环境。主含煤带上部的煤层薄且呈透镜状，下部的煤层更厚且更稳定。上煤段平均厚 180 ft，厚度变化较大，形成于海岸和河流相过渡的沉积环境，整个上煤段都含煤，但煤层很薄，且呈透镜状，该段的顶部存在一个稳定煤层，厚度约 5 ft，近岸沉积环境的陆相部分。

戴斯拉多含煤区位于 Rangely 背斜的东北缘，Red Wash 向斜轴部东西向穿过煤区的北部。地层包括 Mesaverde 群中的标志煤层、主含煤段和上煤段。研究区含煤单元整体东南倾，南部地层缓，倾角介于 5°~9°，区域内没有大的断层。

戴斯拉多含煤区的 Mesaverde 群分为 9 个含煤段，煤层主要赋存在 B 和 D 含煤带，位于标志煤层砂岩之上。B 含煤带包括 1~3 个煤层，平均厚度 55 ft，向西变薄，向东加厚（图 7-2-21）。D 含煤带包括 2 个煤层，平均厚约 30 ft，向北变薄，向东向西加厚（图 7-2-22）。煤层埋深则由北西的 0~500 ft 向东南加深到 1000 ft 以上（图 7-2-21 和图 7-2-22）。

戴斯拉多含煤区的 B 和 D 带煤的平均热值为 10090 Btu/lb，低硫分，平均值为 0.55%，收到基灰分为 11.6%，高挥发分，平均值为 33%，属于高挥发分 C 级烟煤。

按照煤层厚度超过 1.2 ft、埋深 1500 ft 以浅的标准，戴斯拉多煤田煤资源量约 4.4 亿短吨，可采资源量约占 10%~20%。77% 的资源量埋深小于 1000 ft。超过 84% 的资源量位于 B 和 D 含煤带中。超过 97% 的煤资源是联邦所有，90% 的土地由联邦土地管理局管辖。

7. 丹福斯山含煤区

丹福斯山含煤区分布在科罗拉多州西北部的 Moffat 和 Rio Blanco 县，皮斯安斯盆地的东北侧，海拔为 6200~8700 ft，整体呈现为东北向的山脊。丹福斯山盆地受几条大的褶皱影响而变形，Sulphur Creek 向斜两侧地层倾角为 10°~30°，丹福斯山背斜地层倾角一般达到 45°。在这两个大褶皱之间的平缓的地质构造区域，宽度一般在 2000~3000 ft。

丹福斯山煤田出露的所有煤系地层均为白垩系和第三系，晚白垩世 Mesacerde 群。Mesaverde 群的大

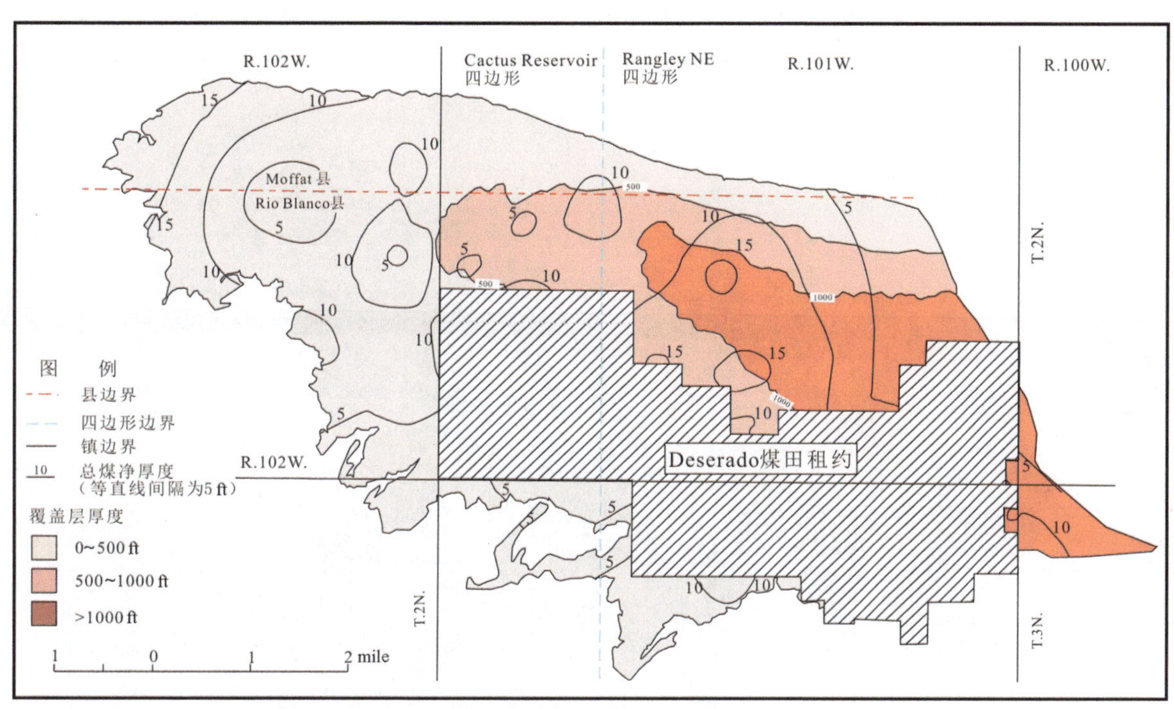

图7-2-21　B含煤带埋深及煤层厚度图（Brownfield等，2000a）

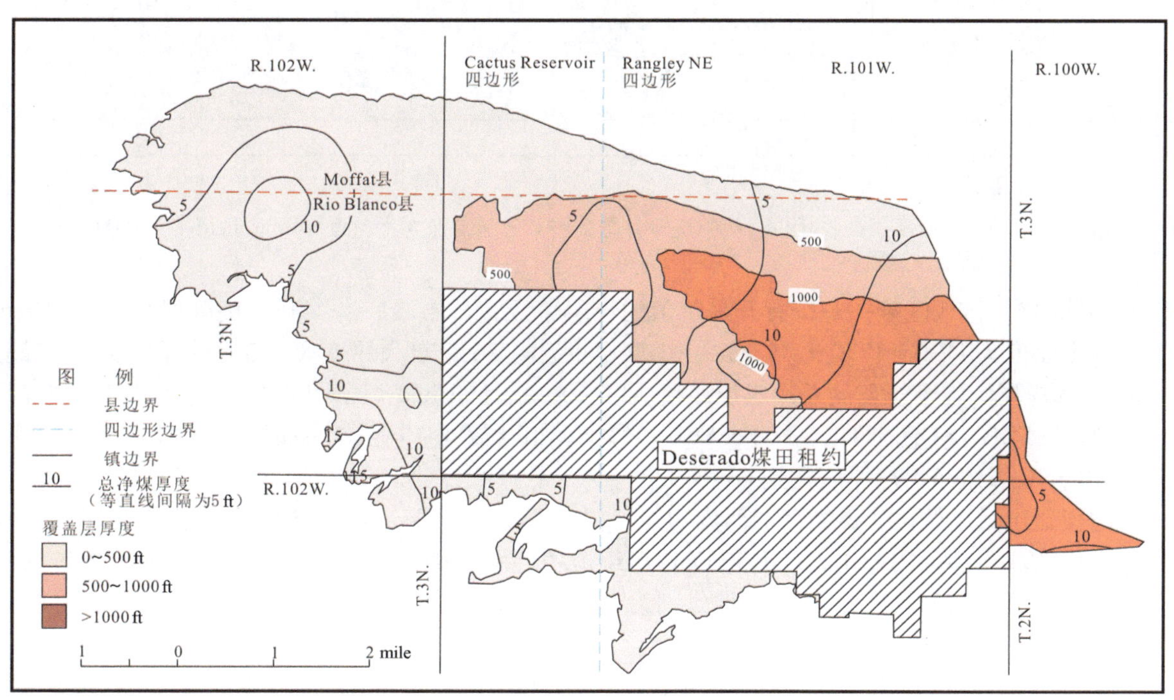

图7-2-22　D含煤带埋深及净煤层厚度图（Brownfield等，2000a）

部分是由连续沉积的页岩、粉砂岩和砂岩互层组成，形成于冲积扇、海岸平原和沼泽环境。含碳质岩层和厚煤层遍及Williams Fork组，其下伏连续的滨海砂岩相沉积Trout Greek砂岩是该地区最好的标志层之一（图7-2-23）。

Williams Fork组出露于大部分地表，该组的厚度为3000~3500 ft，可进一步分为Fairfield煤群、沉积间断、Goff煤群、Lion Canyon砂岩和Lion Canyon煤群。Williams Fork组的沉积环境属于潮湿的亚热带气候条件下的滨海平原，非常有利于沼泽泥炭的堆积。

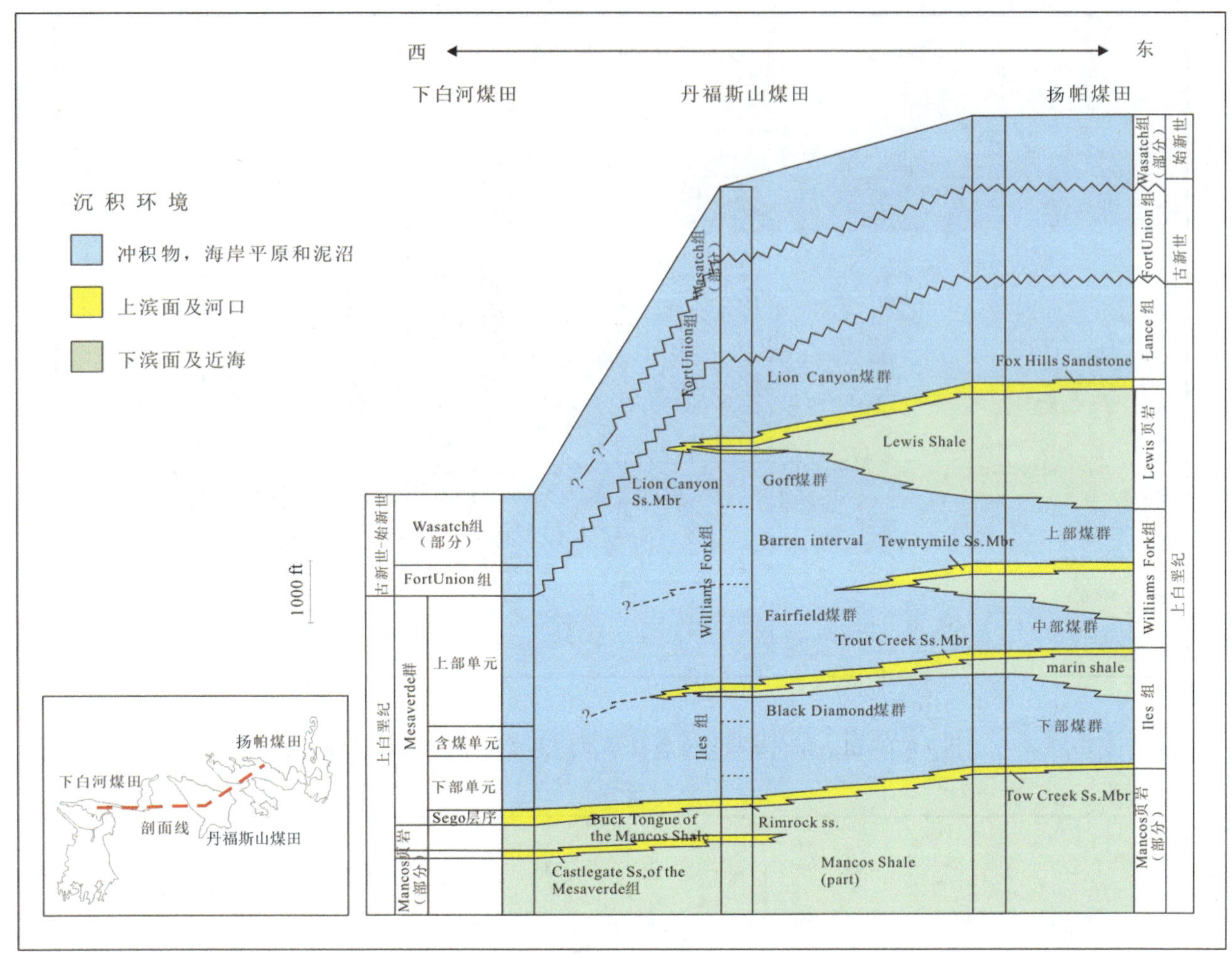

图7-2-23 下白河、丹福斯山、扬帕煤田白垩系和第三系层序对比剖面（Brownfield等，2000b）

Fairfield煤群是该地区唯一一个有开采价值的煤层单元，分布最广。煤群直接沉积在Trout Greek砂岩之上，最大厚度为1130～1770 ft。Fairfield煤群至少含有26个最大厚度大于5 ft的煤层，20个最大厚度大于12 ft的煤层。整个煤群的总净煤层厚度大于100 ft。Fairfield煤群可以被细分为7个煤组，分别为FGA、FGB、FGC、FGD、FGE、FGF、FGG。每个煤组含煤4～9层，净煤层厚度10～50 ft，部分地区的FGB和FGE煤组净煤层厚度达到40～80 ft。

煤层的覆盖层最厚处位于研究区的西南边缘，沿Sulphur Creek向斜分布的覆盖层厚度超过2000 ft。只有在研究区的北半部分的FGE、FCF和FGG煤组覆盖层厚度小于500 ft，这正是Colowyo煤矿的位置。

煤炭的挥发分、灰分、硫分和发热量分别为31%、11.5%、0.47%和9650 Btu/lb，为高挥发性C级烟煤。

基于最近对Fairfield煤群完成的调查研究，埋藏深度小于6000 ft，煤层厚度大于1.2 ft的煤炭总量约为210亿短吨。其中，埋深小于1000 ft的煤炭资源量占到60%，埋深在500 ft以浅的资源量130亿短吨，占32%。超过47%的煤炭储量赋存在FGB和FGE煤组内，这两个煤组资源量的88%以上都归联邦所有，并由美国土地管理局管辖。

8. 扬帕含煤区

扬帕含煤区位于科罗拉多州西北部，Sand Wash盆地东南角，主要分布在Routt、Moffat和Rio Blanco县。40号公路横穿煤田北部区域（图7-2-24）。煤田的海拔高度为6000～9800 ft。整个煤田基本包含3个区段，储量最多的区段位于Williams Fork山，绝大部分在产煤矿都位于这个区段。第二个区段在第一个区段东侧向北延伸25英里，直达废弃的Mount Harris镇以北18英里处，有一个在采煤矿，但Mount Harris以北的煤炭开采受到陡峭斜地质构造影响。第三个区段位于煤田的中部南侧，储量可观，尚未开采。整个煤田的大部分地权为私人所有。

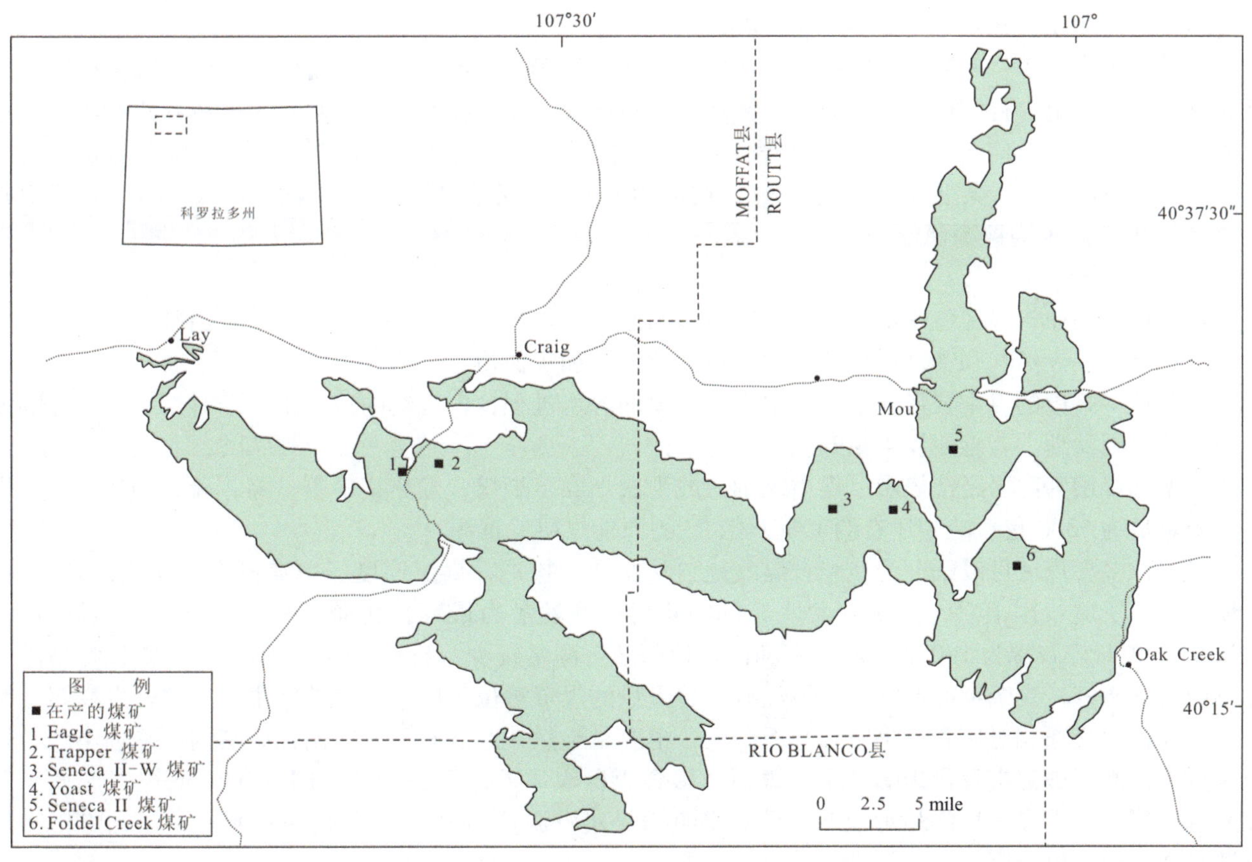

图 7-2-24 扬帕煤田位置图（Johnson，2000）

西北走向的 Axial Basin 背斜是煤田重要的区域构造。煤田的东部和西部不对称褶皱发育，煤田发育陡倾、西北走向的断层。

晚白垩世晚坎帕期，扬帕煤田位于美国西部内陆海道的西部滨岸平原，在 Williams Fork 组沉积期间，科罗拉多西北部地区处于北纬 42°左右，具有温暖潮湿的亚热带气候，当时较高的水位和低矮滨海平原的沉积背景，非常有利于泥炭沼泽的发育和煤炭的形成。

白垩纪和古新纪在这个地区都有煤层形成，目前看来只有 Mesaverde 群的煤层具有经济价值，该含煤区的大部分煤炭资源赋存于其上部 Williams Fork 组。Williams Fork 组以泥岩为主，常含炭碎屑，植物根系化石很常见，其次是砂岩、炭质页岩和煤层。

Mesaverde 群可以分为下部的 Trout Iles 组和上部的 Williams Fork 组。Trout Iles 组顶部的 Creek 砂岩段和 Williams Fork 组中部的 Twentymile 砂岩段各代表了一次海退沉积事件，砂岩的底部与海相页岩相过渡，上覆地层是非海相的河流相砂岩、河漫滩相的砂岩和泥岩、炭质页岩及煤层。

前人将 Iles 组的煤层称为下煤群，将 Trout Creek 砂岩段和 Twentymile 砂岩段之间的煤称为中煤群，将 Twentymile 砂岩段之上的煤层称为上煤群。中煤群和上煤群是 Williams Fork 组中最有经济价值的煤，他们又被分为 4 个煤组，从下到上分别为中煤群的 A 煤组和 B 煤组、上煤群的 C 煤组和 D 煤组。所有煤层的数量和净厚度从东向西增加，B 煤组表现最明显。A 煤组分布在整个煤田，含有最大数量的煤层数（平均 5 ~ 14 层），具有最大的净煤厚度（平均 24 ~ 87 ft），煤层平均厚度为 350 ft，煤田东部的在产煤矿均从该煤组采煤。D 煤组分布于整个煤田，是该地区第二重要的煤组，平均煤层厚度为 355 ft。只有煤田西部的在产煤矿是从 D 煤组采煤。B 煤组和 C 煤组只存在于煤田的中部和西部地区，煤层数和煤炭资源量较少，经济潜力不大，C 煤组经济价值最低。

煤田东部 A 煤组的其他煤层为 B 级次烟煤，灰分为 7% ~ 11%，硫分为 0.58% ~ 6.73%，煤田西部

A 煤组的 F 煤层为 B 级次烟煤，其灰分为 5% ~10.36%。煤田西部采区的 D 煤组目前开采的 8 个煤层有 A、B、C 级次烟煤和高挥发性 C 级烟煤，灰分为 7.05%。煤田西部这两个煤组均为低硫煤（硫分<0.6%）。所有煤层发热量为 9931 ~11567 Btu/lb，变化不大。

扬帕煤田中大于 1.2 ft 的煤层总资源量估计为 760 亿短吨，46% 为探明储量，48% 的覆盖层厚度超过 3000 ft。A 煤组含有 420 亿短吨的资源量，探明和推断资源量各占一半，93% 的煤炭资源在私人土地范围内，但是联邦政府土地却覆盖整个含煤区资源量的 67%。B 煤组含有 130 亿短吨资源量，其中 40% 为探明资源量。C 煤组含有 37 亿短吨，在可预见的将来不具有经济开采性。D 煤组有 170 亿短吨资源量，其中 40% 为探明储量。

（三）小结

科罗拉多高原含煤区位于洛矶山—科罗拉多高原带的南部，南洛矶山脉与瓦萨其山脉之间。资源丰富，主要有煤、天然气和铀。煤矿多集中于科罗拉多州和犹他州。交通并不方便。

科罗拉多高原的煤主要形成于白垩纪内陆海道的海退过程，古近纪的拉拉米运动时期，将其分隔成一些小的山间盆地，新近纪发生抬升。

白垩纪煤层为主要经济煤层。煤质级别一般为次烟煤至烟煤，发热量中等—高，硫分和灰分低。煤炭资源总量为 5300 亿短吨，还有约 173 万亿 ft^3 的原地煤层气资源。

科罗拉多含煤区可以细分为 9 个含煤盆地，从交通、构造、煤层厚度、覆盖厚度、煤质以及储量、土地和资源所属权限上看，圣胡安盆地 Fruitland 组的开发潜力最大，交通便利，煤质好，储量较大，埋深 0 ~500 ft 煤资源为 190 亿短吨。亨利山盆地原地资源量较少，只有 15 亿短吨。凯普罗维特高原交通不便，煤质好，剩余资源量巨大，但埋藏厚，大量的煤资源位于国家历史遗址中，未来开发受限。南皮斯安斯盆地交通相对便利，煤质好，埋深大，主要是天然气经济效益大。南瓦萨其高原交通不便，煤资源量少，断层破碎带发育影响开采。戴斯拉多含煤区煤质差，可采量低，超过 97% 的煤资源属于联邦所有。丹福斯山煤田煤质相对较差，最好煤组的煤炭资源量 88% 以上都归联邦所有。扬帕煤田净煤资源量大，但覆盖层厚。

四、北洛矶山和大平原含煤区

（一）含煤区概况

北洛矶山和大平原含煤区位于西部内陆盆地，包括洛矶山—科罗拉多高原带的北部和北部大平原西侧盆地带，是密西西比河以西最主要的含煤区，煤资源丰富。主要分布在蒙大拿、北达科他、怀俄明州。

地层出露较全，在含煤盆地，地层主要是白垩系和第三系。该区含煤层数最多，煤层最厚的地层仅为以下组段（或群）：白垩纪 Mesaverde 群与 Lance 组、第三纪 Fort Union 组与 Wasatch 组。

含煤地层分布在浅含煤盆地，如粉河盆地、威利斯顿盆地和大绿河盆地，埋深 0 ~6000 ft，而汉纳盆地煤层埋深为 0 ~12，000 ft。Fort Union 组和同时代煤的等级在浅含煤盆地中是从褐煤到次烟煤，在深含煤盆地中是从次烟煤到烟煤。

晚白垩世 Mesaverde 组（群）为一套陆缘海相、海陆交互相沉积。岩性为浅色细—中砂岩、粉砂岩、砂质泥岩、炭质页岩及煤层。在北部大平原如粉河盆地、丹佛盆地，虽含煤层多，一般厚度较小，但煤质较好，属低灰、低硫、低—中挥发分烟煤—次烟煤。

晚白垩世 Lance 组位于 Mesaverde 组（群）之上，接近上白垩统顶部，厚度 800 ~2500 ft。岩性为浅色细—中粒砂岩、页岩与煤层互层，属陆缘海的海陆交互相沉积。其在洛矶山北部绿河盆地、粉河盆地等地较发育，发育较厚的可采煤层，一般为低—中灰、低—中硫的次烟煤。

第三纪 Fort Union 组在洛矶山北部的绿河盆地、风河盆地及粉河盆地发育，其中又以粉河盆地沉积较厚，为 2000 ~3000 ft。该组以陆相为主的海陆交互—陆相沉积。在粉河盆地命名为 Tullock 段、Lebo 页岩段及 Tongue River 段，虽然 3 段均含煤层，但以上部的 Tongue River 段含煤最多且煤层最厚。Tongue River 段岩性为浅色中—细粒砂岩、泥岩、页岩与煤层，厚 1500 ~1800 ft，含煤 8 ~12 层，单层厚 10 ~71 ft，其中，Wyodak – Anderson 煤层厚 70 ~125 ft，厚煤层区位于盆地中部。Tongue River 煤层是粉河盆地与威利斯顿盆地的主要可采煤层，煤层厚度较大，煤质较好，属低灰、低硫、中—高挥发分次烟煤。

第三纪 Wasatch 组不整合接触于 Fort Union 组之上，厚 1000～2500 ft，在洛矶山北部及大平原西北侧的粉河盆地等处较发育。Wasatch 组是以陆相为主的沉积地层，岩性为浅色砂岩、泥岩、页岩与煤层互层。Wasatch 组所含煤层在粉河盆地及威利斯顿盆地中为主采煤层，一般较厚，煤质较好，属低灰、低硫、中—高挥发分的次烟煤。

北洛矶山和大平原含煤地层的沉积环境，在白垩纪为陆缘海及海陆交互区，其中滨后沼泽、三角洲前缘河道坝后沼泽、泻湖或堡后沼泽等环境，对泥炭沼泽形成、发育与堆积最为有利，第三纪为内陆盆地，其中湖泊—泛滥平原的覆水沼泽对泥炭形成、发育与堆积特别有利。

（二）含煤区内主要含煤盆地

北洛矶山和大平原含煤区的煤炭资源大部分分布在 4 个主要的含煤盆地中，它们是怀俄明和蒙大拿州的粉河盆地、北达科他州的威利斯顿盆地、怀俄明州的大绿河盆地及汉纳与卡本盆地（图 7－2－25 中的 1、2、4、5、9），其中粉河盆地的资源量最大。

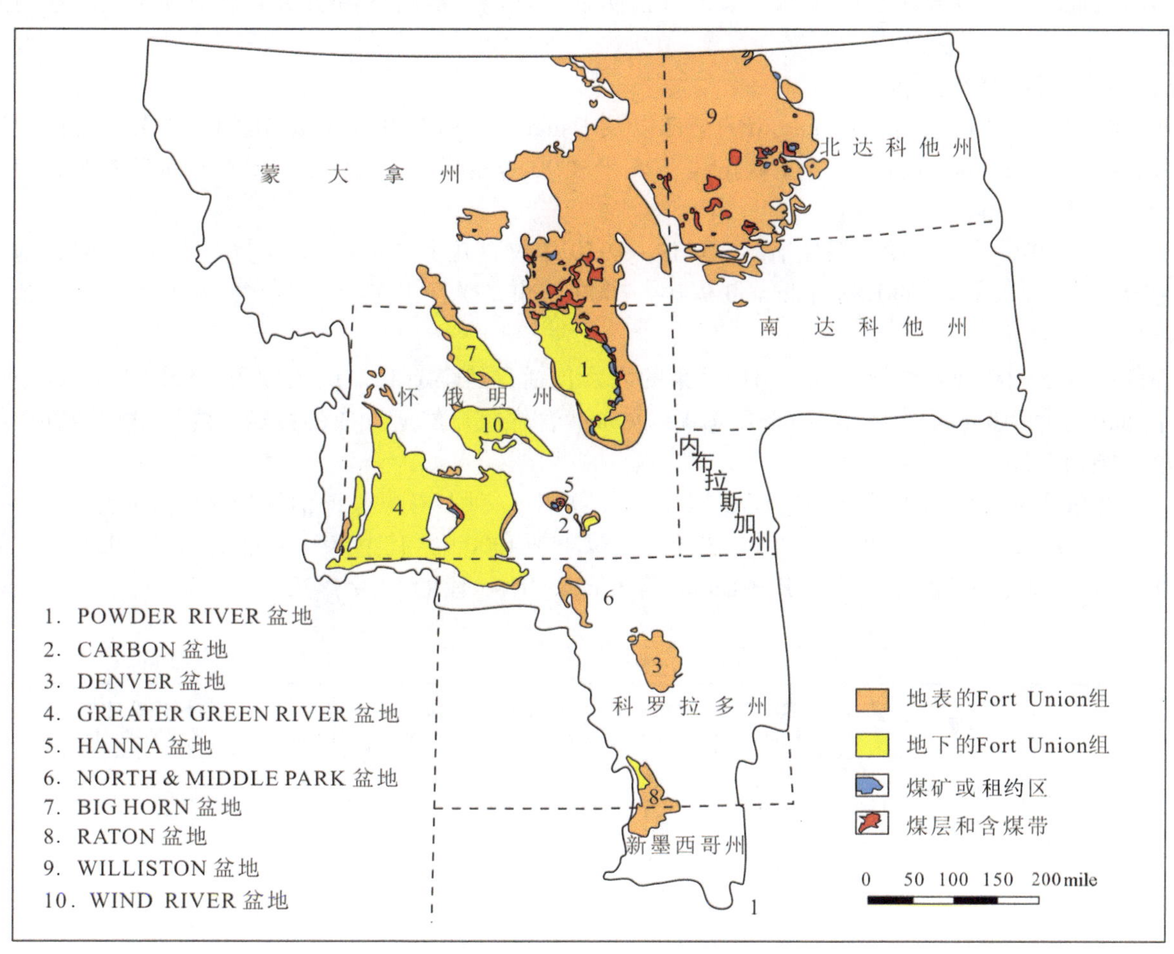

图 7－2－25 北洛矶山和大平原含煤区含煤地层和含煤盆地分布图（Flores 和 Nichols，1999）

1. 粉河盆地

粉河盆地位于蒙大拿州东南部和怀俄明州东北部（图 7－2－25）交通便利，有多条州际、州内高速公路和城间公路通过。粉河、舌河等多条河流及其支流流经整个盆地区域。该盆地是世界上最大的低硫次烟煤盆地之一。2011 年，该盆地的 16 个煤矿共生产煤炭 4.62 亿短吨，占美国总煤炭生产量的 42%，使粉河盆地成为美国最重要的含煤盆地（其中 4.26 亿短吨的煤炭产量来自位于粉河盆地东部怀俄明州的 Gillette 煤田）。

粉河盆地形成于晚白垩世—始新世的洛矶山前陆盆地，为一轴向北西的不对称凹陷，向斜的轴部靠近盆地的西部边缘。盆地地层东翼平缓，西翼陡倾，断裂不发育。

粉河盆地47层煤炭的原地资源量为1.07万亿短吨，其中超过75%的煤炭资源都赋存在古新世Fort Union组Tongue River段的10层煤层中，而始新世的Wasatch组的7层煤层基本上不具备可采性。

古新世Fort Union组地层露头出露在盆地的边缘地区，在盆地的中心区域Fort Union组被古新世的Wasatch组覆盖，Wasatch组含有数层煤,厚度可达250 ft。Fort Union组在粉河盆地的厚度范围为2300~6000 ft，盆地西部最厚，东部和南部最薄，主要由砾岩、砂岩、粉砂岩、泥岩、炭质页岩和煤层组成，盆地中部为辫状河、曲流河和网状河组成的河流沉积体系，盆地边缘发育冲积扇沉积体系，形成煤炭的泥炭主要堆积于河流泛滥平原、废弃河道以及河道间的低洼沼泽，厚煤层呈密集的透镜状分布。

Fort Union组由下而上划分为Tullock段、Lebo（页岩）段和Tongue River段。其中，Tongue River段含有最多最厚的煤层，总厚度超过200 ft，各煤层的平均厚度为20~30 ft，其中，厚层、低灰、低硫的煤层主要形成于分流间湾和废弃河道中发育的高位沼泽沉积环境，而薄层、高灰、高硫的煤层发育在分流间湾的低位沼泽。Lebo（页岩）段所含的煤层数量最少，层厚最薄。

粉河盆地可进一步分为Gillette煤田、北怀俄明粉河盆地、西南怀俄明粉河盆地和蒙大拿粉河盆地4个部分。

1）西南怀俄明粉河盆地

西南怀俄明粉河盆地覆盖Buffalo市的全部以及Daugias市和Rolling Hills市的一部分。区内交通便利，分布有Johnson County机场、3条铁路线、25号和90号州际高速公路、一些州内的高速公路以及以碎石为主的县级道路。

早在1883年，该区开始有采煤活动。1919—1950年仅有几个产量很小的煤矿。西南粉河盆地唯一一个重要煤矿是Glenrock的Dave Johnston煤矿，2000年煤矿关闭并复垦。现在，在西南粉河盆地中没有在产矿。

在西南怀俄明粉河盆地评估区，制约开采的因素包括自然煤渣和煤层大倾角。Lake DeSmet地区存在一个面积约为110 $mile^2$、由Wasatch组Lake DeSmet含煤段自然所形成的区域。煤层盆地西部边缘地区地层的倾角范围是20°~25°。

西南怀俄明粉河盆地评价区内查明煤层37个，其中，列入资源量评估煤层23个（表7-2-2）。各煤层厚度14~226 ft，平均煤层厚度3~32 ft，埋深小于4000 ft，其中90%原地资源量、92%可采资源量和95%探明和控制资源量分布在Fort Union组Tongue River段的17个煤层。

表7-2-2 西南怀俄明粉河盆地评价区评估的煤层、厚度、资源量及埋深

组名	评估了资源量的煤层	最大煤层厚度/ft	平均煤层厚度/ft	原地资源量（层厚>2.5 ft）/MST	可采资源量/MST	探明和控制的可采资源量/MST	埋深/ft
Wasatch	Upper Healy	66	10	4865	3502	1821	<1000
	Healy	75	13	9373	7387	3798	<1000
	Murray	14	3	1481	408	224	<1000
	Ucross	38	9	4952	3381	1100	<1000
	Felix	48	7	4497	3960	3215	<1500
	Lower Felix	35	7	10683	8048	2868	<1500
	总计			35851	26686	13026	
Fort Union（Tongue River Member）	Roland（Upper Rider）	32	4	6118	4124	3648	<1500
	Roland（Lower Rider）	19	4	2177	1543	1282	<1500
	Roland of Bake	36	7	9727	7990	5041	<1500
	Smith	266	32	87745	86171	74347	<2500
	Anderson	61	10	9253	8428	6831	<2000
	Dietz 3	119	14	11992	11395	8851	<2500

表7-2-2（续）

组名	评估了资源量的煤层	最大煤层厚度/ft	平均煤层厚度/ft	原地资源量（层厚>2.5 ft）/MST	可采资源量/MST	探明和控制的可采资源量/MST	埋深/ft
Fort Union (Tongue River Member)	Upper Canyon	31	8	5192	4596	2538	<2500
	Canyon	182	29	65951	64891	49887	<2500
	Lower Canyon	81	16	29368	28341	21649	<3000
	Werner	76	8	11017	9571	5262	<2500
	Otter	158	24	28514	27591	20407	<4000
	Gates	122	13	20929	19817	10327	<4000
	Pawnee	19	5	3049	2351	837	<4000
	Deep 1	32	9	9521	8691	5490	<4000
	Deep 2	29	5	7557	5940	2762	<4000
	Deep 3	32	8	13903	12412	6351	<4000
	Roberts	36	9	11229	10191	4102	<4000
	总计			333242	314043	229612	
总　计				369093	340729	242638	

数据来源：Osmonson等，2011年

Wasatch组共评价了6个煤层，各煤层最大煤层厚度为14～75 ft，平均煤层厚度3～13 ft，最上部的Healy煤层和Upper Healy煤层最厚；原地资源量和可采资源量分别约为36 BST（1 BST=10亿短吨）和26 BST，Lower Felix煤层和Healy煤层最大。探明和控制资源量仅占原地资源量的36%，为13 BST，Healy煤层、Felix煤层和Lower Felix煤层占资源量的前三位。上部4层煤的埋深相对较浅，小于1000 ft；下部两层煤埋深小于1500 ft。

综合分析认为，Healy煤层有最大的煤层厚度和平均煤层厚度，埋深浅，资源量大。其次为Felix煤层和Lower Felix煤层，Upper Healy煤层很多被自燃破坏，不具备资源条件。Murray和Ucross煤层资源量相对较小。

Fort Union组的Tongue River段共评价了17个煤层，各煤层最大煤层厚度为19～266 ft，超过100 ft的煤层由厚到薄依次是Smith、Canyon、Otter、Gates和Dietz3；平均煤层厚度4～32 ft，超过20 ft的煤层由厚到薄依次是Smith、Canyon、Otter；原地资源量和可采资源量分别为333 BST和314 BST，Smith、Canyon、Otter分居前三名；探明和控制资源量为原地资源量的69%，为230 BST，Smith、Canyon、Lower Canyon分居前三名，Otter位居第四。从埋深上看，Roland的3层煤埋深均小于1500 ft，但是其资源量较小。煤层厚度最大、平均厚度最大的Smith、Canyon煤层应该是该段最为理想的煤层，其总资源占Tongue River段评价的17个煤层的46%，埋深小于2500 ft。Lower Canyon位居第三，其资源量大于Otter和埋深（<3000 ft）浅于Otter（<4000 ft）。Otter位居第四，Gates和Dietz3煤层分居第五和第六。

浅层Fort Union组煤层的煤质为：水分19.5%～28.7%，硫分0.25%～0.68%和发热量8540～9805 Btu/lb，煤级为低C级次烟煤到B级次烟煤。

西南粉河盆地评价区85%煤炭属于联邦所有，开矿首先需要启动租赁程序。西南粉河盆地评估区的所有煤矿资源均被评估为次经济型（sub-economic）。Wasatch组中，上部的Healy和Healy煤层因不断出现自燃后的煤渣，且与下部煤层相比质量较差而未被开采。Wasatch煤层不适合露天开采。在西南粉河盆地评估区，埋深500～2000 ft区域存在8个煤层，含有201 BST的潜在深部资源量，这些资源量经济性较差，目前未考虑到储量或可采性。

综上所述，西南怀俄明粉河盆地交通便利，目前没有在产煤矿。主要制约开采条件包括煤自燃和盆地西部边缘煤层倾角20°～25°。被评价的23个煤层的煤层厚度14～226 ft，平均煤层厚度3～32 ft，埋深小于4000 ft。浅层Fort Union组煤层为低硫分、低热量的C级次烟煤到B级次烟煤。原地煤炭资源量总计369 BST，为次经济型，85%煤炭属于联邦所有。潜在的可采资源量约为341 BST，占到原地资源

量的92.4%。90%以上的资源量分布在Fort Union组Tongue River段的17层煤里。Tongue River段最理想的煤层为Smith、Canyon煤层。Wasatch组最理想的两个煤层Healy和Upper Healy由于不断出现自燃煤渣且质量较差而未被开采。

2）北怀俄明粉河盆地

北怀俄明粉河盆地评价区位于粉河盆地的中部Sheridan、Ranchester和Clearmont县境内，区内有一个机场、一条铁路、90号州际高速公路和一些县级碎石路。

最早有记录的煤炭开采活动始于1887年Sheridan县的Sheridan煤田，大部分的煤炭生产都是地下矿井开采。区内能源矿产包括石油、天然气和煤层气。

地质制约因素包括断层以及含煤地层中的古河道。在评价区的西北部地区，在Sheridan煤田发育数条北东向延伸的断层。透镜状的Wyodak－Anderson含煤段在横向的分叉和尖灭都跟河道的分布密不可分，河道系统还可以对煤质产生影响，在靠近河道边缘的地方煤的灰分升高而发热量降低。形成煤炭的泥炭一般堆积在河道间的沼泽里。

北怀俄明粉河盆地评价区内查明33个煤层，其中，24个煤层列入资源量计算范围（表7－2－3）。

表7－2－3 北怀俄明粉河盆地评价区评估的煤层、厚度、资源量及埋深

组名	评估了资源量的煤层	最大煤层厚度/ft	平均煤层厚度/ft	原地资源量（层厚＞2.5 ft）/MST	可采资源量/MST	探明和控制的可采资源量/MST	埋深/ft
Wasatch	Upper Healy	57	16	2039	2003	804	＜500
	Healy	46	17	3191	3072	1712	＜1000
	Ucross	40	7	1945	1417	622	＜1000
	Felix	28	13	1514	1355	935	＜500
	Lower Felix	52	10	5805	5035	2766	＜1000
	总计			14494	12882	6839	
Fort Union (Tongue River Member)	Roland（Upper Rider）	20	6	5396	4247	2041	＜1500
	Roland（Bake）	35	14	24789	24294	12883	＜1500
	Roland（Taff）	26	5	3035	1782	1004	＜1500
	Smith	34	8	10229	9087	4850	＜2000
	Anderson	47	11	19790	18286	13586	＜1500
	Lower Anderson	44	7	2742	2066	1698	＜1500
	Dietz 1	28	6	901	563	546	＜1500
	Dietz 2	28	7	1167	827	656	＜1500
	Dietz 3	70	16	26361	24986	20408	＜2000
	Dietz 4	20	5	826	531	477	＜2000
	Canyon	80	13	27628	26368	20353	＜2500
	Lower Canyon	54	11	18949	17403	14116	＜2000
	Ferry	25	7	5195	4458	2967	＜2500
	Werner	64	16	30095	29326	20844	＜3000
	Otter	63	15	31974	30748	18827	＜4000
	Gates	45	11	25314	23734	13664	＜4000
	Pawnee	28	7	8864	7504	3955	＜4000
	Odell	26	7	8835	7076	3697	＜4000
	Roberts	38	11	18990	17200	5975	＜4000
	总计			271080	250486	162547	
总　计				285574	263368	169386	

数据来源：Scott等，2011

各煤层厚度为 20 ~ 80 ft，平均煤层厚度 5 ~ 17 ft，埋深小于 4000 ft，95% 原地资源量和可采资源量，以及 96% 探明和控制资源量分布在 Fort Union 组 Tongue River 段的 19 个煤层。

Wasatch 组共评价了 5 个煤层，各煤层最大厚度为 28 ~ 57 ft，平均厚度 7 ~ 17 ft，原地资源量、可采资源量和探明、控制资源量分别约为 15 BST、13 BST 和 7 BST，最具有优势的煤层依次为 Upper Healy（最大煤层厚度和埋深最浅，资源量排第三）、Lower Felix（最大资源量和煤层厚度，埋藏最深）和 Healy（最大平均厚度，资源量排第二）。

Fort Union 组的 Tongue River 段共评价了 19 个煤层，最大厚度为 20 ~ 80 ft，超过 50 ft 的煤层由厚到薄依次是 Canyon、Dietz3、Werner、Otter 和 Lower Canyon；平均煤层厚度 5 ~ 16 ft，Dietz3、Werner 和 Otter 分居前三；原地资源量和可采资源量分别为 271 BST 和 250 BST，Otter、Werner、Canyon、Dietz3 和 Gates 分居前五名；探明和控制量的有效资源仅为原地资源量的 60%，为 163 BST，Werner、Canyon、Dietz3 分居前三名，但相差不大。结合埋深情况，比较有潜力的煤层首先是 Roland（Bake），它在埋深小于 1500 ft 的煤层中最有优势；其次为 Dietz3，各项指标均在上等；再次依次为 Canyon（最大煤层厚度、资源量第三、埋深小于 2500 ft）、Werner（最大平均厚度、资源量第二、埋深小于 3000 ft）和 Otter（资源量最大、埋深小于 4000 ft）。

除评价区最西北角处 Sheridan 煤田里小块区域外，该评价区缺乏煤炭开采活动。从 Sheridan 煤田取得的煤质数据显示，收到基指标为：水分 20.0% ~ 26.0%、灰分 3.1% ~ 7.0%、硫分 0.3% ~ 0.7% 和发热量 9000 ~ 9800 Btu/lb。

在北怀俄明粉河盆地评价区的东部大部分煤炭资源的剥采比小于 10：1，但缺乏煤质数据。因此，只能假定评价区东部的煤质与 Gillette 煤田北部矿区的煤质相似，从 Gillette 煤田 Buckskin 煤矿的煤质数据显示：水分 29.9%，灰分 5.2%，硫分 0.35% 和发热量 8400 Btu/lb。

全区评价的 24 个煤层的原地资源量为 285 BST，其中 263 BST 的资源量分布在联邦土地上。可采资源量 263 BST，探明和控制资源量为 169 BST。

综上所述，北怀俄明粉河盆地评价区位于粉河盆地的中部，交通便利，大部分的煤炭生产使用地下矿井开采。影响开采的地质因素包括断层和古河道。区内 24 个评价煤层的总厚度 20 ~ 80 ft，平均煤层厚度 5 ~ 17 ft，埋深小于 4000 ft，煤质为低硫、低发热量的 B 级次烟煤。原地资源量、可采资源量分别为 285 BST 和 263 BST，其中 263 BST 的原地资源量在联邦土地上，开采程度低，东部大部分煤炭资源的剥采比小于 10：1。Wasatch 组最具有优势的煤层依次为 Upper Healy、Lower Felix 和 Healy。95% 原地资源量分布在 Fort Union 组的 Tongue River 段，其最具有优势的煤层依次为 Roland（Bake）、Dietz3、Canyon、Werner 和 Otter。

3）Gillette 煤田

Gillette 煤田位于粉河盆地的中南部，怀俄明州的中东部的 Campbell 县，最南部延伸入 Converse 县（图 7 – 2 – 26），是美国煤炭资源最丰富的煤田。Gillette 煤田根据煤质划分为北采矿区、中采矿区和南采矿区。有两条主要的铁路线穿过 Gillette 煤田，一些铁路支线连接煤矿，区内还有州际高速公路、州级公路以及县级道路。

2006 年，Gillette 煤田共生产 431 MST 煤炭，占全国煤炭总产量的 37%。其 Anderson 煤层和 Canyon 煤层蕴含世界上储量最大的低硫次烟煤。Gillette 煤田现有 13 个在产的露天煤矿，所有煤矿均从 Fort Union组 Tongue River 段内采煤。在 2006 年，全国煤炭产量排名前 10 的煤矿中有 9 个坐落在 Gillette 煤田，使得这个地区成为全国最重要的煤田。

对 Gillette 煤田煤层分布和发育产生重要影响的是古河道的分布，煤田的东部地区的自燃煤渣也对煤层的开采产生很多不利影响。

Gillette 煤田评价区内 11 个煤层有资源量计算（表 7 – 2 – 4）。各煤层厚 20 ~ 202 ft，平均煤层厚度 7 ~ 45 ft，埋深小于 2000 ft，92% 的原地资源量和 91% 的可采资源量分布在 Fort Union 组的 Tongue River 段的 9 个煤层。

Wasatch 组共评价了 2 个煤层，各煤层最大煤层厚度为 36 ~ 54 ft，平均煤层厚度 7 ~ 14 ft，原地资源量、可采资源量分别为 17 BST 和 15 BST，绝大多数煤层埋深浅于 500 ft，Felix 比 Felix Rider 更具优势，

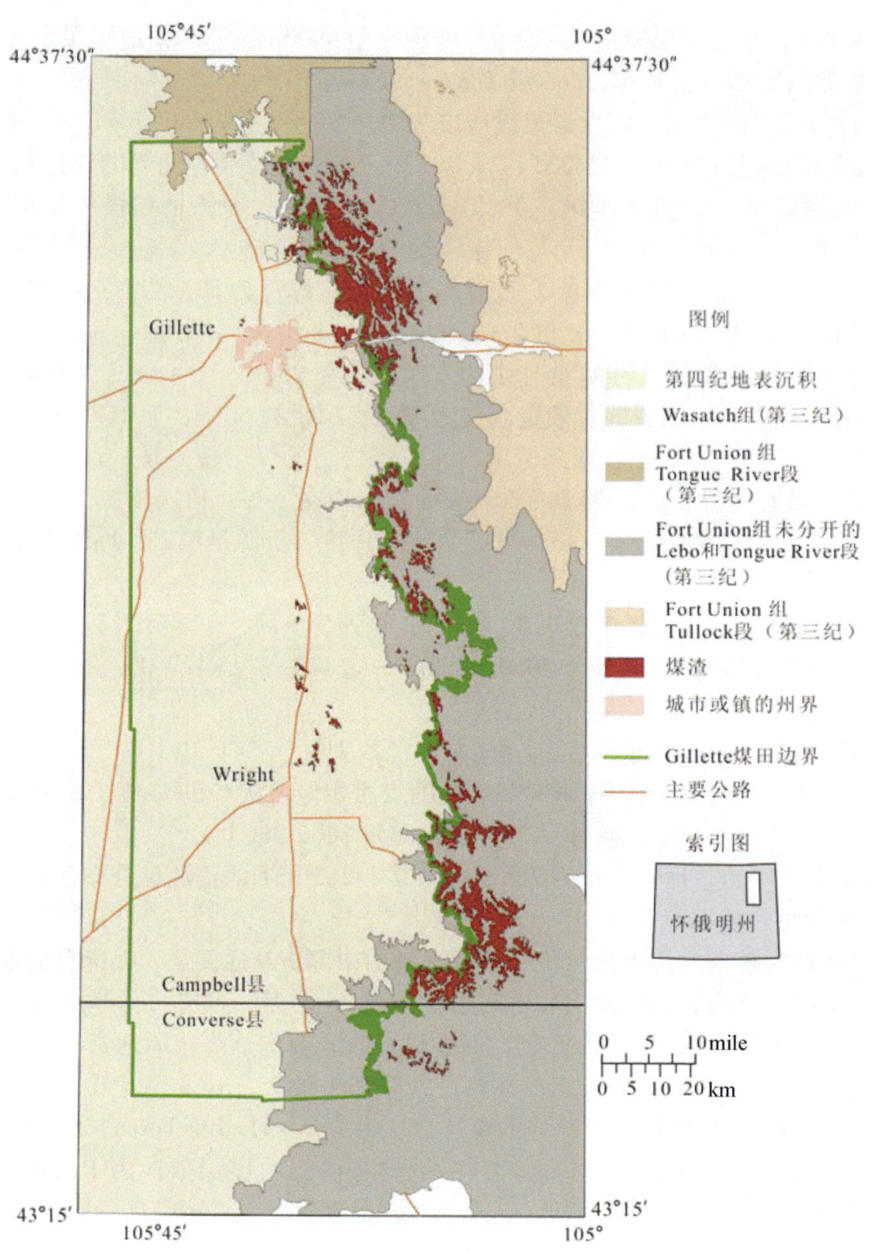

图7－2－26　Gillette煤田地质图（Ellis等，2011）

资源量和煤层厚度更大。

Fort Union组的Tongue River段共评价了9个煤层，各煤层最大煤层厚度为20～202 ft，超过100 ft的煤层由厚到薄依次是Anderson、Smith、Canyon和Gates；平均煤层厚度8～45 ft，Anderson、Canyon和Smith分居前三；原地资源量和可采资源量分别为184 BST和149 BST。最具优势的是Anderson煤层，具有最大的资源量，煤层最厚，连续性最好，是Gillette煤田煤层气产出的重要目标层。Canyon和Smith分别列第二、三名，Canyon煤层也是Gillette煤田进行煤层气生产的主要目标层。Roland居第四。

Gillette煤田的煤质变化范围很大，由南往北煤质依次下降。Anderson Rider煤质最差。水分26%～30%，硫分除Anderson Rider煤层为1.00%～1.25%外，其余为0.20%～0.90%；发热量除Anderson Rider和Dietz为7800～7950 Btu/lb外，其余均为8000～8925 Btu/lb。

Gillette煤田11个煤层含有201 BST的原地资源量，大约91%的原地资源量为探明和控制资源量。总资源量的83%（185 BST）在联邦土地内。Gillette煤田目前可采资源量为164 BST，占总资源量的81%。其中，Gillette煤田的前6层煤炭的165 BST的原地资源量中，47%（77 BST）为可采资源量，但按照现行平均售价10.47美元/t来算，这6个煤层的原地资源量中能被算作储量的只有10.1 BST。

综上所述，Gillette煤田主要分布在怀俄明州的中东部的Campbell县，是美国煤炭资源含量最丰富的煤田，也是全国煤炭产量最高、最重要的煤田。Anderson和Canyon煤层含有世界上储量最大的低硫次烟煤。交通便利，开发利用程度高。煤田内及其东部的煤渣为煤层开采的不利因素。评价区内11个煤层的煤层总厚度20~202 ft，平均煤层厚度7~45 ft，埋深小于2000 ft，92%的原地资源量分布在Fort Union组的Tongue River段的9个煤层。其中最具优势的为Anderson煤层，Canyon、Smith煤层分别位列第2、3位。Gillette煤田的煤质由南往北依次下降，Anderson Rider煤层的煤质最差，具有高硫分和中等发热量，其余为低硫中等发热量的次烟煤。原地资源量、可采资源量分别为201 BST和164 BST，其中185 BST的原地资源量在联邦土地上。相比前两个评价区，其优势在于煤层平均厚度大、埋深浅。

表7-2-4 Gillette煤田评价区评估的煤层、厚度、资源量及埋深表

组名	评估了资源量的煤层	最大煤层厚度/ft	平均煤层厚度/ft	原地资源量（层厚>2.5 ft）/MST	可采资源量/MST	探明和控制的可采资源量/MST	埋深/ft
Wasatch	Felix Rider	36	7	3303	2336	2187	<700
	Felix	54	14	13217	12219	11585	<700
	总计			16520	14555	13772	
Fort Union（Tongue River Member）	Roland	52	10	13333	11604	10683	<1175
	Smith	142	25	26629	26016	24691	<1400
	Anderson Rider	20	8	1230	863	661	<545
	Anderson	202	45	84800	62524	59391	<1600
	Dietz	36	8	1825	1494	1115	<1600
	Canyon	140	26	36730	31634	27891	<1700
	Werner	75	9	6252	3912	3180	100~1800
	Gates	101	13	7196	5753	3395	250~1900
	Pawnee	48	14	6640	5453	2569	81~2000
	合计			184635	149253	133576	
总　计				201155	163808	147348	

数据来源：Ellis等，2011年

4）蒙大拿粉河盆地

蒙大拿粉河盆地评价区位于蒙大拿州东南部Colstrip、Ashland、Broadus、Birney和Decker市。区内交通方便，有两个机场、一条东西向铁路干线和3条铁路支线，还有包括94号高速公路在内的一些州内、州际高速公路和遍布全区的县级道路。

1923年第一个现代意义的露天矿在美国西部蒙大拿州的Colstrip投产。20世纪40年代中期煤炭产量达到顶峰。评价区内5个煤矿在1968—2011年共生产煤炭1.4 BST。目前，共有4个在产煤矿，2011年煤炭产量为36 MST。该区煤炭多为低硫次烟煤。

粉河盆地是一个北北西向延伸、东缓西陡的不对称的狭长向斜盆地。在评价区西部发育两组北东向延伸的断层，断层的断距一般不大于100 ft，发育有较多高角度断层（对露天和井工开采十分不利）。

评价区出露的地层主要是古新世Fort Union组。Fort Union组由3段组成，从老到新依次为：Tullock、Lebo（Lebo页岩）和Tongue River段，它们一起组成了一个厚的包含砂岩、砾岩、粉砂岩、页岩和煤的层序。Fort Union组的下伏地层是晚白垩世Hell Creek组（相当于怀俄明州的Lance组），为三角洲平原相的砂岩和页岩。始新世Wasatch组在局部地区不整合于Fort Union组上。

煤层在Fort Union组3个段和Wasatch组均有发育。Fort Union组含有世界上最厚和分布范围最广的次烟煤，最重要的煤层发育在其Tongue River段，该地层单元含有26个煤层，其中计算资源量的煤层有11个（表7-2-5）。

各煤层厚度14~93 ft，平均煤层厚度3~22 ft，最厚超过50 ft，平均厚度超过10 ft的3层煤由厚到

薄依次为：Anderson、Rosebud/knobloch、Werner/Cook，Dietz3 煤层和 Canyon 煤层位列第四和第五。原地资源量、可采资源量及探明和控制的可采资源量分别为 215 BST、163 BST 和 74 BST，剩余资源量 209 BST。原地资源量和可采资源量的前五名依次为 Rosebud/knobloch、Flowers - Goodale、Werner/Cook、Anderson 和 Canyon 煤层。其中 Flowers - Goodale 埋深大，探明和控制资源量少。因此，优势煤层依次为 Rosebud/knobloch（资源量最大，占总资源的 19.8%，煤层厚度大，一些最厚的煤层分布在卡斯特国家森林之下、Werner/Cook、Anderson（煤层平均厚度大、埋藏浅）和 Canyon。

表 7-2-5 蒙大拿粉河盆地评价区评估的煤层、厚度、资源量及埋深表

组名	评估了资源量的煤层	最大煤层厚度/ft	平均煤层厚度/ft	原地资源量（层厚＞2.5 ft）/MST	可采资源量/MST	探明和控制的可采资源量/MST	埋深/ft
Fort Union (Tongue River Member)	Roland (Bake)	14	6	695	634	481	<1000
	Smith	20	6	1817	1577	1293	<3000
	Anderson	93	22	16481	13458	9768	<1000
	Dietz 2	32	6	1590	1194	1035	<1500
	Dietz 3	59	11	9516	7079	5527	<1000
	Canyon	57	14	19357	15480	9180	<2000
	Lower Canyon	42	8	10395	7272	4065	<2000
	Ferry	15	6	2462	1630	645	<1000
	Werner/Cook	62	15	25606	20297	9417	<2000
	Otter	32	4	4474	1926	1040	<2000
	Gates/Wall	23	5	8257	5656	1830	<2000
	Pawnee	34	8	13834	9501	3200	<4000
	Odell	14	3	1803	449	188	<2000
	Rosebud/knobloch	72	15	42616	29158	11344	<2000
	Mckay/Nance	30	9	10549	7450	4071	<2000
	Flowers - Goodale	35	9	25686	24277	5414	<3000
	Robinson/witham	37	6	9562	7612	3852	<2000
	Roberts	28	5	10599	7921	2026	<3000
总　计				215299	162571	74376	

数据来源：Haacke 等，2013 年

煤质主要为 B 级次烟煤到 A 级褐煤，从西向东煤级逐渐下降。多数煤田硫分为 0.15% ~0.75%，灰分为 4% ~9%，水分为 24% ~26%，热量为 8110 ~ 9500 Btu/lb。相比怀俄明州煤田的煤质，钠较高，较高的钠含量会导致大部分电厂的锅炉过度结渣，因此只能卖给有特殊设计锅炉的电厂。

18 层煤炭中的 10 层煤炭具有足够的分布范围和厚度，这 10 层煤炭的可用资源量为 151 BST，其中剥采比小于等于 10∶1 的有 39 BST，35 BST 为可采资源量，通过经济评价煤炭储量为 13 BST。

综上所述，蒙大拿粉河盆地评价区位于粉河盆地北部、蒙大拿州东南部，交通便利，机场、铁路和公路发达。该区开采的煤炭通常是低硫次烟煤。西部发育两组北东向延伸的断层，发育高角度断层的区域对露天和井工开采都十分不利。最重要的煤层发育在 Fort Union 组 Tongue River 段，该地层单元含有 26 层煤层。被评估的 11 个煤层，各煤层厚度 14 ~ 93 ft，平均煤层厚度 3 ~ 22 ft，原地资源量、可采资源量及探明和控制资源量分别为 215 BST、163 BST 和 74 BST，剩余资源量 209 BST。优势煤层依次为 Rosebud/knobloch、Werner/Cook、Anderson 和 Canyon 煤层。煤级主要为 B 级次烟煤到 A 级褐煤，从西向东煤质逐渐下降，与怀俄明州的煤相比，钠含量相对较高，影响其售价。

2. 威利斯顿盆地

盆地位于北洛矶山和大平原含煤区最北部，是含煤区内第二大盆地，跨越美国蒙大拿州东部、北达

科他州和南达科他州西部、加拿大萨斯喀彻温省南部和洛矶山脉东麓。主要矿产资源有石油、天然气和煤炭。煤炭主要赋存于古近系的 Fort Union 组。

盆地煤炭开采始于 1873 年，1996 年产量达到顶峰（产量 32 MST）。目前，该区在产煤矿 6 个，其中 4 个为褐煤，2 个为风化褐煤，区域内没有井工开采的矿山。

盆地沉积层从寒武纪开始形成，沉积和盆地充填的主要时期在奥陶纪—泥盆纪，在此期间，沉积了厚层石灰岩、白云岩和薄层的砂岩、粉砂岩、页岩及蒸发岩。沉积作用在密西西比纪开始减弱，到宾夕法尼亚纪基本上大面积停止。区域沉积作用重新开始于中生代，沉积厚度要远小于古生代。在白垩纪末期，拉拉米造山运动在威利斯顿盆地产生的背斜成为油气的储层。始新世中晚期的拉拉米运动末期形成了盆地西部和北部的 Nesson 和 Cedar Creek 背斜及 Poplar 隆起，之后陆地抬升造成了现在的地貌形态。

Fort Union 组是威利斯顿盆地的主要含煤地层，最大厚度可达 1868 ft。Fort Union 组由老到新可分为：Ludlow 段、Cannonball 段、Tongue River 段和 Sentinel Butte 段。除了海相的 Cannonball 段之外，所有段均有煤层发育。

Fort Union 组下部的地层（主要是 Ludlow 段和 Cannonball 段）主要沉积于三角洲和海相沉积环境。Ludlow 段的薄煤层主要沉积于潮间和岸后沼泽，分布在北达科他州和南达科他州，厚煤层主要发育在更向陆地一侧的河流沉积环境中的沼泽中，分布在西部的蒙大拿州。Fort Union 组上部的地层为河流和三角洲沉积，大面积分布的厚煤层及与其相伴的岩层主要发育在废弃河道中形成的沼泽和河道间的沼泽地区。

Fort Union 组上部、下部煤层和含煤带在垂向组合和横向分布上都有很大不同。该组下部地层的垂向组合为夹厚层的碎屑岩（厚度可达 240 ft）的含煤带，这些碎屑岩包括：砂岩、粉砂岩和泥岩。横向上，这些煤层在 2 ~7 mile 的距离之内就会发生分叉或合并，单层煤层的厚度范围从几英寸到 13 英尺不等。该组上部，垂向地层组合为中间夹厚层碎屑岩的含煤带（最厚达 175 ft），夹层（最厚达 125 ft）主要由泥岩、粉砂岩、石灰岩等组成。横向上，这些煤层在 9 ~ 20 mile 的距离之内就会发生分叉或合并。该区煤层的厚度范围从几英寸到 40 英尺。这些含煤带由下往上依次为：Harmon 和 Hansen、Hagel 和 Beulah – Zap 含煤带。该地区的主要可采煤层均分布在 Fort Union 组上部的这 4 个含煤带内。

Harmon 和 Hansen 含煤带是 Tongue River 段最底部的一个含煤带，分布在盆地的东南部的 Bowman – Dickinson 煤田，形成于冲积平原环境中的泥炭沼泽，由下部的 Hansen 含煤带和上部的 Harmon 含煤带组成。含煤带在研究区的厚度范围是 4 ~42 ft，在横向上煤层发生合并、分叉和尖灭，煤层会逐渐地分为两层或更多层的薄层，或尖灭或穿插入其他碎屑岩。纵向上，含煤带包含多达 4 层的 Harmon 和 Hansen 的分层，含煤带中间的夹层主要为泥岩和炭质页岩。

Hagel 含煤带位于 Fort Union 组 Sentinel Butte 段的中部，分布在盆地的中东部的 Center – Falkirk 煤田，主要形成于河控三角洲平原沉积环境的泥炭沼泽。Hagel 含煤带一般有 5 层煤层。含煤带内的岩层有泥岩、炭质页岩、粉砂岩和砂岩，砂岩属于河道沉积。含煤带在研究区内的厚度范围为 50 ~500 ft。横向上，这些煤层会发生合并、分叉和尖灭，经常分叉成两层或更多层，或尖灭变为泥岩、粉砂岩或砂岩等碎屑岩。煤层之间的夹层一般为炭质页岩和泥岩夹矸。

Beulah – Zap 含煤带位于 Fort Union 组 Sentinel Butte 段的上部，分布于威利斯顿盆地的中东部的 Beulah 煤田。该含煤带与 Hagel 含煤带的沉积环境相似。Beulah – Zap 含煤带一般有 5 层煤层。含煤带上下的岩层有泥岩、炭质页岩、粉砂岩和砂岩，砂岩属于河道沉积。研究区内，该含煤带的厚度范围为 3.5 ~50 ft。横向上，这些煤层会发生合并、分叉和尖灭，经常分叉成两层或更多层，或者尖灭变为泥岩、粉砂岩或砂岩等碎屑岩。煤层之间的夹层一般为炭质页岩和泥岩夹矸。

Beulah – Zap 含煤带下伏地层为 Antelope Creek 和 Kinneman Creek 含煤带，共有 8 个煤层，厚度约为 8 ft。

威利斯顿盆地北达科他州的煤种为低污染的褐煤。盆地的 Hagel、Beulah – Zap、Harmon 和 Hansen 含煤带的煤质依次降低，收到基的算术平均值为：水分 37.88%，灰分 7.96%，硫分 0.84%，发热量 6510 Btu/lb，除去水分和矿物质后的热量为 7110 Btu/lb。

威利斯顿盆地北达科他州总资源量（厚度大于 2.5 ft）为 76.2 BST，探明和控制资源量仅为 13.7 BST。Harmon 和 Hansen 含煤带、Hagel 含煤带和 Beulah – Zap 含煤带分别为 67 BST、4.4 BST 和 4.8 BST，探明和控制资源量分别为 7. 6 BST、2. 8 BST 和 3. 3 BST。

综上所述，威利斯顿盆地是含煤区内第二大盆地，主要矿产资源有石油、天然气和煤炭，煤炭资源主要赋存于古近系的 Fort Union 组，总资源量为 76. 2 BST，其中，探明和控制资源量仅为 13. 7 BST。

3. 大绿河盆地

大绿河盆地位于怀俄明州的中南部，由几个较小的前陆盆地组成，覆盖面积大约为 19700 $mile^2$。大绿河盆地的煤炭资源主要为古新世 Fort Union 组的次烟煤，沿 Rock Springs 隆起的东缘分布。

大绿河盆地内采煤活动始于 1865 年，1940—1950 年 Rock Springs 地区 Union Pacific 煤矿铁路引入内燃机车，1962 年煤矿全部关闭。20 世纪 70 年代，能源供应商为了应对空气清洁法案、对更廉价能源的需求和石油禁运而建立了燃煤发电厂，Rock Springs 地区露天矿开采量增加，Point of Rocks – Black Butte 煤田的 Jim Bridger 和 Black Butte 煤矿更是如此。目前，这些煤矿都在从 Deadman 含煤带或与其相当的煤层中采煤，Deadman 含煤带是本次煤炭资源评价的目标煤层。

Rock Springs 隆起是拉拉米期形成的南北向延伸的不对称背斜（长约 60 mile、宽 40 mile），位于大绿河盆地中，将大绿河盆地分为 Green River、Great Divide 和 Washakie 盆地。Rock Springs 背斜的核部是晚白垩世的地层，翼部为古新世 Fort Union 组和始新世 Wasatch 组。隆起西翼地层倾角为 1° ~ 15°，东翼地层倾角为 5° ~ 85°，许多北西向的正断层和走滑断层破坏了露头的连续性。

在隆起之前，白垩纪到古近纪，Rock Springs 地区为盆地的沉积中心。研究区西边是科迪勒拉造山带，东边为白垩纪内部海道限定的一个前陆盆地。白垩纪，盆地内的沉积物为受科迪勒拉造山带的构造运动和古海洋的海平面升降控制的河流、三角洲和海洋的沉积。古近纪的拉拉米构造运动产生的隆起将白垩纪前陆盆地分割成几个山间盆地，山间盆地的主要沉积作用为受基准面变化控制的河流沉积。

Fort Union 组主要是由砂岩、粉砂岩和泥岩组成，其次为石灰岩、碳质页岩和煤层，在 Rock Springs 隆起的东翼的厚度为 1059 ~ 1800 ft。东南翼的 Fort Union 组为河流、泛滥平原、湖泊和沼泽沉积，被古土壤分为 300 ft 厚的下部和 1000 ft 厚的上部。含煤带（如 Deadman 和其他未命名的含煤带）由砂岩、粉砂岩、泥岩和煤层组成，形成于曲流河和网状河沉积体系的泥炭沼泽环境。

本节评价的煤层为 Jim Bridger 煤矿由 D1、D2、D3、D4 和 D5 煤层组成的 Deadman 含煤带，位于 Fort Union 组的下部，在横向上相当于 Black Butte 煤矿的 A、B 和 C 煤层或者 A – C 含煤带。Deadman 含煤带在 Rock Springs 隆起东翼特别发育，由砂岩、粉砂岩、泥岩、煤层、页岩、石灰岩和砾岩组成，在这里煤层发生合并，厚度可达 32 ft，煤级为次烟煤。向南追踪可以到 Black Buttes 区域，只有三层（A – C）煤层，为砂岩、粉砂岩和泥岩互层，总厚度可达 22 ft，煤层的合并和分叉受这些岩石纵向上厚度变化的影响。在 Deadman 含煤带中，煤层在 1. 5 ~ 6. 3 mile 的距离内就会发生分叉和合并。

大绿河盆地的煤炭资源为低污染的次烟煤，因此，出产的煤炭一般被认为是“干净的煤炭”。Deadman 含煤带中近期开采煤炭的煤质平均值（收到基）：水分 19. 95%，灰分 11. 18%，硫分 0. 56%，发热量 9000 Btu/lb，干燥无灰基发热量 10270 Btu/lb。

Deadman 含煤带可采煤层仅分布在 Point of Rocks – Black Butte 煤田的 Jim bridger 和 Black Butte 煤矿，Deadman 含煤带煤层厚度大于 2. 5 ft 的资源量估算为 2. 7 BST，探明和控制的资源量仅为 0. 4 BST，超过一半的总资源量（1. 46 BST）埋深在 500 m 以浅，其余埋深位于 500 ~ 1500 ft。

综上所述，大绿河盆地位于怀俄明州的中南部，其煤炭资源主要为古新世 Fort Union 组的次烟煤，沿 Rock Springs 隆起东缘分布。Point of Rocks – Black Butte 煤田是区内唯一的煤田，Deadman 含煤带是本书煤炭资源评价的目标煤层。含煤带由砂岩、粉砂岩、泥岩和煤层组成，形成于曲流河和网状河沉积体系的泥炭沼泽环境中。分为 D1 ~ D5 共 5 个煤层，厚度可达 32 ft，向南延伸到 Black Buttes 区域，只有 3 个（AC）煤层，总厚度可达 22 ft。分叉和合并现象比较多。煤质为低硫、低热量（高于威利斯顿盆地）、低污染的次烟煤。盆地估算总资源量为 2. 7 BST，探明和控制的资源量仅为 0. 4 BST，超过一半的总资源量（1. 46 BST）埋深在 500 m 以浅。

4. 汉纳与卡本盆地

汉纳与卡本盆地是一个被 Simpson Ridge 背斜分开的较大汉纳盆地和一个较小卡本盆地，位于怀俄明州中南部 Carbon 县。

次烟煤和烟煤赋存于汉纳与卡本盆地古新世的 Ferris 和 Hanna 组相当于北洛矶山和大平原含煤区其他第三纪盆地的 Fort Union 组。

汉纳与卡本盆地采煤始于 1868 年，100 多年盆地内煤矿生产几经波折，20 世纪 60—70 年代重新进入繁盛期。目前，Arch 煤业公司在 Ferris 和 Hanna 煤田进行露天开采，Cyprus 煤业公司在 Hanna 煤田运行一个采坑煤矿。

汉纳与卡本盆地的沉积受盆地周围隆起构造运动控制。古新世早期隆起的 Park Range - Medicine Bow 山所剥落的沉积物从南方来构成了 Ferris 组的大部分，在此期间还有一小部分物源来源于 Sweetwater。古新世中期到晚期构造运动形成的 Sweetwater 弧，大量的物源从北边而来形成了 Hanna 组，这些沉积物是通过向东流的辫状河和曲流河搬运和沉积的。古新世晚期形成的 Rawlins 隆起造成了汉纳盆地西部边缘的关闭。卡本盆地仅从古新世中晚期开始接受沉积;古新世晚期到始新世期在构造上与汉纳盆地分开。

古新世 Ferris 组的厚度超过 6500 ft，Hanna 组的厚度约 7000 ft，主要岩性均为砂岩、粉砂岩、泥岩、炭质页岩和煤层，其中砂岩的含量超过 50%，为河道沉积。Ferris 组和 Hanna 组在汉纳盆地是整合接触，在卡本盆地则是不整合接触。Ferris 组和 Hanna 组均可分为下部的砂岩段和中上部的含煤段。Ferris 组煤层的厚度约为 25 ft，Hanna 组煤层的厚度约为 36 ft。主要的下蚀作用和其后的充填作用都发生在 Ferris 和 Hanna 组的早期，辫状河和曲流河的发育充填了古河道，包含砂岩、粉砂岩、泥岩和煤层的含煤地层反映了基准面上升及由曲流河和网状河控制的泛滥平原沉积环境。Ferris 组和 Hanna 组的煤层沉积在这些河流沉积环境的泥炭沼泽里。

汉纳与卡本盆地的煤层共有 77 层，Ferris 组有 47 层，Hanna 组有 30 层。Ferris 组和 Hanna 组的含煤地层的厚度范围分别是 25 ~400 ft 和 30 ~ 1100 ft。Ferris 组较薄的含煤地层里的主要夹层为泥岩、粉砂岩和砂岩，较厚的含煤地层里的主要夹层为厚层的砂岩、砾岩与少量的泥岩和粉砂岩。Hanna 组与之相似。

汉纳盆地超过 60 层的 Ferris 煤层在纵向上密集分布，中间夹薄层的砂岩和泥岩。卡本盆地超过 20 层的 Hanna 煤层在纵向上分布相对分散，中间夹薄层或厚层的砂岩层和少量的泥岩夹层。汉纳与卡本盆地中部煤层有可能变厚。Ferris 煤层的可采煤层分布在 Ferris 煤田西部和西南部，Hanna 煤层的可采煤层分布在 Hanna 煤田东部和 South Carbon 煤田南部。这些煤层在横向上发生合并、分叉和尖灭。分叉的煤层之间的夹层为泥岩、粉砂岩和砂岩，大部分分为两层或多层，逐渐变薄和尖灭。

本书评价的煤层为汉纳盆地的 Ferris 组中部的 23、25、31 煤层和上部的 50、65 煤层及 Hanna 组中上部 77、78、79 和 81 煤层，以及卡本盆地中的 Hanna 组中上部厚度为 200 ft 的 Johnson - 107 含煤带。汉纳与卡本盆地的煤炭主要赋存于 3 个煤田的 10 个含煤带中。

汉纳与卡本盆地所产煤炭被认为是“干净的煤炭”，煤炭为低污染 A 级次烟煤到高挥发性的 C 级烟煤，煤质为中硫、低到高灰分，对环境影响较大的微量元素含量较低。Hanna 组的煤炭是高挥发性 C 级烟煤，Ferris 组的煤炭一般是 A 级次烟煤。一般地，煤炭的等级从西向东增加。Ferris 组、Hanna 组的煤炭热量分别为 11170 Btu/lb 和 11590 ~ 12270 Btu/lb，这种变化或许与埋深有关。3 个煤田从资源量上看，Hanna 煤田以总资源量 4. 26 BST 位居首位，Ferris 煤田和南卡本的 Johnson - 107 含煤带分别为 1. 75 BST和 1. 1 BST，总计 7. 1 BST。

综上所述，汉纳与卡本盆地是一个构造与沉积盆地，位于怀俄明州中南部的 Carbon 县。次烟煤和烟煤赋存于汉纳与卡本盆地古新世的 Ferris 组和 Hanna 组，形成于河流沉积体系的泥炭沼泽里。煤级主要是 A 级次烟煤到高挥发性的 C 级烟煤，热量高于前述几个盆地。南卡本的 Johnson - 107 含煤带煤层最厚，覆盖最薄，埋深小于 500 ft 的探明和控制的资源量最大，总资源量 1. 1 BST。Hanna 煤田总资源最大，为 4. 26 BST，煤层相对较厚，为 30 ~ 50 ft。Ferris 煤田的煤层厚度最薄，为 5 ~ 20 ft，探明和控制的资源量最少，总资源量 1. 75 BST，但是煤质最好。盆地总资源量为 7. 1 BST。

（三）小结

美国洛矶山和大平原的北部地区，是密西西比河以西最主要的含煤区，煤炭的储量丰富。煤层主要分布在蒙大拿、北达科他和怀俄明州。地层出露较全。该区含煤地层数最多、煤层最厚的地层仅为以下组段（或群）：白垩纪 Mesaverde 群与 Lance 组、第三纪 Fort Union 组与 Wasatch 组。Mesaverde 群（组）含煤多层，厚度较小，但煤质较好，属低灰、低硫、低—中挥发分烟煤—次烟煤。Lance 组位于 Mesaverde 组（群）之上，含较厚的可采煤层，为低—中灰，低—中硫的次烟煤。Fort Union 组上部的 Tongue River 段含煤最多且煤层最厚，煤质较好，属低灰、低硫、中—高挥发分的次烟煤。Wasatch 组位于 Fort Union 组之上，煤层较厚，煤质较好，属低灰、低硫、中—高灰分挥发分的次烟煤。

北洛矶山和大平原含煤区的煤炭资源大部分分布在 4 个主要的含煤盆地，包括怀俄明州和蒙大拿州的粉河盆地、北达科他州的威利斯顿盆地、怀俄明州的大绿河盆地及汉纳与卡本盆地，其中粉河盆地的资源量遥遥领先。

粉河盆地位于蒙大拿州的东南和怀俄明州的东北部，是世界上最大的低硫次烟煤盆地之一。形成于晚白垩世—始新世的洛矶山前陆盆地，断裂构造不发育。交通便利，公路、铁路发达。2011 年，煤产量占全国的 42%，其中 92% 来自怀俄明州的 Gillette 煤田。粉河盆地 47 层煤炭的原地资源量为 1. 07 万亿短吨，其中超过 75% 的煤炭资源赋存在古新世 Fort Union 组 Tongue River 段的 10 个煤层中，厚煤层呈密集的透镜状分布。Tongue River 段煤层总厚度超过 200 ft，各煤层的平均厚度为 20 ~ 30 ft。

粉河盆地进一步分为 Gillette 煤田、北怀俄明粉河盆地、西南怀俄明粉河盆地和蒙大拿粉河盆地 4 个部分。西南怀俄明粉河盆地，不断出现煤渣，加上西部边缘煤层较陡，目前没有在产煤矿，煤种为 C 级次烟煤到 B 级次烟煤，23 个煤层的原地煤炭资源量总计 369 BST，为次经济型。北怀俄明州粉河盆地评价区位于粉河盆地的中部，交通便利，大部分煤炭为坑采，煤质为低硫、低热量的次烟煤 B，原地资源量为 285 BST。Gillette 煤田主体在怀俄明州的中东部的 Campbell 县，是美国煤炭资源含量最丰富的煤田，也是全美煤炭产量最高、储量最大的低硫次烟煤煤田，原地资源量为 201 BST，与前两个评价区相比，优势在于煤层平均厚度大、埋深浅。蒙大拿粉河盆地产 B 级次烟煤到 A 级褐煤，剩余资源量 209 BST，其高角度断层发育影响开采，钠含量相对较高，影响了其售价。因此在 4 个盆地中，Gillette 煤田开发优势最大。

威利斯顿盆地是含煤区内第二大盆地，总资源量为 76. 2 BST。煤质为低污染、低硫、低热量的褐煤，煤层比粉河盆地薄，这些含煤带的煤层在横向上多合并、分叉和尖灭。大绿河盆地总的资源量被估算为 2. 7 BST，分叉和合并现象比较多，煤质为低硫、低热量（高于威利斯顿盆地）、低污染的次烟煤。汉纳与卡本盆地是一个构造与沉积盆地，总资源量为 7. 1 BST，A 级次烟煤到高挥发性 C 级烟煤。

五、墨西哥湾海岸含煤区

（一）含煤区概况

墨西哥湾海岸含煤区位于美国本土的南部，属于墨西哥湾盆地的海滨部分。主要分布在田纳西州、阿肯色州、路易斯安那州、德克萨斯州、密西西比州、亚拉巴马州和佐治亚州，呈“人”字形特征（图 7 - 2 - 27）。墨西哥湾盆地是中—新生代的裂谷盆地，形成于北美克拉通南部边缘。联邦占地以森林用地为主。

区域内地形相对较为平坦，交通十分便捷，铁路、公路、航空、水运、管道等构成了强大的立体交通网络；区内农林业和矿产资源都极其丰富，富含石油、天然气、煤、高岭石、金刚石、铝土等多种矿产资源。

煤炭开采始于 1812 年，19 世纪末 20 世纪初，由于铁路的兴建而有了较快发展。20 世纪 20 年代，由于大量使用天然气，使得煤炭工业几近消失；70 年代由于建设燃煤电站，使得褐煤产量开始增加。2008 年，德克萨斯州、路易斯安那州（仅 2 个煤矿）、密西西比州（仅 1 个煤矿）的总产量分别为 39 MST、3. 8 MST、2. 8 MST（EIA，2009）。在墨西哥湾海岸含煤区，2011 年煤炭年产量，德克萨斯州居首，田纳西州次之。年产量超过 400 万短吨的煤矿都分布在德克萨斯州，但是近年来产量下降。

（二）煤炭资源

墨西哥湾海岸含煤区最主要的含煤地区是在海湾盆地的北—西北边缘，煤炭沉积于晚白垩世、古新世和始新世的滨海、三角洲和河流沉积环境。所有的含煤地层都是区域性地倾向墨西哥海湾盆地，除非被局部的断层或褶皱破坏。

区内的煤层厚度一般小于 15 ft，大部分煤矿采煤都涉及多个煤层。区内开采的煤炭均为褐煤，平均

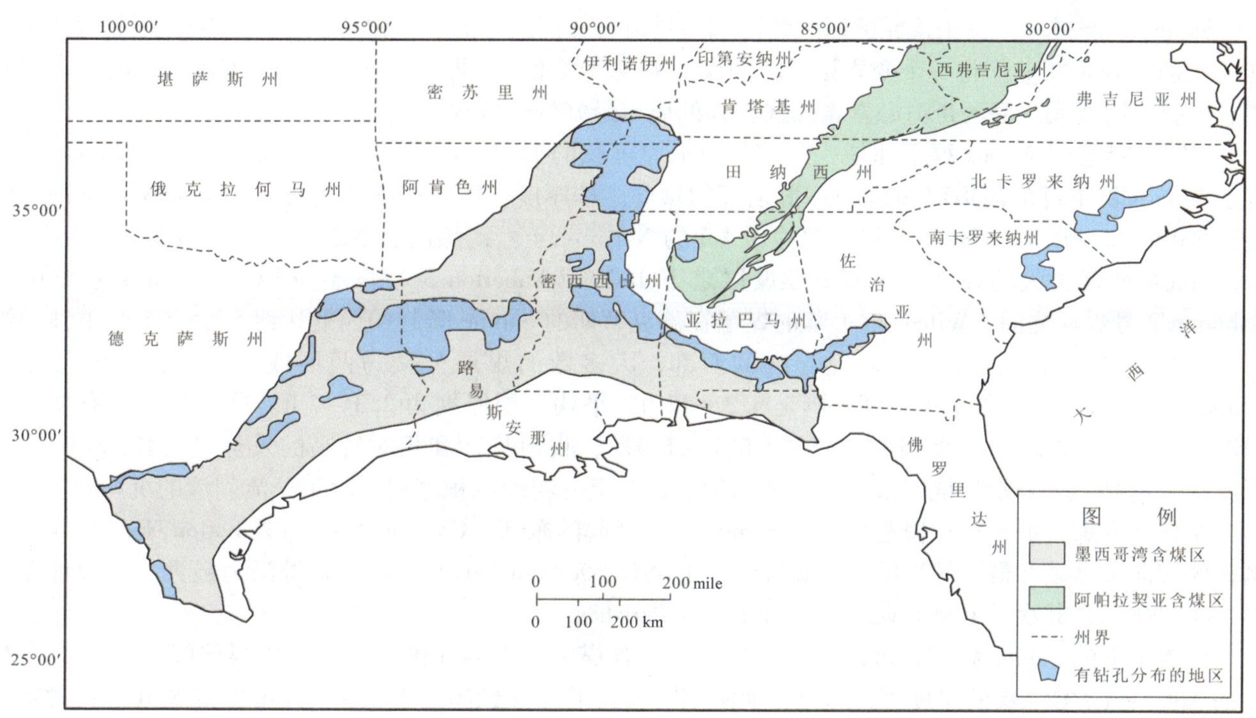

图 7-2-27 墨西哥湾海岸含煤区的范围（Merrill 等，2012）

水分、灰分、硫分和发热量分别为 33.6%、13.9%、0.7% 和 6521 Btu/lb。Wilcox 群煤炭样品只有 6% 能达到空气清洁法案规定的硫含量（<0.6 b/MMBtu）。区内煤炭含有比美国其他煤田更大的环境敏感型微量元素（砷、汞和硒）含量，砷、汞在全美国范围值之内，硒的浓度（6.1 ppm）大于美国其他主要含煤盆地。

在德克萨斯州的中部发育 2~9 个煤组，部分地区露天开采，煤层向南南东倾斜。煤质的指标平均为：灰分 13%，（中等）硫分 1.01%，（低）发热量 6850 Btu/lb。在德克萨斯的 Sabine 地区，发育 5 个煤组，大部分的煤炭资源埋深超过 500 ft，煤质的指标平均为：灰分 10%，硫分 1.06%，发热量 6800 Btu/lb。

Wilcox 群含有该地区最大的已知资源量和 14 个在产的露天煤矿。墨西哥湾海岸含煤区 4 个主要评价区中，Wilcox 群的厚度达到可采厚度，埋深 2000 ft 以内的煤层剩余总资源量为 175 亿短吨，其中埋深小于 500 ft 的煤炭资源量大约为 97 亿短吨，分布在路易斯安那州 Sabine（1.1 亿短吨）、德克萨斯州 Sabine（72 亿短吨）、东北德克萨斯地区（16 亿短吨）和中德克萨斯地区（7.7 亿短吨）。最大煤层累计厚度为 56 ft，位于东北德克萨斯地区，在评价区中单层煤层或含煤带的平均厚度为 7.5~11 ft。路易斯安那州的西北部，古新统下 Wilcox 群 Chemard 湖煤组的煤炭资源量为 1.1 BST，探明、控制和推断资源量分别为 0.195 BST、0.454 BST 和 0.448 BST。这部分的资源埋深在 500 ft 以内，且未被登记（2005 年 USGS 统计结果），大部分的煤炭资源位于 De Soto 和 Red River 郊区 2.5~10 ft 厚的煤层，超过一半资源量的覆盖层厚度为 100~200 ft。Williamson 和 Prior（1987）估算阿肯色、阿拉巴马、密西西比和田纳西州的近地表（深度小于 250 ft）的煤炭资源量为 10 BST。截至 2011 年 1 月 1 日，德克萨斯州的褐煤储量为 12.1 BST，阿肯色州、堪萨斯州、路易斯安那州和密歇根州褐煤储量为 0.4 BST，烟煤 1.4 BST，无烟煤超过 0.1 BST（EIA，2012）。

Claiborne 群覆盖在 Wilcox 群之上，含煤资源较少。Jackson 群覆盖在 Claiborne 群之上，其褐煤带在德克萨斯的中部和南部露天开采。Navarro 群 Olmos 组和 Wilcox 群的煤层气是海岸平原地区的潜在能源。晚白垩世的 Navarro 群和古新世到始新世的 Wilcox 群技术可采的煤层气资源估算为 4 万亿 ft^3。

（三）含煤区内主要含煤带分析

1. Sabine 隆起区的 Wilcox 群（古新世到始新世）含煤带

Sabine 隆起是一个位于德克萨斯东北部和路易斯安那西北部的一个构造弧，在 Sabine 隆起的 Wilcox 群（古新世到始新世）是一个变质接近次烟煤的褐煤含煤带，总厚度范围是 400 ~ 2500 ft，由于它们低灰、低硫，因此属于墨西哥湾海岸含煤区已知的质量最好的煤资源。

Sabine 隆起区 Wilcox 群下部是一套三角洲平原沉积的泥岩、砂岩和褐煤。横向上最连续的煤层发育于 Wilcox 群下部的最顶部和 Wilcox 群上部的顶部。按厚度、横向连续性比较，在 Wilcox 群下部，厚约 6. 5 ft 的 Naborton 2 号煤层最厚，厚约 3. 4 ft 的 Naborton 4 号褐煤层和 Naborton 3 号褐煤层厚度次之。Naborton 4 号煤层大约在 Naborton 2 号煤层之下 100 ft。Naborton 3 号煤层位于 Naborton 4 号煤层和 Naborton 2 号煤层之间。Wilcox 群上部的煤层在德克萨斯的 Sabine 隆起的西北边缘至少有 5 个单独的煤层或者含煤带存在，而在 Sabine 隆起区的西部，大多数的煤层分叉为两层或者多层，主要目标层（Green 和 Orange 层）的最大厚度范围是 5. 2 ~ 12 ft，平均煤层厚度为 2. 3 ~ 7 ft。这些煤层具有低灰分（10% ~14%，收到基）、低到中硫分（0. 6% ~1. 4%，收到基）和相对较高的发热量（12220 Btu/lb，干燥基）的特点。与煤层同时沉积的主要为泥岩，向上变粗的沉积序列显示了分流间湾的沉积环境。

路易斯安那州的 Sabine 隆起区位于 Sabine 构造隆起的东部。Chemard Lake（Naborton No. 2）含煤带是该区横向最连续和最厚的煤层，资源量约 1. 1 BST。De Soto Parish 的煤炭资源潜力最大，一般埋深都在 100 ~200 ft，其次是 Red River 和 Natchitoches Parishes。

德克萨斯的 Sabine 隆起评价区是墨西哥湾海岸含煤区最大的评价区，该区内煤层倾角小于 1°，最好的 Naborton 2 号煤层的厚度可达 20 ft，埋深范围从大于 20 ft 到超过 2000 ft。深度在 2000 ft 以内的剩余总资源量为 150 BST，这些资源量中，大约 6% 在深度 100 ft 以内，48% 在 500 ft 以内。

综上所述，Sabine 隆起区的 Wilcox 群含煤带是墨西哥湾海岸含煤区已知的最高质量(低灰分 10% ~14%、低硫分 0. 6% ~1. 4% 和较高热量 12220 Btu/lb）的煤炭资源。Naborton No2 号是 Wilcox 群下部最厚、最连续的煤层，厚约 6. 5 ft，Wilcox 群上部的主要目标层（Green 和 Orange 层）的最大厚度范围是 5. 2 ~12 ft，平均煤层厚度为 2. 3 ~7 ft。德克萨斯的 Sabine 隆起评价区资源量最大，2000 ft 以浅的剩余资源量为 150 BST，48% 在 500 ft 以内。路易斯安那州的 Sabine 隆起还有 1. 1 BST 的资源量。

2. 东北德克萨斯评价区的 Wilcox 群含煤带

该区位于东德克萨斯盆地的西北部。该区 Wilcox 群主要岩性是硅质碎屑沉积物，可能来源于北部阿肯色州和俄克拉何马州的瓦失陶山脉。其地层向南或东南盆地轴线的倾角为 2°或者更小，地层厚度在露头处约 500 ft，在东德克萨斯盆地中心处将近 2000 ft。浅部（深度 500 ft 以内）煤层一般用于坑口发电，煤级一般为褐煤，该评价区有 6 个含煤带。

Wilcox 群最下部为加积的三角洲沉积，上部是河道和河漫滩相沉积。该群下部以泥岩沉积为主，伴随厚煤层和炭质岩的形成，其厚度可达 70 ft。在煤层之下，往往沉积一层古土壤层。砂岩沉积占主导的河道沉积相沿东德克萨斯盆地的轴线分布，这些河道状分布的砂岩代表了冲积扇沉积体系和河道沉积相，集中出现于评价区的南部。

Wilcox 群含煤带在不同层位含有两层或者多层可采煤层。在这些含煤带中煤层数较多，但相对较薄，并且横向连续性较差，含煤带一般比较连续，大部分煤炭资源形成于冲积扇沉积环境。中部连续性最好的煤层横向上可以延伸 50 ~60 mile。煤层数向西南增加，单层煤层平均厚度为 3. 7 ft，最大厚度可达 14 ft。在其他墨西哥湾海岸含煤区，煤炭中硫分最低（0. 5%），相对灰分较高（16. 4%），发热量较低（6075 Btu/lb）。

该评价区查明的总资源量为 16 BST，Wood 和 Hopkins 县各含有超过 3 BST。大多数煤炭的埋深在 0 ~100 ft 的范围内，埋深 100 ~200 ft 次之，煤层厚度为 2. 5 ~10 ft 的资源量最大。6 个含煤带中，4 号含煤带煤炭资源量最多，为 3. 8 BST，1 号含煤带资源量最少，为 1. 4 BST，而其他 4 个含煤带所含的煤炭资源量相差不大，各含大约 2. 5 BST。6 号含煤带埋深最大，一般在 200 ~500 ft。

综上所述，东北德克萨斯评价区的 Wilcox 群含煤带煤层数较多，但相对较薄并且横向连续性较差，大部分煤炭资源都形成于冲积扇沉积环境。单层煤层平均厚度为 3. 7 ft，最大厚度可达 14 ft。硫分低（0. 5%），灰分较高（16. 4%），而发热量低（6075 Btu/lb）。查明的总资源量为 16 BST，Wood 和 Hopkins 县各含有超过 3 BST 的总资源量。大多数煤炭的埋深在 0 ~ 100 ft，煤层厚度为 2. 5 ~ 10 ft 的资源量最大。4 号含煤带含有最多的煤炭资源量，为 3.8 BST。

3. 中德克萨斯的 Wilcox 群含煤带

中德克萨的 Wilcox 群含煤带是墨西哥湾海岸含煤区中煤炭资源最丰富的含煤带，可采煤层比东北德克萨和 Sabine 隆起评价区少，并且一般的硫分稍高，但其煤层最厚、最连续，净煤层厚度可达 32 ft。中德克萨斯评价区煤级一般为褐煤，部分可达到 C 级次烟煤。

Wilcox 群的露头走向为东北向，在 Trinity 和 Colorado 河之间延伸大约 140 英里。大部分地层分布在休斯敦湾沿第三墨西哥海湾西北边缘。Wilcox 群可以分为 3 个组，由下而上依次为 Hooper、Simsboro 和 Calvert Bluff 组，厚度范围从该区东北部小于 1000 ft 到西南部超过 3500 ft。几乎所有的厚煤层都发育于 Calvert Bluff 组最下部。Hooper 组最上部含有豆荚状的厚煤层，煤层厚度可超过 5 ft。Simsboro 组为以砂岩为主的河流沉积体系，其煤层仅在局部地区的浅层发育。Calvert Bluff 组的厚度范围是 500 ~ 2000 ft，主要由沉积在河流、三角洲沉积环境中的泥岩、砂岩和煤层组成，以泥岩为主的向上变粗的沉积序列在横向上逐渐过渡为砂岩、泥岩互层，再到砂岩为主的河道沉积相。

该评价区共有 9 个可采的含煤带，单层煤层厚度平均为 6 ft，最厚可达 33 ft。Calvert Bluff 下部至少有 2 个含煤带被开采。侧向连续，厚度较大，但是在矿区范围内普遍发生分叉。

中德克萨斯评价区总资源量为 7.7 BST，其中，Freestone 县含有 3 BST。46% 的煤炭资源埋深在 0 ~ 100 ft，48% 的煤炭资源的厚度为 2.5 ~ 10 ft。

综上所述，中德克萨斯 Wilcox 群含煤带煤层少，硫分稍高，但是最厚和最连续，净煤层厚度可达 32 ft，单煤层厚度平均为 6 ft。几乎所有的厚煤层都发育于 Wilcox 群上部 Calvert Bluff 组最底部，属河流、三角洲沉积。煤级一般为褐煤，有些也达到 C 级次烟煤。煤炭资源总量为 7.7 BST，其中，46% 的资源埋深在 0 ~ 100 ft，48% 资源量的煤层厚度是 2.5 ~ 10 ft。Freestone 县含有资源 3 BST。

4. 南德克萨斯古近纪 Wilcox 群和 Indio 组含煤带

由于南德克萨斯 Wilcox 群和 Indio 组煤炭资源仅占墨西哥滨海含煤区德克萨斯部分的探明煤炭资源量的 1% ，相比其他评价区，煤层数少，厚度一般小于 5 ft 且极度不连续，硫分和灰分高，没有广泛被开采，因此不予评价。

5. 德克萨斯州 Webb 县始新世 Claiborne 群的烟煤含煤带

德克萨斯州南部 Webb 县的始新世中期 Claiborne 群中下部，含有 San Pedro 和 Santo Tomas 两个烟煤含煤带，含煤带的煤炭资源没有作定量评估。1939 年开始在 Laredo 西北部地下开采，1979 年开始露天开采。这些煤炭的煤级为高挥发份 C 级烟煤，类似阿巴拉契亚山脉和欧洲的晚石炭世的长焰煤。

San Pedro 含煤带的厚度可达 33 ft，含有 5 层有机质丰富的地层，变化范围为从炭质泥岩到非条带状的煤炭。较薄但稳定的 Santo Tomas 含煤带位于 San Pedro 含煤带上方大于 82 ~ 115 ft 的距离，平均厚度约为 7.9 ft，由非条带状的煤、不纯的煤炭和炭质泥岩组成。

San Pedro 和 Santo Tomas 的煤炭是一种极硬、贝壳状断口的非条带状烟煤。灰分相对较高（平均 14% ，干基），下部煤层灰分含量最高。硫分（0.8% ~2.0% ，干基）和发热量（最大值为 13371 Btu/lb，干基）向上逐渐升高，其中以有机硫为主。煤级范围是 A 级次烟煤到高挥发性 C 级烟煤。

1967 年评估的该地区煤炭资源量为 115 MST。

综上所述，德克萨斯州南部 Webb 县始新世中期 Claiborne 群的下到中部含有 San Pedro（厚度可达 33 ft）和 Santo Tomas 两个烟煤含煤带（平均厚度约为 7.9 ft），煤级为高挥发性的 C 级烟煤。灰分、硫分、发热量向上逐渐升高，1967 年评估的资源量为 115 MST。

6. 德克萨斯州 Maverick 县晚白垩世 Olmos 组烟煤含煤带

德克萨斯南部 Maverick 县晚白垩世 Navarro 群 Olmos 组含煤带形成环境为较低的三角洲平原或者是滨海平原沉积环境。煤层较薄，横向不连续。煤级为高挥发性 C 级烟煤，灰分（17% ）和硫分（1.4% ）中等。深度在 3000 ft 以浅的资源量为 525 MST。

7. 德克萨斯州的始新世 Yegua 组和 Jackson 群的褐煤含煤带

始新世晚期的 Yegua 组和其上覆地层 Jackson 群的褐煤含煤带煤层较薄（厚），横向不连续，而 Jackson 群的褐煤总厚度则可达 12 ft，连续性较好。含煤层含有火山灰夹矸，被认为是潜在的空气污染物。灰分和硫分普遍比其下伏的 Wilcox 群的煤层要高。Jackson 群硫分（2.2%）和灰分（36%）高，总热量为 8047 Btu/lb，煤质低于 Yegua 组。1967 年该地区煤炭资源量为 115 MST。

8. 密西西比州的褐煤沉积

密西西比州的褐煤（图 7-2-28）赋存于古新世至始新世的地层中，最具商业开采价值的褐煤存在于 Wilcox 群。近地表（浅于 200 ft）、煤层厚度大于 3 ft 的褐煤资源量估计为 5 BST。最主要的褐煤沉积分布在 6 个组。煤层厚度 2～5 ft，最大厚度达 14 ft。煤质为高水分、低灰分、低硫分、低发热量（3580～5290 Btu/lb）。

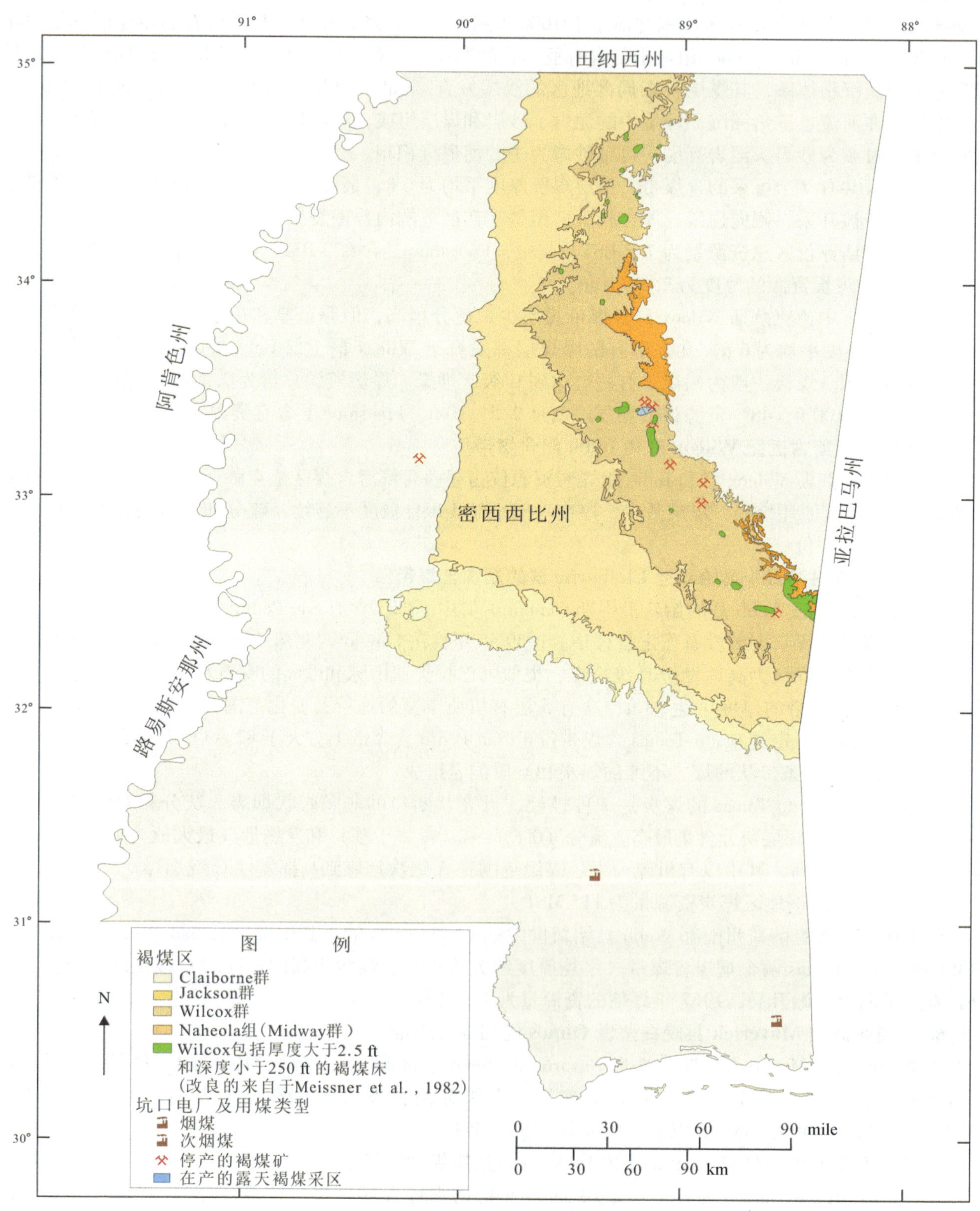

图 7-2-28 密西西比州的褐煤含煤地层、煤矿以及燃煤发电厂分布图（Karlsen 等，2011）

9. 亚拉巴马州的褐煤沉积

亚拉巴马州的褐煤赋存于古新世 Midway 群到始新世 Wilcox 群的几个地层内，有 3 个主要的浅部煤层：Oak Hill 褐煤、Gravel Creek 褐煤和 Tuscahoma 褐煤。Oak Hill 褐煤和 Gravel Creek 褐煤最具潜力，煤层厚度为 1 ~ 11 ft，最厚超过 40 ft，埋深 80 ~ 150 ft，为 A 级褐煤。Oak Hill 褐煤有高水分、高硫分，中等发热量特征。Tuscahoma 褐煤厚度一般小于 5 ft，煤质更差。亚拉巴马州的褐煤总资源量大于 8. 4 BST，近地表资源量为 562 MST，没有经过商业开采。深层盆地煤层气的开发潜力还不确定。

10. 阿肯色州的褐煤沉积

阿肯色州的褐煤位于该州中南部的 Camden 煤田。在阿肯色州，多数褐煤沉积存在于古新世至始新世的 Wilcox 群地层，是一套形成于河流沉积环境的陆相地层，最重要的煤层在 Wilcox 群上部的 Detonti 组，此褐煤层厚度范围是 2 ~ 14 ft。Crowley 岭的 Wilcox 群褐煤形成于沿海平原沼泽，煤层厚度达到 10 ft。Claiborne 群上部的 Cockfield 组为重要的含褐煤地层，含量较少。Jackson 群的褐煤没有商业价值。Claiborne 和 Wilcox 群的褐煤样品的总发热量不高，平均为 5980 Btu/lb，灰分平均为 13. 55% ，硫分平均为 0. 62% ，与海岸平原含煤区其他地方的褐煤相比相差不大。1975—1985 年，确定阿肯色州的褐煤资源量超过 9 BST，其中 4. 3 BST 在 Wilcox 群，4. 7 BST 在 Claiborne 群，证实资源量约为 2 BST。

（四）小结

墨西哥湾海岸含煤区位于美国本土的南部，墨西哥湾盆地是中—新生代的裂谷盆地，区域内地形相对较为平坦，交通便捷，铁路、公路、航空、水运、管道等构成立体交通网络。区内 2011 年煤炭产量集中在德克萨斯州及田纳西州。

含煤区最主要的含煤地区在海湾盆地的北—西北边缘。煤炭沉积于晚白垩世、古新世和始新世的滨海、三角洲和河流沉积环境。煤层厚度一般小于 15 ft。在德克萨斯州开采的大部分煤炭为 Wilcox 群上部的褐煤。评价区开采的煤炭的煤级均为褐煤，低到中硫分，相对较高灰分，发热量低。

Wilcox 群含有该地最多的资源量和 14 个在产的露天煤矿。墨西哥湾海岸含煤区 4 个主要评价区中，Wilcox 群的厚度达到可采厚度，埋深 2000 ft 以内的煤层剩余总资源量为 175 BST，其中埋深小于 500 ft 的煤炭资源量大约为 97 BST，主要分布在德克萨斯州 Sabine（72 BST）。最大煤层厚度累计为 56 ft，位于东北德克萨斯地区，在评价区中单煤层或含煤带的平均厚度为 7. 5 ~ 11 ft。路易斯安那州的西北部，Wilcox 群 Chemard 湖煤组的煤炭资源量为 1. 1 BST，埋深较浅。此外，阿肯色、阿拉巴马、密西西比和田纳西州的近地表（深度小于 250 ft）还有 10 BST 的煤炭资源量。截止到 2011 年 1 月，德克萨斯州的褐煤储量为 12. 1 BST，阿肯色州、堪萨斯州、路易斯安那州和密歇根州的褐煤储量为 0. 4 BST（EIA，2012）。晚白垩世的 Navarro 群和古新世到始新世的 Wilcox 群技术可采的煤层气资源量估算为 4 万亿 ft^3。

含煤区内共分了 11 个主要含煤带，Sabine 隆起区的 Wilcox 群（古新世到始新世）含煤带是墨西哥湾海岸含煤区质量最好（低灰分低硫分高热量）的煤炭资源，2000 ft 以浅的剩余总资源量为 150 BST，48% 在 500 ft 以内。路易斯安那州的 Sabine 隆起区还有 1. 1 BST 的资源量。东北德克萨斯评价区的 Wilcox群含煤带煤层数较多，相对较薄且横向连续性较差，低硫分、低发热量，查明的总资源量为 16 BST。中德克萨斯的 Wilcox 群含煤带煤炭层数少，并且硫分稍高，煤层最厚和最连续，煤级一般为褐煤，部分可达到 C 级次烟煤，总的煤炭资源量为 7. 7 BST。德克萨斯州南部 Webb 县 Claiborne 群的下到中部含有 San Pedro（厚度可达 33 ft）和 Santo Tomas 两个含煤带（平均厚度约为 7. 9 ft），煤级为高挥发性的 C 级烟煤，资源量极少。德克萨斯南部 Maverick 县晚白垩世 Navarro 群 Olmos 组含煤带的煤层较薄，横向不连续，煤级为高挥发性 C 级烟煤，资源量极少。Yegua 组和 Jackson 群的褐煤含煤带煤层较薄（厚），横向不连续，灰分和硫分普遍比其下伏的 Wilcox 群的煤层要高。密西西比州近地表（浅于 200 ft）煤层厚度大于 3 ft 的褐煤资源量估计为 5 BST。最具商业开采价值的褐煤存在于 Wilcox 群，为高水分、低灰分和低硫分、低发热量的褐煤。阿拉巴马州的褐煤总资源量大于 8. 4 BST，近地表资源量为 562 MST，没有经过商业开采。深层盆地煤层气的开发潜力尚未确定。阿肯色州的褐煤资源量超过 9 BST。

因此，含煤区内资源量最大、最厚、煤质最好的煤层位于 Sabine 隆起区含煤带。

第四节 优质煤炭资源富集区

依据对各含煤区成煤地质条件和煤炭资源特点的详细分析，综合美国优质煤炭资源分布特征，本书优选确定了3个美国优质煤炭资源富集区作为战略靶区。

一、粉河盆地富集区

粉河盆地是目前美国成煤地质条件和开发利用条件较好的一个次烟煤的盆地，2011年，该盆地煤炭产量占美国煤炭总产量的42%，使粉河盆地成为美国最重要的含煤盆地，其中426 MST（大约占总量的92%）的煤炭产量来自位于粉河盆地东部怀俄明州的Gillette煤田。粉河盆地的Fort Union组中的Tongue River段为主要含煤地层，该段煤层的总厚度超过200 ft，各煤层的平均厚度为20～30英尺，并且有往上增厚的趋势。因此，美国优质煤炭资源富集区优先选定为粉河盆地。

（一）粉河盆地的优势和不足

优势：

（1）煤质优良：煤种为低灰、低硫、中等发热量的优质次烟煤。

（2）资源量大：美国地质调查局先后于1999年和2008年对粉河盆地的煤炭资源进行过评估，评估了区内47个煤层，资源量为1.07万亿短吨，其中超过75%的煤炭资源都赋存在Fort Union组的10个煤层中。

（3）煤层厚度大、埋深浅、易露采：主要煤层Smith煤层最大厚度达到266 ft，平均厚度32 ft；Anderson煤层最大厚度达到61 ft，平均厚度10 ft；Dietz3煤层最大厚度可达119 ft，平均厚度14 ft；Canyon煤层最大厚度可达182 ft，平均厚29 ft。粉河盆地的大部分埋深在500 ft以内，非常适合露天开采。

（4）盆地内交通便利：有多条州际和州内的高速公路和城际公路通过，主要城市和煤炭生产基地都有铁路联通。粉河、舌河等多条河流及其支流流经整个盆地区域。

不足：

（1）区内煤炭运往美国西海岸存在一定的运输困难。

（2）由于煤层埋藏较浅，煤在地下自燃产生煤渣（图7-2-29），部分区域可沿煤层倾角从露头往地下延伸数英里，对开采产生不利影响。

（二）优质煤炭资源富集区的圈定

根据对粉河盆地现有煤矿和各评价区成煤地质条件的分析，并且在粉河煤田主要可采煤层的等厚图以及埋深图的基础上，圈定了粉河盆地煤炭资源的富集区范围在盆地的中部（图7-2-29）。

二、阿巴拉契亚盆地富集区

阿巴拉契亚含煤盆地主要是一个石炭纪的盆地。在美国，石炭纪（系）两分，下称密西西比纪（系），上称宾夕法尼亚纪（系）。阿巴拉契亚盆地的煤层主要赋存于宾夕法尼亚系中。基于区域构造和含煤地层特点，历史上曾将该盆地划为3个煤区：北煤区（宾夕法尼亚州西部、俄亥俄州东部、马里兰州西部和西弗吉尼亚州北部）；中煤区（西弗吉尼亚州的中西部和西南部、肯塔基州东部、田纳西州和弗吉尼亚州的西南部）；南煤区（亚拉巴马州北部及佐治亚州西北角）。

（一）阿巴拉契亚盆地的优势和不足

优势：

（1）煤种齐全：炼焦煤、动力煤、无烟煤、褐煤等煤种齐全。煤田以烟煤为主，占储量的90%，该煤田为美国传统的炼焦煤和动力煤主要产地。北部宾夕法尼亚州有大量的无烟煤赋存，为美国唯一的无烟煤产地，南部亚拉巴马州有少量的褐煤赋存。

（2）资源仍有相当潜力：阿巴拉契亚盆地宾夕法尼亚系中5个主力煤层的剩余资源总量可达66 BST。

（3）煤层稳定，构造简单：盆地的煤层赋存稳定，断层少，顶底板多为砂岩或砂质页岩，整体性

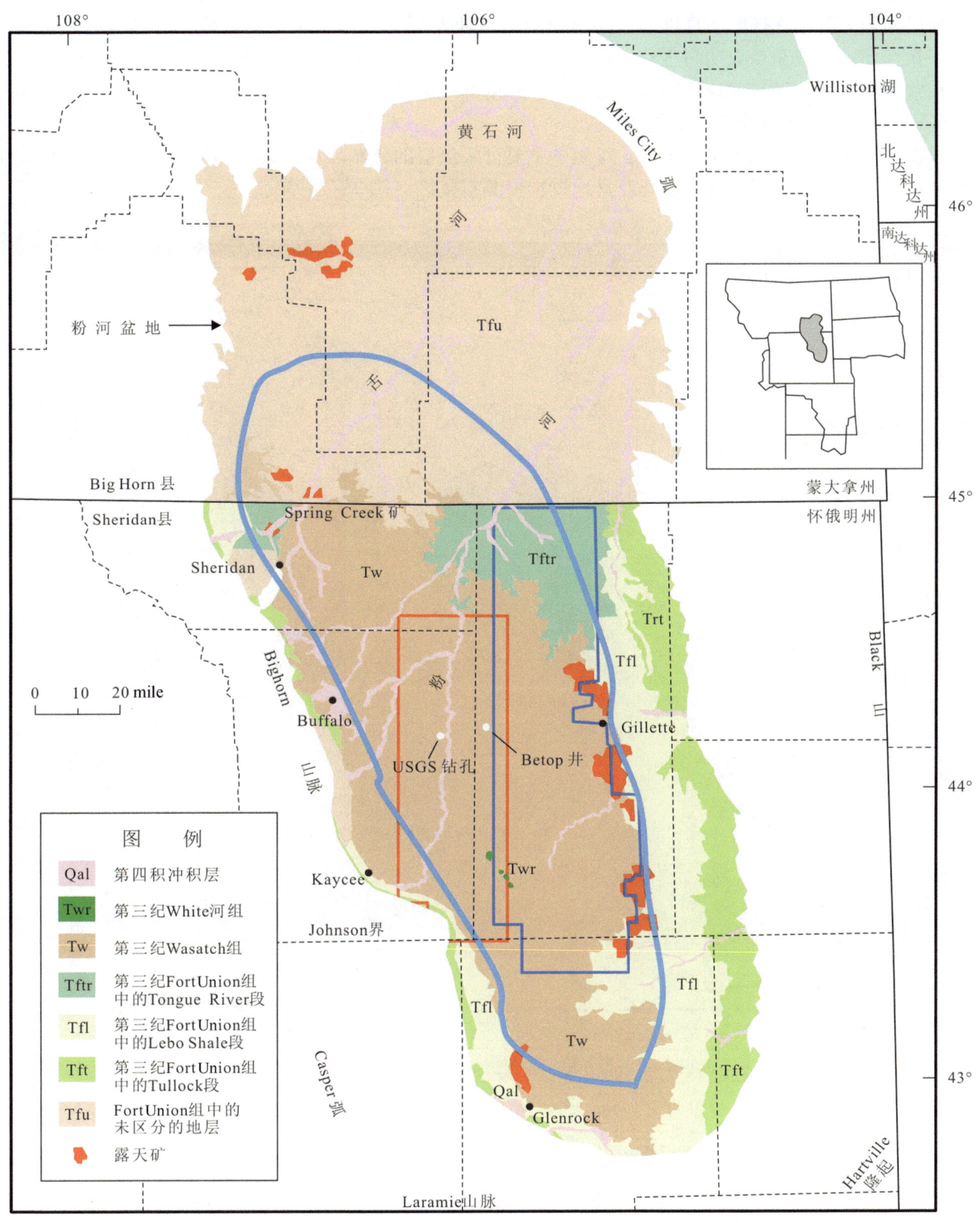

图 7-2-29 粉河盆地富集区位置示意图

强，水文地质情况简单，99% 是水平或近水平煤层，开采条件优越。

（4）埋藏浅：矿井平均开采埋深仅 90 m，煤层地质破坏很少，煤质坚硬，瓦斯含量小。如西弗吉尼亚州的煤层未遭受大的逆冲断层破坏，基本保持近水平的产状。

（5）交通便捷：区域内交通便捷，铁路、公路、航空、水运等构成了立体交通网络。

不足：

阿巴拉契亚盆地含煤区一直以来作为支撑美国工业发展的主力煤炭生产基地，已经走过其极盛时期，煤炭产量在一战和二战期间达到巅峰。质量最好、最厚、最易开采的煤炭已耗尽，剩余资源量主要集中在盆地中南部地区。盆地煤炭资源量丰富，中南部地区煤炭资源量仍有相当潜力。

（二）优质煤炭资源富集区的圈定

根据阿巴拉契亚盆地煤炭资源量、煤质、主要可采煤层的分布、在产煤矿和盆地各地区煤炭的历史开采情况，确定盆地中部为阿巴拉契亚盆地煤炭资源富集区（图 7－2－30）。

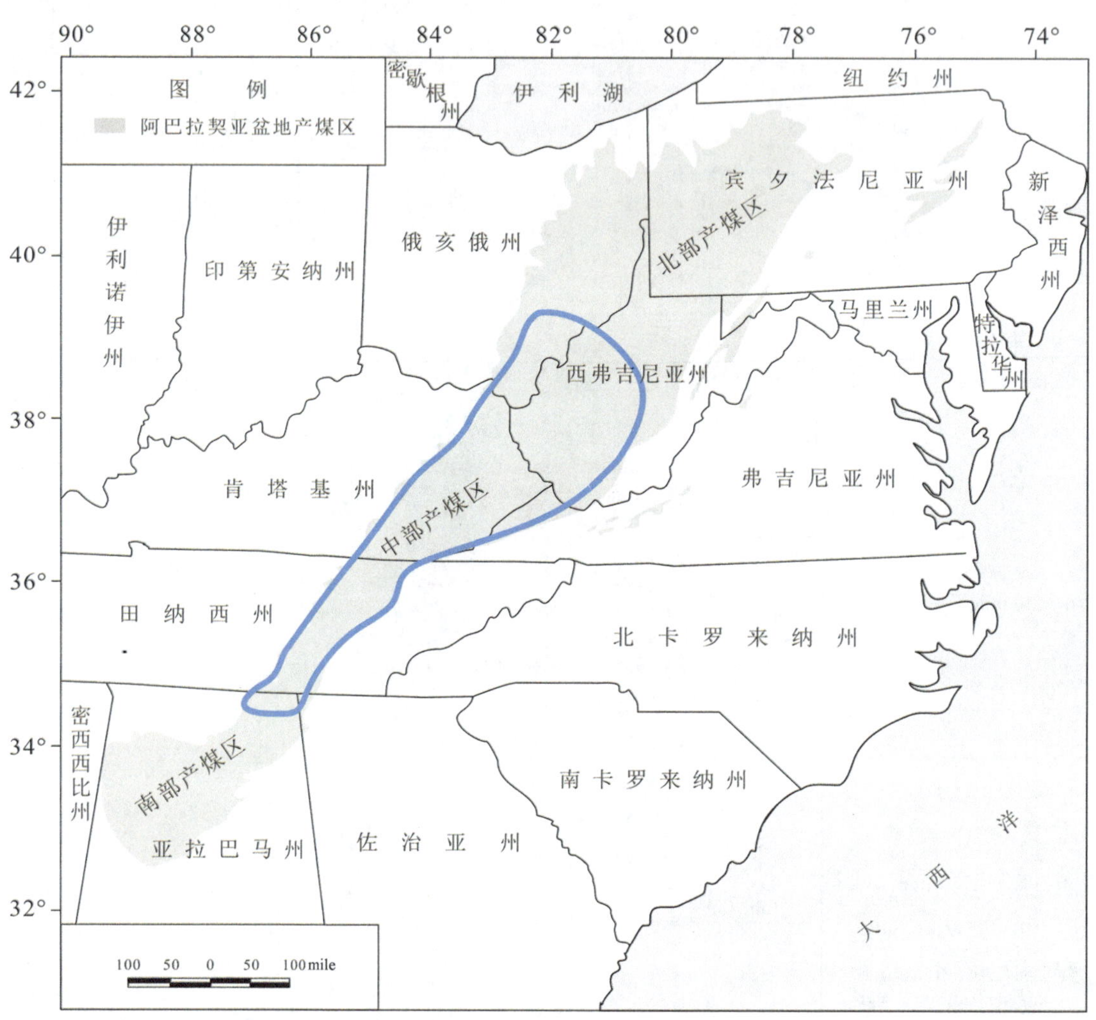

图 7－2－30 阿巴拉契亚盆地富集区位置示意图

三、圣胡安盆地富集区

圣胡安盆地位于科罗拉多州和新墨西哥州交界处。盆地范围以 Fruitland 组（Pictured Cliffs 砂岩顶部）露头所限定（图 7－2－15）。盆地轮廓呈椭圆形，南北长约 100 mile，东西宽约 90 mile，面积 6500 $mile^2$。

（一）圣胡安盆地的优势与不足

优势：

（1）煤质较好：硫分低，且在整个盆地内比较均一，没有明显的变化趋势。煤层是低硫高灰，水分则随着深浅变化，煤级介于 A 级次烟煤与低挥分烟煤之间。

（2）煤资源量大：盆地白垩纪共 4 个煤组，按照煤层厚度 ＞1 ft（0.305 m）、埋深小于 6000 ft（1830 m）的标准，资源总量 2300 亿短吨。所有的煤炭资源量中，埋深在 0 ~ 500 ft 的煤炭资源量为 190 亿短吨，埋深在 500 ~ 1000 ft 的煤炭资源量为 160 亿短吨。

不足：盆地地形落差大，最大超过3500 ft，对煤炭资源开发具有一定的影响。

（二）优质煤炭资源富集区的圈定

根据对圣胡安盆地地理条件、成煤地质条件、煤炭资源分布、煤质变化趋势、煤层厚度等值线等资料的分析，确定了圣胡安盆地优质煤炭资源富集区位于盆地的中北部地区，并在煤层厚度等值线图的基础上对富集区进行了圈定（图7-2-31）。

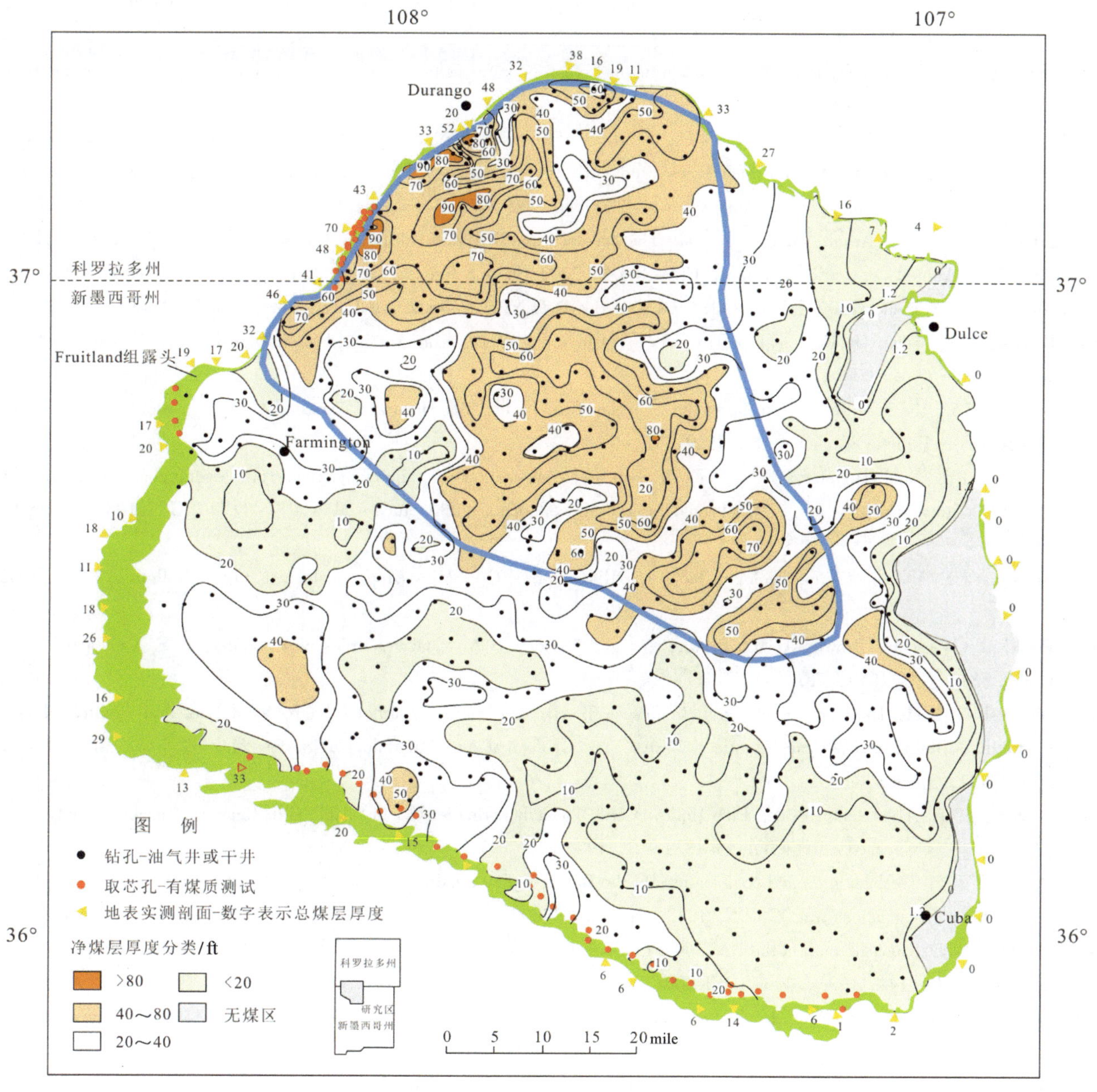

图7-2-31 圣胡安盆地富集区位置示意图

本章参考文献

[1] 中华人民共和国商务部．2013年美国吸引外国直接投资1875.28亿美元，同比增长16.79%［EB/OL］.(2013) http：//www.mofcom.gov.cn.

[2] 王晓苏．美国煤炭产业左右为难［J］．中国能源报，2013，(11).

[3] Ayers Jr，W B. Sedimentologic controls on lignite quality and mining，Sandow lignite mine，Lower Calvert Bluff Formation，east central Texas，inR. B. Finkelman and D. J. Casagrande，eds.，Geology of Gulf Coast lignites：Houston，Texas，En-

vironmental and Coal Associates, p. 40 – 53, Also in Finkelman et al. , 1987, p. 40 – 53.

[4] American Society for Testing and Materials (ASTM International, 2008): Annual Book of ASTM Standards, V. 05. 06, Chapter D 388 – 05, 2008. p. 250 – 256.

[5] Ayers Jr, W B, A. H. Lewis. The Wilcox Group and Carrizo Sand (Paleogene) in east – central Texas; Depositional systems and deep – basin lignite: University of Texas at Austin, Bureau of Economic Geology Geologic Folio GF0001, 1985, 19 p. , 30 plates.

[6] Baker, A A. The northward extension of the Sheridan Coal Field, Big Horn and Rosebud Counties, Montana: U. S. Geological Survey Bulletin 806 – B [G]. 1929, 15 – 67.

[7] Bammel, B H. Stratigraphy of the Simsboro Formation, east – central Texas: Waco, Texas, Baylor Geological Studies Bulletin [G]. v. 37, 1979, 40.

[8] Barker, C E, L R H Biewick, P D Warwick, et al. SanFilipo, Preliminary Gulf Coast coalbed methane exploration maps: Depth to Wilcox, apparent Wilcox thick – ness and vitrinite reflectance: U. S. Geological Survey Open – File Report 00 – 113, 2 sheets, 2000, http: //pubs. usgs. gov/of/2000/ofr – 00 – 0113/ (accessed May 2005).

[9] Barker, C E, P D Warwick, M Gose, et al. The Sacatosa Coalbed Methane field: A first For Texas [J]: AAPG Bulletin, AAPG 2002 Annual Convention Program, CD – ROM, 2002, 8 p. 5 figures, http: //www. searchanddiscovery. com/documents/abstracts/annual/2002/DATA/2002/13ANNUAL/EXTENDED/45602. pdf (accessed August 5, 2007).

[10] Barnes, V E, comp. Geologic map of Texas [G]. University of Texas at Austin, Bureau of Economic Geology, 1992, 4 sheets, scale 1 : 500000.

[11] Baker, A A. The northward extension of the Sheridan Coal Field, Big Horn and Rosebud Counties, Montana: U. S. Geological Survey Bulletin 806 – B [G]. 1929, 15 – 67.

[12] Barnum, B E, and Garrigues, R S. Geologic map and coal sections of the Cactus Reservoir quadrangle, Rio Blanco and Moffat Counties, Colorado: U. S. Geological Survey Miscellaneous Field Studies Map MF – 1179 [G]. 1980, scale 1 : 24000.

[13] Bergquist, H R. Scott County geology: Jackson, Mississippi [G]. Mississippi Geological Survey Bulletin, v. 49, 1942, 282.

[14] Berryhill, H L, Jr, Brown, D M, Brown, A, and Taylor, D A. Coal resources of Wyoming: U. S. Geological Survey Circular 81 [G], 1950, 78.

[15] Billingsley, G H, Huntoon, P W, and Breed, W J. Geologic map of Capitol Reef National Park and vicinity, Emery, Garfield, Millard, and Wayne Counties, Utah: Utah Geological and Mineralogical Survey Map 87 [G]. scale 1 : 62, 500, 1987, 3 sheets.

[16] Bowers, W E. The Canaan Peak, Pine Hollow, and Wasatch Formations in the Table Cliff Region, Garfield County, Utah [G] . U. S. Geological Survey Bulletin 1331 – B, 1972.

[17] Bowers, W E. Geologic map and coal sections of the Butler Valley quadrangle, Kane County, Utah [G]: U. S. Geological Survey Coal Investigations Map C – 95, 1983, scale 1 : 24000.

[18] Bowers, W E. Geologic map of the Horse Flat quadrangle, Kane County, Utah [G]. U. S. Geological Survey Coal Investigations Map C – 144, 1993, scale 1 : 24000.

[19] Boyd, C S. and Ver Ploeg, A J. Geologic map of the Gillette 30′ × 60′ quadrangle, Campbell, Crook and Weston Counties, northeastern Wyoming [G]. Wyoming State Geological Survey Map Series 49, 1997, scale 1 : 100000.

[20] Brekke, D W. History of lignite mining and utilization in the North Dakota portion of the Fort Union lignite region, in Finkelman, R B. , Tewalt, S J. , and Daly, D J. , eds. [G]. Geology and Utilization of Fort Union Lignites: Environmental and Coal Associates, 1992, p. 171 – 183.

[21] Breyer, J A, Tertiary coals of the Gulf Coast, in H. J. Gluskoter, D. D. Rice, and R. B. Taylor, eds. , Economic geology, U. S. [G]. Geological Society of America, The Geology of North America, v. P – 2, 1986, p. 573 – 582.

[22] Brooks. K J. Petrology and depositional environments of the Hanna Formation in the Carbon Basin, Carbon County, Wyoming: University of Wyoming [D]. M. S. thesis, 1977, 105.

[23] Brown, J L. Sedimentology and depositional history of the Lower Paleocene Tullock Member of the Fort Union Formation, Powder River Basin, Wyoming and Montana [EB/OL]. U. S. Geological Survey Bulletin 1917, 41 p. , 1993, 3 plates.

[24] Buschbach, T C, and Kolata, D R. Regional setting of Illinois Basin, in Leighton, M. W. , Kolata, D. R. , Oltz, D. F. , and Eidel, J. J. , eds. , Interior cratonic basins [C]. American Association of Petroleum Geologists Memoir 51,

1991, 29 – 55.

[25] Cady, G H. Classification and selection of Illinois coals: Illinois State Geological Survey [R]. Bulletin 62, 1935, 354.

[26] Cady, G H. Analysis of Illinois Coals: Illinois State Geological Survey Bulletin 62 [R]. Supplement, 1948, 77.

[27] Carlson, C G. Geology of McKenzie County, North Dakota: North Dakota Geological Survey Bulletin 80 [R]. Part 1, 1985, 54.

[28] Carlson, C G, and Anderson, S B. Sedimentary and tectonic history of the North Dakota part of the Williston Basin: American Association of Petroleum Geologists Bulletin [R]. v. 49, 1966, 1833 – 1846.

[29] Carlson, C G, and Laird, W M. Study of the spoil banks associated with lignite strip mining in North Dakota [R]. North Dakota Geological Survey Miscellaneous Series 24, 1964, 3 – 6.

[30] Cavaroc, V V, Flores, R M, Nichols, D J and Perry, W J. Paleocene tectonofacies relationships between the Hanna, Carbon, and Cooper Lake basins, Wyoming [abs]: American Association of Petroleum Geologists Bulletin, 76, 1992, 1257.

[31] Chesnut, D R, Jr, Weisenfluh, G A, Greb, S F, Eble, C F, and Andrews, R E. Coal geology of Kentucky, in 2000 Keystone Coal Industry Manual: Chicago, Ill., Primedia Intertec [R]. 2000, 587 – 603.

[32] Coates, D A, Heffern, E L. Origin and geomorphology of clinker in the Powder River Basin, Wyoming and Montana, in Miller, W. R., ed., Coal bed methane and the Tertiary geology of the Powder River Basin [C]. Wyoming Geological Association 50th Annual Field Conference Guidebook, 1999, 211 – 229, 1 plate.

[33] Cooke, C W. Correlation of the Eocene formations in Mississippi and Alabama: U. S. Geological Survey Professional Paper 140 – E [R]. 1925, 133 – 136.

[34] Crider, A F. Geology and mineral resources of Mississippi: U. S. Geological Survey Bulletin [R]. v. 283, 1906, 99.

[35] Crider, A F, L C Johnson. Summary of the underground – water resources of Mississippi: U. S. Geo – logical Survey Water – Supply Paper 159 [R]. 1906, 86.

[36] Cushing, E M, E H Boswell, R L. Hosman. General geology of the Mississippi Embayment: U. S. Geological Survey Professional Paper 0448 B [R]. 1964, B1 – B28.

[37] Cvancara, A M. Geology of the Cannonball Formation (Paleocene) in the Williston Basin, with reference to uranium potential [R]. North Dakota Geological Survey Report of Investigation 57, 1976, 22.

[38] Daly, D J, Groenewold, G H, Schmit, C P. Paleoenvironments of the Paleocene Sentinel Butte Formation, Knife River area, west – central North Dakota, in Flores, R., and Kaplan, S. S., eds., Cenozoic Paleogeography of the West – Central United States: The Rocky Mountain Section [R]. Society of Economic Paleontologists and Mineralogists, 1985, 171 – 185.

[39] Damberger, H H. Coalification pattern of the Illinois Basin [J]. Economic Geology, v. 66, no. 3, 1971, 488 – 495.

[40] Damberger, H H. Coal geology of Illinois, in 2000 Keystone Coal Industry Manual: Chicago [R]. Ill., Primedia Intertec, 2000, 562 – 573.

[41] David C Scott, Jon E Haacke, Lee M Osmonson, James A Luppens, Paul E Pierce, and Timothy J. Rohrbacher, Assessment of Coal Geology, Resources, and Reserves in the Northern Wyoming Powder River Basin [R]. 2010.

[42] David E Tabet, Coal Resources of the Henry Mountains Coal Field, Utah, U. S. Geological Survey Professional Paper 1625 – B.

[43] Denson, N M. Macke, D. L., Schumann, R. R., and Murrett, M. E., Geologic map and distribution of heavy minerals in Tertiary rocks of the Birney 30′ × 60′ quadrangle, Big Horn, Rosebud, and Powder River counties, Montana [R]. U. S. Geological Survey Miscellaneous Investigations Map I – 2019, 1990, scale 1 : 200000.

[44] Dobbin, C E. Bowen, C F. Hoots, H W. Geology and coal and oil resources of the Hanna and Carbon basins, Carbon County, Wyoming [R]. U. S. Geological Survey Bulletin 804, 1929, 88.

[45] Dockery Ⅲ, D T. Depositional systems in the Upper Claiborne and Lower Jackson Groups (Eocene) of Mississippi [D]. Oxford, Mississippi, University of Mississippi M. S. thesis, 1976, 110.

[46] Doelling, H H. Henry Mountains coal field, in Doelling, H H, and Graham, R L, eds., Eastern and Northern Utah Coal Fields: Utah Geological and Mineralogical Survey Monograph Series [R]. no. 2, 1972, 97 – 190.

[47] Doelling, H H. Central Utah coal fields; Sevier – San Pete, Wasatch Plateau, Book Cliffs and Emery: Utah Geological and Mineralogical Survey Monograph Series No. 3 [R]. 1972, 571.

[48] Doelling, H H. Coal in the Sevier – Sanpete region, in Baer, J L, and Callaghan, E, eds., Plateau – Basin and Range Transition Zone, Central Utah, 1972; Utah Geological Association Field Conference Guidebook [M]. Utah Geological As-

sociation Publication 2, 1972b, 81 – 90.

[49] Doelling, H H, Graham, R L. Southwestern Utah coal fields—Alton, Kaiparowits, and Kolob – Harmony [R]. Utah Geological and Mineralogical Survey Monograph Series, no. 1, 1972, 1333.

[50] Eaton, J G. Stratigraphic revision of Campanian (Upper Cretaceous) rocks in the Henry Basin, Utah [J]. The Mountain Geologist, 27, 1, 1990, 27 – 38.

[51] Edward A Johnson, Laura N R Roberts, Michael E Brownfield, et al. Geology and Resource Assessment of the Middle and Upper Coal Groups in the Yampa Coal Field, Northwestern Colorado, U. S. Geological Survey Professional Paper 1625 – B* [R].

[52] Ellis, M S, Molnia, C L, Osmonson, L M, et al. Evaluation of economically extractable coal resources in the Gillette coal field, Powder River Basin, Wyoming [R]. U. S. Geological Survey Open – File Report 02 – 180, 2002, 48. Energy Information Administration, Coal industry annual 1997: U. S. Department of Energy, Energy Information Administration Report 0584 (97), 1998, 151.

[53] Evans, J A, Report of Jas A. Evans of exploration from Camp Walbach to Green River [G]. Union Pacific Historical Museum, File K – 13 – 1, 1865, 11.

[54] Evans, T J, Bituminous coal in Texas: University of Texas at Austin [M]. Bureau of Economic Geology Handbook # B0004, 1974, 65.

[55] Fassett, J E. Early Tertiary paleogeography and paleotectonics of the San Juan Basin area, New Mexico and Colorado, in-Flores, R. M. , and Kaplan, S. S. , eds. , Cenozoic Paleogeography of the West – Central United States (Rocky Mountain paleogeography symposium 3): Denver, Colo. , Rocky Mountain Section [R], Society of Economic Paleontologists and Mineralogists, 1985, 317 – 334.

[56] Finkelman, R B. Coal quality—A Clean Air Act perspective (abs.), in L. M. H. Carter, ed. , Energy and the environment—Application of geosciences to decision – making; Program and short papers; Tenth V. E. McKelvey Forum on Mineral and Energy Resources, Washington, D. C. , February, 1995: U. S. Geological Survey Circular 1108, 1995, 14 – 15.

[57] Fisher, W L, J H McGowen. Depositional systems in the Wilcox Group of Texas and their relationship to occurrence of oil and gas [R]. Transactions of the Gulf Coast Association of Geological Societies, v. 17, 1967, 105 – 125.

[58] Flores Galicia, E. Geology and reserves of coal deposits in Mexico [R]. in G. P. Salas, ed. , Economic geology, Mexico: Geological Society of America, The Geology of North America, P – 3, 1991, 131 – 165.

[59] Flores, R M, Ochs, A M, Bader, L R. , et al. Framework geology of the Fort Union coal in the Powder River Basin, chapter PF in 1999 resource assessment of selected Tertiary coal beds and zones in the Northern Rocky Mountains and Great Plains region [CD]. U. S. Geological Survey Professional Paper 1625 – A, 2 CD – ROMs. 1999.

[60] Flores, R M, Ochs, A M, Stricker, G D, et al. National coal resource assessment non – proprietary data: Location, stratigraphy, and coal quality of selected Tertiary coals in the Northern Rocky Mountains and Great Plains region [CD]: U. S. Geological Survey Open – File Report 99 – 376, CD – ROM. 1999.

[61] Foster, V M. Lauderdale County mineral resources: Jackson, Mississippi [R]. Mississippi Geological Survey Bulletin, v 41, 1940, 246.

[62] Freme, F L. 2001, U. S. coal supply and demand—2000 review [R]. U. S. Energy Information Administration, 8 p. Accessed October 12, 2001, http://www.eia.doe.gov.

[63] Freme, F L, Hong, B D. [1999], U. S. coal supply and demand, 1998 review [OL]. Energy Information Administration web site at http://www.eia.doe.gov/cneaf/coal/cia/new_yr_revu/coalfeat.html. (Accessed July 17, 2001.). 1999.

[64] Gale, H S. Coal fields of northwestern Colorado and northeastern Utah: U. S. Geological Survey Bulletin 415, 1910, 179 – 203.

[65] Galloway, W E, Depositional systems of the lower Wilcox Group, north – central Gulf Coast basin [R]: Gulf Coast Association of Geological Societies Transactions, v. 18, 1968, 275 – 289.

[66] Galloway, W E, D G Bebout, W L Fisher, et al. The Gulf of Mexico Basin: Boulder, Colorado, Geological Society of America [R]. The Geology of North America, v. I, 1991, 245 – 324.

[67] Gardner, A D, Flores, V R. Forgotten Frontier: A History of Wyoming Coal Mining: Westview Press [M]. Boulder, Colorado, 1989, 243.

[68] Gerhard, L C, Anderson, S B, Lefever, J A, et al. Geological development, origin, and energy mineral resources of Williston Basin, North Dakota [J]. American Association of Petroleum Geologists Bulletin, 66, 1982, 989 – 1020.

[69] Gilbert, G K. Report on the geology of the Henry Mountains [R]. U. S. Geographical and Geological Survey, Rocky Mountain Region, 1877, 160.

[70] Gilmour, E H, Dahl, G G. Montana coal analyses [R]. Montana Bureau of Mines and Geology Special Publication 43, 1967, 21.

[71] Glass, G B. Review of Wyoming coal fields, 1976 [R]. Wyoming Geological Survey, Public Information Circular 4, 1976, 91.

[72] Glass, G B. Wyoming coal deposits, in Murray, D. K. , ed. , Geology of Rocky Mountain Coal [S]. Proceedings of the 1976 Symposium: Colorado Geological Survey Resource Series 1, 1977, 73 – 84.

[73] Glass, G B, Coal, in Porter, F H, Grasso, D N. Sheridan County, Wyoming: The Geological Survey of Wyoming County Resource Series 5, 9 plates. Ellis, M. S. , Molnia, C. L. , Osmonson, L. M. , Ochs, A. M. , Rohrbacher, T. J. , Mercier, T. , and Roberts, N. R. , 2002, Evaluation of economically extractable coal resources in the Gillette coal field, Powder River Basin, Wyoming [R]. U. S. Geological Survey Open – File Report 02 – 180, 1978, 48.

[74] Glass, G B, Roberts, J T. Remaining strippable coal resources and strippable reserve base of the Hanna coal field in south – central Wyoming [R]. Geological Survey of Wyoming Report of Investigations No. 17, 1979, 166.

[75] Glass, G B, Roberts, J T. Coal and coal – bearing rocks of the Hanna coal field, Wyoming [R]. Geological Survey of Wyoming Report of Investigations No. 22, 1980, 41.

[76] Gluskoter, H J. Electric low temperature ashing of bituminous coal [J]. Fuel, 44, 4, 1965, 285 – 291.

[77] Gluskoter, H J. Clay minerals in Illinois coals [J]. Journal of Sedimentary Petrology, 37, 1, 1967, 205 – 214.

[78] Gluskoter, H J. Mineral matter and trace elements in coal, in Babu, S. P. , ed. , Trace elements in fuel [R]. American Chemical Society Advances in Chemistry Series, 141, 1975, 1 – 22.

[79] Gluskoter, H J, Simon, J A. Sulfur in Illinois coals [R]. Illinois State Geological Survey Circular 432, 1968, 28.

[80] Gordon Jr, M. , J I Tracey, M W Ellis. Geology of the Arkansas bauxite region [R]. U. S. Geological Survey Professional Paper 299, 1958, 268.

[81] Greb, S F, Williams, D A, Williamson, A D. Geology and stratigraphy of the western Kentucky coal field [R]. Kentucky Geological Survey Bulletin 1, Series XI, 1992, 77.

[82] Groenewold, G H, Hemish, L A, Cherry, J A, et al. Geology and geohydrology of the Knife River Basin and adjacent areas of west – central North Dakota [R]. North Dakota Geological Survey, Report of Investigation Number 64, 1979, 402.

[83] Hackley, P C, M E Ratchford, P D Warwick. Reflectance measurements of well cuttings from Ashley and Bradley Counties, Arkansas [R]. U. S. Geological Survey Open – File Report 2006 – 1155, 2006, 29 p. , http [EB/OL]: //pubs. usgs. gov/of/2006/1155/ (accessed September 24, 2009).

[84] Hail, W J, Jr. Geologic map of the Rough Gulch quadrangle, Rio Blanco and Moffat counties, Colorado. U. S. Geological Survey Geologic Quadrangle Map GQ – 1195, 1974, scale 1 : 24000.

[85] Hail, W J, Jr, Barnum, B E. 1993, Geologic map of the Divide Creek quadrangle, Rio Blanco and Moffat counties, Colorado [R]. U. S. Geological Survey Miscellaneous Field Studies Map MF – 2232, scale 1 : 24000.

[86] Haley, B R. Coal resources of Arkansas, 1954 [R]. U. S. Geological Survey Bulletin, v. 1072 – P, 1960, 795 – 831.

[87] Hansen, D E, Laramide tectonics and deposition of the Ferris and Hanna Formations, south – central Wyoming, in Peterson, J. E. , ed. , Paleotectonics and Sedimentation in the Rocky Mountain Region, United States [J]. American Association of Petroleum Geologists Memoir 41, 1986, 481 – 496.

[88] Haque, S M. Lignite resources in Louisiana [OL]. Louisiana Geological Survey Public Information Series, no. 2000, 5, 4 p. , http: //www. lgs. lsu. edu/deploy/uploads/5lignite. pdf (accessed May 12, 2008).

[89] Harvey, R D, Cahill, R A, Chou, C L, et al. Mineral matter and trace elements in the Herrin and Springfield Coals? Illinois Basin coal field [R]. Illinois State Geological Survey Contract/Grant Report 1983 – 4, 1983, 162.

[90] Hatch, J R, Affolter, R H, Law, B E. Chemical analyses of coal from the Emery and Ferron Sandstone Members of the Mancos Shale, Henry Mountains field, Wayne and Garfield Counties, Utah [R]. U. S. Geological Survey Open – File Report 79 – 1097, 1979, 24.

[91] Henry, C D, W R Kaiser, C G. Groat. Reclamation at Big Brown steam electric station near Fairfield, Texas – geologic and hydrologic setting [R]. Austin, Texas, The University of Texas at Austin, Bureau of Economic Geology Research Note 3, 1976, 10.

[92] Hettinger, R D, Kirschbaum, M A. Chart showing correlations of some Upper Cretaceous and lower Tertiary rocks, from

the east flank of the Washakie Basin to the east flank of the Rock Springs uplift, Wyoming [R]. U. S. Geological Survey Miscellaneous Investigations Series Map I-2152. 1991.

[93] Hettinger, R D, Honey, J G, Nichols, D J. Chart showing correlations of upper Cretaceous Fox Hills Sandstone and Lance Formation, and lower Tertiary Fort Union, Wasatch, and Green River Formations, eastern flank of the Washakie basin to the southeastern part of the Great Divide basin, Wyoming [R]. U. S. Geological Survey Miscellaneous Investigations Series Map I-2151. 1991.

[94] Hill, R B. Depositional environments of the Upper Cretaceous Ferron Sandstone south of Notom, Wayne County, Utah [R]. Brigham Young University Geology Studies, 29, 2, 1982, 59-83.

[95] Hook, R W, P D Warwick. Eocene bituminous coal deposits of the Claiborne Group, Webb County, Texas, in P. D. Warwick, A. K. Karlsen, M. Merrill, and B. J. Valentine, eds., Geologic assessment of coal in the Gulf of Mexico coastal plain, U. S. A.: AAPG Discovery Series No. 14/AAPG Studies in Geology No. 62, p. 269-276, doi: 10.1306/13281370St621291. 2011.

[96] Hook, R W, P D Warwick, J R SanFilipo. Upper Cretaceous bituminous coal deposits of the Olmos Formation, Maverick County, Texas, in P. D. Warwick, A. K. Karlsen, M. Merrill, and B. J. Valentine, eds., Geologic assessment of coal in the Gulf of Mexico coastal plain, U. S. A. [R]. AAPG Discovery Series No. 14/AAPG Studies in Geology No. 62, 2011b, p. 277-285, doi: 10.1306/13281371St621291.

[97] Hopkins, M E. Harrisburg (No. 5) Coal reserves of southeastern Illinois [R]. Illinois State Geological Survey Circular 431, 1968, 25.

[98] Hopkins, M E, Simon, J A. Pennsylvanian System, in Willman, H. B., Atherton, E., Bushbach, T. C., Collinson, Charles, Frye, J. C., Hopkins, M. E., Lineback J. A., and Simon, J. A., eds., Handbook of Illinois stratigraphy [R]. Illinois State Geological Survey Bulletin 95, 1975, 163-201.

[99] Hunt, C B, Miller, R L. General geology of the region—Stratigraphy, in Hunt, C. B., ed., Guidebook to the Geology and Geography of the Henry Mountains Region [R]. Utah Geological Society Guidebook, 1, 1946, 6-10.

[100] Hunt, C B, Averitt, Paul, Miller, R L. Geology and geography of the Henry Mountains region [R]: U. S. Geological Survey Professional Paper 228, 1953, 234.

[101] J R Hatch R H Affolter. Chapter A of Resource Assessment of the Springfield, Herrin, Danville, and Baker Coals in the Illinois Basin, U. S. Geological Survey Professional Paper 1626-D.

[102] Jackson, M L W, S E Laubach. Structural history and origin of the Sabine Arch, East Texas and northwest Louisiana [R]: Austin, Texas, University of Texas at Austin, Bureau of Economic Geology Geological Circular 91-3, 1991, 1-47.

[103] Jackson, M P A. Tectonic environment during early infilling of the East Texas Basin, in C. W. Kreitler, et al., eds., Geology and hydrology of the East Texas Basin, a report on theprogress of nuclearwaste isolation feasibility studies (1980) [R]. University of Texas at Austin, Bureau of Economic Geology Geological Circular GC8107, 1981, 7-11.

[104] Jackson, M P A, S J Seni. Geometry and evolution of salt structures in amarginal rift basin of the Gulf of Mexico, east Texas [R]. Boulder, Colorado, Geology, 11, 3, 131-135, doi: 10.1130/0091-7613 (1983) 11<131: GAEOSS>2.0.CO; 2. 1983.

[105] Jackson, M. P. A, S J Seni. Suitability of salt domes in the East Texas Basin for nuclear waste isolation: Final summary of geologic and hydrogeologic research (1978 to 1983) [R]. Austin, Texas, University of Texas at Austin, Bureau of Economic Geology Geological Circular 84-1, 1984, 128.

[106] Jackson, W T. Wells Fargo in Colorado Territory [R]. Historical Society Monograph Series, 1982, 24.

[107] James E. Fassett, Geology and Coal Resources of the Upper Cretaceous Fruitland Formation, San Juan Basin, New Mexico and Colorado, U. S. Geological Survey Professional Paper 1625-B*.

[108] Johnson, R C. Early Cenozoic history of the Uinta and Piceance Creek Basins, Utah and Colorado, with special reference to the development of Lake Uinta, in Flores, R. M., and Kaplan, S. S., eds., Cenozoic Paleogeography of the West-Central United States, Rocky Mountain Paleogeography Symposium 3 [R]. Society of Economic Paleontologists and Mineralogists, The Rocky Mountain Section, 1985, 247-276.

[109] Johnson, R C, Finn, T M. Cretaceous through Holocene his-tory of the Douglas Creek arch, Colorado and Utah, in Stone, D. S., ed., New Interpretations of Northwest Colorado Geology [R]: Rocky Mountain Association of Geologists, 1986, 77-95.

[110] Jon E Haacke, David C Scott, Lee M Osmonson, et al. Assessment of Coal Geology, Resources, and Reserves in the Montana Powder River Basin [R]. 2012.

[111] Kaiser, W R. Texas lignite: Near – surface and deep – basin resources [R]. University of Texas at Austin, Bureau of Economic Geology Report of Investigations RI 0079, 1974, 70.

[112] Kaiser, W R. Calvert Bluff (Wilcox Group) sedimentation and the occurrence of lignite at Alcoa and Butler, Texas [R]. Austin, Texas, University of Texas at Austin, Bureau of Economic Geology Research Note 2, 1976, 10.

[113] Kaiser, W R. Depositional systems in the Wilcox Groups (Eocene) of East – Central Texas and the occurrence of lignite, in W. R. Kaiser, ed., Proceedings Gulf Coast lignite conference: Geology, utilization, and environmental aspects [R]. University of Texas at Austin, Bureau of Economic Geology Report of Investigations RI90, 1978, 33 – 53.

[114] Kaiser, W R. The Wilcox Group (Paleocene – Eocene) in the Sabine Uplift area, Texas [R]. Depositional systems in deep – Austin, Bureau of Economic Geology Special Publication, 1990, 20.

[115] Kaiser, W R. The Wilcox Group (Paleocene – Eocene) in the Sabine Uplift area, Texas: Depositional systems in deep – basin lignite [R]. University of Texas at Austin, Bureau of Economic Geology, Geological Folio GF0002, 1990, 16 plates.

[116] Kaiser, W R. Calculation of Texas lignite resources using the National Coal Resources Data System [R]. University of Texas at Austin, Bureau of Economic Geology Con – tract Report to the U. S. Geological Survey, 1996, 33.

[117] Kaiser, W R, W B Ayers Jr, L W LaBrie. 1980, Lignite resources in Texas [R]. University of Texas at Austin, Bureau of Economic Geology Report of Investigations RI 0104, 52.

[118] Keith, R E. Rock Springs and Blair Formations on and adjacent to the Rock Springs uplift [C]. Wyoming Geological Association Guidebook, 19th Annual Field Conference, 1965, 43 – 53.

[119] Kent, B H, Berlage, L J. Geologic map of the Recluse 1 x ½ degree – quadrangle, Campbell County, Wyoming [R]: U. S. Geological Survey Coal Investigations Map C – 81D, 1980, scale 1 : 100000.

[120] Knight, S H. The late Cretaceous – Tertiary history of the northern portion of the Hanna Basin Carbon County, Wyoming [R]. Wyoming Geological Association Guidebook, 16th Annual Field Conference, 1961, 155 – 164.

[121] Larson, M J, Bromfield, C S, Dubiel, R F, et al. Geologic map of the Little Rockies Wilderness Study Area and the Mt. Hillers and Mt. Pennell study areas and vicinity, Garfield County, Utah [R]. U. S. Geological Survey Miscellaneous Field Studies Map MF 1776 – B, scale 1 : 50, 000, 1 sheet. 1985.

[122] Law, B E. Tectonic and sedimentological controls of coal bed depositional patterns in Upper Cretaceous Emery Sandstone, Henry Mountains coal field, Utah, in Picard [M]. M. D., ed., Henry Mountains Symposium, Utah Geological Association Guidebook 8, 1980, 323 – 335.

[123] Law, B E, Barnum, B E, Wollenzien, T P. Coal bed correlations in the Tongue River Member of the Fort Union Formation, Monarch, Wyoming, and Decker, Montana, areas [R]. U. S. Geological Survey Miscellaneous Investigations Series Map I – 1128, 1979, scale, 1 : 24000.

[124] Lee M Osmonson, David C Scott, Jon E Haacke, et al. Assessment of Coal Geology, Resources, and Reserves in the Southwestern Powder River Basin, Wyoming [J]. 2011.

[125] Leonard, A G. Lignite deposits of North Dakota [R]. North Dakota Geological Survey Biannual Report No. 5, 1908, 278.

[126] Lidke, D J, Sargent, K A. Geologic cross sections of the Kaiparowits coal – basin area, Utah [R]. U. S. Geological Survey Miscellaneous Investigations Series Map I – 1033 – J, 1983, scale 1 : 125000.

[127] Lopez, D A. Structure contour map: Top of Lebo Shale and Bear Paw Shale, Powder River Basin, southeast Montana [R]. Montana Bureau of Mines and Geology Report of Investigations 16, 2005, 3 sheets, 1 : 25000 scale.

[128] Lopez, D A, Heath, L A. CBM – produced water disposal by injection, Powder River Basin, Montana [R]. Montana Bureau of Mines and Geology Report of Investigations 17, 30 2007, p., 3 sheets.

[129] Love, J D. Cenozoic geology of the Granite Mountains area, central Wyoming [R]: U. S. Geological Survey Professional Paper 495 – C, 1970, 154.

[130] Luppens, J A. Exploration for Gulf Coast United States lignite deposits – their distribution, quality, and reserves, in G. O. Argall Jr., ed., Coal exploration [R]. San Francisco, Cal – ifornia, Miller Freeman, Proceedings of the International Coal Exploration Symposium, 2, 2, 1978, 195 – 210.

[131] Luppens, J A. Exploration for Gulf Coast United States lignite deposits – Their distribution, quality, and reserves, in G.

O. Argall Jr. , ed. , Coal exploration [R]. Proceedings of the Second International Coal Exploration Symposium, Denver, Colorado, 2, 1979, 195 -210.

[132] Luppens, J A. Distribution of lignite in the Lower Wilcox Group in the Sabine Uplift region of Texas and Louisiana, inR. B. Finkelman, D. J. Casagrande, and S. A. Benson, eds. , Gulf Coast Lignite Geology [R]. Environmental and Coal Associates, 1987, 262 -267.

[133] Luppens, J A, Scott, D C, Haacke, J E, et al. Assessment of Coal Geology, Resources, and Reserves in the Gillette coal field, Powder River Basin, Wyoming [R]. U. S. Geological Survey Open File Report 2008 -1202, 2008, 127.

[134] M E Brownfield, L N R Roberts, E A Johnson, et al. Assessment of the Distribution and Resources of Coal in the Deserado Coal Area, Lower White River Coal Field,Northwest Colorado [R]. U. S. Geological Survey Professional Paper 1625 - B *.

[135] M E Brownfield, L N R Roberts, E A Johnson, et al. Assessment of the Distribution and Resources of Coal in the Fairfield Group of the Williams Fork Formation, Danforth Hills Coal Field, Northwest Colorado [R], U. S. Geological Survey Professional Paper 1625 - B *.

[136] Madden, D H. Geological map and measured sections of the Bitter Creek NW Quadrangle, Sweetwater County, Wyoming [R]. U. S. Geological Survey Coal Investigations Map C -121. 1989.

[137] Mapel, W J. Bituminous coal resources of Texas [R]. U. S. Geological Survey Bulletin 1242 - D, 1967, D1 - D28.

[138] Mapel, W J. Geology and coal resources of the Buffalo - Lake DeSmet Area Johnson and Sheridan Counties Wyoming [EB]. U. S. Geological Survey Bulletin 1078, 1959, 148.

[139] Mastalerz, Maria, Shaffer, K R. Coal geology of Indiana, in 2000 Keystone Coal Industry Manual [R]: Chicago, Ill. , Primedia Intertec, 2000, 574 -579.

[140] Maywood, P S. Stratigraphic model of the southern portion of the Jim Bridger coal field, Sweetwater County, Wyoming [R]. Portland, Oregon, Portland State University, M. S. thesis, 1987, 128.

[141] McCartney, J T, Teichmuller. Classification of coals according to degree of coalification by reflectance of the vitrinite component [R]. Fuel, 51, 1972, 64 -68.

[142] McFarland, J D. Stratigraphic summary of Arkansas [R]. Little Rock, Arkansas, Arkansas Geological Commission Information Circular 36, 1998, 39.

[143] McGowen, J H, L E Garner. Physiographic features and stratification types of coarse - grained point bars [R]. Modern and ancient examples [R]. Sedimentology, 14, 1 -2, 1970, 77 -111.

[144] Meissner Jr, C R, B S Hackman, J C Ossi. Stratigraphic framework and distribution of lignite along the Wilcox outcrop belt, Mississippi [R]. U. S. Geological Survey Open - File Report 82 -452, 1982, 1 -8.

[145] Meissner, C R. Stratigraphic framework and distribution of lignite on Crowley's Ridge, Arkansas [R]. Little Rock, Arkansas, Arkansas Geological Commission Information Circular 28 - B, 1984, 14.

[146] Mellen, F F. Winston County mineral resources [R]. Jackson, Mississippi, Mississippi Geological Survey Bulletin 38, 1939, 169.

[147] Mellen, F F. Status of Fearn Springs Formation [R]. Jackson, Mississippi, Mississippi Geological Survey Bulletin 69, 1950, 20.

[148] Merrill, R K, J J Sims Jr, D E Gann, K J Liles. Newton County geology and mineral resources [R]. Jackson, Mississippi, Mississippi Geological Survey Bulletin 126, 1985, 108.

[149] Middleton, M. , and J. A. Luppens, Geology and depositional setting of the lower Calvert Bluff Formation (Wilcox Group) in the Calvert Mine area, east - central Texas [R]. U. S. Geological Survey Open File Report 95 -595, 59 -70, (Also available online at: http: //pubs. usgs. gov/of/1995/of95 - 595/CHPT4. htm) (accessed February 3, 2010). 1995.

[150] Milici, R C. Production trends of major U. S. coal producing regions, in Chiang, Shiao - Hung, ed. , Coal—Energy and the environment, 1996; Proceedings, Thirteenth Annual International Pittsburgh Coal Conference, Pittsburgh, Pa. , September 3 -7, 1996 [C]. Pittsburgh, Pa. , University of Pittsburgh, Center for Energy Research, Pittsburgh Coal Conference, 2, 1996, 819.

[151] Milici, R C. The COALPROD database—Historical production data for the major coal - producing regions of the conterminous United States [R]. U. S. Geological Survey Open - File Report 97 -447B, 1 computer disk. 1997.

[152] Molenaar, C W, Cobban, W A. Middle Cretaceous stratigraphy on the south and east sides of the Uinta Basin, northeast-

ern Utah and northwestern Colorado [R]. U. S. Geological Survey Bulletin 1787 – P, 1991, 34.

[153] Molenaar, C W, Wilson, B W. Stratigraphic cross section of Cretaceous rocks along the north flank of the Uinta Basin, north – eastern Utah, to Rangely, northwestern Colorado [R]. U. S. Geological Survey Miscellaneous Investigations Series Map I – 1797 – D, 1993.

[154] Molnia, C L, Pierce, F W. Cross sections showing coal stratigraphy of the central Powder River Basin, Wyoming and Montana [R]. U. S. Geological Survey Miscellaneous Investigations Series Map I – 1959 – D, 1 sheet, scale 1 : 500000, 1992.

[155] Molnia, C L, Osmonson, L M, Wilde, E M, et al. Coal availability and recoverability studies in the Powder River Basin, Wyoming and Montana, in Fort Union Coal Assessment Team, 1999, Resource assessment of selected Tertiary coal beds and zones in the Northern Rocky Mountains and Great Plains region [R]. U. S. Geological Survey Professional Paper 1625 – A, 1999, 119.

[156] Morgensen, P. Fort Union Formation, east flank of the Rock Springs uplift, Sweetwater County, Wyoming [D]. Laramie, Wyoming, University of Wyoming, M. A. thesis, 1959, 86.

[157] Mukhopadhyay, P K. Organic petrography and organic geochemistry of Texas Tertiary coals in relation to depositional environment and hydrocarbon generation [R]. Austin, Texas, University of Texas at Austin, Bureau of Economic Geology Report of Investigations RI 0188, 1989, 118.

[158] Nelson, W J. Geologic disturbances in coal seams [EB]. Illinois State Geological Survey Circular 530, 1983, 47.

[159] Nichols, D J, Ott, H L. Biostratigraphy and evolution of the Momipites – Caryapolleniteslineage in the Early Tertiary in the Wind River Basin, Wyoming [R]. Palynology, 2, 1978, 93 – 112.

[160] Nunn, J A. Relaxation of continental lithosphere: An explanation for Late Cretaceous reactivation of the Sabine Uplift of Louisiana – Texas [R]. Tectonics, 9, 2, 1990, 341 – 359, doi [R]. 10. 1029/TC009i002p00341.

[161] Obernyer, S L. Basin – margin depositional environments of the Wasatch Formation in the Buffalo – Lake DeSmet area, Johnson County, Wyoming, in Proceedings of the second symposium on the geology of Rocky Mountain coal – 1977 [R]. Colorado Geological Survey Resource Series 4, 1978, 49 – 65.

[162] Obernyer, S L. The Lake DeSmet coal seam, in Guidebook to the coal geology of the Powder River Coal Basin, Wyoming [R]. Geological Survey of Wyoming Public Information Circular 14, 1980, 31 – 70.

[163] Oihus, C A. A history of coal mining in North Dakota [R]. North Dakota Geological Survey Educational Series 15. 1983, 100.

[164] Oman, C L, C R Meissner Jr. Chemical analysis of Gulf Coast lignite samples with significant comparisons and interpretations of results, in R. B. Finkelman, D. J. Casagrande, and S. A. Benson, eds. , Gulf Coast Lignite Geology [EB]. Environmental and Coal Associates, 1987, 211 – 223

[165] Oman, C L, R B Finkelman. Hazardous air pollutants in major U. S. coal – producing areas, in Shiao – Hung Chian, ed. , Coal – Energy and the Environment [R]. Proceedings of the Eleventh Annual International Pittsburgh Coal Conference, 1096 – 1099. 1994.

[166] Owen, D D, R Peter, M L Lesquereux, et al. Second report of a geological reconnaissance of the middle and southern counties of Arkansas made during the years 1859 and1860 [R]: Philadelphia, Pennsylvania, C. Sherman&Son, 1860, 433.

[167] Owen, D D, W Elderhorst, E T Cox. First report of a geological reconnaissance of the northern counties of Arkansasmade during the years 1857 and 1858 [R]. Little Rock, Arkansas, Johnson & Yerkes, 1858, 256.

[168] Patterson, C G, Bromfield, C S, Dubiel, R F, et al. Geologic map of the Mt. Ellen – Blue Hills Wilderness Study Area and Bull Mountain study area, Garfield and Wayne Counties, Utah [R]. U. S. Geological Survey Miscellaneous Field Studies Map MF 1756 – B, scale 1 : 50000, 1985, 1 sheet.

[169] Perry, W J, Jr, Flores, R M. Sequential Laramide deformation and deep gas – prone basins of the Rocky Mountain region, in Dyman, T. S. , Rice, D. D. , and Wescott, W. A. , eds. , Geologic Controls of Deep Natural Gas Resources in the U. S. [R]. U. S. Geological Survey Bulletin 2146 – E, 1994, 49 – 59.

[170] Peter D Warwick, Alexander K Karlsen, Matthew Merrill, et al. Geologic Assessment of Coal in the Gulf of Mexico Coastal Plain, U. S. A. 2011.

[171] Peterson, Fred. Preliminary geologic map of the northwest quarter of the Gunsight Butte quadrangle [Smoky Hollow 7. 5′ quadrangle], Kane County, Utah [R]. Utah Geological and Mineralogical Survey Map 24 – E, 1967, scale 1 : 31680.

[172] Peterson, Fred, Ryder, R T, Law, B E. Stratigraphy, sedimentology, and regional relationships of the Cretaceous System in the Henry Mountains region, Utah, in Picard, M. D., ed., Henry Mountains Symposium [R]. Utah Geological Association Guidebook, 1980, 151 – 170.

[173] Pierce, B S, J C Willett, S M Swanson, et al. Coal quality of assessed areas of Texas and Louisiana, Gulf coastal plain, in P. D. Warwick, A. K. Karlsen, M. Merrill, and B. J. Valentine, eds., Geologic assessment of coal in the Gulf of Mexico coastal plain, U. S. A. [R]. AAPG Discovery Series No. 14/AAPG Studies in Geology No. 62, 2011, 44 – 94, doi: 10. 1306/13281362St621291.

[174] Platts, Coal outlook [M]. New York, Platts, a division of The McGraw – Hill Companies, v. 34, no. 02, January 11, 2010, 12.

[175] Prior, W L, B F Clardy, Q M Baber. Arkansas Lignite Investigations, Arkansas [M]: Little Rock, Arkansas, Ar – kansas Geological Survey Circular 28 – C, 1985, 214.

[176] R M Flores, D J Nichols. Tertiary Coal Resources In The Northern Rocky Mountains And Great Plains Region in U. S. Geological Survey Professional Paper 1625 – A. 2000.

[177] R M Flores, C W Keighin, A M Ochs, et al. Framework Geology Of Fort Union Coal In The Williston Basin. 2010.

[178] R M Flores, C W Keighin. Fort Union Coal In The Williston Basin, North Dakota [R]. A Synthesis. 2010.

[179] Rao, C P, Gluskoter, H J. Occurrences and distribution of minerals in Illinois coals [R]. Illinois State Geological Survey Circular 476, 1973, 56.

[180] Resource Data International, Inc., Coal dat database [R]. Boulder, Colo., Resource Data International, Inc. 1998.

[181] Rice, C L, Kosanke, R M, Henry, T W. Revision of nomenclature and correlations of some Middle Pennsylvanian units in the northwestern part of the Appalachian basin, Kentucky, Ohio, and West Virginia, in Rice, C. L., ed., Elements of Pennsylvanian stratigraphy, central Appalachian basin [R]. Geological Society of America Special Paper 294,1994,7 – 26.

[182] Robert D Hettinger, Laura N R Roberts, T A Gognat. Investigations of the Distribution and Resources of Coal in the Southern Part of the Piceance Basin, Colorado, U. S. Geological Survey Professional Paper 1625 – B *.

[183] Robert D Hettinger, Laura N R Roberts. Laura R H Biewick, et al. Geologic Overview and Resource Assessment of Coal in the Kaiparowits Plateau, Southern Utah, U. S. Geological Survey Professional Paper 1625 – B *.

[184] Roberts, S B, Gunther, G L, Taber, T T, et al. Decker coal field, Powder River Basin, Montana: geology, coal quality, and coal resources, Chapter PD inFort Union Coal Assessment Team, 1999 Resource assessment of selected Tertiary coal beds and zones in the northern Rocky Mountains and Great Plains Region [R]: U. S. Geological Survey Professional Paper 1625 – A, 2 CD – ROMs. 1999.

[185] Robinson, L N, Van Gosen, B S. Maps showing the coal geology of the Sarpy Creek area, Big Horn and Treasure counties, Montana [R]. U. S. Geological Survey Mis – cellaneous Field Studies Map MF – 1859, 1986, scale 1 : 24000.

[186] Roehler, H W. Depositional environments of rocks in the Piceance Creek Basin, Colorado, inMurray, D. K., ed., Energy Resources of the Piceance Creek Basin, Colorado [R]. Rocky Mountain Association of Geologists, 1974 Guidebook, 1974, 57 – 64.

[187] Roehler, H W. Geology and energy resources of the Sand Butte Rim, NW Quadrangle, Sweetwater County, Wyoming [R]. U. S. Geological Survey Professional Paper 1065 – A, 1979, 54.

[188] Roehler, H W. Geology of the Cooper Ridge NE Quadrangle, Sweetwater County, Wyoming [R]. U. S. Geological Survey Professional Paper 1065 – B, 1979b, 45.

[189] Rohrbacher, T J, Teeters, D D, Osmonson, L M, et al. Coal recoverability and the definition of coal reserves—Central Appalachian region, 1993, Coal Recoverability Series Report No. 2 [R]. U. S. Bureau of Mines Open File Report 10 – 94, 1994, 36.

[190] Royse, C F. A sedimentological analysis of the Tongue River – Sentinel Butte interval (Paleocene) of the Williston Basin, western North Dakota [R]. Sedimentary Geology, 4, 1970, 19 – 80.

[191] Ruppert, L F, Stanton, R W, Cecil, C B, et al. Effects of detrital influx in the Pennsylvanian Upper Freeport peat swamp [R]. International Journal of Coal Geology, 17, 1991, 95 – 116.

[192] Russell F Dubiel, Mark A Kirschbaum, Laura N R Roberts, et al. Geology and Coal Resources of the Blackhawk Formation in the Southern Wasatch Plateau, Central Utah, U. S. Geological Survey Professional Paper 1625 – B *.

[193] Ryan, J D. Late Cretaceous and early Tertiary provenance and sediment dispersal, Hanna and Carbon Basins, Carbon

County, Wyoming [R]. Geological Survey of Wyoming preliminary Report No. 16, 1977, 16.

[194] Salvador, A. Origin and development of the Gulf of Mexico Basin, in A. Salvador, ed. , The Gulf of Mexico Basin [R]. Boulder, Colorado, Geological Society of America, The Geology of North America, v. J, 1991, 389 – 444.

[195] SanFilipo, J M Klein, R W Hook. The Sacatosa coalbed methane field: A first for Texas [R]. American Association of Petroleum Geologists Bulletin, American Association of Petroleum Geologists 2002 Annual Convention Program, CD – ROM, 8 p. 5 figures, http://www.searchanddiscovery.com/documents/abstracts/annual2002/DATA/2002/13ANNUAL/EXTENDED/45602.pdf (accessed August 5, 2007). 2002.

[196] Sargent, K A. Environmental geologic studies of the Kaiparowits coal – basin area, Utah [R]. U. S. Geological Survey Bulletin 1601, 1984, 30.

[197] Sargent, K A, Hansen, D E. Landform map of the Kaiparowits coal – basin area, Utah [R]. U. S. Geological Survey Miscellaneous Investigations Series Map I – 1033 – G, 1980, scale 1 : 125000.

[198] Sawyer, D S, R T Buffler, R H Pilger Jr. The crust under the Gulf of Mexico Basin, in A. Salvador, ed. , The Gulf of Mexico Basin [R]. Boulder, Colorado, Geological Society of America, The Geology of North America, J, 1991, 53 – 72.

[199] Scott, D C, Haacke, J E, Osmonson L M, et al. Assessment of Coal Geology, Resources, and Reserves in the Northern Wyoming Powder River Basin, Wyoming [R]: U. S. Geological Survey Open – File Report OF – 2010 – 1294, 2010, 137.

[200] Scott, R J. The Maverick basin—New technology—New success, in N. C. Rosen, ed. , Structure and stratigraphy of south Texas and northeast Mexico, applications to exploration [R]. Society of Economic Paleontologists and Mineralogists, Gulf Coast Section Foundation, and South Texas Geological Society, Houston, Texas, April 11, 2003, p. 84 – 121, CD – ROM.

[201] Self, D M, T B Moffett, M F Mettee. A study of the lignite resources in the Alabama – Tombigbee Rivers region of southwestern Alabama [R]. Tuscaloosa, Alabama, Alabama Geological Survey Open – File Report, 1978, 228.

[202] Semken, S C, McIntosh, W C. 40Ar/39Ar age determinations for the Carrizo Mountains laccolith, Navajo Nation, Arizona, in Anderson, O. J. and others, eds. , Mesozoic Geology and Paleontology of the Four Corners Region [R]. New Mexico Geological Society Guidebook 48, 1997, 75 – 80.

[203] Seni, S J, C W Kreitler. Evolution of the East Texas Seni, S. J. , and C. W. Kreitler, Evolution of the East Texas Basin, a report on the progress of nuclear waste isolation feasibility studies (1980) [R]. University of Texas at Austin, Bureau of Economic Geology Geological Circular GC8107, 1981, 12 – 20.

[204] Smith, C T. Geology, depositional environments, and coal resources of the Mt. Pennell 2 NW quadrangle, Garfield County, Utah [R]. Brigham Young University Geology Studies, 30, 1, 1983, 145 – 169.

[205] Smith, E A. Geographic map of Alabama, in Report of progress for the years 1884 – 1888 [R]. Tuscaloosa, Alabama, Alabama Geological Survey Report of Progress 8, 1888, 24.

[206] Smith, E A, L C Johnson. Tertiary and Cretaceous strata of the Tuscaloosa, Tombigbee, and Alabama Rivers [R]. U. S. Geological Survey Bulletin 43, 1887, 189.

[207] Sohl, N F, R E Martínez, P Salmeró n – Urenã, et al. Upper Cretaceous, the Gulf of Mexico basin, in A. Salvador, ed. , The Gulf of Mexico basin [R]: Geo – logical Society of America, The Geology of North America, J, 1991, 205 – 244.

[208] Spieker, E M, Reeside, J B, Jr. Upper Cretaceous shoreline in Utah [R]. Geological Society of America Bulletin, 37, 1926, 429 – 438.

[209] Tabet, D E. Coal resources of the Henry Mountains coalfield [R]. Utah Geological Survey Open – File Report 362, 32 p. , 6 plates, 1999, scale 1 : 100000.

[210] Taff, J A. Preliminary report on the Camden coal field of southwestern Arkansas [R]. U. S. Geological Survey Annual Report, 21, 2, 1900, 313 – 329.

[211] Taff, J A. The Sheridan coal field, Wyoming, in Coal and lignite, Pt. 2 [R]. U. S. Geological Survey Bulletin 341, 1909, 123 – 150.

[212] Tewalt, S J. Chemical characterization of Texas lignite [R]. University of Texas at Austin, Bureau of Economic Geology Geological Circular GC8601, 1986, 54.

[213] Tewalt, S J. Chemical characteristics of Gulf Coast lignites, in R. B. Finkelman, D. J. Casagrande, and S. A. Benson,

eds. , Gulf Coast lignite geology, the fourteenth biennial lignite symposium on the technologies and utilization of low – rank coals [R]. University of North Dakota Energy Research Center and U. S. , Department of Energy, 1987, 201 – 210.

[214] Tewalt, S J, M L W Jackson. Estimation of lignite resources in the Wilcox Group of central and east Texas using the National Coal Resources Data System [R]. University of Texas at Austin, Bureau of Economic Geology Geological Circular GC90101, 1991, 44.

[215] Thomas, E A. The Claiborne [R]. Jackson, Mississippi, Mississippi Geological Survey Bulletin 48, 1942, 96.

[216] Thomas, Larry, Dargo Associates Ltd. Coal geology [R]. West Sussex, England, John Wiley, 2002, 365.

[217] Thompson, K C. Geologic map of most of Wayne County [R]. Utah Geological and Mineralogical Survey, unpublished map, 1967, scale 1 : 63360, 1 sheet.

[218] Tolson, J S. Alabama lignite [R]. Tuscaloosa, Alabama, Geological Survey of Alabama Bulletin 123, 1985, 216.

[219] Tolson, J S. Alabama coal data for 1985 [R]. Tuscaloosa, Alabama, Geological Survey of Alabama Information Series Report 58G, 1986, 119.

[220] Tully, John. Coal fields of the conterminous United States [R]. U. S. Geological Survey Open – File Report 96 – 92, 1 plate, 1996, scale 1 : 5000000.

[221] Tweto, O. Geologic map of the Craig 1° ×2°quadrangle, north – western Colorado [R]. U. S. Geological Survey Miscellaneous Investigations Series Map I – 972, 1976, scale 1 : 250000.

[222] Tweto, O. Geologic map of Colorado, U. S. Geological Survey Map, 1979, scale 1 : 500000.

[223] Tyler, N, W A Ambrose. Depositional systems and oil and gas plays in the Cretaceous Olmos Formation, south Texas [R]. Austin, Texas, University of Texas, Bureau of Economic Geology, Report of Investigations 152, 1986, 42.

[224] U. S. Bureau of Land Management, Final environmental impact statement for the Pittsburg and Midway Coal Mining Company Coal Exchange Proposal (WYW148816), Casper, Wyoming, Field Office, 2003, 187.

[225] U. S. Energy Information Administration, Coal industry annual 1997 [OL] — Executive Summary. Accessed January 26, 1999, at URL http: //www. eia. doe. gov.

[226] U. S. Energy Information Administration, U. S. Coal Production by State—1989, 1994—1998. Accessed September 20, 2000, at URL http: //www. eia. doe. gov.

[227] U. S. Geological Survey, Physical Divisions of the United States [prepared by Fenneman]: U. S. Geological Survey map. 1946.

[228] Uresk, Jack. Sedimentary environment of the Cretaceous Ferron Sandstone near Caineville, Utah [J]: Brigham Young University Geology Studies, 26, 2, 1979, 81 – 100.

[229] Vaughn, T W. The stratigraphy of Northwestern Louisiana [J]. American Geologist, 15, 1895, 220.

[230] Veatch, A C. Geology and underground water resources of northern Louisiana and southernArkansas [R]. U. S. Geological Survey Professional Paper P 0046, 1906, 422.

[231] Vuke, S M, Heffern, E L, Bergantino, R N, et al. Geologic map of the Lame Deer 30′ ×60′ quadrangle, eastern Montana [R]: Montana Bureau of Mines and Geol – ogy Open – File Report 428, 8 p. , 1 sheet, 2001, scale 1 : 100000.

[232] Vuke, S M, Heffern, E L, Bergantino, R N, et al. Geologic map of the Birney 30′ ×60′ quadrangle, eastern Montana [R]: Montana Bureau of Mines and Geology Open – File Report 431, 12 p. , 1 sheet, 2001, scale, 1 : 100000.

[233] Waldrop, H A, Peterson, Fred. Preliminary geologic map of the southeast quarter of the Nipple Butte quadrangle [Lone Rock 7. 5′quadrangle], Kane County, Utah and Coconino County, Arizona [R]. Utah Geological and Mineralogical Survey Map 24 – C, 1967, scale 1 : 31, 680.

[234] Ward II, W E. Reserve base of bituminous coal and lignite in Alabama [R]. Tuscaloosa, Alabama, Geological Survey of Alabama Circular 118, 1984, 102.

[235] Warner, D L. Mancos – Mesaverde (Upper Cretaceous) inter – tonguing relations, southeast Piceance Basin, Colorado [R]. American Association of Petroleum Geologists Bulletin, 48, 7, 1964, 1091 – 1107.

[236] Warwick, P D, R W Hook. Petrography, geo – chemistry, and depositional setting of the San Pedro and Santo Tomas coal zones: Anomalous algae – rich coals in the middle part of the Claiborne Group (Eocene) of Webb County Texas [R]. International Journal of Coal Geology, 28, 2 – 4, 303 – 342, doi: 10. 1016/0166 – 5162 (95) 00022 – 4. 1995.

[237] Warwick, P D, C Breland Jr, M E Ratchford, P C Hackley. Gas resource potential of Cretaceous and Paleogene coals of the Gulf of Mexico Coastal Plain (including a review of the activity in the Appalachian and Warrior basins), in P. D. Warwick, ed. , Selected presentations on coal bed gas in the eastern United States, U. S. Geological Survey Open – File Re-

port 2004 1273, 2004, 1 – 25, http: //pubs. usgs. gov/of/2004/1273/2004 1273Warwick. pdf (accessed October 4, 2009).

[238] Warwick, P D, C E Barker, J R SanFilipo. Preliminary evaluation of the coalbed methane potential of the Gulf coastal plain, U. S. A. and Mexico, inS. D. Schwochow and V. F. Nuccio, eds., Coalbed Methane of North America II [R]. Rocky Mountain Association of Geologists, 2002, 99 – 107.

[239] Warwick, P D, C E Barker, J R SanFilipo. Preliminary evaluation of the coalbed methane potential of the Gulf Coastal Plain, U. S. A. and Mexico, inS. D. Schwochow and V. F. Nuccio, eds., Coalbed Methane of North America II [DB]: Rocky Mountain Association of Geologists, 2002, 99 – 107, (also available as CD – Rom).

[240] Warwick, P D, C E Barker, J R SanFilipo, et al. Preliminary evaluation of the coalbed methane resources of the Gulf Coastal Plain [DB], U. S. Geological Survey Open – File Report 00 – 143, 43 p., http://pubs. usgs. gov/openfile/of 00 – 143/ (accessed February 18, 2010). 2000.

[241] Warwick, P D, F C Breland Jr, P C Hackley. Biogenic origin of coalbed gas in the northern Gulf of Mexico coastal plain, U. S. A. [R]. International Journal of Coal Ge – ology, 76, 119 – 137, doi: 10. 1016/j. coal. 2008. 05. 009. 2008.

[242] Warwick, P D, J R SanFilipo, S S Crowley, et al. Map showing outcrop of the coal – bearing units and land use in the Gulf Coast coal region [R]: U. S. Geological Survey Open – File Report 97 – 172, 1 sheet, scale 1 : 2, 000, 000, http: //pubs. usgs. gov/of/1997/of 97 – 172 (accessed April 23, 2007). 1997.

[243] Warwick, P D, R R Charpentier, T A Cook, et al. Assessment of Undiscovered Oil and Gas Resources in Cretaceous – Tertiary Coal Beds of the Gulf Coast Region, 2007 [R]. U. S. Geological Survey Fact Sheet FS – 3039 – 07, 2007, 2 p., http: //pubs. usgs. gov/fs/2007/3039/ (accessed October 4, 2009).

[244] Warwick, P D, S S Crowley, L F Ruppert, J Pontilillo. Petrography and geochemistry of the San Miguel lignite, Jackson Group (Eocene), South Texas [R]. Organic Geochemistry, 24, 2, 1996, 197 – 217, doi: 10. 1016/0146 – 6380 (96) 00018 – 6.

[245] Warwick, P D, S S Crowley, L F Ruppert, J Pontolillo. Petrography and geochemistry of selected lignite beds in the Gibbons Creek mine (Manning Formation, Jackson Group, Paleocene) of east – central Texas [R]. International Journal of Coal Geology, v. 34, no. 3 – 4, 1997, p. 307 – 326, doi: 10. 1016/S0166 – 5162 (97) 00028 – 1.

[246] Warwick, P D. The geology of some lignite – bearing fluvial deposits (Paleocene), southwestern North Dakota [R]. North Carolina State University, M. S. thesis, 1982, 158.

[247] Warwick, P D, Flores, R M, Nichols, D J, Murphy, E C. Depositional sequences and correlations within the Fort Union Formation, Williston Basin, North Dakota and Montana [R]. American Association of Petroleum Geologists, Abstracts with Programs, San Diego, California, 1996, A147.

[248] Warwick, P D, Flores, R M, Nichols, D J, Murphy, E C. Fort Union chronostratigraphic and depositional sequences, Williston Basin, North and South Dakota, and Montana [R]. Geological Society of America, Abstract with Programs, Salt Lake City, Utah, 29, 1997, A204.

[249] Warwick, P D, Flores, R M, Nichols, D J, et al. Lower Fort Union chronostratigraphic depositional sequences, Williston Basin, North Dakota, South Dakota, and Montana [R]. Geological Society of America, Abstracts with Programs, Toronto, Canada, BTH 2. 1998.

[250] Wehrfritz, B D. The Rhame bed (Slope Formation, Paleocene), a silcrete and deep – weathering profile in southwestern North Dakota [D]. M. S. thesis, University of North Dakota, 1978, 245.

[251] Weimer, R J. 1970, Rates of deltaic sedimentation and intrabasin deformation, Upper Cretaceous of the Rocky Mountain region, in Morgan, J. P., ed., Deltaic Sedimentation, Modern and Ancient [R]. Society of Economic Paleontologists and Mineralogists Special Publication 15, 270 – 292.

[252] Weisenfluh, G A, Andrews, W A, Hiett, J K. Availability of coal resources for the development of coal, western Kentucky summary report [R]. Kentucky Geological Survey Interim Report for U. S. Department of Interior Grant 14 – 08 – 0001 – A0896, 1998, 32.

[253] Whitaker, S H, Irvine, J A, Broughton, P L. Coal resources of southern Saskatchewan: a model for evaluation methodology [R]. Geological Survey of Canada, Economic Geology Report 30, 1978, 151.

[254] White, D, R Thiessen. The origin of coal [R]. U. S. Bureau of Mines Bulletin, 28, 1913, 379.

[255] Whyte, M R, Shoemaker, J W. A geological appraisal of the deep coals of the Menefee Formation of the San Juan Basin, New Mexico, in Fassett, J. E., ed., Supplemental Articles to San Juan Basin Ⅲ [M]. New Mexico Geological Society

40th Annual Field Trip Guidebook, 1977, 41 -48.

[256] Wilbert Jr, L J. The Jacksonian Stage in southeastern Arkansas [R]. Little Rock, Arkansas, Arkansas Resources and Development Commission, Division of Geology Bulletin, 19, 1953, 125.

[257] Williamson, D R. An investigation of the Tertiary lignites of Mississippi [R]. Jackson, Mississippi, Mississippi Geological, Economic, and Topographical Survey Information Series 74 - 1, 1976, 1 - 146.

[258] Williamson, D R, W L Prior. Lignites of Alabama, Arkansas, and Mississippi, inR B Finkelman, D J Casagrande, and S A Benson, et al. Gulf Coast Lignite Geology [R]: Environmental and Coal Associates, 1987, p. 129 - 139.

[259] Windolph, J F. Lignite resource assessment of the Choctaw Indian Reservation in Jones, Kemper, Leake, Neshoba, and Newton Counties, Mississippi [R]. U. S. Geological Survey administrative report to U. S. Bureau of Indian Affairs and Mississippi Band Chocktaw Indians, 1987, 205.

[260] Winker, C D. Cenozoic shelf margins, northwestern Gulf of Mexico [R]. Gulf Coast Association of Geological Societies Transactions, 32, 1982, 427 -448.

[261] Winterfeld, G F. Mammalian paleontology of the Fort Union Formation (Paleocene), eastern Rock Springs uplift, Sweetwater County, Wyoming [R]. University of Wyoming Contributions to Geology, v 21, 1982, 73 - 112.

[262] Wood Jr, G H, T M Kehn, M D Carter, et al. Coal resources classification of the U. S. Geological Survey [R]. U. S. Geological Survey Circular 891, 1983, 65, http: //pubs. usgs. gov/circ/c891/intro. htm (accessed May 23, 2007).

[263] Zeller, H D. Geologic map and coal stratigraphy of the Needle Eye Point quadrangle, Kane County, Utah [R]. U. S. Geological Survey Coal Investigations Map C - 129, 1990, scale 1 : 24000.

第三章　煤炭资源开发投资建议

第一节　国别投资建议

一、对外资的吸引力

2015 年全球企业高管对外直接投资信心指数排名中，美国跃升至首位。该国的投资环境具有很多优势，包括：①良好的营商环境，美国具有世界上规模最大和最发达的经济，人均 GDP 达 5.58 万美元，其市场体制、规章制度和税收体系给外国投资者充分的经营自由；②全球最大的消费市场，美国的消费市场占据全球总量的 42%，人均可支配收入 4.3 万美元，与 15 个合作伙伴签订了自由贸易协定；③高度创新的环境与适当的法律保护；④技能与效率较高的工人，投资者可以利用生产率高、适应力强的劳动力资源（1999—2015 年，美国劳动生产率年均增长速度高于 G7 其他国家）；⑤基础设施完善，美国在全球最大的 10 个经济体中拥有最大的公路系统、铁路网络和最多的货运机场，此外还拥有最繁忙的国际散货和集装箱装卸港口；⑥可预见的监管环境和不断增长的能源行业。

根据美国商务部经济分析局（BEA）数据，2015 年美国吸引外资资本流量 2139 亿美元，2015 年美国外国直接投资存量 31150 亿美元。2014 年中国对美直接投资 75.96 亿美元，存量为 380.11 亿美元。中国对美国直接投资主要仍集中于非常规油气资源，食品和房地产成为新兴投资热点，食品行业投资额也很高。

截至 2014 年底，美国吸引外资来源地按金额排序前五位分别为英国（4485 亿美元）、日本（3728 亿美元）、荷兰（3048 亿美元）、加拿大（2612 亿美元）、卢森堡（2429 亿美元）。中国累计投资 94.7 亿美元，占美国吸引外资总额的 0.3%。分行业来看，制造业、零售业、采矿业、非银行控股公司、金融保险和银行业是外国投资比较集中的领域，制造业中吸引外资最多的是医药、石油和煤炭产业。

在美联储 QE 退出、页岩气革命等因素影响下，更多资金选择回流到发达经济体，尤其是美国。同时，加上美国劳动力成本降低、投资环境公平等因素，也增强了其吸引外资的能力。

二、投资环境排名

从宏观角度分析，评价一国的投资环境，首先需要关注的是该国的整体竞争力水平。由于矿业投资的金额大、周期长、需考虑的相关因素众多，所以国家的基本制度、基础设施条件、宏观经济状况、市场效率以及商业成熟度都是应关注的问题。在 2016—2017 年全球竞争力报告中（表 7-3-1），2016—2017 年美国的全球竞争力在 148 个国家和地区中名列第 3，与上年度保持一致。该国的市场规模庞大，市场效率与劳动力市场效率高，商业成熟度与创新能力处于世界领先水平。

表 7-3-1　美国全球竞争力在 148 个国家和地区中的排名

竞争项目	2015—2016 年排名	2016—2017 年排名	竞争项目	2015—2016 年排名	2016—2017 年排名
总体排名	3	3	商品市场效率	16	14
基本条件	30	27	劳动力市场效率	4	4
制度	28	27	金融市场发展	5	3
基础设施	11	11	技术装备	17	14
宏观经济环境	96	71	市场规模	2	2

表 7-3-1（续）

竞争项目	2015—2016 年排名	2016—2017 年排名	竞争项目	2015—2016 年排名	2016—2017 年排名
健康与初等教育	46	39	政府促进创新	4	2
市场效率	1	1	商业成熟度	4	4
高等教育和培训	6	8	创新	4	4

数据来源：The Global Competitiveness Report 2016—2017、2015—2016

从微观角度分析，本书更关注企业在具体商业经营活动中所遇到的困难与阻碍，并依此来评估该国微观商业经营环境。参考世界银行发布的国家和地区营商环境报告（表 7-3-2），美国 2015 年的营商环境在 189 个国家和地区中名列第 7，较上年度下降了 3 名。其中获得融资条件便利，解决无偿付能力水平较高。

表 7-3-2 美国营商环境在 189 个国家和地区中的排名

评比项目	2015 年排名	2014 年排名	评比项目	2015 年排名	2014 年排名
总体营商环境	7	4	投资保护	25	6
创办公司	46	20	纳税	42	64
获得建筑许可	41	34	跨境贸易	16	22
获得电力	61	13	合同执行	41	11
资产注册	29	25	解决无偿付能力	4	17
获得融资	2	3			

数据来源：世界银行营商环境报告 2014、2015

具体到矿业投资环境，一个国家矿业投资环境的好坏与该国的政治经济状况之间存在着很强的正相关性。在国际著名咨询公司多贝尔的评价体系中，美国的矿业投资环境在本书研究的 13 个富煤国家中排名第 5 位，各项指标的评分中较为均衡，没有明显的投资环境短板。

三、投资环境的冷热分析

国别冷热比较法由美国经济学家伊西阿·利特法克和彼得·班廷在 20 世纪 60 年代后半期提出。该分析法是对各国投资环境中的 8 种因素进行综合和统一尺度的比较分析，是投资环境定性分析的代表性方法之一。

对于投资环境的研究而言，除了应在政治、经济和法律等方面对其进行分析外，通过对近年来中国企业海外矿业投资的成功经验与失败教训的归纳和总结，我们发现在实际投资中能否克服基础设施的瓶颈，以及按时获得环境审批往往直接决定了项目的成败，而东道国的税收环境和汇率变动也会对能否获取预期的投资收益产生重大影响。基于上述原因，在本节中，我们将汇率、税收、环境要求和基础设施条件一并纳入了冷热分析中，形成了更加针对矿业投资特点与需求的 9 个方面的评价因素，依次是政治稳定性、市场、经济增长与发展、汇率稳定性、法令障碍、税务环境、环境保护成本、基础设施条件、地理及文化。

判断结果以该因素是否有利于在东道国进行矿业投资为标准，给出了“热”、“中”、“冷” 3 种评估结论，东道国的投资环境因素越热（即越好），外国投资者在该国投资就越有利。以政治稳定性为例，“热”表示该国有一个由社会各阶层代表所组成的、被群众所拥护的政府，基本没有民族和地区矛盾，社会稳定，政府鼓励和促进企业发展，创造出良好的适宜企业长期经营的环境，反之为“冷”因素。当东道国政治稳定性介于“热”和“冷”之间，情况比较复杂或偏中性，无法给出单方面的结论时，评估结果为“中”。

1. 政治稳定性

美国是世界上超级大国，拥有全球覆盖的军事力量和外交队伍，在欧洲建立了以北约为核心的军事同盟，在其他地区也有众多盟友和战略伙伴，拥有稳定的国际和地区环境。美国政治体制较为完善，政府运行有序，法制建设良好，社会安定，国内政治长期保持稳定。

美国议会政治活跃，政党、企业团体、工会、民间组织及外国团体广泛开展游说活动，通过支持选举、政治捐助、议会游说、政策调研和建议等对政府和政策制定产生影响。但由于其完善的政治体系，游说活动不仅没有影响政治稳定性，反而使得各项政策能够从不同角度得到充分论证，保证了多数人的利益。

美国国内政局稳定，社会环境良好，是政治风险较低的海外投资目标国之一。综合来看，对美国的政治稳定性评定为“热”。

2. 市场

美国拥有3.21亿人口，人均消费能力强且倡导信用消费，是世界上最大的消费市场之一。健全的市场与监管机制充分保障投资者能够在较为公平的市场规则下充分竞争。美国是世界上最重要的贸易国之一，与大多数国家都有经贸往来，贸易额占世界贸易总额比重较高。美国与很多贸易伙伴签订了自由贸易协定和投资保护协定等，市场辐射范围广，开放程度高，外国投资者可借由美国更便利地进入相关国家市场。美国通过世界贸易组织、北美自由贸易区和亚太经合组织等一系列国际和区域性经济组织，进一步加深了全球经济一体化程度，为美国开拓了更加广阔的国际市场。

作为世界上最大的能源消费国和能源进口国，其国内能源消费市场广阔。能源消费结构以石油和天然气为主，煤炭在能源中的比重不断降低，煤炭作为能源的市场空间被不断压缩。美国倡导发展清洁能源政策，是全球唯一实现页岩气商业化生产的国家，在清洁能源相关领域有较大的发展空间。

虽然煤炭行业的市场机会逐渐萎缩，但整体能源行业尤其是新能源的发展提供了大量的市场机会，因此，对美国的市场机会评定为“热”。

3. 经济增长与发展

美国是世界上最发达和规模最大的经济体，拥有全球最大和最完善的金融体系，产业结构完善，工农业和服务业发达，良好的实体经济仍是国民经济的支柱。完善的市场经济体制、税收体系和法律制度为外国投资者提供充分的经营自由，吸引外国经营和投资环境的主要指数长期为最佳或接近最佳。目前美国经济复苏趋稳，但沉重的政府债务负担仍是威胁美国经济稳定增长的首要因素。

综合来看，对美国经济增长与发展评定为“热”。

4. 汇率稳定性

从2005—2013年全球市场都已对人民币兑美元的持续升值形成了习惯性的认知，但是近年来人民币持续贬值。2005—2013年人民币升值一方面是因为中国经济的高速增长和大规模的投资刺激政策，另一方面是美国的持续量化宽松政策。但是随着美国和中国经济地位的相对形势发生变化，人民币贬值的压力增大。总体上，人民币兑美元的汇率预期相对明确，振幅相对较小。

综合来看，对美元兑人民币的汇率稳定性评定为“热”。

5. 法令阻碍

美国的司法体系健全，法律制度完善。在投资领域严格按照法律执行，司法机构运行较为有效。近年来，中国对美投资以每年翻一番以上的速度递增，但中资企业进入美国市场首先要接受外资投资安全审查委员会的审查，其审查的核心标准在于对“控制”与“国家安全”的认定上。而这种认定又具有很大的弹性与不确定性，这使得例如华为、中兴和三一重工等交易被该委员会否决。投资审批政策加大了中国企业在美投资的难度，为进军能源和高科技等领域设置了新的障碍，而且一般认为国有企业面临的审核更为严厉。

综合来看，对美国的法令阻碍评定为“中”。

6. 税务环境

美国税法健全但复杂，执法严格但公平公正，税赋较高但亦有优惠。美国拥有健全、完善的税收制度环境，其税收法律条款非常复杂，但操作性很强。由于美国税法种类繁多，且条文多而细，委托会计师事务所等中介机构代理纳税事宜是较为普遍的现象。此外，美国同其他发达国家一样，高福利的实现必须依靠高税收的依托。其税收负担在2015年全球189个主要经济体总体税赋情况排名中名列第53

位，整体税赋为43.9%。

美国当前的综合税赋较高，但税收环境稳定、成熟，因此，对该国的税务环境评定为“中”。

7. 环境保护成本

美国对环境保护非常重视，环境保护相关工作起步较早，因此该国的国家环境法律体系完善程度非常高，环境许可证审批程序相对复杂。由于环境许可审批由联邦部门负责，同时该国政府办事效率比较高，相较于其他联邦制国家（如澳大利亚）而言美国环境许可证审批一般办理时限较短。该国整体公众参与程度及环境保护敏感度较高，对矿区复垦及环境保护保证金收取也有较高的要求。

总体而言，美国是环境保护高成本国家，因此对美国的环境保护成本评定为“冷”。

8. 基础设施条件

作为世界上交通运输业最发达的国家，美国已建立起庞大的铁路、公路、航空、内河航运和管道运输网，铁路、公路、航空、管道运输均居世界首位。对煤炭行业而言有利的条件为：密集、高效、环保、廉价的铁路运输可方便地将煤炭运往全国各地及各大港口；便利、吞吐量大、设施完备、管理高效、快捷方便的多式联运以及环保与资源节约型的港口运输有利于煤炭的出口和运输，方便将煤炭输送到美国及世界各地；公路卡车运输的成本相对较高，而且在部分地段还易拥堵，未来前景也不太乐观，但是密集的公路网络适合短途运输，尤其是在铁路线不发达的地区。

历经了长期的发展，美国距离港口近的东部地区优质煤炭资源的储量已大幅减少。美国采矿业西移，但西部的煤炭开发受到当地需求不足和港口条件的制约，传统的煤炭工业在美国发展空间有限。

综合考虑，对美国的总体基础设施条件评定为“中”。

9. 地理及文化

中美两国分处太平洋两岸，地理上的距离使双方在交往和深入了解上有一定客观障碍。随着两国政府间交流的不断深入，两国在教育、文化和科技等方面的交往也逐年增多，对彼此的文化的认知有了一定提高。但值得注意的是，双方在社会文化及思维方式上仍存在较大差异，在企业投资与管理上的认知差异也较为明显。该国作为典型的移民国家，多元文化共存，素有“大熔炉”之称。多年的发展塑造了美国容纳世界多元文化元素的包容度，美国文化和价值观及国家意识深深扎根美国人的思想当中。

综合来看，尽管双方在文化上仍存在差异，但随着双方政治、经济和文化等方面的交流不断加深，两国文化联系将更加密切。因此，对美国的地理及文化差异评定为“热”。

综合上述分析，美国在环境保护成本上的评定为“冷”，在法令阻碍、税务环境和基础设施条件上的评定为“中”，在其余5个方面上的评定均为“热”。结合美国近年对外资的实际吸引力和相关机构发布的投资环境报告以及从上述9个方面进行的国别冷热分析，认为美国宏观、微观投资环境均很好。

第二节　国别煤炭资源开发投资建议

一、投资环境展望

美国是世界目前唯一超级大国，经济、军事、金融、科技等体现国家实力因素方面均雄居世界首位。美国横跨中北美洲，连接两大洋，矿产资源丰富，石油、天然气、煤资源居世界前列。美国拥有坚实的经济发展基础，经济以服务业为主导，工农业比重较小，市场经济最为自由。

政治方面，美国建立了较为完善的国家政治制度和法律体系，是世界上少数政治体制高度稳定的国家。强大的国力和高度有效的外交政策使其周边环境整体较好。国内政局稳定，社会环境良好，是政治风险较低的海外投资目标国。

经济方面，美国作为世界经济引擎引领世界经济发展，目前仍是世界最大的经济体和吸收外资最多的国家。尽管金融危机和欧债危机等使美国经济有所下滑，但其经济已经初步呈现复苏态势，大量境外资本回流美国市场。美国是区域性和国际性自由贸易协定的重要参与方，市场辐射范围广，国际竞争力强，在全球市场参与度方面具有明显优势。

中美双方经济相互渗透，中国和美国作为世界上最大的能源生产和消费国，在保障能源安全上有着共同的利益和责任。具体到煤炭行业，在页岩气大规模开发前，煤炭是美国一次能源消费中最廉价的能源来源，全美一半以上的电力靠燃煤生产，煤炭的开采成本较低。2004年前后美国煤炭业黄金期，强劲的电力需求推动了煤炭价格、产量的逐年上涨，当时全国已建成超过500座的燃煤电厂，年发电量占其发电总量的比例最高时接近60%。然而，近年来随着环保政策趋严，提高了燃煤产生空气污染物的排放标准，同时页岩气产量增长导致美国气价长期维持较低水平。在环保、热效率等方面具有优势的天然气与煤炭的价格自2010年开始逐年降低，如今价差已缩小至一倍以内。其国内的煤炭市场呈现供过于求的局面，自2005年以来美国煤炭净出口量已增加了3倍多。大量的燃煤发电被燃气发电代替，超过一半的煤炭公司破产，一些大公司也开始采取削减产量、出售资产、裁员等措施。国内煤炭业的困局使美国煤炭巨头不得不把主要精力投向海外市场。但2015年欧洲（美煤的传统出口市场）的环境监管法律一旦生效，美国对欧洲的煤炭出口量将进一步减少。亚洲地区的气价是煤炭的3~5倍，为美国煤炭出口创造了良好机会。美国的煤炭在中国、印度等新兴市场具有价格优势，但美国的煤炭出口有两大制约因素：港口（特别是西海岸）吞吐量不足，且出口动力煤有低灰分、高硫分、高黏结性和低灰熔点的特征，煤质问题成为美煤在亚洲地区“水土不服”的重要原因。

如今，中美已进入共同构建新型大国关系的新时期。中国拥有巨大的待开采的页岩气资源，国家提出中国要进行“能源革命”，着力构建安全、稳定、经济、清洁的现代能源产业体系。美国在页岩气资源勘查、开发、利用，新能源开发等领域技术水平国际领先，同时提出了未来能源安全蓝图。中美在能源方面优势互补，有着巨大市场和发展潜力。中美扩大能源领域务实合作，不仅可以推动“中美新型大国关系”发展，而且有利于全球经济稳定增长。

二、煤炭工业发展趋势

（一）煤炭工业发展的有利条件

美国煤炭资源丰富，为世界第一资源大国。根据BP的统计，截至2015年底，美国的煤炭探明储量为2372.95亿t，占全球的26.6%，储产比为292。其中，无烟煤和烟煤为1085亿t，次烟煤和褐煤为1288亿t。

美国煤炭资源分布广，煤种齐全，资源与产地集中在东部（阿巴拉契亚产煤区）、中部（内陆产煤区，伊利诺伊盆地等）和西部（西部产煤区，粉河盆地等）。煤炭工业支撑美国经济发展200年，东部是美国主要炼焦煤产区，煤硫分较高，尽管距离煤炭主要消费区近、开发时间早，但尚有可观的剩余资源；中、西部多为动力煤，煤硫分低，开发时期晚，剩余资源量巨大，美国煤炭生产重心已经逐步由东部转向西部。

只有占据优质、低开采成本和低运输成本的煤炭资源，才能确保在未来国际煤炭市场回暖时重新获得竞争优势。通过对美国五大含煤区煤的资源量、煤质、煤层、开采条件、基础设施等因素综合分析，确定粉河盆地、阿巴拉契亚盆地和圣胡安盆地3个煤资源富集区为投资靶区。

1. 粉河盆地优势：煤资源质佳、量大、易采

煤炭资源量达9700亿t，煤产量占到美国的42%，总量的92%产自怀俄明州的Gillette煤田。主要含煤地层中煤层总厚度超过200 ft，各煤层的平均厚度为20~30 ft；煤种为低灰、低硫、中等发热量的优质次烟煤，资源量大部分埋深在500 ft以浅，煤矿一般可以露天开采，坑口煤价较低。

2012年粉河盆地煤矿区8800 Btu/lb动力煤坑口价格平均为9.15美元/t，按美国能源部2011年估算数据，铁路运输成本为每吨0.0194美元/英里，将矿区动力煤运送至西海岸太平洋门户港（Gateway Pacific Terminal）的运费估算平均18.82美元/t。参考Clarkson海运费数据估计，动力煤经太平洋门户港由巴拿马干散货船运送至中国秦皇岛港的海运费用估算平均每吨22.74美元，由此可以粗略估算美国动力煤在秦皇岛港的税前价格约为每吨64.24美元，具有一定的价格优势（2016年8月31日，秦皇岛5500大卡动力煤价格为495元/t）。

2. 阿巴拉契亚盆地优势：煤种全、煤质优、易开采，资源尚有潜力，基础设施条件好

阿巴拉契亚盆地为美国传统炼焦煤和动力煤主产区，储量的90%为烟煤，煤田北部有大量无烟煤，南部有少量褐煤。宾夕法尼亚系5个主力煤层资源总量尚有600亿t，煤层稳定，基本为水平近水平煤层，埋藏浅，矿井平均开采深度仅 90 m，煤层受地质破坏很小，瓦斯含量少。区内铁路、水运以及公路、航空等构成立体交通网，开发条件优越。

3. 圣胡安盆地优势：煤质较好、资源量巨大

圣胡安盆地位于科罗拉多州和新墨西哥州交界处，煤质为低硫高灰，煤级介于 A 级次烟煤到低挥发分烟煤之间，优质煤炭资源富集区位于盆地的中北部地区。区内共有 4 个煤组，埋深最浅的 Fruitland 组资源总量 2086 亿 t。现有煤矿分布集中。

（二）煤炭工业发展存在的不利条件

1. 优选的煤炭资源富集区面临运力瓶颈，开采成本不断升高

由于作为主力煤炭生产基地时间过长，阿巴拉契亚盆地质量最高、煤层最厚、最易开采的煤资源几乎耗尽。

圣胡安盆地地形复杂（盆地地形落差超过 3500 ft），交通条件较为不便，运输距离长，至西海岸或墨西哥湾的运距均超过 1500 km。美国中西部煤炭部分是从印第安纳州和伊利诺伊州沿密西西比河出口至海外市场的；大部分则由东部和墨西哥湾出海，需用小船将煤炭送到大西洋上，然后再用传送带转送上大船运往亚洲市场，成本较高，时间较长。

粉河盆地区内交通较为便利，但外运至美国西海岸的铁路运力紧张，温哥华的西岸码头（West Shore）装卸负荷已满载，需要修建新港增加运力以满足煤炭出口需求。

2. “弃煤转气”趋势不断挤压美国煤炭业，环保要求考验燃煤电厂

由“页岩气革命”导致的天然气价格大幅下降对美国的能源格局已产生重大影响，天然气替代作用更多的是发生在煤炭应用方面，主要是燃煤电厂纷纷弃“煤”用“气”。加之政府推出了更为严格的发电厂排放标准制约煤的生产，美国本土煤炭市场日渐衰落。

1998—2008 年煤产量一直在 10 亿 t 上下波动，由于受美国能源市场天然气（页岩气）增加的“挤压效应”，2008—2013 年煤产量的 6 年间累计减少近 1.6 亿 t。2011 年全美在产煤矿 1325 个，产煤 9.94 亿 t；2012 年为 9.22 亿 t；2013 年煤炭产量进一步下降至 9.04 亿 t。随着天然气发电逐步取代煤炭，近十年来煤炭在美国电力供应总量中所占比例已从 50% 下降至不足 40%，令本土煤炭生产商处境艰难。美国 2011—2015 年新规划电厂，以煤炭为燃料的占比分别为 19.0%、18.3%、2.4%、6.3% 和 0.5%，而以天然气为燃料的平均占比则达到 54.0%。2013—2015 年美国计划新建 8 个燃煤发电机组，而新建燃气发电机组则高达 138 个。

此外，美国环境保护署（EPA）推出的碳排放新规定更是给国内煤炭市场带来致命打击。燃煤电厂要达到新的排放标准要求，必须增加生产成本配置价格昂贵的碳捕获装置。美国能源信息署（EIA）认为，天然气有可能在 2017 年首次取代煤炭成为美国火力发电最大燃料来源。

3. 全球煤炭需求减弱打击美国煤炭出口

近年来美国一直为世界第 4 大煤炭出口国，位列印度尼西亚、澳大利亚、俄罗斯之后。美国能源结构的调整迫使煤炭供应商开始将目光投向国际市场，2010—2012 年美煤出口量由 0.75 亿 t 增加到 1.15 亿 t，2 年累计增长 53%。但国际煤炭市场的急转直下预示着美国国内煤炭市场短期内不会回暖，2013 年美国仅在太平洋西北部和墨西哥湾地区就有超过半数的煤炭出口项目被取消，现存的煤炭出口项目也因政治缘由或监管问题而进展缓慢。但西部的优质动力煤资源丰富，剥采比较低，适合大规模露采。只要西海岸新建运煤码头，出口动力煤具有一定的竞争力。

（三）结论

（1）美国能源投资环境优良：美国政治制度、法律体系完善，政局稳定，市场经济体制、规章制度和税收体系完善，基础设施完善，科学技术领先，社会环境良好。

（2）美国煤资源投资目标选区确定为粉河盆地、阿巴拉契亚盆地和圣胡安盆地 3 个煤资源富集区。

（3）美国国内煤炭市场前景平淡：“页岩气革命”导致美国天然气对美国煤炭业产生“挤压”，加上美国环境保护署推出更加严格的燃煤排放标准，近年美国煤炭产量、消费量递减，国内煤炭市场前景平淡。

（4）世界煤炭市场近中期应该具有一定的发展潜力：以中国为首的新兴经济体，如印度、巴西、印尼、俄罗斯、南非和东盟等经济增长不会止步，仍会推动世界经济前行；东亚韩国、东盟等经济体状况好于美欧。在新兴国家经济引领下，若不发生大的危机，世界经济复苏不会久远。国际煤炭市场会随世界经济增长而逐渐扩大，美国煤炭出口近中期应该具有一定的发展潜力，远期方向则有待观察。

三、开发投资建议

（1）建议在美国煤炭业低潮期抢占优质煤资源，关注具有竞争优势的粉河盆地优质动力煤项目，以及西海岸港口扩建工程。

（2）关注阿巴拉契亚盆地和圣胡安盆地中北部地区的低硫炼焦煤项目。

（3）密切与美国在新能源、页岩气、煤炭“清洁”利用等领域合作，吸收借鉴前沿技术，响应习近平主席倡导“中国能源革命”带来的一系列大的动作。

第八篇

加 拿 大

Canada

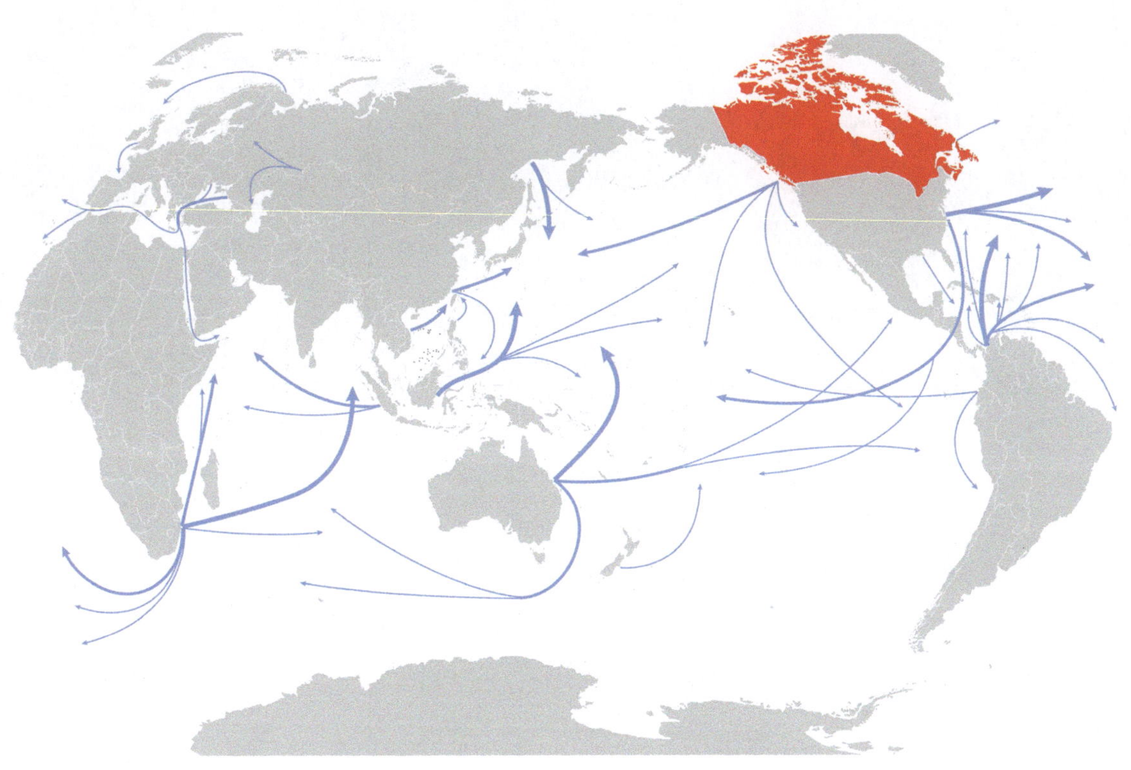

主　编　苏新旭

副主编　董大啸　张智明　彭北桦　宁　静　杨建国

编　写　董大啸　苏新旭　彭北桦　宁　静　杨建国　陆伯炎
　　　　高树华　岳　洋　冯学智　吴　超　雷　洁　苏　洁
　　　　周　密　张　贺　张　帅　沈施伟

第八篇 加拿大

目 录

第一章 投资环境分析

第一节 概 况

一、基本国情

加拿大的原住民是印第安人和因纽特人。1926 年，英国议会通过《威斯敏斯特法令》，承认加的“平等地位”，加拿大始获外交独立权。1931 年 12 月 11 日，英国国会通过了《威斯敏斯特法令》，承认加拿大殖民地为自治领，实质上加拿大已是一个国际公认的独立国；1982 年 4 月 17 日，加拿大国会通过新宪法，并得到英国国会通过废止旧宪，加拿大事实上从英国独立出来。

加拿大位于北美洲北部，东临大西洋，西濒太平洋，西北部邻美国阿拉斯加州，东北与格陵兰隔戴维斯海峡遥遥相望，南接美国本土，北靠北冰洋达北极圈。海岸线长 240000 多千米，是世界上海岸线最长的国家；国境边界长达 8892 km，为全世界最长的不设防疆界线。加拿大作为世界上国土面积仅次于俄罗斯的第二大国，面积为 9984670 km^2。

加拿大包含 10 个省、3 个地区（图 8－1－1）：艾伯塔省、不列颠哥伦比亚省、马尼托巴省、纽

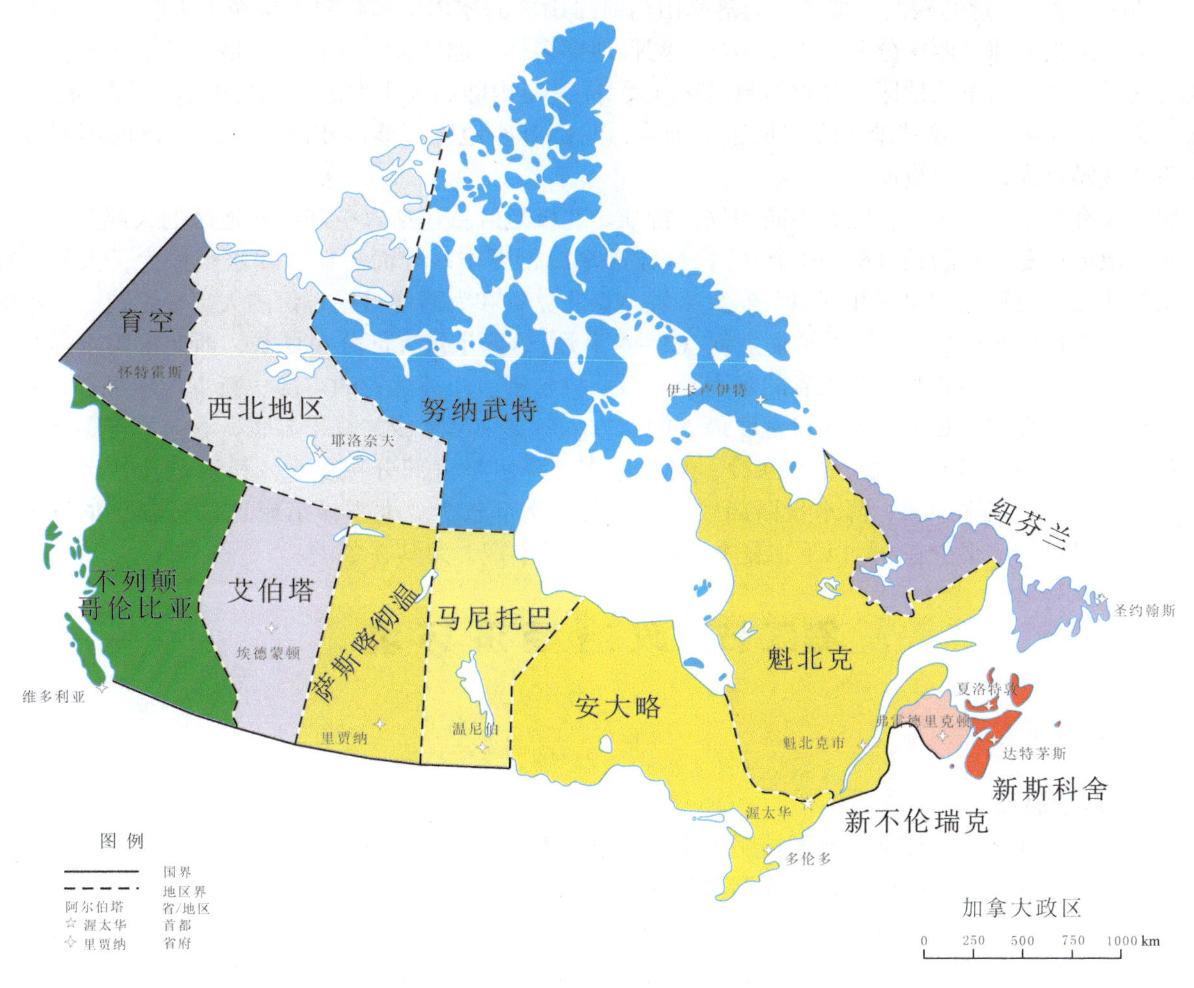

图 8－1－1 加拿大行政地图

芬兰省、新不伦瑞克省、新斯科舍省、安大略省、爱德华王子岛省、魁北克省、萨斯喀彻温省；努纳武特地区、西北地区、育空地区。

加拿大人口数量为33476688人（2011年），人口密度3.4人/km²（世界国家和地区第219名）。白人占80%（主要为英国人和法国人的后裔），土著居民（印第安人、米提人和因纽特人）约占3%，其余为亚洲裔、拉美裔、非洲裔等。

加拿大是世界上最富有的国家之一，经济高度发达，2011年国内生产总值达1.74万亿美元。加拿大是经济合作与发展组织和G8成员，也是世界十大贸易国之一，经济高度国际化。在过去的150年里，制造业、矿业和服务业的大幅增长使加拿大从传统的农业型国家转变成高度发达的工业国家。

二、自然地理和气候特征

加拿大东部被分为北方的寒带森林地带和苔原的加拿大地盾与哈德逊湾地带，南方有土地非常肥沃以及人口稠密的圣劳伦斯河峡谷；中部大部分是平原和草原；西部加拿大主要是崎岖的落基山脉。全国地貌呈西高东低状。西沿太平洋的落基山脉，有许多海拔4000 m以上的高峰，最高峰洛根峰海拔6046 m，这里有许多国家公园。中部为大平原，覆盖马尼托巴省、萨斯喀彻温省及艾伯塔省东部，这片地区气候寒冷，农业发达，是加拿大主要的小麦产区。东部为阿巴拉契亚山脉的延伸，覆盖加斯佩半岛和加拿大大西洋地区。东南部为五大湖及圣劳伦斯低地，这片区域土地肥沃、人口稠密、经济发达。广阔的北方主要是极地气候的低地，气候恶劣，人烟稀少，最北的人类定居点，位于北纬82.5°，距北极点仅有800 km。大多数大城市位于比较温暖的南部，更多的集中在东南部。

加拿大的淡水资源占世界淡水资源的20%，湖泊主要分布在北部地区。著名湖泊有大熊湖、大奴湖、休伦湖和安大略湖等。加拿大主要河流有麦肯齐河、育空河和圣劳伦斯河等，以麦肯齐河最长，全长4241 km。除了大量的湖泊，加拿大的落基山与海岸山区的冰川也储藏着大量淡水资源。

加拿大阳光充沛、四季分明。由于幅员辽阔且地形多样，加拿大气候在不同地区差别明显，大多数地区的气候类似中国东北地区。冬季多数地区寒冷，尤其是内陆和大平原地区，日间气温通常为-15 ℃，最低气温可达-40 ℃，这些地区降雪长达6个月，北部有些地区可能终年降雪。西海岸的不列颠哥伦比亚四季气候宜人，冬暖夏凉。

加拿大有6个气候区，各区有不同的气候特征。北极地区：包括育空和西北地区的大部分，是加拿大最冷的地区；冬季时间长（8~10个月），且异常寒冷，夏季寒冷而短促，降水量极少，大部分在夏末。北部地区：由草原省份的北部以及安大略省、魁北克省和大西洋沿岸省份的大部分组成，冬季时间长（6个月以上）而且寒冷，夏季凉而短促（3~4个月），降水量大部分在夏季，西北部降水稀少。东南部地区：包括安大略省和魁北克省的东南部、新斯科舍省、纽芬兰省的东部、新不伦瑞克省、爱德华王子岛省；冬暖夏凉，是加拿大人口密度最大的地方，冬季中部寒冷，夏季温暖，有时潮湿，降水量东部较多，西部适中。草原地区：冬季寒冷，夏季凉爽，降水量大部分在夏季。科迪勒拉地区：冬季寒冷，北部时间长；夏季凉爽；降水量西部较多，山谷、南部较少。太平洋沿岸地区：温哥华位于此地区，冬季气温温和，很少在0℃以下，夏季温暖，降水量丰富，尤其在冬季。

第二节 政治经济环境

一、政治状况

（一）政治沿革

在发现新大陆之前，加拿大地区长期居住着印第安人等原住民。发现新大陆后，法国和英国的探险家不断在此探寻前往亚洲的航道，并逐渐将殖民力量渗入该地区。1583年，英国在如今纽芬兰与拉布拉多的圣约翰斯建立了定居点，并宣称建立英国在北美的第一块殖民地。1603年法国在新斯科舍省的皇家港和魁北克省魁北克市建立了北美最早的欧洲人永久定居点，加拿大逐渐沦为英法的殖民地。由于法国在1756年至1763年的“英法七年战争”中战败，被迫将殖民地让给英国，加拿大正式成为英属殖民地。1867 年，英国将其所属的北美 4 个殖民地合并为加拿大联邦，列为英国自治领。此后，其他地区陆续加入联邦。

1926 年，英国议会通过《威斯敏斯特法令》，承认加拿大的“平等地位”，加拿大始获外交独立权。1931 年，加拿大成为英联邦成员国，其议会也获得了同英议会平等的立法权，但仍无修宪权。二战之后，加拿大经济快速增长，随之带来了加拿大人更强烈的自我认同，标志事件为 1965 年枫叶样式国旗的采用。1967 年，英国正式放弃“加拿大自治领”的称号，“加拿大”成为官方国名。1982 年 4 月 17 日，加拿大国会通过新宪法，同时得到英国女王签署和英国国会批准通过废止旧宪。《加拿大宪法法案》使加拿大议会获得立宪和修宪的全部权力，使加拿大获得完全主权地位。加拿大从此将 7 月 1 日定为国庆日，即“加拿大日”。

现阶段加拿大实行君主立宪制和联邦制，采用立法、行政和司法三权分立体制，现任君主为女王伊丽莎白二世，女王委派总督代行权利。同时，由于加拿大经历英法殖民地的历史因素，英语和法语均为联邦法定语言。在 20 世纪下半叶，一些魁北克的法语省民请求独立，但是两次全民公决（1980 年及 1995 年）均未能通过该议案。经过多年的谈判与协商，目前，魁北克地区的独立倾向已有很大减弱，目前加拿大政局保持十分稳定。

2015 年 10 月 19 日晚，加拿大第 42 届联邦议会选举开票，在野的自由党取得多数席位获胜，党魁贾斯廷·特鲁多则成为下任总理，特鲁多主张联邦政府进行更多的干预，特别是在基础设施、养老金、环境、收支平衡等方面。

（二）地缘政治与外交政策

加拿大东濒大西洋，西临太平洋，北靠北冰洋并直达北极圈，是世界上邻国最少、地缘政治最简单的国家之一。加拿大同美国的关系十分密切，两国长达 6000 多千米的边界是世界上最长的不设防边界。由于加拿大历史上同英法的特殊关系以及亚洲人移民加拿大西部的历史原因，加拿大东部地区倾向于加强同欧洲的联系，西部地区倾向于加强同亚洲的联系。

加拿大对外政策的三大目标为促进繁荣和就业、在稳定的全球框架内保护加拿大的安全与弘扬加拿大的价值观和文化。因此，在对外关系中，加拿大把经济外交放在首位，在保持与美国密切关系的同时，加强与欧洲传统关系，不断拓展与拉丁美洲国家关系，重视亚洲的战略地位和经济联系，重视通过发展援助等手段扩大对非洲国家影响，同时积极呼吁各国加强在联合国和其他国际政治经济组织中的合作。

（三）双边关系

美国是加拿大外交的重点之一。而由于加拿大与英国和法国的特殊历史关系，英国和法国在加拿大外交方向中占据重要地位。同时，加拿大也在国际多边舞台如联合国、美洲国家组织、北大西洋公约组织等积极开展多边外交。

1. 加拿大同美国的关系

美国是加拿大邻国和最重要的盟国，两国在政治、经贸和军事等领域保持着密切关系，同为北大西洋公约组织的成员。加拿大历届政府均视对美关系为外交政策基石。加拿大和美国之间有着全世界最长的不设防边境，互相在军事方面有着广泛的合作，且互为对方最大的贸易伙伴。加拿大保守党执政后，将美国定位为“加最可靠的盟友、最亲密的邻国和最大的市场”，着力加强同美国的关系。2014 年以来，从乌克兰问题到国际恐怖主义新威胁，加拿大始终跟紧美国。奥巴马在墨西哥参加北美三国峰会时明确表示，加拿大是美国的最佳伙伴之一。

2. 加拿大同亚洲主要国家的关系

加拿大将亚洲看作是未来的世界经济中心，大力发展与亚洲的经济和战略关系。加拿大是亚太经合组织成员、东盟地区论坛成员和东盟对话国。目前，亚太地区已成为加拿大重要的贸易伙伴，也是加拿大资金、技术和移民的来源地之一。加拿大政府已制订“亚太门户计划”，重点用于基础设施建设，旨在将不列颠哥伦比亚省打造成连接北美和亚洲的枢纽。

3. 加拿大同西欧国家的关系

加拿大是北约、英联邦、八国集团和法语国家首脑会议的成员国，认为发展同西欧国家的关系与保持自身的繁荣和安全紧密相关。加拿大与西欧国家在政治、经济、军事和文化等领域保持着传统的密切关系，在重大国际问题上经常与西欧各国协调立场。加拿大与欧盟在外交和安全政策方面立场相近，建立了一年两次的“加拿大—欧盟首脑会议”机制，双边关系保持密切。保守党执政后继承了这一外交政策。2014 年 9 月，加拿大与欧盟正式签订双边自由贸易合作协议，该协议于 2016 年生效，该协议将降低加拿大与欧盟之间 99% 的关税，并互相给予双方参与政府采购的更大权限，对于加拿大的进出口贸易有很大的推进作用。

4. 中国与加拿大的关系

1970 年 10 月 13 日，中国同加拿大建立外交关系。同时，加拿大总理特鲁多访问中国，成为两国建交后加拿大总理首次访华。1994 年 4 月，加拿大总督纳蒂辛访华，两国关系步入全面合作的新时期。1997 年两国正式建立“面向 21 世纪的全面合作伙伴关系”。1998 年和 1999 年，两国政府先后签署《中加面向二十一世纪环境合作框架声明》和《中加关于环境合作的行动计划》。2003 年两国政府签署《中华人民共和国政府和加拿大政府关于加强气候变化对话与合作的联合声明》。从 2003 年温家宝总理访加提出发展双边关系的“四点建议”，到 2005 年胡锦涛主席访加确立两国“战略伙伴关系”，自由党掌舵的加拿大在处理对华关系上成熟老道，两国关系发展一帆风顺。

自 2006 年保守党领袖哈珀执政后，加拿大在中国人心中的形象发生了很大的逆转。哈珀政府部分官员、国会议员和媒体在涉及中国核心利益等议题大做文章，引起双方较大分歧，两国政治互信跌至冰点，中加关系蒙受了巨大损失。

2009 年哈珀总理访华，中加关系逐步回暖，两国经贸关系和社会交往不断提升。2010 年 4 月，中加环境合作联委会第六次会议在渥太华举行。此外，两国在航天、遥感、通信、气象、海洋、渔业、林业及基础科学等领域也进行了卓有成效的合作，两国高校和科研机构之间也开展了多层次、多渠道的交流与合作。

2012 年 2 月，在哈珀总理第二次访华期间，双方政府部门和企业签署了涉及经贸、能源、教育、科技等领域的多项合作协议，宣布了一系列合作事项，举办了第五届中国—加拿大经贸合作论坛。在访问期间，两国完成《中加投资促进和保护协定》的实质性谈判、修订《中加避免双重征税协定》的实质性谈判和续签《中国国家能源局与加拿大自然资源部关于能源合作的谅解备忘录》。中加双方同意于 2012 年 5 月前完成在中加经济伙伴关系工作组中进行的两国经济互补性联合研究，之后将探讨深化经贸关系。2012 年 7 月，两国发布经济互补性联合研究报告。2012 年 9 月，胡锦涛主席和加总理哈珀在俄罗斯亚太经济合作组织领导人非正式会议期间共同见证签署《中加投资保护协定》。2013 年习近平主席会见了加拿大总督约翰斯顿，双方表示愿以实际行动和具体成果为两国关系注入更多内涵和动力，推动两国战略伙伴关系迈上新台阶。2014 年 10 月，《中加投资保护协定》正式生效，标志着两国经贸关系迈出重要一步；11 月，加拿大总理哈珀访华期间与中国领导人共同宣布在多伦多建立北美地区第一个人民币离岸结算中心。多伦多人民币离岸结算中心于 2015 年 3 月正式成立，标志着中加金融合作迈上一个新的台阶。

（四）政治环境分析

加拿大历史上曾为英国和法国的殖民地。英法战争后整个加拿大成为英国的殖民地。经过长期的发展，加拿大逐步成为英联邦内的自治领土。独立以后，加拿大继续保持同英国的关系，为英联邦成员。加拿大以英国议会制和法律制度为蓝本建立自身的政治制度。独立以来，加拿大政局保持长期稳定的状态，国内秩序总体良好，社会安定有序。但 2014 年发生在蒙克顿地区等多地的袭击军警事件为加拿大政府敲响警钟，当局仍需加强对恐怖分子和恐怖活动的监控与防范，更加重视国内的安全治理。

加拿大远离欧洲和亚洲，南部临近稳定强大的美国，其地缘优势为加拿大提供了优越的国际环境。较少的人口和社会分化不强使得加拿大国内社会井然有序，良好的商业环境也吸引了大量外国资本的进入。在 21 世纪，随着亚太地区的迅速崛起，进一步推进与亚太国家的政治与经贸联系也逐步成为加拿大政府与企业界的共识。

1. 联邦体系权力制衡明显，联邦政府力量较为分散

加拿大在国家结构上实行联邦制，在政治体制上采取英式议会民主制，具有深厚的民主传统。自

1867年建立联邦以来，基本上由自由党和进步保守党轮流执政，政府执政基础稳定，权力更迭有序，国内没有强大的反对派或反对党势力，政局整体稳定良好。2014年2月4日，加拿大出台《公平选举法案草案》。该公平选举法案旨在赋予加拿大执法部门更大的权力，对选举中的违法行为，如冒充选举官员、欺诈性投票等予以严惩，严厉打击选民舞弊行为。公平选举法案的出台和选举方案的调整，给2014年加拿大的地方选举带来了直接影响和冲击，尤其是少数族裔（包括华人）的参政议政热情进一步高涨。2014年6月24日的安大略省议会选举中，董晗鹏、陈国治、黄素梅等三位有华裔背景的候选人成功当选为安大略省议员。

加拿大的联邦体制采用较为明晰的分权体系。加拿大政府责任被分为联邦政府部分和十个省的省政府部分。各省拥有从联邦政府中获得的相当大的自治权，各省份的权力相互独立。如在涉及资源矿产开采时，加拿大政府力量分散的特点就体现得较为明显。根据加拿大宪法，各省被法律赋予了除外交和国防以外几乎所有重要事务的决定权，能源的所有权和开采权也不例外。矿产资源的开采首先需要获得相关省份的省政府许可，联邦政府并不具有凌驾于省政府之上的权力。如艾伯塔省省政府拥有其境内81%的矿藏的开采权，当省政府和联邦政府在具体问题上出现不一致时，往往是中央政府需要征询省政府的意见而非反向。

2. 魁北克问题逐渐弱化，国内局势进一步稳定

加拿大是多民族国家，主要居民是英裔和法裔加拿大人，后者主要聚集在魁北克省。该省人口中82%为法语的居民。20世纪80年代，魁北克省执政的魁北克人党提出魁北克政治上实现独立、经济上与加拿大其他地区保持联系。1980年和1994年，魁北克省就独立问题举行了两次公民投票，结果要求独立的主张均遭否决。1998年8月，加拿大最高法院做出裁决，宣布魁北克省无权单方面宣布独立。2000年，加拿大议会通过关于“魁北克独立公决”规则的法案，从法律上为魁北克的独立设置了障碍。2003年4月，魁北克省省议会选举中，自由党击败魁北克人党执政，魁北克独立的力量再次被削弱。近年来，由于加拿大联邦政府在社会福利政策等方面向魁北克省倾斜，并通过立法等手段对独立公决加以限制，且魁北克省经济发展势头良好，人心思定，“魁北克独立”运动渐入低潮。特别是近几年国际经济外部环境的不稳定使得更多的魁北克人意识到要保持经济上与加拿大其他省份的紧密联系，独立意识进一步弱化。目前，魁北克独立问题已经基本不再是加拿大的政治风险。

3. 法律法制体系完善，鼓励外资政策明确

加拿大法律制度健全，但没有统一的外资法，其外资活动主要由1975年通过的《外国收购和接管法》和《公司法》等法律监管。加拿大的各州政府和地区政府也分别出台相应法律，保护外资在本州和本地区的合法权益。

加拿大联邦政府对外来投资持欢迎立场。虽然进入加拿大的巨额外国资本都需要依据《加拿大投资法》进行例行审核，但该法自1985年颁布到2008年对1600多个高额外资收购项目都进行了批准。该法案甚至因此被戏称为“橡皮图章”。从发展历史和趋势来看，加拿大对外资进入本国以后的监管将逐步完备，而对是否允许外资进入加拿大的限制会逐渐放松。而在商界力量的巨大影响下，加拿大政府对实行自由市场经济，减少政府干预的立场坚定。在这一影响下，加拿大签署了相关自由贸易协定。但近年来出于对外国国有资本收购加拿大资产的担忧，对具有国有背景企业的投资审核和限制出现越来越严格的趋势。2015年最新颁布的条例规定，当非加拿大的投资者收购加拿大企业控制权时，若该投资者来自WTO成员国且不属于国有企业，经济审查的企业价值门槛设为6亿加元，针对国有企业设定的最新门槛是3.69亿加元。

4. 能源大国地位受瞩目，美国加大对其能源控制

近些年，随着能源在国家战略与经济发展中扮演的角色越来越重要，加上开采技术的提高，加拿大的能源资源特别是油砂和油页岩的开发提升到国家战略地位。据相关机构预估，在技术条件允许的条件下，加拿大油气储量将超越中东主要石油生产国，而丰富的能源也吸引了美国的注意。而正因为加拿大与美国在能源领域极为紧密的联系，第三国与加拿大的能源合作不可避免地会受到美国的影响。美国在近些年对一些加拿大能源企业的收购就被看作是出于能源安全考虑与杜绝第三国进入而进行的。此外，例如中海油收购尼克森公司的交易中，因该公司旗下在墨西哥湾的资产属于美国公司，中海油对尼克森的收购就需要获得美国外国投资委员会的批准。

北美自由贸易协议以法律形式规定了美加两国对加拿大的能源几乎平等的分享关系，赋予了美国对加拿大能源的高度的控制权。《北美自由贸易协定》消除了美加之间在石油、天然气、煤炭、电力等各种能源领域的贸易壁垒，事实上消除了加拿大向美国出口能源的一切壁垒。同时，美国和加拿大的能源企业已经打破国界形成行业的融合。

5. 非政府环保组织活跃，对外国能源资本有抵触

加拿大民间对外国投资该国能源产业的态度莫衷一是，尽管能源产业的开发能增加当地的就业和收入来源，得到了很多民众支持，但也有相当数量的民众和非政府组织对能源产业开发持强烈反对态度。加拿大政府和社会对环境保护要求也很高，在国际事务中也以环境保护者的姿态支持全球的节能环保事业。由于加拿大联邦政府和省政府都由公众选举产生，对民众意见较为关注，所以加拿大民众及非政府组织对外商投资能源产业的抵触态度会对政府决策构成一定影响。关注加拿大能源项目开发的还有美国和国际性的环保组织，他们通过宣传、调研或诉诸法律起诉联邦政府进而挑战能源项目的合法性，特别是近年来针对争议较大的油砂资源的活动较为频繁。

加拿大是很多北美和国际性环保组织总部的所在地，这些非政府环保组织联合形成了抵制能源开发的强大力量。其主要理由是能源开发将大量消耗资源，对环境造成巨大的破坏，对当地原住民的生活、生态环境以及动植物保护造成巨大伤害。例如，在2012年加拿大总理哈珀访华前夕，不列颠哥伦比亚省的5个原住民部落首领联名写信给中国政府说明油砂资源开发对环境和他们的生活造成巨大危害，希望中国政府不要参与油砂及其他能源开发。

6. 中加合作潜力巨大，能源领域合作前景广阔

中加两国建交以来，长期进行农业及农产品领域的合作。21世纪以来，随着中国的快速发展和对能源需求的增长，两国在能源、工矿及人文等方面展开了密切合作。2010年6月两国签署中国公民旅游目的地国谅解备忘录以来，中国已成为加拿大第四大旅游客源国。同时，中国也是加拿大吸引外来移民的重要来源地，特别是2012年两国中央及地方各层级官员展开密集互访，进一步推动中加经贸合作论坛和中加战略伙伴关系的建设。2016年8月29日加拿大总理特鲁多访华与中国国家领导人习近平会面，期间两国签订17项协议，其中包含了众多潜力巨大的行业，如农产品、电影、旅游、文化产业。双方商谈了价值12亿的56项商业协定。2016年9月，国务院总理李克强访问加拿大并与特鲁多会面。李克强于访加日程中，在9月1日签订的17条合作协议的基础上，追加了29项新协议。随着中加双方交流合作愈发深入，中加合作具有良好前景。

从经贸方面看，中加在众多领域可以优势互补，实现双赢。加拿大前总理哈珀称加拿大是“能源超级大国”，其增加对美国石油出口的意愿受阻，正在竭力寻求出口市场的多元化，而能源正是中国经济增长之所需。加拿大在可再生能源、碳捕存和节能环保等领域技术先进，而中国则正在致力于节能减排、提高能效，中国在可再生能源方面的投资高居全球首位，双边的通力合作无疑可以产生巨大的社会和经济效益。

二、经济运行状况

加拿大是一个高度发达的资本主义国家，市场经济体制完善，农业、制造业和高科技产业发达，经济上受美国影响较深，是西方工业化国家中资源最为丰富的国家。该国基础设施完善，法律制度健全，政策公开透明，社会政治稳定，经济总体风险较低。

世界经济论坛《2016—2017年全球竞争力报告》显示，加拿大在全球138个国家中排名第15位，较上年度下降2个位次。世界银行《2016全球营商环境报告》显示，加拿大在189个国家中排名第14位，比上年度上升了2位。

（一）产业结构

2015年加拿大的经济产业结构如图8－1－2所示，农业占比1%，工业占比29%，服务业占比70%。该国经济的支柱产业为自然资源产业、初级制造业、农业和服务业。其中服务业占国内生产总值的比重最大，有将近七成的加拿大人口从事服务业相关工作，国内服务业体系十分完善，门类齐全，发展水平相当成熟。

1. 农业

加拿大农业虽然仅占国内生产总值的 1%，但在国民经济中的地位较高，从事农牧业的人口约为 35 万人。加拿大农牧业技术先进，机械化程度高，是全球重要的农业生产国。主要农作物有小麦、燕麦、大麦、大豆、玉米、黑麦、水果和蔬菜等；主要畜牧业产品包括牛肉、猪肉、牛奶和乳制品。加拿大森林覆盖率高，林产品也是单项出口最多的产品，是全球最大的木材、纸张和锯木生产国及最大的木材、纸浆、纸张出口国。加拿大渔业资源丰富，海岸线漫长，淡水面积广阔，渔业产品包括龙虾、鲱鱼、鳕鱼、鲑鱼等，85% 的水产品用于出口。

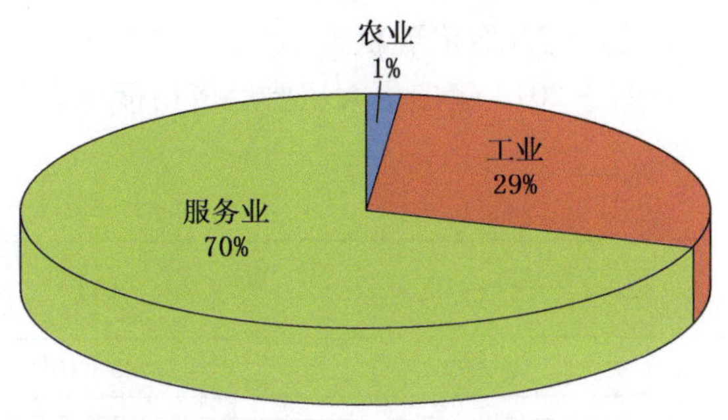

图 8-1-2　2015 年加拿大的经济产业结构
（CIA The World Factbook）

2. 工业

加拿大工业的特点是资源加工型和技术密集型，采矿业、建筑业和制造业是其三大支柱性产业。

加拿大在有色冶金、信息通讯、运输设备、电力水利、纸浆造纸、微电子软件和新能源新材料等产业方面拥有世界领先水平。此外，石油化学、时装轻纺、森林建材、食品饮料和黑色冶金等也是重要工业部门。此外，加拿大生物技术产业也很发达，规模居世界第 2 位，航空制造、空间技术和汽车制造等也都很先进。矿业方面，加拿大是世界第三大矿业国，钾、铀、黄金、铅、锌、铂和石棉产量均居全球首位，镍、镉、铋和石膏产量居世界第 2 位，铝和钛的产量居世界第 3 位，铜、铁、钴、铬、钼等的产量也相当高，此外石油和天然气等领域也吸引了大量的投资。矿业对国内生产总值的贡献率一直保持在 13% 至 15% 。

加拿大电力资源丰富，是世界上水力发电量最大的国家之一。近年来，加拿大电力供应一直保持稳定水平，煤炭发电量的比例逐渐降低（图 8-1-3）。

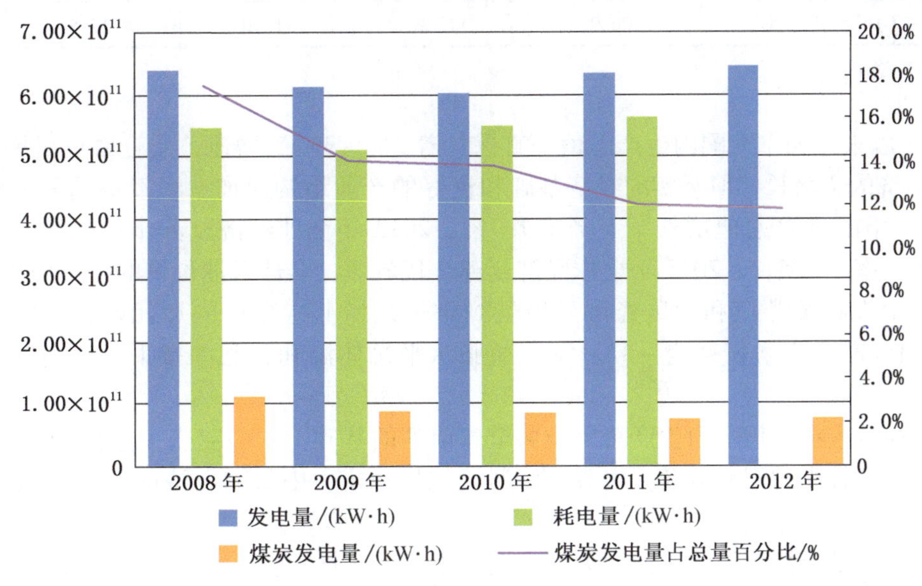

图 8-1-3　2008—2012 年加拿大发电量、耗电量以及煤炭发电量的比例（世界银行数据库）

3. 服务业

服务业在加拿大整个产业结构中所占比重最高，主要包括交通运输、旅游、教育、医疗、金融、通信、地产、商业和社会服务等。银行业比较集中，多伦多股票交易所是世界第七大交易所，由于融资成本低和对矿业的熟悉与认可，许多初级矿业公司都在多伦多交易所的创业板上市。

（二）宏观经济现状

2011—2015 年加拿大主要经济指标见表 8-1-1。

表 8-1-1 2011—2015 年加拿大主要经济指标统计

指标 \ 年份	2011	2012	2013	2014	2015
总人口	3.43×10^{7}	3.48×10^{7}	3.52×10^{7}	3.55×10^{7}	3.59×10^{7}
人口年增长率/%	1.0	1.2	1.2	1.1	0.9
城市人口百分比/%	81.1	81.3	81.5	81.7	81.8
国内生产总值（GDP）/美元	1.79×10^{12}	1.82×10^{12}	1.84×10^{12}	1.78×10^{12}	1.55×10^{12}
人均国内生产总值/美元	52083.7	52495.3	52266.1	50185.6	43248.6
实际国内生产总值增长率/%	10.9	2.0	0.7	-2.9	-13.1
通货膨胀率（CPI）/%	2.9	1.5	0.9	1.9	1.1
失业率/%	7.4	7.2	7.1	6.9	—
总储备（现价美元）	6.58×10^{10}	6.9×10^{10}	7.2×10^{10}	7.5×10^{10}	8.0×10^{10}
总储备可支付进口月份	1.2	1.2	1.3	1.3	1.6
商业服务出口额（现价美元）	8.37×10^{10}	8.78×10^{10}	8.87×10^{10}	8.52×10^{10}	7.71×10^{10}
商业服务进口额（现价美元）	1.06×10^{11}	1.11×10^{11}	1.12×10^{11}	1.07×10^{11}	9.59×10^{10}
官方汇率（兑换 1 美元所需本币）	1.0	1.0	1.0	1.1	1.3
银行资本对资产的比率/%	4.9	4.9	5.0	4.9	5.1
银行不良贷款与贷款率/%	0.8	0.7	0.6	0.6	0.5
存款利率/%	0.5	0.6	0.6	0.5	0.1
贷款利率/%	3.0	3.0	3.0	3.0	2.8
上市公司市值占 GDP 百分比/%	106.9	112.9	115.0	117.5	102.8

数据来源：世界银行数据库

进入 21 世纪以来，加拿大国内生产总值一直保持着 2% ~3% 的增速，受金融危机影响，加拿大在 2009 年出现了经济的负增长，但坚实的经济基础和良好的产业结构使加拿大经济的复苏较快。2012 年欧债危机使加拿大国内生产总值增长率下降至 1.7%，2013 年全球经济复苏步伐强劲，2014 年加拿大 GDP（本币）增长率为 2.5%。2015 年全球经济复苏步伐放缓，全球石油价格的持续大幅下跌，使得依靠能源出口的加拿大相关产业和地区经济发展受到重创，加上持续性的加元贬值，经济增速放缓至 1.1%，实际国内生产总值增长率为 -13.1%。通胀水平总体温和，利率持平。国内就业状况显著改善。

总体来看，加拿大在人均国内生产总值位居全球前列的基础上，多年来一直保持经济的平稳增长、温和的通胀水平以及较小的汇率波动，宏观经济环境比较稳定，中长期经济前景较为乐观（图 8-1-4）。

出口和居民消费是经济增长的主要动力，但近年来二者增长疲软，金融危机爆发后，加拿大政府推出一揽子推动消费的经济刺激计划，各级政府对基础设施的投资稳定增加，道路、成熟排水系统、机场、地铁、医院和办公楼的建设均对经济增长发挥了积极的推动作用，持续低迷的住宅建设出现了较快的恢复增长，给经济增长进一步带来活力。全球油价上涨也给加拿大带来了巨大好处，激发了油气领域新增投资。在此背景下，商业性投资也明显恢复，经济表现持续向好。

尽管受欧洲债务危机拖累，加拿大经济增长在 2011 年底至 2012 年上半年期间出现短暂停滞，就业形势有所恶化，投资者信心出现下滑，但由于相对宽松的商业信贷环境拉动了投资的大幅增长，2012 年全年，加拿大经济仍保持了增长势头。目前加拿大的经济增长模式仍然比较依赖自然资源的出口，

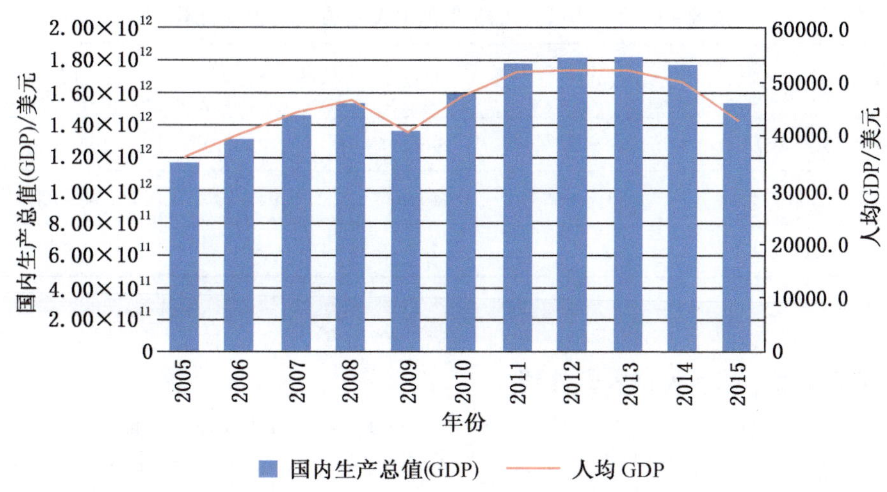

图 8-1-4　2005—2015 年加拿大国民生产总值 GDP 与人均 GDP（世界银行数据库）

2013 年以来，大宗商品价格的下跌进一步给工商企业及能源产业增长与盈利水平带来压力，目前不断攀高的企业负债水平与居民贷款杠杆水平都会对其未来经济发展造成一定阻碍。

1. 通货膨胀水平较低，无通胀压力

加拿大政府一直以来都将国内通货膨胀率控制在较低水平，使得国内基本无通货膨胀压力。2005—2015 年间，加拿大国内通货膨胀率基本维持在 2% 左右，上下波动非常小，基本持水平态势。较低的通货膨胀率使得加拿大政府在实施货币政策的过程中可以免受通胀压力的限制，从而使得政策更具有灵活性和有效性。

2. 经济恢复增长带动了就业明显增加

2008 年金融危机后，加拿大个别季度的失业率曾一度接近 10%。2009 年加拿大政府推出了两年 400 亿加元的经济刺激方案，其中 1/3 用于中低收入群体减税，120 亿加元用于未来两年的基建投资。经济刺激方案出台后当年失业率下降到 8.0%，2011 年进一步降到 7.4%，2015 年国内最新的失业率为 6.9%。加拿大政府当局刺激经济增长、改善劳动力市场供给结构和水平、提供就业培训增加就业等一系列举措，已经取得显著成效（图 8-1-5）。

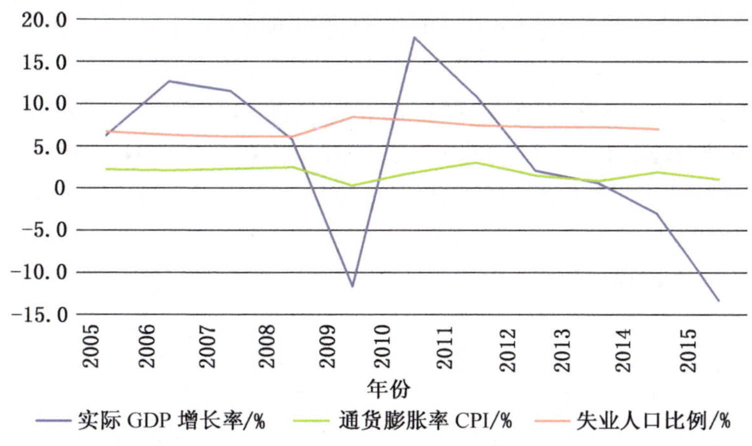

图 8-1-5　2005—2015 年加拿大 GDP 增长率、失业人口比例与通货膨胀水平（世界银行数据库）

（三）外国投资概况

2011—2015 年加拿大外国直接投资统计见表 8-1-2。

表 8-1-2　2011—2015 年加拿大外国直接投资统计

指标 \ 年份	2011	2012	2013	2014	2015
外国直接投资净额（现价美元）	1.18×10^{10}	1.29×10^{10}	-1.75×10^{10}	-3.24×10^{9}	2.54×10^{10}
外国直接投资净流入（现价美元）	3.83×10^{10}	4.94×10^{10}	6.94×10^{10}	6.54×10^{10}	5.57×10^{10}
外国直接投资净流入占 GDP 比/%	2.1	2.7	3.8	3.7	3.6

数据来源：世界银行数据库

1. 对外开放程度较高，政府重视吸引外资

加拿大统计局网站发布的数据显示，到 2014 年，加拿大供给吸收外国直接投资达 722.9 亿美元，占当年 GDP 的 4%。在加拿大前 10 大企业中，外资企业占 4 家，全国非金融资产的 25% 由外国投资者控制。但在全球能源市场低迷的情况下，外国投资者对加投资略有下降。

加拿大的外国投资主要来自美国，此外还有荷兰、英国、瑞士和法国。来自亚洲的投资约占加拿大利用外资总额的 5%。加拿大外资进入较多的行业依次是天然气、保险、化工和计算机制造。吸收外资较多的省份为安大略、魁北克、艾伯塔和不列颠哥伦比亚。

2. 投资相关法律及行业限制

1985 年 6 月通过的《加拿大投资法》是目前加拿大管理内外投资的基本法律。《加拿大投资法》宗旨是鼓励加拿大人和非加拿大人在资本和技术上投资，促进加拿大经济增长，增加就业，对非加拿大人的重要投资进行审查等。与《加拿大投资法》相配套的还有《加拿大投资规则》和《公司法》。据世界银行的报告，加拿大是世界上开办公司需要程序最少、时间最短的国家。

加拿大对制造业方面的投资基本没有限制，但对服务业的外国投资设有诸多壁垒，限制措施多体现在持股比例方面。《加拿大投资法》特别条款以及加拿大联邦和省其他有关法律规定对特殊产业的外资比例设定了额外的限制。此外，外国投资者并购加拿大公司也受到某些限制。加拿大还对石油天然气、农牧、图书发行和销售、航空、渔业、酒类销售、采矿、工程、医药及证券交易等行业均设有一定的联邦和省级法律法规的约束。

加拿大法律规定，外国持股人不得拥有加拿大任何大众传播企业 46.7% 以上的股份。对于资产达到或超过 50 亿加元的大型银行，任何个人都不得收购该银行超过 20% 的投票权或超过 30% 的非投票股权。任何个人持有资产在 10 亿加元以下的中小银行股份，需事先得到财政部批准。外商在铀矿开场和加工企业中所占比重不得超过 49%，但如果能证明企业在加拿大人的有效控制之下则可例外。

近年来，加拿大出台了一系列鼓励投资的措施，包括减免税收和扩大开放。“加拿大经济行动计划”取消了多个投资领域限制，涉及基础设施、职业培训、社会经济住房和住房修缮补贴、能源技术更新、农业与林业、旅游业、铁路客运设施和港口等多个领域。不过加拿大前总理哈珀也表示，虽然加拿大持续欢迎外国投资，但不希望所有部门都被外国国有企业占据。

（四）中国对该国的直接投资（表 8-1-3、表 8-1-4）

表 8-1-3　2010—2014 年中国对北美洲国家直接投资流量统计表　　万美元

国家（地区） \ 年份	2010	2011	2012	2013	2014
加拿大	114229	55407	79516	100865	90384
美国	130829	181142	404785	387343	759613
百慕大群岛	17086	11583	3899	1893	70769
北美洲	262144	248132	488200	490101	920766

表8-1-4　2010—2014年中国对北美洲国家直接投资存量统计表　　万美元

国家（地区）＼年份	2010	2011	2012	2013	2014
加拿大	260260	372756	505072	619619	778908
美国	487399	899303	1707977	2189956	3801097
百慕大群岛	35267	75184	337250	51399	215144
北美洲	782926	1347243	2550299	2860974	4795149

数据来源：2014年度中国对外直接投资统计公报

中国对加拿大的直接投资在近10年来快速增长，尤其是2008年金融危机之后，由于加拿大政府大力鼓励外商投资进入，中国对加拿大的直接投资呈爆炸式的增长。投资流量由2008年的703万美元迅速增长至2013年的10.0亿美元，2014年，由于全球石油价格走低，中国对加拿大投资流量减少至9.03亿美元。截至2014年底，中国对加拿大的直接投资存量达到77.8亿美元。

中国在加拿大投资的主要中资企业有中海油、中石化国际石油勘探开发公司、中油国际、武钢、兖煤、中国银行、中国工商银行、中国远洋运输、华为和中兴等，主要投资的领域为能源、矿产以及电信行业等。

三、政治经济总结

加拿大位于北美洲北部，与美国接壤，总人口3490万，是世界经济及综合能力最发达的国家之一，在政府透明度、经济自由度和营商环境等方面都处于世界前列。加拿大社会稳定，是世界上最安全的国家之一，投资的政治和经济风险总体较低。

政治方面，加拿大是世界上邻国最少、地缘政治最简单的国家之一，优越的地理位置为其提供了稳定良好的国际环境。加拿大政局保持长期稳定，法律制度健全，政策公开透明，政治发展和社会秩序安定有序。良好的国内外环境吸引了大量外国资本进入。同时，现政府由多数派领导，执政基础更加巩固，国家发展政策连续性强。值得注意的是，加拿大实行联邦制，联邦政府权限较小，各地方政府在发展国家经济上发言权较大，这使得联邦政府在协调地方利益上力度较弱。2015年10月19日晚，加拿大第42届联邦议会选举开票，在野的自由党取得多数席位获胜，党魁贾斯廷·特鲁多则成为下任总理，特鲁多主张联邦政府在基础设施、养老金、环境、收支平衡等方面增加更多干预措施。同时，加拿大对环境保护要求较高，也是环保团体、动物保护组织和原住民团体等非政府组织较为活跃的国家。这些组织在加拿大形成强大力量，在反对能源和矿业开发方面影响较大。

经济方面，加拿大是世界第三大矿业国和传统的能源生产国，国民经济部门完整，拥有现代化的工矿业体系和先进的开采冶炼技术，矿业是其国民经济的重要支柱。丰富的自然资源、完善的基础设施和良好的矿业环境吸引了大量投资。加拿大是世界上经济开放度最高的国家之一，政府一直重视吸引外资，并通过《加拿大投资法》鼓励外商在资本和技术上投资，促进经济增长。2014年加拿大政府的财政赤字日益严重，特别是国际石油价格的大幅度下跌，导致依赖石油采掘和出口占比过高的加拿大资源部门与制造产业受到较大影响与损害，联邦政府的税收进一步减少。基于财政预算平衡，一些地方政府不断削减或减缓部分公共事务部门或非营利部门的福利与薪资涨幅，导致劳资矛盾、民众与政府的矛盾加深。加拿大在人均国内生产总值位居全球前列的基础上，通货膨胀保持温和状态，汇率波动较小，宏观经济环境较为稳定，预计未来短期加拿大经济面临下行压力，但长期仍将保持乐观态势。值得注意的是，近年来中国对加拿大的直接投资呈爆炸式的增长，其中国有企业是投资的主力，前加拿大总理哈珀表示，虽然加拿大持续欢迎外国投资，但不希望所有部门都被外国国有企业占据，在一定程度上可能会加大国有企业进入加拿大投资的难度。

在富煤国家中，加拿大被众多的投资评价机构认定为全球矿业投资环境最好的国家之一。加拿大的主要优势在于其稳定的政治局势，发达的经济体系，健全的政治与法律制度和高度透明的行政与司法体系。其主要劣势在于反对能源和矿业开发的组织力量较强，可能导致许可证延误或项目暂停等一系列问题，对能源矿产开发形成较大压力。

第三节 法 律 环 境

一、矿产资源开发相关法律制度

（一）主要监管机构

根据加拿大现行法规，除了为少数私人或土著居民拥有的情况外，矿产资源分别属联邦和省区两级政府所有，西北及育空地区矿产资源、本土以外的水域及大陆架资源和铀矿资源属联邦所有，其他属省区所有。因此，加拿大对于矿产资源的管理分为联邦和省两级。

加拿大自然资源部是联邦政府管理能源、矿产和森林资源的主管部门。该部下设地球科学局、矿物与金属局、能源总局和森林服务局 4 个局。能源总局是管理加拿大能源工业的独立联邦管理机构，下设 7 个分局。它在能源方面的职责是制定国家总体能源战略和政策目标，确保资源的有效合理开发利用和国内能源供应。国家能源委员会是加拿大国家能源监管机构，隶属自然资源部，但有独立行使职能的权力。值得注意的是，联邦政府在矿业方面只享有对矿产的宏观管理权，如铀矿的勘探、开发管理，与国有企业有关的矿业活动，西北地区、育空地区和领海的矿产资源管理。

相比之下，矿产资源的主要管理责任落在了各省（区）。各省（区）设有矿业管理专门机构，他们在各自管辖范围内独立行使矿产资源管理职能。主要负责管理本省（区）范围内矿产资源的勘探、开发、开采以及矿山的建设、管理与关闭；确保规划决策不与矿山开发相冲突，保证矿产的后续利用；确保市政府不过分限制符合采矿法的生产矿石，从而保护地区经济；帮助维护与矿产有关的投资利益；保护人民生命财产不受危害。联邦政府对省（区）只有评论权，通过设立一个由各省（区）矿业界代表和自然资源部代表组成的全国性矿业协调委员会，协调和跟踪了解各省（区）的矿业情况。

（二）矿产权证的取得

1. 矿产权证的种类

在加拿大开发矿产，必须取得矿业权（Mining Rights）和地面所有权（Surface Rights）。矿业权由勘探许可（Prospector's License）、勘区证（Mining Claim）和采矿租约（Mining Lease）组成。

1）地面所有权

地面所有权，又称矿面权，即土地使用权。持有人若想对附着在该地面下的矿藏进行勘探或开采，取得该土地的使用权无疑是行使其他矿产权利的基础和前提。如果地面所有权为私人所有，采矿权人进入需经其同意；如果私人不同意，法律规定了采矿权人的程序。如果地面所有权为国有，采矿权人可直接进入，不用花费。

2）勘探许可证

加拿大的勘探许可证类似中国的资格证或是采矿者执照，只有获得勘探许可证才有可能取得勘区证和采矿租约。该证的授予要求较低，只收取名义费用。

在艾伯塔省，勘探许可申请人向能源保护局提出申请，只要公司持有许可执照，就可以在省内经营勘探许可，时间不限，不可续约，费用为 50 美元。

3）勘区证

勘区证持有人可打桩或在地图上确定勘探范围。持有人只有具备勘探权，才有申请采矿租约的优先权。勘区证要求最低投入，每年要向政府提交勘探工作报告。勘区证可转让。

4）采矿租约

加拿大有两种采矿权益收购机制：自由进入制与政府自行决定制。

根据自由进入制，凡是开放准许进行勘探和开发的土地，个人可进入开采政府的矿产资源并标桩申请。典型意义上的标桩申请大致是指对圈定的土地范围竖立一定数量的界桩，界桩上写明标桩申请的内容，并以这些桩圈定相应范围。这一过程的每一步骤均有严格的法律规则。大多数省和地区要求在标桩申请前必须要获得勘探许可证或类似相同的许可证。在标桩申请完成后，进行标桩申请的人在当地有关部门登记，一般为省采矿登记部门。申请人对所申请批准的土地不得任其闲置。通常，他必须在场地上实施特定的作业，在某些情况下，还必须向省或地区报告该土地的矿藏情况以及申请人是否有意对其进行开发。一般情况下，根据自由进入制，只要申请符合规定，又符合适用法律的最低要求，申请人就有权进而申办并领取该土地的采矿租约，从而开发与采掘其中的任何矿藏。根据这个机制，采矿权的获得原则是先到者先得。

依照政府自行决定制，省或地区政府作为矿藏资源拥有人，有权决定一个人能否及以何种条件进行矿产资源勘探。政府一般通过颁发执照或许可证形式来批准探矿活动。持证人如果要对所批准的土地进行开发，通常还需要申办采矿租约，因而政府在此可以依法有权决定是否颁发采矿租约。根据这一机制，采矿权依照各省或地区的适用法律授予获得。

不列颠哥伦比亚省、马尼托巴省、纽巴伦瑞克省、纽芬兰省、安大略省、魁北克省、萨斯克彻温省以及努纳维特地区、育空地区与西北地区采用自由进入制；艾伯塔省、新斯高沙省以及爱德华王子岛采用政府自行决定制。

采矿租约为最高租约，包括采矿权和处置权。一般申请要求：做了足够的工作，进行了地面测量，证明已进行地面权补偿。申请采矿租约，申请者不一定向政府出示矿产储量资料。在租约末期，权属收归政府。但如果没复垦完，政府不收回权属，直到矿山企业复垦完。

2. 各省（地区）的矿产权证取得

1）安大略省

在安大略省，任何人想要标桩并登记采矿必须首先取得采矿者执照（即勘探许可证）。申请人不一定必须是本省或本国居民，但必须有本省从业地址。申请采矿执照可以在该省的注册办公室登记，依照安大略省《采矿法》规定格式办理。

安大略省采矿者执照持有人可以进行标桩申请（即勘区证的申请）。标桩申请后就可以对特定的土地进行探测以便确定是否值得进一步开采而办理该土地的采矿租约，但是，标桩申请人还无权将采掘的矿产品出售。有些土地必须由部长批准方能标桩登记。另外，有一些土地按照法律根本不准许标桩申请。采矿申请的先后以“先来者先得”为原则。

勘区申请赋予申请人对申请范围内自然生成的金属与非金属矿产资源的所有权。一般来说，除了有权从矿面上进入、使用与占据进行勘探和有效采掘地下矿产资源而进出的必要部分外，采矿申请人对所申请土地的矿面权没有任何权利、所有权或要求。采矿申请人在未办理采矿租约之前，必须对所申请的土地进行评估。其每年支出的费用耗资不低于每16 ha约400加元。

至于要把采掘的矿产品进行出售，申请人必须首先取得土地的采矿租约或矿业批准书。矿业批准书指政府在收到低廉的申请费后颁布的批准书。采矿租约与矿业批准书有所不同。采矿租约转让或授予土地所有权通常有一定的期限，并且要定期交纳预先确定的租金。采矿租约一般可以转让和续约，而矿业批准书则不能如此。除非采矿租约另有规定，租约赋予持约人该土地属于政府的全部权利以及该土地范围内一切矿藏与矿物。通常情况下，申请人只要符合一系列法定条件，在安大略省就有当然的权利获得采矿租约：

（1）只要申请人对申请开采的土地按照规定完成了首期勘测评估工作，就可以申请办理采矿租约。

（2）递交采矿租约申请时要一起递交矿面权补偿协议，视情况有关补偿费已经支付，或做了抵押担保或已经偿付；

（3）还必须附有经安大略省测绘局局长批准的测量图；

（4）必须要缴纳的费用。

安大略省采矿租约以21年为一个租期，租期届满可再续21年。无部长书面准许，持约人不得将采矿租约转让、抵押、作价或转租。

在安大略省要保持采矿租约资信良好，持约人必须遵守《采矿法》的各项要求。租约涉及的土地、矿面权或采矿权只能用于采矿业，这一条如有任何违反都会导致采矿租约无效。此外，采矿租约第一次到期后的续约必须满足法定条件。

安大略省《采矿法》将矿面权定义为除采矿权之外对土地的每一项权利。相比而言，采矿权则指对矿物本身、内部或地下矿藏的权利。在规范矿面权所有人和采矿权所有人之间关系方面有一整套法律和规章以减少冲突，确保对矿面权所有人公平补偿，以及方便矿产的采掘与开发。任何地面权租约的期限必须与地下采矿租约的期限一致。在私人拥有矿面权的情况下，按常规他有权向在其土地上进行勘探并标桩申请开矿的业者要求补偿。补偿数额由两者自行磋商，若无法达成协议，矿业和土地专员（以下称“专员”）可以裁决决定补偿数额，不服裁定且标的额超出一定数额的，可以向省分区法院上诉。

2）其他各省

安大略省管理采矿活动的法律框架内容在加拿大全国来说较为典型，其他各省（地区）的法律规范内容大致相像，但仍存在细微差别：

（1）艾伯塔省。在艾伯塔省，只要公司持有勘探许可执照便可以在省内经营，时间不限；申请勘区证应向能源保护局提出申请，使用期限为 10 年，不可续期；在 1976 年 7 月 1 日之后批准的采矿租约的期限是 15 年，且可以续期 15 年。

（2）不列颠哥伦比亚省。该省的勘探许可证期限为 30 年，可以续约；勘区证使用期限为 1 年，可续约；采矿租约期限为 30 年，可以续约，转让无须经过同意。

该省《矿产法案》(Mines Act）规定：矿产的所有人，代理人，管理人或者其他人在矿山内开始任何工作之前必须得到由首席视察员签发的许可证，必须和一位视察员一起填写预期工作的详细计划。为了保护和保存受到矿业活动影响的土地、水资源、文化遗产资源，矿产的所有人、代理人、管理人或者其他人要提交复垦计划，计划中应包含细则或者法令要求的信息、详情和地图。矿山的所有人、代理人或者管理人需要向州长委员会交付矿山复垦专项资金，此资金将储存在以此矿场命名的独立账户中。如果有人对矿山进行收购，在收购人开始采矿作业前，需要向首席视察员申请签发许可证或者为了使申请人可以作为许可证的持有人修改现有的许可证。在任何时候视察员均可以视察矿山，也可以视察其认为没有得到许可证就正在进行采矿活动的场所。

（3）马尼托巴省。勘探许可证在公司存在期间均有效，不可续约；勘区证使用期限为 2 年，可续约；采矿租约期限为 21 年，可续约，转让须经过部长同意。

（4）新布伦瑞克省。该省颁发的勘探许可证于颁发当年 12 月 31 日失效，不可续约；勘区证使用期限为 1 年，可续约；采矿租约期限为 20 年，可续约，转让必须经部长同意。

（5）纽芬兰省。勘探许可证有效期为 1 年，可续约；勘区证使用期限为 5 年，可续约；采矿租约期限为 25 年，可续约，转让必须经过部长同意。

（6）西北地区。勘探许可证颁发后至 3 月 31 日到期，可以续约；勘区证期限为 3 年或 5 年，根据土地申请位置而定，可以续约；采矿租约期限为 21 年，可以续约，转让无须经过同意。

（7）新斯高沙省。勘探许可证期限为 1 年，可以续约；该省不适用勘区证，也就是说该省采取自由进入制，拥有勘探许可执照的公司或个人可以直接标桩，申请采矿租约；采矿租约期限为 20 年，可以续约，转让必须经部长同意。

（8）努纳维特地区。勘探许可证期限为 1 年，可以续约；勘区证期限为 10 年，可续约；采矿租约期限为 21 年，可续约 21 年，转让无须经过同意。

（9）爱德华王子岛省。勘探许可证期限 1 年，可以续约；勘区证期限亦为 1 年，可以续约；采矿租约期限为 20 年，可以续约，转让必须经部长同意。

（10）魁北克省。勘探许可证期限为 1 年，可以续约；勘区证期限为 2 年，可以续约；采矿租约期限为 20 年，可以续约，转让必须经部长同意。

（11）萨斯喀彻温省。勘探许可证期限为 2 年，不可续约；勘区证期限为 2 年，可续约；采矿租约有 10 年期限，可续约，转让无须经过同意。

该省的《煤炭处置法案》对煤炭的勘探开采许可做了特殊规定：行政长官通过颁发勘区许可，允许申请人勘探女王所有的含有煤炭资源的土地。这个许可不允许持有人从许可的土地内提取、获得或生产煤炭，只允许为了试验分析的目的或者为了矿物学（或其他科学）研究从许可土地内提取煤炭样品。为了申请勘区许可，需要把申请材料书面提交到行政机构，申请的期限为 3 年，可以续约。申请人向行政长官书面提出申请，以签订采矿租约，租约期限是 15 年，可以续约，转让无须经过同意。租约人可以将自己的租约部分或全部转让给他人，这种转让交易需要书面提交给行政长官，行政长官有权拒绝登记转让关系。

（12）育空地区。勘探许可证因地理位置不同而有所区别：北纬68°以北为2年，北纬68°以南为1年，可续约；勘区证期限为1年，可续约；采矿租约期限21年，可续约，转让必须经部长同意。

（13）联邦政府。联邦政府的立法适用于境外水域和大陆架。在该区域内，勘探许可证的期限截止于颁发后的3月31日，可以续约；勘区证期限为10年，可续约；采矿租约期限21年，可续约，转让无须经过同意。

（三）许可证的转让

加拿大矿业权可以进行转让。基本要求是矿业权转让按法规规定的书面内容由当事人执行，但勘区证的转让则不要求严格按照法规规定的样式进行。

所有的管理当局都有矿权转让的登记机制。魁北克省要求每个转让由能源和矿山管理的公共登记部门进行登记，而勘区证、勘探许可则不需要。其他当局，如安大略省和不列颠哥伦比亚省，是否登记是可选择的。在艾伯塔省，采矿租约的转让无须能源保护局同意，但需要向能源保护局进行备案通知。当矿场、矿山或者任何重要部分进行所有权转让时，转让人和受让人都需要立即向能源保护局提交书面交易通知，并提供能源保护局需要的关于所有权转变的任何详情。在收到交易通知后，能源保护局应当修改原有的许可证或废除原有的许可证，颁发新的许可。

（四）土地征用权

加拿大的农场土地由私人所有和从皇家或州政府租赁土地两种形式。根据加拿大《联邦土地及不动产转让法》规定，联邦政府有权处置国有土地，如港口、公共土地等，但须经法定程序批准生效。其他土地征用及开发主要为省政府权力，安大略省《土地规划法》规定省政府有权控制土地规划、征用、开发并可授权下一级政府负责执行。根据加拿大联邦《公民法》及《公司法》，非加拿大居民或企业也可以购买、拥有及出售土地及房地产，但同时赋予各省权力对外国人及企业购买土地及不动产进行限制。在省级范围内，外国人与加拿大人具有平等的地位，政府根据联邦政府发布的《外国投资审查法》进行审查，以便对外国人拥有土地用于开发进行间接调控。获得土地使用权主要通过租赁，大多由各省法律规定。

在加拿大，并非所有土地都可以用于采矿活动，每个省的自然资源部都有权决定土地是否用于矿业开发。在大部分省和地区，有关矿业立法对处理土地所有人和采矿权所有人之间关系制定了相关的法律规范；立法中如有未规范的遗漏事项，将依照惯例法（在魁北克省依照民法）处理。处理土地所有人和采矿权所有人关系的一般规则为双方使用各自资产时不得损害其比邻对方。

在大多数省和地区，凡出现对地面产生重大不良影响情况时，采矿权所有人将被要求对土地所有人进行赔偿。在有些案件审理中，因损害的程度或因不可修复而无法妥善赔偿土地所有人时，则可能要求采矿权所有人买下土地所有人的土地。

如果私人土地所有人不同意申请人进入土地进行必要的使用，法律规定了采矿权人向政府申请地面权利许可证的程序，同时政府决定一个赔偿数额给土地所有人或承租人。如果地面所有权为国有，采矿权人可直接进入，不用花费。

二、跨国矿业投资相关法律制度

（一）劳工制度

根据加拿大《移民与难民保护法》，非加拿大籍人在持有工作许可的情况下可以在一定时间内从事某项特定工作，基本原则是：加拿大的工作职位空缺尽可能由加拿大人来补充，只有当职位没有符合要求的加拿大人来补充时，才考虑雇佣外国人。加拿大移民局（Citizenship and Immigration Canada）和人力资源和社会发展部（Human Resources and Skills Development Canada，简称HRSDC）是主管工作申请的政府部门。

如果需要在加拿大工作，必须申请办理工作许可证。首先，申请人必须从加拿大雇主那里得到雇佣信件。收到雇佣信后，HRSDC通常会提供一个劳工市场评估或简单地确认申请人所持雇佣信的合法性，并确定此雇佣是否对加拿大劳工市场有利。例如，如果市场短缺计算机程序设计师而申请人确有此技能，则该申请人就有可能获得工作许可证。外国公民欲来加拿大工作，必须持有加拿大政府签发的工作许可证，该证允许外国公民在加拿大最长工作 3 年时间。工作许可证限于特定的工作职位和特定的时间，必须在进入加拿大之前获得。

（二）国内市场义务

在艾伯塔省，《矿山和矿物质法案》(Mines and Mineral Act) 第 69 条规定：采矿租约的承租人，除非有部长的指示，需要把煤炭按每吨的价格销售给艾伯塔省的居民，满足他们市场的需要。每吨的价格不能超过上个月每吨的平均价格，并且上个月承租人销售相似的煤炭可以满足当地居民的需求。因此，在艾伯塔省，煤炭的销售需要先满足省内居民的需求，才能销售到省外和国外。

（三）贸易和投资制度

1.《进出口许可法》

根据《进出口许可法》，加拿大进出口控制局负责按照进口控制清单实行监控。进口控制清单通常包括产品清单，其中仅对特定国家和地区一些产品实行控制，进口控制清单中的所有产品都需要获得进口许可。目前实行进口控制的产品主要是各种农产品、纺织品及服装类、特定的钢铁产品以及武器及军需品，而对服务于采矿工作的机械与设备没有实质限制。根据《进出口许可法》，加拿大政府对部分产品和地区实行出口控制，出口受控的产品或向受控地区出口产品均需获得出口许可证。目前，出口控制清单分为出口产品清单、出口地区控制清单和控制武器出口国家清单。根据 2002 年 4 月发布的至今仍然有效的出口产品控制清单，矿产品并不在受控之列。

2.《加拿大投资法》

1）投资主管部门

加拿大投资业务由加拿大外交国际贸易部、工业部和遗产部主管。外交国际贸易部负责投资促进和宣传，工业部负责非文化项目的审核，遗产部负责审核文化项目的投资。

2）投资行业的规定

《加拿大投资法》规定，任何一项外国投资都需要向政府备案或者通过政府的审核。政府审核的标准比较复杂，但主要取决于投资项目及其金额。对投资金额和投资项目的限定主要从直接投资、间接投资和敏感经济领域投资 3 个层面进行了规定：

（1）直接投资的审核门槛。除敏感经济领域除外，WTO 成员国企业并购加拿大公司所涉金额在一定数额以上的，需经过加拿大政府审核，否则只需向政府备案。该金额每年会进行调整。非 WTO 成员投资，以及敏感领域的直接投资在 500 万加元以上的需经政府审核，500 万加元以下的只需向政府备案。

（2）间接投资的审核门槛。WTO 成员投资（敏感经济领域除外）不需要审核。非 WTO 成员投资以及敏感领域间接投资在 5000 万加元以上的需经政府审核，除非间接并购的资产代表所涉及企业 50%以上的总资产。不需经政府审核的投资交易需要在交易完成或者新企业设立之前或之后 30 天内向政府备案。需经政府审核的投资交易在向工业部提交申请后，工业部长将在 75 d 内进行审核，并作出批准或不批准的决定。

（3）敏感经济领域的外资政策。为防止外资对国内部分产业和经济发展造成冲击和损害，甚至影响到国家的主权和根本利益，加拿大对外国投资进入其敏感经济领域制定了一些限制措施。这些敏感领域主要包括铀的生产、金融服务、交通服务以及文化产业。

《加拿大投资法》的特别条款以及加联邦和省其他有关法律法规对银行业、大众传播业、渔业、铀矿业、交通运输业、通讯业、保险业、土地市场等特殊产业的外资比例设定了额外的限制。

3）投资方式的规定

外国企业（包括中国公司）在加拿大投资的主要形式有公司代表处、有限公司、合资公司等。投资领域涉及资源开发、工业生产、建筑承包、农牧渔业、餐饮业、科技文化交流、贸易、金融服务、交通运输、咨询服务等。

（1）投资申请程序。根据《加拿大投资法》第 11 条的规定，非加拿大人的投资如果是在加拿大建立新企业，只需向管理当局上报备案即可。一般而言，投资者无需再进一步呈报资料。除非该企业属于被保护产业，否则此项投资无须经过审核或批准。

（2）投资审核程序。如果非加拿大人投资某些特殊行业，或接管现有的企业，该项投资不仅需要申报，而且需要依据《加拿大投资法条例》接受审核。《加拿大投资法条例》第15条、《加拿大投资法》第16、第20及第21条等在这方面作了详细的规定。每一投资项目都将以个案方式接受评估，以决定此投资项目是否对加拿大有利。项目评估时考虑的因素主要包括该投资对加拿大经济活动及性质是否有影响，包括对就业、原料加工、本国设备、零部件及服务效率增加，以及扩大出口、提高加拿大的国际市场竞争力是否有益；加拿大国民是否能够在新企业或新企业所属的产业中得到充分参与及就业机会；该投资是否能提升生产力及效率，促进科技发展及产品创新，并使产品多元化；该投资对相关产业的竞争情况有何影响，是否与全国工业、经济及文化政策兼容。

（3）项目修订。投资申请如果不是“对加拿大有利”的投资项目，申请人可向主管当局申明理由，说明未来的营运计划及目标，并提出保证，以取得投资许可。主管当局日后可能对以此方式获得许可的投资进行复审，以确定投资人是否履行了当初的承诺。

（4）对不公平竞争提出审查意见。依据《加拿大投资法》的规定，加拿大工业部公平竞争局（Competition Bureau）对于企业并购的投资项目需就公平商业竞争及损害投资的立场提出意见。即使不需经过《加拿大投资法》审查的投资项目，如果超过某一限度，在公司合并前必须向公平竞争局备案。因此，当投资企业谋求通过取得现有加拿大企业控股权方式扩张投资企业的运营规模时，须事先参考公平竞争局的审核意见。

（5）投资人定义。加拿大人投资者是指加拿大公民、永久居民、政府和机构控制的信托公司、合营企业或《加拿大投资法》所特别界定的加拿大人控制的任何机构。非加拿大人投资者则指不符合上述定义的投资者。

4）外资并购国家安全审查制度

加拿大先后于1973年、1985年颁布《外国投资审查法》（Foreign Investment Review Act，以下简称IRA）、《加拿大投资法》，并成立加拿大投资局，通过审查手段对外商投资进行有效规制，这里的审查指的是外资准入普遍审查。随着外资并购规模的不断扩大，各界对外资并购影响国家安全的争议愈演愈烈，加拿大为了保障本国国家安全，于2005年7月出台IRA修正案（简称C－59），建立起真正意义上的外资并购国家安全审查制度。

（1）加拿大的外资并购国家安全审查制度实体性规定。加拿大的外资并购国家安全审查制度是建立在外资准入审查基础之上的，IRA中有关国家安全审查的实体性规定也体现了这个特征。IRA只针对国家安全审查有别于外资准入审查的制度设计做了特殊规定，其他未作特别说明之处，国家安全审查应遵照外资准入审查的规定。

外资并购国家安全审查主体：

加拿大外国投资审查的主管机构为国际贸易部和工业部，负责外国投资法的修订、审核及实施，并为投资者提供服务。2009年9月17日国会总督颁布的《投资国家安全审查条例》详细列举了具体审查中特定的调查机构（Certain Investigative Bodies）和调查机构类别（Classes of Investigative Bodies），指出部长可向调查机构披露并探讨外资并购审查特定信息，以便更好地促进外资并购国家安全审查的进行。采取特定部门参与具体审查案件的形式，可以确保审查的针对性和专业性。

在加拿大，总督在外国投资审查环节具有广泛的权力，包括调查权和决定权。当部长提议一项外国投资可能威胁国家安全时，总督有权下令对该项投资进行审查；而如果调查结果表明该项投资威胁加拿大国家安全，总督可以采取任何有利于国家安全的措施来消除投资对国家安全的影响，包括禁止该项投资、要求非加拿大人转让其控制权等。而部长拥有外国投资审查的实体权力和程序权力，负责具体投资审查的绝大部分事宜。根据IRA的规定，部长是指在加拿大女王枢密院成员中，由总督指派执行本法的部长。在现实中，总督通常会指派工业部长负责一般性并购投资活动。而对于涉及文化企业的投资，则由加拿大文化遗产部长出任部长负责审查。

外资并购国家安全审查对象：

加拿大外商投资审查的对象是非加拿大人在加拿大的新建投资和对加拿大国企的并购。加拿大对外国人的确定采取国籍法，但是对于企业的界定，则采用的是营业地法。IRA 对外资并购国家安全审查规定了具体的审查对象。

外资并购国家安全审查标准：

“审查标准”和“国家安全”的确定是国家安全审查制度的核心。加拿大对此并未给出详细界定，只是笼统地规定工业部长应当审查投资是否损害国家安全。但是可以根据 IRA 的行文推测工业部有关“国家安全”的审查主要参考净利益的哪些评定因素。

为了增强审查的预见性和操作性，加拿大规定将金融、能源（石油及天然气生产、电力、核能）、交通（铁路、航空事业）及文化与通讯（广播、出版、电讯等）作为四大敏感行业，对这四大行业的外国投资予以严格限制或者禁止。而对于其他行业的外资进入程度，加拿大并未作出绝对规定，避免将国家安全审查局限于某一个或多个行业，从而鼓励工业部应当对并购进行综合考虑。

此外，2007 年加拿大工业部颁布的《加拿大投资法》指南中就国有企业投资指南部分在上述评定标准基础上，还规定了几项详细的审查标准。所谓国有企业，指直接或间接被外国政府所有或控制的企业。在审查国有企业对加拿大取得控制权是否对加拿大具有净利益时，工业部应对国有企业的治理、商业定位和报告结构进行考量，此项调查应当包括非加拿大人是否符合加拿大公司治理标准（包括关于透明度和披露的承诺，董事会独立成员、独立审计委员会和股东的公平对待等）、遵守加拿大法律和惯例。调查还将包括一国政府对非加拿大企业的所有或控制的方式和程度。此外，加拿大还应评估国有企业收购加拿大本土企业后，被收购企业是否能继续在为维持全球竞争地位所应适度保持的资本支出等方面开展商业运作。因此可以看出，加拿大对由外国政府控制实体进行的并购是十分重视和敏感的。

（2）加拿大外资并购国家安全审查程序性规定。

非加拿大人对加拿大投资的准入分为两种情况。第一种情况下，外商投资只需申报，提交法律规定的全面信息，就可以开展投资活动，这类投资主要是指在加建立新企业。第二种情况下，外商投资除了需要申报，还要进行准入审查，此类投资包括非加拿大人投资某些特殊行业或并购现有企业；非加拿大人收购现有加拿大企业控制权时出现了法律规定的需要审查的情形。针对第二种情况的投资，部长将以“净利益”为标准审查投资是否有利于加拿大，而申请方也有权就投资某些焦点问题进行陈述，作出承诺。而对可能威胁国家安全的外商投资的规制，也主要集中于第二种需要审查的投资。

加拿大的外资并购国家安全审查程序包括通知—申报材料—审查—决定—实施五个阶段。IRA 对每个流程都做了详细的规定。

3.《竞争法》

《竞争法》为审查和监管在加拿大的企业兼并和收购建立了完备的法律框架。此外，如果兼并交易的规模达到一定门槛界限，还制定了事前申报机制并规定了相应的审查期。

任何兼并[①]均有可能按照《竞争法》的规定由专员提交竞争法庭审查。专员可以将某一宗拟议中的或已经完成的交易（如果完成未满 3 年）提交该法庭。法庭可以就拟议交易的全部或任何部分签发命令，也有权解除已完成的交易，或者剥夺交易的资产或股权。法庭还可以在专员和交易各方同意的基础上签发命令。在做判决之前，法庭必须确定该项交易阻止或削弱，或可能实质上大大阻止或削弱相关市场的竞争。法庭一般采用经济和法律分析来做出这种“确定”。

除了按照《竞争法》规定的程序对投资交易进行实质性的审查外，某些大规模的交易必须事先申报。除某些例外，一般如果在加拿大已经有一家或多家经营业务时，一项拟议中的收购资产或股份交易案，或者通过合并或重组在加拿大创建新企业，或者进行业务活动超出确定的限额门槛时，交易各方就要事先向专员申报。审查期限未满，交易不得成交。

一般情况下，投资交易是否需要预先申报设定有两个门槛界限：其一是交易各方加上其所属分公司的总资产，或者销售收入额，包括在加拿大国内的销售、从加拿大出售到国外或从国外卖入加拿大的销售，其总额规模超出 4 亿元时要预先申报。其二是交易本身达到最低限额。

---

①此处定义为以直接或间接收购或创建方式，整体或部分地控制其竞争者、供应商规模的企业利益。

4.《加拿大公司法》

公司成立：

成立一个公司首先要由创办人（Incorporator）向公司局递交注册书（Articles of Incorporation），注册书必须写明创办人提议的新公司名称（Proposed Name）、公司总部地址、首任董事会成员名单、各类股票权益和业务范围等。如果业务范围和股票转让受限制，则必须在注册书中注明。另外，创办人还需做公司名称查询，以确保提名未被占用，查询报告连同注册书一起递交给联邦政府。政府一般在2~4个工作日内给以回复，并颁发注册证书。

（1）公司组织形式。公司成立之后，律师会起草一些基本组织文件以确立公司内部组织结构（Organizing Resolutions）。这些文件会正式确认董事局成员、公司股票的分派、公司内部章程（By-Laws）、管理层人选及其各自的权利。除此之外，公司股东之间可以订立股东协议，相互约定彼此之间的其他权利和义务。

（2）董事局。加拿大公司是独立的法人实体，但并没有法人代表的概念，最高决策机构为股东大会。股东大会每年必须召开一次，其职能是选举董事局，批准董事和主要管理层的报酬并讨论通过年度财政报告。董事局产生之后，对公司运作全面负责。董事局可以设董事长，其权限由公司内部章程决定。董事局会议并不一定会定期召开，但一般公司规定重大决策必须有董事局批准才能生效。作为公司董事所肩负的责任和义务很多。首先，董事对公司有信托义务（fiduciary duty）——董事必须忠实地为公司服务，不能侵害公司利益。例如，董事不能与该公司所经营的业务竞争。又例如，董事若获悉与公司业务相关的商机，必须把此信息透露给公司而不能独自占有。另外，董事还必须承担财务风险。虽然有限公司对股东的个人财产起到保护作用，但是在某些特定情况之下作为董事必须承担以下财务责任：第一，税务责任，若公司逃避税务责任，特别是物劳税（GST）、代扣税（Withholding Tax），则董事必须负责向国税局偿还税款；第二，员工工资，若公司拖欠员工工资，董事则可能被要求做出私人赔偿；第三，其他违法行为，公司若违反公司法、证券法、环境保护法或其他强制性的法律法规，知情不报或故意纵容的董事都有可能被追究个人责任。所以，当董事并不是一件轻松的差事，特别是那些有资产、有名望的人士都不会轻易接受董事职位。

《加拿大公司法》规定：一个公司至少四分之一的董事是加拿大居民。但是，如果一个公司的董事人数不足四个，至少一个董事必须是加拿大居民。

（3）管理层。管理层由总裁（President）、总书记（Corporate Secretary）、财务主管（Treasurer）组成，常有的职称也包括执行总长（CEO）、财务总监（CFO），他们的官职、责任由公司章程明文规定，或在与董事局之间的合同中确认。管理层直接向董事局负责，不向股东直接汇报。

（4）保护小股东。《加拿大公司法》的基本出发点是一股一票的民主式管理，只要掌握51%有投票权的股票（Voting Share），便可根据自己的意愿选举出董事局。上市公司要受到证监会和其他政府部门的监控，非上市公司的小股东就只能依靠董事局来保护自己的权益。但董事局往往被大股东所控制，那小股东如何才能有效地保护自己的投资不被大股东侵占呢？第一，公司法本身规定董事局不能随意发行股票给大股东，必须给小股东对等的股票认购权，小股东的股权不能被无端稀释，第二，小股东可以要求公司对账目进行审计；第三，公司内部重大事件，例如修改公司章程，出卖公司主要资产，都需要经过持有2/3以上投票权的股东通过方可实施。但是，这些手段不能防止股东之间因为相互猜疑、排挤，最后闹到水火不容的地步。

若大股东运用自己掌控的权力压制小股东，并把他们赶出管理层，小股东可向法庭提出申请，要求受到保护（Oppression Remedy）。法庭常用的保护手段包括要求大股东恢复小股东职位，以合理的价格收购小股东股票，出售公司资产，按比例分配给所有股东，或是指派监控人监督公司日常运作等等。这些保护手段在很大程度上捍卫了小股东的权益，但实施起来相当复杂、昂贵。很多商业评估专家都认为，公司的股票在小股东手里，其价值比在大股东手中应打折扣（Minority Discount）。为了避免这些问题，很多股东会在公司法的基本条款之外，以股东协议（Shareholder Agreement）对股东的权利和义务做进一步的约束。

（5）股东协议。股东协议的内容五花八门，一方面宗旨都是对公司的财务制度、利润分派、人事制度和重大决策做出进一步的规定，另一方面常见条款是规定股东之间可以用何种机制来购买对方股票，这样产生纠纷时就可以依靠股东协议中规定的机制相互收购股票，从而避免一场昂贵的诉讼。

5. 外汇管理

加拿大没有专门的外汇管理机构，也没有外汇管制。在加拿大注册的外国企业在当地银行开设外汇账户，用于进出口结算。外汇的进出一般无须申报，也无需缴纳特别税金。加拿大海关规定，携带现金出入境需要申报，每人最多可携带相当于 1 万加元的外币入境。在加拿大工作的外国人，其合法税后收入可全部汇出国外。

（四）反垄断规定

加拿大有一套复杂的竞争法律，其内容包括：禁止卡特尔（即同业联盟）行为；禁止滥用自身的强势地位；规范企业的兼并与收购；制定企业与竞争对手、客户以及供应商之间商业行为关系规范。加拿大涉及商业竞争方面的法律规范囊括于联邦单独制定的《竞争法》(Competition Tribunal Rules) 中，加拿大没有省一级的竞争法律。虽然若干省份也有些涉及公平经商方面的法律，但立法的目的主要是为了保护消费者。除了少数有限的商业行为，在加拿大的所有商业活动都要遵守《竞争法》。

1.《竞争法》的执行和效力

《竞争法》由竞争管理局负责实施，该局隶属加拿大工业部。该局的局长即为竞争法首席专员（简称“专员”），他全权负责《竞争法》的实施和执行。该局的管理人员负责对商业竞争方面的公众投诉进行日常调查。《竞争法》还规定在案情需要的情况下，专员可以启动正式调查程序。一旦调查程序开始，专员拥有广泛的强制执行权力，而且在获得法院授权后可以进入和询查有关场所和数据档案；要求当事人提供经宣誓确认属实的数据记录和书面情况材料；要求某一个人出庭，并在宣誓后接受调查。

竞争管理局还单独设立专门法庭（称为“竞争法庭”），由联邦法院（诉讼部）的法官以及非司法界人士组成。该法庭职能如同法院一样，根据《竞争法》规定，该法庭拥有审理非刑事犯罪案件的专门权力。对其判决可上诉，其上诉由联邦上诉法院受理，上诉法院可以审理涉及法律，或事实与法律，或者经认定纯事实的问题。

2.《竞争法》规定的刑事犯罪

1）串通共谋

《竞争法》规定列出了不少刑事犯罪行为，其中最重要的是共谋罪。其犯罪行为表现为任何人与任何其他人（常指竞争者）共谋，或以其他方式约定以达到限制或损害竞争的目的，具体的行为方式包括但不限于以下几种情况：①以不正当的手段限制其他产品的运输、生产、制造、供应、存储或交易；②以不正当的手段阻止、限制或减少某产品的制造或生产，或者不合理地提高其价格；③以不正当的手段阻止或削弱某产品在生产、制造、购买、交换、出售、存储、出租、运输或供应过程中的竞争；④以其他方式以不正当的手段限制或损害竞争。

如果要违法作案，其中必定有双方或多方之间的协议或约定通过不正当的手段阻止、限制、减少或损害竞争（判定罪行时不一定依据其协议或约定是否已经生效）。以不正当的手段限制，是指在竞争中进行“通过搅乱秩序、不适当的、过分或强迫性质的限制”。最终，判断是否构成违法犯罪要在对案情性质和市场结构影响这两方面评估的基础上作出。

2）操纵投标

《竞争法》禁止两人或两人以上达成协议以便其中有人不投标或按商定的标价投标。但是，应召投标的人如投标时或投标之前被告知达成的约定，这种情况则不构成犯罪行为。与共谋罪定义不同，对操纵投标罪并无“不正当”这一概念。因而，操纵投标协议各方的市场控制力与在招标过程中相关协议的实际效应无关。

3）价格操控

《竞争法》在禁止价格操控条款中规定，在加拿大提供或供应某种产品的商业活动中，禁止通过协议向产品的供应者进行许诺、胁从或任何类似手段来影响其确定价格或阻碍其降价。因此，强求不属于自己所有的下属经销商、零售商按某一价格销售，在加拿大属于非法行为。此外，这一规定也适用于试图对竞争者或其他任何人的定价施加影响的行为。

4）价格歧视

《竞争法》规定，当其他供应商在数量和质量上不能满足购买此货物的所有购货者时，禁止供应商在相互竞争的购买者之间以让价或其他好处的形式提供歧视性价格。与竞争法其他规定不同，对价格歧视的行为判定不取决于是否已经造成不利于竞争的后果。当然，这方面也有合法情况（例如购买一定数量的产品可以有折扣），供应商的价格在一定范围内可以有所区别。

3. 处罚

《竞争法》规定了违法行为的处罚，包括数额很大的罚款处罚。在有些触犯刑律的情况下还可以判处入狱。例如，共谋罪最高可判5年监禁，1000万元罚款，或两者并罚。操纵投标罪则无罚款上限，而且除了罚款之外，还可判处长达5年的徒刑。加拿大已经有人触犯了共谋违法行为而被判处入狱，而且有趋势表明个人犯罪越来越多，对共谋违法和操纵竞标犯罪案的罚款金额越来越高。

4. 刑事起诉豁免

专员也公布了有关免除起诉措施。该措施允许那些公司实体或其管理人员在违法的情况下，如果他们能够"主动"交待罪行（如在共谋违法或者操纵投标案件中），并且合作检举其他人作交换，同时又符合"免除起诉措施"的其他条件时，可建议免于刑事起诉处理。

5.《竞争法》规定审查的非刑事犯罪情况

1）滥用自身强势地位

竞争法庭认为，如果一个供货商具有足够的市场支配能力，并在相当长时期内将价格固定在竞争水平之上，这样的供应商就可能被认为是在"控制一种生意"。然而，在加拿大很少能够找到权威性规定来帮助确定一家公司的市场支配力究竟有多大程度可以被认定为触犯了有关法律条款。但无论如何，一家公司的市场份额超出40% ~45%时就要谨慎为妙。

2）拒绝交易

竞争法庭还裁定一个人在其客户的生意从根本上受其影响或者被排挤在行业之外时，如果拒绝向客户供货，法庭可以有权命令他向该客户供应产品。这种情况包括该客户①在市场各处均无法按平常的价格获得足够供货；②由于市场上该产品的供应商不具有足够的竞争力而又无法获得合适的供货；③愿意并能够满足该产品供应商的正常交易条件；④该产品供应充足。

该法庭指出，如果在上述4个条件均成立的情况下，在发布是否命令其向客户供货时还应该考虑其他一些因素，这包括被告是否有合法理由中断供货（譬如要销售存货告罄）、供货关系维持情况以及终止客户供货的方式。

三、法律环境总结

加拿大的采矿业在全球居领先地位，是世界上矿产品最大的生产国，可以满足我国在矿产资源方面的巨大需求。加拿大采矿业的成就并不仅因为其丰富的矿产资源和一流的生产加工能力，而且也得益于对这一产业给予强有力支持并相当稳固的法律体制和优惠的税务机制。加拿大欢迎外国投资，为外国投资者提供了公平、开放和良好的竞争环境。

加拿大同时也是世界上对从事矿业勘探和开发的公司提供融资的最大来源国。多伦多证券交易所制定了比美国更加灵活的法律规范，从而使上市发行股票和股票继续在股市进行交易的费用更低，其对矿业公司适用的特别股票上市标准也低。在多伦多证券交易所上市的费用颇具竞争性，其上市规则同时有利于较小规模和大规模的融资。

得益于加拿大长期矿产开发的历史和矿业融资市场的不断扩展，加拿大还成为了当今在地质勘探、环境、矿业工程、法律、会计审计和其他专业方面为矿业投资者和公司提供专业服务的国际中心。

加拿大是世界上最为安全的国家之一，政治风险小，主权独立。加拿大地大物博且基础设施完备，劳动力总体素质和技术水平较高，市场体制完善，资源与要素配置效率较高。加拿大是一个严格依法管理的国家，法规比较完备，规则透明，可预见性强，且社会贫富差距小，犯罪率低，治安状态良好。整体而言，投资环境较好。

在经济全球化的今天，面对日趋激烈的国际竞争环境，矿业跨国公司需要对其海外矿业投资环境进行评估。东道国因素，特别是其政策因素和矿产资源因素对吸引投资具有非常重要的影响。从跨国公司角度看，政策潜力指数是东道国政策吸引力的一项衡量指标。加拿大的政策潜力指数一直保持在世界前列，其中 7 省位于世界前 10 位，而魁北克省曾在 2006/2007 年度排名世界第一。当前矿产潜力指数是指现行政策环境下的矿产潜力，以测量当前法律法规和土地利用限制条件下的矿业投资环境。该指标综合考虑了矿产资源禀赋和现行政策环境，能够比较全面反映一个国家或地区的投资环境。加拿大魁北克省、萨斯喀彻温省的矿产潜力指数同样名列前茅。具体而言，加拿大对外资持欢迎态度，加拿大政府制定《加拿大投资法》的目的是鼓励加拿大公民以及非加拿大公民对加拿大进行投资。同时，在加拿大从事矿业活动，可享受联邦和省区政府的各种税收优惠政策，使得税率和应税收入大为降低，从而有效降低风险，保障矿业投资权人的正常获利。而且，加拿大《竞争法》通过对反竞争性行为的规定和处罚，有效地控制了垄断和不正当竞争行为，为外商投资者提供了良好的投资环境。

在加拿大投资可能遇到的不利因素：第一，加拿大国内市场狭小，消费能力有限，投资的产出需寻找境外市场，而在全球金融危机与衰退的背景下，寻找境外市场的成本可能更高。第二，加拿大是个开放的国家，因此可能遇到除加拿大外其他发达国家与发展中国家的投资的竞争。第三，赋税成本较高，一方面是因为税率本身较高，另一方面则是因为税收规则复杂，而各省与地方的规则又有所不同，因此作为境外投资者，在了解规则、聘用专业人员以及可能的违规成本等方面均存在着支出与风险。第四，由于各国移民不断增加，给加拿大秩序与规则造成影响，规则与秩序的效力有所下降，导致成本增加。第五，根据《加拿大投资法》的规定，任何一项外国投资都需要向加拿大政府备案或者通过加拿大政府的审核。政府审核的门槛比较复杂，加大了投资风险。

总体来说，虽然在加拿大投资有一些不利因素，但对矿产方面的投资来说，还是利大于弊，可以考虑在加拿大进行矿产投资。

第四节 税 制 研 究

一、税制总论

（一）税收体制简介

加拿大在税收上实行联邦、省和地方三级课税制度，联邦和省各有相对独立的税收立法权，地方的税收立法权由省赋予。由于实行非中央集权制，各省税收政策具有灵活性，各省的税种、征收方式、均衡税赋等都有一定的自主权，但省级税收立法权不得有悖于联邦税收立法权。

加拿大现行的主要税种有个人所得税及附加税、公司所得税及附加税、社会保障税、商品与劳务税、消费税、关税、特别倾销税、资源税、土地和财产税、资本税等。联邦一级税收以个人所得税为主，辅之以社会保障税和商品与劳务税；省级税收以个人所得税和商品与劳务税为主，辅之以社会保障税；地方税以财产税为主。加拿大税收收入以个人所得税为主要来源。

（二）整体税收环境

加拿大整体税收制度多年来保持稳定，其重大变化都通过透明的谈判方式进行。加拿大矿业税费制度总体上具有较强的国际竞争力，据普华永道最新发布的 2016 年全球 189 个主要经济体总体税赋情况排名，加拿大税收负担排名第 169 位，整体税赋为 21.1%，整体税务环境质量排名第 9 位。

加拿大税收优势主要体现在：

（1）税制稳定。加拿大矿业税收制度多年来保持稳定，其重大变化都通过透明的谈判方式进行。

（2）损失结转。考虑矿业活动的生命周期，加拿大实施损失前转和损失后转的所得税优惠政策。

（3）费用抵扣。考虑到矿业开采周期一般为 10 年左右并需要资本相对集中，联邦和省政府对矿业开发和其他无形的费用支出给予很宽厚的对待，并允许矿业公司在支付大额税负之前减免来收回他们的大部分资本投资。

（4）对净利润征税。加拿大较大的税种之一矿业税，其计税依据是净利润而非总权利金，不是像其他国家普遍采用的根据矿物提炼回报净值进行计算。从这层意义上讲，加拿大矿业税的性质类似于所得税。

（5）税前抵扣。矿业资本密集程度高、投资风险大，大多数资本投资在各类所得税和地方矿业税中可以抵扣。

但是，加拿大的税制存在以下不足：

（1）联邦和省及其以下政府更依赖利润前的税费收入，如工资税、地税等。

（2）结构复杂。因为加拿大是典型的分权制国家，省及其以下政府都有开征矿业税的立法权，各地矿业税制差别很大，增大了税收管理难度以及税务理解。

加拿大矿业运营公司名义税率在31%～46%。其中，联邦税率为15%，省和地方税率为10%～16%，其余为矿业税的税率3%～12%。由于矿业税可以在各类所得税税基中全额抵扣，矿业税本身也有不少税前抵扣项目（如开发恢复、研发和资本性成本等，但各省（区）矿业税的抵扣标准有时差异很大），因而矿业公司的实际税率比名义税率低很多。

加拿大各主要税种的税率详见表8－1－5。

表8－1－5　加拿大主要税种的税率表①

税　种	税率/%	税　种	税率/%
企业所得税		专利、专有技术的特许权使用费	25
联邦	15	分支机构汇出所得税	25
省	10～16	个人所得税	累进税率，最高50
资本利得税	7.5	商品及服务税	
分支机构税	15	联邦	5
预提所得税		省	各省不同，0～10
股息	25	关税	按海关目录规定，0～35
利息	25	工资税	各省不同，最高4.26

注：上述税率更新至2015年12月31日。

截至2012年年底，加拿大已经与全世界80多个国家和地区签订了避免双重征税税收协定，于1986年就与中国签署避免双重征税协议，并于1987年1月1日开始执行。香港特别行政区与加拿大政府的双边税收协定也已于2012年11月11日签署，并于2014年1月1日起开始生效。

根据加拿大与中国签订的税收双边协定，目前加拿大与中国大陆的股息预提所得税税率为15%（股息收取人持有支付人10%以上选举权股份时则为10%），利息和特许权使用费预提所得税税率均为10%。根据香港与加拿大政府的双边税收协定规定，从2014年1月1日起，加拿大向香港居民企业征收的利息和特许权使用费的预提所得税税率均从此前的25%降至10%为上限，股息收入则由此前的25%降至15%（股息收取人持有支付人10%以上选举权股份时则为5%）。

二、与煤炭开采行业相关的其他税费政策

凡有矿业活动的加拿大各省和地区均在其管辖区内对采矿经营征收矿业税或特许权使用费，此外，BC省还征收矿产土地税。

（一）矿业税/特许权使用费②

1. 不列颠哥伦比亚省（Bristish Columbia）

不列颠哥伦比亚省征收矿业税，其由两部分构成：一部分是根据矿山当期净收支③乘以2%计算出

①资料来源：EY，2016 Worldwide Corporate Tax Guide、2016 Worldwide Personal Tax Guide、2016 Worldwide Personal Tax Guide。

②资料来源：KPMG，A Guide to Canadian Mining Taxation。

③当期净收支额（New Current Proceeds）指当期收入减去与矿山经营直接相关的成本（不含资本成本）。

来的当期净收支税（New Current Proceeds Tax）；另一部分是根据净收入乘以13%计算的净收入①税（Net Revenue Tax）。

针对矿业企业的矿业税同时有矿山投资抵扣（Investment Allowance）和新建矿山抵扣（New Mine Allowance）的税收优惠政策。矿山投资抵扣政策是按累计开发支出的平均余额乘以一定比例进行税收返还，以补充投资者的资本投入；新建矿山抵扣是指对新建矿山企业或重大扩建矿井的资本成本给予额外1/3的抵扣基数，即133%的资金成本抵扣基数。该政策针对1994—2016年期间的满足条件的资金成本。

2. 艾伯塔省（Alberta）

艾伯塔省对矿山征收特许权使用费（Crown royalties）。2013年的非煤和油砂的金属矿和工业性矿，根据1%的矿口收入净额和12%的净收入中较大的金额交纳；产于Plains地区用于发电的次烟煤费率为0.55加元/t；产于Foothills和Mountain地的烟煤费率为1%～13%；非金属的工业性矿山的费率为0.10～0.45加元/t。2013年油砂的费率为1%～9%。

3. 萨斯喀彻温省（Saskatchewan）

萨斯喀彻温省对煤征收特许权使用费。特许权费率为矿口市场价收入的15%（皇家领地）和7%（私人领地），但同时可以享受收入的0.75%抵扣。

4. 马尼托巴省（Manitoba）

马尼托巴省的矿业税根据矿山利润采用10%～17%的等额累进税率，具体税率规定详见表8－1－6。

表8－1－6 截至2015年12月31日马尼托巴省（Manitoba）矿业税

Profit for the Year	Rate	Profit for the Year	Rate
Less than $50 million	10%	$100 to $105 million	15% on the first $100 million + 57% on the next $5 million
$50 to $55 million	10% on the first $50 million + 65% on the next $5 million		
		Over $105 million	17%
$55 to $100 million	15%		

数据来源：KPMG，A Guide to Canadian Mining Taxation

同时，该省矿山企业还可以申请新矿山矿业税免税，免税期可长达至收回投资者的全部投资额，即矿山投产前投入的可折旧的固定资产和开发费用回收完毕后。

5. 安大略省（Ontario）

安大略省对应税利润超过50万加元的征收10%矿业税。同时，对于冶炼企业给予营业利润15%～65%的选矿支出优惠，对于新矿山和现有矿山的扩建，给予长达36个月或首个1000万加元利润的矿业税免税期，对于偏远地区的新建矿山给予长达120个月或首个1000万加元利润的矿业税免税期，免税期后矿业税率为5%。

6. 魁北克省（Quebec）

魁北克省的矿业税为利润的16%（2011年为15%）。

7. 新不伦瑞克省（New Brunswick）

新不伦瑞克省的矿业税由净收入税（Net Revenue Tax）和净利润税构成。前者为净收入的2%（新矿山可申请2年的免税期），后者为净利润的16%。但净利润税只针对年净利润超过100000加元的矿山。此外，煤炭还征收特许权使用费，其税率为0.16加元/t原煤。

8. 新斯科舍省（Nova Scotia）

新斯科舍省的特许权费为净收入的2%和净收入扣除特定成本的15%中较大者。

9. 爱德华王子省（Prince Edward Island）

爱德华王子省不征收省矿业税。

①净收入（Net Revenue）指当期净收支额减去当期净收支税、资本成本、新建矿山扣除标准和投资抵扣标准的净额。

10. 纽芬兰省（Newfoundland）

纽芬兰省征收15%的特许权使用费和20%的矿权税（Mineral Rights Tax）。特许权使用的计税基数为净收入，而矿权税的税基是支付给土地持有者个人的报酬，包括租金和特许权费用。矿权税正常税率为20%，但在10万加元以下部分免税，10万加元到20万加元之间的部分按40%作为纳税基数。

11. 育空地区（Yukon）

育空地区征收3种特许权使用费：包括0～12%的矿业特许权使用费，2.5%的金矿特许权使用费（以每盎司15加元为计价基础），每吨0.15～0.25加元的煤炭特许权使用费。

其中特许权使用费根据矿山的年度开采利润采用超额累计税率计算。1万加元以下部分税率为0，1万加元到100万加元部分税率为3%，100万加元到500万加元部分税率为5%，此后每增长500万加元的部分税率上涨1%，直至3500万加元以上部分税率为12%（表8－1－7）。

表8－1－7　截至2015年12月31日育空地区（Yukon）矿业特许权使用费

Annual Profits	Royalty Rate/%	Annual Profits	Royalty Rate/%
$0 to $10000	0	Over $15 million to $20 million	8
Over $10000 to $1 million	3	Over $20 million to $25 million	9
Over $1 million to $5 million	5	Over $25 million to $30 million	10
Over $5 million to $10 million	6	Over $30 million to $35 million	11
Over $10 million to $15 million	7	Over $35 million	12

数据来源：KPMG，A Guide to Canadian Mining Taxation

12. 努勒维特特区和西北地区（Nunavut、Northwest Territories）

该地区对皇家领地征收0～14%的特许权使用费，根据矿山的年度开采利润采用超额累计税率计算。其中：1万加元以下部分税率为0，1万加元到500万加元部分税率为5%，此后每增长500万加元的部分税率上涨1%，直至4500万加元以上部分为14%（表8－1－8）。

表8－1－8　截至2015年12月31日努勒维特特区和西北地区矿业特许权使用费

Annual Profits	Royalty Rate/%	Annual Profits	Royalty Rate/%
$0 to $10000	0	Over $25 million to $30 million	10
Over $10000 to $5 million	5	Over $30 million to $35 million	11
Over $5 million to $10 million	6	Over $35 million to $40 million	12
Over $10 million to $15 million	7	Over $40 million to $45 million	13
Over $15 million to $20 million	8	Over $45 million	14
Over $20 million to $25 million	9		

数据来源：KPMG，A Guide to Canadian Mining Taxation

（二）矿业土地税

不列颠哥伦比亚省征收矿业土地税（Mineral Land Tax）的费率为1.25～4.94加元/hm^2，实际费率根据面积大小以及是否投产确定。

三、税制总结

加拿大属于税负较低且税收环境较好的国家。加拿大的税收政策，尤其是矿业税费制度总体上具有较强的国际竞争力。据普华永道和世界银行共同合作最新发布的2016年全球189个主要经济体总体税赋情况排名，综合税赋从重到轻，2016年加拿大整体税赋仅为21.1%，竞争力位于本书涉及国家中第1位。另外，加拿大整体税收制度多年来保持稳定，其重大变化都通过透明的谈判方式进行。为此，我们不难看出，加拿大税收环境的优势包括：拥有支持矿业发展的政府扶持环境、良好的税收执法环境以及具有竞争力的税收政策。此外，上述世行报告的结论也支持我们的定性结论：据排名报告显示，加拿大整体税务环境质量排名全球第9位，属于全球较好水平，位于本书所涉及国家中的第1位。

第五节　环　评　体　系

一、矿业项目开发的环境监管机构及相关环境法律

（一）环境监管机构

加拿大矿业项目开发过程中主要涉及如下的环境部门：加拿大环境部、加拿大环境评价署（CEAA）、加拿大自然资源部（NRC）。各省/地区级分管环境和资源的部门不同，详见表8-1-9。

表8-1-9　加拿大各省/地区级的环境分管部门和自然资源主管部门

省	环境主管部门	自然资源主管部门
阿尔伯塔省	环境与可再生资源开发部	能源部
不列颠哥伦比亚省（卑诗省）	环境部	能源、矿产和天然气部
马尼托巴省	保护和水资源管理部	创新、能源和矿业部
纽芬兰与拉布拉多省	环境和保护部	自然资源部
新不伦瑞克省	环境和当地政府部	矿产和能源部
西北地区	环境和自然资源部	环境和自然资源部
新斯科舍省	环境部	自然资源部
努纳武特地区	环境部	
安大略省	环境部	自然资源部
爱德华王子省	环境、劳动和司法部	金融、能源和市政事务部
魁北克省	可持续发展、环境、野生动物和公园部	自然资源部
萨斯喀彻温省	环境部	工业和资源部
育空地区	环境部	能源、矿产和资源部

（二）相关环境法律及法规

涉及的国家级法律法规包括：加拿大宪法（1982）、加拿大环境评价法（CEAA）（1992）、环境保护法（CEPA）（1999）、矿业法（2009）、加拿大水法、国家公园法、渔业法（1989）、加拿大野生动物保护法（1985）、领土土地法（1985）。

二、环境审批

（一）矿产开发与环境

加拿大的采矿行业要遵守环境方面的法律法规，这方面的内容宽泛，规定具体，涉及联邦、省和市三级政府管辖范围。环境问题处理一般以省一级政府为主，联邦政府对采矿业的相关环境问题也有特殊的法律规定。各级别的法律之间虽然互有协调，但是加拿大联邦和省两级政府在环境法律上的规范仍有所不同。加拿大各省均有自己独特的环境保护制度，以及规范矿场关闭和土地复垦的矿业相关立法。

根据各省和/或联邦环境影响评价法律的要求，矿业公司如果要开采矿业资源和更动矿场，在没有开始启动或扩大甚至勘探作业之前必须获得批准。这一法律要求旨在依照其对环境与社会影响来决定拟议的项目可否实施。加拿大各省和地区的审批程序各有不同，但政府通常有权要求就矿业项目举行公开听证，并对是否同意（完全同意或要求有所更改）或者驳回、完全禁止开发有决定权。

当今，全世界的矿业公司都面临着与矿业发展息息相关的环境与社会问题的多重挑战，加拿大亦不

例外。环境、土著居民以及其他方面的利益群体经常就有争议的项目诉诸法律，向已经批准的项目进行挑战，结果致使环境影响评价的司法复核越来越普遍，甚至早在标桩定界阶段就可能使所开发项目停顿或大幅修改。各级政府颁布的环境评价的法规条例比较复杂，在全加拿大，特别在北部地区已经成了问题，如果项目是在土著居民地域内情况就更复杂。

（二）矿产开发环境影响评价

加拿大矿业管理部门分为联邦和省两级。两级间是分工、协作关系，除环境和矿山复垦等涉及社会公众利益或省间协调的问题外，分别按各自的立法管理权限履行职责。联邦矿业管理在环境方面的职能包括环境科学技术、环境保护和保护区、渔业及其鱼类生存环境的管理、健康问题、全国矿业活动信息及统计。省级矿业管理部门的职能包括矿产资源的勘探、开发、开采及矿山的建设管理、清理改造和关闭的全过程。

1. 联邦环境影响评价

联邦政府制定的《加拿大环境评价法》要求任何联邦当局提出的项目都必须进行环境影响评价，这是因为政府要为之提供联邦财政资助，或提供土地，或批准和颁发许可证。例如，根据联邦政府的《渔业法》，一个矿场为储存渣滓而使用水体，就要具备许可证。因此，矿业项目的申请将启动联邦制定的《加拿大环境评价法》程序。

介入项目的联邦当局有责任确保评价遵照《加拿大环境评价法》的规定进行，并且制备环境评价报告，其中要考虑项目对环境与社会经济的影响以及具体实施办法。公众有机会对环境影响评价提出意见。环境部长将举行公开听证会，再由环境部长，以及具体对项目负有责任的联邦当局有关部的首长批准。在未经《加拿大环境评价法》所规定的审核程序批准之前，联邦当局不得启动项目。这里的批准决定可以附带一定数量的规定条件，诸如采取措施以减缓环境评价中指明的影响。

2. 省一级环境影响评价

省级环境影响评价机制同样制约采矿项目的申请。在安大略省，私营企业“重大”商业、工业及矿业项目要按照省级有关规章进行评价。在魁北克省，矿山的建设与采掘达到某一生产水平时就要做环境影响评价。在不列颠哥伦比亚省，环境影响评价适用于新的或大规模改造的项目，如生产达到一定的水平或特定范围的项目都要进行环境影响评价。

以不列颠哥伦比亚省为例，矿产项目申请人需向环境评估办公室（EAO）提交项目介绍，决定是否需要环境影响评价。不需要环境影响评价的直接进入能源、矿业和资源厅的领导批准阶段；需要进行环境影响评价的则需要 EAO 发布程序指令，申请者起草参考条款，确定申请环境评估证书的需要陈述的事项，以及需要提供的信息，纳入联邦信息要求。而后由 EAO 发布最终参考条款，申请者根据最终参考条款准备申请书，进而进入申请的审批阶段。

3. 北部三地区的环境影响评价

加拿大北部区域是一个地况复杂、司法管辖权多元化的地区。政体方面，育空地区、西北地区和努纳维特地区各有其独特而不断演变的政府权限结构，在不同程度上呈“公共”管理上下两级政府混合共治（由联邦与地区政府代表）的局面，同时还要依照土地声明协议和土著居民“自治”约定的体制运作。根据联邦和地区的各自权限，这 3 个地区的土地一方面是在隶属联邦政府（女王代表）的领地上，同时很多土著居民拥有自己的地域，其管辖的依据是签订的依述列举和特殊的土地声明协议。此外，随着“权力下放”进程，联邦的（土地、资源与水）控制权移交给地方政府的程序在育空地区业已完成，西北地区正在协商，至于努纳维特地区也在酝酿之中。在这个关系颇为复杂的地区，要为采矿项目获得土地使用的批准，除了符合环境影响评价的要求，还要牵涉一系列土著居民理事会和管委会、地区政府以及联邦政府的有关部门。环境影响评价的审查也可能多重进行，因为土著居民地区和联邦（或地区）的法规章程对一个采矿项目会同时都适用。采矿项目若包括的土地和矿产权横跨多个土著居民社区，其中又含有隶属政府的土地，环境影响评价就更加复杂。目前，各方努力试图协调不同的程序（例如，联邦政府可能允许土著居民的环境影响评价程序代替《加拿大环境评价法》的审查程序），但是，近期内对这样的管辖权问题还只能就事论事，处于依个案分别解决的状况。

（三）环境许可证和保护级别

1. 环境许可证和批准制度

在加拿大，环境保护并不完全是联邦政府或省政府的职责。联邦政府也曾允许各省政府制定和强化标准。然而，近年来联邦政府在修订和贯彻环境法律方面所扮演的角色越来越积极活跃，在管辖权方面的争端有增多的趋势。尽管通过诸如“单一窗口”框架来大力协调联邦政府和省政府之间的法律规范，以谋求共同监督和执法，然而管辖权的争端近期似乎有增无减，可能还会持续下去。

联邦或省两级政府建立了监控工业对环境影响管制的主框架。总体来说，加拿大环境法规禁止向环境排放任何污染物，除非是经协商事先处理的例外情况。政府对特定污染源的项目按照所制定的标准或规范采取批准或颁发许可证的方式管理，为涉及所有工业部门及某些特定行业（如金属和矿产开采行业）的空气污染和水污染，以及废物处理问题制定了基本规则与环境目标。

2. 联邦保护

《加拿大环境保护法》(简称“CEPA”) 和《渔业法》是联邦政府对环境监控的两个关键法律。《加拿大环境保护法》针对采矿行业的主要规范是通过评价程序对某些必须优先检测的物质进行检测以确定其是否“含有毒性”，然后将是否应该按照法律规定或其他机制要求加以监控。某些与矿产有关的物质，诸如镍、砷和镉，已被测定并宣布为“含有毒性”，但在与采矿相关的法律规范中尚未加以监管。目前，按照《加拿大环境保护法》规定需要控制并直接涉及采矿业规章的，有两种已经公布的物质：石棉纤维和铅，前者在石棉厂，后者所指的是再生熔化铅。该法律还制定了通用性的规则，其中有些涉及诸如多氯联苯、氟氯碳化物、氯化溶剂以及有毒废物的进出口，这些对某些矿产经营活动均有影响。

联邦政府在环境保护方面传统上最早的法律依据是《渔业法》，由海洋渔业部负责实施。该法律对矿业活动也很重要。其中第35节鱼类主要栖息地保护条款，就禁止在鱼类栖息地从事有害的改变、分裂或摧毁操作，或者既未经该部长批准，没有遵守《渔业法》所制定具体规章行事，擅自丢弃“有害物质”都视为违法。又如改变沼泽地或者利用水域储存矿渣，都要根据第35节的规定申请获得许可才能符合《渔业法》的规定要求。如以上所述，申请该法第35节许可证，同时就启动了按照《加拿大环境评价法》所需要进行的评价程序。此外，“有害物质”定义广泛，这些年来因违犯这一禁令而被起诉者不少。经营采矿业的公司或个人如违反有关法律规章将面临被判处大额罚款的处罚。此外，公司管理人员、董事和代理人也要承担个人法律责任。依据《渔业法》而制定的《金属矿废水处理条例》对某些物质及哪些是极度致命的废水和有害废水进行了确定，并对在金属矿废水中存在的物质浓度加以限定。同时，该条例还对取样、环境影响的后果公布和报告提出了要求。

联邦的《航道水资源法》由加拿大交通部实施，也可能适用于矿业开发项目，对于在航道上的施工，诸如建造桥梁或水坝，要求在动工之前必须持有交通部的许可证。根据这一法律申办许可证，也会启动《加拿大环境评价法》所规定的环境评价程序。

3. 省级保护

一般情况下，省一级有两套保护环境的机制：一是普遍禁止污染排放，二是对有可能危害环境的活动实施执照或许可证制度。例如，安大略省的《环境保护法》禁止非法向环境排放污染物，并责成造成或允许污染排放的任何当事人和部门向有关监管部门通报。造成或允许非法进行污染排放（过于严重的情况下）可能会被判处刑事责任罪并且判以罚款、监禁、环境处罚和行政处分。为了避免这些惩处，所有生产操作的排放物（对大气、水或土地的排放）必须经各省环境部批准。这类批准手续会附带一些条件和要求(包括财务保证),而且排放设备的任何变更(包括给水和污染工程)也必须经过批准。

根据《环境保护法》制定的“市政/产业环境战略治理规划”（简称：“MISA”）针对采矿行业的特殊规范提出了一系列规范要求，其中要求矿产业主负责监控矿场排放废水质素。这个战略治理规划将采矿业分成两部分——金属矿（含铜、铅、锌、铁、铀与金矿）和工业矿物（水泥、石灰、盐与石料）。

此外，根据《安大略省水资源法》，取用地下或地表水量每日超出50000 L者必须取得许可证。采矿作业用水或采矿排水通常持有这类“取水许可证”。与安大略省相似，《魁北克省环境质量法》规定了不得污染环境，任何建筑或工业活动及使用或变更工艺过程，如果可能向环境排放污染物，就必须首先取得许可证书。安大略省受控制的污染物范围很广。

4. 北部地区的环境许可

在努纳维特地区和西北地区的土地、水及其他资源的管理上，联邦政府和地区政府实行双轨平行管理机制。在育空地区，联邦已经将其管理职能移交给地区政府，而且和3个地区都签订了土著居民社区的土地协议。这种状况就导致在北部地区的矿业开发需要一系列繁复的许可手续，例如在西北地区，使用水或者在水中储放矿渣类废物要持有联邦政府的用水执照（但由西北地区“用水委员会”按照《西北地区水法》颁发）。此外，开矿活动的土地使用许可证由联邦政府（印第安事务与北方开发部）颁发，或者根据不同的开矿地点由有关的土著居民理事会或管委会颁发。颁发这些许可证都会启动《加拿大环境评价法》所要求的环境评价程序对任何一项或全部项目进行评价。

（四）环境审批程序

加拿大属于联邦国家，矿业项目受联邦和省级部门共同管理，因此除了联邦对矿业开发项目环保方面有规定外，各省也有相应的法律法规、职能部门。这些省对于环境审批的程序大体一致，只是略有不同。下面以最富集煤炭资源的阿尔伯塔省、不列颠哥伦比亚省的环境审批为例分别进行阐述。

1. 艾伯塔省

艾伯塔省具体环境审批程序如下（图8－1－6）：

（1）向环境与可再生资源开发部提交项目申请；

（2）准备项目计划的职权范围草案，此步骤需要公众参与，公众有权利向项目申请方提出疑问和意见；

（3）地区主任审查职权范围草案，并进行最终确认；确认后须向公众公开此职权范围；

（4）项目方开始进行环境影响评价工作，并撰写、提交环境影响评价报告；

（5）公开环境影响评价报告，公众参与，提出疑问和意见；

（6）环境影响评价报告接受专家委员会的技术审查；

（7）地区部长综合技术委员会和公众意见进行最后审批，并确定是否授予该项目环境许可证；

（8）如有需要，就向联邦政府提交部长的意见和决定，最终由联邦监管部门进行最后的确认和审批。

2. 不列颠哥伦比亚省

不列颠哥伦比亚省具体环境审批程序如下（图8－1－7）：

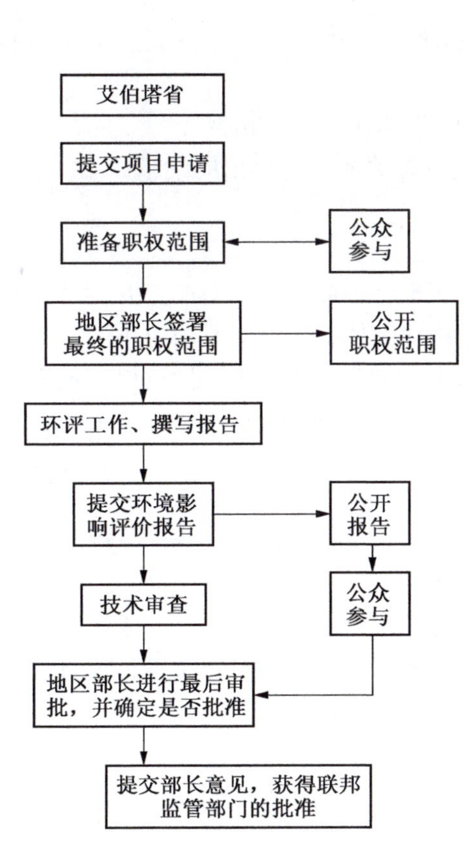

图8－1－6　艾伯塔省环境许可审批流程图

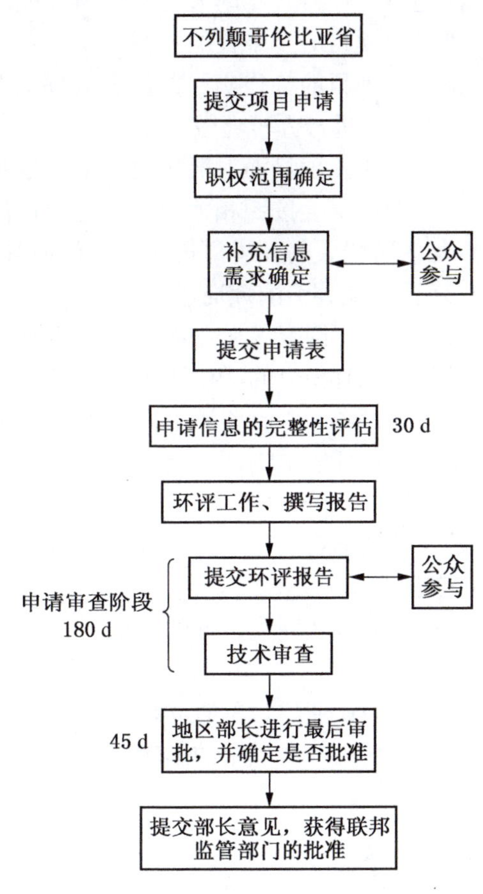

图8－1－7　不列颠哥伦比亚省环境许可审批流程图

（1）向环境部提交项目申请；

（2）确定项目职权范围；

（3）确定所需要的全部项目信息，此步骤需要公众参与，公众有权利向项目申请方提出疑问和意见；

（4）职权范围确定后，补充全部信息并再次提交项目申请表；

（5）环境部针对申请信息的完整性进行评估，用时 30 d；

（6）项目方开始进行环境影响评价工作，并撰写、提交环境影响评价报告；

（7）环境影响评价报告接受专家委员会的技术审查，公众参与，提出疑问和意见，整个评审阶段用时 180 d；

（8）部长综合技术委员会和公众意见于 45 d 内作出最后审批，并确定是否授予该项目环境许可证；

（9）如有需要，就向联邦政府提交部长的意见和决定，最终由联邦监管部门进行最后的确认和审批。

三、环境影响评价

（一）联邦环境影响评价要求

加拿大环境影响评价条例规定，在加拿大进行环境影响评价时必须考虑以下因素并在环境影响评价报告中进行详尽描述：

（1）该矿业项目的环境影响，包括在该矿业项目整个生命周期中可能意外发生的故障或事故、可能发生的任何累积环境影响及项目运行中的一些相关活动可能导致的累计环境影响；

（2）应考虑（1）中提到的所有影响的危害度或者指示指标；

（3）所有的利益相关者以及感兴趣的公众对该矿业项目的评论或者意见；

（4）全部缓解措施必须保证在技术上和经济上是可行的，尽可能减少该矿业项目引起的任何重大不良环境影响；

（5）描述整个项目必需的人力、物力、能源及基础设施；

（6）该矿业项目的开采目的；

（7）该矿业项目的替代实施方案，必须对其在技术上和经济上进行可行性分析，并且对于这些替代方案的环境影响进行分析比较；

（8）由于该矿业项目而对区域内环境、地貌、生物种群等所造成的一切改变；

（9）由专业委员会按照相关规定进行的任何环境影响评价相关的研究得出的结果；

（10）与主管机关的环境评价有关的任何其他事项。

（二）环境影响评价前期准备工作

加拿大属于联邦国家，矿业项目受联邦和省级部门共同管理，因此除联邦对矿业开发项目环保方面有规定外，各省也有相应的法律法规和职能部门。这些省级法律大体一致，只是略有不同。艾伯塔省作为加拿大的资源大省，矿产资源丰富，矿业资源项目也是加拿大最为集中的省，因此以艾伯塔省为例进行阐述。艾伯塔省环境影响评价指导规范［Environmental Assessment Program Guide to Preparing Environmental Impact Assessment Reports in Alberta（Updated March 2013）］规定，在艾伯塔省进行环境影响评价前，需要做一系列准备工作，并对以下方面进行研究：

1. 研究区

项目所在区域以及周边区域的概况。

2. 评价情景

评价在没有该矿业项目的时候环境状况基准；在该项目影响下的环境情况以及在该项目发展过程中可能出现的其他活动或者项目的影响下的环境状况。

3. 评价方法

（1）指标。根据累计环境管理协会、Wood Buffalo 环境协会、当地的水质监测规定的一些环境标准、关键指示性资源指标以及其他相关指标的阈值。

（2）环境影响及其程度。详细的描述识别和评价这些环境影响的技术以及确定这些环境影响大小的标准。环境影响报告应该提供一个充分的对环境影响的预测和评估，以及通过规划、项目设计、建设技术、实施手段和恢复技术能够削减的负面环境影响的程度。可能产生的环境影响应该在时间、空间以及累计3个尺度上进行综合评价。明确这些影响以及基础措施削减的基本原理。

（3）信息的来源。环境影响评价报告必须包括用于评估的所有信息的来源的讨论。包括跟该项目相关的以往的环境评价总结、文献，之前的环境影响评价报告和环境研究，当前的运营经验和相似的运营经验，工业研究分类、传统知识、政府资源等，用于本次环境影响评价报告的信息补充。

4. 模型

描述这些模型的原理以及不确定性,使用模型的最新版本,如大气模型、野生动物和鱼类栖息地模型等。

（三）环境影响报告的内容

1. 背景资料及基本信息

现有的区域环境影响评价报告、最近的补充信息等相关资料，以帮助确定对环境影响评价报告的内容的期望及要求。

2. 项目描述

对于项目的活动和组成、每一阶段的期限、信息范围等方面的描述，并证明这些信息对于环境影响评价是足够的。详尽描述项目替代方案，并且评价这些替代方案的环境效益、安全性和经济技术的可行性。列举相关的一些政策法律法规，以及全部利益相关者对于该项目提出的好的建议。

（1）基础设施。项目所需的基础设施的概况，如交通类包括铁、港口路情况，资金支持，建设日期安排等。

（2）大气污染物排放管理。预测矿业项目整个生命周期内的温室气体排放情况。

（3）水和废水。内容须包含整个水循环的每一个细节，包括地下水、地表水、蒸发、渗漏、地表径流等。项目方需要预测每一年的水平衡情况；描述每个季度的水量变化情况以及气候变化对于水供应和设计流量的潜在影响。

（4）废弃物管理。阐述由项目产生废弃物的处置方案，尤其是对于特定仪器和设备在项目整个生命周期内产生的固定的废弃物。

（5）保护和恢复计划。使用图表展示矿区的环境干扰和恢复情况。数据应该至少提供项目运行的前十年的每年的情况，以及在项目的整个生命周期内的其他合适的时间节点。恢复计划应尽量地超前和细节化，具体到使用何种植被绿化，以及为了恢复矿区的生态环境设计的人工湖泊和湿地的情况。阐述恢复计划的约束条件和不确定性。

3. 环境影响评价

整个项目生命周期内（从建设到闭坑）可能出现的一切环境影响，包括由于事故或者意外情况造成的环境影响。

（1）大气质量、气候和噪声影响。描述项目对大气所造成的环境影响。项目所产生的大气排放物需要满足CCME国家排放导则的规定、环境空气质量标准，以SO_2、CO、H_2S、THC、NO_X、VOC、PAH、O_3、代表性的重金属、粉尘、颗粒物、PM2.5、PM10、气味、能见度作为大气质量指示参数。描述项目对大气排放物的控制技术。

气候影响须监测温室气体的排放，并描述控制技术。

噪声的影响应该考虑到对周围居民、动物的影响。

（2）水文地质。通过构造等高线地图、地质横断面图和等厚地图来说明地质岩石的深度、厚度和空间范围，地层单元和结构特点。对影响评估的目的、用水情况、可能造成的最坏的情况进行评价和预测。将项目对于水的需求做重点的细节描述，例如水使用量、补给水处理量等。同时需考虑由于温度较高的蒸汽过程引起的地下水水质变化、溶解度变化及地下水流场的变化。

（3）水文学。水量和流量的改变对水生态学和水文部分所有的影响也必须进行评估。同时应当描述是否计划在项目生命周期结束后，进行景观改造，如补偿湖泊等。

（4）地表水质。水质的评价参数包括温度、pH、电导率、离子浓度、金属、溶解氧、悬浮和溶解固体、营养物和鱼类污染化合物等。应该评估项目对地表水质的影响，并描述监控网站的位置、频率以及监测计划、参数监测和实施质量保证程序。

（5）水生态。水生态学的研究区域需基于流域单元的短期、长期以及累计的环境影响。水生态调查需使用公认的调查方法。评估项目所造成的显著水生态学影响，包括底栖生物、优先级和珍稀濒危物种、无脊椎动物等。

（6）植被调查。应对区域内所有类型的植被，如森林、农业、湿地、河岸植被现状进行调查。该调查描述必须包括描述植被地理生态型、年代久远的植被、社区重要的物种与传统的食品、药用和文化使用稀有植物、森林，并提供非本地物种的类型、位置和数量。

（7）野生动物研究。野生动物研究领域应当选择在一个适当的规模，预测所有直接和间接影响野生动物的活动。在艾伯塔省，如驯鹿等特殊物种必须按照相关规定制订特殊保护计划。

（8）生物多样性。应采用艾伯塔生态多样性监测组织协议进行生物多样性评价。

（9）地形和土壤。土壤数据至少应该达到2级监测强度。综合评价矿产活动对于地形和土壤的潜在影响。

（10）土地利用。对于农业用地，应该描述当前在项目区域中主要的农业操作和类型（作物和牲畜）以及项目活动区域产生的社会经济和环境的影响、导致的损失。需要研究项目对当地的农业操作的环境影响，尤其是对地区的敏感土壤或作物造成影响。特殊区域，如公园和保护区，包括省级公园、荒地公园、荒野公园、省级休闲区、生态储备、荒野地区自然区域和遗产牧场、国家公园、国家历史古迹、国家海洋等需要进行特殊的环境影响评价分析和研究。

（11）营地。讨论新建营地的合理性和必要性，通过对备选方案的分析。

（12）机场。讨论新建机场的合理性和必要性，通过对备选方案的分析。

（13）鱼类栖息地补偿。提议的鱼类栖息地补偿的位置以及具体的操作方案和合理性。

4. 历史资源评价

通过与艾伯塔省文化局联系确认需要进行历史影响评价的信息，包括古生物学资源、历史文化古迹及考古学资源，按照ToR要求的范围进行评估。

5. 生态环境及土地利用评价

对区域内由于项目所产生的生态环境以及土地利用改变进行评价。

6. 公众健康和安全评价

利用用于健康和风险评价的数据、方法及模型，评价潜在的环境影响、风险管理策略以及人类健康监测计划。

7. 社会经济评价

对于培训、就业、商业利益、税收、交通运输以及公共设施等方面的影响评价。

8. 总结

总结以上研究识别的关键性项目环境影响、制定的相应的削减措施、环境管理和监测方案以及恢复补偿计划。

四、环评体系总结

作为矿业资源大国，加拿大对环境保护工作非常重视，环境保护工作起步早，环境法律体系健全，环境影响评价工作较为复杂，审批程序也较为烦琐，除联邦政府法律约束，各省也有省级的环境监管部门和相应的环境法律法规。

负责加拿大环境保护的主要监管机构包括联邦环境评价署、环境部和自然资源部以及省/地方一级环保单位和资源单位。主要约束法律是加拿大环境评价法和环境保护法，此外每个省还有独自的环评约束法律法规。

加拿大为联邦国家，矿业项目的审批主要由各省承担，因此各省对环境的要求、环境审批程序、环境影响评价报告的要求略有不同，但是大体一致。环境审批主要程序包括：提交项目申请；确认职权范围；进行环评工作并撰写报告；提交环评报告进行技术审查；公众参与环评报告审查；地区部长审批；提交联邦部门审批。环境影响评价报告主要包括以下内容：背景资料及基本信息、项目描述、环境影响评价、历史资源评价、生态环境及土地利用评价、公众健康和安全评价、社会经济评价、总结。

各省的矿业法规要求矿场关闭计划必须获得申报批准，以便矿产开采完结后将土地恢复到以往的使用状态使环境得到保护。矿场关闭计划的财务担保文件（或财务保险或担保）必须与关闭计划同时申报。矿场关闭计划和财务担保文件在采矿生产开始之前就要获得批准。在某些司法辖区，开矿之前就要提供恢复计划及其财务保证。各省的环评报告审批由各自主管部门执行，联邦只审批部分影响较为重大的项目。

五、环境保护成本分析

矿业投资环境是指在矿业领域开发投资中面对的各种周围情况和条件的总和，一般是按照影响的要素分类分析。这些主要因素包括：目标国自然资源、政治环境、经济环境、法律体系、财税体系、环境保护成本等。本书主要探讨环境保护成本因素对境外投资矿业尤其是煤炭业的主要影响。

本书评估目标国家环境保护成本的 5 个因素依次为目标国家环境法律体系完善程度、环境审批程序复杂程度、环境审批一般办理时限、公众参与程度及环境保护敏感度、矿区复垦及环境保护保证金收取要求。通过对这 5 个方面的定性分析，分别给出“高”“中”“低”3 种评估结论。以环境审批一般办理时限为例，“高”表示目标国家环境审批一般办理时限相对于其他国家较长，反之则判定为“低”，当目标国家环境审批一般办理时限介于“高”和“低”之间，结论偏中性，无法给出“高”或“低”的单方面结论时，则评估结果为“中”。

1. 环境法律体系完善程度

作为发达国家，加拿大矿产资源丰富，采矿业发达，是世界第三矿业大国。钴、铀、镍、铂族金属等产量均居世界前列。煤炭资源也很丰富，近年来不列颠哥伦比亚省的和平河煤田由于其基本未被开发的焦煤资源而吸引了大量的国外投资。加拿大完整继承了西方司法体系，法制健全。具体在环境保护领域，加拿大的环境保护工作起步很早，其环境法律体系非常完善，环境保护政策和法令比较严格，对能源矿产的开发有较多的限制。除联邦政府制定联邦法律对各州环境保护进行统一管理外，各州尤其是资源大州都制定了配套的、自成体系的环境法律来规范各州的环境保护工作。

综上所述，对加拿大环境法律体系完善程度评定为“高”。

2. 环境审批程序复杂程度

加拿大政府长久以来一直对自然资源非常重视，对环境保护的重视程度属于世界前列水平。加拿大属于联邦制国家，对于环境审批程序由各州主要负责，大致流程相似，经各州政府审批通过后，再交由联邦政府进行第二次审批。相对于其他国家，加拿大的环境审批程序相对复杂，各州流程均不相同，但大体相似，主要包括提交申请，项目筛选，编写职权范围，开展环境影响评价工作，撰写并提交环评报告，对环评报告进行初审、修改、公示、补充材料、再次审查、最终由联邦政府复查等审批流程。审批全程涉及公众参与。

综上所述，对加拿大环境审批程序复杂程度评定为“高”。

3. 环境审批一般办理时限

加拿大属于联邦制国家，对于环境审批程序由各州主要负责，经各州政府审批通过后，再交由联邦政府进行第二次审批，因此造成加拿大环境审批一般办理时限相对较长。同时，加拿大的环境审批程序也相对复杂，其中的一些审批环节时间难以掌控，如：环评公示环节、公开听证会、公开收集对环评报告的意见等，这些因素都会导致环境审批时间变长。

综上所述，对加拿大环境审批一般办理时限评定为“高”。

4. 公众参与程度及环境保护敏感度

加拿大政府要求矿业企业需在公司网站或通过其他媒体途径向公众公开其在环境审批中的一切行为、工作内容及工作报告。同时，在环境审批流程中，也对环评报告公示期作出了具体、明确的要求，公示时间各州要求不同，大致在 2 个月或以上。在此期间，任何人包括普通公民、环境专家、环保组织、环评机构、政府机构等，均可对环评报告提出质疑或者疑问，并通过书面的形式提交给政府相关管理部门，并由此部门转交给矿业企业。环境法规定矿业企业需要对所有提交的疑问或质疑做出令提出者满意的答复，否则无法通过环境许可证的相关审批。加拿大公众对环境保护工作极为重视，环境保护敏感度高。近几年存在因环保问题遭到公众反对，最终导致矿业项目环境审批时间延长、环境保护时间及金钱成本增加、甚至“流产”或被政府叫停的案例。

综上所述，对加拿大公众参与程度及环境保护敏感度评定为“高”。

5. 矿区复垦及环境保护保证金收取要求

在加拿大联邦环境法以及各州的相关环境法中，对闭坑后矿区的生态环境需要恢复到何种程度有明确具体的规定，对环境恢复保证金缴纳也有明文规定。在项目开发前期，即环境影响评价工作时，矿业企业需在环评报告中描述闭坑后的相关环境保护工作，并在申请环境许可证时向政府缴纳财务担保，用于矿区关闭后的环境修复及复垦工作。相对于其他国家，加拿大矿区恢复后的生态环境恢复验收标准较高、环境恢复财务担保缴纳额度高。

综上所述，对加拿大矿区复垦及环境保护保证金收取要求评定为“高”。

定性分析结果显示，加拿大国家环境法律体系完善程度、环境审批程序复杂程度、环境审批一般办理时限、公众参与程度及环境保护敏感度、矿区复垦及环境保护保证金收取要求均评定为“高”。因此，将加拿大定级为环境保护高成本国家。

第六节 基 础 设 施

一、交通运输

加拿大拥有总长超过1400000 km的公路、10座主要的国际机场、300座小型机场、总长72093 km的铁路，以及超过300座通往太平洋、大西洋、北极海、五大湖与圣罗伦斯海道的商业港口。2011年交通运输产生的GDP为加拿大总GDP中的4.2%，其中，31%由货车运输产出，11%为铁路，2%为水路，12%为空中运输，其他是客运、管道运输和观光旅游运输等。煤在铁路和港口运输的货物中排名第一。加拿大交通部监督和规范加拿大管辖范围内的各种交通运输，加拿大运输安全委员会通过事故调查与提出安全建议，维持加拿大的交通运输安全。

（一）公路

公路运输是加拿大乘客运输与货运的主要方式，公路总里程1400000 km，其中高速公路38000 km，位居世界第三。公路运输通过世界上最快捷的边境线与美国市场紧密连接。

加拿大国家高速公路系统主要分布在国家南部和靠大西洋、太平洋沿岸的人口稠密地区，分为核心路线、支线和北部/偏远线3部分（图8－1－8）。

比较重要的公路有阿拉斯加公路和横贯公路。1942年所建造的阿拉斯加公路（图8－1－9）连接不列颠哥伦比亚的圣约翰堡与阿拉斯加的费尔班克斯，总长7821 km，是一条横贯加拿大的公路。主线西起BC省的维多利亚，东至纽芬兰省的圣约翰斯，全长8030 km。

（二）铁路

据Railway Association of Canada数据，2014年加拿大运营铁路长度为43942 km，皆使用标准轨。城际客运铁路运输线十分稀少，但货运铁路仍十分常见。铁路员工32681名。

铁路年运力近3亿t，几乎全部集中在南部（图8－1－10）。两条主要干线从东至西横贯大陆，中间有若干支线与其相接，形成一个网状的铁路系统（图8－1－11）。最长的一条干线是从大西洋沿岸的哈利法克斯经魁北克、温尼伯、埃德蒙顿至太平洋之滨的鲁珀特太子港；另一条从东部沿海的圣约翰经蒙特利尔、温尼伯至太平洋沿岸城市温哥华。有的铁路线一直延伸到美国境内，与美国的铁路网连接在一起，成为国际交往的重要通道。

加拿大的铁路的主要功能是运输货物，特别是大宗商品，如煤、谷物、钾肥、硫黄等。目前加拿大的铁路货运由3家公司经营：一家是加拿大国家铁路公司，另一家是加拿大太平洋有限公司，第三家是不列颠哥伦比亚铁路公司。煤炭的铁路运输也是由这3家公司经营。

加拿大煤炭行业由两条全国性煤炭运输铁路提供服务（图8－1－12）。加拿大国家铁路：连接9座

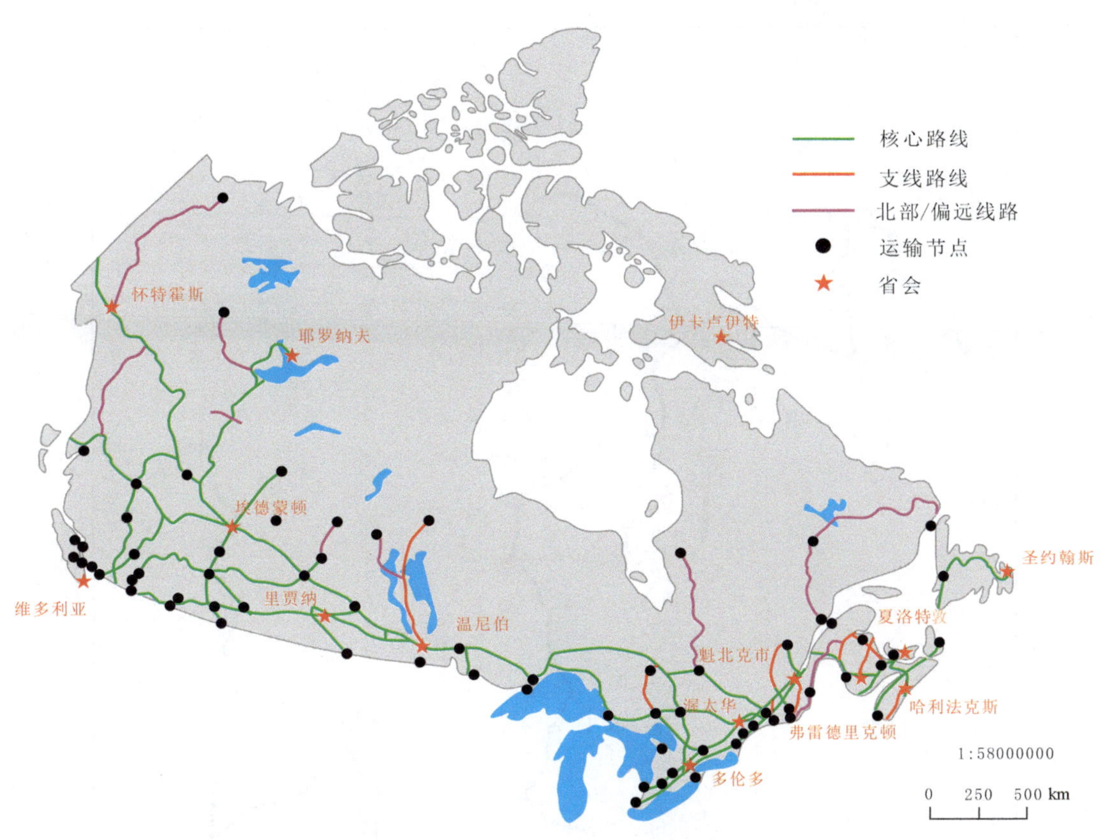

图 8－1－8 加拿大的高速公路系统（Statistics Canada，2008；http：//www41. statcan. gc. ca/2008/4006/grafx/htm/ceb4006_000_map1－eng. htm）

加拿大煤矿和 5 座美国煤矿（高盛，2011）、加拿大所有的 4 个港口（Vancouver、Ridly、Thunder Bay 和 Sydney）和 16 个美国港口。加拿大太平洋铁路：连接 5 座加拿大煤矿（高盛，2011）、Westshore 码头、Neptune 散货码头和 Thunder Bay 码头。

通往温哥华岛港口的南部铁路线接近饱和并且需要大量投资，而通往 Ridley Island 的北部铁路线运力充足，但受到港口吞吐能力有限和该地区煤炭产量下降的制约（高盛，2011）。

（三）港口

加拿大东临大西洋，西靠太平洋，北濒北冰洋，海岸线长达 20000 多千米，拥有众多个海港。港口按地区可分为西部、东部和中北部 3 部分。最重要的港口有 MetroVancouver/温哥华、Toronto/多伦多和 Montreal/蒙特利尔港。国家港口委员会管理对象有哈利法克斯、圣约翰斯、诗古提米、三河市、丘吉尔与温哥华。交通部负责监督全加拿大超过 300 座港口。

加拿大几乎所有的煤炭出口都是通过 BC 省的港口。BC 省的煤炭出口通过 3 个码头：鲁珀特王子港的 Ridley 码头、温哥华港的 Neptune 码头和 Westshore 码头（图 8－1－12）。温哥华港口占了出口总额的 80%，此港口一半的出口量是面对韩国和日本，3/4 是焦煤产品。当前 BC 省港口的煤炭处理能力约为 6300 万 t/a，升级之后可能超过 7600 万 t/a（表 8－1－10），2014 年累计出口约 4500 万 t。

表 8－1－10 加拿大煤炭码头情况表

港口	码头	当前吞吐能力/万 t	扩能后吞吐能力/万 t	实际吞吐量/万 t	备注
鲁珀特王子港	Ridley	1800	2500（竣工时间不详）	690.4（2014 年）；426.5（2015 年）	基于煤炭行业的低迷，港口运量出现富余
温哥华	Neptune	1250	1550（竣工时间不详）	约 710（2014 年）	Teck 公司占股比 46%
	Westshore	3300	3600（预计 2018 年）	约 3100（2014 年）	基于环保的压力，扩能的潜力有限

图 8－1－9　阿拉斯加公路图（红线）（维基百科，2014）

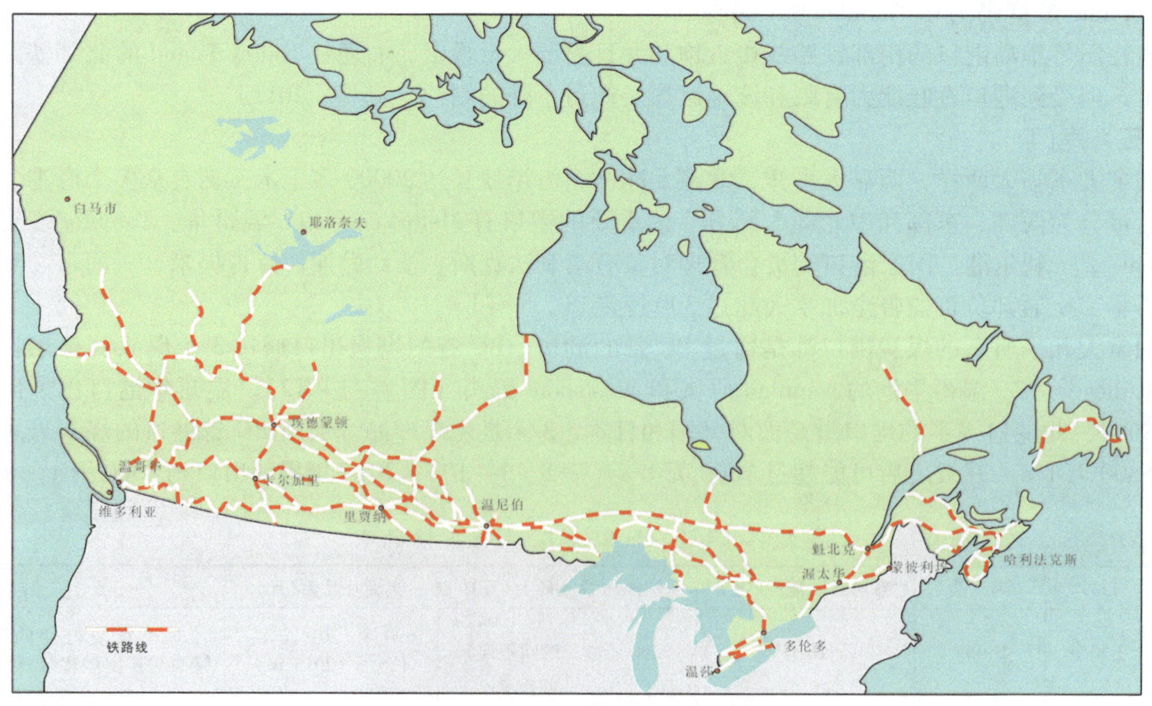

图 8－1－10　加拿大铁路线图

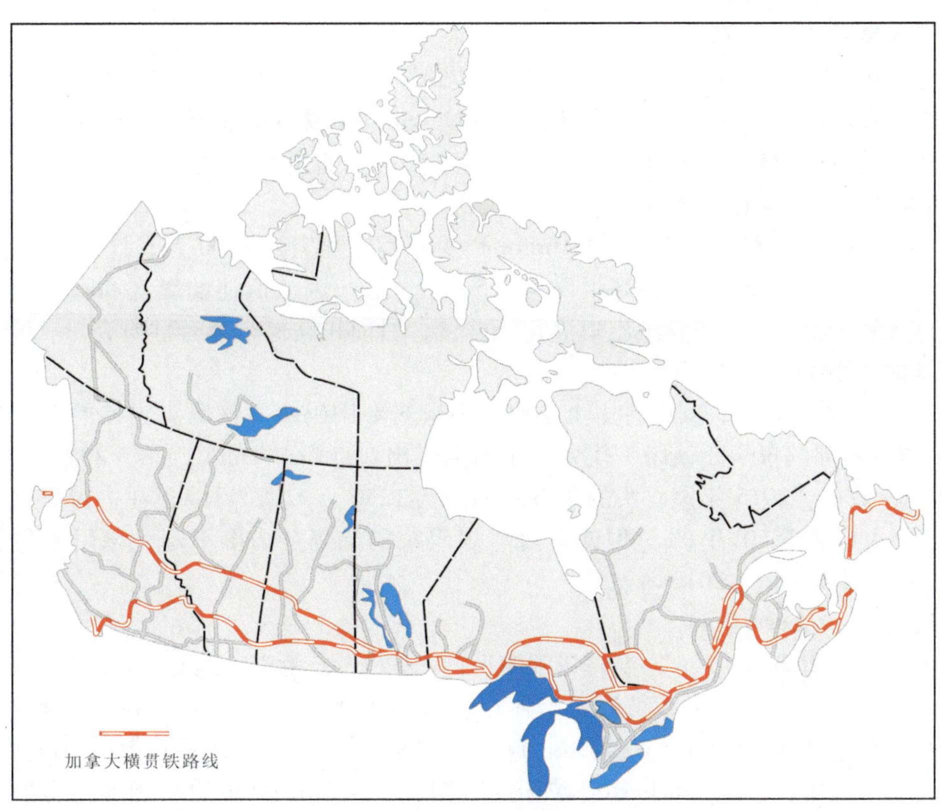

图 8-1-11　加拿大横贯铁路图

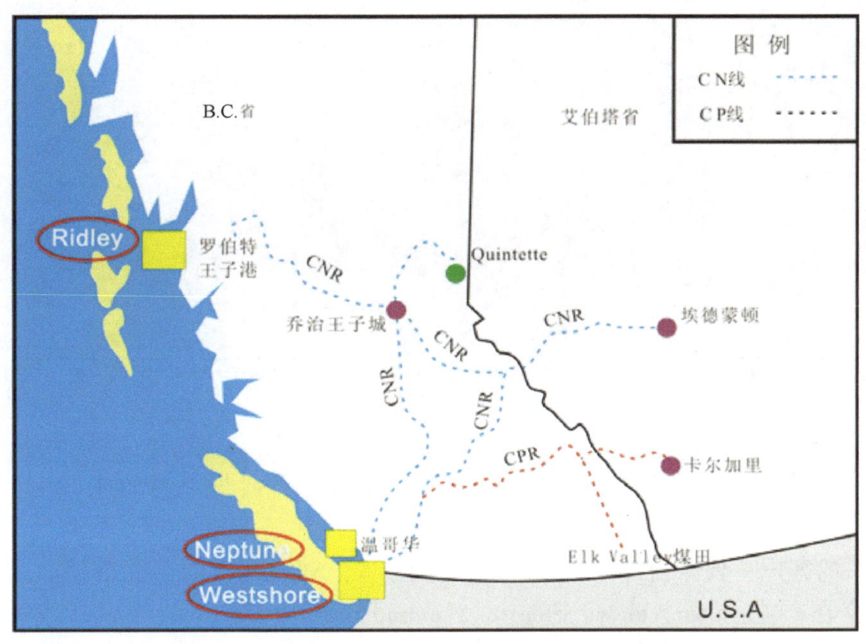

图 8-1-12　加拿大西海岸 3 个运煤码头和铁路位置示意图（Teck，2011）

除此之外，还有中西部五大连湖区域的 Thunder Bay 港口以及西海岸的 Sydeney 港口。Thunder Bay 港口主要用来运输西部的煤炭资源至安大略州用于国内消费，处理能力为 110 万 t/a。2015 年实际运输 40.7 万 t（Thunder Bay Port Authority，2016）。客户有 Teck 公司、Grand Cache 等（Russel Metal 网站，Thunder Bay 2011 年年报等）。Sydney 港口国际煤炭堆场目前只承担进口的功能，把煤炭快速地转运至 Sydney Coal Railway 线路上。

1. 鲁珀特王子港的 Ridley 码头

该码头为美洲距离亚洲最近的深水不冻港，可以装卸好望角型船只（最大25万t，吃水深度约20 m）。到中国上海港的距离与到澳洲纽卡斯尔港相近，约8597 km，比温哥华港距上海港近450 n mile。它由政府拥有，2010年之前专职出口BC省东北部、艾伯塔省和萨斯省的煤炭和焦炭，2010年之后开始逐步接受BC省东南部和美国煤炭长协出口业务。

据 Ridly Terminals INC. 网站最新数据，Ridley 码头年吞吐能力为1800万t,计划以后扩至2500万t。据公司2016年年报，该码头2015年装卸量仅426.5万t，这归因于低迷的煤炭和石油焦炭市场。为了应对不断增大的空余运能，该码头尝试出口液化天然气，目前正在进行可行性研究。

2. 温哥华港的 Neptune 码头

Neptune 码头有3个小码头，其中有1个小码头为煤炭专用码头。该码头出口的煤炭主要为艾伯塔省西北部和BC省东南部的煤炭，该码头仅专注于冶金煤出口（Coal Train Facts，2013）。据 BC Ministry of Energy and Mines 数据，2015年该码头的年吞吐能力为1250万t/a，目前正在进行升级改造工程，改造结束后年吞吐能力可达1550万t/a，但改造之后煤码头的储煤能力会下降。该码头的储煤能力约为60万t（BC Ministry of Energy，2010）。

3. 温哥华港的 Westshore 码头

Westshore 码头位于 Roberts Bank，温哥华闹市区南部32 km，距离美国北部边界约500 m，它是北美地区最大的煤炭出口码头。2015年该码头的年吞吐能力为3300万t/a（BC Ministry of Energy，2015），2014年煤炭实际出口量约3100万t（Westshore Terminal INC.，2015）。该码头货物出口量年度变化相对较小（图8-1-13）。由于半岛地形和环境破坏的限制，Westshore 码头的扩能潜力有限，预计仅能增加200万~300万t。

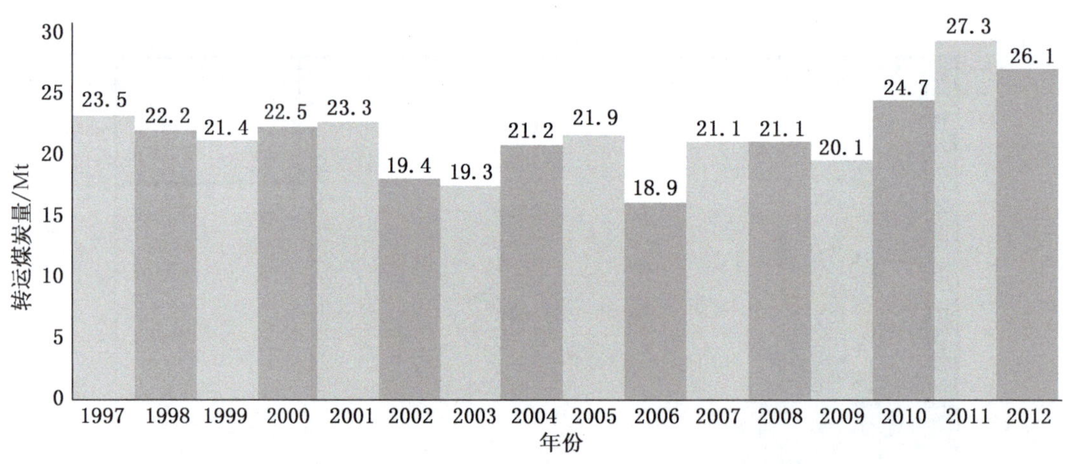

图8-1-13 Westshore 码头转运煤炭量年度变化图（Westshore Terminal，2013）

Westshore 码头的客户主要来自加拿大BC省的东南部、Alberta省的西北部以及美国的西部，包含有Teck公司的6个在产矿、Coal Valley、Sherritt、Ground Cache、US Coal、Signal Peak 和 Cloud Peak 等（图8-1-14）。2012年Teck公司与Westshore码头续签了5年的合同，而且自2014年4月份起合同运量增至1900万t/a（Teck公司2012年年报）。加拿大其余的煤炭公司合同运量累计700万~800万t/a，剩余运量600万~1000万t/a分配给美国西部煤矿，但这部分运量没有切实保证，码头更倾向于运输热值较高的加拿大煤炭（Sightline Institute，2012）。

二、电力

除了电力出口和IPL（国际输电线路）建设与操作授权外，加拿大电力产业大部分的监控都由各省负责，包括发电、输送与配电设施的操作。加拿大能源管理局（NEB）负责授权IPL和指定的受联邦管

图 8-1-14 Westshore 码头客户分布图（Westshore Terminal，2013）

辖的省际管道建设与操作。IPL 只构成总体输送系统的一小部分，它们将省系统与美国市场相连，推动了重要的国际贸易（图 8-1-15）。

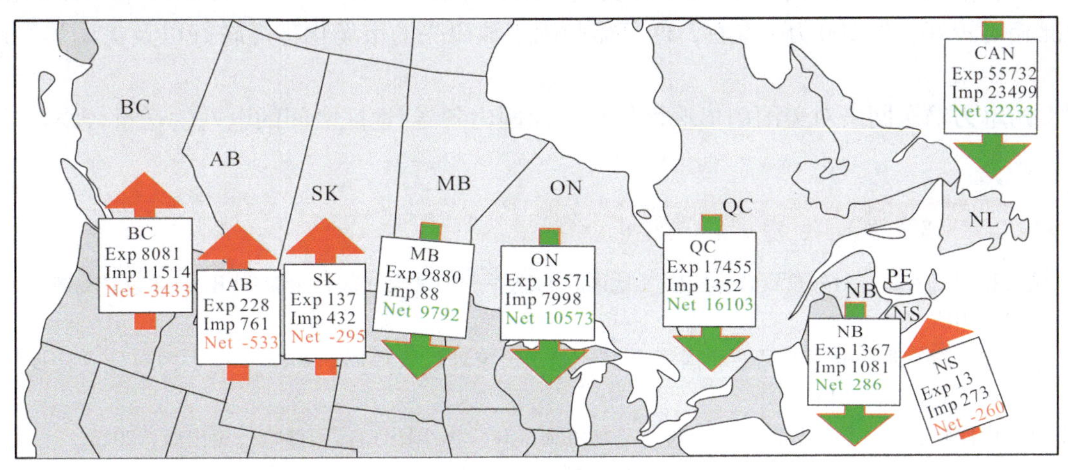

图 8-1-15 加拿大—美国电力贸易示意图（National Energy Board，2009）

从 20 世纪 90 年代中期开始重组电力市场后，通过 IPL 输送的电力几乎翻倍。因为一些省份（如安大略省、BC 省与艾伯塔省）的需求增速已超过供应速度，所以从美国进口的电力有所增长。加拿大各省冬季取暖需求与美国各州夏季制冷需求通过南北贸易得到了互补。

加拿大高压电力输送网由各省的电网联合而成（图 8-1-16）。BC 省、马尼托巴省、安大略省和魁北克省外部连接电网规模较大，供应美国市场电量相对较大。当前缺乏南北向和横贯加拿大的东西向电力输送网。

图 8-1-16 加拿大电网示意图（The Conference Board of Canada，2011）

三、基础设施总结

加拿大基础设施较为发达。

加拿大煤炭运输主要通过铁路来完成。加拿大国家铁路公司（CN）铁路连接了加拿大所有的 4 个港口/码头和 16 个美国港口，以及加拿大和美国的一些煤矿；太平洋有限公司（CP）铁路连接了加拿大 Vancouver 港口和 Thunder Bay 码头，以及一些加拿大煤矿。加拿大的煤炭出口主要依靠西海岸的 Vancouver 和 Prince Rupert 港口，通往 Vancouver 港口的南部铁路线接近饱和并且需要大量投资，而通往 Prince Rupert 港口的北部铁路线运力充足。

目前加拿大煤炭出口港口的运能呈现大量闲置的态势，累计闲置约 1900 万 t，在北部 Prince Rupert 港口尤其严重。北部 Prince Rupert 港口 Ridley 码头的空闲吞吐量约 1200 万 t，正在积极寻求煤炭产品以外的货物出口；南部 Vancouver 港 Neptune 码头的空闲吞吐量约 500 万 t；Vancouver 港 Westshore 码头运能闲置情况相对较好，仅 200 万 t 左右，这可能归因于该码头的市场化程度较好以及美国煤炭产品的进入。

加拿大的电力输送网络对美国的依赖性较大，而国内各省/地区之间的电网输送量较小。

本章参考文献

[1] 中华人民共和国商务部．对外投资合作国别（地区）指南——加拿大（2015 年版）[R]．北京：商务部对外投资和经济合作司，2015.

[2] 中华人民共和国商务部，中华人民共和国国家审计局，国家外汇管理局．2015 年度中国对外直接投资统计公报 [R]．中国统计出版社，2015.

[3] 中国出口信用保险公司．国家风险投资报告——加拿大 [R]．中国出口信用保险公司出版，2015.

[4] 梁妍，李娜．加拿大 [M]．第二版．北京：中国水利水电出版社，2001.

[5] 中华人民共和国外交部．加拿大国家概况 [OL]．2016 [2016-06] http：//www. fmprc. gov. cn/web/gjhdq_676201/gj_676203/bmz_679954/1206_680426/1206x0_680428/t9527. shtml.

[6] 中华人民共和国驻加拿大大使馆．国家概况 [OL]．2016．http：//ca. china-embassy. org/chn/.

[7] Klaus Schwab，The Global Competitiveness Report 2016—2017 [R]．World Economic Forum.

[8] Doing Business 2015. 12th edition [R]．The World Bank，International Finance Corporation.

[9] Commonwealth public administration reform 2004 [J]．Commonwealth Secretariat. 2004：54-55. ISBN 978-0-11-703249-1.

[10] Johnson，David. Thinking government：public sector management in Canada 2nd. University of Toronto Press [M]．2006：

134－135，149. ISBN 978－1－55111－779－9.

[11] Difference between Canadian Provinces and Territories [OL]. Intergovernmental Affairs Canada. 2009 [May 23，2011].

[12] Assembly of First Nations，Elizabeth II. A First Nations－Federal Crown Political Accord. 1 [J]. Assembly of First Nations. 3. 2004 [May 23，2011].

[13] O'Neal，Brian；Bédard，Michel；Spano，Sebastian. Government and Canada's 41st Parliament：Questions and Answers [J]. Library of Parliament. April 11，2011 [June 2，2011].

[14] 中华人民共和国驻加拿大大使馆经济商务参赞处 [OL]. http：//ca. mofcom. gov. cn/.

[15] 程永林，2014～2015：加拿大形势回顾与展望 [M]. 加拿大发展报告（2015），2015.

[16] 何金祥. 加拿大矿业投资与管理政策给我们的启示 [J]. 中国金属通报，2006，(38).

[17] 中国矿业融资培训与研究项目组. 加拿大矿业融资 [M]. 北京：中国大地出版社，2004.

[18] 李鹏远、陈其慎、李建武、徐铭辰、杜雪明. 加拿大矿业及其在全球的地位 [J]. 中国矿业，2011，(4).

[19] 中华人民共和国商务部. 对外投资合作国别（地区）指南——加拿大（2012 年版）[M]. 北京：商务部对外投资和经济合作司，2012.

[20] 周平、施俊法、唐金荣. 2012 年上半年全球矿业形势分析与展望地质调查动态 [J]. 中国国土资源经济，2012 (4).

[21] 国土资源部信息中心. 世界矿产资源年评（2009—2010 年）[M]. 北京：地质出版社，2011.

[22] 冯晓炜，许璞. 加拿大矿业投资全攻略 [J]. 中国国土资源报，2013，(7).

[23] 何金祥，郑子敬. 加拿大矿业投资环境 [J]. 国土资源情报，2012，(11).

[24] 国土资源部信息中心. 世界矿产资源年评 [J]. 北京：地质出版社，2009.

[25] 宋国明. 加拿大矿业开发与投资政策 [J]. 国土资源情报，2005 (10).

[26] 周进生，张忠义. 加拿大矿业管理制度及给我们的启示 [J]. 经济资源，2003，(3).

[27] 杰拉尔德. 刘艺工、杨士虎译. 加拿大法律制度 [J]. 兰州大学出版社，1997，(4).

[28] 中国出口信用保险公司. 国家风险投资报告—加拿大 [R]. 中国出口信用保险公司出版，2012.

[29] 梁妍，李娜. 加拿大（第二版）[M]. 北京：中国水利水电出版社，2001.

[30] Gavin Hilson. Sustainable development policies in Canada's mining sector：an overview of government and industry efforts. Environmental Science&Policy，2000 (4).

[31] Peter W . Hogg. Constitutional Law Of Canada，2nd Edition. New York：Cars well，2003.

[32] Deloitte. Mining in Canada：Opportunities through Mergers & Acquisitions. 2009.

[33] 中华人民共和国驻加拿大大使馆. 国家概况. 2010 [2012－12－10]. http：//ca. china－embassy. org.

[34] 中华人民共和国外交部. 加拿大国家概况. 2012 [2012－12－31]. http：//www. fmprc. gov. cn/mfa_chn/gjhdq_603914/gj_603916/bmz_607664/1206_608136/.

[35] 中华人民共和国驻加拿大大使馆经济商务参赞处. 2009 [2012－12－10]. http：//ca. mofcom. gov. cn/.

[36] 商务部国际贸易经济合作研究院. 加拿大对外国投资合作的法规和政策. 2011 [2012－08－23]. http：//ca. mofcom. gov. cn/article/ddfg/tzzhch/201112/20111207856301. shtml.

[37] 加拿大财政部. 2012 [2012－12－10]. http：//www. fin. gc. ca/fin－eng. html.

[38] Gordon J，Bogden. Mining Finance in Difficult Times，What Can be Done? 2010 [2012－8－30]. http：//www. pdac. ca/pdac/publIRAtions/papers/2010/pdf/borden（T－15）. pdf.

[39] 张振芳，张新元，叶锦华，吕小婷. 中国企业投资加拿大矿业的机遇与挑战 [J]. 中国矿业，2013，(3).

[40] 王晓丽. 中国和加拿大自然保护区管理制度比较研究 [J]. 世界环境，2004 (2).

[41] 安永会计师事务所. Worldwide Corporate Tax Guide 2016 [G].

[42] 安永会计师事务所. Worldwide Personal Tax Guide 2016 [G].

[43] 安永会计师事务所. Worldwide VAT，GST and Sales Tax Guide 2016 [G].

[44] 中华人民共和国商务部网站. [OL] http：//www. mofcom. gov. cn.

[45] 中华人民共和国商务部. 对外投资合作国别（地区）指南（2015 年版）[G].

[46] 国家税务总局. 税收服务"一带一路"战略专题 [OL] http：//www. chinatax. gov. cn/n810219/n810744/n1671176/index. html.

[47] 国家税务总局. 中国居民赴加拿大投资税收服务指南 [G].

[48] 毕马威会计师事务所. A Guide to Canadian Mining Taxation [G].

[49] 加拿大税务局网站. http：//www. cra－arc. gc. ca/.

[50] 加拿大税务局. Incom Tax Act [EB/OL] www. cra - arc. gc. ca/E/pbg/tf/t400a/README. html.

[51] 加拿大税务局. Federal Budget [EB/OL] www. cra - arc. gc. ca/gncy/bdgt/menu - eng. html.

[52] Ministry of Finance of BC, Mineral Tax Handbook [G].

[53] 伍跃辉, 2002. 加拿大阿尔伯达省环境影响评价程序及启示, 北方环境, 2: 17 - 19.

[54] Canada Environmental Impact Assessment 2012.

[55] Government of Manitoba, Environment Impact Assessment Flowchart 2009 [2009 - 01] http: //www. gov. mb. ca/conservation/eal/publs/eal_flowchart. pdf.

[56] Government of Nova Scotia, Nova Scotia, A Proponent's Guide to Environmental Assessment 2009 [2009 - 09]. http: //www. novascotia. ca/nse/ea/docs/EA. Guide - Proponents. pdf.

[57] British Columbia, Canada, environment assessment office user guide, published in 2009 and updated in March 2011.

[58] Province of Alberta, Mines and Mineralsact, Revised Statutes of Alberta 2000.

[59] Chapter M - 17, 2013 - 06 - 17. http: //www. qp. alberta. ca/documents/acts/m17. pdf http: //www. eao. gov. bc. ca/pdf/EAO_User_Guide% 20Final - Mar2011. pdf.

[60] British Columbia, Canada, Coal Act [SBC 2004] chapter 15, 2013 [2013 - 11 - 13]. http: //www. bclaws. ca/Recon/document/ID/freeside/00_04015_01.

[61] Alberta. ca - Environment and Sustainable Resource Development, Alberta's Environmental Assessment process2010[2010 - 02]. http: //environment. alberta. ca/01509. html.

[62] A guide to assessing projects and preparing proposals under the environment assessment act Technical Proposal Guidelines 2012 [2012 - 11]. http: //www. environment. gov. sk. ca/adx/aspx/adxAdReDirect. aspx? ID = 154&l = English&URL = % 2fEATechnicalProposalGuidelines.

[63] British Columbia, Canada, Environmental Assessment Act [SBC 2002] CHAPTER 43, 2013 [2013 - 11 - 13]. http: //www. bclaws. ca/EPLibraries/bclaws_new/document/ID/freeside/00_02043_01.

[64] British Columbia, Canada, The Environmental Assessment Office, The B. C. 'sEnvironmental Assessment Process 2013. http: //www. eao. gov. bc. ca/ea_process. html.

[65] Government of Manitoba, Environmental Approvals 2013. http: //www. gov. mb. ca/conservation/eal/.

[66] Government of Manitoba, Manitoba The Mines and Minerals Act 2013 [2013 - 11 - 22]. http: //web2. gov. mb. ca/laws/statutes/ccsm/m162e. php.

[67] Government of Saskatchewan, Saskatchewan Environmental Assessment 2011. http: //www. environment. gov. sk. ca/EnvironmentalAssessment/.

[68] International Institute for Sustainable Development, environment assessment and Saskatchewan province first nations: Resource manual, 2013. http: //www. iisd. org.

[69] Government of Nova Scotia, Nova Scotia Environmental Permits 2013. http: //www. environment. gov. sk. ca/permits/.

[70] Government of Nova Scotia, Nova Scotia Environment Assessment Regulations 2013 [2013 - 01 - 21]. http: //www. novascotia. ca/just/regulations/regs/envassmt. htm.

[71] Alberta. ca - Environment and Sustainable Resource Development, Guide to Preparing Environmental Impact Assessment Reports in Alberta 2013 [2013 - 03]. http: //environment. alberta. ca/01499. html.

[72] Alberta. ca - Environment and Sustainable Resource Development, Environmental assessment (mandatory and exempted activities) 2013. http: //environment. alberta. ca/03147. html.

[73] Alberta. ca - Environment and Sustainable Resource Development, Environmental protection and enhancement (miscellaneous) 2013. http: //environment. alberta. ca/03147. html.

[74] Teck. Teck annul report [R]. 2012.

[75] The Conference Board of Canada. Canada's electricity infrastructure building a case for investment [R]. 2011.

[76] Railway Association of Canada. Rail Trend 2015 [R]. 2015

[77] Ministry of Energy and Mines, BC. British Columbia Coal Industry Overview 2015 [R]. 2015.

[78] Ridly Terminals INC.. Ridly Terminals INC. 2015 Annual Report [R]. 2016.

[79] Westshore Terminals INC.. Westshore Terminals INC. 2014 Annual Report [R]. 2015.

[80] Thunder Bay Authority. Thunder Bay Authority 2015 Annual Report [R]. 2016.

[81] Bridgat. 世界主要港口介绍 [EB/OL]. (2015) [2016 - 10 - 15] http: //article. bridgat. com/guide/trans/port/port. html.

[82] Bridgat. 加拿大简介 [EB/OL]. (2015)[2016－10－15] http://country. bridgat. com/Canada. html.
[83] 郑莹莹. 加拿大自然保护地的概况及立法现状探讨 [J]. 法学研究, 2006 (5).
[84] Mineral Resources Division. Mining and ExplorationTax Inc entiv. http://www. manitoba. ca/iem/mrd/busdev/incentives/index. html.
[85] Mining Association Canadian, Facts& Figures/2003.
[86] Minerals and Metals Sector (MMS) of Natural Resources Canada.
[87] 白荣梅. 加拿大的法律系统 [J]. 内蒙古大学学报, 2000, (1).

第二章 煤炭资源分析

第一节 资 源 概 览

一、地质概况

加拿大全境可分为4个大地构造单元，即加拿大北美克拉通、阿巴拉契亚褶皱带、科迪勒拉褶皱带和因努伊特褶皱带。

（一）加拿大北美克拉通

加拿大北美克拉通是加拿大的主体部分，其基底最古老的岩石是太古宙的花岗岩、云母片岩、强变质的沉积岩（粉砂岩、泥岩、砾岩）和火山岩（以基性为主，有少量酸性熔岩和火山灰），在其上角度不整合覆有元古宙砾岩、砂岩、片岩、灰岩、含铁石英岩及火山岩。

克拉通中部为世界著名的加拿大地盾，地盾是由几个太古宙陆核组成的。其中，最大的是位于哈得孙湾东面和南面的苏必利尔地块，地块内的火山岩同位素年龄为27亿~29.5亿年，它也是地球上最大的太古宙陆核，从大湖区西部到魁北克北部绵延2500多千米。其他较小的陆核，有纽芬兰省北部沿海地区的纽塔克地块、哈得孙湾西部的卡米纳克地块及奴湖北部的奴地块。奴地块岩石的同位素年龄为30亿年，是已知地盾的最古老地区。上述地块被强烈变形的元古宙岩石所分隔。

加拿大地盾内部陷落，沉积有下古生代地层，称为哈得孙地台。地盾北边有北极地台，西边有内部地台，东南面为圣劳伦斯地台。北极地台的盖层主要是上古生界以白云岩为主的沉积岩。内部地台介于科迪勒拉褶皱带和加拿大地盾之间，西缘为北北西向的落基山—马更些逆掩断层褶皱带，由中、古生代地层组成，向东褶皱变缓。东边前寒武系基底向西倾伏，一直插入逆掩断褶带下。寒武纪—第三系沉积盖层西部厚，向东逐渐减薄或尖灭。圣劳伦斯地台介于加拿大地盾与阿巴拉契亚褶皱带之间，南端以上寒武统至泥盆系为沉积盖层，向北盖层变为上古生界沉积。

（二）阿巴拉契亚褶皱带

该褶皱带为海西期褶皱带，位于东南沿海地区，呈北西向分布，由强烈褶皱的古生代岩石组成。西部以变形的沉积岩为主，而东部有火山岩、沉积岩和花岗岩。褶皱带中断裂十分发育，以向东倾的大逆掩断裂带为界。

该褶皱带是加拿大最重要的石棉分布区。著名的魁北克石棉矿带南起美国的佛蒙特州，进入加拿大后向东北延伸到加斯佩半岛，总长240 km，宽约10 km，矿带为一典型的蛇绿岩杂岩体。重要的矿床分布在一个90 km长的扇形地带内，它位于圣劳伦斯河东南约80 km处，与河流平行断续延伸。此外，东南沿海的石膏带（成矿期为早石炭世）、普莱曾特山钨矿床、新不伦瑞克的钾盐矿、巴瑟斯特12号铜锌矿床等也很有名。在纽芬兰岛南端和新斯科舍分布有高挥发性烟煤。

（三）科迪勒拉褶皱带

科迪勒拉褶皱带是加拿大最年轻的山区（阿尔卑斯期，中国的燕山期），由太古宙到现代的几千米厚的沉积岩和火山岩组成。该带呈北北西向分布于西部沿海地区，内部又可以分为走向与其基本一致的五条带，从东到西依次是岛屿火山岩带、海岸深成杂岩带、山间带、奥米尼卡结晶岩带及前陆逆掩断层和褶皱带。

科迪勒拉西部最主要的褶皱期在侏罗纪。地壳的上升和伴随有火山活动的断裂运动延续至今。有一些三叠纪、晚中生代和可能为第三纪的花岗闪长岩、石英闪长岩的岩基和小岩体。

东科迪勒拉褶皱的主要一幕发生在早白垩世—老第三纪，褶皱伴有霞石正长岩和霓霞碱霞岩体的侵入。

（四）因努伊特褶皱带

该带位于加拿大北极群岛北部，为一加里东期褶皱带，大体呈北东向，主要由下古生代交错沉积的碳酸盐岩和页岩组成，另外有同期沉积的泥岩，在陆棚碳酸盐岩与深盆相泥岩之间发育有生物礁灰岩建造，还有少量的深成侵入岩和火成岩。古生代晚期，褶皱带的中西部沉陷，形成斯沃德鲁普断陷盆地，沉积了密西西比系至第三系，并经受了新生代褶皱运动。

该褶皱带中的主要矿产有铅、锌和煤等。在斯沃德鲁普盆地中发现有油气，生油岩为上三叠统伊尔湾组的富含有机质的页岩。

二、自然资源

加拿大矿产资源丰富，目前已知有70多种矿产。加拿大的矿产资源在世界上占有重要地位，许多矿产的储量位居世界前列，如钾盐（居第1位，下同）、铌（2）、石棉（2）、石油（3）、泥炭（3）、铀（3）、金刚石（3）、石膏（3）；钨（4）、铂族金属（4）、钽（4）、硫黄（5）、硒（5）、钼（6）、镉（7）、镍（7）、铁矿石（7）、锌（8）、钛（11）、铜（12）等（BP，2013；U. S. Geological Survey，2012和2013）。

加拿大具有十分有利的成矿地质条件。加拿大北美克拉通蕴藏有极为丰富的矿产资源，是世界上最重要的矿产资源集中区。其中，魁北克省铁矿带（BIF型）、阿比提比绿岩带金矿区、萨德贝里铜镍硫化物成矿带、阿尔伯特盆地油气区都闻名于世。科迪勒拉褶皱带中的塞尔温盆地铅锌成矿区也是世界特大型成矿带。

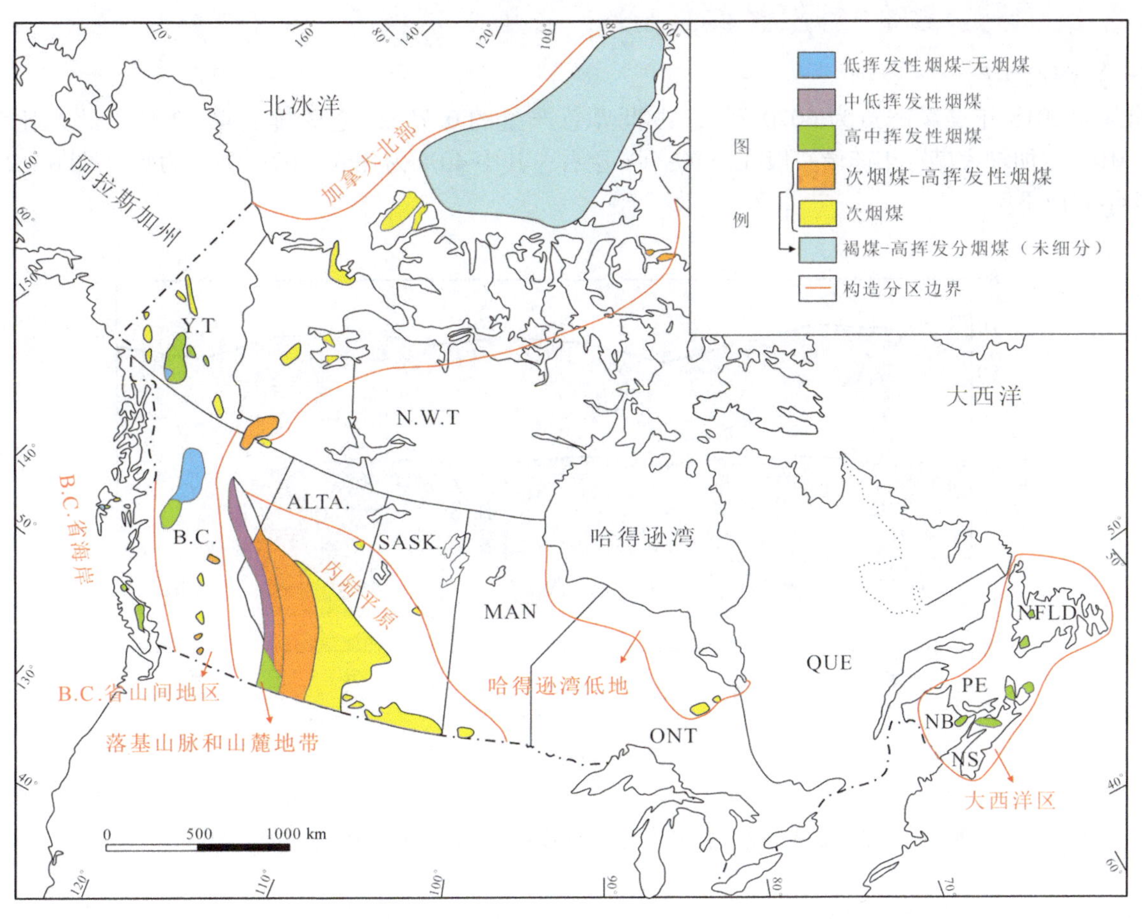

图8-2-1　加拿大煤炭资源变质程度分布简图

三、煤炭资源分布

加拿大煤炭资源较为丰富，储量为65.82亿t，约占世界储量的0.8%（BP，2013）。

加拿大煤炭资源分布面积广，从西海岸的BC省到东海岸的大西洋沿岸省份，以及北加拿大，煤炭资源都有分布。含煤地层的年代跨越泥盆纪至第三纪，煤炭的种类跨越褐煤至无烟煤。

西加拿大的含煤面积最大，从南萨斯喀彻温省跨越艾伯塔省至BC省，成煤年代较年轻，属于晚侏罗世—第三纪。东加拿大的成煤时代主要为晚石炭世，类似于欧洲西部和美国的Appalachian地区，主要的煤种为高挥发分C烟煤—高挥发分A烟煤。Sydney煤田拥有着东海岸地区大部分的煤炭资源，但98%的资源位于近海区，而近海区的煤炭资源中的大部分位于海水以下，开发难度较大。北加拿大地区的煤炭资源十分丰富，但由于远距离和其他因素的限制，勘探开发程度很低。含煤时代为泥盆纪—第三纪，煤变质程度较低，主要为褐煤—高挥发分烟煤（图8-2-1）。

无烟煤主要分布于BC省北部的山间以及育空地区，还有一小部分位于洛基山脉的山前和内麓地区。焦煤资源主要分布于落基山脉，即BC省的东南部和艾伯塔省的中西部地区。动力煤资源主要分布为于艾伯塔省和萨斯喀彻温省的内部平原区，以及艾伯塔省的外山麓地区，还有一些动力煤资源分布于BC省的山间盆地、滨海地区以及北加拿大。褐煤主要分布于南萨斯喀彻温省、艾伯塔省东南和马尼托巴省西南。

第二节 煤 炭 工 业

一、煤炭工业现状

（一）煤炭生产

加拿大2015年煤炭产量为6070万t，占世界总产量的0.7%，全球排名第12位，储产比为108（BP，2016）。加拿大煤炭年产量一般在7000万t左右，其中40%为焦煤，60%为动力煤（图8-2-2），但近几年有所下降。

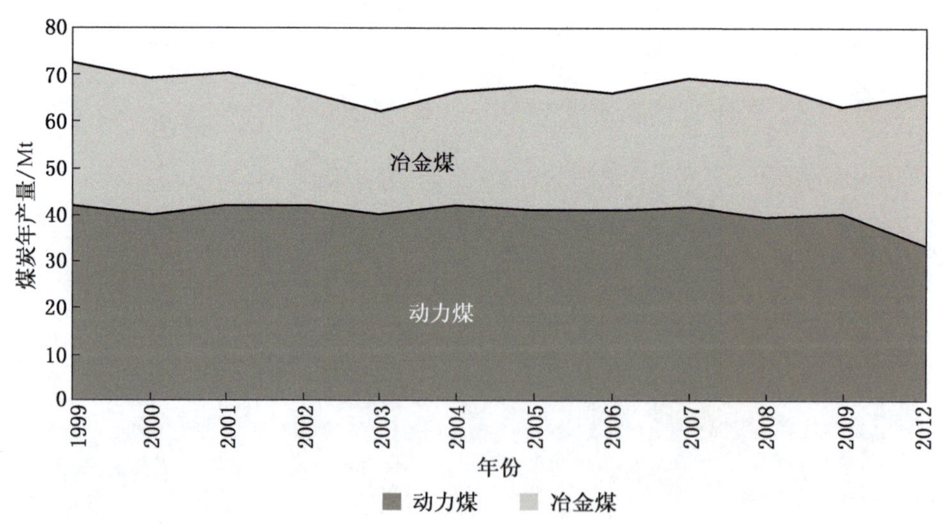

图8-2-2 加拿大的煤炭年产量（NRCan，2010；BP，2013；WM，2013）

加拿大煤炭生产主要集中在中西部的BC省、艾伯塔省和萨斯喀彻温省。艾伯塔省是加拿大第一大产煤省，2015年产量为2720万t（Alberta Energy Regulator，2016）。BC省2015年的煤炭产量为2493万t，主要为焦煤，出口亚洲市场（BC Ministry of Energy and Mines，2016）。萨斯喀彻温省生产的所有煤炭和艾伯塔省生产的大部分煤炭均按长期合同供应给附近的火力发电厂。除此之外，大西洋沿岸的新不伦瑞克省和新斯科舍省也有少许煤炭产量（王显政，2011；PWC，2012）。

（二）煤炭消费

据 EIA 网站数据，2014 年煤炭提供了加拿大约 6% 的能源，其他为石油（31%）、天然气（28%）、水能和核能（33%）。加拿大的电力 61% 来自水力发电，18% 来自煤炭。2009 年之前加拿大每年消耗约 6000 万 t 煤（图 8－2－3），其中 90% 用于火力发电，7% 用于钢铁工业，3% 用于各种工业。近几年煤炭消耗量有所下降，2014 年和 2015 年仅分别消耗 4401 万 t 和 1980 万 t（EIA，2015；BP，2016）。艾伯塔省、安大略省和萨斯喀彻温省曾是加拿大的煤炭消耗大省。加拿大的煤炭协会主席近日表示，艾伯塔省自 2018 年开始淘汰燃煤电厂。安大略省 2014 年成功实施了停止使用煤炭的政策。2014 年全球首座能够捕获自身二氧化碳气体排放的商用火力发电厂在萨斯喀彻温省正式启用。

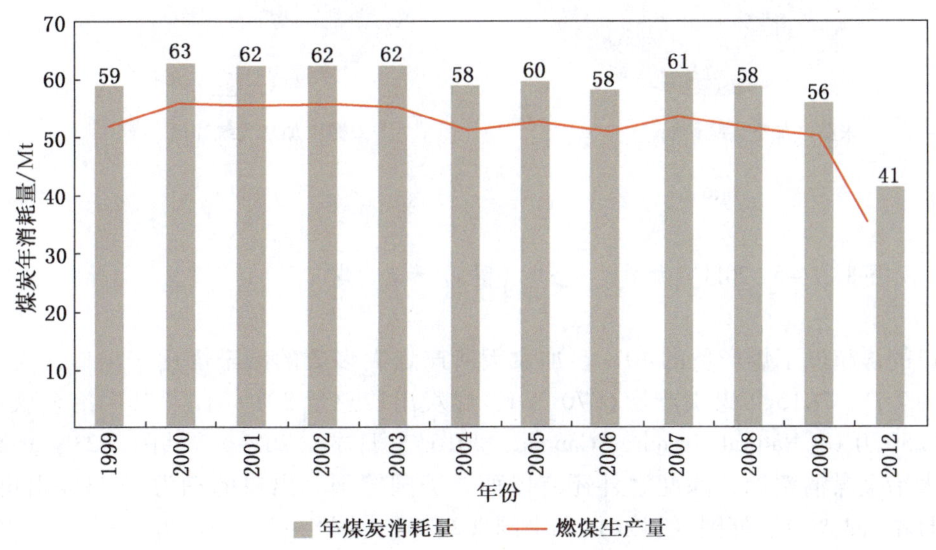

图 8－2－3　加拿大的煤炭年消耗量（NRCan，2010；BP，2013）

（三）煤炭进出口

加拿大是一个煤炭出口国，同时也是一个煤炭进口国（图 8－2－4）。国内所需煤的 4/5 由国内生产供应，1/5 靠进口。2014 年加拿大煤炭产量约 6767 万 t，消费量约 4401 万 t，出口煤炭约 3447 万 t，进口煤炭约 782 万 t（EIA，2015）。

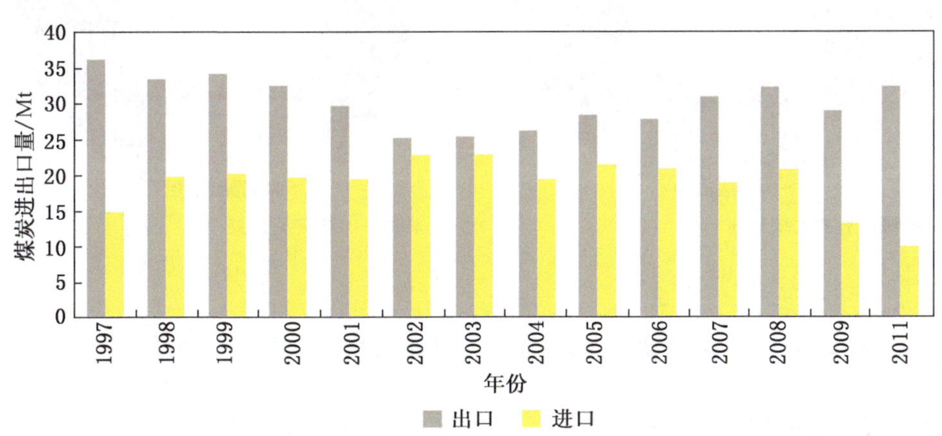

图 8－2－4　加拿大煤炭的进出口量（NRCan，2012；USEIA，2012；PWC，2012）

加拿大煤炭的最大进口国为美国，冶金煤和动力煤的占比分别为 77% 和 47%，第二进口国为哥伦比亚，冶金煤和动力煤的占比分别为14%和53%，如图8-2-5所示（PWC，2012）。

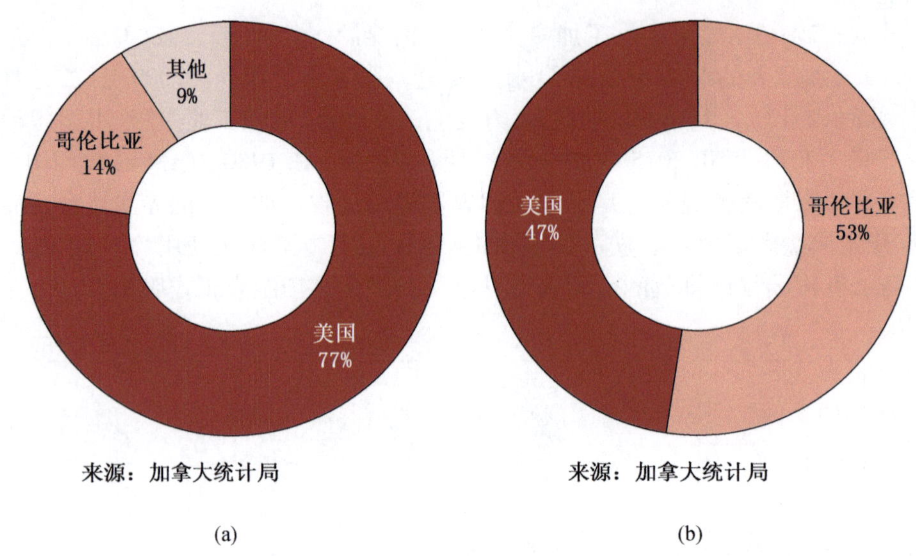

图8-2-5 2011年加拿大冶金煤（图a）和动力煤（图b）进口国所占比例

加拿大出口的煤超过了煤产量的40%。加拿大所产煤大多数的冶金煤用于出口，大多数的动力煤用于国内的电力生产。2015年煤炭产量6070万t，煤炭出口总量3050万t，其中冶金煤和动力煤分别为2800万t和250万t（Natural Resource Canada，2016）。日本（26%）、韩国（23%）和中国（9%）是加拿大前三大冶金煤消费国，除此之外还有巴西、美国等国。出口的动力煤93%出售至亚洲地区，前三名分别为日本（35%）、韩国（34%）和中国（24%）（图8-2-6）。

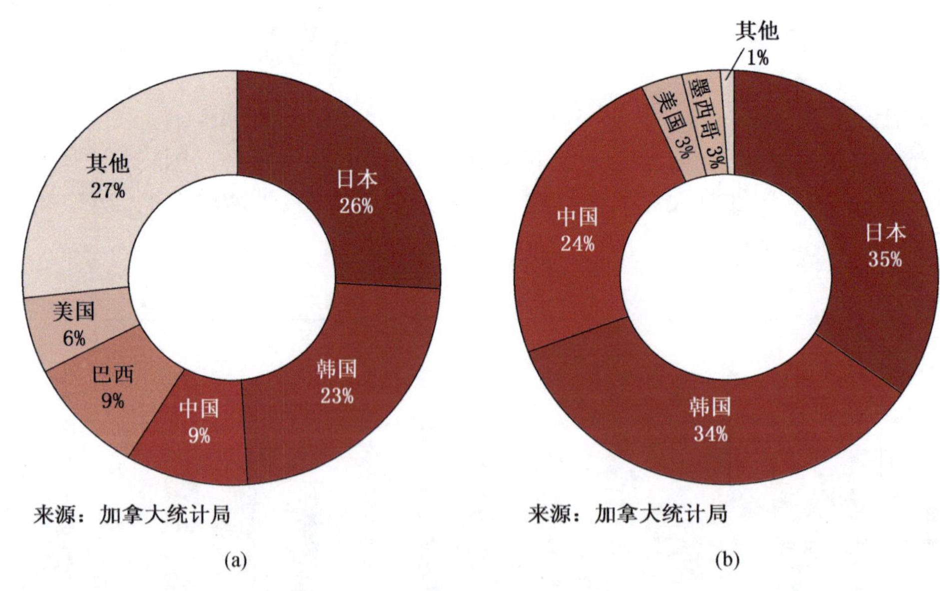

图8-2-6 2011年加拿大冶金煤（图a）和动力煤（图b）的出口国所占比例

加拿大进口的煤炭主要用于东部地区发电。据2009年数据，加拿大进口约1500万t煤，总进口的80%用于火力发电，钢铁和其他工业部门消耗其余20%。安大略省、新斯科舍省和新不伦瑞克省几乎没有煤炭产量，完全依靠进口维持燃煤电厂运转（Natural Reource Canada，2010等）。不过近几年煤炭进口量逐渐下降，加拿大对煤炭资源的依赖程度降低。

2009年加拿大产煤省份产量和消耗量见表8-2-1。

表 8-2-1 2009 年加拿大产煤省份产量和消耗量 万 t

产煤省份	产量	消耗量	类型
BC 省	2105	很少	出口
艾伯塔省	3108	2500	自给自足
萨斯喀彻温省	1005	950	自给自足
新不伦瑞克省	16	很少	自给自足
新斯科舍省	0	280	进口
安大略省	没有或很少	820	进口

二、在产煤矿和生产商

加拿大在历史上就是产煤大国，煤的商业化生产可追溯到 17 世纪。2011 年加拿大煤炭生产矿山有 24 座（图 8-2-7），集中在西部 BC 省（10 座）、艾伯塔省（9 座）、萨斯喀彻温省（3 座）和新斯科舍省（2 座）。BC 省多为烟煤矿，艾伯塔省烟煤矿和次烟煤矿均有，萨斯喀彻温省多为褐煤矿。24 座矿山中有 11 座是冶金煤矿（PWC，2012）。近几年煤炭行业下行，煤矿数量有所下降，2015 年 BC 省在产煤矿 7 个，艾伯塔省 8 个（Ministry of Energy and Mines，BC，2016 等，表 8-2-2）。

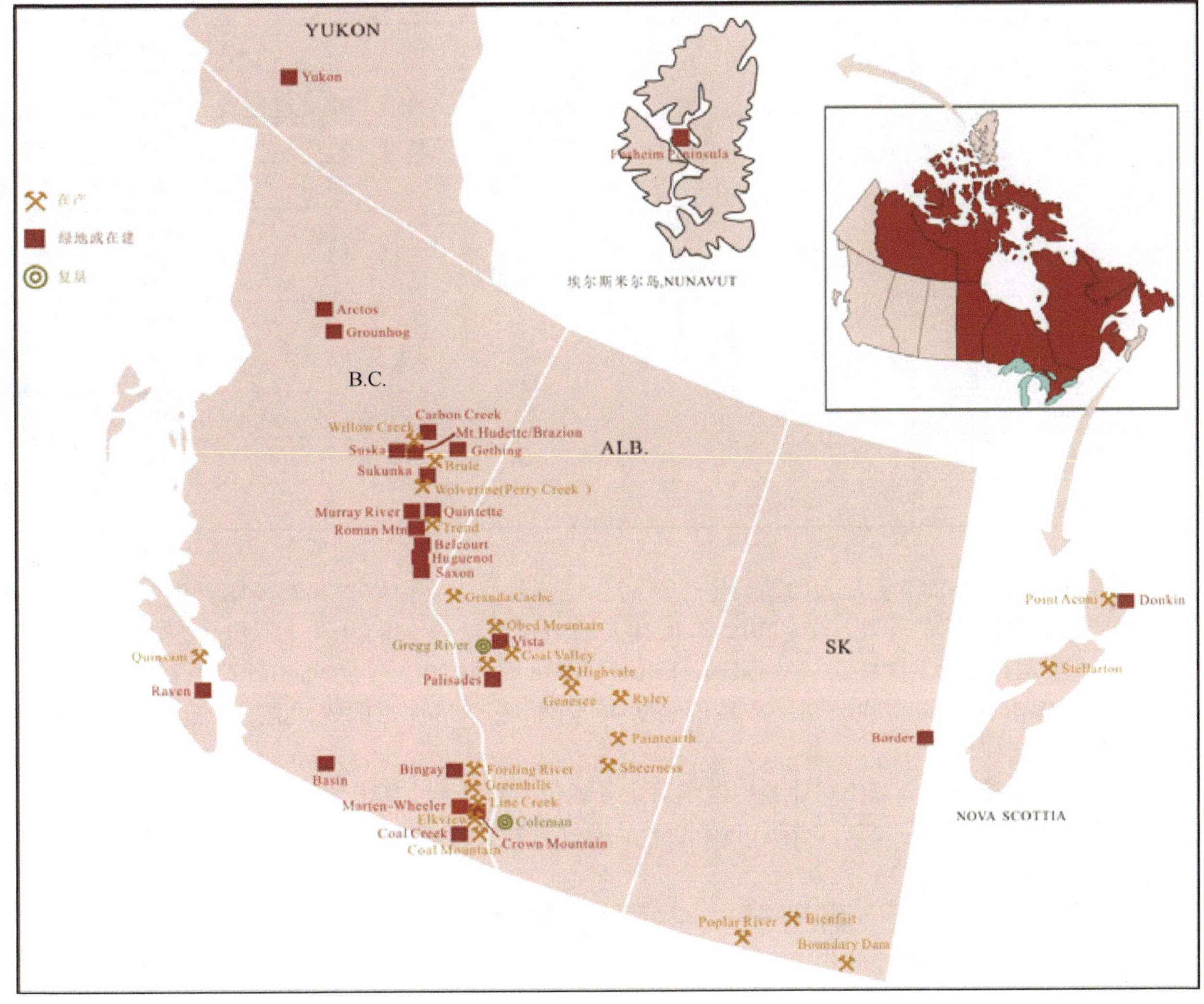

图 8-2-7 2011 年加拿大在产/拟建矿山分布示意图（PWC，2012）

表 8-2-2 加拿大的主要在产煤矿

<table>
<tr><th>矿 山</th><th>所在省份</th><th>煤 类</th><th>2015 年产量/Mt</th></tr>
<tr><td>Brule</td><td rowspan="3">BC 省</td><td rowspan="14">冶金煤</td><td>2014 年停产</td></tr>
<tr><td>Willow Creek</td><td>2013 年停产</td></tr>
<tr><td>Wolverine Perry Creek</td><td>2014 年停产</td></tr>
<tr><td>Cheviot</td><td>艾伯塔省</td><td>1. 7</td></tr>
<tr><td>Coal Mountain</td><td rowspan="6">BC 省</td><td>2. 3</td></tr>
<tr><td>Elkview</td><td>6. 3</td></tr>
<tr><td>Line Creek</td><td>3. 1</td></tr>
<tr><td>Fording River</td><td>7. 9</td></tr>
<tr><td>Quintette</td><td>开工延迟</td></tr>
<tr><td>Greenhills</td><td>5. 2</td></tr>
<tr><td>Grande Cache Surface</td><td rowspan="2">艾伯塔省</td><td rowspan="2">0. 4</td></tr>
<tr><td>Grande Cache UG</td></tr>
<tr><td>Trend</td><td rowspan="2">BC 省</td><td>2014 年停产</td></tr>
<tr><td>Roman</td><td>开工延迟</td></tr>
<tr><td>Bienfait</td><td rowspan="4">萨斯省</td><td rowspan="11">动力煤</td><td>0. 80（2012 年）</td></tr>
<tr><td>Boundary Dam</td><td>5. 50（2012 年）</td></tr>
<tr><td>Estevan</td><td>不详</td></tr>
<tr><td>Poplar River</td><td>2. 10（2012 年）</td></tr>
<tr><td>Coal Valley</td><td rowspan="6">艾伯塔省</td><td>1. 9</td></tr>
<tr><td>Genesee</td><td>5. 20</td></tr>
<tr><td>Paintearth</td><td>1. 8</td></tr>
<tr><td>Sheerness</td><td>2. 8</td></tr>
<tr><td>Obed</td><td>0</td></tr>
<tr><td>Highvale</td><td>13. 4</td></tr>
<tr><td>Quinsam</td><td>BC 省</td><td>0. 13</td></tr>
</table>

Sherritt 公司曾经是加拿大最大的动力煤生产商，经营着位于艾伯塔省和萨斯喀彻温省的数座煤矿山，产出了加拿大约 95% 的动力煤。2012 年加拿大动力煤产量约 3480 万 t（不包含东海岸的少量出产），Sherritt 公司产量为 3430 万 t（Wood Mackenzie，2013）。但 2013 年底 Sherritt 公司剥离煤炭资产给 Altius 财团和 Westmoreland 煤炭公司，交易价约 9. 46 亿加元。Altius 财团购入在建项目，Westmoreland 煤炭公司购入在产项目。

Teck 公司在加拿大冶金煤出口业务中占绝对主导地位。2015 年加拿大出口冶金煤 3050 万 t，Teck 公司所运营矿山冶金煤产量为 2527. 4 万 t，95% 的产品通过西海岸出口至亚洲、南美和欧洲（Teck，2016）。

第三节 主要含煤盆地分析

加拿大的主要含煤盆地有 15 个（图 8-2-8），其中资源量最为丰富的西加拿大煤盆地面积最大，横跨 BC 省、艾伯塔省和萨斯省，目前主要的在产煤矿均位于该煤盆地中。煤盆地中又划分了若干个煤田，各个煤田在资源量、含煤地层、煤类等方面存在差异，见表 8-2-3。

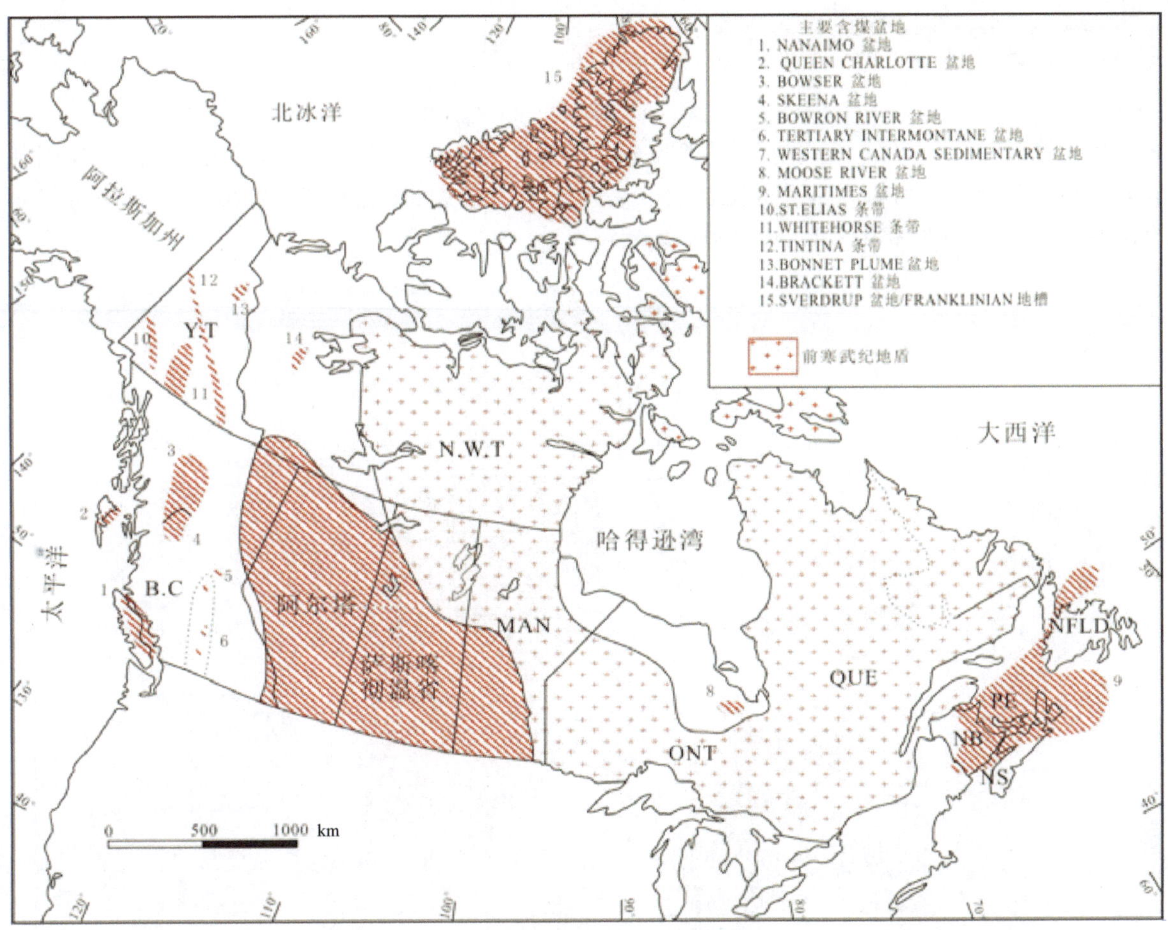

图 8-2-8 加拿大煤盆地分布简图

表 8-2-3 加拿大的煤盆地

省份	煤盆地	煤田
BC	Nanaimo	Nanaimo
		Squash
		Comox
BC	Queen Charlotte	Graham Island
BC	Bowser	Tuya River、Coal River、Klappan – Grounhog 和 Telkwa
BC	Skeena	
BC	Bowron River	Bowron River、Hat Creek、Merritt、Priceton 和 Tulameen
BC	Tertiary Intermontane	
BC、艾伯塔、萨斯喀彻温	West Canada Sedimentary	Peace River 和 East Kootenay
安大略	Moose River	
新不伦瑞克、新斯科舍和爱德华王子岛	Maritimes	
育空地区	Stelias	
育空地区	Whitehorse	
育空地区	Tintina	
育空地区	Bonnet Plume	
西北地区	Brackett	
西北地区和纽纳瓦特省	Sverdrup/Franklinlan	

一、BC 省煤炭资源

（一）概述

BC 省的煤炭资源在全省广泛分布，煤类齐全，从褐煤到无烟煤均有（图 8-2-9），含煤时代为侏罗纪至第三纪。预计全省可供露天和井工浅层开采的资源量超过 30 亿 t，埋深 2000 m 以内可供煤层气开采的煤炭资源量有 2500 亿 t（Ryan，2002）。

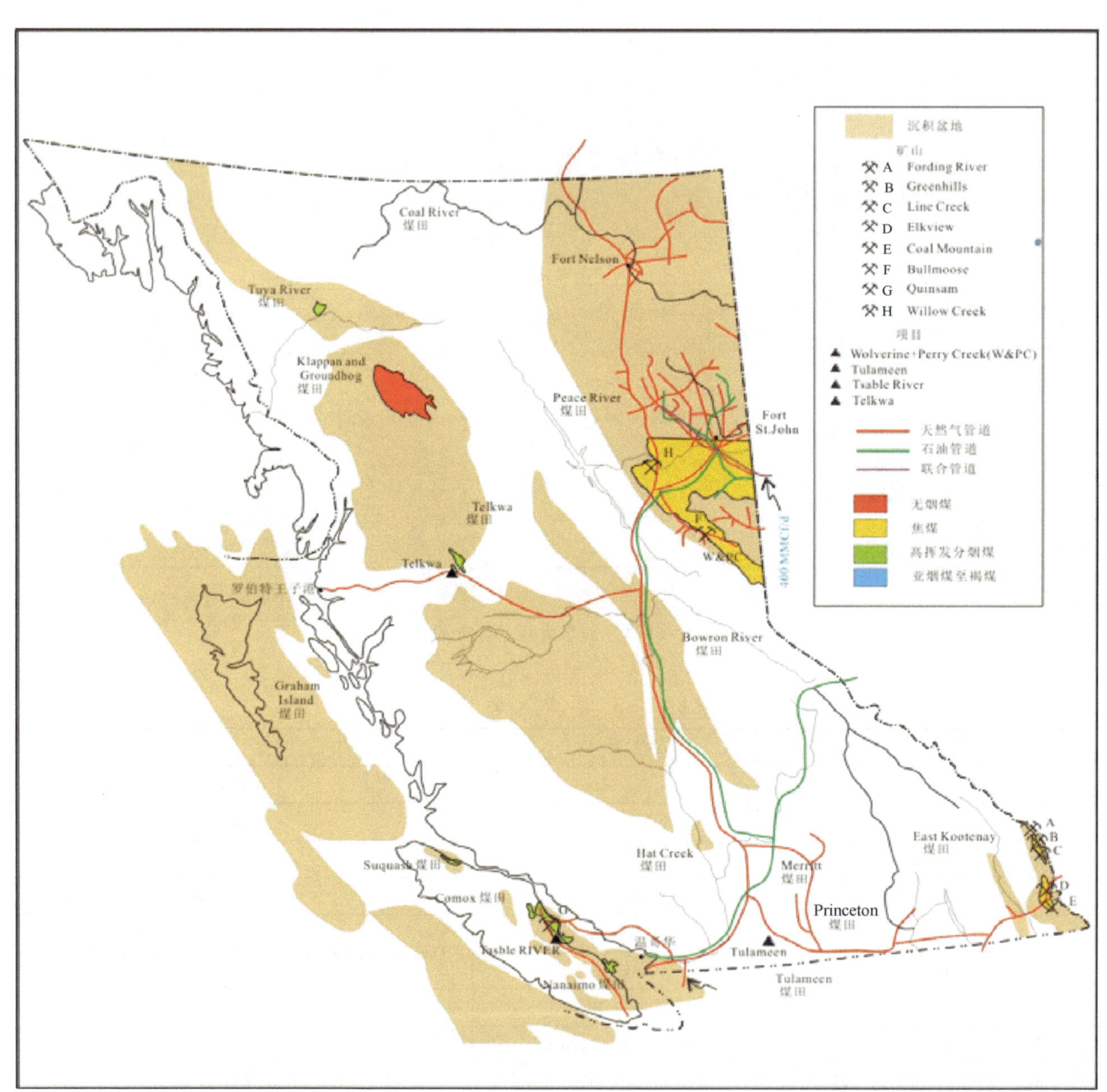

图 8-2-9 BC 省煤盆地及煤田分布示意图

BC 省最主要的煤田是 East Kootenay 系列煤田和 Peace River 煤田，这两个煤田北西向展布，平行于该省东北部和东南部的落基山脉山麓，发育了侏罗系至白垩系含煤地层。褶皱和断层发育，构造复杂，井工开采较为困难。东南部的 Kootenay 煤田，拥有 5 个矿山，证实的原地储量为 13 亿 t，煤种主要为中挥发分烟煤。东北部的 Peace River 煤田，目前拥有 8 个矿山，原地可采资源量 10 亿 t，煤种主要为中挥发分烟煤。

还有一些重要的煤田分布于温哥华岛和本省内部。温哥华岛上有 2 个晚白垩世的煤田。南部的

Nanaimo 煤田大部分已经采完，尚剩余井工原地可采资源量 1000 万 t，煤种为高挥发分烟煤。北部的 Comox 煤田中有 Quinsam 矿山，井工可采的探明资源量为 9000 万 t，煤种为高挥发分煤。省内部的 Klappan 煤田煤种为无烟煤，露天可采的证实资源量为 8500 万 t。Klappan – Groundhog 煤田群，含煤时代为侏罗纪至白垩纪，概略资源量为 15 亿 t。省内部还有发现一些白垩纪和第三纪的小煤田，其中最大的为始新世 Hat Creek 煤田，煤种为褐煤至次烟煤，可采储量为 5 亿 t，最终资源量可达 100 亿 t。第三纪的 Tulameen 煤田煤种为高挥发分次烟煤，露天开采的证实储量为 2000 万 t。

BC 省出口的煤炭主要产自 Kootenay 煤田和 Peace River 煤田，煤种为中挥发分的焦煤。BC 省出口煤炭的特点是惰质组的含量中等、灰分的流动度中等、灰分中碱的含量较低，这些特点增强了热炭和冷炭的强度，减小了焦炭炉压。Quinsam 矿出口动力煤，Willow Creek 矿出口高级别的动力煤和 PCI。出口量是面向日本、欧洲、韩国和南美。本省的煤炭消耗量较小，能源大部分来自水力发电。

BC 省有着巨大的煤层气资源，估计全省潜在的煤层气储量达到 90 tcf（万亿立方米）(Ryan，2003)。尽管 BC 省煤层气储量很大，但是至今商业产量有限。最早的煤层气商业生产始于 2008 年末，由哈德逊的希望天然气有限公司（Hudson's Hope Gas，Ltd.）进行开发，开发层位是早白垩世 Gething 组煤层，但 2010 年天然气价格暴跌导致该项目几乎停产。

BC 省的煤田可分为 3 类：海岛/滨海、山间（海岸山脉与落基山脉之间）和落基山。海岛/滨海类型包含温哥华岛的煤田和矿产以及北部夏洛特女王群岛的小矿床；山间类型包括分布在 BC 省的中部的煤田和矿产；落基山类型包括 BC 省东北和东南部重要的煤田，也是大多数的煤田所在地（图 8 – 2 – 9，表 8 – 2 – 4）。

表 8 – 2 – 4　BC 省煤田分类表

落基山脉类型	海岛/滨海类型	山间类型	落基山脉类型	海岛/滨海类型	山间类型
East Kootenay 系列煤田	Graham Island 矿床	Klappan – Groundhog 煤田带			Hat Creek 煤田
Peace River 煤田	Suquash 矿床	Telkwa 煤田			Tuya River 煤田
	Comox 煤田	Bowron River 矿床			Coal River 煤田
	Nanaimo 煤田	Similkameen 煤田			Tulameen 煤田
		Merritt 煤田			

（二）East Kootenay 系列煤田

East Kootenay 系列煤田包括加拿大—美国边界向北分布的 3 个相对独立的煤田：Flathead、Crowsnest 和 Elk Valley 煤田（图 8 – 2 – 10）。这 3 个煤田在 BC 省的地位最重要，自 1898 年起，累计产煤 5 亿 t，主要为焦煤（表 8 – 2 – 5）。

表 8 – 2 – 5　East Kootenay 系列煤田精煤煤质表

产品煤（干燥基）	中等挥发分	高挥发分	产品煤（干燥基）	中等挥发分	高挥发分
V/%	21 ~ 28	32	Q/(MJ · kg^{-1})	32 ~ 33	33 ~ 35
FC/%	64 ~ 69	62	HGI	> 80	> 60
A/%	8 ~ 9.8	6	R_{max}/%	1 ~ 1.35	0.8 ~ 1.1
S/%	0.3 ~ 0.7	0.4 ~ 0.8			

East Kootenay 含煤地层为侏罗纪至白垩纪的 Kootenay 群 Mist Mountain 组，其厚度为 100 ~ 700 m（表 8 – 2 – 6）。Mist Mountain 组保存在 East Kootenay 盆地构造凹陷区，四周以断层或者地表为界。煤层在全组均有分布，下部层位煤层发育较厚。煤层数目为 4 ~ 30 个以上，煤层累积厚度占全组厚度的 8% ~ 12%，可达 70 m 以上。

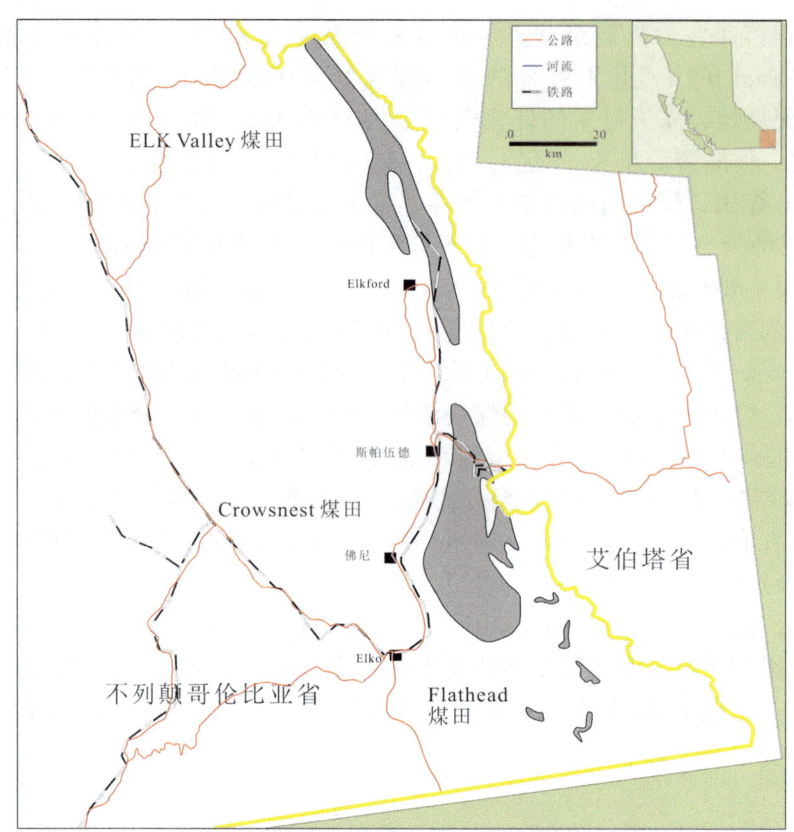

图 8-2-10 East Kootenay 系列煤田示意图

表 8-2-6 East Kootenay 盆地的地层表

侏罗系—白垩系	Blairmore 群	
		Cadomin 组
	Kootenay 群	Elk 组
		Mist Mountain 组（含煤组）
		Moriissey 组
	Fernie 群	
三叠系	Spray River 群	

East Kootenay 系列煤田的 5 个露天煤矿出产的煤炭都用于出口。煤层气资源预计可达 14 tcf，占到全省煤层气的 15%（Ryan，2003）。East Kootenay 盆地的煤层气勘探研究工作已经历时 20 多年，但至今仍没有商业生产。

1. Elk Valley 煤田

1）概述

Elk Valley 煤田 1500 m 以浅的煤炭资源量预计 190 亿 t，煤层气的资源量约为 2180 亿 m^3。含煤层位是 Mist Mountain 组，煤层有多个。煤层组的下部煤层发育较厚，但构造情况更复杂。煤田发育了 2 个北向延伸的向斜，中间由一个正断层分开。两个向斜的煤层受到褶皱和断层的影响较大。Bourgeau 逆断层充当了煤田的西部边界。该煤田勘探程度较高，目前有 3 个矿山。南部的 Line Creek 矿出产中挥发分的硬焦煤和少量的动力煤；北部的 Greenhills 和 Fording River 矿出产中高挥发分的焦煤。

2）构造

Elk Valley 煤田位于落基山脉南部的山前区（或称为褶皱逆冲带），这一地区的构造特征呈现为许多北北西向展布的曲滑褶皱带以及与其平行的、倾向为南西西向的逆冲断裂带。这些构造的产生与落基山脉的冲击挤压作用有关，某些区域原有断裂构造又受到晚白垩世至古近纪的拉拉米造山运动所导致的拉张作用的影响。

3）地层和煤层

Elk Valley 煤田中仅有的含煤地层是侏罗纪至白垩纪 Kootenay 群。Kootenay 群自下而上分为 3 个组：Morrissey 组、Mist Mountain 组和 Elk 组，其中 Mist Mountain 组含煤。Morrissey 组是位于 Kootenay 群底部的砂岩单元，可分为下部的 Weary Ridge 段和上部的 Moose Mountain 段两个部分。研究区内厚度范围为 40 ~ 50 m。Mist Mountain 组位于 Morrissey 组之上，出露地层厚度为 25 ~ 665 m，煤田内平均厚度为 500 m，含煤厚度比例近 10%。

Elk Valley 煤田的基底煤层组（图 8 - 2 - 11）直接位于 Morrissey 组之上。其内部煤层，如绿丘露天矿的 1 号煤层和线溪矿的 10 A 和 10 B 煤层具有一定的规律（图 8 - 2 - 12）：每段岩心至少含有两个煤层；Morrissey 组以上 1 m 以内，大部分岩心段中可找到一个煤层，但不同岩段煤层厚度和位置显著不同。

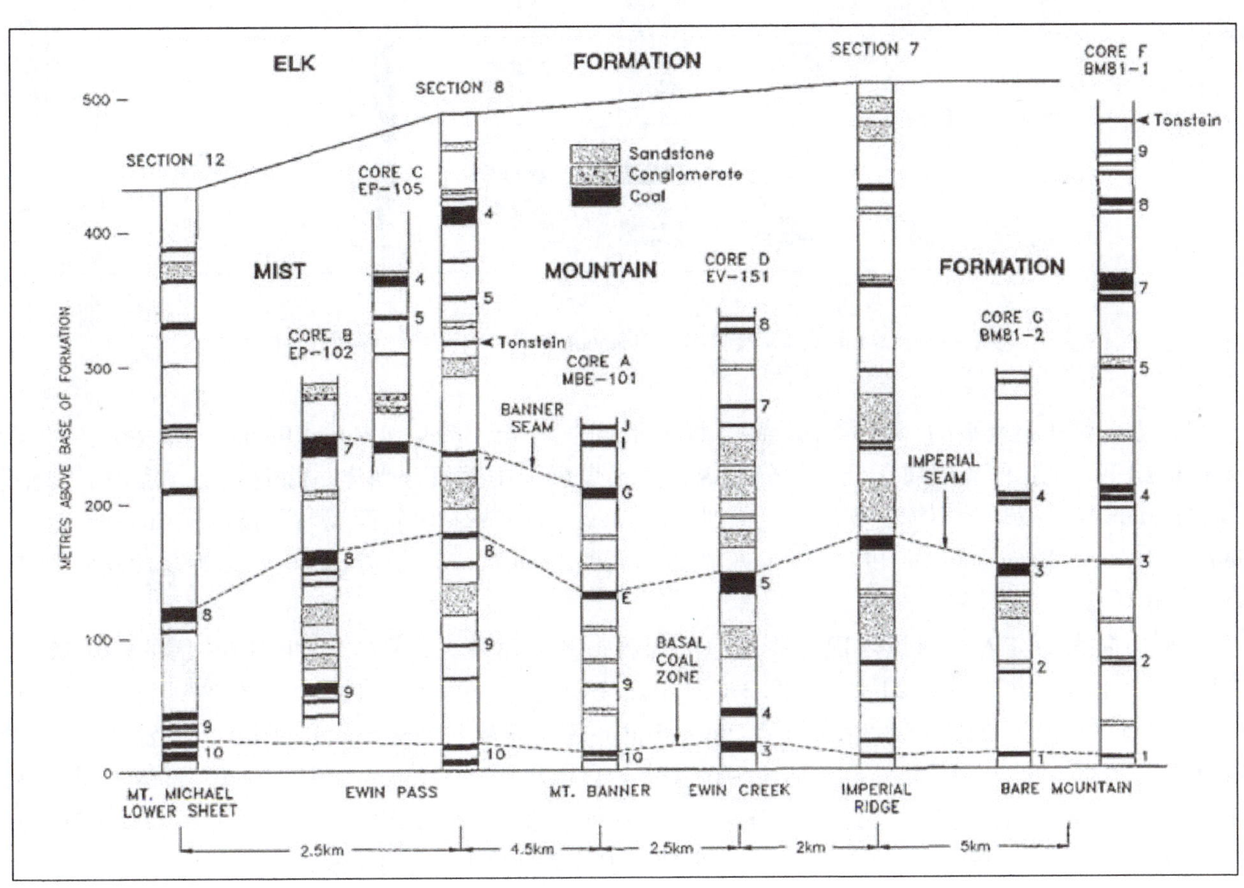

图 8 - 2 - 11　Elk Valley 煤田南半部分煤层对比图

除了基底煤层组，中上部的帝王煤层组和条幅煤层组也是本煤田的重要关注对象。例如 Ewin Pass 矿区的 8 号煤、Line Creek 矿的 8 号煤都是属于帝王煤层组。不仅如此，而且帝王煤层很可能相当于 Fording 矿的 5 号煤层。条幅煤层组相当于 Ewin 山口地区的 7 号煤层和 Mount Banner 地区的 G 煤层。另外在 Ewin Creek 地区可能相当于 Bare 山 BM81 - 1 和 BM81 - 2 井所见的 4 号煤层。

4）煤阶变化

Elk Valley 煤田煤变质程度随深度而增加，并且在横向上也有一定的变化。

纵向上，大部分地区 Mist Mountain 组下部地层所含煤为中挥发分烟煤，R_{max} 为 1.3% ~ 1.4%；而 Mist Mountain 组上部地层煤类为高挥发分烟煤，R_{max} 小于或等于 1.0%。

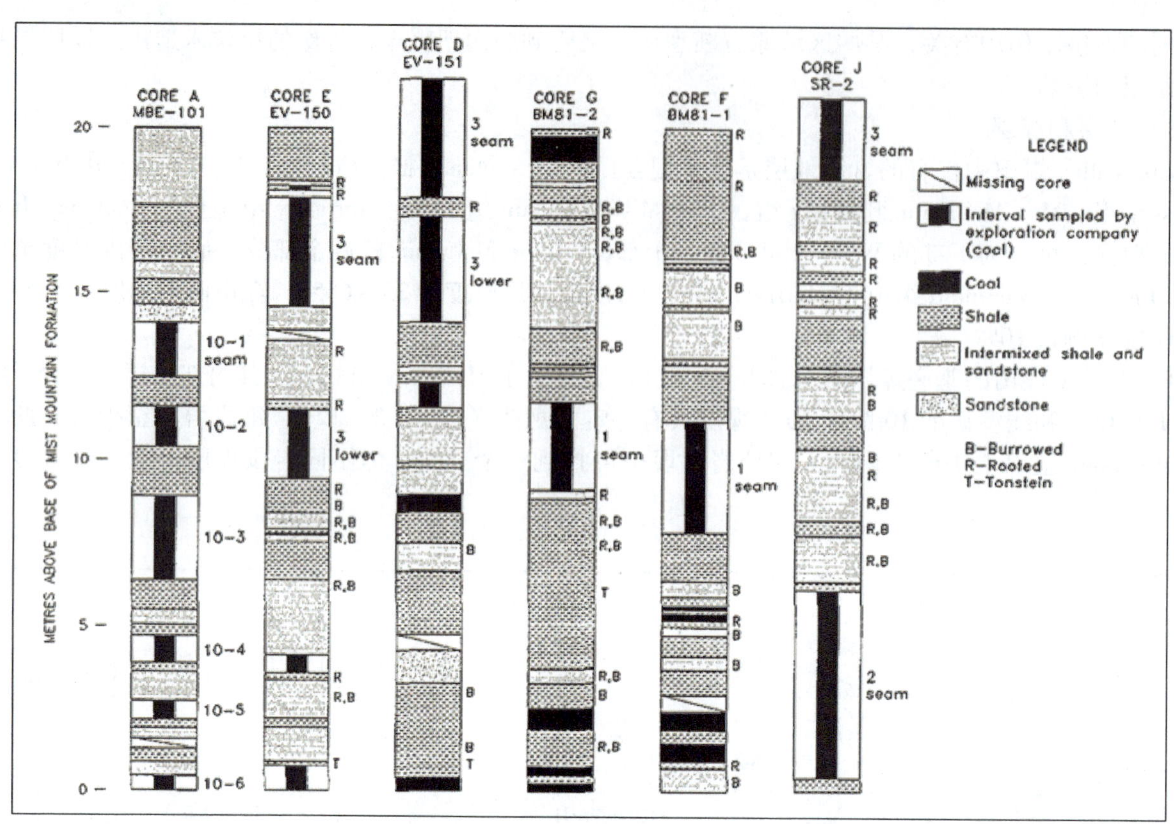

图 8-2-12 Elk Valley 煤田 Mist Mountain 组基底煤层带详细岩芯录井图

横向上，煤田最南端的 Crown Mountain、煤田北部的 Weary Creek 和 Mount Banner 这 3 处地点的 Mist Mountain 组下部地层的煤层属于低挥发分烟煤，其余煤层为中挥发分烟煤。除此之外，煤田北部整套 Mist Mountain 组的煤均为高挥发分烟煤，特别是在 Alexander Creek 向斜西翼对着 Weary Creek 一带。在 Micheael Mount、Banner Mount 和 Ewin Creek 附近出露的 Ewin Pass 逆断层上盘的煤多为高挥发分烟煤。

5）煤质

根据加拿大研究人员对该煤田一些地区的煤样分析（表 8-2-7），Elk River 区的样品灰分为 8.49% ~25.14%，挥发分为 20.9% ~29.3%（干燥无灰基），硫分为 0.33% ~0.68%，自由膨胀指数为 2.5~8.5，热值为 6495~8085 kcal/kg。Burnt Ridge 区样品灰分为 9.3% ~33.1%，挥发分为（干燥无灰基）23.6% ~30.9%，硫分为 0.39% ~0.70%，自由膨胀指数较低，为 0~6.5，显然不同于煤田中的典型值，说明样品可能已经被氧化。Ewin Pass 区样品来自于 3 个煤层，其灰分为 6.47% ~28.8%，挥发分为 26.0% ~29.8%（干燥无灰基），3 个样品中的 2 个自由膨胀指数为 7.5。

表 8-2-7 Elk River、Burnt Ridge 和 Ewin Pass 矿原煤大样品分析（空气干燥基）

矿山	平硐	煤层	煤层类型	基态	*M*/%	*A*/%	*VM*/%	*FC*/%	S/%	FSI	发热量/(kcal·kg^{-1})	评价报告编码
Elk River	2	B（2）	—	AD	0.72	16.36	18.85	64.77	0.6	7	8080	266
	3	C（3）	—	AD	0.66	8.49	20.14	71.37	0.5	8	7910	266
	4	D（4）	—	AD	0.67	25.14	15.47	58.72	0.33	4	6490	266
	7	F（7）	—	AD	0.44	14.46	17.85	67.25	0.59	4.4	7145	266
	8	F（8）	—	AD	0.51	11.34	19.34	68.81	0.41	5.4	7515	266
	9	G（9）	—	AD	0.68	13.66	19.27	66.39	0.42	3.8	7190	266
	S-1	Q（15）	—	AD	1.5	9.19	26.6	64.21	0.68	8.5	8070	266

表8-2-7（续）

矿山	平硐	煤层	煤层类型	基态	M/%	A/%	VM/%	FC/%	S/%	FSI	发热量/(kcal·kg^{-1})	评价报告编码
Burnt Ridge	EV-2	6	—	Dry	—	9.3	24.5	66.2	0.56	NC	—	262
	EV-3	7	—	Dry	—	33.1	20.7	46.2	0.7	6.5	—	262
	EV-4	4	—	Dry	—	19.3	20.7	60	0.48	1	—	262
	EV-5	2	—	Dry	—	15.7	19.9	64.4	0.43	2.5	—	262
	EV-6	8(?)	—	Dry	—	9.4	26.6	64	0.41	NC	—	262
	EV-7	1	—	Dry	—	19.2	20.1	60.7	0.39	1.5	—	262
Ewin Pass	1	7	Cross-cut Channel	AD	0.62	7.87	27.23	64.28	—	7.5	—	396
	2	4	Cross-cut Channel	AD	0.6	6.47	27.16	65.77	—	7.5	—	396
	3	8	Cross-cut Channel	AD	0.86	28.8	18.29	52.05	—	1	—	396

注：AD代表Air dried；NC代表Non-caking。

除上述分析结果外，当地生产矿山的煤质指标有助于更好地了解该煤田的煤质。其中Fording River煤矿主要出产3种炼焦煤（1993年），分别是标准产品、中挥发分焦煤、高挥发分焦煤。标准产品的空气干燥基挥发分为21%~24%，而中挥发分焦煤和高挥发分焦煤的这一数值分别为25%~28%和30%~33%。三者的空气干燥基含水量控制在1.0%，灰分为6.5%~9.5%，硫分为0.45%~0.85%，干燥无灰基发热量超过8340 kcal/kg。

Greenhills露天矿为日本的炼钢厂提供基本冶炼用煤和高挥发分冶炼用煤。基本冶炼用煤空气干燥基灰分为7.0%，挥发分为28.1%，硫分为0.58%，流动性156 ddpm/m。高挥发分冶炼用煤出产层位相对较高，灰分为6.5%，挥发分为32%，硫分为0.56%，流动性250 ddpm/m。除了冶金煤之外，还出产一部分动力煤。动力煤的空气干燥基中灰分为16.0%，挥发分为25%~28%，硫分为0.5%，热值为6900 kcal/kg。

Line Creek矿产出的焦煤空气干燥基灰分为9.5%，挥发分为19.5%~22.5%，硫分为0.5%。动力煤的空气干燥基灰分为10%~12%，挥发分为19.5%~22.5%，硫分为0.5%，热值为6405 kcal/kg。

煤岩学方面，根据Pearson煤岩学分类标准（Pearson，1980）对该地区的产品进行分类。

Fording矿的标准焦煤、Greenhills矿的基本冶金煤、Line Creek矿的冶金用煤，以及Elco矿准产品煤属于G3组类型焦煤。G3组类型大致对应于低至中挥发分烟煤，R_{max}为1.2%~1.5%，惰性组分为25%~45%，挥发分为19%~26%，自由膨胀指数为5~8，最大膨胀度为-10~100。

Greenhills矿一些中至高挥发分焦煤产品属于G4组类型，惰性成分含量高。G4组的参数：最大R_{max}为0.9%~1.2%，惰性组分为25%~45%，挥发分为25%~32%，自由膨胀指数为5~8，最大膨胀度为-10~100。

Greenhills矿、Fording矿以及其他一些矿区浅部产出的高挥发分烟煤属于G5组类型，惰性组分含量低。其参数：R_{max}为0.8%~1.0%，惰性组分至多为25%，挥发分为32%~38%，自由膨胀指数为7~9+，最大膨胀度为100~300，最大流动性为1500 ddpm至3000 ddpm以上，在Elk Valley煤田该流动性指标明显过高。

2. Crowsnest煤田

Crowsnest煤田范围从Sparwood镇延伸到Fernie镇南部20 km，含煤面积约600 km^2。煤炭资源量超过250亿t，潜在煤层气资源量6 tcf。含煤断层为侏罗纪至白垩纪Mist Mountain组，煤厚30~60 m，煤种为低到高挥发分的烟煤。煤田构造形态为一个向斜盆地，盆地的内部为年轻的Elk组，边缘为稍老的Mist Mountain组。煤种沿着煤田的周边以及盆地纵深方向多变。

该煤田目前有Elkview和Coal Mountain两个在产矿山。Coal Mountain矿位于煤田的东部边缘，生产高挥发分的A烟煤至弱焦煤，主要的煤炭资源产自Mist Mountain组底部的一个单个煤层。Elkview矿位于煤田的北部边缘（图 8－2－13），生产中挥发分的硬焦煤，出产层位为含煤组底部的 4 个煤层。

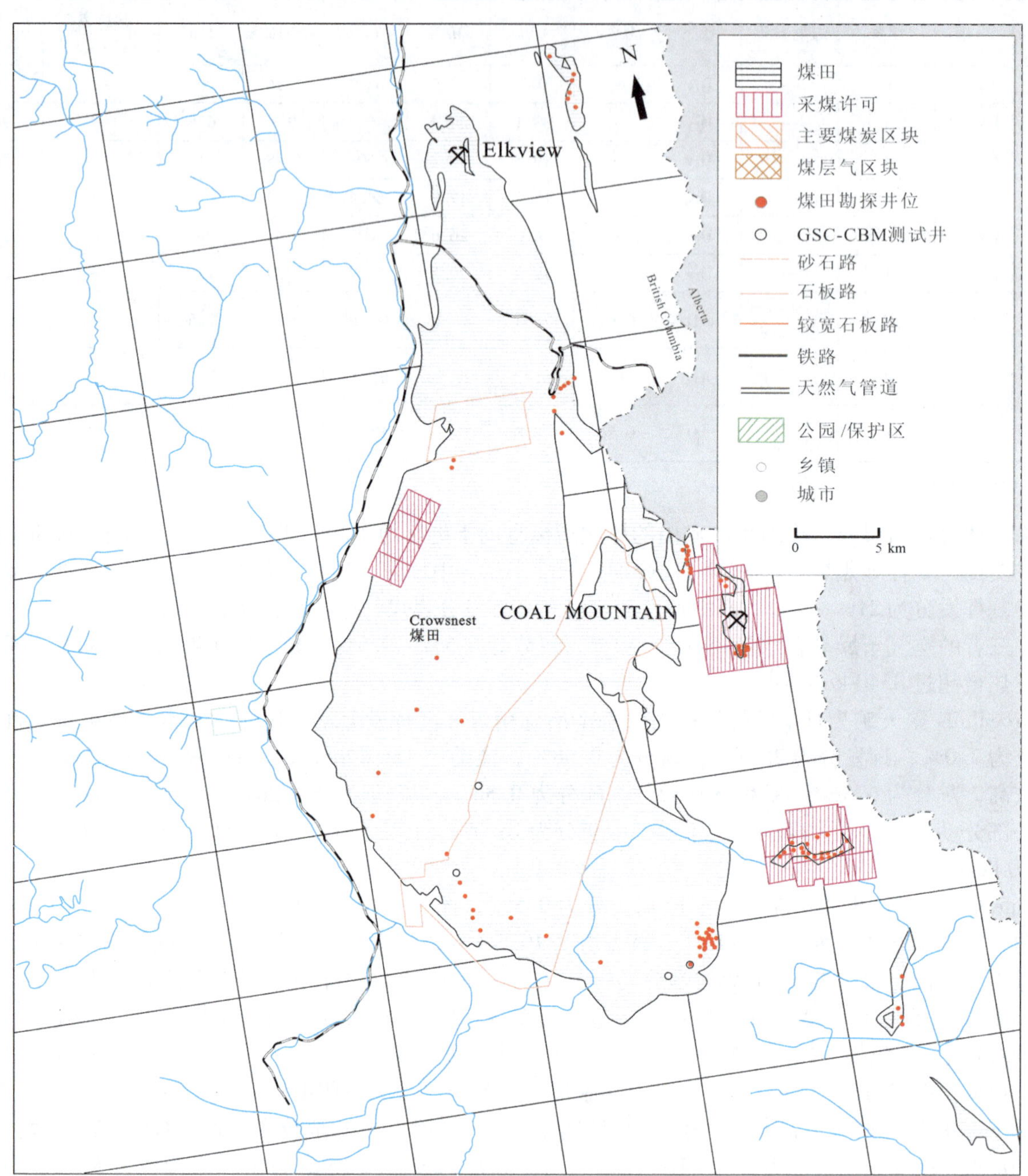

图 8－2－13　Crownsnest 煤田勘探开发程度图

3. Flathead 煤田

Flathead 煤田的含煤地层为 Mist Mountain 组，厚度为 198～259 m，煤层有 5 个，累计厚度可达 30 m。资源分布不均匀，最大的资源区块是位于美国边境的 Sage Creek。资源储量不大，可用于煤层气开发的煤炭资源约 10 亿 t。

（三）Peace River 煤田

1. 概述

Peace River 煤田的大部分位于 BC 省的东北部，一小部分位于艾伯塔省西北部，具体范围是从艾伯塔省 Kakwa 延伸 400 km 到 BC 省东北部的 Sikanni 河（图 8－2－14）。

Peace River 煤田 2000 m 深度以浅的煤炭资源量预计为 1600 亿 t，主要赋存在 Gates 组（100 亿 t）和 Gething 组（1200 亿 t），煤类为中和低挥发分烟煤。Peace river 煤田还含有丰富的煤层气资源，据推

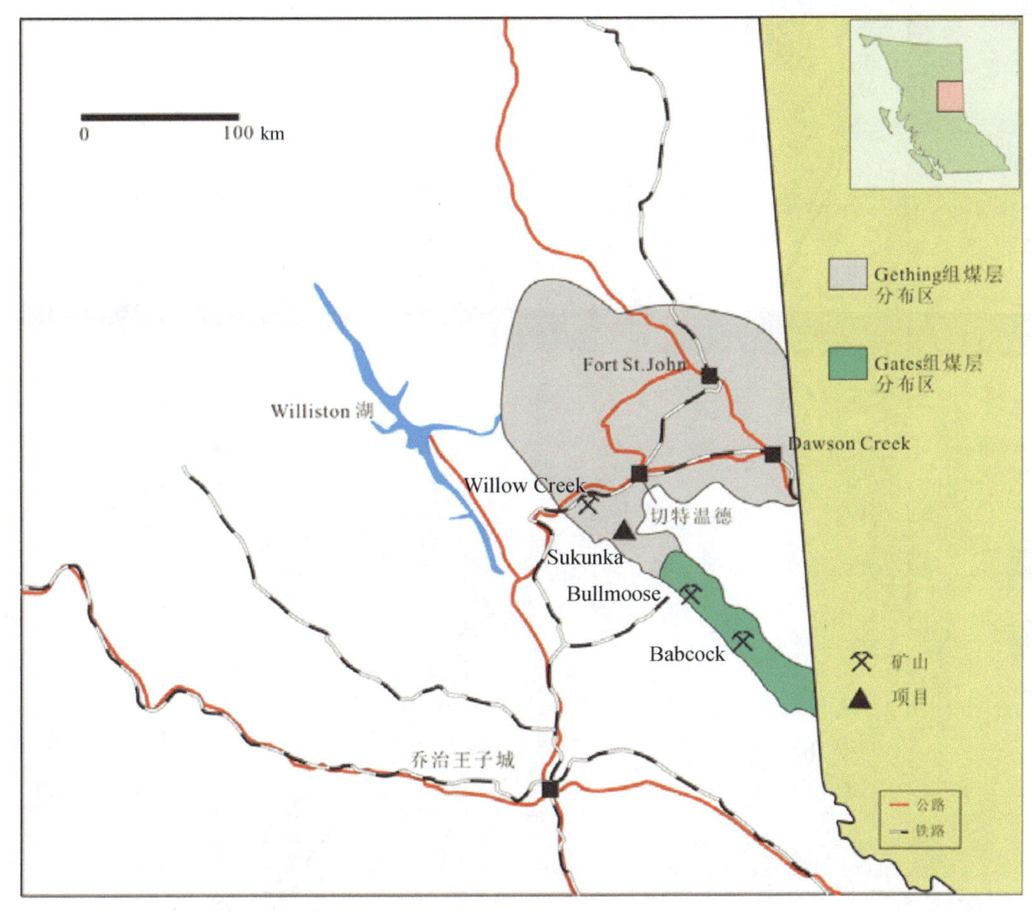

图 8-2-14 Peace River 煤田位置示意图

断，资源量为（60～200）tcf。该地区煤层气潜力以 Gething 组和 Gates 组为主，Minnes 组和晚白垩世地层也有潜力。该地区的基础设施已经非常完善。

该煤田西部以 Gething 组露头为界，东边以一些主要为西倾的逆冲断层为界。逆冲断层东翼，白垩纪地层深插入加拿大西部沉积盆地底部。煤田内部主要赋存着东倾的西加拿大沉积盆地的含煤建造。在这些含煤建造中，Gething 组和 Gates 组发育了一些褶皱和逆断层。Gething 组含煤面积大，几乎全煤田均有发育，但自北向南变薄，在 Sukunka 和 Pine 河之间发育最好。Gates 组含煤区域从 Sukunka 河东南延伸至艾伯塔省边界附近，但与 Gething 组相反，Gates 组经济性自北向南变好。两个含煤组价值的转折位置位于 Spieker 山附近（图 8-2-15）。更下部的 Minnes 组埋深较大，经济价值不大。煤田内 2006 年有 16 个在产矿山或煤矿项目，北部煤矿主要开采 Gething 组（Gn）的煤，南部煤矿主要开采 Gates 组的煤（图 8-2-16）。

Gething 组和 Gates 组的煤层有着不同的煤质特征。Gates 组一般为中挥发分烟煤，南部有一部分为高挥发分的烟煤，煤质和煤阶沿着煤倾向方向变化不大。相比之下，Gething 组的煤阶变化较大，从高挥发分烟煤变化至半无烟煤，同时在其他煤质特征方面也有显著变化。Gething 组煤可能出产动力煤、焦煤或者低挥发分的 PCI 煤；有机惰质组含量的多样性对焦炭的质量有很大影响，同时也可能使得非冶金煤提升至冶金煤。两个含煤组的相同点是煤炭都是低硫分和低磷含量。

2. Gates 组的含煤情况

Gates 组含煤区域从 Sukunka 河东南到艾伯塔边界，煤层厚度自西向东逐渐变薄。该组主要产中挥发分焦煤，煤田西缘变质程度较低。该组近 280 m 厚，包括 4～5 个横向延伸的煤层，每个煤层厚度为 5～10 m，总计厚度约 46 m（图 8-2-17）。

3. Gething 组的含煤情况

1）概述

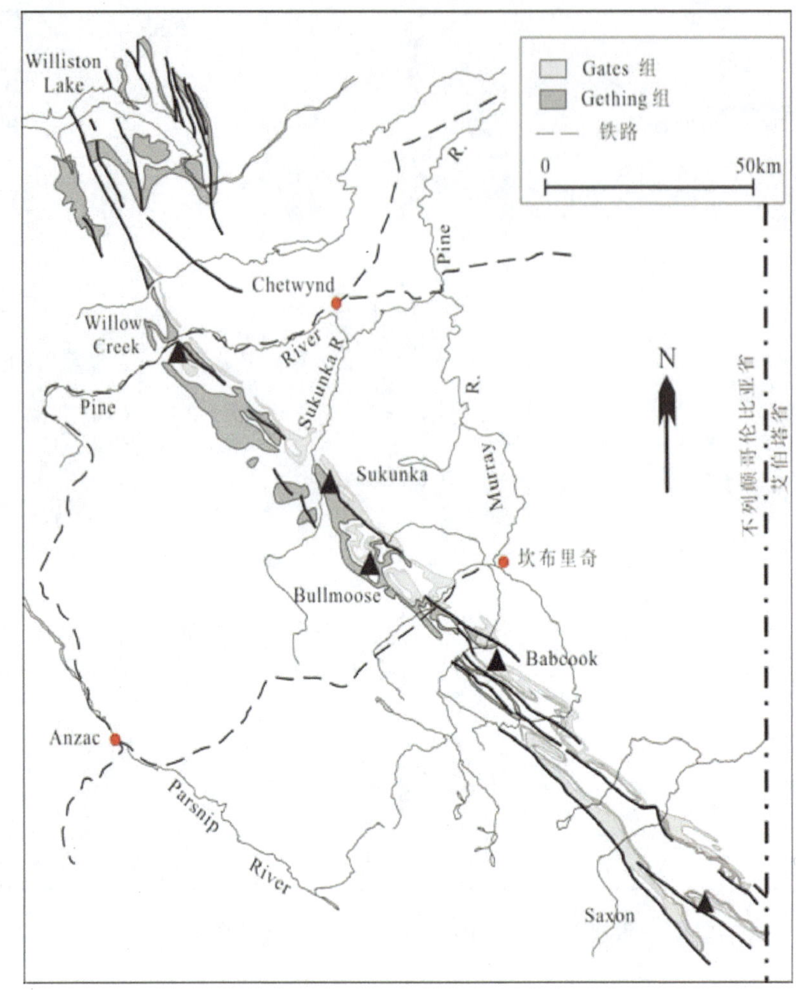

图 8-2-15 Peace River 煤田区域地质和 Gething、Gates 组露头图（Barry Ryan，2006）

BC 省首次发现的煤炭资源出自 Gething 组。Gething 组总厚 1036 m，包括 100 个以上的煤层，这些煤层厚度在几厘米至 4.3 m 之间不等（图 8-2-18）。Peace River 煤田大部分区域之下都有该组地层分布，Gething 组的延伸方向为北西—南东向，倾向及倾角变化较大。煤在 Williston 湖与南部的 Sukunka 河之间发育最好。Sukunka 河南部的 Gething 组较薄，发育有很少的煤层。煤级主要为中挥发分焦煤。

2）煤质

Gething 组的煤炭主要为中挥发分焦煤，可供应市场 3 类煤：动力煤（低到中等级别），焦化和冶金煤（中等级别）及高级别低挥发分的 PCI 煤。

相比较于 BC 省其他含煤组，Gething 组煤在煤阶、煤岩相学和化学灰分 3 个方面有着更广泛的范围。煤阶和煤质指标在南西—北东、横穿褶皱带方向上变化较大。通常情况下，褶皱带的西翼或西南翼的煤变质程度较小，在中部变高，到东部和东北部又变小。而在北西—南东这个方向上，总体来看，煤变质程度等值线沿着 Gething 组的露头延伸，自北向南随着埋深的增大变质程度增高。

3）含煤层位

在北部，煤炭资源主要赋存在 Gething 组的中上部分。东南部的 Sukunka 地区含煤层位为 Gething 组上部的 Chamberlain 段及其下面的 Gayland 段。再向南部 Gething 组变薄，煤层赋存在下部的 Gayland 段，有些专家指出南部有赋存大量煤层的潜力。

（四）其他重要的煤田/煤矿床

1. Comox 煤田

Comox 煤田面积约 2000 km²（图 8-2-19），1888—1963 年间共出产 1860 万 t 煤炭，煤种为高挥

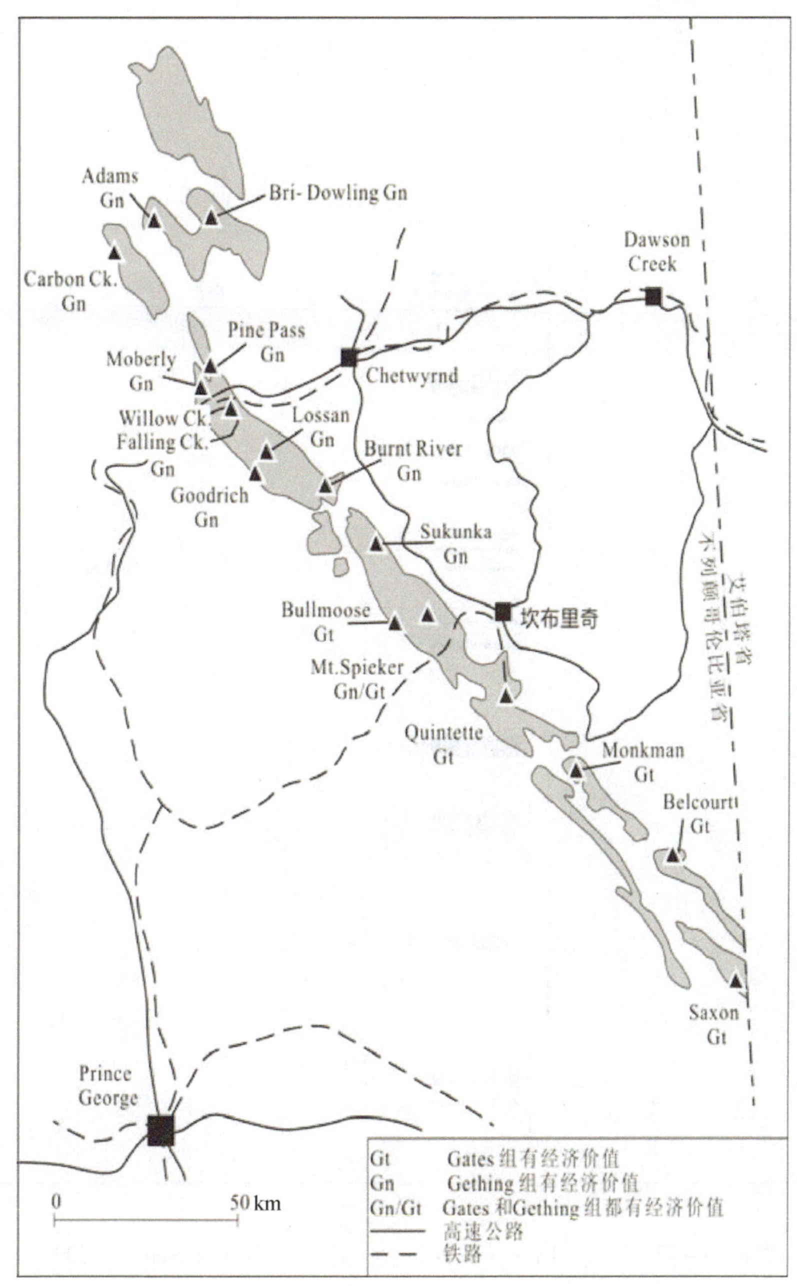

图 8－2－16　Peace River 煤田矿山位置图（Barry Ryan，2006）

发分 A/B 级烟煤（表 8－2－8）。含煤地层为晚白垩世 Nanaimo 群 Comox 组，露头在温哥华岛东部广泛分布。煤系东倾，煤田内部广泛分布着平缓的褶皱、正断层和逆断层，盆地的西缘变形强度较大。煤层主要分布于 Comox 组的底部，主要煤层有 4 个，早些年的井工开采主要针对上部的 3 个煤层。Courtenay 镇附近的勘探工作发现有 4 个煤层，累计厚度在 2 ~ 8 m。

表 8－2－8　Comox 煤田精煤煤质表（空气干燥基）

项　目	含　量	项　目	含　量
M/%	3.0	Btu/lb	11880
V/%	36.5	Q/(MJ·kg^{-1})	27.6
FC/%	47	FSI	Low
A/%	13.5	HGI	48
S/%	0.25	R_{max}/%	0.6 ~ 0.88

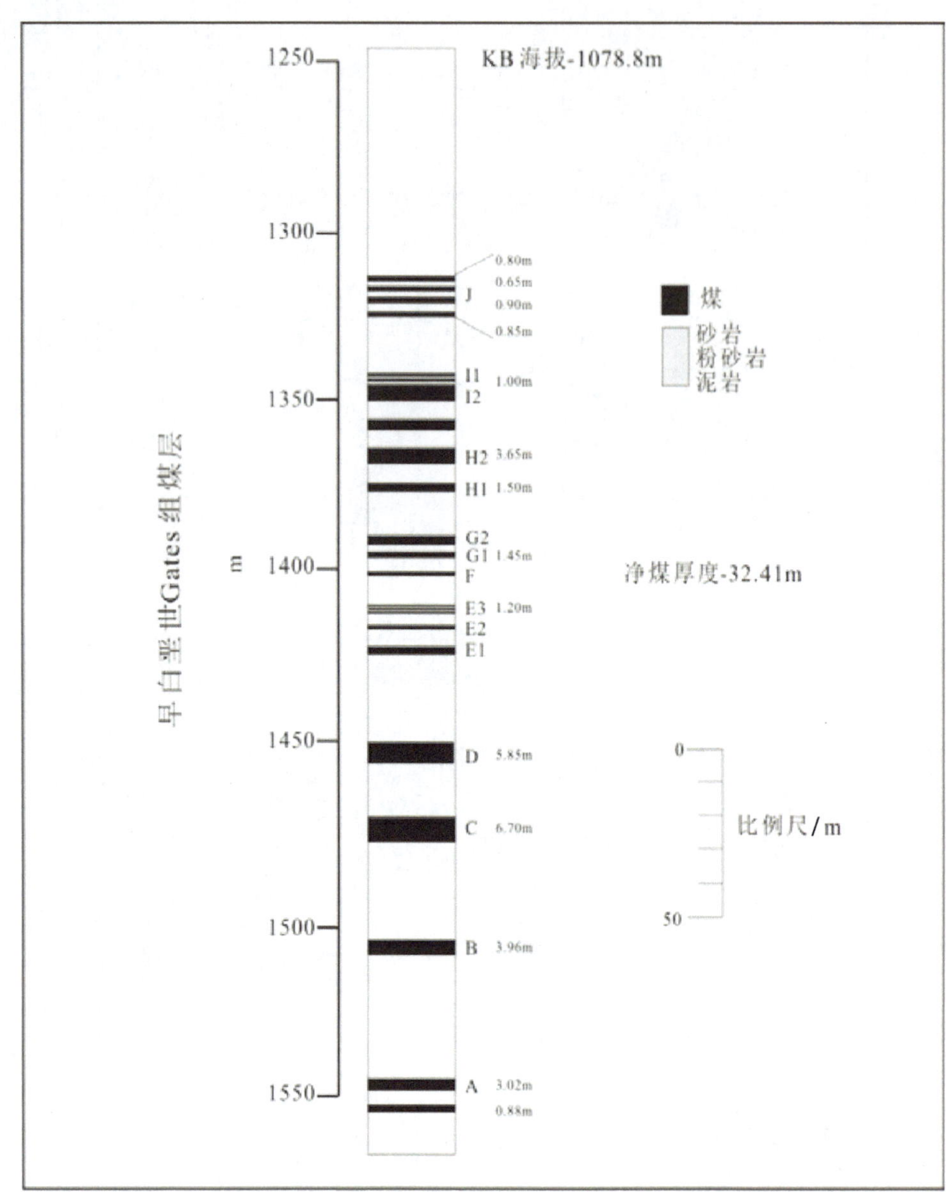

图 8-2-17 Peace River 煤田 Gates 组典型柱状图（Dawson 等，2000）

当前唯一在产的 Quinsam 井工矿开采方式为房柱式，煤层累厚约为 7.5 m，煤种为高挥发分 B 烟煤，作为动力煤使用。对该矿煤样品做过一些解吸实验，Ryan 和 Dawson（1994）从浅孔中收集到 7 个样品，这 7 个样品（深度从 100 ~ 150 m）干燥无灰基含气量为 0.44 ~ 1.632 cm^3/g。

2. Nanaimo 煤田

Nanaimo 煤田面积约 400 km^2（图 8-2-9），含煤地层为晚白垩世 Nanaimo 群 Comox 组上覆层位，有 3 个煤层组，Douglas、Newcastle 和 Wellington。这些煤层组在 Nanaimo 市附近出露，煤层东倾，被一些正断层错断。1953 年之前的 100 年间，累计出产高挥发分 A 烟煤 5000 万 t，主要用作动力煤，少部分用作炼焦煤。该煤田煤层气资源过去由于井工开采活动而受限，据研究该煤田的潜在煤层气资源量为 0.4 tcf。

3. Klappan - Groundhog 煤田带

Klappan - Groundhog 煤田带位于 BC 省西北部 Bowser 盆地（图 8-2-20），属于偏远山岭地带。Bowser 盆地占地近 50000 km^2，Klappan 和 Groundhog 两个煤田的累计面积约 2300 km^2。煤田以出露的中侏罗世至早白垩世 Bowser Lake 群为边界。含煤地层是侏罗纪至白垩纪 Currier 地层，厚约 1100 m，包括约 25 个煤层，单层最厚可达到 7 m。该地区褶皱较为发育，整体构造形态为北西走向的复向斜。煤类

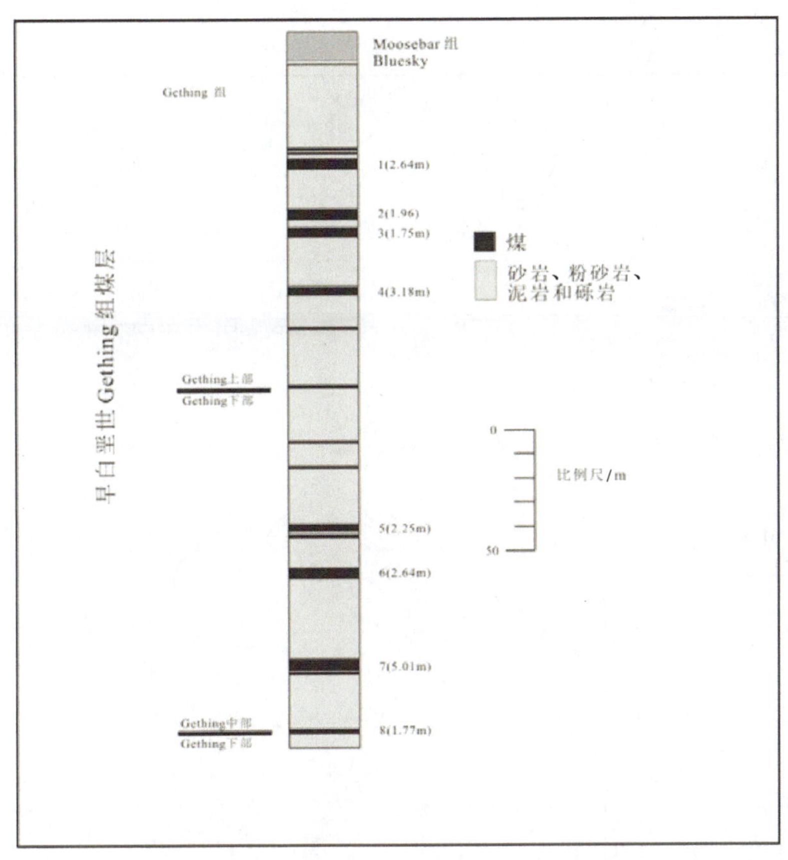

图 8－2－18　Willow Creek 的 Gething 组有代表性的地层柱状图

主要为无烟煤。预计煤炭储量为 370 亿 t，煤层气资源量 8 tcf。

Bowser 盆地的煤炭资源主要赋存在北部的 Klappan 煤田，该煤田勘探程度相对较高。Klappan 煤田含煤面积近 2000 km^2。

表 8－2－9　Klappan－Groundhog 煤田带煤质表（空气干燥基）

煤质指标	厚　煤	精　煤	煤质指标	厚　煤	精　煤
M/%	2.0	1.0	S/%	0.5	0.5
V/%	8.0	6.5	Q/(MJ·kg^{-1})	20.47	31.0
FC/%	54.0	85.5	HGI		3
A/%	36.0	7.0	R_{max}/%	2.8～4.4	

在 Klappan 煤田，煤层主要出现在晚侏罗世至早白垩世 Currier 组，Currier 组厚 900～950 m，煤层累厚近 54 m。煤级为半无烟煤至高级碳化无烟煤（表 8－2－9）。在南部的 Groundhog 煤田，煤层出现在层位相当的 Prudential 组。经济可采煤层主要位于含煤组下 1/3 段，累计厚度可达 7 m。

4. Hat Creek 煤田

Hat Creek 煤田位于 BC 省中南部 Cache Creek 以南 20 km 处。煤田内发育了世界上最厚的第三纪含煤沉积，主要分布在长 26 km、宽 4 km 的地堑构造中（图 8－2－21），煤类为褐煤至 B 级次烟煤。断层较为发育，煤层变形力度大，煤层倾角为中等至陡峭。整个煤田的煤炭资源量估计超过 100 亿 t，煤层气资源量估计超过 0.5 tcf。

煤田内第三系总厚约 1500 m，可分为 3 个部分。最上面的是 Medicline Creek 组，主要是黏土层；中间的 Hat Creek 组厚度为 500 m，其中 65% 是煤（图 8－2－22）；最下面的是 Cold Water 组，为泥砂岩和

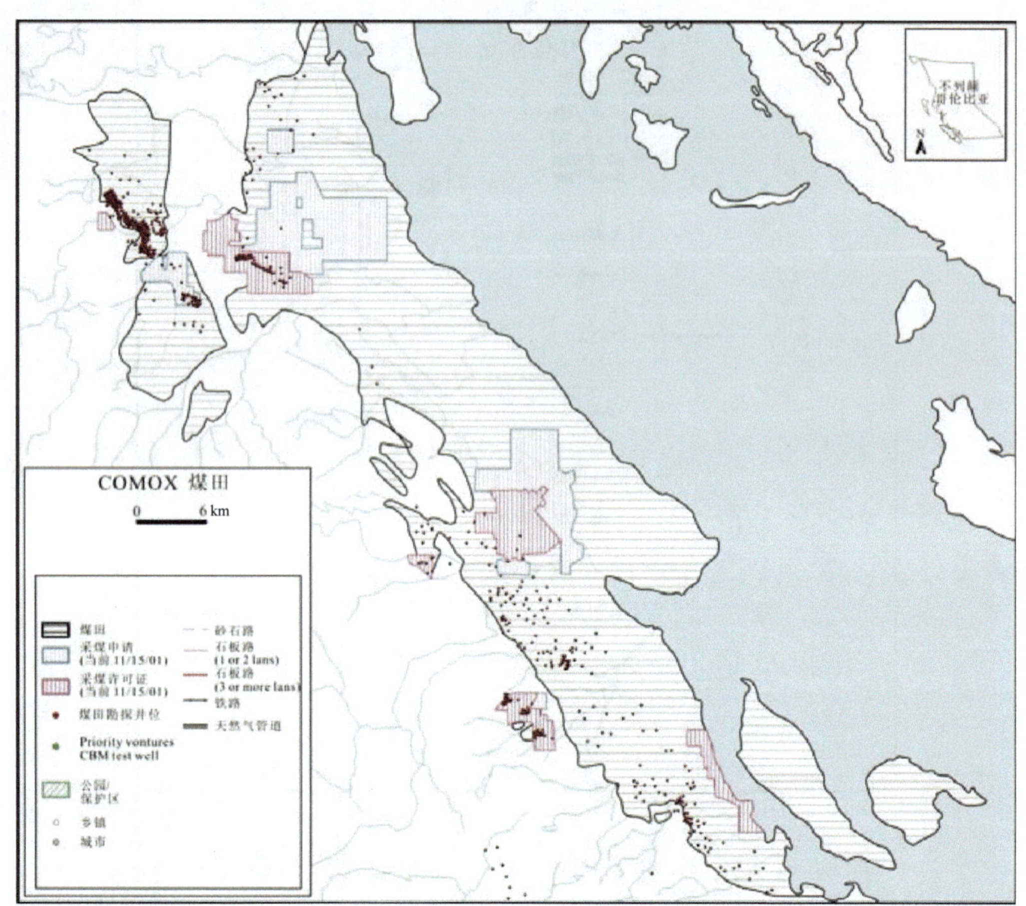

图 8-2-19 Comox 煤田勘探开发程度图

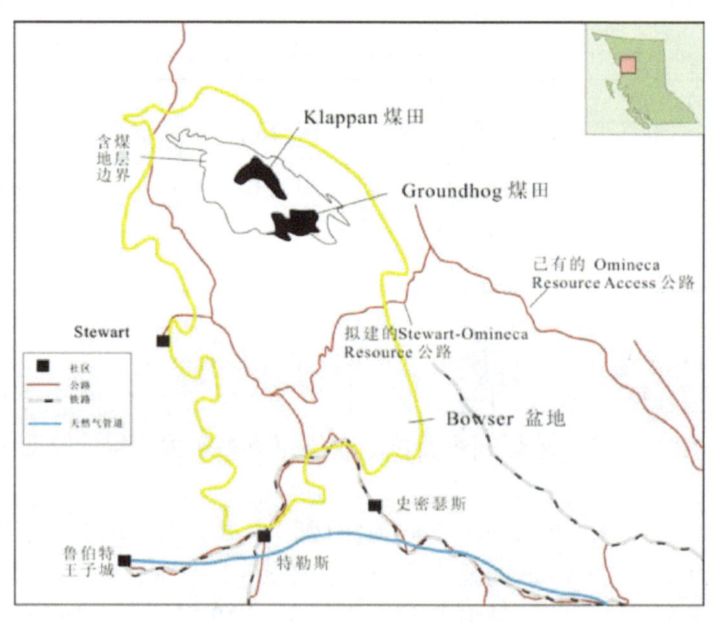

图 8-2-20 Klappan-Groundhog 煤田带示意图

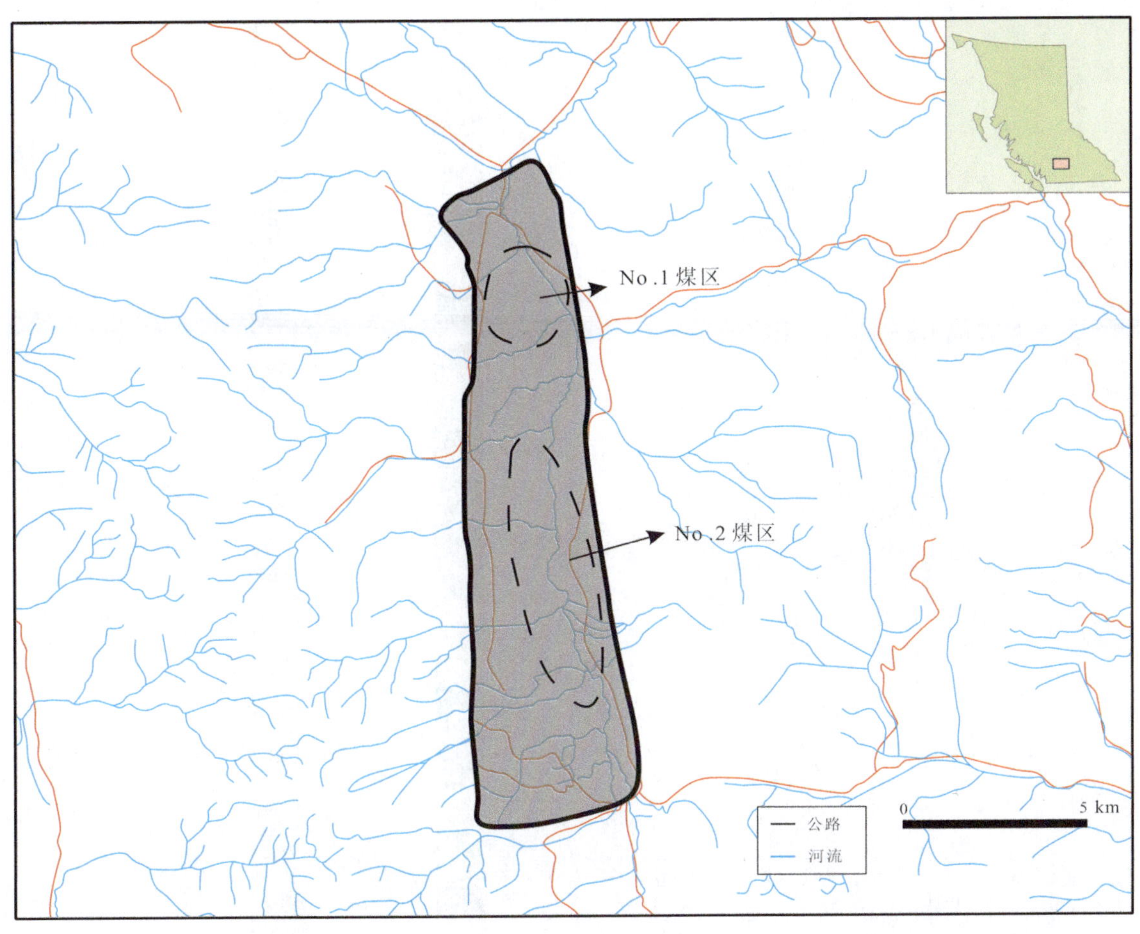

图 8-2-21　Hat Creek 煤田示意图

砾岩交互沉积。煤田含气量较低，仅为 1～3 cm^3/g，但如此大量的煤在很小的地方聚集，另外低煤级的煤与高煤级的煤相比，有更高的中等孔隙度，因此可以保存稳定数量的游离气，煤层气的前景较为乐观。

煤田包含 2 个露头较少的矿床。1 号矿床在煤田北部，占地 3.5 km^2，有露天出产的潜力。更大的 2 号矿床在煤田南部 3 km 处，占地 25 km^2。1 号矿床深度 200 m 以浅的资源量超过 5 亿 t，煤级为 A 级褐煤至 C 级次烟煤。1 号矿床发育了 2 个向南倾伏的半向斜，其东南端被东北倾向的重力断层截断，地层平均倾角 25°。2 号矿床位于一个地堑内，受到一个南北走向正断层控制。2 号矿床深度 460 m 以浅的资源量预计为 20 亿 t。

5. Telkwa 煤田

Telkwa 煤田位于 BC 省中部，沿着 Bulkley 河从 Smithers 市南部延伸到 Telkwa 村北部，长约 50 km。含煤组为早白垩世 Skeena 组，可分为 2 个含煤单元，煤层累厚近 21 m。20 世纪早期，煤田主要出产动力煤以及少量的无烟煤。预计该煤田可露天开采资源量为 1.8 亿 t，其中 0.2 亿～0.5 亿 t 位于 Telkwa 南部。可用于煤层气开发的潜在煤炭资源量约 8.6 亿 t，煤层气资源量预计为 0.13 tcf。

早白垩世 Skeena 组被海相泥岩分成 2 个含煤单元。上面的单元包含至少 8 个煤层，累计厚度近 14 m，下面的单元有 1 个煤带，累厚近 7 m（图 8-2-23）。煤层弯折成敞开褶皱，正逆断层破坏严重。煤级为高挥发性 A 级烟煤到无烟煤，其中大部分属于高挥发性 A 级烟煤至中挥发性烟煤（图 8-2-23）。1918—1980 年，该煤田出产近 40 万 t 动力煤。1978 年之后做过一段时间集中勘探工作，拟开发一个年产（100～150）万 t 动力煤的露天矿。虽然该煤田历史上都是开发动力煤资源，但仍有出产冶金煤的潜力。

该煤田管道设施较为完善。连接鲁珀特王子港和 Kitimat 的输气管道与多条贯穿东北和西南的管道

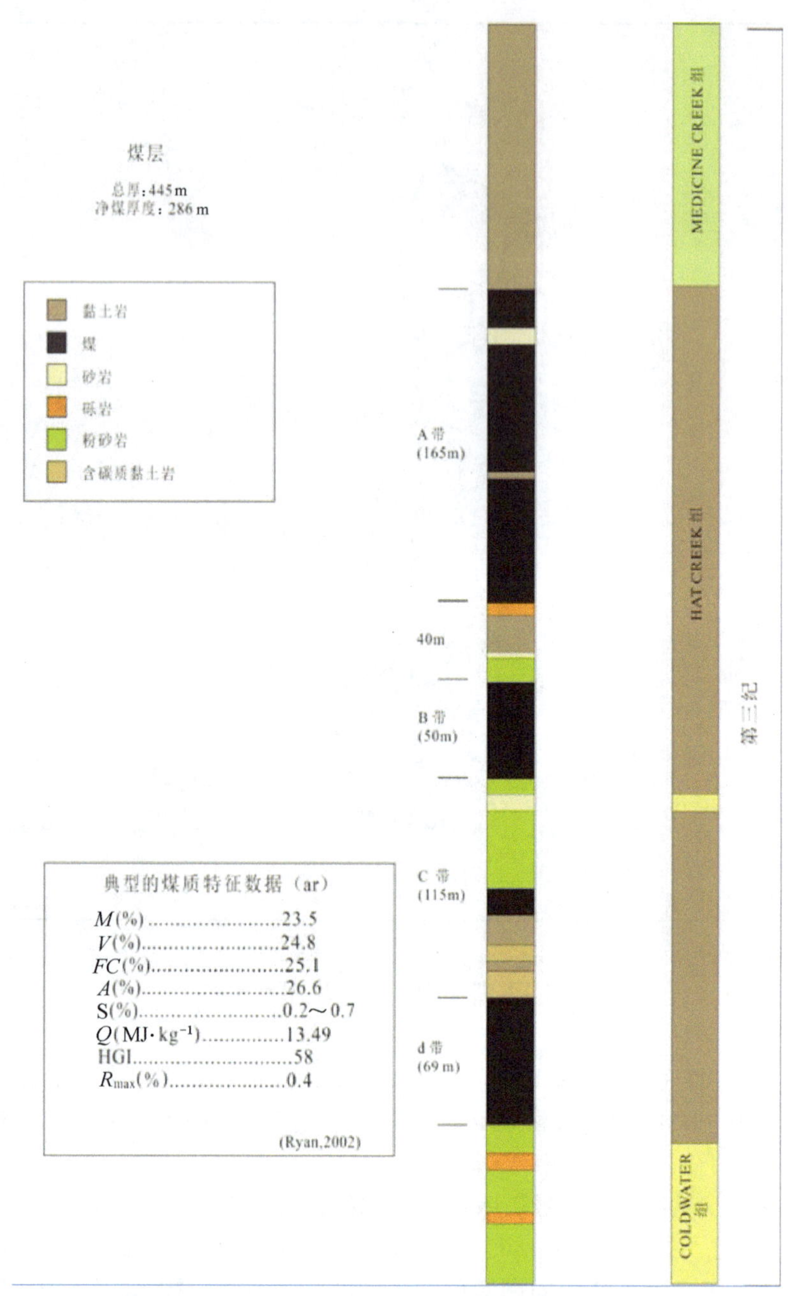

图 8-2-22 Hat Creek 矿床有代表性的地层柱状图（Suncor CBM Prospectus，2000）

从盆地穿过，解吸附作用结果也表明煤田浅层含有气体。深度在 64～120 m 采出的 4 个样品含气量为 3.75～4.49 cm^3/g（干燥无灰基）。深度在 29～158 m，煤层有中等至好的渗透性，渗透率为 0.5～50 mD。

6. Bowron River 煤田

Bowron River 矿床位于加拿大省中东部，在乔治王子城南东东向 50 km。煤田宽 2.5 km，长 15 km，面积约 47.5 km^2（图 8-2-24）。含煤时代为第三纪，煤炭资源主要赋存在地堑构造中，该建造中地层厚度可达 700 m，下部的 85 m 为含煤地层，至少有 3 个煤层，累积厚度为 8.5 m。煤层北东倾向，倾角为 20°～60°，不具备露天开采的条件。根据对一个钻孔中煤的分析，煤类为高挥发性 C—B 级烟煤。1200 m 以浅潜在煤炭资源量为 4 亿 t。煤层中琥珀含量高达 8%，对低煤阶煤层气的富集有着积极的作用。煤层气资源量预计有 40 bcf。

7. Similkameen 煤田

该煤田包含两个独立的第三纪盆地 Tulameen 盆地和 Princeton 盆地（图 8-2-9），1961 年之前，累

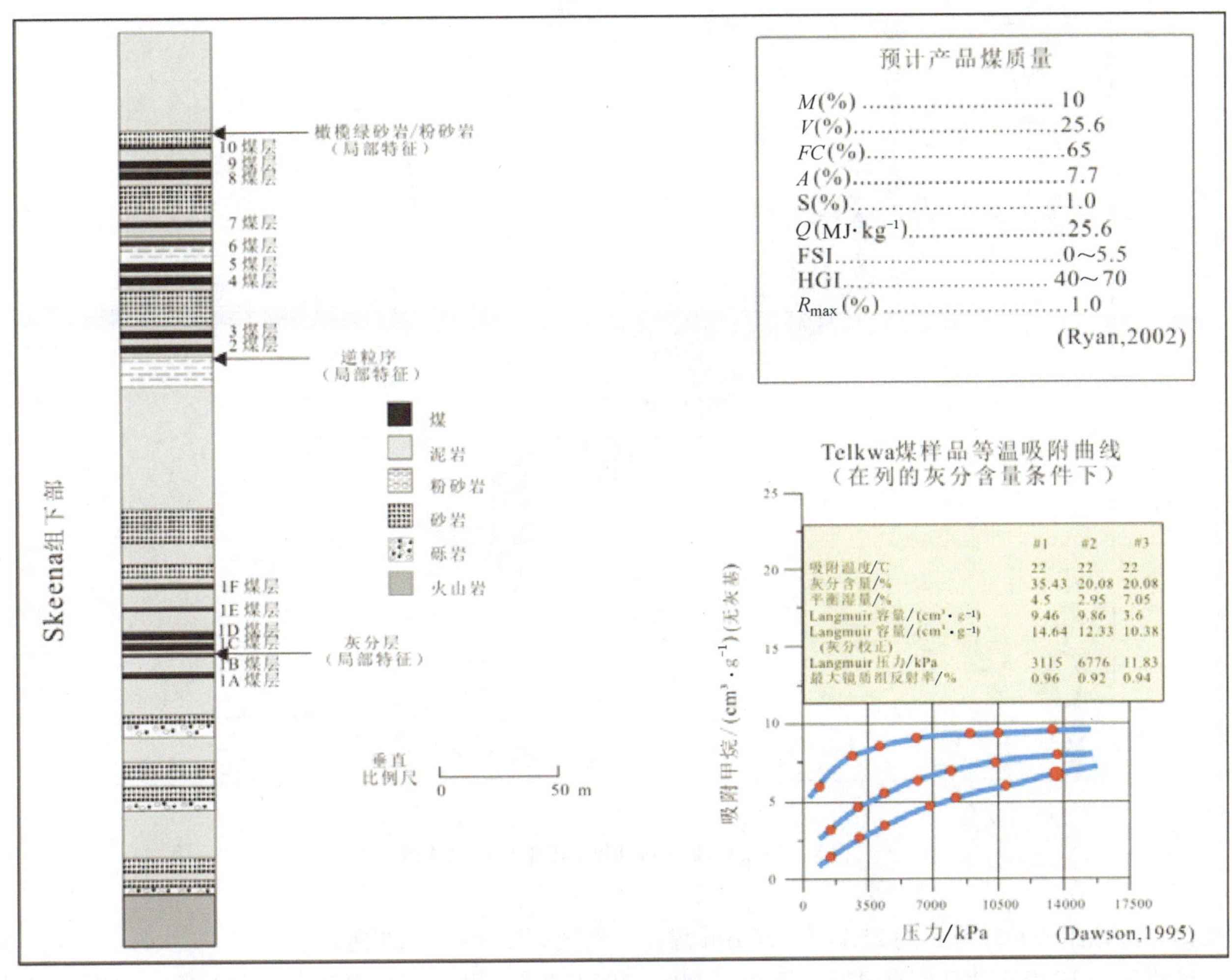

图 8-2-23　Telkwa 煤田有代表性含煤地层柱状及吸附试验图

计出产高挥发分煤炭 400 万 t。20 世纪 70—80 年代，关于 Tulameen 盆地重新做了一些勘探工作，1998 年又做了大规模的勘探工作，1999 年大样的洗选结果显示较好。Tulameen 盆地主要有 2 个煤层，上部煤层厚度为 18～34 m，下部煤层平均厚度为 7.5 m。煤层遍布全盆地，面积约 13 km^2。煤种一般为高挥发分的 C—B 烟煤（表 2-10）。Princeton 盆地面积约 170 km^2。1961 年之前盆地中部有 13 个小型的井工矿和 1 个露天矿进行开采。该盆地煤层的研究程度不如 Tulameen 盆地。含煤地层厚约 500 m，包含有 4 个煤层，累计厚度为 25 m 以上。煤种为褐煤至高挥发分 B 烟煤（表 8-2-10）。

表 8-2-10　Similkameen 煤田煤质表

盆地		Tulameen（db）	Princeton（db）	盆地		Tulameen（db）	Princeton（db）
项目	V/%	37.4	33.3～33.4	项目	Q/(MJ·kg^{-1})	25.2	23.1～22.4
	FC/%	42.52	40.5～42.6		FSI	ND	ND
	A/%	20.22	23～26.1		HGI	39～45	39～45
	S/%	0.44～0.66	0.75～0.83		R_{max}/%	0.6～0.86	0.52

8. Merritt 煤田

Merritt 煤田位于 BC 省中北部地区。含煤地层为第三纪 Coldwater 组，由非海相的砾岩、砂岩、页岩和煤层组成，一些地区还发育有岩浆岩。该组主要位于 Merritt 南部或 Merritt 镇之下，面积约 80 km^2；

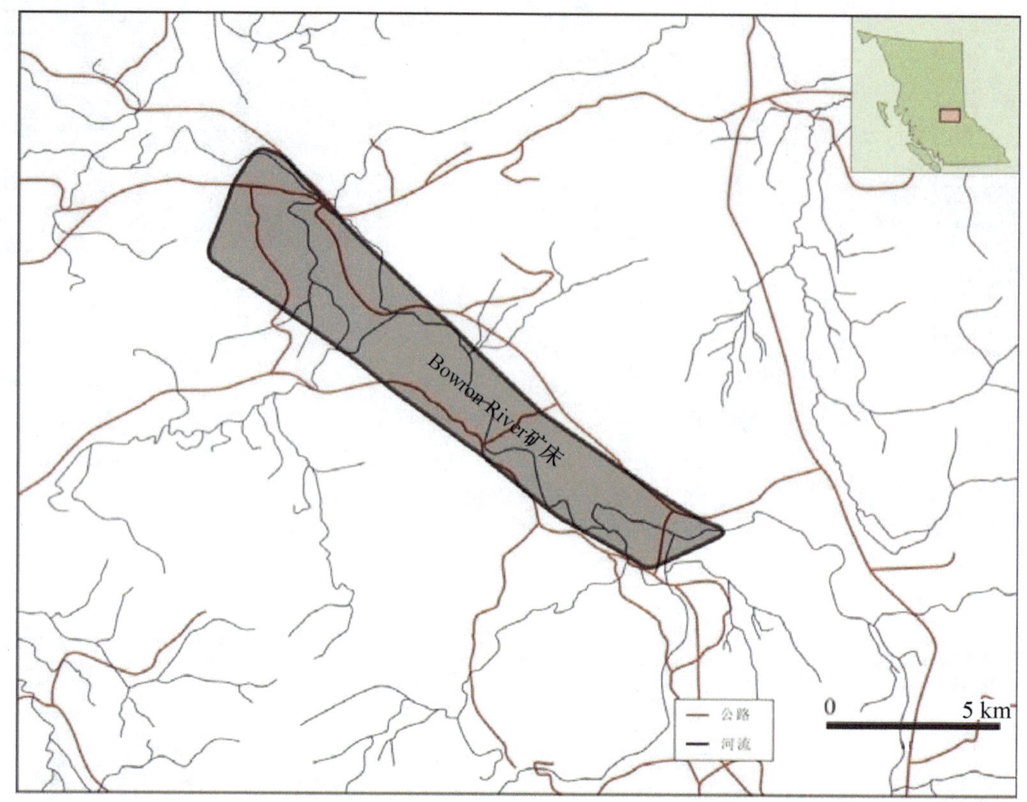

图 8-2-24 Bowron River 矿床位置示意图

在煤田东部该组面积较小，约 25 km^2。Merritt 煤田示意图如图 8-2-25 所示。

该煤田在 1945—1960 年有过勘探活动，1906—1963 年井工开采累计出产煤炭 240 万 t，产品为高挥发分 C—A 烟煤（表 2-11）。Coldwater 组厚约为 250 m，发育有 7 个煤层，累积厚度为 22 m，其中多个煤层的厚度在 1.5 m 左右，但断层和煤层厚度的不稳定给煤层对比和井工开采带来困难。假设平均煤厚为 10 m，煤炭资源量可能超过 8 亿 t，其中井工可采资源量达到 0.1 亿 t。煤层气资源量大小中等，超过 50 bcf。

表 8-2-11 Merritt 煤田煤质表（空气干燥基）

项 目	数 量	项 目	数 量
M/%	5	Q/(MJ·kg^{-1})	29.08
V/%	34	FSI	3
FC/%	52	HGI	57
A/%	9	R_{max}/%	0.64
S/%	0.5		

9. Tuya River 煤田

Tuya River 煤田位于 BC 省西北部的 Dease Lake 区和 Telegraph Creek 区之间，面积为 150~200 km^2，（图 8-2-26），潜在含煤量超过 6 亿 t，其中深度 1600 m 以浅约有 4 亿 t，预计煤层气资源量有 66 bcf。该煤田成煤时代在早始新世到古新世之间，发育了 Sustut 组的 Tango 含煤层。

Sustut 组的 Tango 含煤层可分为 2 个单元。上单元至少有 300 m 厚，由火山卵石砾岩、砂岩和火山岩组成；下单元有 200~300 m 厚，包括一个 100 m 厚的含煤带，其中煤厚 5~30 m。盆地构造是一个向

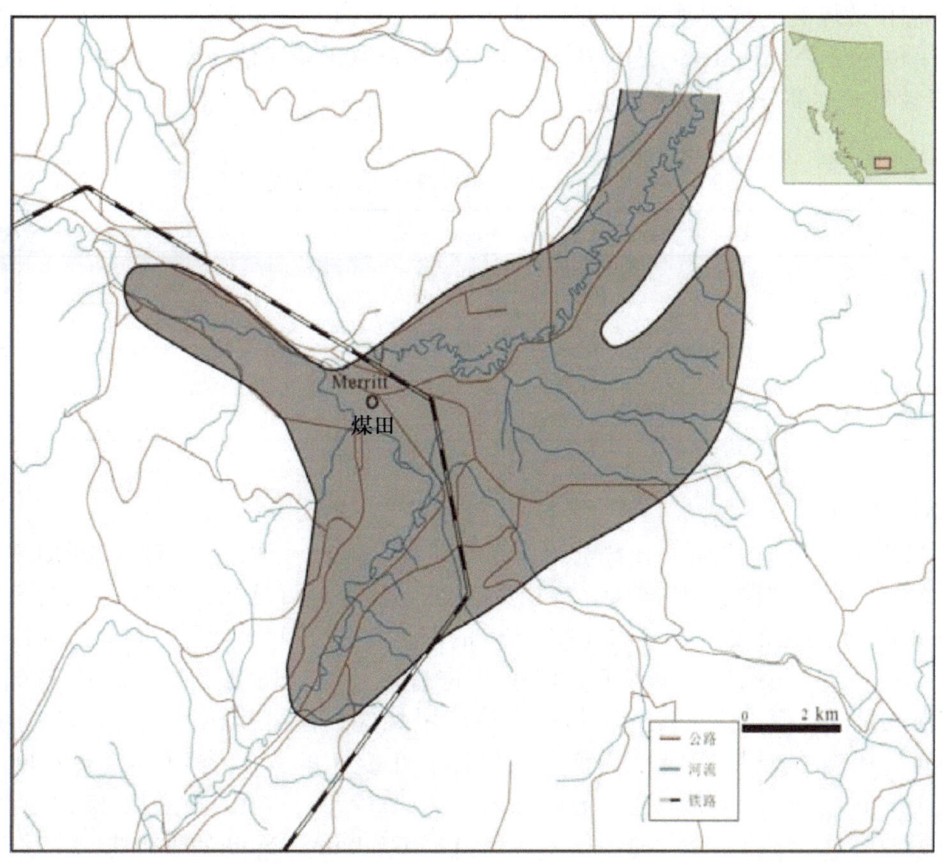

图 8-2-25　Merritt 煤田示意图

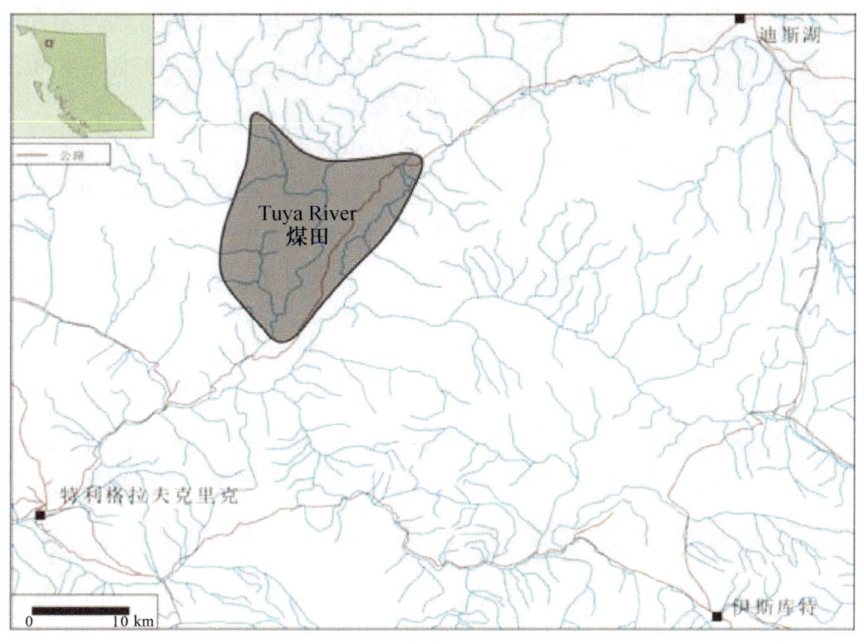

图 8-2-26　Tuya River 煤田示意图

北倾的开放式向斜，构造复杂，盆地多发育小型断层和褶皱。

Tuya River 煤田的煤类为高挥发性 B 级烟煤（表 8－2－12），坚硬、节理清晰、琥珀含量中等。1991 年，相关单位绘制了 Tuya River 煤田图，且对煤层气资源进行评估。盆地可能存在的煤层气资源量约 66 bcf。煤级较低，大部分煤层气资源是生物气。

表 8－2－12 Tuya River 煤田原煤煤质表（收到基）

项 目	数 量	项 目	数 量
M/%	12.4	S/%	0.5
V/%	30.7	Q/(MJ·kg^{-1})	18
FC/%	37.8	HGI	53
A/%	19.1	R_{max}/%	0.6～0.8

10. Coal River 煤田

Coal River 煤田位于 BC 省北部，在育空边界和 Liard 河之间，煤田南部有阿拉斯加高速路穿过。高速路以北 10 km 处，可见单层的褐煤露头，煤层并未完全暴露，可见局部煤层厚度为 8 m。在阿拉斯加高速路和 Coal River 的交汇处，1 口水井在 15 m 的深度穿过了 15 m 厚的煤层，但不确定所见煤层是否与露头煤同层。该煤田勘探程度很低，1990 年进行了一些地质勘察工作，但至今没有任何钻探工作。煤变质程度过低，煤类为褐煤，不易产生热成甲烷气，但可能包含一定量的生物甲烷气。盆地占地约 35 km^2，保守估计煤层厚度为 5 m，预计有 1 亿 t 的煤炭资源量，有 6 bcf 煤层气资源量。

11. Graham Island 的煤矿床

夏洛特女王群岛 Graham Island 植物众多，缺少露头，因此煤炭资源赋存情况目前不是很清楚。大部分的煤矿床都位于北部面积较大的 Graham 岛，含煤时代为第三纪或者侏罗纪—白垩纪。第三纪的褐煤在东北海岸有出露，而形成时间较早的无烟煤和烟煤的露头位于岛的西南（图 8－2－27）。煤种的多样性可能与后期的火山活动有关。

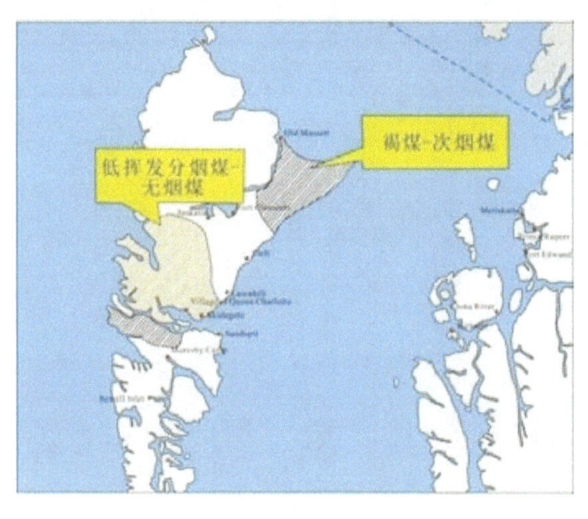

图 8－2－27 Charlotte 群岛煤炭资源分布简图

12. Suquash 矿床

位于温哥华岛东北部的 Suquash 矿床规模较小，是岛上第一个开发的矿床（图 8－2－9），面积约为 105 km^2。历史上生产了 23 万 t 的高挥发分 C—B 烟煤。上白垩统含煤地层厚度至少有 360 m，煤层分布于上部 200 m 地层中，分为 9 个含煤组，煤层累计约有 4 m 厚。煤级为高挥发分 B—A 级煤。假设煤层平均厚度 2 m，煤资源量将近 3 亿 t。如果含煤地层可以向东北延伸至 Malcolm 岛下，含煤面积将会新增 300 km^2，煤炭资源量会进一步增多。煤层气方面，假定煤资源量为 3 亿 t，潜在煤层气资源量将会有 45 bcf。

二、艾伯塔省煤炭资源

加拿大艾伯塔省大致可以分为中东部大范围的艾伯塔平原区和西部小范围的落基山脉东山麓区。艾伯塔平原区的煤类以褐煤—次烟煤为主，含煤地层有 Scollard 组、Horseshoe Canyon 组以及 Belly River 群和 Mannville 群，煤层层数多，厚度大，但煤层埋深较大，多适用于井工开采。而山麓区的煤类以低中挥发分烟煤为主，含煤地层主要为 Luscar 群中的 Gates 和 Gething 组及 Kootenay 群中的 Mist Mountain 组。Gates 组、Gething 组属于 Peace River 煤田在艾伯塔省内的延伸，Mist Mountain 组属于 East Kootenay 煤田的延伸。

艾伯塔平原成煤时代为白垩纪—第三纪，Scollard 组、Horseshoe Canyon 组及 Belly River 群和 Mannville 群中均可见到薄煤层出露，而在落基山脉东侧山麓区煤层则出现在 Wapiti 组、Luscar 群和 Kootenay 群中（图 8-2-28、图 8-2-29）。含煤地层中发育了多套煤层组（Alberta Energy and Utilities Board，2003）。

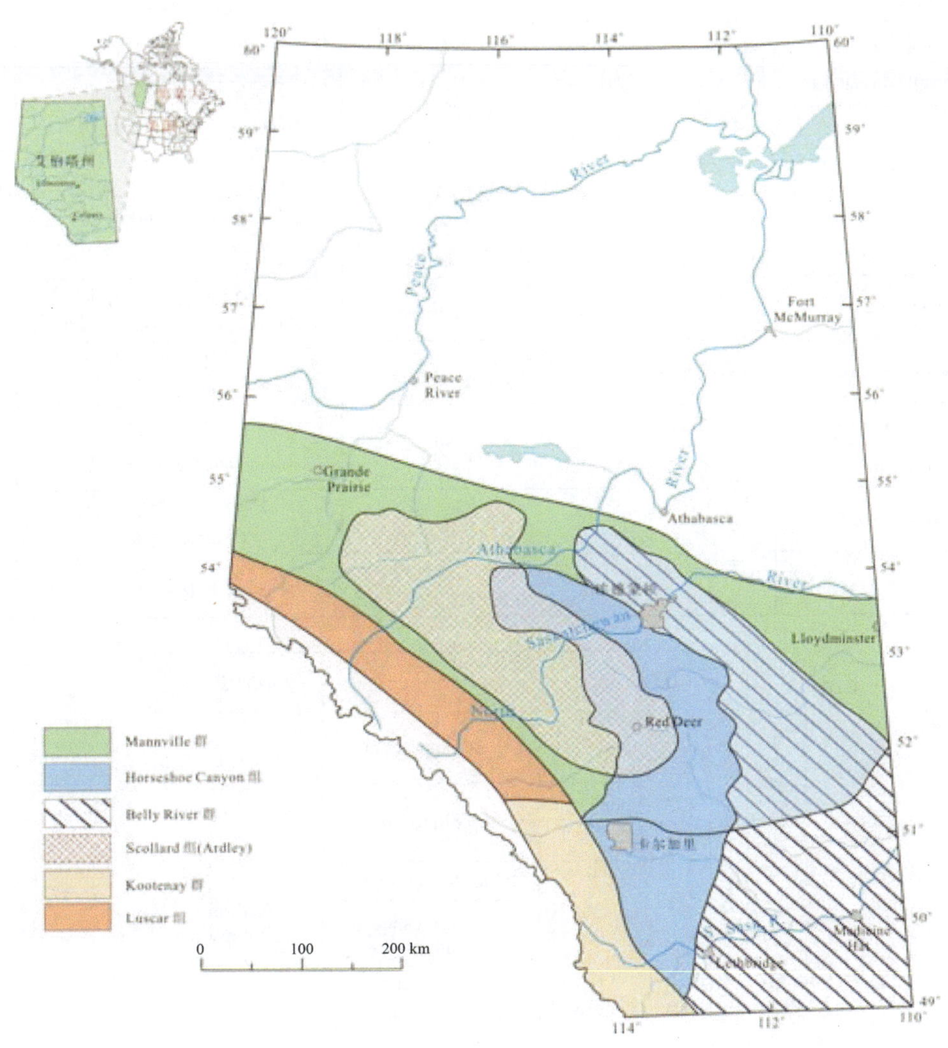

图 8-2-28 艾伯塔省主要煤系地层平面分布图

艾伯塔平原煤变质程度与埋深呈现出正相关性，自东向西煤类由次烟煤转变为高挥发分烟煤，埋深 1000 m 以浅的煤炭变质程度较低。更靠西部的、落基山脉东侧山麓区的煤阶有所升高，煤质由高挥发分烟煤转变为低挥发分烟煤。

艾伯塔省平原共确定煤田有 18 个（图 8-2-30、表 8-2-13）（Campbell，1972）。

表 8-2-13 艾伯塔省煤田列表

编号	煤 田	开采方式	煤 类	含煤地层	煤层厚度/m
1	Thelma - Elkwater	井工	褐煤	晚白垩世 Eastend 组	1.5 ~ 3
2	Lethbridge		高挥发分 C 烟煤	晚白垩世 Oldman 组 Lethbridge 段	1.2 ~ 1.8
3	Medicine Hat		次烟煤	晚白垩世 Foremost 组	1.8

表 8-2-13（续）

编号	煤 田	开采方式	煤 类	含煤地层	煤层厚度/m
4	Bow City ~ Brooks	露天	B 次烟煤	晚白垩世 Oldman 组 Lethbridge 段	1.8
5	Bassano	井工		晚白垩世下 Edmonton 组	3.5
6	Drumheller	露天			3.5
7	Sheerness		C 次烟煤		3.5
8	Three Hills – Scollard		B 次烟煤	晚白垩世至早三叠世 Edmonton 组和 Aedley 煤带	2.1
9	Ardley				1.8 ~ 8.5
10	Battle River		C 次烟煤	晚白垩世下 Edmonton 组	2.4
11	Tofield ~ Dodds				2.4
12	Edmonton		B—C 次烟煤		2.4
13	Wabamun		B 次烟煤	晚白垩世至早三叠世 Edmonton 组和 Aedley 煤带	2.7 ~ 9.1
14	Whitecourt – Swan Hills	露天/井工	B—C 级次烟煤和 A 级褐煤	晚白垩世至早三叠世 Edmonton 组	2.4 ~ 7.6
15	Fox Creek	露天	B 次烟煤	晚白垩世至早三叠世 Edmonton 组，Ardley 煤带	3 ~ 5
16	Simonette	井工			—
17	Smoky – Cutbank		A—B 次烟煤	晚白垩世至早三叠世 Edmonton 组	1.5
18	Halcourt		高挥发分 C 级烟煤、A—B 级次烟煤	晚白垩世 Belly River 组	0.6

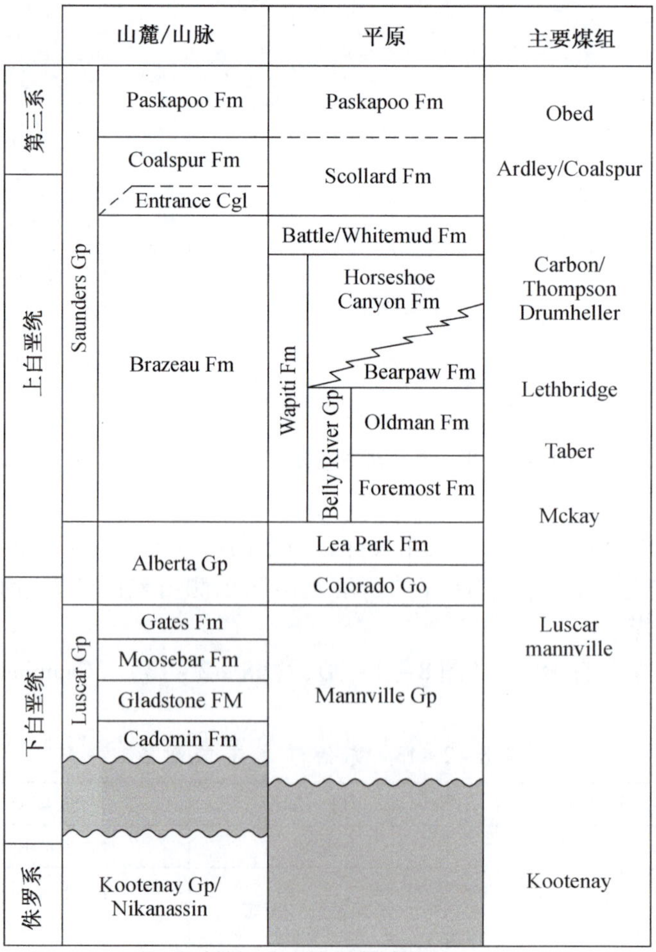

地层	山麓/山脉	平原	主要煤组
第三系	Saunders Gp: Paskapoo Fm	Paskapoo Fm	Obed
第三系 / 上白垩统	Saunders Gp: Coalspur Fm; Entrance Cgl	Scollard Fm	Ardley/Coalspur
上白垩统	Saunders Gp: Brazeau Fm	Battle/Whitemud Fm	
上白垩统		Wapiti Fm: Horseshoe Canyon Fm	Carbon/ Thompson Drumheller
上白垩统		Wapiti Fm: Bearpaw Fm	Lethbridge
上白垩统		Wapiti Fm; Belly River Gp: Oldman Fm	Taber
上白垩统		Wapiti Fm; Belly River Gp: Foremost Fm	Mckay
上白垩统	Alberta Gp	Lea Park Fm; Colorado Go	
下白垩统	Luscar Gp: Gates Fm; Moosebar Fm; Gladstone FM; Cadomin Fm	Mannville Gp	Luscar mannville
侏罗系	Kootenay Gp/ Nikanassin		Kootenay

图 8-2-29 艾伯塔省煤系地层对比图

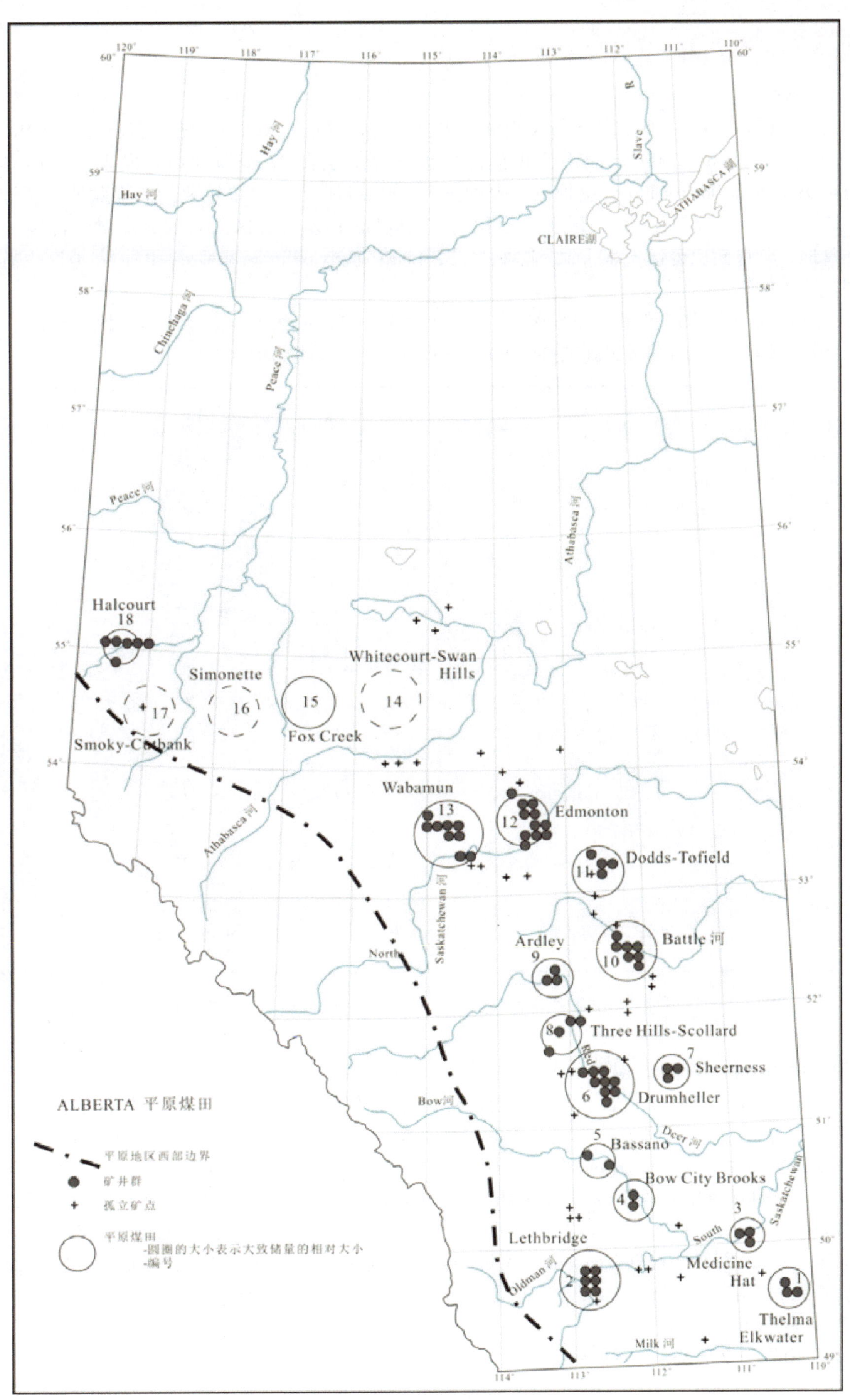

图 8-2-30 艾伯塔省平原煤田分布图

三、加拿大西北部省份的煤炭资源

（一）概述

据已有的资料，加拿大西北部省份煤炭资源主要发育在育空（Yukon）地区和麦肯齐（Mackenzie）区（Cameron 和 Beaton，2000）。早石炭世至渐新世含煤地层在 27 个地区均有发现，但育空地区的 Whitehorse Trough 和 Bonnet Plume 盆地以及麦肯齐区的 Brackett 盆地是最重要的含煤盆地，预计资源量超过 50 亿 t（图 8－2－31）。育空区含煤面积约 37000 km^2；麦肯齐区已发现的煤炭资源主要赋存在 Brackett 盆地，含煤面积可达 3000 km^2。除此之外，Liard 河、Godlin 湖和 Great Bear 湖地区也有着较好的勘查前景。

Bonnet Plume 盆地含煤煤系为白垩纪至三叠纪 Bonnet Plume 组，煤类大部分属于高挥发分烟煤。Brackett 盆地的煤系地层为白垩纪到三叠纪 Summit Creek 组，煤类为褐煤。

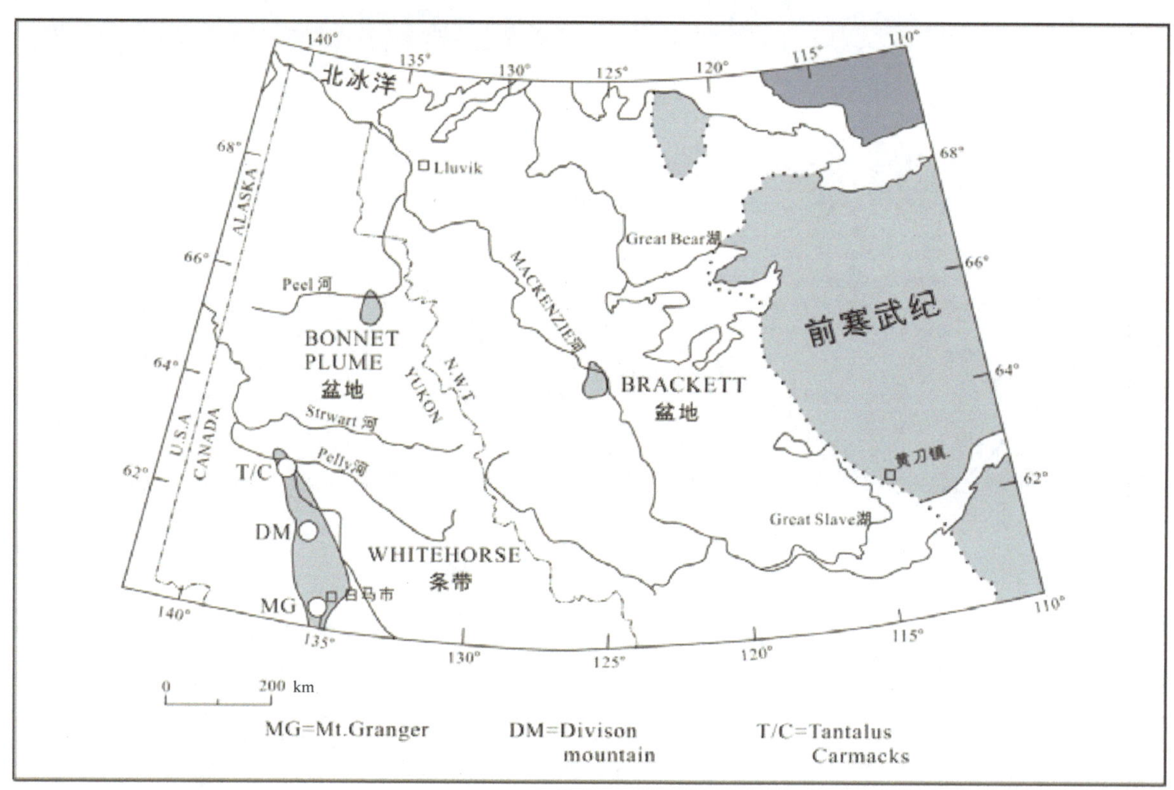

图 8－2－31 3 个主要煤盆地位置示意图（Whitehorse Trough、Bonnet Plume 和 Brackett）

（二）Whitehorse Trough 盆地

Whitehorse Trough 是一个狭长的盆地，近 500 km 长，从育空/BC 边界延伸至西北方的 Carmacks 附近，含煤地层为中侏罗世 Laberge 群和上覆的晚侏罗世/早白垩世 Tantalus 组。在 Whitehorse Trough 盆地，煤炭勘探主要集中在 Whitehorse 附近的 Granger 山和 Braeburn 西边的 Division 山；煤炭开采集中在 Carmacks 和 Tantalus Butte。Whitehorse Trough 盆地的煤主要出自侏罗纪至白垩纪 Laberge 组和 Tantalus 组。在 Granger 山，侵入岩影响了成熟度，煤级为低挥发分烟煤至高级碳化无烟煤。在 Division 山和 Tantalus/Carmacks，煤种为高挥发分烟煤。Whitehorse Trough 是一个弧前盆地，弧形列岛在西部和西北部。西部岛弧和大陆汇合时，盆地开始充填形成 Laberge 和 Tantalus 含煤地层。

1. Granger 山

Granger 山位于 Whitehorse 城西南约 25 km 处。可见露头煤，在附近的 Fish 湖和 Bush 山也有煤发现。

含煤岩系为 Tantalus 组，厚 670 m。Tantalus 含煤组露头至少一侧受 Ibex 逆断层控制，含煤组内部也存在着一些近平行分布的横切 Ibex 逆断层的小断层。该地区存在 8 个煤层组，单个煤层组最大厚度可达 13 m。煤级变化很大，R_{max}值为 1.68% ～5.62%，可能与岩浆侵入有关。岩浆侵入使得煤灰分相对较高，原煤的灰分为22.5%～46.5%，硫分非常低，平均为0.41%。

2. Division 山

Division 山煤田位于 Whitehorse Trough 的更北部、Braeburn 社区西边，沿着 Nordenskiold 河分叉分布。本区含煤地层为 Laberge 群 Tanglefoot 组。露头表现为北西延伸状，受到断层和褶皱控制。Division 山向斜东翼发育有2个煤层组、15个煤层，其中一个煤层组厚度可达15 m。该地区 Laberge 群含煤地层厚度预计为300 m。煤的镜质体反射率在0.56～0.61之间，属于高挥发分C—B级烟煤。灰分平均约19%，硫分非常低。含煤组延伸长度至少为10 km，尽管煤层倾角较大甚至接近垂直，开采难度较大，但不能否认其潜在的巨大的资源量。

3. Tantalus / Carmacks

在 Whitehorse Trough 北端、Carmacks 城附近、沿着育空河，煤层出现在 Laberge 群和 Tantalus 组（图8-2-32）。该区曾有3个煤矿在不同时代进行开采，Five Fingers 矿的出煤层位是 Laberge 群，Tantalus Butte 矿和 Tantalus 矿是 Tantalus 组。Five Fingers 矿主要开采2个煤层，最厚的一层为1.2 m，1908年该矿停产。育空河两岸相距4 km 的 Tantalus Butte 矿和 Tantalus 矿仍在生产。这两个矿主要开采的 Tantalus 组至少有3个煤层组，最大煤层组厚度可达2.5 m。

南部的 Tantalus 矿产中挥发分烟煤（镜质体反射率1.14～1.17），而 Tantalus Butte 矿产煤镜质体反射率较低，属于高挥发分B—A级烟煤。根据煤的挥发分含量推算，Five Fingers 矿的煤为高挥发分烟煤，煤级可能低于 Tantalus Butte 矿。这种煤级向南递增的趋势可能是受到南部上覆 Carmack 火山岩的影响。

Tantalus Butte 地区构造复杂，煤层赋存在紧闭向斜中。Tantalus Butte 矿的煤层西倾约50°；Tantalus 矿的煤层东倾，倾角较大甚至直立。煤层的增厚与变薄与其处在褶皱的轴和翼部的位置有关。

（三）Bonnet Plume 盆地

Bonnet Plume 盆地位于 Carmacks 以北约300 km，为一个宽缓向斜，部分边界被断层所控制。该盆地中 Bonnet Plume 含煤组面积约3000 km^2（图8-2-33）。成煤时期是中白垩世至第三纪，含煤组包括两套地层，下 Bonnet Plume 段和上 Bonnet Plume 段之间被不整合面所分隔。Bonnet Plume 组总厚度约1960 m，上段厚约390 m。

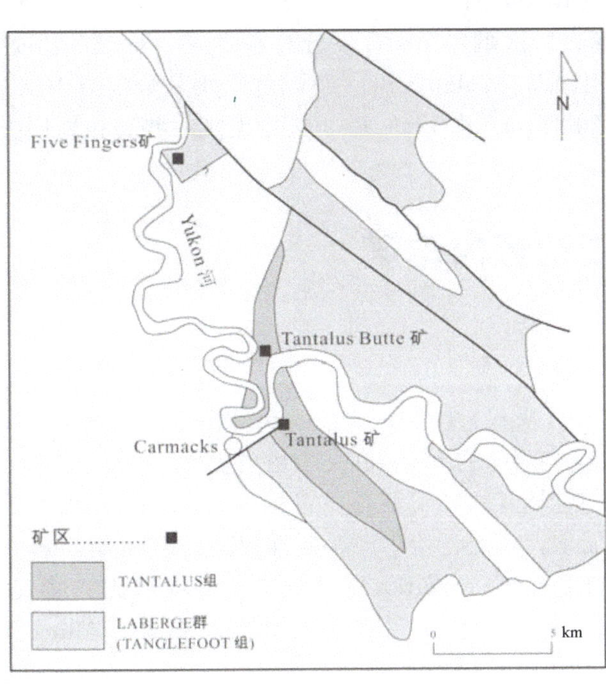

图8-2-32 Tantalus/Carmacks 地区 Laberge 群（Tanglefoot 组）和 Tantalus 组露头分布图

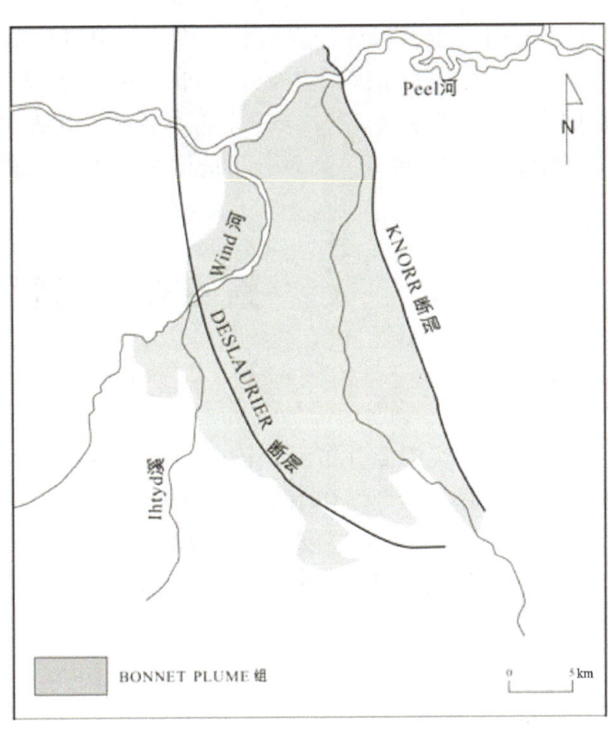

图8-2-33 Bonnet Plume 盆地 Bonnet Plume 组露头分布图

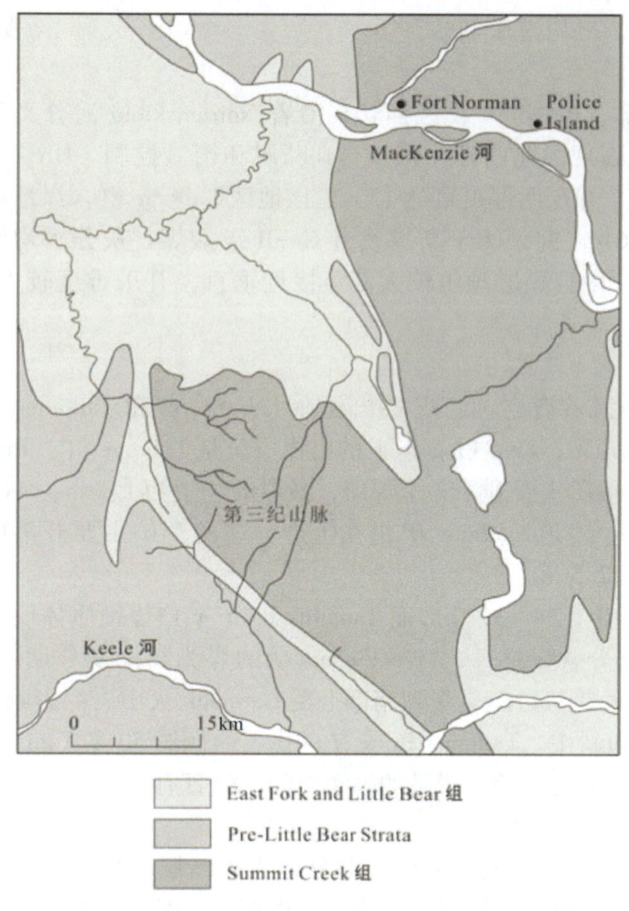

图 8-2-34 Brackett 盆地 Summit Creek、East Fork 和 Little Bear 组露头分布图

下 Bonnet Plume 段在盆地南部和西部，尤其是沿着 Ihttyd Creek 出露最好。下 Bonnet Plume 段至少有 6 个煤层组，其中最厚煤层组可达 9 m。煤级为次烟煤至高挥发分 C 级烟煤。硫分低，可洗性测试表明产品煤灰分较低，洗选率较高。上 Bonnet Plume 段在盆地北端出露最好，尤其是沿着 Peel 和 Wind River 一带。上 Bonnet Plume 段至少有 2 个煤层组，其中一个约 17 m 厚，煤级为褐煤。

（四）Brackett 盆地

Brackett 盆地位于西北地区麦肯齐河的西部和南部。该盆地含煤面积约 3750 km^2，其北缘靠近 Fort Norman 城。该盆地有两套地层含煤，一个是 Little Bear 组（成煤时期为晚白垩世 Campanian 阶），另一个是 Summit Creek 组（成煤时期是第三纪古新世）。这两套地层中间是海相 East Fork 组（图 8-2-34）。白垩纪和第三纪时期 Mackenzie 山脉的隆起形成了进积的碎屑楔形层，有利于煤的形成。盆地大部分地区煤层相对稳定，煤层倾角较小，仅部分地区如 Police 岛煤层倾角很大。

Little Bear 组发育有 2 个煤层组，最厚的煤层组仅 2 m，而 Summit Creek 组至少有 6 个煤层组，最厚的煤层组沿着麦肯齐河在 Police 岛出露，厚度可达 15 m。虽然西部的 Tertiary Hills 地区该煤层组煤层薄且少，但部分煤层分布广泛，可延伸追溯 8～10 km。

Summit Creek 组煤种是褐煤，Little Bear 组煤级稍高，为次烟煤至高挥发分 C 级烟煤。Summit Creek 露头样品平均灰分为 22%，硫分低，平均为 0.39%。相比而言，Little Bear 组煤的平均灰分仅有 10%，但平均硫分为 0.94%。高硫分可能因受到海相沉积环境的影响，在 Little Bear 组中发现一些海相岩层夹层。

第四节 优质煤炭资源富集区

一、加拿大煤炭资源特点及开发条件

加拿大煤炭资源分布面积较广，在全国各地均有分布；煤炭种类繁多，煤类跨越褐煤至无烟煤。但优质煤炭资源如无烟煤和冶金煤分布较为集中，主要赋存在西部的 BC 省和艾伯塔省。

加拿大的煤矿同样主要分布在 BC 省和艾伯塔省，与优质煤炭资源赋存位置相对应。2011 年加拿大有生产煤矿 24 个，其中 BC 省 10 个、艾伯塔省 9 个。加拿大煤炭行业生产垄断性较高，2012 年 Sherritt 公司和 Teck 公司产出了全国约 95% 的动力煤和 70% 的冶金煤。Sherritt 公司煤矿主要位于艾伯塔省，Teck 公司主要开发 BC 省的 East Kootenay 煤田。虽然 Sherritt 公司已于 2013 年底将资产剥离给 Altius 财团和 Westmoreland 煤炭公司，但煤炭行业生产垄断性的性质没有得到改变。

加拿大煤炭出口相关运输设施较完善，港口运能富余，部分铁路线运力紧张。目前 BC 省煤炭出口港口运能累计闲置约 1900 万 t，在北部 Prince Rupert 港口尤其严重。西向运输的 CN 铁路运力有富余，而西向运输的 CP 铁路以及西南向运输的 CN 铁路运力紧张。

二、优质煤炭富集区的圈定

根据加拿大煤炭资源特点，以及地理位置、基础设施情况，确定3个目标煤田为优质煤炭富集区：Peace River煤田南部和East Kootenay煤田为冶金煤富集区，Klappan – Groundhog煤田为无烟煤富集区（图8–2–35，表8–2–14）。

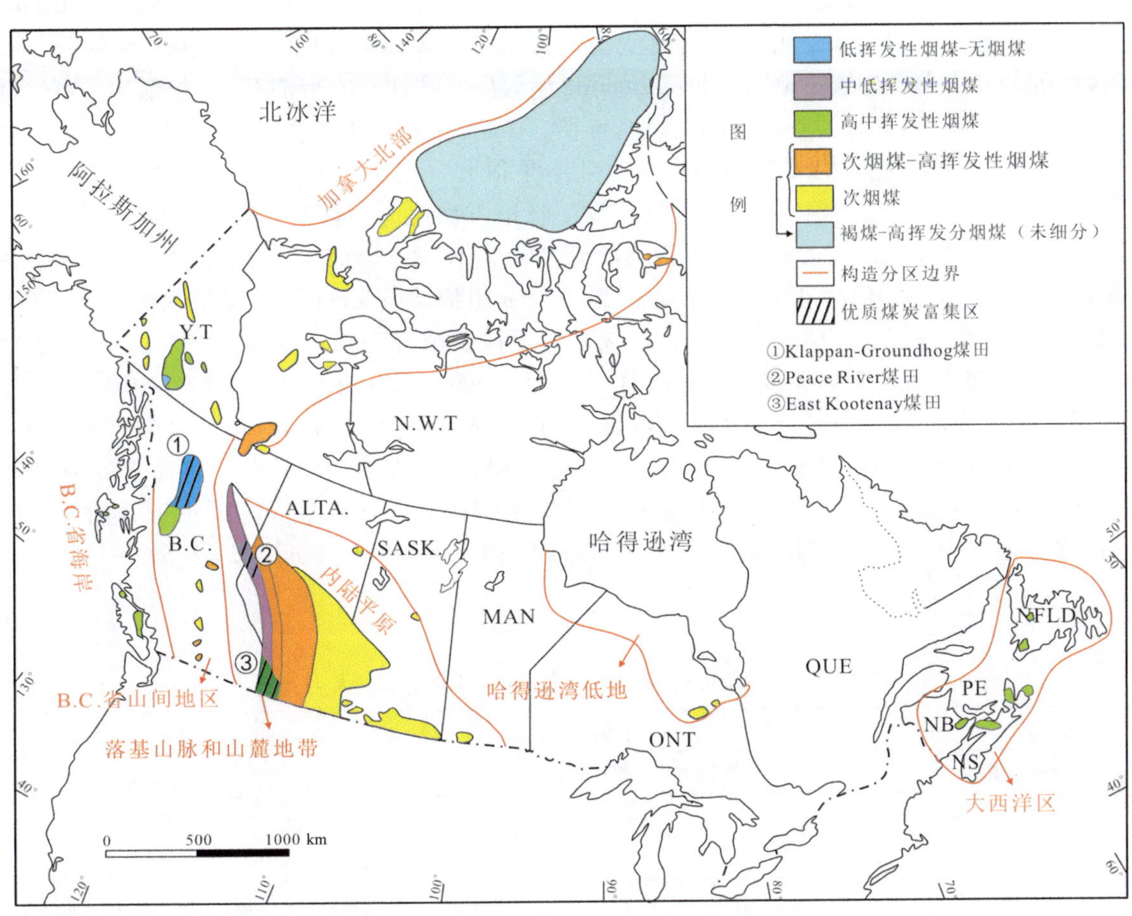

图8–2–35　优质煤炭富集区位置示意图

表8–2–14　拟选优质煤炭富集区情况表

	Peace River 煤田	East Kootenay 煤田带	Klappan and Groundhog 煤田
煤类	主焦煤、1/3焦煤	主焦煤、1/3焦煤	无烟煤
资源量/亿t	预计100	预计450	预计370
在产矿及开采方式（2012年）	3个露天、2个井工	5个露天	无在产
产量（2012年产品煤）/Mt	8.5	24.2	0
矿权分割	Walter Energy、Teck、Winsway/Marubeni	Teck、Winsway/Marubeni	—
铁路	CN	CP	预计CN
港口	中北部走Ridly，南部走Vancouver	以Vancouver为主	预计Ridly

（一）Peace River煤田南部

Peace River煤田主要位于BC省的东北部、内山麓带北部，从艾伯塔省Kakwa延伸400 km到BC省东北部的Sikanni河，预测资源量1600亿t，煤类主要为冶金煤。Peace River煤田南部范围从BC省

Sukunka 河延伸到艾伯塔省内的 Grand Cache 和 Cheviot 矿山附近。

1. 作为优质煤炭资源富集区的依据

选择 Peace River 煤田南部作为优质煤炭资源富集区，是基于该区具有煤质好、煤层数目多和厚度大、资源/储量大、基础设施相对完善等诸多优势条件。

1）煤质好

Peace River 煤田含煤地层为侏罗纪至白垩纪 Minnes 组和早白垩世 Gething 和 Gates 组。Minnes 组埋深较大，经济价值不大。Gething 组自北向南变薄，而上部的 Gates 组自北向南相应变好。Gething 和 Gates 组过渡的分界点大概为坎布里奇，北部 Gething 组煤层经济性好，南部 Gates 组煤层经济性好。

Gething 组和 Gates 组的煤层有着不同的煤质特征。Gates 组一般为中挥发分烟煤，南部有一部分为高挥发分的烟煤，煤质和煤阶沿着煤倾向方向改变不是很大。相比之下，Gething 组的煤阶变化较大，从高挥发分烟煤变化至半无烟煤，同时，在其他煤质特征方面也有显著变化。Gething 组原煤样品灰分（空气干燥基）平均为 14.2%。Gates 组样品的灰分平均为 18.8%。Gething 组原煤样品自由膨胀指数（FSI）最高可达 8.5，平均值少于 4，多数为 1.5。Gates 组原煤样品自由膨胀指数为 8.5，平均小于 5.5，多数为 4。Gething 组样品硫分变化大，原煤空气干燥基硫分为 0.24% ~2.49%，平均为 0.79%，而且 80% 样品的硫分≤0.75%。Gates 组硫分（空气干燥基，原煤）为 0.21% ~0.78%，平均为 0.45%，而且 65% 样品的硫分小于 0.5%。Gething 组原煤 HGI 指数在 47 ~87 之间，平均值为 59。Gates 组原煤 HGI 指数在 64 ~98 之间，平均为 79。Gething 组原煤发热量（空气干燥基）平均为 29.75 MJ/kg。Gates 组原煤空气干燥基发热量平均为 27.83 MJ/kg（6 个样品）。Gething 组原煤和精煤的混合样品（8 个样品）镜质组含量平均为 52%。Gates 组精煤的镜质组含量平均为 57.6%（表 8－2－15）。

表 8－2－15 Gething 煤层特征和 Gates 煤层特征指标对比表

指 标	Gething	Gates
变质程度	高挥发分烟煤—半无烟煤	中挥发分烟煤
原煤灰分(ad)/%	14.2	18.8
FSI	1.5	4
煤层情况	包括 100 个以上的煤层，每个煤层厚度在几厘米至 4.3 m 之间	包括 4 ~5 个横向延伸的煤层，每个煤层厚度在 5 ~10 m 之间
原煤硫分(ad)/%	0.79	0.45
HGI	59	79
原煤发热量(ad)/($MJ \cdot kg^{-1}$)	29.75	27.83
镜质组含量/%	52	57.6

从上述 Gething 组和 Gates 组煤炭资源的差异可以看出，Gates 组煤层厚度较大，煤阶变化较小，FSI 值较大，属于优质冶金煤资源富集区。而 Gething 组赋存的煤层数目较多，但厚度较小，而且 FSI 值较小，更适合出产优质动力煤或者喷吹煤。除此之外，Gething 组煤层煤质指标变化较大，给采矿、洗选活动造成较大的困难。相比而言，南部的 Gates 组出露区应作为 Peace River 煤田的优质煤炭资源富集区。

2）煤层多，厚度大，资源量大

Gates 组近 280 m 厚，包括 4 ~5 个横向延伸的煤层，每个煤层厚度在 5 ~10 m 之间，累计厚度约 46 m。Gething 组共计 1036 m 厚，包括 100 个以上的煤层，这些煤层厚度在几厘米至 4.3 m 之间。

Peace River 煤田 2000 m 深度以浅的煤炭资源量预计为 1600 亿 t，其中 Gates 组赋存资源量为 100 亿 t。

3）基础设施完善

Peace River 煤田靠近加拿大国家铁路（CN）。该煤田在 BC 省境内的煤炭资源可经过 Tumbler Ridge

市运至鲁珀特王子港 Ridly 煤码头，运距约为 1100 km。据了解目前该线路的运力有富余（高盛，2011）。除此之外，该煤田在艾伯塔省境内的煤炭资源可通过加拿大国家铁路的另一个分支运至 Westshore 和 Neptune 煤炭码头。

鲁珀特王子港为美洲距离亚洲最近的深水不冻港，可以装卸好望角型船只（最大 25 万 t，吃水深度约 20 m）。它到中国上海港的距离与到澳洲纽卡斯尔港相近，约 8597 km，比温哥华港距离上海港近 450 n mile。它由政府拥有，主要用于出口 BC 省东北部的动力煤和焦煤，目前运力富余约 1370 万 t。

温哥华港有 Westshore 和 Neptune 两个煤炭码头，目前运力富余约 740 万 t。Westshore 码头是北美地区最大的煤炭出口码头，所拥有船数目比其他码头总和还多，该码头的年吞吐能力为 3300 万 t。Neptune 码头出口的煤炭主要为艾伯塔省西北部和 BC 省东南部的煤炭产品，目前该码头仅专注于冶金煤出口。当前 Neptune 码头的年吞吐能力为 1250 万 t，正在进行升级改造工程，改造结束后年吞吐能力可达 1550 万 t/a。

Tumbler Ridge 镇有电站，Peace River 煤田的电力需求都可以从这里接入。据了解，BC 省电力公司以水利发电为主，90% 的电量来自于水利发电。与中国不同的是，BC 省大型工业设施用电较居民用电便宜，2013 年价格在 0. 05 加元/度以下。

2. 应注意的风险

虽然 Peace River 煤田有诸多的优点，但同时有构造相对复杂、露天可采资源量有限、港口和部分铁路线路运力紧张及气候寒冷等缺点，在投资过程中对这些风险点应该加以注意。

1）构造复杂，不有利于井工开采

该煤田位于落基山山麓地带，褶皱、断层较为发育，不太适用于井工开采。

在 Peace River 煤田，含煤地层露头沿着褶皱带的方向延伸，表现为一系列褶皱和逆冲断层的向斜核部。褶皱带的东部一系列的逆冲挤压使得含煤地层不适于煤炭开采，只适于煤层气或油气开发。

2）部分铁路线路运力紧张

连接煤田南部和温哥华港口的 CN 铁路南线当前运力紧张（高盛，2011）。

3）气候寒冷

BC 省的东北部，冬季寒冷又漫长，夏天炎热而短暂，日照时间相对较长，四季气温变化大，夏季降雨量最高。

（二）East Kootenay 煤田带

East Kootenay 煤田带沿着美国 Montana 州边界向北分布，有 3 个相对独立的煤田：Flathead 煤田、Crowsnest 煤田和 Elk Valley 煤田，这 3 个煤田在 BC 省乃至加拿大的地位最重要，2012 年加拿大出产冶金煤 33. 6 Mt，而该煤田带的产量为 22. 3 Mt。

1. 作为优质煤炭资源富集区的依据

1）煤质好

East Kootenay 煤田包含高挥发分 B 级烟煤至低挥发分烟煤，产品包括冶金煤、半焦煤和动力煤。尽管当前有高挥发分焦煤出产，但大部分煤炭资源属于中挥发分煤。BC 省东南部所有煤炭产品硫分低。原煤的 FSI 值平均为 4. 0。

2）煤层厚度大

含煤地层为侏罗—白垩纪 Kootenay 群 Mist Mountain 组，厚度为 100 ~ 700 m。煤层在全组均有分布，下部煤层稍厚。煤层数目 4 ~ 30 个，煤层累计厚度占全组厚度的 8% ~ 12%，可达 70 m 以上。

3）资源量大

Elk Valley 煤田 1500 m 以浅的煤炭资源量预计 190 亿 t；Crowsnest 煤田煤炭资源量超过 250 亿 t；Flathead 煤田较小，可用于煤层气开发的煤炭资源约 10 亿 t。

4）基础设施完善

煤田靠近加拿大太平洋铁路，煤炭可通过它运至温哥华港的 Neptune 和 Westshore 码头出口，目前这两个码头均有运力富余。

2. 应注意的风险

虽然 East Kootenay 煤田带有诸多的优点，但同时有地质条件复杂、Teck 公司垄断地位高、港口和铁路运力紧张等缺点，在投资过程中对这些风险点应该加以注意。

1）构造复杂

East Kootenay 煤田位于落基山山麓地带，褶皱、断层较为发育，不太适合井工开采。

勘探开发程度最高的 Elk Valley 煤田位于落基山脉南部的山前区（或称为褶皱逆冲带），这一地区的宏观构造特征为许多呈北北西向展布的曲滑褶皱带和一条与其平行的倾向为南西西向的逆冲断裂带。这些构造的产生与加拿大山脉的冲击挤压作用有关，某些区域原有断裂构造又受到晚白垩世至古近纪的拉拉米造山运动所导致的拉张作用的影响。

2）铁路运力紧张

煤田靠近加拿大太平洋铁路，煤炭可通过它运至温哥华港的 Neptune 和 Westshore 码头出口，据了解该线路的运力十分紧张（高盛，2011）。

3）Teck 公司的垄断地位

East Kootenay 煤田带在产矿多属于 Teck 公司，而且现有矿权大面积地区都被 Teck 公司占有（图 8－2－36）。

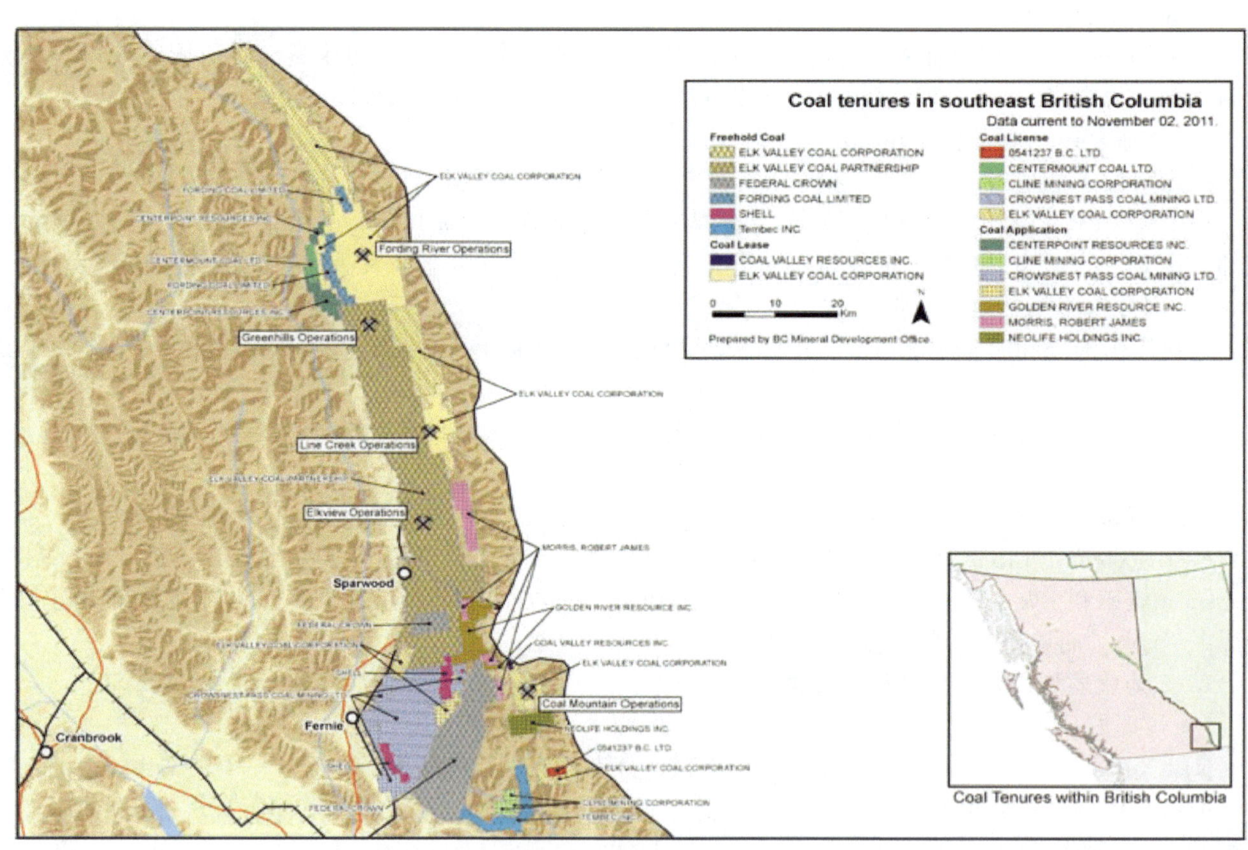

（注：Elk Valley 现改名为 Teck）

图 8－2－36 East Kootenay 煤田带矿权分布图（Teck，2012）

除此之外，在码头方面，Teck 公司的影响力也巨大。Neptune 码头港口公司的大股东之一是煤炭巨头 Teck 公司，占股比 46%。对于 Westshore 码头，该码头的年处理能力为 29 Mt（Bemining，2012），而 2012 年 Teck 公司与 Westshore 码头续签了 5 年的合同，而且自 2014 年 4 月份起合同运量增至 19 Mt/a（Teck 公司 2012 年年报）。

（三）Klappan－Groundhog 煤田

Klappan－Groundhog 煤田位于 Bowser 盆地。该盆地位于 BC 省西北部山间带，占地 50000 km^2。Klappan－Groundhog 煤田位于盆地中北部，面积为 5000 km^2。这两个煤田煤炭勘探已有 100 年的历史，有着丰富的勘探资料，但限于气候和基础设施的限制，开发程度较低。作为我们优选的优质煤炭资源富集区，它的优势有煤质好、资源量大、煤层厚度大、开发程度低；劣势有构造复杂、基础设施落后等。在加拿大国内及无烟煤行业内综合比较，煤田资产的品质较高，应该列入风险勘探的重点关注对象。

煤级为半无烟煤至高碳化无烟煤。含煤地层是侏罗纪至白垩纪 Currier 组，该地层有 1100 m 厚，包括约 25 个煤层，单层最厚可达到 7 m，煤层累计厚度最大为 53 m。煤田潜在煤炭资源量约 370 亿 t，煤层气潜在资源量预计为 2280 亿 m^3，资源量很大。

Bowser 盆地煤炭勘探从 1800 年开始，但迄今仅有 2 个在建矿，无在产矿，该现状恰好为后期公司的介入提供了难得的空间和机会。

Bowser 盆地属于偏远山岭地带，附近虽然有 BC 铁路（目前租赁给 CN 公司运营）通过，但该线路属于地区 2 级铁路，运力不大，如果有煤炭项目出产，需要做升级改造工作。

北西走向的 Mount Beirnes 复向斜为 Klappan – Groundhog 煤田的主要区域构造，复向斜的复杂性给开发增加了难度。

本章参考文献

[1] 申宝宏. 中国煤矿灾害防治战略研究［M］. 徐州：中国矿业大学出版社，2011.

[2] 王显政. 当代世界煤炭工业［M］. 北京：煤炭工业出版社，2011.

[3] BP. BP 世界能源统计年鉴［R］. 2012.

[4] BP. BP 世界能源统计年鉴［R］. 2013.

[5] Cameron AR，Beaton AP. Coal resources of northern canada with emphasis on whitehorse troug，Bonnet Plume Basin and Brackett Basin［J］. International Journal of Coal Geology，2000，43（1）：187 –210.

[6] Charles Plummer，Diane Carlson，David McGeary，et al. Physical Geology and the Environment，2nd Canadian Edition［M］. New York：McGraw – Hill Higher Education. 2007.

[7] Johnson DG Sand Smith LA. Coalbed Methane in Southeast BritishColumbia［J］. Petroleum Geology，1991，Special Paper 1991 –1.

[8] Rogers J J. A History of the Earth［C］//CUP Archive. 1993：202 –203.

[9] RyanB. A Summary of Coalbed Methane Potential in British Columbia［R］. 2003.

[10] Smith GG. Coal Resources of Canada［R］. 1989.

[11] Natural Resource Canada. Minerals and Metals Fact Book［R］. 2016.

[12] U. S. Geological Survey. Mineral commodity summaries 2012：U. S. Geological Survey［R］. 2012.

[13] U. S. Geological Survey. Mineral commodity summaries 2013：U. S. Geological Survey［R］. 2013.

[14] Alberta Energy and Utilities Board. Production potential of coalbed methane resources in Alberta［R］. 2003.

[15] Barry Ryan. Coal in British Columbia［R］. 2002.

[16] Campbell JD. Alberta plains［R］. 1972.

[17] Cranstone D. Canada：A History of Mining and Mineral Exploration and the Outlook for the Future，Bundesanstalt für Geowissenschaften und Rohstoffe［R］. 2003.

[18] Barry Ryan，Bob Lane. Coal utilization potential of Gething formation coals，Northeastern BC［R］. 2006.

[19] Grieve DA. Geology and rank distribution of the ELK Valley coalfield［R］. 1993.

[20] Luise Vogler. Canadian Coal Deposits［R］. 2006.

[21] Ministry of Energy，Mines and Petroleum Resources（BC）. BC coal quality catalog［R］. 1992.

[22] Ministry of Energy，Mines and Petroleum Resources（BC）. Coal and coalbed methane resourçe potential of the Bowser basin，northern British Columbia［R］. 1995.

[23] National Energy Board. Canada's energy future［R］. 2009.

[24] PWC. Economic impact analysis of the coal mining industry in Canada［R］. 2012.

[25] PWC. Canadian coal – core facts and figures economic impact analysis［R］. 2012.

[26] Ministry of Energy and Mines，BC. British Columbia Coal Industry Overview 2015［R］. 2016.

[27] 中国科学报. 加拿大启用全球首座清洁煤电厂［EB/OL］.（2014 –10 –08）［2016 –10 –15］http：//news. bjx. com. cn/html/20141008/552151. shtml.

[28] 孙慧婷．加拿大安大略省将难觅煤炭踪影［EB/OL］.（2013－11－29)［2016－10－15］http：//www. ineng. org/news/45795.

[29] 中国能源报．加拿大艾伯塔省将淘汰燃煤发电［EB/OL］.（2016－04－13)［2016－10－15］http：//www. cctcw. cn/news/2016－04－13/new_37401. html.

[30] 崔维维．上半年全球煤炭产量、进出口量情况一览［EB/OL］.（2016－07－21)［2016－10－15］http：//www. ccoalnews. com/101773/101786/271210. html.

[31] Sherritt International Corporation. Sherritt to Divest of Coal Assets for &946 Million and Focus on Core Businesses［EB/OL］.（2013－12－24)［2016－10－15］http：//www. republicofmining. com/category/sherritt－international－corporation/？doing_wp_cron＝1473387012. 9823329448699951171875.

[32] Eia. Canada is one of the world's five largest energy producers and is the principal source of U. S. energy imports［EB/OL］.（2015－11－10)［2016－10－15］http：//www. eia. gov/beta/international/analysis. cfm？iso＝CAN.

第三章　煤炭资源开发投资建议

第一节　国别投资建议

一、对外资的吸引力

加拿大是西方七大工业国家之一，以贸易立国，对外资、外贸依赖很大。为防止外资对国内部分产业和经济发展造成冲击和损害，甚至影响到国家的主权和根本利益，加拿大对外国投资进入其敏感经济领域制定了一些限制措施。但自身丰富的自然资源以及近几年出台的降低公司所得税和经济刺激法案等措施在增强外国投资者信心、鼓励和引导外资助力加拿大经济腾飞方面起到重要作用。加拿大仍旧是矿业等行业对外资最具吸引力的国家之一。

近年来，加拿大吸收外国直接投资数量呈“N”字形变动。2015 年底加拿大吸收外国直接投资存量为 7685 亿美元，比 2014 年末增长 6.8%。前五大外资来源地：美国 3877 亿美元，比 2014 年末增长 10.5%；荷兰 891 亿美元，增长 18.7%；卢森堡 608 亿美元，增长 0.7%；英国 343 亿美元，下降 16.7%；日本 220 亿美元，增长 4.3%。

矿产能源业在外来投资中排名第二。加拿大吸收投资的主要领域依次是制造业、矿产能源业、金融服务业。2015 年，对加拿大的外国直接投资增加了 6.8%，达到 7685 亿美元，其中制造业，上升 3.5% 至 2050 亿美元。

二、投资环境排名

从宏观角度分析，评价一国投资环境，首先需要关注的是该国的整体竞争力水平。由于矿业投资的金额大、周期长、需考虑的相关因素众多，所以国家的基本制度、基础设施条件、宏观经济状况、市场效率以及商业成熟度都是应关注的问题。世界经济论坛《2016—2017 年全球竞争力报告》显示，加拿大在全球 148 个国家中排名第 15 位，较上年度下降 2 个位次。报告指出，加拿大在市场高效方面做得相当好，但在研究机构质量及政府促进创新方面不够（表 8－3－1）。从微观角度分析，本报告更关注企业在具体商业经营活动中所遇到的困难与阻碍，并依此来评估该国微观商业经营环境。世界银行的《2016

表 8－3－1　加拿大全球竞争力在 148 个国家和地区中的排名

指标＼年份	2015—2016 年排名	2016—2017 年排名	指标＼年份	2015—2016 年排名	2016—2017 年排名
基本条件（20%）	16	17	劳动力市场效率	7	8
制度	16	18	金融市场发展	4	7
基础设施	14	15	技术装备	18	21
宏观经济环境	39	41	市场规模	14	15
健康与初等教育	7	9	政府促进创新（30%）	24	25
市场效率（50%）	6	6	商业成熟度	22	24
高等教育和培训	19	19	创新	22	24
商品市场效率	15	17			

数据来源：世界经济论坛《2015—2016 年全球竞争力报告》《2016—2017 年全球竞争力报告》

全球营商环境报告》显示，加拿大在189个国家中排名第14位，比2015年度上升了2位（表8－3－2）。其中创办公司条件便利，对投资者保护力度很高，但在当地很难获得建筑许可与电力。

表8－3－2 加拿大的营商环境在189个国家和地区中的排名

指标＼年份	2015年排名	2016年排名	指标＼年份	2015年排名	2016年排名
总体营商环境	16	14	投资保护	7	6
创办公司	2	3	纳税	9	9
获得建筑许可	112	53	跨境贸易	23	44
获得电力	150	105	合同执行	65	49
资产注册	55	42	解决无偿付能力	6	16
获得融资	7	7			

数据来源：世界银行《2015年全球营商环境报告》《2016年全球营商环境报告》

三、投资环境的冷热分析

国别冷热比较法由美国经济学家伊西阿·利特法克和彼得·班廷在20世纪60年代后半期提出。该比较法是通过对各国投资环境中的8种因素进行综合和统一尺度的比较分析，是投资环境定性分析的代表性方法之一。

对于投资环境的研究而言，除了应在政治、经济和法律等方面对其进行分析外，通过对近年来中国企业海外矿业投资的成功经验与失败教训的归纳和总结，发现在实际投资中能否克服基础设施的瓶颈以及按时获得环境审批往往直接决定了项目的成败，而东道国的税收环境和汇率变动也会对能否获取预期的投资收益产生重大影响。基于上述原因，在本次研究中，将汇率、税收、环境要求和基础设施条件一并纳入了冷热分析中，形成了更加针对矿业投资特点与需求的9个方面评价因素，依次是政治稳定性、市场、经济增长与发展、汇率稳定性、法令障碍、税务环境、环境保护成本、基础设施条件、地理及文化。

判断结果以该因素是否有利于在东道国进行矿业投资为标准，给出了“热”“中”“冷”3种评估结论。东道国的投资环境因素越热（即越好），外国投资者在该国投资就越有利。以政治稳定性为例，“热”表示该国有一个由社会各阶层代表所组成的，被群众所拥护的政府，基本没有民族和地区矛盾，社会稳定，政府鼓励和促进企业发展，创造出良好的适宜企业长期经营的环境。反之为“冷”因素，当东道国政治稳定性介于“热”和“冷”之间，情况比较复杂或偏中性，无法给出单方面的结论时，评估结果为“中”。

1. 政治稳定性

加拿大实行是三权分立的政治制度，拥有较为完善而有效的政治体系，社会稳定，治安良好，政治风险小，是世界上最安全的国家之一。总理哈珀自2011年连任以来，结束了加拿大自2004年以来一直少数政府执政的不稳定局面，执政基础更加巩固，政策连续性强。2015年大选自由党领导人特鲁多执政，自由党政府将持续鼓励引进海外直接投资。魁北克集团的独立运动曾是加拿大的不安定因素，但其脱离加拿大独立的意愿已被限制在法制和体制框架内，且近年来呈现日益衰落趋势，不足以影响国家稳定。但值得注意的是，加拿大联邦各省在制定政策上拥有较多的自主权，对地区发展政策特别是矿业政策具有较大的影响。

综合考虑，对加拿大的政治稳定性评定为“热”。

2. 市场

加拿大经济高度发达，是经济合作与发展组织和G8成员国，市场经济体制完善，农业、制造业和高科技产业发达，基础设施条件较好。其丰富的自然资源给该国在全球范围内创造了优越的贸易条件，也为外资的引入提供了有利的资源环境。虽然加拿大全国只有3000余万人，但是居民消费能力强，且紧靠世界第二大贸易国美国。历史上加拿大的出口贸易地单一而集中，先是欧洲，之后数十年是美国。近来由于美国市场的摇摆和亚洲新兴市场对矿产资源需求的日益上升，加拿大目前将其注意力转向亚洲的态度十分强烈，双边贸易和投资前景广阔。

综合考虑，对加拿大的市场评定为“热”。

3. 经济增长与发展

加拿大是西方七大工业国家之一，也是世界上最大的经济体之一。在过去的10年中该国的平均经济增长率接近2%，增长率高于同为发达国家的美国、英国、法国和德国等。从赤字在国内生产总值中所占的比例来看，其赤字远远低于其他七大工业国。按净债务与国内生产总值比率衡量，其政府债务也是七大工业国中最低的，国际的信用评级也一直维持在最高级别。当世界各地众多金融机构分崩瓦解时，加拿大银行和保险机构无一倒闭或需要外部资金救助。由此可见，加拿大的经济发展稳健，世界银行和国际货币基金组织等机构对加拿大未来的经济发展状况也较为乐观。

综合考虑，我们对加拿大的经济增长与发展评定为“热”。

4. 汇率稳定性

人民币对加元的汇率走势和人民币对美元的走势比较相近，近5年来人民币对加元贬值1.76%，从2011年开始，人民币对加元汇率持续温和上升。2016年人民币对加元汇率呈波动下降趋势，在13个富煤国家中，人民币对加元汇率总体波动较小，汇率变动的趋势相对稳定。

综合考虑，对加拿大的汇率稳定性评定为“热”。

5. 法令阻碍

加拿大拥有公正的司法体系，法律制度健全，这都有助于确保外国投资者的各类商业关系清晰透明。值得注意的是，魁北克省的法律体系继承法国拿破仑法典，与其他省份以英国传统为基础的法律体系有所不同。而且加拿大的环境保护政策和法令比较严格，对能源矿产的开发有较多的限制。在对待外国投资方面，虽然加拿大对外国投资者基本实行国民待遇，但该国也是国际经合组织内为数不多的仍对外国投资进行审批的国家。

加拿大政府认为其一直致力于降低在各个经济领域中的国有成分，所以对带有国有背景的外资审批尤为严格，虽然中海油收购尼克森的交易最终被批准，但加拿大政府也表示今后对国有企业的审批会更加严格。尽管如此，一般国有企业的投资只要满足包括对加拿大产生“净利益”和其他限制条件，并与相关监管机构充分沟通，交易被否决的可能性就会较低。

综合考虑，对加拿大的法令障碍评定为“热”。

6. 税务环境

总体而言，加拿大属于税赋较低且税收环境较好的国家。加拿大税收政策，尤其是矿业税费制度总体上具有较强的国际竞争力。新政府推行了一定程度的减税政策，将小企业税从11%降到9%，并减少一些税收支出项。据普华永道和世界银行共同合作最新发布的2015年全球189个主要经济体总体税赋情况排名，综合税赋从重到轻，2015年加拿大整体税赋仅为21.1%，竞争力位于本项目涉及国家中第9位。

综合考虑，对加拿大的税务环境评定为“热”。

7. 环境保护成本

在环境保护成本研究中，主要通过5个方面对目标国家的环境保护成本进行定性分析，分析后给出“高”“中”“低”3种评估结论。定性分析结果显示，加拿大国家环境法律体系完善程度、环境审批程序复杂程度、环境审批一般办理时限、公众参与程度及环境保护敏感度、矿区复垦及环境保护保证金收取要求均评定为“高”，因此将加拿大定级为环境保护高成本国家。

综合考虑，对加拿大的环境保护成本评定为“冷”。

8. 基础设施条件

加拿大基础设施相对完善。公路总里程1400000 km，位居世界第三。公路运输通过世界上最快捷的边境线与美国市场紧密连接。铁路总长72212 km，货运运输为3570亿t · km。加拿大海岸线长达20000多千米，拥有300多个海港。20世纪90年代中期开始重组电力市场后，输送电量几乎翻倍。高压电力输送网由各省的电网联合而成，并与美国相连。加拿大基础设施老化严重，亟待更新，新一届加拿大政府计划通过实行财政赤字用于投资基础设施建设，2017 年计划投入 73.2 亿元。预计未来几年内，加拿大基础设施状况会逐年改善。

综合来看，对加拿大基础设施条件评定为“热”。

9. 地理及文化

加拿大位于北美洲北部，中国位于亚洲，两国虽然距离较远，但两国贸易可以通过太平洋进行海运，加拿大西部港口至上海的航线距离基本与澳大利亚纽卡斯尔港至上海的距离相等。加拿大和中国之间没有根本的利害冲突，但两国国情各异，社会制度、价值观与发展阶段不同，在一些问题上存在不同看法，这在双方合作时会成为影响因素。近年来，越来越多的中国人移民加拿大，2012 年加拿大的外来移民中有 60% 为中国人，这也促进了两国商贸活动的升级与文化上的相互理解。

综合考虑，对加拿大在地理及文化差异评定为“热”。

第二节　国别煤炭资源开发投资建议

一、投资环境展望

近年来，在双方共同努力下，中加关系取得令人可喜的长足发展。两国高层交往密切，政治互信增强。两国在能源、矿产、金融、电信、生产制造、航空航天、基础设施等领域的互利合作不断取得新进展。2012 年中海油成功收购加拿大尼克松能源公司，改变了两国合作缺乏大项目支撑的局面。双方还完成了两国经济互补性研究，签署投资保护协定，为双方经贸合作奠定了坚实基础和更完善的政策环境。

一方面整体而言，加拿大投资环境较好，另一方面该国投资环境也存在着一系列不利因素。第一，加拿大国内市场狭小，消费能力有限，投资的产出需要寻找境外市场，而在全球金融危机与衰退的背景下，寻找境外市场的成本可能更高。第二，加拿大是个开放的国家，因此可能遇到除加拿大外其他发达国家与发展中国家的投资的竞争。第三，赋税成本较高，一方面是因为税率本身较高，另一方面则是因为税收规则复杂，而各省与地方的规则又有所不同，因此作为境外投资者，在了解规则、聘用专业人员及可能的违规成本等方面均存在着支出与风险。第四，由于各国移民不断增加，给加拿大秩序与规则造成影响，规则与秩序的效力有所下降，导致成本增加。此外，一些移民集中城市的社会治安状况有恶化的趋势。

矿业投资方面同样存在着一些风险。矿业投资活动往往会增加大量的社会成本，这与加拿大成熟的法律体制有关，因为矿山开采过程中涉及一系列劳动力问题、环境问题、物流问题甚至气候地理条件等，这些都可能会把投资成本加大，甚至使投资变得无利可图。按照加拿大的法律，中国不可能运输劳工到当地进行矿山开采，因此只能大量依靠当地的工人，单此一项就会大大增加开采成本。加拿大是一个对环境要求极高的国家，矿山开采前的环评要求苛刻。加拿大矿产又集中在山区，基础设施薄弱。此外，加拿大气候寒冷，矿山开采条件恶劣，全年可供开采时间较短。

根据对当前形势的分析和对未来的展望，认为加拿大属于投资环境较好的国家，一直以来都对外资具有较强的吸引力。虽然该国完善的法律体制、严格的环评程序等方面导致矿业行业外部社会成本较高，但预计未来加拿大的投资环境会得到进一步改善，矿山开采业及其相关的基础设施建设业存在较大的发展空间和投资机会。

二、煤炭工业发展趋势

（一）有利条件

1. 优质煤炭资源分布集中，井工开采潜力大

加拿大煤炭资源分布面积较广，煤炭种类繁多，优质煤炭资源分布较为集中，主要赋存在西南部 BC 省及艾伯塔省的 Peace River 煤田和 East Kootenay 煤田。加拿大的现有煤矿和项目同样主要分布在这两个煤田。Peace River 煤田煤阶以中低挥发分烟煤为主，East Kootenay 煤田煤阶以中高挥发分烟煤为主，产品都以主焦煤为主。Peace River 煤田开发程度较低，矿权数目较多，但垄断性弱，有多个中国企业正在进行开发，但可露采资源较少，例如永晖焦煤的 Grand Cache 项目、德华公司的马鹿河项目、汇永公司的墨玉河项目及开滦集团的 Gething 项目都是井工开采。East Kootenay 煤田开发程度较高，而且垄断性高，几乎所有的产量都来自 Teck 公司，资源较好的矿权均被该公司占据，剩余可选地区开采难度较大。

2. 煤炭产量稳定

加拿大煤炭工业在国民经济中所占分量不大，仅占 GDP 的 0.2% ~0.3% 。煤炭产量较为稳定，受煤炭价格周期升降影响不大。煤炭产量近 10 年来一般维持在 6000 万 ~7000 万 t 之间，其中 40% 为焦煤，60% 为动力煤。2015 年全国煤炭产量为 6070 万 t，占世界煤炭总产量的 0.7% ，全球排名第 12 位，储产比为 108。稳定的煤炭产量主要得益于煤炭行业的高度垄断。

3. 煤炭基础设施完善

加拿大基础设施较为发达。加拿大煤炭运输主要通过铁路来完成。铁路线覆盖范围较大，连接了加拿大煤炭港口和主要煤田，甚至美国北部的一些煤田和港口。目前加拿大三大煤炭出口码头的运能呈现富余的态势，而且政府正在对各个煤炭码头进行扩能。电力方面，BC 省电力公司以水利发电为主，电力充足，大型工业设施用电较居民用电便宜，在 0.05 加元/度以下。

4. 具有区位优势，可与澳大利亚产品竞争

与澳大利亚相比，加拿大煤炭行业在出口产品结构、出口市场、运输距离、投资环境和劳动力成本方面类似。主要出口产品是优质冶金煤；主要出口市场同为亚太市场；温哥华港和纽卡斯尔港距离中国上海港的距离相近；两国同属于投资环境较好的国家，一直以来都对外资具有较强的吸引力；加拿大劳动力成本稍低，澳大利亚昆士兰州矿工年平均工资约 12 万澳元，加拿大艾伯塔省约 8 万加元。

5. 政府支持 BC 省和艾伯塔省煤炭资源开发

政府态度方面，加拿大政府认识到了矿业对整个国家的经济贡献，十分欢迎中国企业来加进行煤炭行业的投资，尤其是对于优质煤炭资源最丰富的 BC 省和艾伯塔省，联邦政府和省政府多次到华宣传推介。政府施行具有竞争力的税制、健全的法律制度，努力降低土地争议，使得 2013 年艾伯塔省被评为加拿大最吸引矿业投资的地区，全球排第 3。与此同时 BC 省全球排名第 32。而北部的育空地区、西北地区和努纳维特地区，矿业活动除了符合环境影响评价的要求，还要牵涉到一系列土著居民理事会和管委会、地区政府以及联邦政府有关部门，手续极为烦琐。

（二）不利条件

1. 北美煤炭市场小

加拿大煤炭需求年度约 4000 万 t，其中主要是动力煤，用作火力发电。动力煤生产量年度约 4000 万 t，基本可以达到自给自足的状态。冶金煤消费量很少，主要用作出口。而在美国，页岩气放量导致煤炭丧失价格优势，出口成为美国煤炭企业的诉求，库存量和出口量创 30 年新高。因此北美的煤炭市场并不看好。

2. 煤炭行业垄断度高，市场竞争力小

Sherritt 公司曾是加拿大最大的动力煤生产商，产出了加拿大约 95% 的动力煤。虽然 Sherritt 公司已于 2013 年底将资产剥离给 Altius 财团和 Westmoreland 煤炭公司，但煤炭行业生产垄断性的性质没有得到改变。Teck 公司是全球第二大海运冶金煤出口商，产出了加拿大约 70% 的冶金煤，95% 的产品通过西海岸出口至亚洲、南美和欧洲。

加拿大煤炭行业的这种高度垄断性决定了加拿大煤炭市场的生存门槛较高。在基础设施的配套上，在优质煤炭资源区块的占有上，后来投资者都有可能出现先天不足的困境。

3. 构造复杂

煤变质程度受到埋深或挤压或岩浆热量的控制。加拿大冶金煤主要富集区 Peace River 煤田和 East Kootenay 煤田（带）属于典型的山脉挤压型变质，在落基山脉的影响下，这两个煤田构造呈现北西—南东向的延伸形态，断层、褶皱极为发育，给井工开采带来较大的困难。

（三）结论

综上所述，加拿大煤炭资源开发前景乐观。虽然当前世界煤炭市场较差，但加拿大煤炭产量受煤炭价格升降影响不大。煤炭相关基础设施较为发达，在未来一定时期内可以满足矿山生产的需要。和澳大利亚相比，加拿大优质冶金煤在国际市场上具有同等竞争力。政府态度方面，加拿大政府认识到了矿业对整个国家的经济贡献，十分欢迎中国企业来加进行煤炭行业的投资。

三、开发投资建议

依据地质条件所选优质煤炭资源富集区的具体情况，在对加拿大投资环境具体分析的基础上，为在加拿大投资开发煤炭资源提出以下几点建议：

（1）Peace River 煤田应列为投资加拿大煤炭的首选地区，择机并购。矿权所属相对分散，开发程度相对 East Kootenay 煤田较低；产品以优质冶金煤为主；基础设施完善，铁路港口运力相对宽松。

（2）密切跟踪 East Kootenay 煤田的动态。该煤田是加拿大优质煤炭的富集区之一，但 Teck 公司介入较早，开发程度较高，垄断性较强，此外，基础设施运力紧张，因此整体来看介入难度较大。

（3）Klappan – Groundhog 煤田开发程度低、基础设施落后，但优点是煤变质程度高，拟出产无烟煤资源。建议加强调研，研究实施风险勘探的可能性。

（4）尝试先期开展煤炭贸易业务。通过煤炭贸易了解加拿大煤炭行业的风险点和机会点，为下一步的并购工作打好基础。

第九篇

哥伦比亚共和国
The Republic of Colombia

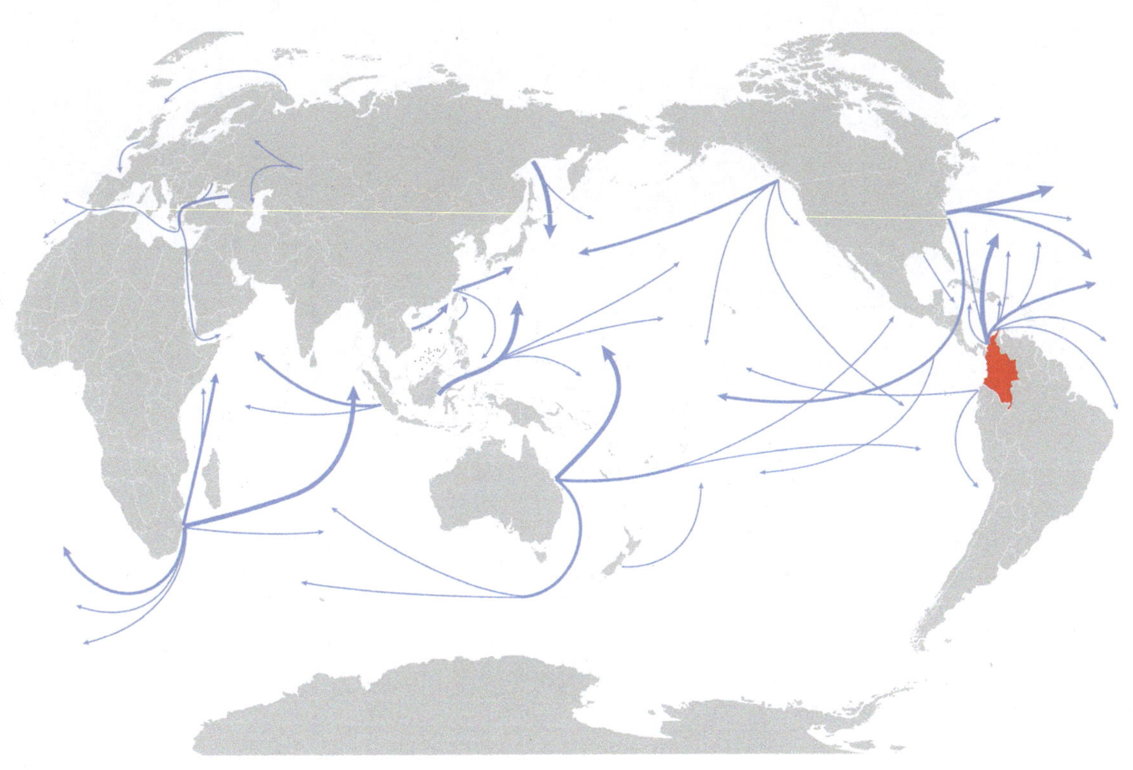

主　编　苏新旭

副主编　陆伯炎　张智明　刘科明　梁富康　董大啸

编　写　陆伯炎　苏新旭　刘科明　梁富康　董大啸　郑祥身
朱　锁　舒晓霞　宁　静　彭北桦　杨建国　高树华
岳　洋　冯学智　吴　超　苏　洁　周　密　张　贺
沈施伟　黄鑫磊

第九篇 哥伦比亚共和国

目　　录

第一章 投资环境分析

第一节 概 述

哥伦比亚共和国（The Republic of Colombia）（以下简称哥伦比亚）历史悠久，从远古时代起，印第安人就在这块土地上繁衍生息。公元1531年沦为西班牙殖民地，1819年获得独立。1886年改称现名，以纪念美洲大陆的发现者哥伦布。

哥伦比亚位于南美洲西北部，东邻委内瑞拉、巴西，南接厄瓜多尔、秘鲁，西北角与巴拿马接壤，北临加勒比海，西濒太平洋，其国土面积（不包括岛屿和领海）1141748 km^2，世界排名第25位。

2016年，哥伦比亚的总人口为4891万人（哥伦比亚国家统计局），拥有85个民族，是西半球多民族国家之一。欧洲人、土著人和非洲裔加勒比人之间彼此融合。当地的土著人口只有70万人，不到总人口的2%，但是根据宪法他们掌握着哥伦比亚几乎1/4的土地。哥伦比亚是一个城市化进程很高的国家，10个主要大城市集中了70%以上的居民。

哥伦比亚全国政区包括1个首都区（波哥大首都区）和32个省（亚马孙、安提奥基亚、阿劳卡、玻利瓦尔等）（图9-1-1）。

哥伦比亚是拉丁美洲第三大经济体，也是拉丁美洲重要的旅游国之一。

哥伦比亚的经济在拉丁美洲属于中等水平，但经济坚固而稳定：20世纪30—90年代末，哥伦比亚的经济没有出现过负增长，也没有发生过严重的通货膨胀，基本保持稳定增长的态势。但近年来世界经济低迷，哥伦比亚国民生产总值和人均GDP出现了较大波动（表9-1-1）。

表9-1-1 2011—2015年哥伦比亚主要经济数据（GDP）

年份	总量				人均名义GDP		人均实际GDP	
	亿比索	同比增长/%	亿美元	同比增长/%	万比索	美元	以1960=100（以1960年哥伦比亚人均实际GDP作为比较的标准100）	同比增长/%
2011	6198940	13.8	3354.1	16.8	1346.3	7284	286.42	5.4
2012	6242400	0.7	3693.85	10.1	1426.0	7930	294.57	2.8
2013	7104970	13.8	3801.69	2.9	1507.8	8068	305.39	3.7
2014	7575060	6.6	3786.24	-0.4	1589.3	7944	315.17	3.2
2015	8008490	5.7	2915.92	-23	1661.4	6049	321.23	1.9

哥伦比亚统计局2016年3月17日发布的数据显示，2015年，按当年市场价格计算，哥伦比亚名义GDP为8008490亿比索，同比增长5.7%；按2005年不变市场价格计算，实际GDP为5313760亿比索，同比增长3.1%；按2015年平均市场汇率计算（1美元=2746.47哥伦比亚比索），哥伦比亚名义GDP折合2915.92亿美元，同比下降23.0%。全年哥伦比亚人均实际GDP为1661万比索，约6049美元，扣除价格和汇率因素后，较2014年增长1.9%。

哥伦比亚物产丰富，经济以农业为主，从业人口占全国劳动力的50%。哥伦比亚是世界上最主要的咖啡出口国，其咖啡品质享誉全球。2012年咖啡产量1210万t，产值占农业总产值的1/3以上。2013/14年度咖啡出口量仅次于巴西和越南，居世界第三位，是世界上最大的阿拉比卡咖啡豆出口国，

加勒比海
瓜希拉省
里奥阿查
圣马尔斯
巴拉诺阿
大西洋省
马格达莱纳省
巴耶杜帕尔
塞萨尔省
苏克雷省
玻利瓦尔省
巴拿马
科尔多瓦省
北桑坦德省
库库塔
委内瑞拉
布卡拉曼卡
桑坦德省
阿劳卡
阿劳卡省
安蒂奥基亚省
麦德林
乔科省
太平洋
基不多
卡尔达斯省
博亚卡省
通哈
卡塞纳雷省
约帕尔
卡雷尼奥港
里萨拉尔达省
昆迪纳马卡省
波哥大
比查达省
阿尔梅尼亚省
托利马省
比亚维森西奥
考卡山谷省
卡利
梅塔省
伊尼里达省
内瓦
瓜伊尼亚省
考卡省
圣何塞
波帕扬
马伊拉省
瓜维亚雷省
纳里尼奥省
弗洛伦西亚
米图
帕斯托
莫科阿
谱图马约升
卡克塔省
沃佩斯省
厄尔多瓜
巴西
亚马逊省
秘鲁
莱蒂西亚
图　例
国际州界
省际州界
首都
省会
Distrito capital
河流
Cuerpo de agua
0
100
200 km

图9-1-1　哥伦比亚政区

也是世界上最大的水洗咖啡豆出口国。根据联合国粮农组织统计数据，2013 年哥伦比亚是世界第十三大香蕉生产国和第五大出口国，2014 年出口香蕉 155 万 t。哥伦比亚是世界上仅次于荷兰的第 2 大鲜花出口国，2014 年鲜花出口额达 13.8 亿美元。其他主要农作物还有水稻、玉米、香蕉、甘蔗、棉花和烟草。畜牧业较发达，牧场占国土总面积的 28.9%。

近年来，哥伦比亚的工业发展较快，目前产值已占国内生产总值的 1/5 以上。以制糖、咖啡加工、纺织为主的轻工业占工业总产值的 70% 以上，还有冶金、机器制造、汽车装配、水泥、化学、炼油、石油化工等。

哥伦比亚的矿业以开采石油和煤为主，其还是拉丁美洲主要产金国。哥伦比亚的铂产量居世界第四位，绿宝石产量居世界首位，每年还出产数千万美元的祖母绿，占全球祖母绿市场的一半。

哥伦比亚的出口商品以咖啡为主，占出口总额的 50% 以上；其次为煤、黄金、石油、香蕉、贵金属，以及纺织品、服装、水泥等。花卉出口次于荷兰居世界第二位。进口机器设备、车辆、工业原料和食品等。

哥伦比亚还是拉丁美洲重要的旅游中心之一。2010 年，外国游客 147.49 万人，同比增长 8.9%。主要旅游区有：波哥大、卡塔赫纳、圣玛尔塔、圣安德列斯和普罗维登西亚群岛、麦德林、瓜希拉半岛、博亚卡等。

哥伦比亚大城市的治安情况总体较好，首都波哥大等大城市的普遍犯罪率在拉丁美洲居于下游。然而，哥伦比亚内乱已持续几十年，主要是反政府游击队盘踞一方，与政府对抗，名目繁多的准军事组织等也构成了社会不安定因素。2016 年 8 月 24 日，哥伦比亚政府与反政府武装"哥伦比亚革命武装力量"在古巴首都哈瓦那宣布达成最终全面和平协议，结束了长达半个多世纪的武装冲突。

一、自然地理

哥伦比亚是南美洲唯一拥有加勒比海岸和太平洋海岸的国家。安第斯山形成了一个地理屏障，由北至南将哥伦比亚分成两部分。东部和西部拥有肥沃的平原，绝大部分居民（95%）都在此居住。东部为亚马孙河与奥里诺科河上游支流冲积平原，约占全国总面积的 2/3。哥伦比亚南部地区覆盖着茂密的亚马逊雨林。这片雨林被认为是世界上最有价值的自然资源，拥有世界上 10% 的生物物种（仅次于巴西居第二位）。

按照地理环境特点，哥伦比亚分五大地区：安第斯地区、加勒比地区、太平洋地区、奥里诺科地区和亚马孙地区。安第斯地区是哥伦比亚人口最集中的地区，也是经济与社会发展水平最高的地区，主要城市波哥大、麦德林、卡利、布卡拉曼加、伊瓦格、佩雷拉、马尼萨莱斯、帕斯托和库库塔等均在这一地区。加勒比地区包括加勒比沿岸及内部平原地区，主要城市为卡塔赫纳、圣玛尔塔、巴兰基亚、蒙特里亚、圣安第烈斯岛等。太平洋地区人口较少，以森林和灌木林为主，主要城市为布埃纳文图拉港和图马科港。奥里诺科地区以平原为主，人口密度很小，主要城市为比亚比森西奥。亚马孙地区森林、河流密布，主要城市为雷蒂西亚。

哥伦比亚有 4 条主要河流。玛格达莱纳河是哥伦比亚第一大河，全长 1500 km，发源于维拉省的玛格达莱纳湖，在巴兰基亚市附近流入加勒比海，是哥伦比亚水运最主要的通道。考卡河全长 1024 km，发源于考卡省的索达拉湖，流入玛格达莱纳河。亚马孙河全长 116 km，是哥伦比亚与秘鲁和巴西的界河，最宽处宽 2500 m。奥里诺科河全长 250 km，是哥伦比亚与委内瑞拉的界河。

二、气候特征

哥伦比亚陆地跨越南纬 4.2°～北纬 12.4°，地处热带，气候因地势而异。平原南部和太平洋沿岸属热带雨林气候；1000～2000 m 的山地属亚热带森林气候；4800 m 以上的高山终年积雪；西北部属热带草原气候，是世界上气候最多样性的国家之一。

由于受到安第斯山脉的影响，哥伦比亚拥有从热带到寒带多种气候，因此全国气候区域分布多样。海拔在 1000 m 以下、日平均气温在 24℃ 以上为热带气候，全国 80% 的地区属这一温度带；海拔在 1000～2000 m 之间、日平均气温保持在 17～24℃之间的地区为亚热带气候，全国 10% 的地区属这一温度带；海拔在2000～3000 m之间、日平均气温保持在12～17℃之间的地区为温带气候，全国8%的地区属这一温度带；海拔在3000 m以上、日平均气温低于12℃的地区为寒带气候，全国2%的地区属这一温度带。亚热带和温带是哥伦比亚人口分布最集中的地区，大部分重要城市均在这两个温度带地区。

全国雨量充沛，各地降水总体丰沛，但有差异。西北部地区降水很多，是全世界湿度最大的地区，东北部地区降水很少；东部及东南部平原地区年降雨量在3000 mm以上，海拔较高的地区降雨量较少，约为1000 mm。雨季是4—5月（也是冬季），10—11月是旱季（也是夏季）。

第二节 政治经济环境

一、政治状况

（一）政治沿革

哥伦比亚古代为印第安人居住区，1536年沦为西班牙殖民地，称为新格兰纳达。1810年7月20日宣布脱离西班牙独立，后被镇压。1819年哥伦比亚在南美解放者玻利瓦尔领导下最终获得独立。1822年同今厄瓜多尔、委内瑞拉和巴拿马组成大哥伦比亚共和国。1829年和1830年，委内瑞拉和厄瓜多尔两国相继退出，大哥伦比亚共和国解体。1831年改名为新格拉纳达共和国。1886年定国名为哥伦比亚共和国。1903年巴拿马脱离该国独立。

独立后哥伦比亚长期饱受国内游击队的袭扰，并不时引发内战，国内政治经济改革因此常常遇到困难。20世纪60年代兴起的“哥武”是哥伦比亚最大的反政府武装游击队，目前拥有8000余人。1984—2002年，哥伦比亚政府和“哥武”曾举行两次和谈，但都以失败告终。哥伦比亚长达半个多世纪的武装冲突已造成逾22万人死亡，数百万人流离失所。2012年，在古巴和挪威作为担保国、委内瑞拉和智利作为观察国的斡旋下，哥伦比亚政府和“哥武”开始在哈瓦那进行和平谈判。和谈围绕5个基本问题展开：土地和农村发展、政治参与、结束武装冲突、解决毒品贩运、建设持久和平。土地和农村的全面发展是其中最根本的问题。

经过双方持续几年的磋商，2016年双方达成和平协议。但和平协议需要全民公投通过才能生效。然而在之后举办的全民公投中，反对派以微弱优势战胜了支持和平协议的阵营。哥伦比亚很可能再次进入战争状态。

（二）地缘政治与外交政策

哥伦比亚位于南美洲大陆北端，濒临太平洋和大西洋，西北部与中美洲的巴拿马相连，东部与委内瑞拉和巴西接壤，西南部与厄瓜多尔和秘鲁为邻。特殊的地理位置使其成为拉丁美洲地区重要的国家之一。

独立后哥伦比亚的外交政策经历了3个主要阶段：第一阶段（1945年至20世纪60年代中期），奉行追随美国的外交政策，1952年双方签署军事合作的《共同防务协定》。对美关系成为哥伦比亚“最重要的对外关系之一”，一直延续至今。第二阶段（20世纪60年代至1982年），执行“谨慎的尊重主权和协调”的外交政策，坚持普遍化原则，积极参与地区一体化进程。20世纪80年代初，积极加强同拉丁美洲和加勒比地区国家的合作。第三阶段，奉行独立自主的务实外交政策。近年来，哥伦比亚推行不结盟和多元化的外交政策，实施外交为国内和平进程和经济发展服务的战略，努力提高哥伦比亚的国际地位，创造有利的国际环境。外交重点是进一步密切与美国的关系，加强同拉丁美洲地区特别是周边国家的合作，巩固同欧盟的传统联系，增进与亚太国家的交流合作。

（三）双边关系

1. 哥伦比亚与美国的关系

哥伦比亚与美国于1822年6月17日建交。哥伦比亚将对美关系视为外交关系的重中之重，两国传统关系密切。美国是哥伦比亚第一大投资国和贸易伙伴。2006年2月，两国签署了双边自贸协定，2011年11月获得美国国会批准，2012年5月生效。2009年10月哥美签署了《防务和安全合作与技术援助补充协议》，允许美军使用哥伦比亚境内的7个军事基地。2010年，美国通过《哥伦比亚计划》继续向哥伦比亚提供军事和发展援助。2013 年哥伦比亚总统桑托斯访问美国，同美国总统奥巴马讨论深化两国在贸易、能源及国家安全等多领域的合作。

2. 哥伦比亚与拉丁美洲国家的关系

哥伦比亚与拉丁美洲国家保持着密切的传统关系，在国际和地区事务中相互支持。哥伦比亚与厄瓜多尔、秘鲁、玻利维亚同属安第斯国家共同体；同委内瑞拉和智利签有双边自由贸易协定；同中美洲的危地马拉、洪都拉斯、尼加拉瓜 3 国签有自由贸易协定。此外，2011 年哥伦比亚与智利、墨西哥和秘鲁组建了旨在推进地区一体化的“太平洋联盟”。但哥伦比亚与委内瑞拉、玻利维亚和厄瓜多尔等国组成的“反美派”在地区事务中也存在争端和矛盾。

3. 中国与哥伦比亚的关系

1980 年 2 月 7 日中哥两国正式建立外交关系。1981 年，中国开始派遣驻哥伦比亚全权大使。同年 7 月双方签订了贸易协定，促进双方贸易发展。1996 年 10 月，桑佩尔总统对中国进行国事访问，这是历史上首位哥伦比亚现任总统访华。双方签署了多个贸易协议，促进双方经贸增长。

自建交以来，两国关系稳步发展，在国际组织和其他领域互相支持。双方于 2000 年 3 月就中国加入世贸组织签署了双边协议。中国支持哥伦比亚成功当选 2001—2002 年联合国安理会非常任理事国。在联合国人权会上，哥伦比亚连续 6 年对西方反华提案投弃权票。2009 年时任国家副主席的习近平访问哥伦比亚。2015 年，国家主席习近平在菲律宾马尼拉会见哥伦比亚总统桑托斯。

目前，中国是哥伦比亚第二大贸易伙伴和第二大出口市场。近年来两国企业在工程、煤炭、水电站建设方面有合作项目，双边贸易额增幅较大，经济技术合作和相互投资有了良好开端，但目前中国在哥伦比亚的投资主要为农业、矿业和轻工业，整体仍处于较低水平，未来发展前景广阔。

（四）政治环境分析

1. 国内政局日益稳定，政府重视经济发展

哥伦比亚自独立至今已有 200 多年的历史，在法制建设与法律体系方面取得了良好发展，没有发生过政变和政府违约，投资环境比较稳定。在哥伦比亚几届政府不断努力和整肃下，哥伦比亚的毒品、黑社会和游击队问题在 20 世纪 90 年代末得到了妥善解决，国内整体进入政治稳定期。2002 年 5 月乌里韦政府上任后，奉行以民主安全、树立投资信心和加强社会团结为核心的政策，采取铁腕手段，继续不遗余力地打击反政府武装、准军事组织和毒品犯罪，国内安全形势有了较大改观。

发展经济一直是近几届政府的工作重点之一。自 2010 年桑托斯总统就任以来，继续巩固同美国的盟友关系，加大缉毒和打击游击队的力度，继续稳定国内秩序，并且推出了一系列政策大力发展国内经济，吸引国外投资。

2. 自由贸易体系完善，吸引外资政策有力

哥伦比亚拥有完善的自由贸易体系，与美洲大陆的绝大多数国家签有自由贸易条约。目前，哥伦比亚与一些国家已签订了一些关税优惠协定，同加拿大、墨西哥、智利等 48 个国家订立了 11 份自由贸易协定，拥有 15 亿消费者的优先准入权，还计划与 50 个国家签订 18 份国际投资保护协定。

哥伦比亚政府十分重视外国资本在经济发展的各个领域所起的作用。因此，哥伦比亚在国内外大力吸引外资，并将其作为长期的经济政策。近 10 年来，哥伦比亚吸收外资成绩显著，成为拉丁美洲地区重要的外国直接投资目的地。

3. 工会商会力量较大，民间环保力量与工会结合

和其他许多拉丁美洲国家一样，哥伦比亚的工会势力很强，且性质独立。当出现通货膨胀、生活成本上涨等问题时，工会随时有发动罢工的可能，以要求政府采取适当措施保证工人的权益，甚至在一定程度上会影响到公司决策层对企业并购、出售和外资进入的重大决策等。

哥伦比亚政府与民众非常注重自然和生态环境保护，其生物的多样性更值得哥伦比亚在世界范围内引以为自豪。在工会组织和环保组织的合力推动下，哥伦比亚 1991 年宪法提出了一系列环境保护方案，这奠定了哥伦比亚环评机制现代化的基础。宪法区别了个体权利和整体权力，也对保护自然资源有关的公民和企业明确了具体义务。在哥伦比亚境内进行包括矿业投资或基础设施工程在内的任何可能改变环境、可再生资源和自然景观的项目之前，需提前向环评部门递交申请并取得环保许可。未获得环评批准的企业将被暂停进行，之前也存在因环保问题导致项目流产或被政府叫停的先例。

4. 私有化风险小，政策受国际影响大

哥伦比亚政府鼓励和保护私人及来自海外的投资。

拉丁美洲长期被看作是美国的“后院”，哥伦比亚是该地区少数的亲美国家之一，其战略意义十分重要，而且可以为美国提供大量的能源与矿产，因此美国十分关注其他国家在哥伦比亚能源、矿业领域的投资，担心哥伦比亚与其他新兴经济体加强合作会危及美国的能源安全和战略部署。这可能引来以美国为首的西方媒体的炒作，最终导致政府或工会等组织干预而投资项目流产。

5. 中国不断重视哥伦比亚，两国未来合作潜力较大

中哥两国自 1980 年 2 月 7 日正式建交以来，双边贸易额长期处于低水平徘徊，在资本投资方面也几乎没有多少合作。近些年随着中国经济的快速发展以及对资源需求的增长，中哥贸易额年增幅较大，投资额也大幅上升。

中哥双方于 2008 年签署了《相互促进和保护投资协定》，但尚未签署《双边政府采购协议》和《避免双重征税协定》。因此中资企业在哥伦比亚市场竞标的承包工程项目无法享受国民待遇。据中国驻哥经参处消息，中资企业在哥开拓和发展过程中也遇到包括安全问题、签证申请难和本土融资难等困难。

2009 年 2 月，时任国家副主席的习近平访问哥伦比亚期间就加强双边政治和经贸关系，推动中国企业积极参与哥伦比亚国内油气资源、新能源、电力、农业和大型基础设施建设等领域的合作与各方交换了意见，并签署了多项经贸合作协议。目前双方已经建立了中国——哥伦比亚贸易和投资论坛以进一步促进双边投资。

2013 年上半年，国家主席习近平对拉丁美洲国家及加勒比国家开展了密集访问，达成了一些合作项目，为中国企业赴拉丁美洲投资搭建了良好的政治平台，这都体现出拉丁美洲在中国外交中的地位正日益上升。作为拉丁美洲地区具有重要影响的国家和重要的矿产出口国，哥伦比亚将逐步成为中国在拉丁美洲合作的重点国家之一。

二、经济运行状况

哥伦比亚是拉丁美洲第四大经济体。过去 10 年，哥伦比亚经济平均年增长率（以哥伦比亚货币计）达到 4% 且从未出现负增长，是拉丁美洲地区经济发展的领头羊。即使在 2009 年全球经济衰退的大背景下，哥伦比亚的国内生产总值仍保持 1.7% 的增长。

过去 10 年，哥伦比亚吸引外资直接投资也实现了稳健增长。2002 年外资对哥伦比亚的投资只有 20 亿美元，而 2015 年外资对哥伦比亚的投资达到 119 亿美元。

世界经济论坛“2016—2017 年全球竞争力报告”显示，哥伦比亚在全球 138 个国家中排名第 61 位，与 2015—2016 年持平。世界银行“2016 全球营商环境报告”显示，哥伦比亚在 189 个国家中排名第 54 位，比 2015 年度下降了 20 位。

（一）产业结构

历史上哥伦比亚是以生产咖啡为主的农业国。自 20 世纪 80 年代以来经济发展平稳，年均国内生产总值增速一直保持 3% ~6%。自 2010 年桑托斯政府执政以来继续将施政重心锁定在经济和社会发展领域，把矿业、建筑业、农业、基础设施和产业创新作为拉动经济增长和就业的五大动力。2015 年农业占国内生产总值的比例为 6.4%，工业占 36.9%，服务业占 56.7%。

1. 农业

哥伦比亚是以生产咖啡为主的农业国，目前每年的咖啡出口量仅次于巴西，居世界第二位，每年咖啡的产值占农业总产值的 1/3，其他主要农作物有水稻、玉米、香蕉、甘蔗、棉花和烟草。2013 年哥伦比亚农牧林猎渔业的增加值为 39.1 万亿比索（约 209 亿美元），同比增长 5.2%。

2. 工业

近几年哥伦比亚的工业发展较快，其产值已占国内生产总值的 1/5 以上。以制糖、咖啡加工、纺织为主的轻工业占工业总产值的 70% 以上，还有冶金、机器制造、汽车装配、水泥、化学、炼油和石油化工等。

2013 年，哥伦比亚采矿采石业增加值为 75.73 万亿比索（约 405 亿美元），占当年国内生产总值的 10.7%，矿业以开采石油和煤炭为主。哥伦比亚也是拉丁美洲主要产金国，同时铂产量居世界第四位。

制造业增加值为 79.61 万亿比索（约 425 亿美元），同比下降 1.2%，占当年国内生产总值的 11.3%。

近年来，哥伦比亚建筑业快速增长，超过了总体平均经济增长水平。

3. 服务业

服务业是哥伦比亚国民经济的重要组成部分。2015 年哥伦比亚国内生产总值同比增长 3.1%，其中金融和房地产服务贡献了 28%。根据哥伦比亚国家行政统计署的报告，除了金融服务业增长 4.3% 外，增长较快的还有贸易行业和酒店业（均增长 4.1%）、建筑业（3.9%），以及农业（3.3%）。在旅游业方面，哥伦比亚一直是拉丁美洲重要的旅游国家。2013 年哥伦比亚共接待入境游客 374 万人次，同比增长 7.34%。

（二）宏观经济现状

1. 哥伦比亚积极促进该国经济快速复苏

发展经济是哥伦比亚近几届政府的工作重点之一。政府的经济政策围绕“民主繁荣”的主题展开，即争取实现让每个哥伦比亚人都受益的社会繁荣，使每个哥伦比亚家庭都有体面的住所、稳定和有合理报酬的工作，能接受教育和医疗服务，有基本的福利和令人心安的经济状况。农业、基础设施、住房、矿业和创新被列为拉动哥伦比亚经济增长和繁荣的五大主力。在投资方面，将延续对投资者的友善政策，并制定清晰和稳定的游戏规则，使投资者保持对哥伦比亚的信心，以吸引更多外国投资。

2. 经济发展

哥伦比亚为近 60 年来拉丁美洲国家中经济发展较稳定的国家之一。2005—2015 年，除了 2008 年和 2009 年因为国际金融危机经济增长速度稍有下滑以外，其余各年国内生产总值增长速度都保持在 4% 以上，在拉丁美洲国家中表现突出，增速亦高于全球经济平均增长水平（表 9-1-2、图 9-1-2）。

表 9-1-2　2011—2015 年哥伦比亚主要经济指标

项　目	2011 年	2012 年	2013 年	2014 年	2015 年
总人口	4.64×10^7	4.69×10^7	4.73×10^7	4.78×10^7	4.82×10^7
人口年增长率/%	1.1	1.0	1.0	0.9	0.9
城镇人口百分比/%	75.3	75.6	75.9	76.2	76.4
国内生产总值 GDP/美元	3.35×10^{11}	3.70×10^{11}	3.80×10^{11}	3.78×10^{11}	2.92×10^{11}
人均 GDP/美元	7227.8	7885.1			
实际 GDP 增长率/%	16.9	10.2	2.8	-0.5	-22.8
通货膨胀率 CPI/%	3.4	3.2	2.0	2.9	5.0
失业人口比例/%	11.1	10.6	9.6	10.1	
中央政府债务总额（现价本币）	3.89×10^{14}	4.35×10^{14}	4.17×10^{14}		
中央政府债务总额占 GDP 百分比/%	62.8	65.5	58.6		
总储备（现价美元）	3.19×10^{10}	3.70×10^{10}	4.32×10^{10}	4.68×10^{10}	4.62×10^{10}
总储备可支付进口月份	4.7	5.1	5.9	6.1	7.5
商业服务出口额（现价美元）	5.54×10^9	6.34×10^9	6.78×10^9	6.83×10^9	7.07×10^9
商业服务进口额（现价美元）	1.07×10^{10}	1.21×10^{10}	1.27×10^{10}	1.34×10^{10}	1.12×10^{10}
官方汇率（兑换 1 美元所需本币）	1848.1	1796.9	1868.8	2001.8	2741.9
银行资本对资产的比率/%	14.3	14.7	14.8	14.9	14.1
银行不良贷款与贷款率/%	2.5	2.8	2.8	2.9	2.8
存款利率/%	4.3	5.4	4.2	4.1	4.6
贷款利率/%	11.2	12.6	11.0	10.9	11.4
上市公司市值占 GDP 百分比/%	60.0	70.9	53.3	38.8	29.4
商业利润总税率/%	76.4	76.0	76.1	77.3	69.7

数据来源：世界银行数据库

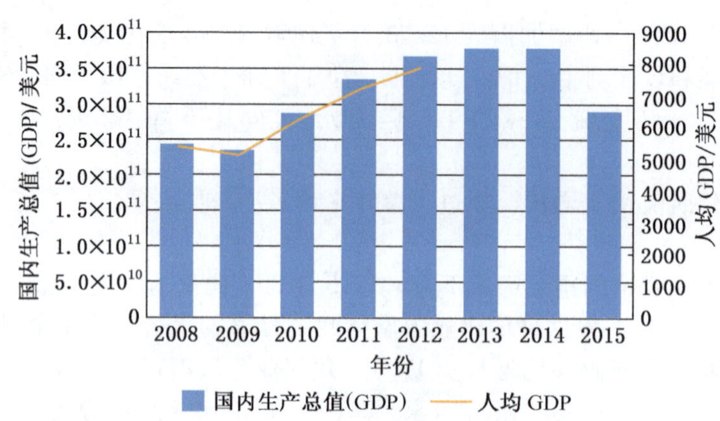

图9－1－2　2008—2015年哥伦比亚国民生产总值GDP与人均GDP（世界银行数据库）

2010年8月，在总结2008—2009年国际金融危机经验和教训的基础上，桑托斯政府拟通过刺激、鼓励和推动重点行业发展，保持整体经济中长期可持续平稳增长和促进全社会就业，进而实现改善民生的政策目标。哥伦比亚贸工部于2014年11月28日正式公布了2014—2018年哥伦比亚工业发展政策。该政策设定了新一届政府在4年内实现非能矿产品出口300亿美元、旅游收入60亿美元和新增4100家出口企业等一系列战略目标。2014年12月15日哥伦比亚议会批准了太平洋联盟贸易协定。根据该协定，联盟成员间92%的商品和服务贸易将自协定生效后立即享受零关税进口待遇，对剩余的8%规定了期限不等的减税期。同时，哥伦比亚新税法改革成果已经出炉。新税法将对约3.2万家净资产超过10亿比索的企业以及5万最富有的哥伦比亚自然人征收财产税，中小企业和中产阶层不会受此影响。此外，新税法将对利润超过8亿比索的企业征收额外公平税。新税法加重了一些企业和个人的税负。同时，新税法规定了企业购置资本货物和基础工业重型机械可享受2%的增值税减免。此外，任何企业的研发投资均可享受175%的抵扣。

经过近年来的持续发展，哥伦比亚经济抵御外部冲击的能力已显著增强。哥伦比亚政府和央行的政策操作空间较大，在经济出现放缓迹象后能立即推出降息和加大财政支出等应对措施。国内外投资者对哥伦比亚经济前景抱有较好预期，外资不断流入，固定资产投资占国内生产总值的比重已升至近25%的水平，对经济发展产生明显的拉动作用。

然而，哥伦比亚未来经济发展面临的外部环境仍有很大的不确定性。首先，哥伦比亚货币相对美元贬值明显，比索贬值将使哥伦比亚经常项目出现更大逆差，而由于哥伦比亚对部分外国消费品和生产资料存在刚性的进口需求，比索贬值也会加剧输入性通货膨胀，从而使哥伦比亚央行必须保持现有利率不变或适当加息以抑制通货膨胀，而不能按计划降息以刺激经济发展。另外，国际大宗商品价格持续低位，走势并不明朗，这又为哥伦比亚经济发展增添了不确定性。

3. 通货膨胀和失业

哥伦比亚近年来保持着温和的通货膨胀，但2015年通货膨胀又重回5.0%的高位。根据哥伦比亚官方统计，截至2016年4月，哥伦比亚通货膨胀率达8.1%，未来将呈下降趋势。

哥伦比亚曾是拉丁美洲失业率第二高的国家。2012—2015年哥伦比亚的失业率被控制在11%以下，并呈逐年下降的趋势。相比周边国家如阿根廷与巴西的较高失业率，哥伦比亚发展经济、增加就业的政策效果明显。

（三）外国直接投资状况

近10年哥伦比亚吸收外资成绩显著，目前正成为拉丁美洲地区重要的外国直接投资目的地。外资主要来源国有美国、巴拿马、西班牙、英国、墨西哥、加拿大、巴西等。主要投资领域为石油业、矿业、制造业、金融业等。该国拥有拉丁美洲最成熟的人力资源市场，劳动力增长率居拉丁美洲第二位，管理层公信力均居拉丁美洲第一位。

2015年哥伦比亚全年外国直接投资净流入达119亿美元，相比2014年显著下滑（表9－1－3）。主要投资领域为石油业（53.8 亿美元，同比增长 5.9%，占当年利用外资总额的 34%）、矿业（22.5 亿美元）和制造业（20.5 亿美元）等。当年哥伦比亚非油气领域的外资主要来源国为智利（30.7 亿美元）、巴拿马（6.9 亿美元）、英国（5.7 亿美元）、美国（4.7 亿美元）和巴西（3.5 亿美元）。

表 9-1-3　2011—2015 年哥伦比亚外国投资统计

项　目	2011 年	2012 年	2013 年	2014 年	2015 年
外国直接投资净额（现价美元）	-6.23×10^{9}	-1.56×10^{10}	-8.56×10^{9}	-1.24×10^{10}	-7.72×10^{9}
外国直接投资净流入（现价美元）	1.46×10^{10}	1.50×10^{10}	1.62×10^{10}	1.63×10^{10}	1.19×10^{10}
外国直接投资净流入占 GDP 百分比/%	4.4	4.1	4.3	4.3	4.1
外国直接投资的利润汇出（当值美元）	1.49×10^{10}	1.50×10^{10}	1.37×10^{10}	1.23×10^{10}	

数据来源：世界银行数据库

哥伦比亚的法律对外资实行与内资相同的平等待遇，除法律法规的某些特殊规定外，不得对外资采取歧视态度，也不得对外资实行超国民待遇。外国投资不受任何限制，可以与本国投资一样进入各个经济部门，但若对金融、保险、石油、天然气、矿业和电视领域进行投资，需要申请和审批，对其他领域进行投资则不需要申请和审批。对外国公司的投资金额没有限制，但不允许投资国防、安全以及有毒危险品和辐射废弃物加工等行业。在符合有关法律法规的前提下，政府允许外资并购当地企业，但如拟发生或已发生的并购涉及公共行业或涉嫌垄断时，并购行为需经有关政府部门审批并接受监管。

（四）中国对该国的直接投资

据中国商务部统计，2014 年中国对哥伦比亚直接投资额为 1.83 美元（表 9-1-4）。截至 2014 年末中国对哥伦比亚直接投资存量为 5.47 亿美元。

表 9-1-4　2010—2014 年中国对哥伦比亚直接投资统计　　万美元

项　目	2010 年	2011 年	2012 年	2013 年	2014 年
中国对哥伦比亚的投资流量	694	3325	8351	1793	18310
中国对哥伦比亚的投资存量	2297	5980	34615	36869	54730

数据来源：2014 年中国对外直接投资统计公报

三、政治经济总结

哥伦比亚是拉丁美洲地区的重要国家和第五大经济体，也是新兴经济体中表现良好、前景较好的国家之一。近年来政府强力打击反政府武装，整顿国内秩序取得良好进展，稳定的政治局势进一步巩固了经济发展的宏观环境，吸引和鼓励外资的政策进一步促进了国民经济的发展。根据相关国际组织报告，哥伦比亚为拉丁美洲地区对外资最有吸引力的国家之一。

在政治方面，哥伦比亚政府推行“民主安全政策”，国内安全形势趋于好转。在外交方面，哥伦比亚坚持独立自主、不结盟和多元化的外交政策为其国内和平进程和经济发展创造了有利的国际环境。与美国密切的关系和与拉丁美洲国家的合作，极大地促进了哥伦比亚作为地区物流中心作用的发挥。自桑托斯总统执政以来，加大反腐力度，继续推行改革，大力发展经济，注重吸引外资、创造就业和消除贫困，民意支持度较高。哥伦比亚政府和社会对环境保护要求较高，环境评估在经济发展中扮演重要角色。此外，该国工会力量较强，游行、罢工等会影响企业的相关决策。

在经济方面，哥伦比亚自然资源丰富，政府将经济与社会发展作为发展重心，把矿业、建筑业、农业、基础设施和产业创新作为拉动经济增长和就业的五大动力。哥伦比亚劳动力充足，熟练程度在拉丁美洲国家中排名领先，管理能力较高。近年来，哥伦比亚在吸收外资方面成绩显著，是拉丁美洲地区重要的外国直接投资目的地。哥伦比亚的煤炭资源量居拉丁美洲首位，哥伦比亚政府制定了一系列鼓励外资的政策，为外国投资提供了稳定的法律环境，对外国投资不进行任何限制且实行国民待遇。

因此，我们认为在哥伦比亚投资面对的政治经济风险整体较低，是企业对外投资时应考虑关注的国家。

第三节　法　律　环　境

一、矿产资源开发相关法律制度

（一）主要监管机构

矿产法中矿业主管部门是指能矿部或主管矿产资源管理的国家部门。矿业主管部门可委托中央或地方附属机构履行其职责。矿业主管部门可根据有关规定长期或临时委托省长或市长履行职能、签订合同等。矿业主管部门可依法授权专业人员或知名公司进行技术评估工作。

矿业政策顾问处为申请者和特许经营者提供矿业政策咨询，由能矿部部长、环境部部长、国家矿业公司总裁、两名矿业领域代表、一名矿业社会领域代表和一名学术界代表组成，又称为政策顾问委员会，内设秘书处。委员会设在能矿部。

（二）矿产权利的获得

矿产权利的取得首先要与国家签订矿产特许合同，必要时还须提供担保，在完成勘探工作后，特许经营者须提交开采计划，并按照开采计划进行矿区内基础设施建设，最终完成开采活动。

1. 矿产特许合同

矿产法规定，只能经过相应的国家矿产登记，通过矿产特许合同方式对国有矿产进行勘查和开采。无证勘查和开发活动为非法；在特许证不包括的区域得到的矿产及加工、交易均为非法，以上行为均按刑法有关规定处理。受过有关处罚的人，5 年内不得申请特许经营。提出申请或特许建议只表明在具备条件的情况下具有优先签订合同的权利。外国法人或自然人，作为特许申请人或矿业特许承包人，拥有与哥伦比亚国民同样的权利和义务。除非该法明确规定，矿业和环境当局不得提出附加或不同的要求。外国法人可以通过在哥伦比亚有居住地的代表提交申请许可建议，办理有关手续。签订特许合同必须建立在当地有居所的分公司或分支机构的基础上。该规定同样适用于私人矿产的勘查和开采，或作为许可所有人、承包商、运营商参与矿业活动。外国申请人须向许可当局提供应有的保证，或工程或外围活动的受益人担保，或在哥伦比亚经营的银行或保险机构的担保。任何矿产资源的使用均须通过矿主或所在地地方政府签发的原产地证证明其具有合法来源。

矿产特许合同是指国家与个体就个体自行进行、自担风险的在指定区域内根据本法规定进行，对国有矿产资源进行研究和勘查而签订的合同。合同内容必须遵守矿产法的规定，矿业当局以及其他规范性文件均不得修改、补充或增加。

特许经营者的权利包括：特许合同给予经营者在规定区域内进行研究、工程和项目确定矿产存在并开发的排他权利；特许经营者在项目建设、开发、收益、转化方面拥有技术、工业、经贸和贸易方面的自主权；等等。义务包括：特许经营者须完全履行该法规定的法律、技术、操作和环保义务，任何部门不得增加其他义务或提出形式或实质的其他要求。

国家矿业登记处在全国范围内直接或通过地方分支机构提供服务，对矿业特许经营合同和国家或私人矿产开发许可证情况进行记录。国家矿业登记为公开信息。登记处登记为合同存在的唯一证据，任何机构不得接受与此不同的其他证据。要修改已交登记处文件，须出示司法或行政主管部门同意的意见。

此外，特殊矿产项目包括保护区域内项目，由于经济、社会和环境等原因无法利用的项目及小规模项目。对于这些特殊项目，将通过特别特许进行开发。

2. 保留和限制区域

矿产法规定了一些区域不接受勘查、开发申请或签订特许合同，一些区域会对矿业活动进行必要的限制。其中的原因，包括维护国家安全、保护资源环境，以及文物保护、公共安全维护、种族政策实施，等等。在限制区域内进行的矿业活动，当局可以强令其撤离，不对此给予任何支付和赔偿。

3. 特许区域

如特许开发区域在水上，其区域面积为最长 2 km 的多边形；如勘查和开发区域在水上和河边，面积为 5000 hm^2，最长 5 km，环境主管部门提出反对意见的除外。非水上区域，最大勘查开发面积为 1 万 hm^2。合同规定区域内的矿业活动应遵守官方接受的原则、标准及工程、地质、勘测等技术要求。中央政府通过法规形式详细制定相关矿业技术规则和标准，任何官员或部门不得要求其他不同的标准或规则。

4. 特许期限

矿产法规定：特许合同期限最长为 30 年。从登记之日起 3 年内特许经营者必须进行技术勘查。勘查阶段结束后，开始为期 3 年的基础设施建设阶段，经营者可以在基础设施和临时设施允许的情况下提前进行采掘、收益、运输和贸易，但必须提前书面通知矿产授权部门。开发期为总期限减去勘查和基础设施建设期限。特许经营者可以一次性申请将勘查期延长 2 年，也可以申请要求将基础设施建设期延长 1 年。

5. 勘查活动及开采计划的提交

特许经营者通过地下方式进行的勘查活动，必须进行可行性研究，并考察对周边环境的影响，以及矿业活动所造成的社会影响。勘查活动、研究和工程必须按照政府规定的标准和规则进行。

特许经营者在提交特许经营建议后，相关方必须根据矿业主管部门制定的规则提前进行勘查。勘查阶段结束后，应提交合同规定地区的具体划界，确定内部运输、外围活动占地、环保等必需的各项工程。作为勘查研究结晶，特许经营者在规定期限前向有关主管部门或审计部门提交开采工作计划，作为合同附件。除此之外，还应当提交环境影响研究报告。

矿业授权部门或环境部门认为有必要的，可以要求特许经营者对工作计划和环境报告进行修改或补充。特许经营者可以通过下属机构或分包商做有关研究报告，但在两种情况下特许经营者应对矿业主管部门负责。

6. 开采活动

开采，是指在特许区域内将地表或地下矿物挖出、储存、冶炼，一直到废弃安装设施的全部过程，储存、冶炼可在区域内或区域外进行。开采在安装和建设期及延长期结束时开始。开始前应书面告知矿业主管部门和环境部门。根据现行安全、卫生、职业健康法规，项目建设和开采过程中，应采取必要的措施保证人员安全。特许经营者自主决定开采出的矿产品的去处及贸易条件。特许经营者应根据有关规定和技术程序，避免开采矿产受到破坏，或所在地环境受到破坏。政府将根据相关法规制定资源保护和合理利用措施。开采过程中在坑口或矿区边以及储藏处进行登记，以便对开采数量及送达冶炼厂数量进行实时记录，根据矿业主管部门的要求周期，有关记录送交信息中心。

7. 联合作业

如一个所有人拥有多个矿区或多人拥有一个矿区，矿区邻近，可以制定唯一的勘查和开采计划。有关各方可以共同安装、建设及使用工程、外围活动占地、冶炼等设施。共同建设周期不超过 5 年，开采期以时间最长的特许期限为准。特许经营的矿产可以与私人矿产制定共同使用同一基础设施的工作计划，计划必须交矿业主管部门批准。冶炼、储存、转化①等设施及外围活动设施可以为多个特许经营者共用。

8. 特许中止

特许经营者可以自由地中止特许经营并拆除已安装和建设的设施，但用于适当保护作业面和用于环境保护、纠正、修补的设备和设施除外。申请中止必须完成到申请时间为止应尽的各项义务。中止要通告环保部门。特许合同双方可通过协议中止合同，双方要对撤出或放弃设备设施及环境整治方面达成协议，有关情况要通告环境部门。

特许经营者去世，如其继承人在 2 年内没有提出继承要求并提供相关证据及支付法律规定的矿产特许开发费，合同中止。

以下情况下可以宣布中止：法人企业解体，但不包括被兼并或合并；财务上无力履行合同义务，特

① 转化为提取的矿产品经过工业化过程发生机械或化学改变。

许经营者已开始办理破产手续；没有按照该法规定的期限，或未经同意连续中止时间超过6个月；没有及时全部支付借款；没有及时交罚款或保证金；在勘查和开采中严重或多次违反相关技术和卫生安全、环境方面的规定；违反限制区域的有关规定；严重或多次违反合同有关规定；与政府官员一起制造假来源地证。在以上情况下，特许经营者有义务保护环境并维护作业面及工程外围的活动设施。在以上所有中止合同的情况下，矿产无偿归还国家。

9. 程序性规定

对特许经营者进行处罚时，要提前指出过失并要求改正。在规定期限30天后仍未改正将处以罚款。如特许经营者违反规定须中止合同，须确定最多30天要求其改正或进行辩解，到期后主管部门在10天内以部令形式宣布中止合同。在任何时间内，如矿业开发行为破坏或可能破坏环境，环境许可证废止。环境许可证被废止时，特许合同不受影响，但矿业开发行为将中止或进行改变。特许经营者与主管部门在技术上的分歧，在友好协商无法解决时将根据法律进行仲裁。法律和经济方面的分歧由哥伦比亚政府主管部门做出决定。

申请人提出项目建议书后，只有符合以下条件才能提出反对：拥有申请地域的全部或部分有效矿产特许开发权；同一地域先提出建议书，且目前仍有效。

地方市政府可无期限中止没有矿业开发许可的开发行为。如接到通告或投诉，市政府没有采取措施将受到纪律处分。矿业开发许可证持有人可以要求地方市政府在其开发活动受到第三方影响时提供保护，有关利益方也可以提交矿业主管部门。有关要求应以书面提出，并明确影响其经营活动人员的具体情况。接到申请后48 h内，地方市政府要确定到现场进行检查的具体时间，检查应随后20天内进行。如制造影响的第三方有争议地带的矿产许可证，争议地带矿业活动应中止并报告国家主管部门。

（三）矿产法修正案

1. 有关特许合同建议书的新规定

对第16条的修订：特许合同建议书申请者应当指出其申请的区域内是否存在可供开采的矿产。如果存在，矿业部应当在3个月内确认其类型。

若特许合同申请者不对矿产的存在进行报告，申请将被拒绝。或者如果矿业部发现了矿产的存在，而特许人没有进行报告，还将根据特许合同对其处以罚款。

若存在经过矿业部证明的传统矿产而申请者没有报告且包含在特许合同中的，合同将中止6个月，在此期间各方将达成协议。若此期限内无法达成协议，则各方按照该法第294条开启仲裁程序。仲裁庭将裁定最终的具有强制效力的协议。

供矿业部门处理特许合同申请的期限最长应为180个日历日，若逾期，则应追究相关公务员的拖延责任。

对项目建议书异议：若项目建议书不满足新法第274条关于拒绝申请的事由，经过矿业部门命令，申请人可以对项目建议书修改或添加内容，该过程只能进行一次。修改或者弥补的期限为30天，之后矿业部门有30天期限对其进行审核和后续处理。如果不符合条件，项目建议书将被驳回。

2. 对特别区域的圈定

对第31条的修订：矿业部同样能够圈定处于闲置状态的其他特别地区，根据现有地质信息，推动对国家具有重要性的项目；通过目的明确的筛选，将特许合同授予技术条件、经济条件、社会条件及环境条件最好的候选人以充分利用资源。在这一过程中矿业部将进行经济方面以及法律规定方面的考虑。尚未被特许开采的区域将在区域划定后3年内依照新法规定进行特许开采。矿业部将提出总的工作流程，以及根据具体情况而定的要求及条件。矿业部将以口头及书面形式向竞拍人通知特许转让的信息。

INGEOMINAS作为矿产领域的地质部门，将圈定处于闲置状态的特别区域，该区域不接受且不授予开采权，从而加快向提供最佳地质技术评估方案的竞拍人移交区域。竞拍人一旦完成技术评估合同，将有第一个同矿业部签署特许开采合同的选择权。

未能履行原始合同义务并且被矿产部披露的公司，将不具有竞争本条中开采合同的权利。本条中提到的划界将由矿产部制定细则。

第334条规定：曾经被开采过或被申请开采过的地块，若其由于任何原因处于闲置状态，只有在确认其闲置的最终行政文件签署 30 天之后才能再次被申请开采。本节提到的所有行政文件都应该在生效后 5 日之内被上传公布到矿业部门的电子页面或其他载体上。同时 5 天之内也应当被记录在矿产登记中。

矿业部根据矿产地质学条件、社会条件和经济条件确立特殊矿区。

3. 禁止区域

对第 34 条的修订主要涉及禁止区域：禁止采矿区域。根据现行法律圈定且声明的区域内禁止进行勘探及开采工作，目的是对可再生自然资源或者环境的保护和发展。

上文提到的禁止采矿区域应当是根据生效法律依法成立的，如有区域性特点的自然公园、森林保护区，以及具有国际重要性的帕拉莫生态系统和湿地。这些区域在进行开采权许可时，应当由环境部门根据技术、社会及环境方面的评估对其进行圈定。根据 AVH 研究院绘制的地图对帕拉莫生态系统进行认定。

与前述内容相对应的，由 1959 年 2 号法案设立的森林涵养区及区域性森林涵养区可以由适当的环境部门予以取消。矿业部在发放开采许可时应当通知开采人矿区位于森林涵养区内且在环境部门取消涵养区之前其不可开始采矿活动。对应的，开采人应当提供其开采活动不影响森林区域内生态的研究报告。

一旦涵养区被取消，矿业部门将根据环境方面的法律法规为勘探和开采活动设立规定，以避免上述活动对尚存在的涵养区造成影响。

环境、住宅和国土发展部将制定上文提到的取消涵养区的工作流程。同时也会制定在勘探期间暂时取消涵养区的条例。

若新法生效时，持有采矿许可及环境许可的矿区建设、安装和开采活动正在进行，而其所处区域之前不属于禁止采矿区域、法律生效后属于的，则以上活动将被允许直到其有效期结束。但是，此类采矿许可将不可被延期。

新法生效后 5 年内，环境、住宅和国土发展部将重新圈定 1959 年 2 号法案中规定的森林涵养区；将会圈定哪些区域为保护区、哪些区域不需要矿业部门参与以及其他需要确定的内容。对于本条目中涉及的禁止开采区域的宣告将由矿产和能源部进行。

4. 环境内容

对第 38 条的修订：新法生效后 3 年内，矿产和能源部将会制定国家矿产规划。在计划制定过程中，将要参考环境、住宅和国土发展部制定的环境和国土方面的政策、规定、条文及纲领。

对第 74 条的修订：如果在本条目的基础上要申请更长的延期，开采人可以在继续开采工作的同时，每次最多申请延长 2 年，一共最长到 11 年。

对第 205 条的环境许可修订：根据环境影响评估报告，有关部门将为施工、安装和开采开具或者拒绝开具环境许可。按照新法第 216 条的规定，该部门可以根据最终评估员给出的环境影响评估报告决定是否发放环境许可。

对环境要求的修订：对于早期开采施工，开采人需具有环境许可；随后如果满足法律要求，可以经由环境部门批准对其进行修改以保证最终开采工作得以进行。

对共同调研及共同许可增加规定：所有相邻区域的业主，不论其是否在联合勘探或开采，如果被要求，均可以共同实施新法中规定的环境影响调研，对建筑施工、安装和开采活动进行研究。如果两地为同种类的或者类似的，即可以申请共同的环境许可。环境部门应当在该许可中标明每块地域的单独位置使每块区域得到具体化。在这种情形下，所有业主对许可中的义务负有共同履行的责任。

5. 合同的延长和更新

对第 77 条的修订涉及合同的延长和更新：开采合同到期前至少 2 年，开采人可以申请合同延期到最长 20 年。该延期并非自动进行，并且应当随同申请一并提交新的技术报告、经济报告、环境和社会报告。这些报告应当反映资源的实际状况。

6. 临时许可

对第 116 条的修订涉及临时许可：政治团体、领土实体、公司及分包商在进行国家及省市公路的建设、修理、维护或扩建前，以及由中央政府进行的有利国家利益的工程施工前，可以根据环境法规向矿业部门申请临时的、不可转让的许可，用于施工中所需要的建筑材料对农地的占用和毗邻。临时许可有效期为 3 年，可以延长一次，自颁发之日起计算。

对于临时许可中涉及的活动，相应的矿业部门应当保持关注。一旦发生的活动与报告中不符或者被许可者没有履行规定的义务，则该临时许可被废除，并且依法开出罚单。

已经获得建筑材料存放许可的地区不受临时许可的影响，但是建筑材料必须以通常情况下该地区市场价提供。若该地区尚不存在此价格，则应当由相应的商会仲裁决定。

若特许开采者不提供建筑材料，开采将由临时许可的申请人进行。在开采和另外的仲裁中，将会适用于相邻区域从而开展新的开采活动。

若特许开采者处于勘探阶段，且严格按照环境法规进行，可以按照新法规定向矿业部门申请开始建设、装配及开采阶段的工作。

如果临时许可的目标区域超过了不包含建筑材料的特许预算，则可以授予临时许可；一旦许可期结束，则区域恢复原状。

当倡议人或者业主授权，矿业部可以同时立即发放临时许可。在这种情况下，每个业主将为直接进行的开采工作及环境法规的遵守而负责。

7. 未进行矿产登记注册的合法化

新法规定，没有进行国家矿产登记注册的国有传统矿产的开采组织或团伙应当在新法公布后的 2 年（不可延长）内申请进行合法化。其应当证明该区域中没有其他特许开采合同，保证开采过程符合法律要求，并且保证开采工作自 2001 年第 685 号法案颁布以来就持续进行。

如果申请的区域中已有特许开采合同，而开采组织能够证明其开采早于此合同，则需要检查矿业公司遵守义务的情况。若发现其不履行义务的情形则应在终止合同之后继续办理之前的合法化手续。

若业主需履行其义务，矿产部门将按照新法关于联合及运营合同的内容在各方中间调停。该内容允许团体或联合体进行矿业开采。从传统矿产的申请之日算起，有 6 个月的时间供各方达成协议。

若某块区域存在一个特许开采合同的意向同时又有一个本条目中规定的合法化申请正在办理，合同手续将继续办理，当特许开采合同生效时，矿业部门将参照相关内容办理。若特许开采合同的申请被拒绝，将首先进行合法化申请的办理流程。

在合法化申请提出之后，为了办理此手续，矿业部门有最长一年的时间进行可行性考察；自收到来自申请者的 PTO 和 PMA 后，有 2 个月的时间用于彻底解决合法化申请。若届时矿业部门无法对合法化申请处理完毕，将不再执行相关内容，也不再继续适用相关惩罚条款。

8. 对特许税金的规定

特许开采地块在勘探、安装和建设等期间所发生的特许税金由承包者负担。

矿业部门只能在特许合同签署之后才能将收取的特许税金予以使用。仅在承包者的申请被全部或者部分拒绝的情况下才会将特许税金退回。同样在环境部门拒绝其在森林保护区内进行勘探的情况下也会发生退款。

若项目建议书在新法生效之日尚在办理手续，或者申请人尚未缴纳第一年的特许税金，则应当在新法生效后 3 个月内予以缴清；反之则拒绝申请或者终止合同。

9. 关于土地

对第 187 条的修订：征用不动产的必要条件，以及包括所有权在内的其他权利，都根据工作投资程序、施工工作程序以及可行性研究判断。以上文件都是由矿业部制定或者修订的。若合同内容不符合这一类文件，则其只在各自的开采计划内有效。

矿业及能源部在必要时将要求在提出申请的 10 日内，通过通知不动产的业主或所有人，由开采方负担费用进行一次行政检查，并在之后的 20 天内做出最终决定。

房产拍卖专家对不动产或占有进行的财产初步鉴定，将被用来作为决定征用补偿的依据。

对于矿业地役权的纠纷，市长将首先命令由相关机构或者相关地区房地产拍卖市场指派的专家在 30 天之内估算出相应的损害赔偿金额。一旦专家出具意见，市长应当在 5 天之内将该意见通知各方。

专家评估的费用由开采人承担。

若涉及的地块所有者或者开采人请求市长确认保证金，市长同样应当采用上述意见进行确认，其金额与罚款相同。

由市长采纳的决定可以以同一事项被上诉至州长，上诉只有在开采人提供保证或者缴纳赔偿之后才会被受理。若双方当事人有一方申请，一旦保证金或者赔偿金的金额被确定，地块所在地的法官将予以审核，并通过民事诉讼法第408条及之后规定的简易程序处理，根据该法中的资格规定及手续办理。

在提供了担保或者支付赔款之后，开采人在市长的协助下（如果需要的话），可以进入相关土地并为其施工或工作占用需要的区域。双方的协议，或者若未达成协议则为市长的决定，应当在相应的市政公开处予以登记。

10. 其他

对第101条的修订涉及区域的共同开发：当某些区域的多个受益人同时相邻一处矿产资源，他们可以通过一套程序来进行矿产的勘探和开发，可以同时也可以交替进行，目的是获得统一的成果、签署同一份合同。在此情况下的各方应当向矿业部提交有关手续并且共同承担责任。

这份统一的合同应当维护受益人的利益，同时也应当建立必要的机制以方便行政部门对开采活动实行有效的控制，从而保证各个受益人之间对收益的合理分配。

当共同开采合同的政策不同或者不同的合同之间在义务上存在差别，以及当环境和经济方面的规定出现冲突时，均按照对国家利益有利的方式采纳。若确定共同开发，则应当修改现有的环境许可，或者向有关环保部门申请办理新的许可。

对于新合同的期限，按照最早签订的合同日期计算，可以延长的期限参考新法第77条规定。矿业部有权根据其合理动机对共同开采的申请进行批准或者驳回。

（四）矿产权利的转让与分包

矿产权利转让应事先书面通告转让人，转让人在收到通知45天后没有提出疑义，即可办理国家矿业转让登记。受让人必须事先证明已完成转让合同规定的相关义务。如涉及国家，合同权利的转让不能由相关各方确定条件。如系全部转让，包括转让前的承诺或未尽义务。如系部分转让，转让双方共同承担承诺义务。特许合同所有人可以进行任何形式的分包，无须经矿业主管当局批准。国有不可再生矿产资源具有不可转让性和不受法律约束性，只能通过获得相关许可证得到勘查开采权。土著人部落对所在地矿产的开发权在任何情况下不得转让。偶然机会在露天发现的少量矿产，不需经特许开发，只能由所有者自用，不得转让，不得雇用他人参与。

（五）矿产法的特殊规定

矿产法对公共道路建设和少数民族区域内的勘探开发活动进行了特殊规定，体现了对公共道路的维护和对少数民族优先开发权的保护。

1. 公共道路建设

应有关利益方的要求，国家矿业主管部门及分支机构可临时授权地方机构或分包商对国家级、省级、市级公路进行建设、维护和保养。公共道路承包商必须取得环保部门许可，对工程给第三方造成的损害进行赔偿。公共道路承包商根据该法规定开发建筑材料必须依法交纳特许开发费，且公共道路建设承包商建设剩余建筑材料不得出售。公路建设主管部门应向矿业主管部门通告道路建设情况，矿业主管部门要在30天内向公路主管部门通告该道路覆盖范围内的矿区情况。

2. 少数民族

矿产法对有关少数民族，如土著人部落和黑人聚居地区域范围内的矿产勘探开发活动进行了特殊规定。例如，针对土著部落，该法规定所有矿业开发者的活动不能破坏开发区内各民族的文化、社会和经济价值观。再例如，对黑人聚居地范围内的矿业开发也有特殊规制：在黑人聚居地进行矿业开发要尊重其文化、社会和经济价值观及矿业开发传统方式；黑人部落有对其所在地矿业开发的优先权；对特许经营，可以通过合同全部或部分交由他人完成。

此外，矿业主管部门要对土著人和黑人聚居区矿业开发活动给予技术上的支持和帮助。

3. 海洋矿产

在海底表面或地下进行矿业开发的权利归国家所有，区域包括：领海、邻近区、大陆架、经济专属区。海洋资源的开发按该法规定，通过特许经营方式进行。海滩和海洋矿产资源开发特许经营要经国防部海洋总司同意，要符合相关环保规定并申领开采环保许可。公海水域及地下矿产资源的开发由国家通过国际合作协定或与本国或外国个体合作进行。政府与其他国家政府合作开发，将本着平等原则通过协商确定合作条件，由矿业主管部门委员会分支机构具体执行。国家委托个体参与国际矿产勘查开采合作，代理合同中应规定，由于开发活动造成的损害或未履行规定对国际机构或第三方造成的损害均由代理方承担全部责任。

（六）相关土地征用制度

根据宪法规定，矿业及所有与矿业相关的产业属于公共和社会利益部门，可以根据宪法做出对其有利的规定。应相关部门要求，在必要的情况下，国家可对不动产资源所有权进行征用。被征用的矿区应具备正常运转的设施和条件。特许证受益人可要求通过征用方式取得第三方不动资产，但必须提供相关文件，并承诺支付全部征用费用，并由矿业主管部门指定的专家小组对区域进行考察，视其设施状况进行价格评估。但征用行为不得用于对通过矿业许可证得到的矿产进行勘查和开采。征用经行政部门提出申请，经司法部门做出决定，可征用矿业项目的一部分或全部。

为使矿业勘查和开采有效进行，可以在许可证划定区域外进行建设、安装、开采、储藏、冶炼等。如涉及可再生自然资源，则须按有关规定得到环保部门批准。矿业活动涉及地域使用可以从特许经营合同补充修改阶段开始，所有矿业活动涉及地域使用均须与所有人达成协议。如所有人要求对造成的损害进行补偿或提供担保，应立即根据该法有关规定处理。矿产法规定的矿业活动限制地区不在矿业活动涉及地域范围内。除非与所有人另有商定，矿业活动涉及地域使用期限与矿业开发特许证期限相同。如涉及占地，有关方要与所有人达成协议并给予补偿。占地时间少于 2 年，按季度提前支付；超过 2 年以现金提前支付。而且，为保证井下通风，特许经营者可以依照设计，根据其深度数量等开挖通风通道。许可拥有人有权建立通信、交通和运输设施。如矿业开发活动需建设港口或其他海上设施，须得到港口监管局或国际部海洋司的批准。经第三方申请，矿业主管部门可与特许经营者协商，在不影响其使用的情况下，向第三方提供基础设施及交通等设施服务。

二、跨国矿业投资相关法律制度

（一）劳工制度

哥伦比亚 1991 年宪法为哥伦比亚劳工法搭建了框架，制定了原则。宪法法院负责对这些原则的实现进行监督，力求体现“自由、平等和尊严”。哥伦比亚现行劳工法律法规结构主要包括：个体劳工法、集体劳工法、社会保险法、劳动纠纷处理法，公务人员劳工法。

哥伦比亚劳工法共规定了以下 4 种劳动合同类型：非固定期限合同、固定期限合同、计工或计件合同和临时合同。除非固定期限合同，其他 3 种合同类型在订立方式上必须采取书面订立。

在发生以下几种情况的条件上，可以解除劳动合同：①劳动者死亡；②双方协议解除；③固定限制劳动合同到期；④计件计工劳动任务完成；⑤裁决裁定解除；⑥劳动者辞职；⑦在提出正当理由的前提下，劳资双方任意一方单方面解除劳动合同。另外，哥伦比亚劳工法律对劳资双方何为正当理由均给出了详细规定。如果无正当理由，提出解除合同的一方应向另一方赔偿。为此，法律对劳动者和雇主要求的赔偿对价是一致的。

哥伦比亚法律对劳动报酬实行的原则是“同工同酬”。哥伦比亚政府对月工资实行最低标准制。该标准由劳资双方于每年底确定下一年最低工资。如双方未能就最低工资达成一致，则由政府介入并出台法令以最终确定。哥伦比亚规定的每周最长劳动时间为 48 h。此外，针对平时和节假日加班、夜班等特殊情况，哥伦比亚法律专门设计了“一体化工资”模式。

此外，哥伦比亚建立起了较为完善的社会保险制度，包含职工社会保险、养老金保险、医疗保险、职业风险保险、福利。根据哥伦比亚法律，外国人在哥伦比亚工作必须获得由哥伦比亚外交部门签发的工作签证以及社会保障部的许可。如外国人已在国外投保养老金和职业风险保险，可根据自己的意愿自由选择是否加入当地的社会保险制度。

根据哥伦比亚法律，只有本土员工人数在 10 人以上的哥伦比亚企业才能雇用外国人。外国人占全体员工的比例不得超过 10%，雇用管理岗位或有专业技术的外国人不得超过管理层或技术人员总人数的 20%。

（二）国内市场义务

矿产法对外国投资者在该国市场内应当遵守的市场义务做了较为详细的规定，主要包括以下内容：在人力资源方面，特许经营者在进行矿业活动时，只要满足要求，应优先使用本国自然人，禁止使用未成年人；项目进行中，在质量、安全等方面相似的情况下，应优先使用本国物资、材料和服务；等等。根据矿业部门的建议，经过劳动和社会保障部批准，特许经营者可在规定期限内使用超过规定数量的外籍工人，相关方应与劳动和社会保障部达成协议，参与对哥伦比亚人员的培训或为此做出贡献；根据有关方的建议，矿业主管部门要指定使用本地区人员的最低比例等。

此外，为吸引外资，哥伦比亚还对外国投资者的国内市场义务做了一些放宽性规定：国际矿业投资中常涉及项目分包情况，有的国家矿业法规定分包应优先考虑资源国的本土企业，而获得哥伦比亚矿产特许合同的投资商有权采取任何形式的分包，且分包无须经矿业主管当局批准；对开采出的矿产品，在销售等环节的流通过程中，必须提前具备通过矿主或所在地方政府签发的原产地证证明，以示来源合法，投资者有权自主决定所采矿产品的销售去向及贸易条件。

（三）投资环境

1. 市场准入

1）投资主管部门

哥伦比亚主管国内投资和外国投资的政府部门分别是：贸易、工业和旅游部，财政部，计划委员会，共和国银行和其他相关部门。职责是：贸易、工业和旅游部，财政部，计划委员会及其他相关部门根据各自的职责联合分工或分别制订吸引投资政策和相关行业的市场准入政策。

2）投资行业的规定

哥伦比亚对外资实行国民待遇，外国投资不受任何限制，可以与本国投资一样进入各个经济部门，但若要对金融、保险、石油、天然气、矿业和电视领域进行投资，需要申请和审批，在其他部门则不需要申请和审批。哥伦比亚对投资金额没有限制。哥伦比亚不允许外国投资的方面包括国防、安全及有毒、危险品和辐射废弃物加工方面。

3）投资方式的规定

（1）投资方式。哥伦比亚允许外国投资者通过直接投入外汇、实物、无形资产或本币利润再投资等方式对哥伦比亚进行直接投资，也允许外国投资者通过本地融资投资证券等方式对哥伦比亚进行投资。

（2）并购企业。在符合有关法律法规规定的前提下，哥伦比亚政府允许外资并购当地企业，但如拟发生或已发生的并购涉及公共行业或涉嫌垄断时，并购行为需经有关政府部门的审批并接受监管。对在电视业等特殊行业发生的企业并购行为，政府对外资收购比例、企业组织形式等亦有明确要求。

（3）股票上市。外国企业可以在哥伦比亚收购企业上市。上市的程序是：企业向哥伦比亚交易所提出上市申请，由证券交易所组织专家对申请企业进行评估后方可正式挂牌上市交易。哥伦比亚证券交易所对企业挂牌上市有一定条件限制，如上市公司至少拥有 100 名股东、净资产至少达到 70 亿比索（约 350 万美元），等等。

2. 对外国投资的优惠措施

除法律法规的某些特殊规定外，哥伦比亚对外资实行与内资相同的平等待遇。此外，哥伦比亚还存在地区鼓励政策。在免税区内投资可享受多重优惠政策，如所得税税率降低为 15%；从哥伦比亚关境进口商品可免缴增值税；等等。哥伦比亚政府为各行业设计了具体的保税政策：企业所得税仅 15%，并允许从保税区内销往哥伦比亚国内市场；投资商可与政府签署法律稳定合同，保障其享受的优惠政策 20 年不变。为了进一步便利外资进入，哥伦比亚政府与 39 个国家谈判并签署了 19 个投资促进及保护协定，与 22 个国家签署了免双重征税协定，其中包括 2008 年与中国签订的《双边投资促进和保护协定》。有关法律稳定合同的内容将进行单独介绍。

3. 证券交易

根据哥伦比亚法律，在哥伦比亚注册的外国公司参与证券交易活动时与本土公司享受同等待遇。此外，根据哥伦比亚1995年400号决议及以后相关法律法规，外国公司可以在哥伦比亚证券交易所挂牌上市并发行证券。

4. 投资法律体系

哥伦比亚涉及外来投资的主要法律有宪法，民法典，商法典，外国投资法，外汇条例，可再生资源和环境保护法，公共采购法，劳动法，社会保险法，对于外国资本、商标、专利、许可证和特许权的共同制度，外贸商标法，免税区法，关于外资在金融和能源部门投资的特别条例，海关法，移民法等。

5. 主要手续

总体上来说，哥伦比亚公司法与我国2006年修订的公司法类似。最突出的不同点在于在哥伦比亚注册企业时无法确定注册资本金额的限制。此外，根据企业性质不同，企业对自身债务分别承担有限和无限责任；不同性质企业在增减资本时的要求不同；不同性质企业在注册时对资本足额缴纳的要求也不同。对外国投资者来说，设立企业形式主要包括：有限责任公司、股份有限责任公司和分公司3种形式。前2种形式在哥伦比亚具有独立法人地位。分公司与母公司共享同一法人地位。

不论设立何种组织形式的企业，都必须到企业所在城市的商会进行注册。哥伦比亚政府通过相关行政法律法规接受将企业注册、更改、合并、解散等登记事务转交由地区商会处理。近年来，哥伦比亚政府出台了多项法律法规，用以规范、便利企业注册、更改、合并及解散活动。现主要大中城市商会均推出一站式服务，为企业注册提供了极大便利。

6. 法律稳定合同

为促进投资者在哥伦比亚进行新的投资和扩大现有投资，国家与投资者签订了法律稳定合同。通过合同，国家向签署合同的投资者保证，在合同有效期内，对合同中涉及的对投资具有决定作用的法律发生任何对投资者不利修改和变动，投资者有权要求在合同规定期限内继续执行原有规定。

在以下领域投资额等于或超过7500个最低基本工资的本国或外国人，又在哥伦比亚境内进行新的投资和扩大现有投资规模的，均可在下列领域签署法律稳定合同：旅游业、工业、农业、林产品加工出口业、矿业、出口加工区企业、自由贸易区企业、石油、通信、建筑、港口和铁路发展、发电、灌溉项目，有效利用石油天然气资源项目，以及委员会确定的所有领域，证券投资除外。

合同规定的内容及解释应明确具体地指明对投资具有决定作用的相关规定和解释。合同内容可以包括明确具体的法律、法令或一般性的管理条例中的条、款、点、段等，也包括根据1998年489号法第38条中所指的具有国家级管理权限的中央机构或提供服务的直属机构或部门、管理委员会以及1998年489号法第40条规定的实行特别管理体制机构的行政解释（共和国银行除外）。

法律稳定合同应完全符合法定要求，如投资者提交符合要求的合同申请，同时附证明用于新投资或扩大现有投资的资金来源文件、项目的详细介绍及项目可行性评估报告、平面图、项目所要求的技术研究报告及创造就业人数；由专门委员会根据国家发展计划和国家预算委员文件的规定决定是否通过申请；该委员会由以下人员组成：由财政和公共贷款部部长或其代表，贸易、工业和旅游部部长或其代表，项目所属行业所在部部长或其代表，国家计委主任或其代表、与制定规定相关的地方直属机构负责人，等等。

希望签署法律稳定合同的投资者必须履行法定义务，如严格执行所在行业有关的法律和规定，及时交纳税费及其他社会义务；忠实执行国家为引导、协调环境与自然资源使用和利用所制定的各项规定，等等。

法律稳定合同的有效期从签署时起生效，在合同规定的期限内有效，但这一期限最短不得少于3年，最长不得多于20年。法律稳定合同可以包括仲裁条款，排除由此产生的冲突。在此情况下，将建立只执行哥伦比亚法律的全国性仲裁法庭。在未及时进行投资或撤出全部或部分投资、未及时交纳全部或部分费用或其他法律规定的情况下，提前中止执行合同。在本国或外国有过受贿或其他法律认为应受罚处的行为而被执法机关判刑或行业部门处罚的人不得签署法律稳定合同或成为受益人。法律稳定合同应在国家计委进行登记。国家计委每年向议会报告签署合同情况、涉及的法律和规定、被保护的投资金额、这些合同对年度财政的影响。另外，法律稳定合同的适用是有一定限制的，如哥伦比亚法庭认为不符合《宪法》或哥伦比亚法律的规定在合同期限内不提供稳定保证。

三、法律环境总结

哥伦比亚具有吸引外资的优势，主要体现在以下 4 个方面。

1. 国内市场庞大，辐射周边市场

哥伦比亚是拉丁美洲第五大经济体，国内生产总值约 2024 亿美元。人口总数的 77% 是城镇居民。哥伦比亚享有优越的地理位置，同时拥有太平洋和大西洋海岸线，因此，从哥伦比亚可方便地通往美国、欧洲、亚洲、拉丁美洲和加勒比等重要市场。

2. 自贸协定打开市场准入

哥伦比亚政府将与战略国家签署自由贸易协定作为政府的核心工作来抓。截至目前，哥伦比亚已与美国、智利、加拿大、欧洲等地达成自贸协定，还有部分协定正在最终审查中。

3. 地理位置优越，交通运输便捷

哥伦比亚位于南美洲最北端，同时拥有太平洋和大西洋海岸线，具有先天的交通优势。以海运到美国为参照，在太平洋海域，哥伦比亚海运成本比秘鲁和智利等多数南美洲国家低 30%，比中美洲国家低 13%；在大西洋海域，哥伦比亚海运成本比哥斯达黎加和巴拿马低 32%，比巴西低 64%。

4. 锐意改革，领头拉丁美洲

根据世界银行公布的 2008—2009 年经商环境研究报告（Doing Business），哥伦比亚是近年来在全球范围内对经商环境改革最多的国家之一。2009 年哥伦比亚排名提高了 13 位；2010 年再次提高 3 名，在 181 个国家中名列第 53 位。在拉丁美洲国家，哥伦比亚在经商环境改革的比较中排名第一位。

自 20 世纪 90 年代初以来，哥伦比亚一直通过开放相关市场准入和吸引民间投资等方式积极改善本国的基础设施。外国投资者可以通过获得授权、提供物资和服务、与国有企业合资、合作，甚至并购国有企业等形式参与哥伦比亚的基础设施建设。近年来，哥伦比亚政府进一步加大对国内基础设施建设的投入力度，多个大型基建项目有待开展并对国际投资者敞开大门，为其提供商机。近年来，哥伦比亚通信行业获得迅猛发展，发电能力在拉丁美洲位居前列。近 10 年来，哥伦比亚吸收外资成绩显著，是拉丁美洲地区重要的外国直接投资目的地。2005 年，哥伦比亚吸引外国直接投资额达到 102.52 亿美元，为其历史最高水平，约是近 10 年吸收外国直接投资水平的 5 倍。2007 年，哥伦比亚共吸收外国直接投资 90.28 亿美元，同比增长 39.67%。有 105 家外国公司到哥伦比亚工作，总数比 2006 年增加了一倍。

虽然哥伦比亚国内存在拉丁美洲最大的游击队运动以及与毒品交易相连的暴力环境，但哥伦比亚政治经济局势仍较稳定。在国际货币基金组织的指导下，政府对国内金融业采取稳健的货币财政政策，取得了积极成效。2008 年，标准普尔将哥伦比亚主权债券评级调高到 BB+。穆迪将哥伦比亚外债评级从 Ba1 调高到 Ba2。

此外，哥伦比亚整体劳动者素质较高。根据瑞士洛桑国际管理学院公布的 2008 年“全球竞争力年度报告”显示，哥伦比亚经理人信用评价排名第 10 位，在拉丁美洲仅次于智利，高于巴西、墨西哥和阿根廷。在企业精神方面，哥伦比亚经理人排名第 11 位，在拉丁美洲国家中排第一位，领先于智利、巴西、阿根廷和墨西哥。

在知识产权保护方面，哥伦比亚尤其重视，出台了一系列法律条文以体现对外国投资者知识产权的保护，并对侵犯知识产权的行为规定了严格的处罚方式，使外国投资者不必担心对外投资所带来的知识产权威胁。

尽管哥伦比亚整体投资环境较为优越，但中国投资者在哥伦比亚进行投资仍须注意以下几个方面。

1. 投资方面

评估投资环境要全面、客观，应综合考虑国家宏观经济发展水平、政治环境、市场准入、劳动力素质等多方面因素。哥伦比亚市场投资潜力巨大，门槛不高，市场发育相对成熟，但仅考虑一时或潜在经济效益，仅从抢占先机的角度出发而贸然进入的做法最后不但不能真正融入当地市场，甚至可能导致投资失败。

哥伦比亚作为正在摸索改革开放之路的发展中国家，政策经常反复、波动，对外资的保护力度受国情和民意影响较大，部门间政策和措施配合不够协调。只有在全面客观地评估投资环境，并且做好充分调研工作的基础上，有条件有实力的中资企业才能真正在这个市场扎根并不断发展壮大。中国投资者在哥伦比亚进行投资合作时遇到的主要问题有：安全问题、签证申请难、政策模糊多变难懂、行政办事部门主观意识较重、办事效率低且手续繁杂、高素质劳动力有限、企业管理、本土融资困难等。

2. 贸易风险

对哥伦比亚从事国际贸易必须熟悉并适应当地特殊的贸易和法律环境，采取有效措施拓展业务。

1）选择好的货运代理

中哥双边贸易中，中国对哥伦比亚的出口贸易占主体地位，哥伦比亚的收货人多为中小企业。中国企业一般无法全面把握哥伦比亚海关和货代工作的流程和风险，因此为最大限度地降低风险，牢牢掌握货物的控制权，找个好的货运代理至关重要。哥伦比亚地理位置优越，货代行业竞争亦非常激烈，但水平却参差不齐，差别较大。好的货代必须掌握丰富的专业知识，熟悉货物运输整个流程，善于制作各种单据，具有优势航线和一条龙服务，并且在中哥两国均设有办事机构，无不良信誉记录。

2）适应当地付款条件

哥伦比亚进口商通常通过 TT 方式向出口商付款，较少使用信用证。其主要原因是：①哥伦比亚进口商主体多为中小企业，而开立信用证一般需要占用企业相当一部分营运资金；②中小企业缺乏使用信用证贸易的专业人才；③当地银行手续费较高；④除如花旗、汇丰等国际大银行外，本土银行与国内商业银行一般无信用证业务联系；⑤小额贸易占多数；⑥传统因素。

在决定付款方式上，应注意理解当地的付款条件，更重要的是应做到以我为主，降低出口风险，从而避免贸易纠纷。

在过去的 10 年中，虽然哥伦比亚的外商投资形势一片大好，但据最新消息称，哥伦比亚大型矿业企业协会主席加维利亚在接受哥伦比亚《周刊》杂志采访时表示，由于国际市场矿产价格下跌和其他一些非市场因素，2013 年哥伦比亚矿业发展遭遇瓶颈，行业投资趋势可能出现转折。加维利亚提到的非市场因素主要包括：①矿业法律和政策不够稳定。中央政府各部门之间未能就矿业发展路线和规划形成统一意见，并协调彼此之间的政策和措施，某些地方政府出于局部利益甚至在其管辖范围禁止矿业勘探和开发活动。②在环保方面缺乏从资源勘探到产品出口的一整套明确、长久和稳定的制度保障。③劳工和社区问题日益凸显。尽管矿业为带动哥伦比亚国家和地方经济发展，特别是提高偏远社区人民生活水平做出了积极贡献，但各类非法罢工、堵路和闹事严重影响了矿业开发的正常秩序。

综上所述，我们认为虽然哥伦比亚的矿业投资环境良好，有许多吸引外商投资的优惠政策，但投资风险、贸易风险及法律的稳定性和可预测性将成为阻挠投资者的重大羁绊，若能有效地规避或解决这些潜在问题，在哥伦比亚进行外商投资无疑是一个不错的选择。

第四节　税　制　研　究

一、税制总论

（一）税收体制简介

哥伦比亚税务体系主要由中央政府控制，地方政府可征收的税种很少。全国实行统一的以所得税和增值税为主的税收制度。外国公司和外国人与哥伦比亚的公司和自然人同样纳税。

哥伦比亚共有 9 个税种，其中全国性税种 7 种，包括所得税、资本利得税、财产税、增值税、金融交易税、印花税、契税；地方性税种 2 种，包括工商税和地方税。

哥伦比亚主要税种税率见表 9－1－5。

表9-1-5 哥伦比亚主要税种税率

税　种	税率/%	税　种		税率/%
企业所得税	25	预提所得税		
收入平等税	9	股息		0/20/40
收入平等税（附加）	5	利息		0/5/14/33
个人所得税	19~33	特许经营权	软件	26.40
增值税	0/5/16		其他	33
消费税	4/8/16	技术服务、技术援助和咨询服务		10
进口税	0/5/10/15/20	分支机构汇款		0/33
出口税	免			

注：（1）上述税率更新至2015年12月31日。
（2）收入平等税的附加费用适用于企业收入超过8亿比索的部分。位于或在离岸自由贸易区开展活动的企业不适用该附加费用。
（3）根据宪法规定，对国有不可再生资源的开发，要按坑口矿产品及副产品数量缴纳一定比例的特许开发费。特许开发费的数量和交付方式按特许合同规定。

（二）整体税收环境

根据普华永道发布的2016年全球189个主要经济体总体税负情况排名，哥伦比亚税收负担排名第10位，整体税负为69.7%，表明该国税收负担非常沉重。此外，哥伦比亚的整个税务环境质量排名第136位，排名较靠后，说明其税收环境也缺乏吸引力。

截至2016年底，哥伦比亚已经与全世界9个国家和地区签订了避免双重征税税收协定，从而在一定程度上降低了非居民企业通过分支机构或子公司在哥伦比亚获得收入的税负情况。

中国大陆与中国香港与哥伦比亚暂无税收协定，各项相关条件同哥伦比亚一般预提税的条件。

二、与煤炭开采行业相关的其他税费

1. 地表使用费

在探勘和建设期间，矿权持有人需支付地表使用费。自2013年5月12日以后，地表使用费按以下标准征收：

2000 hm^2 或以下，哥伦比亚最低工作金额（相当于2012年10.8美元/($d \cdot hm^{-2}$)）；

2000 hm^2 以上不超过5000 hm^2 的，2倍哥伦比亚最低工作金额（相当于2012年10.8美元/($d \cdot hm^{-2}$)）；

5000 hm^2 以上不超过10000 hm^2 的，3倍哥伦比亚最低工作金额（相当于2012年10.8美元/($d \cdot hm^{-2}$)）。

2. 矿权租赁费

在开采期间，矿权持有人将根据以下比例支付矿权租赁费（表9-1-6）。

表9-1-6 哥伦比亚的矿权租赁费

矿　种	矿权租赁费	说　明	矿　种	矿权租赁费	说　明
煤炭	10%	年产量超过3 Mt	盐	12%	
煤炭	5%	年产量低于3 Mt	放射性金属	10%	
镍矿	12%		金属矿	5%	铁、铜等
金和银	4%		非金属矿	3%	
砂金	6%		建筑材料	1%	石灰岩、石膏、碎石、黏土
铂金	6%				

第五节 环 评 体 系

哥伦比亚1991年的宪法为环境保护奠定了现代化的基础。宪法区分个体权利和整体权利，也对公民和企业明确了保护自然资源的具体义务。根据1993年第99号法律、2005年第1220号法令和2006年第500号法令的规定，在哥伦比亚境内进行包括石油、矿业投资或基础设施工程项目在内的任何可能改变环境、可再生资源和自然景观的项目之前，需提前向环评部门递交申请并取得环保许可。哥伦比亚环评部门主要是环境和可持续发展部和各省的地方自治协会。

一、矿业项目开发的监管机构及相关法律

（一）环境监管机构

在矿业项目开发过程中，环境许可证审批主要涉及以下部门：环境与可持续发展部、矿业和能源部、矿业管理局、国家煤炭公司、可持续发展组织（负责审批矿业项目申请材料）、自治和区域机构、市议会。

（二）环境相关法律及法规

在矿业项目开发过程中，主要涉及的国家级法律法规包括宪法、可再生能源和环境保护法、矿业法、权力金法等。

二、环境许可证审批

（一）环境许可证审批流程

环境影响评价制度规定，不对环境产生负面影响的所有活动不需要进行环境影响评估，但是对环境有潜在不利影响的所有活动必须进行环境影响评价工作。制度规定需要评估项目或活动整个生命周期每一个阶段对环境的影响。

目前，在哥伦比亚对于一般矿业项目的建设或实施，环境许可证是必要的。此许可证意味着项目、工作、活动能有效地满足防止、减轻、纠正、补偿和处理环境影响的所有要求、条款及条件。

具体环境许可证审批流程如图9-1-3所示。

1. 项目方提交项目申请

环境许可程序自项目申请者向环境部和住房开发部提交申请开始。由自治和区域机构、可持续发展组织、市议会3个机构参与共同研究初审该矿业项目提交的申请材料。

申请文件中应该包含以下信息：该项目的确切位置、规模和计划使用费用；项目描述，包括提供项目影响区域的社会、环境条件的信息；来自内政部的认可；环境影响评价报告。

2. 项目筛选

目前，根据2005年第1220号法令规定，在哥伦比亚有21个行业和项目需要进行环境影响评价。这也导致近年来开发新建项目的数目逐渐减少。哥伦比亚环境许可证审批程序的第一步是项目筛选。筛选活动需要全面评估项目环境影响的整体重要性。该步骤旨在确定项目是否需要进行环境影响评价。

3. 划定影响范围

划定影响范围是用来评估环境影响评价过程分析的一系列问题的程序。其主要内容是确定评估的职权范围及相关事宜。在哥伦比亚，每一个需要取得环境许可证的项目活动其环境影响评价研究范围和内容由29种职权范围决定，这29种职权范围针对21个行业或者必须获得环境许可证的项目活动。

4. 环境影响评价过程中的替代方案分析

计划或行动的替代方案是环境影响评价程序的重要组成部分。替代方案可能是位置、材料或程序的改变，以及在某些情况下不采取任何活动。替代方案是为了最大限度地减少拟议项目活动对环境的影响。

哥伦比亚的替代方案分析叫作替代方案的环境诊断（Environmental Diagnosis Alternatives，EDA）。根据2005年第1220号法令，替代方案的环境诊断（EDA）是环境影响研究（EIS）的重要部分。替代

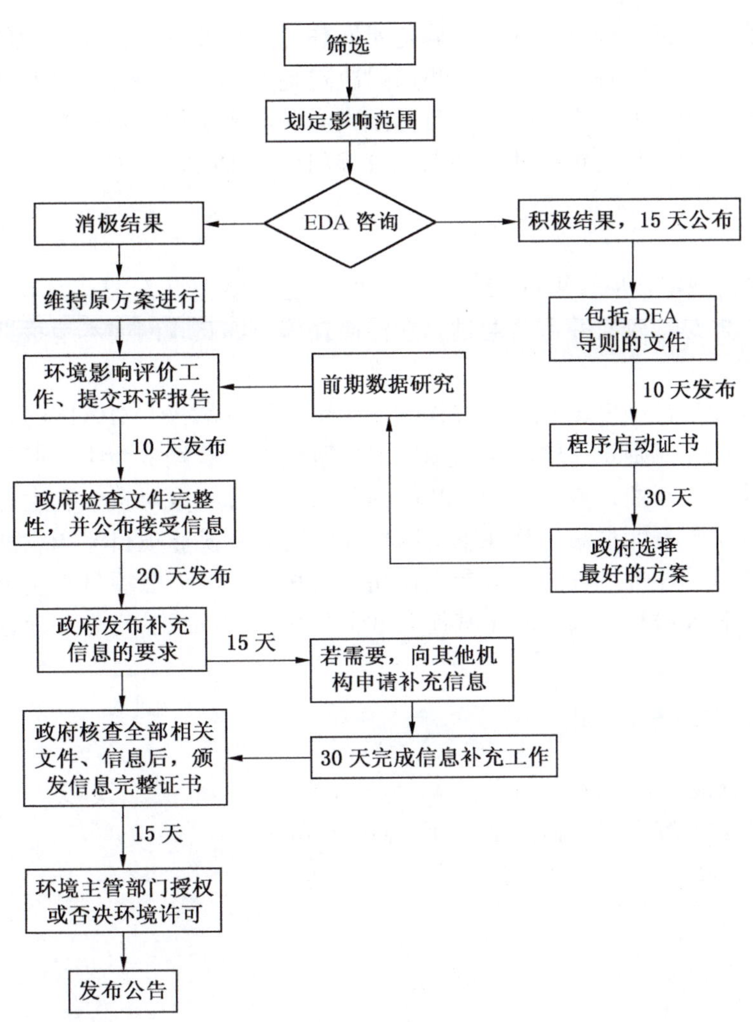

图 9－1－3　哥伦比亚环境许可审批流程

方案的环境诊断要求设计项目申请者设计一个项目或活动发展的不同技术策略，以便选择一个产生最小环境影响的项目实施方案。

对于 21 个必须进行环境影响评价的行业和活动，EDA 不是一个强制部分。法令规定，申请者可以向环境部咨询 EDA 是否是必要的。若需要，则必须包含在环境影响评价工作中进行。

5. 项目方进行环境影响评价工作及环境影响评价报告编写

如果 EDA 的咨询结果是积极肯定的（替代方案的环境影响小于原方案），则在 15 天之内通知项目申请方，并公布包括 EDA 导则的申请文件，10 天之内颁发环境影响评价程序启动证书，30 天之内政府相关负责单位选择最合适的替代方案，并由项目方委托专业的环境影响评价从业者进行前期数据研究，而后开始进行环境影响评价研究，并编制标准格式的环境影响评价报告。如果 EDA 的诊断结果是消极的，即原方案为最佳方案，项目方则直接采用原方案进行环境影响评价工作，并编著标准格式的环境影响评价报告。环境影响评价过程的一个具体目标就是保护自然生态系统的生产力和容量以及维持自然生态系统功能的生态过程。另外一个目的是促进优化资源使用和管理机会的可持续发展。

以下部分需要进行环境影响评价工作：项目位置；项目的环境管理计划；可能受到项目负面影响的各种因素；环境及社会影响评价；提出预防、减弱、校正影响和补偿金的计划；项目结束后复垦计划。

6. 环境许可审批程序

政府检查是否收到所有必需的信息文件，并在 10 天之内公布接收信息，如需更多信息或者相关信息文件提交不完整，不符合标准，环境部会在 20 天之内通知项目申请方补充不足的信息文件。如果需要向其他机构申请相关文件和信息资料，应在 15 天之内提出申请，申请者应在 30 天之内将所需的信息和文件准备齐全并提交环境部。经环境部验证确定所有环境影响评价审批需要的信息和文件都提交完毕之后，将会颁布信息完整证书。环境主管部门将研讨决定是否授权环境许可。对环境影响评价报告的审查由熟悉环境评价法规的规划者和专家执行。目的是判断环境影响评价报告是否提供了一个环境影响的充分评估，以及是否在决策中具有重要性。环保主管部门会在 15 天之内通知项目申请者环境影响评价审批结果。

7. 发布公告

1993 年第 99 条法案规定环境许可证授予或拒绝的决定应该在官方杂志发表；同时发给有关各方，或者张贴以公之于众。但是，政府并不会通过大众传播媒体，如互联网或本地报纸公布其决定。

（二）公众参与

在许多国家，公众参与是环境影响评价过程的一个重要组成部分，对该国的环境保护也起到了积极和加强的作用。虽然哥伦比亚是发展中国家，国家工作重点以发展经济为主，但是由于哥伦比亚具有全球最丰富的生物多样性这一特性，该国从国家政府到公众都非常注重对自然和生态环境的保护，环境保护工作起步很早，公众参与程度很高，存在不少因环保问题导致矿业项目流产或被政府叫停的案例。然而，在哥伦比亚，环境影响评价过程的公众参与存在不公平性。因为在项目直接影响区域内，涉及的咨询和公众参与仅针对土著人群和黑人。对于其他人群，公众参与仅减少到告知项目的信息，并不让他们参与决策过程。

三、环境影响评价

（一）环境影响评价报告的内容

环境影响评价报告的内容主要包括以下方面（Javier Toro et al.,2010）。

（1）项目背景资料介绍。

（2）项目综合描述。

（3）描述影响范围。

（4）自然资源的需求量。

（5）区域环境规划。

（6）环境影响评价。

（7）规划和环境管理。

（8）环境管理计划。

（9）监测计划。

（10）应急计划。

（11）附件。

（二）战略环境评价

在哥伦比亚，战略环境评价（SEA）未被明确规定为公共和私营企业的强制性活动。因此 SEA 不是环境影响评估系统的一部分，也尚未有方法准则。然而，在达成 2002—2006 年和 2006—2010 年国家发展计划过程中，SEA 在公共行业部分正在开展。这 2 个国家计划建议对关键的生产行业进行 SEA。在哥伦比亚，SEA 的形式化过程还处在初始阶段。因此，由于未包括在规范的环境影响评价过程一般法规（如 2005 年第 1220 号法令和 1993 年第 99 号法令）中，SEA 与环境影响评价过程是分开的。目前 SEA 尚没有相关法律来规范其应用内容、范围和规划，以及发展方法，但是不排除在未来被政府列入强制性活动。

（三）环境影响评价的经济鼓励

哥伦比亚已经有一些经济鼓励措施，如扣除所得税。然而，这些扣除并不适用于在环境管理或者可能会产生环境影响的项目中使用环境影响评估。这些扣除只适用于对环境控制和改进的自愿投资。

四、环评体系总结

哥伦比亚是拉丁美洲地区重要的发展中国家，也是目前新兴经济体中表现良好、前景较好的国家之一，对国际投资者有绝对的吸引力，未来开发潜力大。哥伦比亚政治环境与宏观经济环境稳定，劳动力和基础设施具有一定竞争力。哥伦比亚的主要矿藏有煤炭、石油、绿宝石。已探明的煤炭储量居拉丁美洲首位。此外还有金、银、镍、铂、铁等矿藏。哥伦比亚虽然是发展中国家，国家以发展经济为主要工作重点，但由于哥伦比亚的特殊性——其丰富的生态多样性，国家和公众对环境保护重视程度均非常高，环境保护工作起步相对较早，各类环保法规相对完善，该国对开展矿业项目的环境许可审批程序适中，政府当局审批速度相对较快，一般可以在 2 ~ 3 个月内完成。

由于哥伦比亚国家和公众都对环境保护高度重视，因此相较于其他国家，哥伦比亚公众参与度很高，在项目申请阶段时常起到关键决定性作用。然而哥伦比亚法律并没有对闭坑后复垦标准和环境保证金做具体的约束和规定。

总体来说，哥伦比亚对环境保护工作较为重视，因此对开发矿业项目获取环境许可证的要求相对较高，但相较于发达国家，仍有进一步提高的空间。

五、环境保护成本分析

矿业投资环境是指在矿业领域开发投资中面对的各种周围情况和条件的总和，一般是按照影响的要素分类分析。这些因素主要包括：目标国自然资源、政治环境、经济环境、法律体系、财税体系、环境保护成本等。本书主要探讨环境保护成本对境外投资矿业尤其是对煤炭业的主要影响。

本书主要通过 5 个方面对目标国家的环境保护成本进行定性分析。分析后给出“高、中、低”3 种评估结论，以环境许可证审批一般办理时限为例，“高”表示目标国家环境许可证审批一般办理时限相对于其他国家较长，反之则判定为“低”，当目标国家环境许可证审批一般办理时限介于“高”和“低”之间，结论偏中性，无法给出“高”或“低”的单方面结论时，则评估结果为“中”。

评估目标国家环境保护成本的 5 个因素依次为：目标国家环境法律体系完善程度、环境许可证审批程序复杂程度、环境许可证审批一般办理时限、公众参与程度及环境保护敏感度、矿区复垦及环境保护保证金收取要求。

1. 环境法律体系完善程度

哥伦比亚为发展中国家，近几年政局趋于稳定化，经济发展也处于新阶段，由于其地理位置的优越性，哥伦比亚被许多国家看好，投资潜力巨大。哥伦比亚是法治国家，法律法规比较健全，调解、仲裁、诉讼等程序均较完备。值得注意的是，尽管发展经济一直是哥伦比亚近几届政府的工作重点，但是由于哥伦比亚具有全球最丰富的生物多样性，国家对自然和生态保护非常注重，所以较其他发展中国家，哥伦比亚环境保护工作起步较早，环境保护方面的法律相对严格。

综上所述，对哥伦比亚环境法律体系完善程度评定为“高”。

2. 环境许可证审批程序复杂程度

由于哥伦比亚政府长久以来一直对自然资源非常重视，对环境保护的重视程度也非常高，环境法律体系较为完善，因此其环境许可证审批程序相较于其他发展中国家，相对复杂。在哥伦比亚的环境许可证审批流程中，除项目申请、项目筛选、划定环境影响范围、开展环境影响评价工作、环境影响评价报告编写、提交，以及提交后的环境许可审批等常规程序外，哥伦比亚专门设计了替代方案的审查程序。具体来说，根据 2005 年颁布的第 1220 号环保法令，替代方案的环境诊断要求项目申请者设计一个项目或活动发展的不同技术策略，以便选择一个最小环境影响项目方案。法令规定，申请者可以向环境部咨询是否是必要的。若需要，则必须包含在环境影响评价工作中。

综上所述，对哥伦比亚环境许可证审批程序复杂程度评定为“中”。

3. 环境许可证审批一般办理时限

尽管哥伦比亚环境许可证审批程序中涉及替代方案的环境诊断环节，但是总体来说，哥伦比亚的审批程序较为简单，但相较于其他发展中国家，哥伦比亚环境许可证审批一般办理时限适中，一般情况下自项目提交申请之后起的 2 ~ 3 个月内完成审批工作。由于近几年哥伦比亚公众对环境保护工作非常重视，环境敏感度很高，使时间上存在延长的可能性，但相较于澳大利亚等联邦制发达国家，哥伦比亚的环境许可证审批办理时限还是相对较短的。

综上所述，对哥伦比亚环境许可证审批一般办理时限评定为“低”。

4. 公众参与程度及环境保护敏感度

哥伦比亚环境法律规定，在环境许可证审批程序中，全程涉及公众参与。公众可以在审批流程中的任一环节提出对环评职权范围的意见和建议。尽管哥伦比亚环境法律中并没有明文规定矿业企业需要针对公众的意见和建议做出如何的反应；也没有明确将矿业企业是否需要根据反馈意见修改环评职权范围写入相关环境法律，但是由于哥伦比亚生物多样性的特殊性保护政策，公众对环境保护工作极为重视，环境保护敏感度高。近几年存在不少因环保问题遭到公众反对，最终导致矿业项目环境许可证审批时间延长、环境保护时间及金钱成本增加，甚至流产或被政府叫停的案例。

综上所述，对哥伦比亚公众参与程度及环境保护敏感度评定为“高”。

5. 矿区复垦及环境保护保证金收取要求

尽管哥伦比亚环境保护工作起步较早，对环境保护工作非常重视。然而，就目前情况显示，在哥伦比亚现行的环境法律中，对矿区关闭后的环境修复计划、环境修复工作所要达到的标准，是否需要在闭坑时环境部门进行审核，以及收取矿产开发环境保证金方面均未做明确规定。

综上所述，对哥伦比亚矿区复垦及环境保护保证金收取要求评定为“低”。

由定性分析结果显示，评估哥伦比亚环境保护成本的5个因素中：环境法律体系完善程度以及公众参与程度及环境保护敏感度均评定为“高”级别；环境许可证审批程序复杂程度评定为“中”级别；环境许可证审批一般办理时限以及矿区复垦及环境保护保证金收取要求均评定为“低”级别。总之，哥伦比亚被定级为环境保护中成本国家。

第六节 基 础 设 施

哥伦比亚的基础设施建设相对落后，严重阻碍了哥伦比亚的经济发展，特别是外向型经济产业的发展。世界银行每2年编写一期“物流绩效指数（LPI）报告”，在2016年发布的“联系到竞争：全球经济中的贸易物流、物流绩效指数及指标报告”中，哥伦比亚物流绩效指数的综合分数为2.72，在全部160个国家和地区中名列第97位，在南美洲国家中排名倒数第5位。基础设施落后是哥伦比亚物流指数偏低的主要原因。

一、交通运输

公路运输是哥伦比亚最主要的运输方式，约70%的货物通过公路运输，铁路运输约占27%，内陆水运（3%）和空运（1%）所占比例很小。然而哥伦比亚的道路质量较差，硬化路面较少。人员出行60%依靠水路。

（一）公路

根据CIA（2016）的统计资料，2015年哥伦比亚公路总里程为204855 km，现有道路的覆盖规模达到每万人41.987 km。全国超过80%的交通运输为公路运输，但多数公路年久失修，破损严重。

哥伦比亚的公路系统包括国道、市镇公路和矿区道路（矿区道路的设计、建造和维护有别于一般公路）。加勒比高速、东部高速和中部高速是哥伦比亚贯穿南北的3条主要公路。尽管有严重的地形障碍，约3/4过境的干货物通过公路运输。公路还是该国煤炭的重要运输方式，45%的煤炭都经公路运输。

为了改善道路运输条件和扩大运输能力，哥伦比亚基础设施部于2013年制定了近期公路发展规划：①哥伦比亚交通部将在未来4年内实行“道路繁荣”计划，这一计划旨在改善通往城市道路的交通状况并创造一定的就业机会，计划涉及50000 km道路，主要针对第三代公路体系；②哥伦比亚政府将新建2000 km双车道公路，预计到2021年，双车道公路总里程将超过5200 km。此外，“道路保养”项目也是政府的重点投入之一。

（二）铁路

2015年，哥伦比亚铁路的总里程为2141 km，全部用于货运。哥伦比亚国家铁路公司在1990年已经破产，客运停止，与委内瑞拉的国际连线被切断，尚存的货运业务分别划归大西洋和太平洋的2家公司运作。2007年，铁路的运营车厢共749节，机车共40台。2012年1—5月的货运量仅为17.8 Mt。

哥伦比亚铁路包括1.435 m轨距的标准轨铁路和0.914 m轨距的窄轨铁路。窄轨铁路总里程1991 km，其中1086 km可用于煤炭运输。瓜希拉省塞雷洪煤矿至玻利瓦尔港长150 km的宽轨铁路，承担着哥伦比亚52%煤炭产量的出口运输。

针对落后的铁路状况，2011年3月底，哥伦比亚进行了一次铁路项目的国际招标，该项目包括新建Carare铁路和升级现有的Central铁路。2014年，签署了一个修复大西洋线被摒弃部分的合同，该合同涉及一条从Chiriguanú到La Dorada，总长约750 km的线路，以及另外一条从首都波哥大到Belencito，长约300 km的线路。

（三）内河水运

哥伦比亚河流资源丰富，但总体缺乏利用。国内水路总长24725 km，其中约18300 km在2012年通航。每年，国内航道运送超过550万名旅客和超过3.8 Mt货物。主要航道有：Magdalena－Cauca河系，通航里程1488 km；Atrato水系，通航里程687 km；Orinoco水系包括5条以上可通航的河流，总里程超过4000 km；Amazonas水系包括3条主要河流，总里程3000 km，流入巴西。

（四）港口

哥伦比亚海岸线超过6000 km，约80%国际贸易的货物通过海港进出口。重要海港有：加勒比海海岸的巴兰基亚（Barranguilla）港、卡塔赫纳（Cartagena）港、圣玛尔塔（Santa Marta）港和图尔博（Turb）港，太平洋海岸的布埃纳文图拉（Buenaventura）港和图马科（Tumaco）港。出口主要经加勒比Cartagena港和Santa Marta港，65%的进口货物到Buenaventura港（表9－1－7）。哥伦比亚内河航运发达，最著名的内河港口是位于Rio Magdalena的Barranguilla港。

表9－1－7　哥伦比亚主要港口简况

港名	所属公司	位　置	地形	水深	设　施
巴兰基亚	Carbones del Caribe	马格达莱纳河入海口左岸10 km，经纬度10°58′0″N，74°47′0″W	平坦，包括沼泽区域	11～13 m	加勒比水泥顺岸码头、格拉辛塔莱斯突堤码头、辛拉尼西柜架码头、海运码头、南港池码头等，约有10个泊位，一般前沿水深可达9 m以上。港口有拖驳船只，码头装卸设备良好，有仓库11座，总面积35000 m^2
圣玛尔塔	Prodeco	加勒比海岸，经纬度11°15′0″N，74°14′0″W	平坦	20 m水深线距海岸4 km	泊位1和2水深12.81 m，长329 m，每个泊位对面都有大型仓库。泊位1用作进港货物装卸。泊位2用作出港货物装卸（主要是咖啡）。泊位3水深12.81 m，长232 m，谷类和香蕉装运码头。5和6也是香蕉船泊位，水深10.98 m，总长293 m。另有1号栈桥，水深7.93 m，长92 m，装运冷冻货物品
卡塔赫纳	南美卡塔赫纳公司	加勒比海岸，经纬度10°26′0″N，75°33′0″W	平坦	泊位水深8.3～9.15 m	大型港口。港区有2个栈桥码头。西边1号码头，外侧长198 m，水深9.15 m，内侧长183 m，水深8.54～8.84 m，内侧水深8.54 m，可以靠泊177～183 m长的船舶。1号码头以西是一个沿岸码头，长134 m，水深8.23 m，靠泊小船。有6座独立仓库，分别是26701 m^{2}的进仓散杂货、仓库和9372 m^{2}的出仓散杂货仓库
布埃纳文图拉	南美布埃纳文图拉公司	太平洋海岸，经纬度3°53′18″N，77°2′39″W	平坦	泊位水深9.4～10 m	中等规模港口，允许150 m长的船舶进出，码头有25～100 t的起重设备、仓库等
玻利瓦尔	塞雷洪煤炭公司	加勒比海岸，经纬度12°12′46″N，72°9′51″W	平坦	泊位水深7.1～9.1 m	水深且浪较小，该港是小型港口
图尔博	图尔博公司	加勒比海岸，经纬度8°6′0″N，76°43′0″W	平坦	最大吃水7.62 m	该港是小型港口，码头有25 t的起重设备
图马科		太平洋海岸，经纬度1°49′0″N，78°45′0″W		最大吃水6.7 m	最大载重80000 t油轮，码头有25 t起重设备

哥伦比亚有 8 个煤港或煤炭出口口岸：Barranguilla 港、Bolivar 港煤炭出口口岸、De Mamonal 港、Drummond 煤港、Prodeco 煤港、Rio Cordoba 煤港、Sociedad Portuaria de Santa Marta 港和 Buenaventura 港。哥伦比亚煤炭出口运输量占港口吞吐量的 66.2%，主要通过 Magdalena（Santa marta 港所在省）和 La Guajira 两地的港口运输（表 9－1－8）。

表 9－1－8 主要煤港、口岸的港口情况

港口	最长/m	最宽/m	最高/m	最大吃水/m	煤炭装载能力
Barranguilla	210	32	14	<10	日装 8000～9000 t 煤或 5000 t 焦炭
De Mamonal	195			11.2	416 t/h（船吊）/334 t/h（岸吊）或 166 t/h（焦炭，岸吊）
Drummond	310	45	15		15 条 1500～2000 t 的驳船，5 个水上起重机
Prodeco	310	43	16	18	3 条驳船，9000 t
Rio Cordoba	310	45	16	14.4（20）	2 条驳船
Santa Marta	270	41	15.5	14～15	

数据来源：http：//www. sourcewatch. org/index. php? title = Coal_terminals

2013 年哥伦比亚制定的港口发展规划为：着手修建 Brisa 港、Nuevo 港和 Bahia 港；扩建 Santa Marta 港、Cartagena 港和 Buenaventura 港，并购置相应港口设备；建造并疏浚通往 Buenaventura 港的运河；增加太平洋港口的吞吐量以满足亚洲市场的需求；努力扩大港口数量和港口吞吐量，以满足今后的煤炭增产和出口。

（五）管道

2013 年，哥伦比亚有 4991 km 输气管道、6796 km 输油管道和 3429 km 石油产品管道。全国 5 条主要输油管道中有 4 条与 Puerto Coveñas 的加勒比口岸相连。2005 年美国出资保护 769 km 长的 Caño Limón－Puerto Coveñas 输油管，该管线可将哥伦比亚 20% 的石油产量从东安第斯山脉和亚马孙密林中的 Arauca 地区输送到 Puerto Coveñas 港。此外，哥伦比亚和巴西之间有输油管线，与玻利维亚之间有天然气管道。

二、电力

哥伦比亚电力工业的主体是大型水电站和热电厂，而新的可再生能源（主要是风、太阳能和生物能）的潜力同样受到重视。1994 年的电力改革将哥伦比亚电力工业重组为生产、输送、销售和商业 4 部分。私人发电约占 50%，而输送电中私人比例很小。

电力工业主要由国家电网系统（National Interconnected System，SIN）和在非国家电网区（Non－Interconnected Zones，ZNI）的一些地区性独立系统组成。SIN 覆盖了疆土的 1/3 和人口的 96%，而 ZNI 虽然覆盖了其余 2/3 的国土，服务的人口却仅有 4%。SIN 由 32 个大型水力发电站和 30 个热电站供电，而 ZNI 多由小型柴油发电站供电，而且这些电站工作状态很差。

（一）生产

根据哥伦比亚矿业和能源部的报告，2015 年 12 月，哥伦比亚电力总装机容量为 16436.0 MW，其中以水力发电（11500.5 MW，69.97%）和热力发电（2940.4 MW，17.9%）为主，其他能源发电为辅（表 9－1－9）。目前水力发电利用率仅为 12%，潜能巨大。

表 9－1－9 哥伦比亚电力装机容量

能源	装机容量/MW	比例/%	能源	装机容量/MW	比例/%
水力	11500.5	69.97	气—流体（Gas—Liquid）	264.0	1.61
热力（天然气）	1619.5	9.85	生物能	93.2	0.57
热力（煤）	1348.4	8.20	风能	18.4	0.11
流体（Liquid）	1592.0	9.69	总计	16436.0	100

根据 Enerdata(2016)的资料(Global Statistics Yearbook 2016),2014/15 年哥伦比亚共发电 69 TW·h,比 2014 年 67 TW·h 增长了 3.0% (图 9-1-4)。

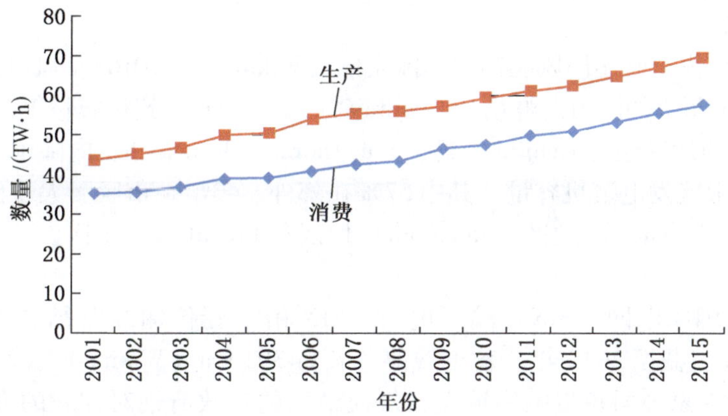

图 9-1-4 近 15 年哥伦比亚电力生产、消费情况(数据引自 Enerdata, 2016)

1. 水电站

哥伦比亚水力资源十分丰富,电力生产主要依靠水电站(Wikipedia, 2016)。在正常的气候状况下,丰水季节水电占哥伦比亚电力销量的 78%,但异常气候导致的枯水季节,水力发电受到影响,则需要火力发电给予补充。2015 年,水力发电高达 70% 左右。在 SIN 拥有的 32 个水电站中,装机容量最大的 5 个分别是 Antioguia 省的 San Carios 水电站、Guatape 水电站、Porce Ⅲ 水电站,以及 Boyaca 省的 Chivor 水电站和 Cundinamarca 省的 Guavio 水电站,其中 San Carios 水电站的装机容量达到 1240 MW(表 9-1-10)。

表 9-1-10 哥伦比亚主要水电站、火电站和风力发电场

电 站	所 在 省	装机容量/MW	公 司
		水 电 站	
Guatape	Antioguia	560	EPM
Porce Ⅲ	Antioguia	660	
San Carios	Antioguia	1240	ISAGEN S. A.
Chivor	Boyaca	1000	AES Chivor & CIA SCA ESP
Guavio	Cundinamarca	1213	Emgesa
		火 电 站	
Barranguilla	Atlantico	918	TEBSA
Flores	Atlantico	610	Termoflores S. A. E. S. P
Candelaria	Bolivar	314	Termocandelaria S. C. A. E. P
Guajira	Guajira	352	Gecelca S. A
Paipa	Boyaca	321	Gensa
		风力发电场	
Jepirachi	Guajira	19.5	EPM

2. 火力发电

正常气候条件下,火力发电厂平均产电仅占全国需求的 22% 左右,但在受厄尔尼诺气候影响的干旱时期,火力发电厂可提供全国电力需求的 67% (Wikipedia, 2016)。在 SIN 拥有的 30 个火力发电站

中，装机容量最大的5个分别是Atlantico省的Barranguilla电站和Flores电站、Bolivar省的Candelaria电站、Guajira省的Guajira电站和Boyaca省的Paipa电站。但火电站的装机容量一般小于水电站的装机容量，最大的Barranguilla电站的有效装机容量为918 MW（表9－1－10）。

3. 可再生能源发电

除水电和火电外，哥伦比亚还用风能和太阳能发电（Wikipedia，2016）。风电主要集中在Guajira省，估计潜能为21 GW。目前最大的风力发电场是Guajira省的Jepirachi，装机容量19.5 MW（表9－1－10）。此外，有风力发电潜能的地区还有Guajira半岛，San Andres、Boyaca和从内陆中心到加勒比海一带。哥伦比亚还有6 MW的太阳能发电装机容量，其中57%在郊外、43%在市区。大规模太阳能发电潜力主要集中在Magdalena地区、La Guajira地区、San Andres地区和Providencia地区。

（二）电力输送

哥伦比亚主要通过国家电网（SIN）输送电力，SIN由一套传输线路结合不同的连接模式组成，电压大于或等于220 kV。截至2012年，输电线路总长24391 km（Wikipedia，2016），由11家不同的上市公司运营。其中，4家公司负责电力输送，规模最大的是政府绝对控股的ISA公司。矿产和能源规划组织（UPME）负责研究和开发新项目，促进新项目的对外开放，使本国和外国的投资者共同受益。

（三）电力消费

近年来，由于经济发展和人口增长，哥伦比亚电力需求量大幅增长，在过去的20年，哥伦比亚电力消费量提高了58%，电力消费量逐年稳步增长，2015年哥伦比亚电力消费量为57 TW·h，比2014年的55 TW·h增长了3.6%。

根据世界能源署的统计资料（IEA，2016），2013年，哥伦比亚国内电力总产量为63338 GW·h，净出口1348 GW·h。国内供应中，除电网损失和电力系统自用外，最终消费中居民用电占40.54%、工业用电占30.48%、商业用电占23.68%、农牧业用电占4.75%、其他约占0.55%。从电力消费的地区分布来看，首都及靠近加勒比海工业和运输发达地区的电力需求量最多，南部较少，西南部需求量最小，而且由ZNI供应。

哥伦比亚是一个电力输出国。2015年哥伦比亚共出口电力457 GW·h，比2014年减少824 GW·h。2013年哥伦比亚主要向委内瑞拉出口电力，但2014年几乎所有出口电力均给了厄瓜多尔。2014年9月，哥伦比亚从厄瓜多尔进口了3.6 GW·h电力（EIA，2016）。

三、基础设施总结

哥伦比亚的基础设施建设相对滞后，严重阻碍了经济发展，特别是外向型经济产业的发展。全国超过80%的交通运输依靠公路，但多数公路年久失修，破损严重。哥伦比亚铁路总里程仅为3468 km，煤炭等矿产品主要由私人管理的铁路运输。哥伦比亚发达的内河航运成为人员和货物重要的运输方式。哥伦比亚海岸线超过6000 km，约80%国际贸易的货物通过海港进出口。

哥伦比亚的发电能力位居拉丁美洲前列，其电力基础设施在南美排位居第一位。哥伦比亚电力资源相对宽裕，不仅可以满足本国经济和社会发展的需求，而且有能力向周边国家出口电力。

本章参考文献

[1] Departamento Administrativo Nacional De Estadistica. Población de Colombia Hoy [EB/OL]. (2016－08－31) [2016－10－19] http://www.dane.gov.co/.

[2] 中华人民共和国商务部. 对外投资合作国别（地区）指南：哥伦比亚2015 [R]. 北京：中华人民共和国商务部，2016.

[3] 北海居. 2015年哥伦比亚GDP初值同比增长3.1%，人均6049美元 [EB/OL]. (2016－03－26) [2016－09－12] http://www.wtoutiao.com/p/1a2BJ3g.html.

[4] 徐宝华. 列国志：哥伦比亚 [M]. 北京：社会科学文献出版社，2010.

[5] 中国出口信用保险公司. 国家风险投资报告：哥伦比亚 [R]. 北京：中国出口信用保险公司，2015.

[6] 中华人民共和国商务部，中华人民共和国国家审计局，国家外汇管理局．2014 年度中国对外直接投资统计公报 [R]．北京：中国统计出版社，2015.

[7] 中华人民共和国商务部．对外投资合作国别（地区）指南：哥伦比亚（2015 年版）[R]．北京：商务部对外投资和经济合作司，2015.

[8] 中华人民共和国外交部．哥伦比亚国家概况 [EB/OL]．(2016) [2016 - 04] http：//www. fmprc. gov. cn/web/gjhdq_676201/gj_676203/nmz_680924/1206_681072/1206x0_681074/.

[9] CIA world fact book. Colombia [R]. CIA. 2009.

[10] Doing Business 2015. 12th edition [R]. The World Bank，International Finance Corporation.

[11] Klaus Schwab. The Global Competitiveness Report 2015—2016 [R]. World Economic Forum.

[12] 中华人民共和国商务部．对外投资合作国别（地区）指南：哥伦比亚（2012 年版）[R]．北京：商务部对外投资和经济合作司，2012.

[13] 中国出口信用保险公司．国家风险投资报告：哥伦比亚 [R]．北京：中国出口信用保险公司，2012.

[14] 徐宝华．哥伦比亚 [J]．拉丁美洲研究（双月），1981 (3).

[15] 孙洪波．中国与拉美油气合作的机遇、障碍和对策 [J]．国际石油径济，2009 (3).

[16] 徐宝华．哥伦比亚加快改革开放步伐 [J]．拉丁美洲研究，1994 (6).

[17] 柯罗．论中国和哥伦比亚贸易的关系 [J]．首都经济贸易大学企业管理系学报，2005 (1).

[18] 李颖，王安建，陈其慎，等．南美矿业投资刍议 [J]．中国矿业，2012 (9).

[19] 袁华江．哥伦比亚矿业的法律与经济评述 [J]．世界经济情况，2010 (4).

[20] 魏翔．南煤矿业投资环境研究 [J]．长安大学法学院学报，2012 (1).

[21] 王威．2008 年全球矿业政策概述 [J]．国土资源情报，2009 (2).

[22] 吴克兵．哥伦比亚税收政策和外汇管理研究 [J]．江汉石油职工大学学报，2013 (3).

[23] 宋国明，胡建辉．南美洲矿业立法及变化 [J]．世界有色金属：中外交流，2013 (4).

[24] 柴瑜，岳云霞，张伯伟，等．“中国—哥伦比亚自由贸易协定”研究 [J]．拉丁美洲研究，2012 (4).

[25] 梁图强．哥伦比亚投资贸易商机多 [N]．经济日报，2003 - 01 - 03.

[26] 中国纺织工业协会市场部，中国贸促会纺织行业协会．哥伦比亚：充满商机的新兴市场 [N]．中国纺织报,2000 - 12 - 27.

[27] 驻哥伦比亚使馆经商参处．哥伦比亚投资的法律环境 [N]．公共商务信息导报，2006 (1).

[28] 高潮．南美洲明珠：哥伦比亚 [J]．中国对外贸易，2009 (5).

[29] 保尔·史密斯．投资哥伦比亚现在是否合适 [N]．刘洋，编译．中国能源报，2012 (10).

[30] 曹霞．哥伦比亚煤炭资源整合的法治之路及对我国的启示 [J]．中国矿业，2011 (9)：38 - 41.

[31] 袁华江．哥伦比亚矿业的法律与经济评述 [J]．世界经济情况，2014 (04)：50 - 55.

[32] Allen B，Richard M，Libardo MM，et al. Review of the efficiency and effectiveness of Columbia's environmental policies [EB/OL]. (2006) [2006 - 08] http：//www. rff. org/Publications/Pages/PublicationDetails. aspx? PublicationID = 9573.

[33] Earthjustic. Plan Colombia's Environmental Impacts，Report to U. S. Congress [EB/OL]. (2007) [2007 - 02 - 14] http：//earthjustice. org/news/press/2007/plan - colombia - s - environmental - impacts - report - to - u - s - congress.

[34] Javier T，Ignacio R，Montserrat Z. Environmental impact assessment in Colombia：Critical analysis and proposals for improvement [J]. Environmental Impact Assessment Review，2010 (30)：247 - 261.

[35] Javier ToroAuthor Vitae. Ignacio RequenaAuthor Vitae，Montserrat Zamorano，Environmental Impact Assessment Review [J]. 2010，30 (4)：247 - 261.

[36] José I. H，María E. H，Sebastián I，et al. Air quality impact assessment of multiple open pit coal mines in northern Colombia [J]. Journal of Environmental Management，2012 (93)：121 - 129.

[37] Lareef Zubair. Challenges for environmental impactassessment in Sri Lanka [J]. Environmental Impact Assessment Review，2001 (21)：469 - 478.

[38] Miningregulation in Columbia. Prepared by Alliance W. J. Ltda，It is a company that offers integral services to the mining sector in Colombia [EB/OL]. (2013) [2013 - 06 - 05] http：//latinlawyer. com/reference/topics/46/jurisdictions/8/colombia/.

[39] CIA. The World Factbook 2015：Colombia [EB/OL]. (2016 - 06 - 30) [2016 - 09 - 21] http：//www. cia. gov/library/publications/resources/the - world - factbook/geos/co. html.

[40] Enerdata. Global Statistics Yearbook 2016 [EB/OL]. (2016 - 08 - 28) [2016 - 09 - 20] http：//www. enerdata. net/en-

erdatauk/press - and - publication/publications/world - energy - statistics - supply - and - demand. php.

[41] Wikipedia. Electricity Sector in Colombia [EB/OL]. (2015 - 09 - 18) [2016 - 09 - 18] https://en. wikipedia. org/wiki/Electricity_sector_in_Colombia.

[42] IEA. Colombia Energy Outlook 2015: World Energy Outlook Special Report [EB/OL]. (2016 - 08 - 25) [2016 - 09 - 18] http://www. worldenergyoutlook. org/.

第二章　煤炭资源分析

第一节　资　源　概　览

一、地质概况

（一）大地构造位置及构造分区

哥伦比亚位于南美洲大陆北端，地处南美洲板块、纳兹卡板块和加勒比板块3个板块的交汇地带。在中生代晚期，哥伦比亚西部的太平洋板块向南美洲板块俯冲，造成了一系列褶皱，形成了近南北向的安第斯山脉，以东、中、西科迪勒拉山为代表；新生代中期，北部的加勒比板块向南美洲板块斜向俯冲，对北部构造进行了二次改造，使北部近南北向的逆冲断层转换成具右旋走滑性质的逆断层，断裂走向从近南北向转换为北东—南西向（刘亚明和张春雷，2011；穆龙新和韩国庆，2009；穆龙新等，2009；张湘宁，1997）。受太平洋板块和加勒比板块俯冲的双重影响，哥伦比亚陆块相应地发育了东、中、西3个构造区（图9-2-1）。

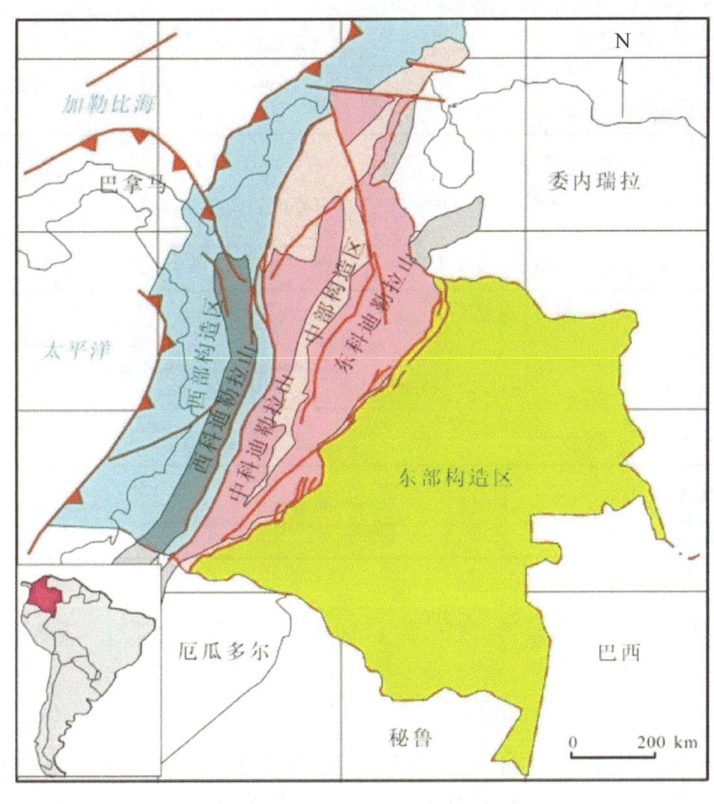

图9-2-1　哥伦比亚地理位置及构造区划（刘亚明和张春雷，2011）

东部构造区西部以东科迪勒拉山前为界，前寒武系基底之上覆盖了古生代—新生代沉积，构造变形比较温和。中部构造区西部以 Romeral 断裂为界，包括东科迪勒拉、Santa Marta 地块、Magdalena 河谷和中科迪勒拉西延部分，沉积和变质岩体系覆盖在 Grenvillian 基底之上。该基底在古生代增生于南美洲板块边界之上，构造活动最为强烈。Romeral 断裂以西皆为西部构造区，由中生界—新生界大洋地层组成，这些大洋地层在晚白垩世、古近纪和新近纪期间增生于南美陆架边缘之上，构造活动强烈，属于一个构造复合体，由各种在强烈的斜向碰撞作用下高度变形的沉积/构造单元拼合而成，形成于一个西向的逆冲断裂体系之上（图 9 -2 -1）。

哥伦比亚全境可划分为 10 个构造单元，即圭亚那地盾、东安第斯边缘盆地、安第斯褶皱带、中—上马格达莱纳盆地、考卡—巴蒂亚裂陷带、西努盆地、圣玛尔塔内华达地块、包多褶皱带、阿特拉多—圣胡安盆地和瓜希拉盆地（矿山百科，2016）。

哥伦比亚的构造演化可以分为 4 个阶段（Cooper 等，1995；Restrepo，1992）：侏罗纪—晚白垩世的同裂谷—弧后热沉降阶段、马斯特里赫特朗期—古新世的西科迪勒拉增生和早期前陆盆地阶段、中始新世—早中新世前安第斯前陆盆地阶段和中中新世—现今的安第斯前陆盆地阶段。前 2 个阶段是主要盆地形成和沉积阶段，后 2 个阶段是主要盖层形成阶段及改造阶段（图 9 -2 -2）。

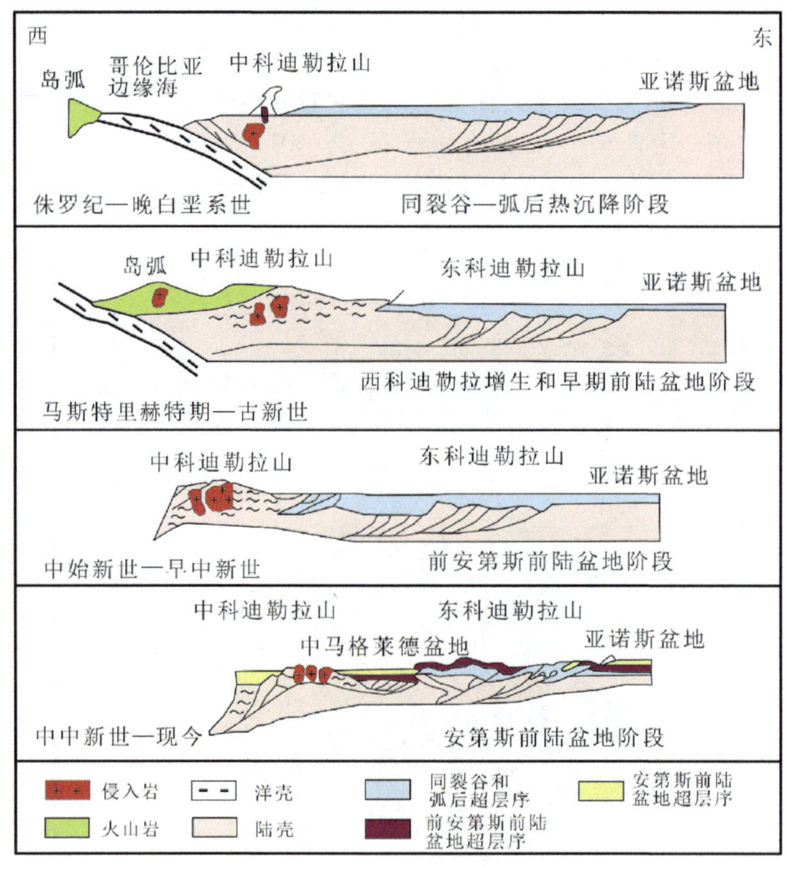

图 9 -2 -2 哥伦比亚构造演化史剖面（Cooper 等，1995；刘亚明和张春雷，2011）

（二）地质特征

哥伦比亚基底可以分为 3 区，被缝合带所分割：东部是前寒武 Guyana 地盾；中部是前寒武—早古生代变质岩，位于中科迪勒拉和东科迪勒拉山脉之下；西部为增生的大洋壳碎片和与俯冲有关的沉积岩及火山岩，构成了西科迪勒拉山脉。

早古生代时，西部沉降发生沉积，东部为大陆。晚奥陶世或早志留世的加里东运动造成西部发生强烈褶皱变质，火成岩侵入中科迪勒拉和西科迪勒拉。加里东运动后，中科迪勒拉变成陆块并一直延续到中生代，白垩纪时则有大量花岗岩岩基侵入其中。中生代时西科迪勒拉发育了巨厚的火山岩系和酸性侵入岩。泥盆纪至中生代，海水从北向南侵入东科迪勒拉地区，陆源沉积物向上逐渐增加，只在边缘断层带存在构造岩浆活动。侏罗纪时，安第斯山系又开始沉降，接受了广泛的海侵，特别是白垩纪时，东、西科迪勒拉山脉成为深海槽，接受了万米以上的巨厚沉积。白垩纪末的拉腊米运动使整个地区褶皱隆起，伴随有火山喷发和岩浆侵入。第三纪时3条山脉相继逐渐隆起，其间沉积形成了一系列第三纪盆地。整个第三纪，全境没有发生重要的造山运动，只在北部的瓜希拉半岛较强烈，并在中科迪勒拉有一条窄的火山活动带（图9-2-3）。

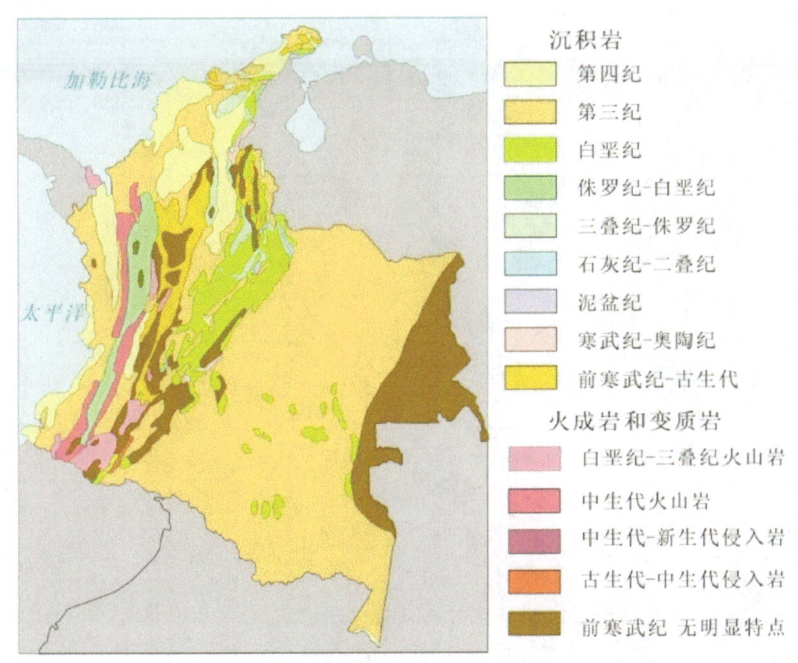

图9-2-3　哥伦比亚地质简图

（三）沉积盆地

1. 沉积盆地的分布

哥伦比亚地处3个板块的交汇地带，受太平洋板块和加勒比板块俯冲的双重影响，因此造就了丰富多样的盆地类型。全国境内有23个沉积盆地，总面积达950000 km^2，占国土总面积的80%以上。依据盆地所处的地理位置及盆地的构造形式，大致可分为4类：位于东部构造区的前陆盆地（图9-2-4编号1，2）和克拉通盆地（图9-2-4编号3）、中部构造区的山间盆地（图9-2-4编号4~12），以及西部构造区的弧前盆地（图9-2-4编号13~23）。

从资源潜力来看，哥伦比亚的煤炭绝大部分富集在山间盆地之内，前陆盆地、弧前盆地内几乎没有资源量，克拉通盆地仅有很少的煤炭资源。

2. 盆地的演化

影响哥伦比亚盆地发育演化的主要构造事件均与南美洲西部活动大陆边缘密切相关。从古生代到晚新生代，哥伦比亚盆地经历了拉张、斜向俯冲、转换挤压等构造阶段，因而在盆地走向和形状上逐步发生了重大变化。哥伦比亚大多数沉积盆地在晚三叠世潘加古陆破裂时才开始形成。在侏罗纪—晚白垩世期间，哥伦比亚境内可简单地分为弧前和弧后两部分，相应地发育有弧前和弧后裂谷2类盆地。此时山间盆地和克拉通边缘盆地还属于一个巨型弧后裂谷盆地，盆地的几何形态由于坎潘期和中新世的碰撞运动而发生巨大改变。坎潘期—马斯特里赫特期西部洋壳的碰撞造成了哥伦比亚前陆盆地体系的隆升和发育。

在中新世，中美洲岛弧的碰撞造成了第二期大的转换挤压运动，伴随安第斯运动兴起，科迪勒拉山隆升，使哥伦比亚广泛分布的前陆盆地体系破碎而形成了破碎前陆盆地（山间盆地），从而基本形成了哥伦比亚现今的构造形态。

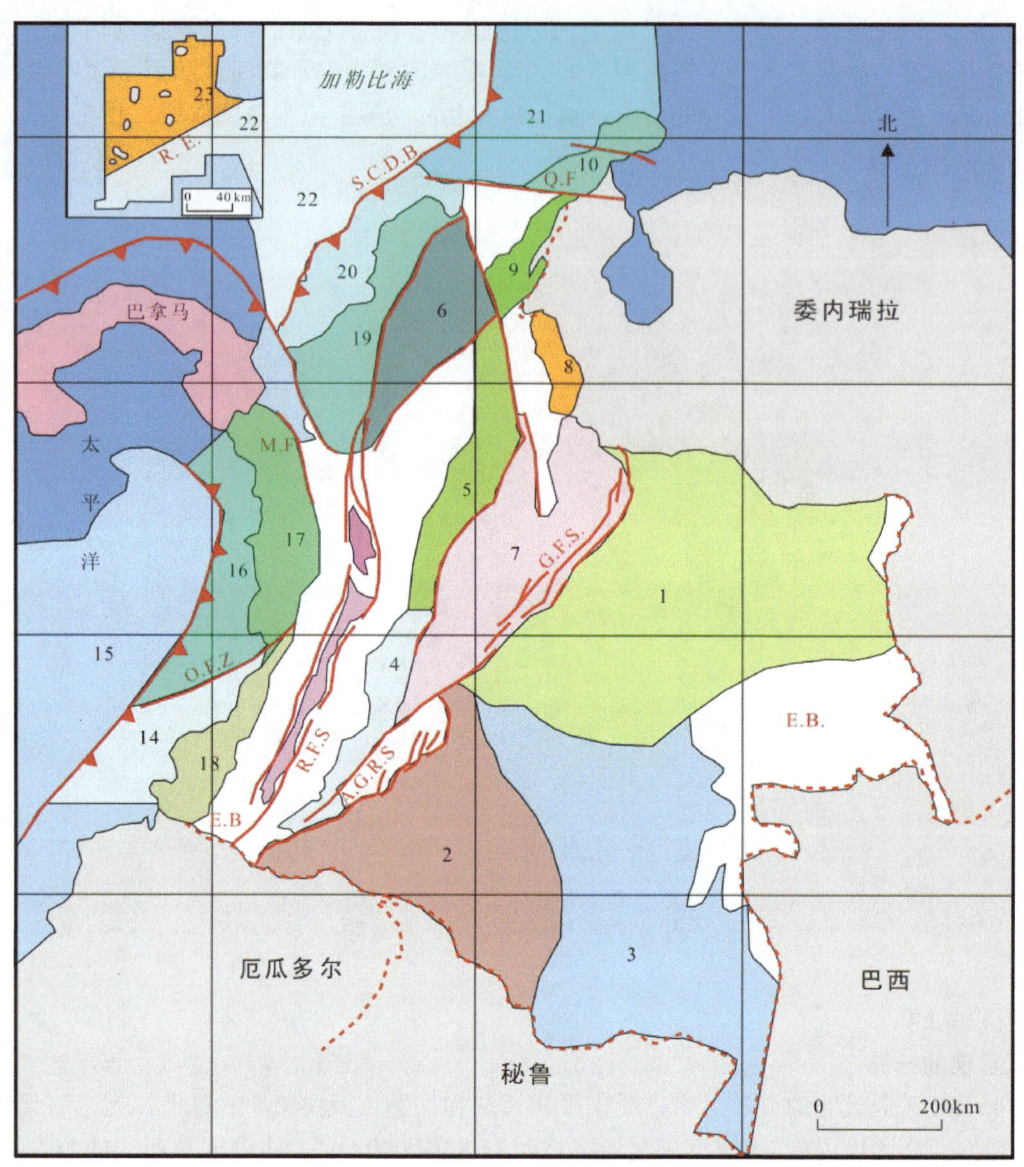

图 9-2-4 哥伦比亚沉积盆地的分布（Cooper 等，1995；刘亚明和张春雷，2011）

哥伦比亚沉积演化总体上经历了海相—过渡相—陆相这一完整的海进—海退旋回，发育自寒武纪以来所有主要地质年代的地层。下古生界海相和滨岸相硅质碎屑岩和碳酸盐岩沉积广泛分布于东部构造区，并延伸到中部构造区，化石丰富。上古生界沉积岩由泥盆系海相黑色泥岩和陆相红层组成；下侏罗统到下白垩统沉积在一个西北—东南—东北向高度不规则体系中，现今被上白垩统—新近系沉积所覆盖，主要分布于中、东部构造区。晚白垩世—古近纪由于洋壳的斜向增生，西、中、东科迪勒拉山遭受剥蚀，沉积物也从海相、近滨相转换为陆相，其上发育的不整合和河流相硅质碎屑岩沉积是古近系和新近系沉积的典型特征，分布于哥伦比亚大部分地区，特别是在一系列山间盆地中陆相沉积发育，形成了哥伦比亚大部分煤炭矿床。各构造区的地层发育程度不一，自西向东沉积地层逐渐增厚，地层逐渐发育齐全，西部构造区最薄，仅沉积第三系。

弧前盆地位于哥伦比亚西部和北部，靠近大洋，沉积较薄，缺失白垩系以前的地层，主要充填第三系海相成因的钙质和硅质碎屑沉积物，上覆于白垩系火山质海相沉积层序之上。这类盆地包括塞纽—圣贾斯通盆地、考卡—帕提亚盆地和科克盆地等。

山间盆地代表近克拉通边缘盆地西部的拉张，它们在安第斯造山期分离，如上马格莱德盆地、中马格莱德盆地、东科迪勒拉盆地和卡塔通博盆地等，这些盆地沉积古生界海相地层、三叠—侏罗系陆相和海相地层、白垩系泥岩、灰岩和砂岩，以及第三系陆相—过渡相沉积物。山间盆地是哥伦比亚煤炭资源的主要富集地。

前陆盆地介于圭亚那—巴西地盾和安第斯山脉东缘之间，盆地沉积地层发育齐全，主要为下古生界、三叠系—侏罗系、上白垩统和第三系硅质碎屑岩沉积。沉积相类型包括海相、过渡相和陆相，主要为碎屑岩沉积，碳酸盐岩较少。

二、矿产资源

哥伦比亚主要矿产有煤炭、石油、绿宝石、天然气、铝矾土、金、银、镍、铂、铁等。哥伦比亚的绿宝石储量和产量均为世界第一。哥伦比亚是南美洲第二大黄金产国和唯一的镍生产国。哥伦比亚拥有丰富的能源矿产资源，是南美洲拥有煤炭资源最多的国家、第二大石油资源国和第三大天然气资源国。哥伦比亚已探明的煤炭储量约为67.46亿t（BP，2016）；预测原油储量约为470亿桶，其中已探明的储量为23.8亿桶（PwC，2014）；天然气探明储量为1600亿m^3；铝矾土储量为1亿t，铀储量为4万t。哥伦比亚是美国第五大原油供应国，现在还是美国最大的煤炭供应国。

三、煤炭资源

（一）资源总量

根据英国石油公司2016年能源统计，截至2015年底哥伦比亚已探明的资源量为67.46亿t，全部是无烟煤和烟煤，占世界总资源量的0.80%，排名世界第十一位；按照目前的生产能力，可以开采76年（BP，2016）。

（二）煤种及资源分布

1. 煤种和煤质

哥伦比亚已探明的煤炭资源基本是高品质烟煤，仅有少量冶金煤。哥伦比亚出口的煤属于低灰、低硫的动力煤，在Puerto Bolívar出口的煤的发热量为11300 Btu/lb（1 Btu/lb = 2326 J/kg）。在国际能源署（IEA）的“Key World Energy Statistics for 2015”中，按照toe的标准，哥伦比亚动力煤的煤质在2014年世界前十名动力煤生产国家中名列第一位，即哥伦比亚的动力煤为0.65 toe/t，以下依次是俄罗斯（0.602 toe/t）、澳大利亚（0.597 toe/t）、印度尼西亚（0.575 toe/t）、南非（0.564 toe/t）、波兰（0.546 toe/t）、美国（0.530 toe/t）、中国（0.479 toe/t）、哈萨克斯坦（0.444 toe/t）和印度（0.395 toe/t）。

2. 资源分布特点

哥伦比亚北到瓜希拉半岛，南至莱蒂西亚，东到库库塔，西至卡利都有煤炭资源分布，但丰富的煤炭资源主要分布在北部瓜希拉半岛和西部安第斯山脚地区。靠近海岸的瓜希拉省和塞萨尔煤盆地是最有潜力的区域，瓜希拉半岛的煤炭储量最大（图9－2－5）。

在哥伦比亚矿业和能源局（2011）主持编制的“哥伦比亚煤炭资源图”中列出了主要含煤省的资源数据。从中可以看到，在所有的含煤省中，以塞萨尔省和瓜希拉省的资源量最丰富，分别占总资源量的31.69%和25.72%，其次是博亚卡省（17.61%）和昆迪纳马卡省（9.61%）。瓜希拉和塞萨尔省拥有的煤炭资源总储量为10065.95 Mt，占全国煤炭总储量的57.41%；全部是高品质的动力煤，占全国动力煤总储量的64.28%；昆迪纳马卡、博亚卡、桑坦德和北桑坦德不仅有丰富的动力煤资源，而且有大量冶金煤，这4个含煤省的冶金煤储量为1874.46 Mt，占全国煤炭总储量的10.69%（表9－2－1）。

目前最大的出口煤产地仅限于哥伦比亚北部的瓜希拉省和塞萨尔省。事实上，多数小和中等规模的煤储量也存在于该国东北地区的桑坦德省和昆迪纳马卡省。大部分冶金煤产于该区域的博亚卡省、昆迪纳马卡省和北桑坦德省（表9－2－2）。

图9-2-5 哥伦比亚含煤区简图（Kottlowski，1978）

表 9-2-1　各主要含煤省 2011 年的资源量、煤种和 2010 年证实储量

省	2011 年资源量				煤种	冶金煤比例/%	2010 年*证实储量
	探明	控制	推断	问题			
瓜希拉	3933.30	448.87	127.51	4509.68	动力煤		3728
塞萨尔	2029.11	1563.98	1963.18	5556.27	动力煤		1814.6
科尔多瓦	381.00	341.00	—	722.00	动力煤		378.5
安蒂奥基亚	90.09	225.86	132.43	448.38	动力煤		87.4
考卡谷—考卡	41.52	92.15	97.91	231.58	动力煤		40.7
昆迪纳马卡	157.15 90.91 248.06	461.70 241.57 703.27	582.80 150.16 732.96	1201.65 482.64 1684.29	动力煤 冶金煤	28.66	224.9
博亚卡	153.23 93.57 246.80	690.20 379.38 1069.58	1387.37 383.26 1770.63	2230.80 856.21 3087.01	动力煤 冶金煤	27.74	156.7
桑坦德	46.70 11.59 58.29	230.97 25.19 256.15	124.78 51.75 176.54	402.45 88.53 490.98	动力煤 冶金煤	18.03	55.4
北桑坦德	48.70 71.02 119.72	123.61 193.74 317.53	184.52 182.29 366.81	356.83 447.05 804.06	动力煤 冶金煤	55.61	107.2
总计	7820.76	7364.75	8414.9	23600.40			6593.40
动力煤合计	7553.67	6524.87	7647.44	21726			
冶金煤合计	267.09	839.88	767.46	1874.46		10.69	
冶金煤/%	3.42	11.40	9.12	7.94			

注：* 数据引自哥伦比亚矿业和能源部网站：Systema de Informacion Minero Colombiano. http://www.upme.gov.co/generadorconsultas/Consulta_Series.aspx? idModulo = 4&tipoSerie = 160&grupo = 439&Fechainicial = 31/12/2009&Fechafinal = 31/12/2010。

表 9-2-2　哥伦比亚不同煤种的产地分布

省	动力煤	冶金煤	无烟煤	发热量（BTU/lb^{-1}）
瓜希拉	y			11586
塞萨尔	y			11655
科尔多瓦	y			9280
北桑坦德	y	y		12653
桑坦德	y	y	y	12790
昆迪纳马卡	y	y		11862
博亚卡	y	y	y	12781
安蒂奥基亚	y			10336
考卡谷	y			11016

第二节　煤　炭　工　业

一、煤炭工业发展简史

20 世纪 80 年代末，哥伦比亚的采矿业开始投向煤炭资源。哥伦比亚拥有拉丁美洲最大的煤炭储量，它们分布在从安第斯山的高地到加勒比海沿岸。但截至 1987 年，仅对已知煤炭资源的 20% 进行了勘探，最主要的煤炭产地在瓜希拉省的 El Cerrejon。El Cerrejon 的煤炭发现于 1882 年，1950 年开始勘

探，1985 年正式生产。

为了促进开发丰富的煤炭资源，1976 年哥伦比亚政府组建了国有煤炭公司—Carbocal 公司。该公司是一个国有商业公司，隶属于哥伦比亚矿业和能源部，最初的资本只有 1060 万美元。在 Carbocal 公司成立后的第一个 10 年，资本迅速增长，1985 年之前已经达到 34700 万美元。Carbocal 公司垄断了哥伦比亚境内外全部的煤炭事务，从勘探、开采到市场和销售。该公司的主要目标是将哥伦比亚的煤炭变成在国际市场上具有长久竞争力的商品。然而，20 世纪 80 年代国际煤炭价格低迷使该目标的实现步履维艰。尽管如此，Carbocal 公司依然试图通过减少生产成本、积极扩大出口来创造机会以帮助煤炭工业争取国内和境外投资。

20 世纪 80 年代末期，哥伦比亚所产煤炭的 40% 被国内消费，约 60% 出口。国内电力生产大约可以消费国内煤炭的 1/3，但由于哥伦比亚水力资源丰富，水力发电更受到重视，因此很难提高电煤的消费量。工业用煤占国内煤炭消耗的 2/3，很可能成为国内促进煤炭生产增长的内因。尽管如此，煤炭工业仍然很难吸引到长期投资，而低迷的国际煤炭价格不断威胁着煤炭产业的进一步发展。

到 20 世纪 90 年代，国际市场对煤炭的需求有所增加，有望通过竞争性投资为哥伦比亚煤炭工业的发展注入活力。然而，短期资金问题仍很难解决，财政问题迫使煤炭工业期望从掌管石油工业的政府机构获得支持。Ecopetrol 公司拥有大量流动资金。政府计划者决定向 Ecopetrol 出卖 El Cerrejon 的股份，以便为缺少资金的煤炭项目注资。为了保留对煤田项目的控制权，政府仍然保留了一半产权，其余出售给私人投资者。

自 2000 年以来，政府较少参与煤炭生产，逐渐将其转移给国内的私有公司和外国投资者，煤炭工业体系发生了重大变化。特别是 2000 年，拥有 Cerrejón 煤田（国内最大）的国有煤炭公司（Carbocal）被出售，2001 年政府彻底转变为管理者的角色，制定政策并通过采矿和能源部管理新的矿权登记。

二、煤炭工业现状

哥伦比亚的煤炭工业在最近 20 年得到了快速发展。目前，哥伦比亚是南美洲最大的煤炭生产国和出口国，是位居世界第 11 位的产煤国（BP，2016）和世界第四大煤炭出口国（IEA，2016）。

（一）煤矿和基础设施

哥伦比亚煤炭开采完全由私有公司掌握，目前大型煤矿共 19 个，包括 15 个露采矿和 4 个井工矿，分别由美国、加拿大、巴西、瑞士等国的公司单独或联合管理和运营（表 9－2－3）。

表 9－2－3 哥伦比亚现有大型煤矿

煤 矿	类型	公 司	建矿时间	国家	煤 田	煤盆地	煤种	用途
Calenturitas	露采	Glencore	2004 年	瑞士	La Jagua		烟煤	动力煤
Cerrejón	露采	Anglo Am.，BHP Billiton Gr，Xstrata	1976 年	英国	Cerrejón		烟煤	动力煤
Cerro Largo	露采	Pacific Coal	2011 年	加拿大	La Jagua de Ibirico			
El Descanso	露采	Drummond Co，Itochu	2009 年	美国	La Jagua	Cesar	烟煤	动力煤
El Hatillo	露采	Goldman Sachs	2007 年	美国			烟煤	动力煤
Galway Cesar	露采	Batista fam		巴西				
Galway Cundinam	露采	Batista fam		巴西				冶金煤
Galway 瓜希拉	露采	Batista fam		巴西				
Hunza	井工	MMEX		美国				
La Caypa	露采	Pacific Coal	1993 年	加拿大			烟煤	动力煤
La Francia I	露采	Melior	2005 年	加拿大		Cesar—Rancher	烟煤	动力煤
La Francia II	露采	Melior		加拿大		Cesar—Rancher	烟煤	动力煤
La 瓜希拉	露采	Batista fam		巴西				

表 9-2-3（续）

煤　矿	类型	公　司	建矿时间	国家	煤　田	煤盆地	煤种	用途
La Jagua	露采	Glencore		瑞士				
La Jagua O	露采	Glencore		瑞士	La Jagua		烟煤	动力煤
La Jagua U	井工	Glencore		瑞士	La Jagua		烟煤	动力煤
La Loma	露采	Drummond Co，Itochu	1995 年	美国	La Jagua	Cesar	烟煤	动力煤
Ruk	井工	Colombia Energy	2012 年	美国				冶金煤
San Juan	井工	Batista fam		巴西			烟煤	喷吹和动力煤

最大的公司是瓜希拉省的 Carbones del Cerrejón LLC 公司，它是由 Anglo American（33%）、Glencore International（33%）和 BHP Billiton（33%）组成的合资公司。该公司经营 Cerrejón 煤矿、Cerrejón Centro 矿、Cerrejón Sur 矿、Cerrejón Zonoa Norte 矿和 Oreganal 矿。

Cerrejón 煤矿的历史最为悠久，它于 1979 年建矿，曾是哥伦比亚最早的国有煤矿，现在由 Billiton plc、Anglo American plc 和 Xstrata Coal 公司联合出资所有。Cerrejón 煤矿位于哥伦比亚东北部，生产高品质的动力煤。由于煤具有低灰、低硫和高发热量的特性，非常受美国电力生产市场的青睐。估计 Cerrejón 煤矿的资源量为 50 亿 t，而探明和控制的储量为 21 亿 t，煤质均可达到出口标准。Xstrata 认为，该矿是世界上最大的煤矿之一。

新哥伦比亚资源公司是一家专注高质量冶金用煤的生产商和开发商，力图拓展冶金煤这个最具吸引力的新兴市场。目前公司主要开发 La Tabaquera 项目。该项目位于 Guaduas 省的 Municipality 地区，波哥大西北约 100 km 处。项目所在地交通便利，由便道与 I-50 国道或新的 Sol 公路相连。煤矿距离 Magdalena 河不足 50 km，水路可以直达 Barranguilla、Santa Marta 或 Cartagena 港口。Magdalena 河道经过疏浚可以将货物从靠近煤矿的 La Dorada 直接运出。根据该公司 2011 年提交的报告，La Tabaquera 煤矿拥有 17 Mt 的烟煤储量，其中 70% 是冶金用硬焦煤、30% 是动力煤（新哥伦比亚资源公司网站，2016）。

（二）煤炭生产、消费和出口

1. 煤炭生产

根据英国石油（BP）2016 年发布的世界能源统计，2015 年哥伦比亚的煤炭产量为 85.5 Mt，与 2013 年的产量持平，但比 2014 年的产量（88.6 Mt）减少了 3.5%，占世界总产量（7861.1 Mt）的 1.09%，保持着世界第 11 位产煤国的地位（表 9-2-4、图 9-2-6）。

表 9-2-4　哥伦比亚 1996—2015 年煤炭产量　　Mt

年份	1996	1997	1998	1999	2000
产量	29.6	32.7	33.6	32.8	38.2
年份	2001	2002	2003	2004	2005
产量	43.9	39.5	50.0	53.9	59.7
年份	2006	2007	2008	2009	2010
产量	66.2	69.9	73.5	72.8	74.4
年份	2011	2012	2013	2014	2015
产量	85.8	89.2	85.5	88.6	85.5

数据来源：BP（2016）

自 20 世纪 90 年代以来，哥伦比亚的煤炭产量稳定增长。1996—2015 年，哥伦比亚的煤炭产量增长了 189.36%，年均增长率为 9.47%，高于全球产量的增长速度。2011 年，该国的煤炭产量快速增加到 85.8 Mt，比 2010 年提高了 15.4%，2012 年煤炭产量达到 89.2 Mt。自 2013 年以来，随着国际经济下行，煤炭市场低迷，该国的煤炭生产也发生了动荡。

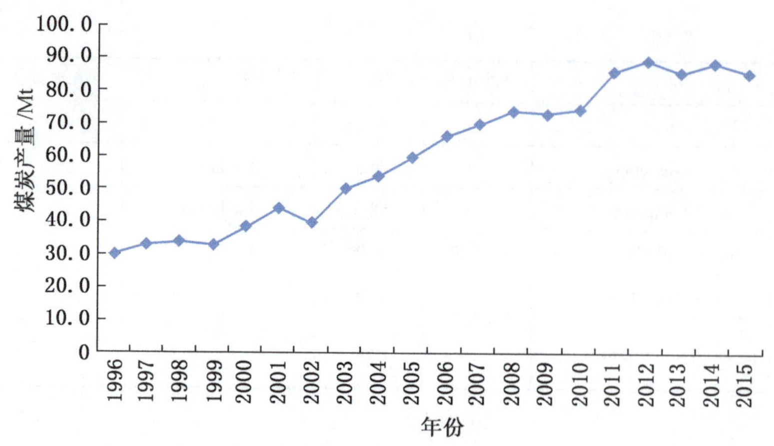

图9-2-6 哥伦比亚1996—2015年煤炭产量

2. 煤炭消费

煤炭在哥伦比亚能源消费结构中并不占有重要地位，煤炭主要为工业所使用和作为国内电力生产的补充。近10年来，哥伦比亚的煤炭消费总体在增长，但2006—2011年的消费量波动很大，自2011年以来稳步增长，2015年达到历史新高。2015年煤炭消费量为7.0 Mtoe，比2014年增长了18.3%。哥伦比亚煤炭消费总量处于较低水平，2015年仅占全球煤炭消费总量的0.2%（表9-2-5、图9-2-7）。

表9-2-5 哥伦比亚近10年煤炭消费量 Mt

年份	2006	2007	2008	2009	2010
消费量	4.1	3.5	5.8	4.5	5.4
年份	2011	2012	2013	2014	2015
消费量	4.3	5.1	5.8	6.0	7.0

数据来源：BP（2016）

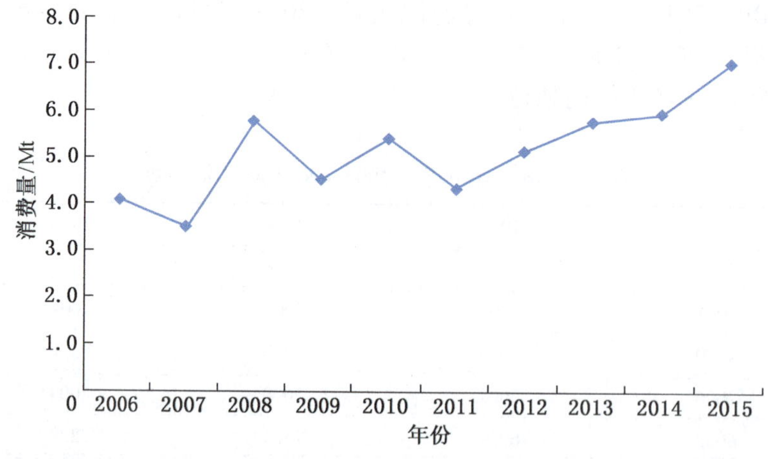

图9-2-7 哥伦比亚2006—2015年煤炭消费量

根据美国IEA（2016）的资料，2013年哥伦比亚国内共消费煤炭6.965 Mt，其中发电（33%）、工业（33%）、炼焦（31%）是3个最主要的消费部门，居民消费仅占2%。

3. 煤炭出口

在哥伦比亚煤炭是排在石油之后第二位的出口货物，在该国经济中占据重要地位。目前，哥伦比亚已是世界上第四大煤炭出口国和南美洲最大的煤炭出口国。哥伦比亚主要出口高品质的动力煤。

哥伦比亚的煤炭出口量逐年稳步增长，2014 年已经成为位列世界第 4 位的煤炭净出口国。根据国际能源署（IEA，2015）的统计，2014 年全球净出口煤炭（包括动力煤、焦煤、褐煤，以及回收的煤炭）1255 Mt，其中 10 个主要煤炭出口国共出口 1237 Mt（印度尼西亚 409 Mt、澳大利亚 375 Mt、俄罗斯 130 Mt、哥伦比亚 80 Mt、美国 78 Mt、南非 75 Mt、哈萨克斯坦 29 Mt、加拿大 27 Mt、蒙古国 19 Mt、朝鲜 15 Mt），其他煤炭出口国仅出口了 18 Mt（图 9－2－8）。

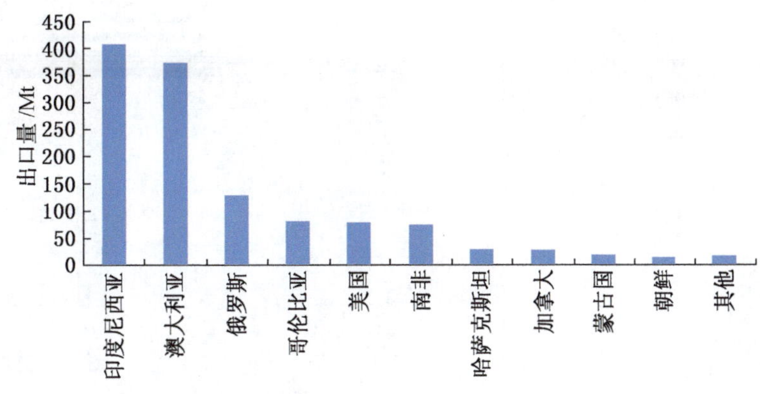

图 9－2－8　2014 年世界主要煤炭出口国家

哥伦比亚是美国重要的煤炭供应国。根据美国 EIA（2016）的资料，由于运输距离较短运费便宜，哥伦比亚的外销煤主要运到欧洲（50%）、美国（10%）、拉丁美洲和加勒比地区（16%）。

第三节　主要含煤盆地分析

一、概述

（一）哥伦比亚的主要含煤盆地及含煤地层

哥伦比亚的煤炭资源主要富集在境内东、中、西安第斯山脉的山间盆地内，而前陆盆地、弧前盆地内的资源量很少，克拉通盆地内的煤炭资源更少。在众多沉积盆地中，哥伦比亚北部的赛泽尔—雅切瑞亚盆地是最典型的山间盆地，它跨越瓜希拉省和 Cesar 省，哥伦比亚著名的 Cerrejón 煤田、塞萨尔省的 Loma 煤田和 Jagua 煤田，以及许多大煤矿如 Calenturitas 煤矿、La Francia 煤矿、Caypa 煤矿等均位于该盆地内。

哥伦比亚主要含煤盆地和煤的沉积时代从 Maestrichtian—古新世（Boyacá—Sabana de Bogotá 盆地）、古新世（Cerrejón and Jagua de Ibirico 盆地）、始新世（Valle del Cauca）、古新世—渐新世（Santander）至中渐新世（Amagá—Titiribí）。如果单纯地按照盆地的形成时代，哥伦比亚煤的形成不早于晚白垩纪，大部分形成于第三纪，因此应该属于褐煤，但由于安第斯构造运动的影响，特别在上新世期间，煤的品级提高到烟煤，具有高—中等挥发分。有些地区由于斑状安山岩侵入的热变质作用导致出现了冶金煤—无烟煤。哥伦比亚的煤不仅形成的年代很集中，而且从东向西煤的年龄逐渐变得年轻：中安第斯和东安第斯的煤属于晚白垩世，北安第斯的煤为早第三纪，西安第斯的煤为晚第三纪。

哥伦比亚主要煤系地层时代从麦斯特里西特（Maastrichtian）阶（K_2）到始新世，但不同盆地的煤系地层时代略有差别（M. G Gonzalez，2010）：在北部的 Cesar—Rancheria 盆地，Rancheria 盆地的 Cerrejón 组为古新世，Cesar 盆地的 Barco—Cuervos 组也是古新世；在 Cauca 盆地，含煤岩系 Guachinte—Ferreira 组的时代为渐新世—中新世；Catatumbo 盆地共有 3 套含煤地层，自下而上分别是古新世的 Catatumbo 组、晚古新世—始新世的 Cuervos 组和晚始新世—渐新世的 Carbonere 组；中 Magdalena 盆地的含煤地层 Umir 组的时代为麦斯特里西特阶—古新世；Amaga 盆地含煤地层的时代为渐新世—中新世（图 9－2－9）。

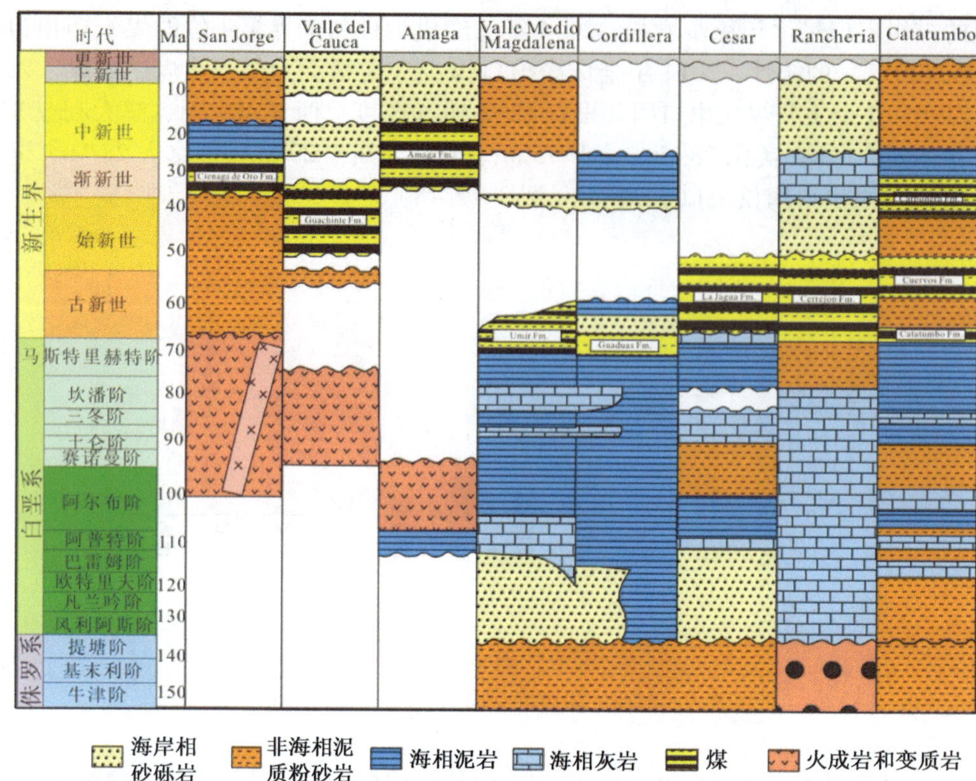

图9-2-9　哥伦比亚主要含煤盆地含煤地层对比（M. G-Gonzalez，2010）

根据哥伦比亚矿产和能源部、哥伦比亚地质和矿产研究所（2004）“哥伦比亚煤炭资源量、储量和煤质”中的资料，最丰富的煤炭资源集中赋存在瓜希拉省、塞萨尔省、北桑坦德省和桑坦德省西部煤区的古新世至始新世的煤系地层之中（表9-2-6）。

表9-2-6　哥伦比亚主要含煤区的含煤地层

含煤区/地区	地　质　时　代	含　煤　地　层
瓜希拉省	始新世	塞雷洪组
塞萨尔省、北桑坦德省和桑坦德省西部	古新世—下始新世	洛斯奎沃斯组
昆迪纳马卡省和博亚卡省	上麦斯特里西特阶（Maastrichtian，K_2）—古新世	Guaduas 组
昆迪纳马卡省西部、博亚卡省和桑坦德省	坎佩尼阶（Campanian，K_2）—麦斯特里西特阶	Umir 组
科尔多瓦省和安蒂奥基亚省北部	中新世—上新世	Cerrito 组
卡尔达斯省、安蒂奥基亚省和科尔多瓦省	上渐新世—下中新世	阿马加组
考卡山谷省和考卡省	始新世—渐新世	瓜奇德和费雷拉组
安蒂奥基亚省乌拉瓦	渐新世—中新世	Floresanto 组和 Maralú 组
科尔多瓦省	渐新世	Ciénaga de Oro 组
安蒂奥基亚省	渐新世	塔拉萨组
普图马约省	上始新世—下渐新世	Pepino 组
北桑坦德省	上始新世—下渐新世	Carbonera 组
平原边缘	中始新世—上始新世	Margua 组
博亚卡省东部	古新世	Socha 组
桑坦德省和北桑坦德省	上麦斯特里西特阶	Catatumbo 组和 Mito Juan 组
平原边缘	上麦斯特里西特阶—上古新世	Palmichal 岩群
昆迪纳马卡省南部和西部	麦斯特里西特阶	Seca 组

表 9-2-6（续）

含煤区/地区	地质时代	含煤地层
昆迪纳马卡省东部和博亚卡省东南部	麦斯特里西特阶	Córdoba 组
昆迪纳马卡省	桑托阶（Santonian，K_2）	Chipaque 组
梅塔省和博亚卡省	阿尔布阶（Albian）	Une 组
乌伊拉省和托利马省	阿尔布阶（K_1）	Caballos 组

注：根据哥伦比亚矿产和能源部、哥伦比亚地质和矿产研究所（2004）“哥伦比亚煤炭资源量、储量和煤质”资料整理。

（二）哥伦比亚的含煤区

从资源分布情况来看，哥伦比亚最富饶的煤炭资源分布在该国北部和西北部地区，特别是北部的瓜希拉省和塞萨尔省；资源量较小的煤田发现于该国西北部的北桑坦德省、桑坦德省和中部的昆迪纳马卡省；多数冶金煤位于博亚卡省、昆迪纳马卡省和北桑坦德省。据此，哥伦比亚划分了以下含煤区：北部—西北部地区的瓜希拉省含煤区、塞萨尔省含煤区和科尔多瓦省—安蒂奥基亚省北部含煤区；内陆地区的安蒂奥基亚省—原卡尔达斯省含煤区、考卡山谷省—考卡省含煤区、昆迪纳马卡省含煤区、博亚卡省含煤区、桑坦德省含煤区和北桑坦德省含煤区；中央山脉西部山麓带和西部山脉东部山麓带的威拉省—托利马省含煤区，以及平原边缘含煤区和亚马孙平原含煤区。

二、主要含煤区地质特征

（一）瓜希拉省含煤区

1. 概述

瓜希拉省含煤区位于哥伦比亚北部的瓜希拉半岛，是哥伦比亚煤炭工业的发源地，该国最重要、最大的 Cerrejón 煤矿位于该含煤区。

含煤区在瓜希拉省南部 Barrancas、Hato Nuevo、Albania 和 Maicao 等城市区域内，西南距塞萨尔省首府巴耶杜帕尔（Valledupar）125 km，北距瓜希拉省首府里奥阿查（Riohacha）105 km（图 9-2-10）。

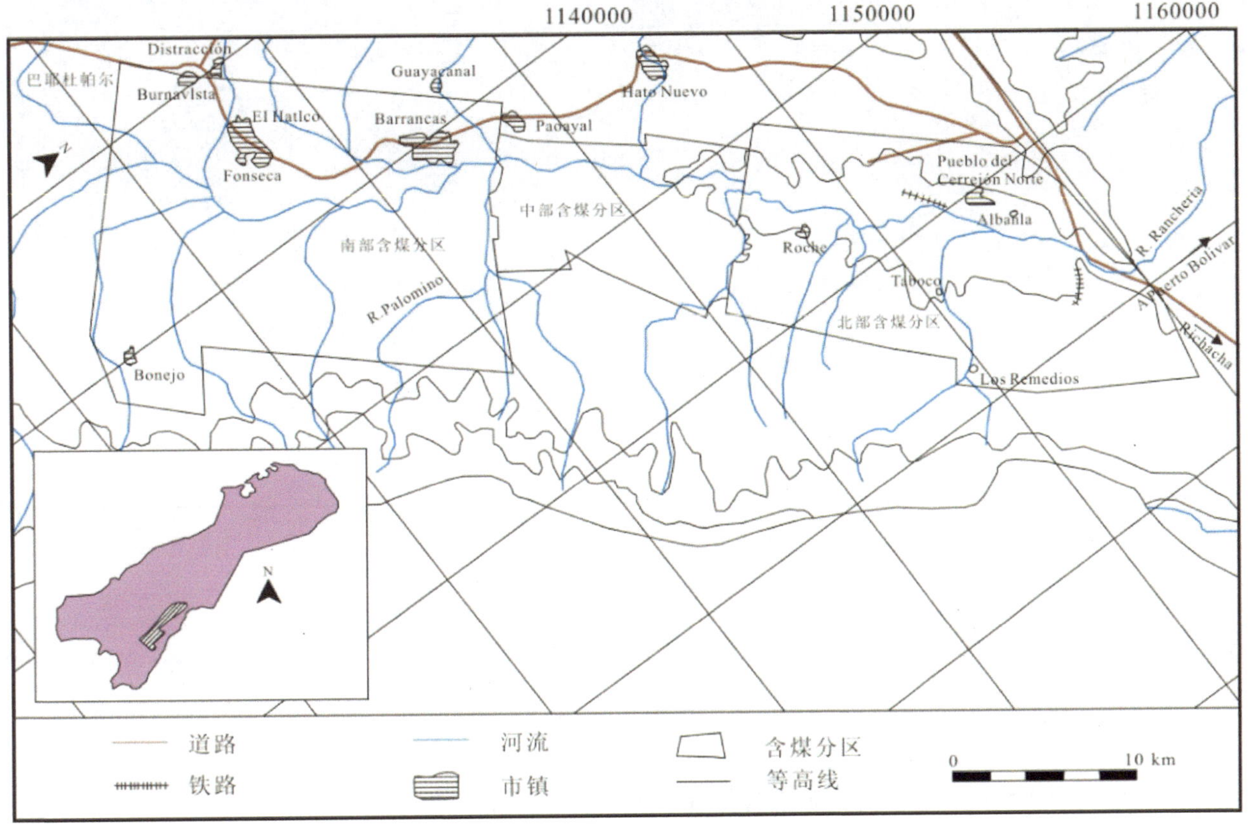

图 9-2-10　瓜希拉省含煤区各含煤分区地理位置（Carbones del Cerrejón，2000，2001）

贯穿该含煤区中部和南部的铁路长 150 km，直通玻利瓦尔港。公路将煤区与 Troncal de Magdalena 国道相连，可通达全国主要城市和工业中心。此外，区内还有各种道路与矿区相连。

瓜希拉省含煤区大部分在 Rancheria 河冲积平原区，地势平坦；Rancheria 河东部和西部被圣玛尔塔的内华达山脉、佩里哈山脉和瓜希拉山脉所围绕，地势起伏较大。该区天气干热，南部极其干旱，北部为半干旱气候，而山区的气候较湿冷。

瓜希拉省含煤区分为 3 个分区：Cerrejón 北含煤分区、Cerrejón 中含煤分区和 Cerrejón 南含煤分区（图 9－2－10）。煤炭富集在古新世 Cerrejón 组煤系地层之中，它们分布在南至 Conejo、北至 Cuestecitas，南北长约 57 km 的区域内，面积约 805 km^2。

2. 地质概况

瓜希拉省含煤区是塞萨尔—兰切利亚盆地的一部分。盆地北临 Oca 断层，并与加勒比板块和南美洲板块相连。盆地西部是圣玛尔塔内华达山脉，东部为 Cerrejón 断层。盆地的形成可能与佩里哈山脉抬升有关。含煤区的煤系地层主要是古新世的 Cerrejón 组。

1）地层

煤区内主要出露古新世 Cerrejón 组煤系地层，仅在佩里哈山脉东部出露有三叠纪—侏罗纪地层，在兰切利亚河谷有第四纪沉积出露。

煤炭资源集中的古新世 Cerrejón 组，整合在 Manantial 组（灰岩含水层）之上。Cerrejón 组厚 900～1100 m，主要由冲积扇砾岩和黏土构成，还有少量的石英砂岩和长石。该组下段有很多薄层灰岩，其中含多层煤。该组地层空间分布十分稳定，因此煤层在整个煤区都存在。

Cerrejón 组分为下段、中段和上段（图 9－2－11）。

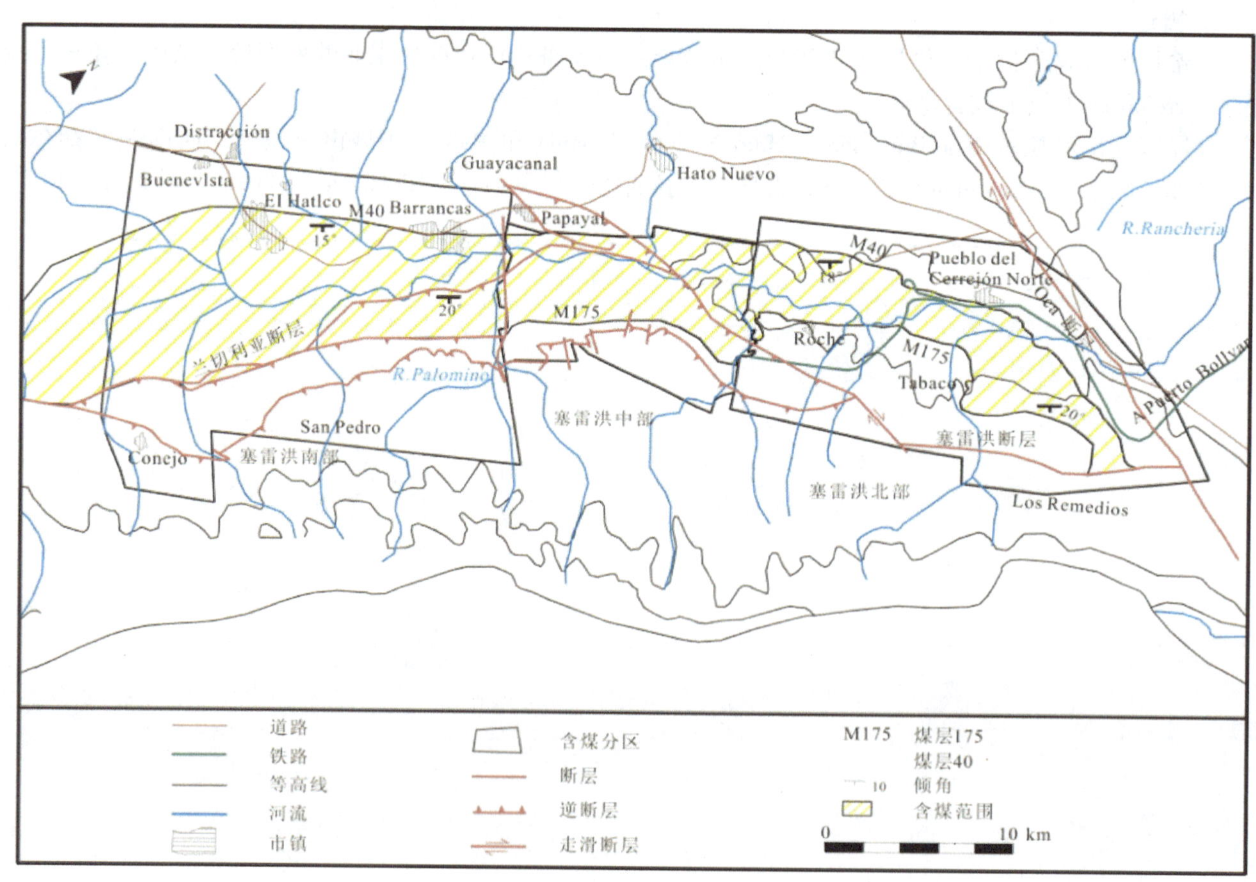

图 9－2－11 Cerrejón 组含煤范围

下段：该段从 Cerrejón 组底部延伸至煤层 45（煤层 5）下部，共有 12 个煤层。下段与中段、上段的煤层相比，下段的煤层较薄，厚度变化较大，并且在地层中分布不均。在该段中，仅仅在某些区段开采了煤层40。

中段：该段从煤层45（煤层5）延伸至煤层110（煤层13U）底部，共有23个煤层。该段煤层连续性较好且深度适宜，在地层中的分布也很均匀，储量丰富且煤质较好，最具有开采价值。

上段：该段从煤层110（煤层13U）底部延伸至Cerrejón组顶部，共有14个煤层，但煤层厚度变化较大。

Tabaco砂岩组不整合在Cerrejón组之上，由砂岩、砾岩、石灰岩和灰黄色云母页岩组成。煤区东部出露的Palmito组盖在Tabaco砂岩组之上，主要是深色至灰蓝色页岩，含植物化石、砂岩层和薄煤层。

兰切利亚河谷的大部分由冲积物组成。此外，河流的淤积土覆盖了Cerrejón组上段。

2）构造

塞萨尔—兰切利亚盆地长220 km、宽20 km，为一个轴向北北西的向斜。盆地北部的Oca断层是一条以右旋运动为主的转换断层，沿着加勒比板块和南美洲板块的边界产生的水平运动，特别是Oca断层的作用形成了该盆地。

Cerrejón断层使东部区块中的白垩纪地层重叠到中生代地层之上。盆地西侧是圣玛尔塔内华达山脉的白垩纪沉积层，该层序受兰切利亚断层的影响；兰切利亚断层走向东北—西南，为一条高角度逆冲断层。

此外，煤区内还有Papayal、Cerrejón和Tabaco背斜及Tabaco向斜，以及一些较小断层。

3. 煤质

哥伦比亚矿产和能源部、哥伦比亚地质和矿产研究所（2004）的“哥伦比亚煤炭资源量、储量和煤质”中列出了瓜希拉省含煤区的煤质数据，该数据由28个煤层的3200项数据分析得出，煤质数据符合ASTM标准。这些数据包括实验室所分析的各煤层（从上到下）的物理化学性质，以及基于坑口分析的平均煤质数据。该研究对上述数据进行了综合，由表9－2－7可以看出，以实验室分析为基础，煤的灰分平均值为5.48%、全硫平均值为0.55%、发热量平均值为12436 Btu/lb、含水量平均值为6.12%，表现出低灰、低硫、高发热量的特点。

表9－2－7　瓜希拉省含煤区的煤质数据

煤层数	密度/(g·cm^{-3})	水分/%	灰分/%	挥发分/%	发热量/(Btu·lb^{-1})	全硫/%
基于实验室						
平均值	1.32	6.12	5.48	36.67	12436	0.55
最小值	1.25	2.71	1.62	33.64	11192	0.36
最大值	1.40	9.67	10.43	38.10	13310	1.04
基于坑口						
平均值	—	11.94	6.94	35.92	11586	0.43
最小值	—	9.7	1.20	33.80	10670	0.20
最大值	—	12.9	12.70	38.00	12500	0.66

数据来源：哥伦比亚矿产和能源部、哥伦比亚地质和矿产研究所（2004）“哥伦比亚煤炭资源量、储量和煤质”

基于坑口的分析，煤的发热量为11586 Btu/lb。根据ASTM标准，上段煤层（编号175～110）归为高挥发分烟煤B类和高挥发分烟煤C类。下段煤层（编号105～45）归为高挥发分烟煤A类。煤的全硫为0.43%、二氧化硫排放量为0.74 lb/MBtu，远远低于美国环保署设定的1.2 lb/MBtu的限值。灰分较低为6.94%，因此煤炭可不经过选洗就直接使用。

4. 储量

瓜希拉省是哥伦比亚第二大煤炭资源大省，其资源量占哥伦比亚总资源量的25.7%，这些煤炭资源主要集中在瓜希拉省含煤区内。

根据哥伦比亚矿产和能源部、哥伦比亚地质和矿产研究所（2004）“哥伦比亚煤炭资源量、储量和煤质”中的数据，整理了2002年以前瓜希拉省含煤区3个含煤分区的储量或资源量（表9－2－8），由

表9－2－8可以看出，北含煤分区300 m内的探明储量已达5950 Mt，无疑是该含煤区资源最集中的地区；中含煤分区的探明储量为670 Mt，该分区为全国最重要的煤炭产区之一；南含煤分区仅给出了Campoalegre区段探明、控制和推断的资源量近867 Mt，说明该分区有很好的开发潜力，但还需通过进一步的勘探工作予以证实。

表9－2－8　瓜希拉省含煤区各含煤分区资源量

含煤分区	深度/m	探明储量/Mt	控制储量/Mt	推断储量/Mt	远景储量/Mt	总资源量/Mt
北	0～300	3950	—	—	3000	6950
中	—	670	—	—	—	670
南	—	263.3	448.9	127.5	27.2	866.9
总计	—	4883.3	448.9	127.5	3027.2	8486.9

数据来源：哥伦比亚矿产和能源部、哥伦比亚地质和矿产研究所（2004）“哥伦比亚煤炭资源量、储量和煤质”

5. 在产煤矿——Cerrejón煤矿

Cerrejón煤矿始建于1976年，该矿位于瓜希拉省Albania、Barrancas和Hatonuevo市之间。Cerrejón煤矿是全世界最大的露天煤矿之一，占地达6.9万hm^2，分为北区、Patilla区、南区和中区等4个区。2011年8月，英国最大的3个煤炭开发商，Xstrata Coal、BHP Billiton和Anglo American联合投资13.11亿美元收购了Cerrejón煤矿，决定将煤矿的生产能力提高25%，达到年产40 Mt的能力。目前这3个公司各持有该矿33.33%的股份，直接雇佣5373名劳动力，另有4497名通过承包商间接为矿服务。Cerrejón煤矿全部为露天开采。该矿还拥有自己的铁路和港口，矿区以150 km的铁路与Bolivar港相连，组成了哥伦比亚唯一一个“矿—路—港”联合体。

Sourcewatch网站（2016）引用Xstrata公司的数据，得出了Cerrejón煤矿现有煤炭资源量为5000 Mt，其中优质出口煤的探明和控制储量为210 Mt。由BHP Billiton公司年报（BHP Billiton，2014，2015）中的数据显示，2015年6月30日Cerrejón煤矿的资源总量为4439 Mt，总储量为649 Mt，可销售煤炭总储量为633 Mt（表9－2－9）。这些数值均比2014年的相应值有所减少，据此估算该矿的储量生命还有17年。开采权证有效期到2034年。

表9－2－9　Cerrejón煤矿的资源量和煤质数据

项　目		储量/Mt	灰分/%	挥发分/%	全硫/%	发热量/(kcal·kg^{-1})
资源量	探明	2726	3.7	34.9	0.5	6560
	控制	992	3.6	34.8	0.5	6550
	推断	721	3.9	34.5	0.5	6520
	总量	4439	3.7	34.8	0.5	6550
	2014年总量	4568	3.7	34.9	0.5	6560
储量	证实	557	—	—	—	—
	可能	92	—	—	—	—
	总储量	649	—	—	—	—
可销售储量	证实	543	9.0	32.8	0.6	6080
	可能	90	8.8	32.6	0.50	5970
	2015年总计	633	9.0	32.8	0.6	6070
	2014年总计	704	9.3	33.7	0.6	6170

Cerrejón煤炭公司负责Cerrejón煤矿的运营，CMC煤炭销售公司负责煤炭市场业务。根据Billiton公司年报中的资料，Cerrejón煤矿2011/12财年的产量为34.989 Mt，2012/13财年的产量为30.051 Mt，

2013/14 财年的产量为 36.996 Mt，2014/15 财年的产量为 33.873 Mt。Cerrejón 煤矿生产和出口低灰、低硫、高热能值的优质动力煤（表 9－2－9）。自 1985 年以来，该公司已经出口煤炭 500 Mt 以上，出口到欧洲（58%）、地中海和亚洲（21%）、中美洲和南美洲（12%），以及北美洲（9%）的一些国家。

（二）塞萨尔省含煤区

1. 概述

塞萨尔省含煤区位于哥伦比亚东北部塞萨尔省境内。塞萨尔省位于哥伦比亚东北部，面积约 22900 km^2，北连瓜希拉省，东北部与委内瑞拉接壤，东南部和北桑坦德省相连，南接桑坦德省（桑坦德），西靠马格达莱纳省和玻利瓦尔省。该省的煤炭资源集中在圣玛尔塔内华达山脉东部。

塞萨尔省北部是塞萨尔河谷地，南部为马格达莱纳河谷地，这 2 个河谷区域地势平坦，占全省面积的 86%；西北部圣玛尔塔内华达山脉和东部佩里哈山脉为山区，占全省面积的 14%。马格达莱纳河流域地势低，易涝，且沼泽遍布。塞萨尔河与马格达莱纳河交汇处的 Zapatosa 沼泽区分布着该省最重要的河网。

含煤区位于该省中部，通过 45 号国道向南与布卡拉曼加相连并达首都波哥大，由以上 2 个城市可与全国其他地区，以及大西洋沿岸的巴兰吉亚港、谢纳加港和圣玛尔塔港相连。通过省道可与首府巴耶杜帕尔、里奥阿查和玻利瓦尔港相连。区内煤炭还可通过铁路运输至消费地和港口。同时，马格达莱纳河也能为煤炭运输提供一些运力，从 Tamalameque 出发驳船可航行至巴兰吉亚港和卡塔赫纳港。

2. 地质概况

1）地层

塞萨尔省含煤区位于塞萨尔河—兰切利亚盆地内。盆地北临东—西走向的 Oca 断层，西部和西南部以东—西走向的布卡拉曼加—圣玛尔塔断层系为界，西北部为圣玛尔塔内华达山脉，东南部为佩里哈山脉。

区内出露有古生代至新生代地层。古生代地层在佩里哈山脉出露，主要是海相和陆相沉积物，局部受变质作用和岩浆侵入的影响。侏罗纪的代表是 La Quinta 组，该组由红层构成，红层在陆相环境下沉积并与火山岩交互产出。白垩纪 Molino 组和 La Luna 组是一套海相地层，其时代为尼欧克姆阶至马斯特里赫特阶。从侏罗纪到白垩纪早期，沉积环境由陆相环境逐步过渡到海陆交互相环境，最终又变为海相环境。自第三纪以来，该区接受了大量陆相或三角洲相沉积，煤主要沉积在古新世—始新世早期的洛斯奎沃斯组。

该区的煤层主要集中在洛斯奎沃斯组内。洛斯奎沃斯组整合在 Barco 组之上，可以分为 3 段：下段（$Tpcl_3$）主要由灰色的黏土岩和灰—浅灰粉砂岩组成，其中分布有砂岩和煤层；中段（$Tpcl_2$）由黏土岩、粉砂岩和砂岩互层组成，其中有 60 个含煤层；上段（$Tpcl_1$）由灰色砂岩、石英、泥沙岩和黏土岩构成。洛斯奎沃斯组的厚度为 245～1600 m，煤层多集中在底部往上 300 m 的范围。

Cuesta 组不整合地覆盖着洛斯奎沃斯组的中上段。岩性为砂岩和砾岩，部分岩层含铁。Cuesta 组的厚度为 60～650 m。上部地层还有更新世和近代沉积物。

2）构造

在构造上，塞萨尔省含煤区总体上可以划分为伊威利格拉哈瓜向斜、Arenas Blancas 断层和塞洛拉尔格背斜 3 个构造单元。在拉洛马地区，第三纪沉积岩盖在白垩纪地层之上，构成了一系列东北—西南走向的背斜和向斜，包括艾尔德斯坎索、拉洛马和 El Querón。上述构造又被一系列东北—西南走向的逆断层切断，如 El Hatillo 断层切断了艾尔德斯坎索和拉洛马向斜，El Tigre 断层切断了拉洛马和 El Querón 向斜。

区内煤炭资源主要集中在含煤区中部，即拉洛马向斜和拉哈瓜向斜之内，根据地质构造和地貌特点将该含煤区进一步划分为 2 个含煤分区：拉洛马分区和伊威利格拉哈瓜分区（图 9－2－12）。拉洛马分区进一步划分为 6 个含煤区段：艾尔戴斯坎索北部、瓜伊玛拉、拉洛马向斜、艾尔博格隆、艾尔戴斯坎索南部和洪多角。伊威利格拉哈瓜含煤分区则分为拉哈瓜和塞洛拉尔格 2 个含煤区段。

3. 煤质

拉洛马含煤分区内各个含煤区段的煤质相似，测试结果表明，煤炭总体属于高挥发分烟煤 C 类，适合用作动力煤。煤的含水量平均为 10.29%，最大值和最小值分别为 12.20% 和 7.41%。灰分平均值

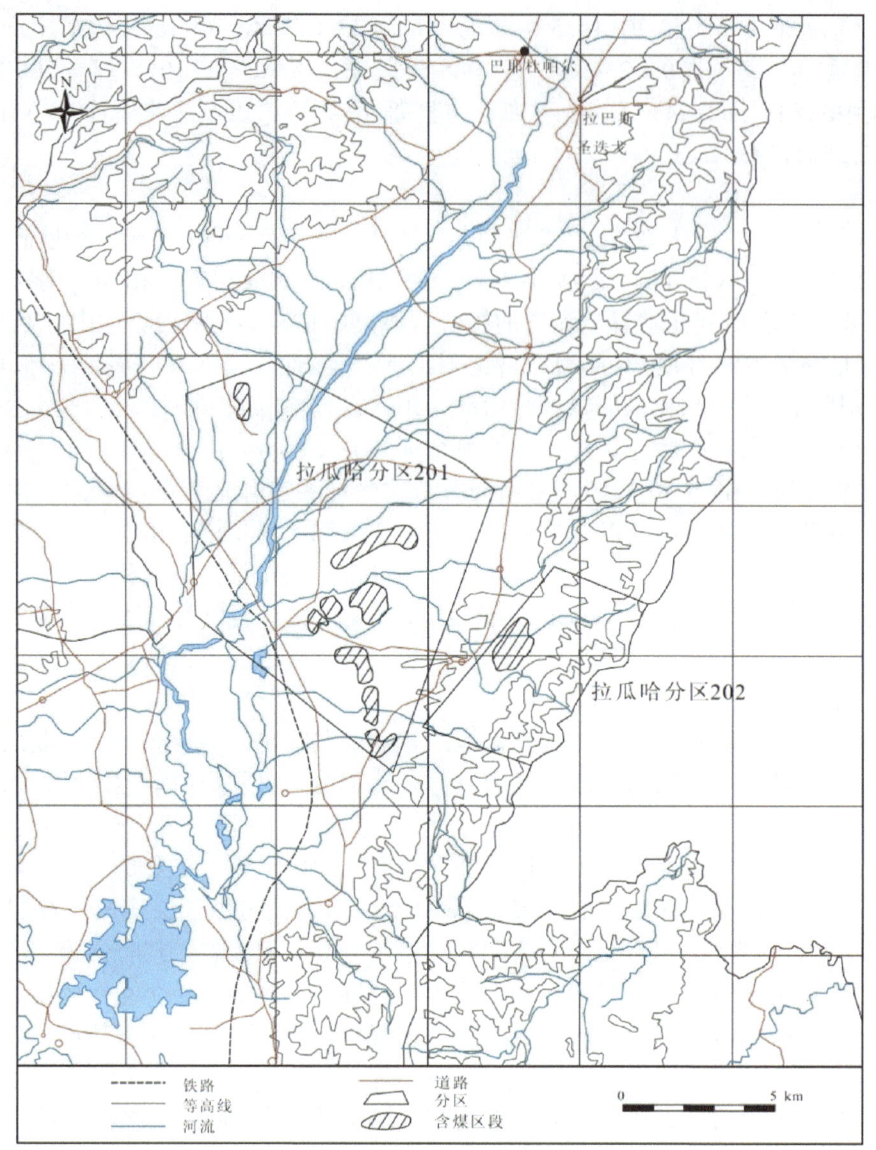

图 9-2-12　塞萨尔省含煤区各含煤分区地理位置（哥伦比亚矿产和能源部、哥伦比亚地质和矿产研究所，2004）

为 5.61%，最大值和最小值分别为 34.81% 和 2.85%。这些数据指标相对较低。挥发分平均值为 36.79%，显示了煤炭的良好反应性，燃烧稳定且完全。全硫较低，平均值为 0.59%，因此燃烧时不易产生腐蚀性物质和有毒气体，对环境影响较小。煤的发热量为 7425～12345 Btu/lb，平均为 11616 Btu/lb（表 9-2-10）。

拉哈瓜含煤分区内各个含煤区段的煤质相似，测试结果表明，煤炭总体属于高挥发分烟煤 B 类，适合用作动力煤。煤的含水量平均值为 7.14%，最大值和最小值分别为 9.15% 和 5.61%。灰分平均值为 5.32%，最大值和最小值分布为 11.35% 和 2.71%。这些数据指标相对较低。挥发分的平均值为 36.79%，显示了煤炭的良好反应性，燃烧稳定且完全。全硫较低，平均值为 0.62%，因此燃烧时不易产生腐蚀性物质和有毒气体，对环境影响较小。煤的发热量为 11318～13344 Btu/lb，平均值为 12606 Btu/lb（表 9-2-10）。

根据上述数据可以认为，塞萨尔省含煤区所产的煤为低灰、低硫、高挥发分、高发热量的优质动力煤，其中伊威利格拉哈瓜含煤分区的煤质更优。

塞萨尔省含煤区部分在产煤矿所产商品煤的煤质同样表明，该含煤区的煤适合用作动力煤（表 9-2-11）。

表9-2-10 塞萨尔省含煤区煤质分析

项目	拉洛马含煤分区			拉哈瓜含煤分区		
	平均值	最大值	最小值	平均值	最大值	最小值
含水量/%	10.29	12.20	7.41	7.14	9.15	5.61
灰分/%	5.61	34.81	2.85	5.32	11.35	2.71
挥发分/%	36.79	39.43	26.30	35.70	39.42	33.14
固定碳/%	47.31	50.01	29.24	51.34	55.12	46.91
全硫/%	0.59	2.98	0.25	0.62	1.52	0.30
发热量/($Btu \cdot lb^{-1}$)	11616	12345	7425	12606	13344	11318
发热量/($kcal \cdot kg^{-1}$)	6453	6858	4125	7003	7413	6288

注：以德拉蒙德公司 Pribbenow 煤矿为代表，根据哥伦比亚矿产和能源部、哥伦比亚地质和矿产研究所（2004）“哥伦比亚煤炭资源量、储量和煤质”资料整理。

表9-2-11 塞萨尔省含煤区在产煤矿商品煤的煤质

煤矿	煤种	用途	发热量/($MJ \cdot kg^{-1}$)	挥发分/%	灰分/%	含水量/%	全硫/%
Cerro Largo	烟煤	动力煤	27.91	—	—	0	0.78
El Descanso	烟煤	动力煤	—	—	—	0	0.54
La Francia I	烟煤	动力煤	25.93	37	—	13.5	0.80
La Francia II	烟煤	动力煤	—	—	5.6	0	0
La Jagua OP	烟煤	动力煤	27.9	—	7.0	0	0.70
La Jagua UG	烟煤	动力煤	29.3	—	7.0	0	0.70
La Loma	烟煤	动力煤	27.4	—	5.0	0	0.65

4. 储量

塞萨尔省的煤炭资源量位居哥伦比亚之首，其资源量占哥伦比亚总资源量的38%，这些煤炭资源主要集中在塞萨尔省含煤区内。

根据哥伦比亚矿产和能源部、哥伦比亚地质和矿产研究所（2004）“哥伦比亚煤炭资源量、储量和煤质”报告中的数据，整理了2002年以前塞萨尔省含煤区2个含煤分区的储量或资源量（表9-2-12），由表9-2-12可以看出，含煤区的探明储量为1718.8 Mt、控制储量为1395.6 Mt、推断储量为1605.7 Mt、总储量达到4720.1 Mt；如果加上拉洛马向斜块段993.5 Mt的远景资源量，总资源量为5713.6 Mt。

总之，拉洛马含煤分区的资源量大于拉哈瓜伊威利格含煤分区的资源量，有着更好的开发远景。

表9-2-12 塞萨尔省含煤区资源量 Mt

项目	块段	探明储量	控制储量	推断储量	总计
拉洛马含煤分区	El Descanso Norte	820.2	1047.0	1524.3	3391.5
	Sinclinal La Loma	197.4	36.3	42.8	276.5
	El Boqueron	361.0	166.0	—	527.0
	El Descanso Sur	81.9	146.3	38.6	266.8
	合计	1460.5	1395.6	1605.7	4461.8
拉哈瓜伊威利格含煤分区	La Jagua	197	—	—	197
	Cerro Largo	61.3	—	—	61.3
	合计	258.3	—	—	258.3
总计		1718.8	1395.6	1605.7	4720.1

注：根据哥伦比亚矿产和能源部、哥伦比亚地质和矿产研究所（2004）“哥伦比亚煤炭资源量、储量和煤质”资料整理。

5. 在产煤矿

依据现有资料，目前塞萨尔含煤区共有6个煤矿（表9-2-13），其中最大的拉洛马煤矿是一个大型露天煤矿，年产能达到21 Mt，近年均正常运转。La Jagua煤矿包括露采和井工2个矿，但井工矿已经闭坑。

表9-2-13　2012年塞萨尔含煤区资源及生产情况

煤　矿	开采方式	资源量/Mt	储量/Mt	煤层数	年产能/Mt	2014年产量*/Mt	2015年产量*/Mt
Cerro Largo	露采	20.00	0	—	0.6	—	—
El Descanso	露采	1763.00	980.00	23	—	10.125	11.929
La Francia I	露采	105.30	39.60	—	2.0	0.000	2.298
La Francia II	露采	42.92	0	—	—	—	—
La Jagua OP	露采	140.10	127.10	1	0.8	3.207	1.890
拉洛马	露采	561.00	561.00	12	21.0	12.951	16.078

注：*引自哥伦比亚矿业和能源部的SIMCO（Sistema de Informacion Minero Colombiano）网站“Comercialización de Carbón por Empresas”。

（三）科尔多瓦省—安蒂奥基亚省北部含煤区

1. 概述

科尔多瓦省面积约25000 km^2，西临加勒比海，北连苏克雷省，东接玻利瓦尔省，南衔安蒂奥基亚省。科尔多瓦省和安蒂奥基亚省北部含煤区包含了安蒂奥基亚省的北部、玻利瓦尔省和科尔多瓦省的西南部地区。

科尔多瓦省70%在Sinú河和圣豪尔赫河流域，地势比较平缓，适宜农牧业发展；山区占30%，属于Occdental山脉北部。省内地势较低的地区气候炎热，北部干旱，南部和山区湿润。安蒂奥基亚省北部地区与科尔多瓦省相似。

该区主要公路Central de Occidente国道，连接麦德林和Costa Norte，途经Valdivia港、Caucasia、Montería、Cartagena、巴兰吉亚港和圣玛尔塔港等。区内另一条公路连接Urabá Antioqueño和Turbo港。

根据地质和地貌特点，该含煤区被分为5个含煤分区：科尔多瓦省南部的高圣豪尔赫含煤分区（该含煤分区被进一步分为4个含煤区段：高圣豪尔赫含煤区段（ASJ）、圣佩德罗北部含煤区段（SPN）、圣佩德罗南部含煤区段（SPS）和La Guacamaya—La Escondida含煤区段）、科尔多瓦省谢纳加欧罗市境内Caucasia山脉、Ayapel山脉西北部与西部和Occidental山脉北端的谢纳加德欧罗含煤分区、安蒂奥基亚省西北部靠近Abibe山脉西部的乌拉瓦含煤分区、曼河流域的塔拉萨—曼河含煤分区和布里和卡瑟里两市境内的布里—卡瑟里含煤分区。其中，对高圣豪尔赫含煤分区进行了较详细的地质评价，其余含煤分区的地质工作较少。所有含煤分区都有完善的道路网，并将彼此相连。

2. 地质概况

1）地层

该含煤区出露的沉积地层时代为渐新世—上新世，包括Floresanto组、Maralú组和Paujil组，以及始新世—渐新世的Uva组和中新世中期的Napipí组（图9-2-13、图9-2-14）。

渐新世Floresanto组由500 m厚的黏土岩、冲积扇砾岩和灰色石英砂岩构成。该组与下伏的Maralú组之间不整合。下中新世Paujil组厚200 m，岩性为黏土岩、石英砂岩和灰岩，不整合盖在Floresanto组之上。以上2组中未发现煤层。

渐新世Cienaga de Oro组的厚度约为1200 m，分为上下2段：下段由石英砂岩、石英粉砂岩和黏土岩组成，不含煤层；上段主要由石英砂岩和石英砾岩组成，夹层为砾岩和煤层。

Cerrito组不整合盖在Porquero组之上，厚1500 m，从下至上分为3段。下段厚约400 m，由砾岩和石英砂岩组成，不含煤；中段厚800 m，由石英粉砂岩、黏土岩和煤层组成，已确定40个含煤层；上段厚300 m，岩性为石英砂岩和黏土岩，该段底部有煤层。

塔拉萨组整合在Caucasia之上，由易碎的砂岩、石英砂砾岩和变质砾岩组成，未见煤层。

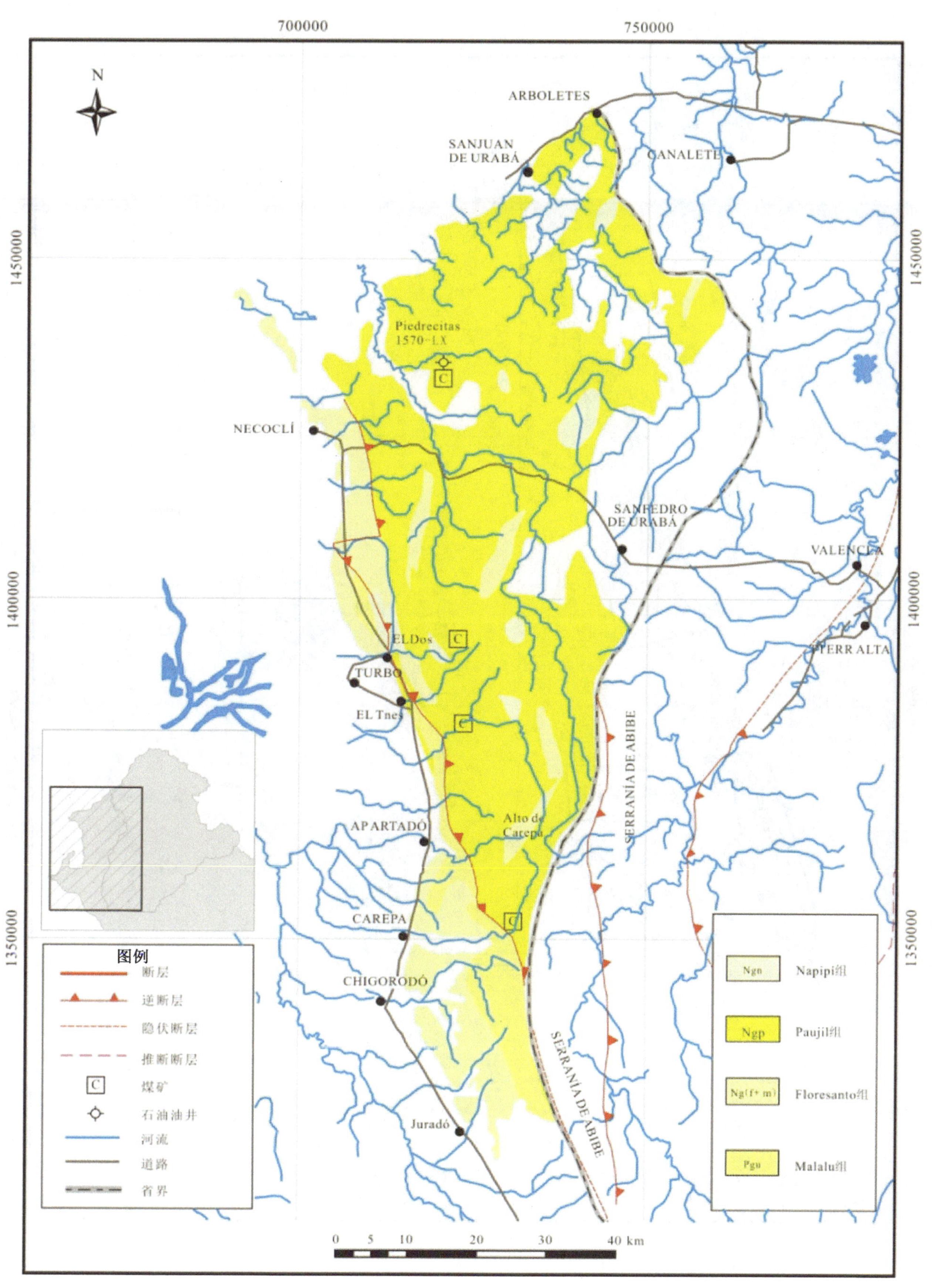

图9-2-13 科尔多瓦省—安蒂奥基亚省北部含煤区西部地质图（González，1997，有修改）

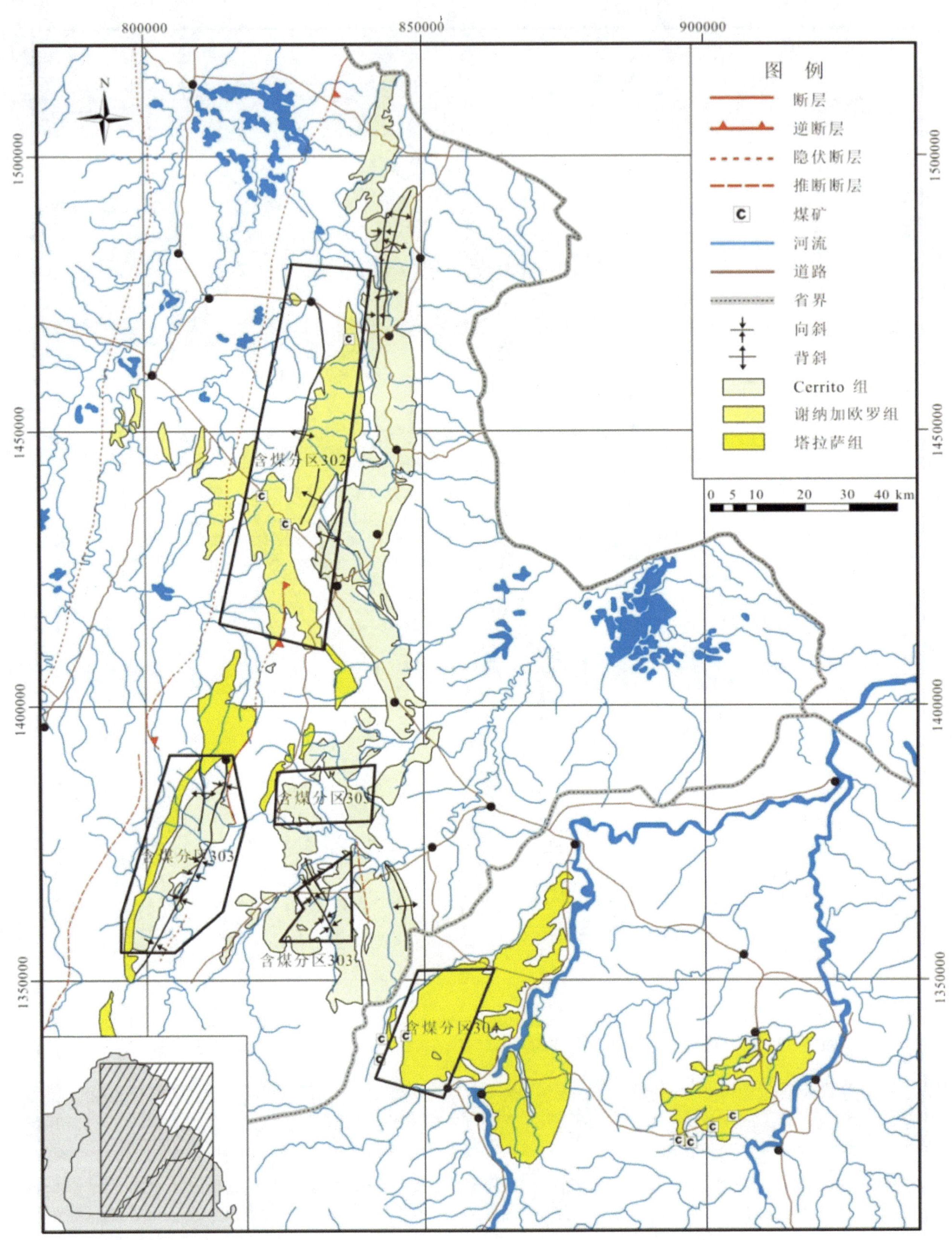

图 9－2－14　科尔多瓦省—安蒂奥基亚省北部含煤区东部地质图（González，1997，有修改）

2）构造

该含煤区的主要构造是断层，自西向东分别有 Urmita 断层、Sinu 断层和 Romeral 断层。Romeral 断层东部发育有大陆台地，台地含有煤炭（渐新世—中新世）。

3. 煤质

哥伦比亚矿产和能源部、哥伦比亚地质和矿产研究所（2004）的“哥伦比亚煤炭资源量、储量和煤质”中列出了科尔多瓦省—安蒂奥基亚省北部含煤区的煤质数据。由于该含煤区内高圣豪尔赫分区地质调查工作最为详尽，煤炭资源量最大，是全区最集中的煤炭开采地，因此252个样品均采自高圣豪尔赫、圣佩德罗北部和南部含煤区段的35个煤层（表9-2-14）。根据分析可以确定该区的煤属于高挥发分烟煤C类至次烟煤A类、B类和C类，其中主要是次烟煤B类，适合用作动力煤。

表9-2-14　高圣豪尔赫含煤分区煤质数据

项　目	平衡水/%	残余水/%	灰分/%	挥发分/%	固定碳/%	发　热　量		全硫/%
						$kcal \cdot kg^{-1}$	$Btu \cdot lb^{-1}$	
平均值	17.46	14.28	9.71	37.39	38.62	5137	9246	1.37
最大值	21.10	19.46	41.07	46.20	46.43	6835	12303	10.60
最小值	12.88	6.52	1.95	27.86	15.28	2755	4959	0.07
样品数/个	215	252	252	252	252	252	252	252

注：根据哥伦比亚矿产和能源部、哥伦比亚地质和矿产研究所（2004）的“哥伦比亚煤炭资源量、储量和煤质”资料整理。

从表9-2-14可以看出，煤的发热量为4959~12303 Btu/lb，平均值为9246 Btu/lb。平衡水含量和残余水含量相对较高，平均值分别为17.57%和14.49%。灰分平均值为9.24%，但最大值和最小值分别是41.07%和1.95%，变化很大。全硫平均值为1.31%，二氧化硫排放量为2.11 lb/MBtu，超过了美国环保署设定的1.2 lb/MBtu的限制。煤炭燃烧时会产生腐蚀性物质和有毒气体，对环境影响较大。

4. 储量

根据哥伦比亚矿产和能源部、哥伦比亚地质和矿产研究所（2004）的“哥伦比亚煤炭资源量、储量和煤质”中的数据，2003年底科尔多瓦省和安蒂奥基亚省的煤炭总资源量共计1196.74 Mt，其中60%以上在科尔多瓦省，主要在高圣豪尔赫含煤分区。

科尔多瓦省—安蒂奥基亚省北部含煤区的煤炭潜力（探明的和控制的）共计722亿t，主要是次烟煤和高挥发分烟煤C类，适合用作动力煤，包括高圣豪尔赫含煤分区内3个含煤区段的探明储量和控制储量共计591 Mt（表9-2-15），其中煤层厚度在0.6 m以上，剥采比低于10∶1的探明资源量为3.16亿t。另外，根据加勒比煤炭公司的资料，La Guacamaya—La Escondida 含煤区段的探明储量为65 Mt、控制储量为66 Mt。

表9-2-15　高圣豪尔赫含煤分区内3个含煤区段的煤炭资源量

埋深/m	San Pedro 南/Mt	San Pedro 北/Mt	Alto San Jorge/Mt	小计/Mt
0~50	121.4	—	26.9	148.3
0~100	180.3	—	37.1	217.4
0~150	281.1	—	—	281.1
0~200	378.8	—	—	378.8
0~250	447.2	—	—	447.2
0~300	591.0	—	—	591.0

注：根据哥伦比亚矿产和能源部、哥伦比亚地质和矿产研究所（2004）“哥伦比亚煤炭资源量、储量和煤质”资料整理。

5. 开采状况和在产煤矿

尽管该区靠近大西洋沿岸，地理位置优越，煤炭资源量比较可观，但较差的煤质成为制约煤炭开采和出口的主要因素；国内需求乏力，致使科尔多瓦省的煤炭开采一直比较滞后。1983 年，加勒比煤炭公司开始在 La Guacamaya 进行露天开采。此后，一批小型煤矿陆续开发，但很快就被舍弃。

目前没有官方公布的煤矿生产数据。

（四）安蒂奥基亚省—原卡尔达斯省含煤区

1. 概述

安蒂奥基亚省—原卡尔达斯省含煤区包括原安蒂奥基亚含煤区部分和原卡尔达斯省部分。

安蒂奥基亚省部分位于麦德林市西南并延伸至波隆博洛、委内西亚、弗雷多亚、阿马加、安吉罗伯利斯和迪迪利比市，面积 350 km^2。其西界为考卡河，东部以 Morro Toronjo 山为界。该区有 2 条公路与首府相连，一条是 Troncal del Café 国道，另一条是连接阿马加与弗雷多亚、委内西亚和波隆博洛市的公路。区内还有若干低等级道路。

原卡尔达斯省部分位于利萨拉尔达省里奥苏西奥和古因起亚市，以及卡尔达斯省阿兰萨苏市境内，西部自然边界为考卡河，向东延伸至阿兰萨苏市和桑达格达市。从 Panamericana 通往麦德林、佩瑞拉和马尼沙的公路穿越该区；除此之外，该区还有若干低等级道路。

该含煤区气候因地势起伏变化较大，考卡河地区气候炎热，cafetera 的广阔地区气候温和，地势较高的地区气候寒冷。

安蒂奥基亚省—原卡尔达斯省含煤地层存在的地区变形侵蚀作用比较明显。根据以上地质情况，对含煤区进行了自然划分。安蒂奥基亚省部分有 4 个含煤分区：委内西亚—弗雷多亚分区（包含西尼法诺含煤区段和 5 个含煤区块：Palmichal、Hoyo Grande、Palenque、Palomos 和 Jonás）、阿马加—安吉罗伯利斯分区（分为 2 个含煤区段，南部是阿马加—勒其含煤区段，北部是安吉罗伯利斯含煤区段。两者的地层和构造具有连续性）、委内西亚—波隆博洛分区（包括桑多角含煤区段和波隆博洛含煤区段）和迪迪利比分区（分为科尔科瓦多含煤区段和巴萨尔含煤区段）；原卡尔达斯省部分有 2 个含煤分区：里奥苏西奥—古因起亚含煤分区和阿兰萨苏—桑塔格达含煤分区（有 2 个含煤区段：阿兰萨苏含煤区段和桑塔格达含煤区段）。

2. 地质概况

1）地层

在安蒂奥基亚省部分，沉积地层主要集中在麦德林市西南方，时代主要是前古生代至晚第三纪，部分为第四纪（图 9－2－15）。

上渐新世—下中新世的阿马加组是该区的含煤岩系，主要是很厚的硅质碎屑岩层含煤层，不整合在 Cajamarca 群和 Pueblito 闪长岩层之上。在麦德林市南部和西南部阿马加组出露地表，走向南—东南～北—西北，在西部被 Romeral 断层切断。阿马加组在安蒂奥基亚省部分含煤面积仅 75 km^2，由砾岩、砂岩和页岩组成，厚度一般小于 560 m，仅在个别地段厚度能达到 1500 m，但无法确认这种厚度变化是由沉积作用还是由构造作用引起的。

阿马加组分为 3 段：

下段（Toi）在西尼法诺河出露，不整合在 Cajamarca 群（PEV）之上，主要由砂岩和砾质岩组成，并间杂少量冲积扇砾岩和黏土岩，厚 67 m。

中段（Tom）主要在西尼法诺、El Salado、Piedra Verde 和 Sucia 河区出露，厚 129 m（最厚可达 200 m），主要由黏土岩和冲积扇砾岩组成，间杂砂岩和厚度不等的煤层。阿马加区域有 6 个可采煤层，在西尼法诺河地区仅有 3 个，位于该段下部和上部。

上段（Tos）占该区域面积的 90% 以上，厚 359 m，其 54% 为砂岩、46% 为冲积扇砾岩和黏土岩。该段受安山英安质斑岩侵入的影响。

在原卡尔达斯省部分，由于构造活动和 Romeral、Mistrató 和 Manizales 等大型断层的存在，地质特点较复杂，出露有白垩纪—第四纪沉积岩层。煤主要集中在里奥苏西奥—古因起亚含煤分区阿马加组中段和阿兰萨苏—桑塔格达含煤分区阿马加组上段。

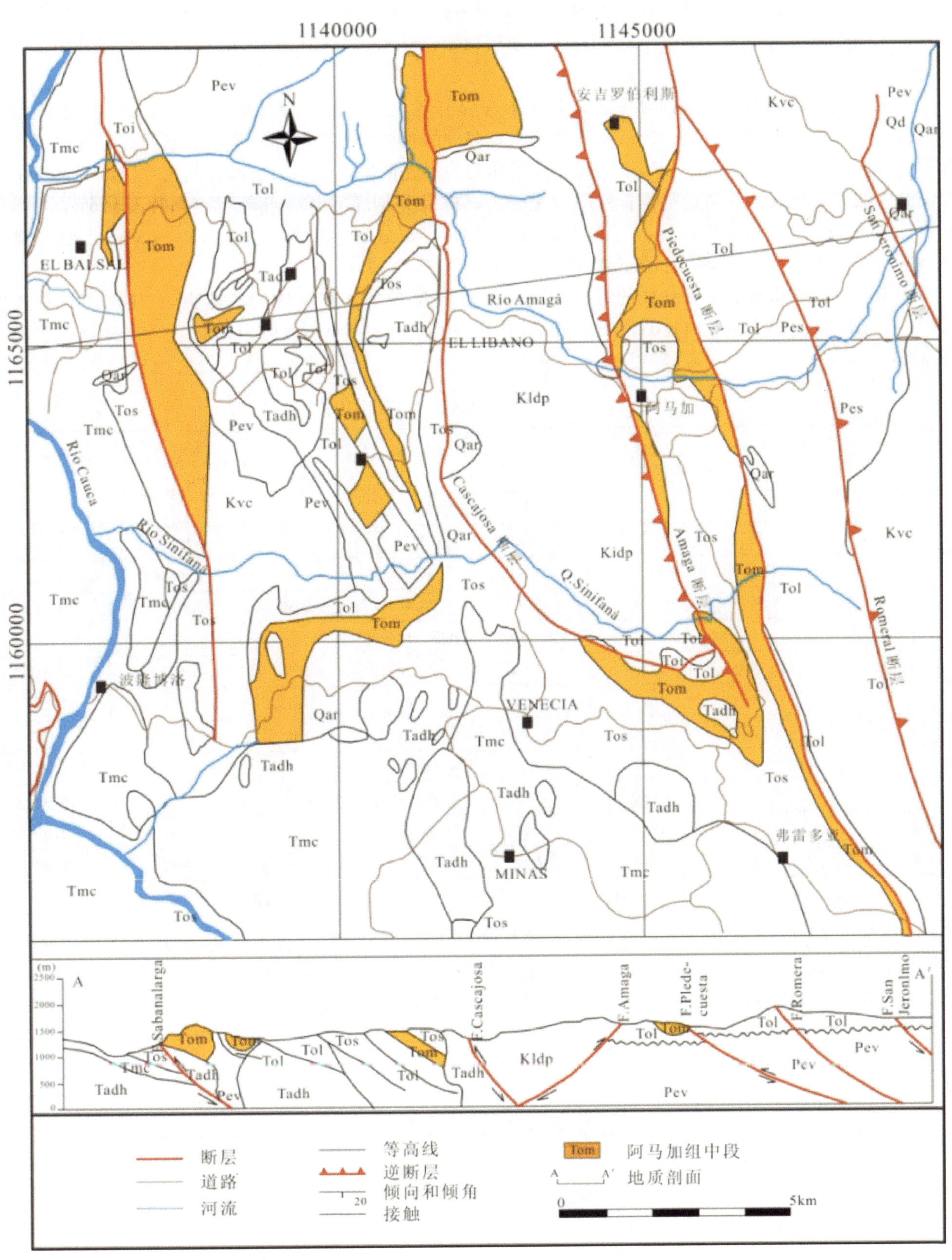

图9-2-15　安蒂奥基亚省—原卡尔达斯省含煤区安蒂奥基亚部分地质图

2）构造

安吉罗伯利斯、迪迪利比、阿马加和弗雷多亚分区内主要地质构造为逆断层，San Jerónimo、Romeral、Piedecuesta、Cascajosa 和 Sabanalarga 等断层东倾，Mistrató、Cauca Oeste 和阿马加等断层西倾。

3. 煤质

安蒂奥基亚省原卡尔达斯省含煤区共有6个含煤分区。总体上来看，基于实验室和坑口条件下的分析，并对分析数据进行统计，确认安蒂奥基亚省部分的4个含煤分区和原卡尔达斯省部分的里奥苏西奥—古因起亚含煤分区的煤一般属于烟煤，多用作动力煤，而原卡尔达斯省部分的阿兰萨苏—桑达格达含煤分区的煤为褐煤。安蒂奥基亚省的煤炭主要为高挥发分烟煤 C 类，此外也有高挥发分烟煤 B 类和 A 类。煤的发热量为10763 Btu/lb、平衡水分为10.18%、灰分为9.47%、挥发分为37.85%、固定碳为42.5%。安蒂奥基亚省的煤主要用作动力煤。

委内西亚—弗雷多亚含煤分区的煤属于高挥发分烟煤 C 类，其发热量平均值为10426 Btu/lb（坑口）、平衡水分+1平均值为11.64%、全硫平均值为0.48%、灰分平均值为8.11%，煤适合用作动力煤（表9－2－16）。

表9－2－16 博亚卡省含煤区各个含煤分区煤质数据

项目	平衡水+1/%	灰分/%	挥发分/%	固定碳/%	发热量		全硫/%
					kcal·kg⁻¹	Btu·lb⁻¹	
委内西亚—弗雷多亚含煤分区							
平均值	11.64	8.11	40.06	40.20	5792	10426	0.48
最大值	14.46	15.58	44.49	44.53	6042	10848	0.61
最小值	7.94	5.19	35.01	34.40	5050	9091	0.34
阿马加—安吉罗伯利斯含煤分区							
平均值	13.16	11.96	36.69	38.18	5379	9682	0.55
最大值	16.36	16.96	39.92	43.65	5891	10604	1.23
最小值	8.82	5.19	33.62	32.71	4948	8907	0.32
迪迪利比含煤分区							
平均值	7.25	7.92	37.09	46.84	6537	11767	0.72
最大值	12.56	15.17	41.52	53.02	7227	13009	2.02
最小值	4.39	5.30	32.66	38.30	5532	9957	0.29

注：根据哥伦比亚矿产和能源部、哥伦比亚地质和矿产研究所（2004）“哥伦比亚煤炭资源量、储量和煤质”资料整理。

阿马加—安吉罗伯利斯含煤分区的煤主要为高挥发分烟煤 C 类（据 ASTM），其发热量平均值为9682 Btu/lb、平衡水分+1平均值为13.16%、全硫平均值为0.55%、灰分平均值为11.96%（表9－2－16）。

迪迪利比含煤分区的煤为高挥发分烟煤 A 类、B 类和 C 类，部分煤有轻微的黏结性。

里奥苏西奥—古因起亚含煤分区的煤为高挥发分烟煤 C 类（表9－2－17），煤的灰分高于3.83%，全硫为0.48%～6.75%、发热量为7835～13577 Btu/lb。

表9－2－17 里奥苏西奥—古因起亚含煤分区煤质数据

项目	平均值	最大值	最小值
残余水/%	4.08	8.80	1.06
灰分/%	15.56	27.70	3.83
挥发分/%	31.75	52.00	3.48
固定碳/%	48.61	83.12	33.44
发热量/(kcal·kg⁻¹)	5951	7543	4353
发热量/(Btu·lb⁻¹)	10713	13577	7835
全硫/%	1.80	6.75	0.48

注：根据哥伦比亚矿产和能源部、哥伦比亚地质和矿产研究所（2004）“哥伦比亚煤炭资源量、储量和煤质”资料整理。

阿兰萨苏—桑达格达含煤分区的煤属于褐煤二号至褐煤一号。

4. 资源量和储量

哥伦比亚矿产和能源部、哥伦比亚地质和矿产研究所（2004）的“哥伦比亚煤炭资源量、储量和煤质”中仅列出了2003年底安蒂奥基亚省—原卡尔达斯省含煤区中安蒂奥基亚省4个含煤区的资源量和储量，总结后可以看到（表9－2－18）所有含煤分区中，资源量和储量最大的是阿马加—安吉罗伯利斯分区，其次是委内西亚—波隆博洛分区和委内西亚—弗雷多亚分区。安蒂奥基亚省4个含煤区的总资源量为448.37 Mt，其中90.08 Mt为探明储量，仅占总资源量的20.09%。在所有含煤分区中，委内西亚—波隆博洛含煤分区的探明储量（57.96 Mt）占含煤区总探明储量的64.34%（表9－2－18）。

目前尚未见到该含煤区中原卡尔达斯省2个含煤分区的资料。

表9－2－18　安蒂奥基亚省各含煤区的资源量和储量　　Mt

含煤分区	探明储量	控制储量	推断储量	小计
委内西亚—弗雷多亚	8.94	40.15	16.87	65.96
阿马加—安吉罗伯利斯	11.85	63.65	92.34	167.84
委内西亚—波隆博洛	57.96	84.81	18.76	161.53
迪迪利比	11.33	37.25	4.46	53.04
总计	90.08	225.86	132.43	448.37

注：根据哥伦比亚矿产和能源部、哥伦比亚地质和矿产研究所（2004）“哥伦比亚煤炭资源量、储量和煤质”资料整理。

5. 开采情况及在产煤矿

该含煤区最早于19世纪中期在安蒂奥基亚省开始开采。截至2002年12月，安蒂奥基亚省有28个具有开采权的煤矿，其中27个为合约开采，1个为认可的私有开采，主要采用井工开采且产量较少。

该区比较有代表性的煤矿有：Industrial Hulleras、Sociedad Carnoneras Nechi 和 Carbones San Fernando。

（五）考卡山谷省—考卡省含煤区

1. 概述

考卡山谷省—考卡省含煤区的资源主要集中在考卡山谷省和考卡省境内。含煤区位于考卡—芭提雅山间低地西方，呈南北向延伸，东及 Central 山脉，西至 Occidental 山脉。含煤区南北狭长，地势起伏较大，中部和北部为考卡河流域，最南端属于芭提雅河流域。区内气候干热，主要植被为灌木和牧草。

区内 Panamericana 国道连接省会卡利与波帕耶和波尔多，不同等级的道路将含煤区与海港连接。

哥伦比亚地质协会和 Ecocarbón 公司在20世纪90年代对该含煤区进行了地质研究，内容涉及该区的构造、地层和煤炭资源，对该含煤区做了如下划分：考卡山谷省云博—阿斯纳苏含煤分区（从北至南分4个含煤区段：格隆迪纳（Golondrinas）—卡亚维拉勒河含煤区段、卡亚维拉勒河—潘瑟河含煤区段、潘瑟河—瓜奇德含煤区段和瓜奇德—阿斯纳苏河含煤区段）、考卡省丁德河—洪达河含煤分区（只有丁德河—洪达河一个含煤区段，又分为4个含煤区块：丁德、Guapoton、El Reinal 和 Seguengue）、莫斯克拉—欧尤含煤分区（从北至南分为4个含煤区段：佩德雷戈萨—莫斯克拉含煤区段、里蒙新托—耶瓜含煤区段、艾尔维吉尔含煤区段和契卡瑟—欧尤含煤区段）。

2. 地质概况

1）地层

在含煤区的考卡—芭提雅山间低地和云博—芭提雅河源地之间，主要含煤地层为瓜奇德组、费雷拉组和莫斯克拉组，它们的地质年代为始新世—渐新世。从北到南3个地层组的相和厚度发生变化（图9－2－16）。

火山岩建造（KV）位于新生代沉积层序之下，主要是玄武岩，还有层状火山角砾岩和沉积夹层。煤炭资源主要集中在瓜奇德组、费雷拉组和莫斯克拉组。

瓜奇德组因主要出露在瓜奇德河而被命名，它不整合地盖在 Confites 组之上。瓜奇德组厚720 m，

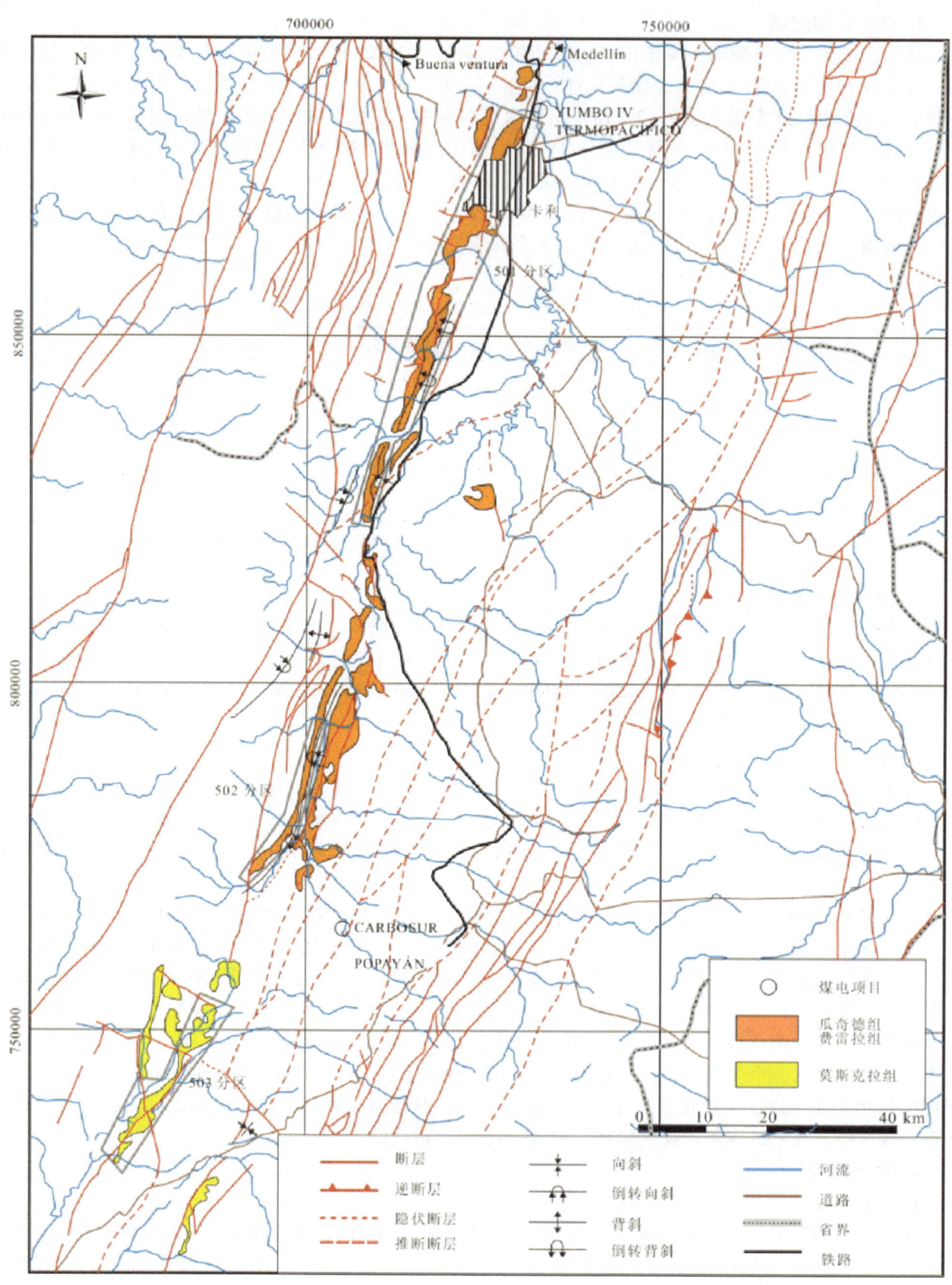

图 9-2-16　考卡山谷省—考卡省含煤区地质图（Ingeominas，1999，2002）

从下至上分别为石英砂岩层（石英砾岩）、黏土质砂岩层和冲积扇砾岩层（含煤），顶部石英砂岩层重新出现。该组的地质年代为始新世—渐新世。瓜奇德组可分为4段自下而上分别是 La Cima 段、Los Chorros 段、La Leona 段和 La Rampla 段。La Cima 段中只在含煤区北部的 Golondrinas 含煤区段内有煤层；其余3段中，最重要的含煤岩系是 Los Chorros 段。

费雷拉组因位于费雷拉河而得名。该组位于瓜奇德组之上，从下至上分为4段：Suárez 段、Bucarica 段、San Francisco 段和 El Palmar 段。其中下部2段含煤（图9－2－16、图9－2－17）。

丁德河—洪达河含煤分区和莫斯克拉—欧尤含煤分区之间有沉积相变化。丁德河与洪达河之间的含煤地层（可与考卡山谷省北部含煤地层对比），一直延伸至 El Tambo（考卡省）；在 El Tambo 南方，莫斯克拉—欧尤含煤分区内，第三纪含煤地层表现出更多不同。

实际上，从 El Tambo 南一直到洪拉马拉河附近（靠近欧尤）能看到北方出现的火山岩建造，然而该建造上面的地层呈现出不同的相。据此认为 Chimborazo 组没有沉积，同时也无法确认瓜奇德和费雷拉组的情况。因此确定莫斯克拉组（第三纪层序）与含煤地层有相同之处。晚第三纪的 Galeón 组主要由熔结凝灰岩、凝灰岩和泥灰流组成，不整合在莫斯克拉组之上。

莫斯克拉组主要由砾岩、石英砂岩、冲积扇砾岩（含煤）交替层组成，并依据交替层出现的频率将该组分为上、中、下3段。

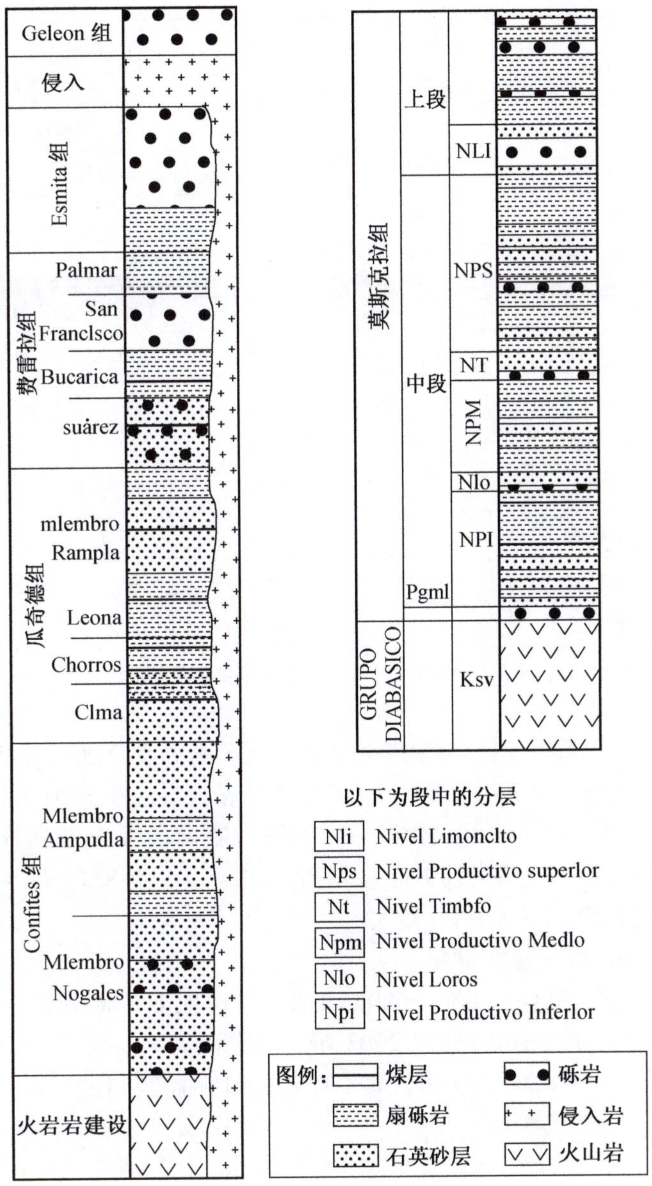

图9－2－17　考卡山谷省—考卡省含煤区岩层柱状图（Ecocarbón，1995）

2）构造

含煤区位于 Occidental 山脉东部，这里有3个主要断层系统。东北—西南走向的断层系统包括 Romeral 和考卡—芭提雅断层，其边界为考卡—芭提雅山间低地；西北—东南走向的断层系统主要包括一些逆断层；东西走向的断层系统主要包括一系列平移断层（图9－2－16）。

3. 煤质

总体上来看，考卡山谷省—考卡省含煤区所产的煤属于无烟煤，考卡山谷省的煤主要为高挥发分烟煤A类，煤的灰分较高、平均为22.38%，全硫较高为2.85%；考卡省的煤主要为高挥发分烟煤B类，灰分为16.30%，全硫为1.42%。这些煤主要作为动力煤使用。各个含煤分区的煤质略有差异。值得注意的是，由于该含煤区内许多区域存在安山岩脉和玄武岩脉，受其影响，有些地方的煤具有一定的焦煤性质。

云博—阿斯纳苏含煤分区的煤为不黏结半无烟煤、中低挥发分烟煤（黏结）和高挥发分烟煤A类（黏结），该含煤分区煤（基于坑口）的发热量平均值为11088 Btu/lb，含水量为1.61%，但全硫高为2.85%。灰分平均值为22.38%，相当于烟煤的灰分（表9－2－19）。

表9-2-19　考卡山谷省—考卡省含煤区各含煤分区煤样的煤质

项　目	平衡水+1/%	灰分/%	挥发分/%	固定碳/%	全硫/%	发　热　量	
						Btu·lb⁻¹	kcal·kg⁻¹
云博—阿斯纳苏含煤分区							
平均值	1.61	22.38	28.15	46.79	2.85	11088	6160
最大值	3.06	38.09	40.92	68.68	6.11	13768	7649
最小值	0.58	8.41	12.64	28.63	0.51	8014	4452
丁德河—洪达河含煤分区							
平均值	2.83	20.63	36.72	39.84	4.02	11136	6188
最大值	3.42	38.09	40.92	47.00	5.25	12835	7131
最小值	2.36	8.66	29.96	29.45	3.09	8014	4452
莫斯克拉—欧尤含煤分区							
平均值	8.11	16.30	35.18	40.42	1.42	10058	5588
最大值	20.00	36.08	45.98	46.94	5.60	11796	6553
最小值	4.88	7.50	25.51	28.30	0.49	5985	3325

注：根据哥伦比亚矿产和能源部、哥伦比亚地质和矿产研究所（2004）“哥伦比亚煤炭资源量、储量和煤质”资料整理。

丁德河—洪达河含煤分区的煤属于高挥发分烟煤A类，具有黏结性，煤的平均发热量为11138 BTU/lb，灰分为8.66%～38.09%，相当于烟煤灰分，全硫为3.09%～5.25%（表9-2-19）。

莫斯克拉—欧尤含煤分区的煤为亚烟煤A类至高挥发分烟煤A类、B类和C类，无黏结性，煤的平均发热量为10058 BTU/lb，平衡水分+1为8.11%，全硫为1.42%，灰分较高为16.30%，相当于烟煤的灰分（表9-2-19）。

4. 资源量和储量

根据哥伦比亚矿产和能源部、哥伦比亚地质和矿产研究所（2004）的“哥伦比亚煤炭资源量、储量和煤质”中的数据，2003年底考卡山谷省—考卡省含煤区探明的、控制的、推断的和远景的资源量和储量合计248.40 Mt，其中探明储量和控制储量所占比例达53.81%（133.66 Mt）（表9-2-20）。

表9-2-20　考卡山谷省—考卡省含煤区资源量

Mt

含煤分区	探明储量	控制储量	推断储量	远景储量	小　计
云博—阿斯纳苏	30.76	56.43	47.49	10.99	145.67
丁德河—洪达河	4.37	16.66	19.69	0	40.72
莫斯克拉—欧尤	6.38	19.06	30.72	5.85	62.01
总　计	41.51	92.15	97.9	16.84	248.40

注：根据哥伦比亚矿产和能源部、哥伦比亚地质和矿产研究所（2004）“哥伦比亚煤炭资源量、储量和煤质”资料整理。

5. 开采状况及在产煤矿

该含煤区最早的煤炭开采于1940年。根据Minercol公司给出的数据，2002年该含煤区有148个煤矿，其中112个煤矿属于非法开采。目前情况不详。

（六）昆迪纳马卡省含煤区

1. 概述

昆迪纳马卡省含煤区位于昆迪纳马卡省辖区内，包括所有在古阿杜阿斯组和其他含煤岩层中含煤露头的区域，位于哥伦比亚中部的东部山脉上。昆迪纳马卡省面积为24210 km^2，北边与博亚卡省接壤，东边和南边与梅塔省和威拉省接壤，西边与托利马省和卡尔达斯省接壤。

昆迪纳马卡省西部是一个狭长低洼地带，由马格达莱纳河及其支流、波哥大河、Sumapaz河和尼格罗河的河谷组成；中部是东部山脉山区，为昆迪纳马卡省的主体部分，东部山脉中部是波哥大萨凡纳高原以及其周围盆地；东部是亚诺斯丘陵，地形比较平缓。有铁路通过该含煤区。从麦德林、内瓦、比亚维森西奥和通哈等城市通往波哥大的主要公路干线经过该含煤区。

2. 地质概况

在东部山脉的威拉省—托利马到桑坦德省部分，晚白垩纪和新生代早期生成的含煤地层（古阿杜阿斯组、Umir 组、赛卡组和 Arcillas del Limbo 组）分布在从昆迪纳马卡省的古阿塔奇—卡帕拉皮延伸到博亚卡省南部的杰里科，并延伸到桑坦德省的莱夫里哈区域（图 9 - 2 - 18）。虽然这些岩层能被大面积保留，但表现出不同区域内岩相和厚度的巨大差异。这与它们的沉积位置有关，也是构造运动导致沉积相变的结果。因此可将该含煤区分为以下 11 个含煤分区：古阿杜阿斯—卡帕拉皮、Jerusalén—古阿塔奇、San Francisco—Subachoque—拉普拉德拉、瓜塔维塔—Sesquilé—Chocontá、Tabio—Río Frío—Carmen de Carupa、切古阿—兰瓜撒切、苏埃尔卡—阿巴拉钦、兹帕奇拉—内乌莎、特昆达玛瀑布—格拉纳达—乌斯梅、帕拉莫德拉博尔萨—玛切塔、恰瓜尼—科尔多瓦—瓜亚巴雷斯含煤分区。

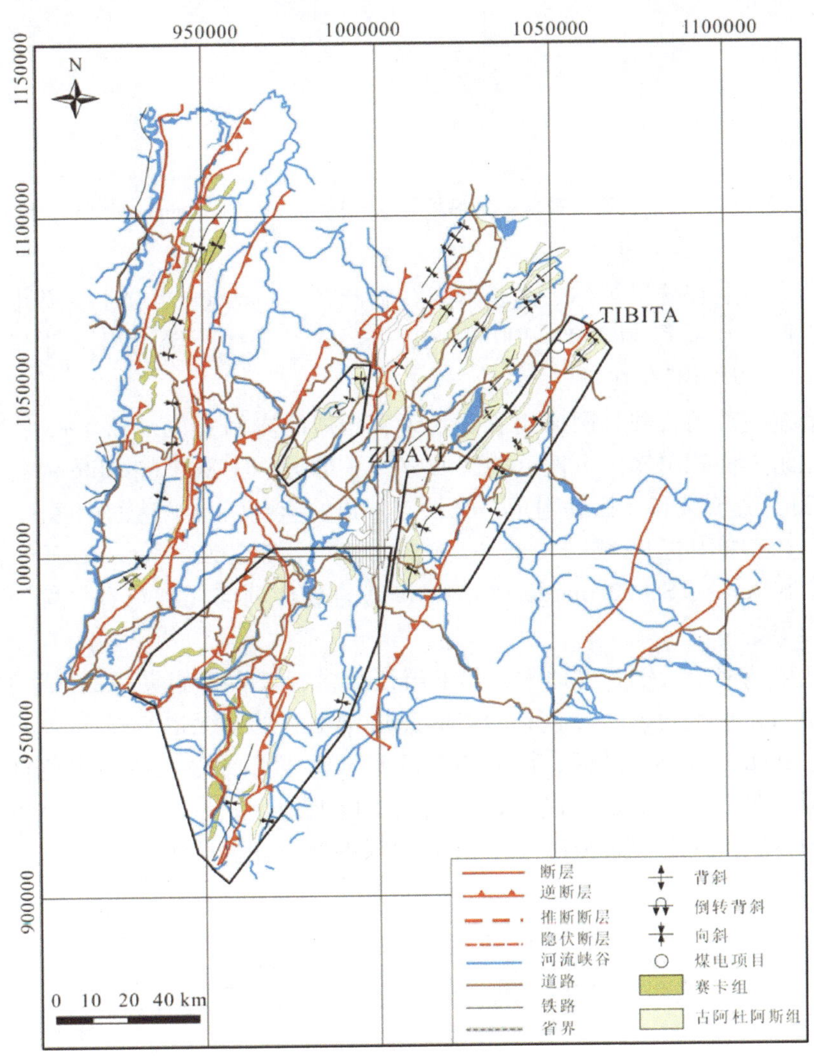

图 9 - 2 - 18　昆迪纳马卡省含煤区地质图（Acosta & Ulloa，1997，有修改）

1）地层

昆迪纳马卡省和博亚卡省的煤炭资源大部分赋存在古阿杜阿斯组内，位于上瓜达卢佩早期砂层和卡丘组砂层之上（图 9 - 2 - 19）。

从 Silvania 附近的波哥大—希拉多特公路往西和西南方向，古阿杜阿斯组的岩相开始发生变化，再

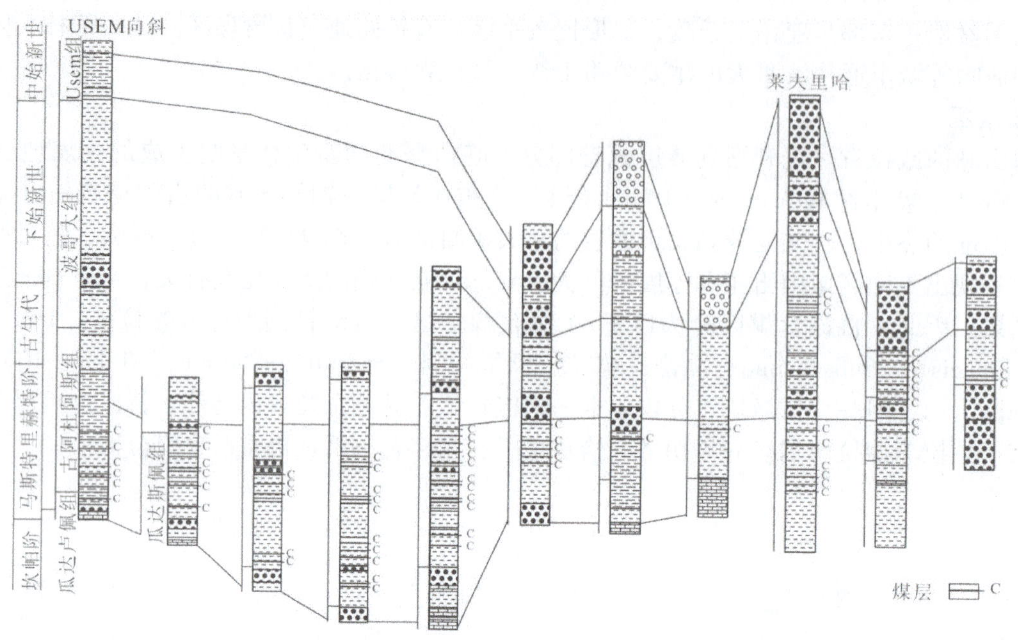

图9-2-19 哥伦比亚安第斯山东部地层柱状图（Van der Hammen, Th., 1957）

次出现红色页岩。该套地层在这里被称之为赛卡组，它产在 Cimarrona 组之上。赛卡组的红色页岩大量发育在长石砂岩中，两岩层总厚为 250～300 m。在 Acuatá 峡谷中，赛卡组下部和 La Tabla 组以上有 100 m 厚的灰色页岩，页岩上部存在煤层。

在波哥大南部和东南部的古阿杜阿斯组和赛卡组有相似的岩相变化（图9-2-19、表9-2-21）。在该区域，这些地层组大面积出露。可把这些区域分为 3 部分：①从 Tunjuelito 河谷一直延伸到布兰格河两岸、Guayuriba 河支流流域和拿撒勒附近；②从布沙市一直到格拉纳达的山峰上，经过 Sibaté、好帕斯卡市，与托利马省接壤附近区域；③Subia 河、La Lejía 河以及 Sumapaz 河的河谷，从 Salto del Tequendama、Subia、Silvania、San Bernardo 和 Cabrera 一直延伸到与托利马省接壤处，但在上述区域只有为数不多的可采煤层。

总之，在马格达莱纳河上游河谷盆地中，赛卡组仅由含有长石砂岩夹层的红色页岩构成，不含煤。在昆迪纳马卡省南边 Subia 河、La Lejía 河以及 San Juan 河河谷的情况也一样。

在昆迪纳马卡省盆地 Jerusalén 地区，西北走向的赛卡组下部有含煤炭的黑色页岩，其岩相与古阿杜阿斯组的岩相相似。在 Jerusalén 地区以北，卡帕拉皮以西地区，红色页岩相变为绿灰色和黑色含煤页岩，接着和底层的科尔多瓦组一起变为含有 Umir 组煤的黑色泥岩和页岩。

表9-2-21 昆迪纳马卡省含煤区分区之间的岩相及地层名称对比

<table>
<tr><th>Cambras 东北</th><th>Caparrapf Cambras</th><th>Honda—波哥大公路</th><th>Fusagasuga 断层东</th><th>Piedras</th><th>Magdalena 河上游河谷</th></tr>
<tr><td rowspan="3">Umir 组</td><td>Seca 组</td><td>Seca 组</td><td>Guaduas 组</td><td>Seca 组</td><td>Seca 组</td></tr>
<tr><td rowspan="2">Cordoba 组</td><td>Cimarrona 组</td><td rowspan="2">Labory Tierna 组</td><td>La Tabla 组</td><td>La Tabla 组</td></tr>
<tr><td>砂岩＋页岩</td><td>砂岩＋页岩</td><td>砂岩＋页岩</td></tr>
<tr><td>La Luna 组上部</td><td>Olini 组上部</td><td>Olini 组上部</td><td>Plaeners 组</td><td>Olini 组上部</td><td>Olini 组上部</td></tr>
</table>

2）构造

昆迪纳马卡省含煤区存在以下重要构造。

Cambrás 断层，位于昆迪纳马卡省西部山脉和马格达莱纳河畔平原交界处，是一个南北、西北走向的逆冲断层，往西北方向发散。该断层中，上白垩纪和古近系岩层位于马格达莱纳河右岸的新近系岩层之上。

Bituima—La Salina 断层，是一个南南西—北北东走向的逆冲断层，往西北方向发散。断层大幅度位错从马格达莱纳河一直延伸到布卡拉曼加省附近，或往北延伸到与昆迪纳马卡省南部交界处。

在波哥大平原含煤区块交界处，有瓜达卢佩群岩石组成的巨大陡崖。该陡崖与一个逆冲断层系统重合。Fusagasugá 断层就在该系统中。系统中的逆冲断层使瓜达卢佩群含黏土岩的砂岩层往西北方向延伸。

Servitá 断层，是一个逆冲断层，往东北方向发散，古生代岩层位于白垩纪及新生代岩层之上。在这些断层与 Guaicaramo 断层之间，有 Borde Llanero 组地层。它们和前述地层相似，但厚度更有限，并且形成长背斜和长向斜。Servitá 断层，是一个早期断层，在其西部边缘是下侏罗纪和下白垩纪形成的地层，厚度有限；在其东部边缘的地层可能形成于凡兰吟阶，厚度十分有限。此外，Guaicaramo 断层也是一个早期断层。

3. 煤质

根据现有资料，昆迪纳马卡省含煤区所有含煤分区的煤均属于烟煤，发热量一般超过 7000 kcal/kg，主要用作动力煤，其中 San Francisco—Subachoque—拉普拉德拉、Tabio—Río Frío—Carmen de Carupa、苏埃尔卡—阿巴拉钦、兹帕奇拉—内乌莎和特昆达玛瀑布—格拉纳达—乌斯梅等含煤分区的煤可以单独或混合后生产焦炭（表 9－2－22）。

表 9－2－22　昆迪纳马卡省各含煤分区煤样的煤质

含煤分区	灰分/%	挥发分/%	发热量/(kcal·kg^{-1})	全硫/%
Jerusalén—古阿塔奇	6.20	40.97	7055～7486	0.56
古阿杜阿斯—卡帕拉皮	2.53～15.92	17.17～26.47	5849～8204	0.41～0.96
San Francisco—Subachoque—拉普拉德拉	3.3～14.4	—	7900	0.4～1.4
瓜塔维塔—Sesquilé—Chocontá	6.07～16.77	33.80～36.33	6592～7604	0.78～1.00
Carmen de Carupa	12.67	20.80	7245	1.53
Tabio—Río Frío—Carmen de Carupa	9.76	18.01	7439	0.91
	9.46	26.80	7463	0.80
切古阿—兰瓜撒切	10.62	33.85	7066	1.06
苏埃尔卡—阿巴拉钦	10.43	33.53	7077	0.69
兹帕奇拉—内乌莎	10.88～21.20	23.60～24.98	6512～7526	0.93～1.89
帕拉莫德拉博尔萨—玛切塔	15.28	35.59	6506	0.50
特昆达玛瀑布—格拉纳达—乌斯梅	10.00	—	7807	1.00

注：根据哥伦比亚矿产和能源部、哥伦比亚地质和矿产研究所（2004）“哥伦比亚煤炭资源量、储量和煤质”资料整理。

具体来看，各个含煤分区的煤质略有不同（表 9－2－22）：

Jerusalén—古阿塔奇含煤分区的煤为无黏结性、低灰、低硫的高挥发分烟煤，用作动力煤。

古阿杜阿斯—卡帕拉皮含煤分区的煤介于高挥发分烟煤 B 与中低挥发分烟煤之间，煤的残留水分为 0.78%～9.88%，灰分为 2.53%～15.92%，全硫为 0.41%～0.96%，挥发分为 17.17%～26.47%，平均发热量为 5849～8204 kcal/kg。

San Francisco—Subachoque—拉普拉德拉含煤分区煤的灰分为 3.3%～14.4%，固定碳为 54.8%～69.9%，全硫为 0.4%～1.4%，平均发热量为 7900 kcal/kg，高于焦煤的发热量，因此该分区的煤属于中—高挥发分烟煤。

瓜塔维塔—Sesquilé—Chocontá 含煤分区的煤为高挥发分烟煤 C 和 A，无黏结性，用于动力煤。煤的残留水分为 1.73%～2.28%，灰分为 6.07%～16.77%，全硫为 0.78%～1.00%，挥发分为 33.80%～36.33%，平均发热量为 6592～7604 kcal/kg。

Carmen de Carupa 含煤分区的煤介于高挥发分烟煤 A 类与中低挥发分烟煤之间，一般带有黏结性，平均发热量为 7245 kcal/kg，水分为 3.42%，全硫为 1.53%，灰分为 12.67%，适用于制造焦炭。但磷的平均含量较高（0.88%），因此产出的焦炭可能不稳定。

Tabio—Río Frío—Carmen de Carupa 含煤分区的煤介于高挥发分烟煤 A 类与中低挥发分烟煤之间，或者半无烟煤，特别是郭古阿—苏塔塔乌萨—瓜切塔含煤区段的煤介于高挥发分烟煤 A 类和中低挥发分烟煤之间，一般有黏结性，适用于单独生产或者混合生产高质量的焦炭。经过统计后，平均发热量高达 7463 kcal/kg，平衡水 +2 为 2.89% ~4.61%，全硫为 0.80%，灰分为 9.46%，适用于生产焦炭，但灰分中磷的平均含量为 0.66%，相对较高。

切古阿—兰瓜撒切含煤分区的煤介于高挥发分烟煤 A 类到中低挥发分烟煤之间，具有生产混合焦炭的特性。煤的发热量为 7066 kcal/kg，平衡水分 +2 为 3.18% ~5.96%，全硫为 1.06%，灰分为 10.62%，主要用作动力煤。

苏埃尔卡—阿巴拉钦含煤分区的煤主要是高挥发分烟煤 A 类，有一些是高挥发分烟煤 B 类和 C 类（黏结），能够混合起来生产焦炭。煤的发热量为 7077kcal/kg，平衡水分 +2 为 2.60% ~6.30%，全硫为 0.69%，灰分为 10.43%，通常用作动力煤，混合后可用来生产焦炭。

兹帕奇拉—内乌莎含煤分区的煤为中挥发分烟煤，可焦化。煤的发热量为 6512 ~7526 kcal/kg，平衡水分为 1.68% ~1.96%，全硫为 0.93% ~1.89%，灰分为 10.88% ~21.20%，但灰分中磷的平均含量较高，为 1.21%。

帕拉莫德拉博尔萨—玛切塔含煤分区的煤包括次烟煤 C 类、次烟煤 B 类和次烟煤 A 类，也有高挥发分烟煤 C 类和 B 类（不黏结），具有作为动力煤利用的可能性。煤的平衡水分为 1.25% ~14.86%，全硫为 0.50%，灰分为 15.28%，说明该煤主要为动力煤。

特昆达玛瀑布—格拉纳达—乌斯梅含煤分区的煤，其灰分为 10.00%，全硫为 1.00%，发热量为 7807 kcal/kg，为高挥发分烟煤 A 类和 B 类。

4. 资源量和储量

哥伦比亚矿产和能源部、哥伦比亚地质和矿产研究所（2004）的“哥伦比亚煤炭资源量、储量和煤质”中列出了 2003 年或更早昆迪纳马卡省含煤区各个含煤分区的煤炭资源量/储量。综合这些数据可以看到，该含煤区总资源量为 1510.95 Mt，其中探明储量为 247.90 Mt，仅占 16.41%；切古阿—兰瓜撒切含煤分区的资源量最多，为 696.55 Mt，占整个含煤区资源总量的 46.10%。该报告中特别列出了个别含煤区煤炭资源中冶金煤的数量，其中古阿杜阿斯—卡帕拉皮含煤分区有 12.77 Mt，占探明储量和控制储量的 32.38%；San Francisco—Subachoque—拉普拉德拉含煤分区资源总量的 34% 为冶金煤（表 9 -2 -23）。

表 9 -2 -23　昆迪纳马卡省含煤区各个含煤分区资源量　Mt

含煤分区	探明储量	控制储量	推断储量	小计
Jerusalén—古阿塔奇	1.81	5.73	5.28	12.82
古阿杜阿斯—卡帕拉皮	6.76	32.68	21.36	60.80
San Francisco—Subachoque—拉普拉德拉（34%）	11.36	48.21	60.90	120.47
瓜塔维塔—Sesquilé—Chocontá	21.98	64.31	106.89	193.18
Carbonífera Tabio—Río Frío—Carmen de Carupa	19.44	55.82	54.85	130.11
切古阿—兰瓜撒切	140.43	345.45	210.67	696.55
苏埃尔卡—阿巴拉钦	32.92	87.71	68.91	189.54
兹帕奇拉—内乌莎	1.65	4.97	10.41	17.03
帕拉莫德拉博尔萨—玛切塔	11.55	42.80	36.10	90.45
总计	247.90	687.68	575.37	1510.95

注：根据哥伦比亚矿产和能源部、哥伦比亚地质和矿产研究所（2004）“哥伦比亚煤炭资源量、储量和煤质”资料整理。

5. 开采状况和在产煤矿

哥伦比亚最早的煤炭开采于19世纪初开始于昆迪纳马卡省。鉴于已有矿层的地质条件，一般采用房柱法井工开采。2002年曾存在426处矿井，其中84%的矿年产量不到6000 t。截至2002年12月，该省只授予了167个煤矿开采权，其中123个经营合同、38个开采执照、4个勘探执照、1个开采许可，以及1个私人资产认可。

（七）博亚卡省含煤区

1. 概述

博亚卡省位于哥伦比亚东北部，北临桑坦德省、北桑坦德省，并以阿劳卡河为界与委内瑞拉玻利瓦尔共和国接壤，东面与阿劳卡省及卡萨纳雷省相邻，南接昆迪纳马卡省，西临安蒂奥基亚省，面积为23189 km^2。

该省中部地区地形呈波浪状，称为“高原”；在西部有小片相对平坦的土地向马格达莱纳河中部河谷延伸。北流的Suárez河与Chicamocha河穿过该省，Bata河、Upia河与南科拉瓦河也流经此地，最后向东南流入梅塔河。在高原地区，气候偏冷，比较干燥，在面向马格达莱纳河的一侧山麓以及东部平原，气候更为潮湿，且随着高度的降低，气候由寒冷过渡到炎热。在该山脉的最高部分为荒原气候。

该地区与许多河运港口、海港以及哥伦比亚其他地区通过公路及铁路相连。省内主要道路，Troncal中央国道连接波哥大、通哈市、布卡拉曼加市到达北部沿海，其北段连通图伊塔玛市、Soata市、潘普洛纳市和库库塔市。由图伊塔玛市发出的公路连通了索卡莫索市、约帕尔市和比亚维森西奥市。

博亚卡省含煤区仅包括博亚卡省内的煤炭资源，西南—东北方向介于坦撒山谷和阿劳卡河之间，东起南科拉瓦河沿岸的Labranzagrande，西至巴斯克斯领地。该含煤区内的煤炭性质相近，但成煤时代却不同。博亚卡省含煤区共分为10个含煤分区：切古阿—兰瓜撒切（Checua—Lenguazaque）含煤分区、苏埃尔卡—阿巴拉钦（Suesca—Albarracín）含煤分区、通哈—派帕—图伊塔玛（Tunja—Paipa—Duitama）含煤分区、索卡莫索—杰里科（Sogamoso—Jericó）含煤分区、伯大尼（Betania）含煤分区、新科隆—兰米利基（Nuevo Colón—Ramiriquí）含煤分区、乌比达—托塔湖（úmbita—Laguna de Tota）含煤分区、拉布兰萨格兰德—匹斯堡（Labranzagrande—Pisba）含煤分区、赤塔—乌维塔—埃斯皮诺（ChitaLa—vita—El Espino）含煤分区，以及奇斯卡斯（Chiscas）含煤分区。

2. 地质概况

1）地层

博亚卡省范围内有许多不同的地层单元，这对各个含煤分区的岩石地层序列特点以及对不同含煤单元的命名法都有影响。

在东部山脉的西部山麓，在Otanche居民区的西北方，在萨利纳断层的西方（图9-2-20），含煤岩系称作科尔多瓦组，地质年代为坎帕阶—下马斯特里赫特阶。

科尔多瓦组及古阿杜阿斯—加帕拉皮含煤分区的塞卡含组改变了坎普拉斯东北部的岩相，并形成了乌米尔组。

在索卡莫索—杰里科含煤分区，索亚帕卡断层向东与三叠纪到新生代不同时代的层序接触，并继续以古阿杜阿斯组地质单元形式出现。其与博亚卡省南部的同名地质单元的区别在于煤层数量与煤层厚度。另一个重要区别在于出现了上索查含煤组。在Cuitiva市南部到玛切塔市之间，在乌比达—托塔湖含煤分区，依然有在北部地区观察到的含煤单元，即古阿杜阿斯组和上索查组。更往东，在索亚帕卡断层和塞尔维塔—兰古帕—塔玛拉断层之间，在拉布兰萨格兰德—匹斯堡含煤分区，马斯特里赫特阶到下古新世之间的地层叫作Palmichal群（相当于El Morro砂岩组）。

在该省北部，位于杰里科市和El Cocuy市之间是赤塔—乌维塔—埃斯皮诺含煤分区，在这里发现了与在杰里科市南部所发现的地质单元相同的岩石地层单元。在这里，古阿杜阿斯含煤岩系中的煤层厚209~300 m，往北逐渐变薄，直到La Cuchilla、La Arteza附近。

在北部，在奇斯卡斯含煤分区，含煤地层与洛斯古尔沃斯组和Carbonera组一样，同属马拉开波山谷命名法，体现了由南部开始的岩相变化。

尽管博亚卡省含煤区被划分成不同的含煤分区，但最重要的含煤岩系是科尔多瓦组、古阿杜阿斯组

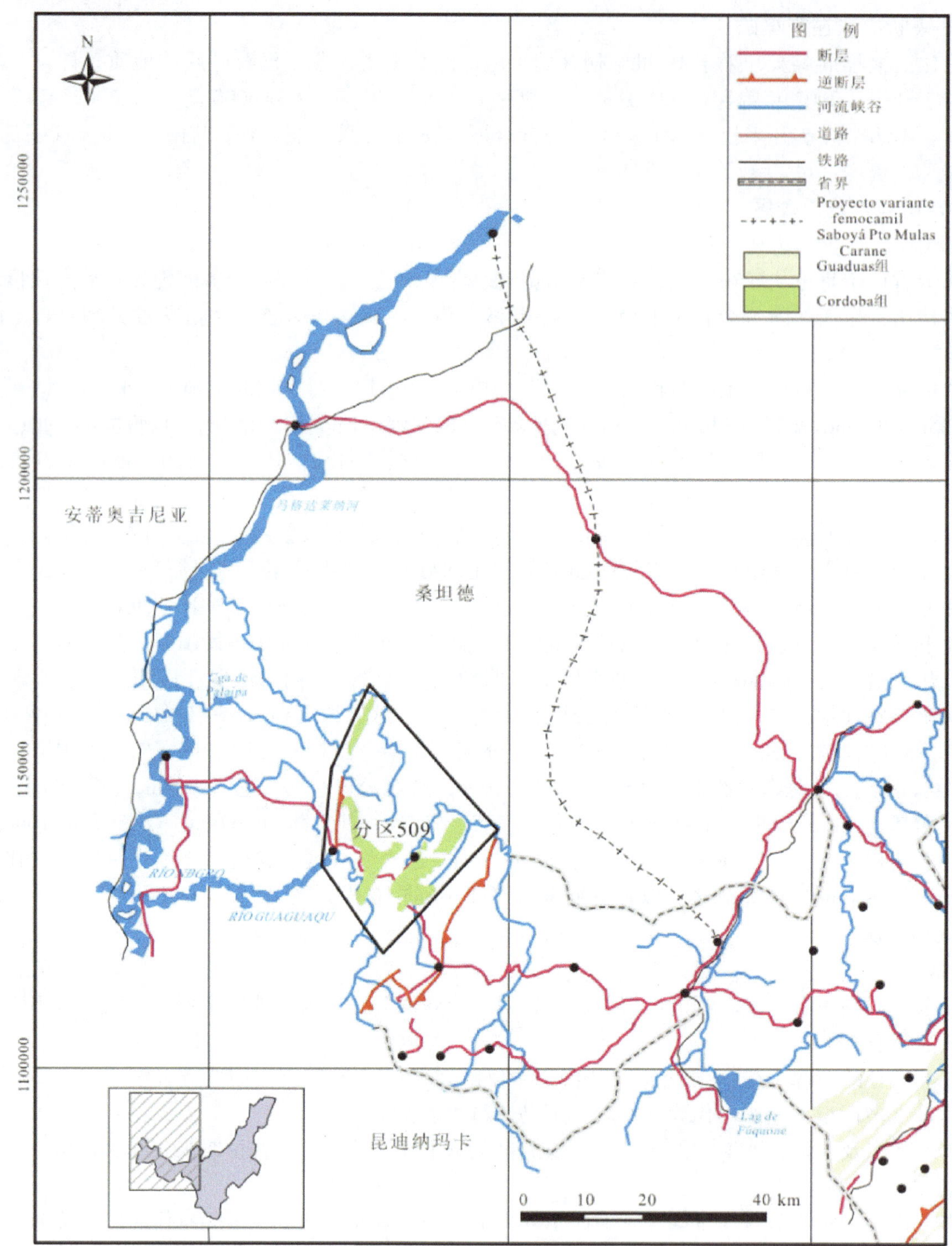

图 9－2－20 博亚卡省含煤分区西部地质图（Ingeominas，1999，有修改）

和洛斯古尔沃斯组。

2）构造

博亚卡省含煤区内主要构造为断裂构造（图 9－2－20、图 9－2－21）。在区域性断层之间还有其他较小的断层和一些背斜和向斜。主要断裂如下。

Cambrás 断层，位于东部山脉西侧山麓与马格达莱纳河河谷之间，是一个区域性断层，走向西南—东北。

萨利纳断层是另一个区域性逆断层，走向西南—东北，并向西北发散。它导致了从伯大尼直到东部地区白垩纪地层向新生代地层的演变。

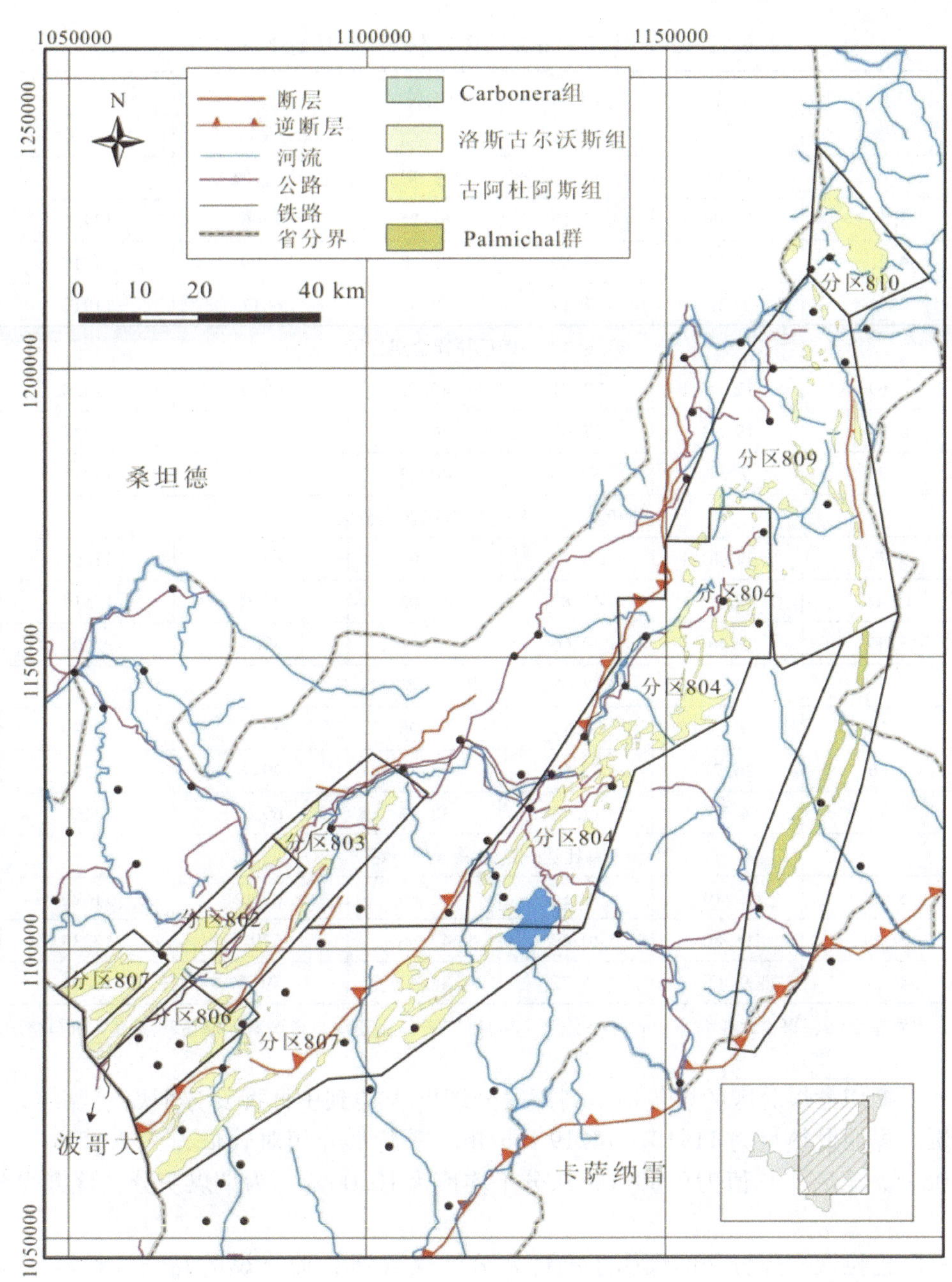

图 9-2-21　博亚卡省含煤分区东部地质图（Ingeominas，1999，有修改）

索亚帕卡断层是一条西南—东北走向的逆断层。在此古断层两侧，地层差异非常明显。断层东部是侏罗纪—新生代沉积，断层西侧则没有或者很少有这样的沉积层。

塞尔维塔—兰古帕—塔玛拉古断层，是一条向东北发散的逆冲断层，古新世的岩石覆盖在白垩纪和第三纪的岩石上（位于东部平原）。

3. 煤质

在博亚卡省 10 个含煤分区中，切古阿—兰瓜撒切含煤分区、苏埃尔卡—阿巴拉钦含煤分区、通哈—派帕—图伊塔玛含煤分区、索卡莫索—杰里科含煤分区、伯大尼含煤分区地质工作程度最高，煤质数据详细，而新科隆—兰米利基、乌比达—托塔湖、拉布兰萨格兰德—匹斯堡、赤塔—乌维塔—埃斯皮诺和奇斯卡斯等 6 个含煤分区资料很少甚至没有。从已知含煤分区的煤质参数可以看到，博亚卡省含煤区的煤发热量均很高，特别是切古阿—兰瓜撒切含煤分区、索卡莫索—杰里科含煤分区、伯大尼含煤分区的发热量均超过了 7200 kcal/kg，并且灰分为 10% 左右，只是全硫略高（1.0% 左右），适用于冶金煤（表 9-2-24）。

表9-2-24 博亚卡省含煤区各个含煤分区的煤质数据

项 目	平衡水+2/%	灰分/%	挥发分/%	固定碳/%	发热量		全硫/%
					kcal·kg^{-1}	Btu·lb^{-1}	
切古阿—兰瓜撒切含煤分区（萨曼卡—拉基拉含煤区段）							
平均值	3.56	10.00	25.19	61.25	7466	13439	0.80
最大值	4.21	18.27	33.59	72.60	7899	14219	2.08
最小值	2.95	5.27	17.17	48.43	6617	11910	0.39
苏埃尔卡—阿巴拉钦含煤分区							
平均值	4.69	12.18	33.71	49.42	6900	12420	1.07
最大值	5.94	19.60	37.07	56.24	7359	13247	1.67
最小值	4.22	7.34	30.80	40.33	6228	11211	0.45
通哈—派帕—图伊塔玛含煤分区							
平均值	9.43	11.40	38.03	41.09	6260	11268	1.53
最大值	15.16	19.00	45.82	49.06	7510	13517	3.02
最小值	3.56	5.48	30.66	27.51	4904	8828	0.69
索卡莫索—杰里科含煤分区							
平均值	4.29	9.57	30.19	55.96	7277	13099	1.25
最大值	7.86	26.71	39.60	72.72	7949	14308	4.44
最小值	2.78	4.35	17.33	38.43	6957	9957	0.53
乌比达—托塔湖含煤分区							
平均值	5.75	13.10	38.34	42.80	6500	11699	1.21
最大值	10.79	16.80	40.60	47.36	6797	12235	1.57
最小值	4.65	9.83	36.72	38.47	5917	10651	0.78

注：根据哥伦比亚矿产和能源部、哥伦比亚地质和矿产研究所（2004）“哥伦比亚煤炭资源量、储量和煤质”资料整理。

切古阿—兰瓜撒切含煤分区的煤包括从高挥发分烟煤A类到中低挥发分烟煤（黏结），可以用于生产高质量的焦炭。煤的发热量为11910~14219 Btu/lb；平衡水分相对较低，为2.95%~4.21%；全硫为0.39%~2.08%，全硫平均值为0.80%；灰分平均值为10.00%，为烟煤灰分。该含煤分区的煤可直接使用。

苏埃尔卡—阿巴拉钦含煤分区的煤属于高挥发分烟煤A类，而且煤的黏结性可以用来生产中等混合焦炭。煤的发热量为11211~13247 Btu/lb，平衡水分+2相对较低，为4.22%~5.94%。全硫平均值为1.07%；灰分为7.34%~19.60%，平均灰分为12.18%。这些煤炭适合用于动力煤或者混合起来用于冶金。

通哈—派帕—图伊塔玛含煤分区的煤的发热量为8828~13517 Btu/lb（坑口，平衡水分+2为3.56%~15.16%）。平均全硫为1.53%，平均灰分为11.40%，处于较低范围。

索卡莫索—杰里科含煤分区的煤介于高挥发分烟煤B类、A类和中低挥发分烟煤之间，有黏结性，适于单独或混合生产焦炭。煤的平均发热量为9957~14308 Btu/lb；平衡水分+2为2.78%~7.86%；全硫较高，平均为1.23%；灰分较低，平均为9.57%。该煤适合用作冶金煤和动力煤。

伯大尼含煤分区的煤主要为高挥发分烟煤A类或者中挥发分烟煤，通常有黏结性。煤的平均发热量为12924~14434 Btu/lb，全硫为0.73%~1.37%，灰分为6.03%~14.13%，该含煤分区的煤属于发热量较高的动力煤。

乌比达—托塔湖含煤分区的煤的平均发热量为10651~12235 Btu/lb，平衡水分+2为4.65%~10.69%；全硫为0.78%~0.57%，平均含量为1.21%；平均灰分为13.10%，加上其全硫高，适合用作动力煤。

4. 资源量和储量

哥伦比亚矿产和能源部、哥伦比亚地质和矿产研究所（2004）的“哥伦比亚煤炭资源量、储量和煤质”中仅列出了2003年底博亚卡省含煤区部分地质工作程度高的含煤分区的资源量和储量，总结后可以看到（表9－2－25），该含煤区的总资源量为1868.42 Mt，其中170.39 Mt为探明储量，仅占总资源量的9.12%。在所有含煤分区中，索卡莫索—杰里科含煤分区的资源量最多，占含煤区总资源量的52.91%，其中探明储量（102.85 Mt）占含煤区总探明储量的60.36%。

表9－2－25 博亚卡省含煤区部分含煤分区的资源量和储量 Mt

含煤分区	探明储量	控制储量	推断储量	小计
切古阿—兰瓜撒切	35.70	129.88	115.85	281.42
苏埃尔卡—阿巴拉钦	7.81	43.30	106.26	157.37
通哈—派帕—图伊塔玛	24.03	97.22	171.42	292.67
索卡莫索—杰里科	102.85	412.25	473.71	988.81
乌比达—托塔湖	—	30.97	117.18	148.15
总计	170.39	713.62	984.42	1868.42

注：根据哥伦比亚矿产和能源部、哥伦比亚地质和矿产研究所（2004）“哥伦比亚煤炭资源量、储量和煤质”资料整理。

5. 开采状况及在产煤矿

博亚卡省含煤区主要是小规模开采，年产量很低。

2002年曾有474个小煤矿进行井工开采，其中采用机械化开采、有正规管理结构、对各个方面都有先期预估的煤矿所占比例不超过5%。由Acerías Paz del Río钢铁公司负责开发的几个煤矿的机械化程度很高，年产量达到0.2 Mt。其他有些机械化程度和产量都相对较低的煤矿，年产量都维持在万吨以上。

（八）桑坦德省含煤区

1. 概述

桑坦德省含煤区位于桑坦德省。该省位于东部山脉北北西向部分和马格达莱纳河峡谷之间，面积30537 km^2，北部和东部分别与塞萨尔省和北桑坦德省接壤，南部和东南部与博亚卡省接壤，西部与安蒂奥基亚和玻利瓦尔省接壤。境内东部有奇卡莫洽河和莱芜里哈河，南部有苏亚雷斯河，西南部有流向马格达莱纳河的卡拉莱河、欧磅河。该省西部是马格达莱纳河平原，地势平坦轻微起伏，气候温暖潮湿，东部山脉西翼地势起伏较大，气候总体干燥。

中央大道（国道45 A）从桑坦德省首府布卡拉曼加向南至波哥大，往东北至潘普洛纳、库库塔和委内瑞拉；马格达莱纳大道（国道45）通达北海岸，途经圣阿尔伯特、博斯克尼亚、圣玛尔塔和巴兰基亚。另有其他道路通往巴兰卡韦梅哈的海港和火车站，把该地区和巴兰基亚连接到一起。另外，布卡拉曼加通过铁路与全国大多数地方相连。

该含煤区的煤主要分布在东部山脉西侧和桑坦德山岳。两地的含煤岩系分别是：西部的乌密尔组和东部的哥伦布—米道胡安组、加达杜波组、劳斯古艾沃斯组和加尔沃内拉组。两地的煤系地层延绵不断，但地层、构造、地貌等特征不同，因此将桑坦德省含煤区分为8个含煤分区：巴内加斯—圣文森特德邱古力—加斯加哈勒斯河、圣路易斯（安第斯向斜西、东两翼分为2个含煤区段）、欧磅—兰大苏里河、南西米达拉等4个含煤分区位于马格达莱纳峡谷周围的山麓上，圣米盖尔—加比达内豪、米兰达、莫拉加维达、阿尔摩萨德罗荒岭等4个含煤分区位于桑坦德山脉。

2. 地质概况

1）地层

整体上来看，桑坦德省的阿尔摩萨德罗荒岭东部至加比达内豪地区的含煤地层和阿尔摩萨德罗荒岭西部靠近马格达莱纳河峡谷地区的含煤地层的时代、特征和命名有很大区别（图9－2－22、图9－2－23）。

阿尔摩萨德罗荒岭和加比达内豪的“东部单元”是指马拉卡依沃盆地的含煤地层，“西部单元”是指马格达莱纳河中部峡谷盆地的含煤地层。“西部单元”从该省南段延伸至北部的巴内加斯，经过圣路易斯。两个单元的地质特点差异较大。

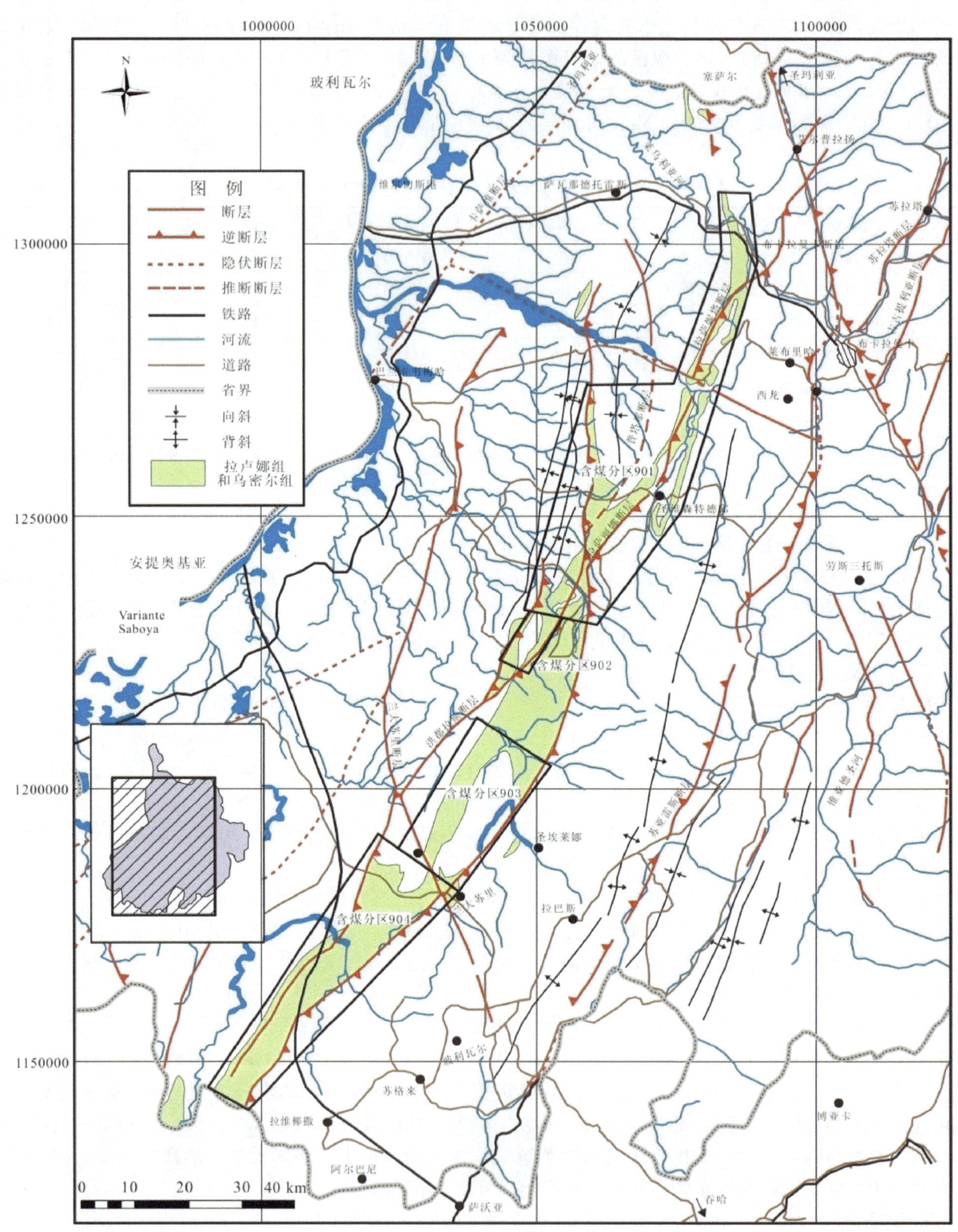

图 9－2－22　桑坦德省含煤区西部地质图（Ingeominas，1999，有修改）

在西部，从兰达苏里南部至莱芜里哈河北部（经圣路易斯）只存在时代为马斯特里赫特阶的乌密尔组，该组由黑—青灰色黏土岩组成，在圣路易斯厚度达 1400 m，夹有少量含石英砂黏土层和煤层，有些地方煤层厚达 3 m。该单元从巴内加斯延至该省南缘，途经康洽尔、圣文森特德邱古力、圣路易

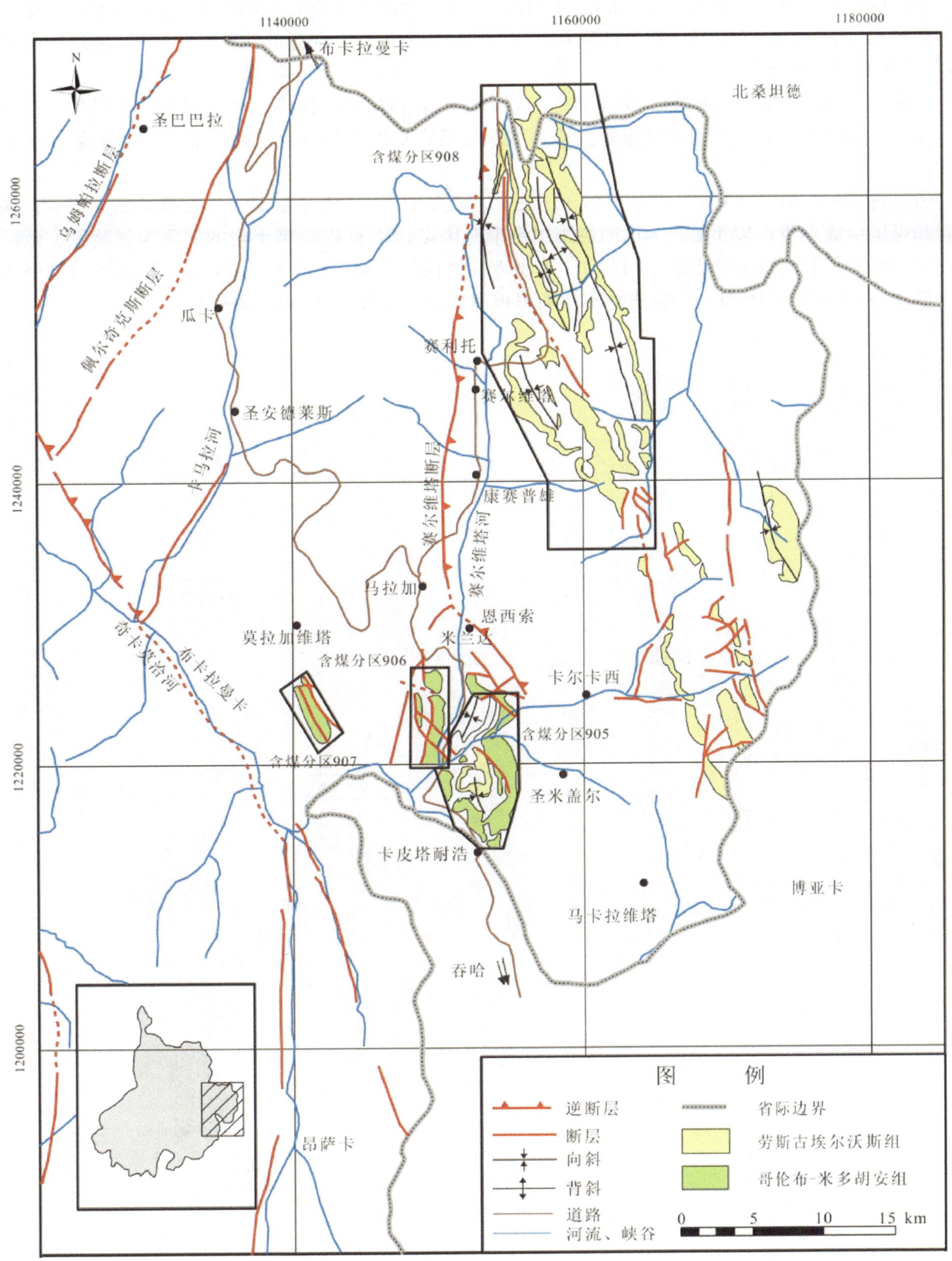

图 9-2-23 桑坦德省含煤区东部地质图（Ward, et al., 1997 和 Ecocarbón, 1998, 有修改）

斯、兰大苏里和西米达拉。根据该地区存在大量菊石的特点，被断定为坎帕阶—马斯特里赫特阶，并可以与马拉卡依沃盆地的哥伦布—米道胡安组对比。该组分为下段（Ksu^1）、中段（Ksu^2）和上段（Ksu^3），上段有可采煤层。

在山脉东部、阿尔摩萨德罗荒岭北部和莫拉加维达—加比达内豪南部之间的含煤地层有：哥伦布—米道胡安组（其上地段为晚马斯特里赫特阶）、劳斯古艾沃组（中古新世到早始新世）、加尔沃内拉组（晚始新世到早渐新世）。

哥伦布—米道胡安组（Kscm）由深灰色含碳的扇砾岩和黏土岩构成，夹有细粒砂岩层和细石英砂层，厚 325 ~ 600 m。该组被巴尔科组所叠盖，可以与乌密尔组和马格达莱纳中部峡谷的利萨马组下段对比。

劳斯古埃尔沃斯组（Tplc）盖在巴尔科组之上，由黏土岩和少量石英砂层、菱铁矿黏土层、含碳黏土岩和煤层组成。75 m 以下黏土岩的颜色为黑色带有斑点，75 m 以上黏土岩的颜色为红紫色。该组厚度在阿尔摩萨德罗荒岭地段达 265 ~ 420 m，在莫罗拉娜丽丝塞利托周围可达 430 m。该组可与马格达莱纳中部峡谷的利萨马组对比。劳斯古埃尔沃斯组被米拉道尔组覆盖（图 9 - 2 - 24）。

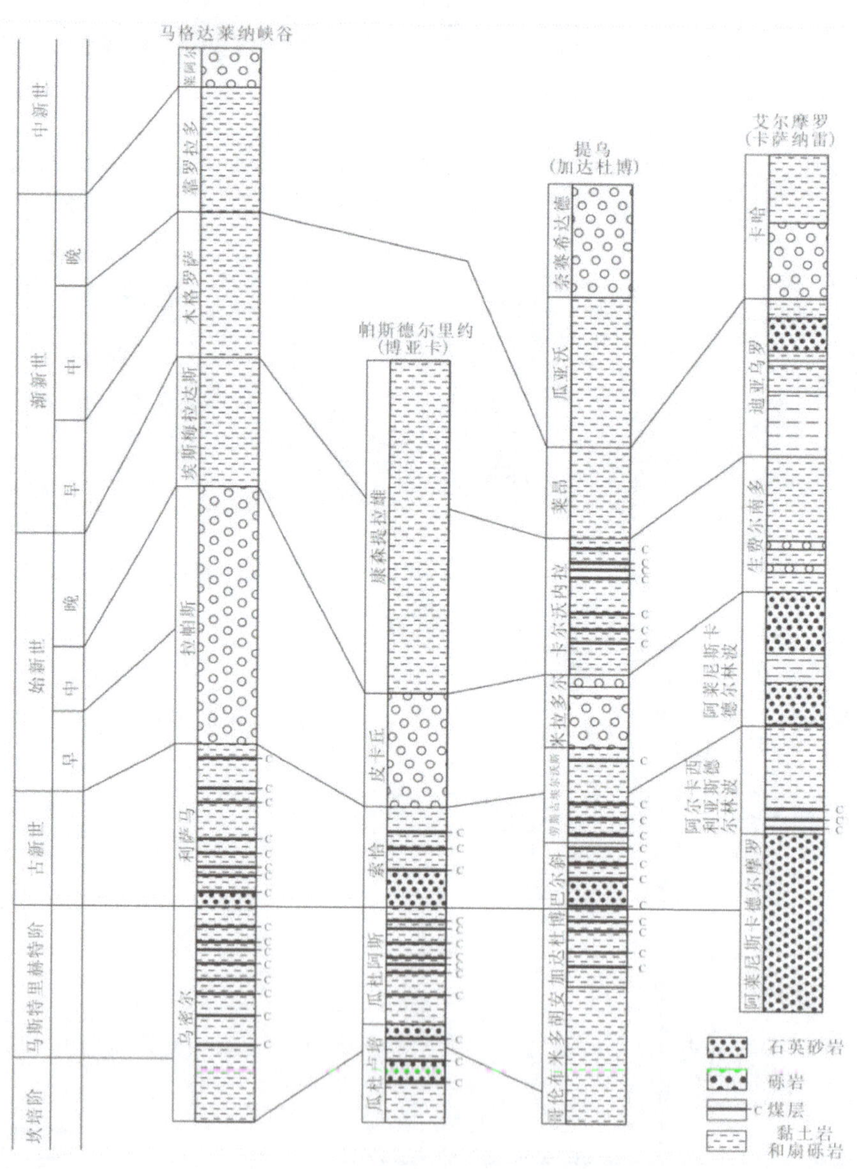

图 9 - 2 - 24　桑坦德省含煤区地层柱状图（Van der Hammen，Th，1958，有修改）

加尔沃内拉组（Tec）在米拉道尔组之上，上段和下段都由极厚的棕绿灰色黏土岩、含碳石英砂岩和煤层间的石灰岩夹层组成，最厚约 375 m。根据孢粉鉴定，下段为始新世晚期，上段为渐新世末期。该组可与埃斯梅拉达斯组和马格达莱纳中部峡谷的木格罗萨组对比。

2）构造

含煤区西部主要断裂构造（图 9－2－22、图 9－2－23）的走向为北北东，倾向西，其中，苏拉塔断层和佩尔奇克斯断层切断了白垩纪和新生代沉积。煤区东部的萨尔维塔断层北北东向延伸，东倾，它与佩尔奇克斯断层一起构成了一个地堑，内部被白垩纪—第三纪岩石充填。

桑坦德山脉西侧的布卡拉曼加逆断层东倾，切穿了侏罗纪和白垩纪沉积。苏亚雷斯逆断层平面向东，与布加拉曼加逆断层相交。拉萨丽娜逆断层东倾，并在普拉杨地区与布加拉曼加断层相交。

断层之间有一系列背斜和向斜。从东到西，德尔加迪托向斜和拉阿莱那向斜被瓦多安桥背斜分开；苏亚雷斯断层西边有大背斜和劳斯考瓦尔德斯断层，拉萨丽娜断层西边也有向斜。

3. 煤质

根据哥伦比亚矿产和能源部、哥伦比亚地质和矿产研究所（2004）的“哥伦比亚煤炭资源量、储量和煤质”中的资料，桑坦德省含煤区所有含煤分区的煤均属于烟煤，发热量普遍超过 7000 kcal/kg，表现典型的无烟煤性质，是优质动力煤，其中圣路易斯含煤区乌密尔组下段产焦煤，南西米达拉含煤分区的煤适合炼焦。

圣路易斯含煤区乌密尔组上段的煤是典型的高挥发分烟煤 A 类至中挥发分烟煤，其膨胀指数、热膨胀指数和平均镜质体反射率变化较大，且灰分高（>20%），难以判断其黏合性；下段的煤是中挥发分烟煤至高挥发分烟煤 A 类，灰分相对较低（<10%），有黏合性，可用来生产焦炭。

南西米达拉含煤分区的煤是中挥发分烟煤至高挥发分烟煤 A 类、B 类和 C 类，都具有黏性和焦化能力，主要用于冶金煤。煤的发热量为 5862～8437 kcal/kg，全硫为 0.54%～1.04%，平均灰分为 4.91%，纯度较高，膨胀系数为 0～9，塑性较好，适合炼焦。

加比达内豪—圣米盖尔含煤分区的煤种包括半无烟煤、低挥发分烟煤、高挥发分烟煤 A 类和亚烟煤 B 类和 A 类，据此可以说该分区的煤质好，是半无烟煤至低度挥发分烟煤，具有无烟煤的典型特征。具体指标有：含水量高（11.10%～16.30%），残余水较低（1.18%～16.30%），灰分变化大（2.14%～32.72%），平均全硫为 0.94%，发热量较高为 6428 kcal/kg。

米兰达含煤分区的煤是低挥发分烟煤，无黏性，发热量为 7139 kcal/kg，残余水分加权平均值为 1.81%，最大值为 3.04%，相对较低。灰分含量相对较高，加权平均值为 14.47%。全硫的加权平均值为 3.46%，数值较高，在使用前应洗煤。

莫拉加维达含煤分区的煤为高挥发分烟煤 A 类，灰分（平均 8.91%）和全硫（0.71%）均较低，发热量高达 7846 kcal/kg，残余水分为 0.66%～0.86%，相对较低。

阿尔摩萨德罗荒岭含煤分区的煤为无烟煤、半无烟煤至中低挥发分烟煤，具无烟煤的典型特点。这里的煤灰分变化较大，1.40%～19.84%，加权平均值为 4.71%；全硫的加权平均值为 0.75%；发热量平均为 7405 kcal/kg。

4. 资源量和储量

哥伦比亚矿产和能源部、哥伦比亚地质和矿产研究所（2004）的“哥伦比亚煤炭资源量、储量和煤质”中列出了 2003 年或更早桑坦德省含煤区部分含煤分区的煤炭资源量/储量，其中有的含煤分区只给出了依据已知煤层计算的控制资源量和推断资源量（米兰达含煤分区，5.50 Mt）或探明储量（莫拉加维达含煤分区）。汇总这些数据，该含煤区已知的资源量为 650.32 Mt，其中探明储量为 200.31 Mt，占 30.80%。圣路易斯含煤分区的资料最为详细，西、东 2 个含煤区段的探明储量和控制储量达 164.76 Mt（表 9－2－26）。

表 9－2－26　桑坦德省含煤区部分含煤分区的煤炭资源量　Mt

含煤分区/区段	探明储量	控制储量	推断储量	小　计
圣路易斯（西）	31.68	84.01	39.66	155.35
圣路易斯（东）	24.42	24.65	83.80	132.87
加比达内豪—圣米盖尔	18.00	1.43	23.73	43.16

表9－2－26（续）

Mt

含煤分区/区段	探明储量	控制储量	推断储量	小　计
米兰达	—	5.50	—	5.50
莫拉加维达	7.96	—	—	7.96
阿尔摩萨德罗荒岭	118.25	24.38	162.85	305.48
合　计	200.31	139.97	310.04	650.32

注：根据哥伦比亚矿产和能源部、哥伦比亚地质和矿产研究所（2004）“哥伦比亚煤炭资源量、储量和煤质”资料整理。

5. 开采状况及在产煤矿

该含煤区直到20世纪60年代才开始开采，但因技术问题储量不明，而且开采难度大，所以开采长期处于停滞状态。原有矿山主要是小型井工矿，采用房柱式开采。

根据哥伦比亚煤炭业普查的相关数据，2002年12月，Minercol公司已登记了13个开采合同和5个正在办理的申请。

（九）北桑坦德省含煤区

1. 概述

北桑坦德省含煤区含有北桑坦德省的煤炭资源。该省位于哥伦比亚东北部，东部山脉在此处分为梅里达山脉（向委内瑞拉延伸）和劳斯莫提劳奈斯山脉（向北延伸，接拉瓜希拉市），北部和东部接委内瑞拉，南部接博亚卡省和桑坦德省，西部接桑坦德省和塞萨尔省，面积21658 km^2。

该省省会库库塔市有中央大道连接博亚卡、桑坦德、北桑坦德和委内瑞拉，另有北中央大道连接潘普洛纳、奇达加、马拉加、杜伊塔马和吞哈。另外从库库塔经过萨尔迪纳塔、阿乌来戈和奥卡尼亚可至大西洋海岸，经过圣克里斯托瓦尔、马拉卡依沃和加拉加斯可至委内瑞拉，通过河流—铁路可至巴兰卡韦梅哈港。各产煤区均有道路相连。

含煤区分为8个含煤分区，其中4个在桑坦德山岳，另外4个处在风化高原和山区，东接委内瑞拉，北接加达杜博。这些含煤分区根据各自的地质结构分为不同的含煤区段和含煤区块。由北到南分别是：奇达加、穆提斯古奥—卡克塔［包括北含煤区段（潘普洛尼塔含煤区段）和南含煤区段（潘普洛纳含煤区段）］、潘普洛纳—潘普洛尼塔（潘普洛尼塔含煤区段和潘普洛纳含煤区段）、埃兰—托雷多（分为埃兰含煤区段和托雷多含煤区段）、萨拉萨尔（分为北含煤区段、中央含煤区段和南含煤区段）、塔萨海洛（分为东含煤区段、西含煤区段和南含煤区段）、苏里亚—齐纳高达（分为6个含煤区段：南苏里亚、圣地亚哥、圣卡耶塔诺、圣佩德罗、齐纳高达和罗萨里奥峡谷含煤区段）和加达杜博含煤分区（分为3个含煤区段：拉加瓦拉—奥罗河、北苏里亚—萨尔迪纳塔和艾尔卡门含煤区段）。

2. 地质概况

1）地层

北桑坦德省含煤区的煤分布在南北方向延绵220 km的加达杜博组、劳斯古埃尔沃斯组和卡尔沃内拉组（图9－2－25、图9－2－26）。

该含煤区煤系地层之间区别不明显，依照马拉卡依沃盆地的命名法，分为加达杜博组、劳斯古埃尔沃斯组和卡尔沃内拉组（图9－2－27）。

加达杜博组（Ksct）由含碳，发育有细石英砂岩层的黑色泥岩组成，厚100～270 m，在中部发现煤层。该组在米多胡安组之上，时代为马斯特里赫特阶晚期。

劳斯古埃尔沃斯组（Tplc）主要为绿灰色的黏土岩，有少量石英砂岩；下部有炭质层，黏土岩的颜色变为深灰色，有细粒泥质含云母粉砂岩；上部黏土岩颜色变为红色、黄色和紫色。该组厚度为250～490 m，时代为古新世中晚期至始新世早期。

卡尔沃内拉组（Tec）主要是灰绿色砂质黏土岩，下部和上部有煤，厚400～720 m，时代为始新世晚期至渐新世早期。

2）构造

该含煤区以断裂构造为主，多数断层北—南走向，分别向西和向东倾斜，分布在平原山脚和桑坦德

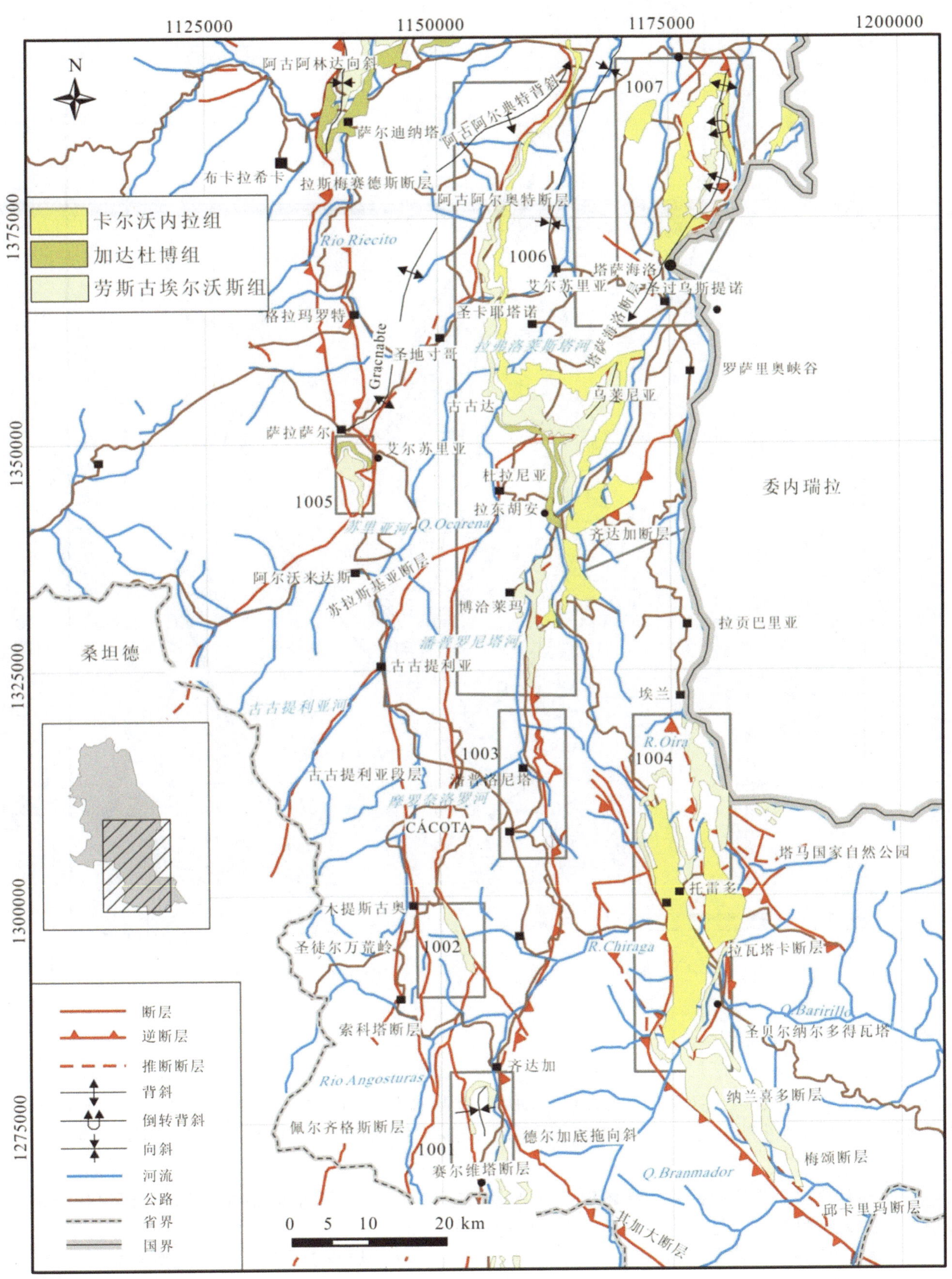

图9-2-25 北桑坦德省含煤区南部地质图（Ward et al.，1977和COLPET，1967a，1967b）

图 9－2－26 北桑坦德省含煤区北部地质图（COLPET，1967a，1967b）

山脉，造成了东部山脉隆起。

桑坦德山脉最重要的断层是摩罗断层、拉斯佩尼亚斯断层、摩罗奈格罗断层、穆提斯古阿断层、古古提利亚断层和苏拉基里亚断层，均为西倾逆断层；奇塔加断层和邱库里玛断层则是东倾逆断层。在这些区域性断层和其他小断层之间存在小的背斜和向斜，大多数比较狭窄（图 9－2－25、图 9－2－26）。

3. 煤质

根据现有资料，北桑坦德省含煤区所有含煤分区的煤均属于烟煤，发热量普遍超过 7000 kcal/kg，表现典型的无烟煤性质，是优质动力煤，有些煤适合炼焦。

奇达加含煤分区煤层 M20 和 M10 的煤质不同。煤层 M20 的煤是无烟煤，煤的残余水为 1.46%，挥发分为 7%，固定碳为 93%，灰分为 8.54%，发热量为 7407 kcal/kg，全硫为 2.42%（较高）。煤层 M10 的煤为低挥发分烟煤，有黏性，适合单独或混合生产焦炭，其残余水分为 0.54%，全硫为 0.60%，灰分为 7.41%，发热量为 8079 kcal/kg。

潘普洛纳—潘普洛尼塔含煤分区的煤为高挥发分烟煤 A 类，均有黏性，适合混合炼焦煤。总体上

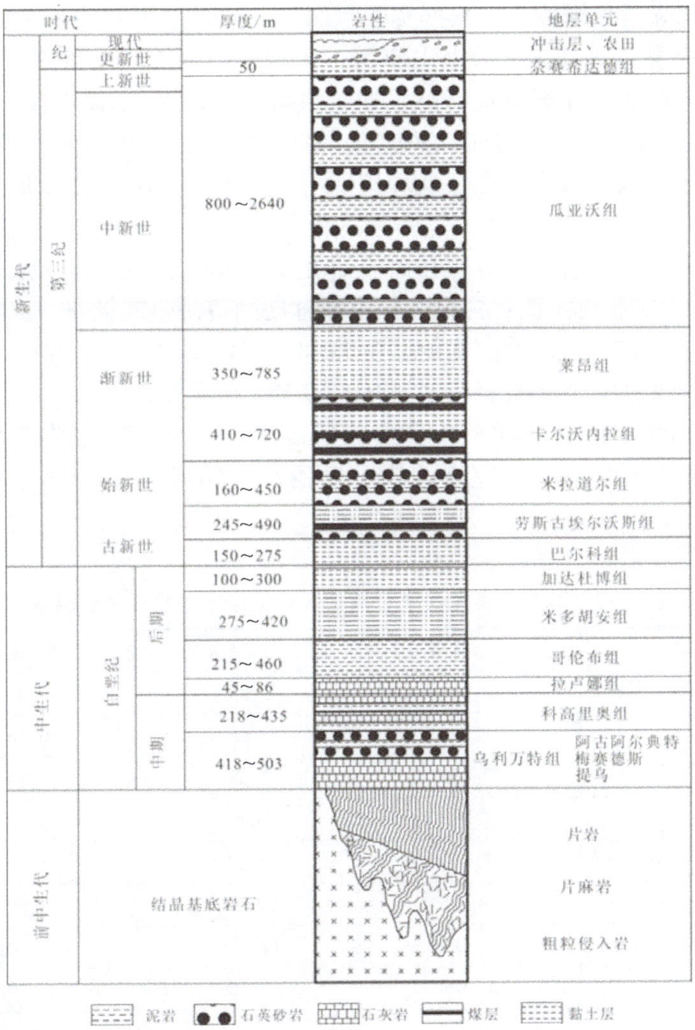

时代			厚度/m	岩性	地层单元
新生代	第四纪	现代			冲击层、农田
		更新世	50		奈赛希达德组
	第三纪	上新世			
		中新世	800～2640		瓜亚沃组
		渐新世	350～785		莱昂组
			410～720		卡尔沃内拉组
		始新世	160～450		米拉道尔组
			245～490		劳斯古埃尔沃斯组
		古新世	150～275		巴尔科组
中生代	白垩纪	后期	100～300		加达杜博组
			275～420		米多胡安组
			215～460		哥伦布组
			45～86		拉卢娜组
		中期	218～435		科高里奥组
			418～503		乌利万特组 阿古阿尔典特 梅赛德斯 提乌
前中生代			结晶基底岩石		片岩 片麻岩 粗粒侵入岩

泥岩　石英砂岩　石灰岩　煤层　黏土层

图9-2-27　北桑坦德省含煤区地层柱状对比图（COLPET，1967）

来看，这些煤层的理化性质均一，水分、灰分、固定碳含量和发热量方面的变化小。在坑口岩石混化深度0.02 m条件下进行分析，平衡水+1为2.61%～3.41%，灰分为7.56%～13.73%，全硫为0.54%～2.06%，发热量为7052～7548 kcal/kg。

埃兰—托雷多含煤分区的煤是中挥发分烟煤，均有黏性，适合单独或混合生产焦炭。煤的平衡水为1.06%～1.30%，全硫为0.44%～1.83%，灰分为2.05%～10.18%，发热量为7834～8508 kcal/kg，可单独或混合用于生产焦煤。

萨拉萨尔含煤分区煤的煤质均一，在水分、灰分、固定碳含量、发热量和全硫等方面数值变化不大，这些煤层产高挥发分烟煤A类，均有黏性，适合用作焦煤。煤的平衡水+1为3.26%～4.66%。全硫平均值为0.62%，平均灰分为9.46%，煤的发热量为6878～7354 kcal/kg。

塔萨海洛含煤分区的煤总体上性质均一，水分、灰分、固定碳含量、发热量和全硫变化不大。在平衡水+1，岩石混化深度0.02 m条件下进行坑口试验时，东区段煤的平衡水+1平均为2.84%，灰分为10.17%，全硫为0.85%，平均发热量为7403 kcal/kg，最大超过了14000 BTU/lb。而西区段煤的平衡湿度+1平均为2.56%，灰分为7.65%，全硫为0.85%，平均发热量为7736 kcal/kg，最大超过了14000 BTU/lb。

苏里亚—齐纳高达含煤分区煤的平衡水+1为1.60%～2.94%，灰分为4.65%～21.5%，全硫为0.41%～3.35%，加权平均值小于1.0%；煤的发热量高，超过14000 BTU/lb。这些煤主要适合生产焦煤用于冶金。

加达杜博含煤分区的煤质数据较少。根据实验室的分析结果，北苏里亚—萨尔迪纳塔含煤区段的煤是高挥发分烟煤A类，无黏性，可作为动力煤使用；艾尔卡门含煤区段的煤被定性为高挥发分烟煤A类、B类和C类至亚烟煤B类。北苏里亚—萨尔迪纳塔含煤区段和艾尔卡门含煤区段煤的含水量加权平均值分别为1.87%和4.31%，全硫的加权平均值分别为1.18%和0.95%，灰分的加权平均值分别为6.62%和8.64%，而2个含煤区段煤的发热量加权平均值均大于14000 BTU/lb，表明煤的质量好。

4. 资源量和储量

哥伦比亚矿产和能源部、哥伦比亚地质和矿产研究所（2004）的“哥伦比亚煤炭资源量、储量和煤质”中仅列出了2003年底北桑坦德省含煤区各含煤分区的资源量和储量，总结后可以看到（表9－2－27），该含煤区的总资源量为793.90 Mt，其中119.75 Mt为探明储量，仅占总资源量的15.08%。所有含煤分区中，加达杜博含煤分区的资源量最多（349.60 Mt），占含煤区总资源量的44.04%，其中探明储量（47.96 Mt）占含煤区总探明储量的40.05%。值得注意的是，该含煤区不仅有优质动力煤资源，而且有焦煤资源。例如穆迪斯古阿—卡克塔含煤分区的煤炭储量为2.39 Mt，65%为探明储量，其中74%为焦煤。

表9－2－27 北桑坦德省含煤区各含煤分区的资源量和储量 Mt

含煤分区	探明储量	控制储量	推断储量	小计
奇达加	0.67	1.98	7.41	10.06
穆迪斯古阿—卡克塔	1.57	0.66	0.16	2.39
潘普洛纳—潘普洛尼塔	2.80	6.25	4.84	13.89
埃兰—托雷多	4.79	14.63	9.18	28.60
萨拉萨尔	7.71	15.50	5.80	29.01
塔萨海洛	14.19	22.51	56.23	92.93
苏里亚—齐纳高达	40.06	124.15	103.21	267.42
加达杜博	47.96	121.66	179.98	349.60
合计	119.75	307.34	366.81	793.90

注：根据哥伦比亚矿产和能源部、哥伦比亚地质和矿产研究所（2004）“哥伦比亚煤炭资源量、储量和煤质”资料整理。

5. 开采状况及在产煤矿

北桑坦德省含煤区的开采活动始于20世纪中叶，但发展缓慢，主要采用房柱式井工开采，而且煤矿规模小，产量低。

第四节 优质煤炭资源富集区

一、优质煤炭资源潜力分析

哥伦比亚煤炭资源丰富煤质优良。从资源分布来看，境内东、中、西3个安第斯山系的支脉均有煤炭蕴藏，大多数省都有煤炭开采。从煤种和煤质来看，主要以动力煤为主，以低灰、低硫、高挥发分和高热值著称，质量好；同时有相当可观的焦煤储量和资源量（图9－2－28）。

哥伦比亚北部瓜希拉省的塞雷洪含煤分区、塞萨尔省拉洛马含煤分区和拉哈瓜含煤分区，以及科尔多瓦省的圣豪尔赫含煤分区是目前储量最大、勘测和开发程度最高的动力煤产区；冶金煤主要分布在安第斯山系东部支脉的昆迪纳马卡省、博亚卡省和北桑坦德省地区。哥伦比亚东部与委内瑞拉交界的平原地区和亚马孙地区的煤炭资源尚未得到充分调查和利用。

在哥伦比亚所有含煤区中，瓜希拉省含煤区、塞萨尔省含煤区、昆迪纳马卡省含煤区、博亚卡省含煤区和北桑坦德省含煤区的优质煤炭资源最具开发潜力（图9－2－29）。

（1）瓜希拉省含煤区的总资源量/储量共计4509.68 Mt，其中探明储量和控制储量占总资源量的

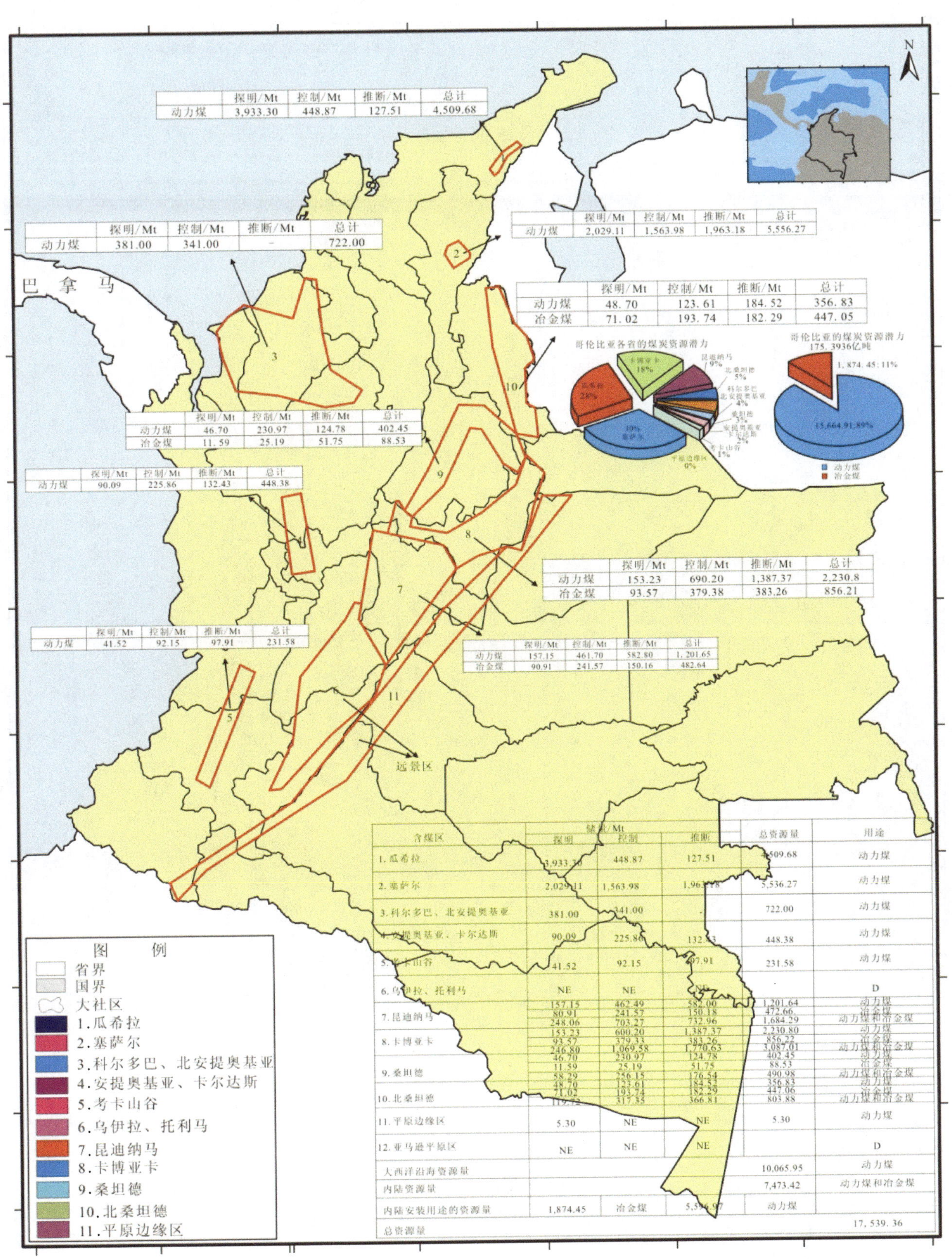

含煤区	储量/Mt			总资源量	用途
	探明	控制	推断		
1.瓜希拉	3,933.30	448.87	127.51	4,509.68	动力煤
2.塞萨尔	2,029.11	1,563.98	1,963.18	5,536.27	动力煤
3.科尔多巴、北安提奥基亚	381.00	341.00	-	722.00	动力煤
4.安提奥基亚、卡尔达斯	90.09	225.86	132.43	448.38	动力煤
5.考卡山谷	41.52	92.15	97.91	231.58	动力煤
6.乌伊拉、托利马	NE	NE	NE	-	D
7.昆迪纳马	157.15	462.49	582.00	1,201.64	动力煤
	80.91	241.57	150.18	472.66	冶金煤
	248.06	703.27	732.96	1,684.29	动力煤和冶金煤
8.卡博亚卡	153.23	600.20	1,387.37	2,230.80	动力煤
	93.57	379.33	383.26	856.22	冶金煤
	246.80	1,069.58	1,770.63	3,087.01	动力煤和冶金煤
9.桑坦德	46.70	230.97	124.78	402.45	动力煤
	11.59	25.19	51.75	88.53	冶金煤
	58.29	256.15	176.54	490.98	动力煤和冶金煤
10.北桑坦德	48.70	123.61	184.52	356.83	动力煤
	71.02	193.74	182.29	447.06	冶金煤
	119.72	317.35	366.81	803.88	动力煤和冶金煤
11.平原边缘区	5.30	NE	NE	5.30	动力煤
12.亚马逊平原区	NE	NE	NE		D
大西洋沿海资源量				10,065.95	动力煤
内陆资源量				7,473.42	动力煤和冶金煤
内陆安装用途的资源量	1,874.45	冶金煤	5,596.97	动力煤	
总资源量					17,539.36

图 9-2-28 哥伦比亚煤炭资源潜力（哥伦比亚矿业和能源部，2011，.有修改）

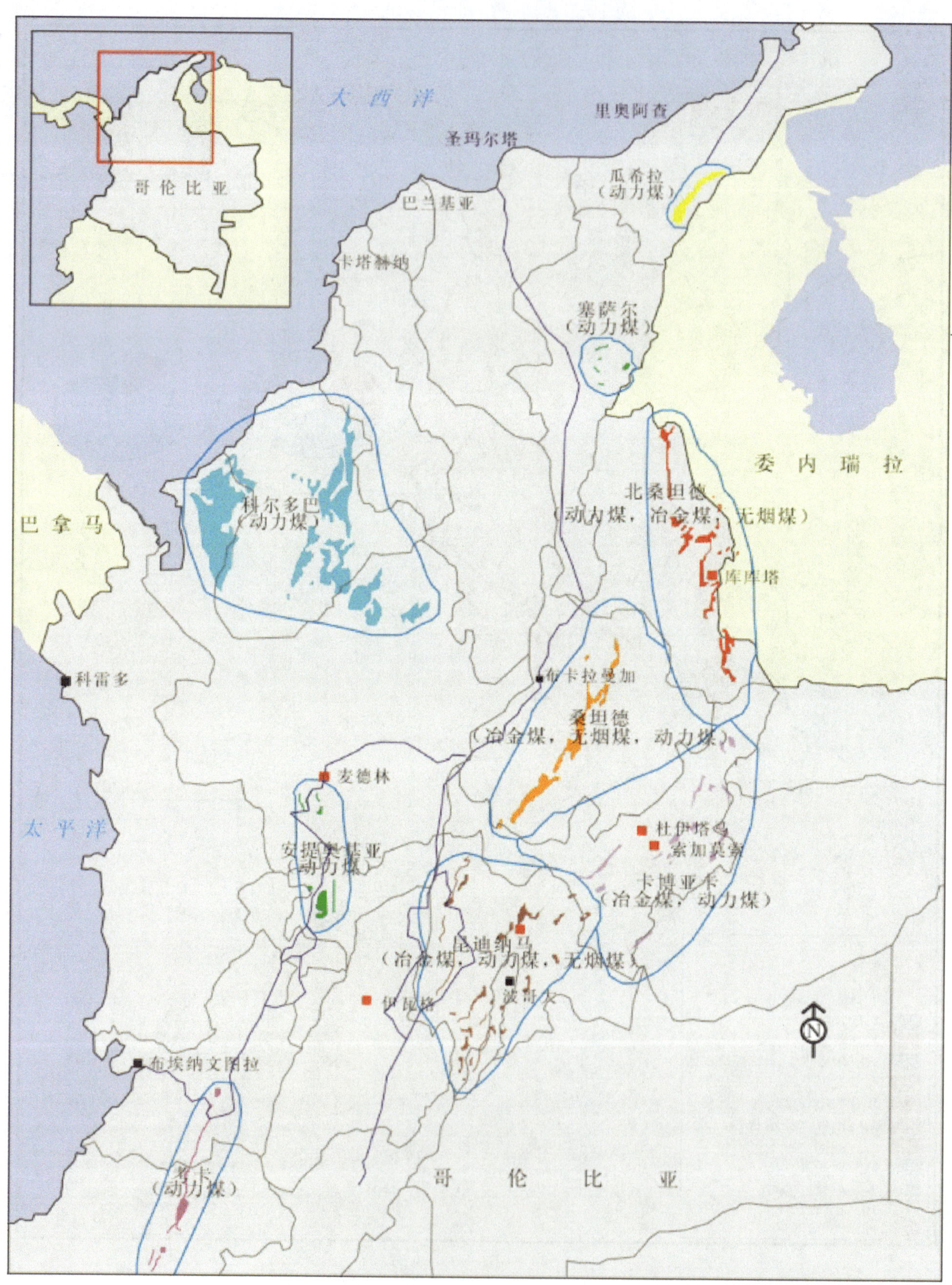

图9-2-29 哥伦比亚煤种分布图（Fietz，2011）

97.17%。在煤质方面，该含煤区出产高挥发分烟煤A类、B类和C类，适合用作动力煤。

塞雷洪北部含煤分区的塞雷洪煤矿是哥伦比亚最重要的煤矿。该矿是哥伦比亚最大的露天煤矿，也是世界上最重要的煤矿、铁路和港口综合开发矿区之一。

（2）塞萨尔省含煤区是哥伦比亚煤炭资源量最大的含煤区和探明储量居第二位的含煤区，其资源量和储量为5556.27 Mt，其中探明储量和控制储量占总资源量的64.67%；而96%的煤炭资源都集中在拉洛马含煤分区。该含煤区的煤为动力煤，以伊威利格拉哈瓜地区的煤质最好。

拉洛马含煤分区的煤炭潜力最大，区内伯格隆含煤区段德拉蒙德公司负责的Pribbenow露天煤矿是哥伦比亚第二重要煤矿。

（3）昆迪纳马卡省含煤区的总资源量/储量达到1684.29 Mt，其中探明储量和控制储量占总资源量的56.48%。这里煤炭种类繁多，冶金煤的储量居哥伦比亚前列，可用来生产焦炭；低灰分、低硫分、高发热量的动力煤储量可观。在总资源量中，71.34%是动力煤、28.66%是冶金煤。

已有研究表明,该含煤区的切古阿—兰瓜撒切含煤分区是哥伦比亚最大、地理位置最好、冶金煤质量最好的地区,而质量优良的动力煤往往产在冶金煤煤层之下的地层中。但地形和构造条件对大规模开采不利。

（4）博亚卡省含煤区的总资源量/储量达到3087.01 Mt，其中探明储量和控制储量占总资源量的42.64%。在总资源量中，冶金煤为856.32 Mt，占27.74%，其中探明储量和控制储量（472.95 Mt）占该含煤区全部探明储量和控制储量的30.93%。该含煤区的煤一般发热量大、低硫，但灰分较高。

就冶金煤而言，切古阿—兰瓜撒切含煤分区地理位置优越，距离国内的消费中心较近，也利于出口。

（5）北桑坦德省含煤区的总资源量/储量为803.88 Mt，其中探明储量和控制储量占总资源量的54.39%。在煤质方面，该含煤区的煤主要是高挥发分烟煤A类，均有黏性，可用作动力煤或冶金煤。其中39.45%为动力煤、60.55%为冶金煤。

二、优质煤炭资源富集区

在掌握各个含煤区煤炭资源基本信息的基础上，通过分析研究和综合对比，根据交通运输条件、煤炭资源潜力、煤层分布及厚度、煤质优劣、开采条件等因素，圈定出优质煤炭资源富集区5个。

（一）塞雷洪动力煤富集区

1. 交通运输

塞雷洪动力煤富集区位于瓜希拉省瓜希拉半岛Rancheria河冲积平原区，地势平坦，距离塞萨尔省首府巴耶杜帕尔125 km，距离瓜希拉省首府里奥阿查105 km。富集区中部和南部横穿长150 km的铁路，该线路可将煤炭运至加勒比海岸的玻利瓦尔港，该港是哥伦比亚最大的煤炭出口口岸（图9-2-30）。

2. 资源潜力

塞雷洪动力煤富集区是哥伦比亚最重要、产量最大的塞雷洪煤矿所在地。该富集区面积约805 km^2，分为北、中、南3部分。该区主要出露古新世Cerrejón组煤系地层。Cerrejón组分为3段，下段厚180～340 m，有8～10层煤，煤层厚度为0.15～2.1 m；中段厚260～355 m，有14～19层煤，煤层厚度为0.39～6.0 m；上段厚400 m左右，有5层煤，煤层厚度为1.4～10 m。

瓜希拉省的煤炭资源主要在塞雷洪动力煤富集区之内，并主要集中在塞雷洪煤矿北部。塞雷洪煤矿是哥伦比亚最主要的煤炭产地。

Sourcewatch网站（2016）引用Xstrata公司的数据，给出了Cerrejón煤矿现有的煤炭资源量为5000 Mt，其中优质出口煤的探明储量和控制储量为210 Mt。BHP Billiton公司2014年和2015年年报提供的数据显示，2015年6月30日Cerrejón煤矿的资源总量为4429 Mt，总储量为648 Mt，可销售煤炭的总储量为633 Mt。这些数据均比2014年的相应数据有所减少，据此估算该矿的储量生命还有17年。开采权证有效期到2034年。此外，已有资料表明，区内煤层埋藏浅，大多数储量集中在300 m深度以内，其中100 m以浅的储量约950 Mt，200 m以浅的储量约2000 Mt，300 m以浅的储量近3000 Mt。

3. 煤质

塞雷洪煤矿所产煤的平均发热量为26.0 MJ/kg，灰分为3.5%，含水量为11.0%，挥发分为34.4%，全硫为0.5%。根据ASTM标准，属于高挥发分烟煤A类、B类和C类，适合用作动力煤。其

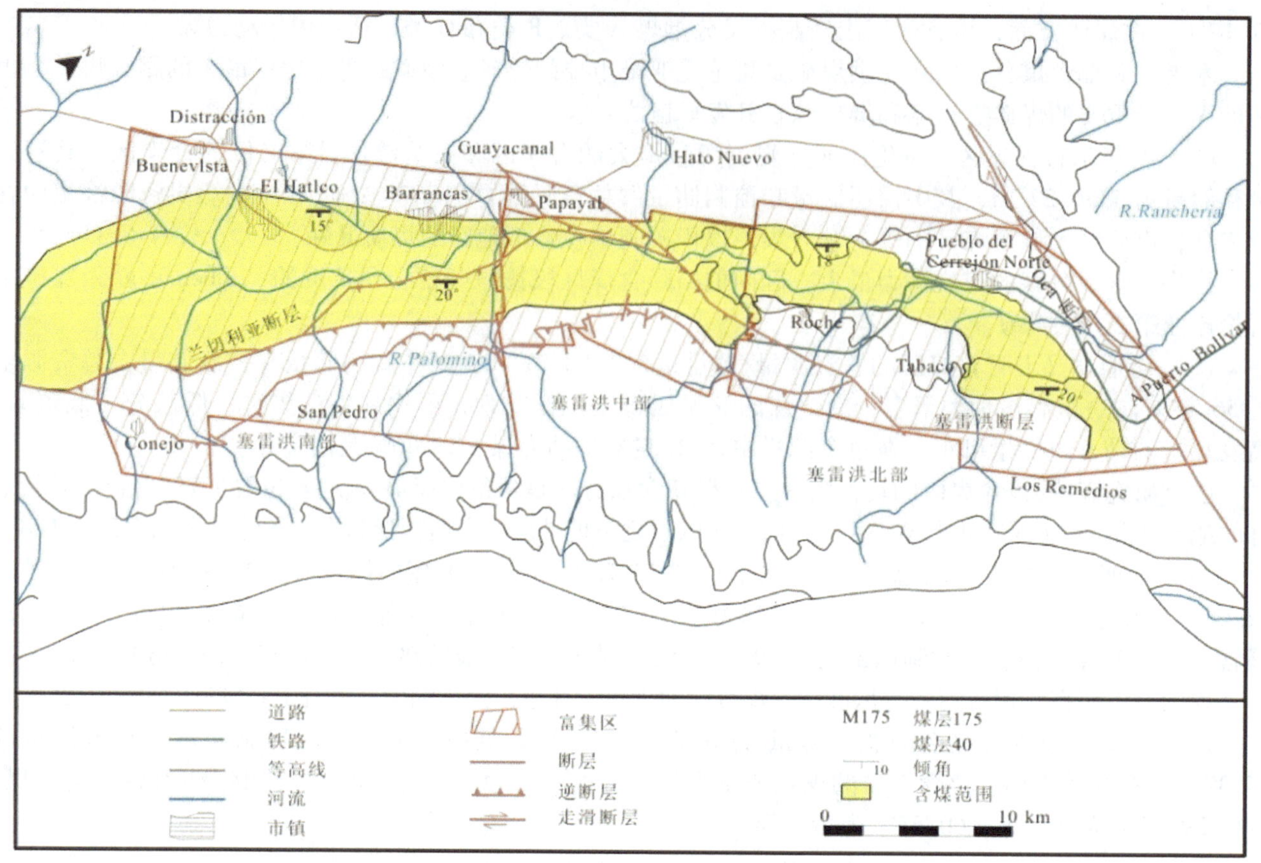

图 9－2－30 塞雷洪煤矿位置图

中古新世塞雷洪组上段煤层的煤为高挥发分烟煤 B 类和高挥发分烟煤 C 类，下段煤层的煤为高挥发分烟煤 A 类。煤的全硫和灰分较低，可不经过选洗直接使用。

该含煤区的煤炭主要出口至国外市场，其中 67% 出口至欧洲，18% 出口至北美，6% 出口至中南美，剩余 9% 出口至其他消费国。

4. 开采条件

塞雷洪动力煤富集区地形平缓，煤层稳定，埋藏浅，适合露天开采。塞雷洪煤矿全部为露天开采，可同时对多个煤层进行开采。煤炭分布在北区、Patilla、Oreganal、南区和塞雷洪中部等区域共计 6.9 万 hm^2 的范围内。目前年产能力为 32 Mt。

塞雷洪煤矿目前为 BHP Billiton、Anglo American 和 Xstrata 公司共同拥有，各占 1/3 的股份。

（二）拉洛马动力煤富集区

1. 交通运输

拉洛马动力煤富集区在塞萨尔省含煤区中部，距离首府巴耶杜帕尔 100 km，面积约 570 km^2（图 9－2－31）。塞萨尔省北部是塞萨尔河谷地，南部为马格达莱纳河谷地，这 2 个河谷区域地势平坦，占全省面积的 86%。

该富集区煤炭运输十分便利，大西洋铁路线横穿该区，利用从煤矿到港口 210 km 长的货运铁路线可以将煤运到加勒比海的 Cienaga 港或圣玛尔塔港。区内主要公路有 2 条：一条从波哥大、布卡拉曼加到圣玛尔塔港和巴兰吉亚港；另一条从圣洛克到巴耶杜帕尔和里奥阿查。区内各个矿点有道路相通。区内主要河流为塞萨尔河。

2. 资源潜力

拉洛马动力煤富集区的含煤岩系为洛斯奎沃斯组，包括下段、中段和上段。煤层主要集中在中段，共有 64 个含煤层，其中 20 个为可采煤层。煤层累计厚度为 46 m，分布在 400 m 以浅的范围内。

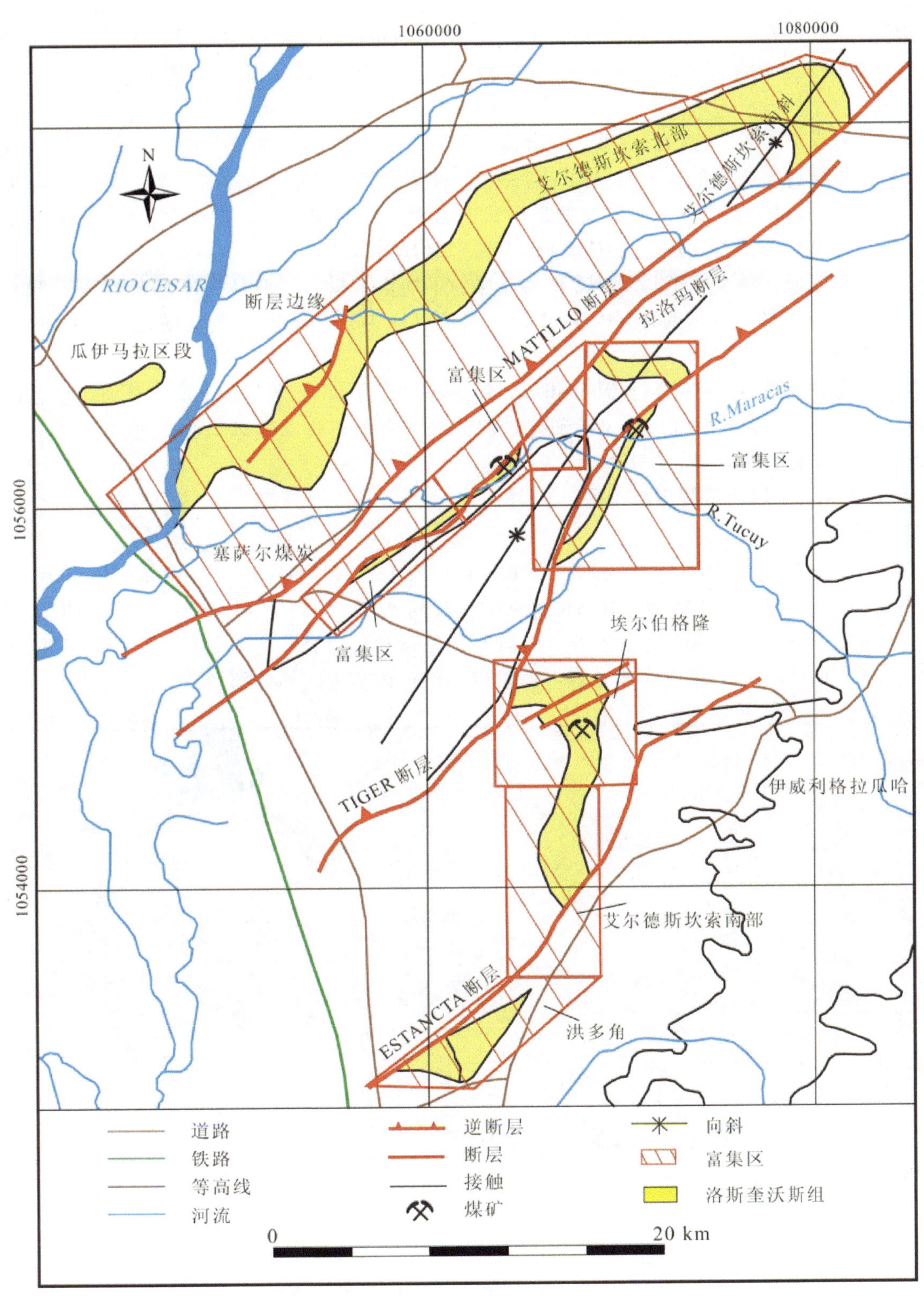

图 9-2-31　拉洛马动力煤富集区位置图（Ecocarbón，1998）

根据哥伦比亚矿产和能源部、哥伦比亚地质和矿产研究所（2004）提供的数据，拉洛马动力煤富集区（含煤分区）的资源量为 4461.80 Mt，其中探明储量和控制储量为 2856.10 Mt。

该富集区内拉洛马/Pribbenow 煤矿是哥伦比亚第二大煤矿。该矿自 20 世纪 80 年代起被美国的 Drummond 煤炭公司获得。Drummond 煤炭公司的资料显示，该矿储量约 450 Mt。紧邻拉洛马煤矿在拉哈瓜含煤分区内的 La Jagua 煤矿是哥伦比亚第三大煤矿，自 2005 年起瑞士 Glencore 公司成为该矿唯一持有人。煤矿含煤地层的面积为 24 km^2，共有 14 层煤，储量约 258.3 Mt，年产能 0.8 Mt。该矿所产动力煤的煤质好，其灰分为5.23%，全硫约0.62%。和La Loma煤矿一样采用露天开采，利用从煤矿到港口210 km长的货运铁路线将煤运到加勒比海的Cienaga港或圣玛尔塔港，在那里装船外运。

3. 煤质

拉洛马动力煤富集区（包括拉哈瓜含煤分区）的煤质好，均为高挥发分烟煤，适合用作动力煤。

拉洛马动力煤富集区内的煤总体属于高挥发分烟煤C类，适合用作动力煤。煤的平均含水量为10.29%（7.41%～12.20%），平均灰分为5.61%（2.85%～34.81%），平均挥发分为36.79%，全硫较低平均值为0.59%，平均发热量为6453 kcal/kg（11616 Btu/lb）。

拉哈瓜含煤分区的煤为高挥发分烟煤B类。煤的平均含水量为7.14%，平均灰分为5.32%，平均全硫为0.62%。煤的平均发热量为7003 kcal/kg，最高可达7413 kcal/kg，为优质动力煤。

4. 开采条件

区内地形为舒缓低山，海拔为140～340 m，煤层产状平缓埋藏浅，适合露天开采。覆盖被剥离后可以用推土机将煤集中，然后利用从煤矿到港口210 km长的货运铁路线运到加勒比海的Cienaga港或圣玛尔塔港，在那里装船外运。

（三）切古阿—兰瓜撒切焦煤富集区

1. 交通运输

该富集区在波哥大东北部，分跨昆迪纳马卡省和博亚卡省（图9-2-32），面积约500 km^2。昆迪纳马卡省西部是一个狭长低洼地带，由马格达莱纳河及其支流、波哥大河、Sumapaz河和尼格罗河的河谷组成。区内交通便利，主要道路为波哥大—乌巴特公路和乌巴特—古古奴巴公路及其多条支线。此外，东北火车（Barbosa）和北方火车（索卡莫索市）经过该富集区的南部和北部。

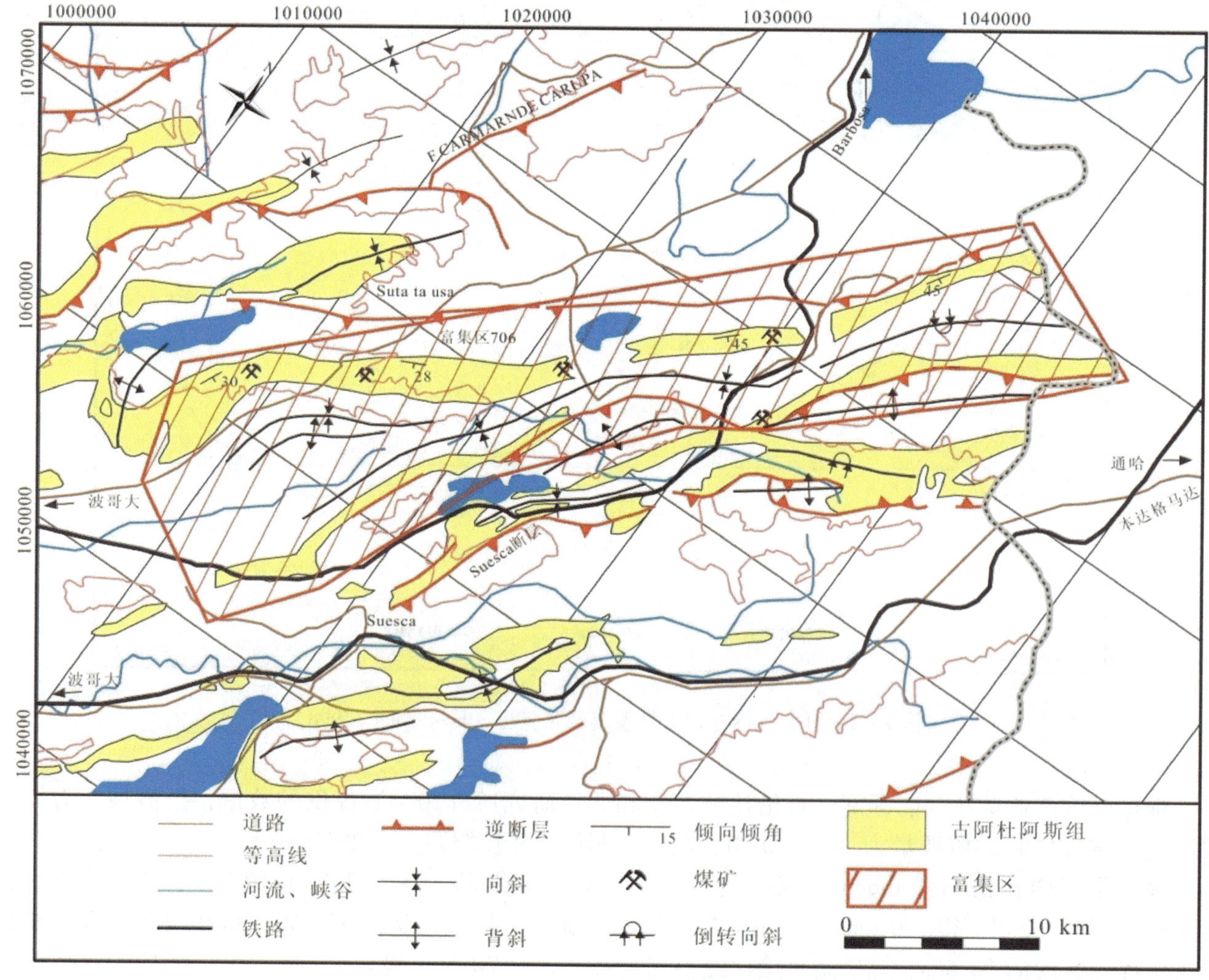

图9-2-32 切古阿—兰瓜撒切焦煤富集区位置（Acosta & Ulloa，1997，有修改）

2. 资源潜力

该富集区主要构造为切古阿—兰瓜撒切向斜，西翼倾伏角 20°~65°，东翼倾角非常大，岩层甚至出现倒转。向斜西翼的含煤层位于古阿杜阿斯组内，其中 Ktg2 段厚 140~300 m，有 20 个煤层，层厚一般大于 0.5 m，其中有 10 个煤层的厚度大于 0.6 m。向斜东翼的古阿杜阿斯组的 Ktg2 段厚 200~350 m，共有 9 个煤层；Ktg3 段厚度为 160~300 m，有 3 个煤层。

根据哥伦比亚矿产和能源部、哥伦比亚地质和矿产研究所（2004）的资料，该富集区的总资源量为 696.55 Mt，其中探明储量和控制储量为 485.88 Mt。

3. 煤质

切古阿—兰瓜撒切富集区是哥伦比亚最大、位置最好、开采潜力最大，同时出产优质冶金煤和动力煤的区域。冶金煤赋存在动力煤之上，分属古阿杜阿斯组中段（Ktg2）和上段（Ktg3）。冶金煤主要用于出口，动力煤主要用于国内消费。

煤的平均灰分为 7.37%（3.36%~16.80%）；平均全硫为 0.80%（0.27%~2.15%）；含水量为 2.89%~4.61%；平均发热量为 7893 kcal/kg，最低为 6925 kcal/kg(12466 BTU/lb)，最高为 8422 kcal/kg(15160 BTU/lb)。

4. 开采条件

哥伦比亚的煤炭开采始于昆迪纳马卡省。由于该富集区的含煤地层产在向斜两翼，地层倾角较大，因此一般采用房柱法井工开采。

切古阿—兰瓜撒切富集区的主要构造为切古阿—兰瓜撒切向斜，该向斜是一个不对称构造，轴向西南—东北；其西翼倾伏角为 20°~65°，东翼倾角非常大，岩层甚至出现倒转。向斜西翼的开采潜力大、冶金煤质量好于东翼，东翼因构造条件而不利于开采。

（四）索卡莫索—杰里科焦煤富集区

1. 交通运输

该富集区在博亚卡中部—西北部，面积为 1575 km^2（图 9-2-33）。区内地形波浪起伏但总体较为平缓，因此称为“高原”。富集区通过公路与桑坦德省、北桑坦德省以及 Oriental 平原、卡萨纳雷相互沟通。通过从波哥大出发通往 Paz de Río 的铁路，可以大量运输煤炭成品或半成品。Chicamocha 河南北流经整个索卡莫索—杰里科含煤分区。富集区西部山脉的高度一般为 3600~3900 m。

2. 资源潜力

富集区内所有的煤层均位于古阿杜阿斯组。该组厚度为 400 m 左右，不同地段含有的煤层数不同（3~9 层）；多数煤层厚度为 0.7~3.5 m，最厚可达 4 m。

根据哥伦比亚矿产和能源部、哥伦比亚地质和矿产研究所（2004）的资料，索卡莫索—杰里科焦煤富集区探明的、控制的、推断的和远景的资源量和储量合计为 988.81 Mt，其中 515.1 Mt（52.09%）为探明储量和控制储量。

3. 煤质

通过分析该富集区古阿杜阿斯组 14 个煤层 81 件样品可知，煤的平均含水量为 4.29%，平均灰分为 9.57%，平均挥发分为 30.19%，平均固定碳为 55.96%，平均全硫略高为 1.25%，煤的平均发热量为 7277 kcal/kg（表 9-2-28），属于高挥发分烟煤 B 类、A 类或中低挥发分烟煤。该富集区的煤有黏结性，适于单独或混合生产焦炭。区内可用于生产焦炭的煤炭产自塔斯克—杰里科地段以及索卡莫索—塔斯克地段北边，库伊蒂瓦—索卡莫索地段出产动力煤。

表 9-2-28 索卡莫索—杰里科焦煤富集区煤质数据

项 目	含水量/%	灰分/%	挥发分/%	固定碳/%	发热量		全硫/%
					kcal·kg^{-1}	Btu·lb^{-1}	
平均值	4.29	9.57	30.19	55.96	7277	13099	1.25
最大值	7.86	26.71	39.60	72.72	7949	14308	4.44
最小值	2.78	4.35	17.33	38.43	6957	9957	0.53

数据来源：哥伦比亚矿产和能源部、哥伦比亚地质和矿产研究所（2004）

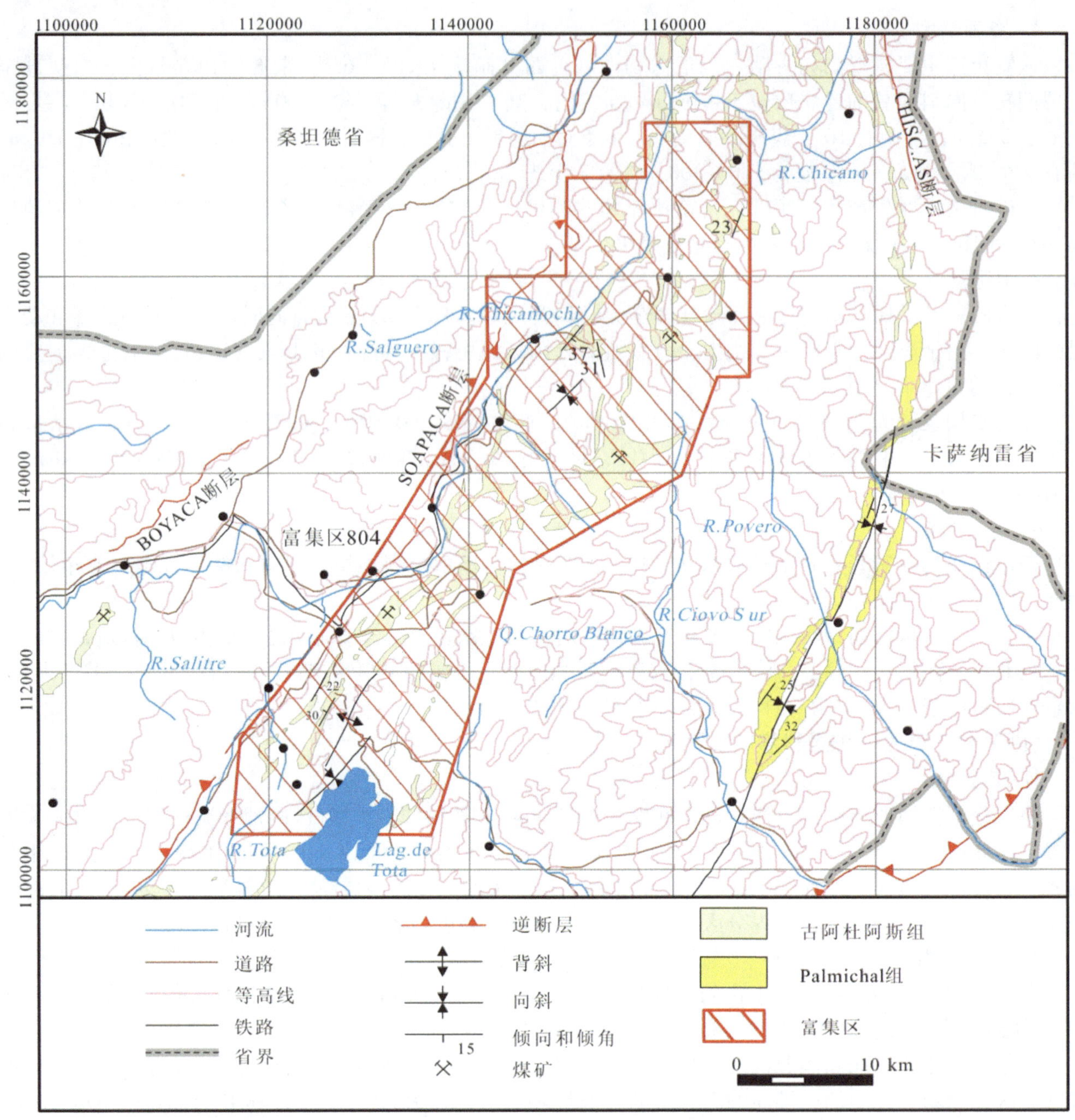

图 9-2-33 索卡莫索—杰里科焦煤富集区位置（Ingeominas，1999，有修改）

4. 开采条件

全区基本采用井工开采，仅在某些地段有少量露天开采。

区内有许多小煤矿进行井工开采，其中采用机械化开采、有正规管理结构、对各个方面都有先期预估的煤矿所占比例不超过5%。哥伦比亚 Paz de Río 公司的 La Chapa 煤矿拥有哥伦比亚国内最先进的地下采矿系统。

（五）苏里亚—齐纳高达焦煤富集区

1. 交通运输

苏里亚—齐纳高达焦煤富集区位于北桑坦德省库库塔市以西，面积为 1100 km^2。区内地形变化较大，由巴尔科组和米拉道尔组砂岩构成了陡峭山坡，巴尔科组和米拉道尔组地层有时平缓有时折褶，坡度较缓（图 9-2-34）。

区内有多条公路，包括苏里亚市—圣地亚哥市公路、苏里亚市—阿斯提里耶罗斯市公路、库库塔市—

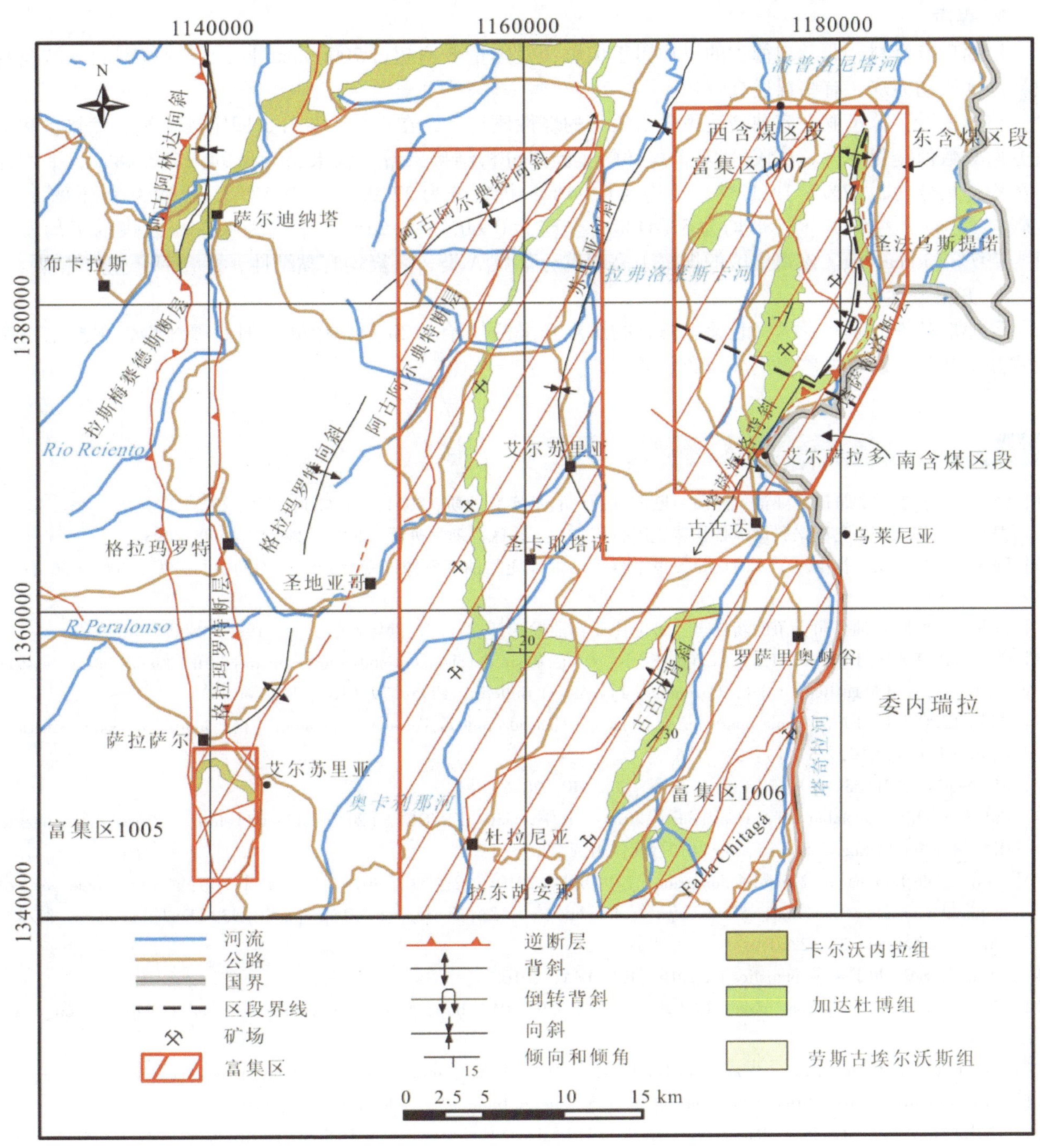

图 9-2-34 苏里亚—齐纳高达焦煤富集区位置（COLPET 1967b，Ward et al.，1977 和 Royero and Vargas，1999，有修改）

艾尔苏里亚市—圣卡耶塔诺市公路、库库塔市—杜拉尼亚市公路、库库塔市—潘普洛纳市公路、库库塔市—罗萨里奥峡谷市公路等。区内的主要水路为潘普洛尼塔河和艾尔苏里亚河，是该区煤炭外运的主要途径。

2. 资源潜力

区内的主要含煤地层为劳斯古埃尔沃斯组和卡尔沃内拉组。劳斯古埃尔沃斯组厚 80～450 m，有 3～6层煤，单层厚度为 0.6～2.0 m；卡尔沃内拉组中最多可见 6 个煤层，煤层厚 0.7～1.5 m。

北桑坦德省是哥伦比亚冶金煤资源最丰富的省份，其总储量（803.88 Mt）中的 55.61% 为冶金煤。而苏里亚—齐纳高达焦煤富集区是北桑坦德省中资源量最丰富的地区，总储量为 267.42 Mt。

3. 煤质

根据现有资料，北桑坦德省的煤均属于烟煤，发热量普遍超过7000 kcal/kg，表现典型的无烟煤性质，是优质动力煤，有些煤适合炼焦。

整体来看，苏里亚—齐纳高达焦煤富集区的煤性质均一，在水分、灰分、固定碳含量、发热量和全硫方面其数值变化不大。从该区16个煤样的实验室分析结果来看，含水量为0.94%～2.48%，平均为1.76%；灰分为2.37%～12.12%，平均为6.04%；挥发分为27.90%～40.52%，平均为35.69%；固定碳为48.48%～69.10%，平均为57.41%；全硫为0.60%～2.33%，平均为1.06%。煤的平均发热量为7971.53 kcal/kg。该富集区的煤属于高挥发分烟煤A类，煤炭均有黏结性，适合混合生产焦煤。

4. 开采条件

受地形条件的限制，尽管北桑坦德省的煤炭开采活动始于20世纪中叶，但发展缓慢，主要采用房柱式井工开采，而且煤矿规模小，产量低。

本章参考文献

[1] 刘亚明，张春雷．哥伦比亚油气地质与勘探［J］．石油实验地质，2011，33（3）：227－232.

[2] 穆龙新，韩国庆．奥里诺科重油带构造成因分析［J］．地球物理学进展，2009，24（2）：488－493.

[3] 穆龙新，韩国庆，徐宝军．委内瑞拉奥里诺科重油带地质与油气资源储量［J］．石油勘探与开发，2009，36（6）：784－789.

[4] 张湘宁．国际石油公司竞争的新热点：哥伦比亚石油勘探开发［J］．世界石油工业，1997，4（7）：13－18.

[5] COOPER M A, ADDIS ON T T, AL VAREZ R, et al. Basin development and tectonic history of the Llanos basin, eastern Cordillera, and Magdalena valley, Colombia [J]. AAPG Bulletin, 1995, 79 (10): 1421－1443.

[6] RESTREPO P P. Petrotectonic characterization of the Central Andean Terrane, Colombia [J]. Journal of South American Earth Sciences, 1992, 5 (1): 97－116.

[7] BP. Statistical Review of World Energy 2016 [R]. BP, 2016.

[8] PwC Colombia. Colombia Oil & Gas Industry 2014: An Overview [EB/OL]. [2016－09－03] http://www.pwc.com/co.

[9] IEA. Key World Energy Statistics for 2015 [R]. IEA, 2015.

[10] Sestema de Informacion Minero Colombiano [EB/OL]. (2010－12－31)[2016－09－13] http://www.upme.gov.co/generadorconsultas/Consulta_Series.aspx? idModulo = 4&tipoSerie = 160&grupo = 439&Fechainicial = 31/12/2009&Fechafinal = 31/12/2010.

[11] IEA. Key World Energy Statistics for 2016 [R]. IEA, 2016.

[12] Sourcewatch. Cerrejon coal mine [EB/OL]. [2016－9－04] http://www.sourcewatch.org/index.php/Cerrejon_coal_mine.

[13] New Colombia Resources Inc. About us [EB/OL]. [2016－09－05] http://newcolombiaresources.com/coal_specs.php.

[14] EIA. Country Analysis Brief: Colombia [R]. U. S. Energy Information Administration, 2016.

[15] GONZALEZ M G. Coalbed Methane Resources in Colombia [C] //Search and Discovery Article #10287 (2010). AAPG International Conference and Exhibition, Calgary, Alberta, Canada, September 12－15, 2010.

[16] Ministerio de Minas y Energia, Instituto Colombiano de Geologia y Mineria, Republica de Colombia. El carbón Colombiano: Recursos, Reservas y Calidad [R]. Bogotá: Esta publicación fue Realizada por Ingeominas y Minercol, 2004.

[17] Carbones del Cerrejón LLC. Feasibility Study Expansion To 9 MTPA [R]. Bogotá, 2000.

[18] Carbones del Cerrejón LLC. Feasibility Study Expansion To 9 MTPA [R]. Bogotá, 2001.

[19] Carbones del Cerrejón LLC. Informe de Gerencia [EB/OL] (2002). [2016－09－02] http//www.cerrejoncoal.com/balance_social/ainterna.htm.

[20] Sourcewatch. Cerrejon coal mine [EB/OL]. (2016) [2016－09－12] http://www.sourcewatch.org/index.php/Cerrejon_coal_mine.

[21] BHP Billiton. Resourcing global growth Annual Report 2014 [R]. BHP Billiton, 2015.

[22] BHP Billiton. Resourcing global growth Annual Report 2015 [R]. BHP Billiton, 2016.

[23] Cerrejon Coal Mine. Our company: who we are [EB/OL]. (2016) [2016－09－10] http://www.cerrejon.com/site/english/our－company/who－we－are.aspx.

[24] Sistema de Informacion Minero Colombiano. Comercialización de Carbón por Empresas [EB/OL]. (2016) [2016-09-13] http://www.upme.gov.co/generadorconsultas/Consulta_Series.aspx? idModulo=4&tipoSerie=160&grupo=439& Fechainicial=31/12/2009&Fechafinal=31/12/2015.
[25] GONZÁLEZ H. Mapa geológico generalizado del Departamento de Antioquia [R]. Ingeominas, Bogotá, 1997.
[26] Ingeominas. Mapa geológico digital de Colombia [R]. Ingeominas, Bogotá, 1999.
[27] Ingeominas. Atlas geológico digital de Colombia [R]. Ingeominas, Bogotá, 2002.
[28] ECOCARBÓN. Normatización de recursos y reservas de carbón en Antioquia [R]. Biblioteca Ecocarbón, Bogotá, 1995.
[29] ACOSTA J, ULLOA C. Mapa geológico generalizado del Departamento de Cundinamarca [R]. Biblioteca de Ingeominas, Bogotá, 1997.
[30] VAN DER HAMMEN TH. El desarrollo de la flora colombiana en los periodos geológicos [J]. Servicio Geológico Nacional Boletín Geológico, 1957, 2 (1).
[31] WARD D, GOLDSMITH R, JARAMILLO L, et al. Mapa geológico del Cuadrángulo Pamplona (H-13) a escala 1:100.000 [R]. Ingeominas. Bogotá, 1977.
[32] Ecocarbón. Investigación Geológico: Minera para Carbones en el Sector de El Carmen, área del Catatumbo [R]. Departamento de Norte de Santander, Bogotá, 1998.
[33] VAN DER HAMMEN TH. Estratigrafía del Terciario y Maastrichtiano continentales y Tectogénesis de los Andes Colombianos [J]. Servicio Geológico Nacional, Boletín Geológico, 1958, 6 (1-3).
[34] Colombian Petroleum Company (COLPET). Geología del Cuadrángulo F-13 Tibú [R]. Servicio Geológico Nacional, Ingeominas, Bogotá, 1967.
[35] Colombian Petroleum Company (COLPET). Geología del Cuadrángulo G-13 Cúcuta [R]. Servicio Geológico Nacional, Ingeominas, Bogotá, 1967.
[36] FIETZ G. Colombian Coal: Investor Presentation July 2011 [R]. New AGE Exploration, 2011.
[37] ROYERO J M, VARGAS R. Geología del Departamento de Santander [R]. Ingeominas. Bogotá, 1999.

第三章 煤炭资源开发投资建议

第一节 国别投资环境分析

一、对外资的吸引力

哥伦比亚具有较强的投资吸引力，促使做出投资决策的因素包括：①国内宏观经济运行平稳；②国家政治总体稳定，非法武装对国家影响有限；③外贸政策灵活透明，市场开放程度较高；④国际市场广阔；⑤劳动力质高价廉；⑥给予投资者相对较高的保护程度；⑦连接南北美，隔大西洋与欧洲和非洲相望，地理位置优越；⑧投资优惠政策多样。长期以来，哥伦比亚政府对外来投资始终保持鼓励态度，不断改善投资环境。以煤炭工业为例，自2000年以来，政府将国有煤炭公司—Carbocal公司全部出售给国内外的投资者，使煤炭工业体系发生了重大变化。

近10年来哥伦比亚吸收外资成绩显著，成为外国直接投资拉丁美洲地区的首选之地。2014年哥伦比亚全年利用外资达163亿美元，创历史新高。其主要投资领域为能源矿产（石油业和矿业）和制造业等。外资主要来源于美国、巴拿马、西班牙、英国、墨西哥、加拿大、巴西等。

虽然中国对哥伦比亚的投资规模小，尚处于起步阶段，但近年来增长速度较快。根据中国商务部统计，截至2014年末中国对哥伦比亚非金融类直接投资存量为5.47亿美元，其中2014年的直接投资额为1.83亿美元。哥伦比亚政府在大力拓展世界煤炭市场中需要更多资金用于煤炭资源开发、基础设施建设。目前，中国在当地投资合作比较重要的项目主要涉及能源（石油）项目和建筑工程项目。

二、投资环境排名

从宏观角度分析，评价一个国家的投资环境，首先需要关注该国的整体竞争力水平，由于矿业投资金额大、周期长、需考虑的相关因素众多，所以国家的基本制度、基础设施条件、宏观经济状况、市场效率，以及商业成熟度都是应关注的问题。世界经济论坛“2016—2017年全球竞争力报告”显示，哥伦比亚在全球148个国家中排名第61位，与2015—2016年持平（表9-3-1）。

表9-3-1 哥伦比亚全球竞争力在148个国家和地区中的排名

项目	2015—2016年排名	2016—2017年排名	项目	2015—2016年排名	2016—2017年排名
总体排名	61	61	商品市场效率	108	100
基本条件（37.8%）	77	85	劳动力市场效率	86	81
制度	114	112	金融市场发展	25	25
基础设施	84	84	技术装备	70	64
宏观经济环境	32	53	市场规模	36	35
健康与初等教育	97	90	政府促进创新（12.2%）	61	63
市场效率（50%）	54	48	商业成熟度	59	59
高等教育和培训	70	70	创新	76	79

数据来源：The Global Competitiveness Report 2015—2016、2016—2017

从微观角度分析，更需关注企业在具体商业经营活动中所遇到的困难与阻碍，并依此来评估该国微观商业经营环境。参考世界银行发布的国家和地区营商环境报告（表9-3-2），世界银行“2016年全球营商环境报告”显示，哥伦比亚在189个国家和地区中排名第54位，比2015年下降了20位。

表9-3-2 2015年哥伦比亚营商环境在189个国家和地区中的排名

主 题	2014年	2015年	主 题	2014年	2015年
总体营商环境	43	34	投资者保护	6	10
开办企业	79	24	缴纳税款	104	146
申请建筑许可	24	61	跨境贸易	94	93
获得电力供应	101	92	合同执行	155	162
注册财产	53	42	办理破产	25	30
获得信贷	73	2			

数据来源：世界银行营商环境报告2014、2015

从对煤炭企业投资和发展的角度来看，一个国家矿业投资环境的好坏关系重大。在多贝尔评价体系中，主要对7项影响矿业投资的主要因素进行评分，即国家政治体系、国家经济体系、社会问题影响矿业的程度、因官僚或其他拖沓因素导致的在获得许可证上的延误、腐败程度、货币稳定性和税制这7项主要因素按1（最差）到10（最好）评分，参加评议的国家能够得到的最高分是70分。2013年哥伦比亚的多贝尔得分为40.5分。

三、投资环境的冷热分析

国别冷热比较法由美国经济学家伊西阿·利特法克和彼得·班廷在20世纪60年代后半期提出。该分析法对各国投资环境中的8种因素进行综合和统一尺度的比较分析，是投资环境定性分析的代表性方法之一。

通过归纳和总结近年来中国企业海外矿业投资的成功经验与失败教训，我们将汇率、税收、环境要求和基础设施条件一并纳入冷热分析中，形成了更加针对矿业投资特点与需求的9个评价因素，即政治稳定性、市场、经济增长与发展、汇率稳定性、法令阻碍、税务环境、环境保护成本、基础设施条件、地理及文化。

判断结果以该因素是否有利于在东道国进行矿业投资为标准，给出了“热、中、冷”3种评价结论；东道国的投资环境因素越热（即越好），外国投资者在该国投资就越有利。

通过对各个评价因素的具体分析，得到哥伦比亚的投资环境为“中”（表9-3-3）。

表9-3-3 哥伦比亚投资环境冷热分析结果

评价因素	内 容	结 果
政治稳定性	近年来国内和平进程取得积极成效，社会安全和稳定程度明显提升	热
市场	地理位置优越，可方便地通往美国、欧洲、亚洲、拉丁美洲和加勒比等重要市场；完善的自由贸易体系	热
经济增长与发展	经济总体保持平稳增长，国民经济增速高于拉丁美洲其他经济体	热
汇率稳定性	人民币对哥伦比亚比索的汇率稳定性一般	中
法令阻碍	法律法规比较健全，调解、仲裁、诉讼等程序均较完备；需关注环境保护法律和劳动法律	中
税务环境	税负非常沉重，国际税收协作非常少	冷
环境保护成本	对环境保护工作较为重视，开发矿业项目获取环境许可证的要求相对较高	中
基础设施条件	沿海基础设施较好，山区运输条件较差，港口设施齐全，电力资源相对宽裕，政府着力吸引资金改善	中
地理及文化	地处南美洲的独特条件有利于我国登陆南美洲投资开发煤炭及其他资源	中

通过对哥伦比亚投资环境9个因素进行的冷热评估，哥伦比亚在政治稳定性、市场和经济增长与发展3个方面的评价结果为“热”，在汇率稳定性、法令阻碍、环境保护成本、基础设施条件和地理及文化等5个方面的评价结果为“中”，仅对税务环境的评价为“冷”。总体来看，哥伦比亚基本适合投资。

第二节　国别煤炭资源开发投资建议

一、投资环境展望

2010年中哥建交30周年。2009年2月时任国家副主席的习近平访问哥伦比亚，习主席访哥期间就加强双边政治和经贸关系，推动中国企业积极参与哥伦比亚国内油气资源、新能源、电力、农业和大型基础设施建设等领域的合作与各方交换了意见，并签署了多项经贸合作协议。近年来，中哥关系取得了较大发展，双方高层政治交往继续深化，经贸合作稳步前进。2008年底签署的中哥双边投资保护协议生效为今后中资企业在哥伦比亚直接投资创造了良好的法律依据。2012年5月签署了《中国国家开发银行和哥伦比亚矿业与能源部关于促进能源和矿业领域合作的谅解备忘录》。2013年12月4日，驻哥伦比亚中资企业联谊会成立，中石化国勘哥伦比亚公司、华为哥伦比亚公司、中化绿宝石有限公司、中石化国工哥伦比亚公司、中兴通讯哥伦比亚公司、山东科瑞哥伦比亚公司、中国联合工程公司哥伦比亚分公司等7家企业成为首批理事单位。

2013年12月10日，惠誉上调哥伦比亚主权评级至“BBB”，展望为“稳定”，与我们经过冷热分析得到的结论基本一致。然而，哥伦比亚是一个摸索改革之路的发展中国家，政策会有波动，对外资的保护力度受国情和民意的影响较大。但在全面客观评估投资环境并做好充分调研工作的基础上，有实力的中资公司完全有条件在哥伦比亚市场上扎根、发展、壮大。根据对哥伦比亚投资环境的冷热分析，在哥伦比亚投资要充分利用政治稳定性、市场前景看好和国内经济增长与发展有利的条件，也要充分考虑到可能遇到的本土融资困难、劳资纠纷，以及非政府武装可能造成的安全问题等。总之，哥伦比亚的投资环境基本适合我们投资开发煤炭资源，特别是考虑到该国独特的地理位置，该国可以作为神华集团在南美洲投资开发世界优质煤炭资源的首选之地，并作为进一步投资开发南美洲丰富的有色金属（铜）和铁矿资源的基地。

目前，哥伦比亚的基础设施已不能满足其经济发展的速度，该国政府在加大财政投入的同时革新政策，降低准入条件，积极鼓励民间和外资参与基础设施建设。开发煤炭资源需要便利的交通运输条件，如果抓住这个机遇，在煤炭资源开发的同时改造和提高相关的基础设施条件，无疑是投资的一个切入点。

二、煤炭工业发展趋势

（一）煤炭工业发展的有利条件

1. 资源丰富，煤质优良

哥伦比亚煤炭资源丰富，其储量居拉丁美洲第一位、世界第十位。而南美洲整体上煤炭资源匮乏。根据BP（2016）的资料，南美洲和中美地区已探明的煤炭储量为146亿t，仅占世界已探明储量的1.6%；除哥伦比亚以外，委内瑞拉有一定量的无烟煤和烟煤，而巴西探明储量中全部为次烟煤和褐煤；其他国家，包括阿根廷、智利、秘鲁等拥有的煤炭储量都很少（表9－3－4）。

表9－3－4　南美洲和中美地区国家煤炭资源分布

国　　家	无烟煤和烟煤/Mt	次烟煤和褐煤/Mt	总计/Mt	比例/%
巴　西	—	6630	6630	0.7
哥伦比亚	6746	—	6746	0.8
委内瑞拉	479	—	479	0.1
南美洲和中美地区其他国家	57	729	786	0.1
总　计	7282	7359	14641	1.6

数据来源：BP，2016

哥伦比亚的煤品质优良，以低灰分、低硫、高挥发分和高热值著称；煤种齐全，既有高发热量的动力煤，也有适合炼焦的冶金煤，在国际市场上普遍受到欢迎。

2. 位置优越，出口便利

哥伦比亚地处南美洲北部，拥有太平洋和加勒比海上的港口，便利的海路使该国产品主要销往欧洲和北美，美国、荷兰和英国是哥伦比亚煤炭最主要的出口市场。

（二）存在的不利条件

（1）外资企业控制着哥伦比亚煤炭生产和出口。目前，哥伦比亚的煤炭生产和出口主要由三大外资企业 Cerrejón、Drummond 和 Prodeco 所控制。哥伦比亚北部靠近港口的动力煤资源被几家大的国际公司掌握，同时受到港口运力不足的限制。中部的焦煤资源由于配套基础设施缺乏存在运输问题，矿权情况复杂，给煤炭资源的开发带来了一定限制。

（2）大部分煤田的地理位置不利于大规模开发。除该国北部瓜希拉省和塞萨尔省之外，哥伦比亚大部分煤田都分布在海拔 2000 ~ 3000 m、交通不便的山区。

（三）结论

哥伦比亚煤炭资源丰富，煤质好，出口运输条件优越。该国的资源优势和地理优势为神华集团向海外发展提供了条件和可能，特别是开发哥伦比亚煤炭资源可以就近出口到南美洲其他需要煤炭的国家。因此应将哥伦比亚作为神华集团在南美洲投资开发煤炭资源的首选地。但在现有优质资源多被三大国际能源集团掌控之下及其他优质资源地理条件不理想的形势下，投资开发尚有一定难度。

三、开发投资建议

通过对哥伦比亚各个含煤区地质、煤质和资源量条件的分析，综合考虑哥伦比亚的基础设施现状，从地质上圈定了 2 个动力煤和 3 个冶金煤富集区，并对在该国进行煤炭资源开发投资提出以下建议。

（一）现有煤炭资源富集区的排序

综合考虑各方面的条件，各个富集区的关注程度依次为：

（1）哥伦比亚主要的动力煤产区集中在该国北部，储量大、煤质好、露采条件好，靠近煤炭出口码头，开采历史悠久而且得到国家的高度重视，是投资建设大型露天矿的首选地。

① 优先考虑塞萨尔省拉洛马动力煤富集区。塞萨尔省拉洛马动力煤富集区是目前储量最大、勘测和开发程度较高的地区。区内煤层分布稳定，厚度较大，煤质主要表现为低灰、低硫、高热的特征，重要的道路通过该区，应作为最先考虑的投资地区。

拉洛马动力煤富集区内有多个外资公司控制的煤矿，但公司相对较小（表 9－3－5），其中拉洛马露天煤矿由美国德拉蒙德公司负责开采，是哥伦比亚第二重要的煤矿。鉴于该区内煤矿较多而且外资公司较多，我国介入的可能性相对较大。特别是从其他较小的煤矿开始，可能更为方便。

表 9－3－5　拉洛马动力煤富集区的主要煤矿

煤　矿	控股公司、比例及国家	公司类型
Cerro Largo	Pacific Coal（100%，加拿大）	一般公司
El Descanso	Drummond Co（80%，美国）、Itochu（20%，日本）	能源公司
La Francia I	Melior（100%，加拿大）	一般公司
La Francia II	Melior（100%，加拿大）	一般公司
La Jagua	Glencore（100%，瑞典）	主要公司
La Jagua OP	Glencore（100%，瑞典）	主要公司
La Jagua UG	Glencore（100%，瑞典）	主要公司
La Loma（Pribbenow）	Drummond Co（80%，美国）、Itochu（20%，日本）	能源公司

② 瓜希拉省塞雷洪动力煤富集区条件最好，但很难在短期内进入。瓜希拉省塞雷洪动力煤富集区

的条件与拉洛马动力煤富集区的基本条件相似，但该区目前只有一个大型煤矿，并且被国际著名的煤炭公司 BHP Billiton、Anglo American 和 Xstrata 公司瓜分，各占 1/3 股份，因此很难在短期内进入。

（2）哥伦比亚主要的冶金煤产区集中在该国东北部，按照储量、煤质和地质条件排序，选择最有利的地区投资开发。

① 切古阿—兰瓜撒切焦煤富集区地理位置最好，冶金煤质量最好（同时还有优质动力煤），而且其资源潜力可观，仅探明储量和控制储量为 651.46 Mt。该富集区应成为第一位冶金煤投资开发区。

② 索卡莫索—杰里科焦煤富集区面积大（1575 km^2），资源量大（探明储量和控制储量已达 515.1 Mt）。考虑到该富集区的面积和资源潜力，列为第二位进行开发。

③ 苏里亚—齐纳高达焦煤富集区是北桑坦德省资源量最丰富的地区，总储量为 267.42 Mt，其中可焦化煤的比例达到 73%；煤质突出，灰分平均值为 6.04%，全硫平均值为 0.72%，煤的平均发热量可达 7971.53 kcal/kg。加上是北桑坦德省最重要的煤炭产区，地理位置优越，应该作为投资的重点。

（二）认真调研，谨慎投资

（1）目前所掌握的地质资料还不足以对各个富集区进行精细评价，特别是在产煤矿资料极为稀缺，因此投资前需要针对各个富集区开展进一步的地质调查和研究，最好能够实地考察。

（2）哥伦比亚大部分煤田都分布在海拔 2000～3000 m、交通不便的山区。含有优质冶金煤的地层往往倾角较大，基本是井工开采。需要事先对目标区的地形、交通情况做更加深入的了解。

（3）哥伦比亚政府鼓励外国投资煤炭产业，目前已有多个国际大公司占领了该国最好的煤产地，因此需要做好长期投资的准备。

（4）依据哥伦比亚政府大力引进外资改善国内基础设施落后的状态，可以发挥神华集团的优势，综合考虑设立煤、电、路一体化项目，首先取得进入该国资源开发领域的资格，为今后的发展打下基础。

本章参考文献

[1] United Nations Conference on Trade and Development. World Investment Report 2014 [R]. United Nations Conference on Trade and Development, 2014.

[2] United Nations Conference on Trade and Development. World Investment Report 2015 [R]. United Nations Conference on Trade and Development, 2015.

[3] United Nations Conference on Trade and Development. World Investment Report 2016 [R]. United Nations Conference on Trade and Development, 2016.

[4] 中华人民共和国商务部，国家统计局，国家外汇管理局. 2014 年度中国对外直接投资统计公报 [R]. 北京：中华人民共和国商务部，2016.

[5] World Ecomonic Forum. Global Competitiveness Report 2013—2014 [R]. World Ecomonic Forum, 2014.

[6] World Ecomonic Forum. Global Competitiveness Report 2014—2015 [R]. World Ecomonic Forum, 2015.

[7] World Ecomonic Forum. Global Competitiveness Report 2015—2016 [R]. World Ecomonic Forum, 2016.

[8] World Bank. Doing Business 2016 [R]. World Bank, 2016.

[9] 中华人民共和国商务部. 对外投资合作国别（地区）指南：哥伦比亚 2015 [R]. 北京：中华人民共和国商务部，2016.

[10] BP. BP 世界能源展望 2016 年版 [R]. BP, 2016.

第十篇

南非共和国

Republic of South Africa

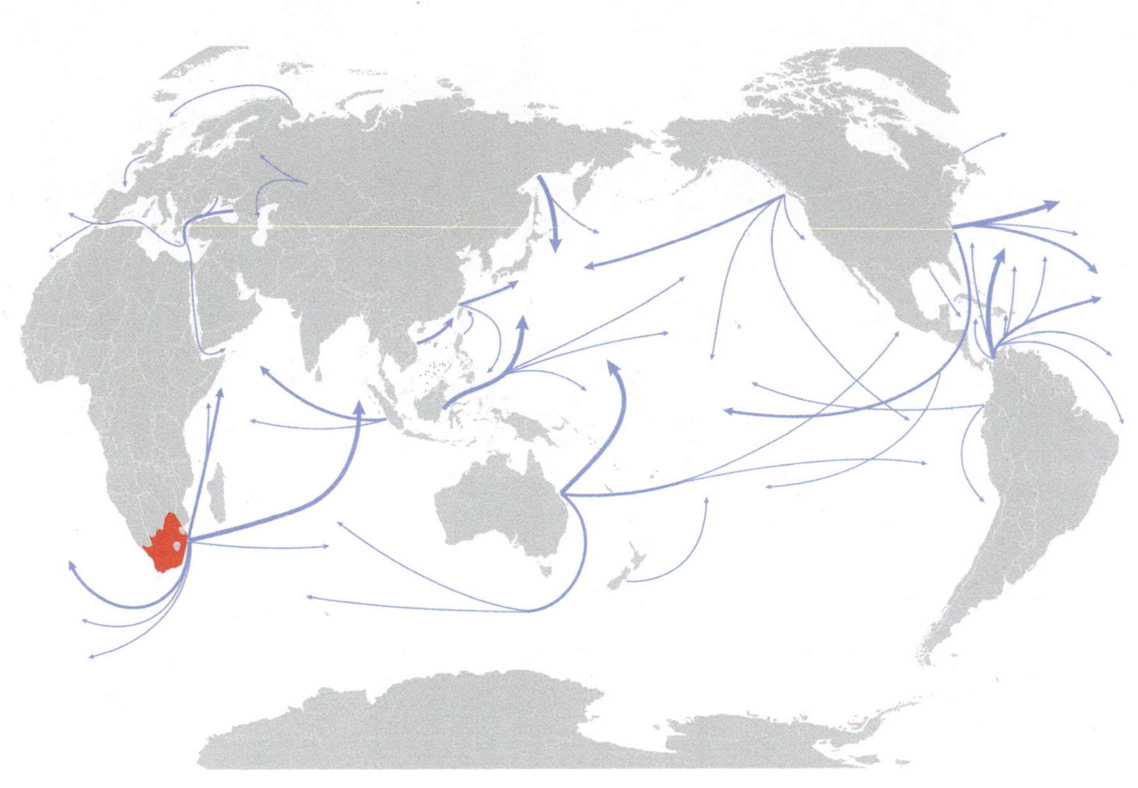

主　编　苏新旭

副主编　张智明　王雁刚　董大啸　宁　静　舒晓霞

编　写　苏新旭　王雁刚　董大啸　宁　静　舒晓霞　岳　洋

梁富康　彭北桦　陆伯炎　杨建国　高树华　冯学智

吴　超　雷　洁　白云来　张　帅　沈施伟　黄鑫磊

第十篇 南非共和国

目　　录

第一章 投资环境分析

第一节 概 述

一、基本国情

南非的全称为南非共和国（The Republic of South Africa），位于非洲大陆最南端，三面临海，北邻纳米比亚、博茨瓦纳、津巴布韦、莫桑比克，斯威士兰和莱索托被南非国土包围。南非人口5120万（2012年），黑人占79.5%、白人占9%，其他还有亚裔及当地部落居民。白人和60%的黑人信奉基督教新教或天主教，约60%亚裔人信奉印度教、20%信奉伊斯兰教，部分黑人信奉原始宗教。南非有11种官方语言，英语和阿非利卡语为通用语言。

南非是世界上唯一拥有三个首都的国家。行政首都比勒陀利亚（Pretoria），立法首都开普敦（Cape Town），司法首都布隆方丹（Bloemfontein）。南非政区划分如图10-1-1所示。

图10-1-1 南非政区划分

二、自然地理和气候特征

南非位于非洲大陆最南端，地处南纬22°~35°、东经17°~33°之间，北邻纳米比亚、博茨瓦纳、津巴布韦、莫桑比克和斯威士兰，其陆地面积约为121.9万km^2，世界排名第25位。南非的东、南、西三面为印度洋和大西洋所环抱，海岸线长约3000 km。南非位于两大洋间的航运要冲，地理位置十分重要。其西南端的好望角航线是世界上最繁忙的海上通道之一，有“西方海上生命线”之称。

南非全境大部分为海拔600 m以上的高原。德拉肯斯山脉绵亘东南，卡斯金峰高达3660 m，为南非最高点；西北部为沙漠，是卡拉哈里盆地的一部分；北部、中部和西南部为高原；沿海是狭窄平原。奥兰治河和林波波河为两大主要河流。奥兰治河起源于德拉肯斯山脉西麓，向西流经高原、穿过沙漠、奔向大西洋，全长2160 km。北部的林波波河经莫桑比克流向印度洋。南非河流一般流量不稳定，全年大部分时间河床干枯，无内陆航运之利，水源不足。

南非大部分地区属亚热带和热带草原气候，东部沿海为亚热带湿润气候，南部沿海为地中海式气候。全境气候分为春夏秋冬4季。12—2月为夏季，最高气温可达32～38 ℃；6—8月是冬季，最低气温为－10～－12 ℃。全年降水量由东部的1000 mm逐渐减少到西部的60 mm，平均450 mm。首都比勒陀利亚年平均气温17 ℃。植被分为沙漠与半沙漠植被、地中海植被、大草原植被、森林及温带草原植被5种。

第二节　政治经济环境

一、政治状况

（一）政治沿革

南非，全称南非共和国。历史上最早居民为科桑人。公元1000年左右，班图部落迁移至此。15世纪末葡萄牙人抵达好望角，随后荷兰、英国等殖民势力进入南非并定居。1814年英国人吞并好望角，逐步向其他地区扩张。受此影响，荷兰后裔布尔人向东北迁徙，建立了德兰士瓦共和国及奥兰治自由邦。然而，钻石及黄金在南非被发现引起英国人与布尔人间的对立。双方于1880—1881年及1899—1902年爆发两次布尔战争。战争结束后，德兰士瓦、奥兰治自由邦、开普省、斯威士兰和莱索托合并成立南非联邦，成为大英帝国的一个自治领。

20世纪40年代后期，南非白人统治当局下的国内种族歧视日益严重，“种族隔离”成为南非的政策，黑人不能和白人交往。1948年国民党执政后，全面推行种族隔离制度，镇压黑人的反抗斗争遭到国际社会的谴责、制裁。1961年南非成为独立共和国，脱离英联邦，但其国内的种族隔离政策引来国际社会的普遍谴责，导致南非遭到联合国和多个国家的制裁，其在联合国部分委员会的资格也被暂停。原南非的领土莱索托和斯威士兰分别于1966年和1968年脱离南非独立。

经过非洲人国民大会（非国大）的长期斗争以及国际社会多年的制裁后，南非的种族隔离政策有所调整。1989年，德克勒克出任国民党领袖和总统，推行政治改革，取消对黑人解放组织的禁令并释放曼德拉等人。1990年，南非政府最终废除种族隔离政策。1991年，非国大、南非政府和国民党等19方就政治解决南非问题举行多党谈判，并于1993年就政治过渡安排达成协议。1994年4月南非议会通过第一部临时宪法，规定所有南非人都有权利得到法律的平等保护，将种族隔离政策从法律上彻底废除。同年，南非举行首次不分种族大选，曼德拉当选为南非首位黑人总统。曼德拉当选后，签署法令批准新宪法，新宪法于1997年开始分阶段实施。根据新宪法规定，原临时宪法中的权利法案、三权分立系统、联邦制政府管理体制和现行司法体系等重大制宪原则均保留。

目前，以非国大为主体的民族团结政府继续奉行和解、稳定和发展的政策，妥善处理种族矛盾，全面推行社会变革，实施“重建与发展计划”“提高黑人经济实力”战略和“肯定行动”，努力提高黑人政治、经济和社会地位。这些主张得到了南非广大选民的青睐，非国大多次赢得大选并长期执政。但目前南非正处于社会转型期，政治改革中的腐败以及部分地区行政低效有所出现，社会贫富差距也逐渐拉大，社会存在不稳定因素，但整体政治状况依然保持稳定。

（二）地缘政治与外交政策

南非地处南半球非洲大陆的最南端，有“彩虹之国”的美誉，东、南、西三面被印度洋和大西洋环抱，北与纳米比亚、博茨瓦纳、津巴布韦、莫桑比克接壤。地处亚欧航运要冲，西南端的好望角航线是世界上最繁忙的海上通道，有“西方海上生命线”之称。作为地区性大国，南非视非洲特别是南部非洲为其外交立足点，将维护南部非洲地区安全作为其外交首要考虑的方面。南非还积极倡导“非洲复兴”，提出并积极推动“非洲发展新伙伴”计划。

20世纪90年代后历届政府都奉行独立自主的全方位外交政策，主张在尊重主权、平等互利和互不干涉内政的基础上同一切国家保持和发展双边友好关系。对外交往活跃，国际地位不断提高，已同186个国家建立外交关系。积极参与大湖地区和平进程以及津巴布韦、苏丹达尔富尔等非洲热点问题的解决，努力促进非洲一体化和非洲联盟建设，大力推动南南合作和南北对话。是联合国、非盟、英联邦、二十国集团、金砖国家等国际组织或多边机制成员国。2004 年成为泛非议会永久所在地。2010 年 12 月被吸纳为金砖国家成员，2011—2012 年担任联合国安理会非常任理事国。

其外交政策六个支柱是：保证人权，在全世界促进自由、民主，尊重公正原则及国际法，维护世界和平，参加解决冲突的国际机制，在国际舞台上维护非洲利益，促进相互依赖的世界。

（三）双边关系

南非在20 世纪40 年代后期由于国内“种族隔离”政策受到国际社会普遍谴责。20 世纪 60 年代，南非内部出现反对种族隔离政策的冲突更是引起国际社会关注，导致国际社会开始对南非实行制裁，其联合国会员国资格也被暂停，在国际社会处于孤立状态。同时，由于其不断强化对西南非洲（今纳米比亚）的占领和在西南非洲也实行“种族隔离政策”，南非的外交始终无法打开局面。1961 年，因同英国长期的矛盾，南非决定退出英联邦，建立完全独立的现代化国家。

1990 年，在国际压力下，其占领地纳米比亚赢得独立。1994 年 4 月南非议会通过第一部临时宪法，从法律上废除种族隔离政策。南非于同年 6 月 1 日重新加入英联邦，23 日恢复在联合国大会的权利，对外关系开始恢复与发展。进入新世纪后，南非继续拓展其在国际和地区舞台上的外交关系，于 2006 年—2010 年担任联合国人权理事会成员。于2007—2008 年和2011—2012 年担任联合国安理会非常任理事国。2010 年 12 月成为金砖国家成员。2012 年 3 月在德班举行金砖国家领导人第五次会晤。2013 年，南非作为东道国举办第五届金砖国家首脑峰会。

目前，南非是非洲联盟、不结盟运动、联合国贸发大会和南部非洲发展共同体等国际和地区性组织的重要成员，还是金砖国家、二十国集团等新兴经济集团组织的成员。

1. 南非与非洲的关系

南非重视发展同其他非洲国家的关系，视非洲为其外交政策的立足点和发挥大国作用的战略依托。将维护南部非洲地区安全与发展、推动南部非洲地区一体化作为其外交首要考虑，与纳米比亚和博茨瓦纳等南部非洲共同体国家保持密切的合作关系，参与制订并积极推动实施“非洲发展新伙伴计划”，倡导“非洲复兴”。

南非积极参加非洲联盟政治安全以及经济和社会机构的活动，推动联合国与非盟的合作，致力于促进非洲地区和平与安全。南非积极关注安哥拉和平进程，在刚果（金）问题上，主张通过谈判和平解决冲突。对莱索托国内政治危机，在进行外交调解后，以南部非洲发展共同体名义进行军事干预。作为非洲联盟的成员，还积极参与调解津巴布韦、苏丹达尔富尔和大湖地区和平进程等热点问题，在多边场合努力为非洲国家代言，努力促进非洲一体化和非洲联盟建设，大力推动非洲国家之间的南南合作和同发达国家对话。2012 年 3 月 13 日，南非与索马里建立外交关系。

近年来积极推动联合国与非盟合作，致力于促进非洲地区和平与安全。2012 年南非候选人祖马（女）成功当选非盟秘书长。2013 年，南非与加纳、安哥拉、阿尔及利亚、尼日利亚、肯尼亚、刚果（布）、津巴布韦、纳米比亚等多个国家开展双边高层互访。

2. 南非与欧洲的关系

南非与欧洲（主要是西欧、北欧国家）保持着良好的政治、经济关系。欧盟是南非最主要的贸易伙伴，是南非外来投资、技术和援助的重要来源地。南非对欧盟国家出口占出口总额的 36%，欧盟投资占南非外国投资的一半以上。南非与欧盟签有贸易、发展与合作协议，设有“南非—欧盟峰会”“南非—北欧首脑会议”等合作机制，并于 2007 年 5 月建立战略伙伴关系。2016 年 10 月 10 日欧盟与南非国家经济合作伙伴关系协定生效。南非国家市场仅部分对欧盟开放，随着时间推移将逐步为南非工业提供中间产品；协定也为南非新兴、薄弱行业和食品安全提供保护措施，提高生产者对不同国家原料组装生产的灵活性，规避失去欧盟市场准入的风险。

3. 南非与美国的关系

南非与美国关系密切，两国签有“防御互助条约”和军事协定。前总统曼德拉和姆贝基均曾多次访美。南非与克林顿政府设有副总统级国家双边委员会，布什政府上台后代之以部长级双边协调论坛。目前，美国是南非第二大贸易伙伴国、最大的投资来源国，南非是美国在撒哈拉以南非洲最大的出口市场，也是美国“非洲经济增长与贸易机会法案”第三大受惠国。

4. 南非与亚太地区的关系

南非十分重视发展与亚太、中东以及拉美国家的关系。南非与日本建有部长级“南非—日本伙伴论坛”。目前日本是南非第四大贸易伙伴，也是南非重要的投资国和援助国。

在同亚太其他国家关系方面，南非与印度有传统友好关系，双方建有双边联合委员会，并于1997年曼德拉访印时确立了战略伙伴关系。2005年与印度尼西亚共同主持亚非峰会。同时，南非还加强了同新加坡、越南、韩国、澳大利亚、印度等国的合作关系。

5. 中国与南非的关系

早在十八世纪中期，荷兰建立开普殖民地时期便有中国人前往南非居住。有些商务人士则是在种族隔离政策时代由中国台湾移居至南非。在1899—1901年英布战争后，大量的英国资本投向南非金矿，矿业的恢复急需大量劳动力。为了解决劳动力不足的问题，英国政府与清政府在1904年5月达成协议，在中国招工。这是第一次大量中国人前往南非的记录。

为了有效管理在南非的华工，清政府于1905年与南非建立领事级外交关系，并在约翰内斯堡开设总领事馆。在第二次世界大战结束后，双方关系有所提升。

在南非种族隔离时期，中国政府一直支持非洲国民大会党反对种族隔离制度。20世纪80年代以来，中国不断加强同南非民族解放组织的联系，向南非非洲国民大会等民族解放组织提供政治、道义和物质上的支持，同国际社会一起向南非当局施加压力，要求其彻底放弃种族隔离制度。20世纪80年代初，南非当局实行“紧急状态法”，镇压黑人和平集会和游行，杀害非国大的成员。1984年，中国代表在安理会紧急会议上谴责南非当局的行为。1986年2月，中国代表在联合国指出南非当局的种族隔离制度是比恐怖主义还恐怖的政策，要求国际社会继续施压，要求南非当局放弃种族隔离政策。

随着国际局势的发展以及南非国大党力量的不断增强，南非逐渐倾向于同新中国建交。1991年11月15日，中华人民共和国与南非换文在双方首都设立代表机构，1992年，中国国际问题研究所南非研究中心在比勒陀利亚成立，中心主任的外交级别为大使衔，以加强与南非政府的往来，同时中国共产党与南非民族议会之政党交流也很频繁。1998年1月，南非种族隔离政策终止，时任南非新总统曼德拉宣布承认中华人民共和国，同中国台湾断绝外交关系，中华人民共和国同南非正式建立外交关系，这是中非关系史上具有重要意义的事件。至此，中国已与世界上所有大国建立和保持了外交关系，并为中国同非洲各国关系的发展开辟了更广阔的前景。

2000年4月25日，江泽民访问南非，双方签署了关于两国建立伙伴关系的《比勒陀利亚宣言》，宣布双方将加强建设性对话并将建立一个高级别的“国家双边委员会”，加强两国现存的伙伴关系。2008年金融危机后，中国已超过美欧成为南非最大的贸易伙伴，成为南非最大的出口市场和进口来源地。2012年3月，国家主席习近平访问南非并出席在德班举办的金砖国家领导人峰会，进一步提升了双边合作关系并设立了金砖开发银行等，加强相互的投资与贸易。2012年7月，南非总统祖马赴华出席中非合作论坛第五届部长级会议开幕式并访问中国。2013年12月，李源潮来南非出席南非政府为前总统曼德拉举行的官方追悼活动并致辞。2014年4月29日，中国“南非年”在北京开幕，这是双方在人文领域的一次全方位交流，南非在华举办50多场交流活动，涵盖经贸、文化、影视、旅游、教育等诸多领域。

近年来，中南两国在国际和地区事务上一直保持着良好合作，双方在人权、气候变化等领域的协调合作日益加强。在南非越来越重视发展南南关系的大背景下，中南关系的重要性将进一步提升，中国与南非的经贸、政治关系有望得到进一步实质性发展。

（四）政治环境分析

南非历史上曾为荷兰人、英国人的殖民地，后长期处在英国的统治之下。独立后，南非政局长期由白人控制，白人政府实行“种族隔离政策”，这一政策饱受国内及国际批评，使得南非国际处境备受孤立。20世纪90年代后期，南非废除种族隔离政策。1994年，南非举行了首次由各种族参加的大选，非国大与南非共产党、南非工会大会组成三方联盟并以 62.65% 的多数获胜，曼德拉出任南非首任黑人总统，非国大、国民党、因卡塔自由党组成民族团结政府。这标志着种族隔离制度的结束和民主、平等新南非的诞生。1994 年 6 月 23 日，联合国大会通过决议恢复南非在联大的席位。1996 年 12 月，曼德拉签署新宪法，为今后建立种族平等的新型国家体制奠定了法律基础。

新政府上台后，着手推行社会转型，依靠丰富的自然资源和优越的地理位置，推进经济的发展，逐步提升黑人的政治、经济和社会地位。同时，作为非洲第二大经济体，南非国民在非洲拥有很高的生活水平，国民经济也较为稳定。历史上英国殖民者留下了较为完善的财经、法律等制度，使得南非成为非洲地区各项制度较为完善的国家之一。

然而，南非虽然矿产资源丰富，有巨大的开发潜力，但由于社会正处于转型期，各种社会矛盾错综复杂，投资环境受法律不清晰和政策不稳定的影响，存在较大的变数。投资时依然应注意政治转型中潜在的风险。

1. 南非政治转型较为稳定，种族和解之路仍在继续

由于南非历史上长期实行种族隔离政策，直到 20 世纪 90 年代初期才在国内外的压力下彻底废除。1994 年 4 月 27 日，南非举行首次不分种族的大选，成立了以非国大为首的新政府并通过了新宪法。黑人当权后，执政的“非国大”对媒体的批评采取了宽容的态度，确保了新闻自由。以“非国大”为主体的民族团结政府奉行和解、稳定、发展的政策，妥善处理种族矛盾，全面推行社会变革，实施“重建与发展计划”“提高黑人经济实力”战略和“肯定行动”，努力提高黑人政治、经济和社会地位，实现由白人政权向多种族联合政权的平稳过渡。1996 年，国民党退出民族团结政府，非国大领导的三方联盟基本实现单独执政。非国大继续奉行种族和解政策，努力保持社会稳定，不断提高黑人社会地位和生活水平，连续赢得 1999 年和 2004 年大选。2007 年，非国大提出建设“发展型国家”的理念，强调加快经济发展，妥善解决贫困、犯罪等社会问题。

2008 年，前总统姆贝基被逼辞职后另组政党，导致“非国大”分裂，但南非政局依然保持稳定，这些都表明新南非的政治转型良好。良好的政治转型使得南非的政治局势和政治制度一直保持较为稳定的状态。

然而，黑人执政以来虽然在政治上的歧视被逐渐消除，但开始出现对白人的歧视，新政府大量削减政府部门中白人的数量，军队和警察中的白人数量逐年递减。依据政治立场而不是工作能力提拔员工的事情已非常常见，只有拥护执政联盟才有升职的机会，这使得大量有工作能力的白人缺乏升职空间，逐步离开公共服务领域，使得南非公共服务领域水平下降，行政部门解决问题的能力越来越差。目前，南非黑人的政治认同仍以肤色划线，黑人和白人虽然在法律和形式上不再隔离，但内心深处的戒备和敌意仍难以消除。如今，虽然南非新政府采取种族和解和民族团结政策，并兼顾各方利益，但要消除种族隔离的阴影，实现种族和解仍有较长的路要走。

2. 反对党势力逐步增强，政府内部利益代表多元化

“非国大”虽然一党独大，但其他政党也日益成长，互相制约和竞争的关系逐渐巩固下来。非国大党自 20 世纪 90 年代开始执政以来，得到了多数黑人的拥护与支持，但随着南非民主化和政治转型的进行，反对派势力不断增强。姆贝基第二任期内的政策失误致使长期困扰南非的贫富差距进一步扩大，其旨在发挥南非地区影响力的外交政策也引起非国大内部和基层民众的不满。目前，虽然非国大依然占据着议会多数席位，但反对党的影响力也在不断扩大，多党议会竞争的格局已经形成，这将对非国大继续推进提高黑人经济条件的改革产生更多的制约。

20 世纪 90 年代南非政治体制转型与经济总量快速上升给曾经为废除种族隔离奋斗的群体特别是非国大执政阶层提供了机会，成为既得利益阶层，但该阶层迅速远离底层民众，再也不能成为底层民众的代表。这些人认为自己过去在种族歧视中受到了不公正待遇，现在理应得到补偿。如非国大重要人物、反种族隔离斗士拉马福萨 20 世纪 80 年代协助创立全国矿业工会，多次发起罢工与矿商斗争。进入非国大高层后，拉马福萨利用个人政治关系网发家，成为南非最富有的商人之一，现任隆明铂矿公司非执行董事。类似的例子屡见不鲜。连现任总统祖马也多次卷入腐败和受贿丑闻。姆贝基同样厉行反腐，但在非国大一党独大的情况下，南非的腐败很难得到遏制。

政治地位与经济地位之间的巨大落差，对民主和政治精英的失望，使得很多人相信只有使用暴力手段将事情升级才能引起政府重视，问题才能得到一些解决。这一现象造成更多群体效仿，造成近年南非示威所引发的冲突不断升级，数量不断增加，暴力程度也越来越重。社会贫富差距的拉大造成的社会不良情绪以及不同地区差距的拉大使得南非社会近年来不稳定因素迅速增多。

3. 矿业法规政策不断完善，新矿业法规环境细则不明晰

2004 年 5 月，南非政府颁布了新的《矿产和石油资源开发法》。该法是南非废除种族隔离制度后，在南非国大党领导下的新政权制定的规范新时期南非矿产资源工业的一部矿业总法和基本法。姆贝基于 2002 年 10 月 4 日签署了这部法律。此后，南非内阁又颁布了新法的配套法规——《提高弱势群体在南非矿业领域社会经济地位基本章程》。南非政府出台新矿业法与配套法规的主要目的：一是要将矿产资源的所有权收归国有；二是支持和鼓励以黑人为主的弱势群体参与资源工业，最终做到使全体南非人民都能平等地参与矿产资源的勘查、开发和利用。

新矿法明确规定：对原有的矿产资源所有权将采取“使用或放弃”原则，将闲置不用的矿区收归国有；对原先颁发的勘查和开采许可证规定了分别为 2～5 年的过渡期，两证持有人须在过渡期内到矿业和能源部办理更新手续，勘查许可证在 2 年过渡期届满后，可以再延长 3 年；开采许可证有效期为 30 年，期限届满可申请延长。如果想取得某一矿区的开采权，申请者须提供开采计划、预先制定好的社会计划、用工计划、增加弱势群体在生产经营中的机会以及改善经济社会福利计划、上述社会和用工计划的财政支持计划。如果企业在实际经营过程中未能严格执行上述计划，有关部门将责令其在规定期限内改正，逾期不改的，将吊销其开采许可证。矿产资源勘查和开采许可证的转让须经有关部门批准，矿区环境必须依照法律规定予以严格保护。

但上述法律存在许多问题，对矿业投资环境有较大的负面影响。如根据新矿业法，包括外国公司在内的所有正在南非从事矿业活动的公司必须在 2009 年和 2014 年以前先后将公司股份的 15% 和 26% 转让给南非黑人公司。但如何转让政府并没有出台详细的规定，包括转让价格等。同时，新矿业法授予南非矿产和能源部长“自行决断权”，目的是确保立法过程中出现的任何错误有得到纠正的机会。然而由于缺乏监管体制，这一高度授权的规定加深了矿业公司对未来发展的不确定。

而受近年来法律制度不清晰和政策不稳定的影响，如新的矿权法和黑人经济振兴计划等迫使部分国外资本退出或承受风险，国际矿业投资环境对南非的评级明显下降。加拿大 Fraser 研究所近年发布的全球矿业公司调查结果显示，南非矿业投资环境的总体评价偏差，在调查的非洲 9 个国家中仅好于津巴布韦和刚果（金），排在第 7 位。

4. 社会治安问题较多，政府打击犯罪任重道远

种族隔离制度废除后，黑人受教育水平参差不齐，社会经济的发展无法提供足够的就业机会，失业的黑人逐步成为社会不稳定因素。近年来南非的社会治安问题较多，特别是针对外国人的抢劫或骚乱，包括对中国人的袭击也时有报道。据国际刑警组织统计，南非是世界上犯罪率较高的国家之一，各种刑事犯罪成为该国最突出的社会问题。南非公安部 2010—2011 年全国犯罪率统计数据显示，该年度南非共发生近 210 万起严重犯罪，比上年度下降 2.4%。但是犯罪总量还在高位运行，治安形势依然严峻。根据联合国毒品和犯罪问题办事处的统计，2013 年南非共发生谋杀案件 17068 起，每 10 万人比率为 31.9。据南非警察总局公布，2014 年未发生重大恐怖袭击案件，但平均每天有 47 人遭谋杀。其中，针对中国企业和公民的盗窃、抢劫以及人身伤害事件较多发生，2014 年有 16 名华人被害，大多数案件尚未侦破。

由于邻国津巴布韦国民经济崩溃，大量津巴布韦人通过合法或非法渠道进入南非工作，一方面挤占了南非本国人的工作机会，加剧了本国人与津巴布韦的矛盾，另一方面为南非社会增添了更多的不稳定因素。2005 年 3 月 1 日，在南非罗斯敦堡就发生了此类悲剧，在民族主义情绪的煽动下发生了当地人同外国人之间的大规模冲突。

据南非警方估计，散落在南非民间的非法枪支有数百万支。由于缺乏死刑威慑，使得犯罪分子作案时无所顾忌。为了保障社会安定，南非政府颁布了《防止犯罪法》等一系列法案以降低社会犯罪率。

5. 中南关系稳步推进，经济合作机遇挑战并存

中国与南非自1998年1月1日建交以来，双边关系迅速发展。2004年曾庆红访问南非期间，双方宣布中南建立战略伙伴关系，两国关系进入了新的发展阶段。此后，中南战略伙伴关系稳步发展，高层交往频繁，政治互信进一步增强。

2008年8月，以南非为中心的南部非洲自由贸易区正式启动，形成了一个人口1.7亿、规模约3600亿美元的大市场。这也为在南非投资设厂的中国企业创造了机会。2010年，中国与南非联合签署关于建立全面战略伙伴关系的《北京宣言》，双方不仅确立了未来10~15年的合作方向，还建立了全面的合作框架，涵盖领域涉及贸易、投资、技术交流、绿色经济、制造业以及金融等方面，中国企业在南非的投资也出现了大幅度增长。与此同时，南非在吸引外资方面制定了一系列有利于工业发展的投资优惠政策。在南非投资建厂的企业进口设备可享受免税待遇并享受高额的政府现金补贴。2015年4月10日，中国人民银行于南非储备银行签署了规模为300亿元人民币（540亿南非兰特）的双边本币互换协议，旨在便利双边贸易和投资，维护区域金融稳定。

经济方面，中南经济结构互补性强，合作潜力很大。多年来经贸合作稳步发展。南非是中国在非洲最大的贸易伙伴，据中国海关统计，2014年两国贸易总额达603亿美元，其中，中国自南非进口446亿美元，对南非出口157亿美元。中国是南非第一大进口和出口国。南非是中国第20大贸易伙伴，第11大进口来源地和第29大出口目的地。我对南非出口的产品主要有机电产品、服装及辅料、高新技术产品、纺织纱线和鞋类等；从南非主要进口铁矿砂及其精矿、金刚石、钢材等。

作为金砖国家的重要成员，中国与南非将在未来政治与经济合作中进一步提升战略合作。2013年，习近平主席访问南非期间，双方在加强经贸与金融领域合作达成共识，对深化金砖国家合作和设立金砖开发银行为南非经济发展提供融资等达成意向。

二、经济运行状况

南非属于中等收入的发展中国家，也是非洲经济最发达的国家。自然资源十分丰富。金融、法律体系比较完善，通信、交通、能源等基础设施良好。矿业、制造业、农业和服务业是其经济四大支柱。但其国民经济各部门、地区发展不平衡，城乡、黑白二元经济特征明显。

南非基础设施良好，拥有非洲最完善的交通运输系统，空运发展迅速。通信信息技术发展较快，电信发展水平列世界第20位，共有500万部固定电话，约2900万移动电话用户。法律法规、经济体制健全，经济开放程度较高。已形成门类齐全的产业体系，工业基础较好。世界经济论坛《2016—2017年全球竞争力报告》显示，南非在全球138个国家中排名第47位，较上年度上升2个位次。世界银行《2016全球营商环境报告》显示，南非在189个国家中排名第73位，比上年度下降了30位。

（一）产业结构

南非经济基础较好，产业门类齐全。经济以农牧业起步，采矿业致富，制造业后来居上。2015年南非产业结构如图10-1-2所示，农业、工业、服务业的比重分别为2.4%、30.3%和67.4%。

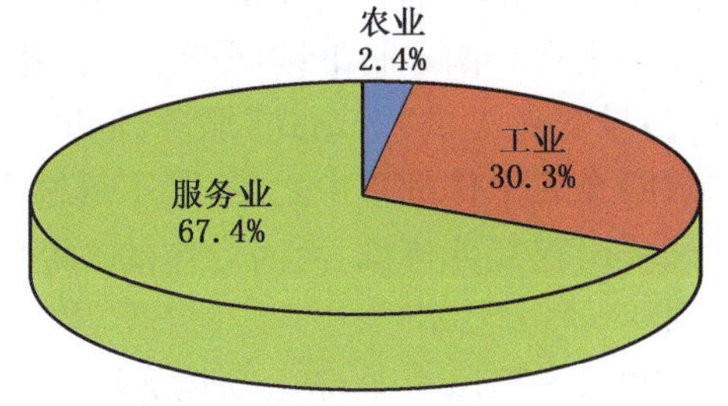

图10-1-2　2015年南非产业结构
（CIA World Factbook）

1. 农业

南非耕地面积为1536万hm^2，占国土面积的13%，其中适于高生产的土地仅占22%，面积为300多万公顷，其余大部分较贫瘠，但南非农业基础设施发达，农业生产率高，农产品自给有余，是农业净出口国。玉米是其重要的粮食作物。各类罐头食品、烟、酒、咖啡和饮料畅销海外。盛产花卉、水果，葡萄酒在国际市场享有盛誉。南非是世界上七大葡萄酒生产国，年出口额在2亿美元以上。

政府长期以来重视扶持农业，重视水利建设解决水资源缺乏的问题，制定了一系列保护农业的政策。包括为农业发展提供优惠贷款或赠款，通过各种补贴（肥料、石油等）减轻农民负担，对农场购买新设备等给予补助和实行税收优惠等。2014年12月，南非农林渔业部与中国农业部签署了《中华人民共和国农业部与南非共和国农林渔业部2014—2016年农业合作行动计划》。行动计划明确了两部未来

2~3 年开展农业合作的方向、形式及主要内容等，其中包括互派交流团组、开展人力资源培训以及农业领域学历教育等方面。该行动计划为两部在农业合作联合工作组机制下签署的第四期农业合作行动计划，前三期执行情况均良好，取得了很好的成效。

2. 工业

制造业、能源业和矿业是南非工业中的三大支柱行业。在能源行业方面，南非是世界前十位的产煤国家，发电量占全非洲总发电量的2/3，约92%为火力发电，由于可开采原油少，南非还拥有非洲领先的煤制油技术。该国矿业发达，是全球五大矿产国之一，南非已探明储量并开采的矿物有70余种，各种矿产品占出口份额的31%左右。2014年，矿业总产值3753亿兰特，增加值2866亿兰特，占GDP的7.5%，但受罢工影响较上年下滑1.6%。其他主要制造类行业还包括金属制品、化工产品、运输设备、机械制造、食品加工和纺织服装等。近年来，纺织服装等传统行业因缺乏竞争力而萎缩，汽车制造等产业发展较快。世界主要汽车品牌在南非都设有工厂，南非也是全球汽车及零部件制造和进出口的主要国家。2013年南非新车市场规模为2050亿兰特，2014年汽车销量55.7万辆，占制造业产值的12%，汽车及零部件出口占南非出口额的10%。

3. 服务业

服务业在南非国内生产总值中的占比最大，2014年和2015年分别占65.90%和67.40%，均在60%以上。其中，旅游业是南非发展最快的行业，产值约占国内生产总值的8.7%，从业人员达到140万。

南非旅游资源丰富，设施完善，有700多家大饭店，2800多家中小旅馆及10000多家餐厅，拥有全球最高蹦极设施。开普敦荣获2013年最佳旅游目的地。旅游点主要集中于东北部和东部及南部沿海地区。生态旅游和民俗旅游是南非旅游业两大主要增长点。2010年的世界杯足球赛对南非旅游业的发展起到重大促进作用，有力拉动了南非旅游业，2012年到南非旅游的外国游客达919万人次。2014年受埃博拉病毒的影响，南非旅游业受到了冲击，随着埃博拉疫情逐渐得到控制，非洲旅游业重新回暖。2015年，由于南非“中国年”的举办，中国游客大量涌入，南非的旅游业将有较大的发展空间。

除旅游业外，南非服务业的主要部门包括批发零售、房地产、商业、餐饮、金融和旅游等。

（二）宏观经济现状

南非是非洲经济最发达的国家，1994年以来，经济年均增长率接近5%。受2008年国际金融危机影响，南非经济增速明显放缓。2009—2012年南非经济逐渐回升，但通货膨胀率较高，2016年官方统计的失业率高达26.6%，国内消费不旺和外国直接投资不足等成为南非经济增长的制约因素。为解决这些问题，南非政府2010年以来相继推出“新增长路线”和《2030年国家发展规划》，南非有先进的金融系统和良好的投资环境。特别是在金融服务方面，南非仍被世界经济论坛排在世界最具竞争力的十大国家之列。南非将继续保持这一优势，争取成为非洲金融中心。此外，南非政府将进一步简化投资手续，为投资者提供“一站式”服务，同时将简化签证手续以便吸引更多外资。解决能源短缺问题也将是南非政府今后工作的重中之重，除了继续大力发展传统能源外，南非还将大力发展核能。近年来，欧洲和美国经济出现复苏迹象、南南合作的不断深入以及非洲区域经济一体化进程的加快也为南非的发展提供了机遇。

2012—2015年南非主要经济指标统计见表10-1-1。值得注意的是，较高的失业率、经济发展严重依赖出口收入和国外资本所导致的脆弱的经济结构以及国民经济各部门和地区发展水平不平衡、收入分配不均、城乡和黑白二元经济等，仍然是南非经济要长期面临的主要问题。

表10-1-1 2012—2015年南非主要经济指标统计

主要指标	2012年	2013年	2014年	2015年
总人口/人	5.24×10^7	5.32×10^7	5.41×10^7	5.50×10^7
人口年增长率/%	1.6	1.6	1.6	1.6
城市人口百分比/%	63.3	63.8	64.3	64.8

表 10-1-1（续）

主要指标	2012 年	2013 年	2014 年	2015 年
国内生产总值（GDP）/美元	3.97×10^{11}	3.66×10^{11}	3.50×10^{11}	3.13×10^{11}
人均国内生产总值/美元	7590.0	6881.8	6472.1	5691.7
实际国内生产总值增长率/%	-4.6	-7.9	-4.4	-10.6
通货膨胀率/%	5.7	5.4	6.4	4.6
失业人口比例/%	10.9	17	24.4	30.1
总储备（现价美元）	506.88	497.08	491.22	458.87
总储备可支付进口月份	5.07	4.97	4.91	4.59
商业服务出口额（现价美元）	4.3×10^{10}	4.3×10^{10}	4.4×10^{10}	4.8×10^{10}
商业服务进口额（现价美元）	1.72×10^{10}	1.64×10^{10}	1.65×10^{10}	1.47×10^{10}
官方汇率（兑换 1 美元所需本币）	1.84	1.76	1.66	1.51
银行资本对资产的比率/%	8.2	9.7	10.9	12.8
银行不良贷款与贷款率/%	7.8	7.9	7.6	7.0
存款利率/%	4.0	3.6	3.2	3.1
贷款利率/%	5.4	5.2	5.8	6.2
贷款的风险溢价/%	3.5	3.4	3.3	3.4
上市公司市值占 GDP 百分比/%	228.4	257.6	266.9	235.3

数据来源：世界银行数据库

1. 强劲经济增长因全球金融危机受阻，近年重现生机

2008 年全球金融危机爆发后，受国际市场需求萎缩、初级产品价格下跌、国内消费疲软等影响，南非经济出现大幅下滑。2008 年第四季度，国内生产总值出现 1992 年以来的首次下降，全年经济增长率回落至 3.6%。2009 年矿业、制造业、房地产业、零售业、纺织业以及基础设施建设均下滑明显，全年经济出现 1.5% 的负增长。2011—2015 年南非国内生产总值（GDP）和人均 GDP 如图 10-1-3 所示。南非 2015 年国内生产总值（GDP）为 3127 亿美元，时隔两年，南非已经成功反超尼日利亚，坐回非洲经济"头把交椅"。在货币走强的同时，南非经济也出现了一系列积极信号。根据南非国家统计局公布的最新数据，2016 年 5 月份南非零售业销售额增长了 4.5%，远高于预期的 1.6%，制造业也增长了 4%，是过去 10 个月以来的最大增幅。南非消费者支出和工业生产指标开始恢复，意味着经济有望逐渐回暖。

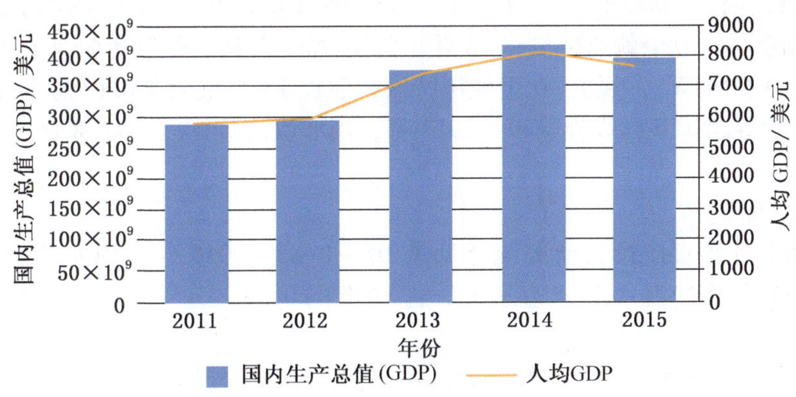

图 10-1-3　2011—2015 年南非国内生产总值（GDP）和人均 GDP
（世界银行数据库）

2. 在政府各项经济刺激政策作用下，南非经济逐渐复苏

为应对金融危机冲击，南非自 2008 年 12 月以来 6 次下调利率，出台增支减税、刺激投资和消费及加强社会保障等综合性政策措施，以遏制经济下滑势头。2010 年，政府宣布继续实施经济刺激方案，增加大量投资，用于基础设施建设和产业结构调整，创造就业机会，并于当年 4 月份全面启动“新工业政策行动计划”，旨在改变经济增长模式，提升生产率。南非政府 2010 年制定的“新增长路线”，积极促进基础设施建设、农业、采矿、绿色经济、制造业、旅游和服务行业等六大重点领域发展。2010 年，南非世界杯足球赛的成功举办，也带动了旅游业和外资进入。在政府经济刺激措施和国际经济环境好转的共同作用下，南非经济逐渐复苏，2010 年，实际国内生产总值增长率恢复到 3.1%，通胀率也降至 6% 以下均在预期目标范围。

3. 2011 年起经济再次面临外需下降和高通胀压力

南非是开放的小型经济体，欧洲是其主要出口市场。欧债危机的爆发和蔓延使开放的南非经济再次遭遇挑战，矿业和制造业产出下滑尤其明显。由于全球经济复苏缓慢，加上南非国内经济存在的结构性问题，2012 年，南非经济增长速度为 2.5%，低于南非中央银行之前的预期，至 2015 年 GDP 增长率仅 1.28%，而 2014 年通胀率则达到了 6.4%，超过了 6% 的预期目标范围，虽然 2015 年下降到了 4.6%，但较大的通胀波动仍是个问题。

4. 失业率仍居高不下

失业率居高不下是南非经济发展面临的重大挑战。据估计，南非总人口 5400 万，失业率达 25%，青年失业率为 37%。全国 2/5 的人口平均每天生活费不足两美元。2009 年，全年新增青年失业人数超过 100 万，仅采矿和制造业就有 90 万人失业。2010 年和 2011 年，南非失业率均达到了 24.7% 近 25%。根据国际劳工组织（ILO）的统计，2011 年，南非在全球前 50 大经济体中失业率排名第一。青年人失业情况更为突出，2012 年第一季度，南非青年人总失业率已达到 51.6%，占青年人总数的 73.9%。面对严峻的失业问题，政府采取“新增长路线”等一系列政策，但受经济增长速度限制，政府承诺在 2014 年将失业率降至 14% 的愿望很难实现，预计南非未来几年内失业率仍会高于 20%。政府承诺的 2014 年失业率下降的目标未能实现，根据《2015 年对外投资，合作国别（南非）指南》目前南非失业率达 25%。

5. 区域经济一体化及南南合作将成为新增长动力

2012 年以来，非洲区域经济一体化进程加快。东部非洲共同体、东南部非洲共同市场和南部非洲发展共同体三方自由贸易区启动。南非 2010 年加入金砖国际合作机制，同中国、印度、巴西、俄罗斯等新兴经济体的联系日益密切。这两方面因素均将减少南非经济对发达国家的依赖，使南非不断开拓发展中国家和新兴经济体市场，挖掘经济合作潜力，共同抵御外部风险。

6. 南非政治经济稳定，法制较为健全

2014 年是南非结束种族隔离制度 20 周年，5 月，南非议会和总统选举平稳进行，非国大党蝉联议会多数席位，祖马总统连任。新政府将大力实施《2030 年国家发展计划》（NDP），力争 2010—2030 年均经济增长 5.4%，创造 500 万个就业岗位，将失业率降至 6%。主要任务包括加快工业化、新增 30000 MW 发电能力（其中核电 9600 MW），设立 10 个经济特区，建设 18 个重大基础设施项目，积极筹划大英加水电站、南北交通走廊等跨国基础设施建设。2014 年，南非政府提出了《帕基萨计划》，希望开发海洋资源，创造新增长点。

（三）外国投资概况

2012—2015 年南非外国直接投资情况统计见表 10-1-2，2015 年，南非的外国直接投资净额为 35.5 亿美元，外国直接投资净流入 15.8 亿美元，占 GDP 的 0.5%。

表 10-1-2 2012—2015 年南非外国直接投资情况统计

主要指标	2012 年	2013 年	2014 年	2015 年
外国直接投资净额（现价美元）	-1.73×10^9	-1.71×10^9	1.90×10^9	3.55×10^9
外国直接投资净流入（现价美元）	4.63×10^9	8.23×10^9	5.79×10^9	1.58×10^9
外国直接投资净流入占 GDP 比/%	1.2	2.2	1.7	0.5

数据来源：世界银行数据库

南非重视吸引外国投资，2011 年外国直接投资的净流入为 58.9 亿美元，仅次于尼日利亚的 89.2 亿美元，为非洲大陆第二大外国直接投资流入国，所吸引外国直接投资量占非洲大陆全年总额的 13.6%。南非也是外资并购发生最多的国家。据不完全统计，2010 年跨国并购南非出售企业资产 314 亿美元，居非洲第一。2011 年底，南非外国直接投资存量约 1300 亿美元。据联合国贸发会议发布的 2015 年《世界投资报告》显示，2014 年，南非吸收外资流量为 57.1 亿美元；截至 2014 年底，南非吸收外资存量为 1453.8 亿美元。流入南非的外国直接投资主要来自于欧美地区。在南非外资流量中，欧洲国家占 63%，美洲国家占 25.8%。欧洲国家占南非外国直接投资存量的 78.5%、外国证券投资存量的 52%；美洲国家相应占比分别为 8.5% 和 44.7%。英国是南非最大投资来源地，其次是美国和荷兰。南非对外投资也主要流向欧美国家。此外，近年来美国、中国、马来西亚、澳大利亚、印度等亚太国家对南非的投资也迅速增长。

南非吸引外国直接投资较多的行业包括电信和信息技术、采矿、化工、食品、饮料、烟草、汽车和零配件、塑料橡胶制品、餐饮、休闲和博彩、金属制品和其他制造部门。

（四）中国对该国直接投资

2010—2015 年中国对部分非洲国家直接投资流量统计见表 10-1-3，存量统计见表 10-1-4。南非已经成为中国企业在非洲最大的投资目的国，截至 2012 年底，中国在南非直接投资存量达到 47.75 亿美元，接近中国在非洲投资存量的 20%，但近些年来，出于对南非社会和经济等方面的担忧，在南非的中国企业对股东的反向投资明显增加。据中国海关统计，2014 年两国贸易总额 603 亿美元，同比下降 7.6%。据中国商务部统计，2014 年当年中国对南非直接投资流量 4209 万美元。截至 2014 年末，中国对南非直接投资存量 59.54 亿美元。

表 10-1-3　2010—2015 年中国对部分非洲国家直接投资流量统计表　　万美元

	2010 年	2011 年	2012 年	2013 年	2014 年
南非	41117	-1417	-81491	-8919	4209
博茨瓦纳	4385	2186	2110	1019	5295
莫桑比克	28	2026	23052	13189	10251
纳米比亚	551	504	2512	705	802
非洲总计	211199	317314	251666	337064	320192

表 10-1-4　2010—2015 年中国对部分非洲国家直接投资存量统计表　　万美元

	2010 年	2011 年	2012 年	2013 年	2014 年
南非	415298	405973	477507	415298	405973
博茨瓦纳	17852	20038	22015	23090	26213
莫桑比克	7524	9807	33691	50809	65386
纳米比亚	4711	6021	9453	34945	98184
非洲总计	1304212	1624432	2172971	2618577	3235007

数据来源：2015 年度中国对外直接投资统计公报

经商务部备案，在南非累计设立的中国企业超过 162 家（核实数据），涉及服务业和制造业的各个领域，包括纺织服装、家电、机械、食品、建材、矿产开发以及金融、贸易、运输、信息通信等。中兴、华为、海信、中钢、五矿、酒钢和紫金矿业等中国企业已经在南非拥有了生产基地或矿业项目，主要投资项目中有中钢集团铬矿项目、金川集团铂矿项目、酒钢集团铬矿项目、海信集团家电项目、一汽非投汽车组装项目等，并且陆续还有中国企业进入南非。2015 年中国—南非经贸投资论坛在南非最大城市约翰内斯堡举行，140 多家南非企业和 40 余家中国企业就相互间合作发展进行了交流。

不是所有在南非的投资都非常顺利，相关媒体就曾报道过中钢在南非的项目由于 BEE 法案的实施而陷入了复杂的困局中。所以，虽然南非资源丰富，吸引外资政策明确，但南非仍处于改革转型期，对中国企业来说，投资中面临的各项风险仍不能忽视。

三、政治经济总结

南非位于非洲大陆最南端，与纳米比亚、博茨瓦纳、津巴布韦、莫桑比克及斯威士兰接壤，总人口约 5400 万。作为非洲最大经济体和最具影响力的国家，南非的国内生产总值约占撒哈拉以南非洲经济总量的 1/3，对地区经济发展起到重要的引领作用。2010 年底，南非作为重要新兴市场国家加入金砖国家组织。在经历了种族隔离制度后，现在的南非进入了全面转型时期，一方面提升了黑人的政治、经济和社会地位，依靠丰富的自然资源和优越的地理位置以及殖民地时期留下的较为完善的财经、法律等制度，不断推动其经济发展。但另一方面，转型期出现的矛盾仍困扰着南非，种族隔离制度的遗留问题致使种族和解仍较难实现。同时，南非还存在腐败严重、行政效率低下、贫富差距拉大、治安形势依然严峻等问题，这些因素都阻碍了南非的进一步发展。

政治方面，南非曾长期处于英国的统治之下，独立后政局长期由白人控制，种族隔离政策在相当长的时间内给南非留下了阴影，也是南非未来平稳发展的重大隐患。非国大党上台后奉行和解、稳定与发展的政策，缓和族群关系，在其带领下南非政治制度转型在二十多年里保持稳定向好。但 2014 年 5 月非国大党将迎来大选，政党内部的权力争夺以及党派活动都会使选战前后政治活动热度增强，近年来执政党的贪腐问题以及处理经济上的失误也成为反对派攻击的目标，未来大选的结果将直接影响今后南非政局的走向。2014 年 5 月，南非第五次全国大选的结果显示，非国大再次成为最大赢家，夺得 400 个国民议会议席中的 249 个席位，最大的反对党民主联盟也创造 89 个议席的最佳成绩。在矿业政策方面，新的矿权法和黑人经济振兴计划等法案在近两年来不断迫使部分国外资本退出或承受更多的风险，南非的国际矿业投资环境评级下降明显。

经济方面，南非经济基础较好，产业门类齐全。作为传统矿业大国，南非拥有完备的现代矿业体系和先进的开采冶炼技术，矿产品生产和加工是其国民经济支柱。但南非各地区发展程度不一，贫富悬殊严重，犯罪率与贪污问题长期严重，邻国津巴布韦的经济崩溃致使难民持续涌入，导致南非社会不稳定因素持续上升。近年南非通胀波动较大，失业率高位运行，国内消费不旺导致过于依赖外部市场以及外国直接投资不足，经济存在下行。社会治安的恶化及族群冲突也是其经济发展的不利因素。

虽然南非的经济基础远好于同处非洲南部的纳米比亚、莫桑比克和博茨瓦纳，但南非投资环境的政治风险明显高于这三个国家。主要体现在反对党势力逐步增强，执政党内部的分裂和政府内部利益代表多元化导致的政策变动。另一方面，自黑人执政以来，对白人和其他种族的歧视不减反增，族群对立和种群冲突更加严重。传统的观点认为，南非是全球矿业投资的首选地，而且近年来也是全球瞩目的新兴经济体，具备很好的发展前景。虽然近年来中国和南非开展了大量合作，但本书却观察到南非在全球各主要机构的投资环境排名逐渐下降，开始不断有矿业资本撤出南非，转而投资其他周边新兴矿业国。这也反映出南非矿业投资环境的现状，矛盾的根源在于政治与社会环境的动荡和矿业政策的不稳定与不确定。综合以上因素，本书认为南非矿业投资的风险有上升的趋势。

第三节 法律环境

一、矿产资源开发相关法律制度

（一）主要监管机构

南非矿业的前政府主管部门是南非矿产与能源部，负责有关矿法的实施和监督、矿产和石油资源的开发和管理，包括各种矿业权证的审批、发放、拒绝和监管等。南非总统祖马宣布南非矿产与能源部拆分成矿产资源部和能源部。过渡时期矿产资源部和能源部根据 2004 年《矿产和石油资源开发法》实施矿产资源国家所有权的管理，是南非矿产资源管理和开发的政府主管部门。

矿产资源部下设总干事和9个省的地区主任（局长），由地区主任（局长）代表部长行使矿业权方面的行政职能。9个省的地区主任由矿产法规局下属的4个管理处分别与之沟通协调，对矿产资源实施登记，并对勘探权和采矿权实施管理。矿业权发证实行省级审批，官员签字生效，发生争议时先由当事人双方协商，协商不成由矿产资源部裁定，不服裁定才能上诉。部门的矿山健康安全巡查员确保矿山的健康安全条件，各个省的矿山健康安全状况由首席巡视员进行评述。矿产调节分部管理本省的探矿权和采矿权。碳氢化合物和能源分部主管煤、天然气、液体燃料、能源效率、可再生能源和能源计划，包括能源数据库。核与电分部管理电力部门和核工业。社团服务分部对总部办公室和地区办公室提供支持服务矿产政策与发展分部阐述和改进有关鼓励矿业投资的矿产政策。

相关的政府部门有南非国际贸易管理委员会（ITAC），该委员会依据国际贸易管理法对特定材料和少数工业产品的进出口以及全部二手商品的进口实施管理并负责处理关税调整申请。科学与工业研究委员会下属的自然资源与环境部负责开发新的采矿技术。此外，还有环境和旅游部、内政部、国土部、劳工部、商业与工业部。

地球科学委员会负责地质测绘和地球科学研究，并提供各类地质资料；国家矿业技术研究院（Mintek）主管矿产研究，研究内容主要涉及矿石的矿物学检测提取和精炼技术、矿物制成品生产技术等。

南非矿业行业协会组织主要有南非矿业商会和南非矿业发展协会。南非矿业商会旨在最大限度地保护其会员的利益，促进会员之间的交流合作，其在南非矿业领域发挥着举足轻重的作用。近年来，随着外部环境的变化，商会的作用和功能也发生了实质性改变：首先商会重新调整了定位，转变为矿业企业赞同的政府政策调整的主要倡导者；其次商会不再直接参与（及给予财政补贴）各项行业服务；同时扩大组织的会员基础。南非矿业发展协会始建于2000年，是由南非初级矿业公司和黑人经济授权矿业公司组建的一个初级矿业组织。创始人最初的目的是代表初级矿业公司利益，响应政府政策决策提出矿产条例草案，后来发展成为一个正式的矿业协会。南非矿业发展协会的主要任务是融资、发展科技和其他技能、实施负责任的环境管理和可持续发展以及维护初级矿业部门的生产规范标准。

（二）矿产权证的获得

《矿产与石油资源开发法》第5条规定，南非所有的矿业权必须依据该法授予并根据1967年《矿业权登记法》规定进行登记。南非矿业权分为矿产和石油两个部分。

根据南非的法律，本国公民和外国公民在获得矿产勘查权、开采方面享受同等待遇。南非的土地分为三大类：国有土地、转让的国有土地和私有土地。国有土地是指土地及这块土地上贵金属、宝石、低值矿产和自然油的所有权都归国家所有的土地；转让的国有土地是指根据合同私人拥有土地所有权，但国家保留了宝石的所有权，土地所有者拥有其他矿产所有权的土地；私有土地是指土地及这块土地上的贵金属、低值矿产和自然油的所有权都归私人所有的土地。

《矿产和石油资源开发法》将矿业权分为踏勘许可证、勘探权、采矿权、采矿许可、保留许可并规定了各类矿业权申请、续期、批准及矿业权利人权限及义务等内容。该法第9条规定，对同一矿产或土地的矿业权有多人提出申请的，应按照收到申请的先后顺序进行处理，同时收到申请的应优先考虑给予HDSA。此外，该法第104条还规定，社区享有申请勘探或开发的优先权。

1. 踏勘许可证

依据《矿产和石油资源开发法》第13(2)(b)条的规定，若无人对申请所涉土地和矿产持有勘探权、采矿权、采矿许可或保留许可证，踏勘许可证的申请可得到批准。

《矿产和石油资源开发法》第15条规定，踏勘许可证持有人仅享有进入土地进行踏勘的权利，不能进行勘探和开采活动，并且获得此种权利须以与土地所有人或土地合法占有人协商为前提。

踏勘许可证有效期2年，不可续期，踏勘许可证不具排他性且不可转让、中止、出租、转租、抵押。

2. 勘探权

《矿产和石油资源开发法》第16条规定了踏勘权申请的程序。申请人应向土地所在地的地区长官办公室提出申请并缴纳规定的费用，对提出申请的矿产和土地，若无人持有勘探权、采矿权、采矿许可或保留许可证，地区长官应接受申请，并于接收之日起 14 日内书面通知申请人履行法定程序。地区长官收到上述文件后，应连同申请表交由部长决定是否授予勘探权。

《矿产和石油资源开发法》第 17 条第 1 款从正面规定了取得勘探权的条件。

对于勘探权人享有的权利和承担的义务，该法第 19 条规定，权利人享有申请并获得采矿权的专有权，但应自勘探权生效之日起 30 日内，按照《矿业权登记法案》的规定，向矿业权办公室登记注册，并自权利生效之日起 120 日内开始勘探活动。勘探许可权持有者在未得到矿产权所有者的亲笔批准和该地区长官的签字许可时，不得移动和处置勘探过程中发现的所有矿产（样品除外）。

勘探权可转让、出租、抵押但须取得矿山能源部长的书面同意并自权利移转之日起 30 日内向矿业权办公室办理登记手续。此外，该法第 18(2) 条还对许可证有效期、续展等进行了规定，勘探权自环境管理计划批准之日起生效，有效期以许可证规定的期限为准，但不得超过 5 年。到期可向土地或矿产所在的地区长官办公室申请续期一次，续期不超过 3 年。

3. 采矿权

采矿权申请人必须具备下列条件之一：申请人是该矿产的所有者；申请人已得矿产所有者同意独立开采或处置矿产的亲笔签名。申请采矿权与申请勘探权相同，只是在授予条件上，采矿权在勘探权基础上，增加了符合社会劳工计划的要求。权利人有义务提交规定的年度报告，详细描述履行《黑人经济授权法案》及社会用工计划的情况。

《矿产和石油资源开发法》规定，采矿权利人享有申请采矿续展的专有权。

关于有效期、续展期的问题，该法规定采矿权在许可证规定的期限内有效，但不得超过 30 年。可续期、采矿权续期申请程序及申请书中的内容同勘探权，只是在申请书中的内容中删除了“反映采矿结果及所产生的费用的详细报告”的要求，但每次不超过 30 年。同勘探权一样，采矿权也可转让、出租、抵押，但须取得矿山能源部长的书面同意并自权利移转之日起 30 日内向矿业权办公室办理登记手续。①

4. 采矿许可

《矿产和石油资源开发法》第 27 条规定了采矿许可的申请及授予条件。申请人应向土地所在地的地区长官办公室提出申请并缴纳规定的费用，对提出申请的矿产和土地，若无人持有勘探权、采矿权、采矿许可或保留许可证，地区长官应接受申请，并于接收之日起 14 日内书面通知申请人履行法定程序。

采矿许可的申请条件比较特殊，只有矿产在 2 年内最适宜开采并且矿区不超过 1.5 hm^2 且申请人提交了环境管理计划才会授予许可。取得许可后，持有人可进入该土地，建造用于采矿的地表或地下基础设施，带入职工，引进机器、设备、发电厂，使用位于或流经该水域的水资源，在矿区进行采矿。

采矿许可证不可转让、中止、转租、分租，但在取得部长许可的情况下，可抵押用于融资，其有效期以许可证的规定为准，但不应超过 2 年。可续期 3 次，每次不超过 1 年。

5. 保留许可

保留许可的申请人仅为勘探权人且授予许可的条件也较为严格，该法第 32(1) 条规定，申请人应完成勘探活动和可行性研究并且发现由于市场饱和，此种矿产的开采无经济利益才予以签发，若许可证的颁发可能造成垄断、不公平竞争或资源的集中，将不予许可。

保留许可证不可转让、中止、出租、转租、抵押，其持有人享有获得采矿权的专有权。许可证有效期以许可证中规定的期限为准，但不超过 3 年。可续期一次，但不得超过 2 年。有获得相应区域采矿权的排他权，不可转让、中止、出租、转租、抵押。

（三）向国家和地方投资者转让的义务

根据《矿产宪章》的规定，在 2014 年之前，至少将公司股份的 26% 转让给 HDSA。矿业企业可通过提高矿产附加值的方法抵消这一比例要求，但可抵消的比例不应超过 11%。

---

① Mineral and Petroleum Resources Development Act.

（四）矿山安全与土地复垦要求

1. 矿山安全制度

1994 年，南非对采矿业的安全与健康状况进行广泛调查，结果显示该领域形势严峻，从而促使南非政府给予关注并于 1996 年颁布了《矿山健康与安全法》。1997 年 6 月 30 日，南非建立了由政府部门（南非矿产部）、矿主、矿山雇员三方组成的矿山健康和安全理事会，第一次把雇员代表划进安全机构，这在世界矿业史上都是一个创举。该理事会的主要职能有：就矿山健康与安全问题向矿产与能源部部长提出建议，包括矿山复垦中有关健康与安全方面的立法，与采矿资格审查机构就有关健康与安全问题保持联络；促进采矿业的健康与安全文化建设；至少每 2 年组织一次理事会会议，审查矿山健康与安全状况；每年递交一份健康和安全总体规划的报告，通过规定的程序获得批准后将副本送交财务部长。南非还成立了隶属矿产部的矿山健康与安全监察局，由一位副部长担任监察局局长，设 3 名副局长，矿山健康与安全监察局的任务是促使采矿作业在无害健康的条件下安全地进行。其职能主要为制订并推广应用安全采矿作业标准，制订并推广应用采矿设备安全标准，制订并推广应用采矿作业的健康标准，实施矿山监察。矿山健康与安全监察局共有监察员 200 多人。

2. 矿山土地复垦

南非采矿业发达，但近年来对矿山环境的污染和破坏却甚少。这和南非实施严格的矿山环境保护制度有关。2004 年 5 月颁布的《矿产和石油资源开发法》在矿山土地复垦方面做出了详尽规定。在矿区土地恢复方面，南非很善于借鉴发达国家的成功经验，在《矿产和石油资源开发法（2002）》《国家环境管理法（1998）》《综合废物管理法》《矿山健康与安全法（1996）》《国家水法》等许多法律法规中，均对矿区复垦及与之相关的矿区关闭、水管理和尾矿管理等方面做出严格的规定。

1981 年，南非矿业商会制定了《南非露天煤矿复垦准则》。2011 年，参考澳大利亚等国家有关矿区复垦规定以及矿产资源部《矿山闭坑财政拨款定额准则》，由煤矿技术研究协会和南非矿业商会联合制定了《矿区土地复垦准则》。该准则为矿区土地复垦提供了详细的标准和要求。

采矿后对矿区进行复垦是采矿权持有人应尽的义务，针对不同矿种要求也不尽相同，如铁矿的复垦要求是用矿坑附近的材料进行填埋或采用与要填充矿类似的露天矿的材料进行填埋；煤矿的复垦要求是边开采边恢复或开采后统一恢复治理。

1）针对单一铁矿或多品级铁矿的恢复要求

露天开采矿接近闭坑时要移除所有的铁矿及剩余的原材料。露天矿坑边界的防护栏要继续保留，确保人畜安全。若采矿场位于陡峭的山腰上，对矿坑边界的防护栏、边坡及其沟坝的平整性不做强制性规定。恢复治理中的控制要求要在人畜安全的基础上，按典型露天矿坑的尺度计算。矿坑边坡的稳定性是闭坑的一个重要条件，边坡要控制在 18°（1：3）。另外，治理费用也有明确的要求。

2）地表复垦要求

通常情况下地表恢复要求：一是遵循地形地貌构造，使恢复的区域与周围区域浑然一体；二是拆除一切不必要的建筑，使恢复区保持清洁；三是种植适合当地生长的植被。在恢复费用中将被破坏地区的治理和美化景观包括在内。在控制费用中将所用整理材料费用也计算在内（以深度/厚度为 500 mm 计算）。大约一半的额外补助用于拆除地表建筑及不必要的物体，如基础设施建筑和混凝土路面等。

3）边坡修整

为达到边坡稳定，复垦严格要求堆积物的边坡经过削坡后，外侧坡度要保持在 18°（1：3）。当边坡高度超过 35～40 m 时应设置 5 m 左右的宽平台，形成阶梯式，沿台阶应设横向排水沟；阶梯边坡中的台面应向内侧倾斜，倾斜度大约为 1：10。此外，要对边坡外侧的排水沟进行观测，确保排水沟内的水流速度符合要求。

4）覆盖

一是经过修整后的外侧边坡要进行全方位保护；二是严格控制水进入尾矿，以防尾矿堆积区内地下水被污染；三是剥离尾矿坝侧坡上未受污染的尾矿；四是除执行尾矿残渣恢复要求外，要求恢复后的尾矿坝具有美感。覆盖层的填埋材料主要分自然材料和合成材料。使用已用过的自然材料进行覆盖，厚度要符合要求或表土种植植被。使用自然堆积物进行覆盖，要求在堆积物和真空盖顶之间设置毛细管状的阻截层。

（五）土地制度

申请工业用地与特定用途土地的难易程度视地区而定。土地所有人、中介公司、不动产开发公司等都是南非不动产协会的成员，他们愿意协助投资人寻找、租赁、购买或出售私人不动产。南非目前释放更多的国有土地，以供私人购买。

国有土地的购买或租赁必须经过公开招标。取得国有土地的途径有两种：一是投资人或不动产开发商向政府申请购买某块特定的土地；二是投资人参加政府举办的国有土地招标。投资人购买特定的国有土地必须提出申请，说明该土地的预定用途。

南非公共行政部负责国有土地对外出售或租赁审批。公共行政部收到购买或租赁土地的申请后，按法定程序进行审批。

向私人或政府购买的土地所有权转让过程都是一样的。南非境内的每一块土地都经过南非测量总署的测量、立界并编以地籍号码。地契办事处在所有权转让过程中一是证明地契的正确性，二是保存地契的完整记录。投资人不直接和地契办事处打交道，办理土地过户有关事项全部委托土地代书处理。外国企业在南非获取土地，有多种不同性质的土地可供选择：私人土地、国有土地、省地、市地、半国有土地等。土地种类不同，申请手续也不一样。有关土地申请的程序和要求，由各相关单位自行决定并执行。

根据《宪法》第25条的规定，国家为了公共目的可征收土地，但必须给予补偿，此公共目的包括使全体南非人民公平参与自然资源的勘探、开发和利用。此外，《矿产和石油资源开发法》第54条规定了土地所有人或合法占有人与矿业权人之间的利益平衡规则和纠纷解决规则。

二、跨国矿业投资相关法律制度

（一）劳工制度

南非有关劳工方面的法律包括《劳工关系法》《基本雇佣条件法》《公平就业法》《技能提高法》和《技能提高费用法》。上述法律赋予工会组织很大的权力。与外籍劳务有关的政府部门是内政部和劳工部，与外籍劳务有关的法律是1991年《外籍人管理法》。外国投资者应慎重处理劳资关系，包括职工待遇与解雇等问题，否则容易引起罢工。根据南非《移民法》和《外籍人管理法》，外国人只有持有内政部签发的“工作许可证”，并在“工作许可证”规定的单位工作才是合法的。政府对引进外籍劳工严格限制。南非劳动工资水平在非洲国家中较高，不同行业、不同地区劳动力工资有较大差异。同时，南非劳动力资源丰富，但缺乏高技术人才。南非失业率高，政府对外籍劳务管理严格，很难为普通劳务人员发放签证。

南非没有社会保障税，雇主必须为年报酬不超过88140兰特的雇员支付“劳动者赔偿保险”。如果雇员年薪不超过76752兰特，雇主和雇员双方都必须向国家缴纳“失业保险基金”。

1999年《公平就业法》的目的是要禁止在任何工作场所中的工作歧视行为并促进就业公平。员工如果遭受雇主在种族、性别与肢体残障方面的歧视，可以向有关单位提出申诉。如果相关单位无法妥善处理该项申诉，可交由劳工法庭进行仲裁。

《技能提高法》规定，雇主必须重视员工的职业训练与教育。雇主必须向劳工教育与训练局缴相当于员工薪资总额1%的款项作为基金。之后，雇主只需提出合理的训练计划，劳工教育与训练局就会从雇主缴的基金中提拨固定百分比的训练基金。

（二）国内市场义务

《矿业宪章》第2.2条明确规定，在2014年之前应从当地BEE团体（即HDSA至少持有略多于25%股份的团体）采购至少40%的金融产品、70%的非金融产品和50%的消费品。在公平就业方面，矿业企业应在2014年使HDSA在低、中、高管理层、行政管理委员会、核心重要技术领域的人数比例至少达到40%，其中，妇女的比例达到10%。

矿业企业应按照“综合开发方案”促进社区发展，费用应按照矿业企业投资规模进行分配。矿业企业应采取措施改善矿业工人的居住条件，应在2014年之前将旅社转化或升级为家庭单元，尽力实现一人一屋的目标。矿业企业应加强矿区所在地或主要矿业人口所在地基础设施建设。

（三）投资贸易与并购监管制度

1. 贸易制度

南非贸易工业部是负责管理南非对外贸易的主要政府部门。南非国际贸易管理委员会负责南部非洲关税同盟地区的贸易救济措施调查，并对进出口管理、许可证管理、关税体制改革、产业优惠政策进行管理和监督。其他与贸易相关的政府管理部门还包括南非税务总署和南非标准局。南非规范进出口贸易的主要法律是《国际贸易管理法》，其他相关法律包括《海关与税收法》《消费者事务法》《销售和服务事务法》等。根据加入WTO的承诺，南非已显著降低了关税水平，目前平均关税为5.8%。2006年，为了提高海关服务质量，南非税务总署采用了欧洲海关的申报形式——统一管理单证，所有进口货物报关时均需向海关提供统一管理单证及其他相关单据。

在南非贸工部登记注册的任何公司都可以经营进口贸易，不必申请进口经营权。根据《国际贸易管理法》，南非只对特殊商品实行许可证管理，包括鞋、废旧产品、石油及部分石化产品等。南非规定出口商必须在海关注册，出口钻石的企业还必须在南非钻石委员会注册。同时，南非对战略物资、不可再生资源、农产品和废旧金属等产品实行出口许可证管理。贸易部部长负责确定许可证管理产品的目录并在政府公报上发布。此外，为了提供出口产品的附加值及创造就业机会，南非政府将减少包括黄金、铂及铬矿在内的原材料出口。

当前，南非的经济政策以推动经济增长为中心，以解决社会公平问题为保障，试图逐步消除“二元经济”机构，促进南非经济和社会平衡发展。

2008年，南非通过新公司法，并于2011年5月生效。公司法将企业分为非营利性公司和营利性公司。营利性公司又分为股份公开公司（上市公司）、私人公司、个人责任公司和国有企业4种类型。外国投资者到南非投资办厂、开展贸易或承揽工程应注册成立公司。除个人投资者外，外国公司也可在南非设立分支机构。无论注册公司是由外国人拥有还是由南非人拥有，在法律上均同等对待。公司一旦注册成立，均没有有效期限制。

2. 投资制度

南非投资法不是采取统一的立法形式，而是由各种专项立法、相关的单行法律、法规和政策相互综合而形成的一个投资法律体系。南非规范投资方面的主要法律法规有《出口信贷与外国投资、再保险法》《贷款协定法》《公共投资管理法》和《外汇管制特赦及税收修订法》，其他与外资管理相关的法律还包括《公司法》《税收法》《环境管理法》《劳工关系法》以及《竞争法》等。此外，南非还制定了一系列优惠政策，如利用外资的基本政策、投资促进和鼓励政策等。

南非贸易工业部是负责管理外国投资的主要政府部门。各省商会、协会均设有负责投资促进的相关机构。其他投资管理部门还包括南非税务总署、南非国家经济发展和劳工委员会、地区工业发展委员会等。

南非国内储蓄率为15%，发展资金主要依赖外资。政府大力引进外资，所有行业对外开放并采取建立工业开发区、实施区域发展计划、给予外资企业税收优惠等一系列政策措施。除军工和银行业外，在市场准入方面南非对外国投资者没有特殊的限制。南非主要吸引外国投资的领域包括采矿和选矿、可再生资源和能源、基础设施、石油天然气、信息通信技术、机场及港口等交通枢纽项目。矿产品出口需要取得国际贸易管理委员会出口许可证机构颁发的出口许可证，钻石和贵金属由钻石和贵金属管理局进行管理，钻石出口需要出口许可证并进行登记。

南非允许的外资投资方式包括新设分支机构或设立当地公司以及入股、控股或收购当地企业。所有公司成立事宜均属1973年颁布的《公司法》管辖并由公司和封闭型公司注册处管理。南非贸工部和工业部实施的对投资鼓励政策中与矿业开发有关的有：贸工部和工业发展公司为协助中小采矿、选矿企业及首饰加工，为采矿与选矿业提供有竞争力的贷款利率支持；财政和技术支持南非和非洲的矿业、选矿项目；财政支持新发现的矿山开采及相关活动；协助因历史原因失去矿权的人获得矿权；发展南非珠宝加工和增加选矿附加值。

南非1998年《竞争法》从根本上革新了南非在竞争领域的立法，加强了竞争管理部门的权力，并依据此法成立了南非竞争委员会、竞争特等法庭和竞争上诉法庭。该法令严厉禁止反竞争行为、滥用市场支配地位的行为以及如固定价格、掠夺性定价和共谋性竞标等限制性行为，同时也规定了兼并和收购的审批程序、对违反规定行为的惩治措施等，其使用范围不仅局限于南非境内，对一切影响南非经济的行为都具有约束力。2000 年《维护和促进竞争法》自制定以来经历了 9 次修订，其目的是维护和促进南非市场的公平竞争，防止和控制商业中的限制性行为和做法、收购和垄断行为以及一切与之相关的事宜。

中国与南非建交后，相继签订了 1997 年《关于相互鼓励和保护投资协定》、1999 年《关于成立两国经济贸易联合委员会协定》、1999 年《贸易经济和技术合作协定》、2000 年《关于避免双重征税和偷漏税协议》和 2006 年《关于促进两国贸易和经济技术合作的谅解备忘录》等经贸合作协议。2004 年南非宣布承认中国的市场经济地位。中国海关总署和南非税务总署于 2006 年签署了《中国和南非海关互助协定》。中国是南非第一大进口和出口贸易伙伴，中国从南非进口商品主要以资源性产品为主。

税收是南非财政收入的主要来源。税种主要分直接税和间接税。南非是以直接税为主的国家，实行中央、省和地方三级课税，税收立法权和征收权主要集中在中央，税款也主要由中央征收。

3. 反垄断及并购监管

1）主要监管法律

在南非，企业并购活动适用的法律主要有《并购监管法典》以及并购监管委员会的规则、《公司法》《竞争法》。南非的《并购监管法典》不但适用于所有上市公司，而且对于那些拥有超过 10 个受益股东并且股东权益超过 715000 美元的私人公司（非上市公司）也同样适用，该法典适用于所有能够引起公司控股权变化的交易活动。另外一部很重要的法律是南非的《公司法》。此外，如果目标公司或并购方在约翰内斯堡证券交易所（JSE）上市，交易活动也将受到该交易所相关规则的规范。与很多国家一样，为了防止利用并购活动进行市场垄断和妨碍市场竞争，南非 1998 年的《竞争法》也适用于公司并购活动。

2）资产收购与股权收购的不同规则

在南非，公司并购有资产收购和股权收购两种形式。前者是由并购方购买目标企业的核心资产；而后者则是从目标公司的股东手中购买一定数量的股权作为新控股股东来控制该目标公司，对于这种并购形式，其在适用法律时与前者也有一定的不同。

就股权收购来说，并购方有两个主要方法可以获得目标公司的所有股份或部分股份：第一，根据《公司法》第 311 条的规定进行交易安排，这种安排使并购方可以购买目标公司的所有股份，甚至在未取得所有股东同意交易的情况下也可以进行；第二，根据《公司法》第 440 条第 1 款的规定进行要约收购并购公众公司、上市公司和受益股东人数在 10 人以上且股东利益超过 500 万兰特的私营公司。公司法的这些规定在目标公司出售资产时或目标公司与一个股东是并购方（或收购方）的特殊目的公司进行交易时适用。

一般来说，如果收购方希望获得目标公司 100% 的股份，可以采取第一个方案。这是因为在股东大会上，只要占出席股东 75% 表决权的股东同意即可。而采用第二种方式，根据《公司法》第 440 条的并购规定，如果想要获得目标公司全部的股份，收购方必须通过公开市场购得 90% 的股份。如果是采用第一种方案作为目标公司和它的股东之间的方案，目标公司的董事会将会推动该计划的进行并向法院提出申请以得到其许可。

公司并购的另外一种方式是资产收购。根据南非《公司法》第 228 条规定，如果一个公司要出售它的业务或大部分资产给一个特殊目的公司或其他购买方，那么这个决策必须获得出席公司股东会中具有 75% 以上表决权的股东的许可。但南非的并购法典同时规定，对于那些只有一个受益股东的，前述规则无须适用。

3）并购中的反垄断

在南非，并购由竞争委员会、竞争法庭以及竞争上诉法院进行监管。根据南非《竞争法》，一项并购意味着一个或多个公司直接或间接地控制公司或其他企业的全部或一部分。其第 12 条对判断是否达到“控制”的标准进行了规定。

并购审查是南非《竞争法》最重要的执法内容。小型并购通常不需要通知竞争委员会，但竞争委员会也可能要求小型并购的交易双方报告并购情况；中型和大型并购必须提前向竞争委员会报告，而且也必须报告最初实施并购的企业和目标企业。

企业可以向竞争委员会申请豁免适用《竞争法》的规定，条件是，如果某些协议或行为、某类协议或行为是以下目的的：①维持或促进出口；②提升小型企业或者被控股公司或者历史上处于弱势地位的人拥有公司的能力，使它们成为具有竞争力的企业；③为防止某一产业的衰退需要改变生产能力；④为维持某一行业的经济稳定。在由部长征询主管该行业的部门意见后确定。

（四）争端解决机制

《中华人民共和国政府和南非共和国政府关于相互鼓励和保护投资协定》第 9 条规定，缔约一方的投资者与缔约另一方之间就在缔约另一方领域内的投资产生的争议，应当尽可能由双方友好协商解决。若在六个月内通过协商不能解决争议，争议任何一方均可将争议提交国际仲裁庭仲裁，条件是涉及争议的缔约方可以要求投资者按照其法律、法规提起行政复议程序，并且投资者未将该争议提交该缔约方国内法院解决。作为《纽约公约》缔约国，对于一缔约国做出的仲裁裁决，南非应承认其约束力并按照需其承认或执行的地方程序规则予以执行。

三、法律环境总结

南非政治经济稳定，开放程度较高，矿产资源丰富，基础设施良好，金融和法律体系健全，劳动力资源丰富，股票证券市场繁荣，科技水平在某些领域处于国际领先地位。具有一定的创新、研发能力。南非新政府自 1994 年成立以来，采取了一系列改革贸易和产业的政策，改革金融市场架构，逐步解除外汇管理，积极发展外向型经济，极大促进了南非矿业的发展。同时，南非政府对外国投资持积极鼓励态度，在稳定的投资环境中，所有的外国投资者均享有同等待遇，而且外国投资者享有外债转换这一金融工具，可用于一切固定设备的购买，限制较少。为鼓励国内外投资者到都会区域以外的地区投资，南非还实行了迁厂补贴制度；为鼓励本国及外国厂商发展，南非成为全世界唯一适用出口奖励制度的国家。此外，南非投资门槛较低，对外国人投资没有出资比例的限制，事业发展机会多、空间大，华人在南非有着良好的形象，并享有针对中国投资企业特有的优惠政策。非常重要的一点是，南非已经有了一整套投资服务体系，可以为中国投资者提供全方位良好的服务。在南非，投资者有组织公司的自由，对公司如何组织不加限制。与许多国家对外国人投资禁止全部内销不同，南非无此限制，产品可以全部内销或外销，对本国人和外国人一视同仁。南非并不限制外国投资者购买不动产，而且在投资批准后，执行股东及重要管理人员享有移民的自由等。

但是南非的矿产开发投资也存在一定风险，如货币的不稳定性；国家物流系统的成本、效率和能力问题，电信和交通成本过高；缺乏合适技能的劳动力；市场准入障碍，对竞争的限制及对新投资机会的限制；监管环境有待改善以及中小型企业的负担过大；国家组织能力和领导力的不足；社会治安问题；南非环境保护法规严格。目前，南非矿业正加速国有化，最终目的是最大限度地保护本国利益，使国家从矿产资源财富的升值中得到更多的收益，但这对矿业投资环境产生了较多负面影响，矿业投资的成本和不确定性明显增加。

世界经济论坛《2011—2012 年全球竞争力报告》显示，南非在全球最具竞争力的 142 个国家和地区中，排第 50 位。2012 年 2 月加拿大弗雷泽（Fraser）研究所发布了《2011—2012 年度矿业公司关于世界主要国家或地区矿业投资环境评价》的调查结果；在“政策潜力指数”方面，南非已排在了后半区，排第 54 位，不过与上一年度相比评分有所改善；在“现行法规和土地限制条件下的矿产潜力”指标方面，南非也是排在后半区，排第 62 位；在“矿产潜力”指数评价方面，南非第 56 位。

综上，虽然外国投资者在南非进行矿产投资面临很多机遇，但考虑到投资过程中可能遭遇的各种风险，建议谨慎地进行投资决策。

第四节 税 制 研 究

一、税制总论

（一）税收体制简介

南非为英联邦国家之一，税制较为成熟完善。根据《南非宪法》规定，中央、省级和地方政府各行其权。中央与地方都有稳定的主体税种，各级政府的管理权限比较明确。税收是南非财政收入的主要来源，税种主要分直接税和间接税。直接税包括所得税、资本收益税等 4 种税费；间接税包括增值税、消费税及进口税等 8 种税费。税种若按照按征收对象分类，则可分为所得税、流转税、财产税等。

南非是以直接税为主的国家。南非实行中央、省和地方三级课税，税收立法权和征收权主要集中在中央，税款也主要由中央征收。其主要税种有公司所得税、二级公司所得税、个人所得税、增值税、遗产和赠予税、资源税、印花税（由中央征收）及薪资税、工人补偿保费、失业保险基金、土地和财产转让税、利息税、资本转移税（由省和地方征收）等。

（二）整体税收环境

据普华永道最新发布的2016 年全球189 个主要经济体总体税赋情况排名，南非税收负担排名第151 位，整体税负为 28.8%，整个税务环境质量排名第 20 位。另据国际上公认衡量一国税负高低的标准——税收总额占国民生产总值（GNP）的比重可以得出南非为中等税负国，税收总额占国民生产总值的 20% ~30%。南非税收主要依靠个人缴纳，2012—2013 税年，个人纳税额在税收总额中的比重为 34%，而公司纳税额在税收总额中的比重则由之前的 26.7% 下降至不足 20%。南非主要税种的税率见表 10－1－5。

表 10－1－5 南非主要税种的税率表

税种	税率	税种		税率
公司所得税	28%	预提所得税	股息	15%
个人所得税	累进税率		利息	15%
增值税	14%	特许权使用费		15%
资本利得税	18.648%			

注：税率更新至 2015 年 12 月 31 日。

此外，南非实行按居住地征税的政策，根据与不同国家签署的避免双重征税协议。非南非居民仍需根据其在南非的收入纳税。截至 2015 年底，南非已经和 70 多个国家和地区签订了避免双重征税税收协定。

南非与中国内地签有税收协定，协议规定中国内地股息预提所得税率为 5%，利息的预提所得税率为 0，设备租金部分的特许权使用费预提所得税率为 7%，其余情形为 10%。

中国香港未与南非签署双边税收协定，按照未签订条约国家政策缴纳预提所得税。

二、与煤炭开采行业相关其他税费政策

（一）矿业企业所得税

煤炭企业属于矿业企业。根据南非企业所得税法，矿业企业可以在符合一定条件限制的情况下，从矿业运营应税收入中递减资本性支出。举例而言，资本性支出包括凿井支出和矿业设备，还包括在生产开始前或非生产期间的开发性支出和一般管理性支出。

一个矿的资本性支出只能抵扣该矿的运营收入，超额部分将被递延至未来期间。同时，一个矿的资本性支出也不能被冲销该矿的非矿业运营收入，如利息、租金和其他业务活动收入。然而，从 1990 年 3 月 14 日起，一个矿的超额未抵扣部分也可以从矿业企业纳税人运营的其他矿应税矿业运营收入抵扣，

但不得超过其他矿应税矿业运营收入的 25%。

除黄金之外的矿业企业，所得税率为 28%。

矿业企业根据要求需就矿业进行复垦，从而需在矿的有效期内计提复垦准备金。支付给复垦基金的金额可在税前抵扣。

（二）特许权使用费

在过去，矿业和石油资源为私人所有，因为矿业资源税只在特定情况下才征收。为保障南非与国际通用做法接轨，《矿业和石油资源发展法》发布，其中明确了国家为国家矿业和石油资源的监护人，可以决定就矿业和石油资源开采征税。

根据 2008 年的《矿业和石油资源税法》，矿业石油资源税的计税基础为征税年份内的资源的销售额，税率征收分为提炼与非提炼两类。

对于提炼类，税率 = [0.5 + 息税前利润/(销售额 × 12.5) × 100]/100，最低为 0.5%，最高不得超过 5%。

对于非提炼类，税率 = [0.5 + 息税前利润/(销售额 × 9) × 100]/100，最低为 0.5%，最高不得超过 7%。

煤炭行业属于非提炼类，税率在 0.5% ~7% 之间。

三、税制总结

南非的税赋较低，具有较好的税收征管环境。据普华永道和世界银行共同合作最新发布的 2016 年全球 189 个主要经济体总体税负情况排名，综合税负从重到轻，南非税收负担排名第 151 位，整体税负为 28.8%。此外，近年来南非政治稳定，开放程度较高，税务系统也向西方发达国家靠拢，参与国际间税收协作较多。截至 2016 年底，南非已经和 70 多个国家和地区签订了避免双重征税税收协定。南非与中国大陆签有税收协定，协议规定中国大陆股息预提所得税率 5%，非政府机关的利息的预提所得税率为 10%（政府机关为 0），均属于较低税负水平。因此，南非的整个税务环境质量排名位列第 20 位。

第五节　环　评　体　系

一、矿业项目开发的监管机构及相关法律

（一）环境监管机构

南非矿业项目开发过程中主要涉及矿产能源部（DME）、环境事务部（DEA）、区域矿业发展和环境委员会（RMDEC）三部门。

区域管理者（Regional manager）是矿产能源部下属官员，是南非矿业项目开发涉及各种审批中负责的最主要官员，也可能是区域矿业发展与环境委员会的成员。

（二）环境相关法律及法规

涉及的法律法规有：

（1）《南非宪法》（1996）。

（2）《环境保护法》（1989）。

（3）《国家环境管理法》（1998）。

（4）《环境影响评价条例》（2006）。

（5）《矿产法》（1991）。

（6）《矿山安全与健康法》（1996）。

（7）《大气污染防治法》（1965）。

（8）《矿产和石油资源开发法》（2002）。

（9）《国家水法》（1998）。

（10）《农业资源保护法》（1983）。

(11)《非正式土地权利临时保护法》(1996)。

二、环境审批

(一)环境影响评价审批流程

在南非开展矿产资源新项目以及改建和扩建现有的矿业项目申请各种勘探权、采矿许可、采矿权到保留许可均需要进行环境许可证的申请并进行环境影响评价工作。具体申请流程如下:

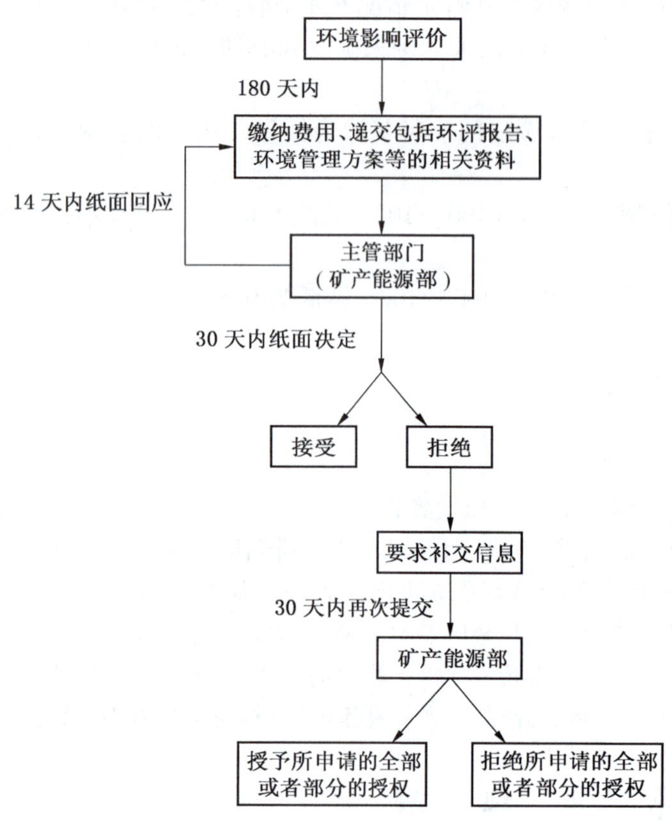

图 10－1－4　环境影响评价审批流程图

(1)首先项目申请者必须在规定时间内(通常为 180 天)向矿产能源部缴纳规定费用和递交 5 份环境影响评价报告及其他相关材料。

(2)矿产能源部在收到材料的 14 天内必须做出纸面回应。

(3)矿产能源部必须在确认收到环境影响评价报告的 30 天内,对其做出接受项目或者拒绝的纸面决定。

(4)如果拒绝,矿产能源部有义务告知项目申请者补交所需要的附加信息或者重新提交补充完善的环境影响评价报告,提交项目其他相关的报告或者寻找替代方案等。

(5)如果在拒绝之后的 30 天内,项目申请者在所提交环境影响评价报告及相关材料做出了相应改进并再次提交,则矿产能源部需在收到二次提交的环境影响评价报告的 30 天内以书面形式做出授予所申请的全部或者部分的授权,或者拒绝所申请的全部或者部分的授权。

环境影响评价审批流程如图 10－1－4 所示。

(二)环境管理计划审批流程

在南非的矿产项目从各种勘探权、采矿许可、采矿权到保留许可几乎所有的许可证的审批都需要进行环境影响评价并获得环境许可证。除此之外,若项目方申请勘探权或采矿许可,则还需提交环境管理计划。该环境管理计划的科学性、合理性和完善性需要通过环境协调委员会的审核。因此环境管理计划是除环境影响评价报告外,另一项非常重要的环境相关报告。具体的申请流程如下:

(1)环境管理计划必须在矿产能源部长要求的日期之前提交给环境协调委员会。

(2)委员会必须审查每一个环境管理计划以及各个部门与该环境管理计划相关的计划或报告,并负责检查环境管理计划不遵守宗旨、目标环境实施计划、任何相关的环境管理计划的问题。

(3)若委员会最终建议通过环境管理计划,有关国家机关则必须在批准的 90 天之内公布其计划并且计划由该日起正式生效。

(4)若委员会和省一级有关部门存在任何差异或分歧,将自行进行调解,若未能得到合理的解决,将由国家级部门进行干预。

(5)若委员会和国家级的有关部门存在任何差异或分歧且不能得

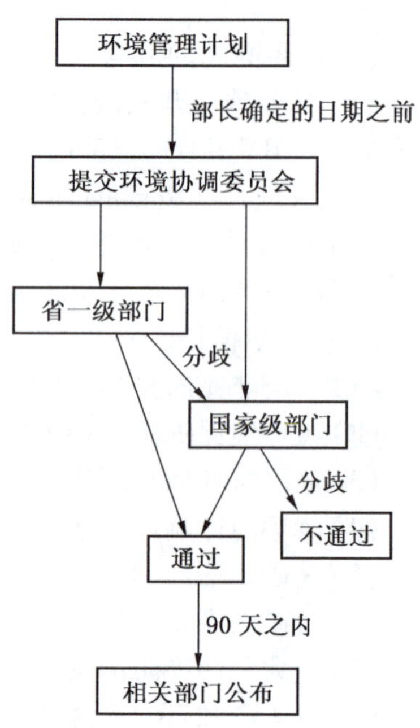

图 10－1－5　环境管理计划审批流程图

到合理的解决，则该环境管理计划将会失败。

（6）通过环境管理计划的有关国家部门必须在批准的90天之内公布该计划并且计划由该日起正式生效。

（7）行使职责的国家部门不得延误或推迟考虑申请。

环境管理计划审批流程如图10－1－5所示。

三、环境影响评价

（一）环境影响评价要求

南非相关法律对因申请勘探权、采矿权等目的而进行的环境影响评价工作内容，做出如下要求：

（1）计划采矿作业区域的环境影响评价，包括累积的环境影响。

（2）可认定的土地利用或开发的预测环境影响评价，包括累积的环境影响。

（3）计划采矿作业具有可认定的潜在环境、社会和环境影响，对其进行自然状况、范围、持续时间、可能性和重要性的评价，包括累积的环境影响。

（4）可认定的土地利用、替代品开发和它们潜在的环境、社会和文化影响的对比评价。

（5）为计划采矿作业的每个显著影响确定适当的缓解措施。

（6）受影响者及公众参与过程的详细信息在整个评价过程中必须同步，以表明受影响者及公众提出的问题已经得到解决。

（7）确定知识缺口和报告编制要求信息时预测方法的科学合理程度、基本假设和不确定性。

（8）环境影响的监测和管理安排的说明。

（9）将技术和支持信息列入附录。

（二）环境影响评价报告内容

环境影响评价报告应包括政府当局对申请书进行审核并做决策所需的所有信息，包括以下内容：

（1）执行环境影响评价的机构及其具体专家。

（2）申请项目的具体情况。

（3）采矿项目的性能、地点、描述。

（4）可能会受拟议的采矿活动影响的环境描述，物理、生物、社会、经济和文化方面的环境影响。

（5）公众参与程序的细节：研究计划和步骤；将会参与的、感兴趣的或者受到影响个人，组织和政府；参与的公众提出的问题的总结；评论结果总结；以及环评机构对于这些指出的问题的回应；所有感兴趣和受影响的组织的陈述和评论的资料副本。

（6）申请采矿活动需要的资源能源条件和周边基础设施。

（7）潜在的可替代采矿方案，包括它们的优点和缺点，申请方案或替代方案可能对环境和社区造成的影响。

（8）用于指示潜在环境影响的重要性的方法和指标。

（9）在环境影响评价过程中对所有的采矿方案的描述和对比评价。

（10）对于专家意见以及一些特殊程序意见的结果分析和建议总结。

（11）在环境影响评价过程确定的所有环境问题的描述、评估每一问题的重要性以及缓解措施对这一问题解决程度的预测。

（12）每一个识别出的潜在环境影响的评价，包括累计影响、影响的程度和期限、影响发生的可能性、影响可以逆转的程度、影响会导致哪种资源的不可替换性的损失、影响可被减轻的程度。

（13）评价过程中任何假设、不确定性以及知识上存在的不足之处的描述说明。

（14）对于这项采矿活动是否应该许可给出合理的理由，如果建议颁发许可证，则所有的情况都应该在许可的范围内。

（15）环境影响评价关键问题的总结，申请的采矿项目和替代方案的积极和消极影响的比较评价。

（16）按照规定的环境管理方案起草稿。

（17）任何的专家报告以及整个流程的一些报告的副本。

(18) 任何可能会被政府当局审批需要的特殊信息。

(三) 环境管理方案

法律规定，任何申请采矿权的项目方必须在区域管理者通知的180天内进行环境影响评价并提交环境影响评价报告，同时提交环境管理方案报告。

制定环境管理方案需包含以下内容：

(1) 采矿区相关基准评估。

(2) 采矿业务的环境、社会、经济和文物影响评估。

(3) 环境意识计划并说明申请人拟以何种方式处理，以遏制或解决污染或退化的原因和污染物的迁移（会导致污染和环境恶化的行动，活动或过程）。

(4) 符合任何已经规定的废物标准或管理标准或做法。

撰写环境管理方案报告需要包括以下两方面内容。

1) 环境目的的说明和具体目标

(1) 矿山/矿井的关闭。

(2) 计划采矿作业产生的环境影响管理。

(3) 社会经济条件所确定的社会和劳工计划。

(4) 历史和文化方面（如果适用的话）。

2) 实施方案的大纲

(1) 根据每种环境影响、社会经济条件和历史文化方面选择适当的技术和管理设置，进行采矿作业的每个阶段的描述。

(2) 时间表、要采取的行动、实施的缓解措施、预防、管理和整治，包含在采矿作业每个阶段，针对每种环境影响以及社会经济条件和历史文化方面的环境影响。

(3) 环境相关的紧急情况和整治程序。

(4) 计划的监测和环境管理方案，绩效考核。

(5) 环境管理方案执行中的相关财政拨款，其中必须包括（矿产和石油资源开发法54条）相关财政拨款数目的决定、（矿产和石油资源开发法53条）提供财政拨款方法的详细信息。

(6) 环保意识计划在矿产和石油资源开发法第39(3)c条。

(7) 所有支持信息和专家报告必须作为附录附在环境管理方案后。

(8) 申请人承诺遵守《矿产和石油资源开发法》的规定和相关法规。

四、环境管理计划

(一) 环境管理计划要求

除环境影响评价及环境管理方案外，项目方若申请勘探权或者采矿许可，则必须依照规定提交环境管理计划。合格的环境管理计划必须做到以下内容：

(1) 建立关于受影响的环境基准信息，以进行确定保护、补救措施和环境管理目标。

(2) 调查、评估和评价计划中勘测或者采矿经营的影响，如环境方面、受勘测和采矿经营影响人员的社会经济条件、国家遗产要遵守《国家遗产保护法》的规定。

(3) 发展环境意识计划。项目申请者需要教育员工们，他们的工作可能导致任何形式的环境风险，而且这些风险必须要处理，以免产生污染或环境退化。

(4) 描述计划的形式，包括修改、补救、控制或者停止任何导致污染或者环境退化的行动、行为或过程；引起污染或退化和污染物迁移的控制或补救并且遵守任何规定的废物标准、管理标准或者实践。

(二) 环境管理计划报告内容

环境管理计划报告内容应包括以下方面：

(1) 勘测或采矿作业影响的环境描述。

(2) 评估所提出的勘测或采矿作业环境，社会经济条件和文化底蕴的潜在影响。

（3）做出潜在影响的重要性评价总结以及建议的缓解措施和管理措施，以最大限度地减少负面影响和负面收益。

（4）描述财政拨款的相关信息，其中必须包括（矿产和石油资源开发法 54 条）相关财政拨款数目的决定、（矿产和石油资源开发法 53 条）提供财政拨款方法的详细信息。

（5）计划监测和环境管理计划的绩效评估。

（6）矿山/矿井关闭和环境目标。

（7）公众参与的进行过程纪录及其结果。

（8）环境管理计划的申请人承诺。

五、环评体系总结

南非属于中等收入的发展中国家，金砖国家之一，是非洲大陆经济发展的“领头羊”，经济总量居非洲首位，约占全非洲的 1/4。21 世纪以来，南非经济保持了强劲的增长势头，直至 2008 年金融危机导致经济大幅下滑，近两年南非经济出现好转，但仍面临通货膨胀率和失业率高位运行、国内消费不旺，过于依赖外部市场、外国直接投资不足等制约因素，未来经济实现持续的快速发展仍存在不确定性。即便如此，由于南非沟通了大西洋和印度洋，地理位置优越，尽管近几年经济形势一般，但仍是国际公认的新兴市场之一，开发潜力大。对外贸易是南非经济的重要组成部分，南非矿产资源丰富，现已探明储量并开采的矿产有 70 余种，是全球五大矿产国之一，拥有非洲地区最发达的基础设施，铁路总长 20000 km，7 大商业港口构成了非洲最大、最先进的海运网络。相对于其他非洲国家及发展中国家，在南非开展矿业项目的环境许可审批难度较大，审批时间相对也比较长，对环境评价报告及环境管理计划的内容要求也相对全面。

南非矿业项目审批的监管机构主要是矿产能源部和环境事务部；主要的约束法律有《矿产和石油资源开发法》《环境保护法》以及《环境管理法》。在南非开展矿产资源的新项目以及改建和扩建现有的矿业项目均需要申请环境许可证，还要进行环境影响评价工作。除环境影响评价工作外，若项目方申请勘探权和采矿许可，则还需要提交环境管理计划。

环境影响评价报告应包括以下几个重要部分：基本概况、申请项目及替代方案的环境影响及比较、削减措施、环境管理方案、公众参与以及专家意见等。项目申请者必须在规定时间 180 天内向矿产能源部缴纳规定费用同时递交 5 份环境影响评价报告及其他相关材料；矿产能源部在收到材料的 14 天内必须做出纸面回应并在确认收到环境影响评价报告的 30 天内对其做出接受或拒绝的纸面决定；如果在拒绝之后的 30 天内，项目申请者在所提交环境影响评价报告及相关材料做出了相应改进并再次提交，则主管当局需以书面形式做出回应。

环境管理方案应包括以下几个重要部分：项目对环境、文化、社会经济潜在影响的描述及重要性评价总结、建议的缓解和管理措施、财政拨款信息、监测计划、闭坑后环境目标、公众参与的进行记录及其结果等。环境管理方案须在规定时间之前提交环境协调委员会，委员会须审查全部报告内容，若委员会最终建议通过环境管理计划。相关国家机关则必须在批准的 90 天之内公布其计划并且计划由该日起正式生效。

总体来说，南非对环境保护工作较为重视，因此对开发矿业项目获取环境许可证的要求相对较高，但与发达国家相比，仍有进一步提高的空间。

六、环境保护成本分析

矿业投资环境是指在矿业领域开发投资中面对的各种周围情况和条件的总和，一般按照影响的要素分类分析。这些主要因素包括目标国自然资源、政治环境、经济环境、法律体系、财税体系、环境保护成本等。本书主要探讨环境保护成本因素对境外投资矿业尤其是煤炭业的主要影响。

本书主要通过 5 方面对目标国家的环境保护成本进行定性分析，分析后给出“高”“中”“低”三种评估结论。以环境审批一般办理时限为例，“高”表示目标国家环境审批一般办理时限相对于其他国家较长，反之则判定为“低”，当目标国家环境审批一般办理时限介于“高”和“低”之间，结论偏中性，无法给出“高”或“低”的单方面结论时，则评估结果为“中”。

评估目标国家环境保护成本的5个因素依次为目标国家环境法律体系完善程度、环境审批程序复杂程度、环境审批一般办理时限、公众参与程度及环境保护敏感度、矿区复垦及环境保护保证金收取要求。

1. 环境法律体系完善程度

南非作为拥有丰富自然资源的金砖国家之一，经济总量居非洲首位，南非政局总体保持稳定，被认为投资具有较大潜力的市场。南非作为发展中国家，其政治经济体制健全，由于受西方发达国家影响较深，其政府对自然资源非常重视，对环境保护的重视程度相对其他发展中国家也属于较高水平，环境法律体系规范完整。在南非申请开发矿业项目时，除国家法律进行主要管理和约束外，另有相关州级法律约束，整体法律体系较为复杂。主要法律包括1989年颁布的《环境保护法》、1998年颁布的《国家环境管理法》以及于2010年最新更新调整的《环境影响评价条例》，此条例对如何开展环境影响评价工作、如何撰写环境影响评价报告有清晰、完整、具体的要求。

综上所述，本书对南非环境法律体系完善程度评定为“高”。

2. 环境审批程序复杂程度

南非的环境审批程序相对于发达国家，复杂程度适中。在南非开展矿产资源的新项目以及改建和扩建现有的矿业项目申请各种勘探权、采矿许可、采矿权到保留许可均需要进行环境许可证的申请，还要进行环境影响评价工作。与其他国家不同，南非环境审批以环境影响评价报告提交为开端，审批流程相对简单，涉及公众参与环节。相较于其他国家，南非除环境评价报告需获得审批外，环境管理计划是另一项重要的报告。在南非，所有许可证的审批都需要进行环境影响评价并获得环境许可证。除此之外，若项目方申请勘探权或采矿许可，则还需要提交环境管理计划进行审批。环境管理计划的科学性、合理性和完善性需通过环境协调委员会的审核。环境管理方案需在规定时间之前提交环境协调委员会，最终由委员会、省级主管部门以及国家机关共同决定是否审批通过。

综上所述，本书对南非环境审批程序复杂程度评定为“中”。

3. 环境审批一般办理时限

虽然南非的环境审批程序看似较为复杂，涉及环境评价报告和环境管理计划两套环境审批体系，但其环境审批一般办理时限并不长，一般情况下，环境影响评价报告或环境管理计划上交后，主管部门完成审批工作均在3个月之内。南非的环境审批流程涉及公众参与环节，但是对公示时间没有具体的要求，所以整体审批时间没有受到严重的影响。南非对环评报告的审批主要由国家部门组织评审，不受各省级政府管理；而环境管理计划由省级政府管理，除非特殊情况交由国家部门再次审查，因此比澳大利亚等其他联邦国家时间上缩短许多。

综上所述，本书对南非环境审批一般办理时限评定为“中”。

4. 公众参与程度及环境保护敏感度

南非环境法律规定，在环境审批程序中，提交环境影响评价报告初稿后，环评报告公布的方式、受影响者及其他公众参与过程的详细信息与整个环评审批过程必须同步，以表明受影响者及公众提出的问题已经得到解决并详细记录在环评报告和环境管理计划中。同时将公众提出的意见和建议收录、总结并且做出问题的回应和解决方案，这些环评报告的修改内容将成为国家部门是否通过环评审批的参考依据。这些具体方案都体现了南非对开发矿业项目及对公众意见的重视度。然而与高度重视公众参与度的澳大利亚公民相比，南非公众对环境保护的敏感度相对较低，并不会出现类似澳大利亚的环评公示期结束后，收到成百上千封民众反馈意见的情况。另外，在南非矿业开发历史上，也未出现过因公众反对或环保组织的抗议迫使矿业项目申请延期或项目停滞的先例。总体来说，南非公众对环境保护的敏感度不高，环评审批涉及公众参与程度适中。

综上所述，本书对南非公众参与程度及环境保护敏感度评定为“中”。

5. 矿区复垦及环境保护保证金收取要求

相对于其他非洲国家，南非环境保护工作起步较早，但是在国家大力发展经济的同时，对环境保护的重视程度尚显不足。在南非的环境影响评价报告中涉及了闭坑后计划及矿区复垦工作的内容。但南非并没有相应的法律条文对闭坑后的生态修复需要达到何种目标和水平、矿产开发环境保证金方面做出明确规定。

综上所述，本书对南非矿区复垦及环境保护保证金收取要求评定为“低”。

定性分析结果显示，评估南非环境保护成本的5个因素中，国家环境法律体系完善程度被评定为“高”级别，环境审批程序复杂程度、环境审批一般办理时限以及公众参与程度及环境保护敏感度均评定为“中”级别，矿区复垦及环境保护保证金收取要求均评定为“低”级别。总体而言，南非被定级为环境保护中等成本国家。

第六节 基 础 设 施

一、交通运输

南非拥有非洲最完善的交通系统，以铁路、公路为主，空运发展迅速，近年来加强了城镇及经济开发区交通基础设施建设。南非交通图如图10－1－6所示。

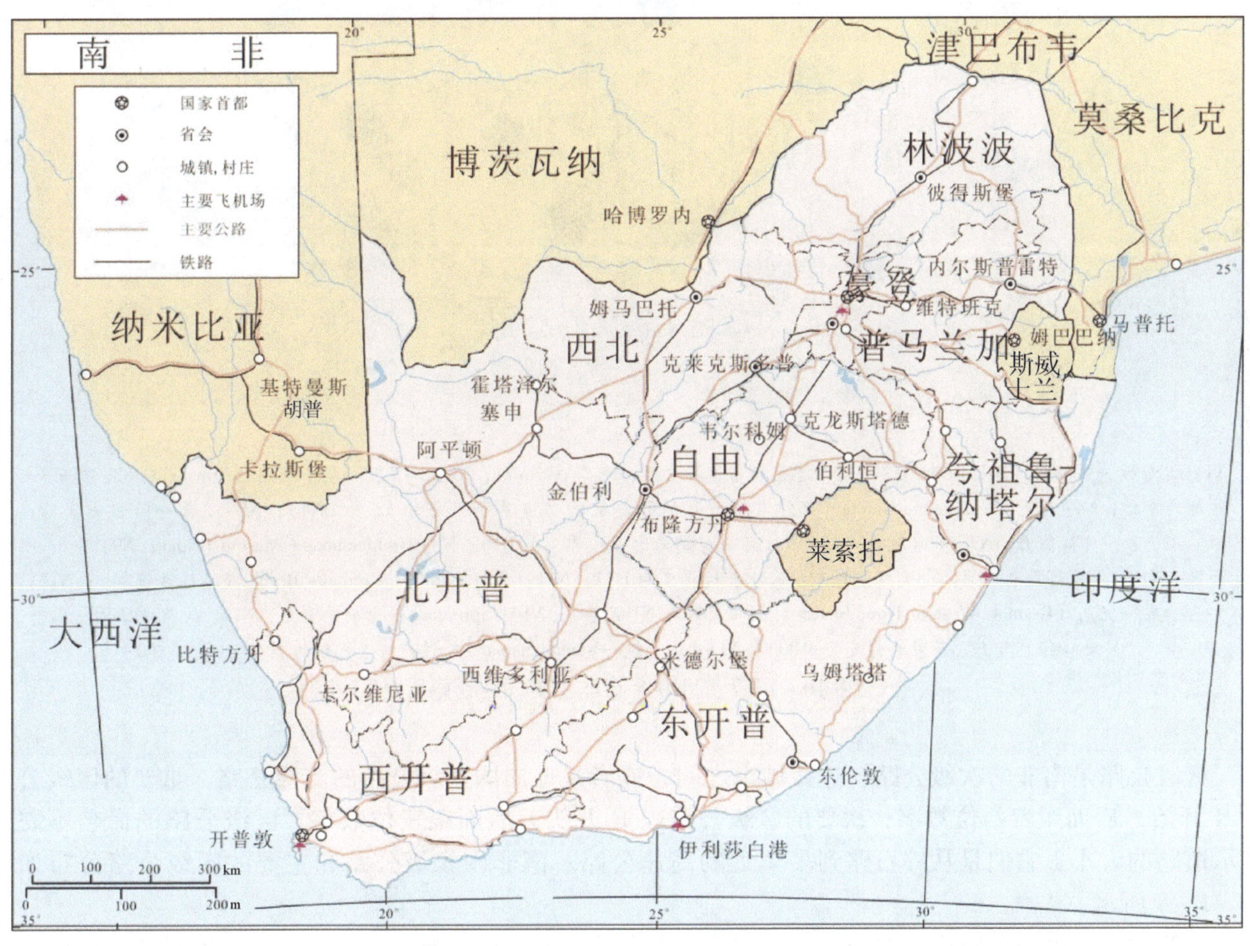

图10－1－6 南非交通图

（一）公路

南非公路运输主要分为国家、省及地方三级，公路网长度总计750000 km，包括约154000 km柏油路和593000 km碎石路。南非的国家级公路网总长度为16170 km，编号以N开头，通常是连接网络的中心。20世纪70年代，这个体系模仿美国的州际高速公路网，多数由南非的国家党政府建立。组成国家级的公路可以由不同的当局所有和维护，国家铁路局维护和拥有国家公路的部分，而其他路段由不同的省和当地官方进行维修。2010 年南非主要公路线路如图 10 - 1 - 7 所示。

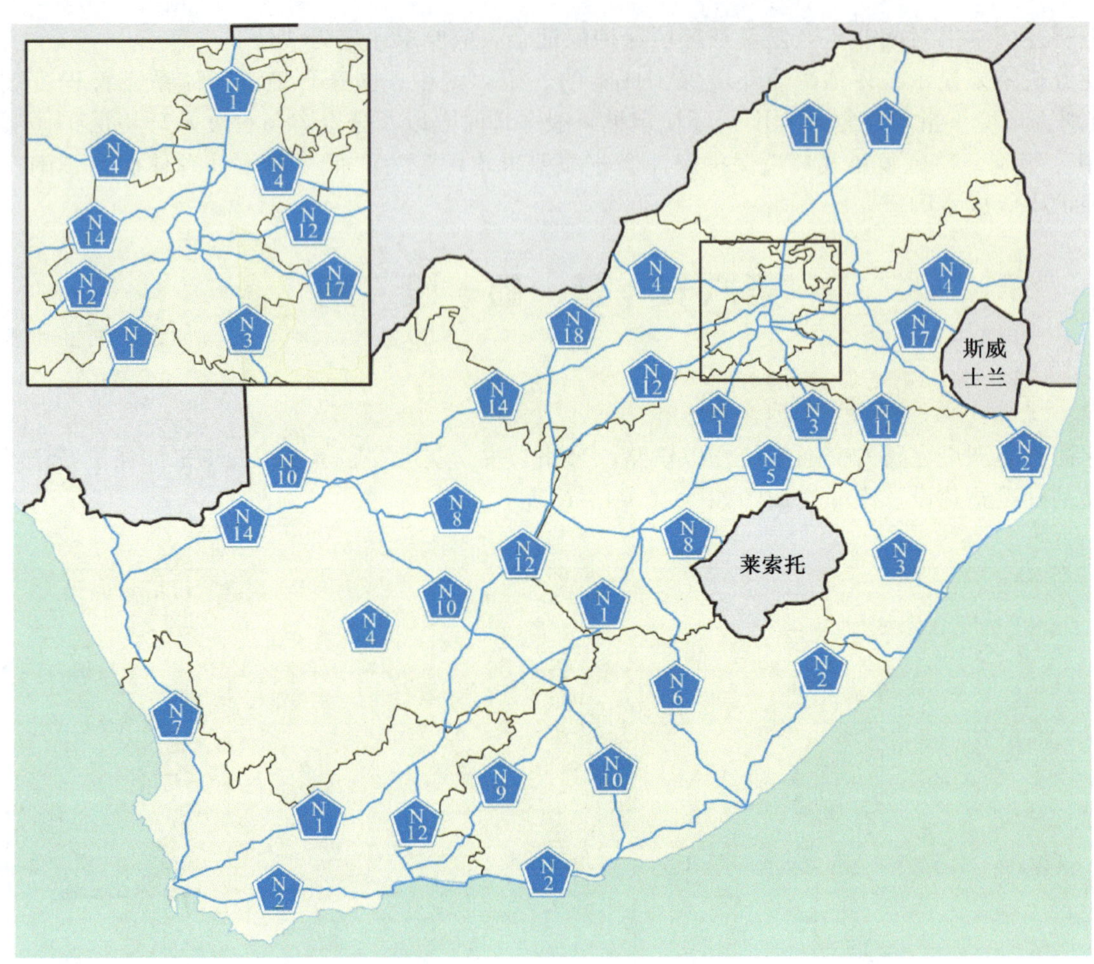

N1：开普敦—贝特桥（Beit Bridge）（经过与津巴布韦边界之后，变为 A4/A6）；N2：开普敦—埃尔默洛（Ermelo）；N3：德班—约翰内斯堡；N4：洛巴策—Ressano Garcia（经过与博茨瓦纳和莫桑比克边界分别变为 A2 和 EN4）；N5：文堡—哈里史密斯；N6：东伦敦—布隆方丹；N7：开普敦—Vioolsdrif（经过与纳米比亚边界变为 B1）；N8：Groblershoop—Maseru Bridge；N9：乔治—斯堡；N10：伊丽莎白港—纳米比亚（经过与纳米比亚边界变为 B3）；N11：莱迪史密斯—Grobler's Bridge（通博茨瓦纳）；N12：乔治—威特班克（Beaufort West 和 Three Sisters 之间该公路与 N1 汇合）；N14：Springbok—比勒陀利亚；N17：约翰内斯堡—恩圭尼亚（经过与史瓦济兰边界变为 MR3）；N18：沃伦顿—Ramatlabama（经过与博茨瓦纳边界变为 A1 高速）

图 10 - 1 - 7　2010 年南非主要公路线路图

区级公路是南非的次级公路，连接城市之间，或者是通向国家级公路的支线公路。重要的区级公路以 R 开始，后面跟着两位数字；次要的区级公路以 R 开头，后面跟三位数字。区级公路的命名不需要表示道路的大小，它们是从碎石路到多车道的高速公路。南非国家级公路和主要的区级公路分布如图 10 - 1 - 8 所示。

尽管大多数区级公路由省级公路当局维修，但在缺少能力的省里，有一些区级公路可能在国家公路局的控制下。在一些城市地区，普通的街道在市政道路部门的控制下。相似地，一些国家级公路和高速公路是在省级或者市级当局的控制下，而非国家公路局。

（二）铁路

在非洲，南非的铁路系统最发达。铁路运输是南非运输设施中最重要的组成部分。所有主要城市都有铁路连接（图 10 - 1 - 9），南非与周边国家莫桑比克、博茨瓦纳、莱索托、纳米比亚、津巴布韦和斯威士兰均有铁路连通。南非的铁路属于公有性质，最近铁路系统的一些小部分已被私有化。铁路总长约 34100 km，其中 18200 km 为电气化铁路，有电气机车 2000 多辆，年度货运量约 175 Mt。南非主要铁路

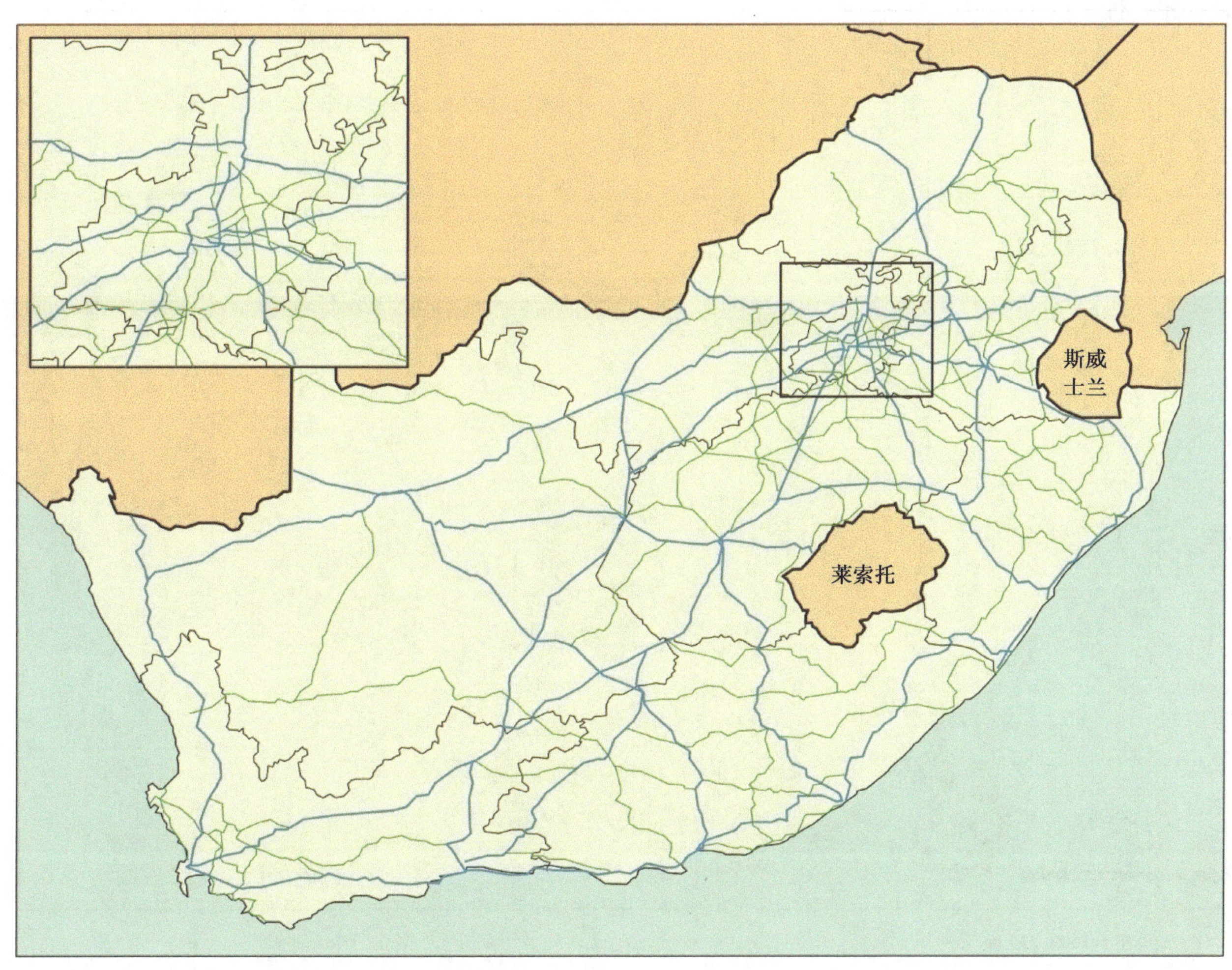

图 10-1-8　南非国家级公路（蓝色）和主要的区级（绿色）公路分布
(http://en:wikipedia.org/wiki/Regional_Routes_of_South_Africa)

线路如图 10-1-9 所示。2010 年前修建的铁路线均为窄轨（1067 mm）。目前由 Transnet 下属子公司 Transnet 跨国铁路、Shosholoza Meyl、Metrorail、Transwerk 和 Protekon 等公司运营。2010 年 6 月，Oliver R Tambo 国际机场（ORTIA）和桑顿之间的豪登高铁（轨道宽度为 4.8 ft）开通。这是连接约翰内斯堡、比勒陀利亚和 ORTIA 的标准轨道客运专线的首期工程。计划在约翰内斯堡和德班之间修一个高速铁路线。

（三）港口

南非三面环海，海岸线长达 3000 km，海洋运输业发达，约 98% 的出口依靠海运。主要港口有开普敦、德班、东伦敦、伊丽莎白港、理查德湾、萨尔达尼亚和莫瑟尔湾。港口年吞吐量约为 1.2 Gt。德班是非洲最繁忙的港口及最大的集装箱集散地，年集装箱处理量达 270 万个。2006 年，伊丽莎白港东北 20 km 处 Coega 的 Ngqura 港投入使用。南非的主要港口及矿产地分布如图 10-1-10 所示。

全国港口设施的管理和运营由南非运输集团的两个下属公司——南非港务局和南非港口运营公司负责。

1. 开普敦港

开普敦港位于塔布尔湾，是南非仅次于德班的第二大集装箱港。由于它处在世界最繁忙的贸易路线上，因此成为南非最繁忙的港口。

2005—2006 年度，开普敦港装卸货物 3718005 t，油轮的吨位估计为 3718005 t。2010 年，港口储量货物达到 719825 标准箱。

2. 伊丽莎白港

伊丽莎白港位于东开普省东 770 km，沿阿尔哥亚湾延伸 16 km，距国际机场约 4 km。该港有各种岸

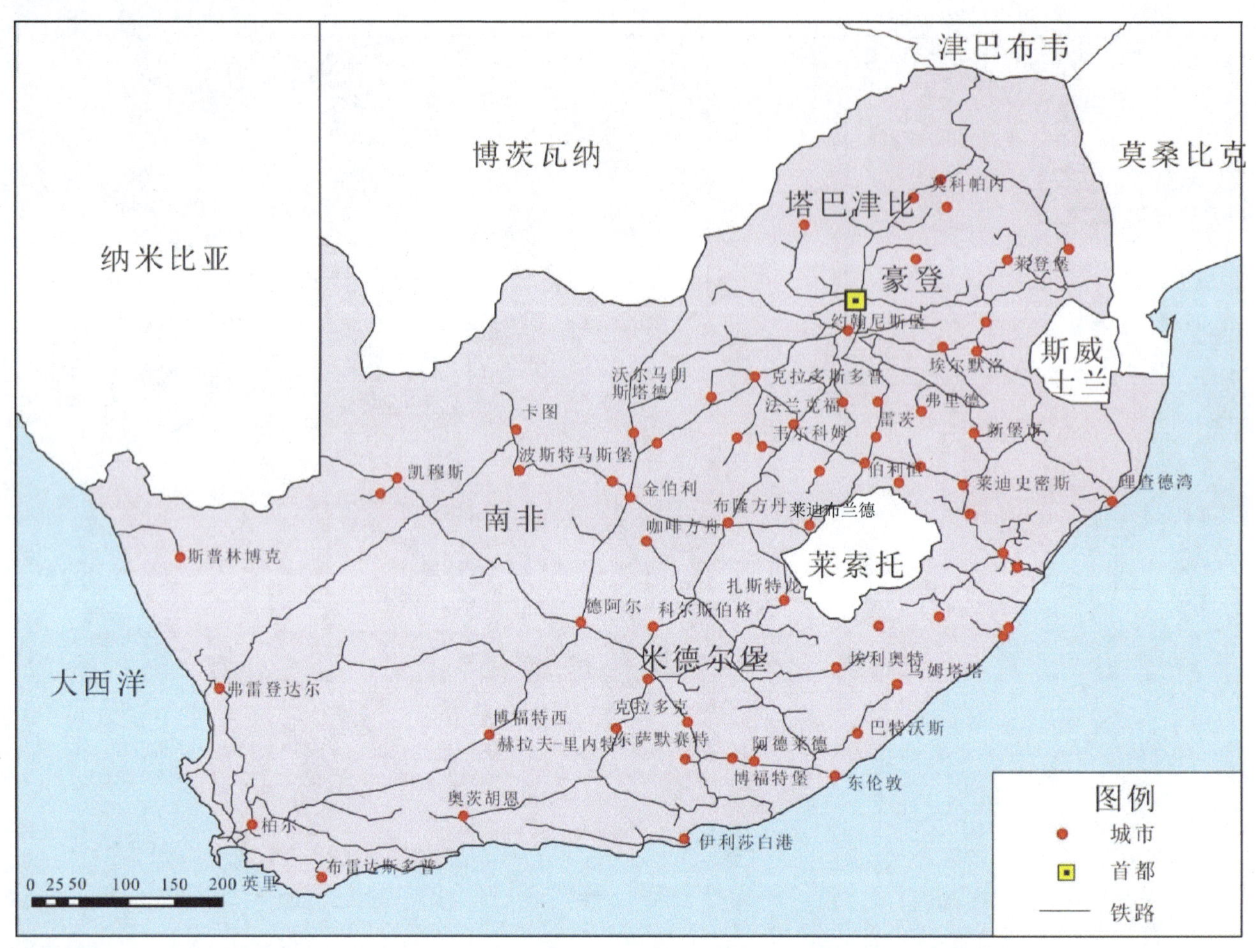

注：1 英里 = 1609. 344 m。

图 10 - 1 - 9 南非主要铁路线路图

吊、集装箱吊、电吊、装矿机、跨运车及拖船等，其中集装箱吊最大起重能力达 40 t，还有直径为 203. 2 mm 的输油管供装卸使用。港区有矿砂堆场容量达 35 万 t，集装箱堆场面积达 220000 m^2，仓库及货棚面积达 44000 m^2。码头最大可停靠全长 251 m、吃水 11. 6 m 的船舶。装卸效率：矿石每小时装 1500 t，杂货每小时装 1000 t。2011—2012 财年（截止到 3 月底），伊丽莎白港共停泊船只 1176 艘，总吨位为 27005954 t，处理货物 300344 集装箱，其中出口 157057 箱、进口 143287 箱。主要出口货物为锰砂、铁砂、水果、羊毛、皮张、石棉、玉米、罐头及杂货等，进口货物主要有石油、汽车、木材、机械、纺织品、橡胶、玻璃、钢材、铁路器材及粮食等。

3. 德班港

德班港是南半球最大的集装箱终端港口，世界第九大港口。位于该国东部印度洋岸，北距马普托港 271 海里，南距东伦敦港 256 海里，东距路易港 155 海里。港口距博塔机场约 27 km。

港口为一个天然港湾，湾口仅宽 300 余米，水深 12. 8 m，湾内 4 km（长）×5 km（宽）。港湾分为内港和外港。湾内港区可分成三块：海湾东北部，包括南伸的突堤及其内外，有 17 个水深 6. 0 ~ 12. 14 m 的泊位，其中 14 个为深水泊；南港区包括向北和向东伸的突堤 3 个以及东南的顺岸泊位 30 个，水深 9. 04 ~ 12. 74 m；西港区在海湾深处，有 15 个水深 9. 84 ~ 10. 64 m 的泊位；内港西南部还有船厂码头。全港计有 60 个泊位，绝大多数为深水泊位，集装箱泊位已有 7 个，为非洲最现代化的深水港之一。输出以煤、锰、铬、谷物为主。2010 年，港口处理货物 250 万集装箱，2011 年达到 270 万集装箱。

4. 东伦敦港

东伦敦港位于水牛河入海处，东伦敦港口是南非唯一的河港，最大吃水为 10. 67 m，潮差为 2 m。入港限制最大吃水为 9. 91 m，最大船长为 243. 84 m。油船限长为 204 m 且只能在白天引入码头。港内有

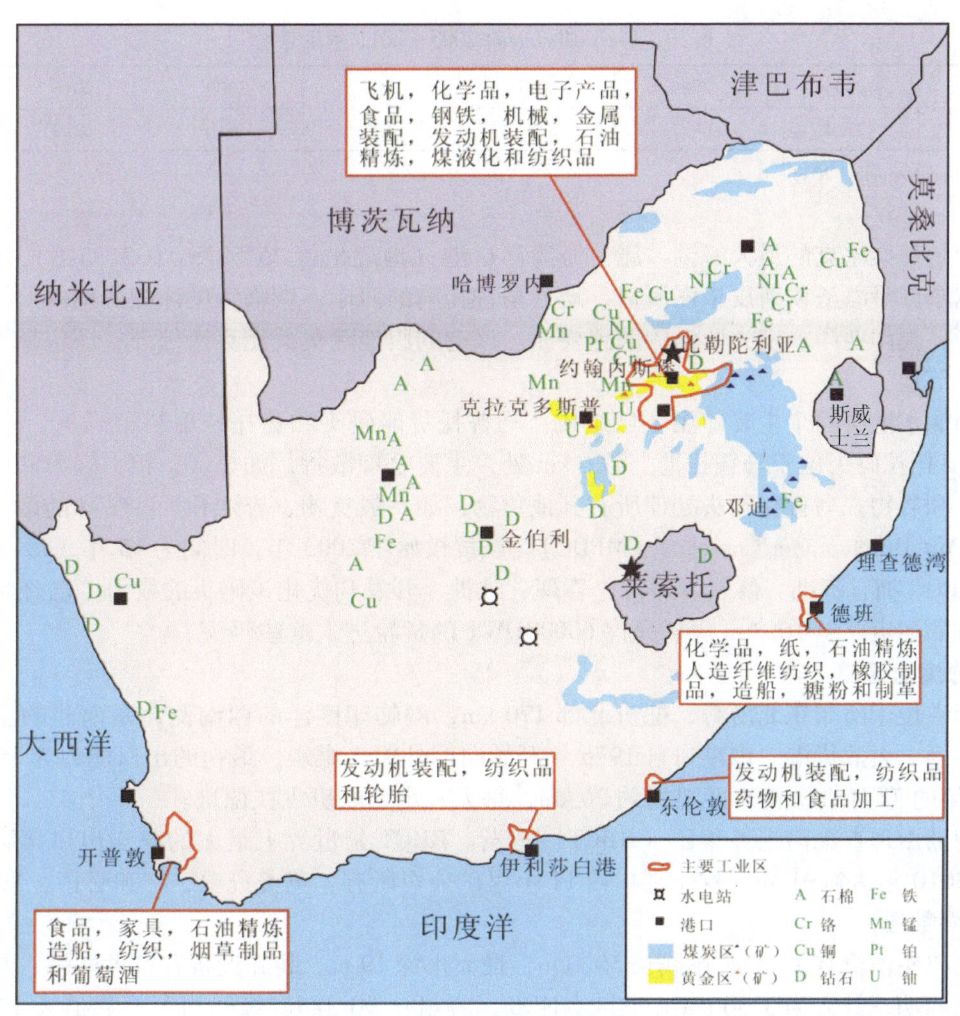

图 10-1-10 南非的主要港口及矿产地分布图
（MATRIX，Michigan State University，2006）

杂货/散装货船码头4个：L-K码头，2个泊位，长508 m；I-F码头，3个泊位，长491.7 m；N-R码头，3个泊位，长546.7 m；S-T码头，2个泊位，长388.1 m。1个滚装船泊位和1个供沿海船使用的集装箱船泊位。

（四）煤炭运输体系

目前，南非的煤炭运输系统主要有3个：①北部边境城市Musina到莫桑比克马普托港（通过克鲁格国家公园，有速度限制）；②盆地中部到理查德湾码头；③约翰内斯堡东部的中央煤田周边的交通运输系统。重要的煤炭港口为马普托港和理查德湾港。几乎所有南非的煤炭都经由一条煤炭专用铁路从理查德湾港出口，只有少量煤炭通过马普托和德班港口出口。

1. 马普托通道

马普托通道是连接南非东北部各省与莫桑比克首都和重要港口的路线。该路线也服务于南非林波波省、普马兰加省和豪登省，还有史瓦济兰和莫桑比克西南部。这条通道经过南非一些工业化程度最高的地区，这些工业包括矿业、制造业、加工业和冶金等行业。该通道运输能力包括公路、铁路和港口。

南非境内有国家级公路，进入莫桑比克边界后，N4变成EN4通往马普托。整个公路网能承载56 t的卡车。

南非境内铁路由南非国家铁路TFR所有和运行，进入莫桑比克的铁路线由Caminho de Ferro de Mocambique（CFM-Sud）运行。2005—2011年，煤的运送量呈现下降趋势。Transnet 2005—2011年运煤量见表10-1-6。

表 10-1-6 Transnet 2005—2011 年运煤量

年 度	2005	2006	2007	2008	2009	2010	2011
运煤量/Mt	71.4	68.7	67.7	67	61	62.9	62.5

数据来源：David and Kenneth，2011

马普托港是莫桑比克的最大海港，属于海湾河口港（地理坐标 25°59′S，032°35′E），设有转口区。位于莫桑比克东南沿海圣埃斯皮里图河口，地处马普托湾的西岸，濒临印度洋的西南侧。该港是东非的最大港口之一，扼印度洋、南大西洋的航路要冲。该港的腹地除莫桑比克南部外，还包括津巴布韦、南非及斯威士兰等地。

马普托的深水港由两个主要使用区域组成：马普托货船码头和莫托拉集装箱码头。年处理量 2010 年达 14 Mt。莫托拉码头位于马普托港上游 6 km 处，主要处理散货，如煤炭、铝、轻质和重质燃料、矿物、石油产品和谷物。马普托码头处理所有其他货物，如一般货物、容器和一些特殊的散货。深水码头租给 Maputo Port Development Company（MPDC）。该授权始于 2003 年，时间为 15 年，可以优先延长 10 年使用期。MPDC 拥有资助、修复、运行、管理、维护、开发和优化该码头的权力。已经将通往马普托和莫托拉港口的河道挖至 10.3 m 深，允许 60000DWT 的货轮进入这些码头。

2. 理查德海湾通道

理查德湾港位于南非东北沿海，德班北部 170 km，濒临印度洋的西南侧，是南非的主要煤炭输出港，也是世界第二大散货港。该港口自 1976 年开始向国外输出煤炭。最初的出口能力为 10 Mt/a，逐年增加到 2008 年的 72 Mt/a。港口距机场约 26 km，每天有定期航班飞往德班。

理查德湾港由理查德湾港务集团（RBCT）运营。RBCT 是世界上最大的煤炭出口集团，年出口量超过 69 Mt，2010 年达到 91 Mt。这个港口由 11 个煤矿公司所有，英美资源、必和必拓、Xstrata、Exxaro 和 Sasol 拥有多数股份。

港区主要码头泊位有 18 个，岸线长 5020 m，最大水深 19 m。装卸设备有各种岸吊、装船机及拖船等，其中拖船的功率最大为 3236 kW。港区有库场，容量达 90 万 t。煤码头可停靠最大 17 万载重吨的船舶。煤装卸效率可达每小时 8500 t。

3. 中部煤盆地通道

南非所有煤炭都通过铁路从中部煤盆地运往东部海岸的理查德湾。RBCT 有 5 个泊位和 4 艘装载船，通过 Transnet 的 650 km 专用煤炭铁路将其与普马兰加省煤田的煤连接起来。煤田的煤炭铁路线上大约有 28 列火车运行。如果采煤公司对转载设备效率进行投资的话，能够更快装载车厢而且成本更低。装载一辆 100 节车厢火车的平均时间为 4.6 h，若使用有效加载设备，装载一辆 100 节车厢火车仅需要 2.3 h。

二、电力

（一）现状

南非是非洲第一电力大国，发电量占非洲的 2/3，2007—2010 年，南非每年生产电力 224 ~ 240 TW · h。主要供国内消费，大约 12 TW · h 的电出口到周边国家。每年也从莫桑比克的 Cahora Bassa 水电站进口 9 TW · h 的电。南非是世界上电费最便宜的国家之一，每度电仅 3.56 美分。

南非大多数电站由南非国有电力公司（Eskom Holdings Ltd，简称 Eskom）所有和经营，所辖电站生产了南非 95% 的电力和非洲大陆 45% 的电力。Eskom 的 20 家发电站装机容量为 35.2 GW，是世界上最大的公用事业之一，为整个非洲南部地区提供电力，拥有世界最大的空冷电站。Eskom 以煤电为主（90%），还有 Koeberg 的一个核能发电站（7%）、两个天然气电站、两个传统的水电站和两个抽水蓄能水电站。这个公司也拥有和运营全国的输电系统。

南非东北部拥有丰富的煤炭资源，大多数火电厂的煤来自普马兰加省，开采成本较低，煤电占到 90%，导致南非的电价较低，也使其成为世界上 CO_2 排放量最高的 20 个国家之一，带来了很多环境问题。

2007 年一向电力充足有余的南非在经济持续 9 年快速增长之后，突然电力供应不足而且日渐短缺，原因是在经济持续增长中忽略了新电厂的同步建设。在供电自顾不暇的情况下，南非被迫停止了向纳米比亚、博茨瓦纳、津巴布韦等国的输电，导致南部非洲国家也出现了供电短缺局面。2008 年，南非政府、工商企业和居民已采取各种措施，应对停电对生产、经营和生活造成的问题。南非电力危机爆发后，南非财政部宣布向国家电力公司提供 600 亿兰特（约 76 亿美元）贷款，用于火力和核能发电建设。

（二）电力供应规划

低廉的电价使得电力设施的投资无利可图，阻碍了民间资本对电力的投资。南非政府也没有大的新建供电项目。1994—2006 年，南非经济持续增长，经济总量翻了一番，耗电大户——制造业和矿业用电量以及居民和商业用电量迅速增加，但是新电站的投资严重滞后。20 世纪 90 年代末，南非电力集团回收的资金连维持现有设备的运营都不够，很多输变电设施维护不及时，故障频显。2007 年底，一个电厂的意外事故终于导致电力供应不足，不得不在工业界开始限制供电，导致南非的矿业因为电力供应不足而不得不压缩产量，使南非失去了保持了一百年的世界最大黄金生产国的地位。2008 年初，这场电力危机扩展到了普通商业和居民用电，每周至少两天定时停电 4 h。定期限电的政策给广大居民带来不便，给商业带来很大影响。

为了解决电力危机，政府开始大幅度调高电价并鼓励节约用电。与此同时，南非开始了新的电力供应规划。

南非的电力总需求约为 34000 MW，南非电力公司的发电能力约为 29000 MW，缺口约为 5000 MW。南非《综合资源规划 2010》草案勾勒出了 2030 年前的南非电力供应与发展蓝图。2011 年 3 月，政策调整方案出炉。这个方案里面，新增煤电仅有 6.3 GW，占新增装机容量的 16%；新增核电仍然是 9.6 GW；风电新增容量达到 8.4 GW、光伏太阳能 8.4 GW、聚热太阳能 1.0 GW、可再生能源装机总量达到 17.8 GW，占到新增装机容量的 42%，与核电以及调整后的水电加在一起，新能源的新增装机容量达到新增装机总容量的 71%。

在调整后的电网结构中，预计到 2030 年，煤电占到总装机容量的 46%，发电量占 65%；核电占总装机容量的 13%，发电能力占 20%；虽然风电、太阳能的装机容量占到了总装机容量的 21%，但是发电能力只占 9%。这个方案，预计耗资超过 8000 亿兰特，峰值电价达到 1.12 兰特。按照新方案，煤电消耗的煤量将在 2020 年达到峰值，随后呈下降趋势 Eskom 煤消费趋势如图 10－1－11 所示。

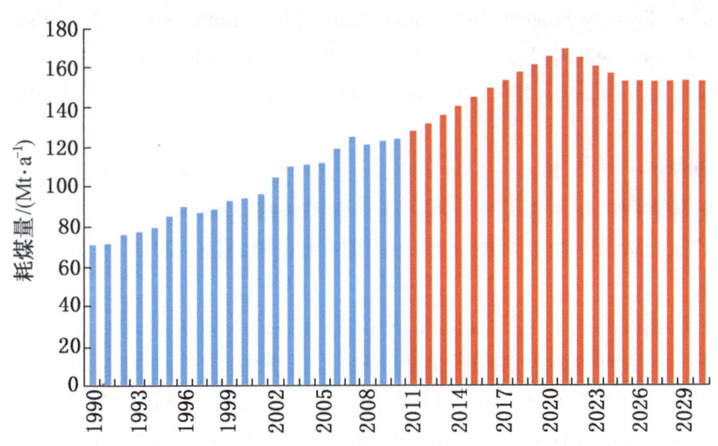

蓝线为 Eskom 实际消耗的煤量；红线是根据 2025 年 CO_2 减排至 275 Mt 所做的预测的煤消耗量

图 10－1－11　Eskom 煤消费趋势图（Anton，2011）

三、基础设施结论

南非拥有非洲最完善的交通系统，以铁路、公路为主，空运发展迅速。南非的国家公路遍布全国，里程将近 10000 km，除此以外还有地区公路作为补充。公路总体情况较好，能够满足人民日常需求。

南非的铁路运输是国家运输设施的重要组成部分，所有主要城市都有铁路连接。南非与周边国家如莫桑比克、博茨瓦纳、莱索托、纳米比亚、津巴布韦和斯威士兰均有铁路连通。在非洲，南非的铁路系统是最为发达的，但其铁路设施维护较差，运力不足。

南非海洋运输业发达，约 98% 的出口要靠海运完成，主要港口有开普敦、德班、东伦敦、伊丽莎白港、理查德湾、萨尔达尼亚和莫瑟尔湾。德班是非洲最繁忙的港口及最大的集装箱集散地，年集装箱处理量达 270 万个。尽管如此，南非港口的条件还存在一定限制，整体运力还需提高。

南非的煤炭运输系统主要有 3 个：①北部边境城市 Musina 到马普托港（通过克鲁格国家公园，有速度限制）；②中央盆地到理查德湾码头；③约翰内斯堡东部的中央煤田周边的交通运输系统。重要的煤炭港口为马普托港口和理查德湾港。几乎所有南非的煤炭都经由一条煤炭专用铁路从理查德湾港出口，只有少量煤炭通过马普托和德班港口出口。

本章参考文献

[1] 中华人民共和国商务部．对外投资合作国别（地区）指南—南非（2012 年版）[R]．2015.

[2] 中华人民共和国商务部，中华人民共和国国家审计局，国家外汇管理局．2015 年度中国对外直接投资统计公报 [R]．2013.

[3] 中国出口信用保险公司．国家风险投资报告—南非 [R]．2015.

[4] 中非发展基金研究发展部．非洲国别投资分析报告—南非（2012 年版）[R]．2012.

[5] 中华人民共和国外交部．南非国家概况 [EB/OL]．2016 [2016 - 06 - 30]．http：//www. fmprc. gov. cn/web/gjhdq_676201/gj_676203/fz_677316/1206_678284/1206x0_678286/

[6] 中华人民共和国驻南非共和国大使馆．国家概况 [EB/OL]．2013 [2013 - 06 - 06]．http：//www. chinese - embassy. org. za/eng/

[7] Klaus Schwab. The Global Competitiveness Report 2016—2017. World Economic Forum [R].

[8] Doing Business 2015. 12th edition. The World Bank, International Finance Corporation [R].

[9] The Constitution. Constitutional Court of South Africa [R].[2009 - 09 - 03].

[10] CIA - The World Factbook - South Africa Cia gov [R]. 6 April 2011.

[11] Census 2011：Census in brief. Pretoria：Statistics South Africa. 2012 [G]. Retrieved 12 January 2013.

[12] The World Factbook. CIA [R]. Retrieved 16 June 2008.

[13] "South Africa's National Biodiversity Strategy and Action Plan" [R]. Retrieved 10 December 2012.

[14] "World Development Indicators database". World Bank [DB]. Retrieved 26 June 2013.

[15] "South Africa's recent performance in the Ibrahim Index of African Governance" [R]. Mo Ibrahim Foundation. Retrieved 16 February 2013.

[16] 鲍荣华．世界矿产资源年评—南非 2005—2006 [M]．北京：地质出版社，2007.

[17] 丁晓红．南非新、旧矿法之间的根本性差别 [J]．国土资源情报，2005（4）.

[18] 王华春，郑伟．南非矿业投资法律制度概述 [J]．中国国土资源经济，2013（7）.

[19] 夏新华，王晓梅．论南非法治变革趋势 [J]．西亚非洲（双月刊），2000（1）.

[20] 江必新．埃及、南非司法制度见闻（上）[J]．中国审判新闻月刊，2007（10）.

[21] 刘希生．借鉴南非矿业开发管理经验发展湖南矿业 [J]．国土资源导刊，2007（3）.

[22] 陈丽萍．南非《矿产资源和石油开发法》矿业权简介 [J]．国土资源情报，2004（7）.

[23] 郭彤荔．南非矿山安全及其标准化体系研究 [J]．标准科学：标准应用研究，2013（9）.

[24] 郭彤荔．南非矿山土地复垦及启示 [J]．中国土地，2013（6）.

[25] 肖海英，夏新华．新南非劳动关系的形成及其法律保护 [J]．湘潭大学学报，2012（6）.

[26] 杨立华．南非经济—放眼非洲谋发展 [J]．西亚非洲（双月刊），2005（6）.

[27] 杨立华．南非的经济金融制度 [J]．中国金融，2011（5）.

[28] 肖海英，陆仁茂．南非投资法律的历史和特点探析 [J]．文史博览（理论），2011（3）.

[29] 洪永红，郭莉莉．南非公司并购监管法律制度研究 [J]．武陵学刊，2010（4）.

[30] 刘进．南非竞争法执法体系与实践述评 [J]．西亚非洲（双月刊），2008（6）.

[31] 科尼利厄斯·G凡·德尔·马尔维，翟寅生，韩世远．大陆法系与普通法系在南非与苏格兰的融合［J］．清华法律评论，2010（1）．

[32] 筱雪．南非矿业投资环境简介［J］．非洲矿业季刊，2008（11）．

[33] 肖海英．南非投资法律研究［J］．湘潭大学法学院学报，2007（5）．

[34] 朱光兆．姆贝基时期的南非社会发展研究（1999—2008）［J］．上海师范大学人文与传播学院学报，2011（3）．

[35] 李新烽．南非土地制度研究［J］．中国社会科学院研究生院学报，2000（1）．

[36] M Govinda，Rao. Inner governmental Finance in South Africa：Some Observations，Working［R］．2005.

[37] Nzeem Goolarn. Recent Environmental Legislation in South Africa［J］．Journal of African Law，44.

[38] 安永会计师事务所．Worldwide Corporate Tax Guide 2016［G］．

[39] 安永会计师事务所．Worldwide Personal Tax Guide 2016［G］．

[40] 安永会计师事务所．Worldwide VAT，GST and Sales Tax Guide 2016［G］．

[41] 普华永道会计师事务所．A Comparison of Tax System in 189 Economies Worldwide 2016［G］．

[42] 中华人民共和国商务部网站．［OL］．http：//www. mofcom. gov. cn

[43] 中华人民共和国商务部．对外投资合作国别（地区）指南（2015年版）［G］．

[44] 普华永道会计师事务所．Corporate income taxes，mining royalties and other mining taxes［G］．2012.

[45] South African Government. The Mineral and Petroleum Resources Royalties Act［EB/OL］．http：//www. gov. za/documents/mineral – and – petroleum – resources – royalty – act.

[46] 丁晓红．南非新旧矿业法的根本性差别［J］．中国通报，2005（46）：25 –26.

[47] 董维武．国外煤炭资源的管理—美国、南非、南非的实证分析［J］．世界煤炭，（2001）9：55 –58.

[48] 李柏林．采矿权价值评估研究［D］．昆明：昆明理工大学，2001.

[49] 南非将出台矿业宪章——加强行业规范化管理［J］．中国粉体工业，2010，5：28.

[50] 鲍荣华，于艳蕊．2010年南非矿产资源及其开发利用［J］．国土资源情报，2011（11）：20 –35.

[51] Lochner，P.，2005. Guideline for Environmental Management Plans. CSIR Report No ENV – S – C 2005 – 053H. Republic of South Africa，Provincial Government of the Western Cape，Department of Environmental Affairs & Development Planning，Cape Town.

[52] E Swart. The South African legislative frameworkfor mine closure［J］．The Journal of The South African Institute of Mining and Metallurgy，2003：489 –492.

[53] Elmarie van der Schyff. South African mineral law：A historical overview of the State'sregulatory power regarding the exploitation of minerals［J］．New Contree，2012（64）：131 –153.

[54] Government gazette，skills development act，1998（act No. 97 of 1998）Approval oftheconstitution of TBE mining qualification（MQA）［EB/OL］．2006［2006 – 02 – 03］．http：//www. mqa. org. za/siteimgs/MQA% 20Constitution% 20Gazetted. pdf.

[55] Excited Research，South Africa coal and environment［EB/OL］．2008［2008 – 11 – 06］．http：//exciteresearch. wikispaces. com/file/history/Lloyd2002. pdf.

[56] Government gazette，Minerals Act［EB/OL］．1991［1991 – 05 – 22］．http：//sadpo. co. za/laws/5_Minerals – Act – 50 – of – 1991. pdf.

[57] World Intellectual Property Organization，National Environmental Management Act 1998（Act No. 107 of 1998）［EB/OL］．http：//www. wipo. int/wipolex/en/text. jsp？file_id = 201087.

[58] Centre for Environmental Rights，Mineral and Petroleum Resources Development Act［EB/OL］．2002［2002 – 10 – 03］．http：//cer. org. za/virtual – library/legislation/national/mining/mineral – and – petroleum – resources – development – act – 2002.

[59] Centre for Environmental Rights，Guideline for the Compilation of an Environmental Impact Assessment and an Environmental Management Plan［EB/OL］．2002［2002 – 10 – 03］．http：//cer. org. za/virtual – library/legislation/national/mining/mineral – and – petroleum – resources – development – act – 2002.

[60] Government gazette，natural Environmental Management Regulations 1998 and Environment Impact Assessment Act［EB/OL］．2006．https：//www. environment. gov. za/sites/default/files/gazetted_notices/eia_aquaculture_guidelines. pdf.

[61] Government gazette，Mineral and petroleum resources development Act［EB/OL］．2002［2002 – 10 – 10］．http：//www. revenuewatch. org/sites/default/files/MPRDA. pdf.

[62] Environmental Impact Assessment（EIA）（12/12/20/1085）for the proposed Kappa 765/400 kV substation and associated

infrastructure near Ceres in the Western Cape [EB/OL]. 2012 [2012 - 12 - 10]. http: //www. zitholele. co. za/projects/ 10636% 20 - % 20Kappa/5% 20Final% 20Environmental% 20Impact% 20Report/App% 20L% 20 - % 20Minutes% 20 (Public% 20Meetings% 20presentation% 20DSR% 20&% 20DEIR)/DEIR/Kappa% 20DEIR% 20meetings% 20report% 20final. pdf.

[63] Governmentgazette, Minerals Act revised version [EB/OL]. 1993 [1993 - 07 - 16]. http: //www. saflii. org/za/legis/num_act/maa1993184/.

[64] South Africa: public participation guidelines, EIA guidelines and applicable laws [EB/OL]. 2013. http: //www. saiea. com/calabash/html/South% 20Africa. html.

[65] Anton E. The future of South Africa Coal: Market [J]. Investment and Policy Challenges. PESD, 2011.

[66] David Pooe and Kenneth Mathu. The South African Coal Mining Industry: A Need for a More Efficient and Collaborative Supply Chain [J]. Journal of Transport and Supply Chain Management, 2011: 316 - 336.

第二章　煤炭资源分析

第一节　资　源　概　览

一、地质概况

南非地质简图如图 10-2-1 所示，南非各个地质时代的地层几乎均有出露。南非大部分地区下伏前寒武纪岩石，包括太古代的巴伯顿（Barberton）和麦奇森（Murchison）绿片岩带、林波波（Limpopo）活动带和威特沃特斯兰德（Witwatersrand）超群；古元古代的德兰士瓦（Transvaal）超群、布什维尔德（Bushveld）杂岩、弗里德堡（Vredefort）穹窿（一个古老的陨石撞击构造）和瓦特伯格（Waterberg）超群；中元古代的纳马夸兰（Namaqualand）变质岩省。早古生代以卷入开普（Cape）褶皱带的沉积岩和花岗岩为特征。南非约 2/3 地表被古生代到中生代卡鲁（Karoo）超群岩石覆盖，主要由陆源碎屑沉积物和火山岩组成。一些碱性杂岩、碳酸岩和金伯利岩侵入到前寒武系和卡鲁地层中。新生代陆相淡水沉积物主要是卡拉哈里（Kalahari）群，覆盖了南非西北部沿博茨瓦纳和纳米比亚边界的大部分地区。

（一）前寒武纪地层和构造

南非最古老的岩石建造形成于太古代，组成 Kaapvaal 克拉通（一个在 3500～2500 Ma 保持稳定的古老的陆核）。这些基岩主要由大量的花岗岩组成，花岗岩侵入到更老的由火山岩和沉积岩组成的绿片岩带。这些古老的花岗岩－绿片岩地块从北部的纳塔尔省和斯威士兰延伸到南潘斯堡，下伏于南非被称之为低地的大多数地区。相似的岩石建造向西延伸到南潘斯堡北部的林波波省，被更年轻岩石围绕的以椭圆形或者圆形的花岗岩－绿片岩基底为穹窿的独立露头到处出现。靠近巴伯顿山脉北翼，一个约 2600 Ma 的花岗岩体一直受到鳄鱼河的侵蚀。巴伯顿绿片岩带的北部 250 km 出露了麦奇森绿片岩带，这个带有矿化程度较高的锑、金、水银、绿宝石、钒和钛。

林波波带的片麻岩和混合岩组成了平行于津巴布韦和博茨瓦纳国界分布的太古代基底。威特沃特斯兰德盆地由一系列的石英岩、砾岩和页岩组成，年代为 3000 Ma。这些沉积物很大程度上都被更年轻的沉积物覆盖，仅仅在抬升、侵蚀或被掘出时才见露头。在威特沃特斯兰德盆地沉积物里的金以矿脉的形式出现。在金伯利和梅富根之间的许多村庄，威特沃特斯兰德沉积物被 2700 Ma 的 Ventersdrop 超群的大量熔岩流覆盖并发育具有经济开采价值的金矿。

新太古代和古元古代（2600～2250 Ma），Kaapvaal 克拉通的大部分被一个内陆海淹没，Ventersdrop 熔岩和其他更老的建造被德兰士瓦超群覆盖。这些岩石沉积在一个巨大的沉积盆地里，这个盆地大致位于梅富根、内尔斯普雷特、彼得斯堡、弗里德堡之间。一个相似的盆地——西格里夸兰盆地，位于西北省的弗雷堡和北开普省的斯卡之间。古元古代的布什维尔德杂岩是世界上最大的层状侵入体，分布在东边匹兰斯堡火山、西边莱登堡、南边比勒陀利亚和北边 Potgietersrus 之间的地区，赋存铂族元素、铜、镍、铬、钒和钛等矿床。2020 Ma 的 Kaapvaal 克拉通被一个巨大的陨石击中，这个地点就是现在的弗里德堡穹窿，由基岩组成的核部已抬升，周边为倒转的沉积岩层。约 1800 Ma 的布什维尔德杂岩、德兰士瓦超群和基底岩石被主要由石英岩、长石砂岩、砾岩组成的瓦特伯格群的沉积物覆盖。大部分瓦特伯格群位于林波波省的西部，小的地质活动在南非的北部和东部持续，直到大的卡鲁盆地形成。相比之下，在南非的南部和西部，地壳的活动持续了整个前寒武纪。西部的纳马夸兰变质岩带形成了靠近更老一些的 Kaapvaal 克拉通的夸祖鲁－纳塔尔带的一部分。Bushmanland 克拉通形成于 1750 Ma 前的一次造山运动，Bushmanland 群的沉积岩和火山岩在 1600～1400 Ma 前沉积形成。这些火山岩已经变质成各种各样

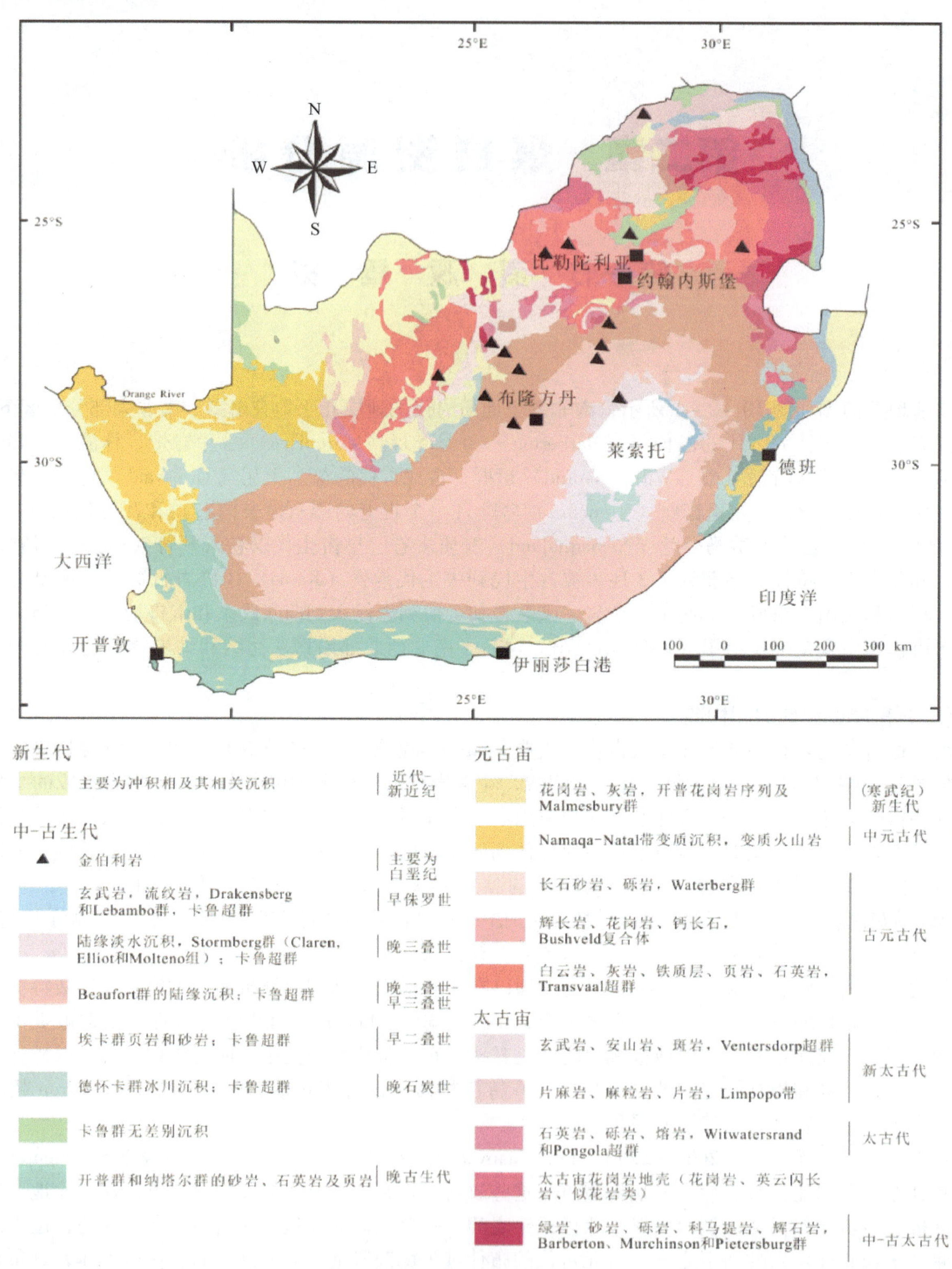

图10-2-1 南非地质简图（Macrae，1999；Viljoen和Reimold，1999）

的片麻岩、片岩和石英岩，在Pofadder西部，铅、锌和铜矿床延伸了约60 km。纳马夸兰德东部，火山岩沿靠近Kaapvaal克拉通和纳马夸兰地体之间的裂谷断层带侵入，这些现在的变质岩也赋存了大量的多金属矿床。

（二）显生宙地层和构造

从显生宙开始，地质活动转向南非的南部和西南海滨地区。大约600 Ma前，一系列链状盆地形成并沉积了马姆斯伯里群，这些沉积物随后被含锡和钨的开普花岗岩侵入。大约500 Ma前，一系列的页岩、砂岩和砾岩在部分侵蚀的开普花岗岩上沉积，从西部海滨的Vanrhynsdorp附近延伸到东部的伊丽莎白港以外，组成开普褶皱带壮观的山脊。在开普的西南部，桌子山群超覆了开普花岗岩。与开普有关的许多岩石也出现在纳塔尔，它们超覆在主要由石英岩组成的平坦、格子状地层里，和更老的花岗岩组成起伏的丘陵。

南非2/3的面积被卡鲁超群的沉积和火山岩覆盖，这个序列在主卡鲁盆地发育最好，从西开普的Touwsrivier延伸至普马兰加的Witbank，长达1500 km。该沉积层序反映了超过150 Ma的冈瓦纳大陆从极地到热带纬度的漂移以及古地理环境变化过程。沉积作用始于广泛的冰川碎屑的沉积，被称之为德维卡（Dwyka）冰碛岩，出露在从西部的纳米比亚附近到西南部Klein Karoo、东南部的夸祖鲁－纳塔尔省的许多地点以及南非中北部的弗里德堡、弗里尼欣（Vereeniging）和德尔堡之间的地区。德维卡群在南非陆块漂移过南极时沉积，因此有先前巨大冰盖存在的证据。

当早二叠世冰盖衰退和消失后，在广阔的陆内浅海盆地沉积了爱卡（Ecca）群的页岩和砂岩。在此期间，卡鲁盆地的东北部包括普马兰加南部和夸祖鲁－纳塔尔西北部许多地方被森林或沼泽地带覆盖。当这些植物死后陷入沼泽，经化学过程转变为煤炭。爱卡群煤层占南半球已发现煤储量的1/3以上，是南非主要能源的来源。随后，Beaufort群主要沉积发生在更温暖和更干燥气候下的广阔河流泛滥的平原环境中。Beaufort群以含两栖类和爬行类化石闻名，而晚三叠世Molteno组含有保存在浅湖相沉积物里的丰富的植物和昆虫化石。随着冈瓦纳大陆的裂解，德拉肯斯堡群（Drakensberg）和列朋波群（Lebombo）大量的玄武质火山熔岩的喷发结束了卡鲁序列的沉积，南非大部分地区被这些玄武质熔岩流覆盖，只不过现在大部分已经被侵蚀移除。在德拉肯斯堡悬崖和沿莫桑比克边界的列朋波山脉可以清楚地看到厚达1400 m的独特熔岩流。

在大多数情况下，代表不同年龄的像岩筒一样的古老火山根带的侵入体充满了南非。最重要的是，继冈瓦纳大陆裂解后中晚白垩世侵入的几个金伯利岩筒或裂隙。金伯利岩是钻石的主要源岩，但这些岩筒一般出露较差，现在已被开采并且显示为一个壮观的露头矿坑，最著名的是金伯利的“巨大天坑”。

从白垩纪到现代，更年轻的沉积在南非大量出现，包括滨海、浅海和泻湖沉积的Kalahari群沉积，也有古代和现代的河流阶地沉积。

二、矿产资源

南非成矿地质条件优越，矿产资源非常丰富，是世界五大矿产资源国之一，其矿产以种类多、储量大、产量高闻名于世，目前已探明储量并开采的矿产有70余种。据我国商务部对外投资指南（2013）所引用的统计资料，南非的铂族金属、锰矿石、铬矿石、铝硅酸盐、黄金、钻石、氟石、矾、蛭石、锆族矿石、含钛矿石等多种矿产的储量、产量和出口量均居世界前列，具体情况见表10－2－1。南非油气资源缺乏，能源主要依靠煤炭，石油、天然气主要依靠进口，部分采用生物能源、煤变油技术、核能、太阳能和风能。

南非大多数矿业归私人公司所有，生产主要被大生产商主导，如金刚石主要生产者的产量占全国产量的85%、铁矿占74%、锰矿占47%、镍矿占39%、金矿占31%。

丰富的资源、低廉的劳动力加上先进的管理使南非成为非洲经济最发达的国家。矿业、制造业、建筑业和能源业是南非工业4大部门，矿产品出口约占出口收入的50%，全国约有12%的劳动力从事矿业。

表10－2－1　南非主要矿产资源的储量及产量

矿产资源	2011年储量	占世界总资源量百分比/%	排位	2010年产量	占世界总产量百分比/%
铂族金属	6.3万t	87.7	1		
铂金				287.304 t	75
钯					37
铬矿石	55 Mt	72.4	1		

表 10－2－1（续）

矿产资源	2011 年储量	占世界总资源量百分比/%	排位	2010 年产量	占世界总产量百分比/%
铬	200 Mt	＜42		10.87 Mt	39
镍				1.8 万 t	3
铁铬合金					38
锆	14 Mt	27		22 万 t	33
钒	3.5 Mt	25		8680 t	32
含钛矿物	244 Mt	16.3	2		
锰	4000 Mt	80	1	7.17 Mt	17
金	3.1 万 t	29.7	1	188.701 t	8
铝硅酸盐	51 Mt	37.4	1		
锑	2.1 万 t	1.1		2800 t	2
铁矿	1500 Mt	0.8		58.7 Mt	2
锌	15 Mt	6			
铅	3 Mt	3.5			
铜矿	13 Mt	1.9			
铀	43.5 万 t				
蓝晶石和相关矿物				19.5 万 t	61
萤石	41 Mt	17			
蛭石	80 Mt	40	2		40
氟石	80 Mt	16.7	2		
宝石级金刚石				3600 千克拉	
工业级金刚石				5400 千克拉	
煤	30156 Mt	3.5		2545.22 Mt	
无烟煤				20.74 Mt	
烟煤				2524.48 Mt	
天然气				963 Mm^3	
原油				1358 千桶	

三、煤炭资源

（一）资源总量

据英国石油公司（BP）的资料（表 10－2－2），2015 年底南非处于世界第九煤炭资源大国的位置，已探明无烟煤和烟煤储量为 30.2 Gt，占世界总量的 3.4%，按照目前的生产能力，可以开采 120 年。

表 10－2－2 世界主要富煤国家 2015 年底资源量

国家	无烟煤和烟煤/Mt	次烟煤和褐煤/Mt	总计/Mt	占世界总量百分比/%	R/P 比
美国	108501	128794	237295	26.6	292
俄罗斯	49088	107922	157010	17.6	422
中国	62200	52300	114500	12.8	31
澳大利亚	37100	39300	76400	8.6	158
印度	56100	4500	60600	6.8	89
德国	48	40500	40548	4.5	220
乌克兰	15351	18522	33873	3.8	384

表 10-2-2（续）

国　家	无烟煤和烟煤/Mt	次烟煤和褐煤/Mt	总计/Mt	占世界总量百分比/%	R/P 比
哈萨克斯坦	21500	12100	33600	3.8	316
南非	30156	—	30156	3.4	120
哥伦比亚	6746	—	6746	0.8	79
世界总量	403199	488332	891531		114

注：R/P 比 = 现有资源量/当年产量，该比值为可开采年限。

（二）资源分布

南非的煤矿主要分布在林波波省、普马兰加省、自由州、夸祖鲁－纳塔尔省和东开普省，而大多数煤矿集中在资源量丰富的威特班克、埃尔默洛和塞康达煤田。南非拥有丰富的煤炭资源，划定了 19 个煤田，但 70% 煤炭可采储量赋存在 Highveld、Waterberg 和 Witbank 煤田。南非主要煤田的煤炭储量对比如图 10-2-2 所示。

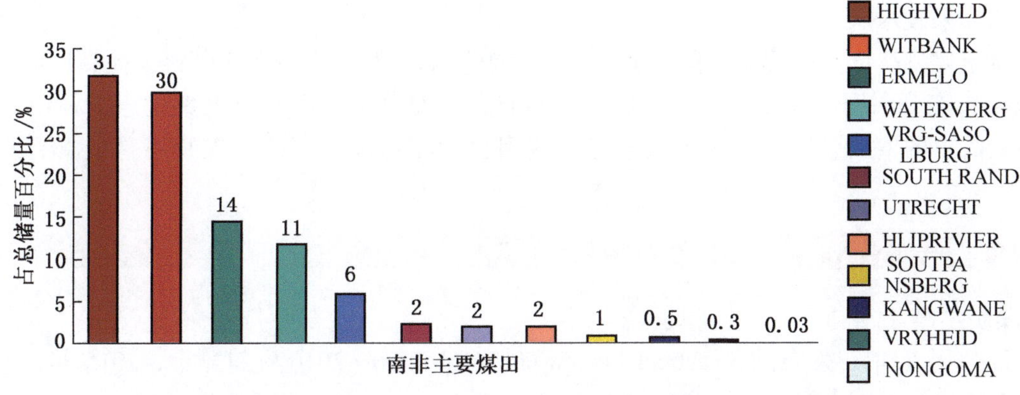

图 10-2-2　南非主要煤田的煤炭储量对比
（Stephan Schmidt，2010；SA Mineral Industry 06/07）

第二节　煤　炭　工　业

一、煤炭开发历程

（一）煤炭工业的开发与发展

南非煤炭工业与其他矿业一样，有着较长的发展历史。尽管南非煤的使用可以追溯到铁器时代（公元 300—1880 年），但大规模的煤炭开采直到 19 世纪中期才开始出现。1838—1859 年，在夸祖鲁－纳塔尔、普马兰加和东开普省发现煤。1870 年首先从 Eastern Cape 省 Molteno 煤田进行商业采煤，煤炭被马车运往 Kimberley 处新发现的金刚石矿。1886 年随着 Witwatersrand 金矿的发现，Easte Rand 煤田（Springs、Boksburg 和 Steenkoolspruit）投入生产。1881—1995 年，在夸祖鲁－纳塔尔、自由州和普马兰加开始煤炭的商业勘探活动。

第二次世界大战后，世界经济得以恢复发展，为满足能源、电力、钢铁及化工等需要，南非煤炭工业迅速发展。1973 年，石油输出国组织对南非实行了石油禁运，为了解决本国的能源供给问题，南非采取了一系列措施鼓励煤炭大量生产与出口，煤炭工业取得了显著的进展。煤炭产量从 1974 年的 115 Mt 增加到 1993 年的 183.9 Mt，增加了 68.9 Mt。随着新政府的建立，煤炭工业得到加速发展，产量、消费量和出口量稳步上升并逐渐升至世界前列。

（二）煤炭工业目前存在的问题

南非煤炭工业的较快发展有力地保证了国内能源的需求，但目前南非煤矿工业还面临着一系列严峻的挑战。

最大的挑战在于，铁路运力效率低下而且运费高昂，直接影响了煤从产地向理查德湾港口的运输，进而影响了煤炭出口。如2012年，理查德湾港口仅运输了6 Mt煤，远低于该港91 Mt的设计装载能力，使南非损失了大量潜在的出口收益。运输和物流的限制必然增加运费，导致煤炭销售价格居高不下，最终使南非的出口煤炭在国际市场上缺乏竞争力。

同时，南非主要优质煤矿资源枯竭的问题日益突出，而有些煤矿未能获得长期的供货合同，只好依赖现货市场。此外，煤的开采、运输和燃烧给人类健康带来的威胁以及水和大气污染等环境问题也日渐明显。

在过去10年，由于煤炭储量的递减、煤采收等级下降以及开采成本的增加，南非煤炭的产量停滞在每年近240 Mt。虽然Witbank和Highveld煤田各自保有储量还有约7 Gt，但煤质变差，开采难度加大，已经很难用传统的方法继续采矿（Jeffrey，2005）。因此，需要研究这些资源量较大的煤田原位煤开采的新技术、新工艺和新用途，开拓低煤质高灰分煤利用的新市场，另外还需要研究薄层煤、煤柱和不连续煤层的开采技术。

为了应对上述挑战，南非国家目前加紧发展洁净煤技术，鼓励使用低烟燃料，提高煤的利用率，减少CO_2排放量，充分利用煤矸石，发展高效、大型的煤基发电系统以提供低廉的电力。电力的扩展导致国内对煤炭需求的增加，煤炭工业的基本建设费用也大幅增加，因此，煤炭还是最具有吸引力的资源。

二、煤炭工业现状

（一）煤炭生产

英国石油公司（BP）发布的Statistical Review of World Energy 2016资料显示，2015年，南非的煤炭产量为252.1 Mt，比2014年的产量（261.5 Mt）减少了3.6%，占世界总产量（7864.5 Mt）的3.31%，位列世界第7位。从全球来看，与2014年相比，2015年世界煤炭产量增长率下降了4%，主要煤炭生产国的煤炭产量都有不同的下降，南非的煤炭产量增长率下降了3.6%。1993—2015年世界10个主要产煤国产量见表10－2－3。

1993年以来，南非煤炭产量基本保持着小幅度的增长。1993—2015年，南非煤炭产量增长了38.28%，年均增长率为1.66%。1993—2012年南非煤炭生产量和消费量如图10－2－3所示。

表10－2－3 1993—2015年世界10个主要产煤国产量

年份 \ 主要产煤国产量	中国/Mt	美国/Mt	印度/Mt	澳大利亚/Mt	印度尼西亚/Mt	俄罗斯/Mt	南非/Mt	德国/Mt	波兰/Mt	哈萨克斯坦/Mt
1993	1150.7	857.7	263.2	228.1	27.6	305.9	182.3	279.7	198.6	111.9
1994	1239.9	937.6	270.9	233.5	32.9	272.0	195.8	259.5	200.7	104.6
1995	1360.7	937.1	289.0	245.4	41.8	262.8	206.2	245.9	200.7	83.4
1996	1396.7	965.1	311.0	254.5	50.4	256.5	206.3	235.1	201.7	76.8
1997	1387.5	988.8	319.4	278.9	54.8	245.0	219.9	223.3	200.9	72.6
1998	1332.0	1013.8	320.9	287.9	62.2	231.9	224.8	207.0	178.6	69.8
1999	1364.0	998.3	314.4	302.0	73.7	249.5	222.3	200.8	172.7	58.4
2000	1384.2	974.0	334.8	312.0	77.0	258.3	224.1	201.0	162.8	74.9
2001	1471.5	1023.0	341.9	334.6	92.5	269.6	223.7	202.5	163.5	79.1
2002	1550.4	992.7	358.1	340.8	103.3	255.8	220.2	208.2	161.9	73.7
2003	1834.9	972.3	375.4	349.6	114.3	276.7	237.9	204.9	163.8	84.9

表 10-2-3（续）

年份 \ 主要产煤国产量	中国/Mt	美国/Mt	印度/Mt	澳大利亚/Mt	印度尼西亚/Mt	俄罗斯/Mt	南非/Mt	德国/Mt	波兰/Mt	哈萨克斯坦/Mt
2004	2122.6	1008.9	407.7	361.6	132.4	281.7	243.4	207.8	162.4	86.9
2005	2349.5	1026.5	428.4	375.3	152.7	298.3	244.4	202.8	159.5	86.6
2006	2528.6	1054.8	449.2	383.0	193.8	309.9	244.8	197.1	156.1	96.2
2007	2691.6	1040.2	478.4	392.5	216.9	313.5	247.7	201.9	145.9	97.8
2008	2802.0	1063.0	515.9	404.6	240.2	328.6	252.6	192.4	144.0	111.1
2009	2973.0	975.2	556.0	418.5	256.2	301.3	250.6	183.7	135.2	100.9
2010	3235.0	983.7	573.8	424.0	275.2	321.6	257.2	182.3	133.2	106.6
2011	3516.0	993.9	570.1	415.5	353.3	335.1	251.6	188.6	139.3	111.4
2012	3650.0	922.1	605.8	431.2	386.0	354.8	260.0	196.2	144.1	116.4
2013	3974.3	893.4	608.5	470.8	449.1	355.2	256.6	190.6	142.9	119.6
2014	3873.9	907.2	648.1	503.2	458.1	357.4	261.5	185.8	137.1	114.0
2015	3747.0	812.8	677.5	484.5	392.0	373.3	252.1	184.3	135.5	106.5
增长率（与2014年相比）/%	-2.0	-10.4	4.7	-4.3	-14.4	4.5	-3.6	-2.7	-0.6	-6.3
占全球煤炭产量百分比/%	47.7	11.9	7.4	7.2	6.3	4.8	3.7	2.7	1.4	1.2

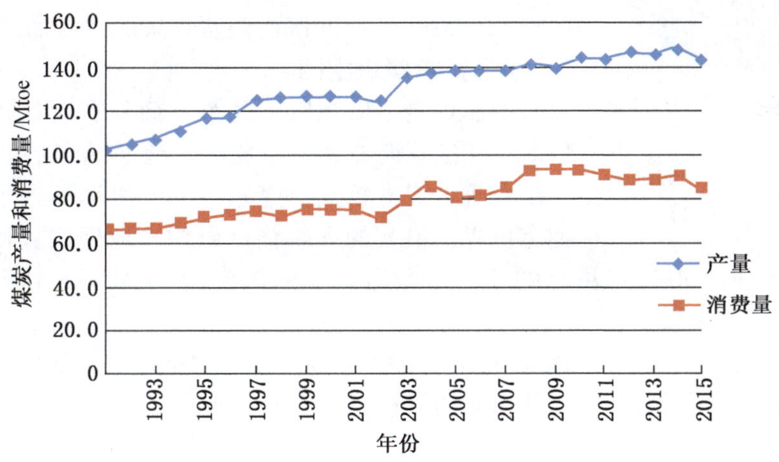

图 10-2-3 1993—2012 年南非煤炭生产量和消费量（BP, 2016）

（二）煤炭消费

煤炭在南非能源消费结构中占有重要地位，所产煤炭近 70% 要满足国内电力工业的燃料需求，其余供应钢铁、水泥和其他重工业以及国内的其他需求。

根据 BP 发布的 *Statistical Review of World Energy 2016* 资料显示，2015 年，南非煤炭消费量为 85 Mtoe，比 2014 年（90.1 Mtoe）减少 5.7%，占到全球总消费量的 2.2%，在世界排名第五位，位列中国（50.0%）、美国（10.3%）、印度（10.6%）、日本（3.1%）、俄罗斯（2.3%）之后。近 20 年来，南非煤炭消费量持续增长，2015 年的消费量（85 Mtoe）是 1993 年（64.1 Mtoe）的 1.32 倍。从历年煤炭消费变化情况看，1993—2002 年南非的煤炭消费量年均增长率为 1.89%；而 2003—2015 年煤炭消费年均增长率降至 0.3%，1993—2015 年南非煤炭消费量见表 10-2-4。

表 10-2-4 1993—2015 年南非煤炭消费量

年 份	消费量/Mtoe	年 份	消费量/Mtoe
1993	64.1	2005	84.4
1994	67.9	2006	85.4
1995	71.3	2007	90.1
1996	75.3	2008	96.9
1997	77.9	2009	92.9
1998	77.2	2010	90.0
1999	75.8	2011	89.1
2000	74.7	2012	89.8
2001	73.6	2013	88.9
2002	76.2	2014	90.1
2003	81.4	2015	85.0
2004	85.2		

数据来源：BP，2016

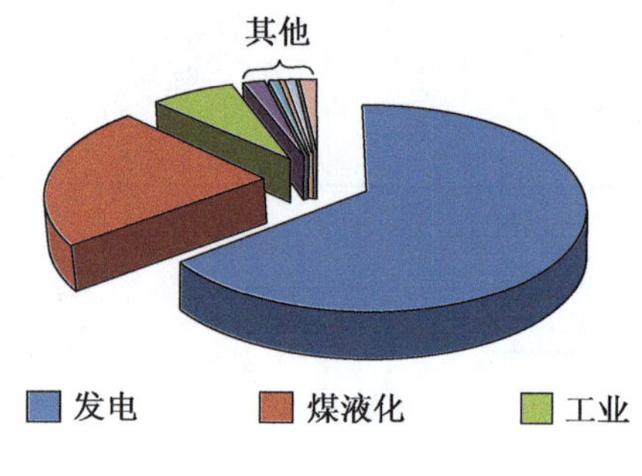

图 10-2-4 2011 年南非国内消费煤炭的用途（IEA，2013）

国际能源署（IEA）2013 年的资料，2011 年，南非国内煤炭消费主要用于发电（64.44%）和煤液化（22.82%），其余工业用煤占 7.12%、居民用煤占 1.91%、商业和服务业用煤占 0.96%、农林业用煤占 0.19%、石化原料用煤占 0.99%，其他消费用途约 1.57%。2011 年南非国内消费煤炭的用途如图 10-2-4 所示。

（三）煤炭进出口

南非煤炭出口在以下几个方面具有明显优势：相比南非的竞争对手印度尼西亚和哥伦比亚，南非的煤层多数埋深不到 100 m，易于开采，成本较低；南非位于大西洋和太平洋煤炭市场之间并拥有世界上最大的煤炭输出码头，地理位置便利，既能将产品出口到欧洲又能出口到中东。但值得注意的是，南非出口煤的热值为 27 MJ/kg，而国内的热值仅为 19 MJ/kg。

根据 IEA 的资料显示，2011 年，南非共出口煤炭 68.807 Mt，包括无烟煤 0.983 Mt、焦煤 0.0456 Mt 和烟煤 67.368 Mt，进口焦煤 2.390 Mt。从 BP 的资料可以看到，近 20 年来南非煤炭生产、消费和出口均保持小幅的稳定增长。

三、在产煤矿

（一）概况

南非全国大部分煤炭开采位于姆普马兰加省的高地草原、威特班克和埃尔默洛煤田。地质条件决定了威特班克煤田是迄今为止南非煤炭最重要的产区。

南非最大的煤矿床产在石炭纪 Karoo 超群的 Ecca 群（280～250 Ma）中，该群分布广泛，覆盖着南非约 2/3 的面积并蕴藏着南半球约 1/3 的煤炭储量。南非共有 19 个煤田，其中 Waterberg、Highveld、Witbank、Ermelo、Utrecht 和 Klip River 等 6 个煤田资源量最大。南非主要煤田分布如图 10-2-5 所示。

南非的煤矿约 51% 为井工矿，其余是露天开采，超过 58 万名工人受雇于这个行业。南非约 85% 的煤炭生产由少数大的煤炭公司控制。

英美资源集团拥有并经营 9 个动力煤矿以及 Mafube 煤矿和 Phola 水洗厂 50% 的权益，公司与必和必拓能源南非煤炭公司各占 50% 股份的 Zibulo 项目包括一个洗煤厂并有望实现年出口和供应南非国家

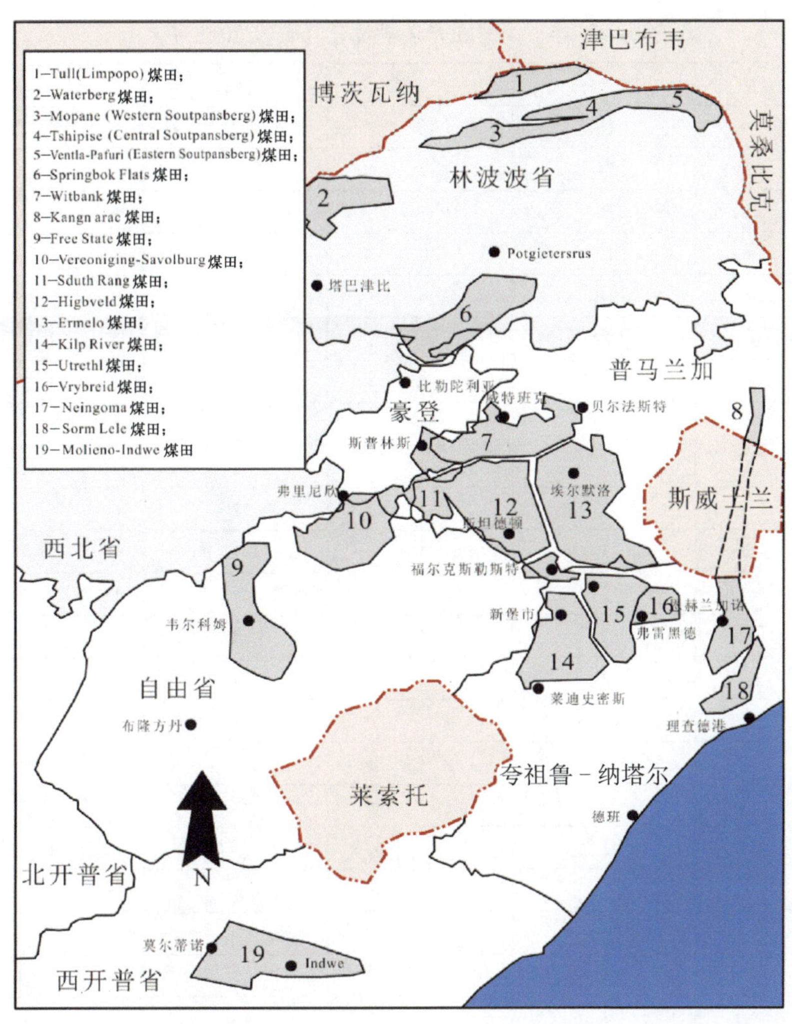

图 10－2－5　南非主要煤田的分布

电力公司（Eskom）6.6 Mt 的煤炭。

必和必拓南非煤炭公司是世界上最大的煤炭出口企业之一，在南非普马兰加省拥有并经营 4 家煤矿，分别为道格拉斯、Khutala、Klipspruit、米德尔堡；该公司还是最大的海运煤炭能源市场供应商之一，煤炭销往欧洲、远东、印度、非洲和南美洲；该公司同时也是 Eskom 最大的供应商之一。

斯特拉塔煤炭公司是南非的第三大煤炭出口商，拥有 13 个井工结合露天开采的煤矿，生产动力煤、焦煤及半软焦煤。年产能达 6.7 Mt 的 Goedgevonden 煤矿是 ARM 煤炭公司与斯特拉塔煤炭公司的合资矿，该矿与 Eskom 签订了长达 17 年的煤炭供应协议。根据合同条款，从 2009 年 12 月至 2026 年，Goedgevonden 将向 Eskom 的 Majuba 燃煤电站供应约 60 Mt 的动力煤（每年 3.5 Mt）。

EXXARO 公司管理的 8 个大煤矿在 2009 年生产了 45.2 Mt 电站用动力煤和焦煤。Waterberg 煤田的 Grootegeluk 煤矿是世界上最高效的生产矿之一，这个矿目前正在扩建。EXXARO 公司还有另一个绿地项目，预计到 2018 年供应 10 Mt 商品煤。

沙索（Sasol）公司邻近塞康达（Secunda）的 Thubelisha 煤矿在 2015 年达到设计产能，该矿储量丰富，预计将有 32～35 年的生产期。

（二）在产煤矿

南非约 85% 的煤炭生产由少数大的煤炭公司控制。截至 2011 年底，南非在产煤矿有 111 个，其中，44 个为井工矿、43 个为露采矿、18 个为井工和露天同时开采。这 111 个煤矿归 31 个煤炭公司所有，其中，Xstrata 等 6 大煤炭公司的煤矿数量为 68 个。在上述煤矿中，11 个大型煤矿的产量占南非煤炭产量的 70%。南非在产煤矿统计见表 10－2－5。

表 10-2-5 南非在产煤矿统计（截至2011年底）

煤炭公司	在产矿	井工矿	露采矿	井工+露采	不　详
Xstrata, ARM	16	8	2	6	
Anglo American	14	5	6	2	1
Exxaro Res	10	3	6	1	
Sasol	10	10			
Shanduka Group, Glencore	10	4	4	2	
BHP Billiton Gr	8	1	6	1	
Forbes Coal	4	2	1	1	
Wescoal	4	1	3		
Coal	3	1	1	1	
Contl Coal	3	1	2		
Rio Tinto Group	3	1	1	1	
Glencore	2	1	1		
Gunvor	2	1	1		
Halfgewonnen Dep	2		1	1	
Imbawula	2		1	1	
Jensha Mining	2	1			1
JSW Steel	2				2
Bisichi Mining	1			1	
Coastal Fuels	1				1
Eurocoal Pty	1	1			
Homeland	1		1		
Kuyasa Mining	1	1			
Northern Coal	1		1		
Petmin	1		1		
SNR	1		1		
State of South Africa	1		1		
Stuart Mining	1		1		
Sumo Coal	1		1		
Total	1	1			
Total, Mmakau	1	1			
Worldwide Coal	1				1
总　计	111	44	43	18	6

第三节　主要含煤盆地分析

南非含煤盆地分布如图 10-2-6 所示，根据现有的研究成果，南非主要含煤盆地为主卡鲁盆地（Main Karoo Basin，或称卡鲁盆地），其次有北部以 Ellisras 盆地为代表的一系列北东走向的线状小盆地，分别是图利（Tuli）盆地、伊利斯拉（Ellisras）盆地、特施批斯（Tshipise）盆地和斯普林博克平原（Spring Flats）盆地以及东部近南北向的 Lebombo 单斜。Ellisras 盆地过去曾被称作 Waterberg 盆地，但是后者可以用来指元古代 Waterberg 群沉积的盆地，同时纳米比亚也存在一个 Waterberg 盆地，容易造成混淆。Tshipise 盆地也存在相似的情况，它的另一个名称 Soutpansberg 盆地可以指元古代 Soutpansberg

群的沉积盆地（Johnson 等，1996）。

主卡鲁盆地是南非最主要的含煤盆地，赋存有南非约 80% 的煤储量（37625 Mt）而且探明程度高。主卡鲁盆地的成煤时代为早二叠世，其他小型线状盆地的成煤时代主要为晚二叠世。主卡鲁盆地为弧后前陆盆地（Catuneanu 等，1998），其他盆地为伸展裂谷有关的盆地，内部或克拉通之间的地堑或半地堑（Cairncross，1987）。目前尚不确定这些盆地遭受后卡鲁侵蚀之前是否互相连通，当前的主卡鲁盆地可能不是卡鲁沉积之前或同期沉积的盆地，而是较晚构造运动期间向下挠曲的结果。

图 10-2-6　南非含煤盆地分布图（Viljoen 等，2010）

一、主卡鲁盆地

（一）概述

主卡鲁盆地为南非最大的沉积盆地（面积为 700000 km²），覆盖南非大约 60% 的陆地面积。该盆地南部以开普造山带为界，北部超覆于 Kaapvaal 克拉通之上，为一前陆盆地。盆地内出露的晚石炭世到早侏罗世的地层在盆地南部达到最大厚度，累计近 12 km。该盆地的地层大体水平，略微向盆地中心倾斜，大部分未遭受变形，仅在南部受开普造山运动的影响而遭受褶皱变形。煤层出现在早二叠世 Vryheid 组和三叠纪 Molteno 组（Cadle 等，1993），通常从西向东，煤级增加，挥发分减少。尽管主卡鲁盆地东部以及林波波省赋存无烟煤（Falcon，1986a，b；Falcon 和 Ham，1988；Snyman 和 Barclay，1989），但是这些煤炭主要为中高挥发分的烟煤。通过开普褶皱带和卡鲁盆地的南西—北东向剖面如图 10-2-7 所示。

（二）地质特征

卡鲁盆地形成于冈瓦纳大陆内部。下沉作用是因刚性基底陆块的垂直运动及介于其间的地壳断裂所致，每个盆地期都记录了一个 3 阶段的演化史，包括地壳抬升、断层控制的下沉和长期的很大程度上没有断层或者侵蚀削切相伴的区域性下沉。卡鲁盆地是受下伏基底控制的克拉通盆地。二叠纪爱卡群和下

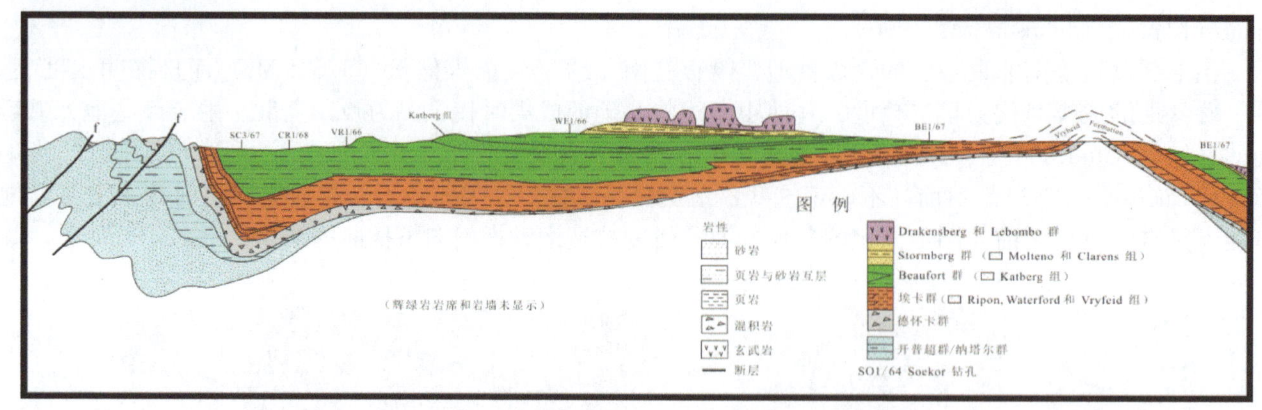

图 10－2－7　通过开普褶皱带和卡鲁盆地的南西—北东向剖面（Winter 和 Venter，1970）

部 Beaufort 群沉积在一个由于在地壳滑脱面之上的伸展耦合导致的向南变深向斜（Tankard 等，2009）。古太平洋板块在超级大陆盘古大陆的南部汇聚型边缘下的浅俯冲导致的挤压构造域以及与此相关的碰撞、地体增生，形成一个大约 6000 km 长的造山带，其中一小部分为开普造山带（Shone 和 Booth，2005）。反射地震和深埋成岩的研究表明，开普造山作用始于早三叠世，其变形被分解成基底参入的走滑断层和薄皮逆冲构造。纳塔尔基地的翘起产生了一个晚期的卡鲁扭张性弧后前陆盆地即主卡鲁盆地，斯托姆贝赫是其最大的沉降中心。早侏罗世的构造重置和大陆溢流玄武岩结束了卡鲁盆地的演化。

主卡鲁盆地位于大洋岩石圈向北俯冲形成的岩浆弧及其相关的开普褶皱带之后，因此，将其划为弧后前陆盆地（Johnson，1991）。该盆地南部前缘位置，二叠纪沉积的爱卡群和 Beaufort 群源自岩浆弧，三叠纪时该盆地的充填物主要来自该盆地边缘快速隆升的开普褶皱带，开普褶皱带也是 Molteno 组和 Elliot 组重要的物源区。该盆地东北部，以位于其西北部、北部、东北部和东部的克拉通高地作为源区。

前卡鲁基底地形主要为南北走向的谷地，是由石炭纪－二叠纪德维卡冰川和大陆冰盖蚀刻出来的。冰盖向北撤退之后，这些谷地被德维卡组冰川成因的地层所充填，为一系列冰川至冰缘沉积物，目前占据着卡鲁超群的底部（Snyman，1998）。随后是克拉通内盆地和海相沉积（爱卡群）以及之后干旱程度不断增加的陆相沉积（位于 Beaufort 群、Molteno 组、Elliot 组和 Clarens 组）。卡鲁盆地的发育伴随着中生代冈瓦纳裂解的德拉肯斯堡玄武质熔岩的喷发而结束，该熔岩由大量后卡鲁辉绿岩岩墙和岩席补给。德拉肯斯堡玄武岩组形成卡鲁序列的顶部。

主卡鲁盆地岩石地层单元空间分布如图 10－2－8 所示，南非含煤盆地地层柱状对比如图 10－2－9 所示。

主卡鲁盆地内德维卡群厚达 800 m，岩石类型多样，反映出冰川或与冰川有关的成因（混杂岩、砾岩、河流冰川砾石质砂岩、韵律层和含有落石的泥岩）。其上覆盖着彼得马里茨堡组厚层泥岩层，代表相对深水环境下的沉积。主卡鲁盆地南端（前缘位置），Ripon 组、Laingsburg 组和 Skoorsteenberg 组的砂岩为前进三角洲坡体根部海底扇的浊积沉积。Fort Brown 组的泥岩和韵律层以及 Kookfontein 组和 Tierberg 组上部构成末端三角洲沉积，其从向上变粗的旋回渐变成 Waterford 组富含砂岩的三角洲前缘。主卡鲁盆地东北部，底部彼得马里茨堡组之上整合地覆盖着 Vryheid 组和 Volksrust 组。含煤的 Vryheid 组为海退层序，既包括向上变粗的三角洲旋回也包括向上变细的河流相旋回，其向南减薄、楔形，渐变成彼得马里茨堡组和 Volksrust 组的粉砂岩和泥岩。Beaufort 组、上覆 Molteno 组、Elliot 组。几乎都是向上变细的河流相沉积物。这些河流大多数为曲流河，大量的冲积平原泥远远超过透镜状河道砂。然而，富含砂岩的 Molteno 组似乎沉积在低弯曲度的辫状河中。Clarens 组沉积时，干旱的风成砂占主导，也可见块状黄土类沉积和交错层理，也识别出河流和干盐湖，反映出较湿润的气候。

（三）含煤地层

该盆地北部为稳定的 Kaapvaal 克拉通，二叠纪煤炭毫无例外地沉积在该克拉通稳定的大陆架上。这些沉积岩埋藏浅，未受到强烈构造应力和高地温梯度的影响。

图 10-2-8　主卡鲁盆地岩石地层单元空间分布图（Johnson 等，2006）

基于地层标志层（如上部煤层之上存在海绿石、下部煤层——2 号煤层之上存在半盆地宽的生物扰动单元）以及煤炭与河流相的关系，将盆地内不同的煤层进行对比（Cadle 等，1993）。Vryheid 组为一系列垂向堆叠、向上变粗和向上变细的组合，其分别代表了三角洲朵体和河流相沉积（Cairncross，1982，1987，1989；Cairncross 和 Winter，1984；Cairncross 和 Hobday，1985；Cairncross 和 Cadle，1988a；Cadle 和 Cairncross，1993；Hobday，1978）。这些三角洲体系最初沉积为发育泥潭沼泽的碎屑沉积物，后来为上叠河流体系向下切割之前的三角洲沉积物，河流部分或全部侵蚀掉这些沉积物。海侵通常结束于泥炭形成阶段。因为已知具有海相特征的特定元素（如硼、氯和溴等）在上覆海相地层的煤炭中比上覆淡水河流层序的煤炭中更富集，所以这些海相地层之下的煤炭受这些事件的影响（Cairncross 等，1990）。

在卡鲁盆地某些特定地区，如 Witbank 煤田（Le Blanc Smith，1980），含煤层序或者直接覆盖在前卡鲁基底之上或者是位于德维卡群冰川地层之上，其结果是这些边缘盆地地区前卡鲁的地形高低起伏，可见之前冰期蚀刻的古河谷和古高地。因此，这些煤层和周边地层的分布强烈受古地形的影响和控制。卡鲁地层之下发育元古代白云岩，喀斯特溶洞成为煤炭厚度特别大的地点（Stuart－Willams，1986）。古河谷里沉积层序最厚，向这些谷地翼部尖灭。一些情况下，古高地高出整个卡鲁序列，沉积时很有可能是群岛（Winter，1985）。与这些煤层相关的三角洲和河流沉积之间相互作用，造成卡鲁盆地北部附近煤田之间明显不同。更明显的是后沉积河道的影响，它侵蚀了下伏地层，包括煤层。

卡鲁盆地二叠纪煤炭沉积（Smith 和 Whittaker，1986a）指示了该储集区北部是从西向东延伸的一条弧（图 10-2-9 中 1、2 和 3）。该地区这些煤层的埋深相对较浅，大多数煤层赋存在地下 200 m 以

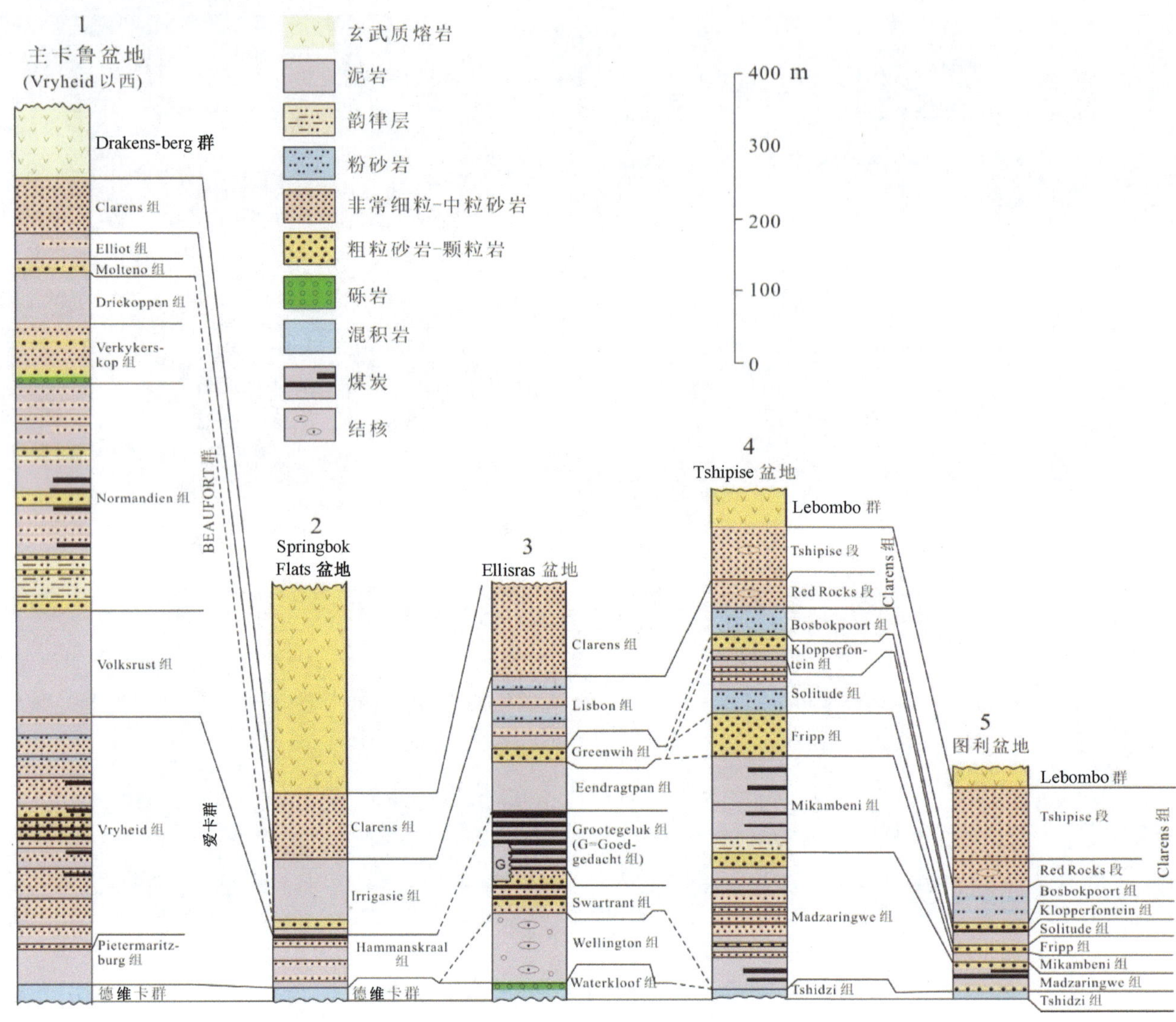

图 10-2-9 南非含煤盆地地层柱状对比图（Johnson 等，2006）

上。煤层埋深向自由省南部、西南部以及西部增加，那里较年轻的三叠纪盖层岩石覆盖在含煤的爱卡群地层之上。在 Witbank、Highveld 以及 KwaZulu－Natal 煤田主要煤炭开采地区内，一般采用露采法开采浅部煤，井工法用来开采更深部的煤炭，但是很少超过 200 m。

爱卡群上部和中部比爱卡群下部的气候更加温暖，这种变暖持续到 Beaufort 群，因此存在大草原和泥质潮滩。含煤地层的堆积发生在克拉通内部盆地，该处发生缓慢持续的沉降。二叠纪以干旱气候结束，未沉积含煤地层。三叠纪中晚期，气候变得更湿润，Molteno 沉积期，盆地发育煤炭和相关的沉积。

（四）煤质

卡鲁盆地煤层的煤质特征见表 10－2－6，卡鲁盆地这些煤炭煤质的平均值显示，这里的煤炭通常矿物质高，表现为非常不同的类型。与北半球石炭纪煤相比，Vryheid 组的煤炭含有更大的惰性组分（Cadle 等，1993），表明泥炭化作用过程中高速率的氧化作用和微生物降解作用（Falcon 和 Snyman，1986）。即便如此，将大部分惰性显微组分划分为半活性的（Falcon，1986b）。卡鲁盆地煤炭组分和特点存在以下趋势：

（1）自由州的煤层中，镜质体含量为 5%～10% 的煤炭最常见（Stavrakis，1986），与高矿物质成分一致（30%～40%）（Cadle 等，1993）。

（2）KwaZulu－Natal 煤田具有最高的镜质体含量，一般为 60% ～80%，与相对低的灰分一致，平均为 21%。

(3) 从西到东,这些煤田的煤级稳步增加,自由省煤炭平均最大垂直镜质组反射率 R_{oVmax} 为 0.49% ~ 0.62%,Witbank/Highveld 煤田的 R_{oVmax1} 为 0.61% ~0.89%,而 KwaZulu – Natal 煤田平均 R_{oVmax} 为 0.74% ~>4.0% (Cadle 等,1993)。因此,这些煤炭为次烟煤到中烟煤,但是东部地区的一些煤炭为高级碳化无烟煤。从西到东煤级的增加是因为东侧岩石圈相对较薄并耦合随后冈瓦纳裂解过程中辉绿岩的溢出而具有更大的地热梯度 (Snyman 和 Barclay,1989)。

表 10-2-6 卡鲁盆地煤层的煤质特征

煤 田	煤层	水分/%	灰分/%	挥发分/%	发热量/(MJ·kg⁻¹)	参 考 文 献
Witbank	1	1.7	25.4		24	Smith 和 Whittaker,1986
	2	53	23.3	21.5	21.2	
	4	2.6	27.6	20.7	22.2	
	5	2.5	13.1	32	28.7	
Higveld	2	38	29.0	9.9	20.5	Jordaan,1986
	4	2.5	27.9	0.2	21.9	
	5	3.2	17.1	32.7	5.9	
Mpumalanga		2.0	20	31.5	25.5	Greenshield,1986
	D	2.5	23	2	24	
	C	3.6	19.9	3	25.3	
	B	0.8	29.5	3.7	21.1	
Vereeniging	Composite	4.4	408	8.0	16.3	Prevost,1997
FreeState	Bottom	5.6	27.7	21.4	20.5	Gilligan,1986
Utrecht	焦煤	1.6	9.1	23.8	31.4	Spurr 等,1986
	Dundas	1.9	10.3	8.3	30.2	
	Gus	1.4	14.2	10.6		
	Alfred	1.2	40.3	11.7	—	
Vryheid	Gus	2.1	6.5	20.8	28.0	Bell 和 Spurr,1986b
Viefontein	Bottom	6.7	25.8	21.1	20.7	Stavrakis,1986
Koppies	1 和 2	4.5	32.6	21	18.7	Stavrakis,1986
Kroonstad	Bottom	4	39.1	21.2	17.2	Stavrakis,198
Wlkom	Bottom	4.5	36.7	2	16.73	Stavrakis,1986
	Top	3.9	34.1	2.8	2071	
	Dwk	39	38.6	22.3	17.6	

数据来源:Cairncross,2001

(五)主要煤田

南非煤田分布如图 10-2-10 所示,主卡鲁盆地东北部分布着一系列煤田,包括西侧的 Free State 煤田、Vereeniging-Sasolburg 煤田和 South Rand 煤田,中部的 Witbank 煤田、Highveld 煤田和 Ermelo 煤田,东侧的 Klip 河煤田、Utrecht 煤田和 Vryheid 煤田,盆地最东缘的 Nongoma 煤田和南部的 Mopane 煤田。

1. Witbank 煤田

Witbank 煤田位置如图 10-2-11 所示,Witbank 煤田位于南非普马兰加省,是南非第一大煤炭产地,该煤田从西部 Springs 一直延伸到东部的 Belfast。北部以前卡鲁基底岩石的隐伏露头为边界,主要为瓦特伯格群砂岩;南部边界为前卡鲁基底山脊,称作 Smithfield 山脊。该煤田为克拉通之上的海陆交

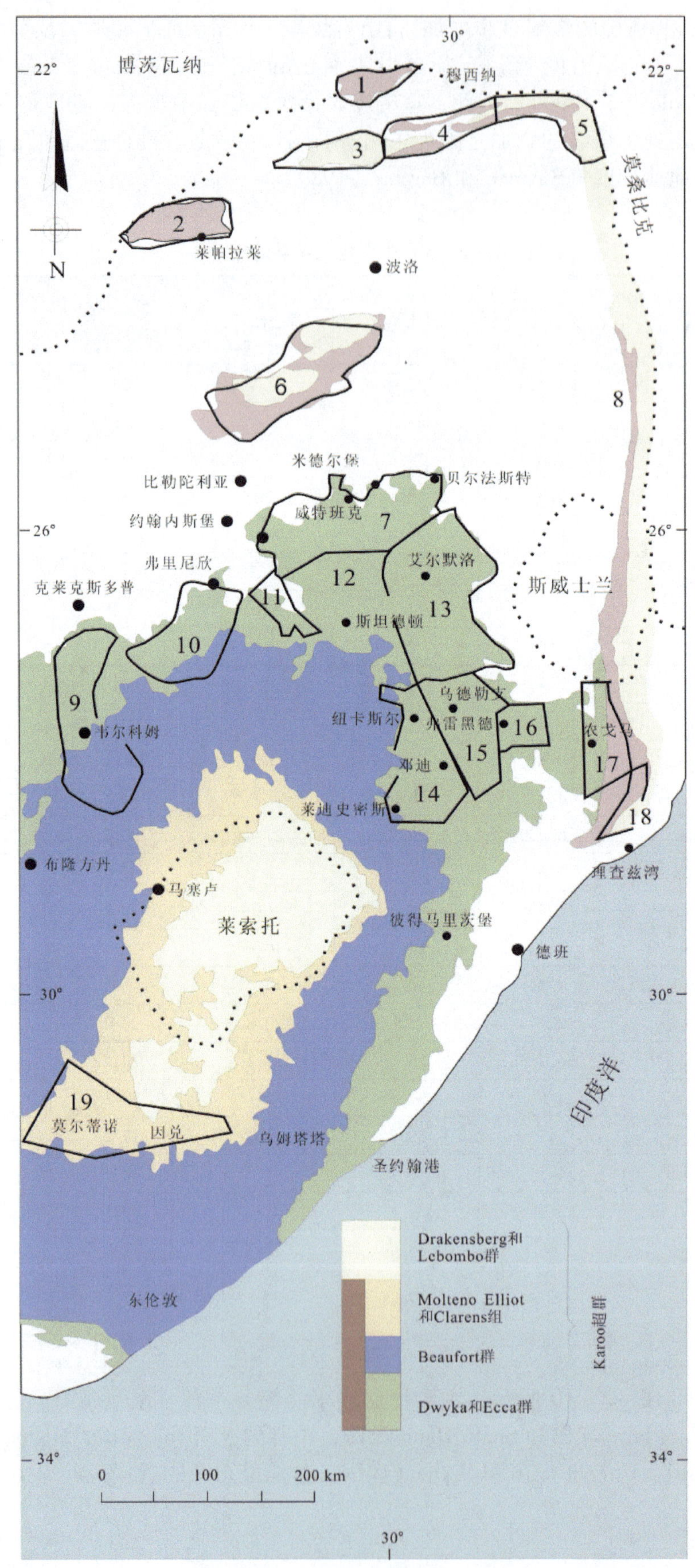

1—Tuli；2—Ellisras（Waterberg）；3—Mopane；4—Tshipise；5—Pafuri；6—Springbok Flats；7—Witbank；8—Kangwane；9—Free State；10—Vereeniging、Sasolburg；11—South Rand；12—Highveld；13—Ermelo；14—Klip 河；15—Utrecht；16—Vryheid；17—Nongoma；18—Somkele；19—Molteno

图 10-2-10 南非煤田分布图（Johnson 等，2006）

互相沉积，石炭纪晚期到二叠纪早期缓慢地持续下降。自 20 世纪早期首次在 Brakpan（Apex 矿山）进行勘探以来，该盆地一直都是勘探和开发的重点。

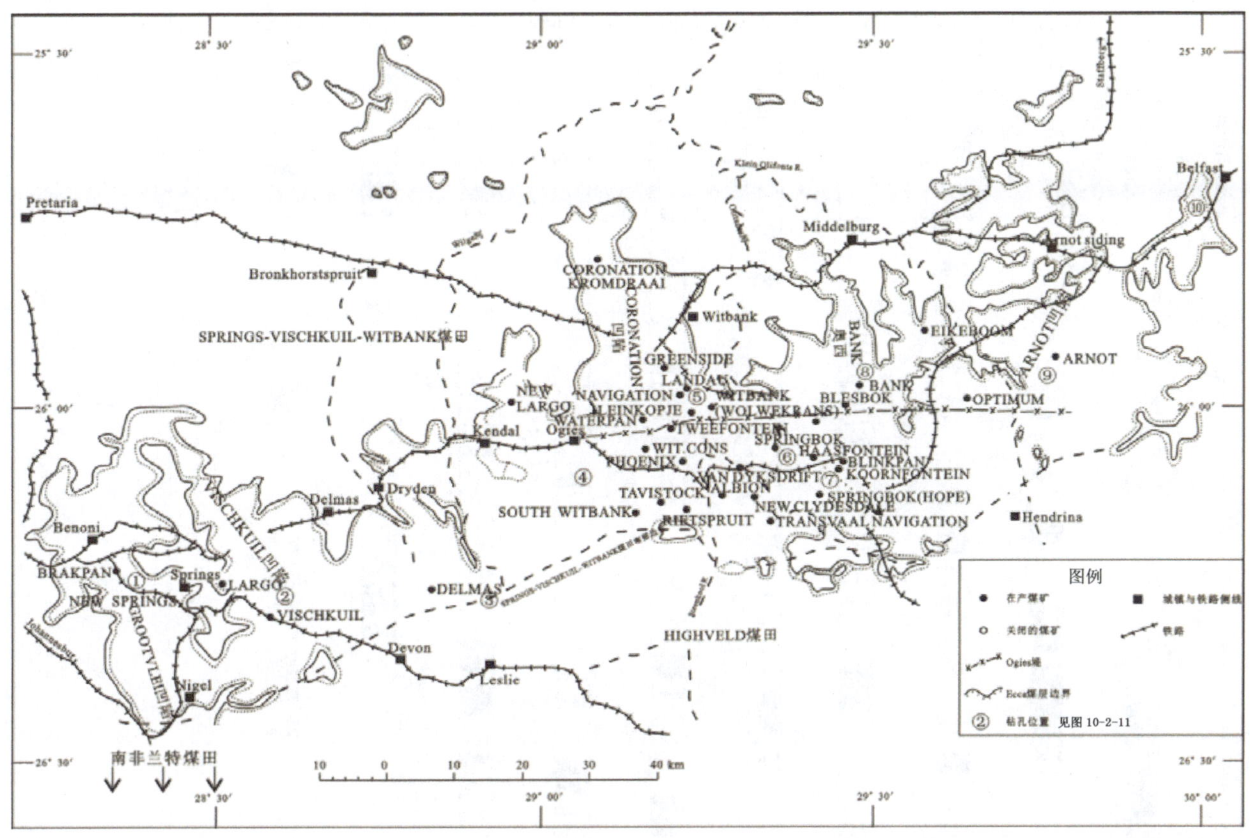

图 10－2－11　Witbank 煤田位置图

1）地质概况

Witbank 煤田地区的卡鲁地层未发生褶皱变形，除局部被辉绿岩截切外未遭受明显位错，小型断层不发育。煤层中存在断层的地方通常与前卡鲁裂谷翼部倾角较陡有关。

辉绿岩岩墙和岩席对煤田产生不利影响。由于辉绿岩的烘烤作用，大面积煤层不能加以开采利用，而且辉绿岩还导致煤层发生明显位错，严重影响许多地区采矿。该地区普遍发育的岩墙主要走向为东、北东和北。最主要的煤田中部的 Ogies 岩墙（图 10－2－11 中的 Ogies 堤）为东西走向，地表延伸大约 100 km，12～20 m 厚，几乎垂直侵入。Ogies 岩墙南侧发育更多辉绿岩岩席，辉绿岩岩席通常切穿煤系地层，导致煤层的倾斜和位错，严重影响采矿。顺层贯入的岩席造成的煤层位错幅度通常相当于岩席厚度。Springs 地区辉绿岩岩墙不常见。

2）含煤地层

卡鲁超群中含煤的爱卡群沉积在波状起伏的前卡鲁基底之上，前卡鲁基底对许多地层（包括煤层）的组分、分布和厚度都存在明显影响。后卡鲁时期侵蚀了大部分地层，包括区内广泛分布的大量煤炭地层，保存下来的卡鲁地层序列的最大厚度为 180 m。Witbank 煤田典型地层柱状图如图 10－2－12 所示，从图中可以看到，卡鲁超群底部通常为冰川成因的混积岩、冰前纹层状粉砂岩和含砾石泥岩以及冰缘砾岩，上覆沼泽、河流相三角洲和海岸沉积。该煤田不同部分识别出 4 个不同沉积层序，顶部盖着煤炭。德维卡沉积在古裂谷最深处最厚，在大多数前卡鲁地形高地处缺失。大多数古地形高地之上煤层分布不连续。Witbank 煤田识别出 5 层煤，从底部向上分别为 1 煤层、2 煤层、3 煤层、4 煤层和 5 煤层，赋存在 20 m 厚地层内。

该煤田大部分地区内，煤层之间夹矸厚度稳定，但是该煤田北边地层单元较薄的地方夹矸厚度多变。这些煤层赋存的地层岩性以砂岩为主，泥岩、粉砂岩和页岩次之。海绿石砂岩发育在 4A 煤层和 5 煤层之上，成为明显的标志层。5 煤层上覆地层为砂质岩石。整个地层序列有卡鲁辉绿岩侵入。

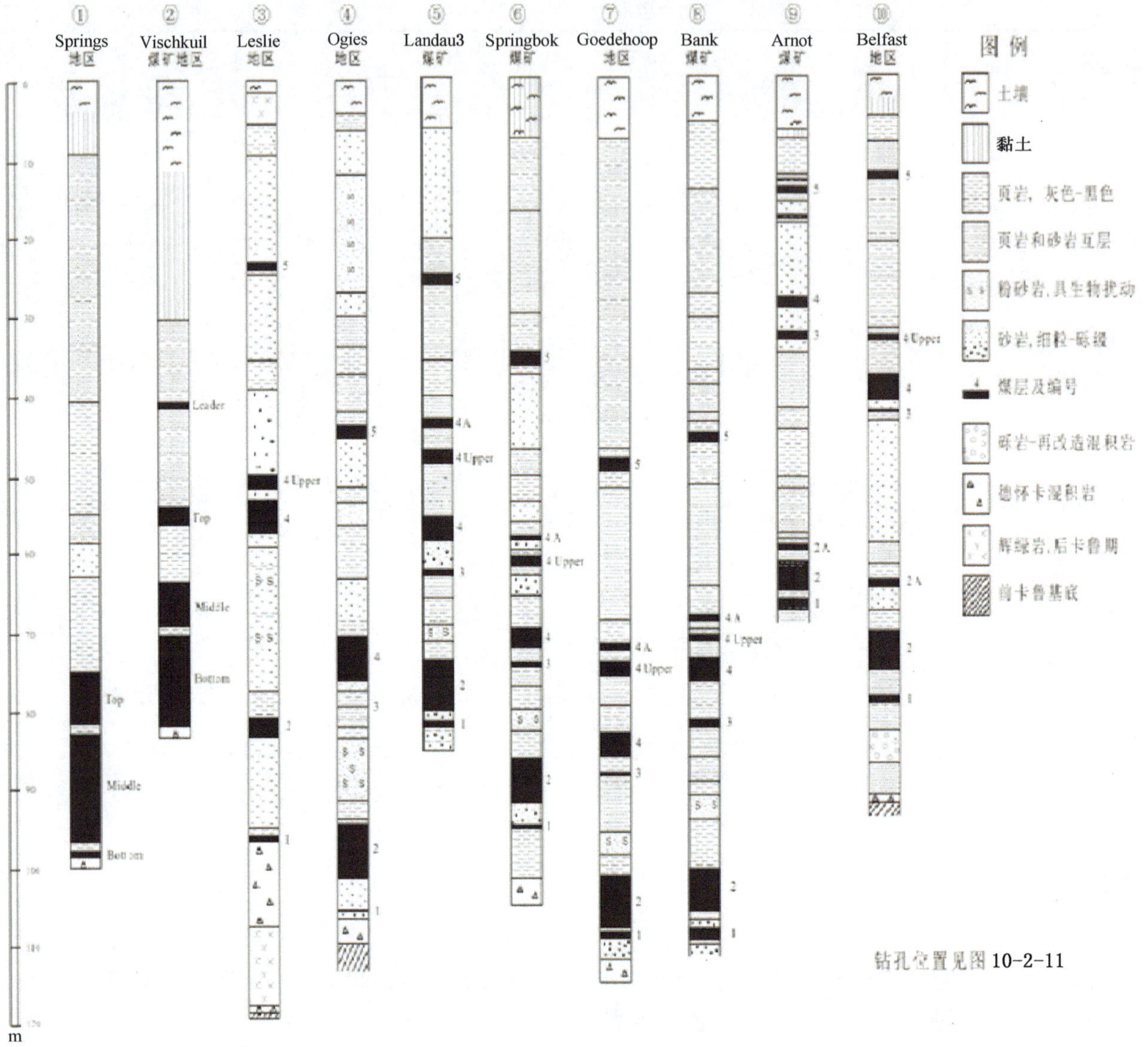

图 10-2-12 Witbank 煤田典型地层柱状图

3）煤层

Witbank 煤田中部南北向剖面图如图 10-2-13 所示，煤田煤层产状水平至缓起伏，向南倾斜。煤层分布通常受前卡鲁基底地形控制。4 煤层和 5 煤层分布更规则，大部分受当前地表地形限制。

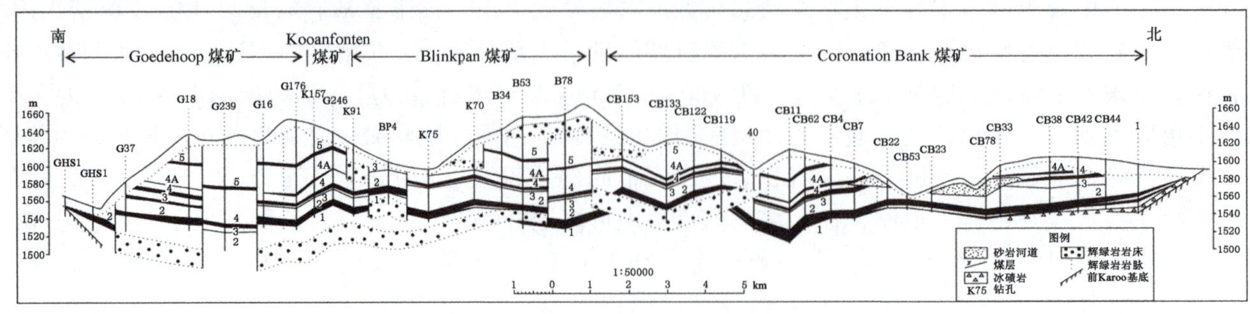

图 10-2-13 Witbank 煤田中部南北向剖面图（垂向比例尺夸大）

从图 10－2－12 中可以看到煤田从西部的 Springs 地区到东部 Belfast 地区煤层的典型赋存和分布情况。

Witbank 煤田内，2 煤层为最广泛开采的煤层，一直是最重要的经济煤层。其他经济煤层为 5 煤层、4 煤层和 1 煤层。尽管过去认为 3 薄煤层（通常不超过 0.5m 厚）不具有经济价值，但是局部厚度达到 0.8 m 且煤质好。Witbank 煤田煤层平均厚度、埋深以及最大厚度与最大埋深见表 10－2－7。

表 10－2－7　Witbank 煤田煤层平均厚度、埋深以及最大厚度与最大埋深　　m

煤　层	深　　度			厚　　度		
	矿区平均	煤田平均	煤田最大	矿区平均	煤田平均	煤田最大
1	25	90	135	2	1	3
2	60	85	130	6.5	5	9.5
4	40	65	105	5	2.8	10
5	30	30	80	1.8	1.3	2.2

1 煤层是 4 层经济可采煤层中最不重要的煤层。1 煤层通常在该煤田北部、Witbank 附近及其东侧 Optimum 煤矿和 Arnot 煤矿附近发育较好，煤层厚度为 1.5～2 m。

2 煤层占 Witbank 煤田煤炭资源量的 69%，煤质最好。该煤田中部，2 煤层平均厚度大约为 6.5 m。Witbank 地区该煤层显示清楚的分带现象，5 条煤带具有不同的煤质。Landau 和 Greenside 矿山处，底部 3 条煤带目前开采高度大约为 4 m。2 煤层生产低灰分焦煤（用作出口或供应 Iscor）以及动力煤（用作出口或当地消费）。Witbank 煤田 2 煤层典型剖面图如图 10－2－14 所示。

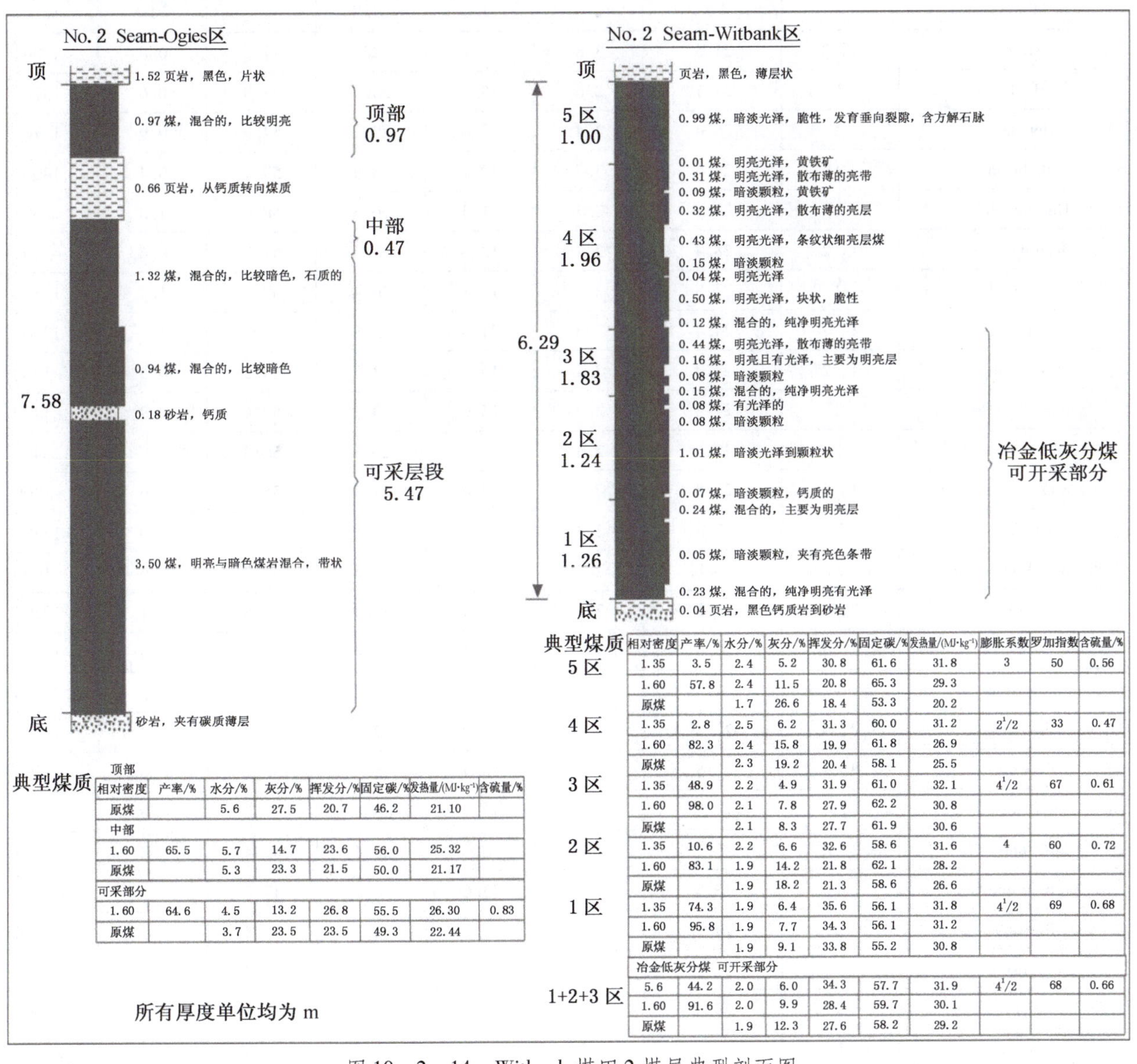

图 10－2－14　Witbank 煤田 2 煤层典型剖面图

4 煤层约占该煤田煤炭资源量的 26%。该煤层厚度从 Witbank 中部地区 2.5m 变化到其他地区 6.5m，后者含有许多页岩和砂岩的夹层。该煤层通常为暗煤到暗光亮煤，适合用作发电站原料，New Largo 和 Blinkpan 煤矿开采此煤层。

5 煤层仅占 Witbank 煤田煤炭资源量的 4%。大部分地区该煤层被广泛侵蚀，目前，采煤地区该煤层大约 1.8 m 厚，很少超过 2 m。该煤层为混合条带状，主要为亮煤，一些地方发育薄层页岩和泥岩夹层。

4）煤矿生产和煤质

Witbank 煤田在产煤矿和煤质见表 10－2－8，Witbank 煤田有 27 个煤矿，这些煤矿开采该煤田的 1、2、4 煤层和 5 煤层中的一条或多条。5 煤层具有较高的发热量，多在 29 MJ/kg；2 煤层发热量为 27 MJ/kg，4 煤层发热量较低，为 23 MJ/kg，水分多在 3% 以上。这些煤层灰分变化较大，在 6% ~27%，5 煤层灰分相对较低，为 11% 左右，4 煤层最高。挥发分 5 煤层多在 32%，4 煤层最低，为 26%。硫分 5 煤层最低，为 0.5% ~0.6%，4 煤层最高，为 1.3%。1 煤层一般与其他煤层合采时，煤质仅次于 5 煤层。

表 10－2－8 Witbank 煤田在产煤矿和煤质（空干基）

煤　矿	煤层	发热量/（MJ·kg⁻¹）	水分/%	灰分/%	挥发分/%	固定碳/%	硫分/%	灰熔点/℃
Albion	2	28	2.6	13	27.7	56.7	1	1220
Arnot	1，2	21.5	3.8	27.1	22	47.1	0.8	1400
Bank	2	27.1	2.6	15.7	23.9	57.8	0.6	1370
Douglas	2	26.4	2.4	18.6	24.1	54.9	0.9	1370
Eikeboom	2	28.5	3.7	10.1	26.5	59.7	0.4	1400
Haasfontein	2	24.7	2.3	21.3	26.3	50.1	1.3	1360
Kleinkopie	1，2	28.4	2.7	12.9	25.1	59.3	0.6	+1400
New Cydesdale	2	27.8	2.6	13.8	26.4	57.2	1.4	1330
Optimum	1，2	24.4	3.3	21.9	25.8	49	1.1	1330
Rietspruit	1，2	27.2	3.4	13.9	23.5	59.2	0.5	+1400
SACE－Landau	2	27.3	2.3	15.9	23.2	58.6	0.8	+1400
Springbok	2	28.5	2.4	13	26.3	58.3	1	1340
Teansvaal，Navigation	1，2	27.8	2.5	14.6	27.1	55.8	0.6	+1400
Van Dyksdrift	2	27.4	2.4	15.5	25.5	56.6	0.9	1380
Witbank（Wolwekrans）	1，2，4	26.8	2.3	17.5	21.5	58.7	0.6	+1400
Blinkpan	2，4	23.5	2.7	24.4	22.4	50.5	1.1	1330
Delmas	2，4	26.4	4.2	14.1	28.4	53.3	1.5	1300
Greenside	2，4，5	27	2.4	15.9	24.2	57.5	0.5	+1400
New Largo	2，4	22.8	3.4	24.9	22.8	48.9	1.4	1370
Phoenix	2，4	27.5	3.4	13.4	25.1	58.1	0.6	1300
Tavistock	2，4	27.5	3.1	13.3	26.4	57.2	0.9	1320
Tweefontein	2，4	25.3	3.2	20	23.4	53.4	1.2	+1400
South Witbank	4	23.3	3	23.6	26.2	47.2	1.3	1310
Blesbok	5	29.9	3.1	9.3	32.3	55.3	0.5	+1400
Greenside	5	27.8	2.6	14.7	29.3	53.4	0.5	1330
SACE－Navigation	5	29.5	2.5	11	32.3	54.2	0.5	1390
Springbok	5	29.8	2.7	10.4	32.5	54.4	0.6	+1400

2. Highveld 煤田

Highveld 煤田位置如图 10－2－15 所示，Highveld 煤田位于普马兰加省东南部，Witbank 煤田以南，从西侧的 Nigel 和 Greylingstad 延伸约 95 km 至东侧 Davel，从 Kriel 以北跨南部的斯坦德顿，长度约 90 km，覆盖面积约 7000 km^2，是南非继 Witbank 煤田之后的第二大在产煤田。

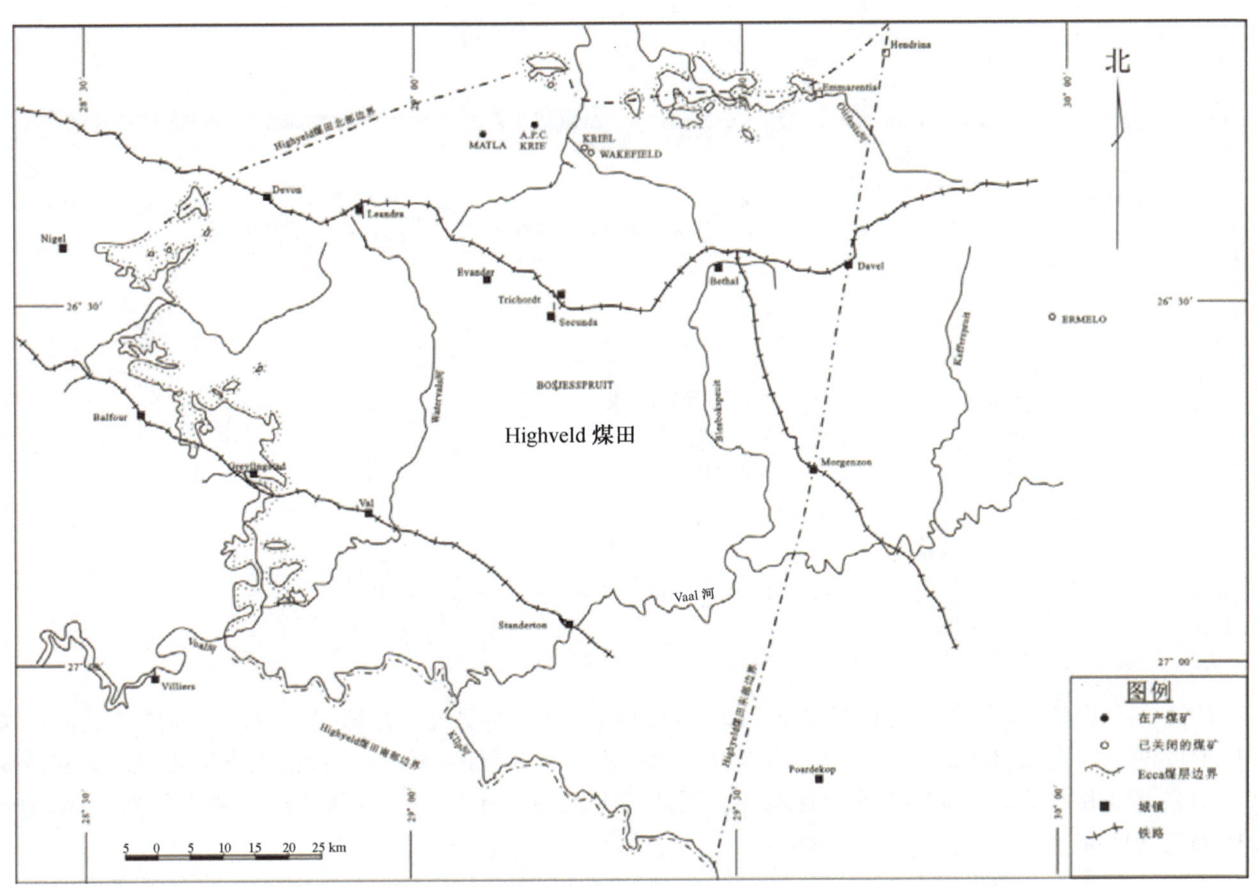

图 10－2－15 Highveld 煤田位置图

Highveld 煤田北部边界东侧为前卡鲁花岗岩和石英闪长岩山脊，西侧界限不清楚。该煤田西部和西南部以花岗岩和威特沃特斯兰德超群岩石为界。东部边界大概从东北部 Hendrina、经过 Davel 和 Morgenzon 到达南部 Klip 河。南部边界位于 Sanderton 以南、沿着 Klip 河一直到与 Vaal 河汇合处，之后沿着该河流一直到 Greylingstad 以南一点。

该煤田地形通常缓起伏，高度在 1520～1680 m。该煤田南部低矮平顶的丘陵上覆辉绿岩。Vaal 河流和 Olifants 河流之间水系是 Witwatersrand 水域的延伸，该地区北部流经两条河流的支流。

1）地质概况

Highveld 煤田的煤层产状水平至缓起伏，向南缓倾斜。然而，该煤田北边和西边煤层地形和区域分布通常受前卡鲁地形控制。Highveld 煤田西北部分地质剖面如图 10－2－16 所示。

除辉绿岩岩席侵入造成沉积层序位错之外，卡鲁地层层序并未被断层错断。存在小型断层（断距不超过 1 m），但是除 Bosjesspruit 煤矿储集区北部东西走向地堑断层下降 22 m 之外，尚未识别出较大断层。

Drakensberg 组以侵入大部分覆盖区的辉绿岩为代表，辉绿岩以岩墙和岩席产出，对该煤田大部分地区的煤层具有破坏作用。岩墙厚度为 1～4 m，产状通常为东西向，还有南北向、北东向和北西向。与岩墙有关的烧变带或脱挥发分煤带宽度变化。烧变带厚度在 1～30 m 并且不一定与岩墙的宽度有关。影响烧变程度的因素包括侵入体温度、熔融流体的持续时间和侵入体产状。该煤田大部分地区存在辉绿岩席，顺层侵入卡鲁沉积物并使其具有斑状结构。辉绿岩岩墙和岩席频繁切穿煤系地层，导致煤层的倾斜和错断。

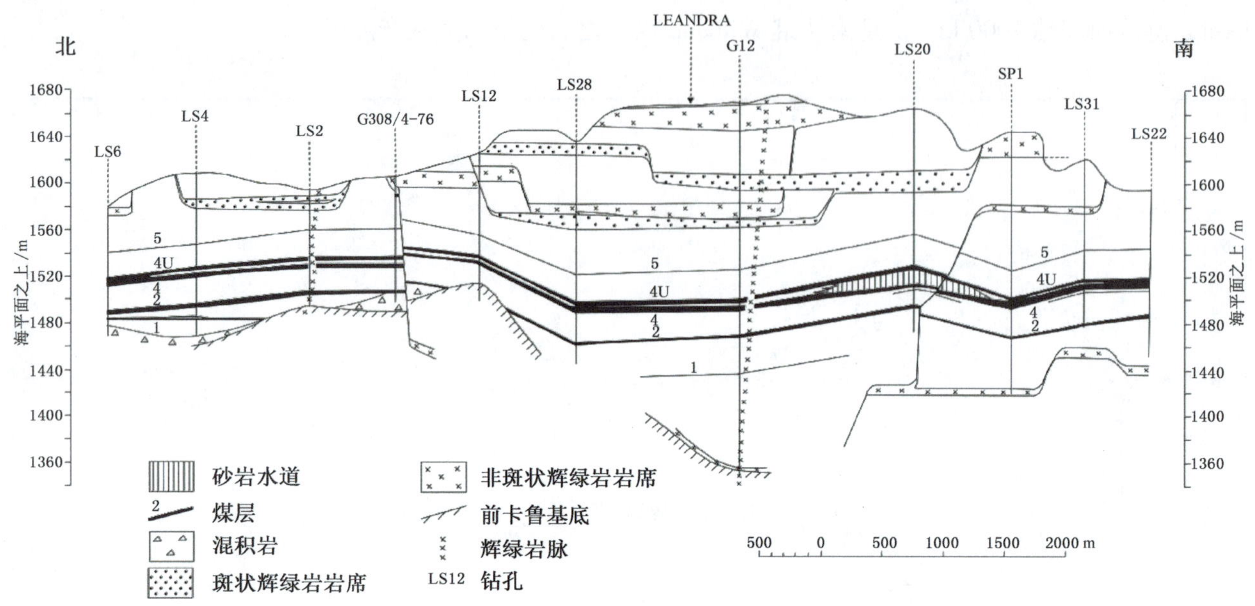

图 10-2-16 Highveld 煤田西北部分地质剖面图

2）含煤地层

Highveld 煤田发育卡鲁超群德维卡群和爱卡群沉积。这些地层沉积在德维卡冰川之间或者之前侵蚀作用形成的前卡鲁波状起伏地表之上。后卡鲁侵蚀作用将大部分地层侵蚀，包括该煤田北部的大多数煤层，沿着北部和西部边界暴露出前卡鲁地层。因此，卡鲁地层序列的厚度从北部极薄变化到 Standerton 地区超过 300 m。

该地区并未出露德维卡群沉积岩，发育在地下 Vryheid 组之下，遍布整个煤田的钻探证实了德维卡群岩石的存在，该地区大部分被砂质土壤或爱卡群露头覆盖。煤田内，将爱卡群细分为 Vryheid 组和 Volksruts 组，而彼得马里茨堡组缺失。

Witbank 煤田北部和西部识别出 5 个煤层，从底部向上依次为 1 煤层、2 煤层、3 煤层、4 煤层和 5 煤层。该煤田东部和南部缺失下部两个煤层。煤层之间夹矸厚度从东到西、从北到南变小。这些煤层通常被粗粒砂岩分隔，顶部变细为粉砂岩或页岩。4 煤层和 5 煤层顶部存在海绿石砂岩，指示海退的海相阶段，构成有用的地层标志层。该煤带上覆另一个三角洲层序，为灰白色砂岩以及砂质含云母页岩和粉砂岩，该单元厚度为 60 ~ 100 m。

Standerton 地区高地上局部发育 Volksrust 组，为薄层蓝色、深灰色、黑色或风化的淡黄色页岩。

3）煤层

该煤田存在的 5 个煤层赋存在爱卡群中部的 Vryheid 组，从底部向上分别为 1 煤层（S1）、2 煤层（S2）、3 煤层（S3）、4 煤层（S4）以及 5 煤层（S5）。在该煤田局部地区，4 煤层被碎屑夹矸分开，分别称作 4 煤层和 4 煤层上部。1 煤层零星发育，平均厚度通常不超过 0.5 m。2 煤层大约位于 4 下部煤层之下 30 m，平均厚度不超过 1.5 m。4 下部煤层平均厚度为 4 m，主要为暗煤以及夹层的光亮煤区。4 煤层平均厚度为 0.3 ~ 1.3 m，而 5 号煤层厚约 1.5 m。最重要的经济煤层为 4 煤层和 2 煤层。目前，北部开采 2 煤层和 4 煤层，而南部仅开采 4 煤层。4 煤层大约占 Highveld 煤田经济可采煤炭的 80%。

2 煤层位于 Highveld 煤田北缘至西南侧 Vaal 河附近，埋深大概为 30 m。2 煤层侧向连续分布，煤层厚度在 1.5 ~4 m，西部和东北部局部地区厚度达到 8 m。该煤层内不规则分布页岩夹矸，厚度在 0.1 ~1 m。因为煤层厚度和煤质的变化，整个煤层上部 2 ~3 m 或底部 2 ~3 m 为可采部分。2 煤层通常为低级烟煤，平均灰分为22% ~35%，热值（发热量）在20~23 MJ/kg。然而，Leandra附近煤炭具有较好煤质和良好可洗性，生产高级烟煤，热值为27 MJ/kg。

4煤层为该煤田重要煤层，煤层埋深从露天开采的Kriel处15 m变化到Standerton以东大约300 m。平均厚度大约4 m,厚度范围为1~12 m。最厚煤层位于该煤田西部和北部。发育较厚煤层地方,普遍存在0.1~0.6 m厚的夹矸,主要在该煤层顶部附近。Highveld煤田4煤层典型剖面图如图10-2-17所示。

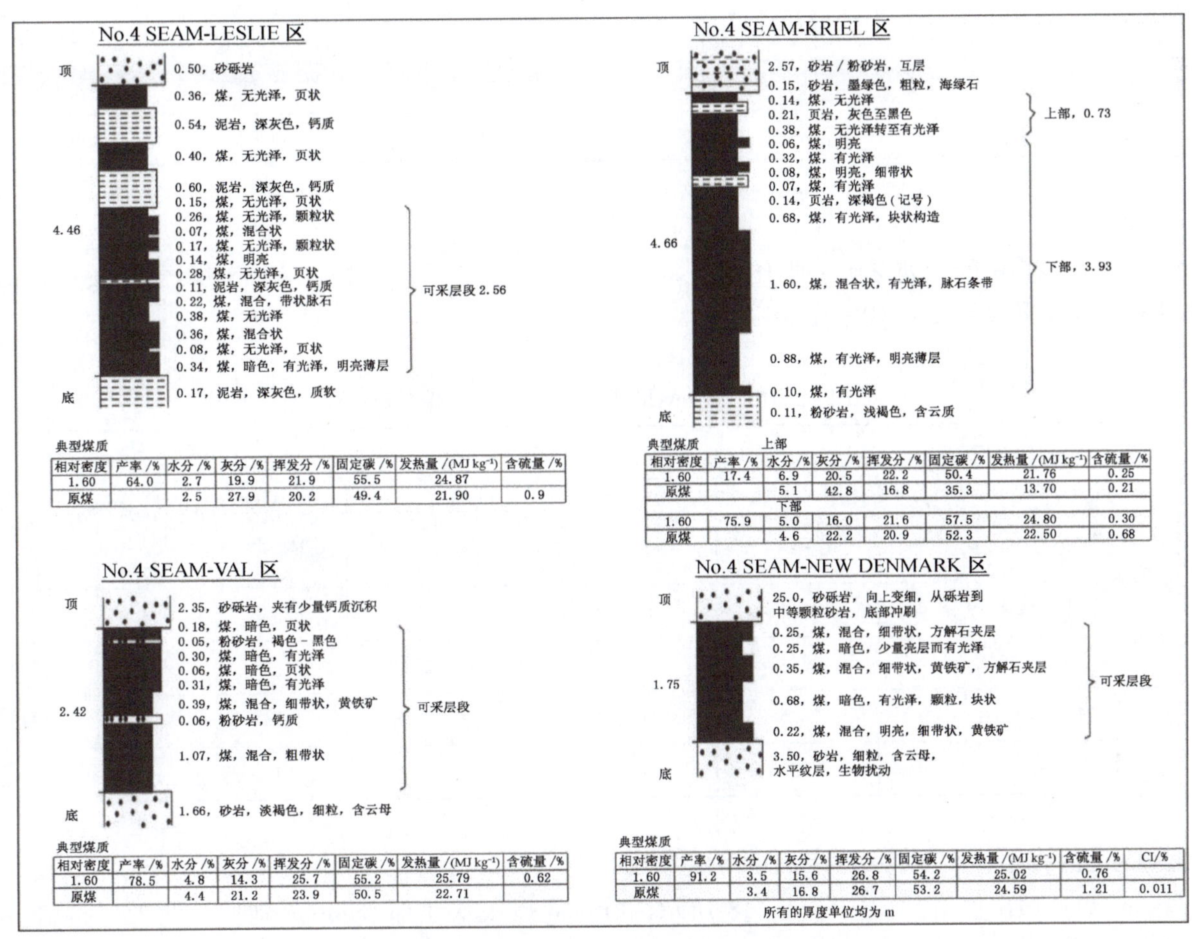

图10-2-17 Highveld煤田4煤层典型剖面图

4煤层主要为低级烟煤，灰分在20% ~35%、热值为18~25 MJ/kg。较厚煤层区,煤层上部1~2 m灰分约为40%，热值约为15 MJ/kg，而该煤层下部3~4 m灰分约为21%，热值约为23 MJ/kg。可采部分通常为暗光亮煤、少量混煤和暗煤。

该煤田西部某些地区4上部煤层达到可采厚度，埋深为70~150 m，平均可采厚度大约为2 m（在1.5~3.4 m）。该煤层煤质多变，通常为低级烟煤，灰分为25%，热值为22 MJ/kg，适合用作电站燃料。

尽管该地区大部分发育5煤层,仅在煤田北部和西部达到可采厚度。该煤层埋深在15~150 m,厚度在1~2 m。5煤层通常比其他开采煤层煤质要好,具有低级焦煤性质,洗煤操作之后能获得高级煤产品。

4）资源量和煤质

Highveld煤田煤炭资源量见表10-2-9，Highveld煤田原位可采资源为14252 Mt，其中，可采量总计9924 Mt，井下开采和露天开采量分别为8964 Mt和960 Mt。

Highveld煤田的煤质多变。Highveld煤田大部分地区，2和4煤层为低级烟煤，具有相对高的灰分和低热值。煤炭可洗性通常较差，仅在局部地区2煤层的煤炭具有良好水洗性，能够获得高级煤炭产品。该煤田东南部4煤层生产高级煤炭。5煤层含有高级煤炭，但是无焦化特点或者非常弱。

表 10-2-9 Highveld 煤田煤炭资源量

煤　层	厚度/m	探明储量/Mt	可采储量/Mt		
			井　下	露　天	总　量
2	2.95	1789	968	50	1018
4	3	11234	7076	910	7986
4（上）	1.8	140	97		97
5	1.2	1089	823		823
总计		14252	8964	960	9924

5）在产煤矿

1979 年，该煤田的 3 处煤矿主要开采 4 煤层，仅有一家公司开采 2 煤层和 5 煤层，Highveld 煤田 1979 年在产煤矿和煤质见表 10-2-10。

表 10-2-10 Highveld 煤田 1979 年在产煤矿和煤质

序号	煤　矿		煤层	煤　质						
				发热量/（$MJ \cdot kg^{-1}$）	水分/%	灰分/%	挥发分/%	固定碳/%	硫分/%	灰熔点/℃
1	Kriel	露采	4	19.1	3.8	33	20.8	42.4	0.9	1320
		井工	4	23.1	4	22.3	22.4	51.3	1	1300
2	Matla		4	23.5	4.6	19.2	23.6	52.6	1.3	1320
3	Bosjesspruit		4	23	4.8	20.9	23.3	51	1	1300

3. Ermelo 煤田

Ermelo 煤田煤矿位置如图 10-2-18 所示，Ermelo 煤田从北部 Carolina 延伸大约 150 km 至南部 Dirkiesdorp，从西侧 Morgenzon 延伸大约 75 km 到东侧的 Amsterdam。该煤田位于 Witbank 煤田和 Highveld 煤田之间，与南侧 Klip 河煤田和 Utrecht 煤田之间的界限不清楚，该煤田北部和东部以前卡鲁基底岩石露头为界。

该地是 Highveld 地区的典型代表，发育略微波状起伏的辉绿岩盖顶的丘陵和轻度切割的地形。然而，中部和南部有陡峭的悬崖。Vaal 河流水源位于 Breyten 地区，与其支流共同形成重要的水系。大多数土地用作农业或林业，Ermelo 是重要的城市和工业中心。该煤田运转的唯一电站为 Camden 处的 1600 MW 电站，由 Ermelo 东南侧大约 20 km 处 Usutu 煤矿供应煤炭。

Ermelo 煤田部分煤矿的基本信息见表 10-2-11，Ermelo 煤田已经完成约 5000 口钻井，但是大多数数据为采矿公司所有而未公开。2002 年，该煤田有 9 个煤矿，其中多为中小型煤矿。Ermelo 煤田由 Xstrata Coal SA 生产高级动力煤，用作出口。现在关闭的 Ermelo 矿和 Usutu 矿过去是供应 Eskom 的 Camden 发电厂，已经枯竭的 Majuba 煤矿曾经供煤给 Majuba 电站。截至 2004 年底，Camden 逐渐恢复，开始由 Golang 煤矿供应煤炭，该煤矿合并了 Golfview 煤矿和 Usutu 煤矿。煤炭主要产自 B、C 和 E 煤层。

1）含煤地层

Ermelo 煤田地层柱状图如图 10-2-19 所示，Ermelo 煤田所有煤层均赋存在爱卡群（卡鲁超群）Vryheid 组地层内。卡鲁超群从下到上包括德维卡群、爱卡群、Beaufort 群以及斯托姆贝赫和德拉肯斯堡群。爱卡群的地层从老到新为 Pietermaritzburg 组、Vryheid 组和 Volksrust 组。

图 10-2-18 Ermelo 煤田煤矿位置图

表 10-2-11 Ermelo 煤田部分煤矿的基本信息

煤 矿	样品数	发热量/(MJ·kg^{-1})	水分/%	灰分/%	挥发分/%	固定碳/%	硫/%	软化温度/℃	煤层
Anthra	5	25.56	3.46	20.2	8.7	67.64	1.2	1400	CL
Carolina	5	24.96	2.84	21.04	23.18	52.94	0.88	1400	E
Droogvallet（已关闭）	5	28.0	2.74	14.28	35.06	47.92	1.24	28	B
Ermelo	1	27.8	3.4	12.7	31.4	52.5	1	1320	CL
Savmore（Klepspruit）	6	27.75	3.9	12.73	24.97	58.4	0.65	1400	B，C，CL
Splizkop	5	27.34	3.04	15.14	29.08	52.74	1.16	1312	B，C
Union	4	26.15	3.05	17.6	27.2	52.15	0.825	1300	C
Usutu（南和东）	1	24.9	4.4	17.4	25.8	52.4	1.8	1230	B，C
Usutu（西）	1	22.8	4.4	22.3	24.4	48.9	1.3	1260	

数据来源：Murray，1980；Mehliss，1982

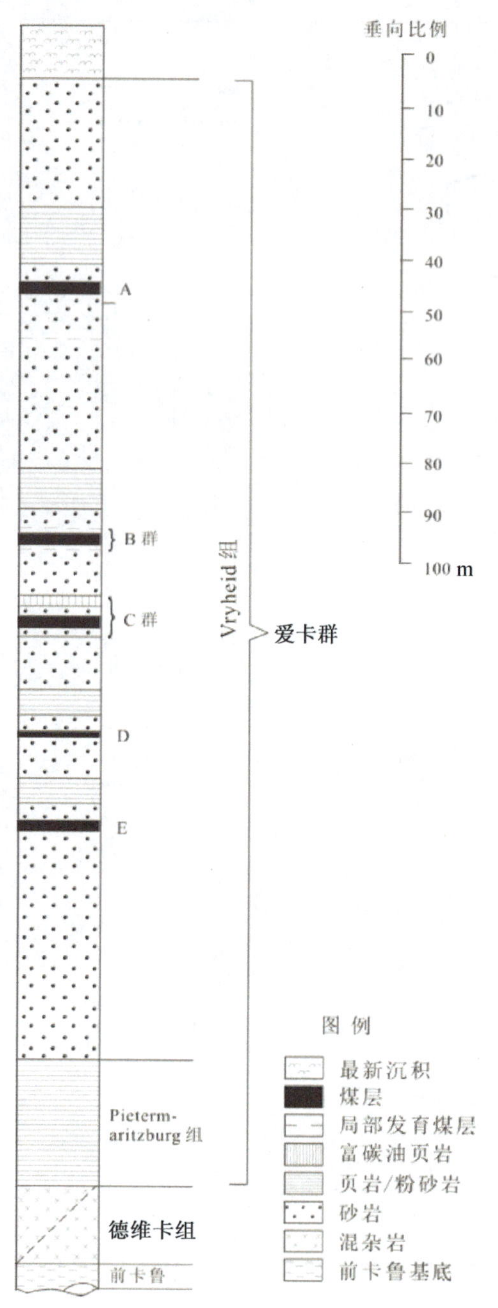

图 10-2-19 Ermelo 煤田地层柱状图

卡鲁沉积朝南或向盆地方向增厚。煤田北部和东部边缘地区德维卡群和彼得马里茨堡组零星发育；中部的德维卡群和彼得马里茨堡组减薄至缺失，Vryheid 组地层直接覆盖在基底之上；该煤田南部地区，德维卡群厚度多变，而彼得马里茨堡组厚达 75 m。Vryheid 组广泛发育，以砂岩为主，页岩次之，最大厚度为 170 m，该煤田内大部分地区该组顶部被侵蚀。该地层内赋存 5 个重要煤层，从下向上依次是 E 煤层、D 煤层、C 煤层、B 煤层和 A 煤层。Ermelo 煤田的煤层可以与附近 Utrecht 煤田和 Highveld 煤田间的各个煤层进行对比，对比结果见表 10-2-12。

2）构造和辉绿岩体

Ermelo 煤田内煤层产状水平或缓起伏，区域上朝西南倾斜。整个地区断层发育并且几乎都与侏罗纪卡鲁辉绿岩侵入有关。

这些侵入体以垂直至近垂直的岩墙和顺层侵入的岩席形式产出，岩席侵入引起上覆地层的抬升。该煤田不同地层发育若干大型岩席。最主要岩席出露于 Ermelo 以西 Sheepmoor、Glenfillan 和 Dirkiesdorp 地区以及 Morgenzon 和 Amerfoort 之间陡崖。岩席数量朝南增加，在那里见到 8 条重要岩席，厚度超过 250 m（Visser 等，1958）。Dirkiesdorp 附近至少两条辉绿岩岩席位于煤系之下并顺层侵入，但不是所有侵入体都影响到煤层。

3）煤层

Ermelo 煤田煤层分布及范围如图 10-2-20 所示，Ermelo 煤田的煤层主要集中在煤田的北部和东南部。前卡鲁基底地形影响了下部煤层分布，而该煤田北部和中部大部分地区，A 煤层已经基本被侵蚀剥移，而 B 煤层和 C 煤层也部分被剥蚀。

煤田内不同地区煤层的发育情况不同。在煤田南部地区，E 煤层厚度下降，煤质下降；中部地区 C 煤层达到经济厚度，而 B 煤层和 C 下部煤层也可以作为采煤的靶区。煤田南部地区，B 煤层（Alfred）变得不重要，而 C 煤层（Gus）和 C 下部煤层（Dundas）仍是最具吸引力的勘探目标。Ermelo 煤田典型地层柱状图如图 10-2-21 所示。

煤田北部 E 煤层发育良好，最大厚度超过 3 m，埋深从地表到地下 100 m，可露天开采和地下开采。该煤层主要为条带状亮煤，可能包括至少一层薄砂岩或碳质泥岩夹矸。Carolina 和 Union（Naudesbank）煤矿开采 E 煤层，生产动力煤销往当地市场和国外市场。

区域上 D 煤层太薄（0.1~0.4 m）而不具有经济价值，但可能局部增厚，特别是当与其他煤层同时考虑时，可能具有露天开采的潜力。该层煤通常含有高的镜煤，偶尔可见暗煤带并且缺少碎屑夹矸。

C 煤层通常被不同厚度的夹矸分开，特别是在北部和中部地区，煤层和煤层夹矸的复杂性可能导致很难进行煤层对比。一般将 C 煤层细分为 C 下部煤层和 C 上部煤层，但整个煤田似乎并不发育 C 下部煤层。C 上部煤层经常分叉，其下部有时被错认为是 C 下部煤层。

在煤田北部地区，C 下部煤层通常较薄（<0.6 m）。然而，中部地区该煤层的煤质一般较好并且埋藏很浅，因此具有露天开采的潜力。

表 10-2-12　Ermelo 煤田与周边 Highveld 煤田和 Utrecht 煤田之间煤层对比

Highveld 煤田	Ermelo 煤田		Utrecht 煤田
	北半部	南半部	
5 煤层	A 煤层	Eland 煤层	Eland 煤层
4A 煤层	B 煤层	Alfred 煤层	Alfred 煤层
4 上部煤层	C 煤层	Gus 煤层	Gus 煤层
4 下部煤层	C 下部煤层	Dundas 煤层	Dundas 煤层
3 煤层	D 煤层	焦煤煤层	焦煤煤层
2 煤层	E 煤层	Targas 煤层	Targas 煤层

数据来源：De Jager，1976

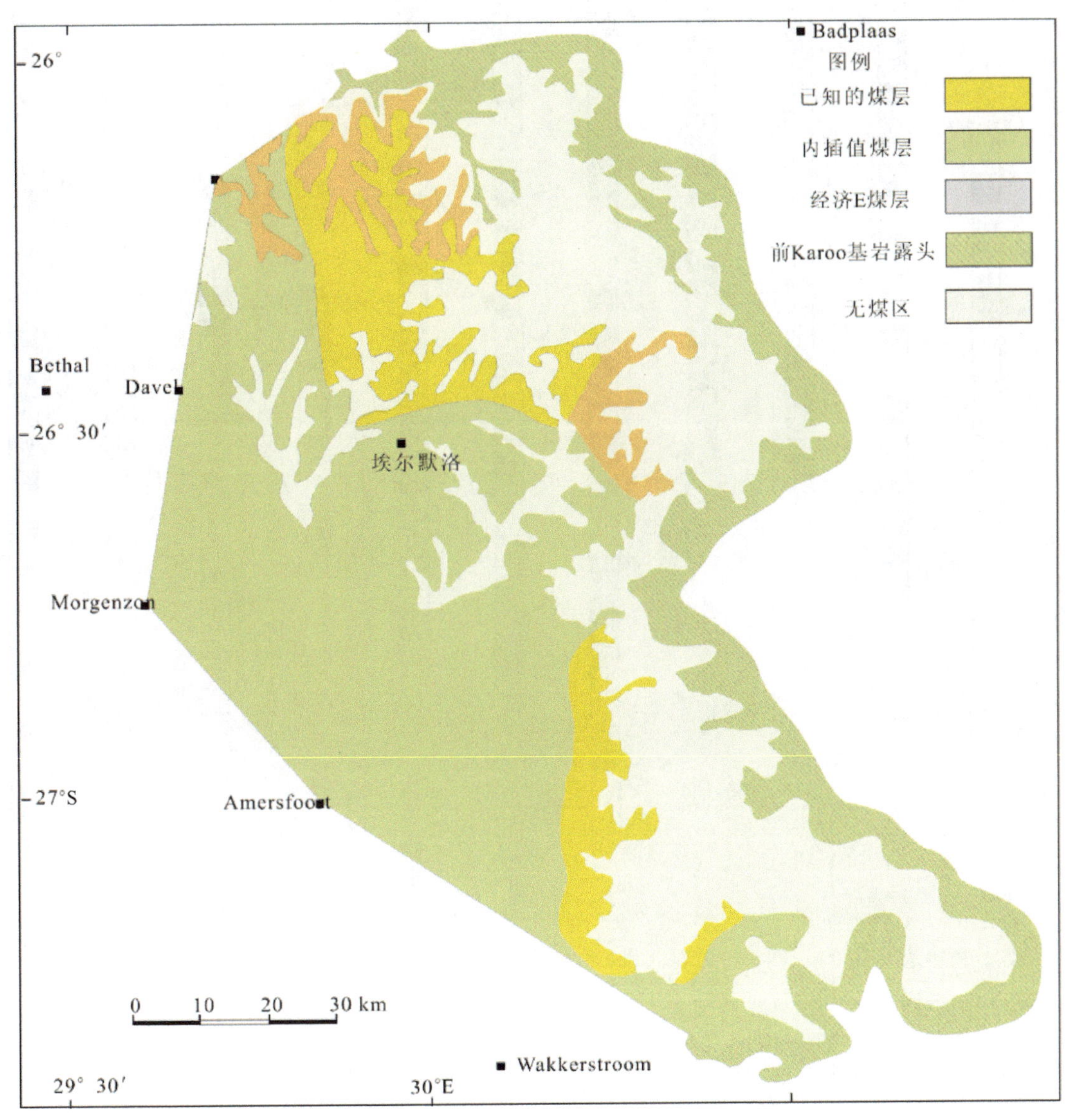

图 10-2-20　Ermelo 煤田煤层分布及范围

Savmore 煤矿和 Anthra 煤矿开采 C 下部煤层（Dundas 煤层），Anthra 煤矿是该煤田唯一生产无烟煤的煤矿。

C 上部煤层在整个煤田内发育。该煤层一般包括 2～3 层煤，煤层间被厚度不同并且横向分布不同的砂岩、粉砂岩或泥岩分隔。

煤田南部 C 上部煤层被称作 Gus 煤层，在该煤田最发育，厚度为 0.5～3 m。

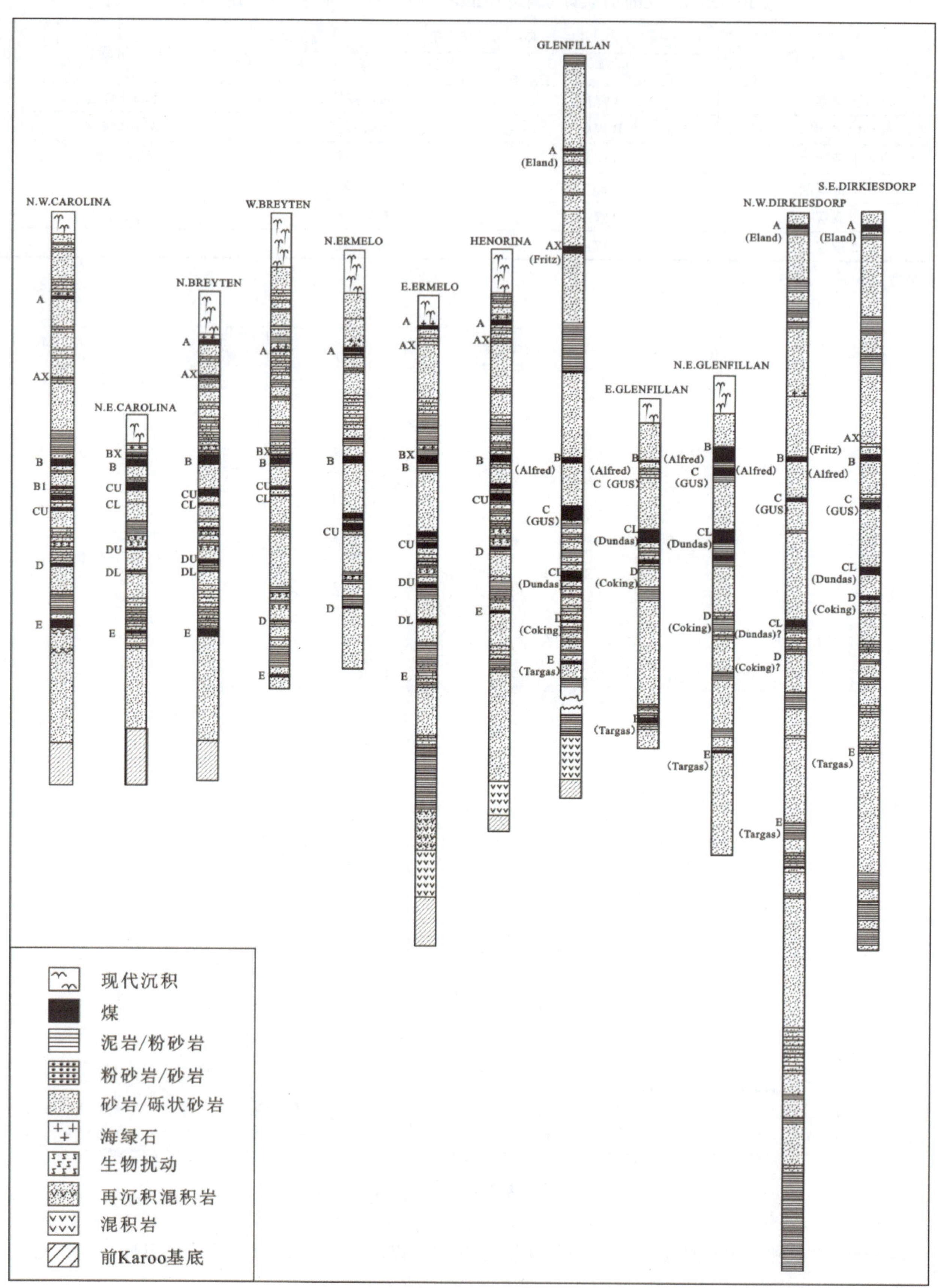

图 10-2-21 Ermelo煤田典型地层柱状图

Ermelo 煤田北部和中部地区，B 煤层局部被夹层分隔成 3 条不连续体，将其命名为 BX 煤层、B 煤层和 B1 煤层。

B 煤层厚度在 1 ~ 2.7 m，平均为 1.7 m。BX 和 B1 煤层独立发育时，厚度在 0.3 ~ 0.7 m。总体来说，B 煤层煤质差，比 C 煤层下部镜煤条带数量少。

A 煤层以孤立的残层产出于北部和中部地区，尽管该煤层煤质较好，但不具有经济价值。

4）资源量和煤质

Ermelo 煤田可采储量为 4698 Mt（Bredell，1987），1982—2000 年原煤采出量为 101 Mt，截至 2000 年剩余储量为 4596.89 Mt（Jeffrey，2005）。

Ermelo 煤田各地区主要煤层及煤质见表 10－2－13，根据 Ermelo 煤田不同地区不同煤层的煤质特点，参照各个煤矿产煤的煤质参数可知，C 煤层和 B 煤层是 Ermelo 煤田最重要的开采煤层。

表 10－2－13　Ermelo 煤田各地区主要煤层及煤质

地区	煤层	厚度/m	相对密度	出产率/%	发热量/($MJ \cdot kg^{-1}$)	灰分/%	挥发分/%	固定碳/%	内水/%	硫分/%
Carolina	A	1.07	未处理	100	24	23.2	29.6	43.1	4.1	1.41
			1.5	66	29.4	8.9	35.3	51.6	4.2	1.06
	B	2.03	未处理	100	21.3	31.8	22.2	42.9	3.1	1.25
			1.5	26.2	27.7	13.1	30.2	53.2	3.5	0.93
	C	0.86	未处理	100	25.5	18.6	30.2	48.3	2.9	1.24
			1.5	72.4	28.7	10.4	33	53.5	3.1	0.85
	D	0.72	未处理	100	24	23	26.7	47.8	2.5	1.05
			1.5	57.9	28.6	10.7	31.6	54.7	3	0.59
	E	1.67	未处理	100	27.2	14.9	31.4	50.7	3	1.36
			1.5	79.7	29.9	7.5	33.7	55.5	3.3	0.74
Hendrna	A	0.85	未处理	100	23	26.8	26.8	43.4	3	1.26
			1.5	54.7	28.2	12.1	32.6	51.8	3.5	1.04
	B	1.52	未处理	100	21.1	29.5	23.7	44	2.8	1.43
			1.5	42.3	27.9	12.9	29.5	54.5	3.1	1.01
	C	0.96	未处理	100	25.2	20.6	27.8	49.1	2.5	1.14
			1.5	67.6	28.5	11.6	30.3	55.4	2.7	0.72
	D	0.4	未处理	100	25.4	19.5	28.1	49.9	2.5	1.39
			1.5	67.6	29	11.1	30.2	55.9	2.8	0.59
	E	1.02	未处理	100	25.5	20.4	31.5	45.4	2.7	1.53
			1.5	78.2	28.1	12	34.3	50.8	2.9	0.61
Rreyten	B	1.8	未处理	100	24.4	22.7	244	50.3	2.6	1
			1.5	57.8	28.9	11	29.6	56.6	2.7	0.92
	C	1	未处理	100	22.4	28.6	26.3	43	2.1	1.22
			1.5	55.9	28.8	12	32.7	52.9	2.4	0.7
	CL	0.6	未处理	100	24.4	22.9	28.4	46.4	2.4	1.26
			1.5	65.3	28.4	12.2	31.8	53.3	2.6	0.85
	D	0.4	未处理	100	22.7	27.6	23.2	46.7	2.5	0.7
			1.5	55.6	28	16.6	27.3	56.5	2.7	0.62
	E	2.4	未处理	100	24.1	23.8	24.6	49.6	2.4	1.22
			1.5	55.1	28.5	12.6	29.8	55	2.5	0.69

表 10－2－13（续）

<table>
<tr><th>地 区</th><th>煤层</th><th>厚度/m</th><th>相对密度</th><th>出产率/%</th><th>发热量/(MJ·kg⁻¹)</th><th>灰分/%</th><th>挥发分/%</th><th>固定碳/%</th><th>内水/%</th><th>硫分/%</th></tr>
<tr><td rowspan="6">Ermelo/Lothair</td><td rowspan="2">B</td><td rowspan="2">1.7</td><td>未处理</td><td>100</td><td>20.4</td><td>31.5</td><td>21.5</td><td>43.5</td><td>3.5</td><td>1.12</td></tr>
<tr><td>1.5</td><td>41.1</td><td>27.7</td><td>11.8</td><td>29.3</td><td>55.2</td><td>3.7</td><td>1.24</td></tr>
<tr><td rowspan="2">C</td><td rowspan="2">1</td><td>未处理</td><td>100</td><td>22.3</td><td>26</td><td>26.8</td><td>44</td><td>3.2</td><td>1.42</td></tr>
<tr><td>1.5</td><td>61.6</td><td>27.7</td><td>11.5</td><td>33.3</td><td>51.6</td><td>3.6</td><td>0.95</td></tr>
<tr><td rowspan="2">D</td><td rowspan="2">0.6</td><td>未处理</td><td>100</td><td>26.6</td><td>13.5</td><td>31.1</td><td>51.3</td><td>4.1</td><td>1.4</td></tr>
<tr><td>1.5</td><td>83.6</td><td>28.6</td><td>8.5</td><td>33.5</td><td>53.8</td><td>4.2</td><td>0.63</td></tr>
<tr><td rowspan="4">Ermelo/Davel</td><td rowspan="2">B</td><td rowspan="2">1.5</td><td>未处理</td><td>100</td><td>22.8</td><td>21.8</td><td>24.5</td><td>51</td><td>2.7</td><td>1.2</td></tr>
<tr><td>1.5</td><td>53.3</td><td>27.4</td><td>13</td><td>28</td><td>56</td><td>3.1</td><td>0.75</td></tr>
<tr><td rowspan="2">C</td><td rowspan="2">1.8</td><td>未处理</td><td>100</td><td>26.3</td><td>24</td><td>27.8</td><td>46</td><td>3.1</td><td>1.33</td></tr>
<tr><td>1.6</td><td>76.5</td><td>28.5</td><td>12.3</td><td>31.4</td><td>53.5</td><td>2.4</td><td>1.06</td></tr>
<tr><td rowspan="2">Sheepmoor</td><td rowspan="2">CL(dundas)</td><td rowspan="2">1.5</td><td>未处理</td><td>100</td><td>25.3</td><td>19.9</td><td>32</td><td>46.5</td><td>3.6</td><td>—</td></tr>
<tr><td>1.58</td><td>87.6</td><td>27.3</td><td>14.5</td><td>32</td><td>50.1</td><td>3.8</td><td>—</td></tr>
<tr><td rowspan="6">Dirkiesdorp</td><td rowspan="2">B(Alfred)</td><td rowspan="2">0.8</td><td>未处理</td><td>100</td><td>21.2</td><td>31.7</td><td>18.6</td><td>46.5</td><td>3.2</td><td>—</td></tr>
<tr><td>—</td><td>—</td><td>—</td><td>—</td><td>—</td><td>—</td><td>—</td><td>—</td></tr>
<tr><td rowspan="2">C(Gus)</td><td rowspan="2">2.9</td><td>未处理</td><td>100</td><td>27.4</td><td>19.2</td><td>18.6</td><td>59.8</td><td>2.3</td><td>0.92</td></tr>
<tr><td>1.5</td><td>78.2</td><td>29.2</td><td>13.9</td><td>18.8</td><td>64.4</td><td>2.6</td><td>—</td></tr>
<tr><td rowspan="2">CL(dundas)</td><td rowspan="2">1.6</td><td>未处理</td><td>100</td><td>25</td><td>25.1</td><td>18.3</td><td>54.6</td><td>2.2</td><td>1.13</td></tr>
<tr><td>1.5</td><td>65</td><td>29.3</td><td>14.8</td><td>20.8</td><td>62.3</td><td>2.1</td><td>—</td></tr>
<tr><td rowspan="4">低级原煤</td><td rowspan="2">C(Gus)</td><td rowspan="2">2.9</td><td>未处理</td><td>100</td><td>26.8</td><td>20.6</td><td>14.2</td><td>63.3</td><td>1.9</td><td>1.08</td></tr>
<tr><td>1.5</td><td>60.7</td><td>29.3</td><td>14.7</td><td>14</td><td>69</td><td>2.4</td><td>—</td></tr>
<tr><td rowspan="2">CL(dundas)</td><td rowspan="2">1.55</td><td>未处理</td><td>100</td><td>24.7</td><td>29.9</td><td>12.2</td><td>59</td><td>2</td><td>0.95</td></tr>
<tr><td>1.5</td><td>54.6</td><td>29.9</td><td>14.5</td><td>14.4</td><td>69.2</td><td>1.9</td><td>—</td></tr>
</table>

4. Free State 煤田

Free State 煤田之前称作 Vierfontein 煤田，位于 Free State 西北部，南部边界在 Theunissen 镇附近，东部边界为 Vereeniging－Sasolburg 煤田的西界。该煤田覆盖面积约 15000 km^2。煤田区内地形起伏平缓，北部和东北部为丘陵地貌。Free State 煤田资源区块和煤矿位置如图 10－2－22 所示。

1）含煤地层

Free State 煤田下伏卡鲁序列石炭纪－二叠纪地层，沉积在相当崎岖、冰川切割的前卡鲁基底之上。从北部 Viefontein 到南部 Welkom，卡鲁沉积厚度增加；自北向南，爱卡群页岩（Volksrust 组）和 Beaufort 群粉砂质页岩含量增加，最南部地区很少发育砂岩。Vierfontein－Welkom 地区典型钻井中地层编录如图 10－2－23 所示。

整个煤田地区，德维卡群为混积岩、后冰川冲刷粗砂岩和砂岩，厚度达到 150 m，改造了崎岖的前卡鲁底部的地形并充填在南北向深切裂谷之内，而许多前卡鲁高地并未覆盖德维卡群沉积物。此煤田内主卡鲁盆地较深并发育三角洲型地层陡崖，爱卡群下部彼得马里茨堡组页岩覆盖在德维卡群之上。爱卡群中部 Vryheid 组在该煤田更大范围内发育，主要为两个向上变粗的砂质沉积层序。每个层序分别上盖煤层（顶部煤层和底部煤层），表明浅水沉积环境，包括厚层状中粒含长石砂岩，还有次要的生物扰动粉砂岩层以及偶尔页岩和与煤层有关的碳质页岩层，砾岩和泥岩少见。煤层分隔地方，夹矸通常为页岩或碳质页岩。整个地层厚度通常不超过 100 m，每个层序不超过 40～50 m，通常从前三角洲粉砂质砂岩向上渐变成三角洲平原环境粗粒含碳砂岩。Vryheid 组地层之后为厚度可达 300 m 的埃卡群上部 Volksrust 组向上变粗的页岩、粉砂岩和砂岩的旋回，实际通常为细粒砂岩和粉砂岩的互层（厚 50～

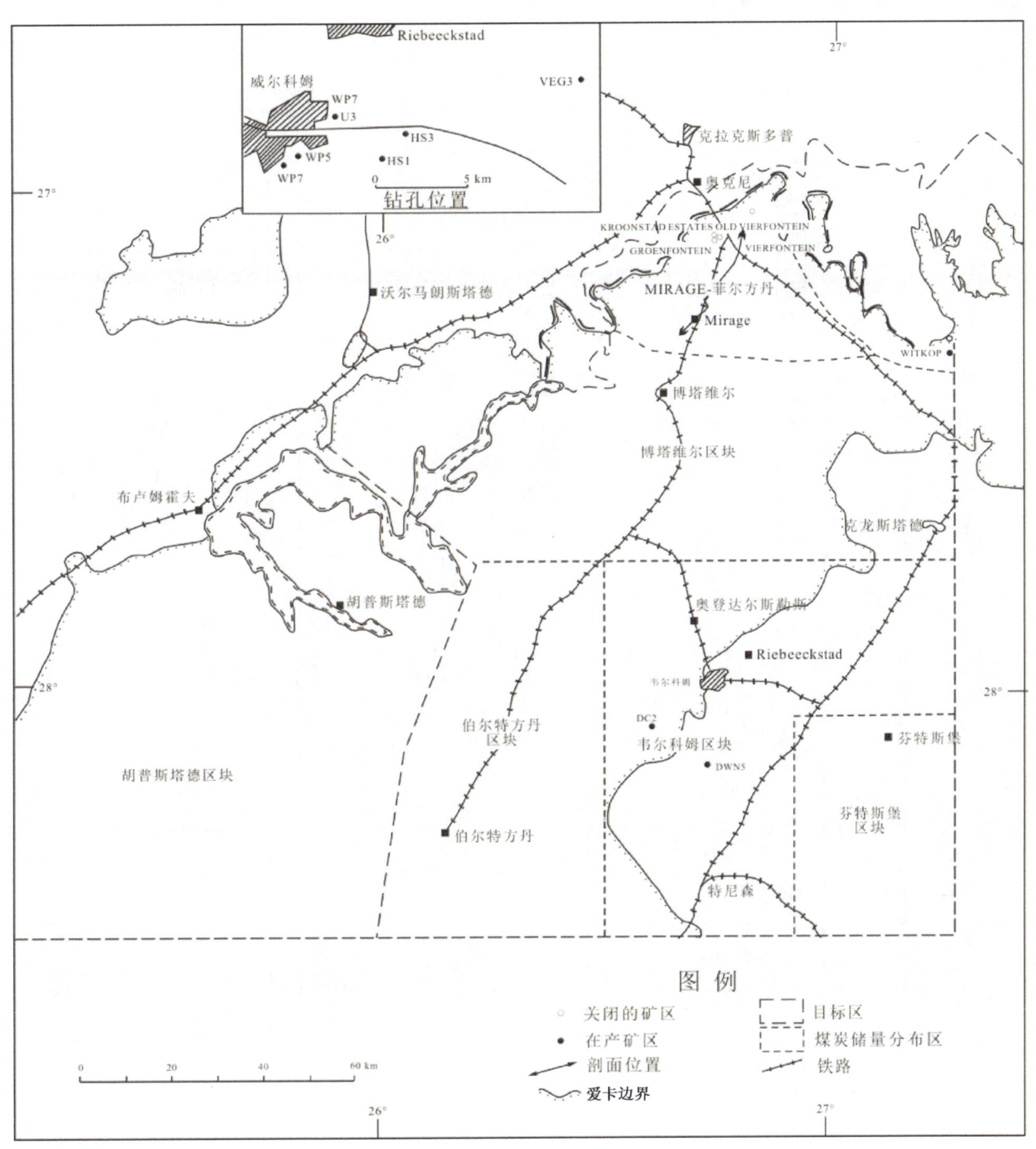

图 10-2-22　Free State 煤田资源区块和煤矿位置

100 mm)，指示较深水沉积环境。

该煤田南部地区发育 Beaufort 群向上变细的砂岩和页岩、厚度多变，表明河流相沉积环境。

2）构造和辉绿岩体

卡鲁地层整体朝南倾斜，煤炭沉积在基底的古沟谷和平原，在高地处减薄，未见重要的构造扰动。

辉绿岩岩席在整个煤田地区常见，已知最大厚度为 150 m。岩席侵入造成靠近岩席的煤层脱挥发分并造成上覆沉积物的挠曲和随之破裂。Free State 煤田 Mirage Siding 和 Vierfontein 煤矿横剖面如图 10-2-24 所示。

3）煤层

该煤田内发育两层煤：顶部煤层和底部煤层。底部煤层夹矸多，尤其是在 Welkom 地区，可能相当

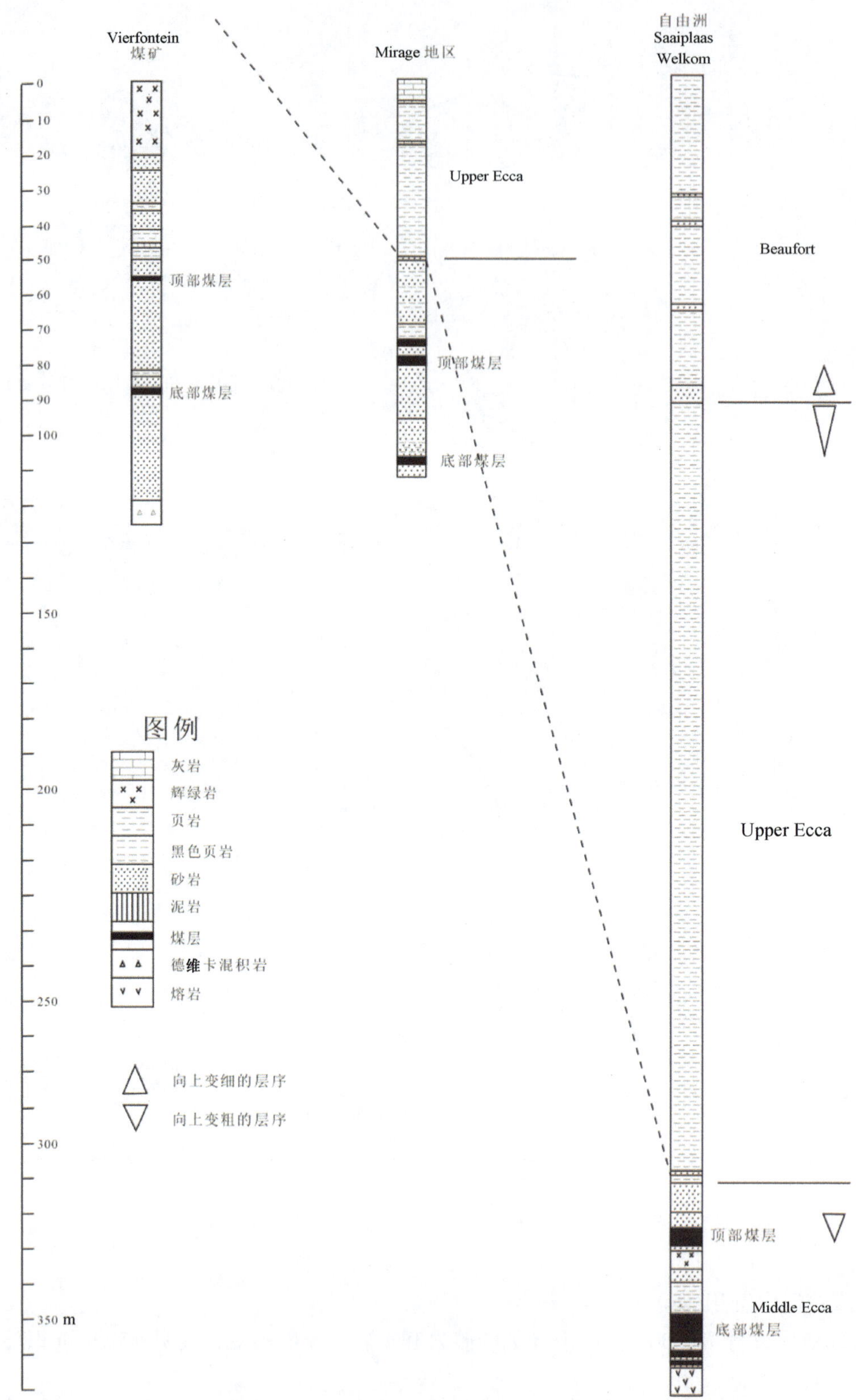

图 10-2-23 Vierfontein-Welkom 地区典型钻井中地层编录图

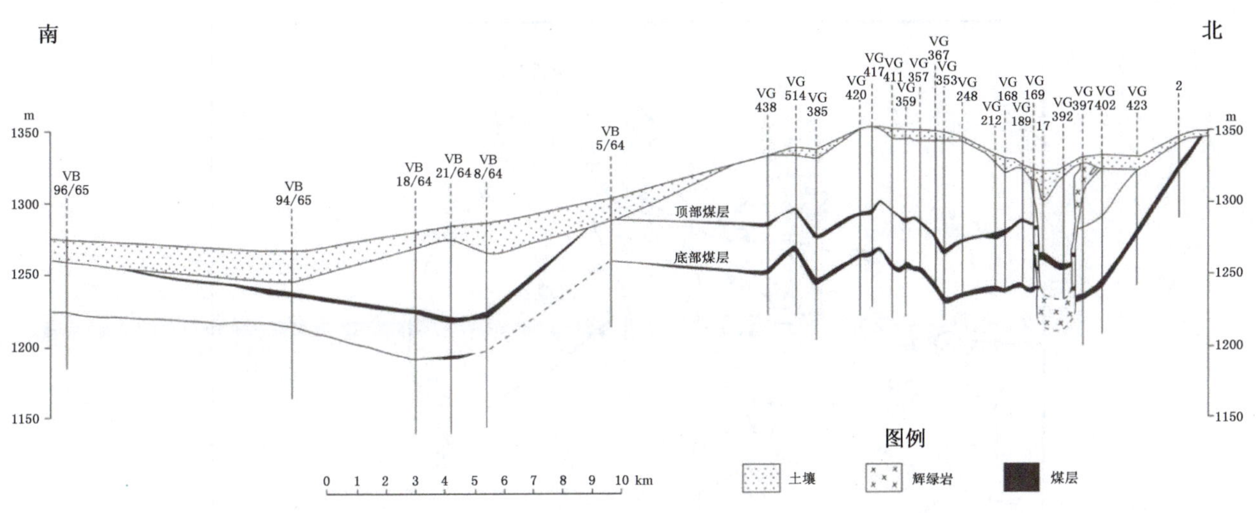

图 10-2-24 Free State 煤田 Mirage Siding 和 Vierfontein 煤矿横剖面图

于 Witbank 煤田的 2 煤层，是 Vierfontein 地区主要开采的煤层，构成 Welkom 地区煤炭储量的主体部分。Mirage Siding 地区存在层状可采的顶部煤层。

Vierfontein 地区底部煤层厚达 2.5 m，通常为条带状暗煤还有一些亮煤细脉，很少为暗煤条带。Welkom 地区该煤层厚度达到 8 m，为暗煤至页岩质并发育页岩夹矸。

顶部煤层主要发育在 Mirage Siding 和 Welkom 地区，厚度通常不超过 2 m，主要为镜煤和亮煤细脉，煤质比底部煤层更好。

4）煤质

该煤田的煤质变化不大，一般属于低级动力煤并且可洗性差；Welkom 地区钻孔所见为更低级的煤，Free State 煤田 Vierfontein 煤矿底部煤层煤质见表 10-2-14。

表 10-2-14 Free State 煤田 Vierfontein 煤矿底部煤层煤质

固有水分	5.6%	氢	2.91%
灰分	27.7%	氮	1.33%
挥发分	21.4%	氧	8.43%
发热量	20.53 MJ/kg	全硫	1.4%
碳	52.63%	灰熔点	1400 ℃

5. Vereeniging - Sasolburg 煤田

Vereeniging 煤田西至 Sasolburg，东达 Vaal Dam，具体位置如图 10-2-25 所示。在 Vereeniging 以北包括 3 个次级盆地，分别为 Cornelia 盆地、Coalbrook 盆地和 Sigma 盆地。煤层发育在爱卡群的 Vryheid 组，德维卡群将 Vryheid 组与前卡鲁地层分开。

1）Sigma 盆地

（1）地质概况。Sigma 盆地下伏 Ventersdorp 超群熔岩和德兰士瓦群白云岩，其上被卡鲁地层覆盖。盆地内的泥炭堆积在相对平坦的古地形地区，坡向从北到南，平均坡角不超过 18°。受形状不规则的古水系控制，泥炭堆积分布在枝状水系地区。盆地南部发育有后卡鲁辉绿岩侵入体而北部仅发育较年轻的侵入体，地下开采过程中遇到许多辉绿岩岩墙。

（2）煤层。Sigma 盆地典型地层柱状图如图 10-2-26 所示，卡鲁序列的富煤沉积岩出现在爱卡群 Vryheid 组，德维卡组将 Vryheid 组与前卡鲁地层分开，这些沉积物为砂岩、粉砂岩和页岩。该含煤层的厚度仅为 30 m，分为 3 层：①底部煤层（1 煤层）位于 Dwyka 混杂岩之上或附近，厚度在 0～5 m，平均厚度为 3 m。1 煤经常被砂岩或粗砂岩分成 2～3 个煤层；②1 煤层和 2 煤层之间夹矸厚度在 0～2.2 m，

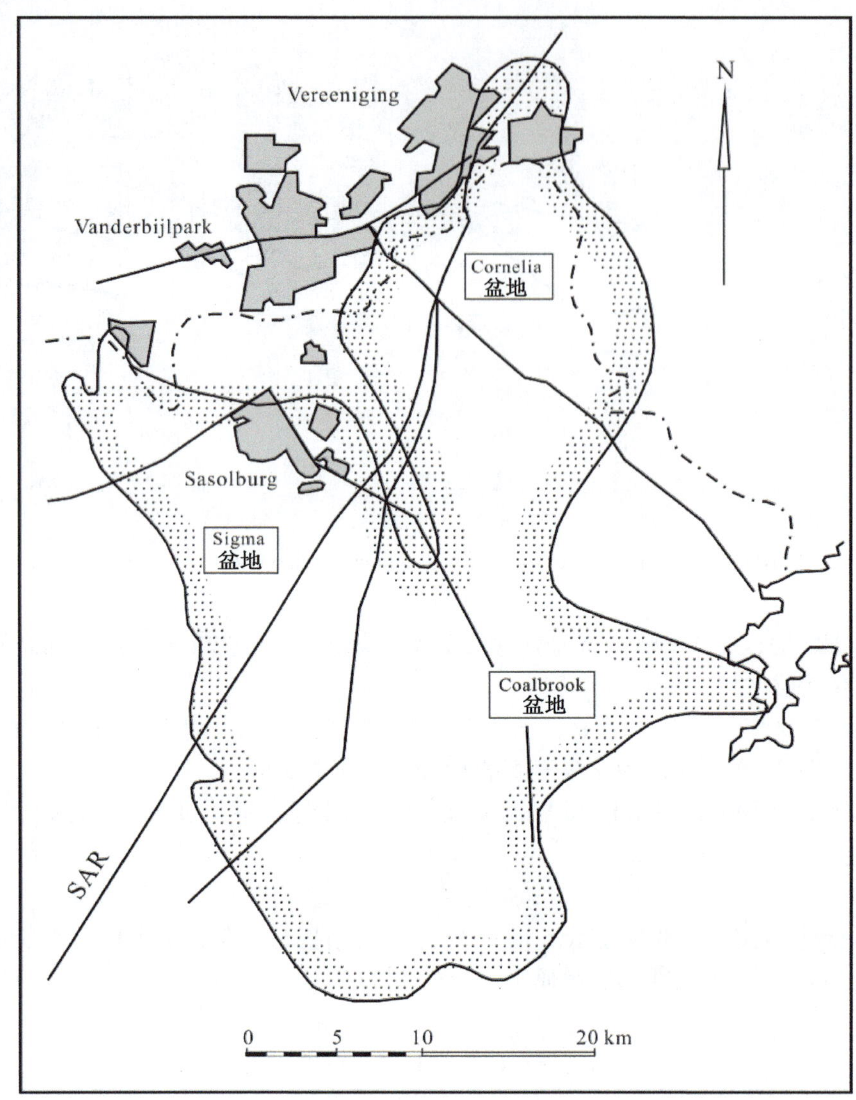

图 10-2-25 Vereeniging-Sasolburg 煤田位置图

1.5 m 厚的棕色泥岩层将 2 煤层划分为 2A 和 2B，厚度均达到 8 m；③3 煤层上覆的页岩或泥岩层将其与 2 煤层分开，标志层通常不超过 1 m 厚，上覆薄层绿泥石砂岩层。

（3）煤质。Sigma 盆地的煤灰分含量高，发热量低，煤质差，Sigma 盆地煤质见表 10-2-15。

表 10-2-15 Sigma 盆地煤质（干燥基）

主要指标	3 煤层	2B 煤层	2A 煤层
水分/%	5.0	6.6	6.6
灰分/%	29.8	32.2	30.9
挥发分/%	21.0	20.0	21.9
固定碳/%	44.0	41.2	40.6
发热量/(MJ·kg^{-1})	19.3	18.0	18.2

2）Cornelia 盆地

（1）地质概况。Cornelia 盆地中德维卡组混积岩覆盖在德兰士瓦超群的 Chuniespoort 群白云岩和 Hekpoort 组熔岩之上，构成爱卡群 Vryheid 组底部。该盆地北部为混合沉积带含有薄层煤，称作底部煤层下部，其厚度可达到 1.5 m。卡鲁群岩层大体倾向朝南，卡鲁序列的沉积发生在波状起伏的地表之上。两条重要的东西走向的断层组成 Cornelia 盆地内地堑构造的边界。盆地内煤系地层的位错从西部 7 m 变化到东部 5 m，底部煤系地层发育许多次级断层，一些断层向上可延伸到中部煤系地层。后卡鲁期的辉绿岩岩席可达到 60 m 厚，由于剥蚀作用向北变薄。其通常位于顶部煤层之上 40 m 左右，在该盆地南部 3 个地区切割了煤层，形成小型抬升和脱挥发分地区。盆地内也存在一些辉绿岩岩墙。

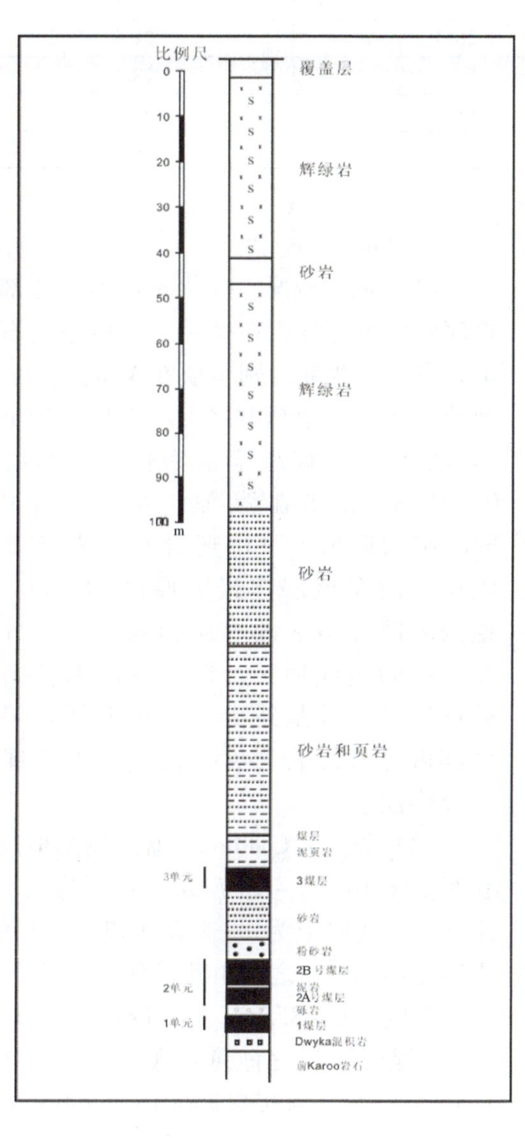

图 10－2－26　Sigma 盆地典型地层柱状图

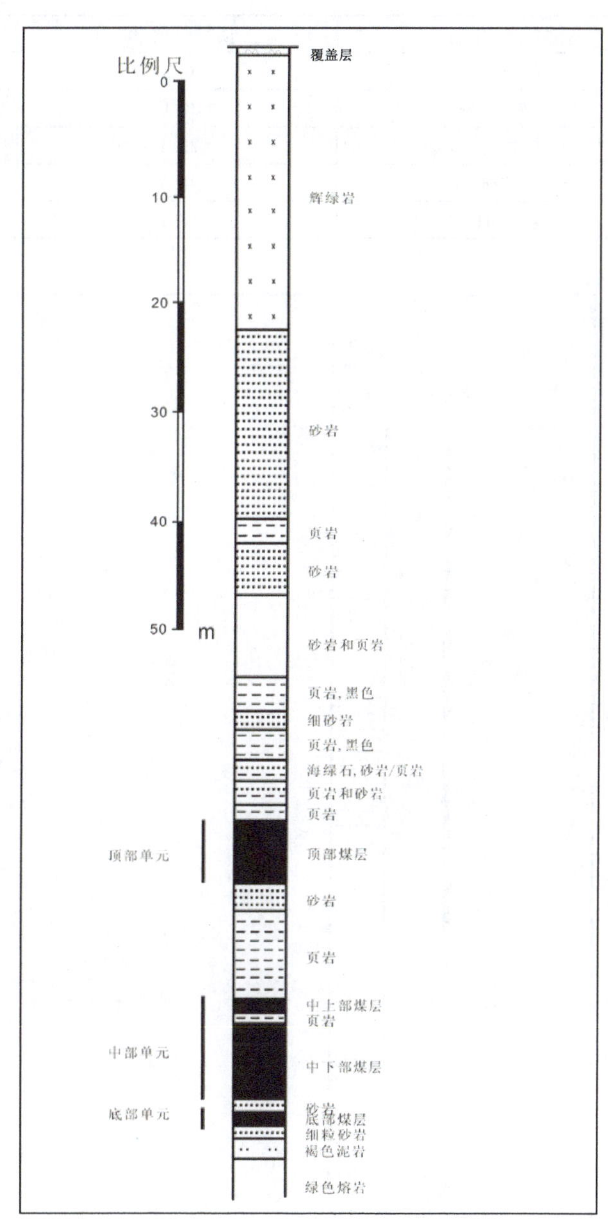

图 10－2－27　Cornelia 盆地典型地层柱状图

（2）煤层。Cornelia 盆地典型地层柱状层如图 10－2－27 所示，煤系地层厚度约 30 m，含有底部、中部和顶部 3 个煤层：

①底部煤层直接沉积于砾岩之上，厚度平均为 4 m，其中 2.5 m 可采，底部煤层可以与 Sigma 煤矿的 1 煤层还有 Coalbrook 煤矿的 1 煤层进行对比；②中部煤层分为 2 层，棕色页岩层构成 2 个煤层之间的夹矸，厚度在 0.6～0.9 m，中上部煤层可以与 Sigma 盆地的 2B 煤层进行对比，而中下部煤层通常比中上部煤层厚，在 Corenelia 采煤区南部达到最大厚度 7.5 m，中下部煤层煤质非常均一，可采厚度可达 4.5 m；③顶部煤层分为顶部煤层和标志煤层（也称作 4 煤层）。两层煤之间夹矸主要为砂岩，夹矸厚度在 0.3 m，该煤层可与 Sigma 盆地 3 煤层还有 Coalbrook 盆地的 3 煤层进行对比，其最大厚度达到 10 m，该煤层的平均可采厚度为 3.2 m，采煤活动主要集中在顶部煤层，90% 的煤采自顶部煤层，标志

煤层最大厚度达到 1 m，不可采。

（3）煤质。Cornelia 盆地的煤灰分含量普遍较高，但中部煤层的发热量最高，Cornelia 盆地煤质见表 10－2－16。

表 10－2－16 Cornelia 盆地煤质

主要指标	顶部煤层	中部煤层	底部煤层
水分/%	6.2	1.8	6.9
灰分/%	30.0	26.4	21.9
挥发分/%	23.1	20.0	23.8
固定碳/%	40.7	51.8	47.4
发热量/($MJ \cdot kg^{-1}$)	18.2	26.0	19.43

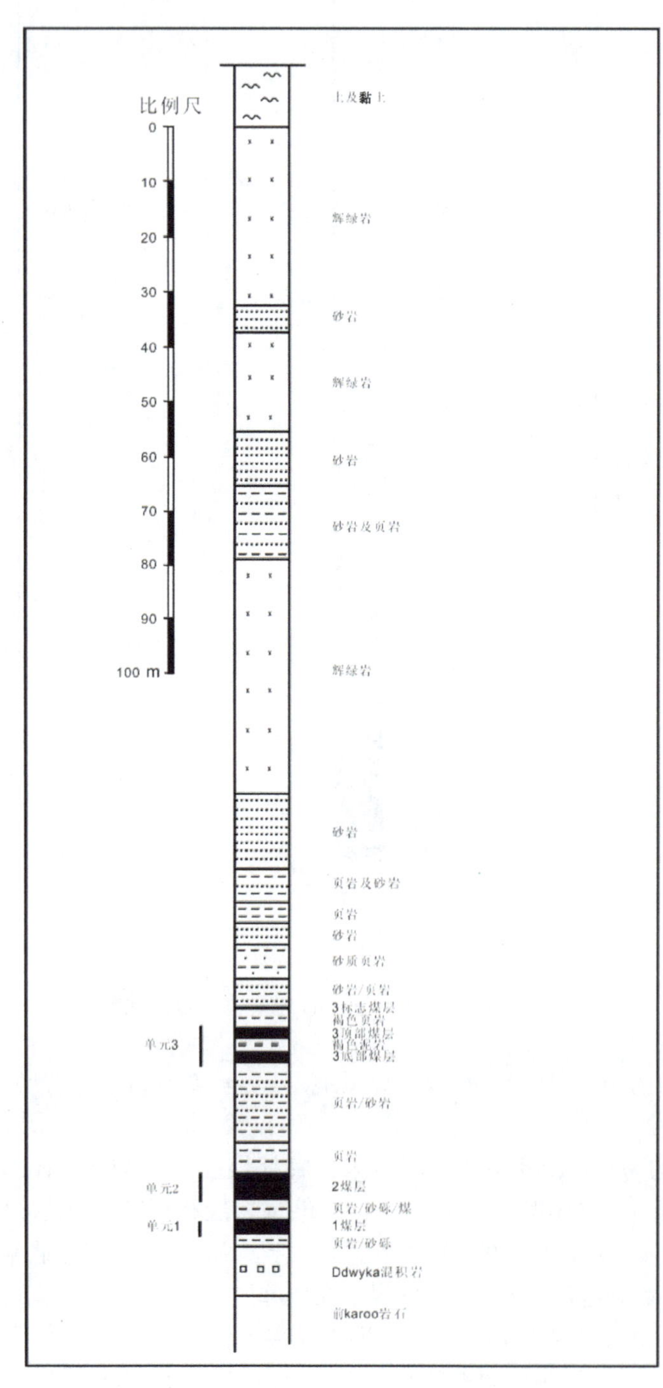

图 10－2－28 Coalbrook 盆地典型地层柱状图

3）Coalbrook 盆地

（1）地质概况。Coalbrook 盆地北部卡鲁序列沉积物沉积在德兰士瓦层序岩石之上，东部和西部分别覆盖在 Ventersdrop 和威特沃特斯兰德超群之上。卡鲁序列最下部地层单元以德维卡组为代表，厚度在 0～45 m。覆盖在德维卡组之上的 Vryheid 组为砂岩，下部还含有页岩条带和煤层，向东该层序最大厚度 263 m。盆地内大部分地区的煤层相对平坦，分布在盆地的边缘地区，在靠近前卡鲁山脊处煤层减薄并最终尖灭。最上部煤层的底部可见辉绿岩岩席，仅在两处辉绿岩切穿煤层。

（2）煤层。Coalbrook 盆地典型地层柱状图如图 10－2－28 所示，该层序发育 3 层煤，从底向上为 1、2 和 3 煤层。1 和 2 煤层密切相关，之间由砂质页岩夹矸分开，夹矸厚度为 0～8.5 m。Coalbrook 盆地较深部，1 煤层局部发育薄层煤炭，厚度达到 1.5 m。该煤层直接覆盖在 Dwyka 混积岩之上。2 煤层和 3 煤单元之间夹矸平均厚度为 20 m，为砂岩和页岩互层。3 煤层包括两层煤，分别为上部煤层和下部煤层。两个煤层之间为薄层黑色或棕色泥岩夹矸，厚度在 0.5～7 m。上部煤层上覆标志煤层，厚度在 0.2～0.8 m。标志煤层位于上部煤层之上 1～3.2 m，夹矸为棕色泥岩。标志煤层上覆页岩和砂岩（砂岩为主）以及辉绿岩岩席。

（3）煤质。Coalbrook 盆地的煤灰分含量高、发热量低，Coalbrook 盆地煤质见表 10－2－17。

表 10-2-17 Coalbrook 盆地煤质

主要指标	1 煤层	2 煤层	3 煤层
水分/%	5.6	5.8	4.3
灰分/%	24.3	28.9	29.3
挥发分/%	23.4	21.3	19.8
固定碳/%	46.7	44.0	46.6
发热量/(MJ·kg^{-1})	21.7	19.6	19.9

6. South Rand 煤田

South Rand 煤田位于 Southern Transvaal 地区 Heidelberg、Villiers 和 Deneysville 限定的三角形区域内，面积约为 600 km^2，具体地理位置如图 10-2-29 所示。该煤田为主卡鲁盆地北边港湾状的卡鲁岩系，两侧是 Ventersdorp 和 Witwatersrand 群以及太古代基底杂岩组成的山丘。

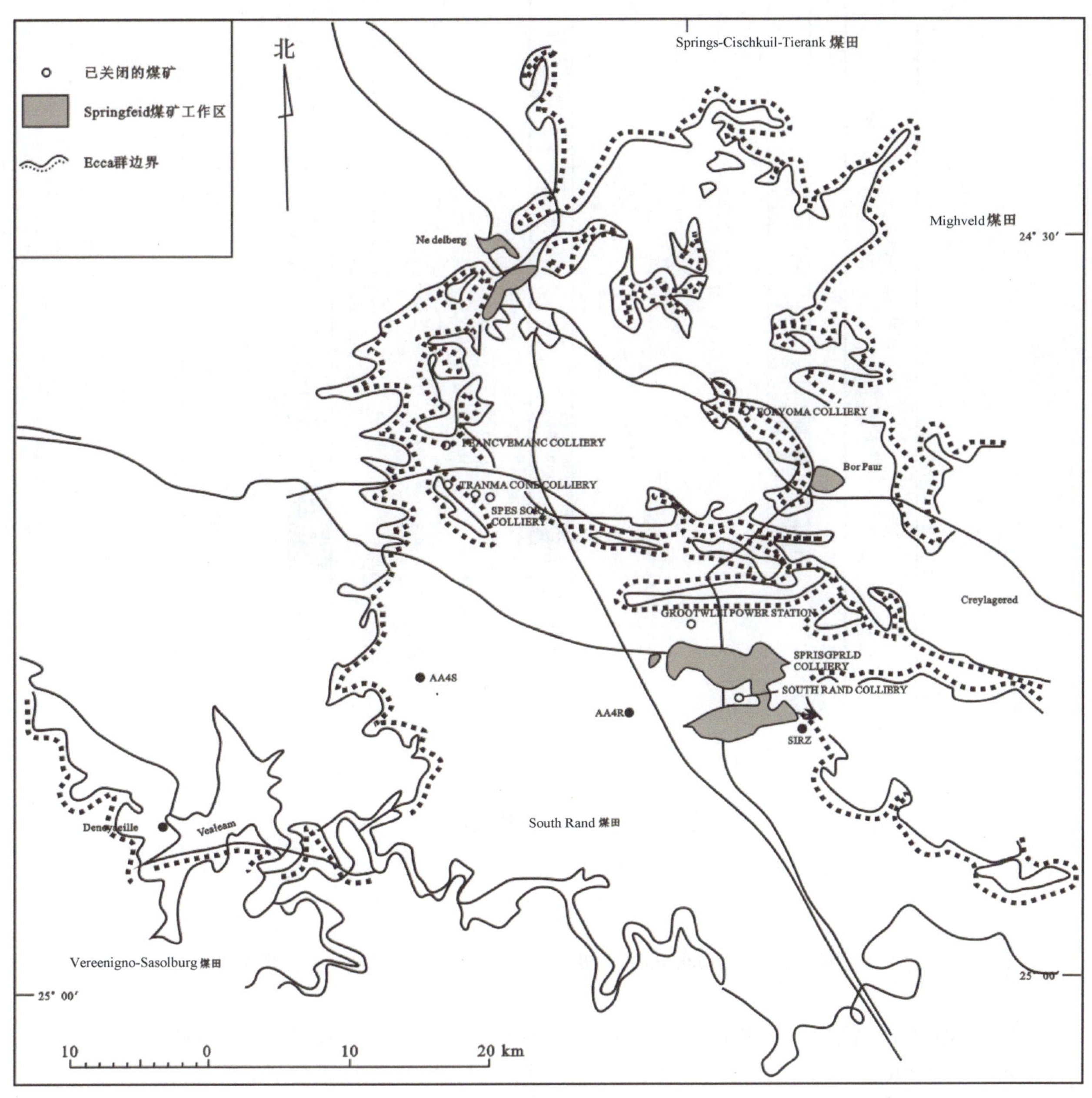

图 10-2-29 South Rand 煤田地理位置图

Springfield 煤矿是目前该煤田唯一生产的矿山，每年为 Escom 的 1200 MW Grootvlei 电站供应约 3.5 Mt 燃煤。

1）地质概况

South Rand 煤田位于南北走向的大型古裂谷中，从北部 Heidelberg 延伸至南部 Vaal Dam。Ventersdorp 和 Witwatersrand 地层和较少见的太古代基底角闪岩和花岗岩构成前卡鲁古高地，将该煤田与附近含煤盆地分开。花岗岩岩基构成该盆地中心的重要的地形高地。

South Rand 煤田 Springfield 煤矿地区典型地层柱状图如图 10-2-30 所示，卡鲁沉积层序基本为 Vryheid 组（Middle Ecca）不同比例的砂岩、页岩和泥岩，偶尔可见煤层内发育砾岩透镜体。该层序上半部为页岩和粉砂岩，下半部主要为砂岩。该盆地南缘的砾岩层可能代表该盆地北部冰川沉积的远源部分。

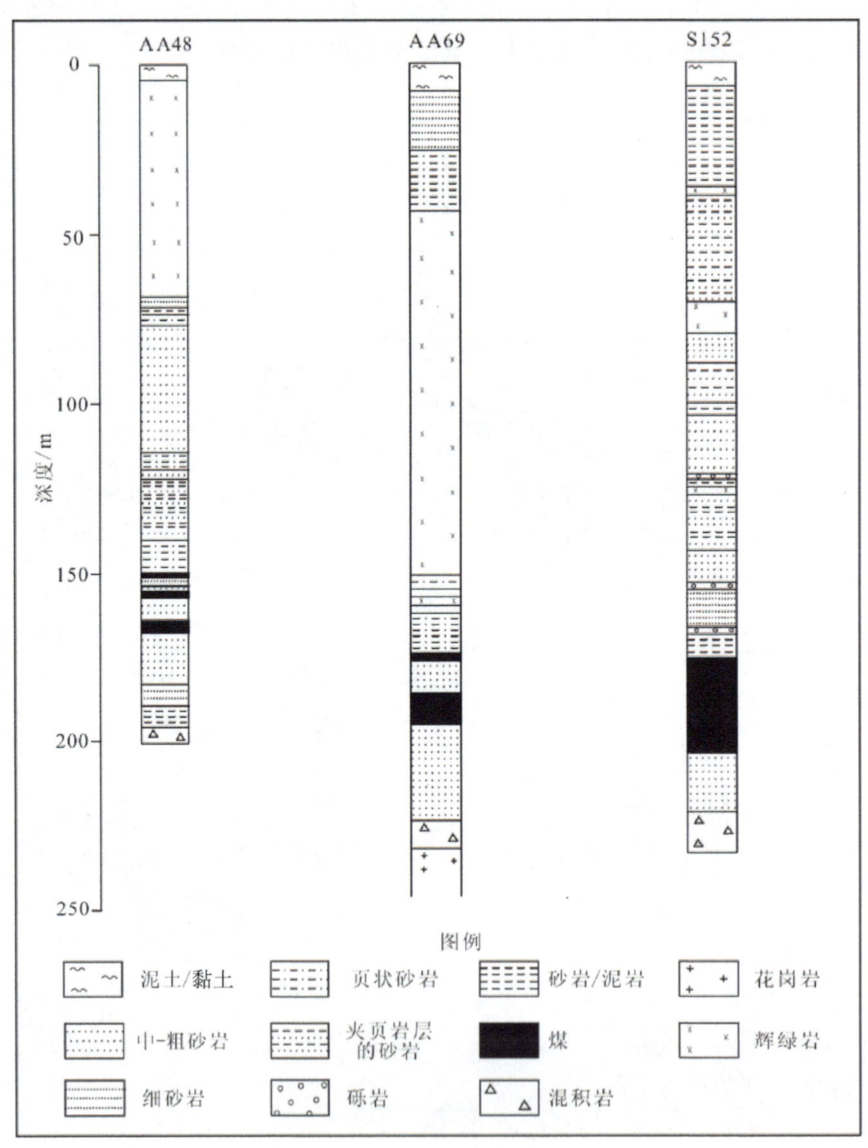

图 10-2-30 South Rand 煤田 Springfield 煤矿地区典型地层柱状图

相对于其他煤田，该煤田的构造比较复杂，普遍存在花岗岩和辉绿岩侵入体以及明显的断裂作用。

South Rand 煤田中部地区剖面简图如图 10-2-31 所示，厚层粗粒辉绿岩岩席（局部>100 m）覆盖在该盆地中部大部分地区。地表普遍可见近直立到垂直的断裂，可能是辉绿岩岩席侵入时卡鲁地层受到挤压破裂的结果。

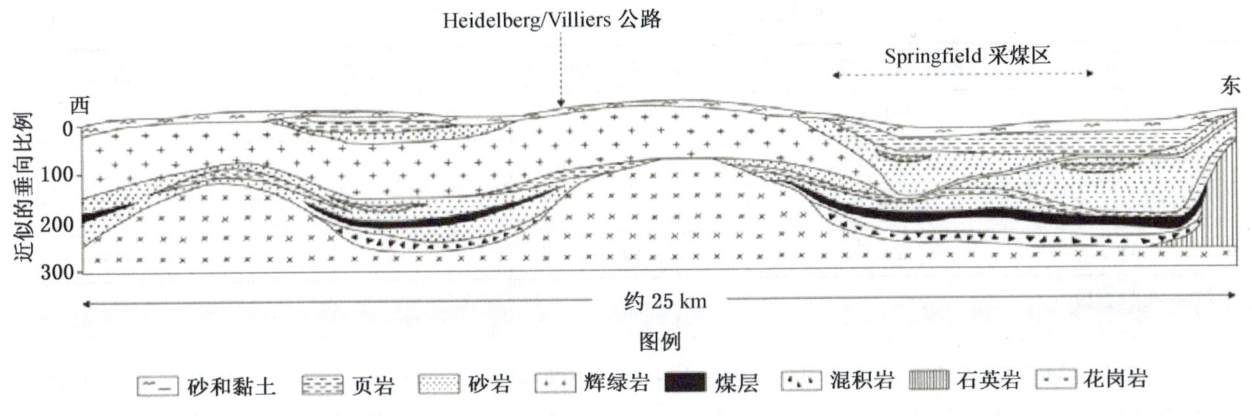

图 10-2-31 South Rand 煤田中部地区剖面简图

区内存在大量走向各异的具斑状结构的岩墙，宽度从微小细脉到超过 10 m。岩墙的厚度、倾角和走向在短距离内不断发生变化。岩墙对围岩产生了烘烤，沿破裂和节理面侵入煤带，厚度不超过 10 m 的辉绿岩岩墙群出露的地方影响最严重，而较大的、单个的岩墙附近烘烤带较窄。

与辉绿岩岩席和岩墙有关的大断层，走向主要为东西向，断距可达 35 m；煤矿区也存在许多次要断层。

2）煤层

煤田中部地区煤层厚度较均一，从 25 m 厚的煤层变化到无经济意义的煤线。

该地区存在一个煤层组，从盆地边部的不超过 1 m 变化到该盆地中部超过 20 m 的厚煤层。这种厚煤层在南非较常见，通常是因为这些煤沉积在德兰士瓦白云岩内发育的洞穴和滑塌凹陷内。

中部地区厚煤层内存在砂岩、页岩和砾岩的夹矸，它们将富煤层分成两个或更多较薄的平行煤层。

1 煤层为最底部煤层，发育在 Springfield 矿区的中部和东北部，不受前卡鲁基底地形控制，其厚度可能超过 3 m。1 煤层煤质通常比其他层要好，但是其原位储量有限。1 煤层为暗煤 - 光亮煤以及散布的亮煤细脉和条带，发育致密砂岩的顶板和底板。South Rand 煤田煤层的埋深和厚度见表 10-2-18。

表 10-2-18 South Rand 煤田煤层的埋深和厚度　　m

煤层	厚度			埋深		
	最大值	最小值	平均值	最大值	最小值	平均值
Ryder	3.0	1.6	2.3	148	128	140
3	11.0	2.0	5.0	219	141	170
2	23.0	1.4	10.0	235	155	180
1	3.9	1.5	2.8	251	197	200

2 煤层在 Springfield 矿权区北部和中部超过 20 m 厚，但到西南部变为约 2 m 厚，平均厚度约为 10 m。2 煤层是整个煤田唯一区域上连续的可采煤层。2 煤层的煤是主暗煤，整个煤层煤质相当均一。

3 煤层广泛分布，在 Springfield 煤矿不同地区进行广泛开采。然而，许多地方，3 煤层和 2 煤层合并或者二者之间被极薄的夹矸分隔以致不能分别开采，只好优先开采较厚的 2 煤层。3 煤层的煤质可以与 2 厚煤层顶部 2 ~3 m 的煤质进行对比。

Ryder 煤层为不规则分布的经济价值较差的煤层，煤层平均厚度为 2.3 m，煤质也比其他煤层差，发热量平均为 18 MJ/kg 或更低。

3）资源量和煤质

South Rand 煤田的原位煤资源量为 2721 Mt（Petrick 等，1975），South Rand 煤田资源量见表 10-2-19。

表 10－2－19 South Rand 煤田资源量

Mt

区　域	原位煤资源量	原位煤可采资源量*	可采储量	可采储量*
地　下	2151	—	432	630
露天开采	±70	—	±64	—
不超过 2 m 厚度	±500	—	±95	125
总　计	2721	3119	591	755

注：＊Petrick 等，1975。

该煤田的煤富含碎屑物，可选性差，煤层中未识别出低灰分、较高煤级组分，煤炭完全缺少膨胀性使其不能用于冶金工业。该煤田地下和露天开采区煤质不同，需要通过洗煤将碎屑和其他非碳质物质与煤分开以提高煤质，South Rand 煤田平均煤质见表 10－2－20。

表 10－2－20 South Rand 煤田平均煤质（空气干燥基）

主要指标	平　均	井　下	露　天
水分/%	5.2	5.4	4.5
灰分/%	25.3	25.0	28.0
挥发分/%	20.6	21.1	23.3
发热量/($MJ \cdot kg^{-1}$)	21.1	21.4	19.5
固定碳/%	—	49.2	44.2
硫分/%	0.8	—	—
灰熔点/℃	1380	—	—

7. Klip 河煤田

Northern Natal 含煤区被划分为 3 个煤田，分别为 Klip 河煤田、Utrecht 煤田和 Vryheid 煤田。Klip 河煤田是 Kwazulu－Natal 地区最重要的煤田。

Klip 河煤田位置如图 10－2－32 所示，Klip 河煤田大致为三角形，顶部在北端经过 Newcastle 延伸到南部的 Ladysmith 以及东南部的 Dundee，总面积约 6000 km^2，其中 50% 含有煤系地层。煤田以近南北走向的 Drakensberg 高原东部陡崖为界。陡崖之下是平均海拔 1200～1350 m 的高原。海平面之上的是辉绿岩低脊和平顶丘陵，局部位于平均海平面之上 1700 m。该区北部和东部有 Buffalo 河流过，南部和西部是 Sundays 河，这两条河都向南注入 Tugela 河。

该煤田内目前运营 6 个煤矿，年总产量约 5.5 Mt，占南非煤炭生产量的 5%，每年销售煤炭量大约为 5.0 Mt，其中 50% 为高级焦煤，其余是 Escom 或国内使用的动力煤和无烟煤。

1）地质概况

Klip 河煤田发育石炭纪－二叠纪卡鲁序列的德维卡群、爱卡群和 Beaufort 群沉积物，其沉积在受冰川作用波状起伏的古地层之上。该地区未出露前卡鲁岩石，最年轻的花岗岩露头位于该煤田东侧 Nondweni 地区。

爱卡群沉积物和相关辉绿岩侵入体几乎在整个煤田都出露。该群划分为下部、中部和上部，相应岩性地层名称分别为彼得马里茨堡组、Vryheid 组和 Volksrust 组（Johnson 等，1975）。

彼得马里茨堡组最大厚度超过 90 m，整合在德维卡群页岩之上。

Vryheid 组内可识别出三期沉积过程（Cadle 和 Hobday，1977）：下部三角洲主导期，中部河流主导煤炭带以及上部三角洲层序。下部层序为一个或多个向上变粗循回，为深灰色含云母粉砂岩和灰－白色细粒到粗粒杂砂岩和硬砂岩。

区内两个重要煤层为顶部煤层和底部煤层，分别发育在彼得马里茨堡组之上大约 200 m 及 Volksrust

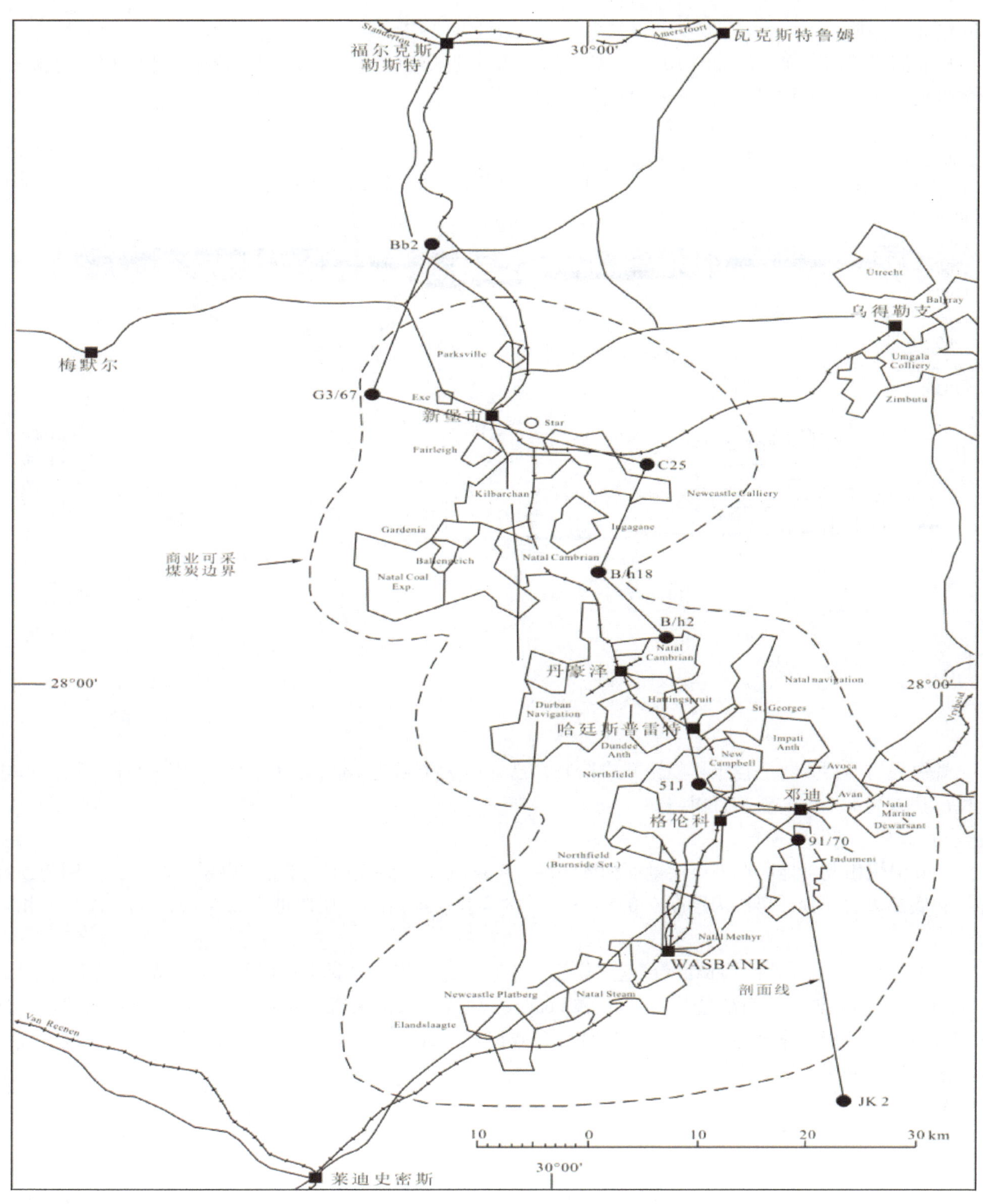

图 10－2－32　Klip 河煤田位置图

组之下大约 120 m 的位置。两条煤层之间被 0.3～15 m 发育交错层理的粗粒含砾砂岩向上变细为顶部的碳质页岩的夹层隔开，其间断续发育多套薄煤层。

爱卡沉积终结于 Volksrust 组更深水的蓝－黑色页岩和泥岩，偶见泥质砂岩和灰岩沉积，最大厚度为 183 m。Volkrust 组出露在 Biggarsberg、Dannhauser、Glencoe 和 Newcastle 附近高地以及 Mpate 山脉的小型残峰上。

Beaufort 岩层最下部沿 Biggarsberg 分布的残峰出露，该群底部以互层的砂岩和页岩为标志，与 Vryheid 组非常相似。

Klip 河煤田南北向剖面如图 10－2－33 所示，Klip 河煤田的卡鲁地层产状近于水平，向南缓倾斜，局部可见倾角较陡的地层。

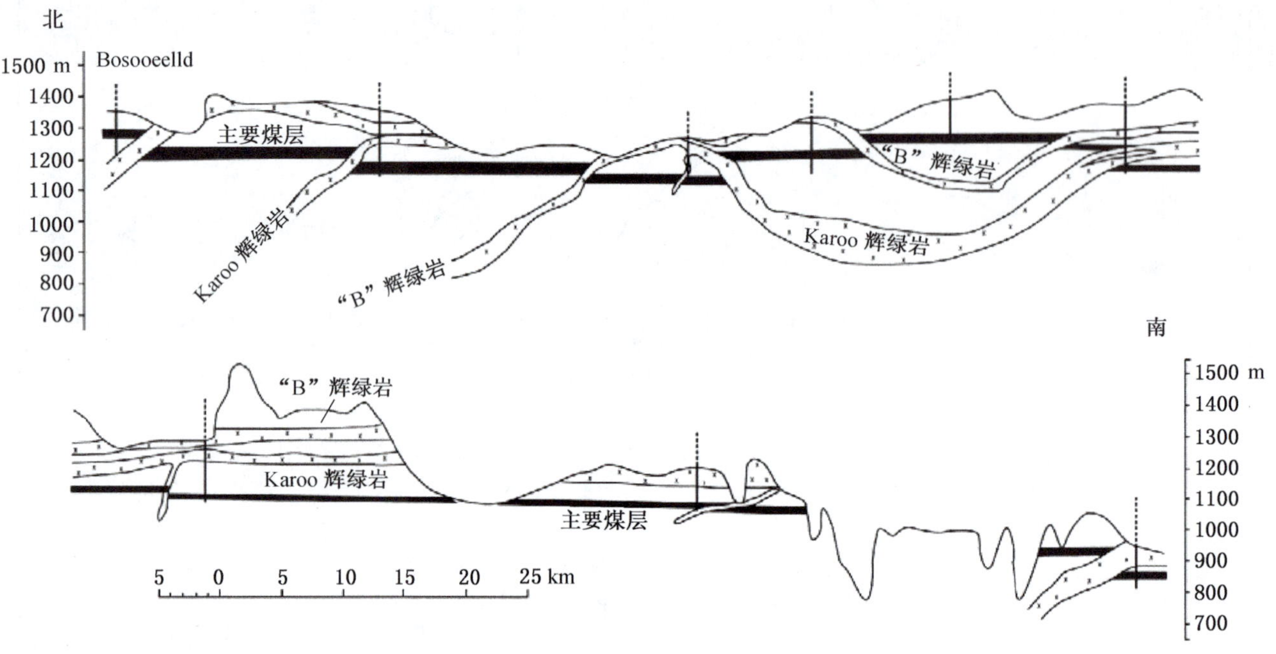

图 10－2－33 Klip 河煤田南北向剖面图

辉绿岩岩席侵入将上覆沉积物错开或抬升，已知最大位错为 137 m，最大抬升达 229 m，而且造成上覆沉积物局部产生向斜和背斜挠曲。

2）煤层

Klip 河煤田北部地区典型煤层剖面如图 10－2－34 所示，该煤田经济可采煤层有两层，分别为顶部煤层和底部煤层。顶部煤层为厚度在 0.5～3.3 m 的亮煤，而底部煤层厚度在 0.5～3.0 m，煤含量相对较少。

朝 Klip 河方向，煤田北部和南部这些煤层明显减薄，尽管这些煤层在德兰士瓦省的 Volksrust－Perdekop 地区又向北增厚。南部过 Ladysmith 和 Pomeroy 地区，未钻探到经济可采的煤层。该煤田北部，顶部煤层最厚，开展工作最多；中部地区底部煤层较厚煤质较好。向南在 Newcastle－Platberg 地区，底部煤层未能满足开采厚度要求。

3）资源量

Klip 河煤田的可采原位储量为 1.674 Gt，不包括 Perdekop 地区煤炭资源，Klip 河煤田资源量汇总见表 10－2－21。

表 10－2－21 Klip 河煤田资源量汇总

煤 类	不同煤层厚度的煤资源量/Mt				原 煤	
	0.6～1 m	1～2 m	>2 m	总 计	开采率/%	开采量/Mt
焦煤	71	209.9	355.2	636.2	70.9	450.99
动力煤	228.3	388.6	95	711.9	71.6	509.72
无烟煤	47	244.4	55	326.5	76.1	263.96
总计	346.3	823	505.3	1674.6	72.3	1224.33

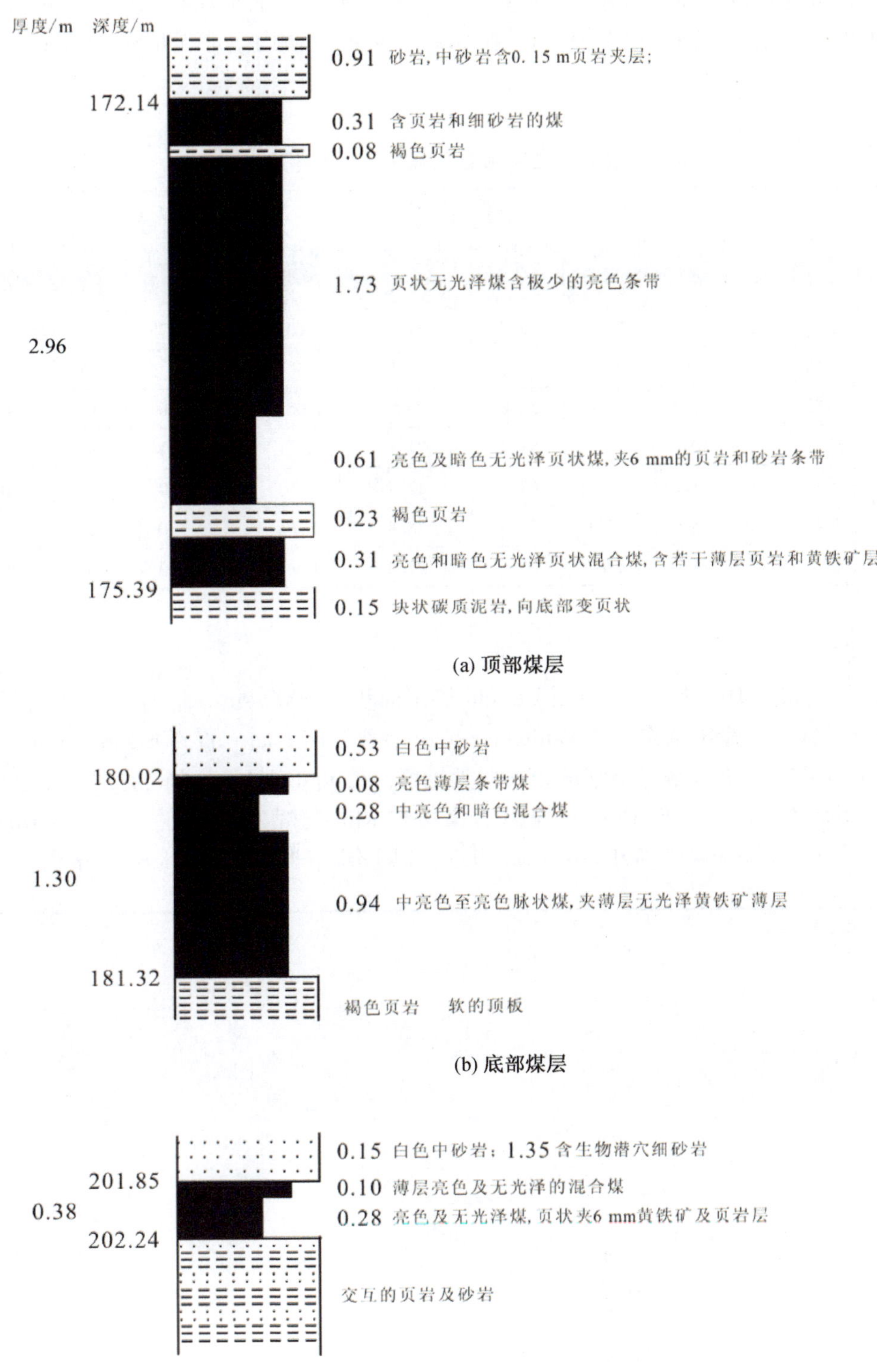

图 10－2－34 Klip 河煤田北部地区典型煤层剖面图

4）煤质

该煤田的顶部煤层和底部煤层的煤质多变，煤级从烟煤变化到无烟煤。Klip 河煤田的明显特征是煤的硫和磷含量高。Klip 河煤田典型煤炭煤质见表 10－2－22。

该煤田特定部分，如 Kilbarchan 煤矿，可能通过两阶段洗煤获得混合焦煤和中等动力煤。该煤田中部 Northfield 和 Durban Navigation 煤矿底部煤层生产良好焦煤，平均膨胀系数超过 6.5，罗加指数超过 60。

许多情况下，辉绿岩侵入体使这些煤层脱挥发分，形成差煤质的烟煤和无烟煤。过去许多矿山生产瘦煤和无烟煤供本国使用。目前，仅有 Dewars 和 Gladstone 两处矿山生产无烟煤，用作出口或供国内市场消费。

表 10－2－22　Klip 河煤田典型煤炭煤质

煤类	预处理	煤层	煤质分析（空气干燥基）									灰熔点/℃		
			水分/%	灰分/%	挥发分/%	固定碳/%	发热量/（MJ·kg^{-1}）	硫分/%	磷/%	膨胀系数	罗加指数	变形	半球	流动
焦煤	洗	底部	1.3	10.8	25.5	62.4	31.5	1.65		7	64	1330	1350	1385
混合焦煤	洗	顶部	2.2	10	28.1	59.7	30.5	1.4		3.5	50	1330	1360	1390
动力原煤	洗	顶部	2.3	23.3	21.8	52.6	24.9	1.35		0	0	1360	1400	1400
动力原煤	洗	顶部	1.3	18.8	21.5	58.4	27.5	2.1		1	20	1400	1400	1400
低级原煤	筛分	顶部	1.9	21.3	14	62.7	27.4	2.3		0	0	1370	1400	1400
无烟煤	筛分	底部	2.6	15.6	85	73.3	28.4	1.7		0	0	1320	1350	1370
无烟煤	筛分	底部	2.6	24.6	6.8	66	23.2	1.9	0.12	0	0	1300	1340	1375

8. Utrecht 煤田

Utrecht 煤田位置如图 10－2－35 所示，Utrecht 煤田面积约 5000 km^2，位于 Utrecht 和 Northern Natal 的 Paulpietersburg 地区。该煤田从东北部 Paulpietersburg 沿着西南方向一直到 Elandsberghe 和 Schurweberg 地区。东侧与 Vryheid 煤田之间是煤层已被剥蚀的无煤区。Paulpietersburg 地区的残余煤层也属于 Utrecht 煤田。煤田的西面是辉绿岩体，将 Utrecht 煤田的煤层与 Klip 河煤田 Ingogo－Charlestown 的煤层分开。北部 Utrecht 煤田位于 Ermelo 煤田 Wakkerstroom 附近，以 Loskop 断层和 Pongola 河分界。

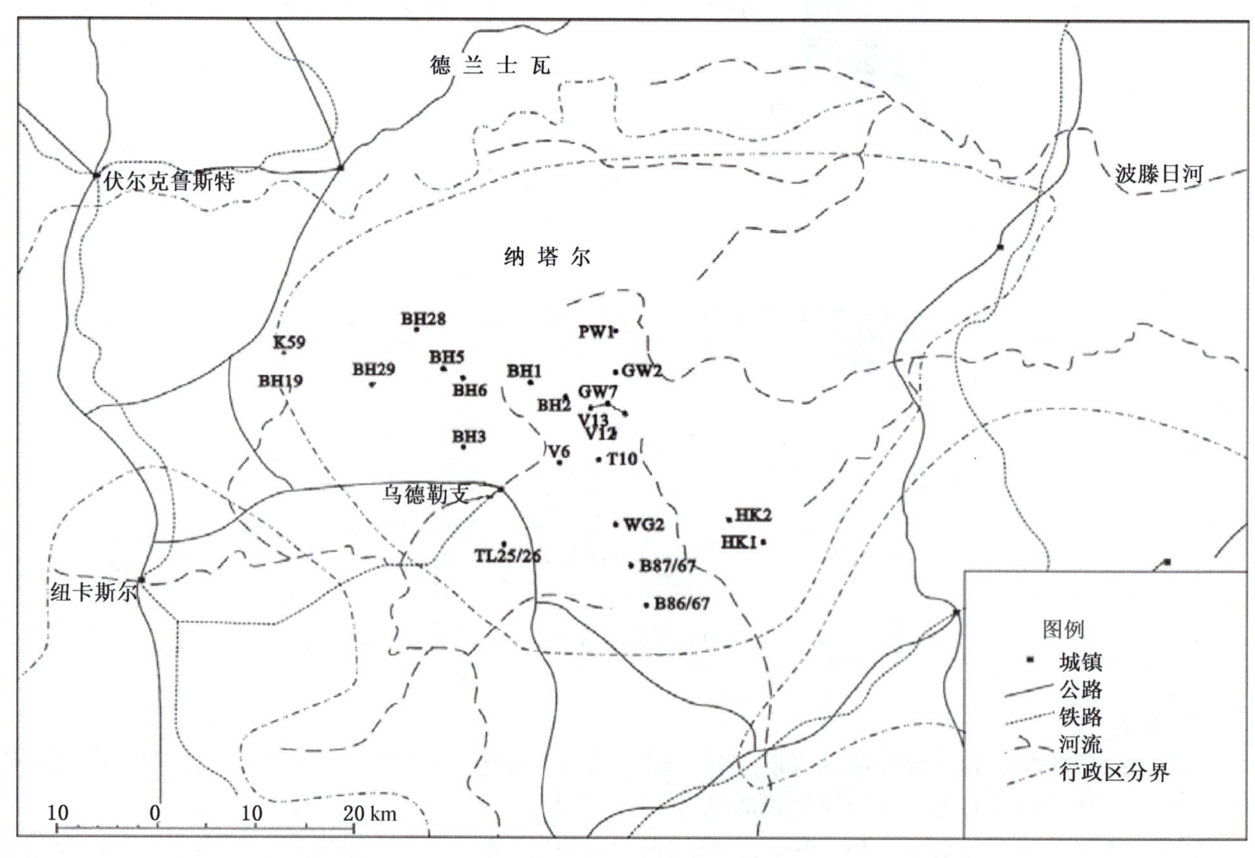

图 10－2－35　Utrecht 煤田位置图

含煤地区大部分位于高度切割并被辉绿岩床覆盖的高原，最大海拔为 2275 m，从此高原向南下降到波状起伏的、海拔大约 1200 m 的 Buffalo 高地。向西和向南的水系受 Buffalo 和 Blood 河系影响，而 Pongola 和 Pivaan 河及其支流从 Thabankulu 汇水区向东流。

目前，该地区在产煤矿有 7 个，其中 Balgray、Utrecht、Longridge 和 Zoetmelksrivier 煤矿生产无烟煤，而 Zimbutu 和 Umgala 煤矿生产烟煤。Kempslust 煤矿是该区唯一生产焦煤的煤矿。

1）地质概况

煤田东北端 Tsakwe 和 Pandana 河剥蚀出露有 3.1 Ga 片麻状花岗岩以及 Swaziland 超群的滑石片岩露头，Utrecht 煤田下伏岩系是被辉绿岩侵入的卡鲁群下部。

煤田大部分地区德维卡群沉积物缺失或很薄，唯一露头是 Rivierplaats 28 农场上厚 3 m 的混积岩。

在大部分地区，爱卡群彼得马里茨堡组页岩直接覆盖在花岗岩之上，厚度 17 ~64 m。

彼得马里茨堡组的页岩和粉砂岩朝顶部变粗，渐变成 Vryheid 组下部砂岩和粉砂岩。Utrecht 煤田典型煤带如图 10-2-36 所示，煤带包括从焦煤煤层到 Fritz 煤层，通常顶部为碳质页岩或煤。石油和煤层一起发育，尤其是 Alfred 和 Eland 煤层。Vryheid 组厚度从东部近 380 m 变化到西部约 300 m。

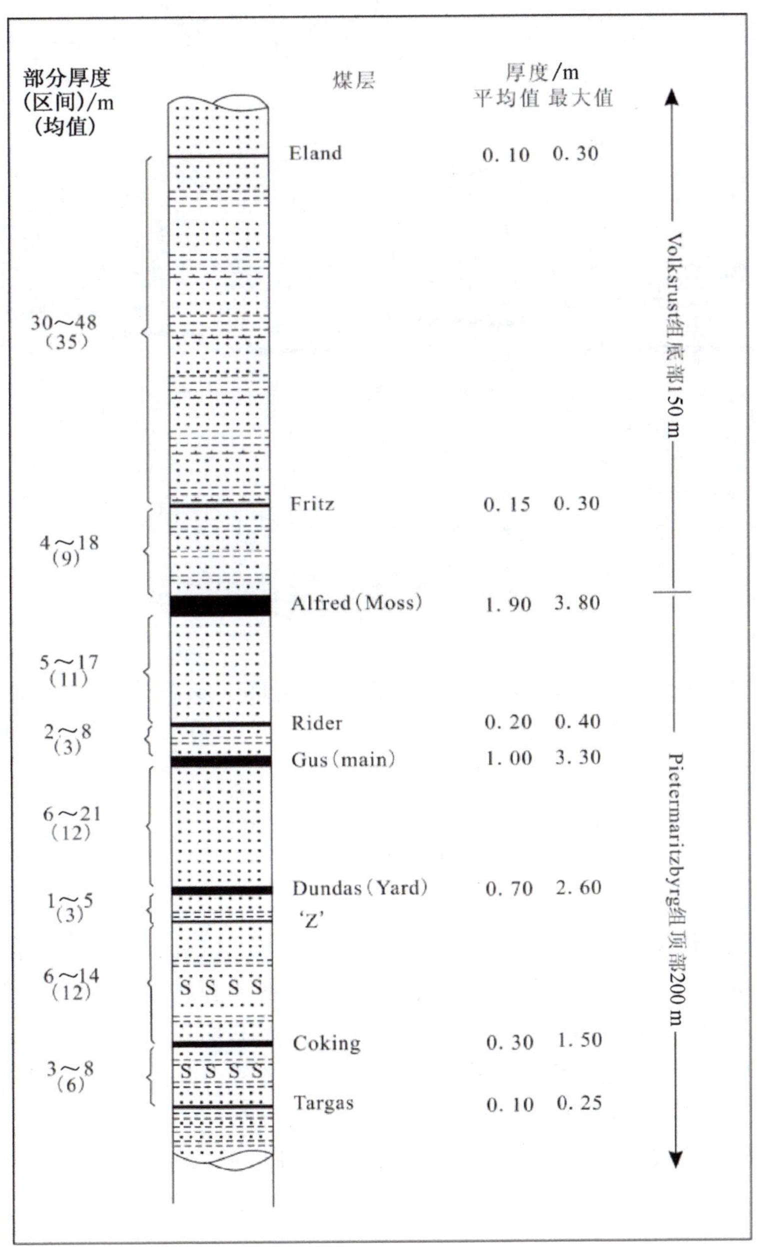

图 10-2-36 Utrecht 煤田典型煤带

爱卡群沉积在煤田东部，厚约 160 m，向西减薄至 120 m。

Beaufort 群沉积物出露在 Utrecht 煤田北部和西部大部分地区。这些沉积物基本上类似于 Vryheid 组，但是尽管发育两条稳定煤层，但是这两层煤质太差并且非常薄，所以不具有经济开采价值。在沉积层序完整的地方，重要煤层的埋深超过 650 m。

Utrecht 煤田南北向剖面如图 10-2-37 所示，卡鲁沉积地层的产状近乎水平，区内普遍存在的辉绿岩岩席顺层侵入其中。

该煤田有 5 个主要的辉绿岩，其中 Zuinguin 岩席最稳定，厚度超过 150 m。

Utrecht 煤田内重要断层是由不同岩席侵入该煤带造成的，最大断层造成的位错达到 150 m。

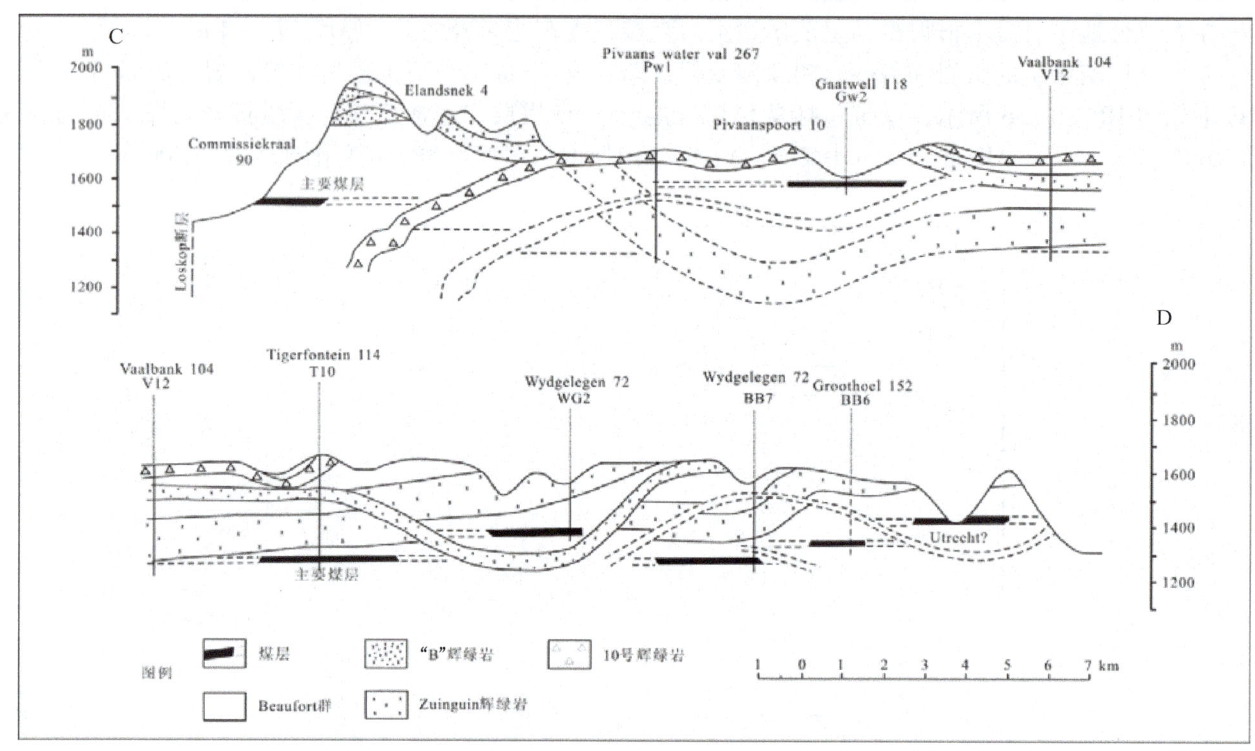

图 10-2-37 Utrecht 煤田南北向剖面图

该地区还可见到岩席补给通道的岩墙以及岩席期后的岩墙。这些岩墙厚度薄的不到 1 m 厚的超过 10 m，沿走向可以延伸数十米或数千米。

2）煤层

Utrecht 煤田典型煤层剖面如图 10-2-38 所示，该煤田共存在 11 个煤层，已经开采的 4 个煤层分别是 Alfred、Gus、Dundas 和焦煤煤层。

焦煤煤层为含煤岩系最下部的重要煤层，通常厚度较薄，仅在该煤田东部 Makateeskop 和 Dumbe 地区开采。Makateeskop 地区煤层达到最大厚度 1.5 m，但平均厚度仅为 0.9 m。该煤层煤质好，主要是薄亮煤条带。在煤层较厚部位偶尔可见砂质或粉砂质透镜体。顶板和底板岩石通常硬度较大，均为中粗粒砂岩或者中细粒砂岩。煤层未受辉绿岩影响，可生产中等品质的焦煤，不需要洗煤。

焦煤煤层潜在可开采区块可能位于 Elandsberg 东部，据报道，此处煤层厚度大约 0.9 m。该地区平均厚度大约为 0.75 m，包括不稳定的砂岩夹矸。

Dundas 煤层位于焦煤煤层之上大约 15 m 处，目前仅在 Elanslaage 东部和 Paulpietersburg 地区进行开采，西部该煤层厚度变化大，煤质不稳定，因此不可能进行开采。

与 Northern Natal 的其他地区一样，Gus 煤层为 Utrecht 煤田最广泛开采的煤层。该煤层位于 Dundas 煤层之上约 17 m，该煤田南部此煤层平均厚度超过 1 m，而向北该煤层分成上部和下部，中间由 3～12 m

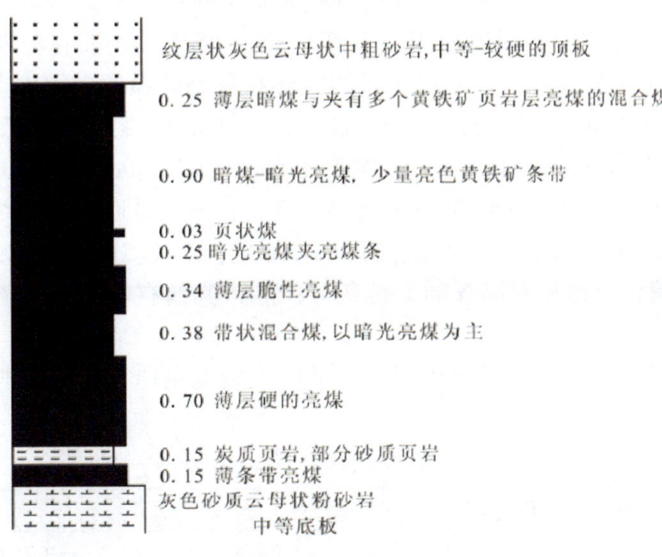

(a) Alfred 煤层

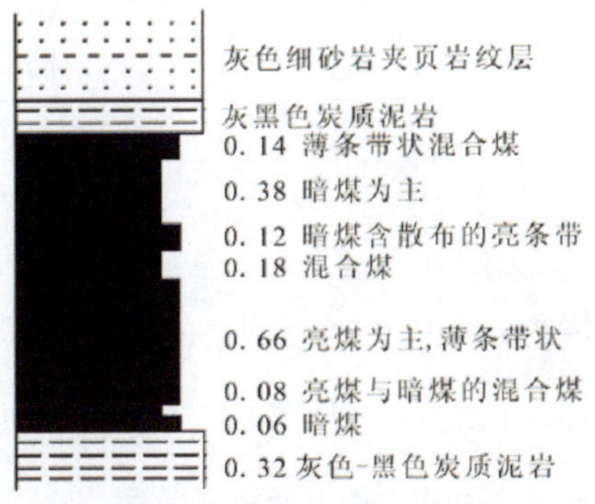

(b) Gus 煤层 (Weltevreden 53)

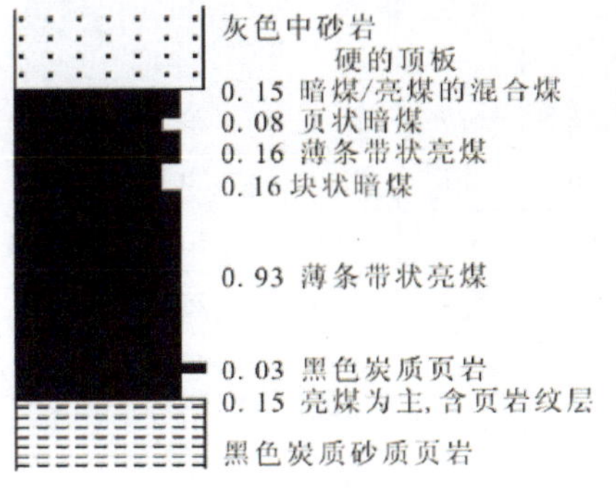

(c) Dundas 煤层 (Boschkrans 69)

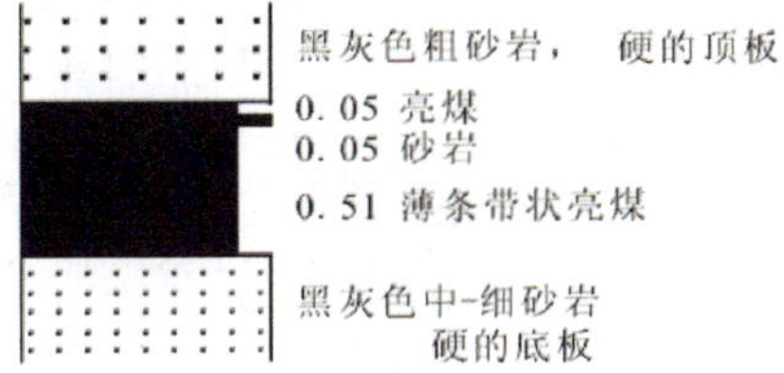

(d) 焦煤煤层 (Kaffirsdrift 116)

图 10－2－38 Utrecht 煤田典型煤层剖面图

砂岩夹矸分开。该煤田北部，上部煤层发育最好，Klipplaatdrift - Commissiekraal 地区能达到3.3 m厚。Utrecht附近，该煤层被划分为3个不同煤质带：上部主要为暗煤，中部主要为亮煤，底部通常为煤质差但稳定的页岩夹矸。东部煤炭减薄地方，煤质差的底部和较差的顶部煤缺失，剩余部分的煤质变好。

煤田大部分地区发育的Alfred煤层通常灰分和硫分高，因此很难进入市场。然而，目前Utrecht煤田产煤主体来自Alfred煤层，Zimbutu和Umgala煤矿还有Rand London的Zoetmelksrivier煤矿都开采该层煤炭。该煤层总厚度在Umgala和Zimbutu煤矿处达到3 m。该煤炭通常为暗煤到暗-光亮煤炭并与亮煤互层。在Zoetmelksrivier煤矿开采区，该煤层可采部分厚度约为1.5 m，底部煤质非常好。该地区Alfred煤层经过洗煤操作之后，获得相对高煤质、低灰分产品，其具有低硫分和磷含量。

3）资源量

Utrecht煤田资源量见表10-2-23，该煤田较新的煤炭资源量估算可采原煤664.4 Mt。

表10-2-23 Utrecht煤田资源量

煤类	不同深度资源量/Mt			原煤	
	0~50 m	50~150 m	150~400 m	开采率/%	开采量/Mt
原煤	15	180	146.5	69	235.6
焦煤	—	17.5	104.5	67	81.7
无烟煤	18	135	365	67	347.1
总计	33	332.5	616	67	664.4

4）煤质

典型煤矿产品煤的分析（表10-2-24）揭示，Alfred煤层的灰分一般超过25%，而Gus和Dundas煤层的灰分最低。

表10-2-24 Utrecht煤田部分煤层的典型煤质

煤矿		煤层	处理方式	水分/%	灰分/%	挥发分/%	固定碳/%	发热量/(MJ·kg⁻¹)	硫分/%	磷/%	灰熔点/℃		
											变形	半球	流动
无烟煤	Balgray	Gus	65×25 mm；洗	1.7	12.3	6.9	79.1	29.8	1.2	±0.05	1140	1170	1210
			25×5 mm；洗	1.8	10	6.1	82.1	30.8	1.1	±0.05	1150	1180	1290
	Brockwell	Dundas	40×20 mm；洗	2.1	11.1	6.2	80.6	30.4	0.8	±0.07	1250	1290	1400
			40×20 mm；未处理	2.3	22.2	5.4	70.1	25.9	1	—	1350	1370	1380
	Natal Ammonium	Dundas	粉末	1.7	11.6	10.6	76.1	30.7	1.1	—	1240	1270	1330
	Utrecht	Gus	粉碎并过筛	1.9	14.2	8.7	75.2	29.3	1.5	—	1140	1170	1210
	Zoetmelksrivier	Alfred	25×10 mm	2.3	11.6	10.9	75.2	30.5	0.5	0.005	—	—	—
原煤	Dumbe	Coking	未处理	2.3	10.8	32.7	54.2	30.3	1.4	4.5	—	—	—
	Kempslust	Gus	未处理	2	8.9	27.3	61.8	31.3	1.7	5.5	+1400	+1400	+1400
	Makateeskop	Dump	粉碎	2.2	14.9	20	62.9	28.9	1.3	—	1220	1260	1300
	S and L	Dundas	60×10 mm	1.5	15	19.7	63.8	29.6	1.4	1	1350	+1400	+1400
	Pivaan Section		未处理	—	—	—	—	—	—	—	+1400	+1400	+1400
	Umgala	Alfred	粉碎；洗	2.8	13.1	23.3	60.8	28.7	1.4	—	1180	1210	1250
	Zimbutu	Alfred	粉碎	2.7	13.6	25.3	58.4	28.3	1.5	1	1170	1290	1220
		Gus	洗	—	—	—	—	—	—	—	—	—	—

挥发分从西部的35%变化到Utrecht北部的不超过5%，该煤田可以生产从低挥发分无烟煤到低煤

质烟煤以及沥青质动力煤和焦煤等一系列产品。

9. Vryheid 煤田

Vryheid 煤田地理位置如图 10-2-39 所示，Vryheid 煤田以生产高品质焦煤和无烟煤闻名于南非，该煤田位于 Klip 河煤田以东——Vryheid 和 Ngotshe 行政区内，为东西向长轴状。潜在含煤地区从西部 Kingsley 延伸至东部 Louwsburg，从北部 Nkambule 延伸至南部 Gluckstadt。该煤田总面积大约为 2500 km^2，其中 15% 的面积含煤。

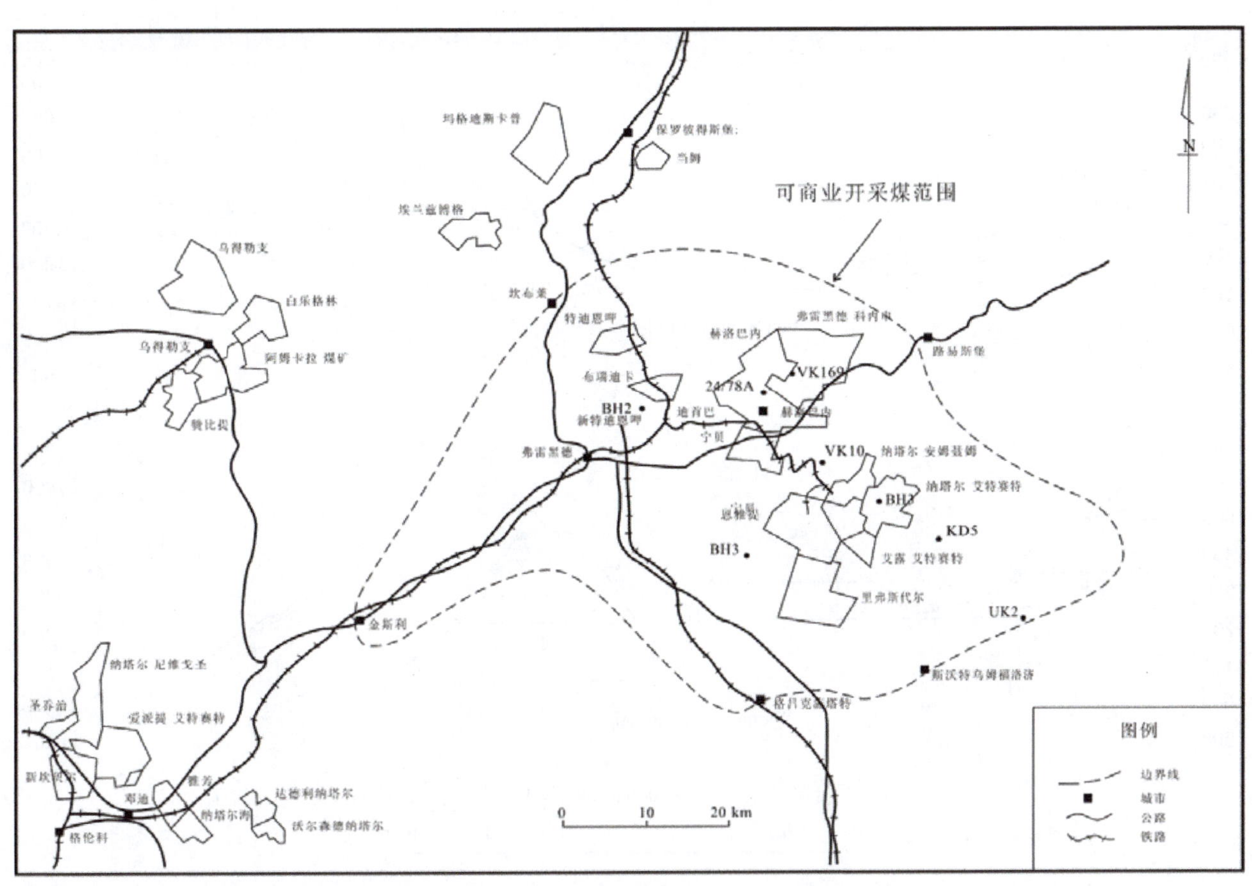

图 10-2-39 Vryheid 煤田地理位置图

煤田所在地区为深度切割的高原，平均海拔在 1200~1300 m，最高的 Enyati 山约 1650 m。辉绿岩岩席形成平顶丘陵的抗侵蚀盖层。

煤田内在产煤矿包括 10 个井工矿和 4 个露天矿，年产大约 6 Mt 原煤，相当于南非总产量的 6%，所产的煤是南非最好的焦煤和无烟煤，南非所有优质冶金无烟煤均产自 Vryheid 煤田。

1） 煤系地层

Vryheid 煤田的卡鲁沉积物覆盖在基底之上，呈不整合接触。分散出露的基底为 Swaziland 超群的基性片岩和条带状石英岩、Pongola 超群的石英岩和火山岩以及前卡鲁或 Pongola 超群的辉绿岩和花岗岩体。

该地区大部分被卡鲁序列的沉积物覆盖，序列底部为德维卡群。最好露头位于 Vryheid Coronation 煤矿以北以及 Enyati 和 Thabankulu 山脉之间的河谷中。德维卡群为混积岩和相关河流冰川相砂岩与黑色页岩，平均厚度为 150 m，在前卡鲁冰川谷地内更厚而在前卡鲁高地处较薄或缺失。

爱卡群下部的彼得马里茨堡组由深灰色含云母页岩和泥岩组成，平均厚度为 150 m，整合在德维卡群沉积物之上。埃卡群中部的 Vryheid 组从下到上为下部过渡层、底部砂岩、煤带、上部砂岩和上部过渡层。下部过渡层为向上变粗的粉砂岩和砂岩，底部砂岩以粗粒结构为主。

上覆河流相为主的煤带厚度在 150~220 m，包括含煤的砂岩、粉砂岩和页岩。这些沉积物以砾岩为底、向上变细的旋回并发育交错层理为特征，通常上覆煤炭或泥岩。

上部砂岩和过渡层平均厚 85 m 和 40 m。

Vryheid 煤田的沉积地层相对平坦，常被顺层侵入的辉绿岩岩席错断，最大位错高达 150 m。至少可以识别出 5 期次的岩席，由老到新分别是 Zinguin、Ngwibi、Matshongololo、Nyembi 和 Enyati 岩席。较早期的 Zinguin 侵入体通常与地层产状一致并且相当稳定，而较年轻侵入体的产状通常不稳定。岩席之后是岩墙侵入，厚度可达 10 m，导致次要断裂发育。Vryheid 煤田地质剖面如图 10-2-40 所示。

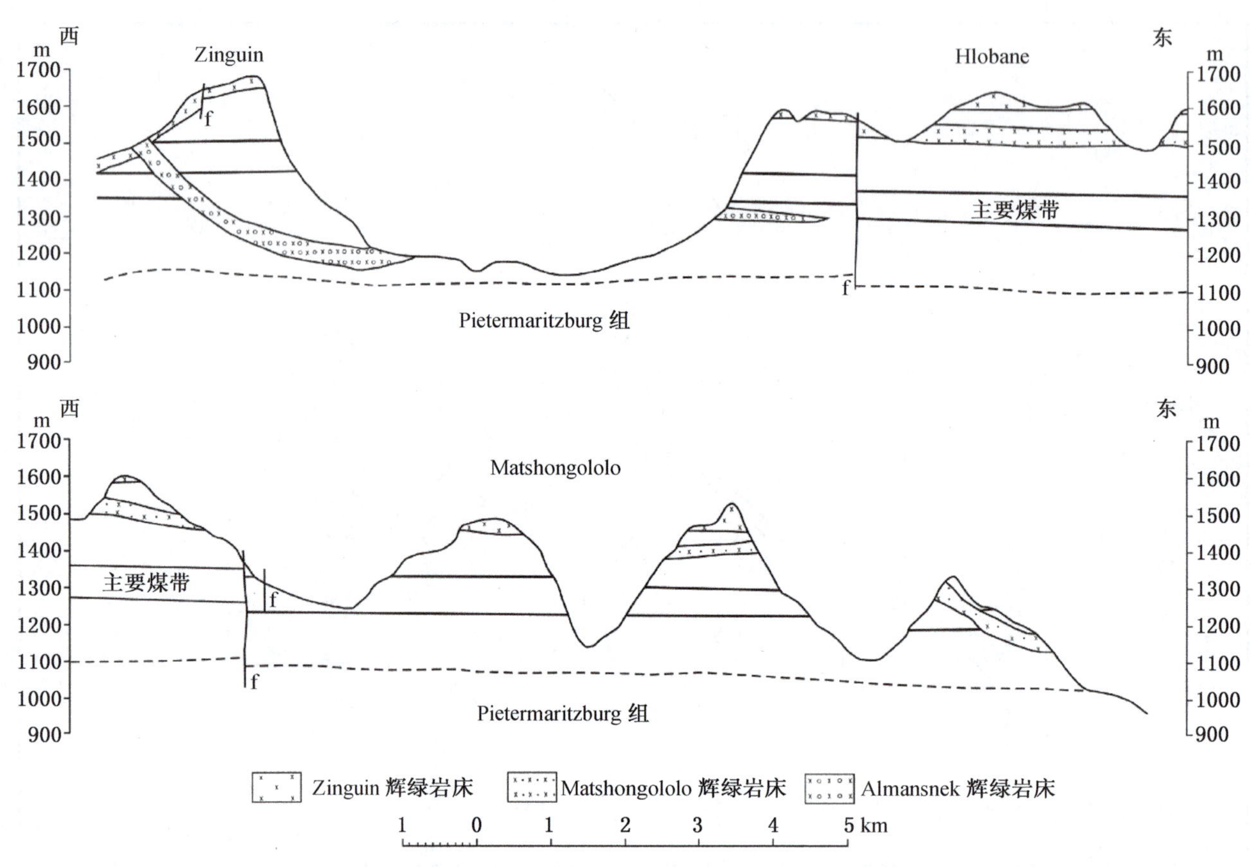

图 10-2-40 Vryheid 煤田地质剖面示意图

2）煤层

Vryheid 煤田的主要含煤带内存在至少 9 个不连续的煤层，不同地区的含煤地层和煤层有所区别。Enyati 煤矿同时开采 4 层煤。Vryheid 煤田北部地区典型煤层剖面如图 10-2-41 所示。

该地区普遍开采的煤层为 Gus 煤层。该煤层连续性好，在不受辉绿岩影响的地方，可生产中等灰分、低硫分、高罗加指数的焦煤；在该煤层部分脱挥发分的地方出产无烟煤。其他焦煤和 Dundas 煤层具有相同重要性，很少对 Alfred 煤层进行经济勘探。

焦煤煤层是最早被开采的经济可采煤层，已经在 Zinguin 山脉和周边地区以及 Enyati 山脉进行开采。该煤层通常较薄（很少超过 1 m），因此，未对该煤田整个地区进行勘探。在该煤层未受到辉绿岩侵入影响的地方，煤质好，灰分含量在 7%～8%，产焦煤。

Dundas 煤层在 Zinguin Mountain、Tshoba、Hlobane、Vryheid Coronation 和 Enyati 煤矿开采。Dundas 下部煤层的厚度从 Zinguin 山处的最大值 2.5 m 变化到 Ngwibi 和 Enyati 山脉处的最小值 0.2 m。该煤层最常见的是互层的亮煤和暗煤，顶部通常含有薄层页岩和砂岩的夹矸，厚度达 1 m。因为碎屑沉积物数量问题，不可能开采整个煤层，而该夹矸之下煤层的厚度不足以单独进行开采。目前，该煤层生产焦煤或动力煤。

Dundas 上部煤层仅在 Vryheid Coronation 煤矿进行开采。该煤层一般厚 0.15～0.50 m，但在 Vryheid

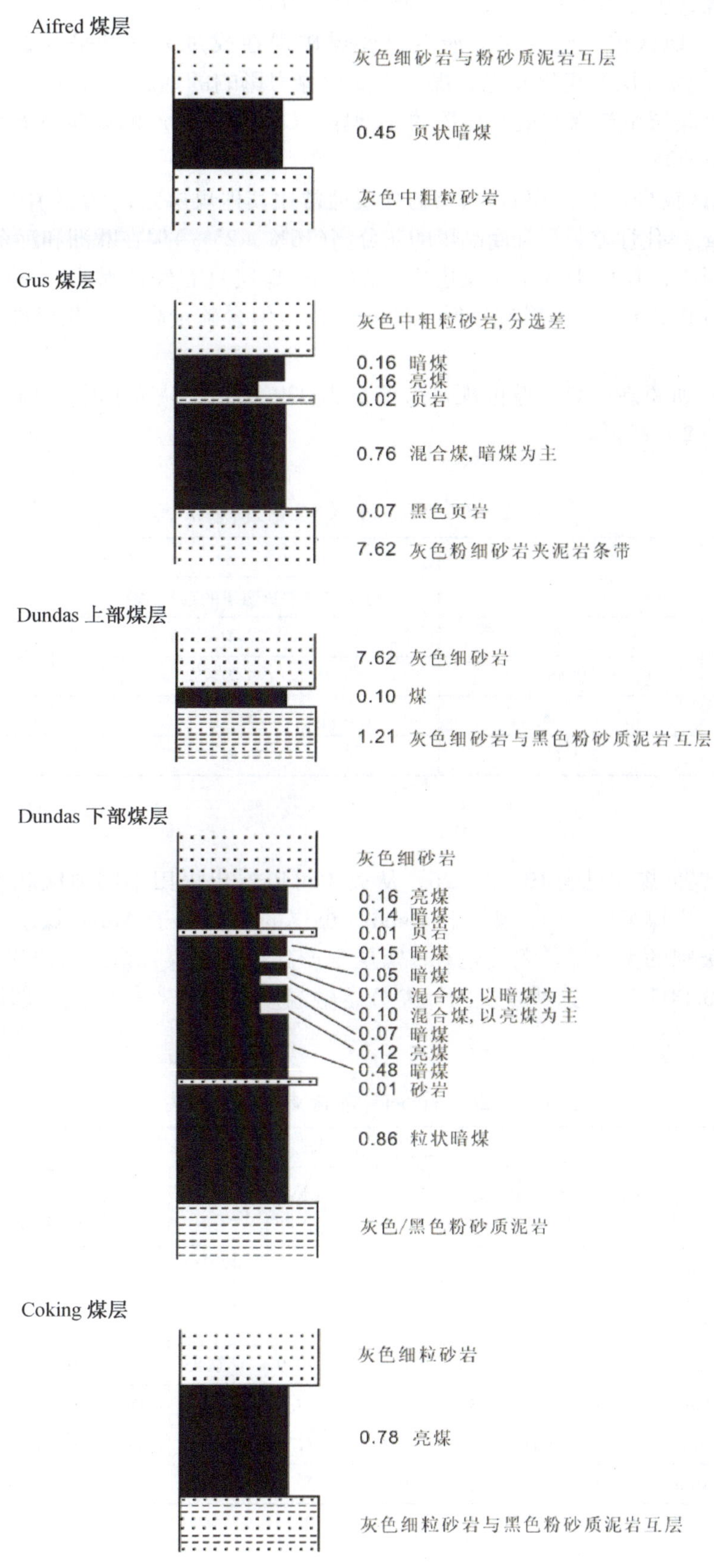

图 10－2－41 Vryheid 煤田北部地区典型煤层剖面图

Coronation 处该煤层的厚度为 1 ~ 1.2 m。该地区此煤层比 Dundas 下部煤层灰分略低，经洗煤操作之后，可获得相对较好的焦煤，膨胀系数超过 5，罗加指数大约为 60。

Gus 煤层在 Vryheid 地区被广泛开采，所有重要煤矿现在或过去均开采此煤层。Gus 煤层厚度在 0.50 ~ 2 m。Gus 煤层为薄互层的亮煤和光亮煤。未受辉绿岩影响的地方，该煤层生产良好煤质的焦煤；而脱挥发分的地方，该煤层生产南非最好煤质的无烟煤。Gus 煤层所产的煤炭具有低硫分的特点，磷含量相对较低（不超过 0.005%）。

Alfred 煤层在该地区较少开采。Alfred 煤层的煤质通常比其他煤层差，仅生产中等品质的动力煤，平均发热量为 26 ~ 27 MJ/kg，焦化性差。尽管商品煤的灰分高（16% ~ 25%）但在欧洲和远东市场销售很好。

该地区的次要煤层中，仅位于 Alfred 煤层之上的 Fritz 煤层具有经济潜力。该煤层主要为优质的亮煤，但厚度通常不超过 0.5 m。该煤层灰分低（10% 左右）但含硫量高，因此很难有市场前景。

3）资源量

Petrick 等（1975）所重新计算的原位煤可采储量为 229.0 Mt，认为其中 72% 为探明储量。Vryheid 煤田资源汇总见表 10 - 2 - 25。

表 10 - 2 - 25 Vryheid 煤田资源量汇总

煤类	资源量/Mt	可采资源量	
		可采资源占资源量的百分比/%	开采量/Mt
烟煤	42.5	77.4	32.89
冶金煤	39.45	76.7	30.26
无烟煤	139.68	76.7	107.15
总计	221.63	76.8	170.3

4）煤质

Vryheid 煤田部分煤种煤质见表 10 - 2 - 26，从表中可以看出煤田不同地区和不同煤层所产煤的煤质变化较大。总体看，焦煤煤层、Gus 煤层和 Dundas 煤层的煤质优于 Alfred 煤层。该煤田生产一些最好煤质的焦煤和冶金级别的无烟煤。尤其是 Gus 煤层生产高级无烟煤，该地区煤炭通常具有低硫分和相对低磷含量（不超过 0.005%）。这些煤炭的挥发分熔融温度通常较高，因此，烟煤和无烟煤可以用作电厂燃料。

表 10 - 2 - 26 Vryheid 煤田部分煤种煤质

煤类	处理	产层	指标分析（空气干燥）											
			水分/%	灰分/%	挥发分/%	固定碳/%	发热量/(MJ·kg^{-1})	硫分/%	磷/%	膨胀系数	罗加指数	灰熔点/℃		
												变形	半球	流动
焦煤	洗	Gus U. Dundas L. Dundas	1.2	13.5	22.5	62.8	30.3	0.8		4.5	60	+1400	+1400	+1400
原煤	碎，筛	Gus	2	16.5	20.8	60.7	28.9	0.85		0	0	+1400	+1400	+1400
低级原煤	碎，筛	Alfred	1.8	18	15	65.2	28.3	1	0.018	0	0	1320	+1400	+1400
动力煤、无烟煤	洗	Gus	1.7	10.7	10	77.6	31.5	0.8	0.003	0	0	+1400	+1400	+1400
无烟煤	碎，筛	Alfred	3.2	18.6	7.5	70.7	27.4	1.2	0.018	0	0	1250	1310	+1400

10. 其他煤田

1）Nongoma 煤田

Nongoma 煤田位于主卡鲁盆地最东缘。Nongoma 煤田目前唯一的 Zululand 煤矿是南非最大的无烟煤产地。Nongoma 煤田内的煤炭赋存在 Vryheid 和 Emakwezini 组内，这些地层保存在复杂的地堑构造中。

Nongoma附近的Msebe远景区处，无烟煤赋存在Emakwezini组下部A带和上部B带，两者之间相隔大约35 m（Thirion，1982；Barclay，1988）。上部煤带之上大约65 m处发育两条相距10～40 m的辉绿岩岩席，厚度分别为17～35 m和15～65 m。煤田北部煤层之下约25 m厚辉绿岩岩席切穿煤带并发育若干辉绿岩岩墙。该煤田原煤的灰分变化在33%～47%，挥发分为7%（脱挥发分地区）和24%（Snyman,1998）。

Nongoma煤田可分为具有明显不同岩性的两个地区：西Nongoma和东Nongoma。该煤田内煤蕴藏在爱卡群Vryheid组的3条煤层内。M－1煤层平均厚度仅为20 cm；上覆M煤层是该煤田西部的唯一可采煤层，厚度为1.0～1.2 m。其上被粉砂岩夹矸分隔的M＋1煤层的平均厚度仅为0.2 m。

Nongoma煤田以东的煤炭赋存在Beaufort群的Emakwezini组内，划分为3个带，分别为A带、B带和C带。最下部A带最主要的A煤层的厚度达到4.0 m；某些位置该煤层分隔成A1煤层和A2煤层，灰分为33%～42%。B带通常为采煤带，存在4个煤层，分别为B1、B2、B3和B4煤层，4煤层间由黑色碳质页岩分开。B1煤层平均最大厚度为4 m，而其余煤层平均厚度在2.5 m左右。这4层煤灰分为25%。C带煤层不规则分布并且侧向不连续。Nongoma煤田Msebe远景区煤炭浮选部分热值和组分分析见表10－2－27。

表10－2－27　Nongoma煤田Msebe远景区煤炭浮选部分热值和组分分析（相对密度1.7）

煤　层	厚度/m	发热量/(MJ·kg^{-1})	水分/%	灰分/%	挥发分/%
B4（顶）	0.81	29.3	1	16.9	8.2
	1.02	29.8	1.2	15.7	8.8
	0.83	29.3	1.3	16.8	8.5
B3	3.25	29.7	1.4	15.5	7.4
B2	1.79	28	1.4	19.1	7
B1（底）	3.38	28.9	1.4	17.3	7.3
	4.92	28.5	1.1	19.1	7.7
	3.92	28.3	1.1	19.8	7.6
A2	1.4	25.5	1.1	26.6	7.4

数据来源：Barclay，1988

Zululand煤矿内，Emakwezini组有3条薄煤层并且煤质差。重要煤层位于Vryheid组，厚度为2～3 m；其上还有一条薄煤层（厚度小于0.7 m），其下还有一条更薄的煤层（厚度小于0.3 m）。辉绿岩岩墙普遍存在，但对煤炭未产生明显的脱挥发分作用。

2）Somkele煤田

Somkele煤田位于农戈马煤田东南50 km处。该煤田被断层错断，边界断层走向为北东—南西。存在许多辉绿岩侵入体，煤级通常较高（无烟煤）。含煤地层Emakwazini组朝东南倾斜，倾角在15°～30°，平均为25°。上部Emakwazini组发育4个煤层，称作下部煤层、重要煤层、上部1煤层和上部2煤层。重要煤层为唯一具有经济重要性的煤层，平均厚度为10.6 m，最厚可达17.8 m（包括页岩夹矸）。煤田内断层发育，重要断层为北东—南西走向，次要断层走向多样。该地区可进一步分成5个资源区块。

原煤灰分在40%以上，按相对密度为1.7或1.8进行洗煤操作，煤质难以提高。

3）Molteno煤田

Molteno煤田位于主卡鲁盆地南部North－eastern Cape省内，面积约13000 km^2，从西部Aliwal North经过Molteno、Dordrecht、Indwe和Elliot，延伸至东部Maclear。该煤田曾是南非最重要的煤炭生产地区之一，目前已经停止开采。Molteno煤田位置示意如图10－2－42所示。

（1）地质概况。Molteno煤田的地层大多未受重要构造事件的影响，褶皱构造主要是一系列宽缓背斜和向斜。正断层走向南北或东西，断层断距小，但在Jamestown和Indwe附近断层断距大约为300 m。Molteno煤田广泛分布辉绿岩岩墙，厚度可达20 m，近南北和东西走向，多沿着早期断层分布（Turner，1971）。辉绿岩席通常覆盖在丘陵之上，靠近侵入体的煤炭因为热变质作用而脱挥发分。

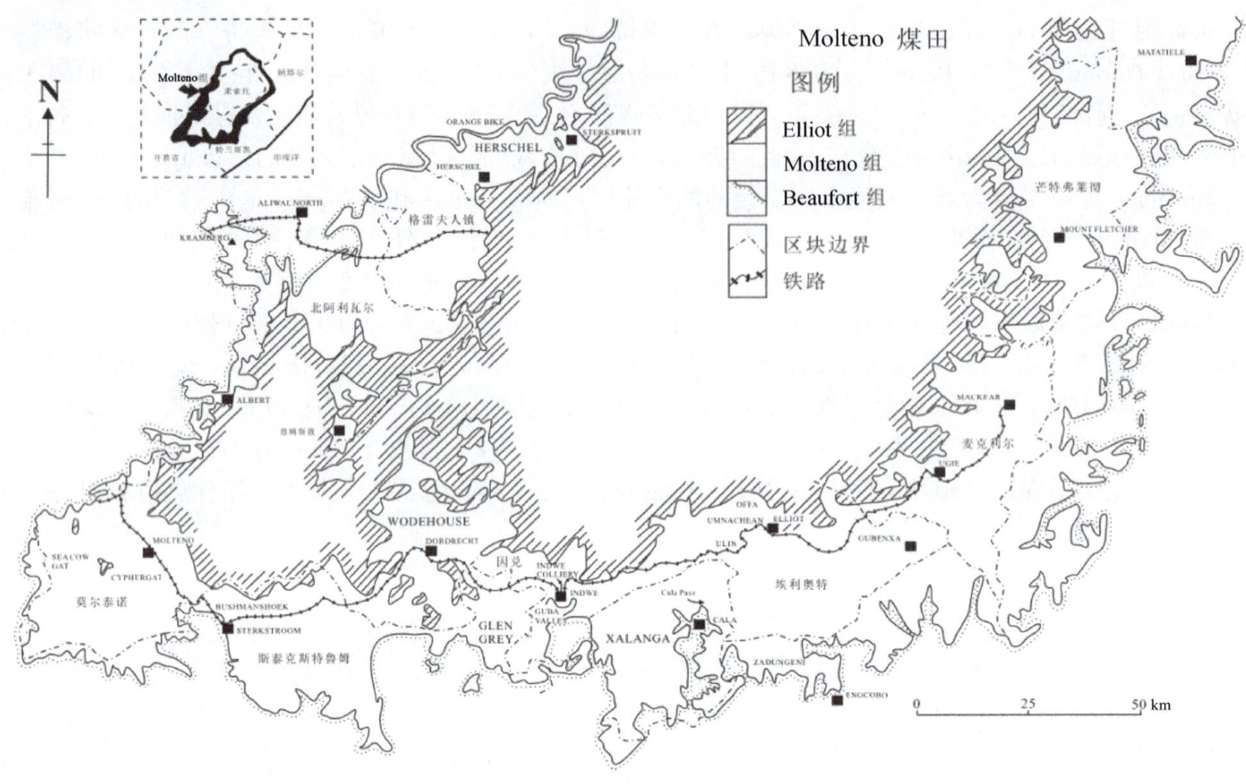

图 10－2－42 Molteno 煤田范围位置示意图

（2）含煤地层。卡鲁盆地中 Molteno 组为向北减薄的楔形体，主要为晚三叠世碎屑沉积物。南部露头区域 Molteno 组下部结合处为 Bamboesberg 段底部，其整合覆盖在 Beaufort 群 Burgersdorp 组之上。南部 Indwe 和 Maclear 之间，Molteno 组达到最大厚度，大约为 625 m，而北部 Bethlehem 和 Harrismith 附近，该组地层减薄，厚度不超过 10 m。Molteno 煤田内 Molteno 组的煤层如图 10－2－43 所示。

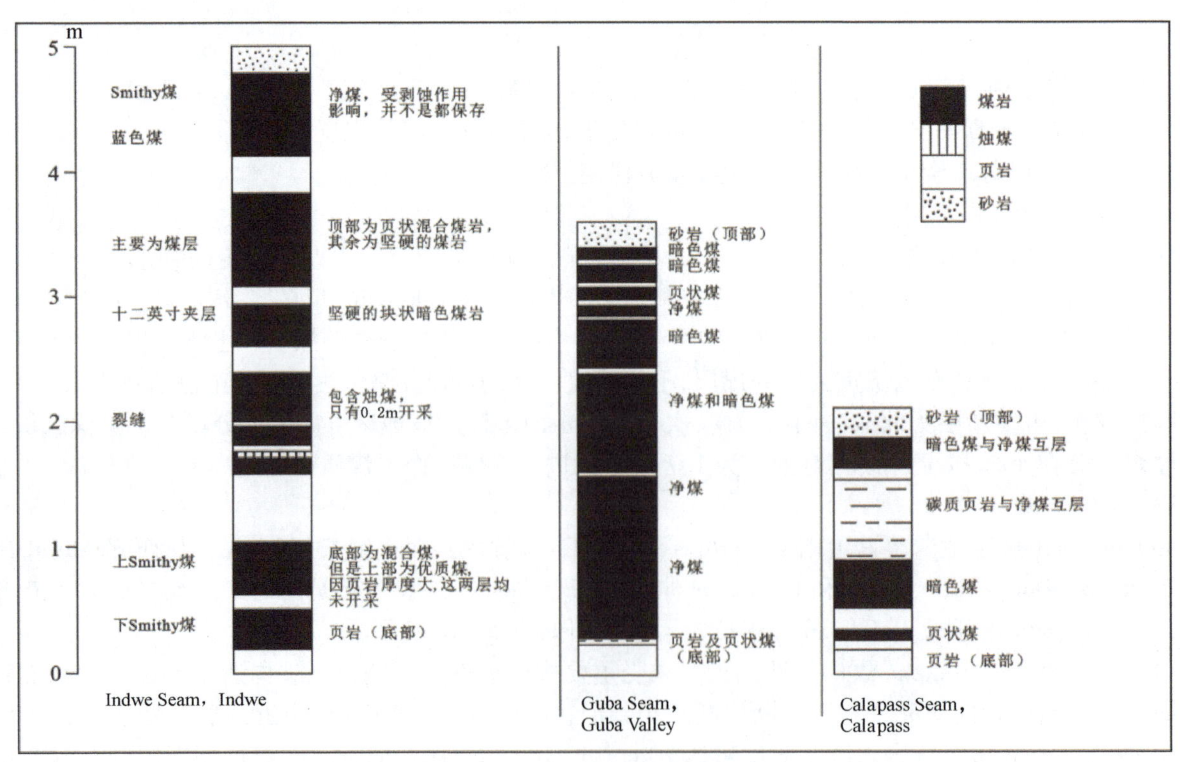

图 10－2－43 Molteno 煤田内 Molteno 组的煤层

Bamboesberg 段为细粒和中粒砂岩层以及粉砂岩和泥岩透镜状薄互层的复合层序，最大厚度为 115 m，向北逐渐楔形减薄。Molteno 组两条重要煤层赋存在 Bamboesberg 段。Indwe 煤层位于 Guba 煤层之下 18 ~ 24 m，Guba 煤层发育在该段顶部并且被 Indwe 砂岩覆盖。

Indwe 砂岩段不发育煤层。Mayaputi 段主要为含薄层透镜砂岩层的泥质单元，厚度从 Cala Pass 附近 50 m 变化到 Indwe 西南部最小 15 m。Aliwal North 地区，Mayaputi 段大多厚于 31 m。Cala Pass 煤层不连续并且通常为页岩质煤炭，位于该单元顶部和上部 Qiba 段。

Indwe 和 Cala 地区 Qiba 段为细粒到中粒砂岩层以及薄层泥质夹层的单一层序，厚度在 20 ~ 58 m。Ulin 煤层为页岩质不稳定煤炭，赋存在 Qiba 段底部之上 20 ~ 40 m 之间，出露在 Elliot 和 Indwe 之间，靠近 Tsomo 河流的 Ulin 农场上。

（3）煤层。Molteno 煤田内大部分地区 Indwe 煤层位于 Bamboesberg 段顶部之下 24 ~ 30 m。

Indwe 煤层广泛发育在 Indwe 镇以北、西北、南以及西南，煤的赋存面积约 90 km^2。该煤层在 Indwe 煤矿 Indwe 镇北部达到最大厚度 4.5 m，在 Indwe 西南部 4 km 处大约 2 m 厚，镇以南 8 km 处煤层减薄至 0.75 m，再往南 2 km 尖灭。Albert 和 Aliwal North 地区 Indwe 煤层厚度从 2 m 变化到 6 m，为互层的煤炭和泥岩条带。

Guba 煤层位于 Bamboesberg 段顶部、Indwe 煤层之上 0.24 ~ 0.3 m 处，但在相同位置很少同时发育两层煤。该煤层通常发育在 Indwe 西南侧 Guba 河谷中，最大厚度达到 2.8 m。Indwe 地区其他地方该煤层厚度明显变化，但是通常朝南、朝北减薄。勘探水平坑井和钻孔资料表明该煤层下部为较好煤质煤炭。该煤层底部含有 0.6 ~ 1.1 m 亮煤，之上为大约 0.05 m 厚深灰色侧向连续的碳质页岩。之后为大约 1 m 厚煤炭，为互层的亮煤和暗煤条带。该煤层上部为 1 ~ 1.5 m 厚亮煤和暗煤条带和碳质粉砂岩、泥岩以及页岩。

Indwe 以东 Cala 和 Engcobo 地区，Guba 煤层为透镜状并且不连续。该煤层厚度通常在 0.12 ~ 0.3 m，但是局部厚度达到 1 m。Indwe 以西该煤层零星发育，不具有经济价值。

Molteno 地区 Sea Cow Gat 农场处 Cape 煤矿的 Guba 煤层发育良好，平均厚度大约 1.2 m。与 Indwe 处的煤层一样，较好煤质煤炭通常发育在该煤层下部。Molteno 附近 Guba 煤层也发育良好，大约 1.4 m 厚。

Cala Pass 煤层位于 Mayaputi 段顶部，上覆 Qiba 段，该煤层不连续并且含有更多页岩。该煤层在许多地方主要是碳质页岩，含有亮煤薄层和条带。该煤层的厚度一般在 0.35 ~ 0.5 m，仅在 Gubenxa 附近最厚达到 2 m。

Ulin 煤层为侧向不连续条带状的薄层煤炭透镜体、含煤粉砂岩、泥岩和页岩。Elliot 西南侧大约 20 km 处该煤层位于 Qiba 段底部之上 20 ~ 40 m。Ulin 农场该煤层厚度为 1.7 m，而 Tsomo 河大桥东北侧 3 km 处仅 0.15 m 厚。

（4）煤质。Molteno 煤田的煤按照 S. G. 1.75 进行洗煤操作后，挥发分含量在 6% ~ 25%，平均值为 11%，煤级从低挥发分烟煤到无烟煤。Molteno 煤炭最明显特征是高灰分，整个煤田平均为 26.8%，水分范围在 1.3% ~ 11.4%，热值为 16.2 ~ 27.3 MJ/kg，平均值为 21.4 MJ/kg。平均硫分低，一般为 0.5%。Molteno 煤炭的另一个特征是氯含量非常高，已有分析表明能达到 6%。

二、Tuli（图利）盆地

图利盆地东西向狭长，横跨南非、津巴布韦和博茨瓦纳之间边界。该盆地在南非部分面积约为 1150 km^2，南翼大约 110 km^2 赋存可开采的含煤地层。图利盆地南非部分卡鲁地层分布如图 10 - 2 - 44 所示。

该煤田地形平坦至略微起伏，向北缓倾斜，地表海拔为 600 ~ 650 m。气候干旱，降水主要集中在炎热的夏季，每年大约为 200 mm。贫瘠的土壤为砂质并含钙，覆盖薄层草皮和相当茂密的灌木丛。人烟稀少，无工业活动。

（一）含煤地层

根据主卡鲁盆地北部卡鲁超群的正式地层命名方案，将图利盆地划分为 4 个成因不同的岩石地层单元，分别为有争议的底部、中部和上部单元以及正式的 Clarens 组。

与主卡鲁盆地晚二叠世至中侏罗世卡鲁超群相比，该盆地沉积层序较薄（估计最大厚度为 450 ~ 500 m），连续性较差，主要为多种陆源碎屑沉积和化学沉积岩（复角砾岩、砾岩 - 角砾岩、砾岩、砂

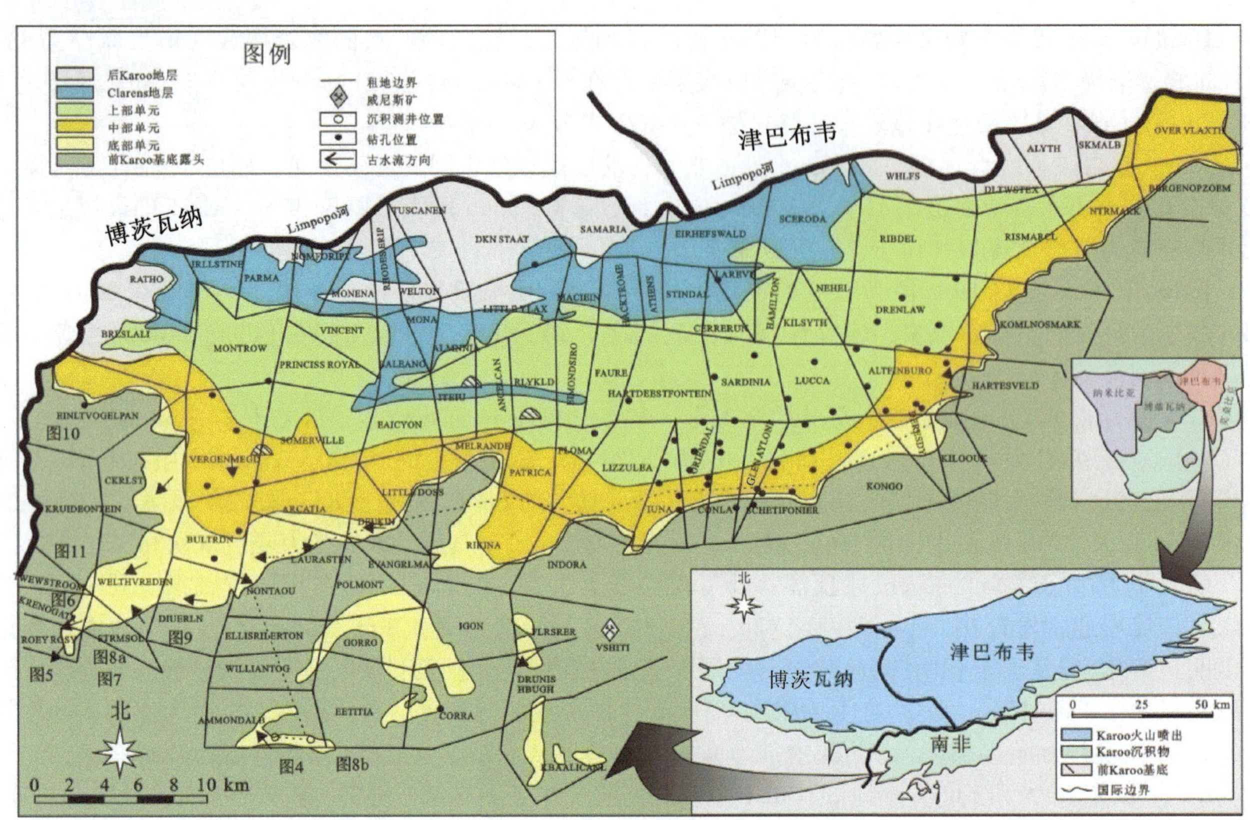

图 10-2-44 图利盆地南非部分卡鲁地层分布图（Bory 和 Catuneanu，2002）

岩、细粒沉积物、钙结层和硅结层）。

底部单元不整合覆盖在太古代变质岩基底之上，岩性为角砾岩、砾岩-角砾岩、砂岩、泥岩和煤层。主要煤层发育在下部层序，上部层序中仅可见薄层煤条带。含煤的细粒岩相组合与南部主卡鲁盆地 Vryheid 组非常相似。

底部单元平均厚度约为 56 m（最大厚度 111 m），砂质成分占 15%，而泥质相与煤层占该单元厚度的约 85%（平均厚度约 36 m），模拟获得底部单元等厚图，如图 10-2-45 所示，等厚图表明，该盆地底部高低不平，向南厚度增加。

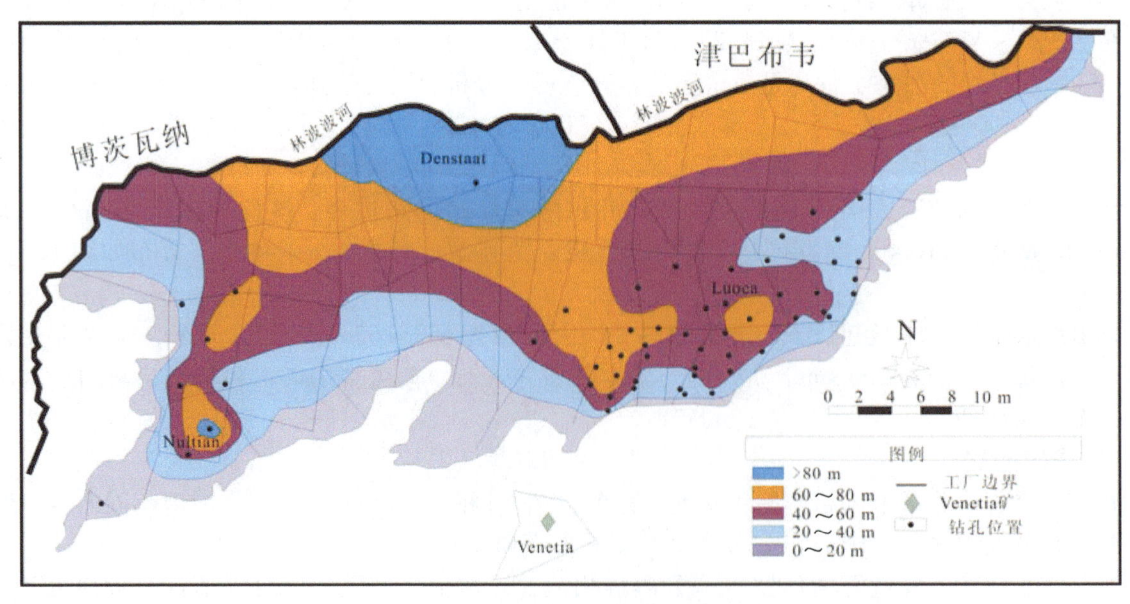

图 10-2-45 图利盆地南非部分底部单元等厚图（Bory 和 Catuneanu，2002）

（二）煤层

主要煤层在林波波河流以南整个凹槽内都发育。圈定的可采煤层地区主要位于此含煤盆地东部，重要煤带的埋深从南部的 20 m 变化到北部的 200 m，平均埋深大约为 110 m。

重要煤带厚近 10 m，为煤条带以及碳质页岩和泥岩。可开发煤炭地区内，重要煤带内识别出 3 个煤层，局部称作底部（厚 1.5 ~3.5 m，含煤 65% ~80%）、中部（厚 3 ~5.5 m，含煤 20% ~45%）和上部（厚 2 ~3 m，含煤 55% ~65%）。

具有经济价值的煤大部分发育在底部。一些情况下整个底部煤层可供开采，但实际可采率只有 60% ~80%。底部煤层平均厚度为 1.6 m，包括混煤、亮煤和暗煤的薄条带，还有许多薄层泥岩夹矸。上部煤层或上部可采部分位于可采的底部煤层地区中部。该煤层物理特点与底部煤层相似，只是该煤层通常较薄，平均厚度仅为 1.2 m。

三、Ellisras 盆地

（一）地质概述

Ellisras 盆地（Watersberg 煤田）位于约翰内斯堡西北约 400 km 处，东西长 90 km，南北宽 40 km。该盆地为小型东西走向的克拉通内裂谷盆地，北侧以 Zoetfontein 断层为界，南侧以 Eenzaamheid 断层为界 Ellisras 煤田地质简图如图 10 -2 -46 所示。盆地内部 Dadrby 断层断距大约为 400 m，将该煤田划分为较浅的西部和较深的东部。盆地内部充填的卡鲁序列地层含有煤层，含煤层序厚度达到 110 m，包括爱卡群 Grootegeluk 组和 Swartrant 组地层，主要从 Grootegeluk 组采煤。Ellisras 盆地资源储量超过 50Bt，占南非剩余煤炭资源的 40% 左右，其中 1/4 可以进行露天开采。

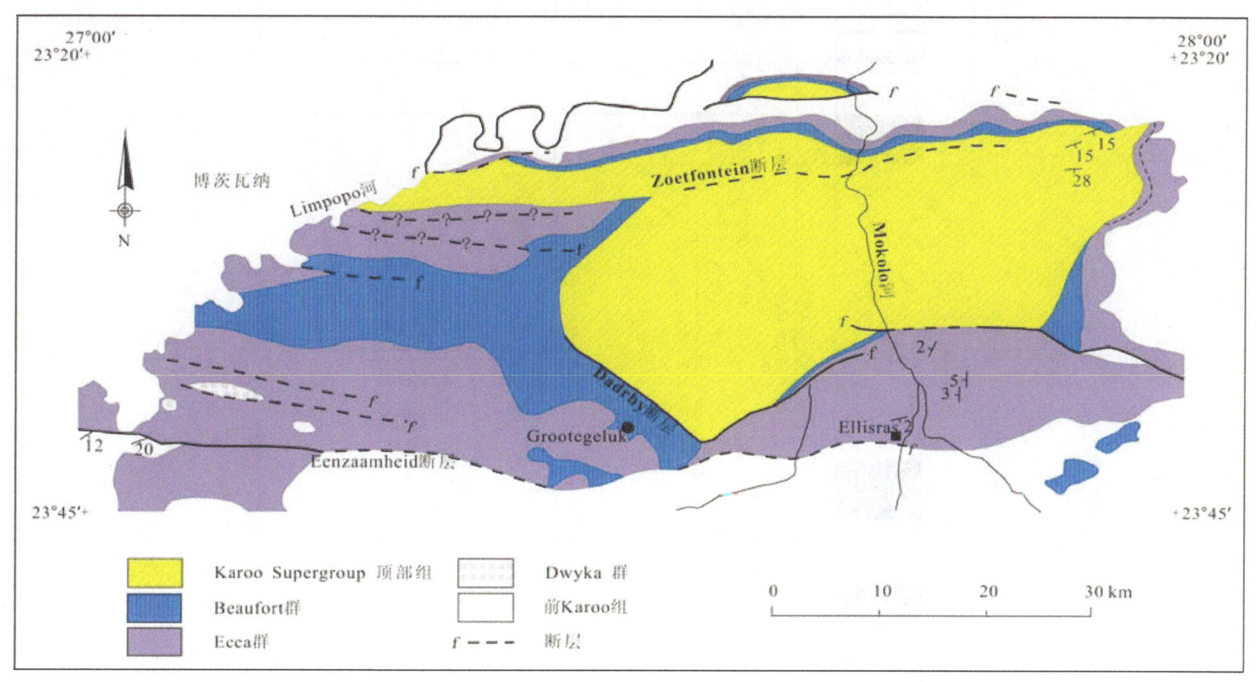

图 10 -2 -46 Ellisras 煤田地质简图（Botha，1984）

煤田目前唯一的在产矿 Grootegeluk 煤矿（GCM）为露采矿，位于 Ellisras/Lephalale 以西，属于 Kumba Resource(Pty) Ltd(Kumba) 所有。该矿的煤资源量估计为 12.1 Bt，年产 38 Mt 原煤，其中 18.8 Mt 是可销售商品煤，分别供给国家电力公司（14.7 Mt）、Mittal 的南非炼钢厂（1.6 Mt 焦煤）以及在国内销售（1.7 Mt 冶金煤）；另有 1.1 Mt 的焦煤和动力煤出口。

（二）煤系地层

Ellisras 盆地发育卡鲁序列的主要地层，但是岩性明显不同，并且除爱卡群下部外都明显减薄

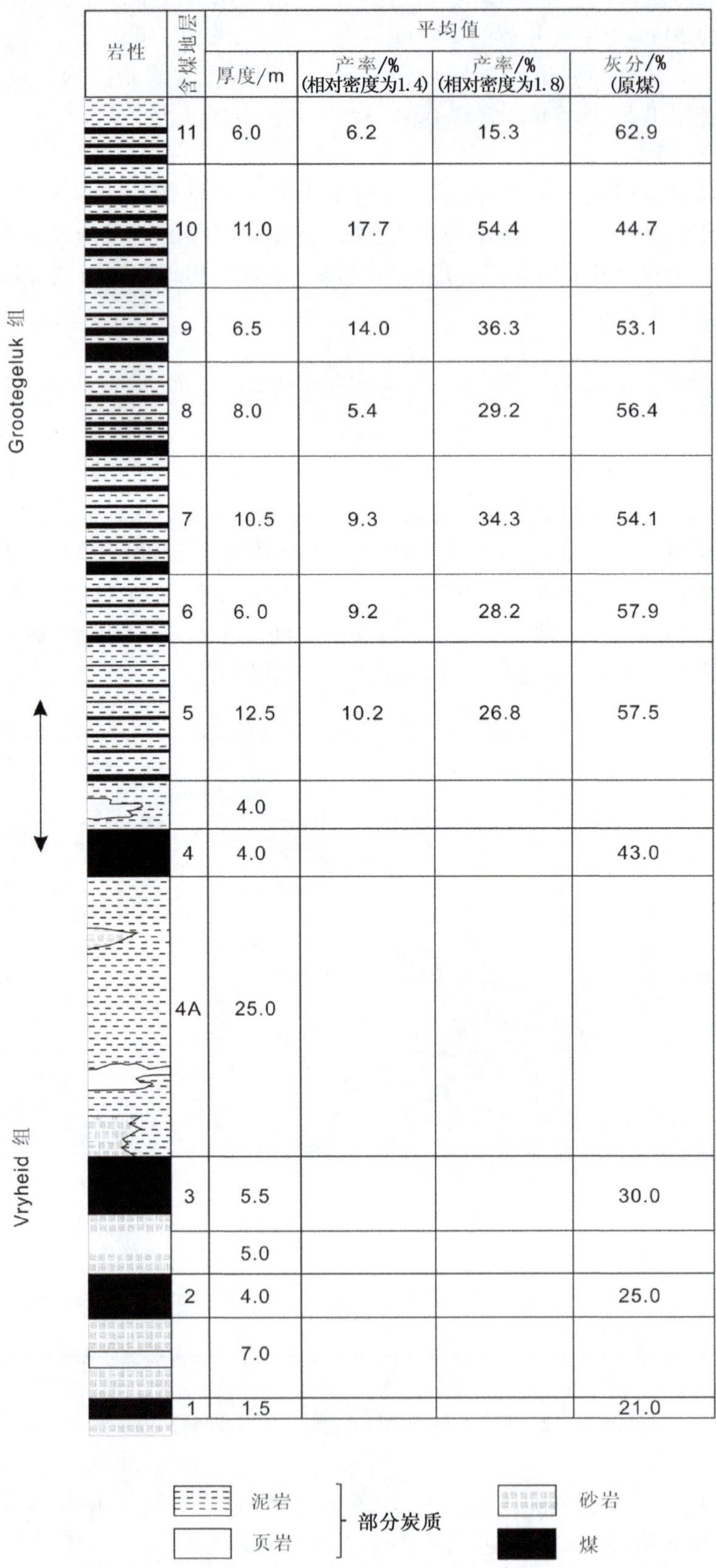

岩性	含煤地层	平均值			
		厚度/m	产率/%(相对密度为1.4)	产率/%(相对密度为1.8)	灰分/%(原煤)
	11	6.0	6.2	15.3	62.9
	10	11.0	17.7	54.4	44.7
	9	6.5	14.0	36.3	53.1
	8	8.0	5.4	29.2	56.4
	7	10.5	9.3	34.3	54.1
	6	6. 0	9.2	28.2	57.9
	5	12.5	10.2	26.8	57.5
		4.0			
	4	4.0			43.0
	4A	25.0			
	3	5.5			30.0
		5.0			
	2	4.0			25.0
		7.0			
	1	1.5			21.0

图 10－2－47 Ellisras 盆地煤带柱状图

(Siepker，1986)。Ellisras盆地煤带剖面如图10－2－47所示。

盆地北部德维卡群为混积岩、砾岩和泥岩组合，而南部出现泥岩以及含砾石的层状富碳泥岩。彼得马里茨堡组为水平层状泥岩和粉砂岩，泥岩中可见散布的砂岩透镜体。Vryheid组大多数为砂岩并有互层的泥岩和两条薄层但侧向连续的煤炭。Grootegeluk组（相当于Volksrust组）主要为互层的煤炭和泥岩，平均厚度为70 m，煤炭和泥岩为厚度毫米到米级的沉积旋回。这些旋回的底部更富集煤炭，朝顶部更富泥。煤炭出现在Vryheid组和Grootegeluk组，地层厚度达到110 m（图10－2－47）。这些煤炭属于中低挥发分含量的烟煤，周边的泥岩为块状，很少含有砂质成分（De Jager，1976）。Molteno组为白色和紫色、粗粒结构并且发育交错层理的泥岩。该组缺少碳质物质，尤其是煤炭，表明更氧化的环境以及气候条件朝更干旱、更温暖转变。Elliot组岩性为泥岩、粉砂岩和细粒到粗粒砂岩，该组最有可能是曲流河沉积在宽阔的洪积平原之上。Clarens组岩性为中粒砂岩，磨圆度好，颗粒之间事实上无基质，主要为风成成因。Drakensberg组岩性为玄武岩，该组终结了Ellisras盆地卡鲁序列的沉积（Siepker，1986）。

许多东西走向和北西—南东走向的断层将Ellisras盆地切割成一系列地垒和地堑，导致煤炭埋深不同，最深超过400 m。

（三）煤层和煤质

Ellisras盆地内共发现11条可采煤层，赋存在爱卡群Vryheid组和Grootegeluk组。爱卡群下部Vryheid组砂岩有4个煤层（1～4煤），地层厚度大约为40 m，煤层净厚度为19 m，单层煤平均厚度在1.5～5.5 m，最厚达6 m。

煤炭通常为暗煤到暗煤－光亮煤，灰分20%～45%。爱卡群上部Grootegeluk组有7个煤层（5～11煤），地层厚度达到70 m，煤层厚度约为24 m，主要是亮煤。原煤的灰分在45%～65%，通过洗煤可获得混焦煤。Ellisras含煤盆地内，煤级从西向东增加，中部和东部轻组分膨胀系数为3%～4%。Ellisras煤田中部深处煤炭特点见表10－2－28。

表10－2－28　Ellisras煤田中部深处煤炭特点（浮选相对密度为1.4）

煤　层	发热量/(MJ·kg^{-1})	水分/%	灰分/%	挥发分/%	膨胀系数/%
11	28.2	3.4	11.8	35.4	4.5
10	27.8～28.4	2.7～3	11.6～13.8	36～36.8	3.5～5.5
9	28.6～29	3	98～10.8	35.2～36	4～4.5
8	29.3	2.9	9.5	35.9	5.5
7	29.3	3.1	10.1	34.8	2.5
6	30.2	3	7.4	35.2	3.5

数据来源：De Jager，1976

（四）资源量

基于超过400口钻井的数据，Bredell（1987）估算出Ellisras盆地煤炭资源量：低级烟煤（热值为25.5 MJ/kg）13111 Mt，高级烟煤（热值大于25.5 MJ/kg）1697 Mt，焦煤679 Mt，总资源量为15487 Mt。

四、Tshipise盆地

Tshipise盆地位于南非北端，为南南西至北北东走向的沉降中心，包括许多保存在地堑或半地堑断块中的小盆地。该盆地内卡鲁群地层的岩层倾向北部边界断层（正断层并朝南倾斜），倾角大约为12°。该盆地长约300 km，宽度少于25 km。大多数次盆地不超过300 m深，个别盆地超过2000 m深。

（一）地质概况

Tshidizi组构成卡鲁超群底部，分选性差，具有泥质基质，可与德维卡组进行对比。Madzaringwe组相当于Vryheid组，覆盖在Tshidizi组之上，岩性为黑色页岩、砂岩、粉砂岩和煤层。Mikambeni组相当于 Volksrust 组，覆盖在 Madzaringwe 组之上，岩性为黑色泥岩、页岩和煤炭，偶尔可见泥球砾岩条带。Fripp 砂岩组为白色粗粒长英质砂岩，厚度达到 60 m。Solitude 组覆盖在 Fripp 砂岩组之上，下部是灰色页岩单元，偶尔含有煤条带，上部单元较厚，为互层的粉色和灰色泥岩以及砂岩和粉砂岩的夹层。Northern Province 的 Fripp Sandstone 和 Solitude 组相当于 Beaufort 群。

整个卡鲁序列普遍被辉绿岩侵入体错断。煤层赋存在富含砂岩的 Madzaringwe 组，上覆 Mikambeni 组（McCourt，Brandl，1980）。重要煤层达到 3.5 m 厚，为若干碳质泥岩和煤条带互层组成的混合煤层。煤的炭等级随着深度的增加而增加（Sullivan，1995）。

（二）煤田

Tshipise 盆地划分为 3 个煤田，分别为西部 Mopane 煤田、中部 Tshipise 煤田以及东部 Pafuri 煤田。Tshipise 盆地内 Mopane、Tshipise 和 Pafuri 煤田含煤地层柱状简图如图 10－2－48 所示。

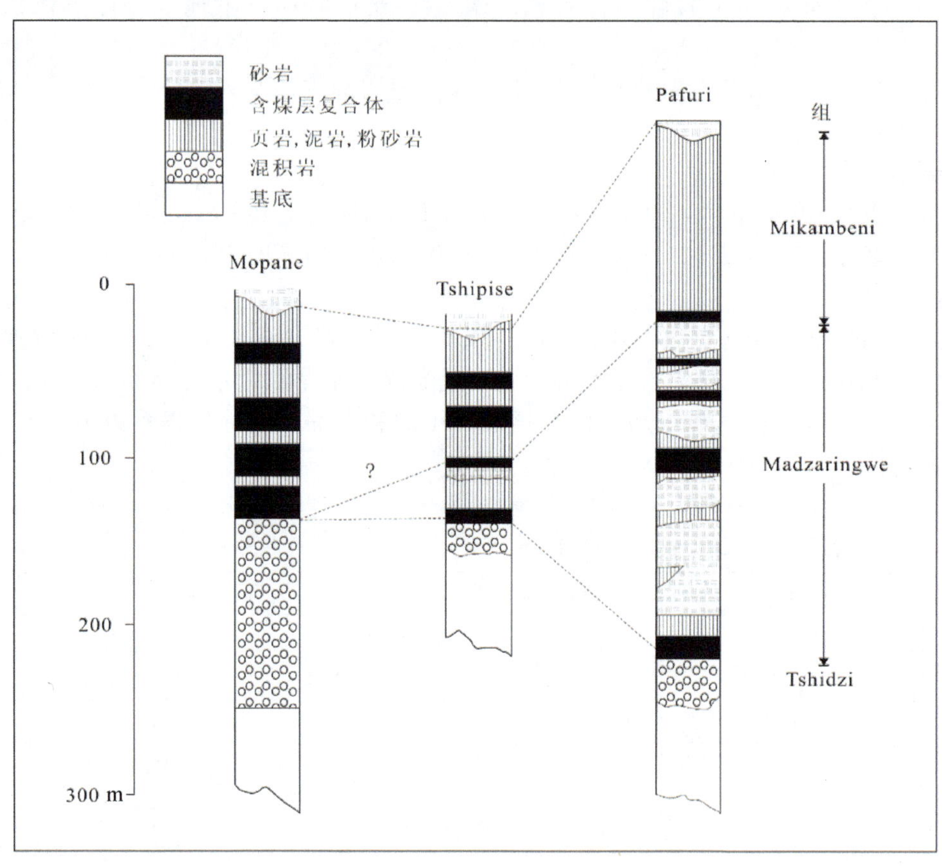

图 10－2－48　Tshipise 盆地内 Mopane、Tshipise 和 Pafuri 煤田含煤地层柱状简图
（Van der Berg，1980 和 Sullivan，1995）

1. Mopane 煤田

Mopane 的煤田在 Tshipise 煤田西侧，Waterpoort 西北侧。卡鲁超群岩层东西走向并且向北倾斜，倾角 12°。许多走向断层将该地区分解成断块。煤田内不存在 Madzaringwe 组的砂质岩层（De Jager，1976）。

煤田内的 Bushy Rise 处见到 7 条富煤层，从底向上依次为 1A、1B、2A、2B、3A、3B 和 4 煤层。其中，3A、3B 和 4 煤层的原煤在相对密度为 1.58 时灰分含量在 18% ~29% ，但是，产率为 72% ~86% 。

2. Tshipise 煤田

Tshipise 煤田与位于东侧的 Pafuri 煤矿床拥有相似的地层，只是该煤田含煤层序主要为页岩、泥岩和粉砂岩（Van der Berg，1980）。Tshipise 煤田的煤层也是富煤层，为煤和泥岩条带的互层并且煤条带显示随深度增加而镜质体含量下降的趋势（从 90% 降到 80%）（Van der Berg，1980）。

3. Pafuri 煤田

Pafuri 煤田位于 Tshipise 煤田以西大约 20 km 处，向东延伸 40 km 后转变成北东方向，延伸 40 km 后进入 Kruger 国家公园。该煤田内复合煤层为 Mikambeni 组内煤炭和泥岩的薄互层条带。重要煤层赋存在 Madzaringwe 组，大约 3.5 m 厚，由碳质泥岩分隔的九条煤带构成。下部煤层厚度为 2.5 m，为混积岩之上覆单元底部(Sullivan，1995)。通常情况下，镜质体含量随深度下降而下降，煤级随深度增加而增加。

Pafuri 煤田唯一的 Tshikondeni 煤矿生产硬焦煤。

五、Springbok Flats 盆地

Springbok Flats 盆地北东—南西走向，长 160 km，宽 30 km。该盆地为半地堑型盆地，北侧以正断层为界，沉积物朝盆地中心倾斜或朝北部边界断层倾斜，平均倾角为 1°。尽管该盆地在地表相互连通，深部却被一条东西走向的正断层划成两个较小的盆地。东北部次盆地最大厚度仅超过 700 m，西南部次盆地最大厚度约为 1000 m，其中超过 800 m 的部分近 200 km^2。

Springbok Flats 盆地目前尚未进行开采。20 世纪 50 年代中期和 20 世纪 70 年代早期的地质调查圈定了 3 个资源区，即中南部大型区块、东北部较小区块和中北部小型区块，控制原位可采资源量约 4000 Mt。

Springbok Flats 盆地的含煤层序位于 Beaufort 群下部泥岩和 Vryheid 组细粒砂岩以及互层的页岩和砂岩内。煤层为亮煤并夹有黑色碳质泥岩，厚度为 3 ~ 7 m。Springbok Flats 盆地南东—北西向钻井剖面如图 10 - 2 - 49 所示。

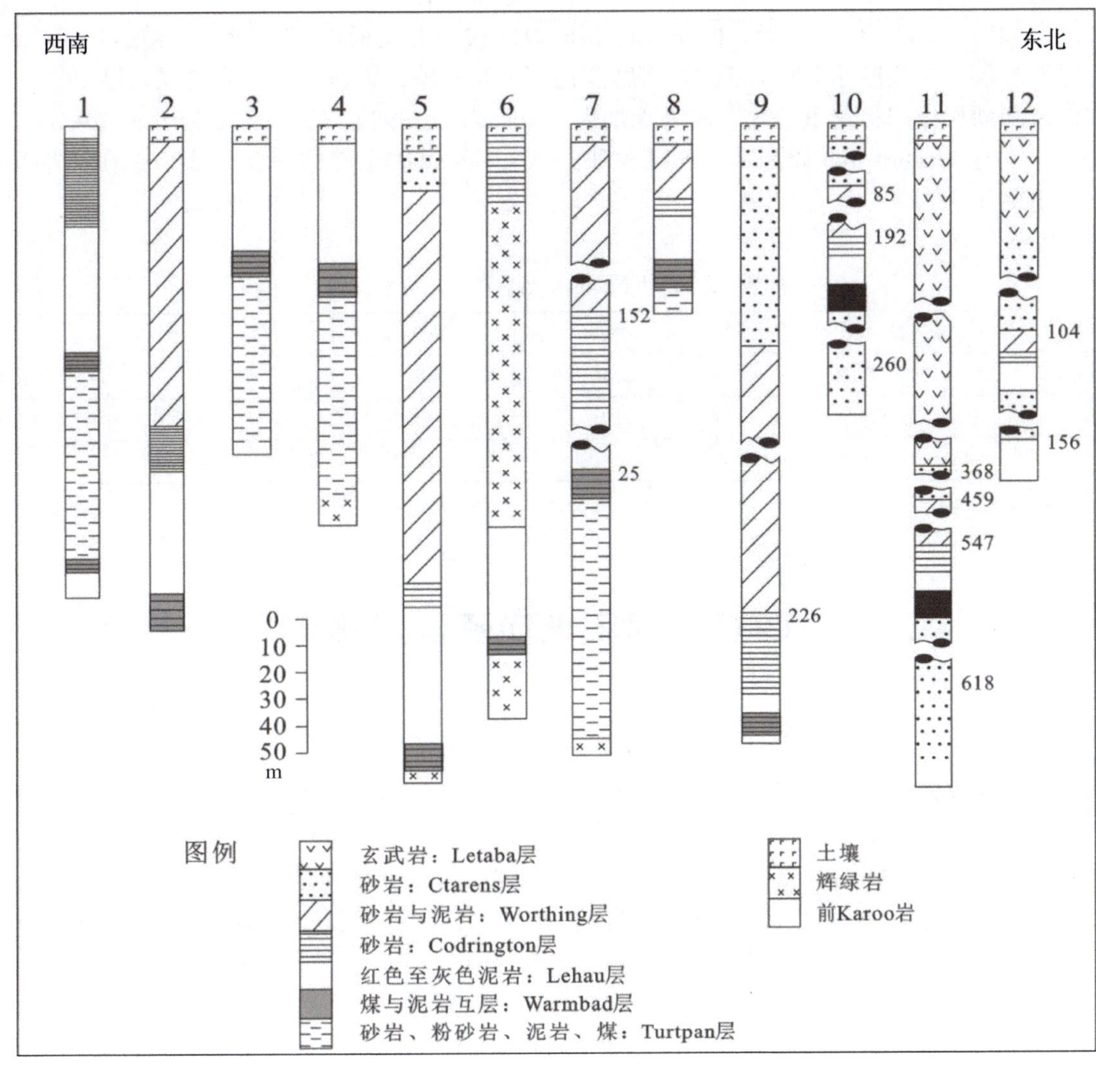

图 10 - 2 - 49 Springbok Flats 盆地南东—北西向钻井剖面图（De Jager，1986）

Springbok Flats 煤田分为两个煤带。下部煤带可能相当于 Vryheid 组，侧向发育情况差，为高灰分煤（大于 30%），不具有重要经济意义。上部煤带可能相当于 Volksrust 组，煤与碳质泥岩互层，煤层横向连续，厚度平均为 5 ~ 8 m，最大厚度可达 12 m，具有经济价值。

Witbank 和 Pienaarsrivier 之间存在许多爱卡群地层的残峰，表明 Springbok Flats 盆地最初和主卡鲁盆地相连。辉绿岩岩墙穿透该煤田地层，尤其是东部地区。前卡鲁基底不规则、波状起伏，所以一些层序在靠近古河谷翼部地方尖灭，导致地层侧向连续性被破坏。

该盆地原位煤资源为 3.3 Gt，其中，1.7 Gt 为可采储量（Bredell，1987；Snyman，1998）。东北部地区煤炭埋深超过 600 m，西南部、南部和东南部的面积为 3200 km^2，是最适合开发的地区。该煤区含有 650 ~ 1000 ppm 的铀，还有一些钼（总共含有大约 77072 t 铀，超过主卡鲁盆地卡鲁铀省控制资源量的两倍），可能是铀矿的潜在资源（Kruger，1981；Christie，1989；Snyman，1998；Loubser，2007）。

六、Kangwane 盆地

Kangwane 煤田覆盖南非、莫桑比克和斯威士兰之间小块区域，是南部 Somkele 煤田的延续。该煤田从北部 Crocodile 河向南延伸到南部与史瓦济兰边界大约 70 km，东西向延伸大约 40 km。

煤层发育在 Vryheid 组和 Volksrust 组中。北部 Vryheid 组的煤被称为 1 煤层，厚度可达 10 m，但该煤层不稳定并且煤质差。2、4、6 和 8 煤层发育在 Volksrust 组，位于 1 煤层之上 300 ~ 400 m，分布不稳定，厚度很少超过 2 m。南部 Vryheid 组厚度超过 70 m，其中，所含煤层从底部向上依次为 3、5、6、7 和 9 煤层，其中 3 煤层最厚，达到 8 m，而 7 和 9 煤层零星发育。

含煤地层倾向东，倾角 3° ~ 20°，向东变陡。该地区被南北走向断层错断，位错达到 100 m。该地区常见辉绿岩岩墙，一些厚达 100 m，已知岩席能达到 170 m 厚，岩体侵入导致地层错断。

岩体侵入和断层作用将这里的煤变质为无烟煤（Snyman，1998），灰分含量为 14% ~ 47%，挥发分为 7% ~ 8%。位于 Hectorspruit 以南大约 50 km 处的 Nkomati 煤矿生产精选无烟煤，该矿无烟煤煤质分析结果见表 10 - 2 - 29。

表 10 - 2 - 29 Nkomati 无烟煤煤质分析结果

样　品	发热量/(MJ · kg^{-1})	水分/%	灰分/%	挥发分/%	硫/%
small nut	29.2	2.4	15.7	7.7	0.4
pea	29.3	2.9	14.9	8.2	0.4
duff	29.1	3	14.7	8.9	0.4

数据来源：Schoeman 和 Boshoff，1996

第四节 优质煤炭资源富集区

一、南非的主要煤炭资源总结

南非最重要的煤田及优质煤炭富集区如图 10 - 2 - 50 所示，前已述及，南非的煤炭资源位于南非中南部的主卡鲁盆地，该盆地的储量占南非煤炭资源储量的 80%，南非的煤炭工业也主要集中在该盆地。西北部的瓦特贝格（Waterberg）煤田和北部的图利盆地和 Tshipise 盆地是近年来勘探和开发的地区，但由于基础设施、煤质等方面不利因素的制约，目前还没有大规模开发。Springbok Flats 盆地煤炭资源量为 3.3 Gt，其中 1.7 Gt 为可采储量（Bredell，1987；Snyman，1998）。然而该盆地内含有铀、钼，单独开发煤炭资源难以得到政府批准。南非其他地区的煤田目前开发价值不大。

普马兰加省主卡鲁盆地的 Highveld、Witbank 和 Ermelo 3 个煤田占南非煤炭 70% 的可采储量，全国大多数煤矿位于这 3 个煤田。其中，Witbank 煤田的开采规模最大，出口低灰分焦煤和动力煤。Highveld 煤田剩余储量在全国排第 3 位，煤质一般，适合发电。Ermelo 煤田交通便利，生产优质动力煤用于出口，可采储量为4597 Mt（2000年）。

延伸到博茨瓦纳的瓦特贝格煤田，预测煤炭资源量超过50 Bt，占南非剩余煤炭资源的40%左右，其中1/4可以进行露天开采，被认为是南非未来煤炭资源开发中心，该煤田的可采煤炭资源以低级烟煤（50%的灰分）为主，仅适合电力生产的燃料需求，目前只有一个年产3800万t原煤的煤矿在产，主要供给坑口电厂。受到铁路运力不足和水资源的限制，在该区不再新建电厂的条件下，煤田规模化开发受到影响。

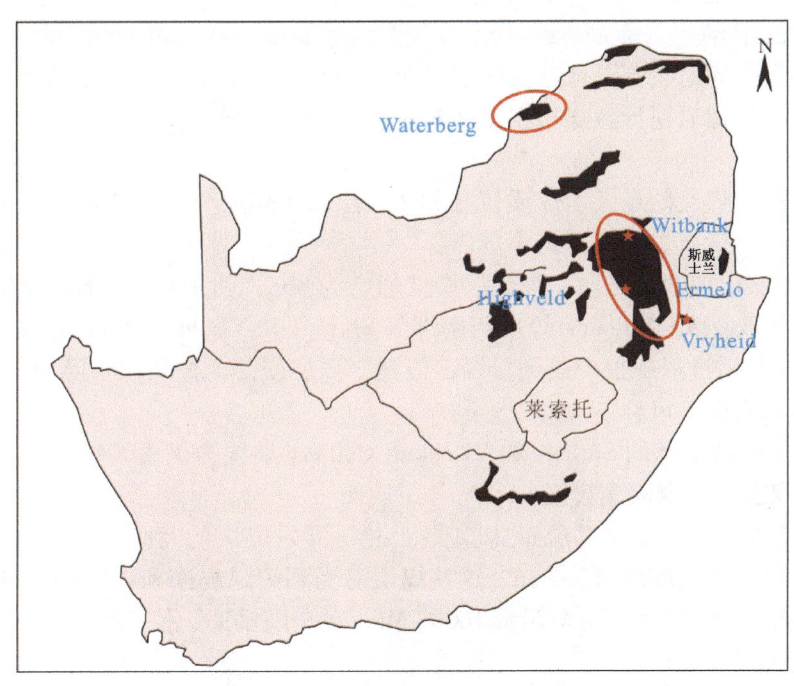

图10-2-50　南非最重要的煤田及优质煤炭富集区

南非北部林林波省图利盆地和Tshipise盆地相对于南非其他地区煤质较好，可生产部分优质动力煤和焦煤。但是该地区勘探程度低，人烟稀少，无工业活动，交通不便。煤炭市场好时许多公司在该区的勘探工作加强，提交了许多煤炭资源量，有些矿权区甚至已经完成了可研报告。但由于该区煤炭资源需求量很小，大量优质煤炭外运又限于铁路和港口运力不足，所以该区目前还没有大的煤矿生产。

二、优质煤炭资源富集区

在综合分析各含煤区的地质和煤炭资源特点以及南非优质煤炭资源分布特点的基础上，确定南非普马兰加省主卡鲁盆地的Witbank煤田、Highveld煤田和主卡鲁盆地东部的Vryheid煤田为优质煤炭资源富集区。

（一）Witbank煤田优质煤炭富集区

Witbank煤田位于南非普马兰加省，是南非第一大产煤的煤田。2008年，几大煤矿公司在Witbank煤田的年产量共计140.4 Mt。一直以来是勘探和开发的重点。Witbank煤田内2煤层为最广泛开采的煤层，一直是最重要的经济煤层，赋存Witbank煤田煤炭资源量的69%，煤质最好。该煤田中部，2煤层平均厚度大约为6.5 m。构造比较简单，因此，将Witbank煤田作为首选的优质煤炭资源富集区。

1. 优势和不足分析

作为首选的优质煤炭资源富集区，Witbank煤田存在以下优势：

（1）煤质好。Witbank煤田生产焦煤和动力煤，产出的煤具有热值高（26～31MJ/kg）、中低灰分（7%～24%）、中等挥发分（22%～33%）、硫分低（多数小于1%）的特点。

（2）储量大。截至2000年底，剩余储量10140 Mt，仅次于Waterberg煤田。煤田煤炭资源量的

69% 集中在 2 煤层，26% 集中在 4 煤层。

（3）煤层厚度大。煤田中部，主要煤层 2 煤层平均厚度大约为 6.5 m。4 煤层厚度从 Witbank 中部地区 2.5 m 变化到其他地方的 6.5 m。

（4）可露天开采。2 煤层可露天开采整个煤层，地下开采条件通常较好。

（5）构造简单。Witbank 煤田地区卡鲁地层事实上未发生褶皱变形，除被辉绿岩截切地方外未遭受明显位错。

（6）交通运输方便，勘探程度高。由于这个地区是南非第一大产煤煤田，意味着交通方便，一直以来都是勘探和开发的重点。

但是，辉绿岩墙和岩席对大部分地区的煤层产生不利影响。由于辉绿岩的烘烤作用，大面积煤层不能加以开采利用，而且辉绿岩还导致煤层发生明显位错，严重影响许多地区煤矿的开采。

2. 圈定结果

综合以上情况，选择煤炭储量大、煤质较好的 2 煤层和 4 煤层分布的位置、其厚度较大者、辉绿岩体影响相对较少的区域为优质煤炭资源富集区。

2 煤层从 Witbank 煤田向西南方向，该煤层厚度通常为 8 m，朝东部的 Arnot 煤矿，该煤层较薄，大约 3 m 厚。4 煤层是中部最薄。Witbank 煤田西南部的 Springs 和 Vischkuil Colliery 地区煤层最厚。

Witbank 煤田东部开采过程中很少遇到岩墙，但是 2 煤层变薄，该煤田中部 Ogie 岩墙南侧发育更多辉绿岩岩席，严重影响采矿，可暂不考虑。

因此，确定 Witbank 西南部的 Springs 和 Vischkuil Colliery 地区为优质煤炭资源富集区。

（二）Highveld 煤田优质煤炭富集区

Highveld 煤田的 5 个煤层中，4 煤层最为重要，占到可采煤炭的 80%，这些煤炭适合用作电力燃料，发育下部煤层的地方平均厚度可达 4 m。这些煤层易受到辉绿岩床和岩墙的不利影响，使得开采困难而且影响煤质。截至 2000 年底，剩余储量 10007 Mt，在全国排第 3 位。

1. 优势和不足分析

作为优质煤炭资源富集区，Highveld 煤田存在以下优势：

（1）储量大。基于英美资源公司收集的信息，原位可采资源为 14252 Mt，其中，可采储量总计 9924 Mt，地下开采和露天开采分别为 8964 Mt 和 960 Mt。4 煤层大约占 Highveld 煤田经济可采煤炭的 80%。

（2）煤层厚度大。Highveld 煤田 5 个煤层的厚度一般为 1.5 ~4 m，其中，最重要的 4 煤层平均厚度约 4 m，较厚部分位于该煤田的西部和北部。

（3）煤质较好。虽然 Highveld 煤田大部分地区的煤质较差，但在局部地区，2 煤层的煤炭经过洗选可以获得高级煤炭产品。该煤田东南部，4 和 5 煤层生产高品级煤炭。

（4）开采条件。可露天开采的资源量少，井下开采存在顶、底板条件差的问题。

（5）构造相对简单。存在小型断层（断距不超过 1 m），但是除 Bosjesspruit 煤矿储集区北部东西走向地堑断层下降 22 m 之外，尚未识别出较大断层。

（6）交通运输方便。由于此地区是南非第二大产煤的煤田，有多条铁路和河流穿过。

同样地，辉绿岩体对该煤田大部分地区的煤层具有破坏作用。辉绿岩岩墙和岩席频繁切穿煤系地层，导致煤层的倾斜和错断，给错断块体处煤炭的开采造成困难。

2. 圈定结果

综合以上情况，在煤田内选择煤炭储量大的 4 煤层分布的位置以及煤质较好、煤层厚度较大埋深较浅、辉绿岩体影响相对较少的区域为优质煤炭资源富集区。

北部的区域具有埋深浅和煤层厚度大的优势。西边的次之，东南部的最薄，埋深最大，但是 4 煤层在东南部的煤质最好。而辉绿岩体在南部更为富集。因此，选择 Highveld 煤田北部为优质煤炭资源富集区，更靠近铁路。

（三）Vryheid 煤田优质煤炭富集区

Vryheid 煤田总面积大约为 2500 km^2，其中 15% 含有煤炭，一直生产高煤质焦煤和无烟煤，几乎南非所有优质冶金无烟煤均产自 Vryheid 煤田；年产量约为 6 Mt 无烟煤和烟煤，为南非总产量的 6% 。

1. 优势和不足分析

Vryheid 煤田存在着以下优势：

（1）煤质好。Vryheid 煤田煤炭具有中高等煤质，该煤田生产一些煤质最好的焦煤和冶金级别的无烟煤。尤其是 Gus 煤层生产高级无烟煤而且低硫、低磷。

（2）构造相对简单。煤层相对平坦，辉绿岩岩席顺层侵入造成煤层发生位错。

（3）煤层厚度。广泛开采的 Gus 煤层厚度在 0. 50 ~2 m。焦煤煤层很少超过 1 m。Dundas 上下部煤层厚度为 0. 15 ~2. 50 m。

（4）煤炭销量可靠。这些煤炭销售给国内耗煤企业，而大量无烟煤以每年约 2 Mt 的量出口到欧洲和远东地区的冶金工业，特别是韩国和日本。

存在的不足之处是该区的储量相对不足，原始可采储量总计为 222 Mt；顶板和底板条件有所不足，广泛开采的 Gus 煤层顶板强、底板弱，焦煤煤层与之类似，Dundas 煤层顶底板条件通常较差。

另外环境污染问题也比较突出，该地区河流体系因为未处理的矿山污水而遭受污染，许多煤矿也出现水和污染物大量排放的问题。

2. 圈定结果

综合以上情况，优质煤炭资源富集区选择主要考虑煤层厚度大、辉绿岩体少和顶、底板条件强的区域，煤层由北西向南东逐渐变薄，因此，优质煤炭资源富集区优先考虑该煤田的东南地区。由于 Dundas 煤层顶、底板条件差，Alfred 煤层煤质相对差些，因此，优先考虑 Gus 煤层，焦煤煤层次之，选择图 10 -2 -39 中钻孔 BH2 和 BH3 周围区域。

本章参考文献

[1] Anton E. The future of South Africa Coal: Market, Investment and Policy Challenges. PESD [J]. 2011.

[2] Barclay, J. Anthracite in South Africa with special reference to its origin: PHD thesis [D]. University of Pretoria (unpubl), 1988.

[3] Boshoff, H P. Analyses of coal products samples of producing South African Collieries: Bulletin [J]. Division of Energy Technology, CSIR, Pretoria, 1988, 103: 9.

[4] Brdell, J H. South African coal resources explained and analysed [M]. [S. l], 1987.

[5] Cairncross B. An overview of the Permian (Karoo) coal deposits of southern Africa [J]. Journal of African Earth Sciences, 2001, 33 (3): 529 -562.

[6] Christie, A D M. Demonstrated coal resources of the Springbok Flats Coalfield [R]. Internal Report No. 1989 -0069, Geological Survey.

[7] David Pooe, Kenneth Mathu. The South African Coal Mining Industry: A Need for a More Efficient and Collaborative Supply Chain [J]. Journal of Transport and Supply Chain Management, 2011: 316 -336.

[8] De Jager, F S J. Steenkool in Delfstowwe van die Republiek van Suid - Afrika (C B Coetzee, red): Handbook [J]. Geological Survey of South Africa, 1976: 363 -404.

[9] de Oliveira, D P S. The Dolerites on Majuba Colliery, South - Eastern Transvaal [D]. MSc thesis University of the Witwatersrand, Johannesburg, 1997, 172 pp, unpublished.

[10] Greeff, S C. Petrografiese ondersoek van kooks berei uit steenkoolmengsels, veral met verwysing na Southpansbergsteenkoo [M]. Sc thesis, University of Pretoria, 1988 (unpubl).

[11] Greenshields, H D. Eastern Transvaal Coalfield [J]. In: Anhaeusser, Mineral Deposits of Southern Africa, 1986: 1995 -2010.

[12] Hattingh, B B, Everson, et al. Assessing the catalytic effect of coal ash constituents on the CO_2 gasification rate of high ash [J]. South African coal: Fuel Processing Technology, 2011: 2048 -2054.

[13] Jeffrey, L S. Characterization of the coal resources of South Africa: The Journal of the South African Institute of Mining and Metallurgy [J]. 2005: 95 -102.

[14] Johnson, M R, Van Vuuren, et al. Stratigraphy of the Karoo Supergroup in southern Africa: an overview [J]. Afr Earth

Sci, 1996, 23 (1), 3 – 15.

[15] Kruger, S J. 'n Mineralogiese ondersoek van die asfraksie van steenkool van die Springbokvlakte – steenkoolveld [D]. M Sc Thesis, Rand Afrikaans University, Johannesburg, 1981.

[16] Macdonald. Demonstrated in situ coal resources in the Somkele coalfield [J]. Geological Survey of South Africa, 1989: 60.

[17] Macdonald. A reassessment of coal resources in the western part of the Molteno coal province [J]. Geological Survey of South Africa, 1993, 116: 54.

[18] Ortlepp, Limpopo Coalfield, 2057 – 2061. Anhaeusser, C. R. and Maske, S., (eds.) [J]. Mineral Deposits of Southern Africa, I. Geol. Soc. S. Afr., 1986, 1315.

[19] Prevost. Operation and developing coal mines in the Republic of South Africa [M]. Directory, Minerals Bureau, Department of Mineral and Energy Affairs, 1997.

[20] Roberts. The Springbok Flats basin – a preliminary report [R]. Open File Report, 1992 – 0197. Council for Geoscience, Pretoria.

[21] Schoeman, J E, Boshoff. Analyses of coal product samples of producing South African collieries: Bulletin [J]. Materials Science and Technology, CSIR, 1996, 110: 30.

[22] Smith, D A M, Whittaker. The coalfields of southern Africa: An introduction [J]. Geological Society of South Africa, 1986: 1875 – 1878.

[23] Snyman. The Mineral Resources of South Africa [J]. Handbook 16, Council for Geoscience, Pretoria, 1988: 136 – 205.

[24] Sullivan. The geology of the coal – bearing rocks of the Karoo sequence in the Tshikondeni mine area, northern Transvaal: M. Sc. Thesis [M]. University of Pretoria (unpubl.), 1995.

[25] Thiron. Geological report on the Msebe Prospect, Nongoma, Kwazulu: Mining Corporation [R]. Ltd, Pretoria (unpubl), 1982.

[26] Van der Burg. Die sedimentologie van die Soutpansberg steenkoolveld met spesiale verwysing na steenkoolvorming: M Sc [D]. University of the Orange Free State, Bloemfontein (unpubl), 1980.

[27] Visser, H N, VanderMerwe. The northeastern Springbok Flats coal – field [C]. Records of boreholes 1 – 27 drilled for the Department of Mines. Geological Survey of South Africa, 1959, Pretoria, Bulletin 31.

[28] Cadle A, Cairncross B, Christie A. The Karoo basin of South Africa: type basin for the coal – bearing deposits of southern Africa [J]. International Journal of Coal Geology, 1993, 23 (1): 117 – 157.

[29] Tankard A, Welsink H, Aukes P. Tectonic evolution of the Cape and Karoo basins of South Africa [J]. Marine and Petroleum Geology, 2009, 26 (8): 1379 – 1412.

[30] Shone R, Booth P. The Cape Basin, South Africa: A review [J]. Journal of African Earth Sciences, 2005, 43 (1): 196 – 210.

[31] Pinetown K L, Ward C R, van der Westhuizen W A. Quantitative evaluation of minerals in coal deposits in the Witbank and Highveld Coalfields, and the potential impact on acid mine drainage [J]. International Journal of Coal Geology, 2007, 70 (1 – 3): 166 – 183.

第三章　煤炭资源开发投资建议

第一节　国别投资环境分析

一、对外资的吸引力

南非是非洲最大的经济体，实行开放的投资政策，是G20、金砖组织等重要国际组织成员，是外国投资在非洲地区的首选目的地。对外国投资者而言，南非市场是进入非洲市场的桥头堡。外界对南非投资环境的评价比较积极。南非贸工部负责定期发布《南非投资指南》，介绍南非政治、经济、贸易、投资和南非商法的基本情况。2012—2013年度的《南非投资指南》由南非贸工部和德勤会计师事务所联合发布。南非各省的投资促进机构也会不定期更新和发布本省的投资指南。

矿业、制造业、服务业，特别是金融服务业是南非吸收外资的主要领域；根据南非储备银行2010年数据，南非外资存量的77.3%来自欧盟，英国、荷兰、美国、德国、瑞士、中国是南非主要投资来源地。2008年，南非吸收外资达到历史高峰，当年吸收外资达到744亿兰特。金融危机爆发后，南非吸收外资金额持续下降，2010年降至90亿兰特。随着南非经济逐渐复苏，吸收外资金额在2011年同比实现大幅增长。2012年受世界经济复苏的不确定性以及全球外国直接投资总体下降等因素影响，南非吸收外资金额略有下降。联合国贸易和发展会议公布的世界投资报告显示，受经济不景气、大宗商品价格低迷、高电价影响，2015年南非获得的外商直接投资（FDI）猛跌69%，降至18亿美元，达到10年以来最低水平。

南非吸收外资的优势主要包括：①政治经济稳定，为促进投资和经济增长，南非政府出台了一系列鼓励投资的政策、措施和规划；②金融、法律体系健全，金融业发达，律师事务所、会计师事务所等第三方专业服务能力强；③矿产资源丰富，基础设施较发达，劳动力资源丰富，具有一定的科研和创新能力，是非洲地区制造业和服务外包产业基地；④自然条件优越，风景优美，气候宜人，同时，不断壮大的中产阶级阶层为经济发展创造了强大的消费需求。

南非吸收外资的劣势主要包括：①劳动法律规定严格，工会势力强，合法罢工和非法罢工时有发生；②汇率市场化程度高，与美元、欧元等主要货币关联程度高汇率波动大；③基础设施建设制约经济发展速度，近些年一直存在电力短缺、铁路运力不足等问题；④存在贫富差距大、失业率和犯罪率高、人口健康状况一般等社会问题，容易引发社会矛盾；⑤高素质劳动力缺乏，工资水平高，工资的增长速度远高于经济增长速度，对企业经营成本和南非制造业的国际竞争力有一定的消极影响。

据南非政府制订的“新增长路线”，南非将积极促进矿产深加工、制造业发展，为外国投资者在制造业、农业、矿业、新能源、服务业等领域的投资合作提供机遇。同时，为促进经济增长、扩大就业，南非政府制订了大规模基础设施建设规划，涉及公路、铁路、电站等项目。非盟也制定了“南北交通走廊”计划并由南非牵头规划和实施。南非和非洲的基础设施项目也是南非对外合作的重点领域。

据世界经济论坛《2016—2017年全球竞争力排名》报告显示，南非在全球138个经济体中排名第47位。

二、投资环境排名

一国的投资环境主要受其政治、经济与社会等多方面因素共同影响，在其发展和完善的过程中呈现出综合性、差异性和动态性的特征。评估过程中，应坚持系统性、客观性、时效性和科学性原则。本书第一节和第二节已从政治和经济两个宏观方面对目标国的投资环境做了基本的论述及分析，在此基础上采用综合分析方法，对目标国的投资环境进行系统分析。

在投资环境评估方法与体系中，常见的主流评价方法包括等级尺度评分法、多因素评估法、抽样和相似度法以及冷热分析法等。具体到矿业投资环境评估体系，国际上较为成熟的3个体系分别为杰姆·奥托评价理论、弗雷泽研究所矿业公司年度调查报告以及多贝尔评价系统。

本书首先参考的是由世界银行发布的全球竞争力和营商环境报告，分别从国家竞争力的宏观角度和企业经营环境的微观角度两方面对投资环境进行初步的描述。具体到矿业投资上，本书参考了多贝尔评价系统对13个富煤国家的评估分数，最后使用增补后的冷热分析法对投资环境进行最终的归纳与总结。

从宏观角度分析，评价一国投资环境，首先需要关注的是该国的整体竞争力水平，由于矿业投资的金额大、周期长，需考虑的相关因素众多，所以国家的基本制度、基础设施条件、宏观经济状况、市场效率以及商业成熟度都是应该关注的问题。在2016—2017年全球竞争力报告中(表10-3-1),2013—2014年南非的全球竞争力在138个国家和地区中名列第47，较上年度上升2个位次。其中，快速发展的金融市场，较大的市场规模和商业成熟度可视为该国未来发展的最大优势，而健康与初等教育、高等教育培养和劳动力市场效率是该国提升国际竞争力的瓶颈。

表10-3-1 南非全球竞争力在138个国家和地区中的排名

主要指标	2016—2017年排名	2015—2016年排名	主要指标	2016—2017年排名	2015—2016年排名
基本条件（占比40%）	84	84	劳动力市场效率	97	113
制度	40	43	金融市场发展	11	3
基础设施	64	63	技术装备	49	62
宏观经济环境	79	69	市场规模	30	25
健康与初等教育	123	132	政府促进创新(占比10%)	31	42
市场效率（占比50%）	35	37	商业成熟度	30	38
高等教育和培训	77	84	创新	35	42
商品市场效率	28	32			

数据来源：The Global Competitiveness Report 2016—2017，2015—2016

从微观角度分析，本书更关注企业在具体商业经营活动中遇到的困难与阻碍，并依此评估该国微观商业经营环境。参考世界银行发布的国家和地区营商环境报告（表10-3-2），南非2016年度的营商环境在189个国家和地区中名列第74位，比上年度下降了2位。该国获得建筑许可较为容易，对企业投资的保护力度也较高，但获得电力、资产注册与跨境贸易是企业在当地经营期间最难解决的问题。对比上一年度排名，总体营商环境下滑2位。

表10-3-2 南非营商环境在189个国家和地区中的排名

主要指标	2016年度排名	2015年度排名	主要指标	2016年度排名	2015年度排名
总体营商环境	74	72	投资保护	22	18
创办公司	131	125	纳税	51	49
获得建筑许可	99	98	跨境贸易	139	137
获得电力	111	108	合同执行	113	110
资产注册	105	100	解决无偿付能力	50	51
获得融资	62	60			

数据来源：世界银行营商环境报告

从产业发展角度来看，一个国家矿业投资环境的好坏与该国的政治经济状况存在着很强的正相关性，只有当一个国家充分认识到这种关系的重要性并对相关政策进行调整与优化，该国的矿产业繁荣度和发展潜力才会加大。在多贝尔的评价体系中，主要对七项主要因素进行评分。根据各因素对矿业投资的影响，对国家政治体系、国家经济体系、社会问题影响矿业的程度、因官僚或其他拖沓因素导致的在获得许可证上的延误、腐败程度、货币稳定性和税制 7 项主要因素按 1（最差）到 10（最好）评分，参加评议的国家能够得到的最高分值是 70 分。

南非 2014 年的多贝尔得分为 33.9 分，在本书研究的 13 个富煤国家中排名第 7，在本书富煤项目研究的 4 个非洲南部国家中排名第 3。

三、投资环境冷热分析

国别冷热比较法由美国经济学家伊西阿・利特法克和彼得・班廷在 20 世纪 60 年代后半期提出。该分析法是通过对各国投资环境中的 8 种因素进行综合和统一尺度的比较分析，是投资环境定性分析的代表性方法之一。

对于投资环境的研究而言，除了应在政治、经济和法律等方面对其进行分析外，通过对近年来中国企业海外矿业投资的成功经验与失败教训的归纳和总结，作者发现在实际投资中能否克服基础设施瓶颈以及按时获得环境审批往往直接决定了项目的成败，而东道国的税收环境和汇率变动也会对能否获取预期的投资收益产生重大影响。基于上述原因，本书将汇率、税收、环境要求和基础设施条件一并纳入了冷热分析中，形成了更加针对矿业投资特点与需求的 9 方面评价因素，依次是政治稳定性、市场、经济增长与发展、汇率稳定性、法令障碍、税务环境、环境保护成本、基础设施条件、地理及文化。

本书将着重对目标国的矿业尤其是煤炭业的投资环境进行冷热分析，考虑到汇率稳定性对海外矿业投资的重大影响，本书将这一因素加入到了冷热分析中，使用增补后的 8 方面因素对政治经济相关的投资环境进行定性判断。判断结果依据该因素是否有利于在东道国进行矿业投资为标准，给出了“热”“中”“冷”3 种评估结论，东道国的投资环境因素越“热”，外国投资者在该国投资就越有利。以政治稳定性为例，“热”表示该国有一个由社会各阶层代表所组成的、被群众拥护的政府，基本没有民族和地区矛盾，社会稳定，政府鼓励企业发展，创造出良好的、适宜企业长期经营的环境。反之为“冷”因素，当东道国政治稳定性介于“热”和“冷”之间，情况比较复杂或偏中性，无法给出单方面结论时，评估结果为“中”。

1. 政治稳定性

由于历史原因，目前南非依然处于政治和社会的转型期，祖马政府近年来采取的政治经济改革方案取得了一定成效并保持了政局的总体稳定，但由于南非对外依存度高，改革受国内利益多元化及国际经济形势的影响，政策的波动性较大。随着 2014 年大选的临近，南非总统祖马面临着执政联盟内部争端和反对派外部联合的双重压力，国内政治斗争可能持续加剧，将影响政府在具体政治经济政策方面的制定与执行，南非的投资和矿业政策近年来处于不断变化的敏感时期。2014 年 5 月南非第五次全国大选的正式结果显示，非洲人国民大会（非国大）再次成为最大赢家，夺得 400 个国民议会议席中的 249 个，最大的反对党民主联盟也创造了 89 个议席的最佳成绩。此外，南非社会治安情况不断恶化，抢劫、凶杀等恶性犯罪事件频发，已经由彩虹之国变成了全球犯罪率最高的国家之一。

综合来看，本书对南非的政治稳定性评定为“中”。

2. 市场

南非沟通了大西洋和印度洋，地理位置优越，是金砖国家的最新成员，也是国际公认的新兴市场之一。南非市场的开放程度比较高，以开放促进竞争，鼓励和吸引外国投资者在南非进行投资。随着非洲区域经济一体化和南南合作进程的加快，南非作为非洲国家的代表，其市场机会将会进一步释放。美国与欧盟是南非的传统贸易伙伴，从 2009 年起，中国逐渐成为其第一大贸易伙伴国，南非对中国的出口主要集中在矿产品。近年来，中国与南非的经贸往来日益紧密，2014 年，两国双边贸易额突破 600 亿美元，南非连续五年成为中国在非洲贸易伙伴，中国连续六年成为南非贸易伙伴、出口市场和进口来源地。我国与南非签署了《中华人民共和国和南非共和国 5 ~ 10 年合作战略规划 2015—2024》以及经贸、投资、农业等领域多项合作文件，为未来十年的两国关系夯实了基础。这将进一步促进两国经济贸易往来，在国际产能合作中达成互利共赢。

因此，本书对南非的市场机会综合评定为“热”。

3. 经济增长与发展

作为南部非洲最大的经济体，近年来南非经济增长不尽人意，通货膨胀和失业问题一直困扰着南非政府。其经济容易受外部环境影响，全球经济的波动以及能源矿产价格的变化都会使南非经济陷入困境。同时受限于压缩财政赤字和公共债务的压力，南非政府无法有效实施诸如基础设施投资这样的财政拉动和改善投资环境的措施。其国民经济各部门、地区发展不平衡，城乡、黑白二元经济特征仍然十分明显，这些都严重制约了南非经济的持续稳定发展。

综合分析，本书对南非经济增长与发展评定为“中”。

4. 汇率稳定性

作为开放交易、市场定价的新兴市场货币，南非兰特汇率易受外部环境和本国经济负面消息的冲击，出现币值波动和不稳定。同时，南非也没有足够的外汇储备来维持兰特的币值稳定。此外，作为以贵金属出口为主的国家，南非汇率的波动还同国际贵金属价格的变化密切相关。2005—2013 年，人民币对南非兰特以升值为主，汇率起伏大，波动频繁，涉及南非当地货币的海外投资面对的汇率风险较高。尽管南非兰特汇率持续走低，南非企业却未能抓住在商品出口方面的机遇。南非政府或将采取促进出口的措施。与出口相比，南非目前是净进口国，兰特汇率的走低将对需要进口的企业产生负面影响。

综合分析，本书对南非汇率稳定性的评价为“冷”。

5. 法令阻碍

南非法律体系完善，历来重视通过引进外国投资发展本国矿业并制定了相关的鼓励政策和投资保护法律。但处在社会转型期的南非仍存在黑白二元经济等问题，为提高黑人的经济及社会地位，政府颁布的诸如《黑人经济振兴法案》等支持弱势群体的法律法规，对黑人持股和参与企业经营管理等方面做出了强制性的规定，对外国投资者构成了一定制约，增加了跨国公司来南非投资的顾虑。在矿业方面，南非备受争议且不断修改的矿业法也给投资带来了非常不利的影响。

总体来看，本书对南非法令阻碍评定为“中”。

6. 税务环境

南非的税赋较低，具有较好的税收征管环境。据普华永道和世界银行共同合作最新发布的 2016 年全球 189 个主要经济体总体税赋情况排名，综合税赋从重到轻，南非税收负担排名第 200 位，整体税赋为 30.1%，竞争力位于本书涉及国家中的第 3 位。此外，近年来南非政治稳定，开放程度较高，税务系统也向西方发达国家靠拢，参与国际间税收协作较多。截至 2013 年底，南非已经和 70 多个国家和地区签订了避免双重征税税收协定。南非与中国签有税收协定，协议规定中国股息预提所得税率 5%，利息的预提所得税率为 0，均属于较低税赋水平。因此，南非的整个税务环境质量排名在前述世行报告中排名第 19 位。

总体来看，本书对南非税务环境评定为“热”。

7. 环境保护成本

南非的国家环境法律体系完善，环境许可证审批程序的复杂程度为中等；环境许可证审批办理时限为中等；公众参与程度及环境保护敏感度为中等；矿区复垦及环境保护保证金收取要求低。总体而言，南非是环境保护中等成本国家。

因此，本书对南非的环境保护成本评定为“中”。

8. 基础设施条件

南非拥有非洲最完善的交通系统，以铁路、公路为主，空运发展迅速。南非的国家公路遍布全国，除此以外还有地区公路作为补充。海洋运输业发达，约 98% 的出口靠海运完成，主要港口有开普敦、德班、东伦敦、伊丽莎白港、理查德湾、萨尔达尼亚和莫瑟尔湾。德班是非洲最繁忙的港口及最大的集装箱集散地，年集装箱处理量达 270 万个。南非的煤炭运输系统主要有 3 个，理查德湾港承担几乎所有的煤炭出口，只有少量煤炭通过马普托和德班港口出口。

南非是非洲第一电力大国，发电量占非洲的 2/3。目前南非的电力供应不足而且日趋严重，究其原因是在经济持续增长中忽略了发电厂的同步建设。在供电自顾不暇的情况下，南非被迫停止了向纳米比亚、博茨瓦纳、津巴布韦等国输电，导致南部非洲国家也出现了供电短缺局面。

总体来看，南非的基础设施条件可评定为“中”。

9. 地理及文化

南非位于非洲大陆最南部，地处两大洋间的航运要冲，其西南端的好望角航线是世界上最繁忙的海上通道之一，有“西方海上生命线”之称，与中国地理位置相隔较远。其国内不同的民族和种族构成了南非文化多元化的特点。在种族隔离的斗争中，中国政府一直支持非洲国民大会党反对种族隔离制度。目前两国为全面的战略伙伴关系，两国的文化交流也随着经济和外交的发展而增加。2013 年习近平主席访问南非时与南非总统祖马确定了 2014 年为中国“南非年”，2015 年为南非“中国年”，以推动双方文化交流。

南非是一个多种族、多民族的“彩虹之国”。但因为历史问题，白人和黑人之间、白人与白人之间、黑人与黑人之间、黑人与其他有色人之间都存在比较深的矛盾。虽然种族隔离政策在 20 世纪 90 年代初被彻底废除，从法律上明确规定了各种族、各民族一律平等，但南非各种族内心深处的戒备和敌意仍难以消除。如今南非新政府采取种族和解和民族团结政策，优先改善黑人的政治、经济和社会地位并兼顾各方利益，但要消除种族隔离的阴影实现种族和解仍有较长的路要走。

本书对南非地理及文化评定为“中”。

综合上述分析，南非的汇率稳定性可评为“冷”；政治稳定性、经济增长与发展、法令阻碍、环境保护成本、基础设施条件、地理及文化上的评定为“中”；在市场和税务环境评为“热”。

结合南非近年对外资的实际吸引力和相关机构发布的投资环境报告以及从上述 9 个方面进行的国别冷热分析，作者认为，虽然该国是非洲大陆上的投资热点，具备实施矿业投资的基本条件，但在操作过程中会遇到来自经济、法律和文化等多方面的具体问题，治安、劳工问题突出，BEE 法案对投资的影响力，均需依据项目实际情况谨慎开展研究和合作。

第二节　国别煤炭资源开发投资建议

一、投资环境展望

自 2000 年以来，南非颁布和实施了一些与矿业行业有关的法律法规，加强了对矿业行业的管理。《矿产与石油资源开发法》、《南非矿业行业提高社会弱势群体经济地位章程（矿业宪章）》《矿产和石油权利金条例提案》《黑人经济振兴法案》以及《选矿战略》等一系列措施规章的出台，强调了环境、经济的可持续发展，支持和鼓励以黑人为主的弱势群体参与矿产资源行业。但是部分法律法规不清晰加大了投资的不确定性。矿业宪章规定 2009 年至 2014 年在南非从事矿业活动的企业分别转让 15% 和 26% 的股份给南非 BEE 公司，但这一措施如何实施目前为止仍旧没有任何的具体细则，使矿业公司难以按照新政策要求采取相应的措施。同时实施的 BEE 准入机制和 B - BEE 评分卡、BEE 级别制度为南非矿业投资增加了相当的难度。南非教育普及率较低，虽然加强了国民职业教育和培训，但是目前仍旧难以满足矿业行业的发展要求。长期的殖民统治和种族隔离，矿业技术人员主要是白人，黑人极少且不能满足自身的管理需要。而南非为促进本国经济和社会发展、促进就业，对特殊技能的专业人员实行配额制，加剧了南非矿业专业人员短缺的局面，这对于矿业投资是一种制约，矿业公司到南非进行矿产投资时要充分考虑这一方面因素，及时调整公司相关策略，既要利用当地矿业专业人员也要在国内招募专业人员，准备工作要充分。

南非是非洲电力大国，全非洲 2/3 的电力供应来自南非。但是，随着南非经济的快递发展，南非电力公司已经不能满足国内不断增长的电力需求。由于近年来南非政府疏于对电力系统的维护和发展，爆发了大规模的电力危机。虽然政府紧急出台了扩容计划，但受金融危机等因素的影响，本国电力公司资金短缺，外国电力投资公司持观望态度，电力短缺状况短期内难以解决。

矿业投资，特别在当地开矿，所有工作都需要电力。电力是开矿的基础，我国矿业投资公司应充分考虑这一因素，在做出投资决策之前要对当地的基础设施情况进行详细的调查研究，以避免不必要的损失。

南非政府鼓励国外企业到南非投资，但是对以下几种情况下企业向南非当地的信贷机构融资时进行了一定程度的限制：①外资持有75%及以上资本和资产的公司；②75%及以上的营运收入分配给非南非居民的公司；③75%及以上的表决权、控制权或75%及以上的资本资产或收入由非南非居民支配或代表的公司。以上3种公司借款限额要根据公司的有效资金情况确定可借款的百分比。

矿业投资一方面要靠矿业公司自有资金，另一方面也要向当地信贷机构进行贷款。因此，注意到南非对于信贷融资是有限制的，特别是以上3种情况对矿业公司来说要引起重视，应与当地相关矿业企业进行合作，满足资金与政策的要求。南非是犯罪率最高的国家之一，各种刑事犯罪成为突出问题，犯罪形式主要是持刀、枪械抢劫财物及车辆、施暴等，严重犯罪发案率居高不下，治安形势十分严峻且恶性抢劫案件基本上由有组织的犯罪团伙实施。

南非社会治安状况不佳，进行矿业投资时要特别注意这一点，特别是在矿区周围要做好安保工作，防止矿山企业遭受损失。

通过上述分析可以看出，南非拥有丰富的矿产资源以及特别重要的战略性矿产资源，储量也居世界领先地位，这对于我国进行矿业投资非常具有吸引力。同时，近几年来我国与南非政府之间的经贸往来也十分频繁，贸易额不断上涨，对矿业投资来说是一个难得的机遇。南非政府也鼓励国外企业到南非投资，尤其是中国企业投资南非矿业。但是应注意到南非复杂的矿业政策存在着不确定性，矿业专业人才匮乏、信贷政策的限制较多、基础设施不完善、社会治安状况较差，这些均使南非矿业投资存在着一定的风险。

虽然南非的矿业投资环境存在不确定性和一定的风险，但是矿业企业可以抓住机遇，进一步开拓南非的矿业市场。这就要求矿业企业不仅要有战略投资眼光，还要有合理消除风险的能力。

二、煤炭工业发展趋势

（一）煤炭工业发展的有利条件

1. 南非煤炭工业作为南非工业基础的地位较长时期内不会改变

南非是一个富煤、少油（气）和水力资源短缺的国家，因此，南非的煤炭工业在南非能源结构中起主导和支撑作用。南非煤炭在一次能源生产和消费构成中的比例分别为95%和77%以上（煤炭科学技术，1999），南非煤电占南非总发电量的90%。根据BP2016资料统计，南非的硬煤产量为1433 Mtoe，位列世界第7，其国内煤炭消费量为85 Mtoe，其中国内煤炭大部分用于发电，少量用于煤制油。南非还是南部非洲电力联盟的重要成员国，其发电量的一部分会输送到周边的国家。南部非洲的国家普遍缺电，煤电联营项目前景广阔。南非煤炭工业作为南非工业基础的地位较长时期内不会改变。

2. 南非煤炭资源保障程度较高

据BP2016的资料，2015年底南非处于世界第9煤炭资源大国的位置，其已探明储量无烟煤和烟煤为30.156 Gt，占世界总资源量的3.4%；按照目前的生产能力，可以开采120年。本书优选的Witbank煤田、Highveld煤田和Vryheid煤田煤炭资源富集区，具有储量大、煤质优、开发条件成熟和距离东部港口近等优势。近年来新开发的瓦特贝格煤田资源量大、埋藏浅、易于露天开采，是南非未来煤电联营重要开发区。

3. 南非是非洲煤炭资源最为丰富的国家，供给欧洲市场、印度市场地理条件优越

南非东海岸港口条件好，通过印度洋向印度和欧洲出口优质煤炭条件便利，根据国际能源署的统计，2015年南非共出口煤炭58 Mtoe，约占全国煤炭总产量40%。出口的煤炭以动力煤为主。南非出口动力煤在国际市场具有一定的竞争力。

（二）存在的不利条件

1. 优质煤炭资源逐渐减少

在南非交通方便、易开发的煤炭资源日益枯竭，位于中部开鲁盆地的煤炭储量正日趋枯竭，在曾经煤炭产量占据89%的Witbank煤田，其中一些煤矿在未来5～10年内将逐渐关闭。未来煤炭开发的重要地区位于西北部的边境的瓦特贝格煤田和北部的图利盆地和Tshipise盆地，煤炭生产地的中心将从中部煤盆地转移到西北部和北部。然而瓦特贝格煤田煤质灰分高达50%左右，尽管剥采比低但是洗选加工费高，产品煤的灰分也在25%左右，电厂给的煤价低，煤矿的盈利空间很小。在南非北部林波波省内的图利盆地和Tshipise盆地焦煤资源也由于灰分高不能够满足钢厂的工业要求，即便达到了钢厂的灰分要求，往往需要花费昂贵的洗选加工费用而使煤矿企业无法盈利。所以，在目前煤炭价格较低的条件下，南非瓦特贝格煤田和林波波省出口动力煤和焦煤也没有价格优势。只有中部老煤炭工业基地的一些矿山产品出口有较小的盈利空间。所以，在南非优质煤炭资源较少。

2. 南非的基础设施条件短期内难以改善

目前，南非铁路的运力有限，难以保证煤炭的大量外运。南非东部沿海港口中理查德湾煤港的运力趋于饱和，其他煤港运力较为有限。所以目前南非的基础设施难以满足大规模的煤炭出口。而南非未来西北部煤炭开发新区基础设施的升级改造需要的资金也很大。一方面煤炭市场不好，煤炭企业没有能力也没有动力改善铁路运输条件及扩建码头，另一方面南非近年来经济疲软政府无力支持企业改造基础设施，所以制约南非煤炭工业发展的铁路运输能力不足和港口能力不足的问题作者认为短期内难以改善。

3. 实施煤电联营受制于南非电力垄断企业

南非大多数电站由南非国有电力公司所有和经营，所辖电站生产了南非95%的电力和非洲大陆45%的电力。Eskom的20家发电站装机容量为35.2 GW，是世界上最大的公用事业之一，为整个非洲南部地区提供电力。南非电力完全被南非国有电力公司垄断，实施煤电联营项目，其中电厂必须得到南非电力公司的支持。

4. 短期内南非的煤炭生产不会有太大改观

近年来煤价下行使煤炭企业盈利能力受到挑战，周边邻国如莫桑比克的煤炭出口增加加上BEE法案的实施导致外国投资者投资南非的积极性大大减弱，使南非的煤炭工业发展受到影响，短期内南非的煤炭生产不会有太大改观。

（三）结论

总的来说，南非煤炭工业发展趋势长期稳定向好，短期低迷。

三、开发投资建议

（1）高度关注Witbank煤田、Highveld煤田和Vryheid煤田中具有潜在投资开发价值的地区，尤其要充分利用南非BEE法案使一些西方公司战略撤离南非市场的时机，择机优选煤炭在产项目。

（2）考虑与南非的电力企业合作，在充分评估各种风险因素的前提下，通过煤电联营的方式开发煤炭资源。

（3）关注北部优质的焦煤资源，特别是交通基础设施相对较好、焦煤产率较高的煤炭资源。

第十一篇

莫桑比克共和国

The Republic of Mozambique

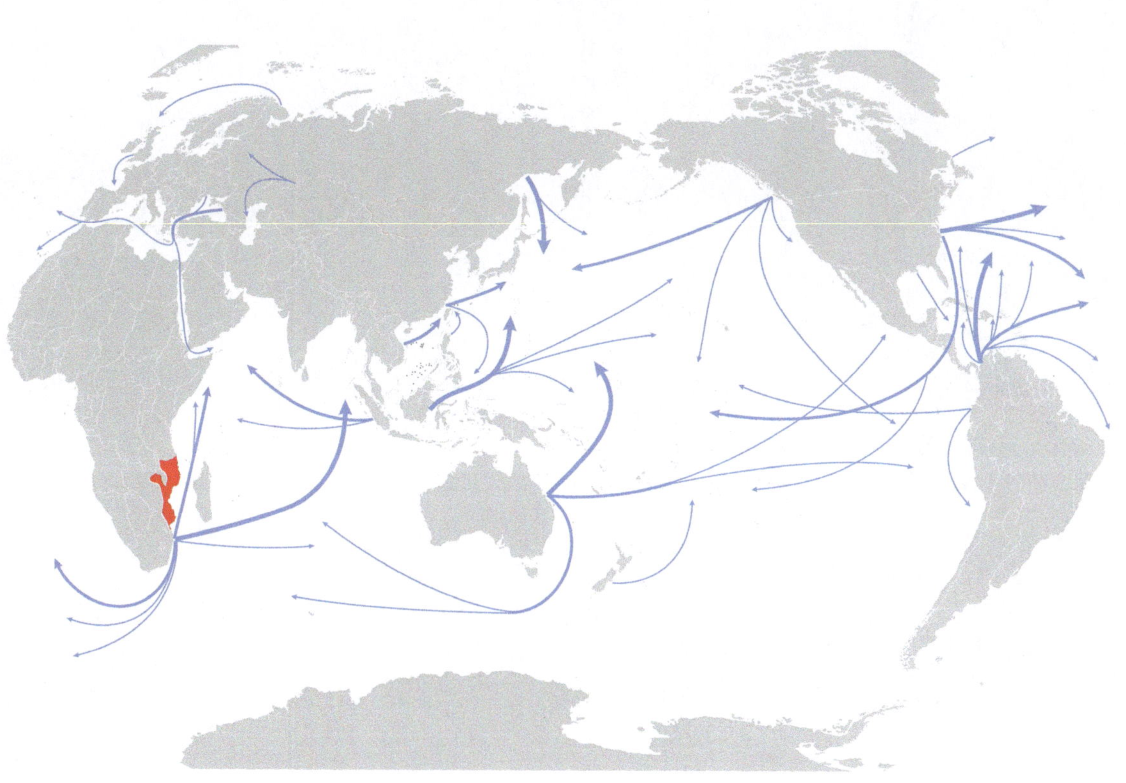

主　编　苏新旭
副主编　张智明　高树华　岳　洋　舒晓霞　朱　锁
编　写　苏新旭　高树华　岳　洋　舒晓霞　朱　锁　刘科明
梁富康　董大啸　陆伯炎　彭北桦　宁　静　杨建国
白云来　吴　超　王雁刚　苏　洁　张　贺　张　帅
沈施伟

第十一篇 莫桑比克共和国

目　录

第一章　莫桑比克投资环境分析

第一节　概　　述

一、基本国情

莫桑比克共和国位于非洲东南部，属联合国宣布的世界最不发达国家和重债国。莫桑比克总人口2520万（世界银行数据库，2012年），约有60多个民族，主要有马库阿—洛姆埃族（约占40%）、绍纳—卡兰加族、尚加纳族等。47%的居民信服基督教，32%信奉原始宗教，20%信奉伊斯兰教，其余信奉印度教和其他教。官方语言为葡萄牙语，各大民族有自己的语言，多属班图语系。在主要大城市中，英语作为商贸用语被广泛应用。

首都马普托（Maputo），人口250万，是全国政治、经济、文化中心和交通枢纽中心，是非洲最大的港口之一。全国行政区划为省、市、县。现有10个省，43个市（含1个直辖市），128个县。10个省包括德尔加杜角省（Cabo Delgado）、尼亚萨省（Niassa）、太特省（Tete）、楠普拉省（Nampula）、赞比西亚省（Zambezia）、索法拉省（Sofala）、马尼卡省（Manica）、伊尼扬巴内省（Inhambane）、加扎省（Gaza）、马普托省（Maputo）。全国主要城市有马普托、贝拉（Beira）、楠普拉（Nampula）等莫桑比克地理位置及行政区划如图11－1－1所示。

莫桑比克最早的人类足迹来自波斯其马诺等人。公元13世纪，马绍纳人在现津巴布韦和莫桑比克一带建立莫诺莫塔帕王国，16世纪初国势渐衰。1505年遭葡萄牙殖民者入侵，1700年沦为葡的“保护国”。1752年由葡总督进行直接统治，当时称“葡属东非洲”。1951年，葡将其改为“海外省”。殖民统治时期，莫桑比克人民为争取民族解放进行了顽强斗争。1974年9月7日，莫桑比克解放阵线同葡政府签署了关于莫桑比克独立的《卢萨卡协议》，9月20日成立以解放阵线为主体的过渡政府。1975年6月25日正式宣告独立，成立莫桑比克人民共和国。首任总统萨莫拉。1990年，议会决定将国名改为莫桑比克共和国。独立后，莫桑比克全国抵抗运动长期进行反政府武装活动。1992年10月4日，莫政府和抵抗运动组织在罗马签署了和平总协议，结束了长达16年的内战。1992年恢复和平以来，莫政局长期稳定（百度百科，2013；维基百科，2013）。

二、自然地理和气候特征

莫桑比克共和国位于南纬10°27′～26°50′，东经30°12′～40°51′。西南与南非、斯威士兰接壤，西北与津巴布韦、赞比亚毗邻，北中部环绕马拉维，东北部与坦桑尼亚相连，东濒印度洋，隔莫桑比克海峡与马达加斯加相望。莫桑比克南北宽而东西窄，南北最长1800 km，东西最窄仅50 km，国土面积79.94万km^2，海岸线长2630 km，是世界上海岸线最长的国家之一。高原、山地约占全国面积的3/5，其余为平原。

莫桑比克地势大致自西北向东南倾斜，赞比泽河（或译为赞比西河）斜贯中部入海，河以北主要是高原，东南主要是平原。高原、山地约占全国面积3/5，沿岸平原占2/5。地势从西北至东南大致分为三级台阶：西北部是高原山地（主要含煤区），海拔500～1000 m，其中宾加山高达2436 m，为全国最高点；中部为台地，海拔200～500 m，有岛山散布其间；东南部沿海为平原，平均海拔100 m，呈带状分布，该海岸平原北窄南宽，最宽处300 km，总面积33万km^2，是非洲最大平原之一。

莫桑比克河流众多，大河除上述赞比西河（分布于北部含煤区）之外，南中部还有林波波等河流，均自西向东注入印度洋。马拉维湖是莫同马拉维之间的界湖。滨海多沼泽、沙洲和红树林。森林约占领

图 11－1－1　莫桑比克地理位置及行政区划

土的 1/4。

莫桑比克属热带草原气候和热带季风气候，年平均气温 20℃。全年分为两季，4—10 月为凉干季，11—3 月为暖湿季。暖湿季雨量充沛，年平均降水量为 700 ~ 1200 mm，北部多于南部。凉干季比较干燥。

首都马普托属于干湿季节交替的热带草原气候，11 月至第二年 3 月为雨季，4—10 月为旱季，全年平均降雨量约 800 mm，雨季降水量占全年 80%，马普托气温 7 月份最低，平均 13.9 ℃，1 至 2 月最高，平均 29.7 ℃。北部太特省每年雨季也是 11 月到来年 3 月，降水量约为 700 mm，高峰期在 1 月或 2 月，最高温度 40 ℃，最低 18 ℃。莫桑比克常有周期性干旱和暴雨，往往造成灾害（百度百科，2013；维基百科，2013）。

第二节　政治经济环境

一、政治状况

（一）政治沿革

莫桑比克全称莫桑比克共和国。莫桑比克最早的居民是科伊桑人，班图人 10 世纪左右迁到这里。15 世纪中叶，莫桑比克成为姆韦尼·马塔帕王国的一部分。1498 年 3 月，葡萄牙航海家达伽马率领船队到达莫桑比克。自 16 世纪开始，葡萄牙殖民者占据莫桑比克，在沿海兴建了许多贸易站和堡垒并且使它成为非洲东岸航行船只经常停泊的港口。1891 年莫桑比克正式定界，称为葡属东非。

20 世纪初，葡萄牙实行改革，给予莫桑比克相对的自治权。1951 年，莫桑比克成为葡萄牙的海外省。20 世纪 60 年代后，随着非洲民族解放运动的高涨，葡萄牙被迫修改其殖民政策。1964 年初葡萄牙颁布“海外省组织法”，名义上给非洲人以葡萄牙公民权并扩大了莫桑比克地方政府的权利，但实际上仍对非洲人民进行军事镇压和政治控制。伴随着非洲各国不断独立，莫桑比克也开始觉醒，寻求独立自主。1964 年 9 月 25 日，莫桑比克解放阵线领导开展游击战争，经过十多年的丛林游击战争以及苏联、古巴和中国的援助，莫桑比克解放阵线游击队 1971 年已控制了境内 1/4 的土地。1974 年，葡萄牙发生政变，新政府同莫桑比克解放阵线谈判并于 9 月签署了《卢萨卡协议》。根据协议，1974 年 9 月 20 日成立了以莫桑比克解放阵线为主体的过渡政府，1975 年 6 月 25 日建立莫桑比克人民共和国。1977 年 2 月，执政党莫桑比克解放阵线宣布莫桑比克将执行社会主义政策，在莫桑比克建设科学社会主义社会，将主要经济命脉及土地收归国有，发展公社村与合作社。

由于建国初期内部权力分配问题和反对派反对莫桑比克解放阵线一党专制，1976 年底莫桑比克爆发内战。内战后期为应对国内外压力，当时总统阿尔贝托·希萨诺于 1990 年 11 月颁布新宪法，莫桑比克人民共和国改国号为莫桑比克共和国，实行多党制，放弃共产主义。主要党派有莫桑比克解放阵线党和莫桑比克全国抵抗运动。1992 年，莫桑比克政府同莫桑比克全国抵抗运动领导人在罗马签署和平协议，之后开始战后过渡与恢复时期。1993 年，联合国维和部队进驻莫桑比克参与重建并监督战后莫桑比克和解。1994 年，莫桑比克举行大选，次年作为与英国并无宪制关系的国家以特殊例子加入英联邦。2004 年 12 月，莫桑比克新宪法生效，国家政治开始进入正常的轨道。2012 年 9 月，解阵党召开第十次全国代表大会，格布扎连任党主席。在 2014 年举行的大选中，解阵党中央委员会委员菲利佩·纽西当选总统，2015 年 1 月就职。目前国内局势稳定，没有发生大的波动，国内政治环境较好。

（二）地缘政治与外交政策

莫桑比克位于非洲东南部，南邻南非、斯威士兰，西界津巴布韦、赞比亚、马拉维，北接坦桑尼亚，东濒印度洋，隔莫桑比克海峡与马达加斯加相望，海岸线长 2630 km。高原、山地约占全国面积的 60%，其余为平原。临近莫桑比克海峡这一重要的国际航运水道，这一优势使得莫桑比克成为许多内陆国家出海的必经之地，地缘优势日显重要。

莫桑比克奉行“广交友，不树敌”的独立、不结盟外交政策，主张在相互尊重主权和领土完整、平等、互不干涉内政和互利的基础上与其他国家发展友好合作关系。重视睦邻友好和地区经济合作。主张通过谈判解决国家之间的争端。支持在非洲联盟内部建立预防和解决冲突的机制，支持全面裁军的原则。主张南南合作，要求建立国际政治、经济新秩序。莫桑比克是南部非洲发展共同体、不结盟运动、英联邦、伊斯兰会议组织、环印度洋地区合作联盟、葡语国家共同体和非洲联盟成员国。

（三）主要双边关系

莫桑比克1505年沦为葡萄牙殖民地，称葡属东非。第二次世界大战后民族独立意识觉醒。在苏联、中国和古巴的援助下，莫桑比克解放阵线游击队于1975年6月25日脱离葡萄牙独立，成立莫桑比克人民共和国，建立社会主义制度，奉行现实主义外交政策，稳定同邻国的关系和扩大发展伙伴关系是外交政策的两大支柱。建国初期，莫桑比克得到了西方国家特别是北欧国家的大量援助，但苏联及东欧社会主义阵营的国家仍是莫桑比克最主要的经济和军事援助国。

20世纪70年代到80年代，莫桑比克爆发内战，国内政局的动荡引发莫桑比克同邻国的关系处于紧张状态。内战期间，莫桑比克政府还参与了联合国对罗德西亚（今津巴布韦）的制裁，导致两国关系十分紧张。同时，莫桑比克在地区和国际组织中十分反对南非推行的种族隔离政策，莫非关系也陷于紧张状态。20世纪80年代初，莫桑比克逐步改善同南非的关系并且大大改善了同其他邻国的关系。

1984年，莫桑比克加入世界银行和国际货币基金组织后，西方国家迅速取代苏联成为莫桑比克最大的援助国。美国、荷兰、西欧向莫桑比克提供了大量的发展援助。原宗主国葡萄牙在莫桑比克的经济发展中也发挥了重要作用。

内战结束，莫桑比克人民共和国改国号为莫桑比克共和国，放弃社会主义制度。新政府奉行“独立和不结盟”的外交政策并先后加入了伊斯兰国家组织、英联邦和葡萄牙语国家共同体。

1. 同美国的关系

在对美关系上，两国在莫桑比克独立不久便建交。由于莫桑比克内战，两国关系比较冷淡。1982年后两国关系得到改善和发展。美国先后取消对莫提供经援和军援的禁令。美国曾参与推动莫桑比克国内和平进程。目前，莫桑比克为撒哈拉以南接受美国援助较多的国家，是美国《非洲增长与机遇法》的受惠国。2004年，美国宣布莫桑比克成为第一批有资格从“千年挑战账户”计划中申请资金援助的16个国家之一。莫桑比克总统多次访美，希望深化两国关系。2012年，莫桑比克和美国双边贸易额达3.901亿美元，其中，美国向莫出口3.516亿美元，自莫进口0.385亿美元。2013年1—4月，莫桑比克和美国双边贸易额1.043亿美元，其中美国向莫出口0.825亿美元，自莫进口0.218亿美元。

2. 同葡萄牙的关系

葡萄牙原是莫桑比克宗主国，两国政治、经济关系密切。莫桑比克内战期间，葡萄牙积极参与推动其国内和平进程并为其培训军队及警察。莫桑比克1996年加入葡萄牙语国家共同体。2010年4月，时任总统格布扎对葡萄牙进行了国事访问。2011年3月，时任葡萄牙外交国务部长路易斯·阿马多对莫桑比克进行了工作访问。

3. 同其他欧洲国家的关系

莫桑比克重视发展同欧洲国家的关系。北欧诸国为莫桑比克传统的援助国。英国、法国、荷兰、瑞士、瑞典、丹麦、芬兰等国每年对莫都有数千万美元的固定财政和物资援助。英法还积极参与莫桑比克和平民主进程，为其培训国防军。西班牙为其培训警察。

4. 同非洲及周边国家的关系

莫桑比克内战结束以来积极发展同非洲国家特别是南部非洲周边国家的关系，实行睦邻政策。南非是莫第一大外来投资国，两国经贸关系密切。

2005年，格布扎总统就任后，与周边邻国互访频繁，进一步巩固与南部非洲国家的传统关系。莫还与博茨瓦纳、南非、斯威士兰等签署了互免签证协议，便利人员往来。莫桑比克于2009—2010年担任南共体政治、防务和安全委员会主席。2012年，莫桑比克成功举办葡语国家共同体和南部非洲发展共同体峰会并接任两组织轮值主席国。2013年，时任总统格布扎访问了马拉维并接待了斯威士兰国王来访。

5. 中国与莫桑比克的关系

中国同莫桑比克交往的历史最早可以追溯到明朝时期，郑和下西洋时，曾到达东非莫桑比克的海岸索法拉地区，这被认为是华人到达莫桑比克最早的记录。而两国开展紧密关系则主要在20世纪60年代，这一时期处于莫桑比克争取民族独立时期，中国向莫桑比克解放阵线提供大量经济及军事援助，支持其民族独立运动。莫桑比克于1975年6月25日独立时，中国迅速承认其独立地位并建立了正式外交关系。

建交以来，中莫两国签署了贸易协定和投资保护协定。但由于莫桑比克经济基础薄弱、外汇短缺以及商品货源不足，两国贸易发展较缓慢，贸易额不大。特别是在莫桑比克内战期间，贸易基本停滞。2001年，中莫成立经贸联委会。2004—2006年，双边贸易额从7000万美元跃升至2.1亿美元，中国成为莫桑比克第三大贸易国，仅次于南非和葡萄牙。2007年2月，时任国家主席胡锦涛对莫桑比克进行了国事访问，访问期间同莫桑比克就经济、技术、农业和教育等方面加强了双边合作。2012年，中莫双边贸易额为13.4亿美元。中方已给予莫方60%出口中国产品免关税待遇。中莫双方在农业方面不断加强合作，2012年万宝粮油有限公司在莫桑比克加扎友谊农场的5000亩示范样板田亩产达到550公斤，创造了非洲粮食单产的奇迹。2014年中国在莫建成了4个现代化农场，使其自主供给粮食的比例不断提升。中国还是莫桑比克原木的主要进口国。对莫投资中，中国在建筑工程中占据重要地位。莫桑比克超过1/3的公路由中国公司承建。莫桑比克政局稳定，拥有丰富的陆地和海上资源、区位等诸多发展优势，是中国“一带一路”战略，特别是海上丝绸之路在非洲的自然延伸。近年来，中国对莫投资、贸易等合作跨越式增长，中国在莫各类投资额累计已达到50.77亿美元，涉及农业、房地产、能源资源开发、旅游业、汽车工业等多个领域。中国驻莫桑比克大使苏健2016年拜访莫国工商业联合会（CTA），探讨如何落实旨在协助莫国工业发展的“产能合作”计划，这将进一步提升莫桑比克的国际工业合作水平。

（四）政治环境分析

实现国内和平以来，莫桑比克政府将重建国内秩序、发展国民经济作为国家发展的重点，积极寻求国际资本的支持，一系列举措促进了莫桑比克国民经济的迅速恢复，特别是其支柱产业农业的稳定发展为国民经济长期发展奠定了良好基础。莫桑比克周边国家整体较为稳定，如南非、赞比亚和坦桑尼亚等，这都为莫桑比克的发展提供了良好外部环境。

1. 国内政局日趋稳定，各项事业逐步迈入正轨

莫桑比克独立后经历了六七十年代的内战，直到1992年才实现和平。恢复和平以来，莫政局长期稳定，政府积极维护民族团结，内外政策较为稳妥务实。在1994年、1999年、2004年和2009年4次多党议会和总统选举中，解阵党均获胜。在2009年10月举行的总统和议会选举中，解阵党主席格布扎以75.46%的得票率成功连任总统。格布扎总统执政以来，继续执行稳妥务实的政策，将发展经济和消除贫困作为施政的首要任务，惩治腐败并撤换工作不力的官员，保持了政局稳定。2010年4月，议会通过新一届政府2010—2014五年计划，将巩固民族团结、和平与民主、同贫困做斗争、推行良政、反腐败、维护主权和加强国际合作作为施政的主要目标。

莫桑比克为传统的农业国，因多年的战乱与自然灾害，导致农业基础十分薄弱，被联合国列为世界上最不发达的国家之一。恢复和平以来，政府大力调整经济结构，改善投资环境，引进外资，加大对农业和农村的投入，农业基础设施投资进一步增长。2016年9月莫桑比克内阁批准了2017年经济和社会发展计划，该计划展望莫2017年经济增长率为5.5%。

2. 政府吸引外资政策较多，相关制度建设仍需改善

在吸引外资方面，莫桑比克政府推出了许多优惠政策，如外商可以以货币或机器、设备以及经营外资项目所需进口物资进行投资，也可以以技术转让等无形资产进行投资。对外国资本在合资企业中所占的比例不设上限，允许外商开办独资企业。允许外资企业在国际市场上采购原材料，销售本企业产品，鼓励外资企业在国内招聘员工，也允许从境外聘用技术专家和高级管理人员，对外资企业给予税收和用地方面的优惠。近年来，莫桑比克政府大力调整经济结构，改善投资环境，引进外资，加大对农业和农村的投入，加快基础设施建设，倡导增收节支，政府还对海关进行了改革，关税降幅较大，海关管理有所好转。但在莫桑比克投资经营的不利因素有很多，如莫桑比克办理信用证的费用很高、手续复杂，造成当地的私人企业难以用信用证支付，阻碍了莫桑比克私人企业的发展。此外，莫桑比克银行贷款利率

高达两位数，年贷款固定利息超过 20%，企业在当地融资成本较高。

目前，该国政府正在进行机构改革，加强政府的管理能力，创造有利于私有部门快速发展的、稳定的政治和投资环境。自莫桑比克政府实行经济改革以来，约有 142 家公司被出售，同时，莫政府正考虑与外国的私人投资者建立合资企业，这样做政府将减少对企业股权的控制并逐步把政府手中的股票出售给雇员和企业管理人员。政府私有化改革和机构改革的实施刺激了莫桑比克宏观经济的发展，保持了经济稳定发展。2012 年，莫政府采取积极措施，加大吸引外资力度，鼓励本国中小企业发展，加强了对矿产资源和进出口贸易的税收监管，保持国民经济平稳较快增长。莫桑比克标准银行在马普托发布报告称，2014 年该银行为（莫桑比克）各个经济领域的投资活动提供了约 5 亿美元的融资，电信、建筑、农工业、制造业、采矿业和基础设施领域是发放贷款的主要领域。

但由于各项配套制度建设的滞后，莫桑比克办理外商申办投资的手续比较繁杂。同时，莫桑比克工业发展的管理机构在部分举措上仍存不确定性。虽然促进投资中心在办理申办和审批投资程序方面做出了一定改进，但投资者仍对该国的投资制度环境持有疑虑。

3. 法律制度的建设稳步推进，环境保护思想意识较弱

莫桑比克于 1984 年颁布《外国投资法》。1993 年修订了该法，简化投资审批手续，同年还颁布了《投资法条例》和《投资收益法》。这些法律和法规有利于保护外国投资者的利益。同时，莫桑比克是多边投资担保机构（MIGA）和海外私人投资公司（OPIC）的成员国，投资争议可在解决投资争议国际中心（ISCID）及总部设在巴黎的国际商会仲裁。同时，莫桑比克还加紧同国际组织和其他国家的合作，借鉴并引进他国法制经验，逐步完善自身的法律体系，特别是在有关吸引外资的法律上，政府倾注了大量心血，使得莫桑比克逐步成为一个采用现代矿业法的非洲国家。2014 年，莫桑比克开始实行新的矿业法，原来的矿业法中未明确矿产权、持有矿业权的莫桑比克公司股权是否可以设定质押等担保；同时现行的 2006 年施行的《矿业规则》中也没有对这个问题进行明确规定。但是新矿业法中明确规定了矿业权和持有矿业权的莫桑比克公司股权在经莫桑比克矿产资源部批准后可以转让。

莫桑比克与其他非洲国家相比，对环境保护工作较为重视，政府也颁布了环境法，规定了对环境的使用和管理，以保证经济的平衡发展。莫桑比克环保法规定每个实体都有责任修复因其活动而对环境造成的损害并对受害方给予赔偿。该法还规定了一些禁令，如对生态资源的保护、再生、数量和质量有负面影响的活动；向土壤及土壤下面的水、空气中释放有毒或污染物质的生产品和堆积品；加速土壤流失，砍伐森林和增大沙化面积的活动；在法律限制之外的，导致或加速环境退化的活动。然而莫桑比克政府对环境保护法律的执行力度一般，进行矿业开采活动时对环境影响评价的要求也不高。与发达国家相比，莫桑比克整体环境保护意识较弱。

4. 建立国际合作保障投资，政府采取措施保护投资者

莫桑比克政府向投资者提供一系列的投资保护措施，尤其是 1993 年投资法向投资者提供的保证有对投资者的财产权、与所进行的投资有关的商品所有权和其他权利提供担保和法律保护。投资者有权输入从事投资所需的自有股权资本和贷款。基于绝对必需和公共利益、公共卫生和公共秩序等重要原因而被征用时，投资者有权得到公正而公平的赔偿。

美国在非洲实施的《非洲增长与机会法案》将使在该国生产的产品进入美国市场享受免关税和低关税的限制，同时产品没有配额的限制；欧洲普惠制的存在使得在莫桑比克投资的企业产品进入欧洲市场能够在“最惠国”税率的基础上进一步减税或全部免税。同时莫桑比克也是南非共同体国家，共同的自由贸易政策拓展了其产品在共同体市场的发展。这种特殊的国际保障使得投资莫桑比克的企业不仅能在莫桑比克开拓市场，更能够在进入其他的欧美等国市场享有优惠政策。

5. 中莫各领域合作稳步推进，能源合作日渐突出

由于历史上中莫两国保持了十分良好的双边关系，加之中国向莫桑比克提供了大量资金、技术、医疗、文教等支援，莫桑比克政府和人民对中国的企业和投资都很欢迎，莫桑比克政府也十分重视对华友好关系。现阶段双方在经济上的交往尚处于初期阶段，主要合作为中国政府提供的援助性开发与建设等。而两国稳定的政治关系和快速上升的经贸关系为双方在广泛的领域展开密切合作奠定了良好基础。我国澳门地区和莫桑比克原来同属于葡萄牙殖民地，在语言、法律法规等方面相对熟悉，所以澳门地区的企业在莫投资将会有些优势，可在我国内陆企业对莫桑比克投资的过程中发挥桥梁作用。

近年来，莫桑比克发现大量煤炭、石油和天然气等资源，吸引了欧美能源企业的进入。随着中国能源需求的日益增强，中莫能源合作也逐步展开。2013 年 5 月 13 日，国家主席习近平会见来华出席太湖文化论坛第二届年会的时任莫桑比克总统格布扎。中方希望中莫两国加强政治引领和总体规划，抓好基础设施建设、能源、农业、渔业等领域重点项目合作。莫总统表示，莫桑比克政府正致力于国家的可持续发展，愿借鉴中国的发展经验，与中方开展更加多元化的合作，欢迎更多中国企业来莫桑比克参与人力资源培训、农业、能源、基础设施建设等领域合作，实现共同发展。在加工制造领域，中国企业在莫桑比克投资打造了马捷捷汽车项目，成为首个被国际汽车协会认可的非洲民族汽车品牌。最近五年，中国企业在莫桑比克参与了 92 个项目，总投资额达 8.32 亿美元，创造了 1.4 万个就业岗位。2015 年外交部部长王毅访莫期间，中莫两国同意加强产能合作，确定了能源产业、加工制造业为优先合作领域，并以基础设施建设、人力资源开发和融资支持作为配套支撑。中方已将莫桑比克列为中非产能合作的重点国家。

二、经济运行状况

世界经济论坛《2016—2017 年全球竞争力报告》显示，莫桑比克在全球 138 个国家中排名第 133 位，与上年度持平。世界银行《2016 全球营商环境报告》显示，莫桑比克在 189 个国家中排名第 133 位，比上年度下降了 6 位。

（一）产业结构

2015 年莫桑比克产业结构如图 11－1－2 所示，农业、工业、服务业占国内生产总值的比重分别为 28%、22% 和 50%。其中，农业是传统的支柱产业，全国 80% 的人口从事农业，腰果、棉花、糖和剑麻是传统出口产品。近几年来，莫桑比克工业和服务业发展迅速，其占国内生产总值的比重呈现出大幅增长的趋势。由此可见，莫桑比克政府努力实现经济多元化发展的目标初有成效。随着越来越多外资企业的进入，一些大型合资项目建成投产，莫桑比克第二、第三产业将逐步取代农业，成为新的支柱产业。过去几年中，莫桑比克凭借其优越的地理位置、对历史文化的保护和其独特性发展旅游业，成效明显。

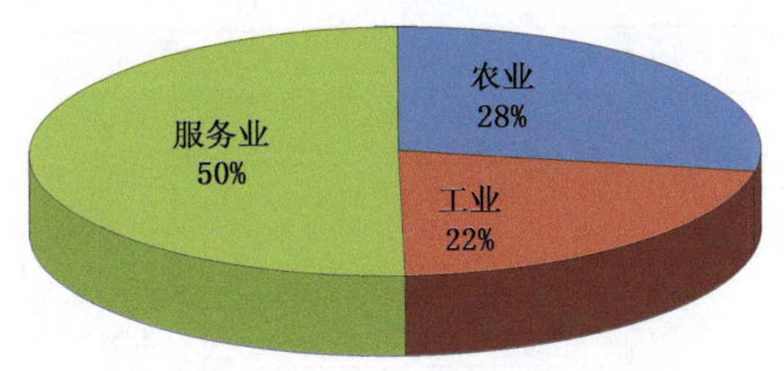

图 11－1－2　2015 年莫桑比克产业结构
（CIA World Factbook）

1. 农业

莫桑比克农业发展地区差异明显，北方雨量充沛、土地肥沃，北方省份的粮食能够达到自给自足甚至出口，中南部地区干旱，严重缺粮，需从邻国进口。农业区域地理环境优势明显，但仍以小农经济为主，缺乏大规模现代化农业生产设备，农业产出效率较低。经过了 20 多年的调整改革，农业形势有所改善，但受自然灾害及农耕技术落后等因素影响，莫桑比克全国仍处于缺粮状态，每年进口粮食约 100 万 t。莫桑比克政府试图通过增加种植面积、实施农业机械化、畜力牵引、改良种籽、使用化肥和杀虫药、应用可提高生产力的新技术等途径来提高农业产量。

2. 工业

莫桑比克工业主要是加工工业，包括铝加工、小规模的制糖、粮食及腰果加工等。随着莫桑比克炼铝厂等大型合资企业的建成投产，工业产值占国内生产总值的比重近两年来大幅上升。该国拥有丰富的矿藏资源，但由于缺乏资金，大部分矿藏尚未开采。目前，采矿业仅限于煤炭和稀有金属的开采，其中，钽矿和钛矿是最主要的出口矿产品。2004—2008 年，莫桑比克矿业的直接投资额从 1.01 亿美元增加到 8.04 亿美元，矿业产值从 3500 万美元增加到 2.76 亿美元。随着国际市场资源类产品价格的大幅上涨，外国对莫桑比克矿业投资增加，钛和天然气等资源的开发陆续启动。2010 年巴西淡水河谷公司投资 50 亿美元的莫阿蒂泽煤炭项目投产后，工业产值占国内生产总值的比重大幅上升。由于可观的煤炭储量吸引了大量投资，带动产值快速增加，莫桑比克将成为国际矿业领域的新焦点。市场研究预计，莫桑比克矿业产值将从2013年的4亿美元增加到2018年的12亿美元，占国内生产总值（GDP）的比重将从2.9%上升至4.2%。莫政府制订了《2015—2019年经济社会发展规划》，强调优先推进工业化、基础设施建设，计划在5年内把工业占GDP的比重由11%提高到21%。

3. 服务业

莫桑比克服务业在国民经济中占有重要地位，2015年莫桑比克服务业产值占国内生产总值的比重为50%。服务业主要包括酒店业、交通通信业、金融服务业、房屋租赁业和政府服务。从各门类变化趋势来看，交通通信业增长较快，由于近年莫桑比克政府注重旅游业发展，与旅游相关的酒店餐饮业近两年发展也非常迅速。政府已批准《莫桑比克2015—2024旅游发展战略计划》，旨在提高旅游业发展潜力并提供优质的旅游服务。

莫桑比克拥有绵长的海岸线和众多岛屿，旅游资源丰富，同时毗邻非洲第一经济大国南非，历史文化资源丰富独特，旅游业发展较快，游客数量每年以7%的速度增长。

（二）宏观经济现状

莫桑比克独立后因受连年内战、自然灾害等因素影响，经济长期困难。政治稳定后，政府致力于发展经济，实行以市场为导向的经济改革，确定了增收减贫目标，加大资源开发力度，鼓励粮食生产和引进外资，外国持续的也促进了其经济增长。2005—2012年莫桑比克实际国内生产总值平均增长率达7.2%，高于撒哈拉以南非洲的平均水平。但是由于经济结构单一，对矿产品尤其是铝的生产和出口依赖严重，国内宏观经济易受国际矿产品价格波动的影响。2011—2015年莫桑比克主要经济指标见表11-1-1。

表11-1-1　2011—2015年莫桑比克主要经济指标

主要指标	2011年	2012年	2013年	2014年	2015年
总人口	2.46×10^{7}	2.52×10^{7}	2.63×10^{7}	2.72×10^{7}	2.79×10^{7}
人口年增长率/%	2.5	2.5	2.6	2.7	2.7
城镇人口百分比	31.1	31.1	31.6	31.9	32.2
国内生产总值GDP（现价本币单位）	3.81×10^{11}	4.33×10^{11}	4.82×10^{11}	5.31×10^{11}	5.87×10^{11}
人均国内生产总值	434.7	453.1	472.1	493.0	509.7
实际国内生产总值增长率/%	7.1	7.1	7.1	7.4	6.2
通货膨胀率/%	10.2	2.6	4.2	2.5	3.5
总储备（现价美元）	2.59×10^{9}	2.96×10^{9}	3.35×10^{9}	3.22×10^{9}	2.58×10^{9}
总储备可支付进口月份	3.9	3.4	3.1	3.2	2.7
商业服务出口额（现价美元）	6.33×10^{8}	7.92×10^{8}	6.45×10^{8}	7.24×10^{8}	7.22×10^{8}
商业服务进口额（现价美元）	2.20×10^{9}	4.44×10^{9}	3.85×10^{9}	3.62×10^{9}	3.30×10^{9}
官方汇率（兑换1美元所需本币）	29.1	28.4	30.1	31.3	39.9
银行资本对资产的比率/%	9.0	9.4	9.5	9.6	9.3
银行不良贷款与贷款率/%	2.6	3.2	2.3	3.2	4.3
存款利率/%	12.9	11.4	8.7	8.5	8.5
贷款利率/%	19.1	16.8	15.3	14.7	14.8
贷款的风险溢价/%	3.9	11.5	11.1	9.4	—

数据来源：世界银行数据库

1. 多种积极因素支撑莫桑比克经济增长

近年来莫桑比克政治局势稳定，外部援助持续增长，主要贸易伙伴南非经济发展势头良好，外国投资者加大了对莫矿产资源领域的开发力度，增加了对交通和电力基础设施的投资，兴建了一批大型项目，如莫阿蒂泽（Moatize）煤矿和萨索尔（Sasol）天然气管道扩建等，形成了对经济的强大推动力。但是，由于经济总量较小，莫桑比克承受外部风险的能力非常有限。2016 年 10 月莫桑比克内阁批准了 2017 年经济和社会发展计划，该计划展望莫 2017 年经济增长率为 5.5%。

2. 经济危机对宏观经济有一定冲击，但经济将持续增长

虽然出口受较大影响，但得益于金融业、农业、餐饮业和建筑业等部门的良好表现，经济危机背景下的 2009 年，莫桑比克经济仍保持了 6.3% 的增长率。2011 年和 2012 年，莫桑比克实际国内生产总值增长率进一步回升至 7.3% 和 7.4% 并持续保持着较高水平。基于经济改革持续进行，农业、运输和旅游部门的发展及外资投入的增加，预计莫桑比克经济增长仍将保持强劲势头。根据莫桑比克政府预测，受几个天然气和煤矿开采项目的拉动，该国矿业将保持大幅增长。2011—2015 年莫桑比克国内生产总值与人均国内生产总值如图 11-1-3 所示。

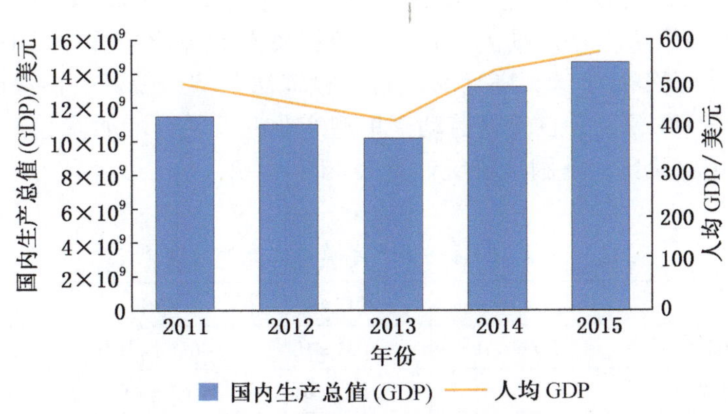

图 11-1-3　2011—2015 年莫桑比克国内生产总值与人均国内生产总值（世界银行数据库）

3. 地区经济差异较大，南北分化明显

莫桑比克南北经济发展水平相差较大。南部省份靠近南非，重大投资项目多集中于此，发展水平较高。而中北部虽是农作物和经济作物的主产区，但基础设施和服务业都落后于南部地区。此外，由于执政党的控制区域主要集中在莫南部经济发达地区，反对党的控制区域主要在莫中北部经济落后地区，出于政治考虑，政府对南部尤其是首都马普托地区的经济发展更加支持，导致南北经济水平差距进一步扩大。

4. 国内通货膨胀水平持续波动，近年来通胀压力有所下降

2005—2012 年，莫桑比克在实现经济较快增长的同时，通胀也处于较高水平，年均通胀率接近 10%。2007 年实施从紧的货币政策，通胀率下降至 8.2%。近些年通货膨胀压力降低，经济保持高速强劲增长态势。2011—2015 年莫桑比克国内生产总值增长与通胀水平如图 11-1-4 所示。2015 年，莫桑比克央行宣布加息以防止通货膨胀。莫桑比克央行发布声明称，国际经济环境、莫本国经济增速放缓以及一些外部指标恶化，使该国货币汇率和通胀水平承压。基于对短期和中期经济运行的预测，货币政策委员会做出审慎决定，提高利率以确保宏观经济保持稳定。

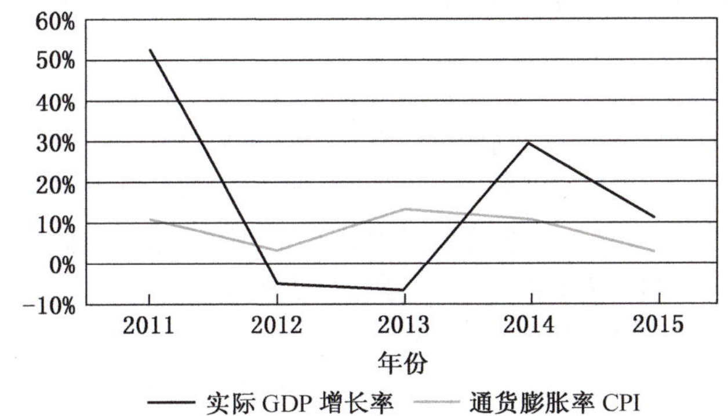

图 11-1-4　2011—2015 年莫桑比克国内生产总值增长与通货膨胀水平（世界银行数据库）

5. 失业率逐步下降，但整体水平仍然偏高

莫桑比克大量人口生活在农村地区，其中 70% 的劳动力在农业部门就业，在服务业从业的劳动人员占总就业人数的 18%，在制造业、采矿业等工业部门从业的劳动人员占总就业人数的5%。莫桑比克国内失业率曾高达50%以上，大量劳动人口处于失业状态。随着近些年莫桑比克经济的快速增长，就业机会有所增加，整体失业率呈逐年下降的趋势，高失业率的问题正在逐步得到改善，但失业的绝对水平仍然偏高。根据联合国统计，2014年莫桑比克失业率大约为22.6%。

（三）外国投资概况

莫桑比克国内政局较为稳定，被列为非洲最和平的国家之一，地理位置优越，是通往一些南部非洲内陆国家的门户。莫拥有丰富的矿产资源和水力资源，有非洲第一大发电站—卡布拉巴萨水电站，享受美国《非洲增长与机会法案》等多个贸易协定及税收优惠待遇。莫政府建立较为完备的政策和法律体系，建立了与西方国家相似的现代企业管理制度。政府专门成立了莫桑比克投资促进中心，为国内外企业提供投资服务。

在吸引外资方面，莫桑比克政府一直以来采取的都是鼓励外资的政策。1984年颁布《外国投资法》、1987年颁布《私人投资法》均鼓励国外企业来莫投资和兴办合资企业。1993年颁布修订了《外国投资法》，进一步简化投资审批手续，随后又颁布了投资法条例、投资收益法、工业自由区管理条例等。2007年颁布新的《劳动法》，旨在促进劳动密集型产业的发展，增加就业，使劳动管理与国际劳工标准接轨。2011—2015年莫桑比克外国投资统计见表11－1－2。

表11－1－2　2011—2015年莫桑比克外国投资统计

主要指标	2011年	2012年	2013年	2014年	2015年
外国直接投资净额（现价美元）	-2.66×10^9	-5.23×10^9	-6.17×10^9	-4.90×10^9	-3.71×10^9
外国直接投资净流入（现价美元）	3.66×10^9	5.63×10^9	6.63×10^9	4.99×10^9	3.71×10^9
外国直接投资净流入占GDP比重/%	27.9	38.7	41.8	29.4	25.2

数据来源：世界银行数据库

1. 外国直接投资不断增加

近年来，莫桑比克吸收的外国直接投资在南部和东部非洲国家居于前列，外商投资不断增加。2001—2003年，莫扎尔炼铝厂、马普托至南非的天然气管道等几个大型项目启动，使得莫桑比克吸收的外资大幅上升。随着这些大型项目的陆续建成，2004—2006年，外国直接投资流入逐步降低。其后，在大型采矿项目的拉动下，外资流入自2007年再次呈现上升趋势，2009年外国直接投资达到8.93亿美元，达到历史最高水平。2010年，莫桑比克吸收了7.89亿美元外资。截至2010年，莫桑比克吸收外资存量达到54.89亿美元。吸纳外资最多的省份是马普托省，其次是太特省、索法拉省和马尼卡省。其中，巴西矿业巨头淡水河谷公司在莫桑比克西部太特省的莫阿蒂泽镇建设一座年产2600万t炼煤和动力煤的大型露天煤矿项目，总投资额将近13亿美元。莫桑比克规划与发展部发布的数据显示，2010—2014年共吸纳外商直接投资达160亿美元。所吸纳的资金大部分投放于天然资源开采，特别是煤炭和鲁伍玛盆地的石油和燃气。

2. 来源分布

据莫桑比克投资促进中心的统计，2010年，莫桑比克外资主要来源于葡萄牙、南非、意大利和比利时，投资额分别为1.5亿美元、8809万美元、5767万美元和5193万美元。根据莫桑比克投资促进中心发布的统计数据，中国是莫桑比克2016年上半年最大的投资来源国，投资金额为1.54亿美元，占同期外国直接投资总额的一半以上。其他投资来源国依次排序为南非（4500万美元）、毛里求斯（2900万美元）、英国（2200万美元）、葡萄牙（1400万美元）。

3. 行业分布

外国直接投资集中在矿业、工业、农业和农业领域内工业及旅游业。来自南非的资金主要投向大型合作项目，部分投入中小项目，尤其是工业和旅游业。葡萄牙投资主要集中在服务业，如银行、保险和咨询业。近年来，部分资金流向轻工业和小型农业。日本、法国和马来西亚等国在莫桑比克的银行、纺织、钢铁和制糖业等领域也发挥了积极作用。2016年上半年80%的外国投资集中在建筑、工业、农业及农商行业。大约一半的资金投资在马普托省和马普托市，21%的资金投资在莫中部索法拉省。

（四）中国对该国的直接投资

在南部非洲发展共同体成员中，莫桑比克的贸易和投资环境排名高于津巴布韦和安哥拉，但低于毛里求斯和南非等国。其他南共体各国，如纳米比亚、博茨瓦纳、斯威士兰、赞比亚、马拉维和坦桑尼亚在世界银行的评级中排名均高于莫桑比克。

中国在莫桑比克主要投资领域有农业、林业、加工业和建筑业。据中国商务部统计，2012年，中国在莫桑比克直接投资2.3亿美元，达到历史最高水平。2009—2014年中国对莫桑比克直接投资存量统计见表11-1-3。从表中可以看出，截至2012年，我国在莫桑比克直接投资存量3.36亿美元。中国是莫桑比克2016年上半年最大的投资来源国。另据莫桑比克投资促进中心统计，中国、南非和毛里求斯分别为莫桑比克前三大外国投资国。中国对莫桑比克的投资主要集中在工业、旅游、矿产和能源项目。莫煤炭资源丰富，火力发电市场同样具有巨大的发展潜力。据估计，莫桑比克的潜在发电能力可达12500 MW，而该国目前发电量仅有2300 MW。由于自然条件良好，该国被视为解决南部非洲地区电荒的重点国家。

表11-1-3　2009—2014年中国对莫桑比克直接投资存量统计表　　百万美元

年　份	2009	2010	2011	2012	2013	2014
直接投资存量	74.96	75.24	98.07	336.91	508.09	653.86

数据来源：2009—2014年度中国对外直接投资统计公报

三、政治经济结论

莫桑比克位于南部非洲地区，与南非、斯威士兰、津巴布韦、赞比亚、津巴布韦、马拉维和坦桑尼亚接壤，地理位置优越，是通往南部非洲内陆国家的门户。莫桑比克于1992年结束了长达16年的内战，逐步恢复国内和平，目前在执政党领导下实现了政局稳定，被列为非洲最和平的国家之一，总人口约2500余万。依靠丰富的资源和吸引外资的发展战略，近年来莫桑比克经济取得一定发展，实际国内生产总值平均增长率高于撒哈拉以南非洲平均水平，但经济发展基础仍然脆弱，南北经济发展水平差距较大，仍是联合国认定的世界最不发达国家之一，每年接受大量的国际援助。

政治方面，1992年恢复和平以来，政府积极维护民族团结，内外政策较为稳妥务实，将发展经济和消除贫困作为施政的首要任务，赢得了民众的广泛支持。执政党在多次议会选举中均取得压倒性多数地位。但该国的法律制度和相关政策仍需完善，行政工作效率低，土地登记与商务仲裁等关键领域的法律法规仍不健全，政策的稳定性和执行力较差。莫桑比克政府与欧美西方国家一直保持良好的外交关系，莫桑比克历届大选结果也得到了国际社会认可。目前，美国仍是莫桑比克最大的受援国，欧洲西方19个国家每年均会向莫政府提供财政援助。

经济方面，莫桑比克国民经济基本毁于长期的内战，目前仍处于恢复与重建状态，国民经济以农业为主，工业尚处于起步阶段，经济体系不完整，经济结构单一且脆弱。多年来，莫桑比克经济增长率一直较高，被世界银行评为全世界经济发展最快的国家之一，成为外商投资非洲的风水宝地。莫桑比克鼓励海外资本开发国内资源的政策使其经济主要依赖初级矿产品出口，易受国际价格变动影响，汇率波动较大。国家财政主要依赖外部援助，对外负债率较高。此外南北分化、失业率整体偏高仍是其经济发展面临的主要问题。虽然一些跨国矿业公司在莫桑比克开展了一系列矿业和基础设施项目，对该国经济发展产生了积极作用，但这些公司在莫桑比克的发展也面临着很多问题和不确定性。

与同处非洲南部的南非、博茨瓦纳和纳米比亚三国相比，莫桑比克政府执政能力较强，政治上也更为稳定。在南部非洲发展共同体成员中，莫桑比克的贸易和投资环境排名好于津巴布韦和安哥拉，但低于毛里求斯和南非等国。其他南共体国家如纳米比亚、博茨瓦纳、斯威士兰、赞比亚、马拉维和坦桑尼亚在世界银行的评级中排名均高于莫桑比克。莫桑比克由于历经常年内战，主要经济部门均曾受重创，工矿业发展所需的配套产业和基础设施极不健全。恢复和平以来，虽然经济增速较快，但经济体量小、产业结构不合理、易受外部因素影响，再加上国民受教育水平较低，劳动力素质低下，在客观条件上无法满足矿业发展的基本需求。所以，尽管莫桑比克有积极引入外资、发展煤炭和电力行业以解决非洲南部电力短缺问题的意愿，但由于相关配套政策及法律等都处于初期阶段，政府将政治意愿和经济愿景转换为良好的投资环境仍然尚需时日。莫桑比克整体商业环境仍然具有吸引力，同时它还会因邻国相关法规收紧以及资源民族主义盛行而获得越来越多的好处。莫桑比克将继续开放矿业领域以吸引更多外国投资并不断提升本国在该领域的竞争力。

综合考虑，本书认为莫桑比克尚欠缺成熟的政治和经济投资环境，但由于莫桑比克是近年来新兴的矿业国，一些国际跨国公司也表现出在当地从事资源开发和基础设施建设的兴趣，所以应当密切关注并及时更新该国发展的最新动向。

第三节　法　律　环　境

一、矿产资源开发相关法律制度

（一）主要监管机构

2005 年莫桑比克矿产资源和能源部正式分成矿产资源部和能源部。矿产资源部根据原则、目标及任务，由政府指导和实施政策，进行地质研究、库存控制策略、矿产资源开发（包括煤和碳氢化合物），主管矿产资源和矿业管理以及相关地质矿产资料管理工作。矿产资源部有权通过发放各种特许权证授予莫桑比克公民和外国主体对矿产资源进行开发和使用。矿产资源部下设莫桑比克国家地质理事会、矿山局和煤炭油气局。地质理事会主要负责莫桑比克的地质调查和区域性矿产勘查管理工作，还为勘探公司和采矿公司提供国家部分地区的地质数据库、采样档案和详细地质与成矿信息服务。矿山局通过发放许可证和监督活动，负责管理采矿和勘探行业，还负责制定和修改国家矿业政策，准备更新和修改矿产行业立法的议案，管理国家许可证、地质和矿产资源数据库，负责收取权利金。国家煤炭油气局主要管理能源矿产行业。矿产资源部下设的市民采矿登记部门，负责矿产资源和矿业管理以及相关地质矿产资料管理工作，受理当地业务代表（包括外国实体）的矿权申请，对其发出矿权许可。

1988 年成立的莫桑比克采矿发展基金会也负责管理采矿行业，主要职能是从权利金中提取部分收入帮助小矿山开发。

（二）矿产权证的获得

莫桑比克的宪法规定，莫桑比克矿产资源属国家所有。《矿产法》和《矿业权法》确立了矿产开发方面的基本原则和程序，其内容主要是规范各种矿产开发权和许可证及其权利归属和颁发程序、期限。矿产开发需要权利人持有相应的特许权证，不同的特许权证赋予权利人或投资者开展不同开发活动的权利。矿产资源的勘查、探矿、开采和开发权都是通过以下矿产特许权证的方式获得。

1. 勘查许可

勘查许可（Reconnaissance Licence）是指可在申请区域进行一些踏勘工作。任何人只要具备合法资质和实际运营能力，都可以申请获得勘查许可证。已隶属其他矿产特许权证下的土地不可再授予勘查许可。勘查许可证的申请需向矿产资源部提出，递交至国家矿山局或管辖该勘查区域的省矿山局。如申请满足了颁发许可证的所有要求，矿产资源部应在递交申请的 10 天内通知申请人批准决议。该许可证需通过申请获得且不得以任何方式进行转让，有效期最长为 2 年且不能延长。

许可证持有人有进入特定勘查区域开展勘查作业（但该权利不具有排他性）和获得、取走样品的权利。同时，权利持有人有权依法占有土地并修建勘查活动所需的暂时设施，使用水源、林木和其他勘查活动所需的材料。

2. 探矿许可

探矿许可（Exploration Licence）是指可在申请区域进行勘探、采样等工作。已隶属其他矿产特许权证下的土地不可再授予探矿许可。探矿许可证最长有效期为 5 年，可再延长 5 年。该许可证可由任何具备法律资质的人申请获得且可依《矿产法条例》予以转让。该许可证的申请也需向相关部门提出，同时递交至国家矿产局或管辖该作业区域的省矿山局。多个探矿许可证申请人就同一块作业区域提出申请许可的，应当由国家矿产局主持公开招标程序。

该许可证持有人对作业区域内的矿产资源有独家探矿权并有开展必要活动的权利，也可探测该区域上并存的伴生矿，包括收集、取得和出口样品，对矿石进行检测和加工试验的权利以及在经批准的情况下将所得样品出卖的权利。许可证持有人有权占有土地并在其上修建必要的暂时性设施，使用水资源和林木及其他开展探矿活动必需的资源。①

3. 采矿特许证

采矿特许证（Mining Concession）仅可由在莫桑比克依法成立的法人持有。该特许证的申请也需向相关部门提出，同时递交至国家矿产局或管辖该作业区域的省矿山局。由探矿许可证持有人或其他利益当事人提出的申请时，如满足颁发特许证的要求无需再补充其他材料，则有关主管当局应在 10 日内告知申请决议。若探矿许可证持有人已履行其探矿义务后申请的，有关主管当局应立即颁发采矿特许证。探矿许可或采矿证所属区域的采矿特许证应授予探矿许可证持有人或采矿证持有人。两个或两个以上主体对同一地区矿权申请的，则要进行公开竞标。采矿特许证有效期最长不得超过 25 年，最多可再延长 25 年且可依法予以转让。

采矿特许权人的权利包括独自占有使用土地并在其上修建必要的设施，依法利用水资源和林木及其他开展开采活动必需的资源，开采已经探矿确认的矿产资源；使用部分区域进行耕种、放牧或动物饲养以自给，也可用来存放、运输、加工矿产品和处理垃圾等。

采矿特许权人的义务包括在实际开展采矿作业前，开采人需在获得采矿特许证 3 年内取得环境许可证和土地使用收益权（DUAT），否则该采矿特许权将被撤销；不得将从开采区域获得的任何林木、化石木材、考古文物和其他森林资源、野生动物产品或水资源用于商业目的等。

4. 采矿证

在被法律禁止从事矿业活动和未被指定为采矿资质的区域不得授予采矿证。探矿许可或采矿特许证所属区域的采矿证应授予探矿许可证持有人或采矿特许证持有人。采矿证的有效期为 2 年，有正当理由时可延长 2 年。采矿证可依据法定程序予以转让。持有人可以是任何在莫桑比克有住所的个人或公司或合伙或有运营实力的家族。任何采矿证持有人不得持有 4 个以上相邻区域的采矿证。采矿证的申请也需向国家矿产局或管辖该作业区域的省矿山局提出。如无需再补充其他材料，则有关主管当局应在 15 日内告知申请决议。

采矿证持有人的权利有：在作业区域范围内，排他性地占有使用土地并开展小规模的采矿作业；建造必要的暂时性采矿开发设施；申请采矿特许证等。

采矿证持有人的义务包括：不得将从开采区域获得的林木、植物和动物产品或任何水用于商业目的；提交信息和周期性报告等。②

5. 采矿资质

采矿资质所属土地是在明确指定区域，一般是不需要负责探矿、开采和加工方法的区域并考虑该区域的性质和特征。在被法律禁止从事矿业活动和未在探矿许可、采矿特许证和采矿证项下的区域不得指定为采矿资质区域。采矿资质的有效期为 12 个月，可延长 12 个月。采矿资质不可转让。

该类许可证仅颁发给具备开展采矿作业能力和完全民事行为能力的莫桑比克国籍自然人或者莫桑比克合法登记并组建的法人，并且其大部分注册资本应在莫桑比克。采矿资质允许持有人开展小型采矿作业且不可转让。另外，莫桑比克矿产法还规定了很多例外情况，依据这些规定，莫桑比克政府可根据矿床规模大小与探矿和调查研究许可证持有人或采矿特许权人签订采矿合同。

6. 矿物质水开采执照

矿物质水开采执照是指可在申请区域内对矿物质水进行勘探和开采。申请人可以是任何在莫桑比克

---

① *MINING LAW REGULATIONS* (*Mozambique*). Claimed by the Prime Minister, Pascual Mucumbe 2002.

② *Mozambique Mining* Law. Claimed by MINISTRY OF MINERAL RESOURCES AND ENERGY. 2002: 6 –26.

组建与注册的法人，无论是否持有对申请区域的勘查许可，都可以申请开采执照。应向国家矿业部或省级矿业部门申请，两个或两个以上主体对同一地区矿权申请的，则要进行公开竞标。开采执照的作业范围不得超过80公顷，有效期为1年，并可延期1年。①

（三）许可证的转让

矿业权的流转包括直接购买现有公司的矿业权、持股该公司等，政府对同当地公司合作、购买现有公司手中的矿业权、通过间接持股的方式投资等无特殊规定，属于公司间行为，一切在不违反国家法律和矿业权的前提下。勘查许可和采矿资质不可转让；探矿许可、采矿特许证和采矿证可以转让。转让申请应提交给国家矿业部，申请人需要填写相关表格并且详细说明矿业权流转的条款和条件，以及提交一份随矿业权一同流转的文件清单。矿产能源部部长将在申请提交的90天内做出是否批准小规模采矿权流转的决议。矿业权的流转申请只有在支付了相关费用之后才能产生效力。流转申请包括：①一份明确书面形式的声明，表示其愿意接受矿业权的条款和条件；②证明其拥有法律行为能力；③证明其拥有相应的技术实力和经济能力，可以进行矿业权授权的相应矿业生产活动。

（四）土地征用权

《莫桑比克共和国宪法》规定，土地属于国家所有，国家对土地的使用实行许可制度。土地许可分为土地的使用许可和利用许可两种。负责土地登记和土地使用、利用等信息的政府部门是农业部、国家土地和森林局。土地许可根据《莫桑比克土地法》和《莫桑比克土地法条例》执行。土地的许可期限最多为50年，如果使用方提出申请，该期限可以再延长同样时间。符合以下条件的外国人或外国企业同样可以享有土地的使用权和利用权：①外国人在莫居住至少5年以上；②外国企业是在莫成立的或者是在莫注册登记的。除了符合法律规定的个人和地方部落占领的土地或使用土地10年以上的诚信个人拥有土地使用权，其他土地使用权的获得、变更、转让、终止等必须进行登记。申请土地使用权时允许临时授权，临时授权对本国人最长期限是5年，外国人最长期限是2年。如果没有在临时授权期完成计划，将撤销临时授权并不对临时授权期所建设的不可移动设施给予赔偿。如申请人确保开发计划在临时授权期内完成，则可以给予最终授权。

采矿特许证持有人有权根据有关土地法律法规和《矿业法》第43条申请并获得土地使用权，而采矿证持有人有排他性权利申请获得土地使用权。采矿业要获得土地使用权的批准，必须先获取相关的许可证，在许可证有效期内方能获得土地使用权的批准。

二、跨国矿业投资相关法律制度

（一）劳工制度

莫桑比克高素质劳动力匮乏，管理人才和高级技术工人都极度缺少，只有一般体力工人可以满足市场需要。在莫桑比克国内进行劳动的外国劳动者有权拥有与本国劳动者同等的待遇和机会，但莫桑比克当地需要外籍劳务的岗位主要是技术含量高的职位，现有的外籍劳务市场规模小，可供外国人就业的岗位很少。当地政府为防止外国人挤占本国人就业机会，严格控制外国人进入当地就业市场，仅批准援助项目或政府特别项目下的技术人员进入就业市场。② 莫对雇佣的外籍劳务实行配额制度，根据公司的规模，在事先与劳动部或者是上级部门沟通过之后，雇主可以雇佣外国劳动者，法律明确规定了大型、中型、小型公司具体的外国劳动者比例。

莫桑比克正常的劳动时间为每周不得超过48 h，每天不得超过8 h，若雇主给劳动者每周增加半天的休息时间，每天正常的劳动时间可以提高到9 h；通过集体制定的有关劳动关系的规章制度，每天的正常劳动时间可以在意外情况下，在每周劳动时间不超过56 h，最多增加4 h，但是此限制不包含因不可抗力原因引起的意外的、非正常的劳动；从事工业活动的机构可以采用一周工作5天、每周正常工作时间为48 h的限制，实行轮班制的机构不在此范围。雇员及其雇佣单位必须在国家社会保险系统中注册登记，雇员的社保基金缴纳比例为雇员工资的7%，其中4%由雇佣单位支付，3%由

① *Mozambique Mining Law*. Claimed by MINISTRY OF MINERAL RESOURCES AND ENERGY. 2002：6－26.

②《莫桑比克劳动法》．总则部分．2007：7－1.

雇员支付。①

（二）贸易制度

莫桑比克新的中长期经济发展战略主要围绕减贫脱困、推动政府体制改革、提高其在南非共同体成员国中的竞争力和政治经济地位、保持宏观经济的平稳发展、减少商业成本、创造交易环境、建立健全矿业及石油天然气行业的法律法规、加强大型项目的监督和透明度、减少腐败展开；同时实现联合国千年挑战规划减贫目标。

莫桑比克贸易主管部门是工贸部下属的出口促进局。莫桑比克主要贸易管理规定有：新设企业单一文件规定（第56/98号）、批准外国出口经营者注册规定（第202/98号）、进口商可申请单独年费定义（第203/98号）、商业零售许可证规定（第434/98号）和商品海运前检验规定（第207/98号）等。

莫桑比克进出口贸易实行许可证制度，所有从事进出口贸易的企业和个人需向莫桑比克工业和贸易部申领许可证，同时到工业和贸易部办理相关手续。申请人在获得许可证后，除了可以从事进出口贸易外，还可以从事批发和零售。莫桑比克对进口商品没有配额限制，但对进口商品实行许可制度。莫桑比克颁发的贸易许可证有效期为5年并可延期5年。

（三）投资制度

1. 主管部门

莫桑比克投资主管部门是计划发展部单独设立的外国投资促进中心。投资者在得到莫桑比克投资促进中心的许可后，根据所投资产品的类别，必须获得相关部门的同意，如农产品必须获得农业部的同意。投资促进中心的作用：促进、吸引国外和国内的直接投资；向投资者提供关于投资项目的批准和实施方面的顾问和服务；促进、接受和登记各投资项目；保障投资者获得税收方面和关税方面的优惠。

2. 投资方式及投资额要求

根据《莫桑比克投资法》的规定，莫桑比克境内的投资可以分为国内直接投资、外国直接投资、国内间接投资、外国间接投资、国内直接再投资和外国直接再投资。其中，外国直接投资是指任何可以以货币形式计价的资本投入，该等资本投入构成公司自有资本或资源并由外国投资者自担风险；该等资本投入应来自境外，由注册于莫桑比克并在其境内经营的公司用于相关经济活动的投资项目；外国间接投资则包括普通贷款、股东贷款、专利技术、工业模式和秘密、特许经营权、注册商标等。

莫桑比克对外资的投资方式没有限制，外国公司可以在莫设立代表处、分公司、有限责任公司及股份公司等。负责企业注册的政府机构是工贸部下属的注册登记局。在莫进行矿业投资，投资主体可以通过独立申请矿业权、同本地公司合作、购买现有公司手中的矿业权、间接持股等方式进行投资。莫桑比克对外国资本在合资企业中所占比例不设上限，允许外商开办独资企业。允许外资企业在国际市场上采购原材料，销售本企业产品，鼓励外资企业在国内招聘员工，也允许从境外聘用技术专家和高级管理人员，对外资企业给予税收和用地方面的优惠。允许外商以货币或机器、设备以及经营外资项目所需进口的物资进行投资，也可以以技术转让等无形资产投资。莫桑比克政府根据国内外投资者的投资金额、投资地点和投资项目给予关税和税收优惠待遇。政府对投资者进入工业自由区的资格存在最低投资额的要求。

3. 投资程序

开立非居民账户。出于便捷资金流通的考虑或因交易对方要求，外国投资者往往需在取得莫桑比克央行批准的前提下，前往莫桑比克商业银行开立“非居民账户”。

资金进入批准。根据《莫桑比克外汇法条例》的规定，除非另有规定，任何一种外汇交易的实现，都必须得到莫桑比克央行的批准或莫桑比克央行授权机构的批准。②

外国投资者拟收购另一外国投资者持有的莫桑比克公司股权或该外国投资者对莫桑比克公司享有的债权时，收购价款必须进入莫桑比克境内方能视为买方投资者（以下简称“买方”）对莫桑比克的投资

---

①《莫桑比克劳动法》. 条款111－121. 2007：7－1.

②莫桑比克新外汇管理规则（New Exchange Control Regulations in Mozambique）. 2011：7－11.

进而取代卖方投资者（以下简称“卖方”）先前取得的外国投资者地位。

公证、商业登记及公告。在莫桑比克进行的股权转让交易属于经公证方可生效的经济活动，即转让契据（Deed）必须经公证机关公证。需要注意的是，只有股权转让契据签发后，买方才能（且立即可以）取代卖方成为目标公司的股东，仅签署股权转让合同不能发生股东变更的效力。股权转让契据签发后，双方应在规定时间内到商业登记处申请商业登记。买方向卖方收购其对莫桑比克公司享有的债权（以下简称“债权转让”）并不属于需经公证方能生效的经济行为，无需另行签署债权转让契据。

外国投资项目批准。莫桑比克议会 2011 年通过的《大型项目法规》规定，本国投资者必须成为一些领域大型项目的股东，持股比例应在 5% ~20% 。莫桑比克对外国投资基本没有行业和地区的限制。就外国直接投资而言，根据《投资法条例》的规定，项目的投资者可以转让其在项目中持有的股份，但该转让应在莫桑比克境内完成且需向原批准该项目的机关通报并提交完税证明。就外国间接投资而言，根据《投资法》的规定，外国间接投资均需取得相关机关的事先批准，其中，莫桑比克央行负责与直接投资（无论是否含外国直接投资）相关的贷款形式的间接投资。拟通过债权转让进行的外国间接投资也应取得莫桑比克央行的批准，否则买方就债权收回的本金和利息无法汇出莫桑比克。

外国直接投资登记。根据《投资法条例》的规定，外国投资者应在投资项目获得批准后的规定时间内，在莫桑比克央行进行外国直接投资登记。

其他程序。出于便捷支付、降低成本或其他商业要求的考虑，外国投资者也可与目标公司签订某些技术支持或服务协议，就相关资金的支付、使用、结算做出安排，但该等技术支持或服务协议需得到相关部门（如财政部）的批准。

4. 工业自由区及特别经济区的相关投资规定

1999 年，莫桑比克政府通过了第 61/99 号法案，成立工业自由区（出口加工区），对进入自由区的内外资提出了最低投资要求。根据《自由工业区海关管理条例》，在莫设立自由工业区必须满足两个条件：一是生产商品的 80% 以上用于出口；二是雇佣至少 500 名莫桑比克雇员且每个在自由工业区经营的企业雇佣不少于 20 名莫雇员。

在自由工业区除了法律所禁止的外，允许所有商品进口至自由工业区。金、银、宝石、皮革、武器等只有在其最终产品中所含原材料不少于 25% 的本国原材料时，才会被准许进入工业区。对莫自然资源的开采和提炼以及根据现行法律只有国家才能经营的行业，不允许在自由工业区内经营。开发和管理自由工业区的运营商和有权在自由工业区经营的公司，如以其自有资金建设、管理和经营自由工业区内的工业建筑以及辅助基础设施，运营商可以根据土地法及其管理条例申请必要的土地特许权。特许权有效期为 50 年，可以续延。自由工业区运营商和企业经营所得利润的所得税、不动产税和不动产转移税可享受税收减免待遇。但运营商在取得许可的 7 年之后，应按季度发票额的 1% 缴纳税款。

根据《特别经济区和自由工业区投资法案》，特别经济区是指在特定的地理区域内享受特殊海关监管的经济区域，所有商品进入、流通、制造或加工、出口等环节完全免缴关税及相关的税收或行政收费，享受包括离岸自由外汇以及适当的财政和移民优惠待遇，以方便运营商和企业高效快速地拿到许可。根据《投资法实施条例》，在特别经济区，除了法律所禁止的活动外，允许从事各种经济活动，允许所有商品的进口。特别经济区内企业在缴纳关税、增值税、特殊消费税等税费后，可以在莫境内销售其产品。①

石油和矿产业的开发及加工属于莫桑比克鼓励外商投资的范围。政府同时要求所有的投资应该为莫创造更多的就业机会，提高当地的劳动力职业素质，促进技术发展，提高企业的生产率和效益，扩大出口，为国家创造更多的外汇收入等。政府以法律形式明确对投资者的保护。②

（四）争端解决机制

解决投资争端时，按照解决投资争端国家中心或国际商会的规定进行仲裁。

---

① CPI Investment Promotion Center. *Regulation of the Investment Law. Legislation on Investment in Mozambique*. 2009.

② SAL & Caldeira Advogados, Lda. *Regulation of the Investment Law. Legislation on Investment in Mozambique*. 2011.

三、法律环境总结

莫桑比克矿业在经历沉睡、活跃、行业规范时期后，现已进入到开发阶段并频繁同海外投资商签署矿产资源方面的开发与合作协议。诚然，莫桑比克在吸引外资进行矿产投资方面有其独特的优势。

首先，莫桑比克政治稳定，有良好的法律法规和财政框架并且有完善的矿产、能源和基础设施潜力，可提供良好的投资机会，鼓励与公共和私人投资者建立伙伴关系，投资者在石油、天然气和矿产领域享有良好的投资机遇。

其次，莫桑比克鼓励外商投资并制定了相关的法律政策。莫桑比克是非洲经济发展较快的国家之一，奉行鼓励矿业发展的政策，矿业向国际投资者和私人开放。"任何具有合法地位的，意欲投资矿业开采的集体或个人，本国或国外人员均可成为法定矿业开采许可人"。为了促进矿业发展，莫桑比克政府制定了未来几年矿业发展的目标和促进矿业发展的措施，包括增加矿物开采产品数量，刺激出口贸易，增加更新的、可靠的地质数据库，改进工业管理和健康安全机制，制定有利于私人投资者运作的稳定法律和税制框架等。此外，莫桑比克国家地质理事会愿为勘探公司和采矿公司提供国家部分地区的地质数据库、采样档案以及详细地质与成矿信息等有偿服务。

近年来，莫桑比克也一直积极通过一系列的服务和计划鼓励、支持外商投资。莫的矿产政策是国家不再是矿产品的生产者，而是采矿活动的促进者、监督者和规范者。莫桑比克对海关进行了改革，关税降幅较大，海关管理有所好转；制定了非常优惠的投资政策；莫先后修订相关法律法规，进一步简化投资审批手续；对外国投资者基本上没有行业和地区限制，对投资方式也无限制；专门设立了外国投资促进中心，负责受理外国企业来莫桑比克投资及开办公司的相关业务，负责向国内外投资者提供咨询服务，传达投资领域及相关的优惠政策和措施，帮助办理开业手续。政府鼓励投资者在中部和北部地区投资并给予投资优惠政策。莫桑比克国内外投资者都可以享受到直接投资优惠政策，莫桑比克政府也保证保护投资者的权益和财产。稳定的税收制度也让矿产许可证持有人受益。

再次，莫桑比克矿产储备丰富，个别资源开采前景较好，如锆钛重砂。莫桑比克锆钛矿资源品位高、储量大，因许多地方尚未探明，全境内重砂矿总储量不便估计，但从一些已探明的矿区可以看出莫桑比克锆钛重砂矿的储量巨大，蕴藏着矿业商机和良好的开采远景。在金属矿藏中，锆钛重砂矿具有开采成本低、经济效益高、对生态环境影响小、复垦容易等特点；加之其具备易勘探、易开采、易操作、投资少、见效快、周期短、风险低等诸多优势，是金属矿中的"短、平、快"项目。

但是投资者在莫桑比克仍然面临着以下风险：

（1）基础地质资料缺失，投资收益受限。由于莫桑比克的发展面临基础差、起步晚、技术力量弱和消费水平低等问题，一定程度上制约和限制着投资收益。同时，该国缺乏勘探资金、人才及设备，导致其基础地质调查工作进展缓慢。外国投资者欲开发矿业，最大的不便是基础地质资料的匮乏。中国投资者进军莫矿业，不论是矿业方面最基础的地质或地形资料还是较为专业性的材料，都会觉得很缺乏。

（2）投资成本过高。莫桑比克对环境保护标准要求很高，一定程度上会对项目建设和运营带来不利影响，导致投资和运营成本的增加；对进入工业园区有最低投资要求。同时，外商投资者对莫劳工的雇佣也会在一定程度上增加其成本。其劳工法偏向保护劳工，一旦开除工人，资方必须支付三个月薪金的遣散费，在一定程度上提高外国投资者对当地劳动力的雇佣成本，而其法律又对雇佣外籍劳工的数量有明确限制。

（3）外汇管理制度严苛。莫桑比克实施严格的外汇管理制度，企业和个人不能在莫银行自由兑换外币。

（4）司法、行政效率低下。莫桑比克政府制定的法律较多，比较复杂，外商申办投资手续繁杂，办事效率低下，腐败问题严重。司法仲裁体系是影响莫发展的瓶颈之一。世行数据表明，莫是司法程序最为冗长的国家之一，一般的商业仲裁需要 1010 天；企业破产和重组需要 5 年时间。在莫申请商业经营需经过 10 个程序，平均耗时 113 天；注册公司需 17 个审批签章，平均耗时 361 天；合同实施需经过 31 个程序，平均耗时 1010 天。

在南部非洲发展共同体成员中，莫桑比克的贸易和投资环境排名好于津巴布韦和安哥拉，但低于毛里求斯和南非；其他南共体各国在世界银行的评级中排名均高于莫桑比克。世界经济论坛《2011—2012年全球竞争力报告》显示，莫桑比克在全球最具竞争力的142个国家和地区中排第133位。综合各项优劣，建议在莫桑比克的投资行为要慎之又慎。

第四节 税制研究

一、税制总论

（一）税收体制简介

莫桑比克的税收制度分为国家级税收和自治级税收两种。国家税收制度包括直接税和间接税两种。直接税包括企业所得税和个人所得税；间接税包括增值税、特殊消费税和海关关税。莫桑比克实行属地税制。

根据国家有关会计的规定和原则，所有公司必须将12月31日作为其会计年度的结束日。公司的财务状况表（资产负债表）应在下个年度的5月31日前提交给计划财政部。外国公司在莫的分公司可以在下个年度的7月31日前提交财务报表。另外，还要求公司3月31日前提交下个年度的临时财务计划，如果公司在国外有代理，可以在7月31日前提交。在此基础上，计划财政部计算出预估的利润，公司从5月至本会计年度末，分8次交纳预估的税额。每年8月份，对实际利润和预估利润进行调整，在11月份，支付营业税的实际数额。

莫桑比克主要税种及税率见表11-1-4。

表11-1-4 莫桑比克主要税种及税率表

税种		税率	税种		税率
企业所得税		32%	预提所得税	服务费	10%/20%
预提所得税	股息	10%/20%	个人所得税		10%~32%，按累计税率计算
	利息	20%	增值税		17%
	特许权使用费	20%			

注：税率更新至2015年12月31日。

（二）整体税收环境

据普华永道最新发布的2016年全球189个主要经济体总体税赋情况排名，莫桑比克税收负担排名第104位，整体税赋为36.1%，整个税务环境质量排名第120位[①]。

截至2016年底，莫桑比克已经与全世界9个国家和地区签订了避免双重征税税收协定，从一定程度上降低了非居民企业通过分支机构或子公司在莫桑比克获得收入的税赋。

中国大陆与中国香港与莫桑比克暂无税收协定，红利预提所得税率为20%，利息预提税率为20%。各项相关条件同莫桑比克一般预提税的条件。

二、与煤炭开采行业相关税费政策

在莫桑比克，与煤炭开采行业相关税费主要为特许权使用费。在采矿特许权下，交纳下列特许权使用费：

（1）钻石：产品价值的15%。

（2）贵重金属和宝石：产品价值的10%。

（3）半贵重宝石：产品价值的6%。

（4）基本矿产品：产品价值的5%。

---

①PWC，A comparison of tax systems in 189 economies worldwide 2016.

（5）煤炭和其他矿产品：产品价值的3%。

三、税制总结

就莫桑比克整体税制来说，国家税赋较轻，税务征管环境一般，国际税收协作仍属于起步阶段。据普华永道和世界银行共同合作最新发布的2016年全球189个主要经济体总体税赋情况排名，综合税赋从重到轻，莫桑比克税收负担排名第104位，整体税赋为36.1%。此外，截至2016年底，该国仅与全世界9个国家和地区签订了避免双重征税税收协定，国际税收协作较少，这也成为影响该国投资吸引力的原因之一。另外，该国资金成本非常高，融资固定利息至少在10%以上。但该国政府近年来特别设立了外国投资促进中心，其向国内和国外的投资者提供一系列的咨询服务项目，让投资者可以享受到莫桑比克政府提供的一系列优惠政策，帮助企业办理开业手续等，一定程度上提高了对外资的吸引力。

第五节 环评体系

一、矿业项目开发的环境监管机构及相关环境法律

（一）环境监管机构

莫桑比克矿业项目开发过程中主要涉及以下环境部门：

（1）环境行动协调部（MICOA）。

（2）省环境行动协调局（DPCA）。

（3）矿产资源部（MIREM）。

（二）环境相关法律及法规

在莫桑比克的矿业项目开发过程中涉及以下法律法规：

（1）《莫桑比克宪法》。

（2）《莫桑比克文化遗产保护法》。

（3）《环境法》。

（4）《环境审计过程法规》。

（5）《采矿活动环保法规》。

（6）《环境质量和污水排放标准》。

（7）《环境影响评价过程条例》。

（8）《环境检查条例》。

（9）《环境影响研究的总体指示》。

（10）《环境影响评价过程中公众参与的总体指示》。

（11）《环境管理基本标准》。

（12）《考古遗产保护条例》。

二、环境许可证审批

首先依据《采矿法》及《采矿活动环保法规》对申请的项目进行级别划分，分为以下层次：

（1）第一级项目包括小规模手工开采及矿产勘探活动，不涉及机械化设备的使用。

（2）第二级项目包括矿产资源勘查，其中包括了机械化设备的使用，采石及建筑材料开采和试点项目。

（3）第三级项目不包括上面的两类项目，但包括利用机械化设备的所有其他采矿活动。

为避免造成更严重的影响，可能归为更高一级的项目活动都归为较高一级进行环境影响评价。

每级项目获得许可的具体要求如下：

（1）对第一级项目的要求较为简单，只需要遵守《环境管理基本准则》，由于第一级项目规模较小，这类项目在实际情况下很少出现，现有的矿业项目不会有所涉及，故此文中不对第一级项目的要求

做详细的描述。

（2）第二级项目要求提出一个详细的环境管理计划（EMP）。

（3）第三级项目则必须进行环境影响评价（EIS）。

1. 第一级项目环境许可证审批流程

第一级项目中的开发需要遵守《环境管理基本准则》。此准则是为了减小环境损害而设定的，旨在用最简单的方法，防止空气、土壤和水污染。由于此类项目目前已基本不涉及，故本书不做重点阐述。

2. 第二级项目环境许可证审批流程

第二级项目中环境管理计划和控制潜在危险或紧急情况计划必须获得核准，是项目申请环境许可的必要条件。环境管理计划需与采矿权申请一同提交。若勘探许可证在没有环境管理计划的情况下已经下发（如最初的勘探计划中并不包括机械化设备的使用，被列为第一级项目），当勘探计划进展到一个需要机械化设备的阶段时，则环境管理计划必须提交和核准，同时提交更新的勘探计划。值得注意的是，目前的要求是勘探许可证签发后的短时间内就要进行环境管理计划的存档，这是为了促使申请者使用更复杂的方法，在许可期限之前完成勘探。

在提交环境管理计划之前，项目申请者必须在承诺承担环境责任的前提下核实该采矿区域的初始自然环境条件并完成该计划。

环境管理计划需包含以下内容：

（1）项目位置和基本描述。

（2）项目执行所使用的方法和规程。

（3）预期的环境影响及缓解措施。

（4）环境监测方案。

（5）受项目影响区域的修复计划。

环境管理计划提交后，矿产资源部将对该计划进行审查，30 天内矿产资源部会给出核准、修正或否决该计划的建议。如果该计划被核准，将被送达省一级的环境行动协调部做最后的评估和决策。涉及机械化设备的活动在环境行动协调部批准环境管理计划之前不准启动。

严格意义上来说，根据《采矿活动环保法规》的条款，如果采矿权颁发之日起 90 天内，环境行动协调部仍然不批准环境管理计划，则采矿权自动作废。然而实际上，在进行被提议环境管理计划的审查时，矿产资源部会与环境行动协调部进行协商，通常矿场资源部的初步批准会促使环境行动协调部批准该项目的环境管理计划。

一旦获得批准，环境管理计划的有效期与采矿权相同，最长期限为 10 年。

3. 第三级项目环境许可证审批流程

对于第三级项目，环境影响评价是申请采矿权的必要条件。环境影响评价指从技术上和科学上评估采矿项目的实施对环境所造成的全方位影响。环境影响评价必须由具有环境行动协调部许可的环保专家承担并在项目可行性研究阶段执行。莫桑比克法律规定，为申请获得针对具体项目的环境许可证而开始采矿项目，环境影响评价过程是必需的。一般在环境影响评价中，项目申请者首先要向环境行动协调部提交职责范围（ToR）。采矿环境影响评价的职责范围中必须陈述相关公众咨询程序的时间和步骤。随后得到环境行动协调部审批后，项目申请者开始准备编写环境影响评价报告。

环境影响评价报告中必须包括环境管理方案。该方案中应包括对环境、生物、物理、社会、经济、文化方面的管理方案以及环境监测方案和矿井关闭计划。环境管理方案至少涵盖 5 年的时间，在此期限结束前需将新的方案呈请批准。环境管理方案还必须包括风险和应急管理计划。该环境影响评价包括环境管理方案，由环境行动协调部和矿产资源部共同审议。

环境影响评价被批准后，环境行动协调部会在 10 天之内颁发环境许可证。该许可证与采矿权有效期相同，每 5 年审查一次。此外，许可证持有人必须在每年年底提交一份环境管理报告，这份报告是针对该矿业项目对环境、生物、物理、社会、经济和文化等各方面影响的监督调查结果。可以由许可证持有人通过私人审计方式进行内部监督。

莫桑比克第一、二、三级项目环境许可证审批流程如图 11 - 1 - 5 所示。

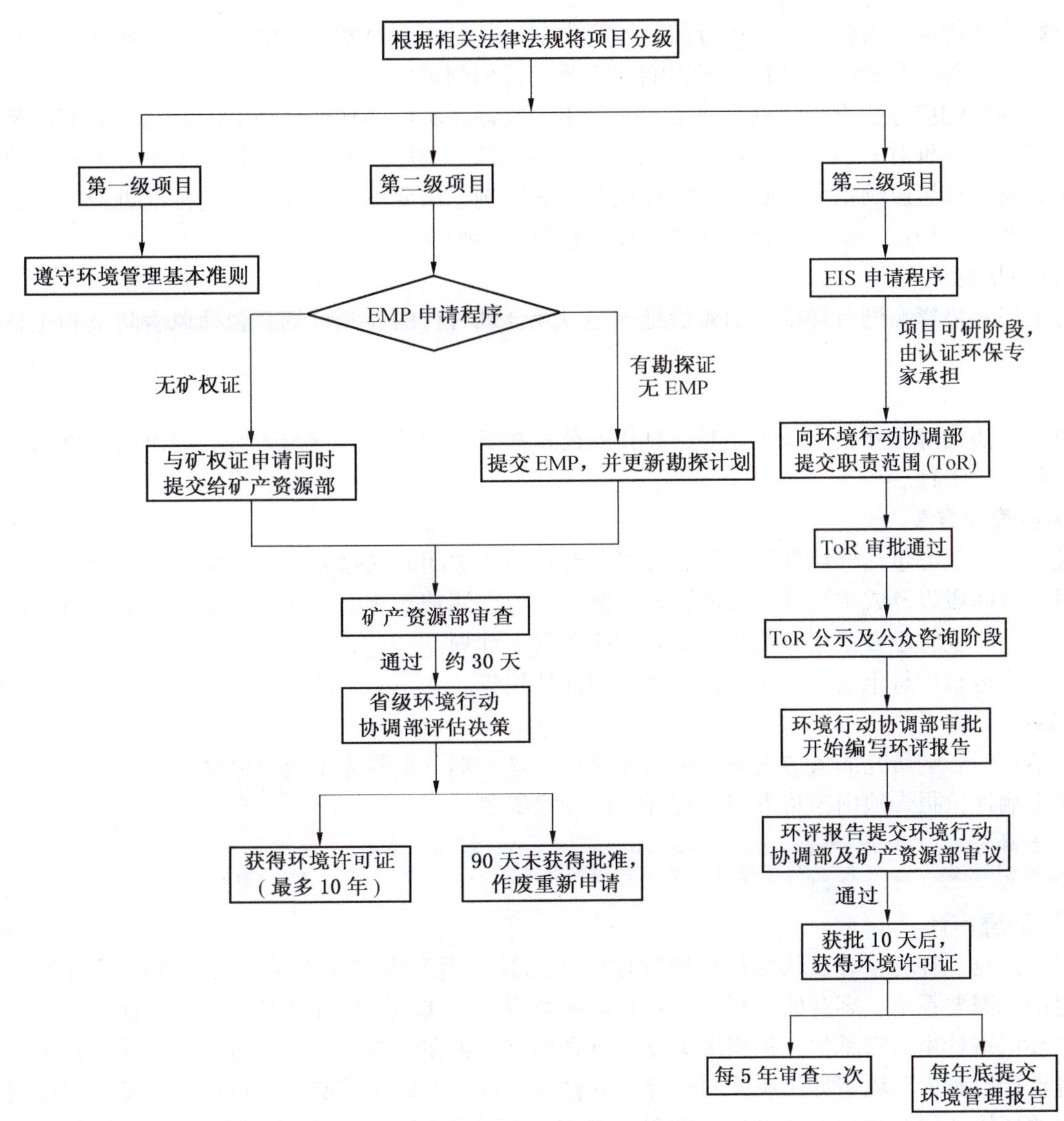

图 11－1－5　莫桑比克第一、二、三级项目环境许可证审批流程图

三、环境影响评价

第三级项目的环境影响评价工作需由具有环境行动协调部许可的环保专家撰写详细的环境影响评价报告。详细的环境影响评价报告包括以下内容。

1. 项目概况

对申请的矿业项目的基本情况，如位置、规模、开采目的、采用的具体技术以及备选技术的对比分析、预期进度安排、产品和副产品、成本效益分析及预算等，并介绍环境影响评价团队。

2. 简单预评价

简单的预评价主要是定性描述申请的项目对环境的影响程度，主要作用是为环境行动协调部依照职责范围中的内容筛选项目，为确定归属级别的环境影响评价提供依据。这个过程中环境行动协调部将召开公众视听会，具体的公众视听会的情况、参与人数、提出的意见和评论都需要具体描述和相关附件。

3. 环境背景情况

环境背景情况主要是对矿业项目影响范围的环境基本状况进行评估。

4. 详细环境影响评价

1）环境影响

环境影响评价应覆盖整个项目运行前、运行中和运行后3个时期，同时需要提出替代方案并对替代方案进行评估。每一个阶段的潜在环境影响均需要进行预测评估。

对环境的影响应包括直接影响、间接影响、累计效益、不可逆转的环境影响、短期影响以及长期影响，具体影响的评价对象包括自然环境（水、气、声、渣）、生态环境、社会经济和文化方面的积极影响和消极影响。环境影响指的是对不同的环境要素的影响，需要参考具体的环境标准进行。社会影响主要指对矿产产量、销量、价格、就业和基础设施建设的影响。

2）削减措施

针对上述环境影响进行详细的削减措施描述以及合理可行的监测计划，包括风险防范和应急措施计划。

5. 公众参与

环境行动协调部召开公众视听会时，具体的公众视听会的情况、参与人数、提出的意见和评论都要具体描述和相关附件。

6. 环境管理方案

环境管理方案应包括环境管理计划、环境监测计划和关闭矿区修复计划，应该尽可能详尽到具体的行动方案、时间段以及成本预算。环境管理方案必须至少涵盖5年的时间，在此期限结束前需将新的方案呈请批准。环境管理方案还必须包括风险和应急管理计划。

项目正式运行后每年需要提交一次环境管理评估报告。

7. 总结

应总结环境影响研究的关键发现、结论和建议，这一部分主要为了应对公众咨询。

环境影响评价报告须由项目方和参与环评的专家签名。

四、环境审计和环境检查

（一）环境审计

在莫桑比克，环境审计被认为是一种管理评估工具，用来跟踪环境保护的管理以及监控系统的运行。环境审计需要系统、客观的进行，主要有两种类型：公共环境审计和私人环境审计。

公共环境审计由国家承担，每当国家发现有必要对某正在经营的矿业项目进行审计，就会对其进行公开环境审计。私人环境审计由矿业项目经营者自发进行，以确保其矿业项目符合环境管理计划条款和普遍适用的环境法律。法律上要求矿业项目经营者必须遵循国家对环境审计的建议，否则将会受到处罚。环境审计的费用由项目经营者承担。

（二）环境检查

环境检查的目的与环境审计相似，都是监督和监察项目是否遵守了环保规则。与后者不同的是，环境检查比环境审计更正式。这是因为他们可以在更广泛的实例范围内，对不符合环境义务的项目处以罚款。举例来说，检查人员将检查项目环境影响评价中提出的缓和措施是否被及时地应用，若项目未履行应尽的环境责任，项目经营者将被罚款甚至被要求暂停项目。环境检查可以对矿业项目是否符合规范做出最终的、合法的决定性结论，无论之前发生的环境审计建议是否被采纳。环境检查有以下两种类型：

（1）普通环境检查，是在环境行动协调部的常规活动计划实施范围内的检查。

（2）特殊环境检查，为了达到有关公共或私人活动的特定目标而进行的非常规性的环境检查。如公众提出对减缓措施或监测计划的质疑。

《环境检查条例》规定了环境检查的程序并依程序进行检查，执行者提出正式报告并进行罚款。该条例也规定了加重或减轻所认定违规行为的因素，这些因素对罚款额度调整起作用。

五、环境修复保证金

从事第二级和第三级矿业项目的申请者必须提供环境修复保证金，以支付在矿场关闭时环境修复所需的成本。保证金的数量根据项目环境恢复成本进行估计（环境修复在项目的有效期内及之后进行）。在第二级矿业项目中，该保证金数量根据相应的环境管理计划条款确定；在第三级矿业项目中，该保证金数量则根据相应的环境影响评价确定。此保证金费用由矿产资源部设定，每两年审查一次。该保证金可采取保险单、银行担保或现金存款、银行账户的形式缴纳。

从事有较高环境退化风险活动的人员，必须购买保险以规避风险。采矿作业引起的环境破坏由采矿权持有人或经营者负责。法人、法人代表或另外的负责人同其委托人承担连带责任，除非能证明其未能察觉或没有同意过环境损害的行为或排放。

六、环评体系总结

莫桑比克作为发展中国家，地广人稀，地理位置优越，土地和矿产资源丰富，存在巨大商机。独立以来经济发展状况不稳定，特别是经历长期内战后国内基础设施基本毁于战火，政府与经济部门受到很大冲击，国家目前处于经济恢复与重建的进程中，社会逐步趋于稳定。莫桑比克对在该国开展矿业项目所涉及的环境相关法律法规体系处于重建和完善的过程中，但是相对较为完善，法律设置合理、条款清晰。该国作为发展中国家，环境影响评价步骤相对简单，要求明确但不复杂，审批时间也相对较短。

莫桑比克的环境影响评价项目主管机构是环境行动协调部，主要的约束法律是《环境影响评价过程条例》。初步环境影响评价申请材料交由环境行动协调部门，后者按照职权范围进行不同级别的环境影响评价。第一级项目只需要遵守基本的环境管理法则；第二级项目需要编制环境管理计划，由矿产资源部审查，30 天内交由省级环境行动协调部门决策；第三级项目需要编制详细的环境影响评价报告。环境影响评价报告的核心内容是环境管理方案，该方案中包括对环境、生物、物理、社会、经济、文化方面的管理方案以及环境监测方案和矿井关闭计划。

同时，环境影响评价报告应当评估替代方案的环境影响并进行比较分析，提出更具针对性的环境管理方案。该报告前期由所在地或者国家环境行动协调部门审核，最后协同矿产资源部共同发布审批结果。环境影响评价获批 10 天后颁发环境许可证，该许可证每 5 年审核一次。项目实施后，每年项目经营者须提交环境管理报告，政府对该报告进行环境审计和环境检查并对该项目进行跟踪环境管理和监控。另外，第二级和第三级矿业项目的经营者必须缴纳环境修复保证金。

总体来说，莫桑比克对环境保护工作重视程度较差，有进一步提高的空间，对开发矿业项目获取环境许可证的要求不是非常严格。

七、环境保护成本分析

矿业投资环境是指在矿业领域开发投资中面对的各种周围情况和条件的总和，一般按照影响的要素进行分类。这些主要因素包括目标国自然资源、政治环境、经济环境、法律体系、财税体系、环境保护成本等。本书主要探讨环境保护成本因素对境外矿业投资尤其是煤炭投资的主要影响。

本书主要在 5 个方面对目标国家的环境保护成本进行定性分析。分析后给出“高”“中”“低”三种评估结论，以环境许可证审批一般办理时限为例，“高”表示目标国家环境许可证审批一般办理时限相对于其他国家长，反之则判定为“低”；当目标国家环境许可证审批一般办理时限介于“高”和“低”之间，结论偏中性；无法给出“高”或“低”单方面结论时，评估结果为“中”。

评估目标国家环境保护成本的 5 个因素依次为目标国家环境法律体系完善程度、环境许可证审批程序复杂程度、环境许可证审批一般办理时限、公众参与程度及环境保护敏感度、矿区复垦及环境保护保证金收取要求。

1. 环境法律体系完善程度

2004 年，新宪法的生效标志着莫桑比克政治生活步入正轨，国家各项政治制度在法制轨道下运转。在国际社会的斡旋与帮助下，该国近些年来政局稳定，政府执政基础较好，是南部非洲地区较为和平的国家之一。近几年，莫桑比克政府抓紧落实法律政策的制定，初步恢复了法律体系。但是由于内战中很多基础设施及政府机关受到破坏，政策执行过程中会有一定时间差。然而，莫桑比克的环境法律体系相对较为完善，法律设置合理、法条清晰。莫桑比克现行约束矿业开发项目所需环境影响评价的主要法律包括《环境法》《环境审计过程法规》《环境影响研究的总体指示》《环境影响评价过程条例》以及《采矿活动环保法规》等。然而相较于其他发达国家，莫桑比克执法效率较低，执法公开透明化略显不足，尚有进一步完善修改的空间。

综上所述，本书对莫桑比克环境法律体系完善程度评定为“中”。

2. 环境许可证审批程序复杂程度

尽管莫桑比克环境法律体系相对完整，但由于莫桑比克的环境保护工作起步较晚，重视程度也不够，因此在莫桑比克开展矿业项目所需环境许可证审批相较于发达国家略显简单。在莫桑比克，环境许可证审批程序第一步是将项目分为3个级别，对于不同级别的项目，环境许可证审批程序也不同。第三级项目需要做环境影响评价工作，审批程序均为常规程序，包括项目申请、提交职责范围、开展环境影响评价工作、撰写环评报告、提交、审批等。值得注意的是，莫桑比克在职责范围提交阶段涉及公众参与，既将职责范围进行公示，收取公众意见和建议。但是总体来说莫桑比克环境许可证审批程序较为简单。

综上所述，本书对莫桑比克环境许可证审批程序复杂程度评定为“低”。

3. 环境许可证审批一般办理时限

由于莫桑比克的环境许可证审批程序较为简单，因此莫桑比克环境许可证审批一般办理时限也相对较短，一般情况下在3个月之内就能完成审批。虽然涉及职责范围的公众咨询期，但对时间没有做强制规定，因此在审批时限上没有造成过多的延长。

综上所述，本书对莫桑比克环境许可证审批一般办理时限评定为“低”。

4. 公众参与程度及环境保护敏感度

在莫桑比克的环境许可证审批程序中，矿业企业首先要为环境影响评价向环境行动协调部提交职责范围，采矿环境影响评价的职责范围中必须陈述相关公众咨询程序的时间和步骤。得到环境行动协调部审批后，项目申请者开始准备编写环境影响评价报告。这也是莫桑比克的环境许可证审批中唯一涉及公众参与的环节，但是莫桑比克环境法律中并没有明文规定矿业企业需要针对公众的意见和建议做出怎样的反应；也没有将矿业企业是否需要根据反馈意见修改环评职责范围写入相关环境法律。在审批时间上也并没有特别明确处理公众意见和建议的时限。这也说明莫桑比克的公众参与环节在审批程序中不起决定性作用。与此同时，与高度重视环境保护的澳大利亚公民相比，莫桑比克公众对环境保护的敏感度相对较低，在该国矿业开发历史上也未出现过因公众反对或环保组织的抗议迫使矿业项目申请延期或项目停滞的先例。总体来说，莫桑比克公众对环境保护的敏感度不高，环评审批公众参与程度较低。

综上所述，本书对莫桑比克公众参与程度及环境保护敏感度评定为“低”。

5. 矿区复垦及环境保护保证金收取要求

莫桑比克环境保护工作起步较晚，国家在大力发展经济的同时，对环境保护的重视程度也略显不足。尽管莫桑比克并没有像发达国家一样，在环境影响评价阶段要求矿业企业做出完整的闭坑后环境修复或生态补偿等计划，也没有相应的法律条文对闭坑后的生态修复需要达到何种目标和水平做出明确规定。但是莫桑比克要求矿业企业必须提供环境修复保证金，具体金额根据环境保护成本而定，没有规定具体的金额。此笔环境修复保证金应全部用于闭坑后环境复垦之用，定期由相关执法部门审查。莫桑比克执法存在一定的不公开性，政府效率较低。

综上所述，本书对莫桑比克矿区复垦及环境保护保证金收取要求评定为“低”。

定性分析结果显示，评估莫桑比克环境保护成本的5个因素中：国家环境法律体系完善程度评定为“中”；环境许可证审批程序复杂程度、环境许可证审批一般办理时限、公众参与程度及环境保护敏感度、矿区复垦及环境保护保证金收取要求均评定为“低”。总体而言，莫桑比克被定级为环境保护成本低的国家。

第六节 基 础 设 施

莫桑比克基础设施分布如图11－1－6所示，莫桑比克境内公路四通八达，连接全国各主要城镇。铁路主要分布于北部、中部并可通往邻国。港口主要有3个，自北而南分别为纳卡拉、贝拉及马普拉。航空交通由国营的莫桑比克航空公司和一些外国航空公司负责营运国内外航线。首都与各省均有航线，截至2015年莫桑比克国内有大小机场10余个，其中国际机场3个，分别为马普托、贝拉和纳卡拉国际机场（Afonso，2008）。铁路和港口主要为内陆邻国服务。国际货运是主要外汇来源之一。

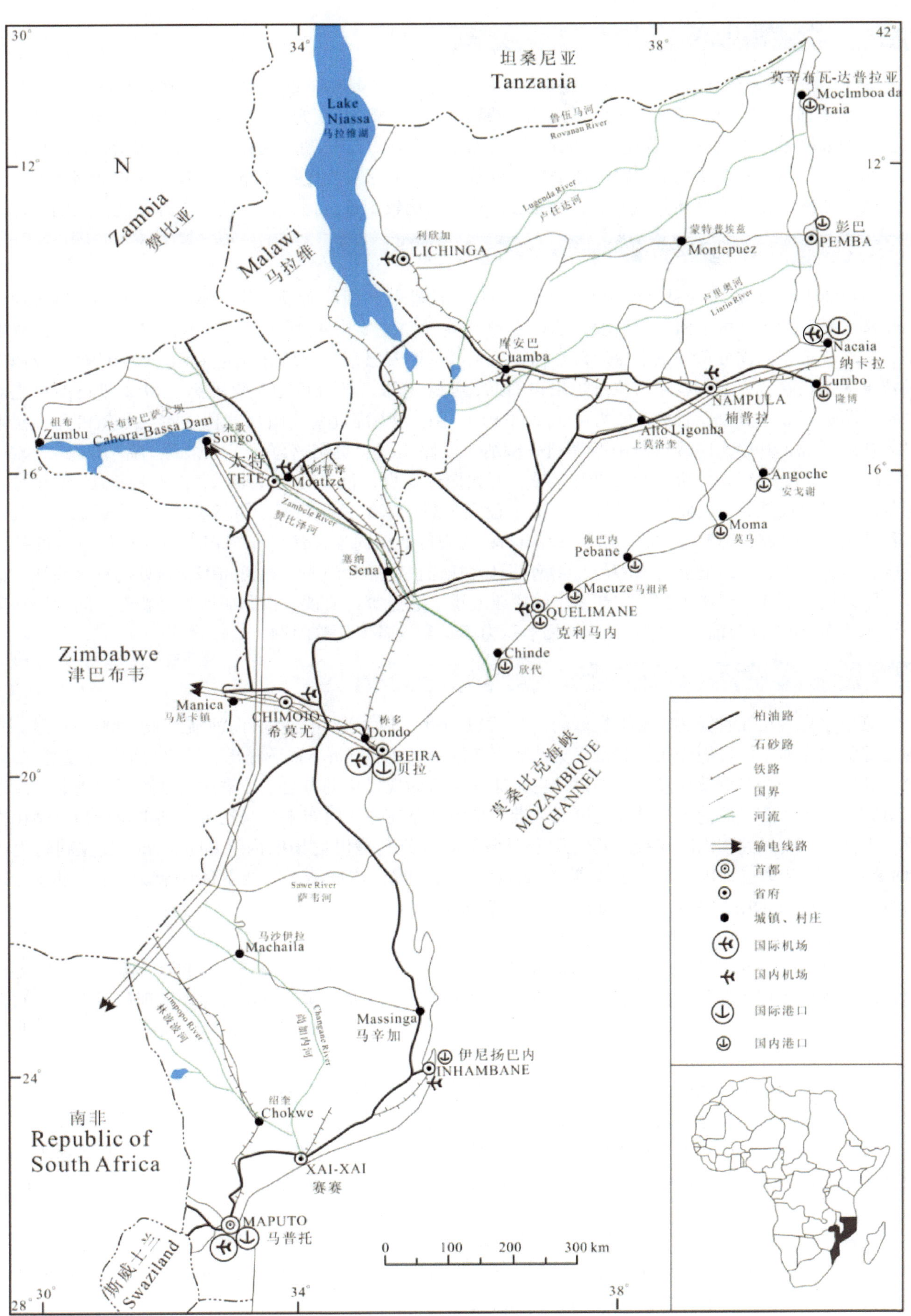

图 11-1-6　莫桑比克基础设施分布图（Afonso，2008）

一、公路

截至2014年，莫桑比克公路总里程30400 km，其中2/5是柏油路面，3/5是砂石路面。主要公路为“一纵多横”，“一纵”是指近南北向沿岸公路系统，“多横”是指近东西向连接国内外内陆和沿岸主要城市的公路系统。其中，马普托至斯威士兰、津巴布韦和南非的比勒陀利亚、约翰内斯堡、德班均有公共汽车直达。目前莫桑比克的道路交通仍然十分落后，除几条主要干线道路状况较好为柏油路面外，其他支线公路路况较差。煤和其他大宗矿产通过公路运出比较困难，但公路可给矿山开发提供运输条件。

二、铁路

截至2014年，铁路的总里程为3372 km，可以和南非共和国、斯威士兰、津巴布韦和马拉维等地铁路相接，是非洲内陆国家出海的重要通道。莫桑比克铁路主要由4个互不连接的铁路系统组成，分别是：①北部近东西向分布的纳卡拉港口经楠普拉到西部库安巴市，然后分别通往西北部利欣加市及西部马拉维的铁路系统，主要运输马拉维进出口商品，运力有限，部分可用于煤外运。2012年莫桑比克对该条铁路进行改建，改建后运输能力可达4000万t/年；②中部近南北向从马拉维布兰太尔市到贝拉港口的铁路系统，其中，连接有莫阿蒂泽镇—塞纳镇铁路支线；莫阿蒂泽—贝拉段称为塞纳铁路（Sena Railway），全长575 km，2010年已恢复运输，开始向外运煤，目前运力6 Mt/a，莫政府2012年6月对阿蒂泽—贝拉段铁路开始修复和扩建，一期工程完工后，塞纳铁路将具有6.5 Mt/a的运输能力，二期工程结束后，铁路的运输能力将提高到12 Mt/a；③中部北西向连接津巴布韦穆塔雷和贝拉港口的铁路系统，运力有限，年运输能力10万t；④南部马普托通往南非和南非与津巴布韦交接处的铁路系统。这些铁路系统均可作为煤矿等大宗矿产运出的主要通道。通过签订协议，南非矿区到马普托之间的铁路运力已达2.50 Mt/a。目前，铁路存在运速慢、运力不足和设备老化等问题。

三、航运

莫桑比克海运比较发达，这里良好的港口可以和世界各大港口通航。内河航线长1500 km，其中，中北部赞比泽河下游可用作运煤航道。莫桑比克海岸线长2600 km，有马普托、贝拉和纳卡拉等港口15个，其中，马普托是莫桑比克最大港口，也是非洲著名的现代化港口之一，港内有铁路通向南非、津巴布韦和斯威士兰。贝拉港为莫桑比克第二大港，港内铁路通往津巴布韦和马拉维。纳卡拉港为莫桑比克第三大港，也有铁路与内陆连接。其他几个中小型港口分别是伊尼扬巴内（Inhambane）、克利马内市（Quelimane）和彭巴（Pemba）、安戈谢（Angoche）等，规模均很小，只能停靠万吨级海轮，是非洲转口贸易区。莫桑比克主要港口分布如图11-1-7所示。

1. 马普托港

马普托（Maputo）港口位于莫东南沿海圣埃斯皮里托（Espirito Santo）河河口，地处马普托湾西岸，现为莫桑比克首都及全国政治、经济中心，扼印度洋-南大西洋的航道要冲，地理位置重要。它还是莫国最大的工业基地，主要工业有炼油、纺织、锯木、化学、制糖、食品加工及水泥等，并拥有莫国最大的腰果加工厂。

马普托港是莫桑比克最大的海港，始建于1544年，1855年通往南非的铁路建成后，该港迅速发展起来，成为东非的最大港口之一。

马普托港目前是国际著名现代化港口之一，港阔水深，码头长3033 m，港区由9 km长的深水航道与外海相连，港区面积30 km^2，有25个泊位，可同时停靠21艘海轮。岸线长3275 m，最大水深为12.8 m。

马普托港设有糖、矿石、煤、钢材、石油和集装箱等专用码头，装卸设备有各种岸吊、可移式吊、集装箱吊、重吊、装船机、输送带及拖船等，其中岸吊最大起重能力为60 t，重吊达80 t，拖船的功率最大为2350 kW。集装箱可储存1300 TEU，油罐容量为20万t。装卸效率：谷物每天2900 t；煤每天装5000 t，年输出煤超过400万t；糖每天卸10000 t，年吞吐能力1200万t。港内有铁路通向南非、津巴布韦和斯威士兰，是这些国家煤外运的主要通道。

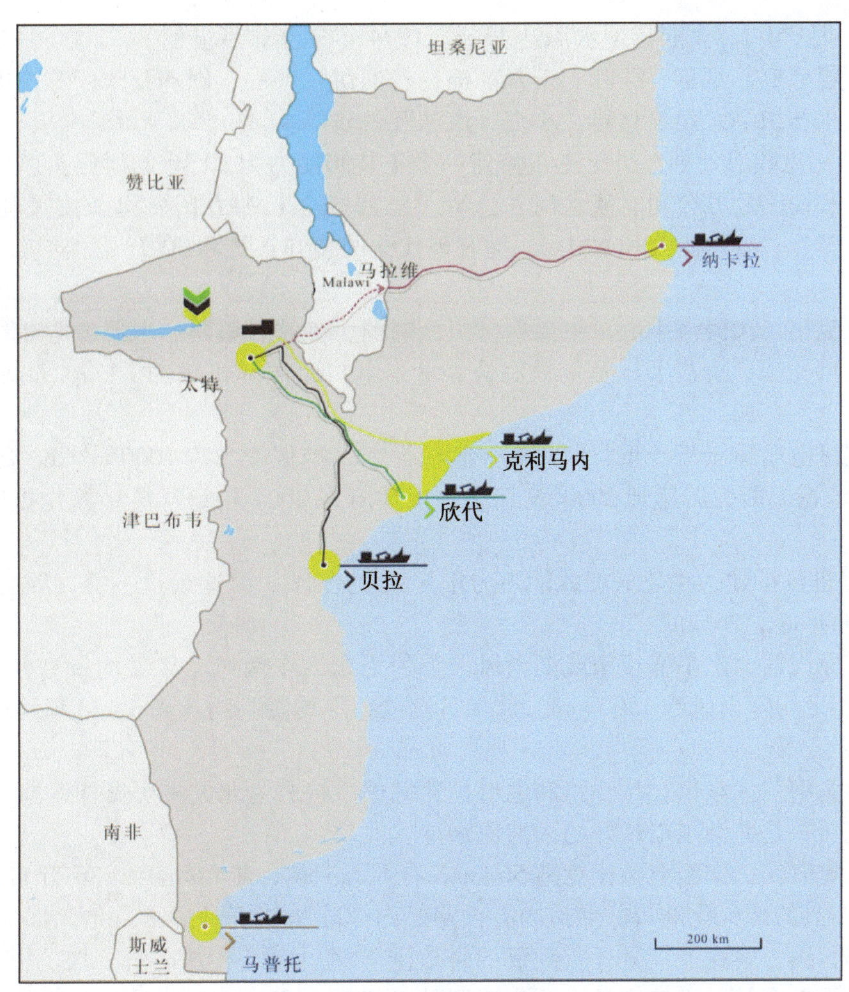

扩建前吞吐量：马托拉（Matola，马普托卫星港）12 Mt/a；贝拉（Beira）5 Mt/a；纳卡拉（Nacala）0.8 Mt/a。
扩建后吞吐量：马托拉 27 Mt/a；贝拉 20 Mt/a；欣代（Chinde）20 Mt/a；纳卡拉 40 Mt/a

图 11-1-7　莫桑比克主要港口分布图（Lakshminarayana，2012）

前些年由于莫经济困难，港口管理不善，设备老化失修，加之周边国家过境货物锐减，使马普托港的使用率仅为 40%。马普托港口开发公司将投资 7000 万美元对马普托港和马托拉港进行现代化改造，以提高这两个港口对南非及周边国家货物运输的竞争力。马托拉港是马普托港的卫星港口，二者相距 11 km，有全国最大的水泥厂以及炼油、化肥等企业。马普托港和马托拉港现代化改造包括疏浚航道，维修码头、公路、仓库区等基础设施以及更新和维护港口起重设备等项目。疏浚航道项目将通过 4 期扩建，马托拉港的运力可增加到 10 ~ 20 Mt/a。

目前，非洲煤炭公司在马普托港已经获取到每年 6 Mt 的运力，占该港口年吞吐量的一半。

马普托属热带草原气候，年平均最高气温为 30 ℃，最低气温为 14 ℃。全年平均降雨量约 800 mm，12 月至次年 2 月为雨季。大潮为 3.4 m，小潮为 2.4 m。

2. 贝拉港

中部的贝拉港为北方煤外运港口，位于莫桑比克东部沿海蓬圭（Pungoe）河口，濒临莫桑比克海峡的西南侧，是莫桑比克的第二大港，年吞吐量 5 Mt，改建后年吞吐能力约 20 Mt。可容纳 5 万吨级货轮。有 10 个泊位，水深 8 ~ 10 m，港内铁路通往太特及津巴布韦、马拉维，是邻国津巴布韦、赞比亚及马拉维的主要转口港之一。港内设有矿石和糖等专用码头。装卸设备有各种电吊、可移式吊、集装箱吊、拖船及滚装设施等，其中，电吊最大起重能力为 30 t，集装箱吊为 40 t，拖船的功率最大为 2300 kW。另有油船泊位 2 个，备有直径为 250 ~ 550 mm 的输油管，可直通油罐区。港区有货棚，面积 33000 km^2，露天堆场可堆存矿石约 20 万 t，码头均有铁路线可直接装卸。装卸效率：装煤每小时 700 t，卸油每小时400 t，散矿每小时350 t。大船锚地水深达13 m。1994年集装箱吞吐量为32000 TEU。主要出口货物为云母、铝、锌、粗炼铜、烟草、茶叶、玉米、棉花、油饼、兽皮、剑麻及象牙等，进口货物主要有木材、化肥、机械、棉纺织品、建筑材料、小麦、汽油及铁轨等。

2012年，莫桑比克政府计划在贝拉港再修建一个年装卸能力为20 Mt的煤码头。贝拉港新建的煤码头由莫桑比克港口和铁路公共公司、淡水河谷公司（巴西资金）和力拓公司（澳大利亚资金）投资兴建，投资金额2亿美元。煤码头全长600 m，拥有现代化的装卸系统和30万t的储煤仓库，年装卸能力为6 Mt。

贝拉是莫桑比克第二大经济中心，主要有纺织、制糖、炼铁、铝器、水泥、造纸、电器、烟草及食品等工业并拥有大型轧棉厂、造纸厂及钢铁联合企业。港口距国际机场约7 km，每天有数架航班飞往马普托。

目前，贝拉港进港航道淤积严重，但只有一艘挖泥船，挖掘能力为1000 m^3/d。要保持进入港口的航道深度达到8 m，挖掘能力需达到2000 m^3/d。日本政府在2007年赠送莫一艘挖掘能力为1000 m^3/d的挖泥船。

2012年该港口进行扩建，将建成加载能力为年6 Mt的煤库。但这远远不够，因为太特省煤产量已超过数百万吨（Johannes，2012）。

贝拉属热带草原气候，上午盛行南或西南风，下午为东或东南风。年平均最高气温约31 ℃，最低气温约16 ℃。全年平均降雨量约1500 mm。属半日潮港，平均潮高约6.4 m，低潮约0.7 m。

3. 纳卡拉

北部的纳卡拉为第三大港口，待铁路和港口扩建完成后将成为北方主要煤外运港口。该港口可与马普托港吞吐能力媲美，是非洲东岸最好的天然深水港。

该港濒莫桑比克海峡，南距莫桑比克港56 km。有6个泊位，年吞吐能力80万t，改建后年吞吐能力40 Mt，是东非新兴的现代化港口。港口内有铁路通向内陆与邻国马拉维，是北部地区物资进出口的主要口岸，也是马拉维、赞比亚部分外贸物资的转口港。输出商品有铁矿石、煤、棉花、腰果、剑麻、椰干、稀有和放射性矿产等。进口商品主要为棉制品、机械、食品、杂货等。但太特煤要从此港出口，要比从贝拉港口远约400 km的距离。

莫桑比克计划投资44亿美元在纳卡拉港口北部建一煤炭码头，预计两到三年内完成，到时纳卡拉港口煤炭预计总运输量可达25 Mt/a。在建设该煤炭码头的同时，兴建一长约912 km连接该码头与纳卡拉港口的铁路线，该路线运输能力达年18 Mt。

纳卡拉属热带海洋性气候，降雨量较大。10月底至来年四月初为雨季，其中1、2月份降水较为集中，对装卸有影响。

四、电力

（一）概述

除莫阿蒂泽煤矿正在建设一中型坑口热力电厂之外，莫桑比克目前还没有中大型的热电站，只在贝拉港及马普托建有小型热电厂。莫桑比克水力资源比较丰富。坐落在赞比泽河上的卡布拉巴萨水电站装机容量为2075 MW，是非洲第一、世界第七大水电站，提供全国约近50%的电力，主要为铁路沿线供电。其中，90%输往南非，其次输往津巴布韦。目前，莫桑比克电力供应充足，但随着煤矿及其他矿业的开发、国家工业化的起步，对电力的需求将会不断增加，内陆电力短缺的问题将越加严重。因此，国家开始大力提倡发展太阳能、生物燃料以及风能发电。莫桑比克电力分布如图11－1－8所示。

（二）水电

莫桑比克河流众多，水力资源比较丰富，潜在电量14000 MW。已查明有100处可建小型水力发电站，主要分布于中部和北部。但真正水力发电不到2400 MW且主要由卡布拉巴萨水电站提供。因此，该国已于2009年开始在赞比泽河卡布拉巴萨大坝下游70 km处建设1500 MW的水力电站（Mphanda Ncua电站）以充分发挥水电的优势，总投资16.5亿美元，投资财团主要为EDM（Electricidade de Mocambiqe）、Camargo Correia（巴西）和Energy Capital（莫桑比克）。

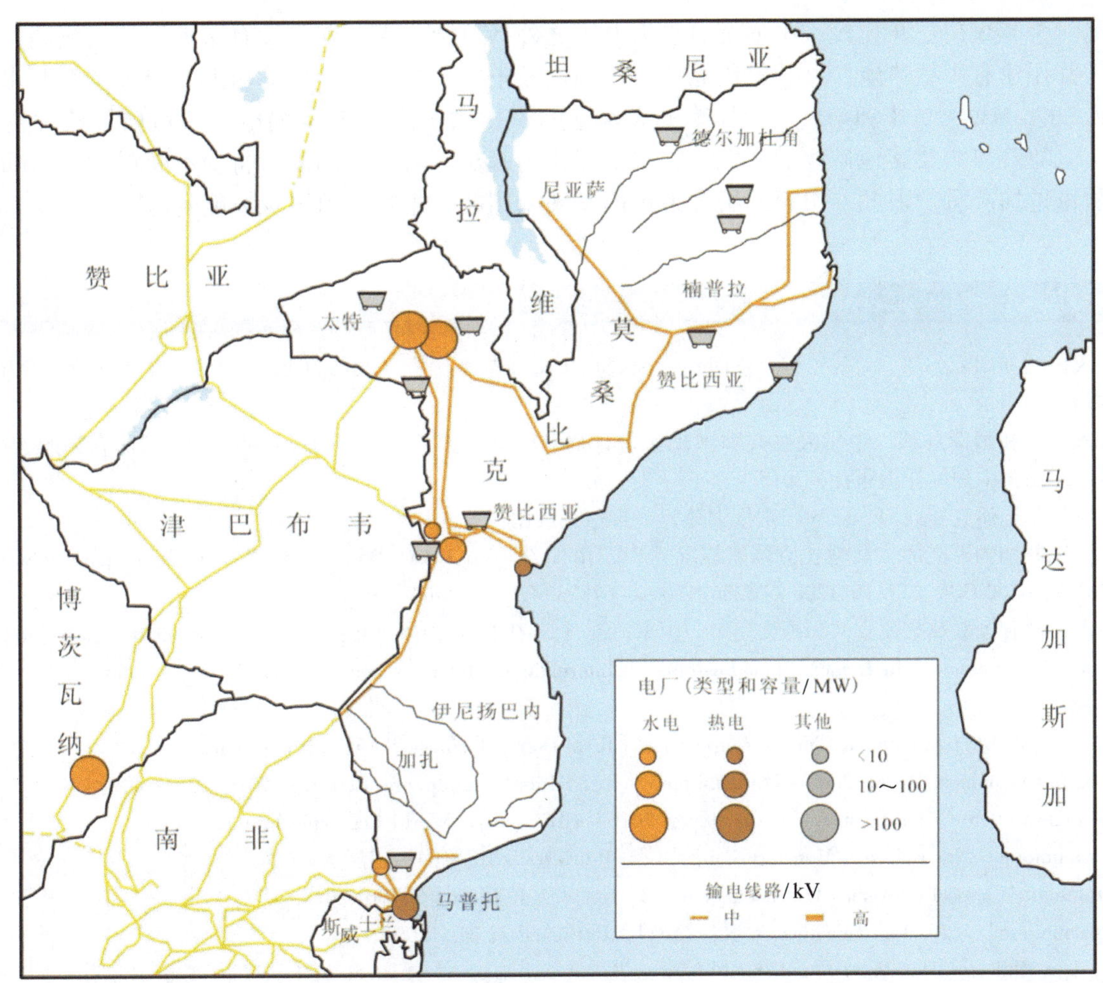

图中梯形代表矿产，空心代表贵金属矿产，实心代表其他矿产

图 11-1-8　莫桑比克电力分布略图（Afonso，RS，2008）

（三）煤电

随着煤炭资源的勘探和开发利用，2013 年煤炭产量超过千万吨，产值达 1.73 亿美元。这些煤炭资源一方面可以出口，该国正在加紧扩建与之相关的基础设施，如到贝拉港口的铁路，另一方面可直接建设坑口电厂。澳大利亚 Riversdale 矿业公司将在莫阿蒂泽修建一个 500 MW 的燃煤发电厂，之后将考虑扩大发电厂规模至 1 GW，以保证公司在当地的业务需求。

五、基础设施总结

莫桑比克公路总里程 30400 km，道路交通十分落后，除几条主要干线道路状况较好为柏油路面外，其他支线公路路况较差。煤和其他大宗矿产通过公路运出比较困难。该国铁路设施也非常落后，存在运速慢、运力不足和设备老化的问题。总里程仅为 3372 km。

相比之下，莫桑比克海运比较发达，港口可以和世界各大港口通航。马普托港口是莫桑比克的最大海港，年吞吐能力为 1200 万 t，但是由于前几年该国经济困难，港口管理不善，设备老化失修，加之周边国家过境货物锐减，使该港口的使用率仅为 40%。目前，非洲煤炭公司在该港口已经获取到每年 6 Mt 的运力，占该港口年吞吐量的一半。马普托港口开发公司将对马普托港和马托拉港进行现代化改造，以提高这两个港口对南非及周边国家货物运输的竞争力。通过 4 期扩建，马托拉码头的运力可增加到年 10～20 Mt。除此之外，2012 年贝拉港新建一处煤码头，该码头由莫桑比克港口和铁路公共公司、莫桑比克淡水河谷公司（巴西资金）和力拓公司（澳大利亚资金）共同投资兴建。煤码头全长 600 m，拥有现代化的装卸系统和 30 万 t 的储煤仓库，年装卸能力为 600 万 t。

除莫阿蒂泽煤矿正在建设一中型坑口热力电厂之外，莫桑比克目前还没有中大型的热电站，只在贝拉港及马普托建有小型热电厂。莫桑比克水力资源比较丰富，坐落在赞比泽河上的卡布拉巴萨水电站装机容量为2075 MW，是非洲第一、世界第七大水电站，提供全国约50%的电力。目前莫桑比克电力供应充足，但随着煤矿及其他矿业的开发、国家工业化的起步，对电力的需求将会不断增加，内陆电力短缺的问题将越加严重。因此，国家开始大力提倡发展太阳能、生物燃料以及风能发电。

本章参考文献

[1] 中华人民共和国商务部．对外投资合作国别（地区）指南—莫桑比克（2015年版）[R]．商务部对外投资和经济合作司，2015.

[2] 中华人民共和国商务部，中华人民共和国国家审计局，国家外汇管理局．2015年度中国对外直接投资统计公报[M]．北京：中国统计出版社，2015.

[3] 中非发展基金研究发展部．非洲国别投资分析报告—莫桑比克（2012年版）[R].

[4] 中华人民共和国外交部．莫桑比克国家概况 [EB/OL]．2016 [2016－06]．http://www.fmprc.gov.cn/web/gjhdq_676201/gj_676203/fz_677316/1206_678236/1206x0_678238/t9439.shtml.

[5] 中华人民共和国驻莫桑比克共和国大使馆．国家概况 [EB/OL]．2016. http://mz.chineseembassy.org/chn/.

[6] "China, Mozambique: old friends, new business". International Relations and Security Network Update [M]. Retrieved 2007－11－03.

[7] The World Bank, International Finance Corporation [R]. Doing Business 2015, 12th edition.

[8] "Human Development Report 2009－Mozambique" [R]. Hdrstats.undp.org. Retrieved 2010－05－02.

[9] Klaus Schwab. The Global Competitiveness Report 2016－2017 [R]. World Economic Forum.

[10] "Mozambique". International Monetary Fund [R]. Retrieved 2013－04－17.

[11] Mozambique's appeal flourishes World Finance [R].[S.l], Retrieved 6 April 2013.

[12] "Mozambique". CIA World Factbook [R].[S.l], Retrieved 22 May 2007.

[13] President Halonen: Development aid should be transparent and efficient. Office of the President of the Republic of Finland tpk fi [R].

[14] World Data Bank World Development Indicators Mozambique [DB]. The World Bank, Retrieved 5 April 2015.

[15] 中华人民共和国商务部．对外投资合作国别（地区）指南—莫桑比克（2012年版）[R]．商务部对外投资和经济合作司，2012.

[16] 何金祥．莫桑比克矿业投资环境 [J]．国土资源报，2004 (6).

[17] 卢泽芳．非洲国家投资法的优劣势分析 [J]．湘潭大学法学院学报，2006 (5).

[18] 章文光，宋潇．投资莫桑比克 [R]．商务部投资促事务进局，2011.

[19] 中非发展基金研究发展部．非洲国别投资分析报告——莫桑比克（2012年版）[R]．2012.

[20] 赵利娜．中国对非洲直接投资问题研究——基于投资区位选择的视角 [J]．浙江工业大学经贸管理学院学报，2012 (12).

[21] 安东尼奥·伊纳西奥．莫桑比克：东南非和印度洋冉冉升起的明星 [J]．海外投资与出口信贷，2006.

[22] 中华人民共和国驻莫桑比克共和国大使馆经济商务参赞处 [OL]．2009 [2012－12－04]．http://mz.mofcom.gov.cn/.

[23] 中华人民共和国驻莫桑比克共和国大使馆．国家概况 [EB/OL]．2012 [2012－12－04]．http://mz.chineseembassy.org/chn/.

[24] 中华人民共和国外交部．莫桑比克国家概况 [EB/OL]．2009 [2012－12－04]．http://www.fmprc.gov.cn/mfa_chn/gjhdq_603914/gj_603916/fz_605026/1206_605946/.

[25] 安永会计师事务所．Worldwide Corporate Tax Guide 2016 [G].

[26] 安永会计师事务所．Worldwide Personal Tax Guide 2016 [G].

[27] 安永会计师事务所．Worldwide VAT, GST and Sales Tax Guide 2016 [G].

[28] 普华永道会计师事务所．A Comparison of Tax System in 189 Economies Worldwide 2016 [G].

[29] 中华人民共和国商务部网站．[OL] http://www.mofcom.gov.cn.

[30] 中华人民共和国商务部．对外投资合作国别（地区）指南（2015年版）[G].

[31] Robert Conrad. Mineral Right for Mozambique [G]．2012.

[32] 德勤会计师事务所. Mozambique Tax Guide 2015 [G].

[33] Constitutional Requirements for Environmental Protection, EIA law and process in Mozambique 2012.

[34] Global Business Report, Mining in Mozambique [R]. 2013 [2013 - 05].

[35] Legal framework for environmental licensing in Mozambique, [2009 - 06].

[36] Kenmare Moma titanium minerals project in Mozambique, environment impact assessment report, prepared by Costal & environmental services P. O. Box 934 Grahams town 6140, 2000 [2000 - 11].

[37] Republic of Mozambique, Ministry of mineral resources and energy, Mining Law 2002.

[38] The Study on Upgrading of Nampula - CuambaRoadin the Republic of Mozambique, Draft final report. Chapter 5 Environment and Social Considerations 2007 [2007 - 08].

[39] Introduce to the Legal framework for miningin Mozambique [R]. [S. l.], Second Edition, 2010.

[40] The United Nationsorganization— mining 2012 (Mozambique).

[41] SADC Environmental Legislation Handbook 2012, chapter 10, 258 - 287.

[42] Mining Intelligent by country (CountryMine), Mozambican government grants two new coal mining concessions [R]. 2013 [2013 - 01 - 16].

[43] Coal Mozambique 2013, 3rd Annual Coal Mozambique 2013 conference [R]. 2013 [2013 - 09 - 04].

[44] Tramincorp websites, Mozambique &its legislative framework; mining law in Mozambique; mining law regulations 2013 [EB/OL]. http: //www. tramincorp. com/information - media/mining - law - in - mozambique/.

[45] SAIEA Calabash Website, Mozambique EIA guidelines and applicable laws [EB/OL]. http: //www. saiea. com/calabash/html/Mozambique. html.

[46] Mozambique environmental law [EB/OL]. 1997 [1997 - 07 - 30]. http: //jp1. estis. net/includes/file. asp? site = dppa&file = E7D56EBC - C838 - 4899 - BC22 - 5679691F4997.

[47] Afonso, RS. TextbooK Geological Map explanation of Mozambique (Scale 1 : 1000000) [R]. Maputo, 2008.

[48] Johannes, D. The mineral industry of Mozambique - An overview for Swedish investors [R]. Embassy of Sweden Maputo, 2012.

[49] Lakshminarayana, G. Geological resource report on 1151L coal deposit, Moatize cocalfield, Tete, Mozambique [R]. Midwest Group, 2012.

第二章　煤炭资源分析

第一节　资　源　概　览

一、地质概况

（一）以往地质工作

莫桑比克地质填图始于 1892 年。1960—1999 年进行了全面地质填图找矿及地球物理调查。经过几十年的工作资料积累，于 1968 年首次出版了 1∶200 万地质、构造和变质岩图。大量重要的地质工作（包括航空物探）在 20 世纪 70 年代至 1985 年完成。1977 年莫桑比克国家地质理事会成立，其主要职责是对莫桑比克进行系统的地质填图。1987 年法国地质矿产调查局出版了莫桑比克 1∶100 万地质图。

2000 年至今是第二轮中大比例尺地质填图及矿产普查阶段。2000—2004 年莫桑比克开展了 1∶25 万全国地质填图，部分成矿带进行了 1∶5 万地质填图。共完成 101 幅 1∶25 万地质填图工作，另在太特省东北部及楠普省东部开展了 1∶5 万地质填图工作。到目前为止，莫桑比克约 94% 的面积填制了 1∶25 万和 1∶5 万之间不同比例尺的航片地质图，2/3 的国土进行过航空地球物理测量（GTK Consortium，2006a，b；Yrjö et al，2008），出版了 1∶25 万航测图，近一半国土区域进行了 1∶25 万地球化学测量。（中国地质调查局发展研究中心境外矿产资源研究室，2011）。

（二）地质演化简史

1. 区域地质背景

莫桑比克地质略图如图 11－2－1 所示，莫桑比克北部的含煤盆地是寒武纪早期（600～550 Ma）泛非热变质构造事件之后，在前寒武纪克拉通基底之上发育起来的晚古生代叠合裂陷盆地（Afonso，2008；Yrjö et al，2008）。主要含煤地层爱卡群，其上为毕福特群陆相沉积。中生代莫桑比克主体转化为被动大陆边缘盆地，新生代东非裂谷系叠加其上。东非裂谷系自北而南贯穿该国中部，使得部分煤系地层沿河流谷地出露。北部泛非构造区还出现有莫桑比克期沉陷与推覆，但这属于新元古代构造活动产物，对成煤基本没有什么影响。

总体上该区晚古生代以来处于张性构造条件下，具典型的冈瓦纳期（300～153 Ma）构造特点。

1）区域地层

莫桑比克境内前寒武纪地层分布面积约 534000 km^2，主要由片麻岩和基性－超基性岩（苏长岩、辉长岩）组成（Thomas，2006）。莫桑比克缺少寒武系和奥陶系。

在莫桑比克，卡鲁超群的主要岩性为含煤泥岩及砂岩，上部为双峰式早侏罗世火山岩，该群不整合在前寒武地层之上，中侏罗世更新地层不整合在其上。卡鲁超群主要分布于莫桑比克北部地堑盆地中，可分上下两部分。下卡鲁超群主要由早二叠世太里特冰碛岩系（相当于德维卡组）、二叠纪爱卡群及早三叠世毕福特群组成；上卡鲁超群主要由中晚三叠世－早侏罗世斯道姆博格群（Stromberg Group）火山岩及其上覆的层状砂岩组成（Yrjö et al，2008；Cairncross，2001）。

太里特岩系主要由河泛冰碛岩、砾岩、长石砂岩、钙质黏土岩、粉砂岩及薄煤层组成，厚度大于 100 m，但变化较大，有的地方甚至缺失，如在 Rio Mucangádzi 区仅数十厘米厚，在姆坎哈－维乌兹地区缺失。

爱卡群又分为上下两部分。在太特，下部为早二叠世含煤层系，该含煤岩系在莫阿蒂泽地区又被称作莫阿蒂泽组（Moatize Formation），相当于尼亚萨省的 K_2 和 K_3 段，其上为马汀德组（Matinde Formation）黏土岩及绿色钙质砂岩。

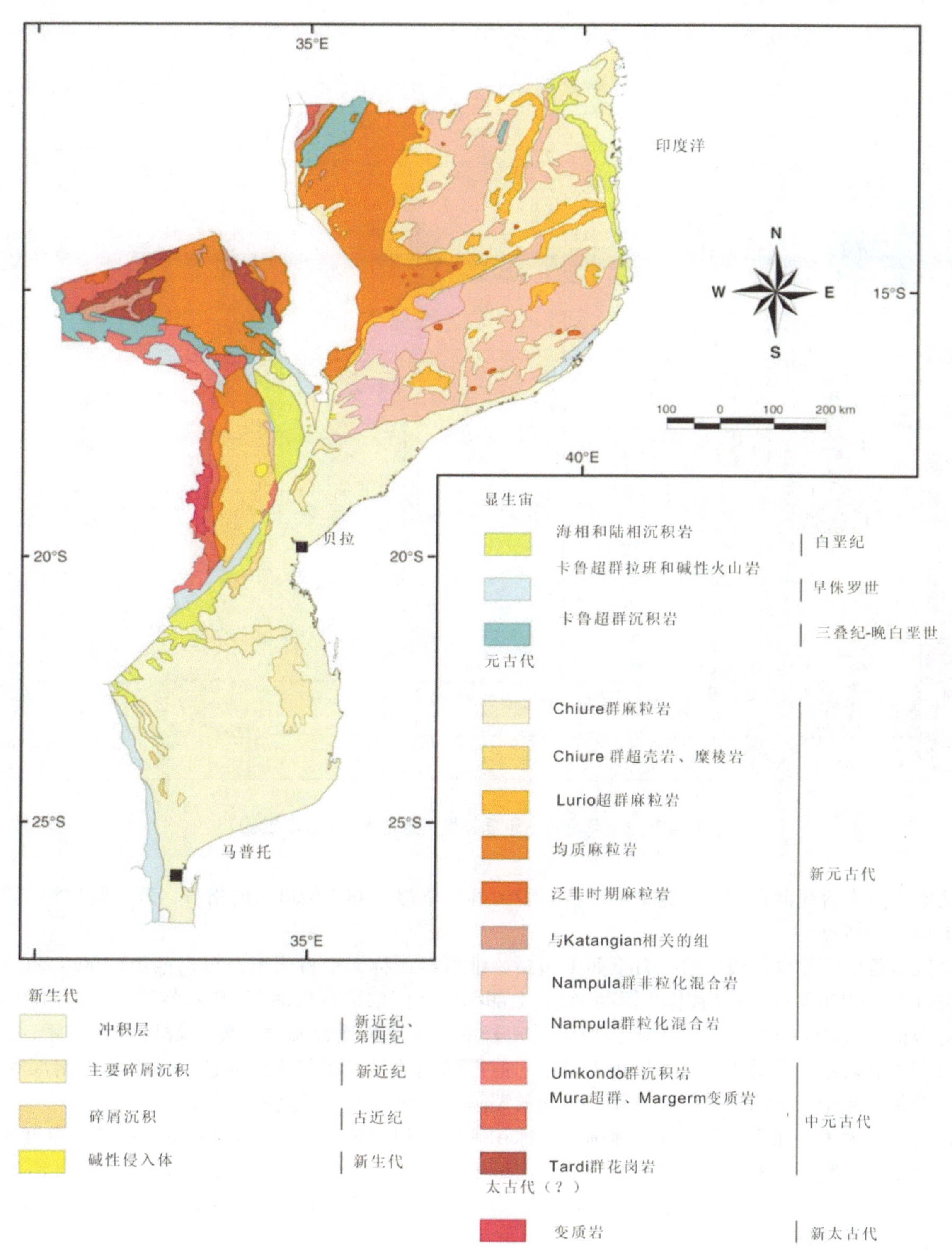

图 11－2－1　莫桑比克地质略图（Thomas，2006）

马汀德组具穿时现象，即爱卡群上部有时与毕福特群下部相当，爱卡群厚度 200～600 m。

毕福特群下部为早三叠世卡迪兹组（Cadzi Formation）（在尼亚萨称作 Fúbué 组）红色钙质砂泥岩、灰岩，厚 160 m；上毕福特群主要为灰岩及硅质砂岩，厚约 70 m，上部灰岩层厚约 10 m。

中晚三叠世－早侏罗世斯道姆博格群主要由玄武岩及少量流纹岩组成，上覆层状砂岩，厚约 120 m。

其他中新生代沉积岩系主要分布于莫桑比克南部、北部赞比泽河中上游及北部滨海地带。

莫桑比克主要含煤区地层如图 11－2－2 所示。

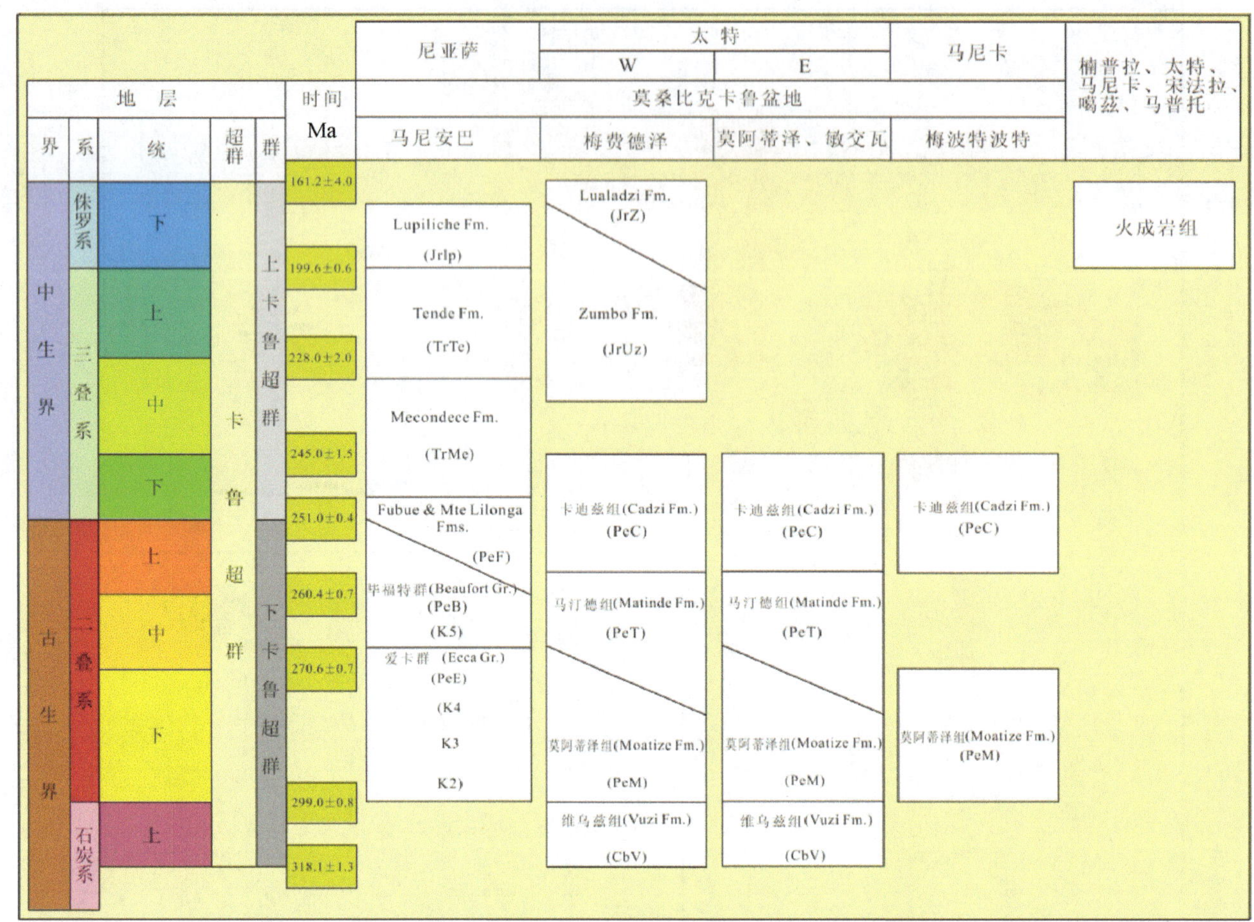

图 11－2－2 莫桑比克主要含煤区地层表（Lopo，2009）

莫桑比克卡鲁超群自下而上为德维卡群－爱卡群－毕福特群－斯道姆博格群，现以赞比泽河谷为例简述卡鲁沉积特点。

该区卡鲁层序发育比较完整，自下而上包括德维卡群或称太里特岩系及维乌兹组(300～280 Ma)－爱卡群（280～220 Ma)(下部称作莫阿蒂泽组,上部称作马汀德组)(穿时)－毕福特群（220～100 Ma)－斯道姆博格群（200～175 Ma)－上卡鲁群厚层砂岩系。太里特属冰碛岩，爱卡群属含煤岩系，而毕福特群属于碎屑岩系，斯道姆博格群属火山岩系。值得强调的是，在莫桑比克甚至整个非洲南部和东部，卡鲁超群是寒武纪以来的主要沉积单元。后期的裂陷、地堑或火山链叠加其上。

晚石炭世太里特冰水沉积主要由冰碛岩、冰积砾岩及粗砂岩组成,一般厚约 60 m,最大厚度 400 m,与前寒武系为不整合接触。特里特岩系与非洲区域上的德维卡岩系、印度冈瓦纳的塔尔赤组均可对比，属于冰川运动产物，反映此时的非洲南部还处于南极附近，与欧亚大陆截然不同，欧亚大陆基本属于温热气候，是主要煤期。

爱卡群连续沉积于太里特冰水沉积之上，属断陷湖泊沉积。进一步可再分为下部产煤层（本区太特称作莫阿蒂泽组）和上部马汀德岩系。爱卡群形成于二叠纪早期至早三叠世，主要形成于二叠纪，与含煤的印度冈瓦纳裂谷盆地的达木达群相当，厚 500～1000 m。

爱卡群产煤层主要由含煤板岩、煤层、云母砂岩及砾岩组成，砾岩的砾石成分来自于基底前寒武系。爱卡群底部一般分布有厚约 120 m 的碎屑岩岩系，砾石主要为花岗质或冰碛岩。其上的产煤层厚 200～600 m，除含煤板岩、煤层之外还见有砂岩层。产煤层上部为马汀德岩系，主要岩性为泥岩、砂岩及灰绿色砂岩，厚约 200 m。

爱卡群之上为毕福特群，它主要由中到厚层状红色砂岩组成，形成时代主要为三叠世，与印度和澳大利亚冈瓦纳盆地的三叠纪－侏罗纪砂岩十分相似。毕福特群可进一步划分为上、下两部分。下毕福特群主要由厚约160 m的钙质砂岩组成（卡迪组红色砂岩），上毕福特群主要由厚约200 m的硅质砂岩和灰岩组成。毕福特群属三角洲－湖泊相。

特里特岩系、爱卡群及毕福特群为卡鲁超群的下部，之上为斯道姆博格群火山岩（在太特有人称作Rio Mazoe组），主要由玄武岩、流纹岩及石英斑岩组成，形成时代为侏罗纪。斯道姆博格群之上为卡鲁群上部的厚层砂岩，属河流三角洲相。卡鲁超群之上多为第四系冲洪积物覆盖（Cairncross，2001）。

2）构造分区

莫桑比克可分为7个构造单元，主要地质构造单元及盆地分布如图11－2－3所示。

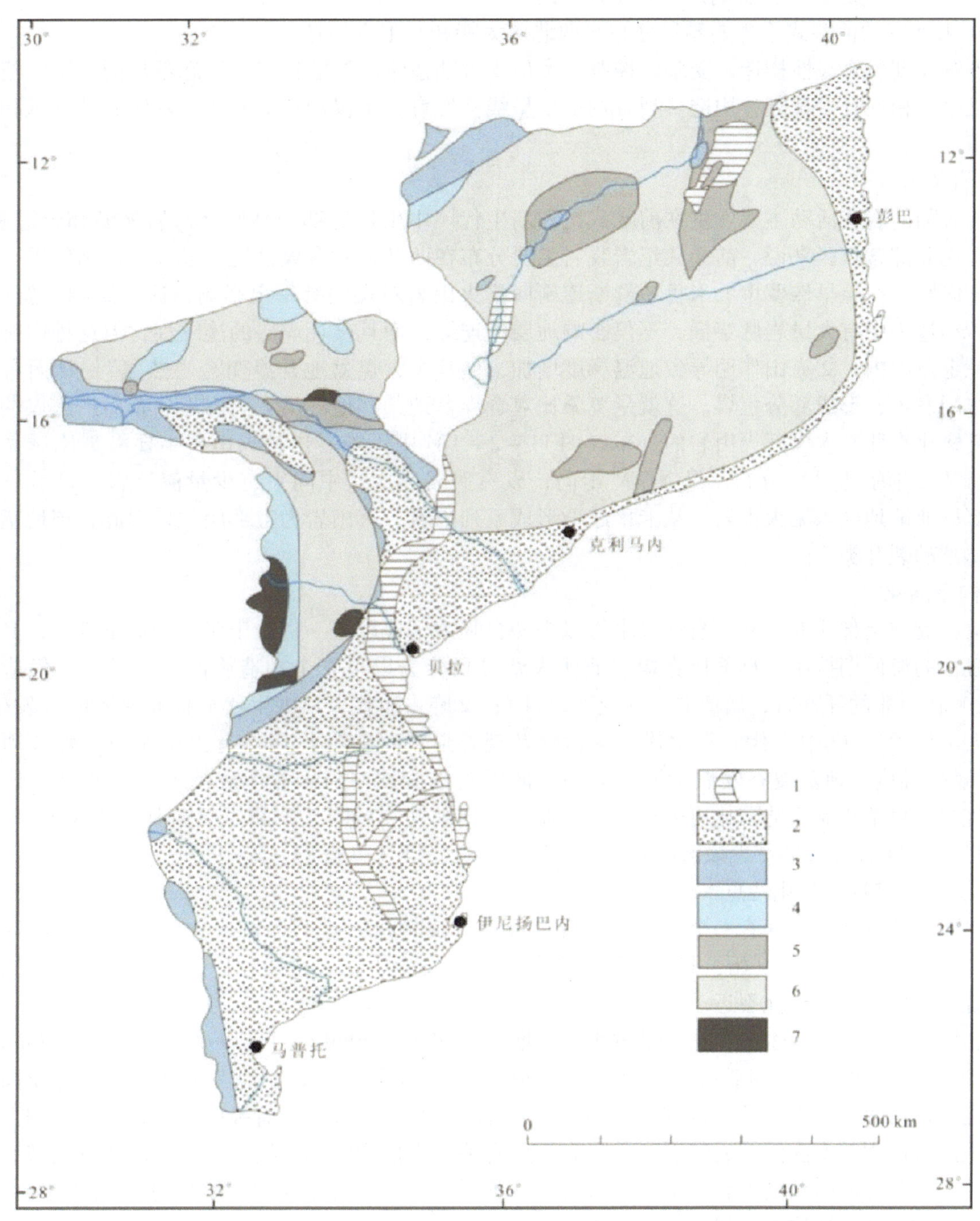

1—东非裂谷系；2—中、新生代沉积盆地；3—卡鲁裂陷（depression）；4—前寒武台地沉积残留；5—莫桑比克期沉陷、滑覆和糜棱岩带；6—莫桑比克泛非构造影响区；7—未蚀变的前寒武系

图11－2－3　莫桑比克主要地质构造单元及盆地分布（Afonso，2008）

（1）东非裂谷系，主要呈窄的近南北走向的弧状分布于莫桑比克中部，对煤层的影响不是很大，在南部多有分叉现象。

（2）中、新生代沉积盆地主要分布于莫桑比克南部，向北分为两支，一支沿滨岸分布，实际上已延向印度洋，另一支沿赞比泽河分布，延向西北太特地区，对含煤区有一定的影响。

（3）卡鲁裂陷（depression）主要分布于北部尼亚萨、太特和马尼卡省，成条带状或断续的岛链状分布。

（4）前寒武台地沉积残留体主要见于中北部西侧，也呈带状分布。

（5）莫桑比克期沉陷、滑覆和糜棱岩带零星分布于北部尼亚萨、太特、德尔加杜角及楠普拉等省。

（6）莫桑比克泛非构造影响区主要出现在北部。

（7）未蚀变的前寒武系主要零星分布与西北部太特和马尼卡等地。

卡鲁沉积期发育线性构造，受基底控制，类似于大陆边缘的构造特点，形态不规则；第四纪本区不仅继续发生沉积而且发育裂谷构造，裂谷构造也呈线性发育，不仅切穿前寒武纪基底而且继承和切穿卡鲁期沉积。

3）岩浆岩

非洲大陆的岩浆活动主要发生在前寒武纪和新生代。中生代有部分高原玄武岩喷溢和金伯利侵位。对莫桑比克北部含煤区来说，前寒武纪岩浆岩主要分布在西部，对含煤盆地形成具有控制作用，而对煤质没有任何影响；但早侏罗世上卡鲁超群斯道姆博格火山岩对煤层有一定影响，这种影响主要表现在：①火山活动过程中有大量岩脉穿插，不仅影响地层的连续性而且破坏煤层的连续性，但这种影响和破坏限定在一定范围内；②火山作用导致地温梯度增加，使整个含煤盆地升温变为“热盆”，从而有利于煤的变质作用发生，形成部分焦煤。这就是莫桑比克含煤盆地某些地段虽无火山岩分布而产焦煤的根本原因。从莫桑比克北部含煤区火山岩的分布（图 11－2－1）中不难看出，火山岩主要沿赞比泽盆地南侧的基底断裂（地堑边界）分布，呈 NWW 走向，以玄武岩为主，中间夹有少量流纹岩，显示双峰式特点。北部尼亚萨地区未见火山岩。从卡鲁超群形成系列来看，火山岩为上部层位，因此，该地堑盆地的性质应属被动裂开类型。

2. 构造演化

莫桑比克与南部非洲一起，自泛非事件以来即自晚古生代以来一直处于张性构造条件下，其间也曾发生过短暂的海西期挤压。莫桑比克构造演化大致可划分为以下 4 个构造旋回：①早古生代造山旋回（主要发生在南非的开普省，属泛非－后泛非事件）；②晚古生代－早中生代卡鲁盆地形成（发生坳陷、裂谷和火山作用）；③中生代－新生代陆缘盆地及裂谷形成（裂谷作用伴有火山作用，属被动大陆边缘）；④现代陆内盆地及裂谷发展阶段。②和③属冈瓦纳旋回，与煤盆形成关系密切的是上述第 2 旋回。简言之，莫桑比克构造演化可表述为泛非期—冈瓦纳期—后冈瓦纳期。根据莫桑比克 1∶100 万地质图说明书（Afonso，2008），该区的主要构造沉积事件及演化见表 11－2－1。

1）莫桑比克构造演化特点

泛非构造结束之后该区有一个长期的隆升过程，持续时间约达 150 Ma。在此期间伴有剥蚀、断陷及古陆块运动。从 300 Ma 开始，形成地堑及卡鲁沉积，发生中新生代成盆作用及火山作用，然后被第四系覆盖，新生代叠加有地裂运动。

泛非构造期始于新元古代，止于早古生代早期，即 550～450 Ma（Tankard et al，1982；Pinna et al，1993），但在莫桑比克，该期活动时限为 850～450 Ma，与南部非洲其他地区不同，以发育花岗岩—二长花岗岩—正长岩为特点，发生退变质作用，形成推覆体和飞来峰，二者被糜棱岩带分开。需要说明的是，这些推覆作用与本区深部岩浆引起的隆升作用有关，类似于阿尔卑斯推覆体，属张性构造，与挤压作用无关，同非洲西南部的上叠盆地形成机制完全不同，后者属挤压性质，形成的是前陆盆地。新元古代—早古生代南部非洲构造格局如图 11－2－4 所示。

早古生代早期和冈瓦纳期（南部非洲 300～175 Ma，莫桑比克 300～140 Ma），南部大陆的活动中心就位于现在的南非地区（Tankard et al，1982）。南非开普超群发育巨厚（8000 m）陆相和海相碎屑岩沉积，其中最南端的桌子山群（Table Mountains Group）就发育 4000 m 厚的石英砂岩、泥岩及砾岩。属单

表11-2-1 莫桑比克构造演化表

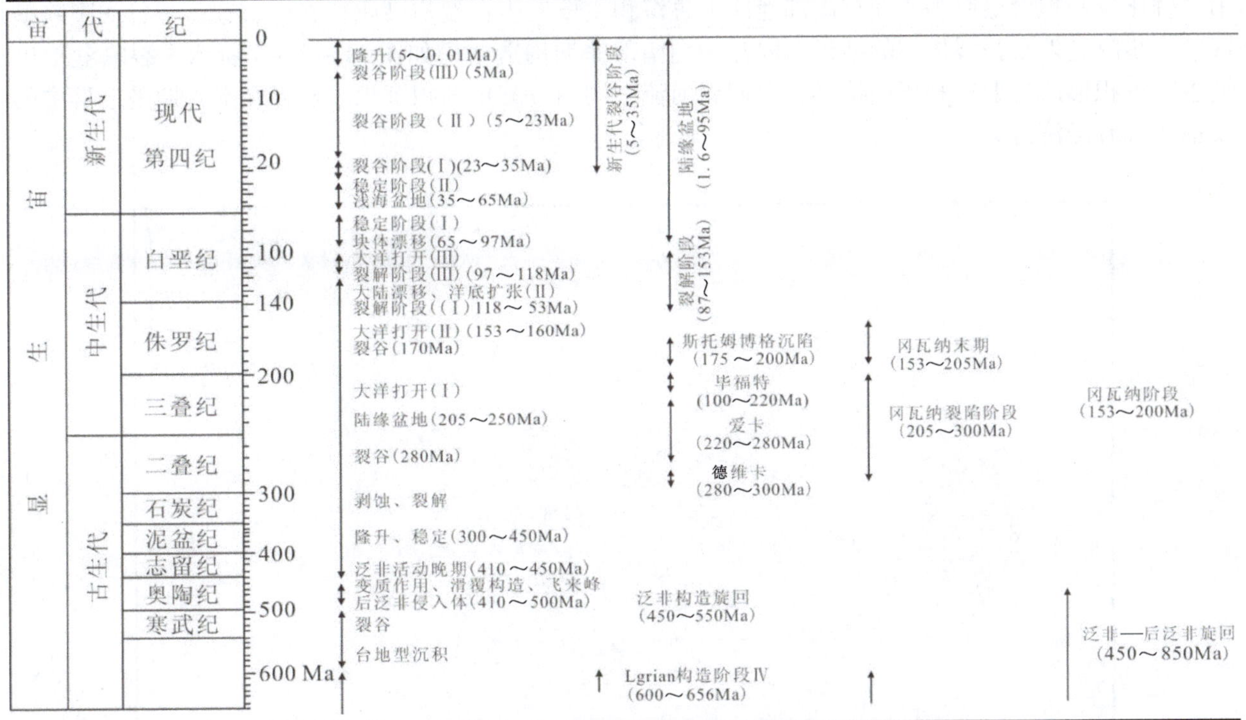

数据来源：Afonso, 2008

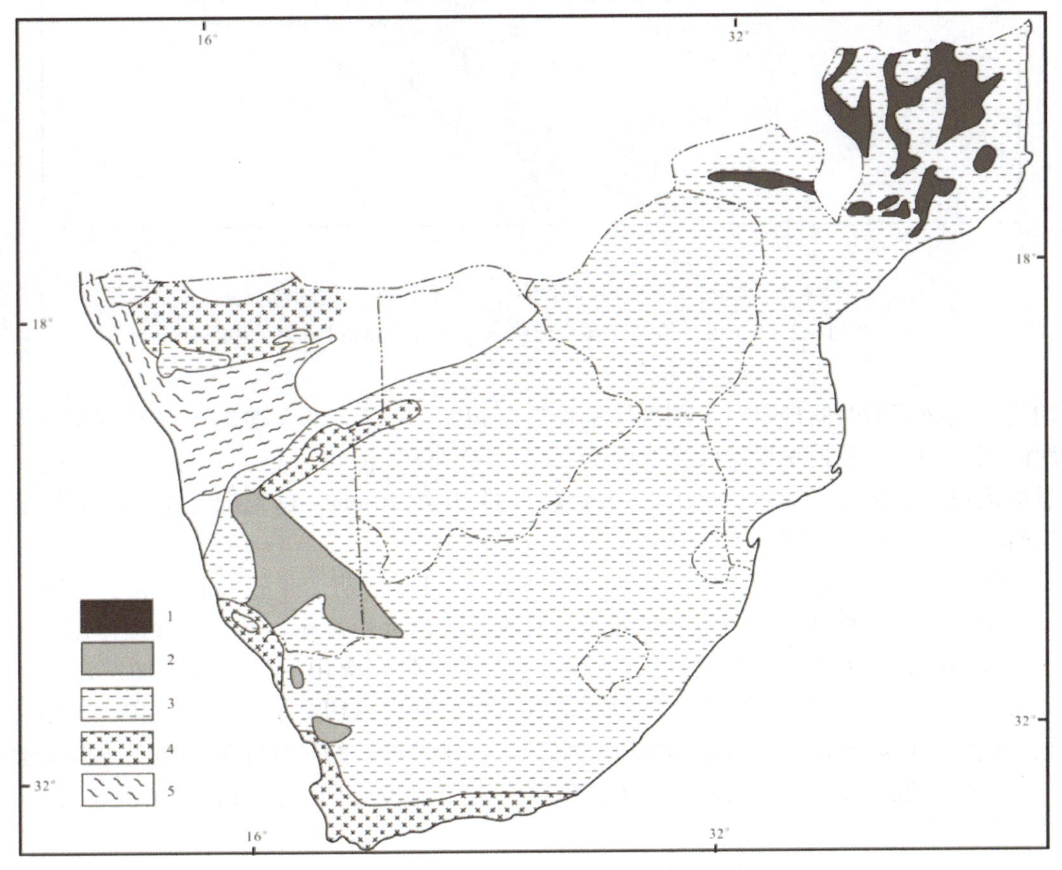

1—糜棱岩带与区域滑覆体；2—上叠盆地；3—克拉通与花岗片麻岩带；4—花岗片麻杂岩体；5—中～高级变质岩体

图11-2-4 新元古代—早古生代南部非洲构造格局（Tankard et al，1982）

向海侵旋回的边缘海沉积。冈瓦纳期南非卡鲁盆地是弧后盆地，是造山作用的产物，而莫桑比克、津巴布韦、赞比亚和坦桑尼亚等非洲东南部地区卡鲁沉积主要发生在裂陷槽或裂谷中，这些裂谷或裂陷槽是该区进一步隆起发生张裂作用的结果。冈瓦纳期南部非洲构造格局如图 11－2－5 所示。裂陷盆地里卡鲁期主要沉积形成爱卡群和毕福特群，它们属河流—湖泊—三角洲相沉积。赋存在卡鲁期爱卡群中的煤矿及铀矿具有经济意义。

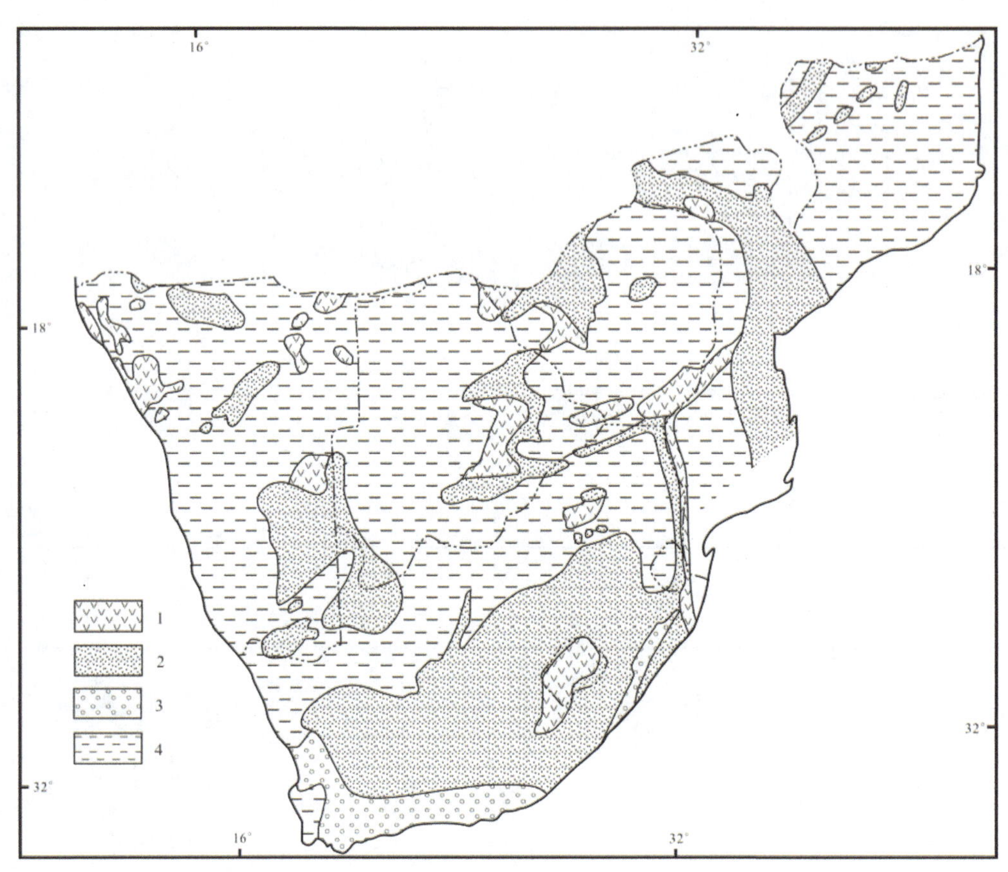

1—卡鲁期火山岩；2—卡鲁期沉积岩；3—开普盆地；4—前卡鲁期基底

图 11－2－5 冈瓦纳期南部非洲构造格局（Tankard et al，1982）

冈瓦纳超大陆裂解的时间最早可上溯到毕福特群沉积期，一直延续到斯道姆博格群形成期。在莫桑比克，裂解时间可持续到早白垩世。大致时间为 220～175 Ma（表 11－2－1）。此阶段形成大量的玄武岩以及少量的流纹岩、熔结凝灰岩，火山作用持续时间长达约 20 Ma，这是冈瓦纳大陆裂解最直接的证据，也是裂解作用最强烈的时期。

后冈瓦纳期南部非洲构造格局如图 11－2－6 所示，后冈瓦纳期，非洲大陆形成了 3 种不同性质的沉积盆地：火山－正常沉积盆地；中新生代陆棚；河流－浅水沉积盆地。另外，火山作用继续进行，整个东非均发生强烈的火山喷发，特别是在上白垩统（森诺曼阶）火山－侵入体更加发育，主要形成金伯利岩、碳酸岩及碱性岩。在莫桑比克北部尼亚萨省，金伯利岩脉切穿了卡鲁期沉积，金伯利岩脉的年龄为白垩纪，据此也可以确定卡鲁沉积形成时间的上限。在太特省的赞比泽河谷也可见到金伯利岩筒。

到第三纪，局部地区发育众多的滨岸盆地，发生了数个海侵旋回。火山岩以出现霓辉岩、粗面岩、黄长岩及响岩为特征。

2）冈瓦纳期断陷与中新生代裂谷的特征及关系

冈瓦纳期断陷也称作卡鲁期断陷（地堑），从晚石炭世一直延续到三叠纪，结束于早中侏罗世。该期断陷以构造断陷为特征，断陷往往出现在沿古克拉通薄弱带，有的发生在深部大断裂活化地区。卡鲁断陷及陆内坳陷一般受断裂控制。断陷或凹陷内一般充填陆源物质，底部往往是德维卡冰碛岩，嗣后沉

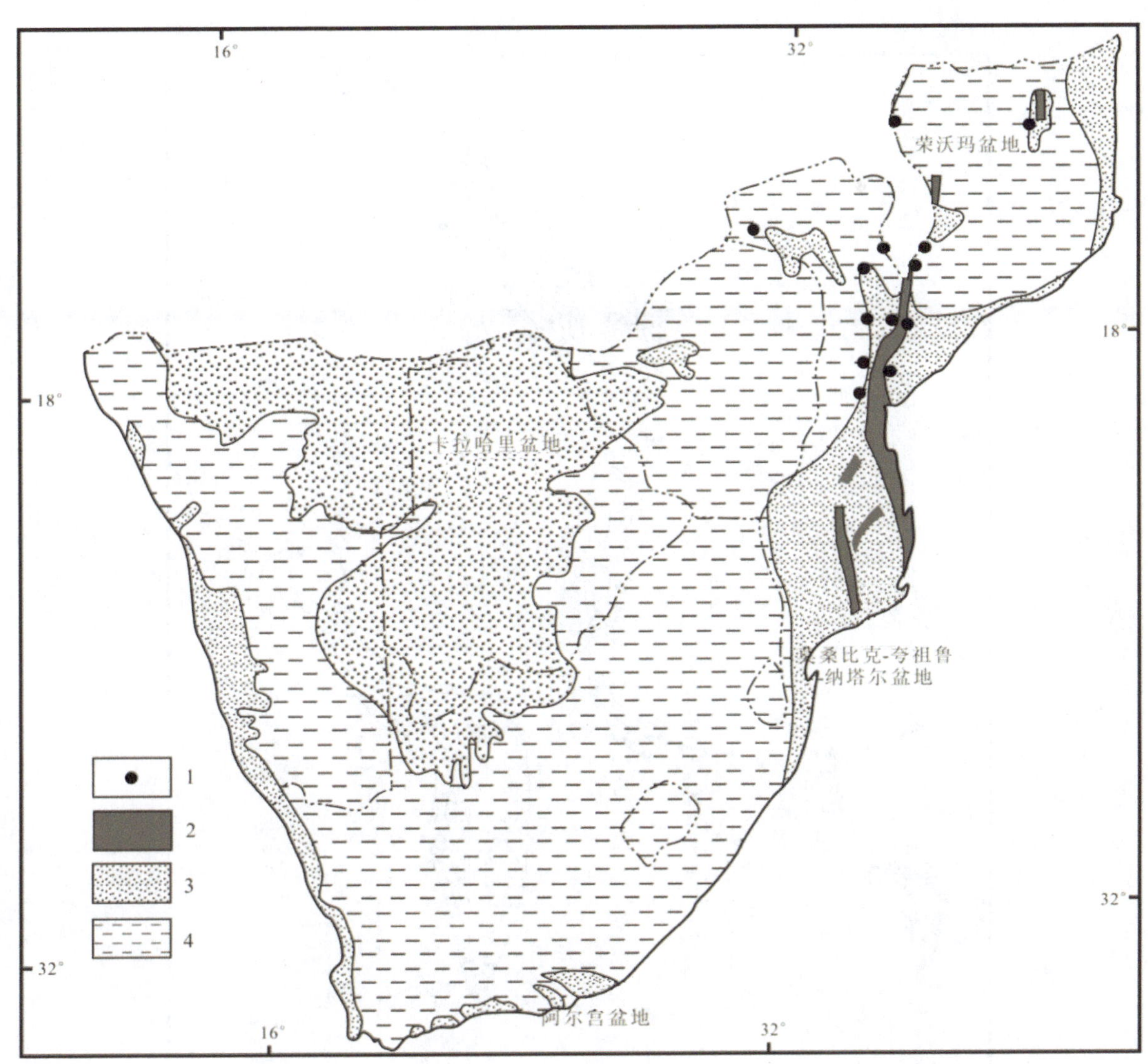

1—与裂谷相关的岩筒和岩体；2—东非裂谷；3—中新生代沉积盆地；4—基底

图 11-2-6　后冈瓦纳期南部非洲构造格局（Tankard et al, 1982）

积形成爱卡群及毕福特群陆源物质。爱卡期出现沼泽环境，形成炭质层，然后变为煤层。与南非的主卡鲁盆地相比，莫桑比克的卡鲁沉积受地堑和坳陷控制，具有线性分布特点，往往呈条带状。冈瓦纳后期超大陆裂解加深，沿克拉通边部喷发玄武质~流纹质火山岩。在非洲大陆东侧的南段有海侵作用发生。在裂陷和大陆漂移作用影响下，东部大陆边缘盆地进一步分解形成次一级盆地（图 11-2-7）。

中新生代或者说是后冈瓦纳期，可分为 3 个明显不同的阶段（Salman 和 Abdula，1994）：冈瓦纳裂解阶段、稳定阶段及新生代裂谷阶段。后者又可分为两个不同的活动类型。在晚侏罗世到早白垩世，主要沉积陆源物质，可以看作是卡鲁晚期阶段沉积，玄武岩~流纹岩双峰式火山岩（Lupata Series）继续喷发，但与上述卡鲁裂陷不同的是，冈瓦纳期后裂谷与卡鲁裂陷走向明显不同并且切穿卡鲁沉积，虽受东非裂谷系控制，但与新生代东非裂谷系走向也不相同，后者走向近南北。东非裂谷系西支切割前期构造和沉积，东支控制着海岸大型盆地的形成。海岸大型盆地形成时间最早为晚侏罗世，沉积高峰期在白垩纪，受大陆边缘断裂及新生洋壳边缘控制。伴随着莫桑比克南部及北部海侵作用的发生，早期除广泛沉积陆源红层外，在莫桑比克北部还形成浅海相沉积，在南部形成页岩（Lower Domo 页岩）。裂谷边界往往有小型岩筒形成，也可见环形构造及环形岩体，岩脉发育。东非大陆边缘盆地如图 11-2-7 所示，卡鲁裂陷与中新生代裂谷的关系如图 11-2-8 所示。

3）莫桑比克古地理变化

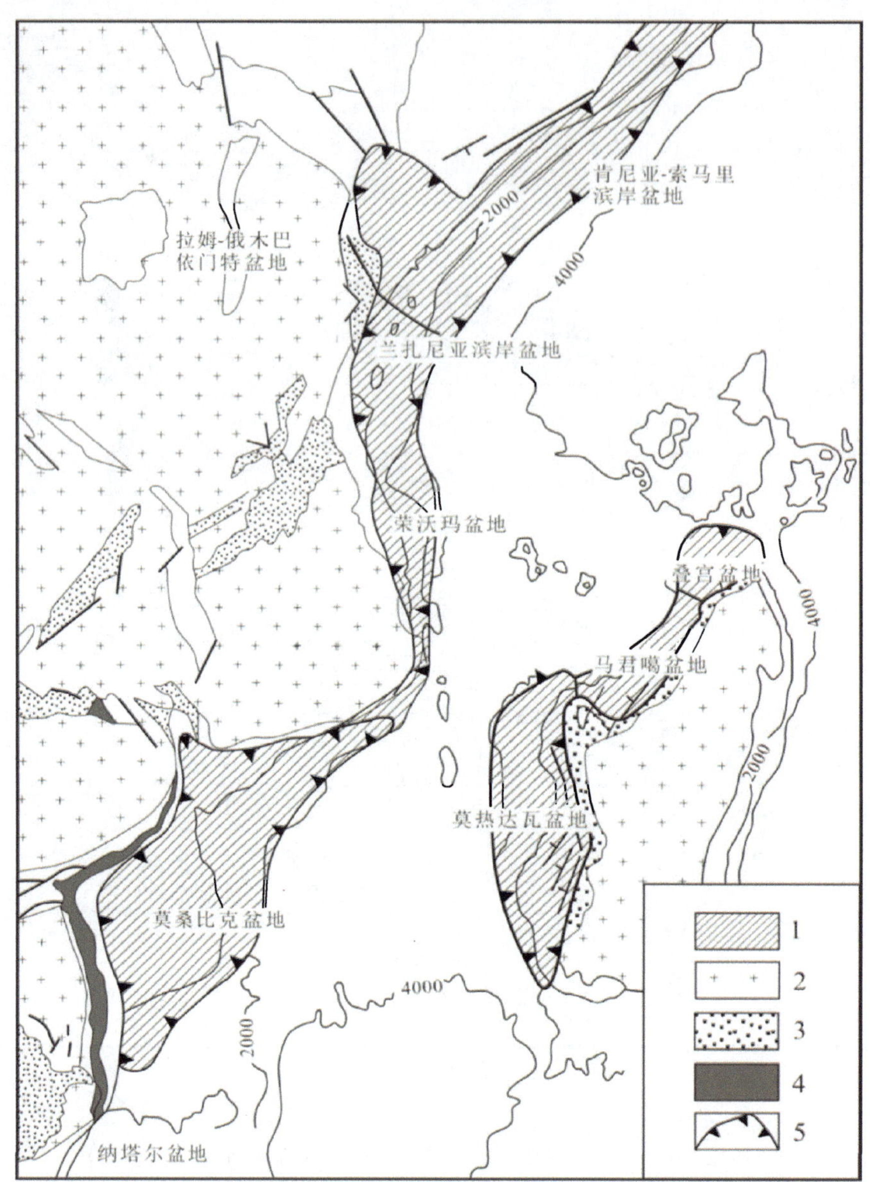

1—大陆边缘盆地；2—基底；3—卡鲁沉积露头；4—火山岩；5—大陆边缘盆地范围

图 11 - 2 - 7 东非大陆边缘盆地（海岸大型盆地）分布（Pinna et al，1993）

上述构造发展控制着莫桑比克古岩相古地理的变迁。古地理 - 古构造形成与冈瓦纳超大陆的演变息息相关。莫桑比克显生宙古地理和古构造的形成和演变受前寒武纪古陆块和线性构造控制。表 11 - 2 - 1 系统地总结了包括莫桑比克在内的整个东非地区显生宙以来的构造发展特点。显生宙以来，在 300 ~ 175 Ma 期间，该区主要形成卡鲁盆地、斯道姆博格拉斑系列钙碱性玄武质火山岩以及莫阿蒂泽断槽。在 175 Ma 之后，早期形成金伯利岩、碳酸岩、碱性岩浆岩系列及荣沃玛（Rovuma）盆地，晚期形成莫桑比克 ~ 夸祖鲁（KwaZulu）~ 纳塔尔盆地以及霓辉岩 ~ 玻基辉橄岩 ~ 霞石橄榄玄武岩等超碱性系列火山岩。莫桑比克卡鲁裂陷晚期、斯道姆博格期古地理如图 11 - 2 - 9 所示。

具体说来，新元古代末到早古生代，形成莫桑比克东北的莫桑比克构造带，该构造单元以岩浆活动、变质作用和断裂作用以及纳铺（Nappes）构造（滑覆体、飞来峰）发育为特点，仅叠加一些小盆地如 Morrola、M'Sauize 盆地，持续时间为早古生代（450 ~ 400 Ma）。另外也发育一些小型的后期和期后小型侵入体以及后期伟晶岩脉，这些岩浆活动一直延续到古生代末期。该期古地理主要特点是隆起与剥蚀，偶有脉冲式的岩浆活动和构造事件发生（Hartzer，1998）。

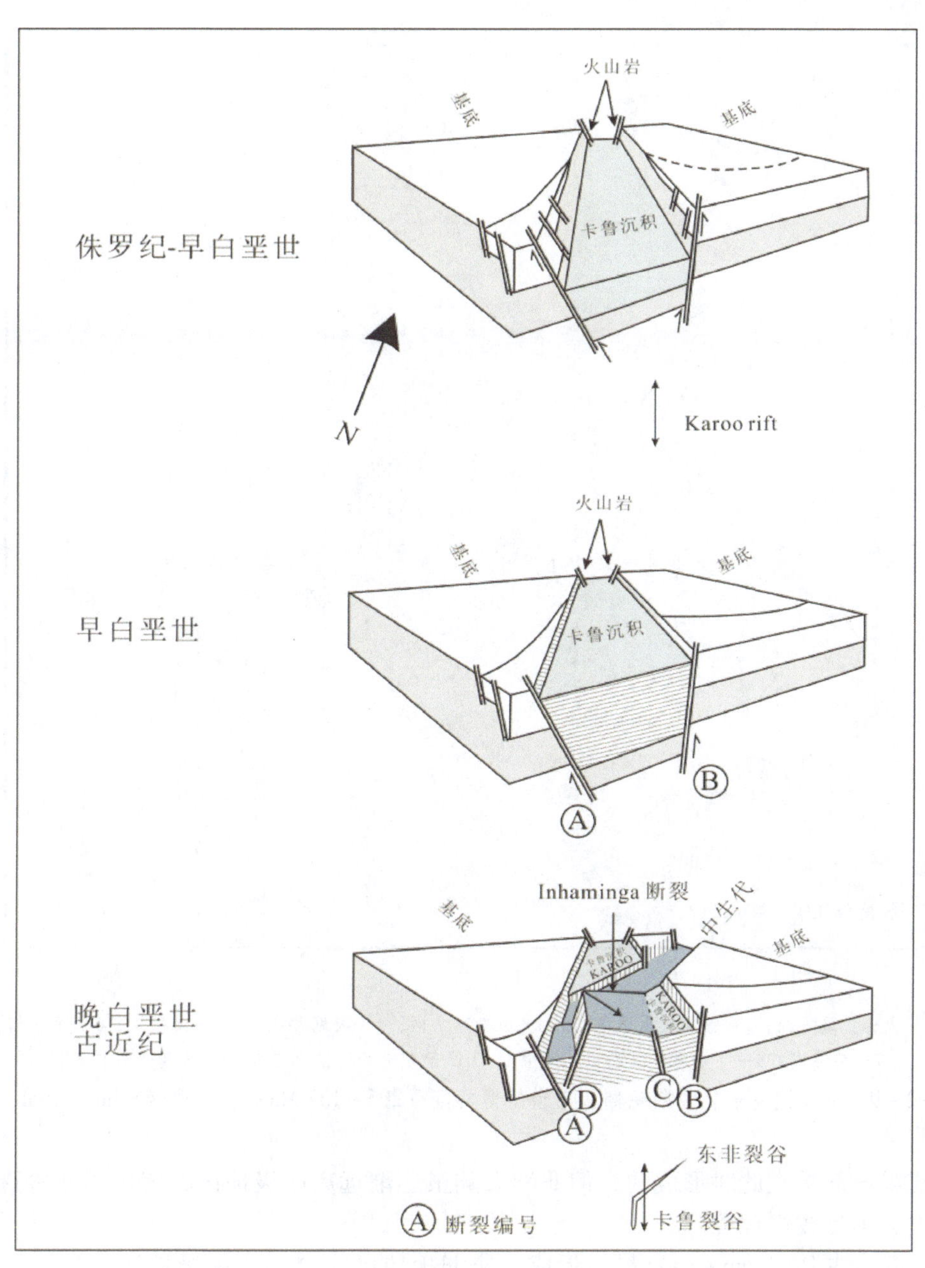

图 11-2-8　卡鲁裂陷与中新生代裂谷的关系（Flore，1973）

到 300 Ma，进入卡鲁（冈瓦纳）演化阶段，形成沉积盆地及火山岩。沉积地层和火山岩构成卡鲁超群。卡鲁沉积遍布莫桑比克和南部非洲其他地区，受线性构造、再活动的古构造及克拉通边部控制。中新生代发生裂解运动。冈瓦纳期可能进一步划分为两个阶段（Salman 等，1995）；第 1 阶段为裂解期（300～205 Ma，相当于晚石炭世～晚三叠世末期）；第 2 阶段为裂谷结束阶段（205～157 Ma，相当于晚三叠世～早中侏罗世）。第 1 阶段古地理特点为裂陷和台地坳陷发育，其间充填陆源物质和碳酸盐沉积。第 2 阶段发生大陆漂移和海底扩张，冈瓦纳大陆解体，此时古地理特点为区域性坳陷及发生台地型火山，这次活动也导致了马达加斯加和南极洲发生分离。

后冈瓦纳期或者说是后卡鲁期，本区古地理有两个显著特点：一是在陆缘形成大盆地，二是形成东非裂谷系，切穿前寒武系及显生宙地层（Salman 等，1995）。

4）莫桑比克古气候变化特点

石炭纪末至二叠纪初，该区属典型的大陆冰川活动区，除见大量的冰碛岩外，南部非洲德维卡群底部绿色砂岩中出现以瓣鳃类 *Eurydesma* 为代表的冷水动物群。晚石炭世是南部大陆冰川活动的高峰期，产舌羊齿植物群。此时，欧亚大陆和北美大陆晚石炭世是主要成煤期，包括我国北方、俄国、德国、法

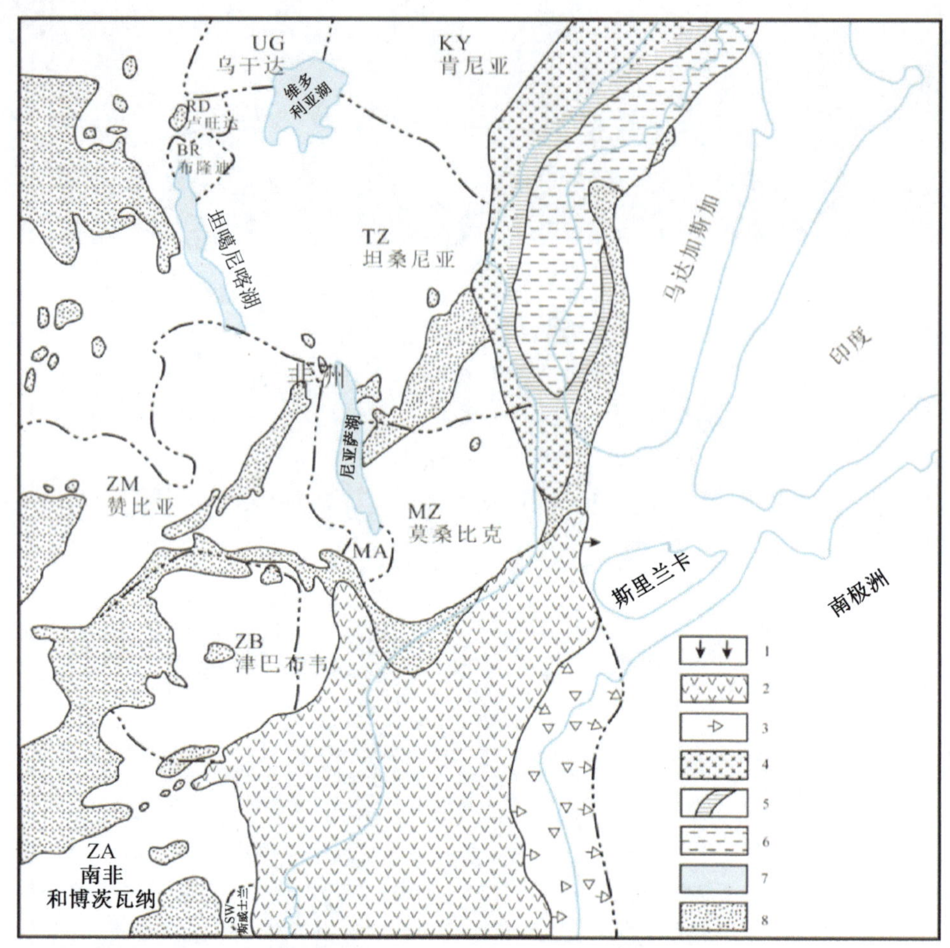

1—火山扩展方向；2—推测火山岩区；3—火山岩露头区；4—潟湖和盐沼；5—障壁礁；6—深水相；7—裂谷湖；8—下卡鲁超群沉积。图中1～3属于斯道姆博格火山岩，4～8属于海相沉积

图11-2-9 莫桑比克卡鲁裂陷晚期、斯道姆博格期（205～157 Ma）古地理（Salman et al，1995）

国及英国等主要煤田都是在此时形成的，但非洲大陆虽逐渐远离南极地区，气候由寒冷逐渐转暖，但仍以寒冷气候为主，不是成煤环境。

到二叠纪，联合古陆（Pangaea）最终形成。非洲板块已完全移离南极地区，板块北部已到赤道附近，气候干热，虽有滨海地带的碎屑岩沉积，但无煤形成；中南部卡鲁盆地及卡鲁沉积，可见到爱卡群陆相蓝色黏土、煤层及铁质分布，表明当时属于潮湿温暖气候，有利于成煤环境的形成。在南非开普和纳塔尔（Natal）地区，除见到反映海洋环境的放射虫硅质岩外，还见到磷块岩及海绿石，也反映气候温暖。

到三叠纪，冈瓦纳裂陷阶段后期所形成的毕福特群为蓝绿、黄色砂岩及红色泥岩，厚3000 m。表明仍为潮湿温热的陆相环境，但红色泥岩的出现表明气候已转向干热。南非地区摩尔泰诺（Molteno）组下部为含煤沉积、中部为红层、上部为砂岩，交错层发育，其上被侏罗纪玄武岩覆盖。

早中侏罗世，包括莫桑比克在内的非洲大陆中南部主要形成沙漠相风成砂岩，同时又有大量的玄武岩喷发，组成卡鲁超群最上层位，气候干热。之后卡鲁盆地隆起剥蚀，表明冈瓦纳大陆已初步走入解体阶段，具有划时代特点。中晚侏罗世非洲东北岸有海水侵入，见稳定性海相沉积，以碳酸盐为主，表明为温暖气候。在非洲中北部的刚果盆地及撒哈拉沙漠广泛出现富含化石及含煤陆相沉积。需说明的是，早中侏罗世是亚洲大陆一个重要的成煤期。欧洲及北美主要发生海进，其气候和地形分异并不明显，基本无煤形成。

白垩纪整个非洲发生大规模的海陆漂移，海陆变迁明显。晚白垩世海泛范围变大，海水侵入到非洲大陆腹地，形成灰岩、白垩及泥灰岩。赋煤地层主要出现非洲西部几内亚湾的尼日利亚及非洲东部的马达加斯加岛。而非洲中北部的干旱气候依然存在，这与其处于赤道附近有关。

第三纪非洲北缘主要属滨海~陆棚相，利于成油而不利于成煤。东非的埃塞俄比亚、肯尼亚、坦桑尼亚、莫桑比克出现东非大裂谷，其中有大量基性火山喷发并形成一系列断裂湖，一直延续至今。莫桑比克及南部非洲主要形成热带植物，属干旱区。

第四纪主要形成陆相沉积及火山碎屑岩，以坦桑尼亚奥尔都威峡谷（Olduvai Gorge）最为典型，从已测剖面可看出，第四纪东非地区属潮湿与干燥气候交替出现的地区。

从上述内容不难看出，本区有利于成煤的气候环境主要发生在二叠纪。二叠纪是莫桑比克及南部非洲的主要成煤期。在三叠纪和晚侏罗世，南部非洲也有成煤环境存在，但不是主要的。

总之，莫桑比克含煤地层受冈瓦纳期地堑构造控制，形成于陆相河流湖泊环境之中，分布于北部老地块的边部或构造薄弱带。

二、矿产资源

莫桑比克拥有丰富的煤炭资源（特别是焦煤资源），还有金、钛、钽、铌、铝、铜、铁、金刚石、各类宝石（海蓝宝石、蓝线石、电气石、石榴子石和铯绿柱石）、硅藻土、盐、石墨、天然气、石油和铀等，共计有16种之多且多数已被开发利用。莫桑比克主要矿产分布如图11-2-10所示，产量统计见表11-2-2。

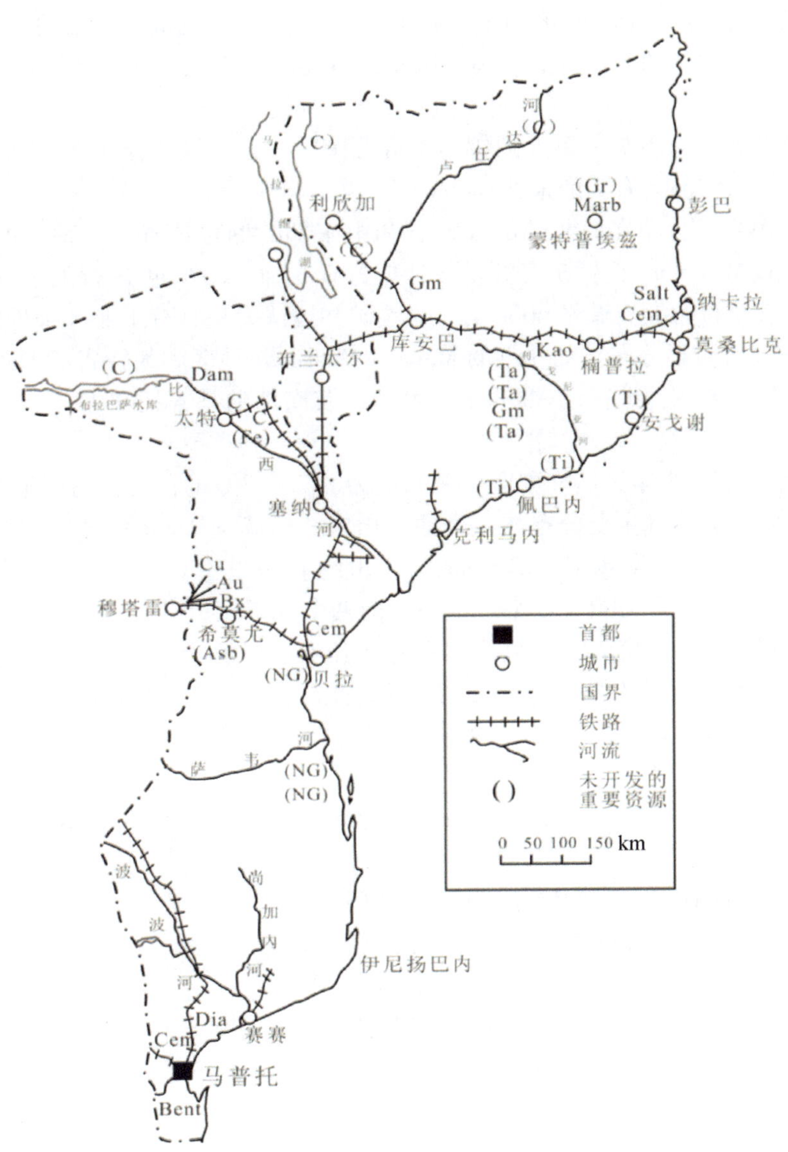

图11-2-10 莫桑比克主要矿产分布图（中国地质调查局，2011）

上述矿产中，钽、煤和钛资源在世界上占有重要地位。钽储量基础 750 万 t，名列世界首位。煤炭储量基础 10 Gt（宋国明，2004；中国地质调查局，2011），占整个非洲已探明储量（32 Gt）近 1/3（爱森哲报告，2011；US Department of the Interior，US Geological Survey，2012；US Department of the Interior，US Geological Survey，2013），主要分布于北部太特省、尼亚萨省、德尔加多角省和马尼卡省。2011 年，整个非洲的探明煤储量约占世界探明煤储量的 3.8%（BP，2013），其中，莫桑比克的探明储量仅次于南非。2008 年钛铁矿储量（TiO_2）为 1600 万 t（储量基础 2100 万 t），位列世界第 8 位，主要分布在东部沿海地区的赞比西亚省和楠普拉省。金矿资源主要产在中西部马尼卡镇太古代和早元古代绿岩带中，估计金储量超过 53 t；铁矿资源主要分布在中西北部的太特省和中东部的楠普拉省，铁矿资源量估计超过 5 亿 t。钽、铌储量约 750 万 t。沿岸的油气田 2008 年天然气剩余可采储量为 127.427 Gm^3，在非洲居第 6 位。铝土矿储量约 613 万 t，主要分布在中西部的马尼卡省；石墨主要产在基底变质岩中，集中分布在德尔加杜角省的安卡阿贝（Ancuabe）地区。

（一）储量与分布

（1）金：莫桑比克的金矿资源主要赋存于太古代和早元古代绿岩带中，产在太古代绿岩带中的金主要分布在与津巴布韦交界地区，其中，马尼卡省较为集中，估计金储量超过 53 t；产在早元古代绿岩带中的金主要分布在西北部尼亚萨省。

（2）钛铁矿和金红石：钛铁矿储量（TiO_2）为 1600 万 t（储量基础 2100 万 t），占世界总量的 2.4%，位列世界第 8 位。金红石储量 48 万 t（储量基础 57 万 t），占世界总量的 1.1%。钛铁矿主要分布在赞比西亚省和楠普拉省，楠普拉省的莫马矿床是最重要的矿床之一，估计钛铁矿的矿石总储量超过 0.6 Gt。

（3）铌、钽：莫桑比克是世界上重要的铌、钽资源国之一，钽铁矿储量约 750 万 t，主要分布在赞比西亚省。钽、铌产在与伟晶岩有关的地质体中。

（4）铁：铁矿资源主要分布在西北部的太特省和中东部的楠普拉省。太特省的 2 个磁铁矿 - 钛铁矿区（Singore 和 Grupo Massamba）铁矿资源量估计超过 0.5 Gt。2006 年进行的一项地质研究表明，莫桑比克中东部的楠普省埃拉蒂拥有储量 6000 万 t 的铁矿并被认为是具有工业开采价值的。

（5）金刚石：金刚石主要分布在加扎省的 Mapai - Massingir 地区和太特省的 Doa 地区，已经发现的矿床主要为砂矿，此外，在该国北部的 Maniamba 盆地以及南部的马普托和加扎省有迹象显示原生金伯利岩的存在。

（6）石油和天然气：2008 年天然气剩余可采储量为 127.427 Gm^3，在非洲居第 6 位。主要分布在东部省份及沿海地区。陆上天然气主要分布在 3 个油气田中：潘德（Pande）气田的储量估计超过 2.1 万亿立方英尺（约合 59.43 Gt），泰玛尼（Temane）气田约有储量 1.0 万亿立方英尺（约合 28.3 Gt），Buzi 气田的可采储量在 100 亿立方英尺水平范围内。前两个气田储量丰富，质量好。莫桑比克还拥有潜在的石油资源，根据官方公布的资料，在莫桑比克的加扎省、伊尼扬巴内省、索法拉省、赞比西亚省、楠普拉省和德尔加杜角省境内以及相关的海域，除蕴藏着天然气还有石油资源。

（7）煤炭：莫桑比克煤炭储量约 30 Gt。煤主要产在下二叠统爱卡群中，主要分布在西北部的太特省。

（8）铝土矿：储量约 613 万 t，主要分布在中西部的马尼卡省。

（9）石墨：主要产在基底变质岩中，主要分布在德尔加杜角省的 Ancuabe 地区。

（二）开发现状

莫桑比克矿业产值占国内生产总值的 1.1%，目前生产的主要矿产品包括煤、天然气、铝、金、铌、钽、各类宝石（铯绿柱石、海蓝宝石、电气石、海蓝宝石、铯绿柱石、石榴子石和蓝线石）、盐、硅藻土和建筑材料（水泥、砾石、石灰石、大理石和砂）等。

2010 年，莫桑比克的铝、绿宝石、钛铁矿、钽及锆等矿产在世界矿产品生产中具有举足轻重的地位。钽出口占世界出口量的 16%，钛铁矿占 6%，锆占 3%，铝和绿宝石各占 1%。国内水泥和天然气生产占重要地位。

莫桑比克资源出口趋势如图 11 - 2 - 11 所示，从图中可以看到资源出口一直呈上升趋势，预计这种趋势一直会延续到 2020 年。

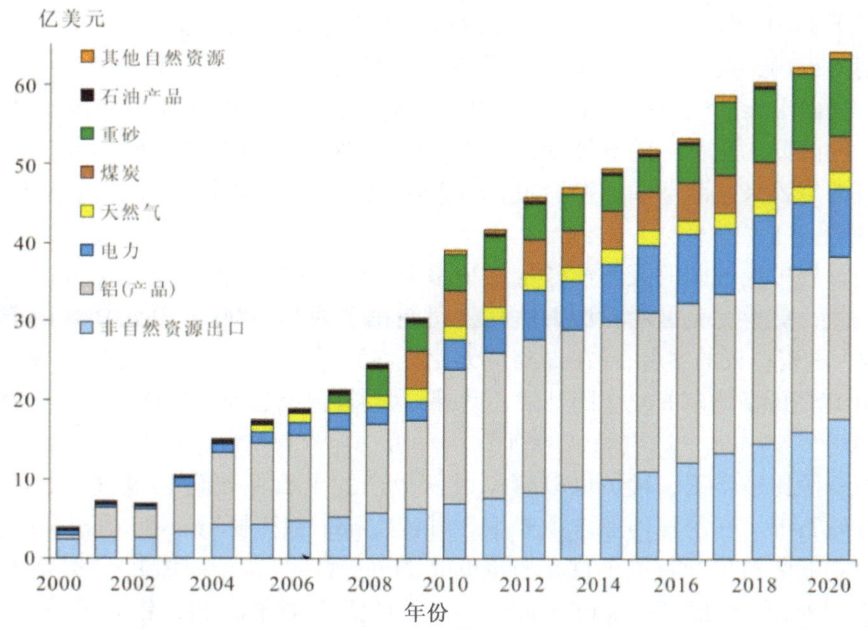

图 11-2-11　莫桑比克资源出口趋势

1. 天然气

莫桑比克是非洲重要的天然气生产国之一，2008 年产量为 3.069 Gt，比上一年增长 11.6%，主要的生产气田是泰玛尼，经营者是南非的萨索尔（SASOL）公司。生产的天然气主要通过长达 865 km 的输气管道输往南非的化工厂。

表 11-2-2　莫桑比克主要矿产产量统计表

产　品	单位	2004 年	2005 年	2006 年	2007 年	2008 年	2009 年	2010 年	2011 年
铝土矿	t	6723	95181	1069	8650	5433	3612	12000	
精炼铝	10^4 t	54.9	55.5	56.4	56.4	53.6	54.5	55.7	
煤（烟煤）	t	16525	34170	40953	23602	37700	25924	96000	3000000
天然气	10^6 m^3	1309	2340	2689	2751	3069	2803	3130	
盐	t	80	140	150	110	110	110	110	
绿柱石	t	45.2	146	16.4	30.6	7.6			
硅藻土	t	1300	1300	1300	651	379		4800	
海蓝宝石	kg	18	16	14	14	14	492	50	
蓝线石	t	113	10	664	63	60	84	55	
石榴子石	kg	2686	2172	5730	8887	8900	2648	8000	
红绿宝石	kg	—	1750	2052	2613	7274	2600	5000	
电气石	t	1.57	0.245	25.14	31	32	2902	4500	
金	kg	56	63	85	97	298	511	80	
铌钽（精矿）	t	712.1	281.2	95.1	196.4	395.6	404.7	430	
铌（金属）	t	51	20	6.8	14	28	29	31	
钽（金属）	t	205	81	27	56	110	113	120	
钢（半成品）	10^4 t	—	—	—	—	2.1	2	3.5	
钛铁矿（精矿）	10^4 t	—	—	—	14.05	3.29	47.15	80	
金红石（精矿）	t	—	—	—	8782	6552	1800	4700	
锆石（精矿）	10^4 t	—	—	—	2.63	3.3	2.11	3.71	

数据来源：US Department of the Interior and US Geological Survey，2013

英国石油公司于1961年在莫桑比克南部伊尼扬巴内省境内发现潘德和泰玛尼天然气田。但是，由于当时尚未找到销售市场，英国石油公司放弃了两个天然气田的租用和开发。1994年世界银行在一份调研报告中指出，这两个天然气田生产的天然气可以出口到南非。2003年，建成了从潘德和泰玛尼通往南非瑟孔达地区的萨苏尔化工厂的输气管道并于2004年第一季度开通，向南非出口天然气。这一阶段天然气生产项目的贷款来自南部非洲发展银行（2500万美元）、法国开发署（2400万美元）和欧洲投资银行（1200万美元）。

莫桑比克正在计划扩大该国的天然气产量。2010年5月24日，依照与法国开发署和南部非洲发展银行签署的协议条款，莫桑比克国营石油天然气公司获得了两笔5000万美元贷款用于提高莫桑比克的天然气产量。这两个融资协议的签署,旨在提高莫桑比克在开采伊尼扬巴内省潘德与泰玛尼天然气矿项目中的股份,此项目由南非的萨索尔石化集团开发。此外,这些贷款也是为了支持莫桑比克使用清洁能源。

2. 宝石

莫桑比克宝石资源比较丰富，种类也较多，目前生产的宝石主要包括电气石、海蓝宝石、绝绿柱石、石榴子石和蓝线石等。在赞比西亚省主要生产海蓝宝石、绝绿柱石、电气石和其他宝石。在太特省主要生产蓝线石，尼亚萨省生产石榴子石。Sociedade Mineira de Cuamba E. E公司是该国石榴子石的主要生产商，主要在尼亚萨省的库安巴（Cuamba）开采镁铝石榴子石和铁铝石榴子石，2007年产量为8887 kg，比上一年增长55.1%。Noventa有限公司是莫桑比克最大的绝绿柱石生产商，2008年在马尔罗比诺矿开采出7274 kg绝绿柱石，远远超过2007年的2613 kg。除几个较大的公司外，莫桑比克还有大量的个体宝石开采者，大多是无证开采，不在当局控制范围之内。如近几年，马尼卡省巴吕埃县（BARUE）发现宝石后，大量外国人涌入该地区非法套购。当地政府已派警力进入该地区制止非法采掘并没收非法采掘的宝石。

3. 钛、锆

莫桑比克是世界上重要的钛铁矿生产国之一，2008年钛铁矿产量为32.89万t，比上一年增长134%，约占世界总量的2%；金红石产量为6552 t，比上一年减少25.4%；锆精矿产量为3.3万t，比上一年增长25.2%，约占世界总产量的2%。上述矿产品主要产自楠普拉省的莫马矿，经营者是爱尔兰肯梅尔资源公司（Kenmare Resources Plc.）。截至2008年底，莫马矿的钛铁矿的矿石保有储量约为0.634 Gt，品位为3.3%。莫马矿的设计产能为年产80万t钛铁矿、2.1万t金红石和5.6万t锆精矿。

4. 铝

莫桑比克铝土矿产量不高，每年约1万t，由于能源供应不足，产量降幅较大，2008年仅为5443 t，比上一年下降37.1%。铝土矿主要产自中部马尼卡省的Moriangane，产品主要出口到邻国津巴布韦。

5. 金

莫桑比克金产量不高，每年产量在600～900 kg。2008年官方报道的数字仅为298 kg。主要矿山位于马尼卡省，经营者是Agrupamento Mineiro公司，其他产量主要来自马尼卡省的个体采金者。

6. 铁

莫桑比克目前还不产铁矿石，但是在太特省有两个潜在的铁矿石开发项目。澳大利亚Baobab公司对这两个地区进行了勘探，后来由于某些原因暂停。2010年2月22日莫政府网站报道，Baobab矿业公司计划于2010年3月初恢复在莫桑比克太特省的磁铁矿与钛铁矿的探矿项目，继续钻探。该项目包括2个磁铁矿－钛铁矿区，即南部的Singore和北部的Grupo Massamba。总面积达632 km^2，根据已经报道的资料，两个矿区储量估计分别在47.70 Mt和0.4～0.7 Gt。Grupo Massamba是Baobab公司进行勘探活动的主要区域，包括5个勘探区块，分别为Chitongue Grande、Pequeno、Caangua、Chimbala以及South Zone。

7. 铌－钽

莫桑比克是世界上重要的铌－钽生产国之一。2008年产铌－钽矿石359.6 t，其中含铌28 t、含钽110 t。钽产量占世界总量的9.4%。国内最大的铌钽矿山位于莫桑比克赞比西亚省的马尔罗比诺，经营者是Noventa有限公司（Highland African Ventures Ltd占36.7%），2008年产铌－钽精矿65.13 t，远小于其91t的预定目标，主要原因是低品位和低回收率以及电力不足。Noventa公司计划将该矿山的产能扩大到205～250 t(Ta_2O_5)/年。矿山寿命为6年。马尔罗比诺矿雇用了约380名员工，2009年初该矿山由于电能短缺及国际金融危机影响，生产成本增加，进而关闭。国家电力短缺加之柴油价格上涨，导致该铌－钽矿二期扩大产能项目延迟。

三、其他自然资源

莫桑比克自然资源和矿产资源分布如图11－2－12所示。除矿产资源较为丰富外，莫桑比克其他资源也比较丰富。如森林资源在莫桑比克出口中占比较重要的地位，林业已初步开发，木柴已是主要的出口商品之一。另外木材在莫桑比克也是重要的燃料，可占能源消费的81%（Cuvilas，2010）。

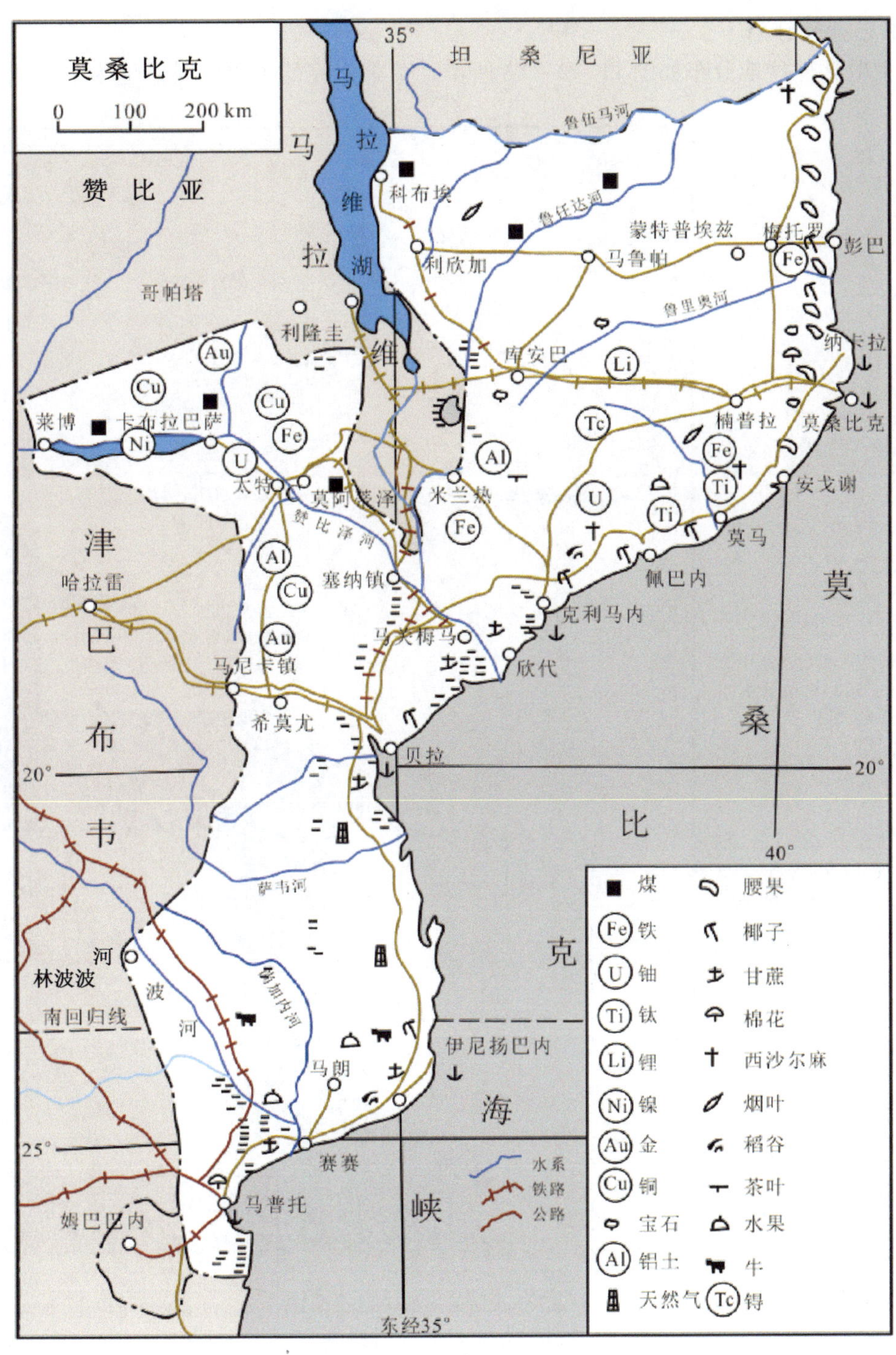

图11－2－12 莫桑比克自然资源和矿产资源分布略图（中国地质调查局，2011）

森林面积约占全国面积的1/4，有红木、黑檀木、花梨木、铁木、檀香等贵重林木，北部森林面积占全国总面积24.4%。

莫桑比克水力资源比较丰富，座落在赞比泽河上的卡布拉巴萨水电站装机容量为207.5万kW，是非洲第一大发电站，世界第七大水电站，提供全国约近50%的电力，90%输往南非，其次输往津巴布韦。莫桑比克电力供应充足。

莫桑比克主要粮食作物是木薯、玉米、稻谷、大豆，主要经济作物是棉花、腰果、甘蔗、茶叶、椰子、剑麻。莫桑比克又被称为腰果之乡，盛产对虾及贝类水产品。

四、煤炭资源

（一）资源总量及分布

莫桑比克主要含煤盆地分布如图11-2-13所示，莫桑比克的主要含煤盆地为下赞比泽盆地、尼亚

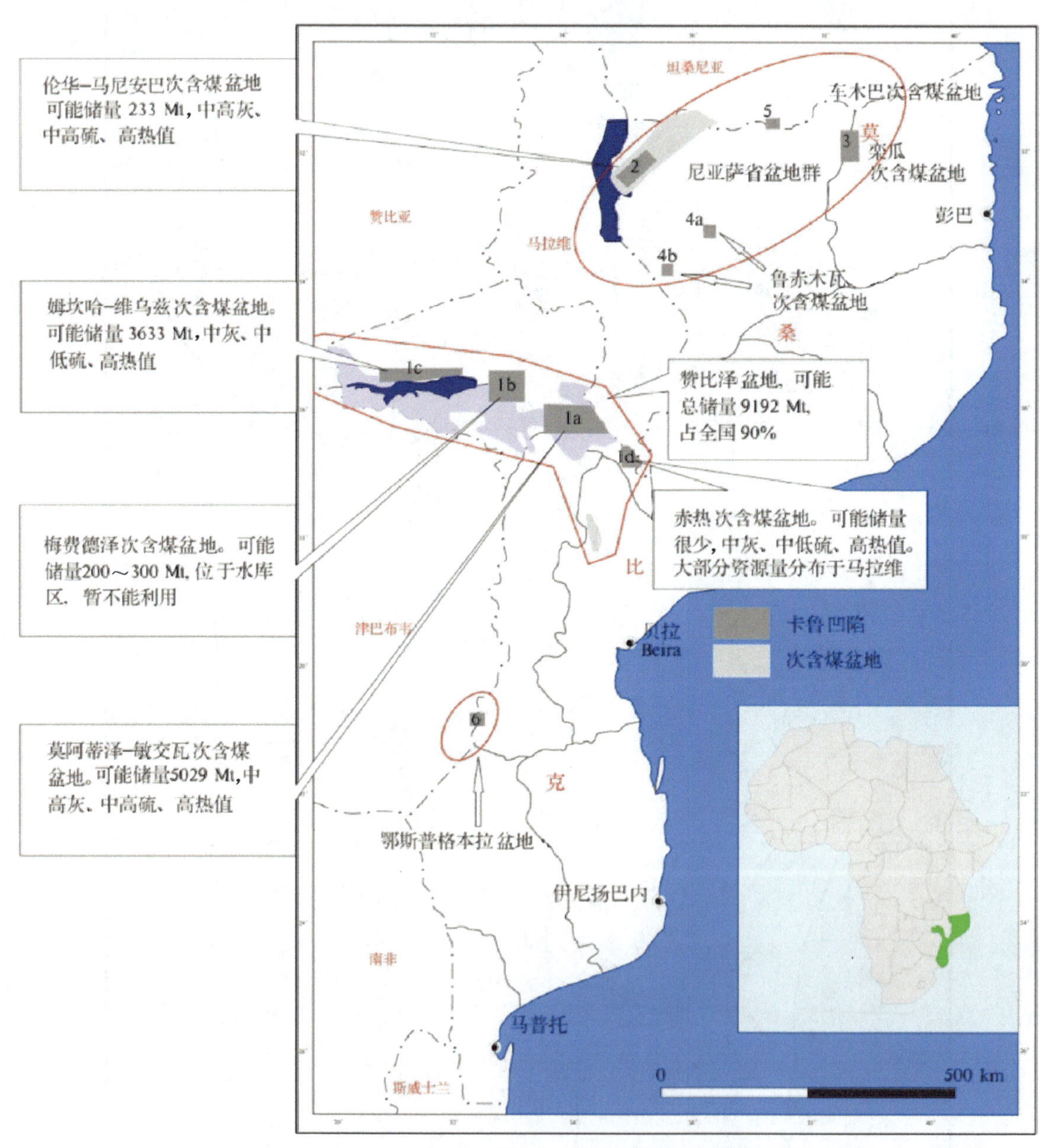

1—赞比泽盆地；1a—莫阿蒂泽-敏交瓦煤田；1b—梅费德泽煤田；1c—姆坎哈-维乌兹煤田；1d—赤热煤田；
2~5—尼亚萨盆地群；2—伦华-马尼安巴煤田；3—栾瓜煤田；4a、4b—鲁赤木阿煤田；
5—车木巴煤田；6—鄂斯普噶本拉含煤盆地

图11-2-13 莫桑比克主要含煤盆地（Afonso，2008）

萨盆地群和鄂斯普嘎本拉盆地。下赞比泽盆地是最重要的含煤盆地，煤炭资源主要集中在该盆地的3个煤田里，分别是位于下赞比泽盆地东部的莫阿蒂泽—敏交瓦煤田、三安宫煤田及西部的姆坎哈—维乌兹煤田，总储量达9.5 Gt，占全国总储量的95%（Verniers et al，1999；Spalding，1999；Cairncross，2001；Lopo，2009）。

莫桑比克主要煤矿位于北部，大部分分布于太特省，其次为尼亚萨省，尼卡省南部也有少量分布。根据相关资料可知，莫桑比克的储量约10.225 Gt，储量约0.265 Gt。动力煤占25% ~30%，焦煤占70% ~75%。

莫桑比克含煤盆地的煤质情况和资源量总结见表11－2－3、表11－2－4。从表11－2－3中不难看出，莫桑比克太特省下比泽盆地是煤富集区，尼亚萨省盆地群是煤次富集区。太特省的煤以中高灰分、中高发热量、变化的硫为特征，含部分焦煤；尼亚萨省煤以高灰、中高热、变化的硫为特征，基本不含焦煤，含储量高，已达工业品位。

表11－2－3 莫桑比克煤田及煤矿的煤质

含煤盆地（煤矿）	莫阿蒂泽	中西煤矿	尼坎德兹	敏交瓦	姆坎哈－维乌兹	鄂斯普噶本拉	梅探古拉
灰分/%	20（8 ~22，最高45）	35 ~45	24	35 ~38	8.28 ~22.05（最高49）	最高42	31.6 ~85.3
挥发分/%	平均18（22 ~33）			37 ~60	20.00 ~32.97（最高35）	14 ~19	无资料
硫/%	1.0 ~2.0	1 ~2.5	1	1.5	0.70 ~1.00		0.3 ~3.5
水分/%	平均2.0（1.0 ~10）		8	1.3			1.8 ~2.6
含碳量/%	49（44 ~59）	32 ~36			44.75 ~58.90		
发热量/（$kcal \cdot kg^{-1}$）	平均6800（4800 ~7200）	3780 ~5000	6000	5440 ~7800	平均6600（840 ~7220）		3536 ~5904
备　注	中灰、中高硫、高热，为(焦煤)主含煤盆地	高灰、中高硫、中高热,为(焦煤)主含煤盆地	中灰、中硫、高热	高灰、中高硫、高热	中灰、中低硫、高热		中高热、高灰、硫变化大

数据来源：Afonso 2008；Lopo，2009

表11－2－4 莫桑比克含煤盆地及煤田的概略储量

盆地/煤田	概略储量/Mt	覆盖层/m	备　注
莫阿蒂泽－敏交瓦煤田	5029	300	莫阿蒂泽煤矿3100 Mt；敏交瓦煤矿1900 Mt，中西煤矿29 Mt；尼坎德兹仅有控制和推断资源量
梅费德泽煤田	3633	300	
姆坎哈－维乌兹煤田	200 ~300	300	位于水库区
赤热煤田	250 ~300		多位于马拉维
小　计	9192		
伦华－马尼安巴煤田	233		
栾瓜煤田（盆地）	(?)		
鄂斯普噶本拉含煤盆地	极其有限		
其他盆地	800		
总　计	10225		
可采储量	265		1999年资料

数据来源：Afonso 2008；Lopo，2009

（二）煤种及煤质

莫桑比克的煤种以烟煤为主，有少量无烟煤产出，挥发分变化较大。镜质组分多于惰质组分，壳质较低，灰分高，矿物组分与有机质密切共生，洗选较为困难（Lopo，2009）。

1. 煤岩特征

本区煤岩学资料较缺乏，仅用Lopo（2009）的研究成果加以介绍：

（1）梅探古拉煤田：矿物质含量高（28% ~48%）、镜质组含量变化较大（36% ~51%）、壳质组含量低（1.9% ~2.5%）。

（2）下赞比泽盆地煤矿：位于太特省，总体特点为富镜质、低壳质、低惰质。在莫阿蒂泽—敏交瓦—穆塔拉拉缺乏壳质，富镜质。莫阿蒂泽本戈矿赤潘加层镜质体含量顶部为72%、中部为77% ~78%、底部为72% ~79%。下赞比泽盆地煤矿的组分特征如图11－2－14所示。

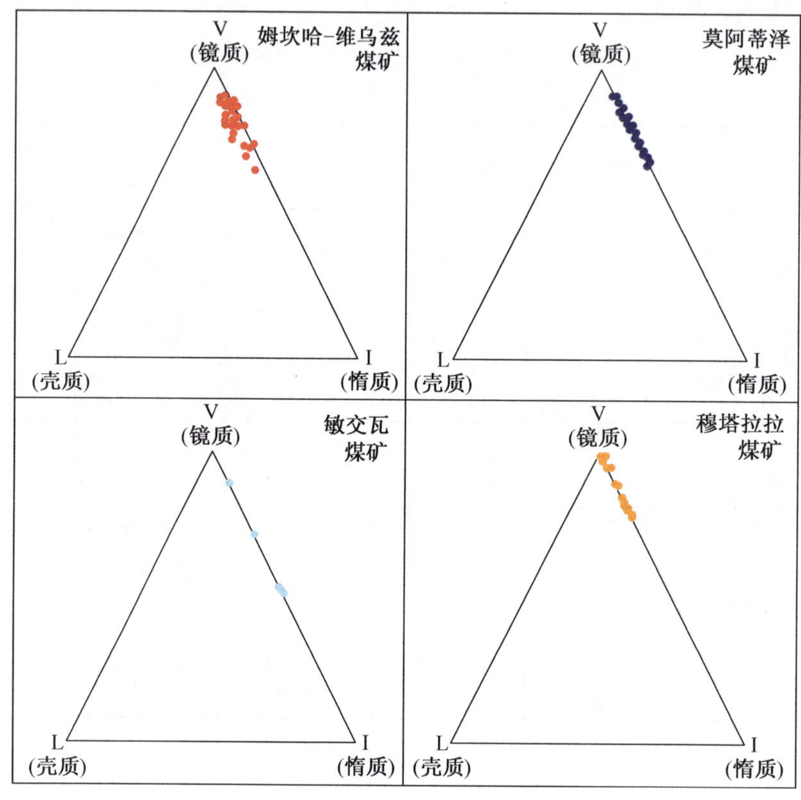

图11－2－14　下赞比泽盆地煤矿的组分特征（Lopo，2009）

莫阿蒂泽煤矿煤显微组分及显微类型见表11－2－5、表11－2－6，可知其属于富镜质、低惰质、低壳质煤岩类型。

表11－2－5　莫阿蒂泽盆地煤田显微煤岩类型

样本号	镜质组（VITRINITE）					惰性组（INERTINITE）							矿物质（MINERAL MATTER）					
	Telo－		Detro－		V	Fu	Sf	Fg＋Se	Ma	Mi	Id	I	Cl	CO	Su	Qz	Ot	M
	Te	Ct	Cd	Vd														
Ch3	＜1	60	10	3	75	12	4	＜1	tr	＜1	4	21	4	tr	＜1	＜1	＜1	4
Ch8	1.8	55	10	3	71	11	5	＜1	＜1	＜1	4	21	5	＜1	tr	＜1	＜1	7

注：Te—Telinite（结构镜质体）；Ct—Collotelinite（无结构镜质体）；Cd—Collodetrinite（基质镜质体）；Vd—Vitrodetrinite（碎屑镜质体）；Fu—Fusinite（丝质体）；Sf—Semifusinite（半丝质体）；Fg—Funginite（真菌体）；Se—Secretinite（分泌体）；Ma—Macrinite（粗粒体）；Mi—Micrinite（微粒体）；Id—Inertodetrinite（碎屑惰质体）；Cl—Clay（黏土）；CO—Carbonate（碳酸盐岩）；Su—Sulphide（硫质）；Qz—Quartz（石英）；Ot—other minerals（其他物质）。

数据来源：Lopo，2009

表 11-2-6 莫阿蒂泽盆地煤田煤素质

	MONOMACERALS（单组分）							BIMACERALS（二重组分）	CARBOMINERITE/MINERITE（显微矿化类型/显微矿质类型）						
	VIT	INT	FUS	IDT	MAC	SFU	SCL	VTI	CMI	CAK	CAR	CPM	CPY	CSI	MIN
Ch3	65	13	10	<1	<1	2	1	13	8	tr	6	2	<1	<1	1
Ch8	59	15	9	<1	tr	4	<1	15	9	<1	6	2	<1	<1	2

注：VIT—Vitrite（镜煤）；INT—Inertite（微惰煤）；FUS—Fusite（乌煤）；IDT—Inertodetrite（微碎屑惰性煤）；MAC—Macroite（粗粒体煤）；SFU—Semifusite（半丝质煤）；SCL—old Sclerotite（旧微菌核煤）；VTI—Vitrinertite（微镜惰煤）；CMI—Carbominerite（显微矿化类型）；CAK—Carbankerite（碳铁白云母）；CAR—Carbargillite（炭质泥岩）；CPM—Carbopoliminerite（微复矿质煤）；CPY—Carbopyrite（碳黄铁矿）；CSI—Carbosilicite；MIN—Minerite（显微矿质类型）。

数据来源：Lopo，2009

2. 煤级

深度是决定该区煤级的决定因素。深度增加，地热梯度增加，煤级增加。如莫阿蒂泽矿 Grande Falésia 层煤镜质组反射率为 1.28%，深部 Sousa Pinto 层的为 1.51%。敏交瓦矿煤镜质组反射率为 1.36% ~1.43%。姆坎哈-维乌兹煤田煤级低于莫阿蒂泽，煤镜质组反射率为 1% ~1.1%，本戈煤镜质组反射率为 1.16% ~1.37%，上部煤镜质组反射率 1.16%、中部为 1.27% ~1.29%，下部为 1.27% ~1.37%。穆塔拉拉煤矿煤镜质组反射率为 1.93% ~3.86%，为无烟煤。梅探古拉煤田选洗后挥发分为 27.2% ~32.2%(ad)、灰分 22%(ad)、湿度 1.8% ~3.0%，发热量为 30.19 ~33.2 MJ/kg，硫含量为 1.3% ~1.4%。太特省煤级见表 11-2-7，该省煤级随深度变化特征如图 11-2-15 所示。

表 11-2-7 太特省煤级

地　　区	煤镜质组反射率 R_o/%	煤　　级	
姆坎哈-维乌兹	1 ~ 1.1	HVB - MVB	B 烟煤
莫阿蒂泽	1.28 ~ 1.51	MVB - LVB	B 烟煤 - A 烟煤
本戈	1.16 ~ 1.37	HVB - MVB	B 烟煤
敏交瓦	1.36 ~ 1.43	MVB - LVB	B 烟煤
穆塔拉拉	1.9 ~ 3.86	LVB - ANT	B 烟煤 - A 无烟煤

数据来源：Lopo，2009

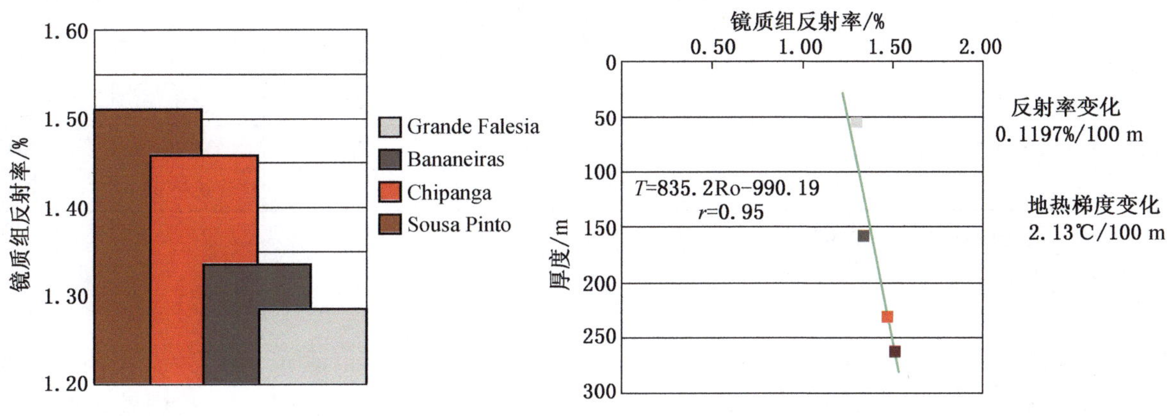

图 11-2-15 太特省煤级随深度变化特征（Lopo，2009）

3. 煤质

本区煤以中高灰分（20%～42%）、中高硫（0.7%～3.2%）、中高热值（3780～7200 kcal/kg）为特点。

赤潘加层原煤煤质参数见表11－2－8，经洗煤可产生部分焦煤，同时动力煤的煤质也显著变好。赤潘加层2A段产品煤（焦煤）煤质见表11－2－9。

表11－2－8　赤潘加层原煤煤质

参　数	煤层	下赤潘加地层		上赤潘加地层		全部赤潘加地层	
		25×10 mm	10×0.5 mm	25×10 mm	10×0.5 mm	25×10 mm	10×0.5 mm
9%灰分时的平均产率（相当于焦煤产品）/%	1	30.7		32.6		32.4	
	2A	23.9		34.3		27.0	
22 MJ/kg时的平均产率（相当于动力煤产品）/%	1	38.9		40.0		37.3	
	2A	33.8		37.5		33.7	
水分/%（ad）	1	0.6	0.6	0.6	0.6	0.6	0.7
	2A	0.7	0.8	0.9	0.9	0.8	0.8
灰分/%（ad）	1	43.3	29.8	43.1	29.7	43.4	30.4
	2A	42.5	32.3	48.1	38.3	48.0	37.6
挥发分/%（ad）	1	13.7	13.5	15.5	17.8	15.7	18.2
	2A	17.0	19.2	14.8	16.6	15.4	17.3
固定碳/%（ad）	1	42.4	54.1	40.8	51.9	40.3	50.7
	2A	39.8	47.7	36.2	44.1	35.8	44.3
高位发热量/（$MJ \cdot kg^{-1}$）(ad)	1	18.64	24.19	18.90	24.36	18.61	23.93
	2A	18.76	22.97	16.52	20.52	16.53	20.79
全硫/%（ad）	1	1.01	0.96	0.88	0.91	0.82	0.86
	2A	0.69	0.86	0.89	1.03	0.71	0.82

注：25×10 mm表示粒级。

数据来源：Lopo，2009

表11－2－9　赤潘加层2A段产品煤（焦煤）煤质

参　数	下赤潘加地层		上赤潘加地层		全部赤潘加地层	
	焦煤	动力煤	焦煤	动力煤	焦煤	动力煤
水分/%（ad）	0.7	0.7	0.8	0.8	0.8	0.8
灰分/%（ad）	9.0	35.0	9.0	34.7	9.0	34.8
挥发分/%（ad）	23.6	17.7	23.0	16.8	23.3	17.2
固定碳/%（ad）	66.7	46.6	67.2	47.4	66.9	47.2
高位发热量/（$MJ \cdot kg^{-1}$）(ad)	32.74	22.00	32.67	22.00	32.70	22.00
全硫/%（ad）	0.78	0.58	1.14	0.75	0.95	0.66

注：灰分小于9%、粒度10×0.5 mm、发热量22 MJ/kg。

数据来源：Lopo，2009

本戈产品煤质量参数：焦煤的挥发分21.8%（ad）、灰分10.5%、镜质体81%，镜质体反射率1.4%，膨胀系数8.5；动力煤的挥发分20%（ad）、灰分22%（ad）、湿度0.8%，发热量6390 kcal/kg（26.75 MJ/kg）。

总体说来，莫桑比克二叠纪煤属低中挥发分的烟煤，局部挥发分较高，也有少量无烟煤，硫含量总体中等（约 1%），局部硫较高，煤炭通常需要洗选，产出焦煤和动力煤，但梅探古拉焦煤析出率很低。

第二节　煤　炭　工　业

一、煤炭开发历程

1950—1970 年，莫阿蒂泽矿山开始地下开采，共有 5 个矿井。1960—1980 年，巴西地质调查所在卡布拉巴萨湖北岸进行工程地质钻探，同时了解煤层分布特点。1980 年，瑞典煤炭开发局首次在尼坎德兹地区进行勘探，施工钻孔 11 个，同时进行地质与地球物理填图。莫桑比克 1∶250000 填图范围及分幅编号如图 11－2－16 所示。

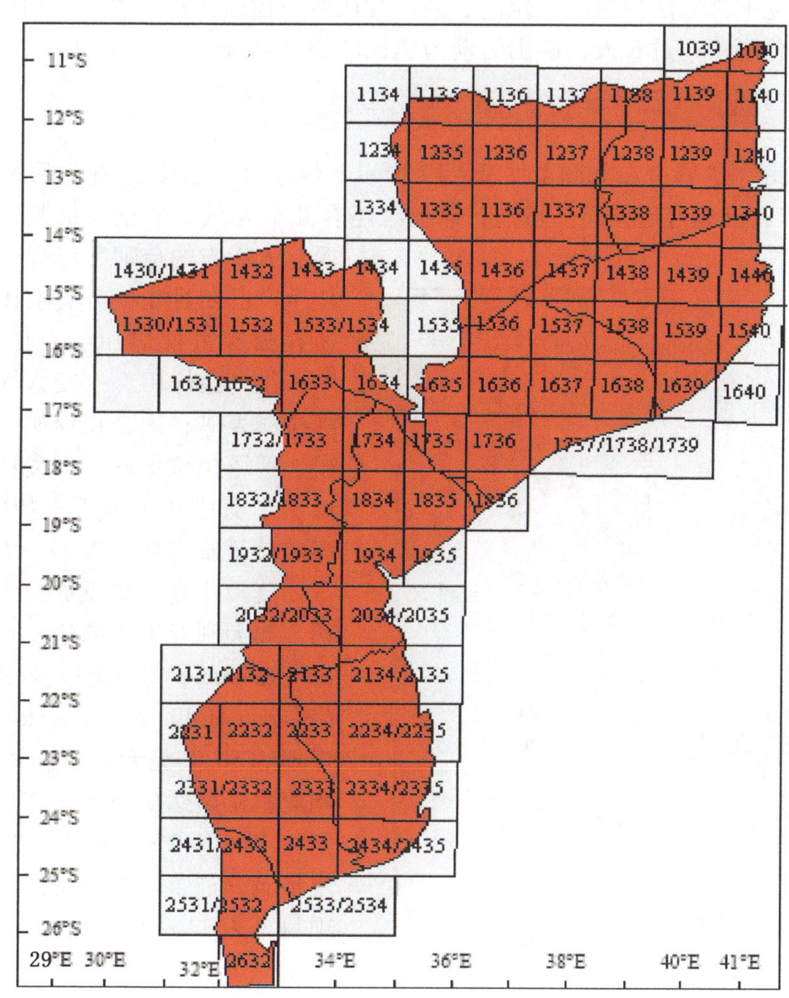

图 11－2－16　莫桑比克 1∶250000 填图范围及分幅编号（Yrjö et al.，2008）

1964—1992 年，因战乱主要煤炭工作停止。

2004 年，巴西淡水河谷公司力拓（Rio Tinto）、必和必拓（BHP）和英美资源（Anglo American）公司取得莫阿蒂泽矿山开采权，大大促进了该区煤炭工业的发展。

长期以来，莫桑比克煤炭开采水平较低，2010 年以前，煤炭产量不高，每年产煤 3 万～4 万 t。2008 年产量为 3.77 万 t，2010 年产量则提高到 9.6 万 t，主要为烟煤。随着大量煤资源的发现以及政府的支持，莫桑比克将很快成为非洲煤炭重要生产国。近 10 年来，莫桑比克就在太特省发放煤炭勘查证 140 个，约 40 个境内外公司参与其中，2011 年，太特 95% 的矿产证被 40 个不同的公司持有。2011 年仅巴西淡水河谷公司煤矿产煤就达 1.4 Mt，大部用于出口和发电。矿山寿命 35 年。2011 年全国煤产量增长迅速，约达318万t。

相对其他国家，莫桑比克焦煤因其煤种结构特点近些年受到大量国际矿企的关注，他们采取焦煤开采、铁路运输、港口外运的一体化贸易模式。莫阿蒂泽盆地是莫桑比克知名度最高的含煤盆地，过去在此地已开展了若干次地质调查，估计储量为数十亿吨。据统计，莫桑比克的煤炭储量中动力煤占25%～30%，焦煤占70%～75%（Johannes，2012）。

中国、日本、巴西和印度市场是重要的煤出口对象。随着中印两国钢铁需求量的不断增长，焦煤进口量也随之大涨。为了确保供应，在莫桑比克的煤炭勘探项目中，印度公司也参与其中。澳大利亚里佛斯达（Riversdale）矿业公司在莫桑比克的本戈煤炭开采项目中就有印度塔塔钢铁公司35%的股份。

目前，运量不足及劳动力缺乏是制约该国煤炭发展的瓶颈，运输是阻碍莫桑比克煤炭开发及出口的首要问题。受自身地理条件所限，莫桑比克想要通过货轮将煤炭出口到较远的国家十分困难。莫桑比克政府计划扩建莫桑比克中部索法拉省的贝拉港、通过赞比西河运送太特省煤炭。前已述及，由于北部矿区人烟稀少，每平方公里不超过5人，矿山劳动力也比较缺乏（Spalding，1999）。

二、主要煤矿及项目

莫桑比克主要煤田（矿）分布如图11－2－17所示，煤主要产自太特省莫阿蒂泽地区的赤潘加XI煤矿，该矿山2010年起已属灯塔公司。目前，该地区还有几个大型煤矿正在加紧建设，其中包括位于西北太特省的莫阿蒂泽煤矿和本戈煤矿，2011年生产已初具规模。莫桑比克其他煤田及煤矿还有梅探古拉煤田、卢任达河畔煤田、姆坎哈—维乌兹煤田、三安宫煤田、斯歌煤矿、木阿拉泽煤矿、敏交瓦煤矿、尼坎德兹—中西煤矿、穆塔拉拉煤矿、木泼特泼特煤矿等，共计12处，其中9个位于太特省的赞比泽盆地中。煤矿储量及煤种见表11－2－10。

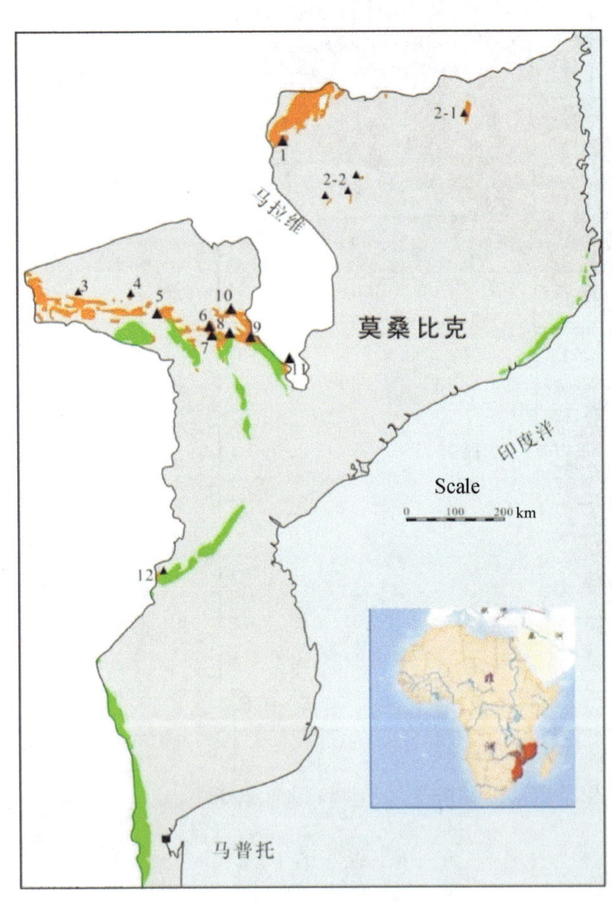

1—梅探古拉煤田；2—卢任达河畔煤田；3—姆坎哈－维乌兹煤田；4—斯歌煤矿；5—三安宫煤田；6—莫阿蒂泽煤矿；7—本戈煤矿；8—木阿拉泽煤矿；9—敏交瓦煤矿；10—尼坎德兹煤矿和中西煤矿；11—穆塔拉拉煤矿；12—木泼特泼特煤矿。图中绿色为卡鲁期火山岩，橘红色为卡鲁沉积岩。

图11－2－17　莫桑比克主要煤田（矿）分布（Lopo，2009）

莫桑比克主要投资公司有巴西淡水河谷公司、澳大利亚里佛斯达矿业公司、中西（Midwest Resurces）公司以及Mozambi公司、灯塔（Beacon Hill）及ETA Star公司等。投资总额计划约50亿美元。巴西淡水河谷公司和澳大利亚里佛斯达矿业公司在莫桑比克计划投资分别为17亿、20亿美元，它们在莫桑比克的采煤量名列前茅。莫阿蒂泽盆地目前正在开展的项目见表11－2－11。太特省煤炭矿权分布如图11－2－18所示。

1. 淡水河谷公司项目

巴西淡水河谷公司2004年就开始在莫桑比克投资煤炭项目，其在莫阿蒂泽的煤炭开发项目总投资达17亿美元，2011年计划在2013年底项目产量达到11 Mt/a，其中包括焦煤8.5 Mt以及动力煤2.5 Mt。截至2016年3月，该矿二期工程正在进行中。选煤厂测试工作将于本月完成。莫阿蒂泽煤矿二期工程和洗煤厂扩建工程将使该矿产能扩大一倍，至22 Mt/a。目前，工程已经完工99%，2015年第四季度支出建设费用1.96亿美元。包括基本建设费

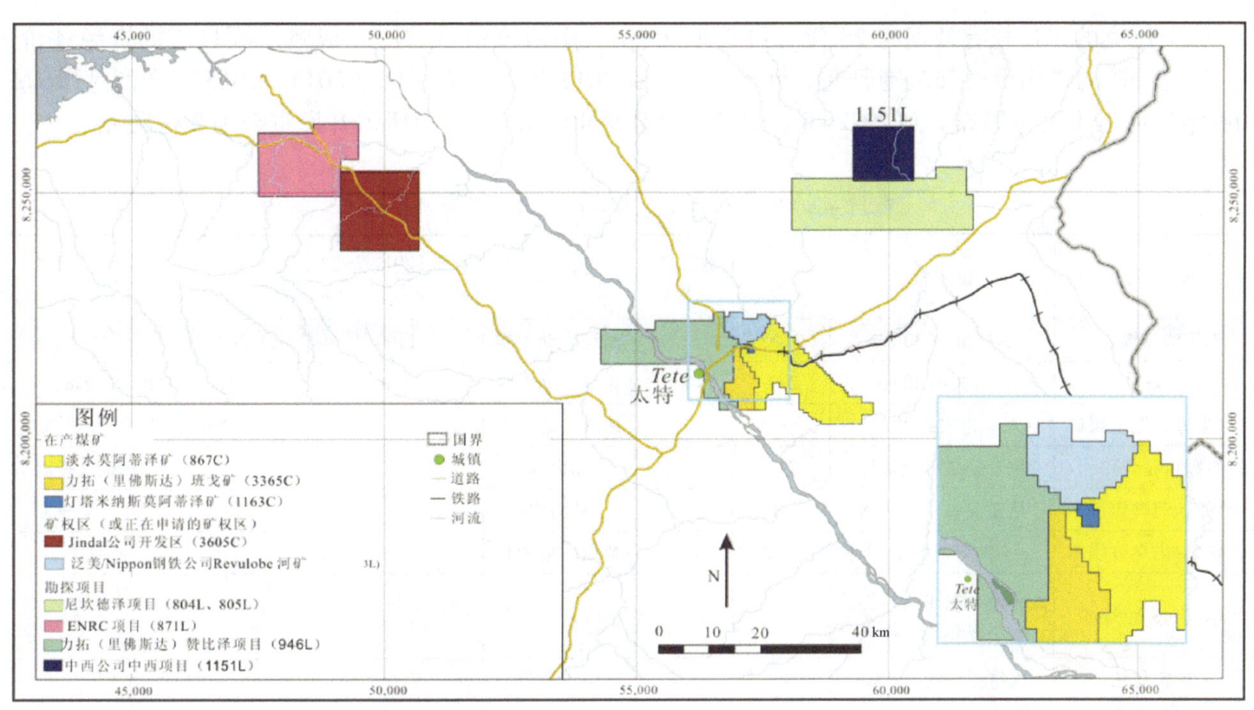

图 11-2-18　太特省煤炭矿权区分布（Meye，2008）

用在内，莫阿蒂泽煤矿 2015 年第四季度支出与第三季度持平。

淡水河谷还将计划修建一个 300 MW 的燃煤发电厂以保证公司业务用电（Coal exploration & production Mozambique，2011）。

2. 里佛斯达公司项目

澳大利亚里佛斯达（Riversdale）矿业公司在莫桑比克的赞比泽和本戈有煤炭开发项目。2011 年 6 月，力拓公司（Rio Tinto）以 20 亿美元的绝对优势收购澳大利亚里佛斯达矿业公司 99.74% 的股份。该项目 2013 年年产量达到 5.1 Mt，其中 2/3 为焦煤，1/3 为动力煤。力拓表示，此次的收购将为公司在莫桑比克莫阿蒂泽盆地新修的焦煤输送管道发展提供重要支持。澳大利亚里佛斯达矿业公司目前还持有太特省 21 个煤炭勘探许可证。除此之外，该公司表示还将修建一个 500 MW 的燃煤发电厂，建成后将考虑扩大发电厂规模至 1 GW，以保证公司在当地的业务需求。力拓明确表示收购后将继续进行该项目（Coal exploration & production Mozambique，2011）。

3. 灯塔公司项目

灯塔公司拥有莫阿蒂泽和赤潘加Ⅺ煤炭开发项目。灯塔公司有英国背景，通过下属的米纳斯莫阿蒂泽公司（Minas Moatize Limitada）在太特省实施煤炭开发项目（Johannes，2012；瑞典大使馆莫桑比克 2012 年投资报告）。灯塔公司自 2010 年收购米纳斯莫阿蒂泽公司以来已建成了 1 个洗煤厂，2011 年上半年开始投产运营。开采储量达 42.65 Mt，销售储量 23 Mt，其中有 8.72 Mt 硬焦煤。目前，赤潘加Ⅺ项目将扩建为原来的 3 倍。2011 年 12 月该公司首批煤通过 40 辆卡车运至贝拉港，实践表明，铁路运输优于公路运输。

灯塔公司目前正与中西公司联合投资 Nongo 项目。该项目也在赤潘加区进行，勘探面积 184 km^2，属未勘探区，由 Nongo Limitada 公司实施管理。Nongo Limitada 公司 99% 的股份属于灯塔公司，中西公司仅占 1% 股份（Coal exploration & production Mozambique，2011）。

4. 中西公司项目

中西公司（Midwest Resources）为私人企业，在莫桑比克的太特省持有两个煤炭探矿权和两个煤炭采矿权。矿权位于莫桑比克太特省莫阿蒂泽盆地，附近的项目有里佛斯达公司的本戈煤矿和赞比泽项目、淡水河谷公司的莫阿蒂泽项目及尼坎德兹项目。最大的采矿权区为 1151L，面积为 80 km^2。

莫桑比克的采矿权有效期为25年，可续期25年。中西公司目前已完成整个项目区的资源评价工作、A露天矿的矿山设计和范围研究。可行性研究在2012年底完成。计划2014—2015年产商品煤6 Mt，2014年冬可运出第一船煤。到2022年，产量可提升至40 Mt。三年内所需开发资金为3亿美元。

表11-2-10 莫桑比克各煤矿（田）储量及煤种

煤矿（田）	位置	储量/Mt	资源量/Mt	煤种	产量(2011年)/万t	业主	备注
莫阿蒂泽煤矿	太特北东30 km	3100		焦煤、动力煤	1100	Vale	在产
本戈煤矿	太特东南20 km	273	4000	焦煤、动力煤	510	Riversdale	已由Rio Tinto收购
莫阿蒂泽赤潘加煤矿	太特北东约20 km	2000		焦煤、动力煤		Beacon Hil	8.72 Mt硬焦煤
梅探古拉煤田	尼亚萨省西北边界	233		动力煤			未完全开发
鲁任达河畔煤田	尼亚萨省卢任达河	40		动力煤			未完全开发
姆坎哈-维乌兹煤田	太特姆坎哈	3633		焦煤、动力煤			不详
斯歌（Sige）煤矿	太特西北东卡布拉巴萨水库东段北岸						不详
三安宫煤田	太特西北约100 km						不详
木阿拉泽煤矿	太特东约80 km						不详
敏交瓦煤矿	太特东100 km	1900		焦煤、动力煤			不详
尼坎德兹煤田	太特北东约90 km		4000	焦煤、动力煤			不详
穆塔拉拉煤矿	太特东南约200 km						不详
木泼特泼特煤矿	马尼卡南部						不详
中西煤矿	矿区位于太特市东北约70 km处	29	9000	焦煤、动力煤			商品焦煤约为440 Mt
ETA Star煤勘探区	太特东30 km		2610	焦煤、动力煤			未开发

数据来源：Smith，1986；Cairncross，2001；Lopo，2009；Lakshminarayana，2012

表11-2-11 莫阿蒂泽盆地项目一览表

公司	项目名称	目标产能/Mtpa	项目一期工程出煤时间	预计投资/万美元
Vale	Moatize	20	2011年	3950
Rio Tinto + Tata Steel②	Benge	10	2012年	+516①
Rio Tint²	Zambaze + Tete East	+16	2016年	不详
Jindaal	Songa	约5	2012年	200
Nippon + Posco	Revuboe	5~8	2015/2016年	不详
Ncondezi	Ncondezi	10	2015年	365
ENRC	Estima	不详	2015年	不详
Beacon Hill	Minas Moatize	2	2012年	不详
Midwest	1151L	6	2014年	3000
万宝项目				
ETA Star	1068L			

注：①为一期工程的投资，一期工程的目标产能3 Mt/a；

②武汉钢铁集团2010年以8亿美元的价格获得ZAMBEZE40%的焦煤产量及BENGA10%的焦煤储量。

数据来源：Lakshminarayana，2012

投产后，可通过4种途径运输煤炭：①距离塞纳铁路26 km可通达东南部的贝拉港；②用驳船运到赞比泽河，然后在欣代港转船；③修建200 km的铁路穿越马拉维，连接到东北方的纳卡拉铁路，再从纳卡拉港出海（深水港，运力超过40 Mt）；④莫桑比克煤炭协会正在提议建设新的铁路到达Quilimane港，中西公司正在寻求机会参与建设。1151L区块靠近现有的公路和铁路，可通达贝拉港。中西公司计划参与Riversdale（Rio Tinto）、Vale、Ncondezi、ENRC项目修建铁路及港口等基础设施，以分摊成本（Coal exploration &production Mozambique，2011）。

5. 尼坎德兹公司项目

项目属于尼坎德兹煤炭公司（Ncondezi）。该公司在伦敦证交所的创业板上市，市值3.87亿美元（截至2011年1月31日）。矿权区位于莫桑比克太特省太特市东北方向25 km，面积387 km^2，证书号为804 L和805 L。原有钻孔120个，2010年新增钻孔76个。预计投资额为3.76亿美元，其中生产前需投入2.5亿美元。JORC资源量1.809 Gt，其中探明资源量2400万t，控制资源量0.62 Gt，推断资源量1.164 Gt。生产规划：南区和西区可露天开采，需要两年的矿山建设期，2014年出煤，五年后动力煤产量可达到10 Mt，剥采比仅为1.3，可供出口。煤质：超过500个样品正在南非的ASL实验室测试，可能有焦煤。动力煤中，灰分24%，高位发热量6000大卡。毗邻中西项目南侧，交通运输方式与其他类似（中国神华海外开发投资有限公司，2012）。

6. 万宝项目

项目属于中国兵器集团下属的万宝矿业公司，位于莫桑比克太特省东南部，在太特市东南部160 km（直线距离）处。矿权区分4块，总面积413 km^2。资源量2.98 Gt。其中，探明资源量1.2267 Gt，控制资源量0.81739 Gt，推断资源量0.93997 Gt。商品煤产率20.15%，黏结指数38，透光率84%，胶质层厚度8 mm，全硫1.17%。确定为1/2中黏煤。工作区南侧12 km见到的煤层露头处，地表可见3个煤组，4~6个煤层。工作区内有7个煤组，10~15个煤层，累计煤层厚度20~45 m。埋深250~300 m。倾角在10°以内，地层平缓，产状变化不大。以自然土路为主，区内无行车道路，只能通过人行小道进入区内，交通十分不便。工作区中心距太（太特）~贝（贝拉）自然省道直线距离20 km，距太特到贝拉的铁路直线距离16 km（内蒙古自治区煤田地质局地调院，2008）。中西、尼坎德兹及万宝项目位置如图11-2-19所示。

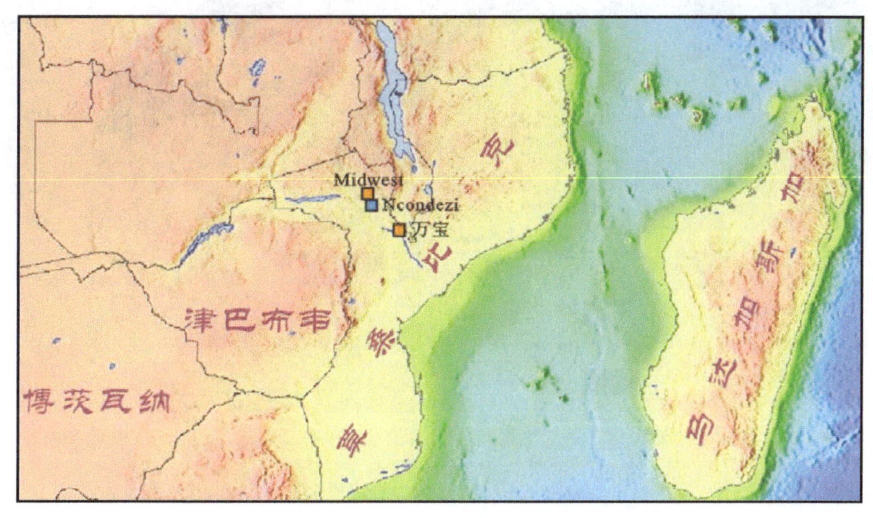

图11-2-19　中西、尼坎德兹及万宝项目位置示意图

7. 武汉钢铁项目

2010年，武汉钢铁集团与澳大利亚里佛斯达矿业公司签订了一项谅解备忘录。具体内容为武钢以8亿美元获得赞比泽项目40%的焦煤产量以及有权获得本戈煤矿10%的焦煤储量，同时签署的另一份协议规定由中国交通建设股份有限公司负责赞比泽矿业工程及物流建设。前已述及，澳大利亚里佛斯达矿业公司在莫桑比克的项目已被力拓公司收购。

8. ETA Star 项目

项目位于莫桑比克太特省太特市以东 30 km、尼坎德兹项目以南 30 km 处。ETA 迪拜公司控股 75%，Sogir 和 Indico 投资公司分别控股 20% 和 5%。矿权区面积 40 km^2，矿权号 1068L，分为东、西两区。煤层东区的平均厚度 10.95 m，西区平均厚度 28.9 m。总资源量 2.61 Gt，东区资源量 0.27 Gt，西区资源量 2.34 Gt。原煤煤质：发热量 15.56 MJ/kg，灰分 48.02%，固定碳 32.68%，挥发分 17.32%，内水 1.98%，全硫 1.02%，反应后强度（CSR）为 70～71，自由膨胀系数（膨胀指数）约为 8.5。煤种为动力煤和焦煤。生产规划为露天开采，初期的剥采比为 1∶1，后期上升到 4∶1，开采年限至少 25 年。可用 3 种途径将煤运出：①距离塞纳铁路 26 km，可通达东南部的贝拉港；②用驳船运到赞比西河，然后在欣代港转船；③修建 200 km 的铁路穿越马拉维，连接到东北方的纳卡拉铁路，再从纳卡拉港出海。使用塞纳线，距离贝拉港 600 km，每年出口煤炭 4 Mt。目前已施 180 个钻孔。

第三节　主要含煤盆地分析

一、下赞比泽盆地

（一）盆地分布

下赞比泽盆地位于莫桑比克北部太特省境内，向西和西北分别延入邻国赞比亚和津巴布韦境内。分布于津巴布韦与赞比亚交界处的赞比泽盆地称作上赞比泽盆地，分布于莫桑比克太特省赞比泽河谷地区的赞比泽盆地称作下赞比泽盆地（Orpen et al.，1989；Alan et al.，1991；GTK Consortium，2006a，b）。下赞比泽盆地是赞比泽盆地的东侧部分，位于赞比西河下游的莫桑比克境内。下赞比泽盆地地质图及剖面示意如图 11－2－20 所示。

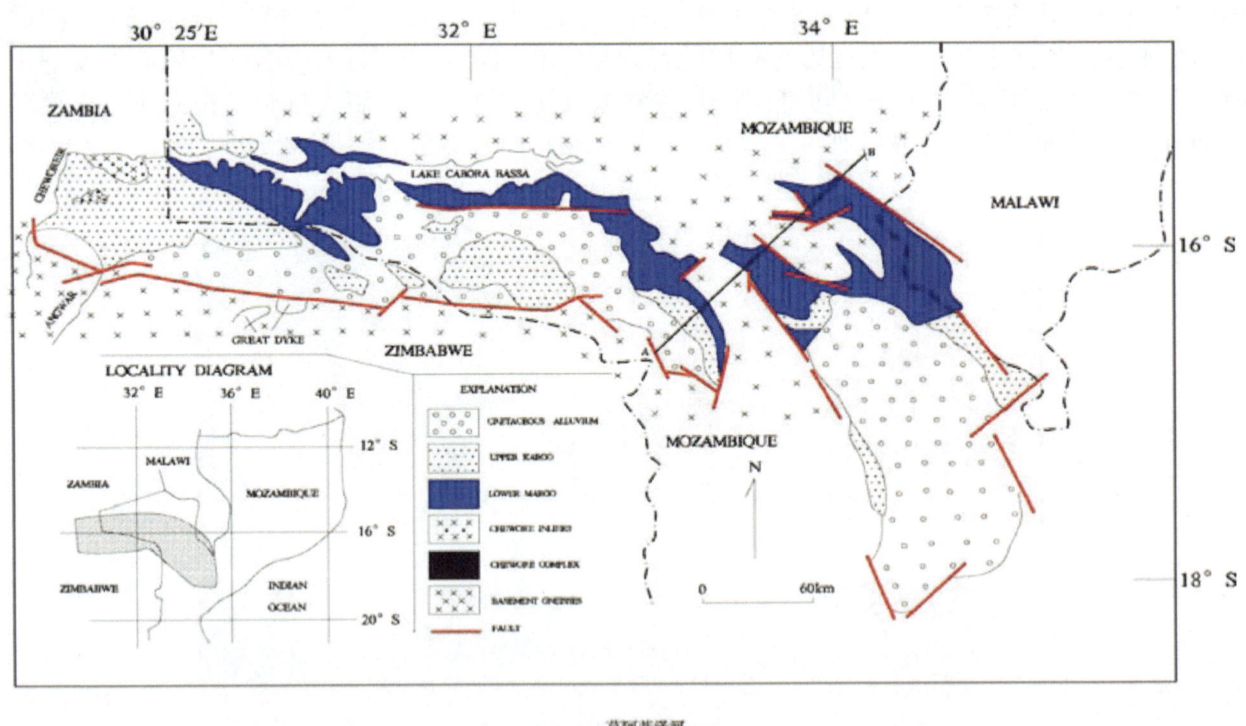

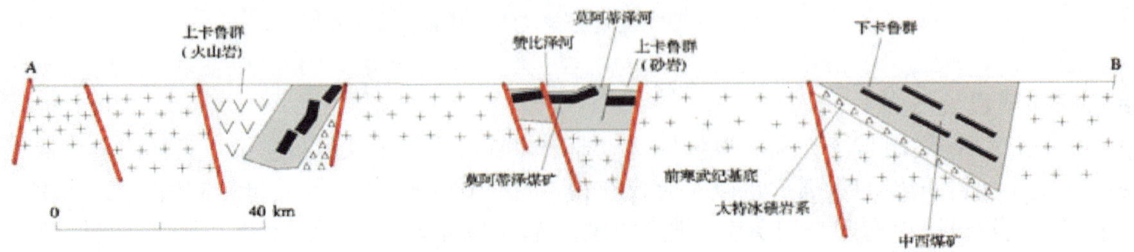

剖面中粗黑虚线为含煤层系

图 11－2－20　下赞比泽盆地地质图及剖面示意图（修改自 Broderick，1984）

下赞比泽盆地是莫桑比克最大的含煤盆地和产煤盆地，研究和勘探程度较高，各公司矿权广泛分布在赞比西河两岸，下赞比泽盆地矿权区分布如图11－2－21所示，CAMEC公司（ENRC的子公司）拥有的矿权最多，储量也较大，规模最大的储量达到了3.6 Gt；淡水河谷公司和里佛斯达公司也拥有相当规模的储量。

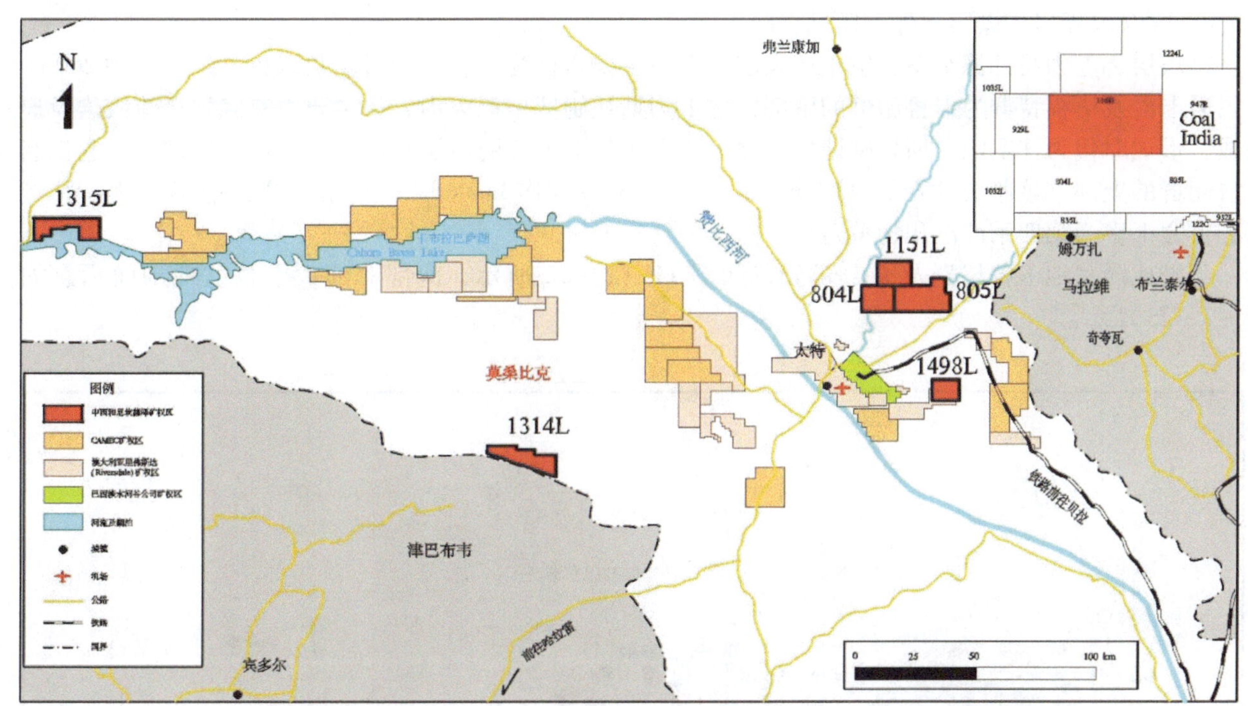

图11－2－21　下赞比泽盆地矿权区分布（William et al，2012）

以太特西北卡布拉巴萨（Cahora Bassa）前寒武系陆块为界，下赞比泽盆地分为东西两段，由更次一级的地堑型盆地组成。西段由姆坎哈－维乌兹（Mucanha－Vuzi）煤田组成，东段由梅费德泽煤田（Mefideze Baisn，NW向）、莫阿蒂泽－敏交瓦次含煤盆、赤热次含煤盆组成。其中莫阿蒂泽－敏交瓦次含煤盆最为著名，具有一定的经济价值，是最重要的盆地，资源量约5 Gt，约占莫桑比克煤资源量的50%。姆坎哈－伍兹也是重要的含煤盆地，资源量约3.6 Gt，莫桑比克约36%的煤资源量赋存在该煤田中。整个下比泽盆地煤资源量9.1 Gt，约占莫桑比克全国煤推断储量的90%以上。有资料显示仅中西煤勘探区焦煤资源量就达90 Gt。因此，目前下赞比泽盆地被认为是世界上尚待开发的焦煤资源量最大的盆地（Lakshminarayana，2012）。

莫阿蒂泽－敏交瓦次盆是莫桑比克最早产煤的地方，一直是莫桑比克主要产煤盆地，莫阿蒂泽煤田的赤潘加Ⅺ煤矿是莫桑比克主力矿山。

（二）地质特征

无论是上赞比泽盆地还是下赞泽盆地均以地堑构造、含煤卡鲁沉积充填为特征（Orpen et al，1989；Johan。1995）。

1. 地层

赞比泽盆地主要发育含煤卡鲁地层，该地层分为两段：下段为沉积岩（晚石炭世—早侏罗世）；上段为火成岩阶段（侏罗纪），晚侏罗世为砂岩沉积（Lopo，2009）。自下而上包括下卡鲁超群的太里特岩系的德维卡群、爱卡群、毕福特群及上卡鲁超群的斯托姆博格群、厚层砂岩系等。下面简要介绍下主要沉积序列。

晚石炭世太里特冰水沉积在本区又称作Vúzi组，以河流－冰水沉积为特征，露头主要见于卡布拉巴萨水库的北岸以及莫阿蒂泽、尼坎德兹等地。该沉积主要由冰碛岩、冰积砾岩及粗砂岩组成。该组一般厚约 60 m，最大厚度 400 m。

爱卡群连续沉积于太里特冰水沉积之上，可进一步分为下部产煤层（又称作莫阿蒂泽组）和上部马汀德岩系。爱卡群形成时代为二叠纪早期至晚三叠世早期，厚 500 ~ 1000 m。产煤层系主要形成于早二叠世，与含煤的印度冈瓦纳裂谷盆地的达木达群（Damuda Group）相当。

爱卡群底部一般分布厚约 120 m 的碎屑岩岩系，砾石主要为花岗质或冰碛岩。其上的产煤层厚 200 ~ 600 m，除含煤板岩、煤层之外，还见有砂岩层。

产煤层之上为马汀德组系，覆于产煤层之上。主要岩性为泥岩、砂岩及灰绿色砂岩，厚约 200 m。

爱卡群及毕福特群为卡鲁超群的下部，之上为斯托姆博格群火山岩，主要由玄武岩、流纹岩及斑岩组成，形成时代为侏罗纪。斯托姆博格群之上为卡鲁超群上部的厚层砂岩，属河流三角洲相，它们组成卡鲁超群的上部。该厚层砂岩下段称作 Zumbo 组，上段称作 Luaĺádzi 组，后者以红色砂岩为特征。卡鲁超群之上多为第四系冲洪积物覆盖。

下赞比泽盆地卡鲁超群及火山岩分布如图 11 - 2 - 22 所示，南部非洲大卡鲁盆地剖面示意如图 11 - 2 - 23 所示。

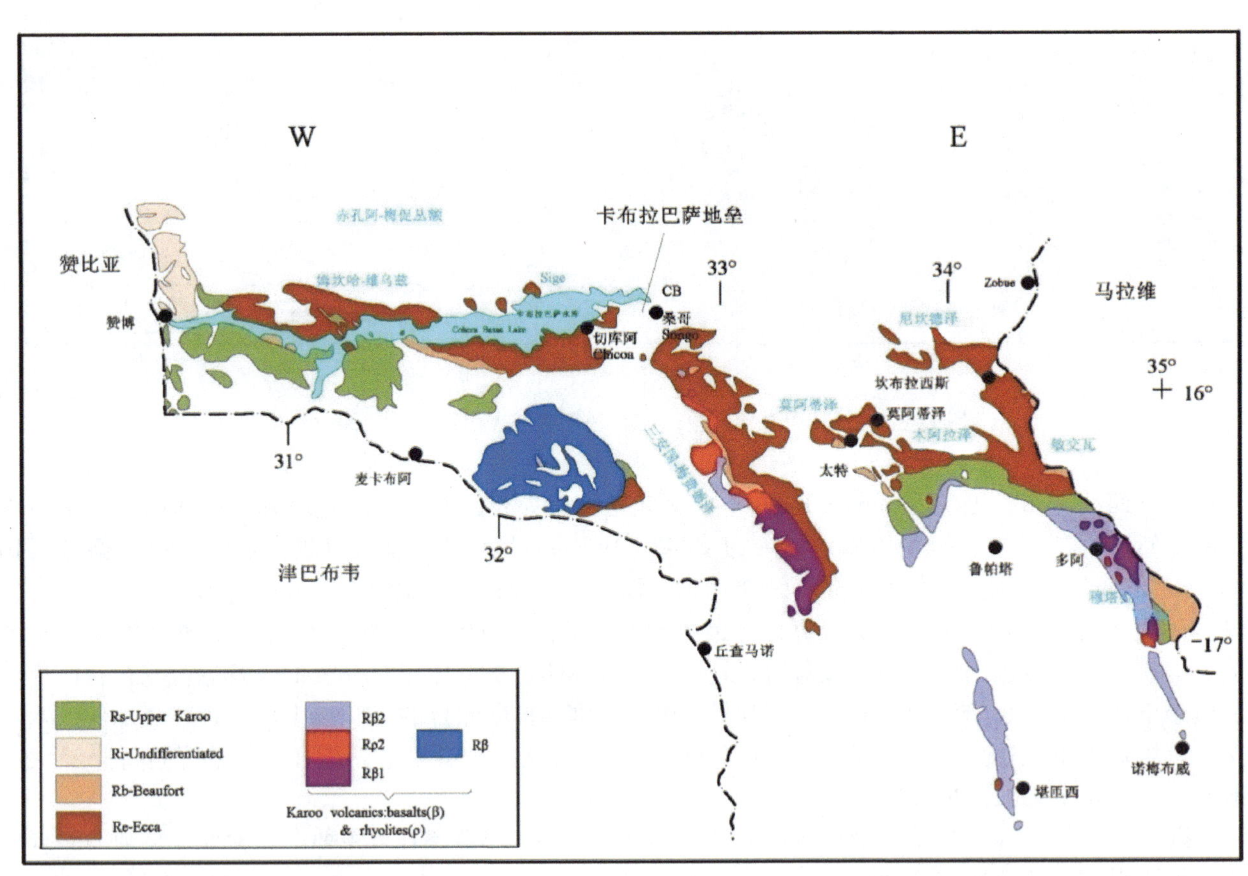

Re—爱卡群；Rb—毕福特群；Ri—卡鲁超群，未分；Rs—上卡鲁超群；Rβ—卡鲁期玄武岩；Rρ—卡鲁期流纹岩

图 11 - 2 - 22 下赞比泽盆地卡鲁超群及火山岩分布略图（Lakshminarayana，2012）

2. 构造

下赞比泽盆地主要由地堑和半地堑构造组成，呈现一个围绕赞比泽古陆块分布的帚状构造特点，西部近东西走向，中东部转为 NW—SE 向，地层有褶皱现象，有多期断陷活动的特点。其中断裂不仅控制盆地的边界，而且控制煤层的分布。断裂构造走向以近东西为主，其次为近南北向的横向断裂。Daly 等人（1987）将南非卡鲁沉积盆地解释为前陆盆地（Johnson，1997），实际上成煤盆地可能为弧后盆地，而中南部非洲的其他卡鲁沉积则全部形成于地堑盆地。

3. 火山活动

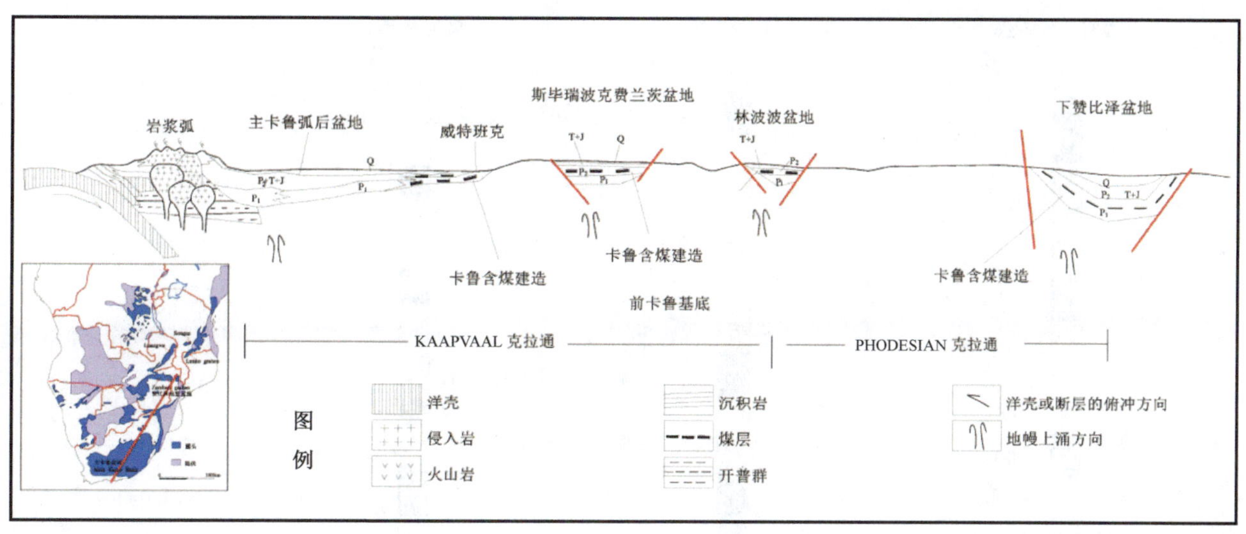

图 11－2－23　南部非洲大卡鲁盆地剖面示意图

下赞比泽盆地火山岩主要出露于盆地南部和东部。早中侏罗世上卡鲁超群斯托姆博格火山岩对煤层有一定影响，这种影响主要表现在：

（1）火山活动过程中有大量岩脉穿刺，这不仅影响地层的连续性而且破坏煤层的完整性，但这种影响和破坏均限定在一定范围内。

（2）火山作用必然导致加温，使煤层形成部分焦煤；同时火山作用必然伴随着地温梯度增加，使得整个煤盆加热变为“热盆”，从而有利于煤的变质作用发生。这也可能是赞比泽含煤盆地某些地段虽无火山岩分布而产焦煤的根本原因。

火山岩主要沿赞比泽盆地南侧的基底断裂（地堑边界）分布，走向近东西，以玄武岩为主，中间夹有少量流纹岩，显示双峰式特点。火山岩和焦煤的形成有一定关系，因此，赞比泽盆地火山岩特点的研究对认识本区优质煤资源的分布规律有一定意义。

（三）煤层特征

不同含煤盆地煤层对比如图 11－2－24 所示，莫阿蒂泽组共发育 6 层煤，自上而下分别为 Andre 层（顶部，厚 1 m）、Grande Falésia 层（厚 12 m）、Intermedia 层（厚 22 m）、Bananeiras 层（厚 27 m）、Chipanga 层（厚 36 m）、Sousa Pinto 层（底部厚 14 m）。Chipanga 层最厚，6 层煤总厚 102 m。在本戈，煤层自下而上主要由 Sousa Pinto 下、Sousa Pinto 上 1、Sousa Pinto 上 2、Chipanga 层、Bananeiras 层组成。

在姆坎哈－维乌兹也有 6 层煤，分别为 B0 煤层、B1 煤层、B2 煤层、B3 煤层、B4 煤层、B5 煤层，厚度为 1.5～11.42 m。总厚度 22.07 m，莫阿蒂泽地区的其他上部煤层未见到。

在梅费德泽地区，则可见到 8 层煤，煤层及炭质页岩总厚 148 m，变化范围为 2～68 m。

不难看出，下赞比泽盆地煤层最发育的地区是莫阿蒂泽，煤层总厚 102 m，应为聚煤中心，西部姆坎哈－维乌兹煤层总厚不到 20 m，而梅费德泽煤层及炭质页岩总厚 148 m，其中近一半为炭质页岩，应为盆地沉降中心和沉积中心。

（四）主要煤田

前已述及，下赞比泽盆地可细分为 4 个含煤次级盆地，其中，梅费德泽位于水库区，赤热（Baixo Chire）盆地主要资源分布在邻国马拉维，资源暂不能利用，而西段在姆坎哈—维乌兹煤田煤层总厚度仅 22.07 m，一般厚 1～4 m，相对较薄，虽然 B2 煤层厚约 11.42 m，储量也达 3.3 Gt，但开发研究程度不高。莫阿蒂泽－敏交瓦煤田是下赞比泽盆地里的主要煤田，开发程度较高，具有一定的经济价值。下面介绍东段的莫阿蒂泽－敏交瓦及西段姆坎哈－维乌兹煤田的主要煤矿特征。

1. 莫阿蒂泽—敏交瓦煤田

莫阿蒂泽—敏交瓦煤田总体呈北西向“叉形”分布，主要分布于太特省东部。南支长约 100 km，

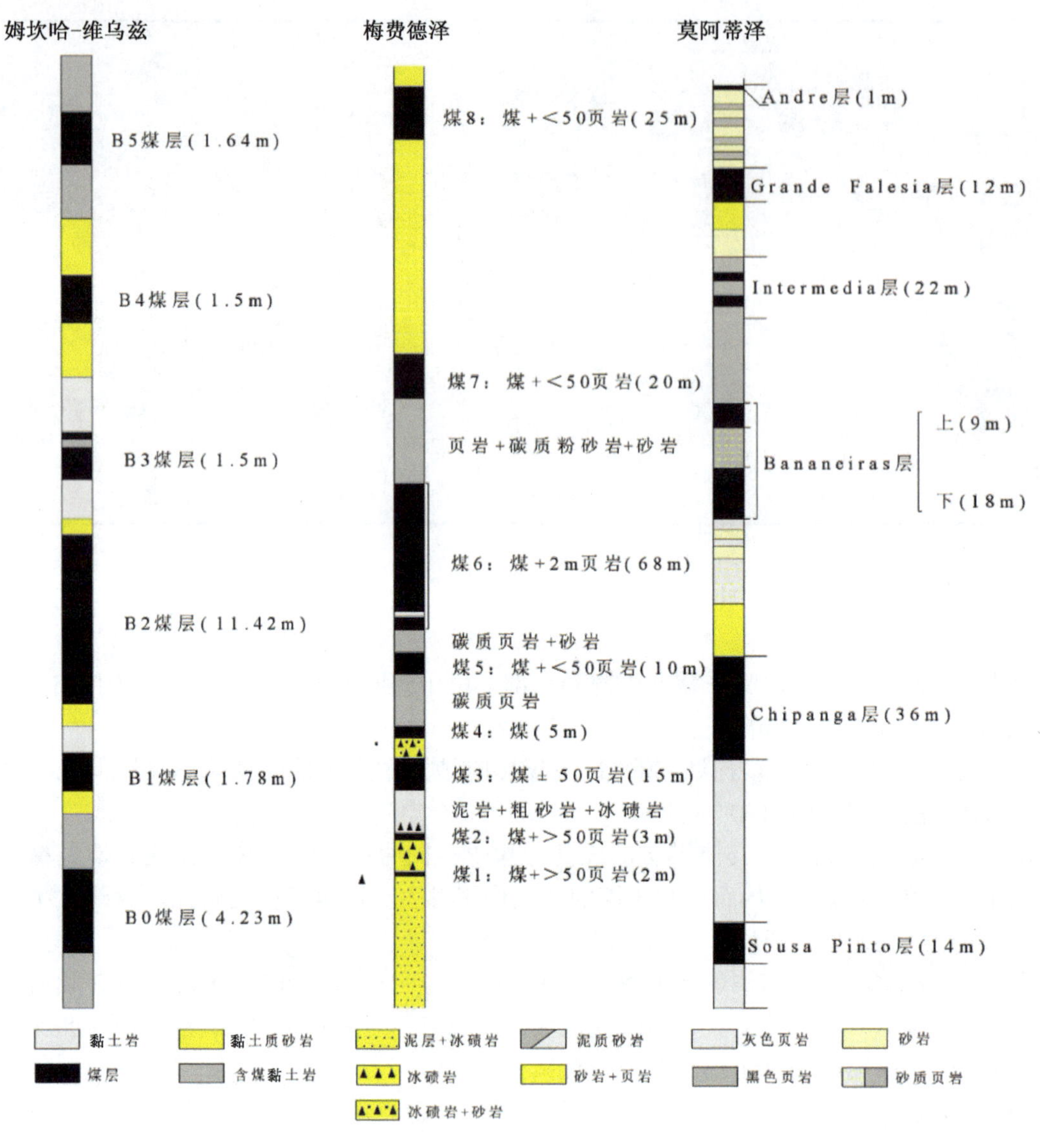

图 11-2-24　不同含煤盆地煤层对比（Lopo，2009）

宽约 30 km，主要分布莫阿蒂泽煤矿、本戈煤矿、木阿拉泽煤矿及敏交瓦煤矿；北支延长约上百公里，宽约 20 km，分布有尼坎德兹煤矿和中西煤矿勘探区。主煤层为赤潘加层，厚近 40 m。该煤田证实储量 5 Gt，现有力拓、淡水河谷等大公司在该煤田进行采矿和开展新的煤炭勘探，是莫桑比克最为活跃的煤田开发区。该煤田主要的开发勘探项目有赤潘加煤矿、力拓本戈矿、尼坎德兹公司勘探项目和中西勘探项目。

1）淡水河谷赤潘加煤矿

赤潘加煤矿归淡水河谷公司所有，位于太特市东约 20 km 处，是莫桑比克的主要煤矿。该矿探明资源量 35.92 Mt，控制资源量 30.50 Mt，储量约 1.5 Gt。该矿为露天开采，设计产能 1100 万 t，开采年限 21 年。产品品质较好，以著名的“赤潘加硬焦煤”为主。2013 年产量 381.3 万 t，主要为冶金煤。通过 Linha do Sena 铁路运至 Beira 港口出口亚洲、印度、非洲、欧洲和美洲。

（1）地层。盆地中卡鲁沉积总厚度大约为 800 m。没有发现冰碛岩，但在相邻次级盆地中有冰碛岩产出。盆地基底为砾岩，向上递变为砂及泥质砂岩—陆源沉积（粉砂岩、泥质岩和砂岩）。煤产于爱卡群中，可划分为 6 层，各层厚度相差明显。最重要含煤层赤潘加层厚约 36 m，含煤层含大量的砂质或泥质层，有时砂质、泥质呈黑色的夹层和扁豆体。

（2）构造。赤潘加煤矿地质图如图 11-2-25 所示，从地质图可以看出，矿区为一复式褶皱构造，轴向近东西。矿床横剖面如图 11－2－26 所示，为盆地局部断陷的西南翼，南东侧地层倾角为 17°，北西地层倾角为 13°，均与 NW—SE 走向的褶皱轴平行（Afonso and Marques，1993）。在卡鲁期最后阶段，由于辉绿岩岩墙侵入，使 20～25 m 厚的煤转变成了焦煤（Afonso and Marques，1993）。

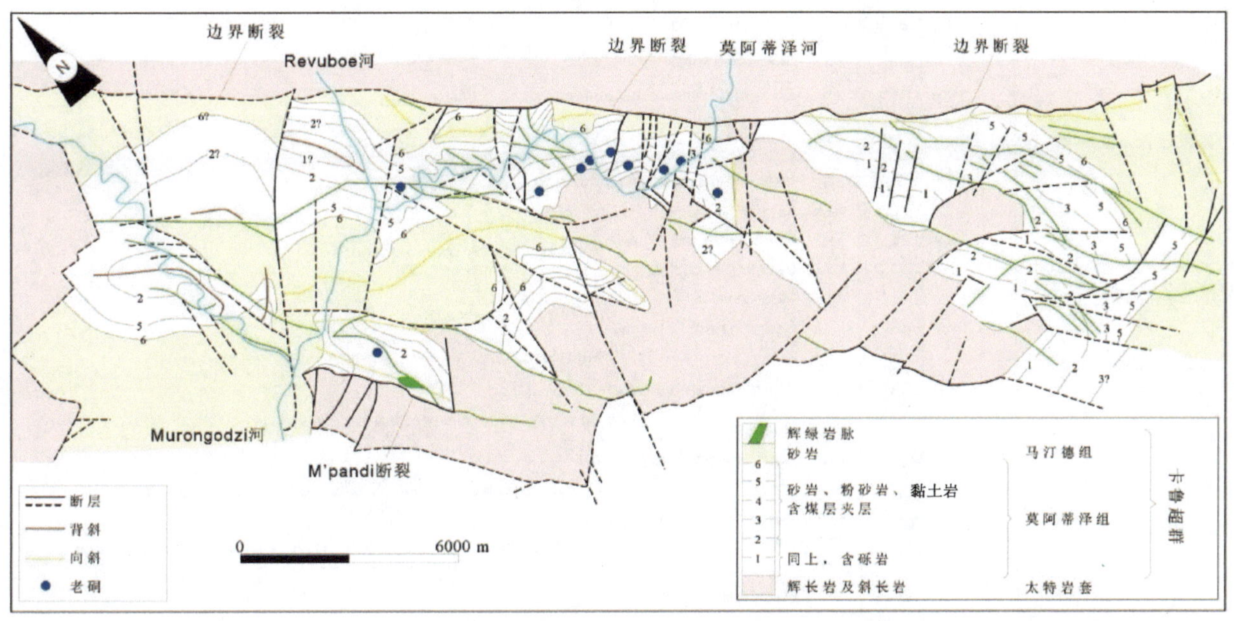

图 11－2－25　赤潘加煤矿地质图（Lopo，2009）

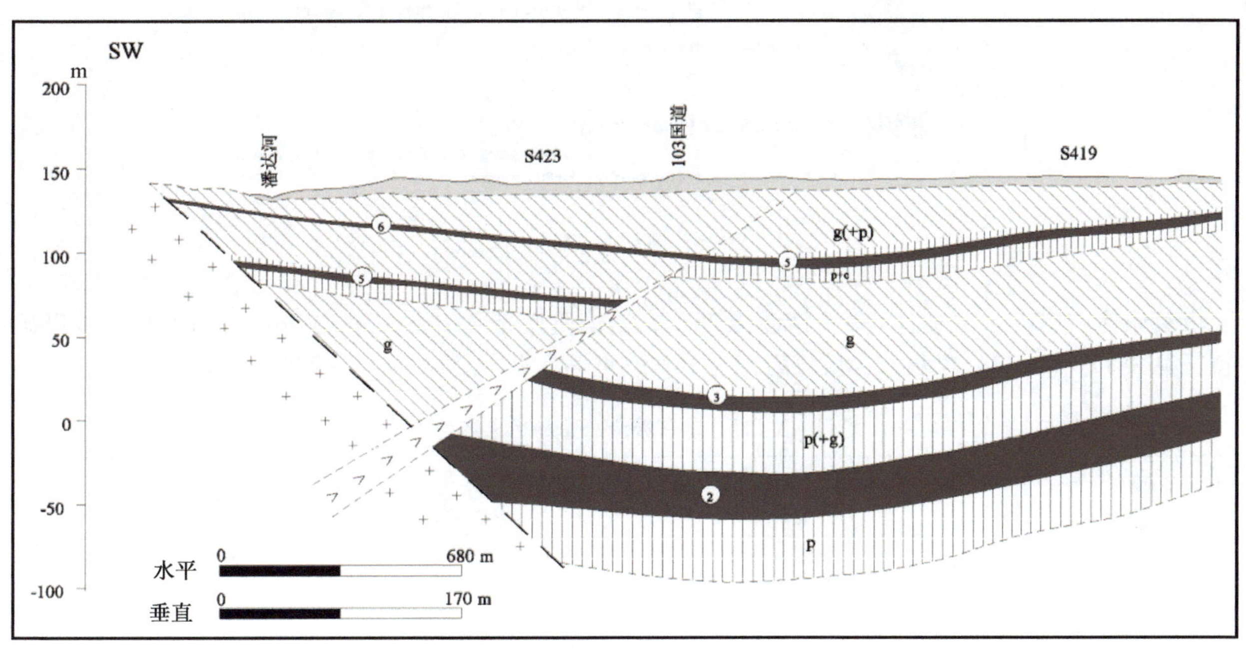

p—泥岩；g—砂岩；∧—辉绿岩脉；+—基底岩石；黑色为煤层

图 11－2－26　赤潘加矿床横剖面（Limex，LTD 1984）

除北西向的边界断裂面外，煤田发育一系列近 SN 向的高角度正断层将煤田分为几个区块，对煤田起破坏作用。

（3）煤矿地质及煤质。赤潘加煤矿煤层剖面如图 11－2－27 所示，该矿区煤层与炭质页岩互层，其中有 6 层可采。含煤岩系总厚度为 320～400 m，各层厚度不等，一般在 25～60 m，平均厚度为 30 m，其中，煤层总厚 111 m。下部煤层（赤潘加层厚约 35 m）是主采煤层。

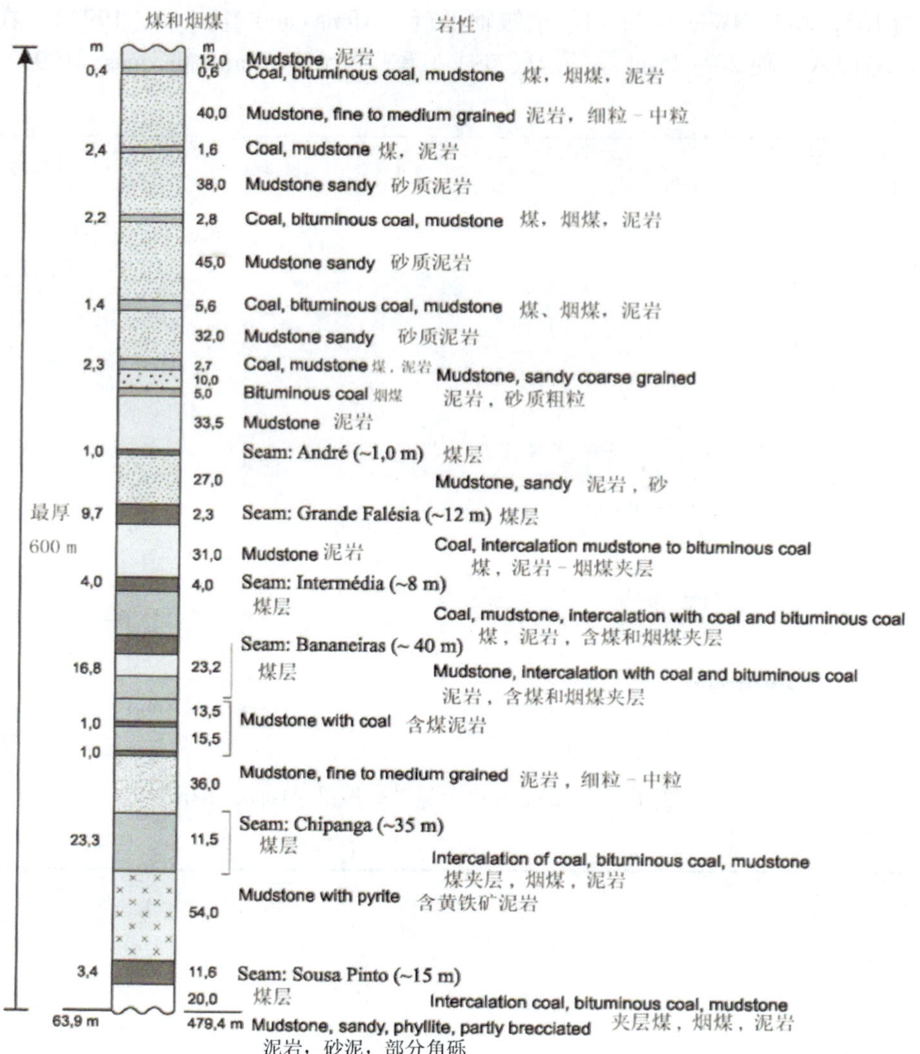

图 11－2－27　赤潘加煤矿煤层剖面（Steiner，1992）

煤镜质体占 72%、壳质体 0%，惰性体 28%，为镜质型煤（Afonso and Marques，1993），该煤矿煤质特征见表 11－2－12。煤灰分含量较高，为 18%～40%。煤化度为 14%～23%。

表 11－2－12　莫阿蒂泽赤潘加矿床煤质特征

物理/化学性质	特　征	物理/化学性质	特　征
内水	1.1%	膨胀系数	31/2
挥发分	17.8%（干样）	显微硬度（维克硬度－HV）	30.5 kg/mm（平均）
灰分	18.1%（干样）	最大反射率	1.67%
固定碳	70.9%（干样）	最小反射率	1.35%
氢	3.8%（干样）	平均反射率	1.51%
硫	0.7%（干样）	反射不均一性	0.32%
二氧化碳（碳酸盐）	0.7%（干样）	镜质体	72%
挥发分（校正）	21.3%（无灰干样）	壳质组	0
发热量	28.82 MJ/kg（6888 kcal/kg）	惰质体	28%

数据来源：Neto，1976

下部煤层的 3～6 m 段样品的膨胀系数相对较高，平均水分 1%、挥发分 18%、灰分 20%、硫 1%、热值 28.5 MJ/kg（Neto，1976），具焦煤特征。Neto（1976）指出煤炭的灰分部分锗含量高。

（4）小结。莫阿蒂泽赤潘加煤矿是莫桑比克的主要煤矿。可采储量1.5 Gt。矿区最近的港口是贝拉港口，另外，莫桑比克北部纳卡拉深水港也可以利用。主煤层赤潘加层厚约36 m，各含煤层含大量的砂质或泥质，属镜质型煤，灰分含量较高，发热量6888 kcal/kg，下部含焦煤。该煤矿是一个发展潜力巨大的含焦动力煤煤矿。

2）力拓 Benga 矿

力拓－莫桑比克分公司在莫桑比克有3个煤矿，分别是 Zambeze、Tete East 和 Benga，截至2012年底获得资源量2.307亿t。截至2012年底只有 Benga 在产，当年产量70万t，硬焦煤和动力煤各占一半。该矿原计划投产后的年产量为500万t，计划在2016年将年产量提高到2000万t。但目前该计划受到强烈挑战，2012年生产和出口计划严重受挫，非现金资产减损高达30亿美元。赞比西河运输计划停滞、塞纳铁路运力不足是公司煤炭生产和出口计划受挫的主要原因（http：//www.riotinto.com/）。

巴西淡水河谷公司和里佛斯达/力拓正在莫阿蒂泽附近联合建设火力发电厂，建成后该区用电将不再依赖南非电网。

3）尼坎德兹公司勘探项目

（1）交通位置及勘探程度。尼坎德兹项目位于莫桑比克太特市东北方，距离太特市约65 km；其中，约50 km为柏油路，约15 km为土路。该项目区距离塞纳铁路线25 km，距离贝拉港575 km。年运力2.5 Mt，2012年12月扩展到年运力6.50 Mt，2013年底扩展到年运力12 Mt。除此之外，项目区距离东北部纳卡拉深水港（水深20 m）885 km，该条铁路线的莫桑比克境内段属于已有铁路，只需扩建即可使用，而马拉维境内段则需新建。煤炭也可以通过驳船经赞比西河运往欣代港，距离为400 km。

尼坎德兹项目区可分为7块，这7个区块的具体位置如图11－2－28所示，截至2012年1月，尼坎德兹项目区内的钻孔总数共346个，其中，取芯孔228个、大口径钻孔4个、非取芯孔114个，采取率大于95%。长度大于5.2×10^4 m，孔间距达250 m。根据尼坎德兹公司的材料介绍，可行性研究（DFS）于2012年秋完成，2012年下半年申请采矿权。尼坎德兹规划在南区和西区露天开采，矿山建设期为两年，五年后动力煤产量可达10 Mt，剥采比仅为1.3，可供出口。

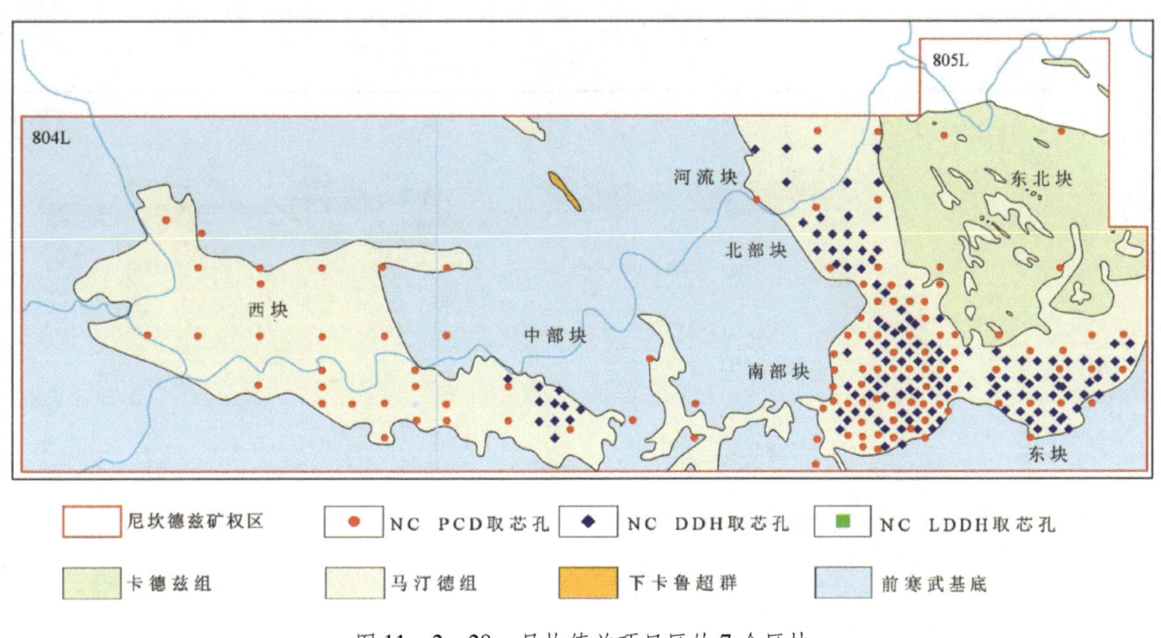

图11－2－28　尼坎德兹项目区的7个区块

（2）煤层特征。尼坎德兹项目的含煤岩系为下卡鲁超群的爱卡群，自下而上可分为A～D共4个煤组，每个煤组含6～24个煤层，单煤层的平均厚度约1.2 m。最底部的A煤组的煤层数最多，为24层。煤层的倾角为0°～40°，构造简单～中等，受基底构造控制明显，煤层有分支复合以及因冲刷或基地突起部位发生披覆构造而减薄现象，也有因断层拖曳弯曲而变厚现象。部分区块煤层柱状图如图11－2－29所示，南部区块十字剖面图如图11－2－30所示，矿区综合概念剖面图如图11－2－31所示。

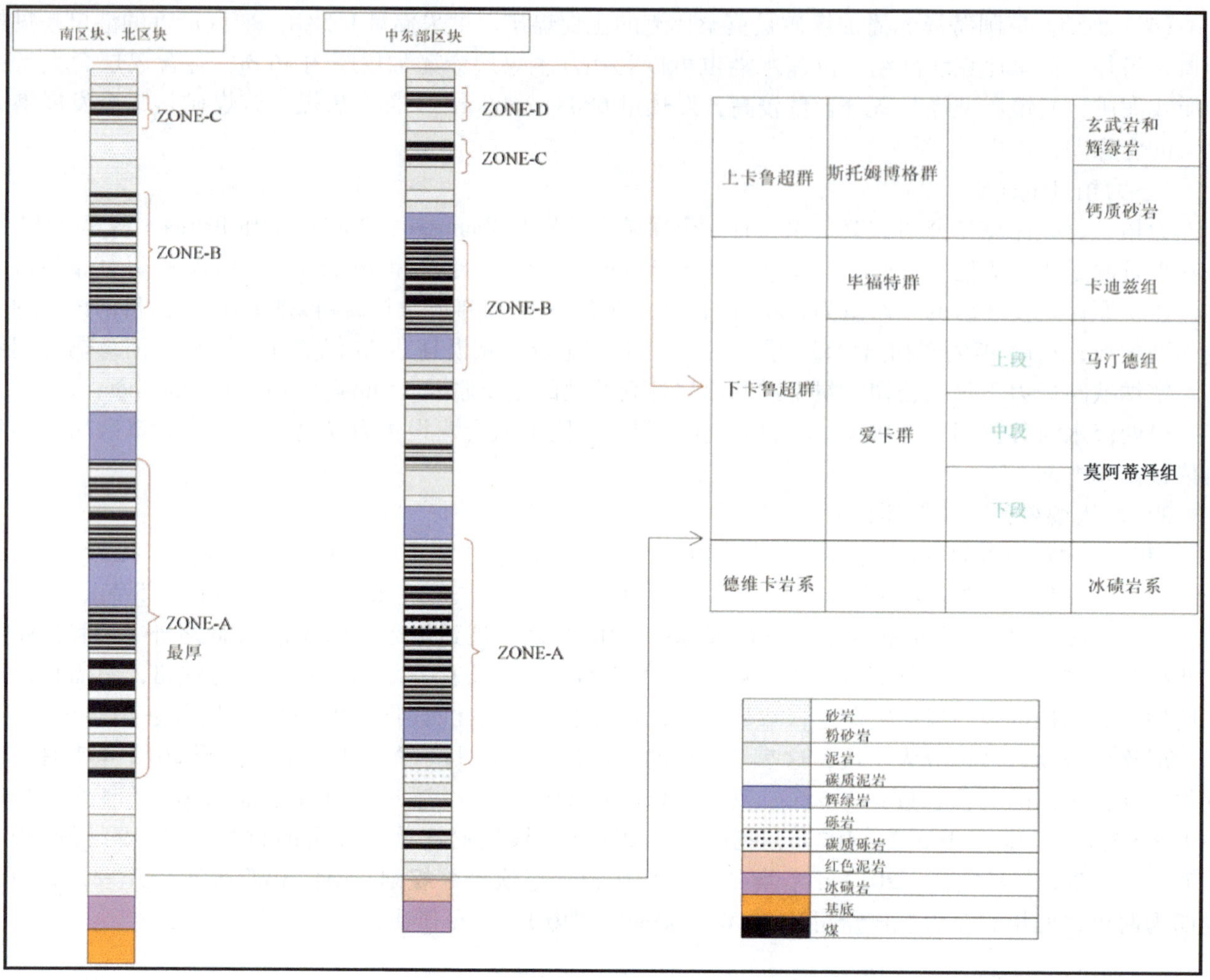

南区块、北区块
中东部区块
ZONE-C
ZONE-B
ZONE-A
最厚
ZONE-D
ZONE-C
ZONE-B
ZONE-A
上卡鲁超群
斯托姆博格群
玄武岩和辉绿岩
钙质砂岩
下卡鲁超群
毕福特群
卡迪兹组
爱卡群
上段
马汀德组
中段
莫阿蒂泽组
下段
德维卡岩系
冰碛岩系
砂岩
粉砂岩
泥岩
碳质泥岩
辉绿岩
砾岩
碳质砾岩
红色泥岩
冰碛岩
基底
煤

图 11－2－29　部分区块煤层柱状图

A
A'
高程
400Z
300Z
200Z
100Z
0Z
B
B'
高程
400Z
300Z
200Z
100Z
0Z
-100Z
高挥发分煤层
Zone D
Zone C
Zone B
Zone A
Basement
高挥发分煤层
All Zones
垂直比例尺=2*水平比例尺

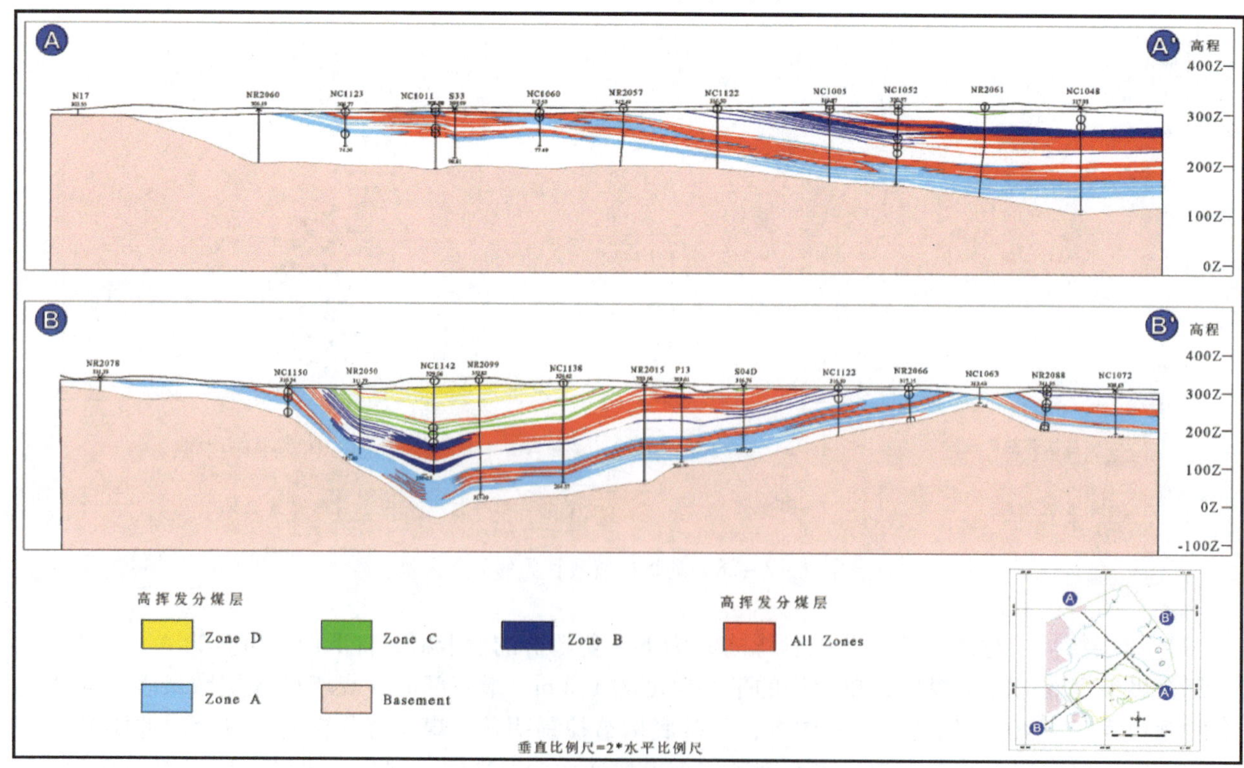

图 11－2－30　南部区块十字剖面图

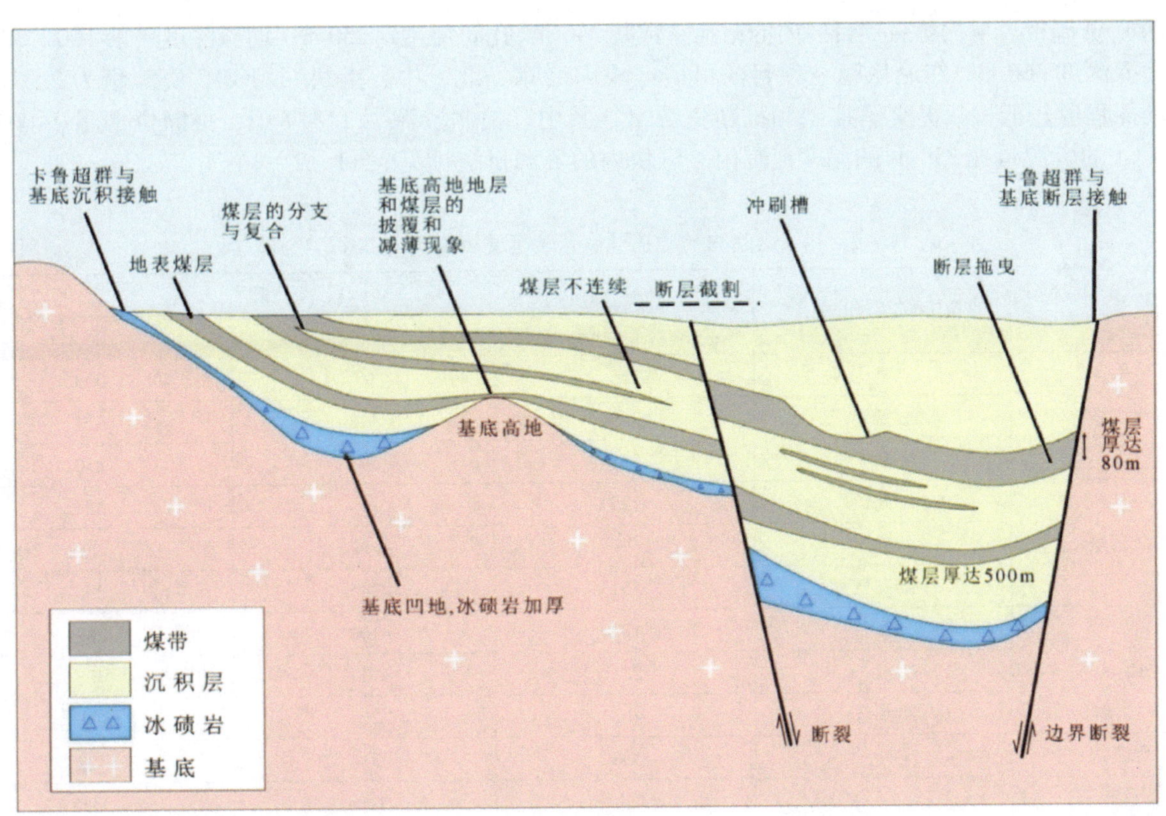

图 11-2-31 矿区综合概念剖面图

（3）煤质。在南区块，煤组自下而上可分为 A~D 共 4 个煤组，每个煤组含 6~24 个煤层，单煤层的平均厚度约 1.2 m。原煤煤质特征内水约 1.3%、灰分 52%、挥发分 18%、固定碳 29%、发热量 14 MJ/kg（3346 kcal/kg），全硫 1.16%。原煤的灰分和硫分较高。其他区块的 A 煤组的原煤灰分分别为 49%（东块）、53%（北块）、57%（中块和河流块）、59%（西块）。

南区块产低挥发分的煤种，挥发分为 7.5%，单煤层厚度为 1.45 m。其他煤质指标：相对密度 1.93、内水 2.3%、灰分 52%、固定碳 38.4%、发热量 12.6 MJ/kg（3011 kcal/kg）、全硫 0.9%。低挥发分煤可能会产出无烟煤。

产品煤可分为两种，发热量分别为 17 MJ/kg（4063 kcal/kg）和 26.3 MJ/kg（6286 kcal/kg），灰分分别为 44% 和 22%，全硫均超过 1%。煤种为动力煤。产品煤煤质见表 11-2-13。

表 11-2-13 产品煤煤质表

产品	水分/%	灰分/%	挥发分		固定碳		发热量/($MJ \cdot kg^{-1}$)	全硫/%
			高挥发分/%	低挥发分/%	高挥发分/%	低挥发分/%		
发热量为 17 MJ/kg 的主要产品	1.8	44.0	21.0	8.0	33.0	46.0	17.0	1.0
发热量为 26.3 MJ/kg 的主要产品	1.5	22.0	27.0	NA	49.5	NA	26.3	1.3
发热量 26.3 MJ/kg 主产品洗出后的产品（17 MJ/kg）	1.7	46.0	21.0	NA	31.3	NA	17.0	1.1

根据尼坎德兹公司提供的介绍材料，发热量 26.3 MJ/kg 的煤种为主要产品，回收率为 11%~36%，平均为 24%。尼坎德兹高达 50% 的原煤灰分导致了较低的精煤回收率。

（4）资源量。尼坎德兹项目区内的钻孔总数共346个，孔间距达到250 m。勘探深度一般100～300 m，最大勘探深度366 m。在尼坎德兹项目的可研区块内（东、北、中、南块），JORC资源量为2.318 Gt。由于勘探程度较低，只提交了控制和推断资源量；其中，控制资源量1.317 Gt，推断资源量1.001 Gt。约1.4 Gt的资源量在250 m的深度范围内。区块内的资源量统计见表11－2－14。

表11－2－14　区块内的资源量统计表（更新时间为2012年5月）　Mt

区块	挥发分	原地资源量		
		控制	推断	总计
南区块	高	236	97	333
	低	359	118	477
	高和低	595	215	810
北区块	高	125	199	324
	低	26	46	72
	高和低	151	245	396
东区块	高	182	100	282
	低	281	127	408
	高和低	463	227	690
中区块	高	108	314	422
总计		1317	1001	2318

在2.318 Gt的资源量中，分为高挥发分煤和低挥发分煤。其中，高挥发分煤的资源量为1.36 Gt（含控制资源量0.65 Gt，推断资源量0.71 Gt），低挥发分煤的资源量为0.96 Gt（含控制资源量0.666 Gt，推断资源量0.291 Gt）。

在勘探程度更低的西块和河流块，预测资源量分别为1.14 Gt和0.612 Gt，均为高挥发分煤，总的推断资源量为1.75 Gt。尼坎德兹6个区块的资源量共计4.03 Gt。

（5）小结。尼坎德兹项目矿区资源量大，部分可露天开采，有一定的焦煤资源；但勘探程度低，煤层结构复杂，原煤的灰分高，硫分也较高，为有一定前景的绿地项目。

4）中西1151L勘探项目

（1）交通位置及自然地理。中西1151L勘探项目位于莫桑比克太特省莫阿蒂泽－敏交瓦煤田尼坎德兹地区、太特市东北约70 km处，面积80 km^2。项目附近有铁路通过，但铁路设施陈旧，运力有限。太特市西北150 km处有2075 MW的水力发电厂。赞比西河是主要的水运通道，但由于环境保护的因素不能支持煤炭大量外运。1151L区块交通位置如图11－2－32所示。

图11－2－32　1151L区块交通位置图

勘查区主要为卡鲁超群沉积，呈NW—SE走向，展布于勘查区北侧的查理扎山（Chiriza

Mountains）和勘查区南部的太特杂岩之间。沉积地层主要分布于矿区北部，其上有6～25 m的第四系覆盖，地表有现代冲积物。太特省的雨季是11月、12月至来年2月或3月，降水量约为700 mm，高峰期在1月或2月，其他时间比较干燥。最高温度40 ℃、最低18 ℃。该区人口稀少，每平方公里不超过5人。

（2）地质概况及勘探程度。莫桑比克主要含煤区地层序列如图11－2－33所示，中西1151L矿区地层序列如图11－2－34所示，勘探区内的卡鲁地层序列主要为德维卡冰积岩、产煤层、马汀德砂岩和第四系冲积物（木车那组）。

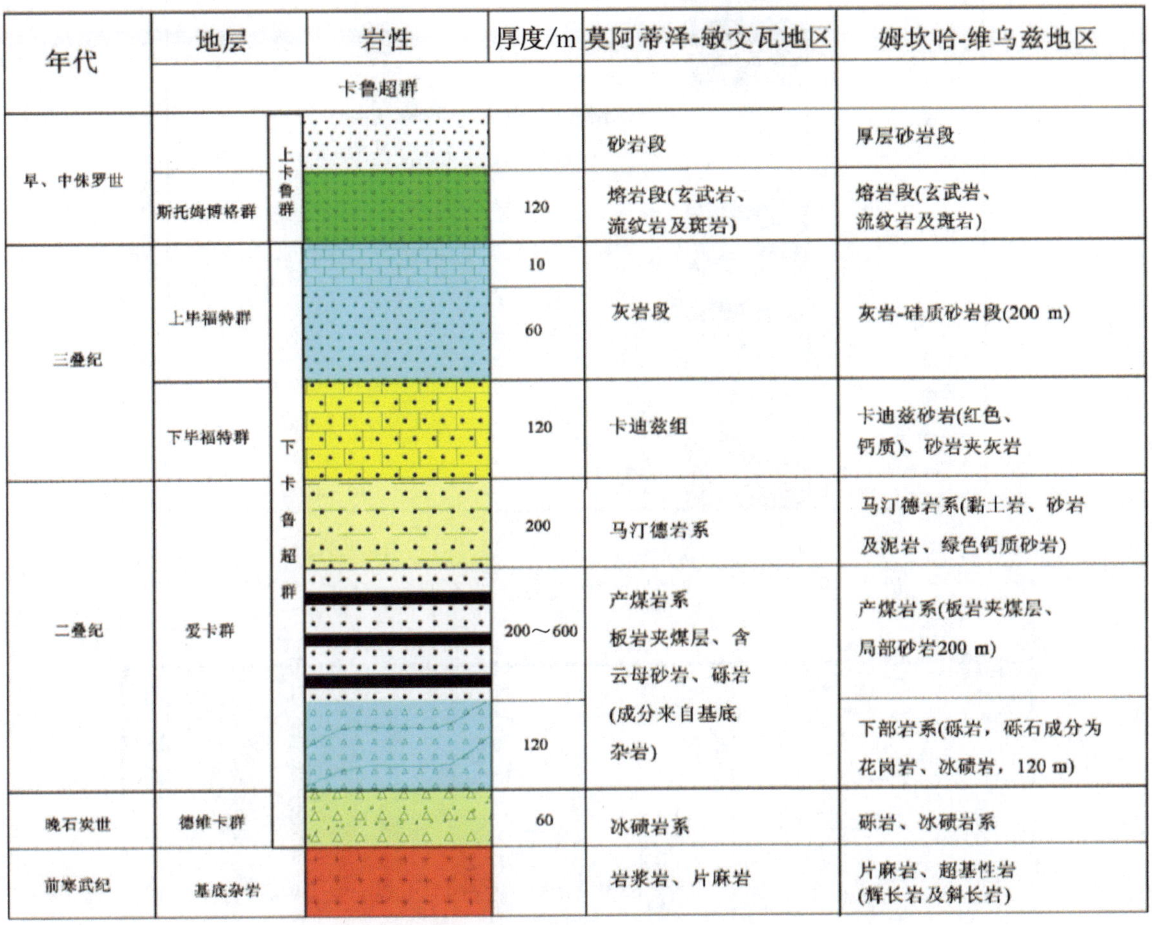

年代	地层		岩性	厚度/m	莫阿蒂泽-敏交瓦地区	姆坎哈-维乌兹地区
	卡鲁超群					
早、中侏罗世		上卡鲁群			砂岩段	厚层砂岩段
	斯托姆博格群			120	熔岩段(玄武岩、流纹岩及斑岩)	熔岩段(玄武岩、流纹岩及斑岩)
三叠纪	上毕福特群	下卡鲁超群		10	灰岩段	灰岩-硅质砂岩段(200 m)
				60		
	下毕福特群			120	卡迪兹组	卡迪兹砂岩(红色、钙质)、砂岩夹灰岩
二叠纪	爱卡群			200	马汀德岩系	马汀德岩系(黏土岩、砂岩及泥岩、绿色钙质砂岩)
				200～600	产煤岩系 板岩夹煤层、含云母砂岩、砾岩(成分来自基底杂岩)	产煤岩系(板岩夹煤层、局部砂岩200 m)
				120		下部岩系(砾岩，砾石成分为花岗岩、冰碛岩，120 m)
晚石炭世	德维卡群			60	冰碛岩系	砾岩、冰碛岩系
前寒武纪	基底杂岩				岩浆岩、片麻岩	片麻岩、超基性岩(辉长岩及斜长岩)

图11－2－33　莫桑比克主要含煤区地层序列（Lakshminarayana，2012）

基底砾岩（前寒武纪）主要岩性为前寒武纪石英长石条带状片麻岩，此外还有巨晶－粗晶辉长岩、斜长岩、碳酸盐岩和石英脉。德维卡群（冰碛岩，C_3）位于前寒武层系之上。沿不整合面或断层分布。露头少见。钻孔揭示该组厚度变化在20～40 m。主要由淡褐色页岩、混积岩/冰碛岩、纹层状泥岩及粗砂岩组成。大多数钻孔停钻层位为德维卡组。该组向上出现4～8 m厚的淡褐色页岩，它不整合于基底之上，接着出现冰碛岩夹页岩。

莫阿蒂泽组（产煤层，P）覆于德维卡组之上，二者呈渐变接触关系。地貌特征为低山丘陵，近乎树枝状水系。露头主要为淡褐色页岩、含云母粉砂岩和中到厚层状含砾砂岩，见硅化木。钻孔揭示产煤层系厚度大于800 m，可细分为3个非正式地层单位，即下部煤系、中部贫煤及上部煤系。煤层具有旋回形特点。各旋回底部均以出现粗砂岩为标志，紧接着出现泥岩韵律层，其上发育煤层二叠系爱卡群是莫桑比克的含煤地层。中西1151L矿区二叠系含煤岩系范围如图11－2－35所示。

在中西勘探区，爱卡群内的莫阿蒂泽组是主要的产煤层，分布在勘探区的北部地区。

目前，共施工钻孔96个，集中分布在含煤地区的东南部，中西煤炭勘探区块断划分如图11－2－36所示。

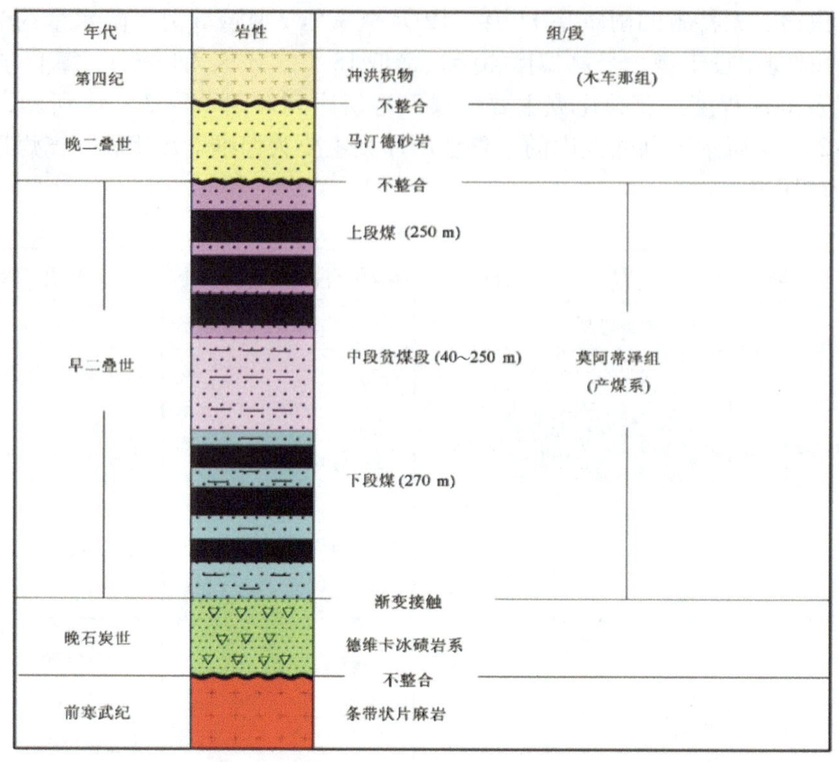

图 11-2-34　中西 1151L 矿区地层序列（minarayana，2012）

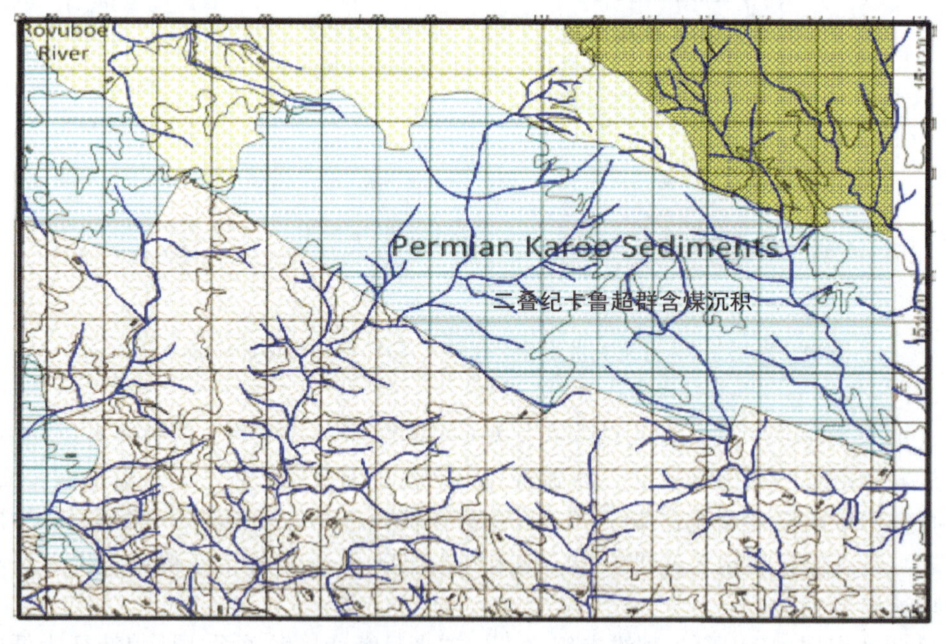

图 11-2-35　中西 1151L 矿区二叠系含煤岩系范围（Lakshminarayana，2012）

（3）资源量和储量。

1151L 矿区共分为 7 个资源区域，分别为 Pit-A、Pit-B、Pit-B1、Pit-C、Pit-D、Pit-E、Pit-F 和 Pit-G。根据 JORC2004 标准，目前 Pit-A 和 Pit-B 完成了较高等级的勘探工作，资源/储量可信度较高，而其他 Pit 的勘探精度不够，资源/储量可信度较低。煤的划分以莫桑比克标准空干基灰分不大于 55% 进行划分并确定煤炭资源量。1151L 矿区地质资源储量见表 11-2-15。

1—资源块段编号；2—断层；3—钻孔位置及编号；4—未勘探区块；5—露天采坑（深部焦煤）—推测；6—地下开采—控制；7—露天开采—探明、控制、推测；8—无煤地段

图 11-2-36 中西煤炭勘探区块断划分（Lakshminarayana，2012）

根据煤的不同比重，该勘探区的资源量为 4.9～5.3 Gt。

表 11-2-15 1151L 矿区地质资源储量表 Mt

序 号	区 域	储 量		
		相对密度 1.7	相对密度 1.8	相对密度 1.9
1	Pit - A	428.70	453.92	479.14
2	Pit - B	918.00	972.00	1026.00
3	Pit - B1	56.57	59.90	63.23
4	Pit - C	602.45	637.80	673.30
5	Pit - D	175.06	185.30	195.60
6	Pit - E	749.45	793.50	837.60
7	Pit - F	290.97	308.09	325.21
8	Pit - G	1498.22	1586.35	1674.48
9	合计	4719.42	4996.86	5274.56

（4）煤质。煤的内水平均为 1.8%，水分不高；灰分平均在 41.3%，属于高灰煤；挥发分平均在 24.6%，属于中等挥发分煤；全硫含量平均在 1.6%，属于中硫煤。区块内煤的工业分析测定成果见表 11-2-16。

表 11-2-16 区块内煤的工业分析测定成果表

序号	项目	400 ℃、60% 相对湿度	400 ℃、60% 相对湿度
		地质煤	浮煤（15% 灰分）
1	水分/%	1.8	2
2	灰分/%	41.3	15.1
3	挥发分/%	24.6	32.2
4	固定碳/%	32.3	50.7
5	总热值/(kcal·kg^{-1})	4516	6922
6	碳/%	44.5	68.1
7	氢/%	2.6	4.1
8	氮/%	1.3	1.7
9	全硫/%	1.6	1.2
10	碳酸盐/%	2.16	0.11
11	黄铁矿硫/%	0.94（58.8）	0.31（25.8）
12	有机硫/%	0.61（38.1）	0.86（71.7）
13	硫酸盐硫/%	0.05（3.1）	0.03（2.5）
14	焦化类型	C	G1 * 指示
15	FSI	1 1/2	3 1/2
16	焦化	823.0 kg	777.5 kg
17	焦油	60.0 L	110.5 L
18	油点	330 ℃	330 ℃
19	气点	340 ℃	330 ℃
20	氨	0.96 kg	0.54 kg
21	STP 下的气体	72.5 m	100.1 m

煤的可燃质由多种碳、氢化合物和其他有机质组成，其主要化学元素为碳、氢、氧和氮。矿田内各煤层浮煤干燥无灰基碳含量变化稳定，地质煤各煤层碳平均值为 44.5% 。矿田内氢含量较低且变化稳定，地质煤各煤层氢平均值一般为 2.6% 。碳氢比一般为 17：1。矿田内氮含量较低，地质煤各煤层氮平均值为 1.3% 。

矿田内各可采煤层地质煤总发热量在 4516 kcal/kg，哈氏可磨性指数（HGI）大致归类为硬和中硬。

根据钻孔煤样的沉浮试验结果，当灰分小于 30% 时，煤的洗出率在 10% 左右。原煤极高的灰分导致其产率低下。钻孔煤样 13～0.5 mm 浮沉试验综合结果见表 11-2-17。

表 11-2-17 钻孔煤样 13～0.5 mm 浮沉试验综合结果表

粒级/mm	13～6		6～3		3～0.5	
密度级/(kg·L^{-1})	产率/%	灰分/%	产率/%	灰分/%	产率/%	灰分/%
<1.4	5.45	14.6	12.79	10.2	33.55	5.9
1.4～1.5	9.63	25.7	11.76	24.2	8.98	23.2
1.5～1.6	19.69	33.8	17.24	34.0	12.86	33.2
1.6～1.7	17.66	42	13.59	43.0	9.49	42.5
1.7～1.8	15.29	47.4	13.79	47.4	9.29	49.3
>1.8	32.28	60	30.83	61.1	25.83	61.7
总计	100	43.96	100	41.2	100	32.9

（5）小结。

中西勘探项目纯煤累计平均厚度约42.56 m，煤层较厚，但煤矸结构复杂，分层厚度较薄，开采过程中难以实现选采。因此，设计考虑煤层内矸石全部混入毛煤一并开采，采出的煤送入洗煤厂洗选后获得精煤。煤的灰分较高，产率很低，难以产出低灰精煤且项目区周边的基础设施条件不足，不支持煤炭的大量外运。

2. 姆坎哈－维乌兹

姆坎哈－维乌兹煤田沿卡布拉巴萨(Cahora Bassa)水库湖北岸分布，呈东西方向出露，长150 km，与盆地长轴方向一致，宽约20 km，面积约3000 km^2，该盆地煤储量为3.633 Gt（CPRM，1983；Afonso and Marques，1993）。根据1983年CPRM报告，该盆地共有姆坎哈（Mucanha）、波洪兹（Bohozi）和维乌兹（Vúzi）等3个矿床，但主要是姆坎哈和波洪兹矿床，共由6个含煤组组成，煤层厚度为2～9 m。矿区地层走向东西向，向南倾，倾角5°～15°，但有时可达30°。总的构造为半地堑构造。姆坎哈—维乌兹盆地含煤岩系特点见表11－2－18。

表11－2－18　姆坎哈—维乌兹盆地含煤岩系特点

含煤岩系	总厚度/m	矿层厚度/m	描　述
B0	10	7	砾岩夹层将矿层分为两个亚层
B1	10	5	多种砾岩和砂岩，顶板为粉砂岩
B2	13＋3（2 bodies）	7（total）	砂　岩
B3	13＋1	8～9（total）	砂岩夹层也构成顶板和底板地层
B4	11＋2	8＋2	砂　岩
B5	4	2，5	含矿层位为早卡鲁期下部，下覆地层和下伏地层岩性为粉砂岩

数据来源：Lakshminarayana，2012

煤质特征可分为动力煤和焦煤两类，矿区各矿段的储量为0.2～1.7 Gt不等。姆坎哈—维乌兹煤质见表11－2－19，矿床煤炭储量见表11－2－20。

表11－2－19　姆坎哈—维乌兹煤质

煤质指标	冶金煤	动力煤	煤质指标	冶金煤	动力煤
灰分/%	10	20	膨胀性	200	
挥发分/%	20～32	24.0～28.0	流动性/ddpm	500	
硫/%	0.8～1.0	0.8～1.0	镜质体（体积百分比）/%	84	
膨胀系数/%	7.5～8.5		硬度		67
发热量/(kcal·kg^{-1})		6600			

数据来源：Lakshminarayana，2012

表11－2－20　姆坎哈—维乌兹矿床煤炭储量　　Mt

含煤组合	次级块段/储量类别			合计
	波洪兹	维乌兹	姆坎哈	
	B＋Cl＋C2	C2	P（预测）	
B5	—	—	—	—
B4	30	4	180	214
B3	410	45	558	1013
B2	414	73	168	655
B1上层	461	51	451	963
B1下层	312	43	378	733
B0（B零）	55	—	—	55
合计	1682	216	1735	3633

二、尼亚萨盆地群

尼亚萨含煤盆地群主要是指分布于莫桑比克北部尼亚萨省伦华地区及卢任达河畔的一些小型断陷盆地，受区域构造控制，呈 NE—SW 走向，这与前述下赞比泽盆地近东西走向是截然不同的，表明这两个盆地受不同构造体系控制，分别属于两个含煤盆地（群）。另外，在尼亚萨盆地群中未见卡鲁超群上部的火山岩，仅见金伯利岩筒，焦煤较少。尼亚萨盆地群及煤田分布如图 11－2－37 所示，尼亚萨盆地群的盆地一般规模较小，其中，伦华－马尼安巴次含煤盆地略大一些，但其面积连同卡鲁凹陷面积一起也不到上千平方公里，其他如卢任达河畔附近的含煤次盆规模均很小，它们分别是西南鲁赤木瓦煤田、东北鲁赤木瓦煤田、栾瓜煤田。另外在与坦桑尼亚交界处分布小型车木巴煤田。尼亚萨盆地群煤矿均未有效开发。伦华盆地煤储量 233 Mt，主要产自梅探古拉煤田，该煤田研究程度高。

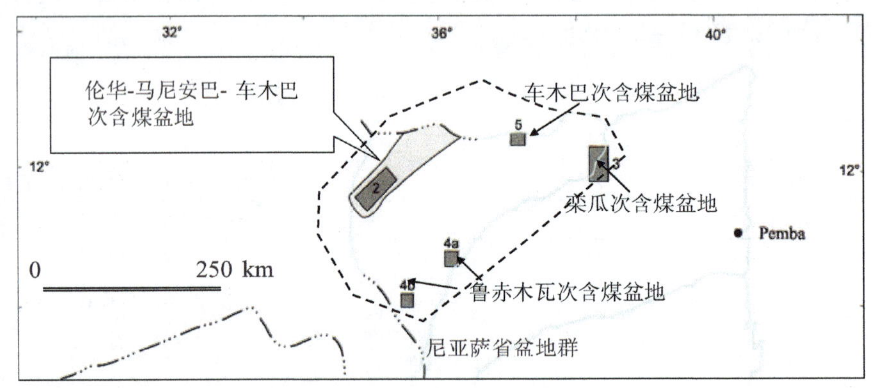

图 11－2－37 尼亚萨盆地群及煤田分布略图（Afonso，2008）

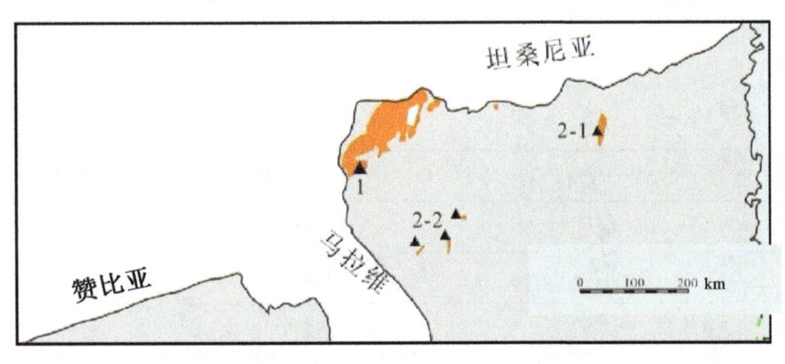

1—梅探古拉（Metangula）煤田；2—卢任达河畔（Lugenda River spot）煤田，橘红色为卡鲁沉积；2－1—栾瓜（Luangua）煤田；2－2—鲁赤木瓦（Luchimua）煤田

图 11－2－38 尼亚萨盆地群煤田（矿）分布（Lopo，2009）

（一）伦华－马尼安巴煤田

1. 交通位置与自然地理

尼亚萨盆地群煤田（矿）分布如图 11－2－38 所示，其中的伦华－马尼安巴煤田位于莫桑比克北部尼亚萨湖以东，向北延入坦桑尼亚境内。含煤区位于梅探古拉（Metangula）北东，面积 720 km^2，也称之为梅探古拉煤田，研究程度相对较高。该区海拔 1000～2000 m，属高原台地地形，亚热带气候，平均降雨量 1000～1400 mm，10 月底至来年 4 月初为雨季。年平均气温 22 ℃。人口密度为 2.5 人/km^2。盆地西北约 30 km 处的科布埃镇有简易公路通往尼亚萨重镇利欣加，利欣加有铁路直通纳卡拉港口，铁路全长约 500 km，纳卡拉港口是莫桑比克三大港口之一（Verniers et al，1999）。

2. 地层

盆地沉积主要为卡鲁超群，在岩性组合上与其他卡鲁盆地类似。爱卡群在毕福特沉积层以下是否沿北东方向继续延伸目前尚不清楚。尼亚萨盆地地层如图 11－2－39 所示。该区卡鲁超群可划分为以下 3 部分：

（1）上卡鲁超群（T_2－J），与斯托姆博格群相当，自下而上包括早侏罗世 Fubue（Lilonga）、Mecondece 组、Tende 组、Lupiliche 组，总厚达 5 km，由周期性的半干旱气候条件下的河流相沉积组成，是地堑的主要沉积，以曲流河为主，局部为辫状河。具体岩性组合为粉砂岩、砂岩，偶夹砾岩和泥岩。

（2）中卡鲁超群（K5，相当于毕福特组），厚 600 m，由红色泥岩组成。

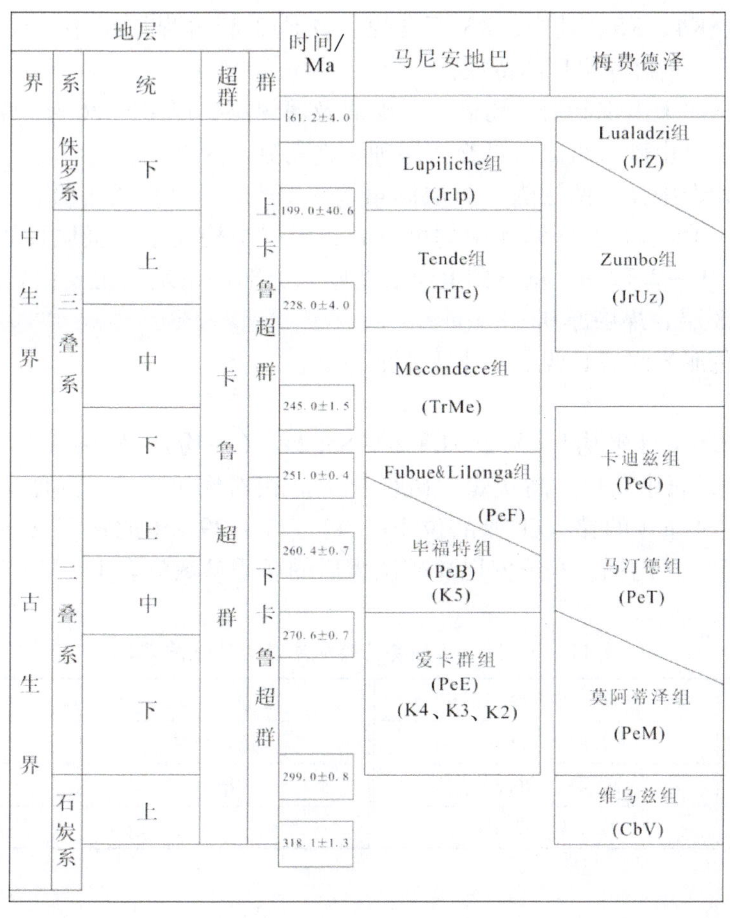

界	系	统	超群	群	时间/Ma	马尼安地巴	梅费德泽
					161.2±4.0		
中生界	侏罗系	下	卡鲁超群	上卡鲁超群	199.0±40.6	Lupiliche组 (Jrlp)	Lualadzi组 (JrZ)
中生界	三叠系	上	卡鲁超群	上卡鲁超群	228.0±4.0	Tende组 (TrTe)	Zumbo组 (JrUz)
中生界	三叠系	中	卡鲁超群	上卡鲁超群	245.0±1.5	Mecondece组 (TrMe)	
中生界	三叠系	下	卡鲁超群	上卡鲁超群	251.0±0.4	Fubue&Lilonga组 (PeF)	卡迪兹组 (PeC)
古生界	二叠系	上	卡鲁超群	下卡鲁超群	260.4±0.7	毕福特组 (PeB) (K5)	马汀德组 (PeT)
古生界	二叠系	中	卡鲁超群	下卡鲁超群	270.6±0.7	爱卡群组 (PeE) (K4、K3、K2)	
古生界	二叠系	下	卡鲁超群	下卡鲁超群	299.0±0.8		莫阿蒂泽组 (PeM)
古生界	石炭系	上			318.1±1.3		维乌兹组 (CbV)

数据来源：Verniers et al，1999

图 11－2－39　尼亚萨盆地地层表

（3）下卡鲁超群（K2、K3、K4，相当于爱卡群），厚343 m，由砂岩、泥岩及多层炭质层组成，为湖泊－河流相。据植物化石特征分析，当时气候温和，四季分明。

中下卡鲁超群露头仅见于盆地南部。

3. 构造

盆地走向 NE—SW，为一地堑构造，出露面积 9000 km^2，伦华－马尼安巴煤田构造剖面图如图 11－2－40 所示。在莫桑比克境内面积大约 4000 km^2。含煤区位于梅探古拉（Metangula）北东，面积 720 km^2（Verniers et al，1999），北西向断层将盆地分割为 3 个块断，各块段构造样式不同，中部和北部为双断构造，南部为单断构造。南部煤层出露良好，中、北部隐伏于下。地堑中部最深达 10 km（Verniers et al，1999）。

4. 岩浆岩

该盆地最大特点是无明显岩浆活动，未见辉绿岩侵入，但有少量焦煤形成。另外，盆地内见白垩纪金伯利岩筒分布。

5. 煤田地质及煤质

1）煤区地质

本区含煤地层爱卡群主要由 4 套层系组成，自

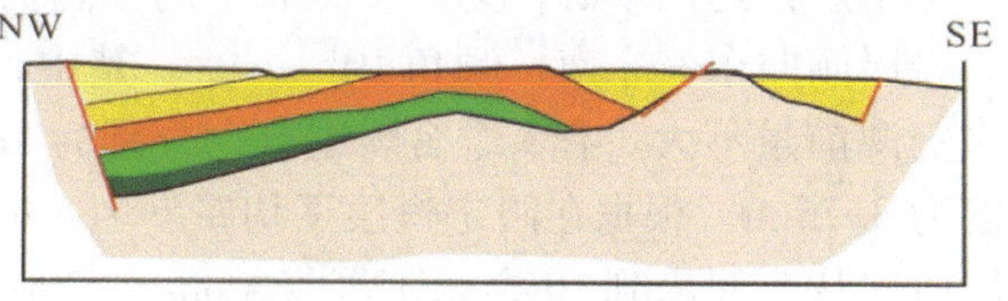

(a) Rio Moola 断层 NE 区块

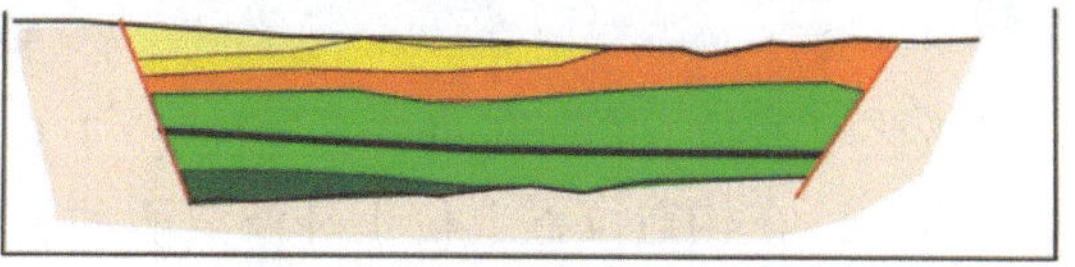

(b) Rio Moola 断层与 Rio Txiune 断层之间区块

(c) Rio Txiune 断层 SE 区块

图 11－2－40　伦华－马尼安巴煤田构造剖面图（Lopo，2009）

下而上分别为K2、K3、K4，K5。其中，K3不含煤，其他3套含煤层系中，仅K4有工业意义。K2、K3、K4总厚343 m。下面介绍各层具体特征：

（1）K2底部砾岩，向上出现砂岩、粉砂岩、泥岩及薄煤层，厚17~26 m，煤层平均厚20 cm。

（2）K3不含煤，主要由砂岩组成，具交错层理，夹粉砂岩及泥岩。

（3）K4具交错层砂岩中夹有两层煤，煤层倾角5°~10°，倾向北至北西。下部煤系地层主要由含煤泥质岩组成，总厚1~4 m，在全区钻孔中均可见到，煤层结构复杂，炭质页岩层（0.2~0.3 m）与薄煤层互层，煤层厚1.10~2.72 m，从下到上煤层变厚；上部煤系地层主要由含煤泥质岩-砂岩组成，厚度大于8 m，煤层共8层，煤层厚0.8~1 m。

（4）K5主要由红色泥岩组成，煤层基本无工业意义。

2）煤质

煤的湿度1.8%~2.6%（平均）、灰分31.6%~85.2%（平均）、发热量14.78~26.48 MJ/kg、硫0.36%~3.5%（平均），属中高热、高灰煤，硫变化大。相对密度1.7，具低焦煤性质，焦煤析出率低。煤的灰分中含24~30 g/t的锗（工业品位10 g/t）、17~29 g/t的镓（工业品位30 g/t）、1.7~2.0 g/t（工业品位0.05%）的铀。马尼安巴煤矿洗煤后的煤质参数见表11-2-21。

表11-2-21 马尼安巴煤矿洗煤后的煤质参数

煤质参数	洗煤后（19个样品）	煤质参数	洗煤后（19个样品）
水分	1.8%~3.0%	高位发热量	30.19~33.20 MJ/kg
灰分	15.4%~26.8%	硫	1.30%~1.40%
挥发分（空气干燥基）	27.2%~32.2%		

数据来源：据Lopo，1999

6. 资源量

盆地煤炭储量为0.233 Gt（300 m以浅），该含煤盆地稀散元素有一定的找矿前景。

（二）卢任达煤田

卢任达煤田主要指分布于尼亚萨省卢任达河畔一系列串珠状NE向分布的含煤盆地，栾瓜煤盆便是其中之一。

位于卢任达河下游，为一十分狭窄的拗陷构造，走向NNE—SSW，爱卡群主要由砂岩和泥质板岩组成，岩层倾向东—东南，倾角10°~30°。其中，爱卡沉积局限于盆地中极其有限的地段。因此，预期煤炭资源前景不大。有3个含煤组合，分别为Luchinua、Lugenda和Luangua。产煤煤系含煤数层，平均厚度为3.75 m。根据在假定煤层平均厚度为3 m、深度100 m的基础上，估算的煤炭储量为4000万t。煤层厚度从几厘米到10余米不等（Afonso，2008）。

三、鄂斯普嘎本拉盆地

鄂斯普嘎本拉（Espungabera）盆地位于莫桑比克中部与津巴布韦交界附近，在莫桑比克境内面积超过80 km^2。在构造位置上位于林波波活动带的北部边缘带。盆地地层向南倾，倾角5°~10°，煤层最厚达1.2 m，矿区东西方向延长约20 km，最宽达200 m。其中，有2个含数层厚度0.25~0.9 m煤层的含煤组合。矿区地层走向E—W，与煤层走向一致，与盆地轴平行，倾角5°~10°，向南倾。矿区也平行拗陷轴和断裂构造方向，这些断裂将矿区划分许多小块段（Afonso and Marques，1993）。含煤岩系出露于近地表，还需做进一步的地质工作。

四、小结

在莫桑比克的煤层与南非一致，主要赋存于卡鲁超群下部的爱卡群中，在太特省主要形成于莫阿蒂泽组中。一般而言，卡鲁超群下部的沉积盆地普遍发育煤层。含煤盆地有如下特点：

（1）分布广泛。从现有煤矿分布范围来看，含煤盆地主要分布于北部山区，但据1：250000地质图等相关资料分析，在东南部大平原也有隐伏的卡鲁沉积存在，因此，东南部大平原区很可能存在含煤盆地，勘探前景有待进一步查明。

（2）现查明主要有两个含煤盆地（应为盆地群，为简化起见，统称盆地，下文同），一个是分布于太特省的下赞比泽（Lower Zambezi）盆地，另一个是分布于北部尼亚萨省（Niassa）的含煤盆地，前者是莫桑比克主要含煤盆地。其他还有分布于西边界中部的鄂斯普噶本拉（Espungabera）含煤小盆地。这些盆地有不同的地质发育特点，如尼亚萨盆地基本未见大规模的火山岩分布，而鄂斯普噶本拉含煤盆地主要发育火山岩，仅在下赞比泽盆地既发育火山岩也发育卡鲁沉积。焦煤形成与火山活动有关。

（3）所有含煤盆地均属地堑型盆地，一般发育时限为晚石炭世－早侏罗世（318～180 Ma）。

（4）沉积历史为早期河流－冰川沉积，气候温暖，继而发育三角洲沉积，中期为河流湖泊碎屑沉积（含煤建造），晚期为干热气候条件下的火山－碎屑沉积。

（5）下赞比泽盆地是莫桑比克主要含煤盆地，煤储量9.192 Gt，尼亚萨盆地为次要含煤盆地，煤储量1.033 Gt。目前，计算出的莫桑比克煤储量约10 Gt，主要分布于这两个含煤地区。下赞比泽盆地的煤种为含焦煤的动力煤而尼亚萨盆地群以动力煤为主，但灰分中锗等稀散元素含量较高。

第四节　优质煤炭资源富集区

一、成煤条件

已有研究表明，莫桑比克大地构造属冈瓦纳大陆南部。泛非事件之后，晚石炭世冰雪消融，冈瓦纳运动开始，大陆出现裂解，形成地堑构造，称作卡鲁裂陷，在此裂陷内形成下卡鲁超群爱卡群含煤建造。二叠纪气候温湿，河流－湖泊三角洲发育，具有形成煤的地质条件，此时不论在南非，还是在莫桑比克、博茨瓦纳，整个非洲南部地区都有含煤卡鲁沉积并且不论是南非的主卡鲁盆地还是莫桑比克、赞比亚的赞比泽盆地，均有含煤的爱卡群沉积。因此，南部非洲成煤条件良好，煤炭资源较为丰富。

二、优质煤炭富集区

前面研究表明，下赞比泽盆地含煤储量9192 Mt，有大小煤矿10座，其中，莫阿蒂泽煤矿是莫桑比克主力矿山，是重要的煤炭出口基地；尼亚萨盆地群含煤储量1033 Mt，大小煤矿5座，目前尚未有效开发。因此，莫桑比克太特省下赞比泽盆地是该国煤炭富集区而尼亚萨省是次富集区（图11－2－41）。资源富集区的划分，为进一步找矿和投资提供了靶区。

1. 下赞比泽盆地

下赞比泽盆地矿权登记情况见前文相关图件。图11－2－37表明了近年来各主要公司在该盆地登记的矿权范围及资源概况。因为受卡布拉巴萨电站及水库的影响，其周围地区不是进一步找矿和投资地区，因此，西部的姆坎哈—维乌兹地区（Ⅰ）、中东部梅费德泽次地区（Ⅱ）及东部的莫阿蒂泽—敏交瓦地区（Ⅲ）是进一步找矿和投资地区。在Ⅰ区，已求出煤储量3.6 Gt，Ⅱ区已求出煤储量1 Gt，Ⅲ区已求出煤储量约5 Gt，因此，可考虑合作开发这些资源，这是其一；其二在上述3个地区尚未登记的卡鲁沉积区是需要登记并进一步勘查的有利地区。

总的说来，下赞比泽盆地东部的莫阿蒂泽—敏交瓦煤田勘查开发程度较高且有丰富的的焦煤资源，是目前世界上少有的未大量开发的含优质煤炭资源的盆地之一，部分煤矿可露天开采。莫桑比克属东非滨海国家，交通方便。国家虽然落后、劳动力缺乏，但发展经济对外政策尚好。未来的煤炭资源投资开发地区应该优选灰分较低、能产出焦煤且基础设施相对完备的地区。

2. 尼亚萨盆地群

该盆地群的煤多为动力煤，优质煤炭资源匮乏，交通相对不便；煤层可伴生稀散元素（如锗），锗是一种重要的半导体材料，可用其制造晶体管及各种电子装置。如果有具备开发价值的煤矿，可同时考虑开发此类资源。

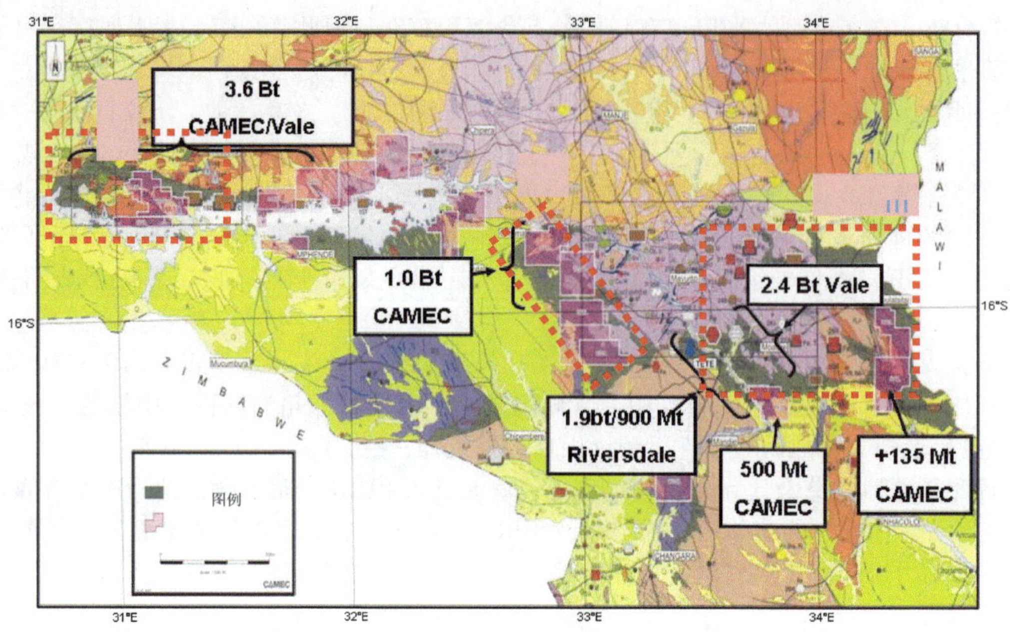

图 11-2-41　下赞比泽盆地进一步工作靶区（红虚线框范围）

本章参考文献

[1] 爱森哲．神华国际化研究项目汇报摘要［R］. 2011.

[2] 郭春菊．欧洲能源专家预测化石能源至少还可发展 50 年［N/OL］. 中国证券报 . 2013-09-08，http://vnetcj.jrj.com.cn/2013/09/08233215807212.shtml.

[3] 内蒙古自治区煤田地质局地质调查院．非洲东南部莫桑比克共和国煤田地质调查报告［R］. 2008.

[4] 宋国明．非洲矿业投资指南［M］. 北京：地质出版社，2004.

[5] 中国地质调查局发展研究中心境外矿产资源研究室．应对全球化：全球矿产资源信息系统数据库建设（二十七）非洲：莫桑比克［R］. 2011.

[6] 中国神华海外开发投资有限公司矿产资源评价部．尼坎德兹项目技术评估报告［R］. 2012.

[7] Afonso, RS. TextbooK Geological Map explanation of Mozambique (Scale 1∶1000000)［R］. Maputo, 2008.

[8] Afonso, RS. Marques, et al. RecursosMinerais da República de Moçambique［R］. Instituto de Investigação Cientifica Trópical-Centro de Geologia, Lisboa; Direção Nacional de Geologia, Maputo.［S. l.］.

[9] Alan EM, Ian Lerche, James E. Iliffe, Geology, basin analysis, and hydrocarbon potential of Mozambique and the Mozambique Channel［J］. Earth-Science Reviews, 1991: 30, 81-124.

[10] Broderick, TJ. A geological interpretation across a portion of the Mid-Zambezi valley lying between the Mkanga and Hunyani rivers, Guruve District［J］. Annals of the Zimbabwe Geological Survey, 1983: 9, 59-79.

[11] African Renaissance and Geosciences.［J/OL］. Journal of African Earth Sciences, 33: 3-4, 529-562. http://www.sciencedirect.com/science/article/B6VDT-44GMCD4.

[12] Coal exploration & production Mozambique, Mozambique coal report［R/OL］. 2011. http://www.coalproductionmoz.com/.

[13] Cuvilas, CA, Jirjis R, et al. Energy situation in Mozambique: A review［J/OL］. Renewable and Sustainable Energy Reviews, 2010: 14, 2139-2146. http://www.elsevier.com/locate/rser.

[14] Flores, G. The Cretaceous and Tertiary sedimentary basins of the Africa coasts［J］. Ass Afr Geol Surv, 1973.

[15] GTK Consortium, Map Explanation; 3: 1735-1739, 1835-1836, 1935. Geology of Degree Sheets Mutarara, Quelimane, Namacurra/Maganja, Pebane, Marromeu/Inhaminga, Chinde and Savane, Mozambique［R］. Ministério dos Recursos Minerais, DireccaoNacional de Geologia Maputo. 2006a.

[16] GTK Consortium. Map Explanation; 4: 1430-1432, 1530-1534. Geology of Degree Sheets Inhamambo, Maluwera, Chi-

funde, Zumbo, Fíngoè – Magoè, Songo, Cazula and Zóbuè, Mozambique [R]. Ministério dos Recursos Minerais, Direcção Nacional de Geologia, Maputo. 2006b.

[17] Hartzer, FJ. A stratigraphic table of the SADC counties. Council for Geoscience, South Africa [R]. 1998.

[18] Johannes, D. The mineral industry of Mozambique – An overview for Swedish investors [R]. Embassy of Sweden Maputo, 2012.

[19] Johan, NJ, V. Post – glacial Permian stratigraphy and geography of southern and central Africa: boundary conditions for climatic modeling [J]. Palaeogeography, Palaeoclimatology, Palaeoecology, 1995: 118, 213 – 243.

[20] Johnson, MR, Van vuuren, et al. The Foreland Karoo Basin, South Africa [C].//Kenneth, JH, Series Editor: Sedimentary Basins of the World, Cambridge University Press (CUP), 1997.

[21] Lakshminarayana, G. Geological resource report on 1151L coal deposit, Moatizecocalfield, Tete, Mozambique [R]. Midwest Group, 2012.

[22] Limex, LTD, Prsquisasgeológicasnabaciacarbonifera de Moatize RPM, rel ined, DNG, Maputo [R]. 1984.

[23] Lopo, V. Coal in Mozambique [R]. Dept Geology Eduardo Mondlane University Maputo, Mozambique PUCRS, Porto Alegre, RS, Brazil, 2009: 16 – 18.

[24] Neto, JN. Coal deposits of Mozambique [C].//In: Muir, WLG (Ed), Coal Exploration. Proceedings of the lst International Coal Symposium. London, 1976: 642 – 647.

[25] Orpen, JL, Swain CJ, et al. Wrench – fault and half – graben tectonics in the development of the Palaeozoic Zambezi Karoo Basins in Zimbabwe – the "Lower Zambezi" and "Mid – Zambezi" basins respectively – and regional implications [J]. Journal of African Earth Sciences, 1989: 8, 215 – 229.

[26] Pinna, P, Jourda G, et al. The Mozambique belt in northern growth and tectogenesis and superimposed Pan – African (800 – 550 Ma) tectonim [J]. Precanmbrian Res, 62, Amsterdam, 1993.

[27] Salman, G, E. Development of the Mozambique [J]. SedimentayGology, 1995: 96.

[28] Smith, DAM, Whiltaker RLG. The coal field of southern Africa: an introduction [M].//Anhaeusser. C. R and Maske. S. (Eds.). Mineral Deposits of Southern Africa. Vols I & II, Johannesburg, Geol Soc S Afr, 1986: 1875 – 1878.

[29] Thomas Schlüter. Geological Atlas of Africa [M]. Springer Berlin Heidelberg New York, 2006.

[30] Spalding, BP. An assessment of reserves, production and export possibilities of coal in African countries [D]. Rand Afrikaans University, 1999.

[31] TapioLehto & Reinaldo Goncalves. Mineral Resources Potential In Mozambique [R]. 2008.

[32] Tankard, AJ, Jackson, et al. Crustal evolution of southern Africa [M]. Springer – Verlag, New York, 1982.

[33] Thomas, S. Geological Atlas of Africa [M]. Springer Berlin Heidelberg New York, 2006.

[34] US Department of the Interior and US Geological Survey, Mineral Commodity [R]. 2012.

[35] US Department of the Interior and US Geological Survey. 2011 Minerals Yearbook Botswana [Advance Release][R]. 2013.

[36] VúclavCílek. Industrial Minerals of Mozambique [M]. Prague: Czech Geological Office, 1989.

[37] Verniers, Paulis, RV. The Karroo Graben of Metangula Northern Mozambique [J]. Journal of African Earth Sciences, 1999: 9, 137 – 158.

[38] William, H, Anna. New discoveries of coal in Mozambique [J/OL]. International Journal of Coal Geology, 2012:89,2 – 12. http: //www. elsevi e r. com/locate/ijcoalgeo.

[39] Yrjö, Pekkala, Tapio, et al. GTK Consortium Geological Surveys in Mozambique 2002 – 2007, 2008 [M]. In: Geological Survey of Finland, Special Paper, 2008: 48, 7 – 22.

第三章 煤炭资源开发投资建议

第一节 国别投资环境分析

一、对外资的吸引力

莫桑比克的国民经济长期受内战的影响，目前处于恢复与重建状态，政局较为稳定，被列为非洲最和平的国家之一。近年来莫桑比克依靠其丰富的资源和吸引外资的发展战略，经济上取得了一定发展，但仍被联合国认定为世界最不发达国家之一。

在吸引外资方面，莫桑比克政府一直采取鼓励外资的政策，为投资者提供了一系列保护措施。莫桑比克政府正在进行机构改革，旨在加强政府的管理能力，创造有利于私有部门快速发展的、稳定的政治和投资环境。具体措施如对海关进行改革，大幅降低关税等。由于各项配套制度建设的滞后性，该国办理外商申办投资的手续比较繁杂，办理信用证的费用也很高。虽然促进投资中心在申办和审批投资程序方面做了一定的改进，但投资者仍对该国的投资制度及环境保持谨慎。

莫桑比克吸收的外国直接投资在南部和东部非洲国家位于前列，外商投资不断增加。自2001年起，由于铝厂、天然气管道等大型项目的启动，使得莫桑比克吸收的外资大幅上升。据世界银行统计，2009年莫桑比克吸引国外直接投资达8.93亿美元，达到历史最高水平。截至2010年，莫桑比克吸收外资存量达到54.89亿美元。据莫桑比克投资促进中心统计，2010年，莫桑比克外资主要来自葡萄牙，投资额达1.5亿美元，这与该国曾被葡萄牙长期殖民统治有直接关系，其他外资依次来自南非、意大利和比利时。外国投资领域较为单一，主要集中在矿业、工业、农业以及农业领域内的相关工业及旅游业。

莫桑比克近年来勘探到大量煤炭、石油和天然气等资源，吸引了欧美能源企业的进入。随着中国能源需求的日益增强，中莫能源合作也逐步展开。2012年，中国在莫桑比克直接投资2.3亿美元，达到历史最高水平。截至2012年，我国在莫桑比克直接投资存量3.36亿美元，投资主要集中在工业、旅游、矿产和能源领域。中莫两国同意设立一个规模20亿美元的投资基金，扶持在莫桑比克开展业务的中国公司。近些年，随着中国企业日益瞄准资源丰富的非洲，莫桑比克也被列入目标投资国之一，中国企业在莫主要投资大型基础设施项目和建筑项目。根据莫桑比克投资促进中心发布的统计数据，中国是莫桑比克2016年上半年最大的投资来源国，投资金额达1.54亿美元，占同期外国直接投资总额的一半以上。莫桑比克《消息报》报道，中国中车拟扩大对莫桑比克的投资，通过政府和私营部门的努力，改善莫桑比克的铁路运输状况。

二、投资环境排名

从宏观角度分析，评价一国投资环境首先需要关注的是该国的整体竞争力，由于矿业投资金额大、周期长、需考虑的相关因素多，所以国家的基本制度、基础设施条件、宏观经济状况、市场效率以及商业成熟度都是应该关注的问题。世界经济论坛《2016—2017年度全球竞争力报告》显示，莫桑比克在全球138个国家中总体排名第133位，与上年度持平，具体数据见表11-3-1。

从微观角度分析，作者更关注企业在具体商业经营活动中遇到的困难与阻碍并依此评估该国微观商业经营环境。世界银行《2016全球营商环境报告》显示，莫桑比克在189个国家和地区中排名第133位，比上年度下降了6位，具体数据见表11-3-2。

具体到矿业的投资环境，一个国家矿业投资环境的好坏与该国的政治经济状况有着很强的正相关性，在多贝尔的评价体系中，对7项主要因素进行了评分。根据各因素对矿业投资的影响，对国家政治体系、国家经济体系、社会问题影响矿业的程度、因官僚或其他拖沓因素导致的在获得许可证上的延误、腐败程度、货币稳定性和税制 7 项主要因素按 1（最差）到 10（最好）评分，参加评议的国家能够得到的最高分值是 70 分。莫桑比克 2014 年的多贝尔得分为 22.9 分，在本书研究的 13 个富煤国家中排名第八。

表 11-3-1　莫桑比克全球竞争力在 138 个国家和地区中的排名

主要指标	2016—2017 年度排名	2015—2016 年度排名	主要指标	2016—2017 年度排名	2015—2016 年度排名
总体排名	133	133	商品市场效率	118	112
基本条件（60%）	133	138	劳动力市场效率	92	98
制度	124	126	金融市场发展	128	34
基础设施	123	126	技术装备	127	124
宏观经济环境	125	122	市场规模	102	101
健康与初等教育	134	133	政府促进创新（5%）	124	108
市场效率（35%）	131	133	商业成熟度	128	120
高等教育和培训	135	136	创新	117	83

数据来源：The Global Competitiveness Report 2016—2017

表 11-3-2　莫桑比克营商环境在 189 个国家和地区中的排名

主要指标	2017 年度排名	2016 年度排名	主要指标	2017 年度排名	2016 年度排名
总体营商环境	137	134	投资保护	132	129
创办公司	134	121	纳税	112	111
获得建筑许可	30	135	跨境贸易	106	105
获得电力	168	166	合同执行	185	185
资产注册	107	104	解决无偿付能力	65	65
获得融资	157	152			

数据来源：世界银行营商环境报告 2016，2017

莫桑比克位于南部非洲地区，与南非、斯威士兰、津巴布韦、赞比亚、津巴布韦、马拉维和坦桑尼亚接壤，地理位置优越，是通往一些南部非洲内陆国家的门户。莫桑比克于 1992 年结束了长达 16 年的内战，逐步恢复国内和平，目前在执政党领导下实现了政局稳定，被列为非洲最和平的国家之一，总人口约 2500 余万。依靠丰富的资源和吸引外资的发展战略，近年来莫桑比克经济取得一定发展，实际国内生产总值平均增长率高于撒哈拉以南非洲平均水平，但经济发展基础仍然薄弱，南北经济发展水平差距较大，仍是联合国认定的世界最不发达国家之一，每年接受大量的国际援助。

政治方面，1992 年恢复和平以来，政府积极维护民族团结，内外政策较为稳妥务实，将发展经济和消除贫困作为施政的首要任务，赢得了民众的广泛支持。执政党在多次议会选举中均取得压倒性多数地位，但该国的法律制度和相关政策仍需完善，行政工作效率低，土地登记与商务仲裁等关键领域的法律法规仍不健全，政策的稳定性和执行力较差。

经济方面，莫桑比克国民经济基本毁于长期的内战，目前仍处于恢复与重建状态，国民经济以农业为主，工业尚处于起步阶段，经济体系不完整，经济结构单一且脆弱。莫桑比克鼓励海外资本开发国内资源的政策使其经济主要依赖初级矿产品出口，易受国际价格变动影响，汇率波动较大。国家财政主要依赖外部援助，对外负债率较高。此外南北分化、失业率整体偏高仍是其经济发展面临的主要问题。虽然一些跨国矿业公司在莫桑比克开展了一系列矿业和基础设施项目，对该国经济发展产生了积极作用，但这些公司在莫桑比克的发展也面临着很多问题和不确定性。

与同处非洲南部的南非、博茨瓦纳和纳米比亚三国相比，莫桑比克政府执政能力较强，政治上也更为稳定，但限制该国矿业发展的瓶颈也十分突出。莫桑比克由于经历过时间较长的内战，主要经济部门均曾受重创，工矿业发展所需的配套产业和基础设施极为不健全。恢复和平以来，虽然经济增速较快，但其经济体量小、产业结构不合理，易受外部因素影响，再加上其国民受教育水平较低，劳动力素质低下，在客观条件上无法满足矿业发展的基本需求。所以，尽管莫桑比克有积极引入外资、发展煤炭和电力行业以解决非洲南部电力短缺问题的意愿，但由于相关配套政策及法律等都处于初期阶段，政府将政治意愿和经济愿景转换为良好的投资环境仍然尚需时日。

综合考虑，作者认为莫桑比克欠缺成熟的政治和经济投资环境，但莫桑比克是近年来新兴的矿业国家，一些国际跨国公司也表现出在当地从事资源开发和基础设施建设的兴趣，所以应当密切关注并及时更新其发展的最新动向。

三、投资环境的冷热分析

国别冷热比较法由美国经济学家伊西阿·利特法克和彼得·班廷在20世纪60年代后半期提出，该分析法通过对各国投资环境中的8种因素进行综合和统一尺度的比较分析，是投资环境定性分析的代表性方法之一。

对投资环境的研究而言，除了应在政治、经济和法律等方面对其进行分析外，还要考虑其他因素。对近年来中国企业海外矿业投资案例进行归纳和总结，作者发现在实际投资中能否克服基础设施的瓶颈以及按时获得环境审批往往决定着项目的成败，而东道国的税收环境和汇率变动也会对投资收益产生重大影响。基于上述原因，本书将汇率、税收、环境要求和基础设施条件一并纳入冷热分析中，形成了针对矿业投资特点与需求的9方面评价因素，依次是政治稳定性、市场、经济增长与发展、汇率稳定性、法令障碍、税务环境、环境保护成本、基础设施条件、地理及文化。

判断结果以该因素是否有利于在东道国进行矿业投资为标准，给出了“热、中、冷”3种评估结论，东道国的投资环境因素越热即越好，外国投资者在该国投资就越有利。以政治稳定性为例，“热”表示该国有一个由社会各阶层代表所组成的、被群众所拥护的政府，基本没有民族和地区矛盾，社会稳定，政府鼓励和促进企业发展，创造出良好的适宜企业长期经营的环境。反之为“冷”因素，当东道国政治稳定性介于“热”和“冷”之间，情况比较复杂或偏中性，无法给出单方面的结论时，评估结果为“中”。

1. 政治稳定性

莫桑比克历经多年内战后于1992年实现停火，2004年，新宪法的生效标志着莫桑比克政治生活步入正轨，国家各项政治制度在法治轨道下运转。在国际社会的斡旋与帮助下，该国政局近些年来基本保持稳定，政府执政基础较为良好，反政府武装力量已大大减弱，是南部非洲地区较为和平的国家之一。

综合来看，本书对莫桑比克的政治稳定性评定为“中”。

2. 市场

从该国内来看，由于长期内战，莫桑比克人均收入较低，市场购买力大幅下降，被联合国列为世界最不发达国家之一。农牧业在莫桑比克经济中占比较重，矿产及能源的市场消费量较小。邻国南非和坦桑尼亚等均为重要的新兴经济体，国内工农业生产及社会生活对能源需求较大，这也给莫桑比克提供了市场机会。

因此，对本书莫桑比克的市场综合评定为“中”。

3. 经济增长与发展

莫桑比克恢复和平以来，政府推行市场经济体制，不仅在短时间内恢复了国内正常的经济秩序，还取得了经济较快的增长。得益于新兴市场国家对莫桑比克矿业资源的关注和该国政府对矿业投资的大力支持，莫桑比克经济在近些年取得了较好的表现。值得注意的是，莫桑比克经济基础薄弱、产业部门不完整、财政收支不平衡、通胀率高企不下、南北地区差距逐年拉大、贫困人口增多、高素质劳动力短缺和失业率上升都是其经济发展面临的困难。

综合来看，本书对莫桑比克经济增长与发展评定为“中”。

4. 汇率稳定性

莫桑比克采取浮动汇率制，允许汇率根据市场供需情况自由浮动。本币梅蒂卡尔和美元等货币可自由兑换。梅蒂卡尔兑美元的汇率近年来起伏不定。国家经济体量小和经济结构单一决定了其汇率稳定性较差。

综合来看，本书对莫桑比克汇率稳定性评定为"冷"。

5. 法令阻碍

世界银行数据表明，莫桑比克是司法程序最为冗长的国家之一。行政部门效率低，外国企业人员办理投资、签证和雇用员工等手续繁杂，贿赂现象严重，土地登记和商务仲裁等关键领域的法律仍不完善等，都在一定程度上阻碍了外资的进入。一些鼓励投资的政策执行细则规定不够明确，有法不依、政策规定无法执行的情况也很普遍。此外，莫桑比克政府官员是可以经商的，从总统到部长都持有私营企业股份，政商不分也给外商投资带来市场不公平竞争的担忧。

综合来看，本书对莫桑比克法令阻碍评定为"冷"。

6. 税务环境

总体而言，莫桑比克国家是税赋中等的发展中国家，税务征管环境一般，国际协作仍属于起步阶段。据普华永道和世界银行共同合作发布的2013年全球189个主要经济体总体税赋情况排名，综合税赋从重到轻，莫桑比克税收负担排名第98位，整体税赋为37.5%。与此同时，该国资金成本相对较高，融资固定利息至少在10%以上。近年来，莫桑比克政府为投资者提供了一系列的投资保护措施。帮助企业办理开业手续等，一定程度上提高了对外资的吸引力。此外，截至2013年底，该国仅与全世界8个国家和地区签订了避免双重征税协定，国际间税收协作较少，这也是该国投资吸引力不高的原因之一。莫桑比克并未与中国签署避免双重征税协定。美国"传统基金会"发布的《经济自由度指数2015》显示，莫桑比克经济自由度排名位于全球186个国家的第125位，被归入"不太自由"类。制定自由度排名时所考虑的因素涵盖法律（知识产权保护、政府廉洁等）、政府施加的限制（对经济的干预、政府开支等）、监管效率（企业自由、劳工自由、货币流通自由）以及市场开放度（贸易自由、投资自由和金融自由）等方面。

综合来看，本书对莫桑比克财务环境评定为"中"。

7. 环境保护成本

环境保护成本定性分析结果显示，相对于其他非洲国家，莫桑比克对环境保护相对重视，因此该国的国家环境法律体系相对完善；然而由于莫桑比克近年来以发展经济为最主要的任务，难免对环境保护工作落实程度不够。具体体现在该国环境许可证审批程序较为简单；环境许可证审批办理时限相对较短；公众参与程度及环境保护敏感度较低；矿区复垦及环境保护保证金收取要求相对较低。总体而言，莫桑比克被定级为环境保护低成本国家。

因此，本书对莫桑比克的环境保护成本评定为"热"。

8. 基础设施条件

莫桑比克矿产资源较为丰富，近些年矿业经济的发展也为该国经济的恢复与发展奠定了基础。但由于政府资金缺乏，该国基础设施仍然较为落后，制约了其国民经济特别是能源及相关配套产业的发展。而矿业发展所需的基础设施建设需要巨额投资，这些都对财政紧张的莫桑比克政府产生较大压力，使得该国基础设施落后的瓶颈在短期内无法有较大改观。近年来，随着莫桑比克制定的吸引外资优惠政策，一些包括铝厂、天然气管道、露天煤矿等项目陆续启动，该国基础设施条件有所改善，但由于基础设施尚未完善，输出能力低下，使得一些公司出现亏损。落后的基础设施条件成为莫桑比克资源开发最主要的瓶颈，然而从另一方面看也创造了潜在的投资机会。

综合考虑，本书对莫桑比克的基础设施条件评定为"冷"。

9. 地理与文化

莫桑比克与坦桑尼亚、南非等国接壤，临近印度洋。虽然中国在莫桑比克独立及和平协议缔结过程中扮演了重要的角色，为莫桑比克提供了大量援助，但由于两国距离遥远，葡语为当地主要语言等原因使得目前中国在莫投资较少，双方民间的文化交流和往来也较少。

莫桑比克恢复和平以来，民众对和平与稳定的愿望十分强烈。在国际社会的斡旋下，各方力量达成协议，推动国内和平建设。近些年该国经济的稳定发展与国内秩序的恢复也促进了各民族间的交流，在文化一体化的道路上取得较好的发展。莫桑比克南部首都区靠近南非等发达国家，经济水平较高，北部地区经济发展则相对落后。南北经济发展的不平衡引发民众不满情绪，为文化一体化带来负面影响。

综合考虑，本书对莫桑比克文化一体化评定为“中”。

结合莫桑比克近些年对外资的实际吸引力和相关机构发布的投资环境报告以及从上述9方面进行的国别“冷”“热”分析，本书认为，莫桑比克自内战结束以来政局环境趋于稳定，近十年来，政府致力于发展经济，实行以市场为导向的经济改革，不断改善投资环境，制定的相关政策也为持续吸引外资创造了有利条件。另外，莫桑比克区域优势明显、自然资源丰富，这也是该国突出的竞争力。尽管该国目前全球竞争力及营商环境排名相对较低，但是提升趋势明显，具有一定潜力。然而，在现阶段看来，莫桑比克仍然属于世界最不发达国家之一，其国内行政效率低下、仲裁司法程序冗长、商务仲裁等法律不够完善、基础设施条件落后、劳动力素质低下等因素都在一定程度上阻碍了外资的进入，也给企业在莫桑比克经营带来了较大的困难和阻碍。总体来说，尽管莫桑比克近些年宏观经济有所改善，投资环境也有持续转好的趋势，但是由于基础较差，尚有较大的提升空间。

第二节 煤炭资源投资开发建议

一、投资环境展望

自1992年莫桑比克结束内战以来，该国政局趋于稳定，外部环境良好。莫桑比克与周边国家及其他国家关系稳定，亦同原宗主国葡萄牙关系密切，争取到了更多国际社会的支持和援助。中期来看，政局将持续保持稳定；近年来莫桑比克一直致力于发展经济，实行以市场为导向的经济调整与改革，在吸引大量外资的情况下，经济发展势头迅猛，国际收支趋于平衡，宏观经济日益改善。GDP增长连年超过8%，是非洲经济增长速度最快的国家之一，中期来看，预计该国经济将保持较强增长。莫桑比克有较为完备的法律和政策体系并建立了西方的现代企业管理制度，除此之外，该国还享受美国《非洲增长与机会法案》等多个贸易协定及税收优惠待遇。莫桑比克地理位置优越，是通往许多非洲内陆国家的门户，拥有较为丰富的矿产资源。近些年来，该国重视改善投资环境，吸引外资，专门成立了投资促进中心为国内外企业投资，秉承“一步到位”的服务理念，简化投资程序，同时提供了有吸引力的税收优惠政策。

历史上中莫两国保持了十分良好的双边关系，自1975年莫桑比克独立时即与中国政府宣布建立外交关系。近些年，中莫双方通过中非合作论坛及中国和葡萄牙国家经贸合作论坛，在包括经贸、文化等多领域进行了有成效的合作，为中国企业在该国广泛领域开展投资奠定了良好基础。与此同时，中国常年向莫桑比克提供大量资金援助以及技术、医疗和文教等支持，莫桑比克政府和人民对中国企业的投资都是非常欢迎和支持的。现阶段双方在经济上交往尚处于初期阶段，主要合作为中国政府提供的援助性开发与建设等。近年来，莫桑比克发现大量资源，包括煤炭、石油、天然气等，随着中国能源需求的日益增强，中莫能源合作也逐步展开。据商务部数据显示，截至2012年6月，共有44家中国企业在莫桑比克投资，包括大庆石油国际工程公司、中煤地质工程总公司、中冶国际工程技术有限公司等多家能源类企业。

2013年5月13日，国家主席习近平会见来华出席太湖文化论坛第二届年会的莫桑比克总统格布扎。中方希望中莫两国加强政治引领和总体规划，抓好基础设施建设、能源、农业、渔业等领域重点项目合作。莫总统表示，莫桑比克政府正致力于国家的可持续发展，愿借鉴中国的发展经验，与中方开展更加多元化的合作，欢迎更多中国企业来莫桑比克参与人力资源培训、农业、能源、基础设施建设等领域合作，实现共同发展。

但从另外一个角度考虑，尽管莫桑比克近些年宏观经济有持续转好的趋势，该国仍然被联合国定义为全世界最不发达的国家之一，存在着许多外国投资的风险与障碍。首先由于莫桑比克长期的内战及南北地区发展不平衡，导致了大量治安问题等社会不稳定因素，包括首都马普托等大城市犯罪率较高；该国经济近些年保持迅速发展态势，但由于国家投资政策执行不力，导致官员参与经商、行政效率低下、仲裁司法程序冗长等一系列不利于外商投资的情况存在。另外，该国收支不平衡问题仍然突出，长期依赖国际援助的现状短时间难以改变。其次，莫桑比克劳工纠纷时有发生且普素质普遍较低，专业人才奇缺。加之官方语言是葡萄牙语，外资企业在当地投资、经营时也将面临一定的语言障碍和交流成本。此外莫桑比克由于常年内战，交通、电力等基础设施尚在重建期，因此该国基础设施落后的瓶颈在短期内无法有较大改观。

根据对当前形势的分析和对未来的展望，本书认为由于历史遗留和基础设施落后等原因，莫桑比克属于外资投资时会面临较多阻碍和困难的国家。尽管目前该国处于政治相对稳定、经济稳步发展时期，经济社会各个领域亟待振兴，但该国投资环境仍有待改善，商业吸引力不佳，与其他非洲国家相比，竞争力较差。落后的基础设施条件成为莫桑比克资源开发的最主要阻碍之一，预计短期内无法得到根本的改善，但是从长远看来，这也为中国企业参与该国基础建设创造了潜在的投资机会。近年来，该国丰富的资源及政府为吸引外资的税收优惠政策已经吸引了一些欧美能源企业及国际矿业巨头的进入，这也将是中国企业投资莫桑比克需要面临的挑战。

二、煤炭工业发展趋势

（一）煤炭工业开展的有利条件

1. 煤炭储量丰富、开发程度较低

据统计，莫阿蒂泽盆地作为莫桑比克知名度最高的含煤盆地，估计储量为数十亿吨。20 世纪后期由于内战原因莫桑比克煤炭市场一直处于停滞状态，2010 年以前，每年煤炭产量仅为 3 万 ~4 万 t，主要以质量较差的烟煤为主。因此，尽管莫桑比克煤炭储量丰富，但是现在仍有大片未开发的地区，煤炭开采水平较低。近 10 年来，莫桑比克在太特省发放煤炭勘查证 140 个，约 40 个境内外公司参与其中。随着莫桑比克大量煤资源的发现以及政府的鼓励政策，2011 年仅巴西淡水河谷煤矿产煤就达 1.4 Mt，大部分用于出口和发电。2011 年全国煤产量增长迅速，约达 318 万 t。有机构预测莫桑比克将在不久的将来成为非洲最重要煤炭生产国之一。

2. 煤种结构良好、焦煤比重大，具有一定吸引力

莫桑比克的煤炭储量中动力煤占 25% ~30% 、焦煤占 70% ~75% ，这也是该国煤炭开发的最有利条件之一。相对于其他国家，莫桑比克焦煤煤种结构特点在近年受到大量国际矿业企业的关注和青睐，包括巴西、澳大利亚、印度、中国等国的投资者均已经进入莫桑比克煤炭市场。主要投资公司有巴西淡水河谷公司、澳大利亚里佛斯达矿业公司、中西公司以及 Mozambi 公司、灯塔公司及 ETA Star 公司等，投资总额计划约 50 亿美元。

（二）存在的不利条件

1. 煤质较差

莫桑比克近几年吸引了大量国际矿业企业，主要是其煤炭资源具有一定的规模、焦煤资源量占总资源量的 70% ~75% 、煤层可露天开采等特点具有一定的吸引力，但该国煤层发育具有一定的复杂性，包括薄煤层广泛发育，煤层的灰分高导致焦煤的洗出率大大低于预期，煤炭资源量从 11.7 Gt 锐减到 2.4 Gt；焦煤的回收率过低；缺乏洗煤用水等，这些负面因素均极大地制约了煤炭的大规模开发。

2. 基础设施条件落后，运力不足

莫桑比克落后的基础设施条件一直是限制莫桑比克资源开发的最主要瓶颈。由于历史原因，莫桑比克属于基础设施落后的国家，目前该国的运输能力根本无法满足煤炭出口的需求。就未来趋势来看，赞比西河的运力有限且不可能大规模扩大；而政府由于资金缺乏，铁路和港口的远期扩建又遥遥无期，因此，该国基础设施短期内无法有较大的改观。

3. 投资环境整体较差

莫桑比克整体投资环境较差，由于发达程度不够，国家整体较为落后，该国国内存在着包括收支不平衡、法律环境不佳、劳动力缺乏、商业吸引力不佳、竞争力较差、犯罪率高等一系列不利于投资开发

的限制因素，预计短期内无法得到根本的改善。另外，在该国投资和经营还面临着一定的语言障碍和交流成本。近年来一些国际矿业巨头先后进入莫桑比克煤炭市场抢占先机，这也是中国企业投资莫桑比克需要面临的挑战。

（三）结论

在前几年煤价高涨的实际情况下，矿业企业纷纷投资莫桑比克在某种程度上说缺乏了应有的理智和冷静，最沉痛的教训当属力拓收购里佛斯达公司案例。2011 年，力拓公司以 39 亿美元的价格收购了澳大利亚里佛斯达矿业公司及合作伙伴印度塔塔集团的全部股份，但仅仅一年之后，力拓公司的煤炭生产和出口计划严重受挫，2012 年非现金资产的减值高达 30 亿美元。

不可否认，莫桑比克凭借其丰富的焦煤储量和大面积待开发的先决条件，对国际矿业企业产生了巨大的新引力；然而力拓公司的重大失误反映出在莫桑比克投资存在着一定的风险和不利因素，包括煤质差、基础设施落后、投资环境差等。因此，预测未来几年国际矿业企业将放缓投资该国煤炭市场的步伐，转向保守的观望态度。

三、煤炭资源开发投资建议

针对莫桑比克的投资环境和煤炭工业的现状进行综合分析，本书对于投资莫桑比克的煤炭开发建议如下：

（1）建议暂时不参与莫桑比克煤炭资源项目的直接投资开发，但是从了解和掌握莫桑比克煤炭资源状况出发，仍需对该国的优质煤炭资源富集区加以密切关注。

（2）由于焦煤的需求量不断增加，应重点优先考虑焦煤资源，进行长期关注和跟踪研究，待投资环境好转、基础设施有所改进时，抓住机遇进行焦煤资源项目投资。

（3）若未来有优质动力煤项目，可考虑发挥煤炭企业自身的特点，适当投资当地煤电联营项目。

（4）由于莫桑比克基础设施处于重建和改善过程中，因此建议寻求莫桑比克基础设施建设的潜在投资机会，为未来打入该国煤炭市场打下坚实基础。

尽管目前投资莫桑比克煤炭项目尚不是最佳时机，存在较大风险和不利条件，然而该国比较丰富的煤炭资源，尤其是焦煤资源仍然对矿业企业具有较高的吸引力。因此若在未来出现较好的投资机会时，应切记在制定投资方案之前，首先要慎重研究其地质条件，确定煤层的发育特点及洗出率；其次要充分分析基础设施能否满足煤炭开采的需要；最后要科学评估资产的价值，避免在头脑发热的情况下耗费巨资购置不良资产。

第十二篇

纳米比亚共和国

The Republic of Namibia

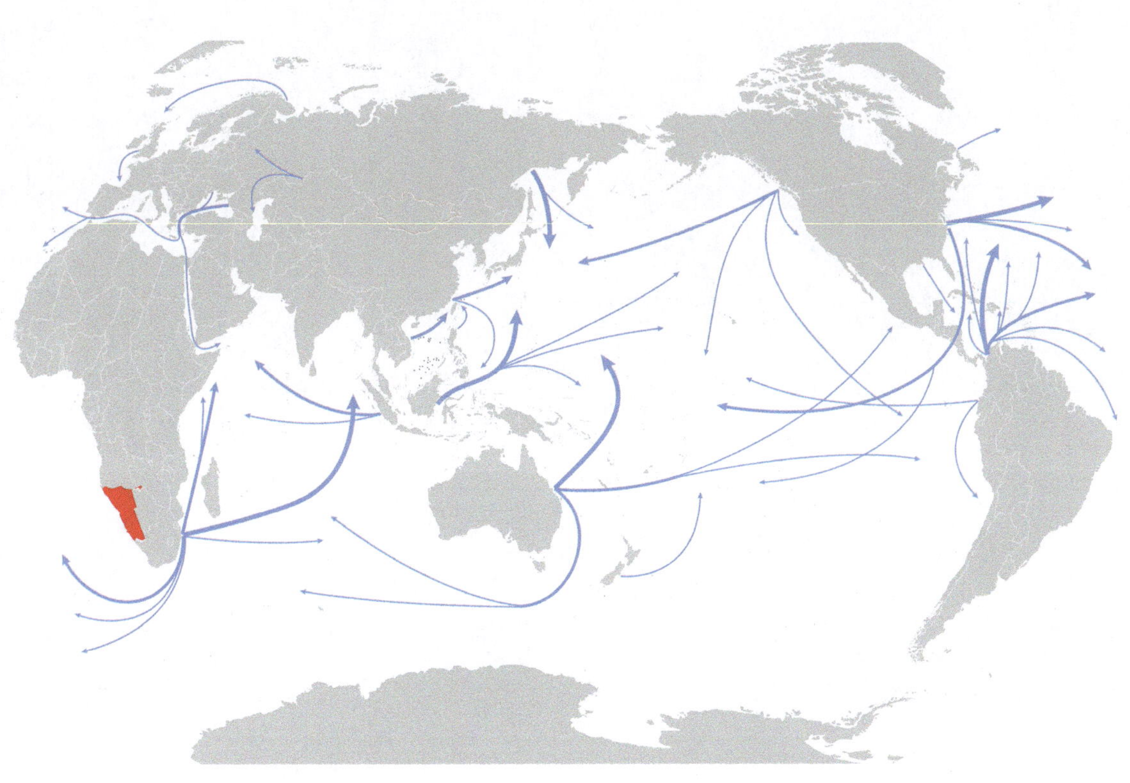

主　编　苏新旭
副主编　张智明　梁富康　陆伯炎　彭北桦　刘科明
编　写　苏新旭　梁富康　陆伯炎　彭北桦　刘科明　朱　锁
白云来　舒晓霞　董大啸　宁　静　杨建国　高树华
岳　洋　冯学智　吴　超　雷　洁　苏　洁　张　贺
沈施伟　黄鑫磊

第十二篇 纳米比亚共和国

目　　录

第一章 投资环境分析

第一节 概 述

一、基本国情

在西方殖民者到来之前，纳米比亚当地居民从事渔猎并出现种植业。15 世纪，荷兰、西班牙、英国等殖民者接踵而至。1884 年，德国占领沿海一带，1890 年占领全境。南非 1915 年 7 月出兵占领西南非洲（今纳米比亚）。1978 年 9 月 29 日，联合国通过 435 号决议，要求终止南非统治，通过联合国监督下的公民投票实现纳米比亚独立。1990 年 3 月 21 日，纳米比亚正式宣布独立。1990 年 4 月，纳米比亚被接收为联合国第 160 个成员国。

纳米比亚位于非洲南部西岸，北与安哥拉、赞比亚接壤，东、南邻博茨瓦纳和南非，西濒大西洋，海岸线长 1600 km。地处南非高原西侧，全境大部分地区海拔 1000 ~ 2000 m。国土面积 824269 km^2。

纳米比亚全国划分为以下几个大区（图 12 - 1 - 1），分别为库内内大区、奥卡万戈大区、奥乔宗朱帕大区、埃龙戈大区、霍马斯大区、奥马海凯大区、哈达普大区、卡拉斯大区、利安贝济大区。首都为温得和克（Windhoek）(维基百科，2013)。

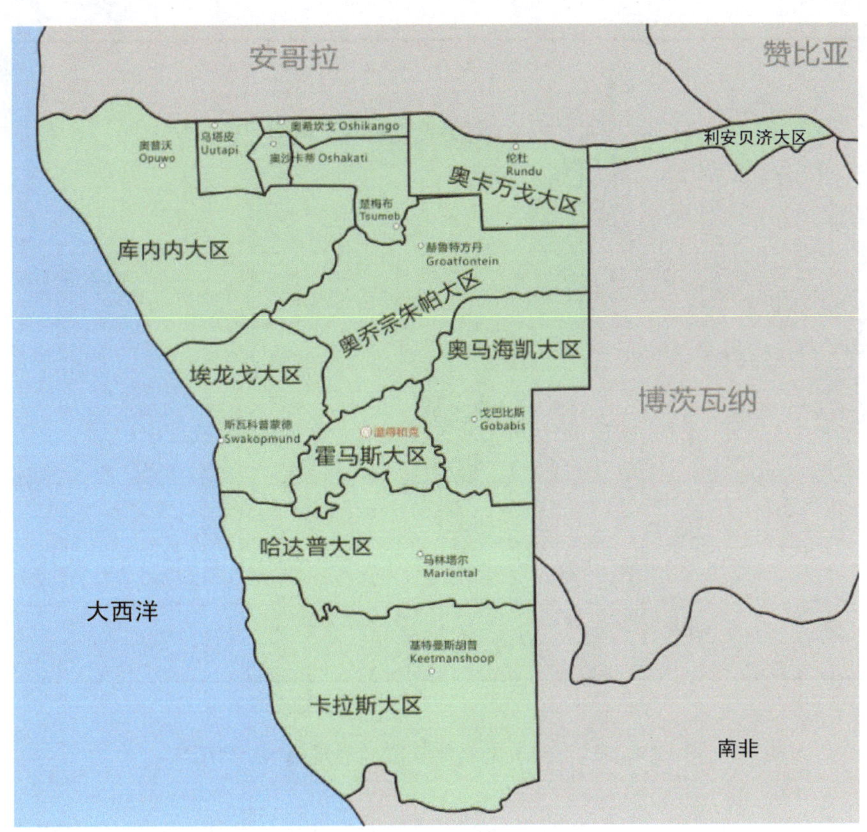

图 12 - 1 - 1 纳米比亚行政区划（百度百科，2013）

截至 2014 年 9 月，纳米比亚全国总人口约 240 万，88% 为黑人。奥万博族是最大的民族，占总人口的 50%。其他主要民族有卡万戈、达马拉、赫雷罗以及卡普里维、纳马、布什曼、雷霍伯特和茨瓦纳族。官方语言为英语，通用阿非利卡语、德语和广雅语、纳马语及赫雷罗语。90% 的居民信仰基督教，其余信奉原始宗教。

矿业、渔业和农牧业是纳米比亚三大传统产业，矿业是传统支柱产业，主要生产氧化铀、钻石、黄金等，90% 的矿产品出口。2010 年矿业产值占国民生产总值 15%，出口收入占国家总出口收入的一半以上。渔业资源丰富，捕鱼量位居世界前十名，主产鳕鱼、金枪鱼、沙丁鱼、蒺鱼、龙虾和蟹，其中 90% 供出口。2008 年渔业产值 21.16 亿纳元，出口额为 31.29 纳元（3.69 亿美元）。畜牧业较发达，85% 的可耕地被用来发展畜牧业，收入占农牧业总收入的 88%，以养牛、羊为主，每年养牛 180 万～300 万头，养羊 400 万只，大部分出口南非和欧洲。

二、自然地理和气候特征

纳米比亚地势如图 12-1-2 所示。纳米比亚沿海是狭长平原；内陆为高原、山地，一般海拔 1000 m 以上；中部为中央高地，其上有草原分布，从北向南绵延；东部卡拉哈里沙漠（Kalahari Desert）是卡拉哈里盆地的西延部分；西部沿海一带的纳米布沙漠（Namib Desert）属沙漠性平原。位于西北卡奥科兰（Kaokoveld）山脉的布兰德山（Brandberg）走向北西，海拔 2610 m，为全境最高点，西南部的士瓦茨兰德山与之呼应，走向也为北西。南部的奥兰治河和北部的库内内河，分别为与南非和安哥拉的界河（维基百科，2013）。

纳米比亚主要属干燥的亚热带、半沙漠性气候，年降水量自西南往东北从 10 mm 增至 700 mm。干燥少雨，年平均气温 18～22 ℃，最高气温 30 ℃，最低气温 7 ℃；春（9—11 月）、夏（12—2 月）、秋（3—5 月）、冬（6—8 月）四季分明。常年性河流极少，多为季节性河流。高原区因地势较高，终年温和，温差变化不大。

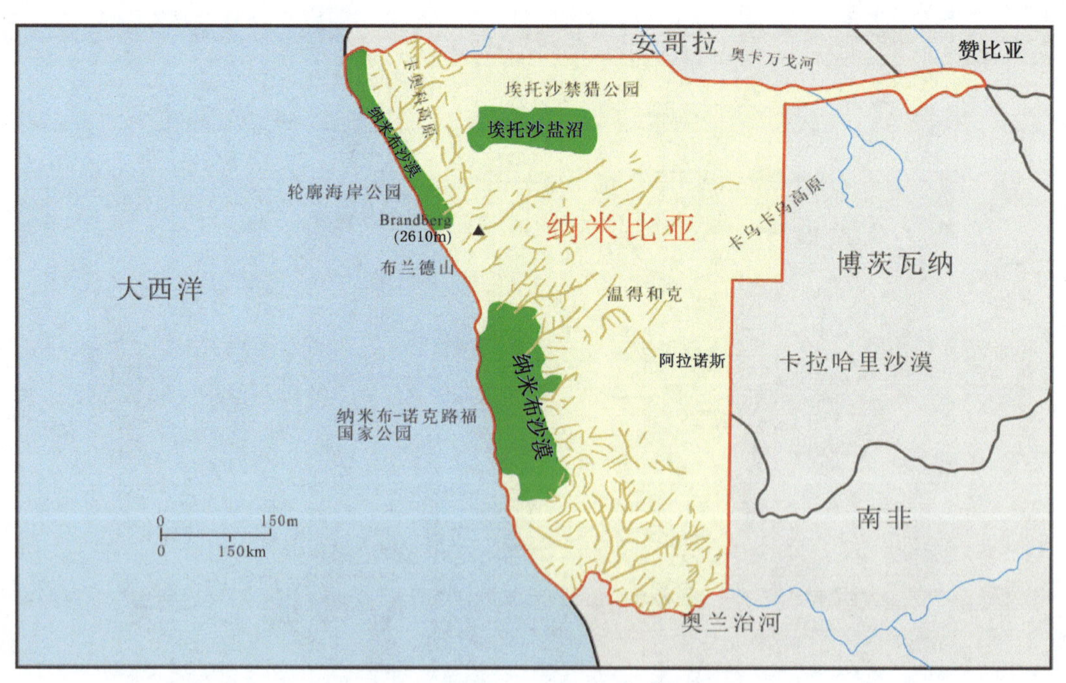

图 12-1-2　纳米比亚地势图（百度百科，2013）

全国分为 6 个植被区：①海岸区，多肉质植物，滋润这些植物的水分来自海雾带来的潮气；②沙漠区，几乎完全荒芜；③高原中北部草原区，大部地区多年均荒芜，北部植被较为发育，是农业区；④高原东部沙丘区，局部见繁茂的灌木丛植物群和青草；⑤大河沿岸区，常见大树分布，主要树种为金合欢类；⑥高原南部冬季降雨区，出现肉质植物丛。

第二节 政治经济环境

一、政治状况

（一）政治沿革

纳米比亚，全称纳米比亚共和国，旧称“西南非洲”。最早的居民是布须曼人、达马拉族人和纳马族人。公元14世纪，班图人自非洲中南部迁徙，其中部分在今纳米比亚一带定居。15—18世纪，西南非洲先后处于荷兰、葡萄牙和英国等殖民统治之下。1884年，德国占领沿海一带，宣布该地区为德国殖民地，称德属西南非洲。1890年德国占领西南非洲全境。

第一次世界大战爆发后，南非在平定国内亲德暴乱后趁机占领西南非洲全境。1920年12月17日，国际联盟委托南非统治该地。1946年联合国成立后设立的托管理事会要求南非将西南非洲作为联合国托管领地，遭到南非政府拒绝。1949年4月南非议会通过《西南非洲事务修正法》，将西南非洲并入本土，以本国领土对待并推行种族隔离政策。此后，西南非洲开始了武装争取独立的斗争。1958—1964年，纳米比亚黑人先后成立西南非洲民族联盟、西南非洲人民组织和西南非洲民族统一民主组织。1966年起，西南非洲人民组织成为西南非洲反对南非游击战的主力和领导核心。

1967年5月联大特别会议决定成立西南非洲理事会（后改称联合国纳米比亚理事会）作为该地行政当局，负责结束南非的非法占领。1968年6月12日联合国大会将“西南非洲”更名为“纳米比亚”。1978年9月29日，联合国通过435号决议，要求终止南非统治，通过联合国监督下的公民投票实现纳米比亚独立。20世纪80年代，随着国际社会压力增大、南非逐渐实现民主化和种族平等以及1990年南非最终终结种族隔离政策，南非终于同意纳米比亚独立。1990年3月21日，纳米比亚正式宣布独立，标志着该国殖民时代的终结。1994年，南非将鲸湾归还纳米比亚，纳米比亚完成全国统一。目前，纳米比亚为联合国、南部非洲共同体、非洲联盟以及英联邦成员。

目前，纳米比亚已确立了三权分立、两院议会和总统内阁制。执政党纳米比亚西南非洲人民组织是纳米比亚最大政党，执政基础稳固，不存在明显的反对派力量，国内也不存在反政府武装等不稳定因素，政局和社会秩序良好。2014年11月，哈格·根哥布以86.73%的得票率在大选中胜出，于2015年3月正式就职。根哥布承诺，将在未来的18年内斥资450亿纳米比亚元为国民修建18.5万套住宅。在国民议会的选举中，人组党也席卷了8成的席位。这延续了1990年纳米比亚独立以来人组党的执政历史，根哥布也成为该国历史上第三位总统，预示着未来一段时间内纳米比亚政治环境将保持稳定。

（二）地缘政治与外交政策

纳米比亚位于非洲西南部，北临安哥拉、南临南非、东部与博茨瓦纳与赞比亚相邻，西部面向大西洋，海岸附近是国际重要航运通道，地理位置十分优越。纳米比亚虽从南非的统治下获得独立，但南非在纳米比亚的外交、经济中仍扮演十分重要的角色，两国在经济方面联系依然紧密，目前是南非控制的共同货币区和南部非洲关税同盟的成员国。同时，纳米比亚曾为英国、德国殖民地，所以其还是英联邦成员，英德两国在其外资来源上也占有较重要的地位。

纳米比亚奉行不结盟、睦邻友好的外交政策，强调外交为经济建设服务，支持加强非洲国家间的合作，积极推动南部非洲共同体建设，主张南部非洲共同体国家建立促进贸易、投资、地区经济发展的共同机制，支持南共体政治、防务与安全机构的工作。支持非盟主导非洲事务。纳米比亚还积极主张建设国际政治经济新秩序、加强南南合作和南北对话。注重周边外交，特别强调同邻国安哥拉、博茨瓦纳和南非的关系。此外，纳米比亚还积极加强同亚洲国家的经贸往来。

（三）双边关系

1. 同非洲国家的关系

纳米比亚在独立过程中得到了来自非洲特别是中南部非洲国家的支持与帮助，独立后致力于发展同非洲国家特别是南部非洲发展共同体邻国的关系。由于纳米比亚历史上同南非的“特殊关系”，独立后的纳米比亚在外交上加强与南非的合作，与南非在各领域建立了密切的联系与机制。在争取国家独立时的共同诉求和遭遇使纳米比亚同安哥拉结成了紧密的同盟关系并在彼此寻求独立时进行了广泛的合作，1999 年后两国缔结军事共同防御条约。

纳米比亚主张南部非洲共同体（南共体）国家建立促进贸易、投资、地区经济发展的共同机制，支持南共体政治、防务与安全机构的工作。2011 年 2 月，纳米比亚与博茨瓦纳正式启动修建总投资为 90 亿纳元的跨卡拉哈里铁路。该铁路连接纳米比亚的沃尔维斯湾港和博茨瓦纳东部，将与南非铁路网并轨，从而降低博茨瓦纳及其他南部非洲内陆国家出口商品的运输成本，带动沿线经济发展和南部非洲地区互联互通。

2. 同欧盟国家的关系

纳米比亚主要同西欧和北欧国家有密切的经贸联系，德国、瑞典、挪威和法国是纳米比亚的主要援助国。纳米比亚独立后便加入洛美协定并与西欧和北欧国家签有多项经贸、文化和技术合作协定。2008—2012 年间，欧盟向纳米比亚提供了总额 8 亿纳元的赠款，主要援助领域包括教育、乡村发展、基础设施建设、政府管理和非政府组织活动等，旨在帮助纳促进减贫和实现可持续发展。欧盟与南部非洲共同体（SADC）六国达成并签订了《经济伙伴关系协定（EPA）》意见后，纳米比亚有望批准该协定。该协定签署六国的产品可以零关税进入欧盟市场，对发展非洲区域经济一体化有重要推进作用。

3. 同美国的关系

美国是纳米比亚主要援助国之一，每年向纳提供 1000 万～1500 万美元的双边和地区发展基金，美国公司占外国在纳公司的 1/3 以上。美国和平队青年志愿者计划自纳米比亚独立之后便开始实施，目前约有 100 名青年志愿者在纳政府机构、中小企业、诊所、学校和社区组织开展志愿服务。2001 年，纳米比亚获得美国《非洲增长与机会法》受益国待遇。2006 年，美国接受纳米比亚为“千年挑战账户”受惠国。根据 2008 年纳美两国签署的《千年挑战账户协定》，美国将为纳米比亚发展教育、旅游和农业提供总额 21 亿纳元赠款。目前，美国有 23 名和平队员在该省为当地人民提供健康和教育服务。美方其他援助也主要集中在上述领域。

4. 同亚洲等国家的关系

近年来，纳米比亚积极推行“东向”政策，加强同亚洲国家的合作。在高度重视对华关系的同时，积极加强同日本、印尼、印度、泰国、越南、马来西亚和新加坡等国在天然气开发、公务员培训、远程教育、农业、海洋渔业、港口建设、人力资源和旅游等领域的合作，扩大经贸往来。2011 年 3 月 25 日，印度在纳米比亚举行“印度经济技术合作项目日”，在该项目下和其他奖学金项下，目前共有 600 名纳米比亚学员受益，双方还在信息技术、金融会计、教育等领域有密切合作。

5. 中国与纳米比亚的关系

早在 20 世纪 60 年代初纳米比亚独立战争时期，中国即与领导纳米比亚独立运动的“纳米比亚人组党”建立关系，为其政治、道义和物质上提供帮助，双方保持了良好的合作关系。中国通过外交渠道积极支持联合国在纳米比亚独立事宜上的活动，促使南非接受允许纳米比亚独立的要求，帮助纳米比亚于 1990 年 3 月 21 日实现独立，两国于次日建交，政治上关系一直处于稳定平稳向上的趋势。中纳建交以来，双方在经济合作与国际事务中的协调和配合十分密切。中国完成了打井、经济住房、扬水站和儿童活动中心、地方议会大厦等援助项目。目前，中国正在援建的项目有总统官邸、青年职业培训中心等。同时，两国在贸易、教育和文化方面也有密切合作。中国人也陆续前往纳米比亚经商定居，截至 2013 年，有 4 万余中国人居住在纳米比亚。2013 年 7 月 25 日，中国向纳米比亚政府提供 20 万美元紧急现汇援助，帮助纳米比亚政府和人民应对旱灾。2014 年，习近平与纳米比亚总理根哥布会晤，习近平表示支持中国企业赴纳米比亚开展矿业、农业、基础设施建设、制造业等领域合作。根哥布表示纳方愿为中国企业投资创造良好条件。2014 年 4 月 9 日，李克强与根哥布会晤，表示希望纳方尽早通过《中纳投资保护协定》。2015 年 12 月 4 日，习近平会见纳米比亚总统根哥布。中方表示愿同纳方在国际事务中协作，纳方表示希望在基础设施建设、农业、新能源开发等领域加强同中方合作。

（四）政治环境分析

在纳米比亚长期斗争和国际社会的努力下，纳米比亚于 1990 年 3 月从南非独立。独立后的纳米比亚政局长期保持稳定，矿业法规完备，基础设施比较齐全，经济发展稳定而且社会人文环境和谐。由于受南非的影响，纳米比亚形成了较好的矿业传统。

1. 国内政局稳定良好，社会秩序稳定有序

纳米比亚独立后并没有立刻对土地实行大规模的国有化改革，而是采用赎买方式将未充分利用的土地收归国有，分配给无地或少地的黑人。这种土地制度缓解了纳米比亚黑人和白人之间的矛盾，保持了社会的稳定，给国内投资者和外国投资者提供了良好的社会环境。现在的执政党人组党对内奉行民族和解政策，实行混合经济体制，对外奉行不结盟、睦邻友好的外交政策。通过民族和解政策，既努力改善黑人的经济情况又保护白人的权益。一系列的政策使得纳米比亚的政治局势保持稳定，社会秩序和治安情况良好，犯罪率较低。同时，邻国南非、安哥拉和博茨瓦纳政治稳定、经济状况良好，这一良好的周边环境也为纳米比亚的发展提供了良好的国际环境。

2. 政府鼓励矿业投资，具备基本的制度环境

纳米比亚政府通过制定一系列政策，努力创造良好的环境吸引本国和外国企业进行投资，特别是鼓励矿业投资。纳米比亚政府希望矿业公司不仅能开发矿产资源，也能给纳米比亚带去先进的技术，创造更多的就业机会，减轻当地的贫困状况。纳米比亚基本上所有产业都向外国投资开放。该国还在沿海地区建立了出口加工区和工业园区，设立在这两类地区内的外国企业可以享受公司营业税、进口物资销售税等一系列优惠。目前，纳政府对于外来投资者采取灵活多变的政策，在外来投资法的框架下可一事一议，如争取享受出口加工区政策等。

长期受到南非影响，使得纳米比亚的政治制度、经济制度和金融体制方面都与南非类似。独立后的纳米比亚加快了法律法规的建设，为国内外的经济活动提供了良好的法制保障。1990 年 12 月通过的《外国投资法》规定了一系列鼓励外国投资的政策，包括确保外国投资者有权把在纳米比亚取得的合法资金和利润汇回本国，保障外国公司的所有权和使用权，保证外汇可获量和可用性，对外资纠纷实行国际仲裁制，在征收外国企业资产时给予合理补偿等。该法还规定了在贸易和工业部成立投资中心，以简化审批程序，吸引外国资本。投资中心负责协调各部门的外国投资，提供投资机会和信息，评估投资申请，谈判优惠政策。

2015 年 11 月 1 日，纳米比亚发展行宣布不再承接中小企业贷款申请，此部分业务由中小企业银行接手。纳发行将主要关注大型基础设施建设及大公司业务，尤其是关乎国计民生的重点发展领域的项目。

2016 年以来，非洲多个国家矿业都在应对低迷的价格、疲弱的全球需求和剧烈波动的货币等困难。但得益于稳定的政治环境、稳定清晰的矿业法规体系，纳米比亚矿业保持了出色表现，近期纳金矿、铜矿与湖山铀矿等一些矿继续加大了投资及生产，抵消了一些负面影响。

3. 实现发展规划存在障碍，矿业领域被跨国公司垄断

为了实现经济和社会稳定向前发展，纳米比亚制定了《国家 2030 年发展规划》。同时，纳米比亚也制定了更为具体的短期国家发展计划。但是由于长期受南非统治，纳米比亚缺乏完整的工业体系。另外，纳米比亚经济受石油价格上涨、汇率变动大、外部市场不稳定等外部因素影响很大，失业率高达 30% 以上，贫富差距悬殊，资源被少数白人所掌控，这些都是该国实现发展战略规划所面对的重要障碍。

纳米比亚矿业投资竞争激烈。政府在矿业领域的职能较弱，矿业部门同南非一样对西方跨国公司的依赖较强，矿业勘探和开采主要被跨国公司垄断，大量的地质资料被这些跨国公司控制。纳米比亚独立后在努力改变这种局面，积极吸引中国、俄罗斯、伊朗和印度等国家的矿业公司到该国进行矿业投资，致力于“矿业投资多元化”。目前，在纳米比亚进行矿业投资的公司都是实力很强的跨国公司，投资金额较大。新的投资者在纳米比亚进行矿业投资，不可避免地要与这些矿业公司进行同台竞争。

4. 环境保护制度严格，违规成本较高

纳米比亚是最早将环境保护写进宪法的国家之一，涉及环境保护的主要法规为《纳米比亚环境管理法案》。纳米比亚对环境保护要求很严格，对大气、水源和森林等环境因素有严格的保护措施。这些措施包括按照纳米比亚法律规定制定《环境保护方案》、在生产中严格执行《环境保护标准》、教育和培训员工提高环境保护意识。即使矿业勘探过程中对环境的破坏相对较小，也有严格的环境保护标准。

纳米比亚通过环境保护立法对矿业企业进行环境评估，最大限度地减少矿产和能源开发活动对环境的影响。矿产资源勘探和开发过程中出现的环境事故不仅会受到严厉的法律制裁，还可能使企业丧失在纳米比亚继续从事矿业勘探开发的资格。2015 年，中广核欧洲能源公司联合法国电力新能源公司及法国伊诺桑公司开发清洁能源项目，签约三方表示将联手开发伊诺桑公司在纳米比亚的 500 MW 太阳能及风电项目。

5. 劳动法规与国情协调，工会组织完善有力

目前，纳米比亚的劳动立法形成了一个以宪法为基础、以劳动法典为主导、相关法律作为补充的详尽且完整的劳动法体系，立法特色鲜明，然而这些特色又不得不说是受其国情影响。纳米比亚遭受殖民统治的时间相对较长，因此反歧视就成为独立后劳动立法的重要目标。而工会被赋予巨大的权利，目的是作为劳动关系第三方制约雇主以保障劳动者合法的劳动权益。同时，长年社会不稳定使得纳米比亚劳动力并不充裕，纳米比亚政府迫切地需要对劳动力进行保护。

纳米比亚的工会拥有巨大权力，可行使多种职权，在维护劳动关系方面的作用不可忽视，其设立也有宪法的保障。《劳动法 2004》以第六章专章规定工会的各种事项，该章的内容反映出工会在纳米比亚劳动关系中的重要地位。如一个注册工会有很多权利，可代表其成员根据本法案提起诉讼；代表其成员与雇主协商工作场地或员工宿舍问题；在以工会为排他性的协商代表的诉讼中，有权与雇主或注册雇主协会协商集体协议的条款并达成协议；在订立劳动关系时，工会是集体协议中劳方的独家谈判代理。

6. 中纳关系稳步发展，对华友好力量较大

目前，中国在纳米比亚的投资仍以中小规模为主，大型投资还处于起步阶段。主要的基础建设仍以援建为主，工矿类企业较少。纳米比亚政府鼓励中国投资工矿业以改变矿业受西方国家垄断的现状，纳国内的对华友好力量也十分希望中国能够更多地参与纳米比亚的各项建设。中国与纳米比亚关系友好，在纳米比亚独立过程中，中国不断为其民族独立和解放事业提供物质、道义和国际支持并且在国际社会和联合国等组织内为纳米比亚的独立做出努力。两国结成的友谊使得纳米比亚对华友好的氛围较为明显。两国建交后双方高层往来频繁，在世界政治和经济舞台上一贯相互支持。近十多年来，中国公司在纳米比亚的各类援建和承包工程多次受到纳政府官员和当地人民的高度赞扬，得到了当地人的肯定。中纳两国还签署了投资保障协定，以便利中国企业赴纳米比亚投资。2015 年 10 月，中国西部水泥有限公司与纳米比亚猎豹水泥公司签署合作协议，计划投资 3 亿美元建设一座年产量 150 万 t 的水泥厂。2014 年 5 月 8 日，中广核纳米比亚湖山铀矿项目正式开工，在 2016 年第一季度正式投产。湖山铀矿项目是中国在非洲规模最大的实业投资项目，是中国与非洲经贸合作的标志性工程。湖山铀矿项目将为当地创造更多的就业机会，提升纳米比亚出口量。另外，纳米比亚标准银行已经在温得和克、斯瓦科普蒙德和鲸湾等分支机构开始了人民币的现金交易，增加了中纳贸易的便利性。

二、经济运行状况

2015 年，纳国内生产总值为 11.5 亿美元，实际人均国内生产总值（现价美元）约 4695 美元，属于非洲的中等收入国家。纳米比亚传统的支柱产业为矿业、渔业和农牧业，近年来以旅游业为主的服务业发展迅速。该国矿产资源十分丰富，矿产品的出口对国内生产总值的贡献巨大，钻石业是其最重要的产业。近年来纳米比亚经济一直保持稳定增长，人均国内生产总值水平不断提高。

纳米比亚政府一直坚持推行市场经济，鼓励私营经济的发展。政府坚持财政谨慎原则并加大国内基础设施建设力度，提高劳动生产率。在保持经济增长的同时，将通胀控制在温和水平。由于全球经济危机影响了其主要矿产品出口，导致 2008 年和 2009 年经济增长停滞。但随着国内持续上升的铀矿产量、钻石价格的逐渐恢复，持续的基础设施投资、旅游业的复苏以及 2010 年南非足球世界杯对整个非洲南部地区经济的刺激，使该国经济迅速恢复到危机前水平。2011 年和 2012 年该国经济发展稳定。世界经济论坛《2016—2017 年全球竞争力报告》显示，纳米比亚在全球 138 个国家中排名第 84 位，较上年度上升 1 个位次。世界银行《2016 全球营商环境报告》显示，纳米比亚在 189 个国家中排名第 101 位，比上年度下降了 13 位。

（一）产业结构

纳米比亚的矿业、渔业和农牧业是其传统支柱产业。其中，农业是基础性产业，矿业是纳米比亚国内最大的经济部门。随着外资的流入，近年来纳米比亚制造业得到一定程度的发展，逐渐摆脱制造业发展落后的局面。同时，以旅游业为主的服务业发展迅速，正逐渐成为新兴的支柱产业。第二产业（包括制造业、建筑业和水电供应等）占国内生产总值的比重呈逐年上升趋势，第三产业（包括旅游业、批发零售业、邮电通信、金融服务等）占国内生产总值的比重超过一半。2015 年纳米比亚产业结构如图 12－1－3 所示，从图中可以看出农业在纳米比亚国内生产总值中占比 6.2%，工业占比 30%，服务业占比 63.8%。纳米比亚的农业包括种植业、畜牧业和渔业等，受 2012 年以来连年干旱影响以及贫瘠土地与落后农业生产技术制约，纳米比亚的农业产值在 2015 年出现明显下降。

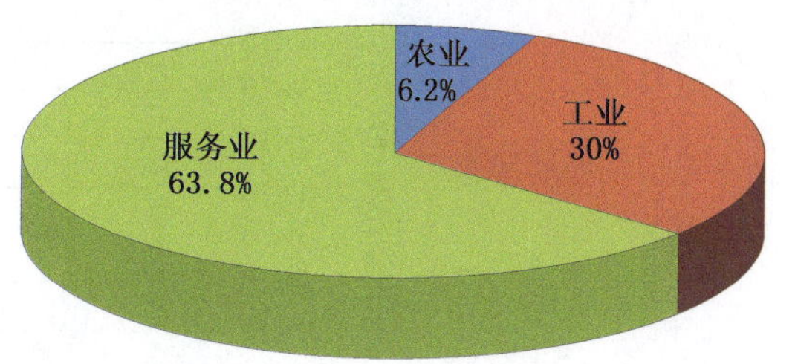

图 12－1－3　2015 年纳米比亚产业结构
（CIA World Factbook）

1. 农业

农牧业对纳米比亚的国民经济有着举足轻重的影响，全国 70% 的人口直接或间接都与该产业相关。纳米比亚全国分为 26 个农业区，可耕地面积 6900 万公顷，占全国土地面积的 15%。但由于大部分地区雨量稀少，农作物产出不稳定。畜牧业也是农牧业的一部分，占农牧业总收入的 50% 以上。2013 年旱灾对全国大范围的植被均有负面影响，畜牧业产值同比下降 39.2%。2014 年后纳米比亚的种植业等逐渐从灾害中恢复，但长期干旱给纳米比亚基础薄弱的种植业及草地等植被资源带来长期的负面影响将在未来几年持续。

纳米比亚 1600 km 的海岸线为其渔业发展提供了天然条件，渔业资源丰富，是该国第二大产业，捕鱼量位居世界十大产鱼国之列，主要生产鳕鱼、沙丁鱼等，其中 90% 供出口。目前，由于政府扶持，主要鱼品种的总许可捕捞量提高，该国渔业出口量逐年上升，2014 年，纳米比亚渔业出口约占出口收入的 30%。2014 年渔业产值总体下降 4.4%，主要原因是纳米比亚政府当年开放外国投资者在纳的捕鱼权，但不允许纳米比亚本国公司将捕鱼权转售给外国投资者，此规定给渔业出口带来了较强冲击，阻碍了纳米比亚渔业的发展。

2. 工业

纳米比亚工业尚处于发展阶段，其占国内生产总值的比重呈逐年上升的趋势。矿业、制造业、建筑业等发展十分迅速。第二产业占国内生产总值的比重从 2000 年的 15.5% 升至 2015 年的 30%，15 年间工业稳定增长。

矿业是纳米比亚最大的经济部门，拥有储量丰富的钻石矿、铀矿、铜矿、铅矿、锌矿和金矿等，其中 90% 出口到南非、英国、德国和美国等西方国家。钻石为纳米比亚最重要的矿产品，产量位居世界第六，其次为铀矿，已发现储量 28 万 t，占世界储量的 5%，铀矿产量居非洲首位。

纳米比亚的发电能力远不能满足其国内用电需求，不足电力需从南非进口。纳米比亚主要依靠水力发电，燃煤发电的比例极低。水电站全年有一半时间可以发电，仅在供电高峰期可以满足国内电力需求，甚至还可以有部分电力出口到周边国家，但进入枯水期水电站就不能发电，电力供应再度紧张。2005—2012 年纳米比亚产电量、耗电量及燃煤发电量如图 12－1－4 所示。

3. 服务业

近年来，纳米比亚国内服务业发展迅速。2000—2015 年，第三产业占其国内生产总值的比重由 50.8% 上升至 58.1%。

第三产业中与旅游相关的产业增长稳定，逐渐成为纳米比亚的新兴支柱产业。随着旅游业的发展，该行业逐渐发展成为纳米比亚第四大支柱性产业，主要的游客来源地为南非和欧洲。2014 年，旅游业增长 9.3%，餐饮服务和酒店分别增长 17.8% 和 5.6%。

（二）宏观经济现状

纳米比亚的国内生产总值在 2005—2007 年保持了平均 5% 左右的平稳较快增长。2008 年和 2009 年受国际大环境影响，经济发展停滞不前。在经历 2010 年和 2011 年经济回暖后，2012—2015 年，经济波

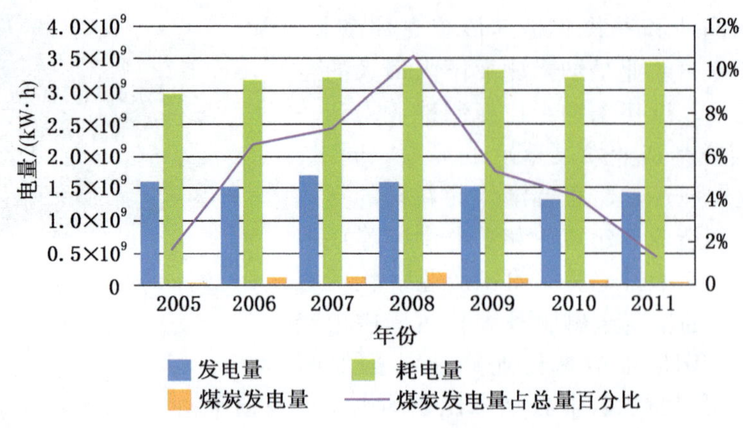

图 12-1-4　2005—2012 年纳米比亚产电量、耗电量及燃煤发电量
（世界银行数据库）

动减小，通胀率维持在比较稳定的水平。2011—2015 年纳米比亚主要经济指标见表 12-1-1。

表 12-1-1　2011—2015 年纳米比亚主要经济指标

主要经济指标	2011 年	2012 年	2013 年	2014 年	2015 年
总人口/人	2.24×10^{6}	2.29×10^{6}	2.35×10^{6}	2.40×10^{6}	2.46×10^{6}
人口年增长率/%	2.1	2.3	2.4	2.4	2.3
国内生产总值(GDP)/美元	1.24×10^{10}	1.30×10^{10}	1.27×10^{10}	1.28×10^{10}	1.15×10^{10}
人均国内生产总值/美元	5539.6151	5679.8291	5420.8116	5342.9446	4695.7651
实际国内生产总值增长率/%	10.0	4.9	-2.3	0.9	-10.1
通货膨胀率/%	5.0	6.7	5.6	5.4	3.4
总储备（现价美元）	1.78×10^{9}	1.75×10^{9}	1.51×10^{9}	1.18×10^{9}	1.69×10^{9}
总储备可支付进口月份	3.06	2.59	2.28	1.63	2.46
商业服务出口额（现价美元）	7.23×10^{8}	1.06×10^{9}	9.14×10^{8}	1.03×10^{9}	9.41×10^{8}
商业服务进口额（现价美元）	7.74×10^{8}	7.18×10^{8}	9.28×10^{8}	1.12×10^{9}	9.70×10^{8}
官方汇率（兑换 1 美元所需本币）	7.3	8.2	9.7	10.9	12.8
银行资本对资产的比率/%	7.8	8.0	8.6	10.3	10.9
银行不良贷款与贷款率/%	1.5	1.3	1.3	1.5	1.6
存款利率/%	4.3	4.2	4.0	4.2	4.7
贷款利率/%	8.7	8.7	8.3	8.7	9.3
贷款的风险溢价/%	3.1	3.1	2.9	2.9	—
上市公司市值占 GDP 百分比/%	9.1	10.0	—	—	—

数据来源：世界银行数据库

近年，纳米比亚政府将实施"就业和经济增长定点干预计划"作为工作重点，加大资金投入，重点发展农业、交通运输和旅游业，以刺激经济增长，创造就业机会。

2008—2015 年纳米比亚国民生产总值与人均国内生产总值如图 12-1-5 所示，从 2008 年开始，纳米比亚人均国内生产总值超过 4000 美元。但纳贫富差距比较大，是全球基尼系数最高的国家，10% 的最低收入家庭消费支出仅占全国消费支出的 1%，而 10% 的最高收入家庭消费支出占全国消费支出的 50%。2012 年劳动力普查结果显示，该国广义失业率为 27.4%，虽然比 2008 年的 51.2% 大幅下降，但该失业率在全球范围内仍属于较高水平。贫富分化严重、失业率高企、国民受教育程度有限，这些因素很大程度上制约了该国经济的发展。2014 年，纳米比亚失业率降至 28.1%，比 2013 年的 29.6% 低了

1.5 个百分点，说明纳米比亚实行的就业和经济增长定点干预计划获得一定成效。

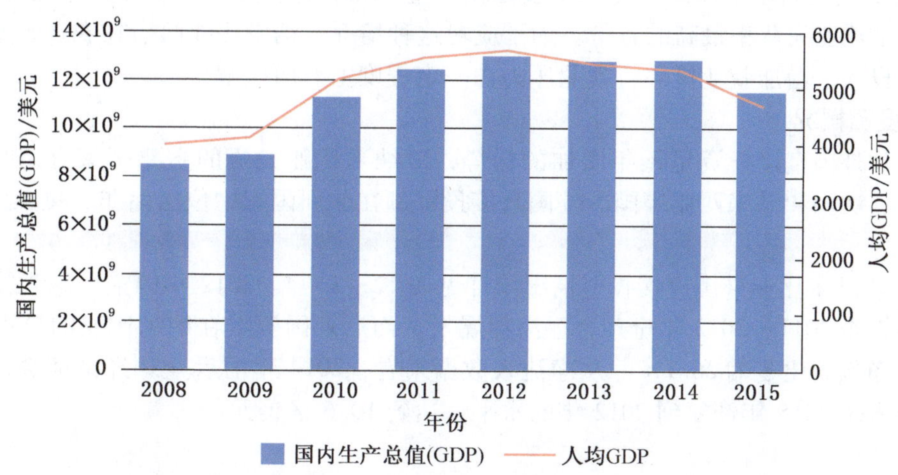

图 12－1－5　2008—2015 年纳米比亚国民生产总值与人均国内生产总值
（世界银行数据库）

1. 金融危机后国家经济复苏较快

纳米比亚经济严重依赖矿业出口。2009 年受经济危机影响，海外对矿产需求锐减，给该国的经济造成了不小的冲击。随着大宗商品价格出现恢复性上涨，2010 年纳米比亚矿业产出增长 10%，其中，钻石产量基本恢复到危机前 200 万克拉的水平。铀矿方面，受罗锌铀矿和蓝格－海恩里奇铀矿产能增加的影响，2010 年纳米比亚铀矿产量实现 20% 的增长。此外，政府对基础设施投资的预算大幅增加，使得建筑业也保持了良好的增长势头。旅游业受南非世界杯影响，也在 2010 年复苏。国民经济各主要产业基本恢复并实现新的发展，并在 2011 年和 2012 年基本保持了经济增长的势头。2014 年以来，世界经济形势严峻，经济增速放缓，受能源价格降低影响，纳米比亚经济增速出现了一定波动，而官方汇率的持续上升也使纳米比亚的对外贸易受到了一定的冲击。

2. 通货膨胀问题得到有效缓解

2008 年经济危机前，纳米比亚政府一直采用积极的经济政策刺激经济，在危机出现后也未改变其扩张性的经济政策，这导致了 2009 年之前国内通货膨胀压力逐渐加大。2009 年开始，由于食品价格的大幅下降，纳米比亚通胀率呈逐月走低态势，在 2010 年将通胀率降低到了 5% 以下的水平。由于纳米比亚 80% 的消费品从南非进口，受南非通胀率保持稳定的影响，2011—2015 年纳米比亚的通货膨胀率虽小幅波动，但基本稳定。2015 年纳米比亚通货膨胀率为 3.4%。2008—2015 年纳米比亚国内生产总值增长和通货膨胀率如图 12－1－6 所示。

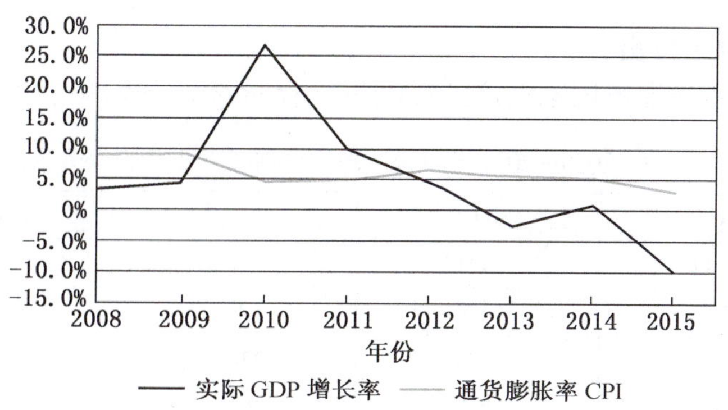

图 12－1－6　2008—2015 年纳米比亚国内生产总值增长和通货膨胀率
（世界银行数据库）

纳国内失业率有所下降，但就业压力仍较高。纳米比亚失业率近年大幅上涨，由2005年的22%上升到接近40%的历史最高水平。高失业率主要是由矿业等部门造成的，其中奥姆塞蒂省的失业率高达78.6%，成为纳米比亚失业率最高的省份。为了应对这种情况，纳米比亚政府在农业、旅游、交通和住房等部门加大了投入，增加就业机会，就业压力在一定程度上有所缓解。

（三）外国投资概况

纳米比亚吸收外国直接投资呈逐年增加的趋势，对纳米比亚投资的主要国家有南非、德国、西班牙、英国、美国、法国和马来西亚等国。外国直接投资额在非洲国家中位居南非、莫桑比克和赞比亚之后，排第四。

2011—2015年纳米比亚外国直接投资情况统计见表12-1-2。2012年以前，纳米比亚的外国投资流入连续增长，直至2011—2012年全球金融海啸爆发。而后外国资本在纳米比亚的投入骤降，如2013年外国直接投资净额同比萎缩26.1%。从净流入数据来看，2014年前后全球经济回暖，纳米比亚的外国直接投资净流入于2015年恢复到2012年的水平，达到10.6亿美元。

表12-1-2　2011—2015年纳米比亚外国直接投资情况统计表

投资指标	2011年	2012年	2013年	2014年	2015年
外国直接投资净额（现价美元）	-8.68×10^8	-1.12×10^8	-8.28×10^8	-4.96×10^8	-9.33×10^8
外国直接投资净流入（现价美元）	7.44×10^8	1.08×10^9	8.53×10^8	4.05×10^8	1.06×10^9
外国直接投资净流入占GDP百分比/%	5.9	8.3	6.7	3.2	9.2

数据来源：世界银行数据库

纳米比亚主要吸引外国直接投资的行业有以下3个：

（1）矿业勘探、开发和冶炼加工。著名的企业有澳大利亚力拓公司投资的Rossing铀矿，已在纳投资30年，投资总额达5亿美元。英国Weatherly公司购买了纳米比亚国有企业Ogonpolo铜矿和冶炼厂97%的股权，交易额达1.5亿美元。英美能源公司（Anglo-American）在纳米比亚有三家企业，总投资达5亿美元。在钻石开采加工方面已有数家公司参与，其中，DeBeer公司与纳米比亚政府合资成立了Namdeb公司，双方各占50%股份，外方投资3亿美元。其他矿产的外国投资项目包括盐矿、石材矿、锰矿、磷矿等，多由南非投资，总额合计在5亿美元以上。

（2）金融和旅游等第三产业。纳米比亚旅游业发达，主要的四星级酒店都是由南非投资的，其中南非太阳集团投资参股了两家，投资总额约为2亿美元。批发零售业也主要由南非连锁店控制，外资商业企业所占市场份额在85%以上。主要的商业银行来自南非和驻南非的跨国金融机构，市场份额也都在85%以上。物流运输业也来自南非，外资占据着市场主要份额。

（3）加工制造业。纳米比亚加工制造业落后。随着外资进入，加工制造业逐步发展。其中，可口可乐公司在该国设有分装厂。德国克虏伯正在建设独资水泥厂，总投资1.5亿美元，于2012年已正式投产。

（四）中国对该国的直接投资

2010—2014年中国对部分非洲国家直接投资流量、存量统计分别见表12-1-3、表12-1-4。

表12-1-3　2010—2014年中国对部分非洲国家直接投资流量统计表　　万美元

	2010年	2011年	2012年	2013年	2014年
南非	41117	-1417	-81491	-8919	4209
博茨瓦纳	4385	2186	2110	1019	5295
莫桑比克	28	2026	23052	13189	10251
纳米比亚	551	504	2512	705	802
非洲总计	211199	317314	251666	337064	320192

数据来源：2014年度中国对外直接投资统计公报

表 12－1－4　2010—2014 年中国对部分非洲国家直接投资存量统计表　　万美元

	2010 年	2011 年	2012 年	2013 年	2014 年
南非	415298	405973	477507	440040	595402
博茨瓦纳	17852	20038	22015	23090	26213
莫桑比克	7524	9807	33691	50809	65386
纳米比亚	4711	6021	9453	34945	98184
非洲总计	1304212	1624432	2172971	2618577	3235007

数据来源：2014 年度中国对外直接投资统计公报

2008 年之前中国在纳米比亚的直接投资规模较小，年投资额不到 100 万美元。2009 年增至 1162 万美元，2012 年达到历史最高的 2512 万美元。2012 年底，中国对纳米比亚直接投资存量逐年增加的趋势明显，已经达到了 9453 万美元。而 2013 年与 2014 年则是中国对纳米比亚的长期厚积薄发的投资逐渐显现的年份，中国对纳米比亚的投资直接存量分别达到了 34945 万美元与 98184 万美元。值得注意的是，2014 年中国对纳米比亚直接投资存量较 2012 年增长 10 倍。从趋势上来看，中国将会进一步重视对纳米比亚的投资并加大资本投入的力度。

中国对纳投资主要集中在矿业合作、商贸批发零售和纺织等行业。其中，矿业勘探开发企业 6 家，已取得部分勘探权。纳中矿业公司与中核集团合作的铀矿开发项目已经起步。广东核工业集团与法国阿海法公司合作购买了纳米比亚 Uramin 公司 100% 的股份，目前开发已起步。还有一些中国商人在纳米比亚北部城市 Oshikonggo 和首都北部工业区结合批发零售等商业开发了部分房地产，主要租售给中国商人。两家中资黏土砖厂也已打开市场。部分华人在纳经营农场和日用品加工厂等，规模较小。截至 2012 年，经商务部核准备案的在纳米比亚投资的中国企业共有 26 家。

三、政治经济总结

纳米比亚位于西南非洲地区，与南非、博茨瓦纳、赞比亚和安哥拉接壤，总人口 220 余万。1990 年独立以来，纳米比亚政局稳定，是非洲各国中政局和社会秩序较为良好的国家之一。近年来，纳米比亚政府坚持市场经济，大力鼓励私营经济和海外资本投资，加大国内基础设施建设力度，提高劳动生产率，经济保持稳定增长，逐步成为中等收入国家。但纳米比亚也存在经济总量小、经济基础薄弱且结构单一、工业仍处于起步阶段、国内经济受海外影响波动较大以及贫富差距较大等问题，影响了其经济的健康发展。

政治方面，纳米比亚人组党长期领导独立战争并实现了政局的长期稳定，民意支持度较高。政府重视弥合种族隔离时期黑人与白人之间的矛盾，在提高黑人政治、经济和社会地位的同时，比较注意维护白人合法权益。在外交上，纳米比亚强调外交为经济服务的原则，加强同周边非洲国家特别是与南非的合作关系。稳定的政局和良好的周边环境为其经济发展创造了较好投资环境。此外，在矿业投资政策方面，纳米比亚致力于矿业投资来源多元化，以打破目前矿业部门基本被跨国公司垄断的局面。纳米比亚与中国关系良好，近年来双方高层往来交流频繁，合作增多，同时双方签署投资保障协定，中国将进一步扩大对纳投资。

在经济上，农业是纳米比亚的支柱性产业，矿业是最大的经济部门，近年来该国的服务业也发展迅速。政府大力鼓励和保护外来投资，致力于发展制造业、矿产品加工业和基础设施建设。但由于其能源依赖性的经济结构，经济增速易受外部环境影响，具有一定波动性。纳米比亚国民经济总量较小，经济基础薄弱，粮食不能自给，70% 要从南非等国进口。制造业不发达，80% 的市场被南非控制。虽然纳米比亚为中等收入国家，但由于高失业、财富分配不均等问题，导致该国成为全球贫富差距最大的国家之一。近年来，纳米比亚将实施“就业和经济增长定点干预计划”作为工作重点，以刺激经济增长，创造就业机会。

与同处非洲南部的南非、莫桑比克和博茨瓦纳三国相比，纳米比亚的主要优势在于政府鼓励外资且希望打破跨国公司对其矿业部门的垄断局面，这为中国企业的进入创造了有利条件。主要劣势在于，同博茨瓦纳相比，纳米比亚不具备相对成熟的矿业体系与矿业传统；同南非相比，纳米比亚未能建立相对完整的国民经济体系和完善的基础设施；同莫桑比克相比，纳米比亚自然条件较差，农业基础薄弱，无法为国民经济的发展奠定稳固的基础。综合考虑，本书认为纳米比亚在政治上具备稳定的投资环境，风险较低，但该国矿业多为跨国公司所垄断，进入纳米比亚会在当地面临激烈竞争。同时，纳米比亚经济体量小、产业结构不完善以及基础设施的瓶颈使得在该国投资的经济风险较高。

第三节　法　律　环　境

一、矿产资源开发相关法律制度

（一）主要监管机构

纳米比亚政府设20个职能部，其中由矿山能源部主管矿业，与矿业和能源有关的政策由该部制定和执行。矿山能源部在行使职能过程中要与环境旅游部合作，以实施环境评估和管理计划；要与农业、水资源和农村发展部合作，以实施水资源法；还要与其他部门紧密配合、相互协调。矿山能源部的职能包括：促进矿产和能源领域的投资；营造有利于发展矿产和能源工业的环境；管理和监控矿产和能源资源的勘探和开发；最大限度地减少矿产和能源开发活动对环境的影响等。政府对矿产资源勘查开采活动的具体管理工作由矿山能源部下属的矿山局和能源局承担，其中矿山局可以对部长就法律实施、法律修订等方面提出建议。

此外，《矿产法》还规定：矿山能源部内设矿业专员办公室，由部长任命矿业专员，该专员在矿山能源部部长的指挥领导下行使《矿产法》及部长授予的权利并履行相关义务，发挥监管职能。

（二）勘探开采许可证的取得

为达到理想的监管效果，根据《矿产法》规定，矿业专员办公室负责发放与勘探开采有关的5种许可证，分别为普查许可证、专有勘查许可证、非专有勘查许可证、采矿许可证、保留矿床许可证。

1. 普查许可证

为实现区域勘查，尤其是偏远地区的矿产开发，设立该许可证制度。申请人除提供基本信息外，还需提交以下材料：详细勘查计划、地质勘测报告、是否享有该法案授予的其他许可权利、申请人经济实力及技术实力的证明文件、是否申请独占性许可证和申请原因以及矿山能源部门要求提交的其他文件。

如果存在不符合《矿产法》第46条的规定或在申请期间违反法律等情形，申请将不被批准。[①]

一旦申请得到批准，矿业专员将向申请人颁发普查许可证，有效期为自专员颁发许可证之日起六个月，一般情况下不能延期也不可转让，但当该申请人在没有过失的情况下未能充分行使许可证授予的权利，矿山能源部部长有权延长许可证效力，但不超过6个月。

2. 专有勘查许可证

申请时，申请人应声明该专有勘查许可权利的申请存续期限并提交以下材料：根据勘查地区规模制定的详细勘查计划、地质勘测报告、是否享有该法案赋予的其他许可权利、申请人经济实力及技术实力的证明文件、环境损害评估和环保方案以及矿山能源部门要求提交的其他文件。

如果存在不符合《矿产法》第46条的规定或在申请期间违反法律等情形，申请将不被批准。

申请人最大申请勘查面积为100000公顷且持证人必须和纳米比亚政府签订环保合同，许可证方能生效。起始有效期为自专员颁发许可证之日起三年，可在许可证效力终止日前90天内申请延期，至多申请两次，每次最长两年，第一次延期最多能保留勘查区面积的75%，第二次延期最多能保留勘查面积的50%。

专有勘查许可证持有人可申请对许可证进行修改，修改事宜包括勘查区域的延伸或缩减、相关矿物或矿物组的增加等。若矿山能源部部长批准申请，则须对专有勘查许可证做出相应变动。

---

①《矿产法》第46条规定：申请许可证、转让许可证或申请转让许可证权益或申请成为许可证或许可证权益的共同持有人的主体必须是公司或达到18岁且被部长认定为适格的纳米比亚公民。

3. 非专有勘查许可证

申请人向矿山能源部门申请非专有勘查许可证，应依法提交申请材料。矿业专员在收到申请后会在必要的时候展开调查，从而进一步考虑申请人的申请。专员一旦同意申请，将向申请人发放非专有勘查许可证，有效期限为自专员颁发许可证之日起12个月。非专有勘查许可证不得转让，不得延续期限。同时，许可证持有人不得向他人转让、分配许可证权益，不存在许可证或许可证权益的共同持有人。

4. 开采许可证

开采许可证在审查申请期间，矿山能源部门有权公示申请人的姓名以及申请勘查的区域、许可证种类以及与申请相关的矿产资源等信息。开采许可证给予权利人自专员颁发许可证之日起25年的专有开采权，延展期15年。申请时要提供开采计划、开采方案、投资估算、环境损害评估和环保方案，许可证持有人必须和纳米比亚政府签订环保合同，持证人必须提交季度和年度开采生产报告。矿山能源部部长可按照申请人的要求，在尚未发放许可证前与其签订矿产协议，过分背离《矿产法》的协议条款无效且法律禁止按照规避法律要件或是使申请人免受申请程序制约的方式解释协议条款。持有人受到开采许可证条款、矿产协议条款以及一般条款的制约。许可证授予持有人后要进行登记。开采许可证持有人的权利受到一定限制，如持有人不得在城镇、村庄、公路及其相邻地带、飞机场、港口、铁路、墓地行使开采权，也不得勘查为政府或公共目的而使用或保留的土地等。

5. 保留矿床许可证

保留矿床许可证持有人享有保留许可证规定范围内的矿产资源以备未来矿产开发的权利，享有在保留区内进行勘查活动并估测该区域内的矿物资源开采前景的权利，享有以非出售、非支配为目的将非控制矿产、非矿物样本资源从保留区转移到纳米比亚其他地域的权利，在得到采矿专员书面同意的情况下，持有人可以将开采出的矿产资源进行出卖、支配甚至转移到纳米比亚国境之外。除此之外，持有人还可在保留区域内进行相关的调查及其他附属工作的开展，以期对该区域的矿产开发未来性进行评估。

申请人在申请时除提供基本信息外，还应声明该许可证权利的申请存续期限并依法提交申请材料。

当存在矿山能源部部长认为申请保留区域比实际需要保留的区域面积略大或申请人在申请期间触犯该法案条款等情形时，申请人将得不到批准。

根据法律规定，该许可证的持有者可享有勘查许可证、采矿许可证授予的权利，而不用承担相应的义务。但是，证书的持有者须履行勤勉和支付义务并定期提交项目报告。本许可证适用于经济环境不可行的情况，如由于该矿产品价格下降或由于该产品不具备单独开采的经济可行性等。许可证有效期为5年，可以延期2年。该许可证同样可申请许可证变更。

（三）许可证转让制度

《矿产法》第八章规定了矿产许可证的一般条款，其中涉及许可证的转让制度。

纳米比亚《矿产法》中规定了两种权利的转让即开采声明的转让和采矿许可证的转让，分别在第39条和第47条中做了规定。

首先，对开采声明的转让，第39条规定：申请开采声明转让时，开采声明持有人和接受转让人之间应当起草一份书面协议，协议中表明双方同意权力机构对转让事宜有最终决定权。除此之外，申请人还须提交授予持有人的登记证书、开采声明序号和一式四份的转让计划。批准转让后须进行登记并将转让事实通知声明区域的土地所有权人。

其次，对于采矿许可证的转让，第47条规定：申请人须向权力机构提交书面申请并交付一定的费用，权力机构有权要求申请人提交其他有关材料。除普查许可证和非专有勘查许可证不得转让外，其他许可证均有转让的可能性。当该许可证的转让发生在证书持有公司和另一个同该公司存在控制、被控关系的公司之间，或是发生在与该公司具有共同控制关系的公司之间时，权力机构应当批准这一转让。

不论是声明转让还是许可证转让，该法第121条第（1）款明确表明：非纳米比亚居民无权领取非专有勘查许可证、不得拥有采矿许可证和采矿声明。采矿声明或采矿许可证的利益也不能赠送、转让予非纳居民。非纳居民无权与他人共持采矿声明或采矿许可证，无权共享采矿声明或采矿许可证的利益，除非他或她在纳境内指定纳居民为其代理人。因此，外国公司必须先行在纳米比亚注册后才能申请矿业勘探权和开发权。

（四）与矿业有关的土地制度

纳米比亚的土地类型分为3种：国有土地约占全国土地的15%；各部族占有的村社公地占41%；私有土地占44%。纳米比亚法律规定地下的矿产资源归国家所有。[①]

《矿产法》第107条概括式地规定了许可证持有人的权利，也就是说，在向所有人支付适当补偿金后，持有人有权利在他人的土地上进行勘探开采。但是，在开采过程中，持有人有义务保证许可证授权范围内的土地所有人的权益不被侵犯，持有人一旦侵犯所有人权益则有义务进行赔偿；在开采或勘探活动结束后，持有人有义务对勘探开采在土地上留下的痕迹和污染进行清理，若违反该义务，持有人将会受到罚款等处罚。

二、跨国矿业投资相关法律制度

（一）劳工制度

纳米比亚人口稀少，劳动力素质较低，效率低下，法律对劳工保护要求相对较高，工会力量强大，工潮频发，投资劳动密集型产业要慎重。同时，纳米比亚政府对外来工作人员签证限制很严，进入大量中方劳工困难很大。

纳米比亚《劳工法》于1992年颁布，2008年2月修订。劳工法对雇佣的基本条件和雇佣合同的终止等问题做出了规定，对工会组织和雇主协会的登记及其权利和义务也做出了规定。根据该法案，纳米比亚设立了劳工咨询委员会、劳工法庭、地区劳工法庭和工资委员会。《劳动法》主要内容包括最低工资的制订、工作时间、假期、雇佣合同终止以及劳工、雇主和工会的关系及劳资纠纷的解决等。

此外，纳米比亚对外国人在当地工作也有着较为严格的规定。根据纳米比亚《劳工法》等有关法律规定，要在纳米比亚从事贸易和就业的外籍人士必须取得工作签证、工作许可或者永久居留权其中一种证明。

（1）工作签证：受派遣需要在纳米比亚短期工作的可以申请工作签证，一般3~6个月，递交申请后7~14天取得，可以延签1~2次。一般取得入境签证后到移民局办理。

（2）工作许可：当需要在纳米比亚长期工作时，要申请工作许可，有效期1~2年。该证内政部移民局办理，一般需要3~6个月批准。需要提供国内无犯罪记录、护照复印件、雇主单位证明、个人学历或技术职称证明加国内公证函、健康证明等。若受雇于在纳公司，出国前需要公司到移民局先办理工作签证或者工作许可，然后方可在到达后开始工作，否则是违法的。工作许可续签同样需要提供资料，需要3~6个月审批时间；变换工作单位需要重新报批。

（3）永久居留权：取得永久居留权需要满足下列两个条件，一是连续6年（包括第六年）在纳取得工作签证连续合法工作并在纳米比亚有房地产或者工作5年后达到退休年龄的；二是在纳投资200万纳元以上、长期雇佣10个以上当地工人并为他们购买社会保险、本人在纳持有有效工作许可2年且置有房产的即具有申请资格。审批时间6个月至1年。

外籍劳工在纳就业要根据纳米比亚的实际需要，一般由雇佣单位是否真正需要决定。移民局会要求用人单位出具无法从本地招聘到所需工种的证明。除华人企业外，在纳米比亚就业的外籍员工机会很少。是否符合测试条件一般由用人单位决定，移民局在办理签证和工作许可时要求提供相应的技术资格证明。

（二）外国投资法规及优惠政策

外商直接投资一直被认为是促进纳米比亚经济发展的关键，为提升本国投资法律环境的开放度、吸引更多的外资流入，《外国投资法》于1990年12月通过，并于1993年进行了修订。该法确立了纳米比亚外商投资中的国民待遇原则并将所有产业向外国投资开放。

1. 优惠政策

该法规定了一系列鼓励外国投资的政策，包括确保外国投资者有权把他们在纳米比亚的资金和利润

---

①中华人民共和国商务部．纳米比亚土地改革面临重大挑战．2004［2012－08－28］．http://www.mofcom.gov.cn/aarticle/i/dxfw/gzzd/200403/20040300201134.html.

汇回本国、保障外国公司的所有权和使用权、保证外汇可获量和可用性、对外资纠纷实行国际仲裁制以及在征收外国企业资产时给予合理补偿等。该法还规定了在贸易和工业部成立投资中心，以简化审批程序，吸引外国资本。

纳米比亚不征收资本收益税，不限制证券形式的外国投资。但外国人股权证上必须注明“非本地居民”字样，如赚得红利，仅缴纳10%的“非本地居民股东税”。外国公司的股份资本与固定资产的比例要保持在1∶1。同时纳米比亚《外商投资法》还规定：初次投资至少200万纳元、在当地或合资公司中的股份不少于10%的外商可获得投资待遇证书。证书持有人可享受诸多优惠待遇和权利。

为鼓励加工制造业发展及出口创汇，纳国制订有“加工制造业和出口商激励机制”和“出口加工业资格企业”优惠政策。凡是加工制造业企业和产品出口企业均可以享受“加工制造业和出口商激励机制”规定的有关优惠，凡是取得“出口加工资质的企业”可以更进一步享受更大的税收和补贴优惠。①

同时，纳米比亚还在沿海地区建立了“出口加工区”和“工业园区”。外国企业如设立在这两类地区内，可以享受一系列优惠政策，包括：数年（具体年数面议）内免征公司税，此后税率也低于标准的公司税；降低税后股利的保留税，再投资免税；免除进口物资的销售税；如果产品全部出口，免除所有进口税；技术培训期间，当地员工工资的75%由政府支付；允许加速折旧；外币账户不受外汇管制规定的约束；不受某些劳工法条款的约束等。

2. 投资待遇证书

对外国投资的政策优惠并不意味着外国投资在纳米比亚畅通无阻，法律规定，在纳米比亚拥有投资资格的唯一凭证即是投资待遇证书，而法规规定权力机关在授予证书前应考虑相关标准，比如该投资将在何种程度上利用纳国的自然资源和人力资源并为纳米比亚的经济发展做出贡献，尤其是在以下几个方面：

（1）增加纳米比亚的就业机会。

（2）为培养纳米比亚国民的技能提供平台。

（3）赚取或节约外汇。

（4）为纳米比亚欠发达地区提供发展空间。

3. 在纳米比亚注册企业

外国公司可以在纳米比亚开办当地的子公司或独立的外资公司，也可以与当地人合作注册合资公司。公司一般分为两种形式即Close Corporation（CC）或Pty公司，前者是有限公司的简化形式，后者是比较典型的有限责任公司；前者财务管理比较松，后者比较严格。

纳米比亚贸易与工业部下属的公司注册处负责公司的注册登记，核发营业执照。

在纳米比亚注册企业的一般程序：投资人或者投资公司的代表凭有效证件到该处申请填写表格，或者通过委托当地律师、会计师或者审计师事务所向公司注册处提出申请、填写表格、准备文件，经批准后获得营业许可（公司成立证书），凭此到财政部税收处开设税号（VAT），到银行办理开户，整个过程需要5~6周。

4. 私人财产保护机制

《外国投资法》第11条规定了对私人财产的保护制度。该条法规强调，除非以《纳米比亚宪法》第16条第2款为依据，其他任何情况下均不得征收任何企业的任何财产；同时，任何企业的任何财产一旦被征收，政府必须毫无延误地、以可自由兑换的货币形式给予证书持有人公正的补偿。

5. 投资待遇争端解决

投资待遇争端涉及证书持有人和政府之间因发生《外国投资法》第11条规定的征收情形而产生的有关赔偿数额或其他与赔偿数额有关的争议。有关证书效力或是否继续有效的争议应通过国际仲裁解决。当争议由国际仲裁解决时，仲裁应按照证书发放时有效的《联合国国际贸易法委员会仲裁规则》的规定进行，除非贸易和工业部长与证书持有人之间存在用其他方式解决争端的协议。

---

①参见《纳米比亚外商投资法》。

证书上规定的仲裁条款须得到证书持有人的同意且争议必须按照证书上规定的方式提交仲裁机构。仲裁对政府和证书持有人具有最终效力。

同时，法律规定：若证书中不存在通过国际仲裁解决争端的条款，则不可限制或剥夺证书持有人在竞争法院获得救济的权利；若证书中确实存在通过国际仲裁解决争端的条款，也不可因此排除证书持有人与贸易和工业部长之间对竞争法院享有最终判决权所达成的协议。

（三）竞争法制度

2003 年，纳米比亚颁布了《竞争法》，该法在反对归并、遏制市场支配地位滥用及禁止串通式市场行为等方面做出具体规定，进而为抵制垄断、鼓励竞争提供了助力，对《外国投资法》进行了补充，为投资者创造了公平的投资环境，吸引了更多外国投资者到纳米比亚投资。

1. 立法目的及适用范围

该法的立法目的体现在提高资源配置效率、保护公共利益、促进就业、扩大纳米比亚在国际市场中的参与度并承认外国投资在纳米比亚的作用等几个方面。[①]

《竞争法》第 3 条第 1 款规定其适用于纳米比亚内一切经济活动及一切对纳米比亚经济有影响的活动，但同时规定了一些例外条款。此外，第 3 条第 2 款规定该法同样制约国家的商业行为，但国家行为不须承担刑事责任。

《竞争法》第 4 条规定：竞争委员会是根据《竞争法》设立的独立法定机构，负责《竞争法》的实施，促进和保障纳米比亚的竞争秩序且该委员会只受限于《宪法》和《竞争法》。

2. 反竞争市场行为表现

《竞争法》禁止反竞争的市场行为和限制性的协议、行为和决定。

反竞争的市场行为包括串通式市场行为、滥用市场支配地位和归并。限制性的协议、行为和决定包括企业间制定的具有限制竞争或损害公共利益可能的一切协议或行为。

1）滥用市场支配地位

法律规定，权力机关可在广泛领域或某一特殊工业领域规定企业的年资产价值或资产转移门槛并定期进行审查，以确定该企业是否具备支配地位。法案对滥用市场支配地位的行为进行了界定。

2）归并

企业普遍认为归并是扩大企业规模创造效益的首选途径，然而企业归并后的行为一直是《竞争法》关注的重点。归并减少了竞争品牌，可能导致联合控制如暗地串通，也可能导致非价格竞争增加，零售竞争减少，因而对小型竞争者造成壁垒。因此，纳米比亚通过对企业的年资产价值或资产转移门槛进行限定和审查来控制归并，通过《竞争法》对企业间的归并行为进行了严格的限制性规定。

《竞争法》规定：当一个或多个企业对另一企业的全部或部分业务获得或产生了直接或间接的控制时，归并产生。归并可以通过收购股份、购买企业资产、企业合并及其他企业间的结合方式产生。因此，《竞争法》中的归并不仅涉及通过合并方式实现对其他企业的控制，更包含通过购买其他企业的股份、资产最终实现对另一企业的控制。《竞争法》禁止一切实质上阻碍或削减竞争、产生经营者集中的归并行为，对于妨害公共利益的归并，竞争法也不支持。

《竞争法》对归并采取了概括式禁止的方式：所有的归并在未得到竞争委员会许可的情形下均不得进行，某些归并行为可通过公报刊载的形式予以豁免。

申请人须按照法律规定的方式通知委员会归并的意向，委员会应在收到通知后的 30 天内做出决议，在考虑是否批准归并时，委员会主要考虑以下几个方面问题：

（1）在何种程度上申请的归并行为所带来的积极效益（如提高技术水平、提高生产效率、高效的货物分发效率和市场准入机制）超过其所带来的负面效应。

（2）在何种程度上该归并将会限制交易或缩减竞争。

（3）在何种程度上该归并将会导致任何企业（无论是否包含在该归并之内）获得支配地位。

---

① World Intellectual Property Organization, *Competition Act 2003 of Namibia* 2012［2012－09－01］. http：//www.wipo.int/wipolex/zh/details.jsp？id＝9409.

（4）在何种程度上该归并将会影响某一产业或某一区域。

（5）在何种程度上该归并将会影响就业。

（6）在何种程度上该归并将会影响中小型企业的竞争力。

（7）在何种程度上该归并将会影响国家工业在国际市场的竞争力。

然而，申请归并各方有权申请贸易和工业部长复议委员会的决定；根据该法第51条规定，如果正在进行的归并行为违反了《竞争法》，竞争委员会可申请禁令，阻止归并的继续进行，命令归并中的任一方以指定的方式变卖或处理掉其由于归并而获得的股份权益、资产利益等，宣布归并协议无效或实施处罚。

3）限制性协议

《竞争法》第23条1～8款规定了限制性市场行为，其中第1款规定：禁止削减纳米比亚或纳米比亚某一部分竞争强度的企业间的协议或是企业间的协定行为，除非存在豁免条款。第2款规定：第23条第1款中提到的协议或协定行为包括横向协议和纵向限制。

《竞争法》第23条第2款（a）规定：限制性协议包含交易竞争中处于横向关系的双方之间签订的协议。常见的横向协议类型包括价格固定协议、卡特尔协议、市场分配方案协议、串通投标协议。这些限制性行为不仅限制了竞争，更降低了相应市场内新投资者做出投资决定的可能性，不利于纳米比亚经济的发展。

《竞争法》第23条第2款（b）规定：限制性协议包含竞争中处于纵向关系的供应商、经销商，也可以包含零售商之间所签订的协议。常见类型包括拒绝与他方交易、联合抵制、统一零售价、独家交易安排、搭售等。

同时，第23条第3款确定了第1款的普遍适用性，同时用列举法列出了部分种类的协议、决议或协定行为，以表明它们尤其受到《竞争法》的管制。该条第5款规定，当存在以下情形之一时，可推定第23条第1款中规定的禁止性协议或协定行为在两个或多个企业之间存在。

（1）企业中的任何一人在另一企业中享有重大利益或是两企业或多企业中存在至少一名董事或一名主要股东相同。

（2）两企业或多企业之间联盟进行该条第3款中规定的行为。该条第8款中表明几类非限制性协议、不受《竞争法》条款制约的行为。

（3）按照纳米比亚1973年《公司法》第1条规定，一公司和其全资子公司或是和其全资子公司的全资子公司之间签订的协议或做出的行为。

（4）由同一人或同数人拥有或控制的非公司企业之间的协议或行为。

3. 限制性行为的豁免

《竞争法》第28条第3款规定了任何企业均可申请对于某些限制性行为的豁免，委员会在考虑是否准予豁免时通常考虑的因素有：是否维持或促进出口；是否有助于以往劣势群体所运营的小型企业的发展并使其更有竞争力；是否提升了产品生产或分配的效率或预防了产品生产、分配及服务供给的下降等。

《竞争法》规定：申请者的申请在刊载于政府公报后的30天内，竞争委员会应当在调查该申请后做出是否批准的决议或是颁发清除违法性证书表明申请人所申请的行为并未违反该法的禁止性规定。

以下几种情形下，竞争者可享受豁免权①：

（1）存在以公共政策为豁免依据的限制性协议、决定或是协定性行为。

（2）基于相关法律对著作权、专利权、商标权、设计或其他知识产权权利的保护，竞争委员会有权对以保护知识产权权利为内容的限制性协议或行为予以豁免。

（3）职业协会的某些职业规则具有限制或削减竞争的效果，但当竞争委员会审议后认定这些规则有利于维持职业水准或属于该职业的固有属性时，可准予豁免。

①《竞争法》第30、31条有相关规定。

竞争委员会须在公报上公布豁免，利益相关者可在公告发布后的30日内对委员会的决议提出意见；当决定涉及某一领域的职业规则时，委员会须与该领域内的主管机构进行协商。

但是，竞争委员会在以下情形下有权撤销豁免或变更豁免：

（1）批准豁免所基于的信息存在实质性错误。

（2）自豁免授予后合并企业发生了重大的情势变更。

（3）授予豁免时的条件依据已不再满足。

豁免的撤销必须以书面形式通知，在收到通知的30天内，责任主体可以进行针对豁免事宜的申辩。

4. 争议解决方法

《竞争法》规定，高级法院对竞争法中规定的不正当竞争行为有固有管辖权，但对于同一纠纷或行为，其他权力机构很可能也得到了其他法律的授权而具有管理权力，面对管辖权重叠的情形，《竞争法》尊重其他法律的规定，在该法第67条第1款中表述如下：

当公共监管机构对于《竞争法》第3篇、第4篇中规定的行为有管辖权时，竞争委员会和该监管机构必须通过制定协议的方式协调管辖权的行使并确保《竞争法》法律原则的一致性应用，对于管辖权内的某一具体事务，双方可以通过该协议中的具体条款行使管辖权。

此外，第67条第2款对监管机构和委员会之间须在协议中写明的内容做了补充规定。

三、法律环境总结

矿产行业在纳米比亚的经济发展中起着重要作用，但人才短缺、矿产品附加值偏低、技术不过硬等原因限制了纳米比亚矿产勘查和开发的进度，目前整个矿产开发市场投资潜力较大。自纳米比亚从南非独立以来，国家和政府致力于经济、政治体制的重新建构并重新搭建了纳米比亚的法律体系，为外国投资者创造了良好的投资环境，吸引了大量外资进入纳米比亚矿业，加快了纳米比亚经济发展的速度。纳米比亚政府希望矿业公司不仅能获得所需的矿产，也能给纳米比亚带去先进的技术，创造更多的就业机会，减轻当地的贫困状况。

《1992年矿产资源（勘查和开采）法》打破了许多带有南非殖民色彩的矿业法律条例，规定了全部矿产资源归国家所有，但纳米比亚政府认为矿产的勘探和开发应当由私营部门来承担，政府应当为之创造良好的私营投资环境。纳政府承认私人的小规模开采并一直热衷于小型开采的促进和开发，以上内容均可以在《竞争法》中找到依据。同时，为了吸引外资、引进先进技术，1993年颁布的《外国投资法》和1995年相继实施的《出口加工区法案》均对外国投资者适用“国民待遇原则”并对外国投资者扩大市场开放度、减少限制（如外汇的自由转移、利润的自由处分等）、提供各种奖励机制，而《竞争法》则采取了法律待遇原则的多元化，包括“最惠国待遇”、“国民待遇”及“特别待遇”。其中，最惠国待遇条款适用于外国产品或外国公司，国民待遇适用于外国人和东道国国民，这两种待遇均属于非歧视性待遇，换言之，任何在纳米比亚投资并参与到当地竞争的外国公民、外国公司或外国产品均可无差别地享受这两种待遇。而特别待遇属于歧视性待遇，即纳米比亚本国只向某些外国投资者提供激励机制或其他特别待遇。这些法律的原则性规定和具体的优惠政策无疑会吸引外国投资者的目光，为纳米比亚投资增长提供动力。

同时，为帮助纳米比亚引进更多的技术技能，《竞争法》规定了知识产权权利豁免，即以《竞争法》第30条1~2款中规定的知识产权权利为内容的限制性协议或协定行为不受《竞争法》的约束。该规定不但不会使外国投资受到抑制，反而映射了纳米比亚政府对私人财产权利的尊重，与《外国投资法》中有关不得在无正当赔偿的情况下征收私人财产、剥夺私人财产权利的规定不谋而合。这些法律措施无一例外地恢复了投资者，尤其是外国投资者在纳米比亚进行直接投资的信心。而投资者信心的重建意味着纳米比亚投资基数的增加和高新技术的引入。但是，对于引入新技术同样重要的途径—合资企业，《竞争法》却并未做出特殊规定，按照纳米比亚本国处理该问题的惯例，东道国企业和外国直接投资共同建立的合资企业属于《竞争法》中的合并，须由竞争委员会进行审查。

综上，纳米比亚总体上讲投资环境比较好，大致体现在以下几个方面：

（1）政局稳定。纳米比亚自1990年独立以来，政局一直稳定，从未出现过社会动荡。西南非洲人民组织因为群众基础深厚，一直一党独大，在历次选举中均以大优势获胜。

（2）经济发展水平相对较高。2008年，纳米比亚GDP为88.4亿美元，人均GDP 4270美元，在非洲属于发展较好的国家，竞争力在非洲排名居于前列。①

（3）市场经济体制比较健全。纳米比亚是非洲独立最晚的国家，比较完整地继承了南非殖民者的政治法律体系，市场运行机制比较完善，外商投资在纳比较有保障。

（4）基础设施较好。纳港口、机场、公路、电信等基础设施比较完备，在非洲处于先进水平。

（5）纳政府重视吸引外资，颁布了一系列鼓励和保护外商投资的法律法规。

（6）相对周边国家，纳米比亚的社会治安情况也比较好。

但是，在纳米比亚投资同样面临着风险：

（1）竞争风险。纳米比亚政府职能比较弱，其矿业勘探和开采主要被西方跨国公司垄断，大量的地质资料被这些跨国公司控制。纳米比亚独立后在努力改变这种局面，积极吸引中国、俄罗斯、伊朗和印度等国家的矿业公司到该国进行矿业投资，使矿业投资多元化。目前，在纳米比亚进行矿业投资的公司都是实力很强的跨国公司，投资额都在上亿美元，新的投资者在纳米比亚进行矿业投资，不可避免地要与这些矿业公司进行同台竞争。而尽管竞争法规和各种竞争政策致力于为投资者创建一个公平的投资平台，但这些法律法规或政策措施均不能对跨国公司所制定的区域性或全球性战略计划进行管辖。然而纳米比亚已存在很多大型的跨国公司，它们对矿产品的价格具有定价权，而跨国公司这样的行为本身又并不受到《竞争法》的制约，这就使得其他矿业公司在纳米比亚进行矿山投资时可能遭遇跨国矿业公司价格打压的危机。中国公司若想在纳矿业投资领域占有一席之地，与西方矿业公司的竞争将是不可避免的风险之一。

（2）矿产品价格波动风险。矿产品价格大幅波动是中国矿业企业在纳米比亚矿业投资可能面临的风险。矿产品价格波动影响矿山开发进度。同样的矿产品在不同时期价格可能差别很大。在矿产品价格处于高位时，矿山有可能加速开发，将矿产品投入市场。相反，在矿产品处于低位运行时，矿业企业可能会减产甚至关闭矿山。同时，矿产品价格受虚拟经济影响也很大。矿业是虚拟经济投资的重要领域，而虚拟经济具有不稳定性和高风险性，这导致矿产品价格已不是完全由供需关系决定，具有不稳定性和大幅波动的可能。

（3）开发风险。中国矿业企业在纳米比亚即使找到有经济价值的矿产资源，依然面临开发方面的风险，主要体现在土地方面。纳米比亚法律规定地下的矿产资源归国家所有，土地归私人所有。要想对已经发现的矿山进行开发，必须要占用土地。一旦有大型矿山被发现，土地所有者必定会提高对土地占用的要价或者直接要求在矿山开发过程中分得干股。

（4）法律稳定性风险。为了进一步增加国家收入，矿山能源部部长Erikki Nghimtina已于2008年11月对1992年的《矿产资源（勘查和开采）法》提出了修正案。该修正案主要涉及对在纳米比亚采矿的矿业公司收缴新的权利金以提高纳国家财政收入的一系列法律措施。具体而言，修正案将结束矿产资源销售出口零权利金的状况并撤销对权利金缴纳最大额的法律限制。该修正案将授予矿山能源部部长基于市场波动和矿业盈利情况对采矿权或许可证持有人征收无限制的额外权利金的权力。

（5）外汇管制及汇率风险。纳米比亚实行外汇管制，汇率风险较大，进入纳米比亚的中国企业一定要注意防范汇率风险，防止外汇私下交易。

总体上看，纳米比亚矿产资源丰富，国内政局稳定，矿业法规齐全，经济状况较好，社会环境良好，矿业投资环境较好。虽然存在着一定的投资风险，但纳米比亚仍在达沃斯世界经济论坛的《2011—2012年全球竞争力指数》排行中位居第83位，在整个非洲国家中位居第4位。世界银行专家将纳评为最有找矿潜力、值得外国公司大量投资的非洲国家之一，属于矿业投资条件较为成熟的国家。因此，对中国矿业投资公司来说，纳米比亚应是较理想的东道国。

① Kail N C. *Quarterly gross domestic product*. Windhoek：National Planning Commission Central Bureau of Statistics，2009.

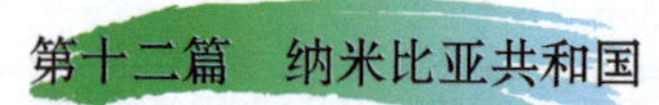

第四节　税　制　研　究

一、税制总论

（一）税收体制简介

纳米比亚实行西方通用的财务会计制度，外商投资企业须根据这一规定进行财务管理和税务申报。纳米比亚的财政收入90%来自税收，税收主权主要集中在中央，地方各级政府权力有限。

纳米比亚的主要税种为所得税、增值税和关税，税率见表12-1-5。

表12-1-5　纳米比亚主要税种税率表（税率更新至2015年12月31日）

税　种		税　率	税　种		税　率
企业所得税		32%（a）	预提税	服务	10%
增值税		0/15%	预提税	分支机构利润汇出税	0%（在缺乏税收协定的情形下，该预提税为10%）
关税		进口关税一般有七档税率，0~30%；出口无关税	职业教育费		1.50%
预提税	股息	10%/20%	土地税		0.25%~0.75%
预提税	利息	10%	采矿特许权费		2%~3%
预提税	专利、知识产权特许权使用费	10%	印花税		根据应税项目的不同而变化

注：（a）一般矿业公司为25%~50%；钻石公司为50%；石油天然气公司为42%。

（二）整体税收环境

据普华永道发布的2013年全球189个主要经济体总体税赋情况排名，纳米比亚税收负担排名第168位，整体税赋为21.3%，其整个税务环境质量排名第93位①，也就是说该国税收负担比较低，但是税收征管环境较差。

截至2015年底，纳米比亚已经与全世界11个国家和地区签订了避免双重征税税收协定，从一定程度上降低了非居民企业通过分支机构或子公司在纳米比亚获得收入的税赋。

中国大陆与中国香港与纳米比亚暂无税收协定，红利预提所得税率为10%/20%，利息预提税率为10%。各项相关条件同纳米比亚一般预提税的条件。

二、与煤炭开采行业相关税费

纳米比亚矿权租赁费根据市场价值按以下比例征收矿权特许使用费②：

（1）贵金属、基本金属和稀有金属为3%。

（2）宝石、工业金属和非核燃料矿产为2%。

（3）核燃料金属为3%。

（4）石油天然气为5%。

（5）煤炭属于非核燃料矿产，矿权特许使用费为2%。

三、税制总结

纳米比亚是税赋较低但税收整体环境较差的国家。据普华永道和世界银行共同合作发布的2016全球189个主要经济体总体税赋情况排名，综合税赋从重到轻，纳米比亚税收负担排名第168位，整体税

---

①PWC，A comparison of tax systems in 189 economies worldwide 2016.

②PWC，Namibia Tax（Reference& Rate Card），2013.

赋仅为21.3%，是入围全球企业税率最低国际排行榜中仅有的三个非洲国家之一，在本书富煤国家中按税赋由高到低排名倒数第二。该国税收法规不完善，导致纳税人每年需在遵从税务法规上面投入巨大精力和财力。同样据前述报告结果显示，纳米比亚税收遵从成本从轻到重，在189个主要经济体排名中位列第143位，属于较高序列并在本书涉及富煤国家中排名最差。

第五节 环 评 体 系

一、矿业项目开发的监管机构及相关法律

（一）环境监管机构

纳米比亚矿业项目开发过程中主要涉及的环境部门有：

（1）环境与旅游部。该部有权阻止个人或企业执行使得环境或其任何组件可能会受到严重损坏、濒危或受到不利影响的任何活动。同时，禁止任何人取得、扰乱、损害或损坏任何环境或者其任何一部分，包括被宣布为自然、考古或美学遗产的生物或者非生物的一切事物。该部也有权指导个人修复损坏。

（2）下属部门环境事务局。环境事务局指导和审查环境影响评价，具有广泛的环保责任。主要职责包括监督纳米比亚遵守联合国各项公约和有关于这些公约的各种方案的实施。该局还负责污染和废物管理控制以及整体协调纳米比亚政府的环境问题。

（3）矿业与能源部。纳米比亚的所有矿业项目需要从矿业与能源部得到许可证。

（4）水务部。该部负责颁发取水证、污水排放许可证。矿业项目的任何用水申请及污水排放申请均需要获得该部门的批准。

（5）卫生和社会服务部。该部门负责监管空气及噪声污染以及保障人们的健康。

（6）水务和林业部。

（7）农业、水利和农村发展部。该部门同水务和林业部共同对水资源进行管理、开发、保护和利用。同时该部门还负责建立监管和咨询机构。

（二）环境相关法律及法规

涉及的国家级法律法规有：

（1）《纳米比亚宪法》此法是纳米比亚的基本法，涉及环境的一些基本权利。宪法第91条(C) 定义了视察官的职责，包括调查关于过度利用自然生物资源、不合理开采不可再生资源、生态系统的退化和破坏以及未能保护纳米比亚的风貌与特征的投诉。第95条(I) 提出国家通过采取政策积极促进和维护人民各项权益，这些政策的目的主要体现为：在维护生态系统、基本生态过程和纳米比亚的生物多样性和可持续的基础上，纳米比亚自然生物资源的利用。

（2）纳米比亚的绿色计划和12点计划。1992年，纳米比亚的绿色计划是由环境与旅游部起草的，在关于里约热内卢环境与发展的联合国会议上提出。继绿色计划，环境与旅游部又制定了12点计划，该计划是一个规划了重点保护区域的战略性文件。

（3）2030年远景规划。此规划制定于2001年2月，规划声明：国家应采取促进可持续的、公平的和高效的利用自然资源，最大限度地提高纳米比亚的比较优势，减少所有不合理的资源利用策略，为社会、经济和生态福祉开发自然资源。

（4）环境评价政策。该政策管理纳米比亚的环境评价过程。

（5）《环境管理条例》。条例第一部分明确了各种环境的权利和义务，包括各代人对“有利于健康、安宁和安全的环境”（代际公平）和对资源公平使用的权利、所有公民和政府保护纳米比亚环境的职责、诉权传统概念的延伸。条例第一部分还规定了信息要求可以被拒绝的唯一的情况：即将提供的资讯，涉及未完成的文件、数据或内部沟通的供应，或者是请求明显不合理或以过于笼统的方式；公共秩序或国家安全将受此影响；为了合理的保护贸易或工业秘密。条例的第二部分明确了适用于政府机构或者个人的“环境管理原则”。

（6）《水法》。

（7）《水资源管理法》。该法提供开发、保护和利用水资源的管理办法。

（8）《大气污染防治条例》。该条例处理空气污染，因为空气污染会影响职业健康，引起安全问题。

（9）《污染控制和废物管理条例》。该条例目的是为了规范并防止污染物排放到空气、水中，促使国家履行这方面的国际义务。

（10）《公共卫生条例》。该条例对“关于尽可能保护工人不受伤害，特别是在施工期间”方面的事宜做了相关规定。

（11）《矿业法（勘察和采矿）》。1994 年 4 月 1 日颁布了《矿业法（勘察和采矿）》，由于该法的确立，许多以前的带殖民色彩的矿业法律条例被取代或修订。

（12）《石油法（勘探和生产）》。该法规定了有关勘探、生产和出售石油的所有权利。

（13）预防和打击污染海洋法 1981 年和 1991 年的修订法案。该法案提供了一个预防和打击海洋污染的框架，确定由于船、油轮或海上设施的排放所造成的损失或损害方面的法律责任。

（14）2000 年的《海洋资源法》。该法主要负责管理海洋资源的开发和保护并规定有关许可证的管理问题。

（15）《原子能辐射防护法》。该法旨在监管放射性废物。

二、环境许可证审批

（一）项目环境影响评价

纳米比亚的项目环境影响评价在大多数司法管辖区遵循一个类似的系统。环境管理条例确定了需要进行环境影响评估的 30 多种活动的清单，这些活动大致分为以下 4 类：

（1）建筑及相关活动，其中包括道路、水坝、工厂、管道和其他基础设施。

（2）土地利用总体规划和发展活动，包括重新分区土地利用变化。

（3）资源开采、操作、养护及相关活动如采矿和取水。

（4）其他活动，如害虫控制计划。

（二）环境许可证审批流程

由于环境管理条例没有规定低于或高于环境评估所需的尺寸或数量，因此在决策者之间受到关注的即使是很小规模的开发活动也将需要一个全面的环境评估。条例规定当任何关于环境管理条例中规定活动的建议提交给相关部委或负责机关时，都应伴随着一个完整的环境问卷，用于咨询政府当局或全部利益相关者及对项目感兴趣的民众对该拟建项目的观点。如果当局拟允这种活动，就会联络委员并一起决定是否需要环境影响评估。此决定是基于他们集体判断的性质和活动可能引起影响的性质和意义。对于不需要进行环境影响评价工作的项目，委员会发出环保声明（有可能配有配套条件），一旦当局批准该环保声明，活动就可能开始。一旦委员和负责机关认为进行环境影响评价工作是必需的，接下去的环境许可证审批程序如下：

（1）项目方向环境事务局递交项目申请，与环境调查问卷同时提交。

（2）环境事务局就该项目申请进行审查并确定该项目是否对环境具有显著影响。若无显著影响，则不需要做环境影响评价。

（3）若该项目被确认对环境具有显著影响，则环境影响评价工作是必需的。

项目方的环境影响评价工作主要包括以下内容：

（1）参考政策、法律和行政的要求。

（2）设定环境影响评估职权范围。

（3）咨询全部利益相关者及对项目感兴趣的民众。

（4）确定替代方案和问题。

（5）识别和描述基本情况。

（6）预测影响和风险并评估其意义。

（7）确定减缓方案。

（8）修订项目。

（9）准备环境影响评估报告。

环境影响评价的具体内容如下：

（1）项目方提交环境影响评价报告，并接受评审。

（2）项目方需要同时提交环境管理计划和环保合同。

（3）评审期间，环境事务局、专家、公众均有权向项目申请方提出意见，项目方需要根据意见补充需要的信息，纳入环境评价工作和报告中；审批条件包括环境影响评价报告、所需要信息的补充、环境管理计划和环保合同。

（4）审批后，由环境事务局进行项目登记、权证登记。

（5）项目方需要实施在环境影响评价报告中承诺的环境监测、减缓等措施并进行环境监控。

（6）项目方须按照环境事务局的具体规定编写监测报告并提交部门进行环境审计。

（7）关于上诉，环境管理条例提供了一个简单的上诉程序。在该过程方面，任何人都可以上诉到可持续发展委员会（SDC）反对环境事务部所做的决定，或者上诉到环境和旅游部。法律规定相关部门有义务处理任何上诉并将上诉纳入许可证审批的考虑中。

（8）对于一般项目审批时限较短，一般在1～3个月完成审批。

纳米比亚环境许可证审批流程如图12－1－7所示。

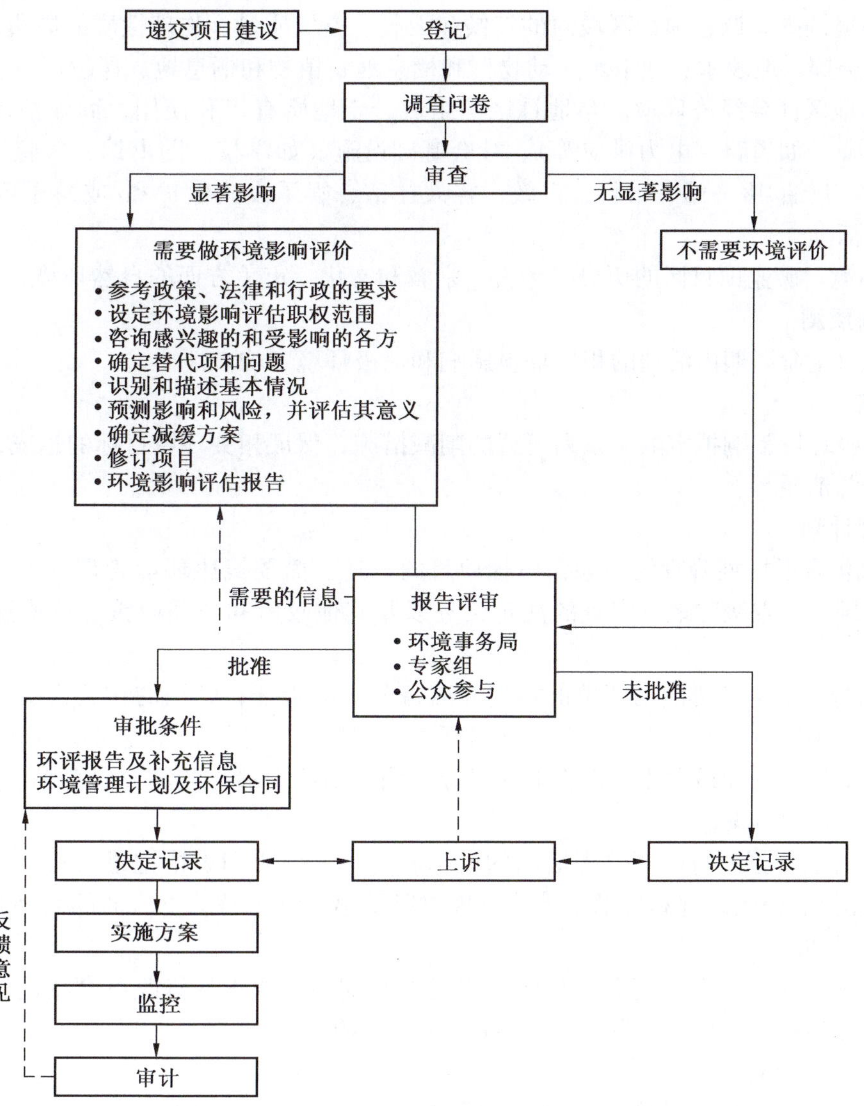

图12－1－7　纳米比亚环境许可证审批流程图

（三）环境影响评价报告审查

在决策记录或环境许可证颁发前。环境影响评价报告将被提交到环境事务局并被环境事务局正式审查。通常报告由环境事务局和行业部门（矿业和能源部）共同商讨，决定评审结果。在某些情况下，该报告将被送给一个独立的外部专家或小组进行外部审查，特别是该项目是有争议的或者环评要求有很高技术性的。外部评审报告会在环境事务局决定是否颁发环境许可证前提交给环境事务局。纳米比亚的很多项目申请者倾向在环境影响评价报告被提交到环境事务局之前给同行先进行评审，部分原因是这种方法通常可使正式审查过程更快、更流畅。

环境事务局是所有环境影响评价报告的官方贮藏处并且理论上这些都是以硬拷贝格式向公众开放的。因此对报告的评审也是要求公众参与的。很多环境影响评估报告也可通过提议者所委托的电子网站获得。

三、环境影响评价

（一）环境影响评价要求

纳米比亚环境评价指导方针针对矿产项目每一个步骤需要注意的环境问题进行了详细指导，如矿产项目主要活动的环境管理、运营期和关闭恢复期的环境管理注意事项等。其中也涵盖了公众咨询、备选方案、背景环境等问题的零散指导。该指导方针对在纳米比亚做环境影响评价工作给出了以下要求。

1. 调查项目区域内自然环境的主要组成部分

（1）自然环境调查。调查项目区域内的气候和天气、空气质量、物理性质的周边地区（地形）、视觉景观、地质和土壤、地表水、地下水、动物群和栖息地、植物和栖息地、保护区。

（2）当地和地区社会经济环境。当地社区的组成、土地所有权和使用、商业活动、就业、迁移的求职者，基础设施（如道路、电力供应等）、社会基础设施（如学校、图书馆、医院、诊所、邮局、警察局、零售商店、汽油/服务站、银行、宗教、客人住宿、娱乐设施保护和/或游乐区和旅游景点）以及其他社会经济活动。

（3）文化环境。矿业项目区的历史、考古、宗教和文化，审美方面的自然环境，其他文化方面。

2. 环境影响预测

整个矿业项目生命周期内活动的积极环境影响和消极环境影响。

3. 削减措施

针对以上消极环境影响拟定的一系列可行的削减措施，保证相关环境目标的达成，最小化矿产项目的环境影响和资源消耗。

4. 环境管理计划

（1）前言。包含了规划阶段的结果，包括项目的描述、简要概述环境管理计划、项目执行的公司的承诺、国际、国家、省级和地方审查的法定义务以及其他政府和公司政策、资源配置（如人力和资金）。

（2）运营部分。承诺减排活动清单的构建和监督分配的责任，聘用的相关人员，各个人员的责任归属，一个制定了不同阶段的、正确的程序和时间表的详尽行动计划。环境问题的识别、相对的环境风险评价、最小化消极影响和最大化积极影响的目标、削减措施、参与监测等管理监督工作人员的培训、时间安排以及紧急应急方案。

（3）监测部分。包括所有监测管理活动的说明和清单、说明和表格记录格式、维修记录（包括其性质、类型和保留）、说明内部和外部审计执行规律以及第二方审核的供应商的商品和服务、监测纠正措施或改进缓解活动。

（4）纠正措施。包括说明需遵循的程序及责任人和期限、纠正或修改不合格的缓解措施活动、维护审计记录纠正措施和其他相关信息、管理纠正措施综述等内容。

5. 矿区恢复和关闭计划

（1）建设期：矿山的基础设施、废物回收再利用、道路的维护、削减影响采用的方法和材料。

（2）运营期：期间设施的退役工作。所有有毒的或潜在的有毒物质、化学品、化合物的处理和处置计划；处理受到石油污染的土壤；拆除、清除植物及营地；移除所有垃圾；填坑式厕所和任何其他的生活设施的处理工作。

（3）关闭恢复期：用于恢复的植被和实施的面积，恢复工作的监测和评估。

（二）环境影响评价报告框架

环境影响评价报告由以下内容组成：参考环境管理政策、执行摘要、目录、前沿科学研究、职责范围筛选、环境影响评价研究方法、环境影响评价研究存在的假设和不足之处、项目建议书、受影响的环境、影响评价、削减措施评估、结论和建议书、专业名词的定义、编译器列表、致谢、参考文献、个人通信信息、附录。

另外，环境影响评价报告需要包括环境管理计划、监测方案、环境协议、审计建议四份相对独立的报告。

四、环境影响评价指导和审查的费用

法律规定政府对环境影响评价的指导和审查不收取任何费用，主要原因是纳米比亚认定政府消费已经涵盖在纳税人的贡献里并且新建项目也会增大税基。然而，1995 年的环境影响评估政策和新兴法例提出了新的方案，当政府审批部门人手不足或如果该项目的性质是政府人员不具备的技能和知识时，项目申请者可将环境影响评价报告送到具有授权资质的外部评审处进行评审，评审费用由项目申请者承担。这种情况已非正式地进行了十几年，因此很多环境影响评估由于上述原因而进行外部审查。经验表明，项目申请者通常愿意支付外部审查的费用，因为这样的审查可提高环境影响评估质量，还可减少行政审查延误。

五、罚款

环境管理条例包括一个全面的关于罪行、罚款和没收的内容，具体的环境保护行为不当处罚见表 12－1－6。

表 12－1－6　环境保护行为不当处罚表

罪　　行	监禁时间/年	罚金/纳元	罪　　行	监禁时间/年	罚金/纳元
未做环境影响评估	15	100000	伪造、变造许可证、环评报告、证书等	2	20000
不符合负责机关所施加的条件	1	10000	妨碍环境委员或可持续发展委员会的任何调查	2	20000
公共场所擅自倾倒废物	5	50000			

六、环评体系总结

纳米比亚作为发展中国家，近些年政治经济体系相对稳定。该国矿产资源较丰富，铀、钻石等矿产资源和产量居非洲前列，有着“战略金属储备库”之称，吸引了众多欧美国家的进入，矿业的发展也成为其经济的重要支柱，煤炭属于纳米比亚的战略资源。纳米比亚在大力发展经济的同时，对该国的环境保护重视程度不高。纳米比亚对在该国开展矿业项目的环境许可审批程序相对简单，政府当局审批速度也相对较快，由于增加了项目方可自行到具有授权资质的外部评审处评审的新政策，减少了行政审查复杂手续上的延误，审批从某种意义上来说变得更加简单和快速。

在纳米比亚，环境许可证审批的主管部门是矿物和能源部、环境和旅游部下属的环境事务局及可持续发展委员会。环境事务局是环境影响评价报告主要的审批单位。环境影响评价工作以及报告准备和审批主要的约束法律是环境评价政策、环境管理条例、2030 年远景规划等。

根据法律，纳米比亚矿业项目分为两类：需要进行环境影响评价和不需要环境影响评价的项目。不需要环评的项目只需提供足够的信息给环境委员会，由专家审批确认未产生重大的环境影响即可。然而大部分矿业项目是需要做环境影响评价的。审批流程主要包括以下步骤：①提交申请及环境调查问卷、环境事务局确定为需要做环境影响评价后，开展环评工作，撰写报告；②提交环评报告、环境管理计划和环保合同；③环境事务局、专家、公众共同提出评审意见；④审批通过后进行登记并颁发环境许可证；⑤项目期间，项目方仍需要进行环境监测、实施减缓措施，定期提供环境管理计划，开工之后还需要接受环境审计和监督。纳米比亚环评报告内容要求较为全面但并不复杂，主要包括研究方法、假设和不足之处、项目建议书、受影响的环境评价、削减措施评估和结论几个部分。另外，纳米比亚对未做环评评估的行为追究较重的刑事责任。

总体来说，纳米比亚对环境保护工作重视程度较差，有进一步提高的空间，对开发矿业项目获取环境许可证的要求不是非常严格。

七、环境保护成本分析

矿业投资环境是指在矿业领域开发投资中面对的各种周围情况和条件的总和，一般按照影响的要素进行分类分析。这些主要因素包括目标国自然资源、政治环境、经济环境、法律体系、财税体系、环境保护成本等。本书主要探讨环境保护成本因素对境外投资矿业尤其是煤炭业的影响。

本书主要通过五个方面对目标国家的环境保护成本进行定性分析。分析后给出“高”“中”“低”三种评估结论，以环境许可证审批一般办理时限为例，“高”表示目标国家环境许可证审批一般办理时限相对于其他国家较长，反之则判定为“低”，当目标国家环境许可证审批一般办理时限介于“高”和“低”之间，结论偏中性，无法给出“高”或“低”的单方面结论时，则评估结果为“中”。

评估目标国家环境保护成本的五个因素依次为目标国家环境法律体系完善程度、环境许可证审批程序复杂程度、环境许可证审批一般办理时限、公众参与程度及环境保护敏感度、矿区复垦及环境保护保证金收取要求。

1. 环境法律体系完善程度

纳米比亚政府推行市场经济体制，不仅巩固了国民经济的基础，还在近些年里依靠良好的经济管理和矿业特别是钻石出口的发展取得了经济的快速发展。纳米比亚独立后继承了西方的司法体系和法律制度，建起了较为完善的法律体系。在纳米比亚，约束矿业项目开发的主要法律包括环境评价政策、环境管理条例、2030年远景规划等。相较于其他发达国家，其环境法律法规也不够完整，相关法条较少。

综上所述，本书对纳米比亚环境法律体系完善程度评定为“中”。

2. 环境许可证审批程序复杂程度

尽管纳米比亚环境法律体系相对完整，但由于纳米比亚的环境保护工作起步较晚，重视程度不够，因此在纳米比亚开展矿业项目所需环境许可证审批相较于发达国家略显简单。由于纳米比亚环境管理条例没有规定低于或高于环境评估所需的尺寸或数量，因此在决策者之间受到关注的即使是很小规模的开发活动也将需要一个全面的环境评估。与其他发展中国家不同，条例规定当任何关于环境管理条例中规定活动的建议提交给相关部委或负责机关时，都应伴随着一个完整的环境问卷，用于咨询政府当局或全部利益相关者及对项目感兴趣的民众对该拟建项目的观点。随后的环境许可证审批手续包括项目分级、提交职权范围、开展环境影响评价工作、撰写环评报告、提交、审核等常规步骤。

综上所述，本书对纳米比亚环境许可证审批程序复杂程度评定为“低”。

3. 环境许可证审批一般办理时限

由于纳米比亚的环境许可证审批程序较为简单，并不涉及召开公众听证会或组成独立专家委员会审查等审批环节，因此纳米比亚环境许可证审批一般办理时限也相对较短，一般情况下在自项目提交申请之后起的1～3个月完成审批。由于近几年增加了项目方可自行到具有授权资质的外部评审处评审的新政策，减少了行政审查复杂手续上的延误，审批从某种意义上来说变得更加简单和快速。

综上所述，本书对纳米比亚环境许可证审批一般办理时限评定为“低”。

4. 公众参与程度及环境保护敏感度

纳米比亚环境法律规定，在环境许可证审批程序中，提交环境影响评价报告后的评审期间，需要将该环评报告通过网络、媒体等形式进行公示，环境事务局、专家、公众均有权向项目申请方提出意见，项目方需要根据意见补充需要的信息，纳入环境评价工作和报告中。政府部门将综合专家评审意见及公民意见，对是否颁发环境许可以及是否允许项目的实施做出最终决定。此环节行为体现了纳米比亚环境许可证审批中涉及公众参与的环节，但是对公示期和收集公众意见的时间没有作出具体的规定。另外，与高度重视环境保护的澳大利亚公民相比，纳米比亚公众对环境保护的敏感度相对较低，并不会出现类似澳大利亚的环评公示期结束后，收到成百上千封民众反馈意见的情况。另外，在纳米比亚矿业开发历史上，也未曾出现过因公众反对或环保组织的抗议迫使矿业项目申请延期或项目停滞的先例。总体来说，纳米比亚公众对环境保护的敏感度不高，环评审批涉及公众参与程度适中。

综上所述，本书对纳米比亚公众参与程度及环境保护敏感度评定为“低”。

5. 矿区复垦及环境保护保证金收取要求

虽然纳米比亚环境保护工作起步较晚，在国家大力发展经济的同时，对环境保护的重视程度也略显不足。但是环境影响评价报告中也需要设计矿业项目计划关闭矿区时的环境修复工作的具体内容，包括关闭恢复期时用于恢复的植被和实施的面积，恢复工作的监测和评估等。然而，纳米比亚法律并没有相应的法律条文对闭坑后的生态修复需要达到何种目标和水平、矿产开发环境保证金方面做出明确规定。

综上所述，本书对纳米比亚矿区复垦及环境保护保证金收取要求保守评定为“低”。

定性分析结果显示，评估纳米比亚环境保护成本的5个因素中：国家环境法律体系完善程度评定为“中”级别；环境许可证审批程序复杂程度、环境许可证审批一般办理时限、公众参与程度及环境保护敏感度以及矿区复垦及环境保护保证金收取要求均评定为“低”级别。总体而言，纳米比亚被定级为环境保护低成本国家。

第六节 基 础 设 施

纳米比亚基础设施在非洲地区相对完善。铁路和公路连接全国各主要城市、旅游景点及港口。该国西邻大西洋，西海岸的沃尔维斯湾（又称鲸湾港）是南部非洲内陆国家和地区货物外运的主要通道。纳米比亚铁路、公路系统及主要港口如图12－1－8所示。

一、交通运输

（一）铁路

铁路总长2600 km，主要分布于中南部（图12－1－8）。主要铁路干线有2条，一条呈南北向，连接首都温得和克、马林塔尔、基特曼斯胡普，最后通向南非西北省；南部支线是塞海姆通往海边吕德里茨港的铁路，北部支线是温得和克向东连接东部城市戈巴比斯的铁路以及温得和克经卡里比布连接北部北东向干线的铁路。北部干线西南起海滨城市斯瓦科普蒙德和鲸湾，迄于东北城市楚梅布，有支线与奥乔相接，楚梅布和奥乔分别位于埃托沙公园南侧和东南侧，是通往公园的必经之地。铁路干线平均每年客运量60.2万人次，货运量68.7万t。随着煤炭资源的开发和利用，北部支线有可能连通鲸湾与博茨瓦纳主要煤田，形成穿越卡拉哈里沙漠及纳米比亚高原的外运走廊（爱森哲，2011）。

（二）公路

公路总长约32000 km，其中沥青路长5000 km，路况良好；主干公路（B1）位于该国中部，贯穿南北，主要路段与中部铁路主干线重合。B1公路北部与安哥拉相连，中部通过首都温得和克，向南经基特曼斯胡普通向南非。B2公路是首都温得和克通往海滨城市斯瓦科普蒙德和鲸湾的主要通道；B3是B1向南非的延续部分；B4是B1连接吕德里茨港的支线；B6是温得和克通往邻国博茨瓦纳的重要公路；B8西南起于海滨城市斯瓦科普蒙德和鲸湾，向东北经重镇赫鲁特方丹，跨过奥卡万戈河，穿越卡普里维地带，通向赞比亚，是南部非洲主要出海大通道。主干公路年均客运量5万人次，货运量18万t。

（三）港口

纳米比亚几条主要河流受季节雨季影响，基本无航运之力，但西海岸却有世界著名的深水良港——沃尔维斯湾港。沃尔维斯湾位于纳米比亚中西部海岸线上，既是纳米比亚唯一深水良港，也是从安哥拉

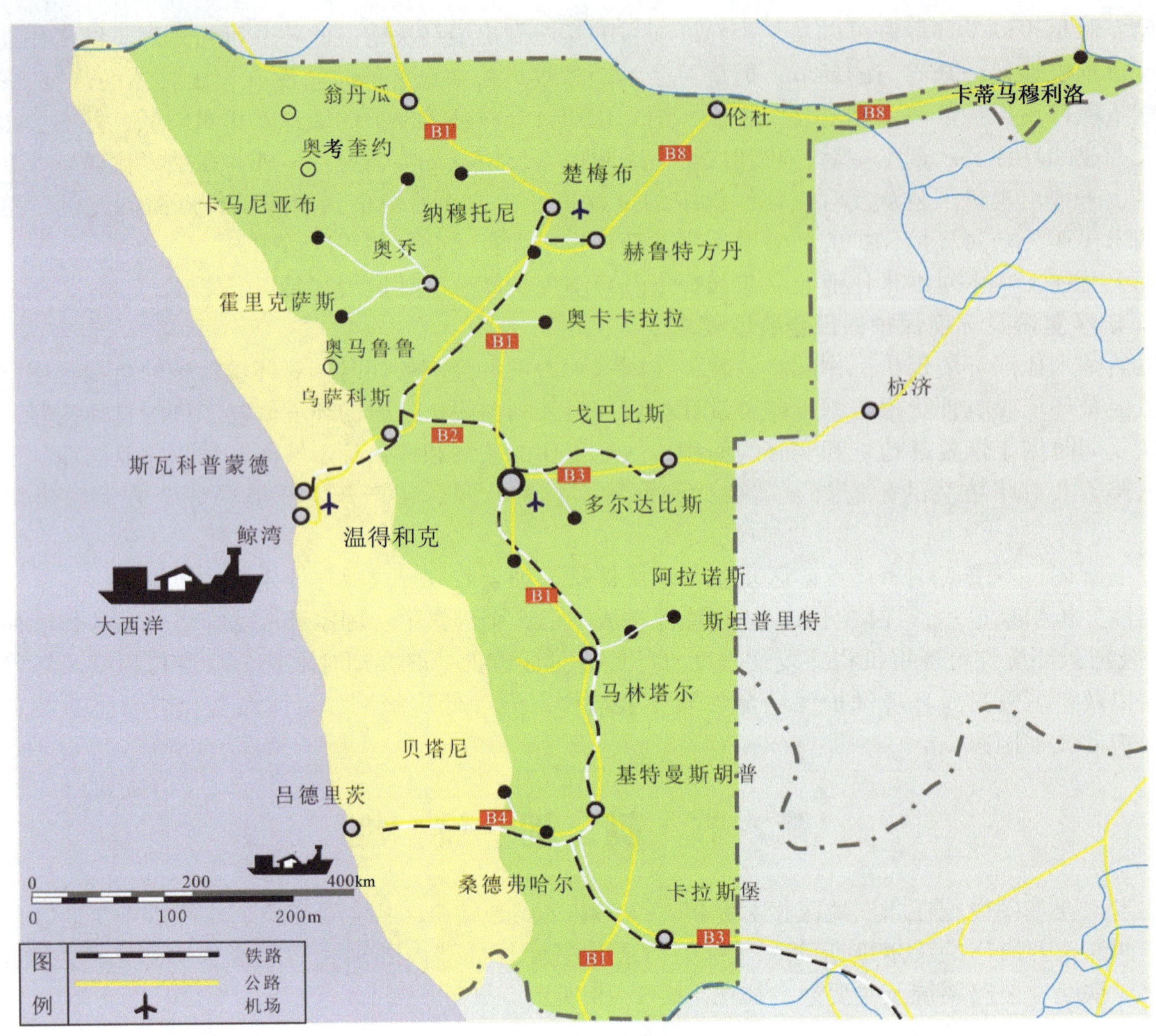

图 12－1－8　纳米比亚铁路、公路系统及主要港口（维基百科，2013）

的洛比托到南非开普敦之间两千米长的大西洋海岸上唯一一个深水港，还是西南非地区最大的贸易港口及渔港。沃尔维斯湾又称鲸湾，是纳米比亚第二大城市，南部非洲第五大港，现有人口 3 万，是一个现代化港口，可停泊 3 万吨级轮船，年吞吐量超过 1 百万吨。沃尔维斯湾是纳米比亚海运中心，90% 的海运货物在此装卸，它也是该国进出口中心、重要商业和贸易中心，还是最大渔业中心，集中了纳米比亚主要的捕捞船队、造船业和鱼类加工业。沃尔维斯有铁路与首都温得和克和各主要矿区相通，还有全天候机场，水陆空交通方便。近年来，在港区及附近地区又发现了大量石油资源，同时随着南部非洲煤炭等资源的开发，该港口作为非洲西海岸重要出口，其战略地位显得更加重要。

除鲸湾港之外，该国西南部还有一个小港口——吕德里茨港。吕德里茨是纳米比亚西南部的一座港口城市，位于纳米布沙漠中，属卡拉斯区管辖，人口约 30000 人。1883 年，阿道夫吕德里茨从当地酋长处买下这块海岸，建设了一个贸易站并以自己的名字命名。1909 年，附近发现钻石后，吕德里茨迅速繁荣起来。但是由于吕德里茨港口吃水较浅，无法停靠大型船舶，逐步被北部的鲸湾港代替，之后吕德里茨逐渐发展成为一座旅游港口（百度百科，2013）。

（四）航线

纳米比亚航空公司经营的国际航线通往法兰克福、开普敦、约翰内斯堡、卢萨卡、哈拉雷和罗安达等城市，国内航线通往各主要城市及一些偏远城市。各大城市均有机场。国际机场主要分布在首都及北部旅游区。2011 年 7 月，纳米比亚财政部宣布未来将向纳航投入 12 亿纳元，以提高该公司运营效率，增加地区和国际航线运力。

二、水力

纳米比亚大部分地区处于干旱地区，但全国建有126座水库，年供水量80Mm³，能满足城市一般工业和生活用水。

三、电力

纳米比亚自身发电能力有限，56%的电力依赖进口，其最大电力供应商是南非Eskom公司，可满足纳米比亚约22%的用电需求。目前，因Eskom出现严重电力不足，难以保证向纳米比亚持续稳定供电。

北部水电站卢阿卡纳瀑布电站装机容量240 MW，每年有一半时间可以发电，雨季可出口电力。首都温得和克备用煤电厂建于1968年，装机容量120 MW；海边建有重油发电厂，装机容量24 MW。

在纳米比亚，矿业的电力消耗占其电力消费的50%。

本章参考文献

[1] 中华人民共和国商务部. 对外投资合作国别（地区）指南—纳米比亚（2015年版）[R]. 北京：商务部对外投资和经济合作司，2015.

[2] 中华人民共和国商务部，中华人民共和国国家审计局，国家外汇管理局. 2014年度中国对外直接投资统计公报[M]. 北京：中国统计出版社，2015.

[3] 中华人民共和国外交部. 纳米比亚国家概况，[EB/OL]. 2016 [2016-07]. http://www.fmprc.gov.cn/web/gjhdq_676201/gj_676203/fz_677316/1206_678260/1206x0_678262/.

[4] 中华人民共和国驻纳米比亚共和国大使馆经济商务参赞处. 政策法规 [EB/OL]. 2015 [2015-09]. http://na.mofcom.gov.cn/article/ddfg/.

[5] 中华人民共和国驻纳米比亚共和国大使馆中纳关系 [EB/OL]. http://www.fmprc.gov.cn/ce/cena/chn/.

[6] Klaus Schwab. The Global Competitiveness Report 2016-2017 [R]. World Economic Forum.

[7] Doing Business 2015 (12th edition) [R]. The World Bank, International Finance Corporation.

[8] Economic Policy and Poverty Unit [R]. UNDP Namibia. Retrieved 10 September 2013.

[9] Namibia Labour Force Survey Report 2012 [EB/OL]. nsa.org.na.

[10] "Background Note: Namibia" [DB]. US Department of State, 26 October 2010.

[11] "Snapshot of Namibia Country Profile" [R]. Business Anti-Corruption Portal. Retrieved 6 February 2014.

[12] "Mining in Namibia" (PDF) [R]. NIED, Retrieved 26 June 2010.

[13] Department of Economic and Social Affairs Population Division (2009) [J]. World Population Prospects, Table A.1 (PDF), 2009.

[14] 中华人民共和国商务部. 对外投资合作国别（地区）指南—纳米比亚（2012年版）[R]. 北京：商务部对外投资和经济合作司，2012.

[15] 丁晓红. 纳米比亚矿业投资环境及远景 [J]. 国土资源，2004 (4)：57-59.

[16] 刘乃亚. 纳米比亚：非洲投资低风险国家 [J]. 西亚非洲（双月刊），2001 (5).

[17] 夏新华、刘星. 南部非洲混合法域的形成与发展 [J]. 环球法律评论，2010 (6).

[18] Kail N C. Quarterly gross domestic product [J]. National Planning Commission Central Bureau of Statistics, 2009.

[19] 中国矿权资源网. 纳米比亚矿产投资指南 [EB/OL]. 2012 [2012-08-11]. http://www.kq81.com/AspCode/NewShow.asp? ArticleId=39706.

[20] 中华人民共和国外交部. 纳米比亚国家概况 [EB/OL]. 2012 [2012-08-10]. http://www.fmprc.gov.cn/mfa_chn/gjhdq_603914/gj_603916/fz_605026/1206_605970/

[21] 中华人民共和国商务部. 纳米比亚土地改革面临重大挑战 [EB/OL]. 2004 [2012-08-28]. http://www.mofcom.gov.cn/aarticle/i/dxfw/gzzd/200403/20040300201134.html.

[22] 中华人民共和国商务部. 在非矿产品中寻找商机，进一步扩大从纳米比亚的进口 [EB/OL]. 2012 [2012-08-20]. http://www.mofcom.gov.cn/aarticle/i/dxfw/gzzd/200806/20080605615928.html.

[23] Government of Namibia. The Constitution of the Republic of Namibia [EB/OL]. 2012 [2012-09-01]. http://www.

gov. na/constitution1.

[24] Iyambo N. Draft minerals policy of Namibia. Windhoek: Ministry of Mines and Energy [EB/OL]. 2012 [2012-08-11]. http://www.mme.gov.na/pdf/minerals_policy_draft_final.pdf.

[25] Ministry of Mines and Energy. Petroleum (Exploration and Production) Act [EB/OL]. 1991 [2012-09-01]. http://www.mme.gov.na/pdf/petroleum_act_1991_regulations.pdf.

[26] Ministry of Mines and Energy. Petroleum Laws Amendment Act [EB/OL]. 1998 [2012-09-01]. http://www.mme.gov.na/pdf/petroleum_laws_amendment_act_1998.pdf.

[27] Ministry of Mines and Energy. Regulations and Petroleum (Taxation) Act [EB/OL]. 1991 [2012-09-01]. http://www.mme.gov.na/pdf/Petroleum_Taxation_Act_1991.pdf.

[28] World Intellectual Property Organization, Competition Act 2003 of Namibia [EB/OL]. 2012 [2012-09-01]. http://www.wipo.int/wipolex/zh/details.jsp? id=9409.

[29] 安永会计师事务所. Worldwide Corporate Tax Guide 2016 [G].

[30] 安永会计师事务所. Worldwide Personal Tax Guide 2016 [G].

[31] 安永会计师事务所. Worldwide VAT, GST and Sales Tax Guide 2016 [G].

[32] 普华永道会计师事务所. A Comparison of Tax System in 189 Economies Worldwide 2016 [G].

[33] 中华人民共和国商务部网站 [OL]. http://www.mofcom.gov.cn.

[34] 普华永道会计师事务所. Namibia Tax (Reference& Rate Card), 2015 [G].

[35] 中国出口信用保险公司. 国家风险分析报告 [R].

[36] 李秀慧，刘典波，纳米比亚矿业投资环境分析 [J]. 资源与产业，2012，14 (02)：122-126.

[37] 国外环评法律制度选介 [OL]. 2012 [2012-07-02]. http://www.docin.com/p-500172240.html.

[38] Peter Tarr and Michaela Figueira, Namibia's Environmental Assessment framework: the evolution of policy and practice [EB/OL]. 1999 [1999-09]. http://www.met.gov.na/Documents/Namibia's% 20Environmental% 20 Assessment% 20Framework.pdf.

[39] Constitutional Requirement for Environmental Protection in Namibia, Institutional and Administrative Structure for EIA in Namibia 1995 [EB/OL]. http://www.saiea.com/dbsa_handbook_update09/pdf/11namibia09.pdf.

[40] Free EBOOKS, CBEND project environment impact assessment report [EB/OL]. 2009 [2009-09]. http://downloadpdfz.com/pdf/cbend-project-environmental-impact-assessment-report.

[41] General environmental assessment guidelines for the mining (onshore and offshore) sector in Namibia [EB/OL]. 2013 [2013-09-13]. http://www.chamberofmines.org.na/uploads/media/EA_Guidelines__Final_draft_.pdf.

[42] Lodestone Namibia (PTY) LTD: proposed dordabis iron mine, phase 1 (EPL 3112), preliminary environmental management plan&closure and rehabilitation plan [EB/OL]. 2013 [2013-09-16]. http://www.lodestonepty.com/docs/03_EMP_Preliminary_11Sept2013.pdf.

[43] The republic of Namibia, Namibia environmental law and policy [EB/OL]. 2011 [2013-04-02]. http://www.environment-namibia.net/tl_files/pdf_documents/publication/Environmental% 20Law% 20and% 20Policy% 20in% 20Namibia% 20-% 20Towards% 20 making% 20Africa% 20the% 20Tree% 20of% 20Life_2013.pdf.

[44] Government gazette of the republic of Namibia, Environmental Management Act 2007 [EB/OL]. http://www.met.gov.na/Documents/Enivronmental% 20Management% 20Act.pdf.

[45] Namibia-SAIEA, SADC Environmental Legislation Handbook 2012 [EB/OL]. http://www.saiea.com/dbsa_handbook_update2012/pdf/chapter11.pdf.

[46] Environmental Law World Alliance, the environment impact assessment in Namibia [EB/OL]. 2012 [2012-07-20]. http://eialaws.elaw.org/eialaw/namibia.

[47] Environmental law and policy in Namibia, Draft SEA and EIA Regulations-April 2008 [EB/OL]. 2010 [2010-10-20]. http://www.environment-Namibia.net/environmental_acts.html.

[48] Environmental law and policy in namibia, Procedure and Guideline for EIA [EB/OL]. 2010 [2010-10-20]. http://www.environment-namibia.net/environmental_acts.html.

[49] Environmental law and policy in Namibia, international environmental agreements [EB/OL]. http://www.environment-namibia.net/international-environmental-agreements.html.

[50] Environmental law and policy in Namibia, Minerals Prospecting and Mining Act [EB/OL]. 2011 [2011-02-21]. http://www.environment-namibia.net/environmental_acts.html.

[51] Environmental law and policy in Namibia, Environmental Impact Assessment Policy [EB/OL]. 2011 [2011-11-04]. http://www.environment-namibia.net/policies.html.

[52] Environmental law and policy in Namibia, Minerals Policy [EB/OL]. 2011[2011-01-28]. http://www.environment-namibia.net/policies.html.

[53] Namibia public participation guidelines, EIA guidelines and applicable laws 2013[EB/OL]. http://www.saiea.com/calabash/html/Namibia.html.

[54] AICD. Africa infrastructure country diagnostic, Botswana Interactive Infrastructure Atlas [DB/OL]. 2013. http://www.botswanatourism.us/experience_botswana/nxai_map.html.

第二章 煤炭资源分析

第一节 资源概览

一、地质概况

（一）区域地质背景

纳米比亚所在的非洲大陆在前寒武纪结束之前位于冈瓦纳板块中部，非洲大陆通过泛非构造带与其他大陆如南美、南极洲及澳洲相连。整个古生代南部非洲南邻陆棚海。北部的巨神海（Iapetus Ocean）于中泥盆世闭合，在晚石炭世 - 早侏罗世，南部非洲主要形成卡鲁盆地，包括南非的主卡鲁含煤盆地及南部非洲东部的裂谷型卡鲁含煤盆地以及卡拉哈里卡鲁含煤盆地，纳米比亚主要含煤盆地阿拉诺斯盆地（Aranos basin）及其煤田就分布于大卡拉哈里卡鲁含煤盆地西部。

1. 区域地层

纳米比亚地质略图如图 12 - 2 - 1 所示，该国地层发育较为齐全，主要发育元古代地层及古生代到新生代地层，国土面积的 46% 有基岩出露，其他地区被卡拉哈里固结层及沙漠覆盖。

纳米比亚北部地层主要为古元古代，分布于古元古代达马拉造山带（Neoproterozoic Damara Orogenic Belt），这些地层称为纳米比亚系。在该国南部主要为基本未变质的、基本未受构造影响的、平坦的寒武纪纳马（Nama）群海相沉积地层。

在北部达马拉台地（the Damaran terrain），局部可见古老基底形成的构造窗，如在库内那河（Kunene River）西北端就可见到古元古代变质岩出露，这些古老变质岩被称作埃普帕变质杂岩（Epupa Metamorphic Complex），形成年龄约 2100 Ma。比其年轻的胡阿布干杂岩（Huab Complex）仅分布于奥乔（Outjo）西部和东北部。分布于西南部的雷霍博特 - 辛克莱尔杂岩（Rehoboth - Sinclair Complex）形成年代为古 - 中元古代。埃普帕杂岩属于刚果克拉通，而雷霍博特 - 辛克莱尔杂岩则属于卡拉哈里克拉通。

纳马夸变质杂岩（Namaqua Metamorphic Complex）主要分布于纳米比亚南部和西南部，形成年代为中元古代，主要由变质沉积岩组成，这些沉积物主要为刚果和卡拉哈里克拉通剥蚀产物，该杂岩中也见花岗 - 变质岩侵入体分布。新元古代变质岩主要见于达马拉造山带，分布于纳米比亚中北部，不仅变质程度较高而且花岗岩侵入活动频繁。

寒武系海相地层分布于在中南部，覆盖在纳马群上。

寒武纪到晚石炭世之间无沉积。

晚石炭世到早三叠世，形成卡鲁超群陆相沉积（Hegenberger W，1985），在纳米比亚卡拉哈里盆地里形成的卡鲁超群总厚大于 250 m（具体为阿拉诺斯盆地，不包括火山岩），分布面积达 80000 km^2。在纳米比亚北部刚果盆地里形成的卡鲁超群，总厚约 450 m（具体为奥万博盆地，不包括火山岩），分布面积达 20000 km^2。

卡鲁沉积早期沉积为德维卡冰碛岩，主要分布于纳米比亚西北部的卡奥科菲尔德（Kaokoveld）、南部卡拉斯堡（Karasburg）和东部阿拉斯诺（Aranos）等，在北部缺失。

纳米比亚不同盆地含煤地层柱状图如图 12 - 2 - 2 所示，与爱卡群相对应的地层在纳米比亚中部称作特费瑞德伯格组，北部及南部称作艾伯特亲王镇组，西北沿岸胡阿布干河盆地称作威瑞布瑞得组、卡奥科兰盆地称作恩宫组。在南部盆地，爱卡期除形成下部艾伯特亲王镇组含煤外，其上部还形成怀特希尔组，以含薄煤层的砂岩夹页岩为特征，与下伏地层整合接触。

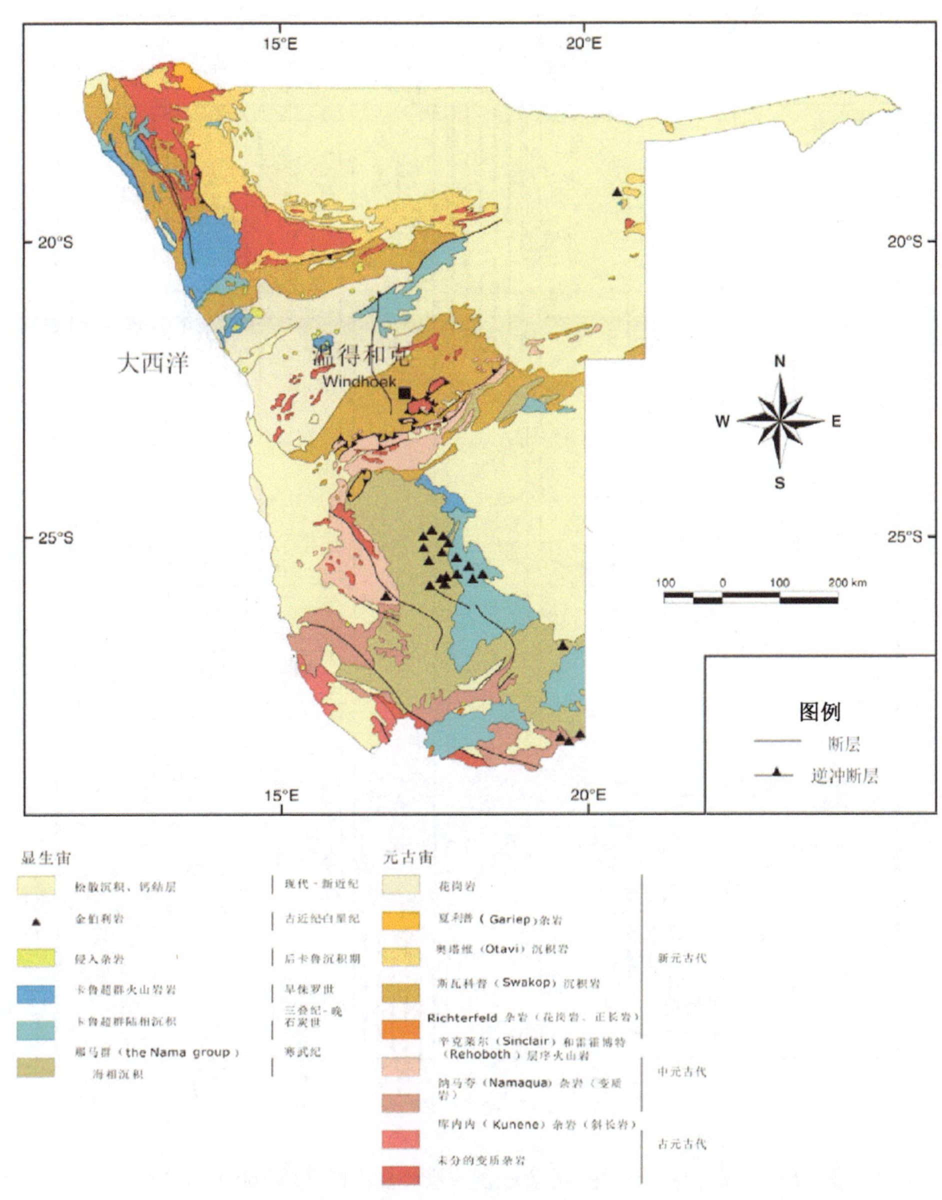

图 12－2－1　纳米比亚地质略图（Thomas Schlüter，2006）

晚二叠纪至三叠纪早期，以发育砂质红层为特征，形成地域性的沉积相，导致每个盆地有着不同命名，这些红层沉积分别称作奥森可耶组、韦达组、奥明奥德组及胡阿布干河组，它们与毕福特组相当，但奥明奥德组及胡阿布干河组可向下穿时到早二叠世。

三叠纪中晚期在南部卡拉斯堡盆地主要形成安米博格组，在西北胡阿布干河盆地主要要形成盖·埃斯组及埃乔组及埃乔组，而在阿拉诺斯盆地相应沉积缺失，这种情况可能也存在于纳米比亚中北部瓦特贝格盆地及奥万博盆地。

早侏罗世多被卡鲁辉绿岩脉侵入，伴随发生的还有广泛分布的玄武岩及次火山岩。

白垩纪至第三纪，本区继续发育火山岩，火山岩厚约 100 m，区域面积达几百平方千米，局部形成金伯利岩岩筒。

这些火山作用预示冈瓦纳大陆的裂解，与白垩纪南大西洋的形成有关。

卡鲁超群之上为新生代沉积，主要特点与博茨瓦纳一样，为卡拉哈里砂砾石层，在纳米比亚卡拉哈里盆地范围厚约 250 m。

2. 区域构造

纳米比亚主要构造单元及断裂如图 12－2－3 所示，从图中可以看出，纳米比亚主要分 3 个构造单元，分别为地盾区、稳定区及活动带。地盾区位于西北部和西南部，基底直接裸露，主要由古、中元古

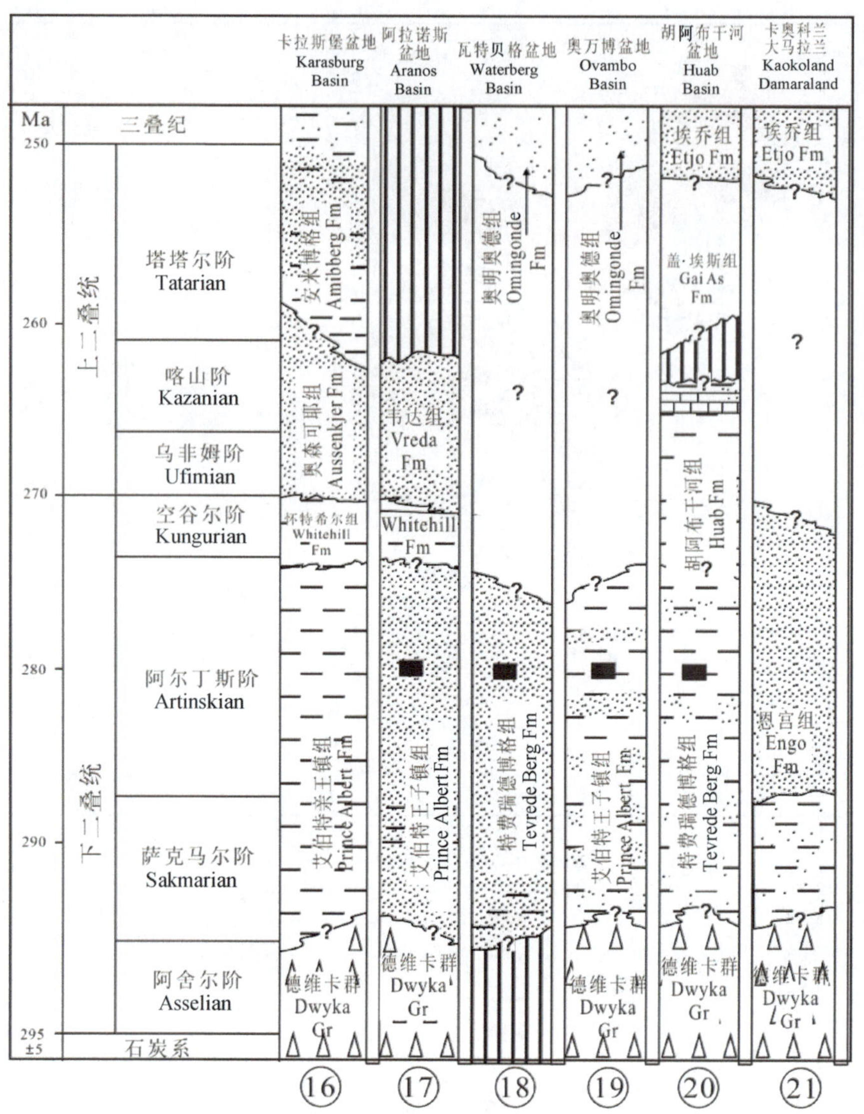

图 12-2-2 纳米比亚不同盆地含煤地层柱状图（Cairncross，2001）

代变质岩和侵入其中的火山岩组成，变质岩原岩为海相火山-碳酸盐岩建造，主要矿产有金、铜及多金属；裂谷活动带在全区广泛分布，形成于新元古代，主要分布于纳米比亚中部，呈 NE 向展布，其内充填巨厚的裂谷海相火山沉积建造，裂谷后期普遍发育褶皱并伴有岩浆侵入，主要形成的矿产为铜及多金属，另外还有铀、钨、锡、稀土，其中铀矿最为著名。除地盾区和裂谷带外，纳米比亚东部主要发育稳定基底之上的盖层沉积，主要由未变质的、构造作用不明显的新元古生代末期-早古生代海相沉积组成。受泛非构造作用的影响，纳米比亚形成 NW、NE 和近 SN 等 3 组褶皱冲断带，它不仅控制了新元古代以来岩浆活动的分布，而且控制了卡鲁期沉积盆地的分布（何金祥，2000）。卡鲁期本区主要为盆山构造，盆地形成含煤沉积建造，末期发生广泛的火山作用，与冈瓦纳裂解密切相关。

3. 岩浆岩

本区除前寒武纪广泛发育花岗岩活动之外，还有上述的卡鲁晚期（早侏罗世）的基性火山-次火山活动（辉绿岩脉侵入）以及白垩纪-三叠纪金伯利岩的形成。

（二）构造演化

纳米比亚地质构造与博茨瓦纳相似，在前卡鲁期比较复杂，总的趋势是古克拉通被线性构造带焊接、沉积岩（表壳岩）不断增多、地壳成熟度不断增加的过程，从而形成了南部卡拉哈里卡鲁盆地及北部奥万博盆地（刚果盆地的南部）的稳定基底。

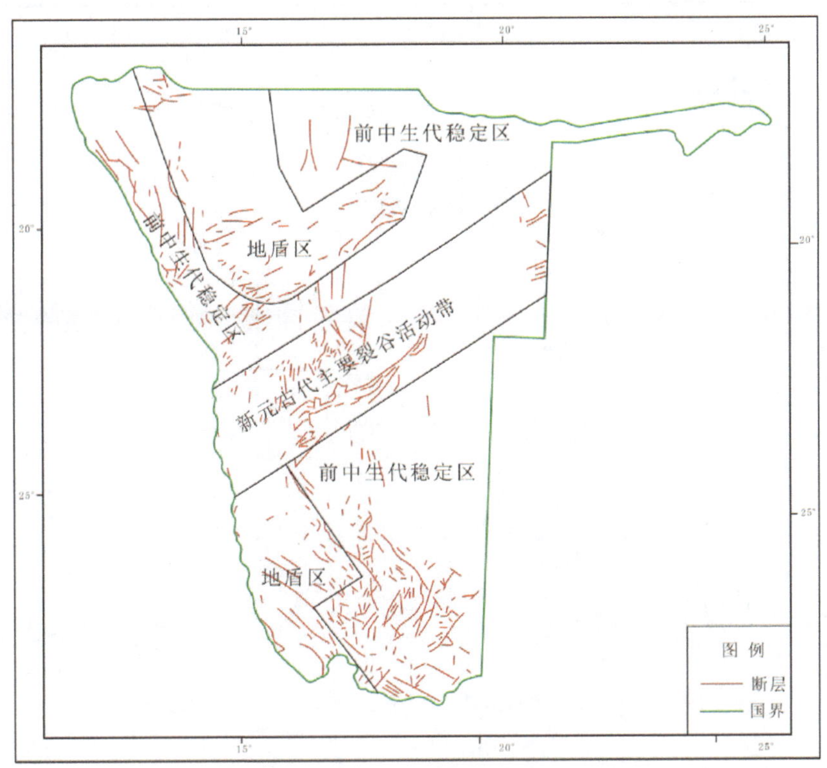

图 12－2－3 纳米比亚主要构造单元及断裂（中国地质调查局，2011）

到卡鲁期（晚石炭世－早侏罗世），地壳受深部热构造影响，受热下沉凹陷，形成盆地构造，广泛接受卡鲁期含煤沉积，卡鲁晚期冈瓦纳大陆发生裂解，火山活动剧烈，到白垩纪形成金伯利岩筒，新生代纳米比亚发生新的凹陷，主要形成现代意义上的东南部的卡拉哈里盆地及北部的刚果盆地的一部分，其上广泛发育砂砾石沉积。现代纳米比亚总的构造地貌是西部滨岸地区以沙漠平原为标志，东部以荒漠高原为特点。前者分布局限，呈狭窄的条带状呈 NNE－SEE 向沿海分布，后者占据了绝大部分国土。高原边部向沙漠过渡带切割形成陡峻的山岭。

二、自然资源

纳米比亚矿产资源丰富，素有"战略金属储备库"之称。已发现的矿产有 30 多种，主要有钻石、萤石、铀、铅及多金属、砷、天然气、灰岩矿、白云岩矿、花岗岩、大理岩、盐、硫及硅灰石等，是非洲第四大非燃料矿物出口国、世界第五大铀生产国和南半球第二大铅生产国。根据 2012 年美国矿产年报，纳米比亚的钻石、萤石和铀最具商业意义，在世界金刚石商业价值排行榜中，纳米比亚排名第二。纳米比亚主要矿产分布如图 12－2－4 所示。

纳米比亚矿产品收入约占其国内生产总值的 1/5，主要为宝石级金刚石，每克拉利润名列全球第二，2009 年产量达 1192 kct，2011 年达 1260 kct。另外，2011 年该国萤石产量达 10 万 t，镍达 29000 t，均居世界前列。煤矿开发程度不高，近年来产量一般约 90 万 t/a，2012 年达 300 万 t，仅限于国内利用。

纳米比亚优势矿种有：

（1）金刚石。据中国国土资源部经济研究院丁晓红（2009）研究，该国金刚石保有储量估计为 15.8 t（79 Mct），品位 1.5 ct/100 t（cpht）。美国地调局 2011 年也估计纳米比亚金刚石储量为 70 Mct。

（2）铀。纳米比亚铀矿是该国第二重要的矿产品，目前已经发现 8 处铀矿藏，集中产在埃龙戈省大西洋沿岸的纳米布沙漠中。美国地调局 2011 年估计纳米比亚铀储量为 12 万 t。

（3）铜。现有铜矿山主要分布在北部楚梅布市附近，主要矿山有 Khusib Springs、孔巴特和 Otjihase 矿。美国国土资源部和地调局 2011 年估计该国铜探明储量为 65 万 t。

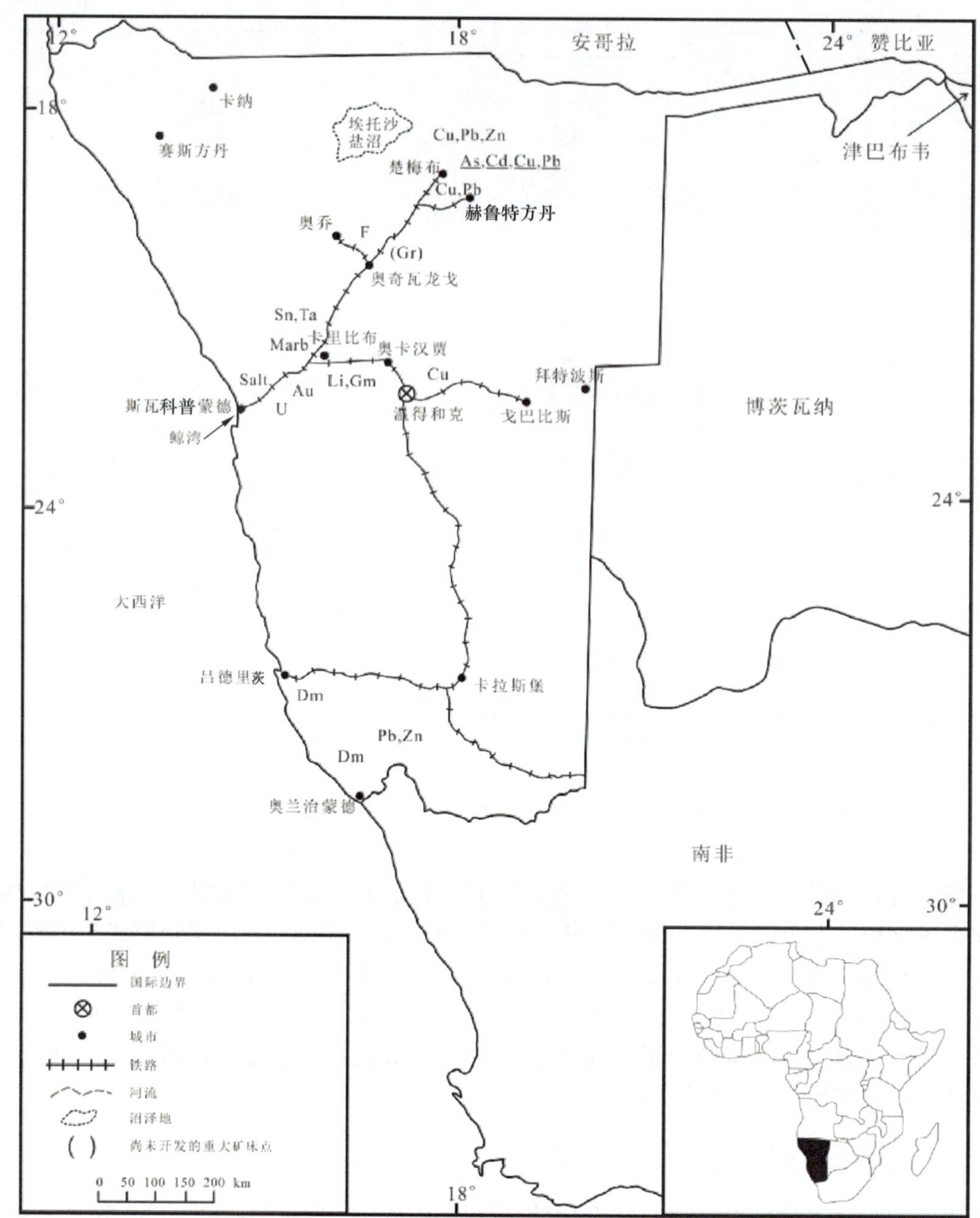

图 12-2-4 纳米比亚主要矿产分布（中国地质调查局，2011）

（4）铅锌。纳米比亚是非洲主要铅锌矿分布国。纳米比亚铅储量约 1 Mt，锌储量 2480 万 t（李秀慧，刘典波，2012）。最主要的锌矿山是位于纳米比亚东南角的蝎子矿，露天开采，已探明锌储量 1180 万 t，品位 11.33%；概略储量 980 万 t，品位 9.66%。主要典型铅矿山是罗什皮纳赤矿山，该矿山位于该国南部吕德里茨区东南，储量约 290 万 t，品位锌 6% ~7%、铅 1% ~2%、铜 0.15%，属于以碳酸盐为围岩的密西西比型铅锌矿。

（5）金。纳米比亚唯一的原生金矿位于中部卡里比布市附近的纳瓦恰布，其产量占纳全国金矿总产量的 90% 以上。该矿金矿品位为 1.8 g/t，2000 年产量为 2399 kg。根据 2001 年底的相关报告，该矿金矿石储量为 450 万 t，品位 1.65 g/t，现该矿山开采已近尾声。

（6）铁。纳比亚铁矿一直未受重视，但最近有中国公司在纳米比亚北部库内内省发现资源量超过 2 Gt 的超大型铁矿（雷福坤，2011）。Himba Iron Exploration（Pty）Ltd 对其进行了勘探，其完成的 Ondjou 项目推测铁资源量为 0.521 Gt（Avonlea Minerals Ltd，2012）。

（7）萤石。据美国地调局 2012 年矿产年报，纳米比亚萤石矿储量 3 Mt，位居世界第 4 位。主要矿山为北部奥乔附近的奥科卢瑟，该矿的品位为56%（CaF_2）。

三、煤炭资源分布

纳米比亚有6个含煤盆地（Stavrakis，1985；Hegenberger，1992），分别是北部的奥万博盆地、西北海岸的托斯卡尼尼地区胡阿布干河盆地、斯瓦科普蒙德以北约200 km的卡奥科兰盆地、温得和克北侧的瓦特贝格盆地、南部卡拉斯堡盆地及东部与博茨瓦纳交界处的阿拉诺斯盆地等。

纳米比亚煤炭勘查程度较低，煤炭资源量难以确定。阿拉诺斯煤田是该国唯一一个勘探程度较高的煤田。有的盆地尚未发现煤炭资源，但是发育含煤地层，有较好的勘探潜力。除了已发现的煤盆地以外，奥卡万戈及卡普里维行政区也有赋存煤炭资源的潜力。

卡鲁超群－爱卡群－艾伯特亲王镇组为主要含煤地层，形成时代为早二叠世。

纳米比亚煤类多数为动力煤，品级低、中低热值（12～18 MJ/kg，高位）、中高灰分（35.2%～56%）、中－中高硫（0.96%～2.75%）。西北部滨岸地区有无烟煤，但煤层过薄，灰分较大，热值不高，尚需要进一步做地质勘探工作。

第二节　煤　炭　工　业

殖民历史上，随着欧洲人的进入和定居，煤作为主要燃料成了最紧缺商品之一，发现煤的传闻从各地纷至沓来，但有价值的却不多。20世纪初随着卡鲁地层的发现（南非的煤就采自卡鲁层序中），给找煤工作带来了希望，但直到1960年该国也未发现任何具有一定规模的煤矿（主要原因是该国地质研究程度低）。随着纳米比亚全国大部分地区地质填图工作的完成，结合先进的遥感解译成果以及水流切割偶然露出的煤露头、石油钻孔所揭示的煤层岩芯等，纳米比亚才开始了较为系统的相关煤的研究工作。但由于在煤远景区缺乏足够的勘探，至今该国煤的潜力究竟如何尚无定论。

纳米比亚煤的区域调查工作是伴随金刚石矿的开采活动开始进行的，主要工作集中在主卡拉哈里盆地西段，但投入的工作量十分有限。钻探工作始于1955年，由安格鲁美洲公司在阿拉诺斯煤田进行，在深300 m处发现热煤2层，其中，下煤层厚度达到可采要求，煤层一般埋深250～300 m，属大型低品级煤田。在奥万博地区，发现次经济意义的煤层，在西北海岸的胡阿布干河煤区发现无烟煤。新近发现的沿岸气田的钻孔中发现煤，可能是烃源岩。大多数盆地均未评估资源量，仅在阿拉诺斯煤田评估可能的资源量为0.5 Gt，其中可采资源量约为0.3 Gt。

纳米比亚工业和生活用煤主要从南非进口，据相关部门估计，纳米比亚每年需要约近40万t煤，主要供应温得和克发电厂和楚梅布市冶炼厂。

第三节　主要含煤盆地分析

一、盆地综述

（一）概述

纳米比亚有6个含煤盆地（Stavrakis，1985；Hegenberger，1992），分别是北部的奥万博盆地、西北海岸的托斯卡尼尼地区胡阿布干河盆地、斯瓦科普蒙德以北约200 km的卡奥科兰盆地、温得和克北侧的瓦特贝格盆地、南部卡拉斯堡盆地及东部与博茨瓦纳交界处的阿拉诺斯盆地等（图12－2－5）。北部的奥万博盆地、托斯卡尼尼地区的胡阿布干河盆地、卡奥科兰盆地属于刚果盆地南部的次级盆地，而中南部瓦特贝格盆地、阿拉诺斯盆地和卡拉斯堡盆地等属大卡拉哈里卡鲁盆地西部的次级盆地（Smith et al，1993；Johnson et al，1996；ECL，1998）。纳米比亚含煤盆地分布如图12－2－5所示。

纳米比亚煤炭勘查程度较低，阿拉诺斯煤田是该国唯一一个勘探程度较高的煤田。有的盆地尚未发现煤炭资源，但是发育有相当的含煤地层，有较好的勘探潜力。

卡鲁超群－爱卡群－艾伯特亲王镇组为主要含煤地层，形成时代为早二叠世。

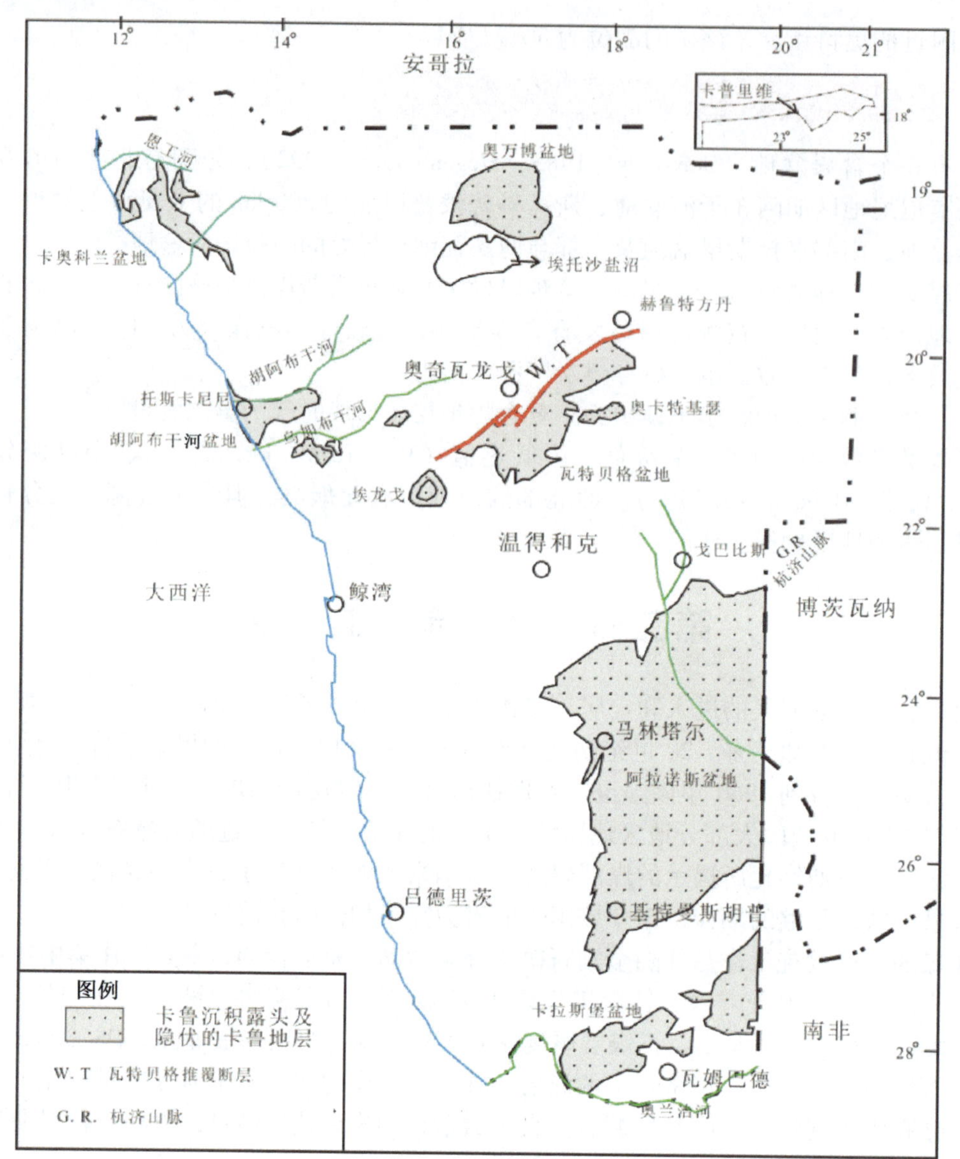

图 12-2-5 纳米比亚含煤盆地分布略图（Hegenberger，1992）

纳米比亚煤类多数为动力煤，品级低、中低热值、中高灰分、中-中高硫。但据说在西北部滨岸地区有无烟煤，尚需要进一步做地质勘探工作。

除了已发现的煤盆地以外，奥卡万戈及卡普里维行政区大部分被厚达 300 m 的卡拉哈里沉积层覆盖，更老的岩层偶有露头。卡鲁期岩浆岩在地表露头和水文孔中可以见到。由于缺少露头和深钻，不能确定爱卡群地层是否存在，也没有任何关于煤炭资源的报道和调查，但据神华相关专家推测，奥卡万戈行政区内的奥万博盆地东界附近、津巴布韦的万基煤田西界附近有找煤炭潜力。卡普里维行政区也是同样的情况。在博茨瓦纳潘达马滕加地区，已找到了万基煤田延伸部分，煤在地下 500 ~ 700 m，上覆卡拉哈里层厚 200 ~ 300 m（Clark et al，1986）。

（二）含煤地层

纳米比亚含煤地层主要为晚石炭世-早二叠世卡鲁超群，其下主要是前寒武纪地层，主要成分为变质沉积岩如云母片岩、千枚岩、碳酸盐（大理石、白云石或石灰岩）。很多地方这些变质沉积岩被花岗岩侵入。

南非卡鲁盆地卡鲁超地层柱状图如图 12-2-6 所示。与整个南部非洲一样，卡鲁超群底部为德维卡群冰积层，是晚石炭世冰川和冰缘条件下的沉积，由冰碛岩、混杂沉积岩、多卵石泥岩和暗色页岩组成。这些物质来源于冰川高部位，然后向低处搬运，形成一个数百米厚的覆盖层，如在阿诺斯盆地及卡

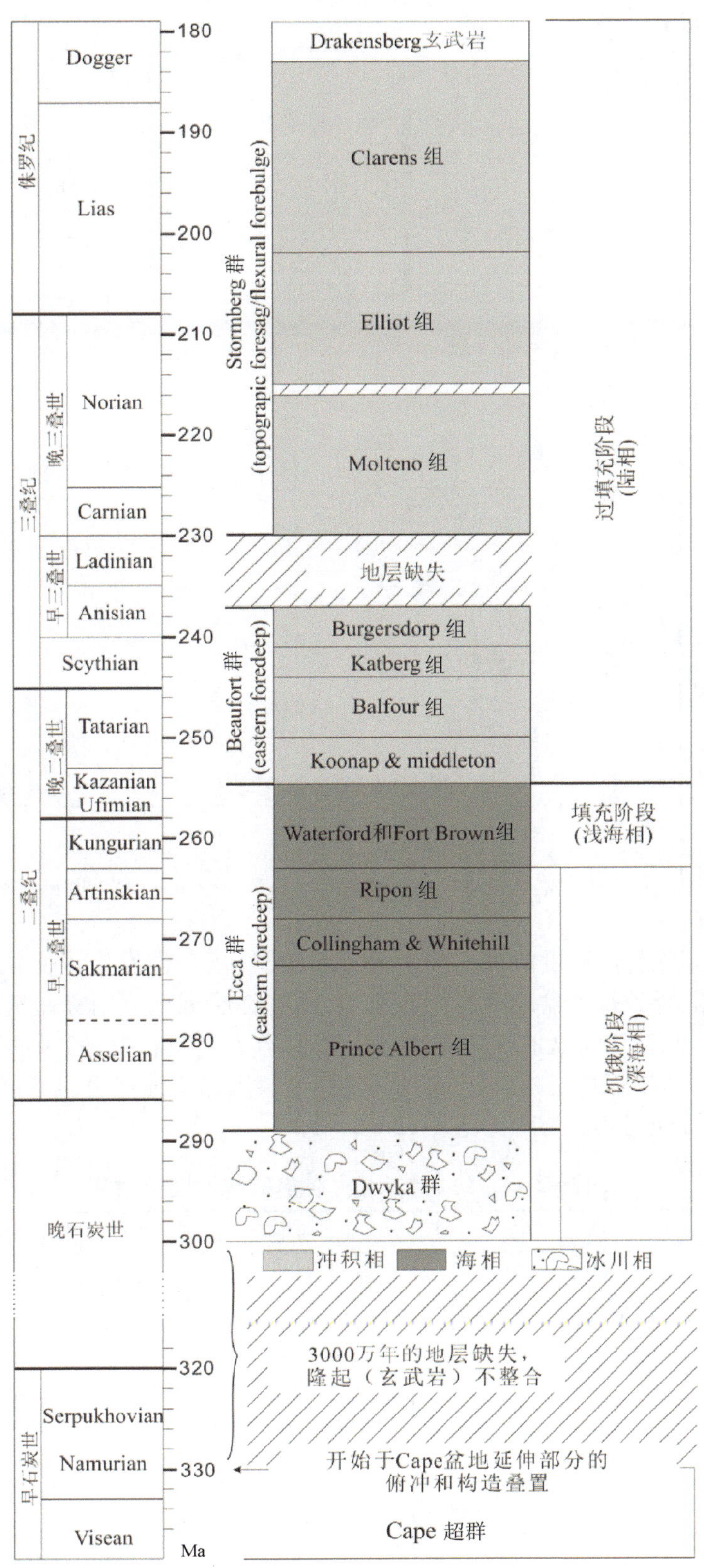

图 12－2－6　南非卡鲁盆地卡鲁超地层柱状图（Hegenberger，1992）

奥科兰盆地的沉积。纳米比亚主要盆地与主卡鲁盆地爱卡群地层对比如图 12－2－7 所示。

随着早二叠世气候不断转暖，冰川消融，大部分碎屑物质沉积在海、湖及河流末端三角洲地带，形成早二叠世时期的爱卡群含煤建造。其底部的艾伯特亲王镇组的特征是发育有黑色页岩及含有局部炭化夹层的泥岩，所含煤系发育于植被丰茂的三角洲及泛滥平原环境里。成煤时代为阿舍尔阶。艾伯特亲王镇组之上为怀特希尔组泥岩，也属爱卡群。

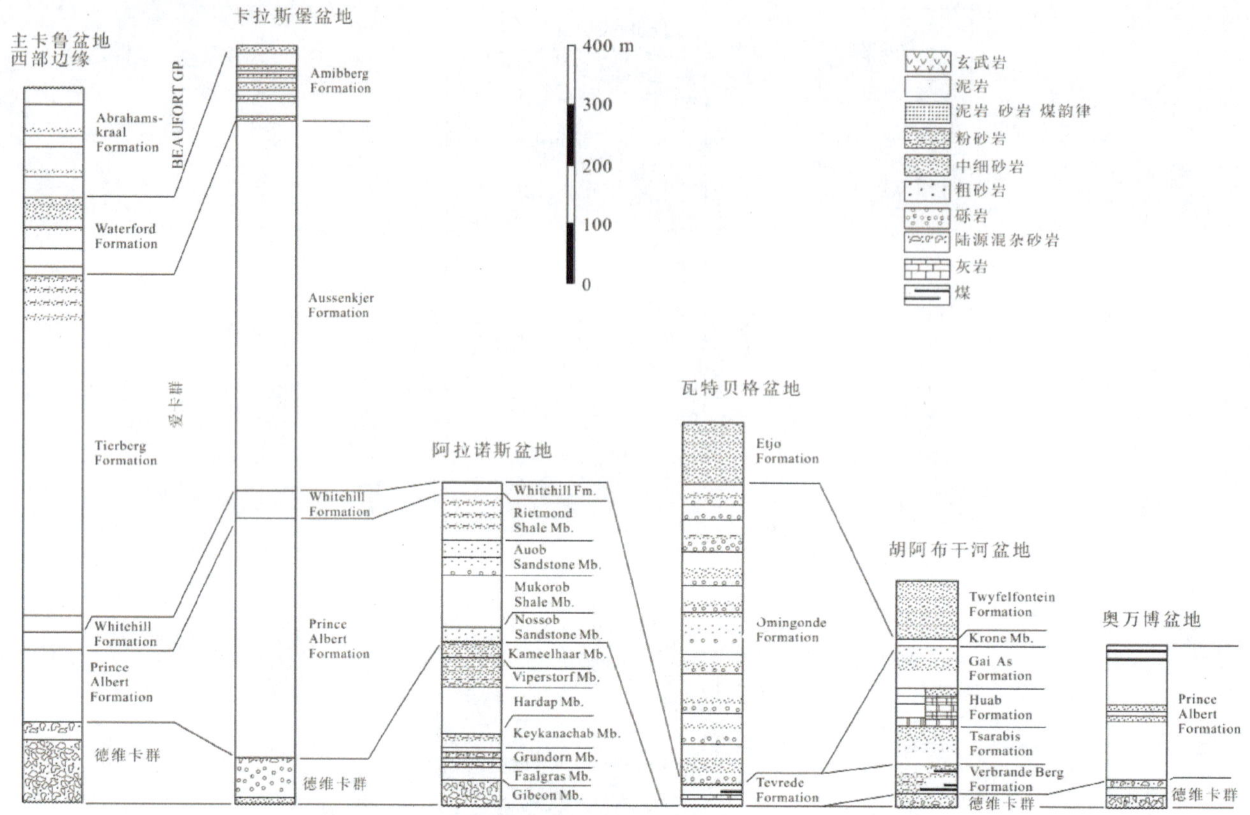

图 12-2-7 纳米比亚主要盆地与主卡鲁盆地爱卡群地层对比（Johnson et al, 1996）

随着晚二叠纪晚期至三叠纪温度的进一步上升，地貌及气候条件发生了变化，以发育砂质红层为特征，形成地域性的沉积相，导致每个盆地有着不同命名，这些红层沉积分别称作奥森可耶组砂泥岩（卡拉斯堡盆地）、韦达组砂岩（阿拉诺斯盆地）、奥明奥德组砂砾岩（瓦特贝格盆地）及胡阿布干河组泥岩和灰岩（胡阿布干河盆地），它们与毕福特组相当，但奥明奥德组及胡阿布干河组可向下穿时到早二叠世。

纳米比亚爱卡群岩石地层划分与对比见表 12-2-1。

表 12-2-1 纳米比亚爱卡群岩石地层划分与对比

盆 地	阿 舍 尔 阶	萨克马尔阶	阿尔丁斯克阶	空谷尔阶	喀山阶	资 料 来 源
				Aussenkjer Formation（sst；mds）		Hegenberger（1992）
卡拉斯堡	Prince Albert Formation（mds）	Whitehill Formation（mds）	Aussenkjer Formation（sst；mds）		Vreda Formation（sst）	Schreuder & Genis（1975）
阿拉诺斯	Prince Albert Formation（sst；mds，c）	Whitehill Formation	Vredaj Formation（sst）			Kingsley et al（1990）
瓦特贝格	Tevrede Formation（cgl；sst；mds；c）					Horsthemke et al（1990） Holzforster et al（1999）
奥万博	Prince Albert Formation（sst；slt，mds；c）					Momper（1982）
胡阿布干河	Verbrande Berg（sst；mds；mdsc；c） & Tsarabis Formation（sst；slt；mds） Huab Formation（=Whitehill）（slt；mds；lms）					Hegenberger（1992）

注：cgl—砾岩；sst—砂岩；slt—粉砂岩；mds—泥岩；mdsc—炭质泥岩；c—煤；lms—灰岩。

数据来源：Catuneanu，2005；Johnson et al，1996

二叠世晚期到三叠世早期，在南部卡拉斯堡盆地主要形成安米博格组砂泥岩互层，在西北胡阿布干河盆地主要要形成盖·埃斯组不等粒砂岩及埃乔山组细到中粒砂岩，而在阿拉诺斯盆地缺失沉积。北部的奥万博盆地沉积序列与瓦特贝格盆地相似，形成细到中砂岩。

白垩纪火山岩主要见于西北部胡阿布干河盆地和卡奥科兰盆地中，也见于阿拉诺斯盆地西部边缘。

综上所述，尽管纳米比亚含煤地层对比具有一定困难，不同次级盆地研究程度不同，不同学者的认识不同，但比较确定的是卡鲁超群－爱卡群为主要含煤地层。具体含煤层位为艾伯特亲王镇组，主要以泥岩和煤层发育为特征，形成时代为早二叠世。

二、阿拉诺斯盆地

（一）盆地分布特征

盆地分布于纳米比亚东南部，属大卡拉哈里卡鲁盆地西部边缘的次级盆地。呈不规则四边形展布，南北最长约 500 km，最宽处约 200 km。

（二）盆地区域地质特征

该盆地卡鲁超群沿盆地北缘、西缘和南缘出露，向盆地中心缓慢倾斜，在盆地中心被卡拉哈里层（钙结层、砂砾石层）覆盖。钻孔资料表明，盆地中部地层厚度较大。

如前所述，阿拉诺斯盆地含煤地层卡鲁超群具体划分为德维卡群、艾伯特亲王镇组、怀特希尔组组及韦达组。卡鲁超群最大厚度为 1200 m（Marsh and McDaid，1986；Kingsley，1985）。

1. 德维卡群

德维卡群底部为混杂岩，上部为泥岩，其中除坠落砾石之外，还可见海星类、双壳类遗迹以及腹足类等古生物化石（Stavrakis，1985），最大厚度为 460 m（Heath，1972）。

2. 艾伯特亲王镇组

艾伯特亲王镇组可细分成三段：下段为诺索布（Nossob）砂质段，中段为木考罗布（Mukorob）页岩段，上段为阿沃布干河（Auob）富含砂岩及煤层段。其中，上部粉砂岩部分也称作雷蒙德（Rietmond）岩段，纳米比亚阿拉诺斯煤田地层综合剖面如图 12－2－8 所示。

（1）诺索布段底部见砾岩，向上变为砂岩与页岩互层，与下部德维卡组地层不整合接触，在玛丽埃塔（Mariental）地区厚约 20 m，向南变薄，砂岩逐渐被中间部分的页岩替代（Heath，1972）。该段岩石颜色为灰色－黑灰色，向上变细，见波状层理、重荷模、火焰状构造及重力构造等沉积标志。在 Impala442 农场地区，该段厚约 26 m（Marsh and McDaid，1986；McDaid，1985）。

（2）木考罗布页岩段分为三部分：中下部为灰到绿色页岩，近顶部出现白色条带，局部夹粉砂岩，中下部与上部以白色灰岩岩条带相隔，该灰岩条带为本区标志层；上部为砂岩夹页岩层，其中砂岩主要为中到细砂结构，向上或向下砂粒均变细，底部 4～5 m 见生物扰动；顶部为灰色砂岩，细到中砂结构，见云母及炭质，厚约 90 m。

（3）阿沃布干河（Auob）段主要由底部砂岩、中部页岩－煤层及上部夹页岩砂岩组成。底部砂岩细到中砂结构，多孔，为河道沉积；中部页岩及煤层为本区下部含煤带，上部夹页岩层的砂岩主要为中到细粒结构，局部夹长石砂岩及页岩，为河道沉积和决口扇沉积（crevasse，splay deposits）。该段厚约 70 m。

3. 怀特希尔组

怀特希尔组位于爱卡群上部，下部含煤层以砂岩夹页岩及薄煤层为特征，上部为砂岩、页岩互层。厚约 40 m，与下伏地层整合接触。

4. 韦达组

韦达组下部为砂岩，上部主要为辉绿岩岩席。与下伏地层呈整合接触，总厚约 140 m，砂岩部分厚约 30 m。

韦达组之上为卡拉哈里钙结层及松散堆积。除了侵蚀边缘外，阿拉诺斯盆地卡拉哈里层厚达 260 m（McDaid，1985）。底部局部（主要在辉绿岩覆盖区）见厚度超过 80 m 的底砾岩。总体上，卡拉哈里层固结差，局部为钙质胶结的红棕色砂岩和钙质胶结岩层，最上部的 20～50 m 部分由红色风成沙组成。

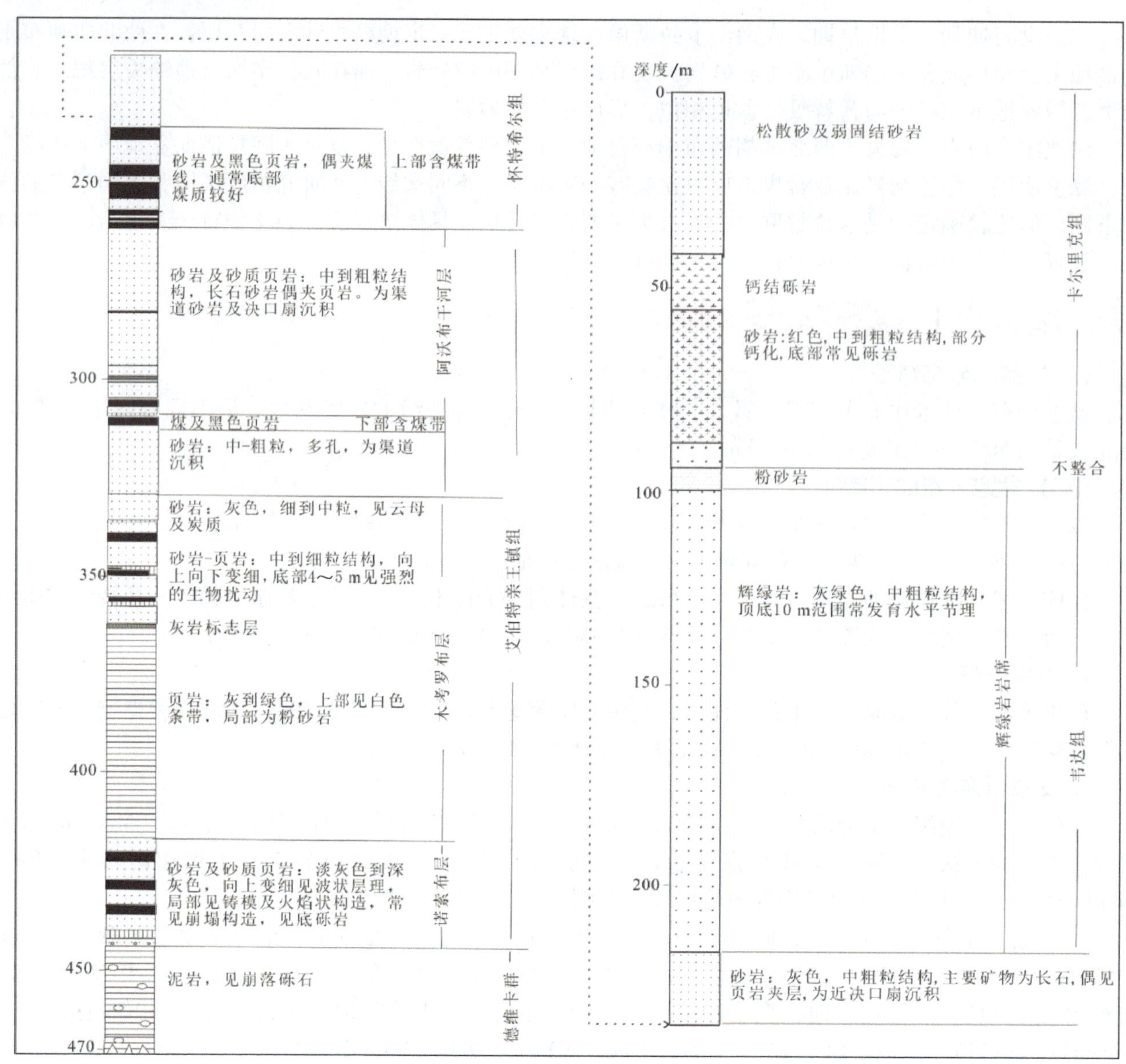

图 12-2-8 纳米比亚阿拉诺斯煤田地层综合剖面（Kingsley，1985）

主煤层位于阿沃布干河砂岩段底部以上 30 m 处，上煤层位于主煤层上部 50 m 处（Kingsley，1990）。这两个砂质段——诺索布和阿沃布干河段向南减薄并被页岩覆盖，侧向上相变为页岩和灰岩。

（三）煤田地质

1. 煤层分布

阿拉诺斯盆地有工业意义的主煤层位于艾伯特亲王镇组上部阿沃布干河段，煤层距该段底部 25～35 m，主要分布于盆地东北部和中部。可分为西北和东南两个含煤区，埋深 30～500 m。主煤层被称为“Impala 煤层”或“下煤”。除主煤层之外，该盆地还有一薄煤层，位于怀特希尔组，被称为“上煤”。上、下煤层被大概 50 m 厚的碎屑沉积地层分开（Hegenberger，1992），有辉绿岩侵入的地方，该间隔层增厚。

上煤较薄，一般仅数十厘米，而且夹杂着炭质页岩和砂岩。下煤由多个单独的煤层组成，各单煤层平均 1 m 厚。

2. 煤质

在大部分调查区，上煤底部被风化，煤层受到辉绿岩墙侵入的影响而挥发分降低。阿拉诺斯盆地上煤分析结果分别见表 12-2-2、表 12-2-3，煤质平均分析结果见表 12-2-4。分析结果表明，上煤为劣质煤。与下含煤带相比，其灰分高，挥发分低，发热量低(原煤7.26~20.81 MJ/kg，平均10.96 MJ/kg，洗后21.77~28.54 MJ/kg)。

表12-2-2 阿拉诺斯盆地上煤分析结果(1)

样品号	厚度/m	原煤					洗后煤					
		Mst	Vol	Ash	CV	S	Yield	Mst	Vol	Ash	CV	S
ACP9/T1	0.82	1.3	5.8	38.4	19.76	1.45	38.8	1.2	5.8	18.7	27.37	1.66
ACP11/T1	0.38	6.7	17.3	44.6	12.57	0.28	16.8	7.9	16.9	15.9	23.53	0.57
ACP13/T2	0.85	2.5	8.1	56.6	12.54	1.21	14.7	2.3	11.3	23.8	26.17	1.58
ACP13/T1	0.51	1.8	13.4	34.7	20.20	2.10	53.2	1.3	15.2	20.3	27.76	1.50
ACP17/T1	1.00	3.0	19.2	48.3	14.48	1.88	30.8	3.1	28.1	21.0	24.31	1.64
ACP17/T2	0.63	3.0	20.5	45.8	16.20	5.68	50.2	2.7	27.4	25.6	24.11	2.34
ACP25/T1	0.94	1.8	6.7	60.6	11.43	1.68	21.7	1.9	1.9	19.9	27.15	1.21
ACP26/T1	0.47	4.9	12.8	64.0	7.70	0.08	6.2	9.4	25.2	15.5	21.77	0.44
ACP32/T2	1.37	1.9	13.0	57.5	12.31	1.44	21.7	1.4	21.6	20.5	27.28	1.53
ACP32/T1	0.62	1.8	17.6	45.8	16.08	3.20	35.8	1.6	25.4	16.7	28.54	1.38
ACP35/T2	0.94	1.5	6.0	47.8	16.07	4.10	22.4	1.4	4.8	18.4	27.31	2.27

注：1. 选取参数的简写及单位如下：Mst 表示水分,%；Vol 表示挥发分,%；CV 表示发热量，kJ/kg；S 表示硫分,%；Yield 为产出率,%；Ash 表示灰分（洗后）,%。
2. 本篇其他表煤质参数简写及单位与此表相同。

数据来源：Marsh 和 McDaid，1986

表12-2-3 阿拉诺斯盆地上煤分析结果(2)

样品号	厚度/m	原煤					洗后煤						
		Mst	Vol	Ash	CV	S	SG	Yield	Mst	Vol	Ash	CV	S
IMP8/T3	3.23	2.3	6.2	69.5	7.26	0.91	1.6	4.8	2.0	9.2	19.3	27.4	1.78
IMP8/T2	1.23	2.7	9.7	56.8	11.45	1.75	1.6	23.0	2.1	14.1	21.2	26.81	1.56
IMP8/T1	0.57	2.1	16.0	26.5	20.81	2.91	1.6	46.2	1.9	19.5	20.3	27.37	1.51
IMP9/T3	0.83	7.1	16.2	58.9	7.59	7.56	1.7	—	—	—	—	—	—
IMP9/T2	0.48	2.4	11.0	55.0	12.09	2.42	1.7	29.2	1.8	14.5	32.8	22.77	1.87
IMP9/T1	0.38	4.5	12.7	52.5	12.21	1.67	1.7	—	—	—	—	—	—
IMP18/T1	0.47	2.1	10.9	43.7	17.35	2.78	1.6	34.2	1.7	13.4	19.6	27.55	0.94
IMP20/T1	0.52	2.7	15.6	36.8	19.67	1.60	1.6	47.8	2.9	17.5	18.5	27.19	0.97
Ave	0.96	3.1	10.1	58.4	10.96	2.20	—	—	—	—	—	—	—

注：SG 为容重。

数据来源：Marsh 和 McDaid，1986

表12-2-4 上煤煤质平均分析结果

厚度	0.96 m	固定碳	28.4%
水分	3.1%	发热量	10.96 MJ/kg
灰分	58.4%	硫分	2.20%
挥发分	10.1%		

数据来源：据 Marsh 和 Mcdaid，1986

阿拉诺斯盆地下煤分析结果分别见表12-2-5、表12-2-6。下煤的原煤平均品质如下：水分

2.7%（1.3%～4.9%）、灰分37%（15.4%～64.0%）、挥发分15%（5.8%～24.3%）、硫0.96%（0.20%～2.10%）、热值18.18 MJ/kg（7.70～27.09 MJ/kg）(Stavrakis，1985)。洗精煤升级到“B”等级煤炭，热值为27 MJ/kg；硫含量低，平均为0.97%；可作为动力煤。另外，含磷较低的特点使得下煤有可能成为冶金用煤，阿拉诺斯盆地下煤磷分析结果见表12－2－7。

表12－2－5 阿拉诺斯盆地下煤分析结果（1）

样品号	厚度/m	原煤					洗后煤					
		Mst	Vol	Ash	CV	S	Yield	Mst	Vol	Ash	CV	S
ACP4	1.76	2.4	21.6	22.7	25.11	—	79.3	2.5	22.9	17.4	27.21	0.58
ACP8a	0.58	8.2	21.8	27.6	17.31	0.31	40.9	8.4	22.3	22.1	19.42	0.25
ACP11	1.45	3.5	17.0	42.4	15.15	0.52	21.7	4.2	24.3	19.7	24.16	0.51
ACP13	0.61	3.0	24.3	15.4	27.09	0.60	96.4	3.0	25.5	14.6	27.41	0.39
ACP14	0.78	2.2	19.1	19.3	27.13	0.88	94.3	2.1	19.4	17.6	27.81	0.40
ACP24	0.88	1.7	9.4	30.9	22.9	1.18	66.4	1.4	9.6	19.0	27.52	0.42
ACP32	0.35	2.1	18.4	52.4	13.07	1.20	30.9	2.6	27.9	20.4	25.49	0.90
ACP34	1.70	2.7	25.3	21.3	24.55	1.76	75.2	2.9	27.8	13.5	27.52	0.62
ACP35	0.77	2.2	9.7	49.4	12.18	1.04	11.2	1.8	12.2	22.7	26.01	0.61
ACP36	0.86	3.7	24.7	25.1	22.34	1.80	7.08	4.0	28.5	14.5	26.20	0.43

数据来源：Marsh 和 McDaid，1986

表12－2－6 阿拉诺斯盆地下煤分析结果（2）

样品号	厚度/m	原煤					洗后煤					
		Mst	Vol	Ash	CV	S	Yield	Mst	Vol	Ash	CV	S
ACP9/T1	0.82	1.3	5.8	38.4	19.76	1.45	38.8	1.2	5.8	18.7	27.37	1.66
ACP11/T1	0.38	6.7	17.3	44.6	12.57	0.28	16.8	7.9	16.9	15.9	23.53	0.57
ACP13/T2	0.85	2.5	8.1	56.6	12.54	1.21	14.7	2.3	11.3	23.8	26.17	1.58
ACP13/T1	0.51	1.8	13.4	34.7	20.20	2.10	53.2	1.3	15.2	20.3	27.76	1.50
ACP17/T1	1.00	3.0	19.2	48.3	14.48	1.88	30.8	3.1	28.1	21.0	24.31	1.64
ACP17/T2	0.63	3.0	20.5	45.8	16.20	5.68	50.2	2.7	27.4	25.6	24.11	2.34
ACP25/T1	0.94	1.8	6.7	60.6	11.43	1.68	21.7	1.9	1.9	19.9	27.15	1.21
ACP26/T1	0.47	4.9	12.8	64.0	7.70	0.08	6.2	9.4	25.2	15.5	21.77	0.44
ACP32/T2	1.37	1.9	13.0	57.5	12.31	1.44	21.7	1.4	21.6	20.5	27.28	1.53
ACP32/T1	0.62	1.8	17.6	45.8	16.08	3.20	35.8	1.6	25.4	16.7	28.54	1.38
ACP35/T2	0.94	1.5	6.0	47.8	16.07	4.10	22.4	1.4	4.8	18.4	27.31	2.27

数据来源：Marsh 和 McDaid，1986

表12－2－7 阿拉诺斯盆地下煤磷分析结果

样品号	厚度/m	产出率/%	磷含量/%	相对密度
IMP1	1.63	8.9	0.007	1.35
IMP2	2.16	9.6	0.009	1.35
IMP9	2.29	11.0	0.004	1.35
IMP10	2.28	12.9	0.025	1.35
IMP13	1.65	4.9	0.002	1.35
IMP15	1.89	10.6	0.002	1.35

表 12-2-7（续）

样品号	厚度/m	产出率/%	磷含量/%	相对密度
Ave	1.98	9.9	0.010	1.35
ACP4	1.76	24.4	0.005	1.4
IMP9	2.29	26.6	0.005	1.4
IMP10	2.28	31.8	0.024	1.4
IMP13	1.65	11.5	0.004	1.4
IMP15	1.89	20.2	0.002	1.4
Ave	1.97	23.8	0.010	1.4

数据来源：Marsh 和 McDaid，1986

3. 资源量及储量

1955 年，安格鲁美洲公司（Anglo American Corporation）估算阿拉诺斯煤田总资源量为 0.5 Gt，其中可采储量为 0.2 Gt。1986 年，该公司重新调查阿拉诺斯盆地，估算主煤层原煤储量为 3719 Mt，发热量为 27 MJ/kg 的可销售煤吨数为 7440 万 t（Marsh and McDaid，1986）。

4. 开采条件

下煤的上部和下部普遍存在承压水层，顶部和底部工程地质条件普遍较差，大多数潜力目标区至少埋深 250 m。这些不利因素在开采时是要考虑的。

三、卡拉斯堡盆地

卡拉斯堡盆地位于纳米比亚南端，分布面积大约 900 km^2。盆地内可见厚度超过 1000 m 的卡鲁地层。自下而上主要由晚石炭世德维卡群冰碛岩，早二叠世爱卡群艾伯特亲王镇组泥岩、油页岩、怀特希尔组泥岩以及三叠世－侏罗纪奥森可耶组砂泥岩红层及安米博格组砂泥岩互层。与白垩纪冈瓦纳裂解有关的北东走向的块体断层作用造成该盆地的地堑构造（Schreuder and Genis，1975；Visser，1983）。

该盆地尚未发现煤炭。但是有报道称该盆地发育富炭油页岩（Stavrakis，1985）。

四、瓦特贝格盆地

（一）盆地分布

瓦特贝格盆地位于纳米比亚中部、首都温得和克北边，宽约 50 km，长 200 km 以上，盆地呈 SW－NE 走向。从温得和克西北的奥马鲁鲁地区开始向东北延伸，消失在东北部的赫鲁特方丹，南部被卡拉哈里群覆盖，西北以瓦特贝格逆断层为界线，沿着断层，老地层逆掩于卡鲁群之上，瓦特贝格盆地地质略图如图 12－2－9 所示。

（二）区域地质概况

1. 地层

盆地内岩石地层特征如下（自下而上）：

德维卡群冰碛岩，分布局限，大部分地区缺失。瓦特贝格盆地南北向剖面如图 12－2－10 所示，奥卡基瑟地区钻孔剖面如图 12－2－11 所示，在钻孔 OK2、OK3、OK6、OK12 等钻孔中，卡鲁序列底部或附近为砂质泥岩和砾石层。钻孔 OK6 和 OK9 中，卡鲁超群底部有 1 m 厚的中粒度至细粒砂岩，被认为是冰水沉积（Lombard，1982）。岩芯中出现炭质夹层，因此，有可能这些部分属爱卡群。

特维瑞德组含煤泥岩夹灰岩段，相当于艾伯特亲王镇组，厚度一般为 6～94 m。该组是填平补齐式沉积，在古山谷沉积较厚，在古高地缺失。主要岩性为灰色泥岩，砂泥岩和砂岩，局部夹杂有炭质条带和煤层。瓦特贝格盆地奥卡特基瑟地区钻遇炭质层的钻孔剖面如图 12－2－12 所示。在奥卡特基瑟地区，含煤单元为泥岩和煤互层，厚 18 m。最上部煤层 1.7 m 厚。Gunthorpe（1987）将特维瑞德组分为 5 段。自上而下分别为：

第一段：块状灰色泥岩，含少量炭质；钻孔 OKB6 中含海绿石和砂岩夹层，共计 16 m 厚。

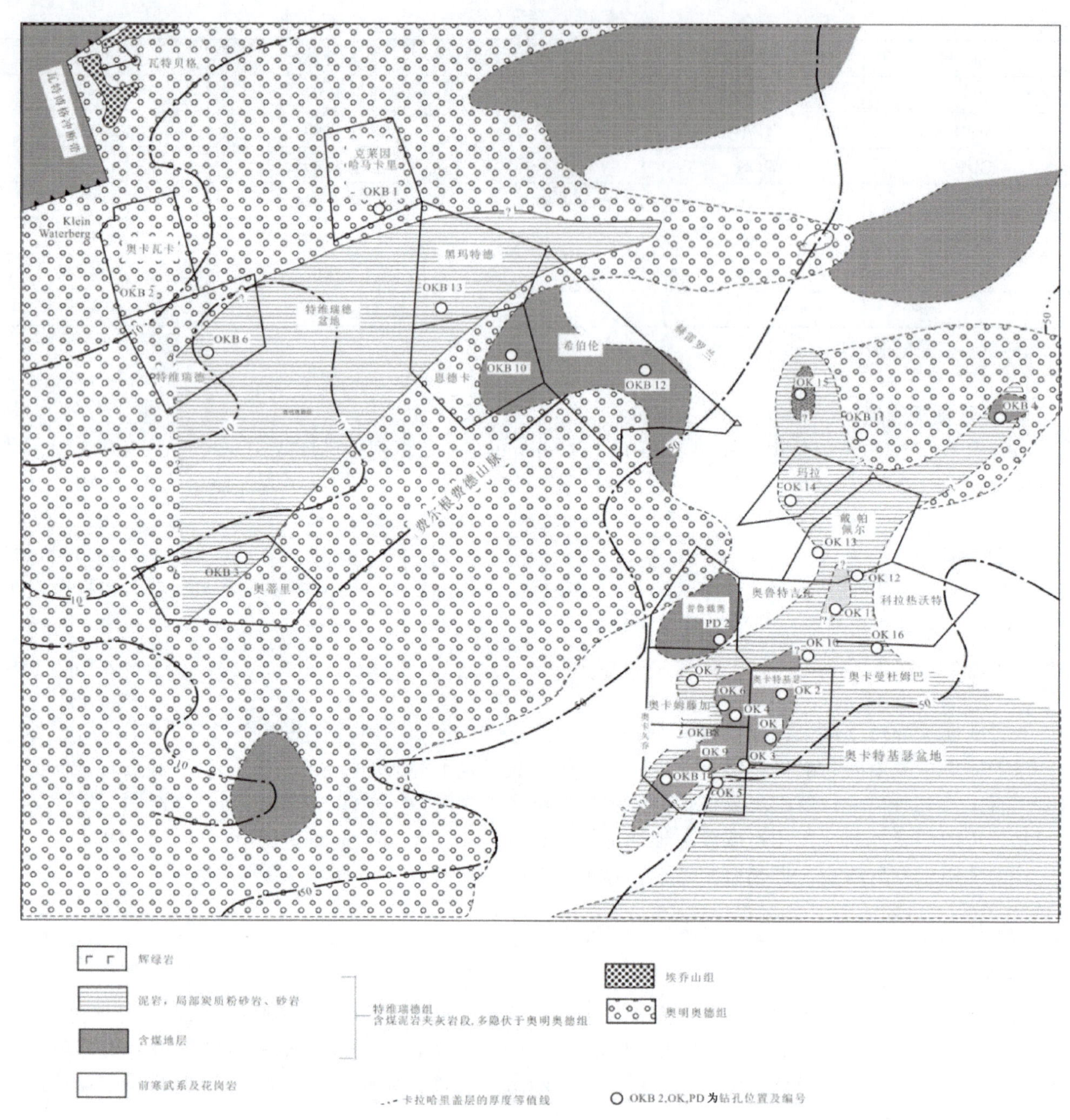

注：费尔根费德山脊将盆地分为北部的特维瑞德主盆与南部的奥卡特基瑟次级盆地，地层界限多是推测的，特维瑞德组为含煤组，但有的地方也不含煤。

图 12－2－9 瓦特贝格盆地地质略图（Osborne，1985；Gunthorpe，1987）

第二段：煤带，仅在奥卡特基瑟地区发育，最大厚度7 m，由含有煤层的炭质泥岩组成。在瓦特贝格南部的特维瑞德地区煤层通常缺失。

第三段：砂岩，在奥卡特基瑟共计6 m厚，淡灰色，中粒度至细粒（下层砂岩单元）。

第四段：相对于第二段，该段为下炭质泥岩段；在奥卡特基瑟的OK9钻遇10 m厚的砂质炭质泥岩，位于第三段之下，可与其他泥岩对比，平均厚度为8.5 m。在特维瑞德地区OKB6和OKB13也钻遇该段。

第五段：为底部单元，主要岩性为泥质砂岩和含炭泥岩。

上述第四段也可分别与特维瑞德地区的第三段以及奥卡特基瑟的第二段对应。另外，在一些孤立盆地，一些含煤薄层可能并不能完全对应。

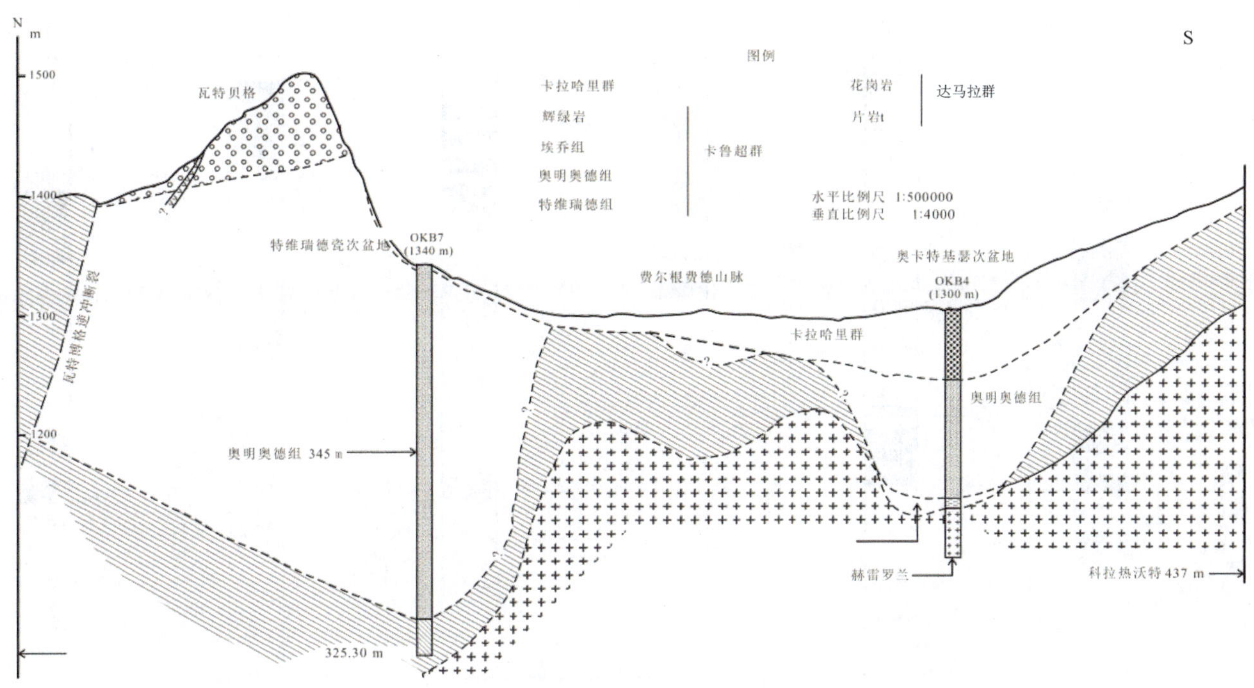

注：费尔根费德山脊将盆地分为北部的特维瑞德主盆与南部的奥卡特基瑟次级盆地

图 12-2-10 瓦特贝格盆地南北向剖面（Osborne，1985）

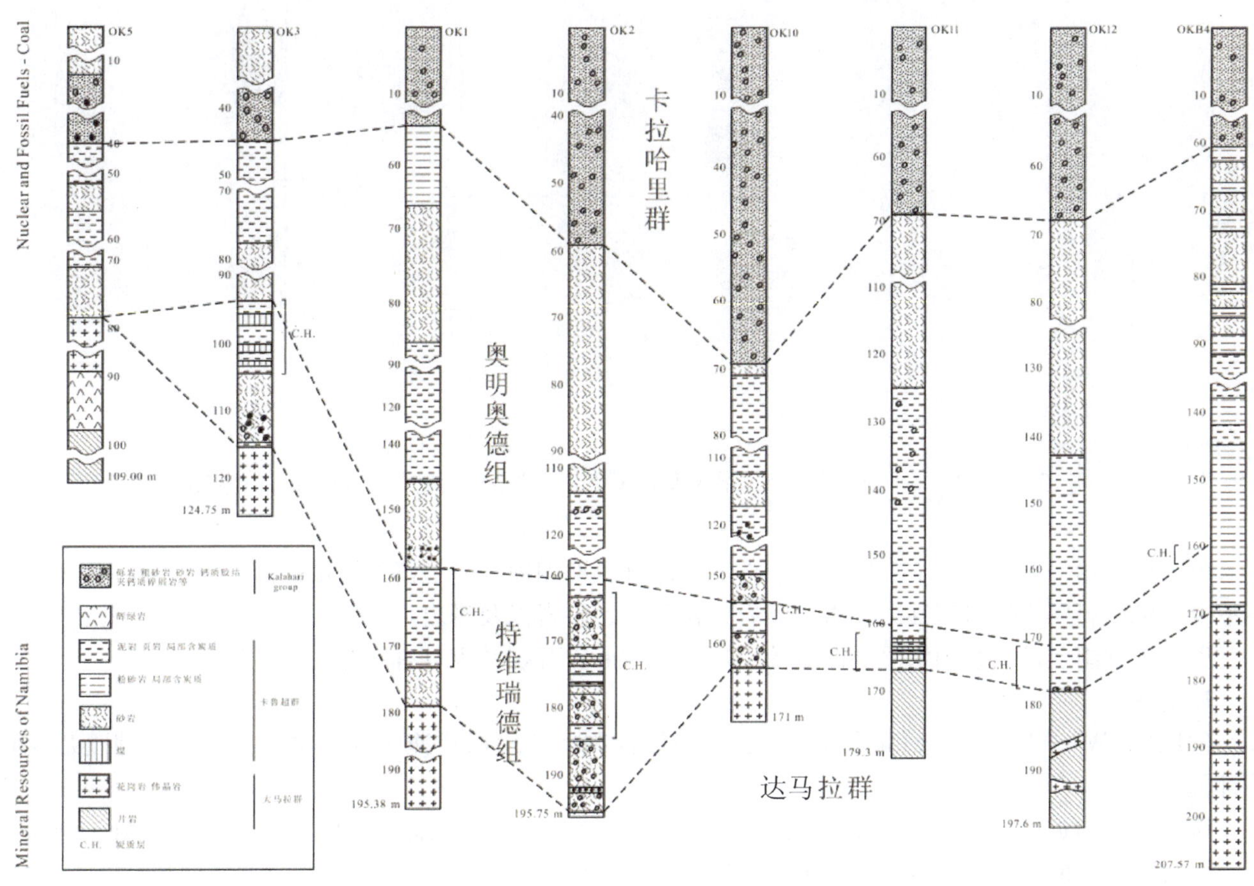

图 12-2-11 瓦特贝格盆地奥卡特基瑟地区钻孔剖面（Osborne，1985）

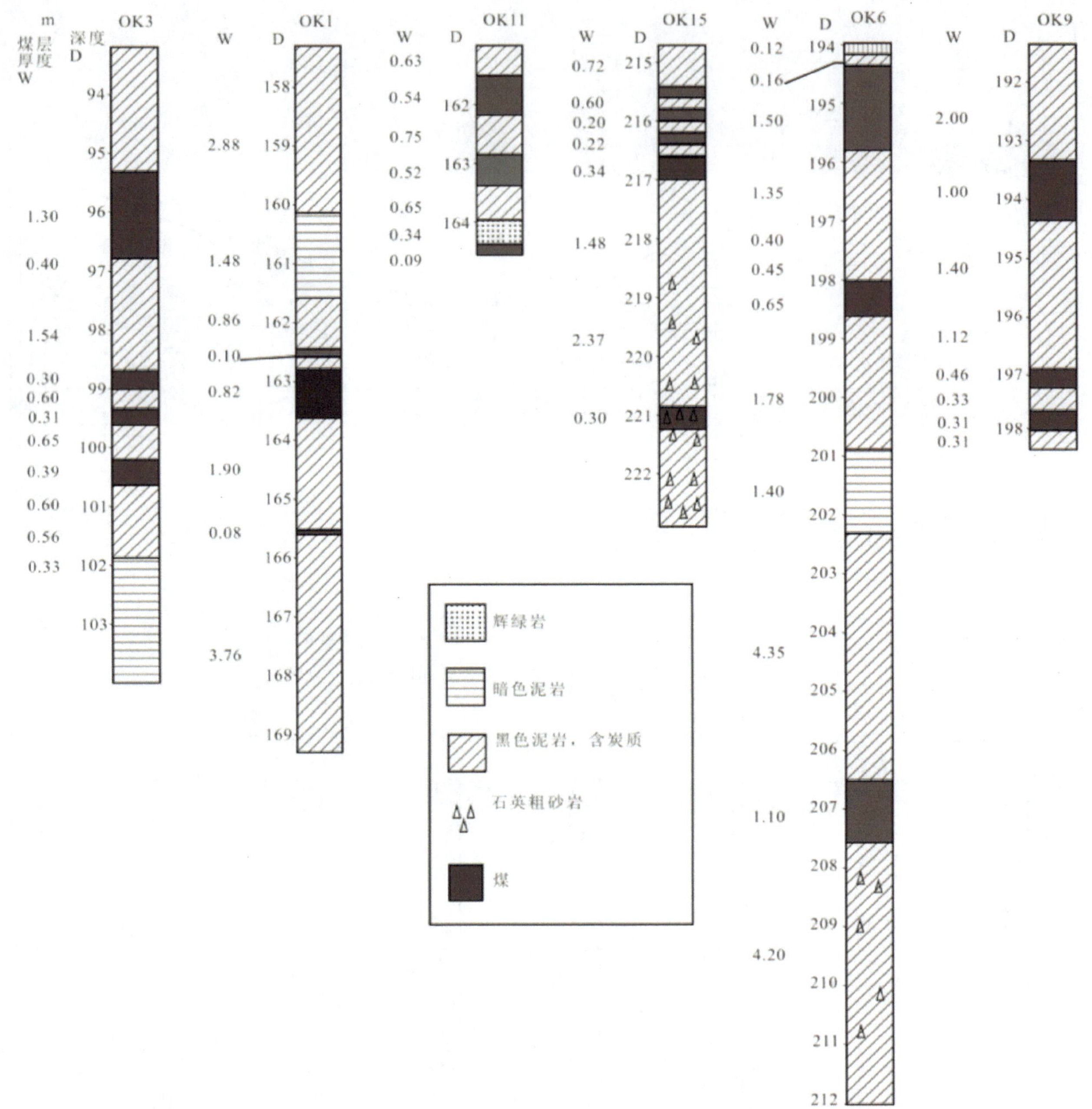

图 12-2-12　瓦特贝格盆地奥卡特基瑟地区钻遇炭质层的钻孔剖面（Osborne，1985）

由于后期抬升，爱卡群上部缺失，下部沉积部分也被剥蚀，爱卡群与上部地层三叠纪奥明奥德组为不整合接触。奥明奥德组岩性为泥岩、页岩、粉砂岩、砂岩以及砾岩。

奥明奥德组上部埃乔山组厚层砂岩的出现，标志卡鲁沉积结束且有辉绿岩的广泛侵入。

2. 构造

盆地呈 SW-NE 展布，西北受瓦特贝格逆断层控制，老地层逆掩于卡鲁群之上，为一典型后期内陆推覆构造。

该区早期为近海陆相盆地，在边缘海的滨海平原，河流注入盆地，发育三角洲沉积，由于断层作用，引起河道不断迁移，形成一系列堆叠、向上变细的旋回性沉积（Holzförster et al，1999）。由于含较高的内陆镜质体组分，Stavrakis（1985）认为这些煤炭可能是外来（冲刷而来）的。

盆地早期为填平补齐式沉积，古高地缺少沉积，古凹陷沉积较厚。到爱卡中期，有一次抬升作用，使得爱卡早期沉积被剥蚀，缺少相应沉积。到三叠末期－侏罗早期，受冈瓦纳大陆裂解影响，本区有广泛的火山活动。

（三）煤田地质

含煤地层埋藏深度因地而异，仅最上部煤层具有经济潜力。剩下的煤层薄、经济潜力不大且品质差。北部特维瑞德盆地可见 4～18 m 厚的炭质层，共可圈出 5 个小煤层。这些小层厚度变化在 0.1～1.7 m，累计厚度为 3 m。

瓦特贝格盆地奥卡特基瑟地区上部主要煤层煤质分析见表 12－2－8，特维瑞德主盆与南部的奥卡特基瑟次级盆煤层煤质分析见表 12－2－9。原煤分析结果如下：水分平均 6%（3.4%～8.9%）、灰分 35.2%（27.4%～39.4%）、挥发分 24.2%（23.2%～26.1%）、硫 2.75%（1.51%～2.77%）、热值 17.1 MJ/kg（15.34～19.56 MJ/kg）。属于中高灰分、中低发热量动力煤。

表 12－2－8 瓦特贝格盆地奥卡特基瑟地区上部主要煤层煤质分析

钻孔号	Mst	Ash	Vol	FC	S	CV
OK1	8.9	27.4	26.1	37.6	?	19.56
OK3	6.3	39.4	23.3	31.0	1.51	15.34
OK6	5.4	37.1	23.2	34.3	2.77	16.52
OK9	3.4	37.0	24.5	35.1	2.46	16.87

注：FC 代表固定碳，单位为%。

数据来源：Lombard，1982

表 12－2－9 特维瑞德主盆与南部的奥卡特基瑟次级盆煤层（炭质泥岩）煤质分析

样品号	RD	CV	Mst	Vol	Ash	FC	S	Yield/%	Fraction
OKB13－A	2.37	1.57	1.6	11.0	82.6	4.7	0.34		Raw
OKB13－B	2.47	1.01	1.4	9.8	87.0	1.8	0.07		Raw
OKB13－C	2.39	1.23	2.1	9.0	85.8	3.1	0.02		Raw
OKB14－A	2.23	3.12	2.7	12.5	78.1	6.7	0.31	97.8	Sink1.7
OKB14－B	2.30	1.78	1.6	12.0	82.7	3.5	0.09	98.1	Sink1.7
OKB14－C	1.82	11.5	5.3	24.2	48.6	21.9	0.62		Raw
OKB14－D	2.26	2.40	1.9	13.8	79.7	4.6	0.09		Raw
OKB14－E	1.63	15.75	6.9	26.5	34.1	32.5	0.09		Raw
OKB14－F	2.19	14.23	3.0	13.5	74.1	9.4	0.12		Raw
OKB14－G	1.60	15.62	6.4	25.9	35.6	32.1	0.68		Raw
OKB14－H	2.18	17.57	5.2	2.5	31.2	38.8	0.31	1.3	1.7
	2.21	3.20	2.3	13.7	74.9	9.1	0.11	98.2	Sink1.7
OKB14－I	2.00	11.05	4.3	20.9	49.2	25.6	18.1		Raw
OKB14－J	2.20	18.26	5.4	25.2	27.9	41.5	0.41	0.4	1.7
	2.24	3.55	2.0	12.7	77.4	7.9	0.53	97.5	
OK9－T/1		16.78	3.4	24.5	37.0	35.1	2.46		Raw
OK14－C	1.82	11.50	5.3	24.2	48.6	21.9	0.62		Raw
OK14－E	1.63	15.75	6.9	26.5	34.1	32.5	0.99		Raw

注：1. OKB13 来自于特维瑞德次盆；OKB14、OK9 和 OK14 来自于奥卡特基瑟次盆。OKB13－A：炭质泥岩，165.64～165.76 m；OKB13－B：炭质页岩，166.44～166.50 m；OKB13－C：炭质页岩，169.99～170.06 m；OKB14－A～OKB14－J：煤层夹泥岩 195～201.86 m。

2. RD 为相对密度，Fraction 表示状态。

数据来源：Esterhuizen，1986

（四）资源量

Gunthorpe（1988）认为特维瑞德次盆煤层发育前景不好，在奥卡特基瑟（Okatjise）计算煤资源量为 1900 万 t。

五、奥万博盆地

（一）盆地分布

奥万博盆地位于纳米比亚北端中部，东西走向，具有断陷性质（Momper，1982；Stavrakis，1985）。盆地范围是根据卡鲁超群露头推断的，其内部已经完全被卡拉哈里沉积层覆盖，有限的数据来自遥感探测和钻孔。卡鲁地层估计覆盖面积大约为 20000 km^2，厚约 450 m；较年轻的卡拉哈里沉积覆盖其上，覆盖厚度在盆地边部大于 100 m、中部大于 500 m。奥万博盆地属刚果盆地的次级盆地，向北跨越了与安哥拉的边界，向东进入到卡万戈，受限于一条 SE－NW 走向的构造隆起。

奥万博盆地及卡鲁超群范围如图 12－2－13 所示，奥万博盆地中部卡鲁超群等厚图如图 12－2－14 所示。

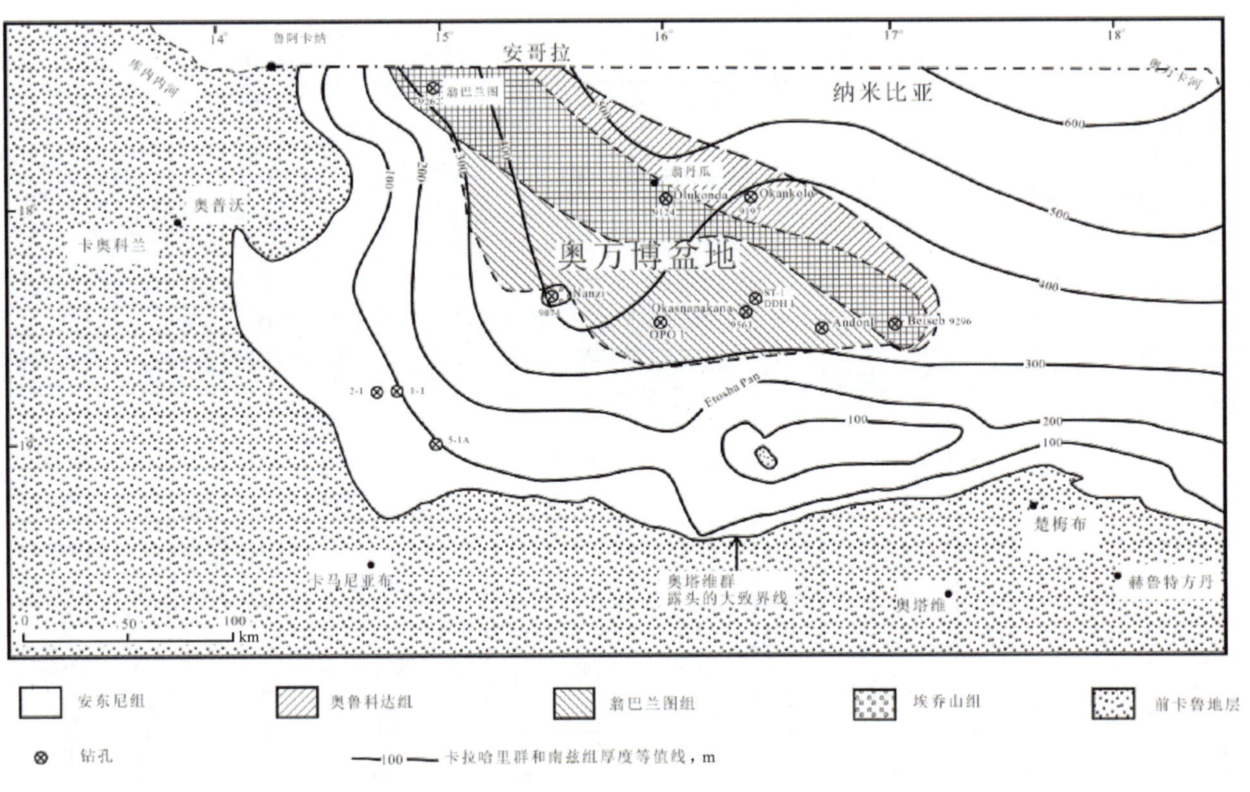

图 12－2－13 奥万博盆地及卡鲁超群范围（Miller，1997）

（二）地层与构造

盆地里卡鲁超群最下部为德维卡群，该群岩性为冰碛岩，具泥质基质，有暗色页岩粉砂岩和砂岩加入（Schall et al，1980）。在钻孔中厚 42～158 m。

与其他地区一样，该群上覆艾伯特亲王镇组，可分为三段：下段主要为粉砂岩和砂岩，含少量灰岩（厚 90～150 m）；中段为砂岩和粉砂岩互层（厚 5～60 m）；上部为炭质砂岩（厚 44～60 m）。煤层发育在上段。

艾伯特亲王镇组泥砂岩、砂岩及黑色薄板状页岩在 9563 钻孔中厚 225 m、ST1 钻孔中厚 220 m、9197 钻孔中厚 31 m、OPO1 钻孔中厚 37 m。距离上段顶部约 12 m 处为主要含煤单元（Coal Commission，1961）。钻孔 9197 中煤层缺失且艾伯特亲王镇组地层厚度减薄到 31 m。

盆地被前卡鲁超群露头环绕，根据钻孔界定了年轻地层下卡鲁超群岩层的出现范围。东南部的玄武

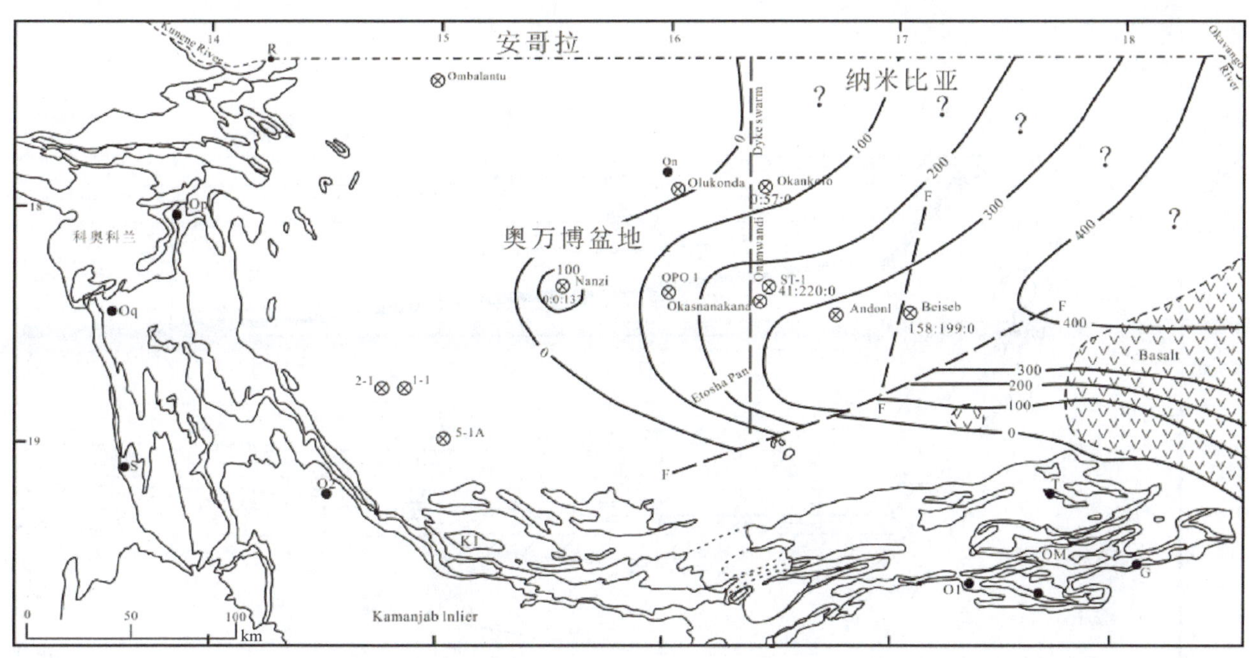

注：1. 等值线单位为 m。

2. 井旁数据分别代表德维卡群、艾伯特亲王镇组及埃乔山组在井中的厚度，玄武岩出现于东南部。

图 12-2-14　奥万博盆地中部卡鲁超群等厚图（Hugo，1969；Hedberg，1979）

岩大致是卡尔克兰（Kalkrand）组。奥尼姆万迪（Onimwandi）岩脉群属晚或后卡鲁期。图中的等值线表明卡鲁期后沉积卡拉哈里超群和南兹组的厚度变化，艾伯特亲王镇组隐伏于盆地之下。

晚二叠-早侏罗世的卡鲁超群序列沉积在该盆地部分缺失。通过地球物理方法识别出侏罗纪玄武岩分布范围仅限于盆地东部（图 12-2-14）。上卡鲁超群缺失，可能是由于后卡鲁期被侵蚀，也可能是沿着古构造隆起无沉积。

艾伯特亲王镇组上覆为奥明奥德组，以砂岩为特征，其上的埃乔山组为风蚀砂岩。二者在部分地区缺失。

在盆地东南部出现侏罗纪卡尔克兰（Kalkrand）玄武岩。

白垩纪主要为翁巴兰图组（Ombalantu Formation）红层沉积，具体岩性为红色半固结黏土，少量砂岩，与老地层（包括卡鲁超群）呈不整合接触（Hugo，1969，Hedberg，1979）。南兹组为晚白垩世玄武岩。

卡鲁期后主要为卡拉哈里超群砂岩及砂砾石沉积，局部这些沉积物为钙质胶结或者含钙质结核。在南兹沼泽附近钻孔，见翁巴兰图组红色半固结黏土，含少量砂岩，该层最大厚度达到 135 m。

卡拉哈里超群是盆地充填沉积中最年轻的地层单元，与老地层不整合接触，覆盖于整个盆地之上，向北和向东北厚度增加，超过 500 m。

卡鲁期沉积环境主要为河流-三角洲体系，是一个不断向盆地内部加积的过程（Stavrakis，1985）。

奥万博盆地中部构造剖面如图 12-2-15 所示，奥万博盆地总的构造特点是东西南均被隆起或山系所环绕，北边延向刚果盆地，本质上属后者的一部分。卡鲁沉积比较平缓，向盆地边缘减薄。卡鲁超群上部普遍缺失，表明盆地沉积过程中曾有过隆升。

地球物理数据表明，在盆地翁丹瓜东南侧出现断陷，断陷东侧和西侧分别以东经 16°15′和 17°处南北向断层为界。因此，这些断层围限地堑的面积大约为 80 km^2。该地堑南缘被错断，向深部断距降低。断陷控制沉积，卡鲁地层下部的德维卡群和艾伯特亲王镇组仅发育在断陷内。这一点对勘探至关重要。

（三）煤田地质

该盆地含煤层位为早卡鲁期艾伯特亲王镇组，东南部含煤层位深度范围在 320～350 m 之间。尽管煤层局部可能有几米厚，但一般较薄，厚度为 0.1～1 m。煤质差，属于高灰、中高硫、特低热值褐煤。

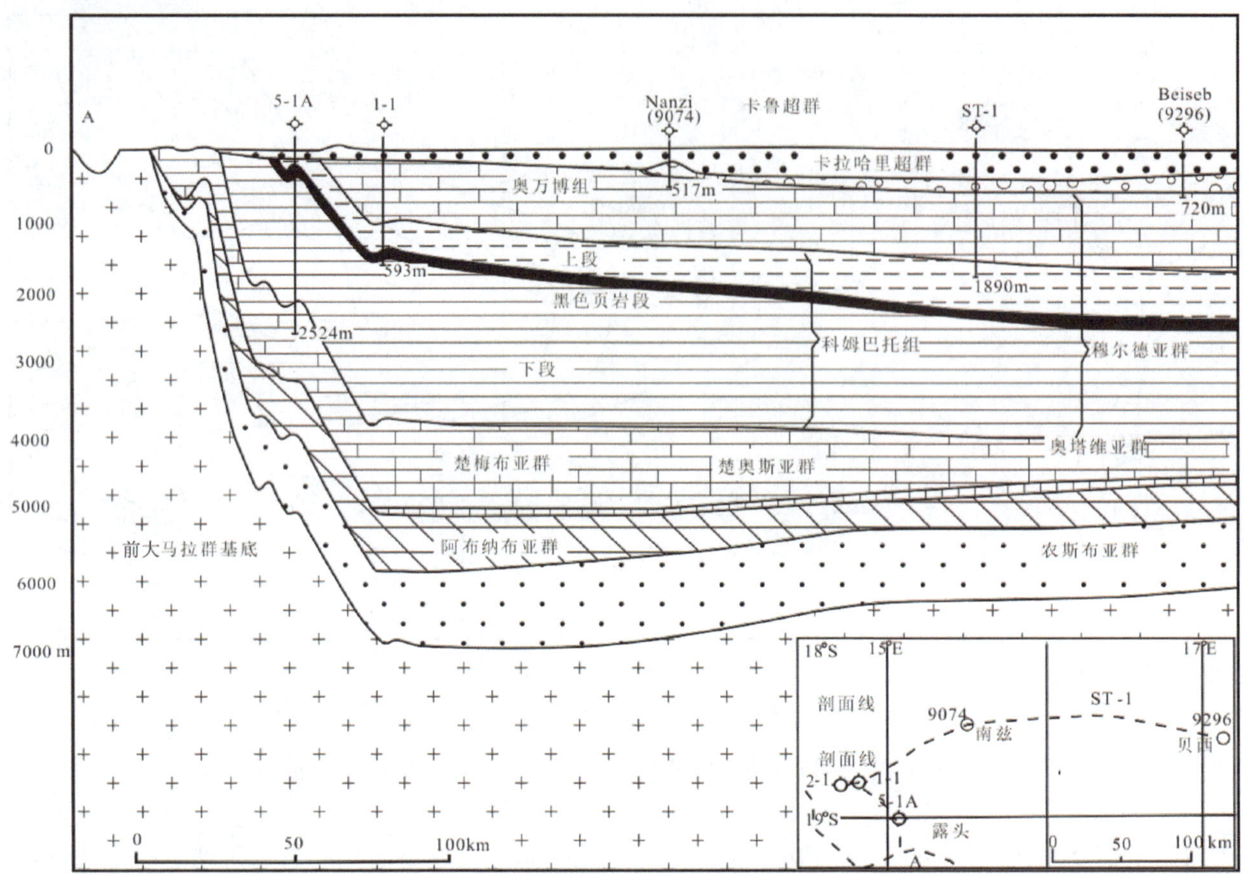

图 12-2-15 奥万博盆地中部构造剖面（Miller, 1992）

原煤一般平均水分 9.8%、灰分 43%（15%～57.8%）、挥发分 21.3%（15.5%～52.2%）、硫 1.8%（0.9%～4.5%）、热值 12.2 MJ/kg（10～16.3 MJ/kg）。煤中含铀，其次生富集 U_3O_8。

煤层局限于东部地堑构造中，煤层向东南和东部有延伸的潜力。

已收集的资料中有 4 口见煤孔（图 12-2-13），这 4 口钻孔分别是 DDH1、ST1 和 9563 和 9296，都位于中心盆地的东南部分。其中 9563 孔在安多尼（Andoni）西部 40 km 的奥卡萨纳卡纳沼泽（Okasanakana Pan）附近，9296 孔在安多尼东部 30 km 贝西沼泽（Beiseb Pan）附近。两个钻孔煤层都出现在爱卡群上部。仅凭相隔较远的 4 口钻孔，无法准确评价奥万博盆地的煤炭资源潜力，仅可作为下一步工作的参考依据。

DDH1 孔中所见情况见表 12-2-10，该孔 329.2～341.6 段及 351.1～351.9 m 段为两段煤，其煤样分析结果见表 12-2-11。

表 12-2-10 奥万博盆地钻孔 DDH1 岩芯描述

井段/m	恢复厚度/m	岩 性	井段/m	恢复厚度/m	岩 性
329.0	0.2	炭质砂岩	332.2	0.33	煤
330.2	0.9	煤	333.0	0.03	黄褐红色粗砂岩
	0.03	砂岩		0.9	煤
330.5	0.04	煤	334.1	0.01	砂砾岩
	0.05	黄褐红色砂岩		0.03	煤
	0.02	煤		0.03	炭质页岩
331.3	0.4	煤		0.03	煤
331.8		灰褐色煤	334.6	0.05	煤及黄铁矿薄片

表 12-2-10（续）

井段/m	恢复厚度/m	岩　性	井段/m	恢复厚度/m	岩　性
	0.15	炭质页岩	338.5	0.02	褐色砂岩
	0.08	煤		0.51	煤
335.2	0.01	微黄色褐色页岩状粗砂岩	338.9	0.61	煤
	0.1	煤	339.6	0.01	页岩
	0.13	炭质页岩		0.08	煤
	0.11	煤	339.9	0.28	煤
	0.02	黄铁矿凸镜体	340.7	0.05	煤
	0.43	煤		0.71	煤
336.0	0.18	煤	341.6	0.6	炭质页岩
	0.05	黄铁矿		0.01	页岩
	0.13	煤		0.05	炭质页岩
	0.01	晶洞		0.04	炭质砂岩
	0.66	煤		0.46	煤及黄铁矿条带
337.1	0.15	煤	343.0	6.22	炭质页岩及黄铁矿
337.4	0.01	页岩		0.46	煤
	0.18	煤		0.43	煤
337.8	0.31	煤及黄铁矿条带	351.9	0.33	页岩
338.3	0.15	煤			

数据来源：Coal Comission，1961；Hugo，1969

表 12-2-11　奥万博盆地钻孔 DDH1 钻孔煤样分析结果

样　号	Mst	Vol	Ash	FC	S	CV
A	11.3	18.0	48.4	22.3	1.6	11.74
B	13.1	20.9	37.6	28.4	2.4	14.67
C	14.3	22.9	31.2	31.6	1.7	16.25
D	9.4	15.5	56.3	18.8	0.9	9.93
E	3.8	17.4	52.6	21.2	2.0	11.51
F	9.3	15.9	53.9	20.9	1.7	10.84
G	9.9	19.3	48.8	23.0	1.4	12.19
H	9.4	16.0	54.9	19.7	1.9	10.38
K	8.0	16.5	57.8	17.7	1.8	9.93
L	9.6	16.2	52.6	21.6	1.8	11.06
M	11.3	19.2	46.2	23.3	1.6	12.64
N	9.7	18.8	45.1	26.4	1.3	13.32
O	9.8	17.8	45.0	27.4	1.6	13.32
P	8.2	17.4	51.5	22.9	4.5	14.45
Q	12.2	19.4	39.1	29.3	1.2	14.45
R	8.6	15.5	53.2	22.7	1.6	11.29
S	9.2	52.2	15.9	22.7	0.9	11.29

数据来源：Hugo，1969

ST1 井含煤部分厚约 18 m，深度为 330.9～348.0 m。奥万博盆地 ST1 钻井钻遇煤层段岩芯描述见表

12-2-12，分析5块原煤样品，结果见表12-2-13（Hugo，1969）。此外，在ST1孔钻遇到的煤层含菱锶矿，铀含量也较高（Hiemstra and De Waal，1968）。

表12-2-12　奥万博盆地ST1钻井钻遇煤层段岩芯描述

井段/m	恢复厚度/m	岩　性
329.5	0.7	炭质、钙质粉砂岩及煤条带
330.2	0.7	未取芯
330.9	3.6	含黄铁矿煤
	0.5	煤及磁铁矿结核
	0.03	煤及黄铁矿结核
335.5	1.0	未取芯
336.5	1.2	煤及黄铁矿结核（凸镜体）
337.7	0.3	炭质页岩
338	10.7	346.9～348.4 m段为炭质灰色页岩（凸镜状或条带状）

数据来源：Hugo，1969

表12-2-13　奥万博盆地ST1钻井钻遇煤层分析结果

样品编号	Mst	Ash	Vol	FC
1	4.7	46.0	23.6	25.7
2	—	51.8	—	—
3	4.7	46.4	21.6	27.3
4	—	21.0	—	—
5	4.6	54.0	18.4	23.0

数据来源：Hugo，1969

奥万博盆地9296孔钻遇煤层段岩芯描述见表12-2-14，330.6～356.9 m之间8块样品分析结果见表12-2-15。

表12-2-14　奥万博盆地9296孔钻遇煤层段岩芯描述

井段/m	恢复厚度/m	岩 性 描 述
328.2	0.6	灰色页岩
330.6	0.6	煤
332.8	0.6	褐灰色煤夹亮煤条带，顶部见少量页岩
	0.3	页岩
	0.3	页岩质、含黄铁矿煤
345.0	0.9	褐灰色煤夹少量亮煤条带
	0.3	页岩
	0.1	黑煤
346.5	0.3	煤、灰色页岩、见少量黄铁矿结核
351.0	0.6	灰褐色含黄铁矿页岩煤
353.2	1.1	灰色煤、薄亮煤条带
	0.2	页岩
	0.1	黑煤
	0.4	灰褐色煤，夹薄亮煤
	0.1	黑煤
	1.7	灰褐色煤、页岩煤
356.9	0.1	黑煤

数据来源：Hugo，1969

表 12-2-15 奥万博盆地 9296 钻孔煤样分析

井段/m	Rec	Mst	Vol	Ash	FC	CV
330	0.61	10.8	30.0	10.9	40.2	19.64
333	0.61	9.1	26.8	29.3	34.8	17.38
345	0.91	8.0	23.2	37.7	31.1	nd
346	0.08	7.6	31.6	33.2	27.6	nd
351	0.58	7.6	21.4	47.1	23.9	nd
353	1.15	7.7	21.1	46.7	24.6	nd
355	0.46	8.3	20.7	45.4	25.6	nd
356.9	1.88	8.4	22.7	39.7	29.2	nd

注：Rec 表示镜质组反射率。

数据来源：Hugo，1969

9563 钻孔在 326.4～333.4 m 之间见到厚度共计 0.18 m 的薄煤层，夹有炭质页岩，在 344.7 m、345.6 m 和 362.0 m 也见煤层，由于煤质太差，没有采样分析。与同一地区 DDH1 和 ST1 钻孔相比较来看，煤层稳定性较差。

六、卡奥科兰盆地

（一）盆地分布

该盆地位于纳米比亚西北部地区，盆地沉积露头主要出现在恩戈（Engo）和霍阿鲁西布河（Hoarusib）河谷。1974—1980 年间的铀资源潜力调查探井，揭露本区有隐伏卡鲁地层存在。

（二）区域地质

1. 地层

卡鲁超群从最老到最新细分成德维卡群、恩戈组和埃乔山组。其中恩戈组可与爱卡期艾伯特亲王镇组对应（Hegenberger，1992）。通过解释电阻率数据，该区卡鲁超群最大厚度约 500 m，钻深一般仅达 200 m。德维卡群仅有几处露头，推测其厚度为 480 m 左右。恩戈组是河流成因，底部粉色砂岩厚度可达 30 m，上覆黑色泥岩、页岩及一些泥砂岩和泥灰等（Fletcher and Le Roiux，1981）。

Fletcher（1979b）对恩戈地区卡鲁序列地层进行了较细的划分和总结，结果如图 12-2-16 所示。结合图 12-2-2 和图 12-2-16，可以对该区主要含煤层位有一个具体的了解。

2. 构造

根据卡鲁超群受断层控制的特点，其形成环境为一地堑构造，与海岸线平行或沿 NE-SW 展布（Stahl，1932）。

（三）煤田地质

该煤田现没有发现有价值的煤炭资源。卡奥科兰盆地爱卡期形成恩戈组，与纳米比亚其他地区含煤地层可以对比，但在恩戈山谷的一个 45～80 m 厚的剖面上未见煤层，仅见黑色页岩。

七、胡阿布干河盆地

（一）盆地分布

胡阿布干河盆地又称西达马拉兰盆地（Western Damaraland Basin）及托斯卡尼尼盆地（Toscanini Basin），分布于纳米比亚西北部滨海地带，斯瓦科普蒙德以北约 200 km 处，主要沿胡阿布干河呈 NEE 向展布，长约 90 km，宽约 40 km，胡阿布干河盆地地质简图如图 12-2-17 所示。

（二）地层和构造

1. 地层

卡鲁超群露头主要位于玄武岩之下，受地堑控制（Stavrakis，1985）。该盆地卡鲁地层，自下而上主要为德维卡冰碛岩、维伯兰德山组含煤泥岩、胡阿布干河组红层、盖·埃斯组（Gai As Formation）

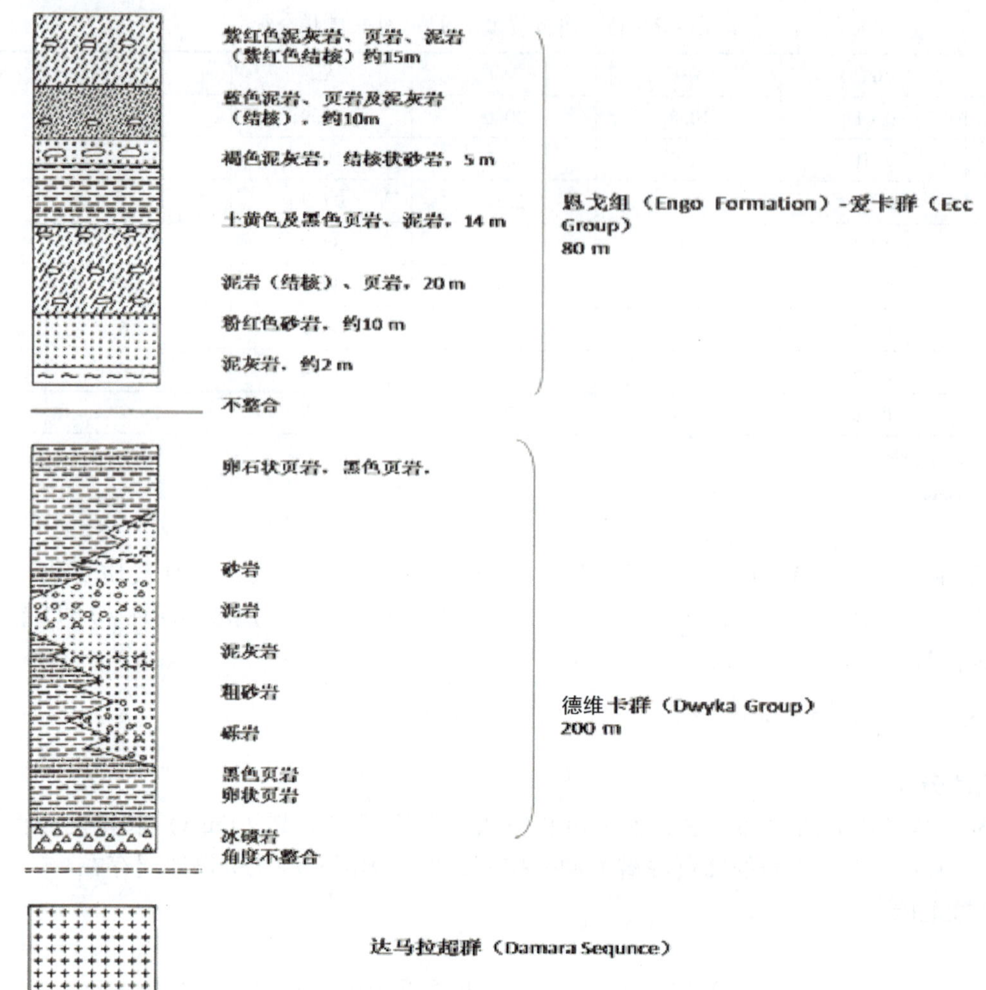

图 12-2-16 恩戈地区卡鲁超群地质柱状图（Fletcher，1979）

红色砂岩、泥岩夹灰岩凸镜体及埃乔山组风蚀砂岩，最大厚度约 800 m。

达马拉兰西部的卡鲁超群岩性剖面如图 12-2-18 所示，岩性描述见表 12-2-16（前者表示一定时间段内的沉积演化，后者表示不同时间内沉积厚度）。从维伯兰德组到盖·埃斯组的岩石地层相当于爱卡群（Hegenberger，1992）。

表 12-2-16 达马拉兰西部卡鲁超群岩性描述

组	岩 性 描 述	厚度/m
埃特德卡	玄武岩、安粗岩、石英安粗岩、少量风蚀砂岩	>1000
埃乔山	风蚀砂岩、少量砾岩凸镜体	<50~125
盖·埃斯	红、紫红色泥岩，紫红色粉砂岩、红色砂岩	<50~180
胡阿布干河—怀特希尔	灰、橙色及黄色灰岩，夹粉砂岩及页岩	10~100
托撒拉比斯（上艾伯特亲王镇）	砂岩，粉砂岩及页岩	3~40
维伯兰德山（下艾伯特亲王镇）	白色砂岩，白色结核状页岩，黑色炭质页岩，煤及灰色页岩	<60
德维卡	冰碛岩、陆源杂岩，冰河砾岩	0~10

数据来源：Stavrakis，1985；Hegenberger，1992

2. 构造

卡鲁早期本区受地堑构造控制，断陷内接受沉积，后卡鲁期断层走向主要为近 SN、NW 及 NE 向，特别是 NE 及 SN 向海岸断裂，形成阶梯状构造，沉积层向东倾，倾角 30°~40°，局部达 85°。达马拉兰

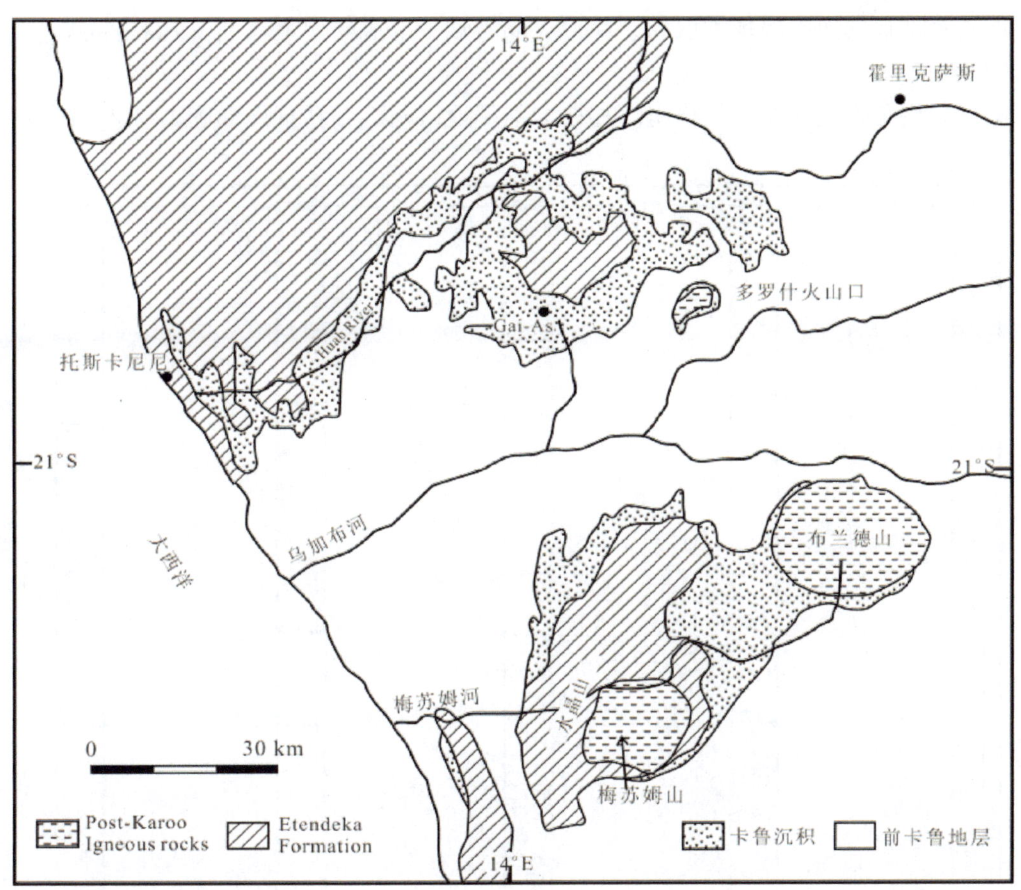

图 12－2－17　胡阿布干河盆地地质简图（Horsthemke 等，1990）

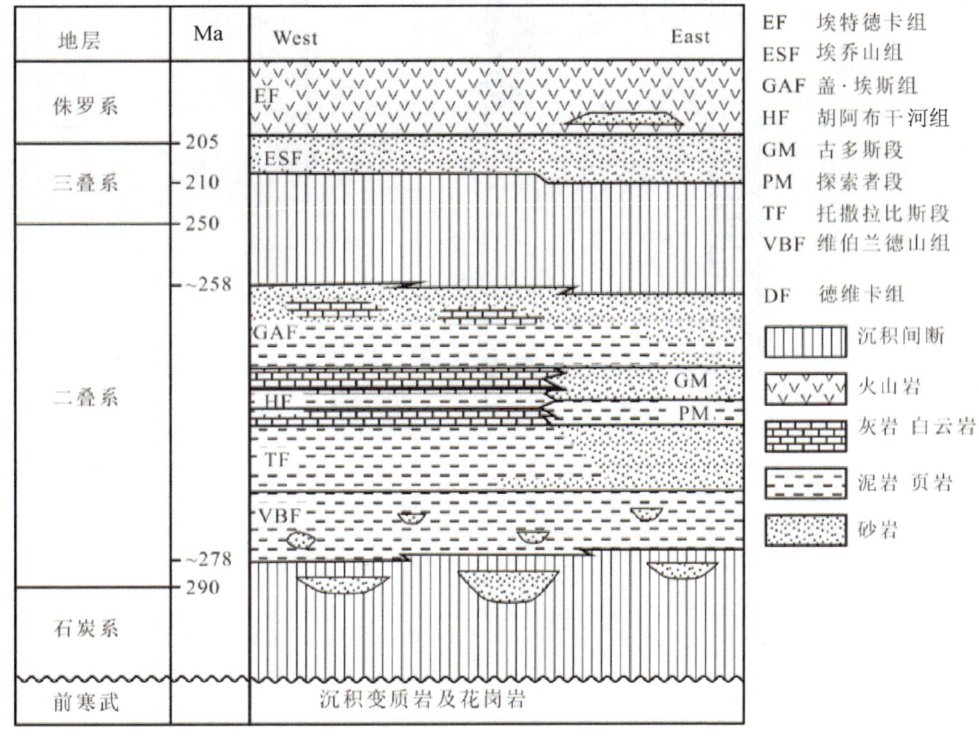

图 12－2－18　达马拉兰西部的卡鲁超群岩性剖面（Horsthemke，1992）

西部地层接近水平，局部地区受到辉绿岩岩脉侵入的影响，形成断层或褶曲（Horsthemke，1992）。

（三）煤田地质

该盆地赋煤地层是维瑞布拉德伯格组。托斯卡尼尼地区附近钻孔剖面如图 12－2－19 所示。在托斯

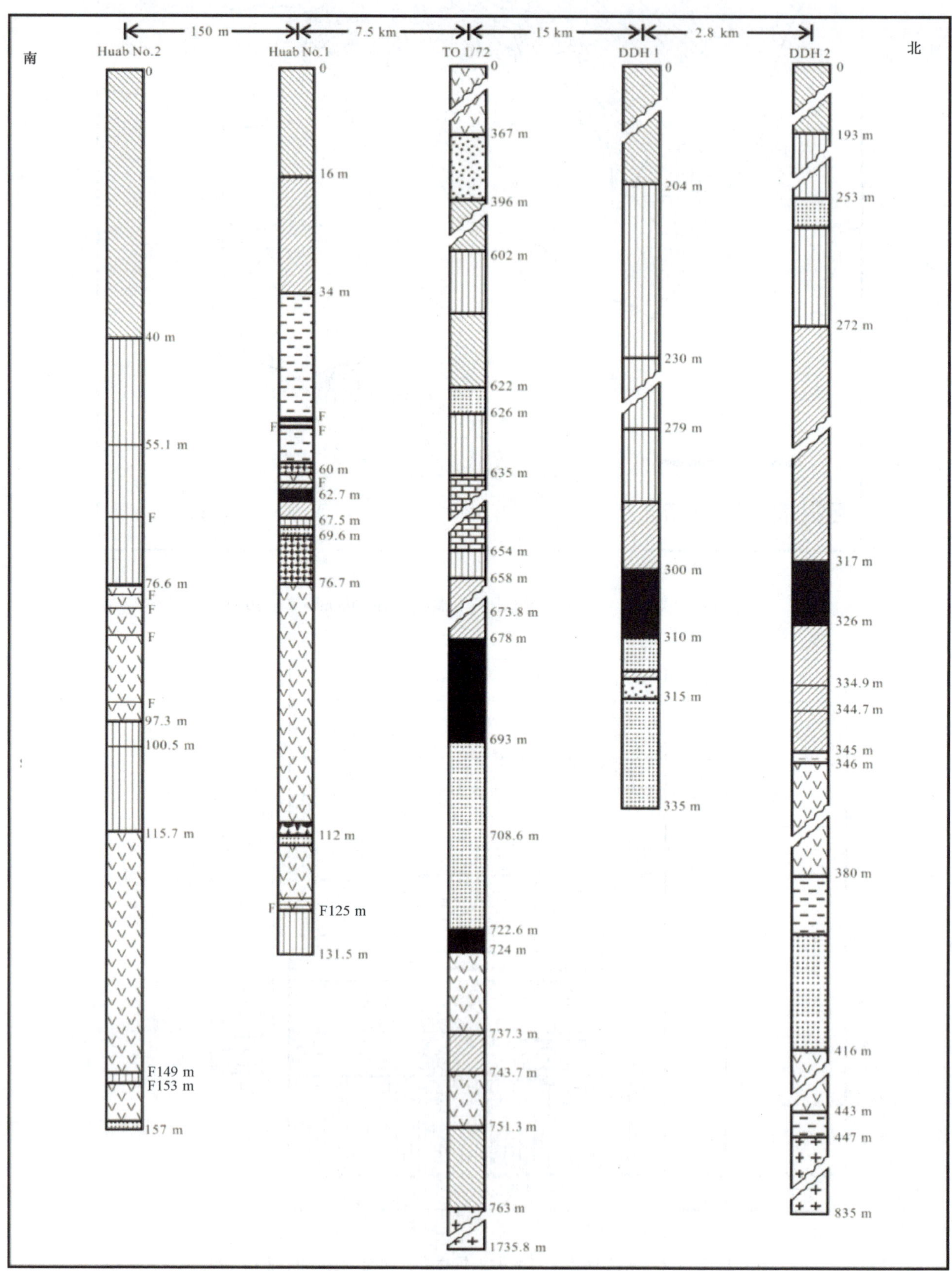

图 12－2－19 托斯卡尼尼地区附近钻孔剖面（Schommarz，1988）

卡尼尼地区，煤层厚度变化较大，最厚达 1.5 m，但平均厚度仅为 0.1 ~ 0.2 m。煤层埋深 62 ~ 725 m。在海岸附近，分析了 4 个钻孔中 19 个煤样，结果见表 12 - 2 - 17。该区域煤为高灰分、低发热量的低级煤。原煤平均水分 1.8%、灰分 56%（16.9% ~ 90.3%）、挥发分 6.5%（4.2% ~ 13.7%）。辉绿岩侵入使局部煤转化成无烟煤（Smith and Whittaker，1986；Horsthemke，1992）。

表 12 - 2 - 17　托斯卡尼尼地区煤质分析

样品	原煤					洗煤					
	Mst	FC	Vol	Ash	CV	Yield	Mst	FC	Vol	Ash	CV
TO1/72A	1.8	10.3	4.6	83.3		8.9	2.3	70.5	3.8	23.4	
						S91.1	1.7	4.5	4.7	89.1	
TO1/72B	1.6	23.3	4.6	70.5		15.3	2.4	70.5	3.2	23.9	
						S84.7	1.4	15.0	4.9	78.7	
TO1/72C	1.6	18.5	5.1	74.9		9.1	2.3	71.4	3.1	23.2	
						S90.9	1.4	13.2	5.3	80.1	
TO1/72D	1.5	21.4	4.2	72.9		13.9	2.4	71.3	3.9	22.4	
						S86.1	1.3	13.4	4.3	81.0	
TO1/72E	1.4	20.1	4.2	74.0		10.2	1.8	68.5	3.7	26.0	
						S89.8	1.3	14.7	4.6	79.4	
TO1/72F	1.8	29.4	5.1	63.7		15.1	1.9	72.0	2.8	23.3	
						S84.9	1.8	21.8	55	70.9	
TO1/72G	1.9	36.3	5.2	56.5		24.2	2.1	73.3	3.5	21.1	
						S75.8	1.8	24.6	5.7	67.9	
TO1/72H	1.5	33.1	5.5	59.9		34.9	1.7	72.6	3.9	21.8	
						S65.1	1.4	11.9	6.4	80.3	
TO1/72J	1.7	57.1	4.5	36.7		68.7	1.7	75.0	3.8	19.5	27.1
						S31.3	1.5	18	5.9	74.6	
TO1/72K	1.5	60.0	4.5	34.0		71.4	1.5	75.6	4.0	18.9	27.3
						S28.6	1.4	21.2	5.8	71.6	
TO1/72L	1.4	15.0	5.9	77.7		17.0	1.3	75.6	4.3	18.8	27.5
						S83.0	1.4	2.7	6.2	89.7	
TO1/72M	1.4	19.3	5.6	73.7		20.8	1.5	75.3	4.3	18.9	27.4
						S79.2	1.4	4.5	6.0	88.1	
DDH1/A	0.8	43.9	13.6	41.7							
DDH1/B	0.8	43.7	12.9	42.6							
DDH1/C	0.7	56.7	13.7	28.9							
DDH2/A	1.5	71.7	9.9	16.9							
Huab1/1	1.7	2.7	5.3	90.3	0.8						
Huab1/2	1.7	9.6	5.7	83.0	2.1						
Huab1/3	1.8	37.5	4.4	56.3	10.5						

注：空气干燥基；浮沉液密度为 1.80 g/cm^3；浮沉产量前加“S”。

数据来源：Schommarz，1988

在维瑞布拉德博格和 Goboboseb 山，地表煤样灰分含量高（40% ~ 80%）（Bantz，1974）。在无灰基中，精选样品挥发分含量在 20% ~ 50%，固定碳含量介于 30% ~ 70% 之间。

总的说来，胡阿布干河盆地大部分地区的煤层较薄，达不到可采厚度，发热量低，灰分高，煤质差，但该地区受辉绿岩侵入影响，有部分无烟煤，值得进一步勘查。

第四节　优质煤炭资源富集区

纳米比亚有6个含煤盆地，分别是奥万博盆地、胡阿布干河盆地、卡奥科兰盆地、瓦特贝格盆地以及阿拉诺斯盆地和卡拉斯堡盆地。含煤盆地的确定以卡鲁地层的发育为标准，这些“煤盆地”中是否含煤以及煤炭资源丰度情况目前尚未准确确定。煤层薄、灰分高、发热量低是纳米比亚煤质的主要特点。极少数地区有无烟煤，但勘探程度低且灰分含量较高。

阿拉诺斯盆地勘探程度相对较高，主要煤层（组）为“下煤”，由多个单独的煤层组成，各单煤层平均1 m厚，平均灰分37%，平均热值18.18 MJ/kg。瓦特贝格盆地煤层厚度小，发热量低，主盆地区可圈出5个小煤层，累计厚度约为3 m，原煤平均热值17.1 MJ/kg，属于中高灰分、中低发热量动力煤。胡阿布干河盆地煤炭资源灰分较大，受岩浆活动影响，部分地区变质程度较高，托斯卡尼尼地区原煤平均灰分56%、挥发分6.5%。奥万博盆地煤类属于高灰、中高硫、特低热值褐煤。卡拉斯堡盆地和卡奥科兰盆地尚未发现煤炭资源。

基于纳米比亚煤炭资源分布特点，建议把阿拉诺斯煤田作为优质煤炭资源富集区。阿拉诺斯煤田勘探程度较高，资源储量具有一定规模，该煤田是进入纳米比亚煤炭行业的首选目标。

本章参考文献

[1] 爱森哲. 神华国际化研究项目汇报摘要［R］. 2011.

[2] 丁晓红. 纳米比亚矿业及投资环境及远景［J］. 国土资源，2004（4）：57－59.

[3] 雷福坤. 我局在纳米比亚发现超大型铁矿［R/OL］.（2011－08－26）. http://www. China－ece. com/schowcontent. asp? Articlelild－2008.

[4] 李秀慧，刘典波. 纳米比亚矿业投资环境分析［J］. 资源与产业，2012，14（12）：122－126.

[5] 刘佳武，石 华. 纳米比亚的矿产潜力［J］. 采矿技术，1994（1）：2－3.

[6] 何金祥，吴智慧，李奚甡. 非洲矿产资源勘探与开发——纳米比亚［J］. 中国地质，1997（7）：43－45.

[7] 何金祥. 非洲矿产资源勘查开发现状［J］. 国土资源情报，2006（11）：1－6.

[8] 吴智慧，何金祥，吴初国. 非洲矿产资源勘查和开发—博茨瓦纳［J］. 中国地质，1998（1）：44－46.

[9] 中国地质调查局发展研究中心境外矿产资源研究室. 应对全球化：全球矿产资源信息系统数据库建设（七）非洲：纳米比亚 博茨瓦纳 莫桑比克［DB/OL］. 2011.（2014－09－24）. http：//www. mofcom. gov. cn/article/i/dxfw.

[10] 中华人民供各国商务部贸易经济合作研究院、投资促进事务局，中国驻纳米比亚大使馆经济商务参赞处. 对外投资合作国别（地区）指南－纳米比亚（2013年版）.［R/OL］.

[11] Avonlea Minerals Ltd. Exploration of Iron in Namibia［R］. 2012.

[12] Cairncross. An overview of the Permian（Karoo）coal deposits of southern Africa［J］. African Earth Sciences，2001，33（2001）：529－562.

[13] Chamber of Mines of Namibia. Chamber of Mines of Namibia Newsletter［C］. Windhoek，Namibia，4/2011，December，28 p.

[14] Coal Commission. Interim report of the Coal Commission of South West Africa［R］.［S. l］：1961.

[15] Unpubl rep geol Surv［R］. Windhoek，124 pp.

[16] Esterhuizen，A G. Report on diamond drilling on prospecting grants M46/3/1241，1584 and 1585，Otjiwarongo Karoo Basin［R］.［S. l］：Gold Fields Prospecting Co.

[17] Exploration Consultants Ltd（ECL）. Petroleum Potential of the Karoo of Botswana［R］. Volume 1－Report，1998，GC 122/2/1a. Geological Survey，Botswana.

[18] Fletcher，B A，Le Roux，et al. Engo Valley－Skeleton Coast. Interim geological report［R］. 1981，Sarusas concessions M46/3/51，490 and 722. Unpubl. rep.，General Mining Corp，24 pp.

[19] Fletcher. Engo valley－stratigraphic column. Unpubl rep，General Mining and Finance Corp.［R］，1979，2 pp.

[20] Gunthorpe, Final report, Samoa and Tevrede prospecting grants [R]. 1987, (M46/3/1240 and 1241), Otjiwarongo District, South West Africa/Namibia. Unpubl rep, Tsumeb Corp Ltd, 9 pp.

[21] Hedberg. Stratigraphy of the Ovamboland Basin, South West Africa [M]. Bull. [S.1], 1979.

[22] Hegenberger. Some aspects of Nama and Karoo sedimentation from a borehole south – east of Gobabis [J]. Communs Geol Surv SWAfr/Namibia, 1985, 1: 63 –67.

[23] Hegenberger. Coal, In: The Mineral Resources of Namibia [M]. [S. l.] 1992: 7.2 –1 –7.2 –29.

[24] Hiemstra, S. A. , and De Waal. Radioactive minerals in coal samples from Ovamboland [R]. Unpubl rep, National Institute for Metallurgy, 1968: 351, 11.

[25] Holzöf rster F, Stollhofen H, Stanistreet. Lithostratigraphy and depositional evironments in the Waterberg – Erongo area, central Namibia, and correlation with the main Karoo Basin, South Africa [J]. Afr Earth Sci, 1999, 29 (1): 105 –123.

[26] Horsthemke, Ledendecker, Porada. Depositional environments and stratigraphic correlation of the Karoo Sequence in northwestern Damaraland [J]. Communs geol Surv Namibia, 1990, 6: 63 –73.

[27] Horsthemke. Fazies derKaroosedimente in the Huab – Region, Damaraland, NW – Namibia [J]. Gottinger Arb Geol Palaont, 1992, 55: 102.

[28] Hugo, PJ. Report on the core – drilling programme in Ovamboland 1967 – 1968 [R]. Unpubl rep geol Surv Namibia, 1969, 45.

[29] James C H, Nicola JW, Stucker, et al. Maceral types in some Permian southern African coals [J]. International Journal of Coal Geology, 100 2012, 100: 93 –107.

[30] Johnson, M R, Van Vuuren, et al. Stratigraphy of the Karoo Supergroup in southern Africa: an overview [J]. Afr Earth Sci, 1996, 23 (1): 3 –15.

[31] Kingsley. Sedimentological analysis of the Ecca Sequence in the Kalahari Basin [M].[S. l.]: 1985.

[32] South West Africa/Namibia [R].[S. l.] Unpubl rep CDM Mineral Surveys, 39.

[33] Kimberley Process Certification Scheme. 2012 Annual global summary—2011 production, imports, exports, and KPC counts [R/OL]. https: //kimberleyprocessstatistics. org/static/pdfs/AnnualTables/2010Global Summary. pdf.

[34] Lombard, H, Final report for prospecting grants M46/3/1067 and 1104, situated in the Otjiwarongo District [R]. Unpubl rep, B&O Mineral Exploration, 11.

[35] Marsh, S C K, McDaid. Final grant report, prospecting grants M46/3/991 and 993 [R]. Unpubl rep, Anglo American Prospecting Services Namibia, 1986: 1 –4, 26 pp.

[36] McDaid. Final grant report, grant MCW 46/3/1151 [R]. Unpubl rep, CDM Mineral Surveys, 1983, 12.

[37] Mill G M. Mineral exploration targets in Namibia [C]. //The Mineral Resources of Namibia, 2011.

[38] Miller, RMcG. Pre – breakup evolution of the western margin of southern Africa [R]. 1992, 37 –43.

[39] Miller, RMcG. The Owambo Basin of northern Namibia [M].[S. l.]. 1997: 3.

[40] Omayra BLugo. THE Mineral Industry of Namibia [J/OL]. Minerals Yearbook NAMIBIA. 2011. http: //minerals. usgs. gov/minerals/pubs/country/africa. html#mz https: //kimberleyprocessstatistics. org/static/pdfs/AnnualTables/2010 Global Summary. pdf.

[41] Osborne. Otjiwarongo Karoo basin coal project: phase 1 (grants M46/3/1240 and 1241)[R]. Unpubl rep, Gold Fields Prospecting Company, 1985: 10.

[42] Schommarz, RE. The coal potential of the Toscanini area [M]. Skeleton Coast Park, [S. l.] 1988.

[43] Open File rep geol Surv Namibia [R]. EG 86, 15.

[44] Smith, DAM, Whiltaker RLG. The coal field of southern Africa: an introduction [M].//Anhaeusser CR, Maske S (Eds). Mineral Deposits of Southern Africa. Johannesburg, Geol Soc S, Afr, 1986: 1875 –1878.

[45] Smith, RMH, Eriksson, et al. A review of the stratigraphy and sedimentary environments of the Karoo – aged basins of southern Africa [J]. South African Journal of Geology, 1993: 107 –169.

[46] Stavrakis, N. Coal deposits of Namibia [R]. BP Coal (SA) Internal Report, 1985: 43.

[47] Thomas Schlüter. Geological Atlas of Africa [M]. New York, [S. l.]: 2006.

[48] US Department of the Interior and US Geological Survey [R/OL]. 2012. http: //minerals. usgs. gov/minerals/pubs/country/africa. html#mz.

[49] US Department of the Interior and US Geological Survey. 2011 Minerals Yearbook Namibia [R/OL]. 2013. http: //minerals. usgs. gov/minerals/pubs/country/africa. html#mz.

[50] World Nuclear Association. 2013 Uranium in Namibia: World Nuclear Association [J/OL]. January 31, 2013. http://www.world-nuclear.org/info/inf111.html.

[51] World Nuclear News. Definitive study shows Husab viability: World Nuclear New [J/OL]. June 31, 2013. http://www.world-nuclear-news.org/ENF-Definitive_study_shows_Husab_viability-0604118.html.

第三章　煤炭资源开发投资建议

第一节　国别投资建议

一、对外资的吸引力

纳米比亚正式独立后，人组党政府先后制订了 3 个“五年经济发展计划”及“2030 年远景规划”，大力吸引外资发展制造业、矿产品加工业、旅游业和金融服务业，扶持黑人企业发展。国际金融危机对纳米比亚经济造成一定影响，纳米比亚基础设施建设和矿产业等重要出口部门日益受到冲击，经济增速减缓。但在非洲大陆综合比较，纳米比亚的矿业等行业仍对外资具有非常强的吸引力。

对纳投资的主要国家是南非、德国、西班牙、英国、美国和法国，东南亚国家和中国也有部分投资，涉及钻石矿、鱼品加工、服装、汽车装配、管道生产、安装、仓储等领域。

二、投资环境排名

从宏观角度分析，评价一国投资环境，首先需要关注的是该国的整体竞争力水平，由于矿业投资的金额大、周期长、需考虑的相关因素多，所以国家的基本制度、基础设施条件、宏观经济状况、市场效率以及商业成熟度都是应关注的问题。世界经济论坛《2016—2017 年全球竞争力报告》显示，纳米比亚在全球 138 个国家和地区中排名第 84 位，较上年度上升 1 个位次。该国在制度规范的立定、金融市场发展方面表现平平，健康与初等教育、高等教育和培训、市场规模等方面存在较为严重的问题。纳米比亚全球竞争力在 138 个国家和地区排名情况见表 12－3－1。

表 12－3－1　纳米比亚全球竞争力在 138 个国家和地区中的排名情况

	2015—2016 年排名	2016—2017 年排名		2015—2016 年排名	2016—2017 年排名
基本条件（40%）	79	75	劳动力市场效率	49	32
制度	44	39	金融市场发展	50	49
基础设施	66	66	技术装备	87	87
宏观经济环境	71	74	市场规模	114	113
健康与初等教育	116	121	政府促进创新（10%）	79	77
市场效率（50%）	97	94	商业成熟度	77	83
高等教育和培训	109	110	创新	74	74
商品市场效率	85	79			

数据来源：The Global Competitiveness Report 2015—2016，2016—2017

从微观角度分析，本书更关注企业在具体商业经营活动中遇到的困难与阻碍并依此来评估该国微观商业经营环境。世界银行《2016 全球营商环境报告》显示，纳米比亚在 189 个国家和地区中排名第 101 位，比上年度下降了 13 位。其中获得融资、执行合同相对容易，对投资者保护力度较高。但资产注册、跨境贸易等方面是企业在当地经营时最难解决的问题。纳米比亚营商环境在 189 个国家和地区的排名情况见表 12－3－2。

表 12-3-2　纳米比亚营商环境在 189 个国家和地区中的排名情况

	2015 年排名	2016 年排名		2015 年排名	2016 年排名
总体营商环境	88	98	投资保护	27	66
创办公司	156	164	纳税	25	93
获得建筑许可	25	66	跨境贸易	136	118
获得电力	66	76	合同执行	53	103
资产注册	173	174	解决无偿付能力	21	97
获得融资	61	59			

数据来源：世界银行营商环境报告 2015，2016

三、投资环境的冷热分析

国别冷热比较法由美国经济学家伊西阿·利特法克和彼得·班廷在 20 世纪 60 年代后半期提出。该分析法是通过对各国投资环境中的 8 种因素进行综合和统一尺度的比较分析，是投资环境定性分析的代表性方法之一。

对投资环境的研究而言，除了应在政治、经济和法律等方面对其进行分析外，还应对近年来中国企业海外矿业投资的成功经验与失败教训进行归纳和总结，研究过程中作者发现在实际投资中能否克服基础设施的瓶颈以及按时获得环境审批往往直接决定了项目的成败，而东道国的税收环境和汇率变动也会对能否获取预期的投资收益产生重大影响。基于上述原因，本书将汇率、税收、环境要求和基础设施条件一并纳入了冷热分析中，形成了更加针对矿业投资特点与需求的九方面评价因素，依次是政治稳定性、市场、经济增长与发展、汇率稳定性、法令障碍、税务环境、环境保护成本、基础设施条件、地理及文化。

判断结果以该因素是否有利于在东道国进行矿业投资为标准，给出了“热”、“中”、“冷”三种评估结论，东道国的投资环境因素越“热”（即越好），外国投资者在该国投资就越有利。以政治稳定性为例，“热”表示该国有一个由社会各阶层代表所组成的、被群众所拥护的政府，基本没有民族和地区矛盾，社会稳定，政府鼓励和促进企业发展并创造出良好的、适宜企业长期经营的环境。反之为“冷”因素，当东道国政治稳定性介于“热”和“冷”之间，情况比较复杂或偏中性，无法给出单方面的结论时，评估结果为“中”。

1. 政治稳定性

纳米比亚建国后基本沿袭了西方的政治与法律体系，形成了较为完善的政治架构。执政党由长期领导纳米比亚独立的人组党担任，在政府的领导能力、民众的认可度以及社会管理等方面得到了各方肯定，其他政党及政治力量较弱，政府执政基础较为稳固，推行政策较为顺畅，社会秩序和治安情况良好，犯罪率较低。在对外关系上，纳米比亚积极与南非发展双边关系并在地区一体化和国际交往中为自身发展争取了更多良好的国际环境。

综合考虑，本书对纳米比亚的政治稳定性评定为“热”。

2. 市场

从国内来看，纳米比亚人口较少，农牧业在经济中占了较大比重，对矿产及能源的市场消费量较小。但其邻国南非和安哥拉均为重要的新兴经济体且人口较多，工农业生产及社会生活对能源需求稍大，为纳米比亚提供了一定的外部市场。从总体上看，受限于当地经济发展水平、基础设施条件和运输距离等因素，纳米比亚所拥有的市场机会有限。

综合考虑，本书对纳米比亚的市场机会综合评定为“冷”。

3. 经济增长与发展

纳米比亚独立以来，政府推行市场经济体制，不仅巩固了国民经济的基础，还依靠矿业特别是钻石业的发展实现了经济的快速增长，为国家进一步发展积累了一定的资金。但由于其过度依赖矿产品出口，国内其他产业基础薄弱，经济体量小，经济发展的内生动力不足且极易受到外部因素影响而产生波动。

综合来看，本书对纳米比亚经济增长与发展评定为“冷”。

4. 汇率稳定性

纳米比亚是兰特货币区成员国，该国采取的是盯住兰特的汇率政策。南非兰特的汇率起伏较大，波动较为频繁，也导致了纳元汇率的不稳定。

综合来看，本书对纳米比亚元的汇率稳定性评定为“冷”。

5. 法令阻碍

纳米比亚独立后继承了西方的司法体系和法律制度，建起了较为完善的法律体系，执政党力量的集中使外国投资政策及相关法律在议会中通过较为顺利，法令的贯彻执行较为顺畅，政府鼓励外国资本的进入，也希望不同国家企业的进入可以打破该国矿业领域被跨国公司垄断的现状。但值得注意的是，纳米比亚劳动法规对该国劳工的保护力度较大，工会势力较强。

综合来看，本书对纳米比亚法令阻碍评定为“中”。

6. 税务环境

据普华永道和世界银行共同合作发布的2015年全球189个主要经济体总体税赋情况排名看，纳米比亚税收负担排名第169位，整体税赋为21.3%。纳米比亚税收遵从成本从轻到重在189个主要经济体排名中位列第93位。纳米比亚当前的综合税赋较低，但税收整体环境尚未稳定、成熟。

综合来看，本书对该国的税务环境评定为“中”。

7. 环境保护成本

在环保成本研究中，主要通过5个方面对目标国家的环境保护成本进行定性分析。分析后给出“高”“中”“低”三种评估结论。定性分析结果显示，评估纳米比亚环境保护成本的5个因素中：国家环境法律体系完善程度评定为“中”级别；环境许可证审批程序复杂程度、环境许可证审批一般办理时限、公众参与程度及环境保护敏感度以及矿区复垦及环境保护保证金收取要求均评定为“低”级别。总体而言，纳米比亚被定级为环境保护低成本国家。

因此，本书对纳米比亚的环境保护成本评定为“热”。

8. 基础设施条件

纳米比亚基础设施在非洲地区相对完善。铁路和公路连接全国各主要城市、旅游景点及港口，同时，该国西邻大西洋，有两个优良港口。缺点是电力缺乏，约一半的电力需要从南非进口。

综合来看，本书对纳米比亚基础设施条件评定为“中”。

9. 地理及文化

纳米比亚位于非洲西南部，西临大西洋，南部与南非接壤，地理位置距中国较远。纳米比亚在独立过程中得到来自中国的大力支持，中国是其重要的援助国，双方的政治互信与交往频繁，纳米比亚对华友好的力量占主流。近年来，在纳投资的中资企业数量成倍增长，以建筑业、矿业为主，但多数企业的投资还处于项目前期阶段。

综合来看，本书对纳米比亚地理及文化差异评定为“中”。

从以上9个因素对纳米比亚的投资环境进行“冷”“热”评估分析，得出纳米比亚在政治稳定性和环境评价方面的评价为“热”，在地理及文化、法令阻碍、基础设施条件的评价为“中”，在市场、经济增长与发展、汇率稳定性、税务环境评定为“冷”。

第二节　国别煤炭资源开发投资建议

一、投资环境展望

纳米比亚和中国一向交好，早在20世纪60年代初，中国共产党即与纳米比亚人组党建立关系，在世界政治和经济舞台上一贯相互支持。2007年2月，胡锦涛访纳。近些年来，中国的援助项目得到高度赞扬，中国的机电和轻纺产品颇受当地青睐。纳米比亚有着丰富的矿产资源，而中国是资源消费大国，双方优势互补的基础自然天成。纳米比亚与南非山水相连，投资环境与之类似。与非洲其他国家相比，纳政局稳定、基础设施相对完备、法律法规健全。

但另一方面，纳米比亚投资环境也存在着一系列不利因素。首先，纳米比亚对西方矿业公司的依赖较深。中国公司若想在纳有一席之地，与西方矿业巨头之间的竞争是不可避免的。其次，纳米比亚对南非的依赖程度很高，若想投资纳国必然离不开南非的整体考虑。纳大部分商品尤其是食品和石油靠进口，对南部非洲关税同盟（SACU）收入非常依赖，纳主要与南非开展贸易而纳元又同南非兰特直接挂钩，受南非经济影响很大。除此之外，纳米比亚还有市场容量小、劳动成本高等问题。

根据当前形势的分析和对未来的展望，作者认为纳米比亚属于外资投资时会面临较多阻碍和困难的国家，对未来纳米比亚的投资环境持谨慎乐观态度。与同处非洲南部的南非、莫桑比克和博茨瓦纳三国相比，纳米比亚的主要优势在于政府鼓励外资且希望打破跨国公司对其矿业部门垄断的局面，这为中国企业的进入创造了有利条件。主要劣势在于，同博茨瓦纳相比，纳米比亚不具备相对成熟的矿业体系与矿业传统；同南非相比，纳米比亚未能建立相对完整的国民经济体系和完善的基础设施；同莫桑比克相比，纳米比亚自然条件较差，农业基础薄弱，无法为国民经济的发展奠定稳固的基础。

二、煤炭资源开发前景分析

（一）有利条件

纳米比亚未来发现优质煤炭资源的可能性存在。现阶段纳米比亚煤炭地质勘查程度低，尚未发现较好的煤炭资源。但纳米比亚含煤面积巨大，随着勘查工作力度的加大，在局部地区有可能发现优质动力煤或者冶金煤资源。

纳米比亚位于非洲西南沿海，各含煤盆地到港口的距离较小，陆路运输成本较低。煤炭资源属于大宗商品，需要短的陆运距离来降低成本、提升竞争力。如果纳米比亚未来发现优质煤炭资源，产品可海运至需求量较大的南非、欧洲甚至中国市场。

（二）不利条件

（1）纳米比亚目前煤炭资源勘探程度低，已发现的煤炭资源质量差。纳米比亚低的煤炭勘查程度使得全国煤炭资源总量难以确定。纳米比亚所属的 6 个含煤盆地中，有的尚未发现煤炭资源，仅阿拉诺斯煤田勘探程度稍高。纳米比亚煤类多数为动力煤，品级低，表现为中低热值、中高灰分、中－中高硫。西北部滨岸地区有无烟煤，但煤层过薄，灰分较大，热值不高，尚需要进一步做地质勘探工作。

（2）纳米比亚全国人口 210 万，每年耗电 500 MW，约一半从南非进口，该国电力市场有限。南非 Eskom 公司供应纳米比亚约 22% 的用电需求，但由于电力严重不足，该公司难以保证向纳米比亚持续稳定供电。纳米比亚国内的发电厂主要有 3 家：北部水电站卢阿卡纳瀑布电站装机容量 240 MW，每年有一半时间可以发电；首都温得和克备用煤电厂装机容量 120 MW；海边建有重油发电厂，装机容量 24 MW。

（3）纳米比亚矿产资源十分丰富，素有“战略金属储备库”之称，主要矿藏有钻石、铀、铜、铅、锌、金、锰等。由于历史和体制原因，纳米比亚的矿产资源一直掌握在西方公司和个人手中，优质矿产被瓜分，新投资进入比较困难。如金刚石矿业生产主要被南非戴比尔斯公司垄断，勒辛铀矿被英国里奥廷托公司控股，主要的金矿和铅锌矿由南非英美公司独家经营，目前石油和天然气的开发主要是美国壳牌、德士古等跨国石油公司在与纳政府进行合作。

（4）水资源匮乏。纳米比亚属干燥的亚热带、半沙漠性气候。由于气温高、降雨少、空气湿度小，全年大部分时间干旱燥热、蒸发强烈。据观测资料推算，一次降雨量的 97% ~98% 被直接或间接蒸发掉，仅 1% ~2% 的降雨量渗入地下。2013 年降水量大幅下降，纳米比亚全国 13 个区发生严重旱灾，总统波汉巴宣布该国进入紧急状态。

（5）劳务签证限制严格。纳米比亚政府对外来工作人员签证限制很严，大量中方劳工进入难度很大。外籍劳工在纳就业要根据纳米比亚的实际需要，一般由雇佣单位是否真正需要决定。移民局会要求用人单位出具无法从本地招聘到所需工种的证明。除华人企业外，在纳米比亚就业的外籍员工机会很少。

（三）结论

纳米比亚现阶段地质勘查程度较低，已发现的煤炭资源质量较差，未来前景难以确定。该国人口较少，电力需求量小。虽然该国矿产资源丰富，但多数被西方跨国公司控制。气候条件恶劣，水资源贫乏。劳工制度严格。综上所述对于纳米比亚煤炭资源应谨慎投资。

三、煤炭资源开发投资建议

关注纳米比亚地质勘查进展。纳米比亚现阶段地质勘查程度低，未来有发现优质煤炭资源的可能性。若煤炭资源勘查有突破，基于纳米比亚优越的出口运输条件，应及时介入开发。

纳米比亚优势矿种有钻石、铀、铜、铅、锌、金、锰等，近期油气开发取得突破，该国投资环境良好，可以考虑在该国进行非煤矿产投资。

第十三篇

博茨瓦纳共和国

Republic of Botswana

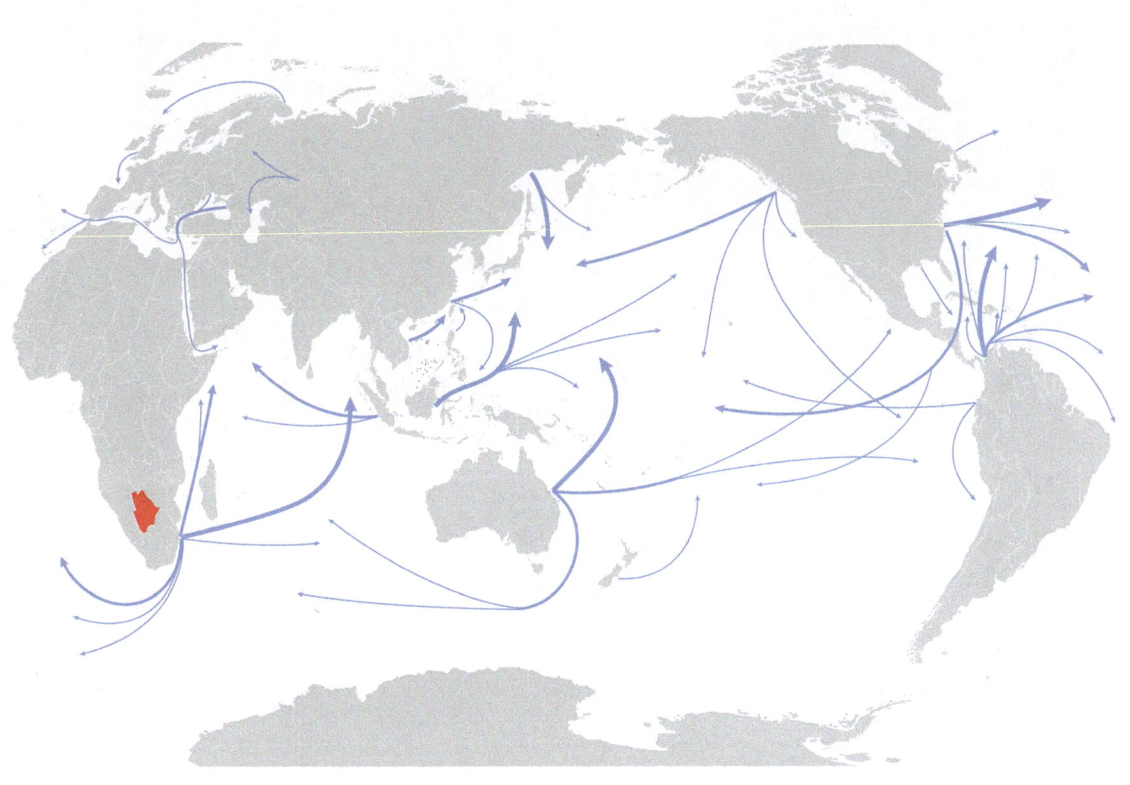

主　编　苏新旭

副主编　张智明　雷　洁　彭北桦　宁　静　杨建国

编　写　苏新旭　雷　洁　彭北桦　宁　静　杨建国　朱　锁
　　　　白云来　刘科明　舒晓霞　梁富康　董大啸　陆伯炎
　　　　高树华　岳　洋　冯学智　苏　洁　张　贺　沈施伟
　　　　黄鑫磊

第十三篇 博茨瓦纳共和国

目录

第一章 投资环境分析

第一节 概 述

一、基本国情

博茨瓦纳共和国位于南部非洲高原中部的卡拉哈里盆地，属内陆国，国土面积约 58.2 万 km^2，首都为哈博罗内。博茨瓦纳东部及东北部与津巴布韦相连，南部与南非接壤，西部临近纳米比亚，北部紧邻赞比亚。国土中部和西南部为卡拉哈里沙漠，占国土面积 70%，平均海拔 1000 m 左右。博茨瓦纳是一个仅次于南非的、较为富裕的发展中国家，被称作南部非洲的“小康之国”，2014 年人均国内生产总值为 7757 美元。该国三大支柱产业是金刚石、铜镍和牛肉，制造业则相对落后，旅游业刚刚兴起。

博茨瓦纳分为 9 个区，分别是中央区（Central District）、杭济区（Ghanzi District）、卡拉哈迪区（Kgalagadi District）、卡特伦区（Kgatleng District）、奎嫩区（Kweneng District）、东北区（North – East District）、西北区（North – West District）、东南区（South – East District）和南部区（Southern District），区下再设 28 个分区。

博茨瓦纳总人口约 204 万（截至 2014 年），大部分信奉基督教和天主教，部分信奉伊斯兰教，农村地区的一些居民信奉非洲传统宗教。官方语言为英语，通用语言为茨瓦纳语（属班图语系）和英语。该国人口密度低，主要集中于东部，中西部人口密度一般小于 1 人/km^2，东部一般为 50 人/km^2 左右，人口密度大于 500 人/km^2 的地区主要在几个大城市和矿区里。该国劳动力相对缺乏，因人口较少，博茨瓦纳国内消费市场有限，基础设施如交通、信息通信有待完善，除钻石属于垄断开采外，其余如煤矿、铜镍矿等都属于鼓励进入的竞争性领域，并具有一定的开发潜力。

中国与博茨瓦纳关系密切于 1986 年 9 月即签订了贸易协定，2000 年 6 月签订了投资保护协定。截至 2009 年底，中国在该国累计直接投资存量为 1.19 亿美元，主要投资工程承包和商品批发零售业。博茨瓦纳没有外汇管制。

二、自然地理和气候特征

博茨瓦纳地理坐标范围：南纬 18°00′~27°00′，东经 20°00′~30°00′，主要位于南部非洲高原中部的卡拉哈里（或称卡拉哈迪）盆地之中。博茨瓦纳面积位列世界第 45 名，其中，陆地面积为 581173 km^2，水域面积为约 15000 km^2。南北最长 1110 km，东西最宽 960 km。博茨瓦纳土地资源相对贫乏，可耕地面积占全国面积的 15%，种植面积为耕地面积的 5%。

中部和西南部为卡拉哈里沙漠，约占国土面积的 70%。东部主要为灌木生长区及草原，西北部为奥卡万戈沼泽（Okavango Swamps）(Carolina Dominguez – Torres, Cecilia Briceño – Garmendia, 2011)，东北部为沼泽和盐沼，东南部为丘陵。以奥卡万戈河（Okavango River）三角洲、恩加米湖及马卡迪卡迪盐沼（Makgadikgadi Pan）为中心，四面被高地丘陵围绕，构成“现代卡拉哈迪盆地”，盆地内部一般海拔 800~1100 m，盆地边部一般海拔 1200~1400 m。该国西南部沙漠与卡拉哈迪盆地由高地分开。从西北流入博茨瓦纳的常年性河流是奥卡万戈河，上游河段又名库邦戈河（Cubango River），是南部非洲的一条内陆河，也是非洲南部第四长河，属内陆水系。奥卡万戈河发源于安哥拉中部的比耶高原，沿着安哥拉和纳米比亚的国界，由西北向东南流入博茨瓦纳后，形成面积达 16835 km^2 的奥卡万戈三角洲。三角洲前端有支流汇入恩加米湖，再通过季节性的博泰蒂河（Botletli River）继续东流，最后消失在马卡迪卡迪盐沼。河流全长 1600 km，流域面积 800000 km^2，河口流量 250 m^3/s。主要支流有奎托河、库希河等。

除奥卡万戈河之外，与该国相关的著名河流还有分布于北部的宽多河（Cuando River 或 Kwando River）和分布于东南部的林波波河。宽多河属赞比泽河(又译赞比西河)主要支流之一,全长约 800 km,在穿过纳米比亚的卡普里维地带后，注入博茨瓦纳和纳米比亚边境的利尼扬蒂沼泽（Linyanti Swamp），之后受地势影响，折而向东，称乔贝河（Chobe River），构成博茨瓦纳和纳米比亚之间的一段边界，最终在卡宗古拉（Kazungula）注入赞比泽河。历史上，宽多河曾与奥卡万戈河合流，共同注入奥卡万戈三角洲并消失在卡拉哈里沙漠之中，但后来由于河口淤积抬高，转而与赞比泽河合流。在丰水期，奥卡万戈三角洲仍然能通过宽多河旧河道（现称 Magwekwana River）向赞比泽河输送部分水量。林波波河是南部非洲注入印度洋的第二大河流，长 1750 km，流域面积 415000 km^2。起源于博茨瓦纳和南非共和国交界地区，先往北再折向东南（形成了南非和博茨瓦纳及津巴布韦的国界），最后在莫桑比克东南赛赛附近注入印度洋，主要支流有象河、沙谢河等。除上述主要河流外，该国还有许多季节性河流，多向南与南非奥兰治相连。该国虽有上述河流，但无航运之利。

该国西北部的奥卡万戈三角洲也称作“奥卡万戈沼泽”，是世界上最大的内陆三角洲，由奥卡万戈河注入卡拉哈里沙漠后水体分散蒸发形成，大部分水经蒸腾作用流失。每年大约有 11000 m^3 的水灌溉 15000 km^2 的土地。该国多草原和盐沼。马卡迪卡迪盐沼面积广大，盘踞博茨瓦纳北方，位于博茨瓦纳东北部奥卡万戈三角洲东南面，总面积 16057.9 km^2，是世界上最大的盐沼之一。

博茨瓦纳大部分地区属于热带干旱草原型气候。北部是热带气候，年降雨量 500 ~ 700 mm，大大多于其他地区。东部是半干旱地区，属亚热带气候，年降雨量 400 ~ 500 mm，而西南部降雨量最少，小于 250 mm。西部为沙漠、半沙漠气候，年平均气温 21 ℃，分雨、旱两季，雨季炎热，旱季干冷，昼夜温差大。年平均降雨量仅为 457 mm，大部分地区干旱少雨，降雨多集中于 1 月和 2 月。

博茨瓦纳雨季从 11 月到来年 3 月，一般 1 月和 2 月雨水最多。10 月和 4 月是过渡月份。降雨几乎全都集中在夏季（11—3 月），冬季（5—7 月）只占年降雨量的 10% 。夏季雷阵雨频繁，昼夜酷热，白天气温可达 35 ℃，但湿度很小。冬季干冷，气温可降至 2 ℃，特别是在西南部地区，气温偶尔会降至零下。位于东南部地区的首都哈博罗内年均降雨量 400 ~ 500 mm，属亚热带气候。

第二节 政治经济环境

一、政治状况

（一）政治沿革

博茨瓦纳全称博茨瓦纳共和国，13—14 世纪茨瓦纳人由北方迁居于此，在欧洲人到来之前，博茨瓦纳地区居住着部落的农牧民。1885 年，为了避免被南边邻国南非境内荷兰裔的布尔人并吞，英国为满足该地区民众的要求建立了“贝专纳”保护国，从而成为联合王国的一部分。1966 年 9 月 30 日脱离英国独立后正式改名为博茨瓦纳共和国，成为英联邦成员国。博茨瓦纳独立后长期由博茨瓦纳民主党执政，政局长期稳定。独立初期，博茨瓦纳是当时世界上最贫穷的国家之一，但凭借丰富的钻石资源、不断增强的自由市场经济体制建设以及勤政廉政建设，博茨瓦纳经济发展水平不断提高，人均国内生产总值到 20 世纪 90 年代已跃居非洲国家前列，在 2004 年被国际透明组织列为全非洲最不腐败的国家之一，评价甚至高过许多欧洲及亚洲国家，世界经济论坛评估博茨瓦纳为非洲最有竞争力的国家之一。1999 年和 2004 年，民主党在大选中均以压倒优势胜出，莫哈埃两度蝉联总统。2008 年，莫哈埃总统任期届满，原副总统伊恩·卡马接任总统。博茨瓦纳 2014 年 26 日公布大选结果，执政的民主党再度赢得大选胜利，该党总统候选人伊恩·卡马获得连任。

（二）地缘政治与外交政策

博茨瓦纳是位于非洲南部的内陆国，国土皆为干燥的台地地形，南邻南非，西边为纳米比亚，东北与津巴布韦接壤，其国土北端只有在维多利亚瀑布附近与赞比亚相邻。特殊的地理位置使得其必须保持同邻国的友好关系以借道出海，所以获得稳定可靠的出海口以及支持周边邻国稳定政局是其优先方向。

2010 年，博茨瓦纳议会通过了贸易与工业部提交的 2009 年国家贸易政策，这是博第一份国家贸易政策，有利于指导博出口产品、开拓市场，同时也为博消费者提供更多的国际商品和服务。

该国奉行不结盟的对外政策，积极参与南部非洲地区政治及经济合作，主张国家主权平等和互不干涉内政，通过谈判解决争端，提倡建立公正、平等的国际政治经济新秩序。在地区一体化中的突出成就是成为南部非洲关税同盟成员并将南部非洲发展共同体秘书处设在首都哈博罗内。

博茨瓦纳与非洲国家和欧美国家交往活跃，积极向国际社会展示博茨瓦纳经济社会发展成就和良好的投资环境，广泛发展与世界各国的合作。由于钻石业是其经济支柱产业，博茨瓦纳外交的重点是宣传其在“血钻”问题上的立场。2001 年博外交的重点是宣传博在“冲突钻石”问题上的立场，确保国际社会充分注意钻石对博社会经济发展的重要意义，避免博钻石业受到反冲突钻石运动的负面影响。

2012 年 6 月，博茨瓦纳投资与贸易中心（Botswana Investment and Trade Centre）正式挂牌成立。该中心由原博茨瓦纳国际金融服务中心与博茨瓦纳出口发展与投资局合并而成，为独立的准政府机构，负责进出口和投资工作。

（三）双边关系

博茨瓦纳在外交上积极参与非洲和地区事务，促进区域稳定、发展和合作。主张发展中国家尤其是中小国家应加强合作，共同应对全球化挑战。

1. 博茨瓦纳同非洲国家的关系

博茨瓦纳一直与邻国保持睦邻友好关系，与南非、纳米比亚、莱索托和斯威士兰同为南部非洲关税同盟成员国，经济关系密切，与南非在经济、贸易等领域联系尤为紧密。与纳米比亚关系友好，双方在防务、打击犯罪等领域进行了良好合作。1998 年博与南非一起出兵平息莱索托政治动乱，1999 年又参与对莱军的重组和培训计划。1999 年 12 月，博前总统马西雷被非洲统一组织任命为刚果（金）国内政治对话调解人。支持建立非洲联盟，2001 年 3 月，博签署了《非洲联盟宪章》，成为第 44 个签署宪章的非统成员国。与非洲以外国家交往活跃，积极向国际社会展示博经济社会发展成就和良好的投资环境，广泛发展与世界各国的合作。

2. 博茨瓦纳同欧盟国家的关系

博茨瓦纳与欧盟的关系较为密切，欧盟是博茨瓦纳最大的国际援助方。欧盟还把旨在提高南部非洲国家产品竞争力的生产力服务中心设在博茨瓦纳，以示对博茨瓦纳的重视。2012 年，欧盟向博茨瓦纳政府组织捐款 8000 万普拉，用于解决经费紧张问题并宣布向博茨瓦纳提供 1160 万欧元用于艾滋病防治。

博茨瓦纳曾长期为英国殖民地，同英国有密切的关系，英国是博茨瓦纳传统援助国和主要贸易伙伴，博茨瓦纳出产的钻石等也多通过英国的交易平台对外出口。大批英国人在博茨瓦纳政府金融和教育部门任职，两国官员互访频繁。博茨瓦纳国防军和警察主要由英国人训练。

德国是博茨瓦纳主要的贸易伙伴和援助国，多年来共向博提供各种援助近 10 亿普拉，派出 250 名专家帮助博从事职业培训、中学教育、社区发展、农林业和中小企业发展项目等。

瑞典和挪威也是博茨瓦纳重要的援助国。近年来，因博茨瓦纳被列入中等收入国家，瑞典和挪威逐步减少了对其的援助，改为提供低息贷款或开展政府和企业间的合资、合营和技术合作。

3. 博茨瓦纳同美国的关系

博美关系密切。美国视博茨瓦纳为发展中国家政治民主和经济发展的样板，将博茨瓦纳列为贸易优惠国。美国也是博茨瓦纳最大的援助国之一，向其提供了大量援助。

2011 年 6 月，前美国第一夫人米歇尔・奥巴马访问博茨瓦纳，主要议题是妇女和儿童的教育及其他权益。2012 年 7 月，美国前总统乔治・布什及夫人劳拉访问博茨瓦纳并启动医疗援助项目。2012 年 8 月，博茨瓦纳国防军与美军联合举行军事演习，时任美军非洲司令部司令卡特・哈姆访问博茨瓦纳。

4. 中国与博茨瓦纳的关系

中国和博茨瓦纳于 1975 年 1 月 6 日建交，建交以来两国关系平稳、健康发展，两国政治关系一直保持非常良好的状态，一系列合作协议使双方经贸合作的基础更加坚实。长期以来，中国提供的包括无息贷款、无偿援助以及技术和人力资源培训等都对博茨瓦纳的经济和社会发展发挥了很大作用，受到了博茨瓦纳政府和社会的高度评价。中博分别签有教育和文化合作协定，两国教育和文化代表团曾互访。2007 年 10 月，博茨瓦纳大学与中国国家汉语国际推广领导小组办公室签署了在博大设立孔子学院的合作协议。目前，博在华留学生有 28 人。自建交以来，中国共为博培训各类专业技术人才 151 名。中国从 1981 年起向博派遣医疗队，已累计派出 11 批 293 人次，目前，在博医疗队员共有 46 人。博是中国公民出境旅游目的地国。2015 年 12 月 14 日，中国驻博茨瓦纳大使郑竹强与博外交与国际合作常秘霍伊兹曼会谈，双方就落实中非合作论坛约翰内斯堡峰会成果，进一步加深中博双边合作，加强双边高层互访等深入交换了意见。2016 年 3 月 29 日，驻博茨瓦纳大使郑竹强会见中国进出口银行访问博茨瓦纳的工作组。中非合作论坛约翰内斯堡峰会开启了中非关系新时代，会议宣布的“一个提升”“五大战略支柱”和“十大合作计划”是今后中非关系的“总路线”。实施中非“十大合作计划”离不开金融机构的支持，驻博茨瓦纳使馆将同国内金融机构密切合作，积极落实“十大合作计划”。

5. 同亚洲国家的关系

日本对博援助逐渐增加。2002 年 2 月，博与日本签订减免债务协议。2006 年 5 月时任总统莫加埃访日并出席在东京举办的“博茨瓦纳周”活动。2007 年，日在博设立使馆。2010 年 10 月，卡马总统对日本进行正式访问。2011 年 1 月，纳莎议长率团访问日本，拜会日本首相和外相。2010 年日博贸易额为 1.4 亿普拉，日出口家电，进口钻石。2011 年 6 月，日本援博教育频道正式启动，定时在博电视台为小学生和偏远地区学生播放教育节目。该项目总投资 2200 万普拉，博和日本政府各投入一半。日本援博项目此外还有遥感中心及太阳能发电站项目。2012 年，日本与博签署协议，向博提供 8.85 亿普拉政府援助发展贷款，用于博与赞比亚边境卡尊古拉大桥的建设。

博与印度关系友好。在博印度侨民约有 9000 人，其中 1/3 加入博籍。两国签有最惠国待遇贸易协定和避免双重征税协定。博印在人力资源培训领域开展了多项合作。2005 年 5 月，前总统莫加埃赴印度孟买参加国际钻石大会。2006 年 12 月莫加埃率团对印进行国事访问。2007 年，印在博设立高专署。2010 年，印度副总统安萨里和博副总统梅拉费实现互访。2011 年印博贸工部长实现互访。

（四）政治环境分析

博茨瓦纳民族构成较单一，绝大部分为班图语系的茨瓦纳人。独立以来，博茨瓦纳承袭原英国殖民者的政治和法律制度，建立起行之有效的政府体系，长期保持国内政局稳定和良好的社会秩序，是非洲地区为数不多的没有反政府武装或地方势力困扰的国家。建国后的历代总统将发展国民经济与积极参与地区和国际事务作为重点，不仅为国家的发展奠定了良好的基础，还促进了博茨瓦纳经济的快速稳定发展。

博茨瓦纳周边政治环境整体较好，但近些年邻国津巴布韦政局混乱，国民经济陷入崩溃状态使得大量非法移民越境前往博茨瓦纳，加剧了原本较为严重的失业和贫困问题，给博茨瓦纳的经济发展带来隐患。而疾病的困扰，特别是高患病率的艾滋病都将影响博茨瓦纳社会的长期发展。截至 2008 年 10 月全国约 36% 的成年人感染 HIV，是全世界感染艾滋病病毒最高的国家，平均每 3 个小时就有一人死于艾滋病。目前疾病严重威胁着该国的社会经济安全。

1. 国内政局稳定良好，执政党执政能力强

自独立以来，博茨瓦纳国内政局始终保持相对稳定的局面，是撒哈拉以南非洲国家里政治制度较为稳定的国家。通过选举实现了政权多次平稳过渡，并无其他部分国家和地区常出现的由复杂多变的政治、经济状况而带来的军事暴动、暴力抢劫等恶性事件。国内也不存在较大规模的反政府力量，其社会治安在南部非洲国家中相对较好，至今也未发生过恐怖袭击事件。

由于博茨瓦纳政府由议会选举产生，执政党在议会中的席位直接关乎政府在行政决策中的地位和效率。在博茨瓦纳历次选举中，执政党博茨瓦纳民主党在国家政治生活中占主导地位，在历届大选中均以较大优势获胜，民主党主张按照“民主、发展、自力更生和团结”的原则建立一个政治和经济上完全独立的国家，实行民主政治，政策稳妥，讲求实效。努力吸引外资，实施经济多元化；积极推动区域合作，主张建立国际政治、经济新秩序。在全球竞争力排名中的国内政治环境指数方面，博一直位居世界前列。在 2009 年大选中，博茨瓦纳民主党一举赢得国民议会 57 个席位中的 45 个席位，超过宪法规定中单独组建政府所需的 29 个席位，以绝对优势胜出。议会压倒性多数党的地位进一步巩固了博茨瓦纳政府在议会推动相关法案政策的能力，削弱了其他政治力量对行政的影响，强化了执政党的执政能力。由于目前博茨瓦纳政治和经济运行良好，执政党政绩得到普遍接受，在2014年10月的大选当中博茨瓦纳民主党继续保持议会第一大党的优势地位。博茨瓦纳2014年26日公布大选结果，执政的民主党再度赢得大选胜利，该党总统候选人、现任总统伊恩·卡马获得连任。

2. 多元外交稳步推进，周边国际环境稳定

博茨瓦纳是个地处南部非洲中心的内陆国家，交通位置和战略位置均非常重要，南部非洲共同体总部就设在哈博罗内。得益于其特殊的地理位置，博茨瓦纳将自身定位为南部非洲地区重要的国家之一，主张与发展中国家尤其是中小国家加强合作，共同应对全球化挑战，积极向国际社会展示博经济社会发展成就和良好的投资环境，广泛发展与世界各国的合作。同时，博茨瓦纳积极开展多方外交，参与非洲和地区事务，促进区域稳定、发展和合作。在推广地区一体化中，博茨瓦纳积极支持非洲联盟的工作，为地区和平建设做出了重大贡献，不仅为博茨瓦纳营造了良好的周边环境，还为博茨瓦纳赢得了良好的国际声誉。

3. 法制健全且治安良好，但外来风险上升

博茨瓦纳独立后继承了英国的法律体系和制度，实行立法、行政、司法三权分立，建立了完善的法律法规制度，对财产权高度保护，人民的法律意识较高，司法独立指数排名世界前列。同时，博茨瓦纳在劳工法中严格执行最低工资标准和加班工资的规定，各地劳工部门都严格执行关于劳动保护、辞退、休假等方面的法律规定。同其他非洲国家相比，博茨瓦纳的工会组织和劳工的法律意识较强。

博茨瓦纳独立以来社会长期处于稳定状态，社会治安良好。法律禁止当地居民持有枪支，但允许合法持有猎枪，持有猎枪要在警察局登记备案。近年来，由于博茨瓦纳钻石产业和相关经济领域的快速发展以及邻国津巴布韦国民经济的崩溃，大量非法移民从邻国涌入境内使得博茨瓦纳国内原本严重的高贫困率更加严重，外部移民层次参差不齐，大量移民的涌入也容易引发本国人同外来移民的矛盾，社会治安风险上升，带来了艾滋病流行等严重的社会问题。

4. 中博双边关系良好，合作广泛形式多样

中华人民共和国与博茨瓦纳共和国于1975年1月6日建交。建交以来，两国关系平稳健康发展，双边政治和经济关系一直保持非常良好的状态。自建交起，中国就对博茨瓦纳开始了经济、医疗等方面的援助。现阶段中国企业在博茨瓦纳多为工程承包，投资较少，当地尚无大规模中方企业投资。据中国商务部统计，2014年中国对博茨瓦纳直接投资流量为5295万美元。截至2014年末，中国对博茨瓦纳直接投资存量为2.62亿美元。

两国政府签有贸易协定，中方主要向博出口纺织服装、机电产品、高新产品等，同时进口铜矿砂及其精矿和钻石等。中博两国曾于2000年6月签订《中博投资保护协定》，于2011年4月签署了《中博两国政府对所得税避免双重正定和防止偷漏税的协定》。2012年，中博双边贸易额达3亿美元，该年度中国企业在博签订承包劳务合同额累计达88亿美元，完成营业额67亿美元，在博非金融类直接投资2920万美元。2014年，中博双边贸易额达3.93亿美元，其中，中国出口1.76亿美元，进口2.17亿美元；中国对博茨瓦纳贸易逆差达4100万美元。

二、经济运行状况

博茨瓦纳自独立后大力发展市场经济，将钻石等资源优势成功转化为经济实力，长期保持了经济的快速增长。在国际金融危机后，博茨瓦纳政府通过实行积极的财政政策使国民经济得到了较快恢复并将财政赤字、外债水平等经济指标保持在可控的范围内。但国民经济高度依赖钻石业以及高通货膨胀率、高失业率和高艾滋病感染率是制约其经济可持续发展的瓶颈。

世界经济论坛《2016—2017年全球竞争力报告》显示，博茨瓦纳在全球138个国家中排名第64位，较上年度上升7个位次。世界银行《2016全球营商环境报告》显示，该国在189个国家中排名第72位，比上年度上升了2位。

（一）产业结构

博茨瓦纳重点产业包括农业、采矿业、制造加工业和旅游业。钻石业是博茨瓦纳经济的支柱性产

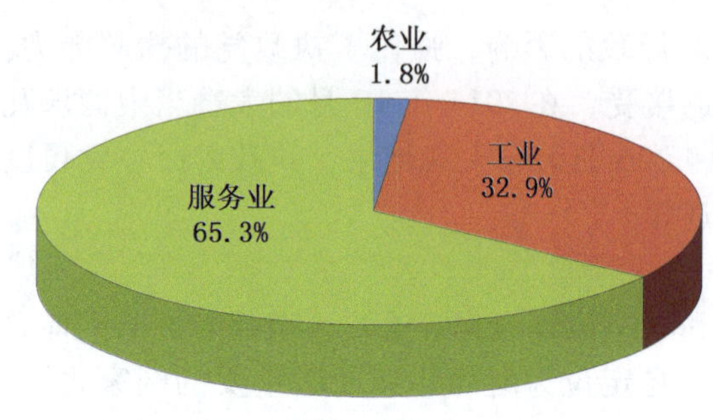

图 13－1－1　2015 年博茨瓦纳产业结构
（世界银行数据库）

业，产值约占国内生产总值的 1/3。养牛业是传统产业，制造业落后，旅游业在近年来成为新兴产业。目前，博茨瓦纳政府主要致力于改变经济发展过于依赖钻石的现状。

2015 年博茨瓦纳产业结构如图 13－1－1 所示，根据世界银行的数据，2015 年博茨瓦纳国内生产总值中农业贡献占比 1.8%，工业占比 32.9%，服务业占比 65.3%，矿业、贸易、通信、运输、酒店和饭店业、金融业是经济增长的主要动力。

1. 农业

博茨瓦纳超过一半的人口居住在农村地区，主要依靠农作物和养殖业为生。全国可耕地面积约占国土面积的 5%，约 148 万公顷，但粮食自给率很低，只能满足国内粮食需求的 10% 左右，不足部分全部从南非和津巴布韦进口。畜牧业占农业产值的 80%，畜牧业以养牛为主。博茨瓦纳有现代化的大型屠宰场和肉类加工厂，牛肉是博茨瓦纳的第四大类出口产品。

2. 工业

博茨瓦纳工业发展起步较晚，工业基础较为薄弱，采矿业发展迅速，制造业增速缓慢。从 20 世纪 70 年代起，采矿业逐渐取代畜牧业成为博茨瓦纳国民经济的主要部门。博茨瓦纳矿藏丰富，主要矿种为钻石，其次为铜镍、煤矿、天然碱、铂金、黄金和锰矿等。博已成为非洲第二大矿产品生产国并且还是世界上毛坯钻石的主要生产国之一。钻石矿床主要分布在靠近南非和津巴布韦的东部卡拉哈里地区。铜镍是继钻石之后的又一重要出口矿产品，主要分布在东部地区的片岩带和活动带中。已探明的铜镍矿蕴藏量为 4600 多万吨，发现的矿床（点）多达 40 余个。

博茨瓦纳的制造业在工业中所占比例较小，主要包括纺织业和食品饮料业。但由于该国纺织品的竞争力较弱，限制了出口，所以一直没有大的发展。近年来，食品饮料业也面临内需不足的问题，导致该行业发展迟缓。与此同时，由于博茨瓦纳紧邻南非这个非洲制造业大国，大规模工业产品的进口，也抑制了其制造业的发展。

博茨瓦纳是电力供应短缺的国家，全国 98% 以上的电力供应依靠煤炭发电，但发电量远远无法满足其需求。2008—2012 年博茨瓦纳年发电量、耗电量、煤炭发电量及其占总发电量的比例如图 13－1－2 所示，2008 年以来，博用电需求不断增加，而自主发电量却逐年减少，因此电力依靠进口，其中，约

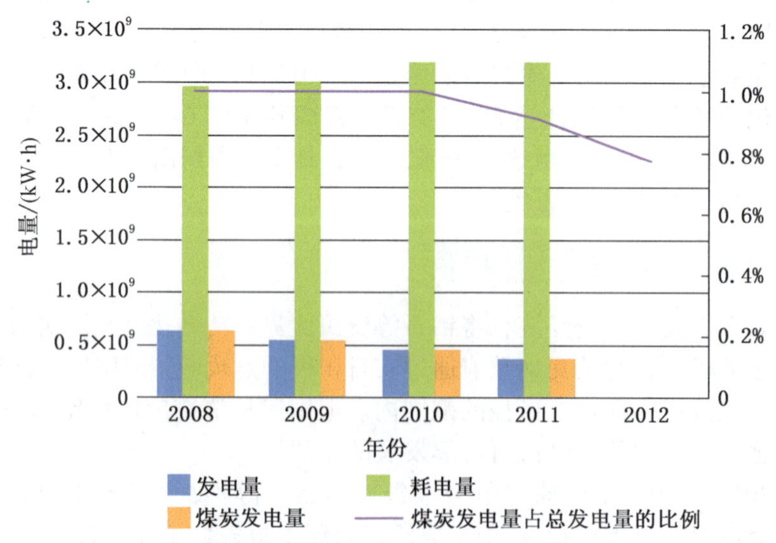

图 13－1－2　2008—2012 年博茨瓦纳年发电量、耗电量、煤炭发电量及其占总发电量的比例（世界银行数据库）

70% 来自南非、10% 来自莫桑比克和纳米比亚。2014 年上半年博共消费电力 194.1 MW·h（19.4 亿度），其中博自主发电 104.3×10^4 MW·h（10.43 亿度），电力进口 89.77×10^4 MW·h（8.98 亿度），电力自给率约为 53.74% 。博正加大电力产能建设，计划在 2018 年前新建 2000 MW 发电产能，以确保博电力供应充分满足采矿业需求并将博打造成地区重要电力出口国。

近年来，由于国际金融危机造成的全球性衰退严重影响着博茨瓦纳的工业发展。钻石产业是博茨瓦纳的支柱产业，但是近年来国际市场对钻石的需求不断下降，导致博茨瓦纳钻石产业遭受严重打击，不断萎缩。钻石产业发展受限严重影响了博茨瓦纳的工业发展。2015 年博茨瓦纳工业生产总值仅占总附加值的 33% 。

3. 服务业

近年来，博茨瓦纳服务业取得了一定发展。博茨瓦纳是非洲主要旅游国之一，旅游资源丰富，是非洲野生动物种类和数量较多的国家。该国政府把全国 38% 的国土划分为保护区，设立了 3 个国家公园和 5 个野生动物保护区。其中，奥卡万戈三角洲野生动物保护区是世界上具有独特生态系统的地区之一，位于中部的卡拉哈里国家公园拥有世界上最好的自然景色和最原始的自然风光。近年来，旅游业已成为博茨瓦纳第二大外汇收入来源，是其经济多元化战略的重点发展产业。

（二）宏观经济现状

1966 年独立后博茨瓦纳政府大力发展经济，由于政府采取了适当的宏观经济政策和对钻石产业的管控，使得该国在将近 40 年的时间维持了平均约 9% 的增长率。在这段时间，博茨瓦纳的经济结构也发生了根本转变，农业所占国内生产总值的份额从开始时的 43% 降到 2% 左右。目前博茨瓦纳已成世界上最大的钻石生产国，钻石业带来的收入推动了博茨瓦纳其他行业与社会的发展。2011—2015 年博茨瓦纳主要经济指标见表 13－1－1。

表 13－1－1　2011—2015 年博茨瓦纳主要经济指标

主　要　指　标	2011 年	2012 年	2013 年	2014 年	2015 年
总人口/人	2.09×10^6	2.13×10^6	2.18×10^6	2.22×10^6	2.26×10^6
人口年增长率/%	2.0	2.0	2.0	2.0	1.9
国内生产总值（GDP）/美元	1.57×10^{10}	1.47×10^{10}	1.48×10^{10}	1.59×10^{10}	1.44×10^{10}
人均 GDP/美元	7504.9	6885.8	6806.7	7153.4	6360.6
实际 GDP 增长率/%	22.7	－6.4	0.9	7.2	－9.4
通货膨胀率（CPI）/%	8.5	7.5	5.9	4.4	3.1
消费者价格指数	108.5	116.6	123.5	128.9	132.9
总储备（现价美元）	8.08×10^9	7.63×10^9	7.73×10^9	8.32×10^9	7.55×10^9
总储备可支付进口月份	11.3	10.1	9.6	10.7	11.0
商业服务出口额（现价美元）	1.15×10^9	1.01×10^9	1.17×10^9	1.25×10^9	1.17×10^9
商业服务进口额（现价美元）	9.58×10^8	7.27×10^8	7.69×10^8	6.81×10^8	5.37×10^8
官方汇率（兑换 1 美元所需本币）	6.8	7.6	8.4	9.0	10.1
存款利率/%	5.1	3.6	3.1	2.5	2.5
贷款利率/%	11.0	11.0	10.2	9.0	8.0
上市公司市值占 GDP 百分比/%	26.9	31.8			

数据来源：世界银行数据库

受经济危机影响，博茨瓦纳经济 2009 年出现衰退，国内生产总值增长率由 2008 年的 3.7% 滑落到 －8.2% 。经济危机导致全球市场对钻石的需求大幅下降，所以钻石业的萧条成为经济衰退的主要原因。经过政府一系列刺激经济发展的计划，2010 年博茨瓦纳经济开始缓慢恢复。钻石业恢复生产，同时钻石的产业附加值也随着博钻石加工业的迅猛发展不断上升。2010 年与 2011 年博茨瓦纳经济实现了

8.6% 和 6.1% 的高增长，2012 年受欧债危机影响该国增长速度有所回落，以钻石加工业为代表的工业附加值占比也有所下降。此外较大的输入型通胀压力、长期高失业率和高艾滋病感染率仍是该国未来经济增长的制约因素。2013 年以后，受全球经济复苏步伐缓慢影响，博经济增长速度一直较为缓慢，GDP 增速均不足 5% （以本币记）。2014 年和 2015 年，博经济出现负增长，GDP 总值和人均 GDP 均有所下降。总体来说，博经济状况经历了 2010 年高增长后一直处于波动状态。2008—2015 年博茨瓦纳国内生产总值（GDP）和人均 GDP 如图 13 - 1 - 3 所示，GDP 增长与通货膨胀如图 13 - 1 - 4 所示。

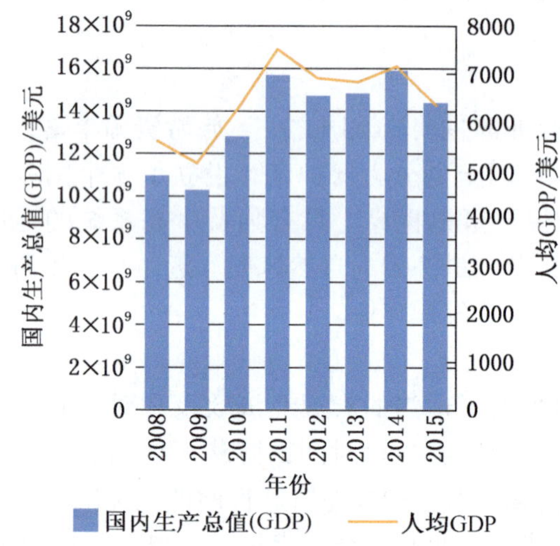

图 13 - 1 - 3　2008—2015 年博茨瓦纳国内生产总值（GDP）和人均 GDP（世界银行数据库）

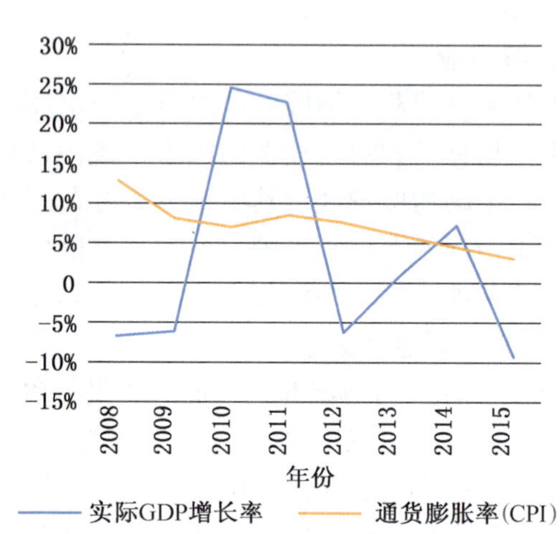

图 13 - 1 - 4　2008—2015 年博茨瓦纳 GDP 增长与通货膨胀（世界银行数据库）

1. 单一经济结构限制经济发展

博茨瓦纳钻石业对经济发展起着支柱性作用，钻石出口收入约占该国出口收入的 90% 。从中远期来看，博茨瓦纳钻石业的供给有着较为坚实的基础，只要全球市场对钻石的需求不断恢复，那么该国的钻石行业就能够保障该国经济的长期增长，但这也使得博茨瓦纳经济严重依赖钻石业国际市场行情的局面无法得到根本性改变。另外，预计博茨瓦纳的钻石产量会在未来 20 年下降，这会给该国经济的持续增长带来威胁。

2. 经济多元化战略初显成效，从危机中逐步恢复

为了解决经济结构单一的问题，博茨瓦纳政府近年来努力推动经济多元化战略，具体措施包括：加大对基础设施和社会领域的投入，扩大内需，创造就业；在继续重视钻石经济、确保钻石产量和提升附加值的同时，吸引外资开发镍、铜等其他矿产资源；启动火电站建设，加快电力自给和出口的步伐；推动旅游业发展等。

目前，博茨瓦纳政府推行的经济多样化战略取得初步成效，矿业占政府收入比重已由 55% 下降至 40% 。国家正在从危机中恢复并正在减少对钻石的依赖。博茨瓦纳欢迎能为其提升产业升级速度的外资进入该国，并可以提供一系列的政策优惠。

3. 近年来博货币相对美元贬值严重

官方汇率从 2011 年的 6.8 贬值到 2015 年的 10.1，这也使得以美元计算的 GDP 增长率呈现负值。此轮贬值主要是受美国经济形势好转美元走强的影响，博茨瓦纳作为发展中国家，汇率稳定性相对较差。虽然货币贬值一定程度上促进了博的出口，有利于博支柱产业的发展，但长期来看，一个稳定的汇率环境则更有利于博经济发展。

4. 长期面临失业和通货膨胀问题

由于技术人员的供给与需求之间的不平衡，博茨瓦纳失业率很高，特别是年轻人群体，失业率常年居高不下。另外，该国的通货膨胀长期维持在较高水平并且容易受到外部输入型通货膨胀的影响。

（三）外国直接投资概况

在引入外资方面，除继续发展矿业外，博茨瓦纳政府强调发展农业、制造业和旅游业，重点鼓励境外投资者进入可以产生进口替代和出口导向的制造业领域。该国吸收的外国直接投资规模逐年扩大，但尽管近年来取得了不错的发展绩效，博茨瓦纳经济基础薄弱、结构单一和人力资源缺乏等问题仍在一定程度上影响着外资的进入。2011—2015 年博茨瓦纳外国直接投资统计见表 13－1－2。

表 13－1－2　2011—2015 年博茨瓦纳外国直接投资统计表

	2011 年	2012 年	2013 年	2014 年	2015 年
外国直接投资净额（现价美元）	-1.38×10^{9}	-8.47×10^{8}	-7.96×10^{8}	-4.04×10^{8}	-3.09×10^{8}
外国直接投资净流入（现价美元）	1.37×10^{9}	8.55×10^{8}	8.81×10^{8}	5.15×10^{8}	3.94×10^{8}
外国直接投资净流入占 GDP 比/%	8.7	5.8	5.9	3.2	2.7

数据来源：世界银行数据库

1. 行业分布

博茨瓦纳政府采取积极吸引外资的政策，外资进入的行业分布于博茨瓦纳采矿业、金融业、制造业、批发零售业、交通通信业、商业服务、建筑业等。矿业、银行、电信等领域几乎都为外资公司把持。目前，在该国投资的世界著名跨国公司有戴比尔斯、Orange 和汇丰银行等。

2. 来源分布

欧洲是博茨瓦纳的主要投资来源地，占其吸收直接投资的 59%。其中，由于钻石业巨头戴比尔斯公司注册地在卢森堡，因此，卢森堡成为欧洲国家中对博茨瓦纳的主要直接投资国，占欧洲对该国直接投资的 84%。南非是博的第二大直接投资国，其投资主要集中在金融行业。近些年美国、俄罗斯等国也加大了对博茨瓦纳的投资力度。

（四）中国对该国的直接投资

2007 年中国对博茨瓦纳的直接投资仅为 187 万美元，2008 年则增加至 1406 万美元。2009—2014 年中国对部分非洲国家直接投资流量统计见表 13－1－3，从表中可以看出经历了 2009 年和 2010 年的增长后，2013 年中国对博投资有所下降，2014 年开始中国对博直接投资迅速回升至 5295 万美元。2009—2014 年中国对部分非洲国家直接投资存量统计见表 13－1－4，截至 2014 年底，中国对博茨瓦纳的直接投资存量为 2.6 亿美元。影响力较大的投资项目包括中国—博茨瓦纳经济贸易合作区和莫鲁卜勒发电站 EPC 等。

表 13－1－3　2009—2014 年中国对部分非洲国家直接投资流量统计表　　万美元

	2009 年	2010 年	2011 年	2012 年	2013 年	2014 年
南非	4159	41117	－1417	－81491	－8919	4209
博茨瓦纳	1844	4385	2186	2110	1019	5295
莫桑比克	1585	28	2026	23052	13189	10251
纳米比亚	1162	551	504	2512	705	802
非洲总计	143887	211199	317314	251666	337064	320192

表 13－1－4　2009—2014 年中国对部分非洲国家直接投资存量统计表　　万美元

	2009 年	2010 年	2011 年	2012 年	2013 年	2014 年
南非	230686	415298	405973	477507	440040	595402
博茨瓦纳	11925	17852	20038	22015	23090	26213
莫桑比克	7496	7524	9807	33691	50809	65386
纳米比亚	4618	4711	6021	9453	34945	98184
非洲总计	933227	1304212	1624432	2172971	2618577	3235007

数据来源：2014 年度中国对外直接投资统计公报

三、政治经济总结

博茨瓦纳位于南部非洲内陆地区，与南非、纳米比亚、津巴布韦和赞比亚接壤，总人口 200 余万，民族成分相对单一，是非洲为数不多没有反政府武装或地方势力困扰的国家。1966 年独立以来，博茨瓦纳政局长期稳定，经济上以钻石业为支柱，迅速摆脱了独立初期的贫困局面，人均国内生产总值已跃居非洲国家前列，成为非洲经济发展较快、经济状况较好的国家之一。

政治方面，博茨瓦纳独立后承袭英国政治制度，现已通过选举多次实现政权平稳过渡。博茨瓦纳政府长期由博茨瓦纳民主党执政，该党在议会和政府中处于绝对优势地位，执政能力较强，国内也不存在较大规模的反对力量，在国家发展上主张经济独立和自力更生，维护并促进民族利益。作为内陆国家，博茨瓦纳以获得稳定可靠的出海口和支持周边国家的稳定为外交发展的优先方向，以南部非洲关税联盟重要成员身份开展多元外交，营造良好的周边环境，积极推动南部非洲一体化进程，南部非洲共同体总部也设在首都哈博罗内。得益于稳定良好的政治局面与稳步推进的多元外交，博茨瓦纳社会治安相对稳定，基本不会发生非洲部分国家常出现的暴动骚乱等恶性事件。但近年来邻国津巴布韦的混乱导致大量难民涌入，使其就业与经济压力加大，治安问题成为社会隐患。此外，博茨瓦纳是世界上艾滋病流行最严重的国家之一，这在很大程度上制约了该国的发展。

经济方面，博茨瓦纳独立以来大力发展市场经济，将钻石等资源优势成功转化为经济实力，在近 40 年的时间里实现年均约 9% 的高速增长。近年来通过实行积极的财政政策保持了经济增长的势头，财政赤字和外债水平等经济指标均在可控范围内。但经济发展高度依赖钻石业以及高通货膨胀率和高失业率是制约该国可持续发展的重大瓶颈。为解决经济结构单一的问题，博茨瓦纳政府近年来努力推行经济多元化战略。目前该战略初步取得成效，矿业占政府收入比重已由 55% 下降至 40% 。

与同处非洲南部的南非、莫桑比克和纳米比亚三国相比，博茨瓦纳在政治与社会的稳定性和政府管理能力上优势较强，稳健的经济增长和产业多元化战略也为能源产业创造了发展空间。本书认为，博茨瓦纳具备煤炭及相关产业投资所需要的基本政治与经济条件。但由于该国地处内陆，周边国家基础设施落后、交通不便，很大程度上限制了该国矿产品的出口。博茨瓦纳国内 98% 以上的电力供应依靠煤炭发电，但发电量常年无法满足需求，仍需大量从南非进口。考虑到博茨瓦纳经济发展与结构调整的现实要求以及与其他非洲南部国家相比较好的矿业环境，本书认为可以考虑在当地进行煤电一体化开发等方面的投资。

第三节　法　律　环　境

一、矿产资源开发相关法律制度

（一）主要监管机构

博茨瓦纳矿产资源勘查和开发由矿产、能源和水资源部（MMRWA）负责，该部职责在于制定和执行矿业、能源、水资源领域政策，指导国家矿业开发，促进矿业发展，制定国家能源战略，负责能源类产品的价格调整、国家水资源管理以及地质情况调查和探矿权、采矿权的管理。

该部有两个主要负责矿资源的部门，分别为地质调查局（GS）和矿业局（DOM）。地质调查局主要职能有：收集、核对、评估和传播与国家岩石、矿产和地下水资源有关的信息；进行基础地质调查和监督私人部门勘查，对国家矿产资源潜力进行评价，其中包括高质量的地质图和说明，还要进行草根勘查。向部长申请勘探许可证要经过地质调查局局长的初审。博茨瓦纳地质调查局是非洲实力较强的地质调查部门，地质调查研究程度在非洲是比较高的，GIS 等先进的计算机技术已应用到地质调查和矿产勘查及开发管理中。矿业局主要负责矿山和矿产法以及其他与矿业有关的法律的实施、审批和管理采矿租地、进行采矿和矿产生产统计、检查采矿和采石等。申请采矿租地要经过矿业局局长初审。

（二）矿产权证的获得

1999 年 9 月正式生效的《矿山和矿产法》是目前博茨瓦纳矿业管理法律体系的基本规则，适用于除水、石油、天然气外的其他矿产资源勘查勘探、开采关系的协调。《矿山和矿产法》规定，在博茨瓦纳进行矿产资源勘查和开发活动，必须得到主管部门颁发的矿业许可证。矿产权证持有人在开始经营活动前必须得到土地所有者或合法占有人的同意。

博茨瓦纳矿产开发权指的是勘探许可、保留许可、采矿许可或矿物许可。有权申请获得矿产开发权的主体，无论是自然人还是公司，均须满足法定要求。其中对公司的要求是：已经在博茨瓦纳境内建立暂住地；在采矿许可规定的情况下，是根据《公司法》依法成立的、依照采矿许可有意将矿产开发作为其专营业务；不在清算或处于司法管制期间的公司，除清算或司法管制是公司重组或合并计划的一部分的情况除外；其董事或股东均满足个人获得矿产开发权的第三、四项条件。

1. 勘探许可

勘探许可证须向部长申请，申请人在满足以下条件时，部长应颁发勘探许可证：①申请人拥有或有能力获取充足的财政资源、技术能力和经验以开展有效的勘探工作；②所提交的勘探工作计划是充分的并制定了合理的环境保护条款；③拟勘探区域与现有的同一矿物或伴生矿物的勘探区、保留区、开采区及矿物许可证区域不等同或不相重叠；④申请人没有违反《矿山和矿产法》及其相关法律，也未违反矿产权证项下的规定。

勘探许可证有效期 3 年，可延期两次，每次不超过两年，在矿床已被发现且经过合理努力尚未完成评估工作的情况下，部长有权决定延期的期限超过两年；每次延期时，原有的勘查面积必须至少减少 50% 。

规定勘探许可证持有人享有以下权利：与其雇佣人员和代理人一起进入相应勘探区域并且能在此区域勘探许可证上相关的矿物；钻孔并在必要时进行挖掘；搭建营地及为勘探目的必要时为机械设备安装临时建筑设施。

规定勘探许可持有人承担的义务包括：在勘探许可证签发后 3 个月内或经部长同意延长的时间内开展勘探工作；根据勘探计划开展勘探工作；在发现许可证相关矿物后的 30 天内向部长汇报并说明可能的经济价值。

2. 保留许可

持有勘探许可证者可在勘探许可证过期前 3 个月内向部长提交申请该勘探许可证覆盖区域的矿产保留许可证。在满足以下条件后，部长将颁发保留许可证：①申请人已在与其申请相关的矿藏方面提出了可行性研究报告并与良好的工业行为规范相适应且该研究报告已指出在提交申请时该矿藏不具备有经济效益的开采基础；②已完成该区域批准过的勘探计划；③申请人未出现违规行为。考虑到保留许可所涉的矿藏和开采活动，保留许可证不得颁发给持有勘探许可规定区域大于该保留许可申请区域的持证人。保留许可有效期不超过 3 年，可续期 1 次，但不超过 3 年。

保留许可的持证人享有的权利包括：为将来开采之目的保留其保留许可中的相关区域；在该保留区域进行的相关勘探活动，包括以随时决定与保留许可相关的以经济利益为基础、矿藏开采为目的的活动。

保留许可的持证人承担的义务包括：划分并保持已划分出的保留区域处于规定的状态；向矿务局局长获取任何打算进行的工作计划的修正批准。

在保留许可续期期间，部长可在通知保留许可持证人后，授权第三方进入该区域搜集申请所需的样本和数据。第三方通过该方式获取的任何地质数据都应立即向地质调查局局长报告。第三方不得阻碍或干涉保留许可的持证人在该区域的相关活动。如持证人和已授权的第三方都申请该区域的开采许可，部长将考虑其中有价值的申请。

3. 开采许可

持有勘探许可证或保留许可证者方能申请开采许可，勘探和保留许可证持有者应包括持有人组成的公司或持有人为将采矿作为其专营业务而邀请的个人；当部长认可某区域已经过充分勘探，需要颁发开采许可且没有其他人对于该区域有专属权，开采许可的申请人可以是勘探许可、保留许可持证人以外的其他人（以下简称“减免者”），如该区域尚有有效的保留许可，部长将通知保留持证人该例外情况。勘探许可证及保留许可持证人、减免者能申请勘探许可证及保留许可证下指定区域或该减免指定区域的采矿许可。颁布采矿许可后，其对应的勘探或保留许可中的区域将根据采矿许可中的规定而减小。采矿许可证申请须在勘探、保留许可证过期前至少三个月提出。此外，只有根据公司法规、遵循采矿许可的规定、有意以采矿作为其专营业务的公司才能申请采矿许可。

部长颁发采矿许可前，申请人须满足的条件包括：提交的采矿计划将能保证该区域内矿产资源得到最有效、最有益的利用；所申请的采矿区域与现存的采矿区域或保留区域不相同也没有重叠部分，除非得到现采矿许可持有人的同意或保留许可证持有人未能按照规定提交申请；母公司已按指定格式做出担保；申请者未出现违规行为。采矿许可有效期为25年，可延期1次，延期申请须在许可证到期前一年提出，续期不超过25年。

采矿许可持证者享有的权利包括：持证者及其雇佣人员、代理人有权进入采矿许可规定的有关区域，并能够采取所有合理的措施在地表或表层下进行与采矿许可相关的开采活动；为开采、运输、加工、化工处理、熔炼、精炼矿石之目的安装所需的机械设备、搭建临时建筑；处理发现的任何矿产。

采矿许可持证者应承担的义务包括：在开采计划中指明的为利润而工作日期之前开展生产工作（为利润而工作是指为使用或销售而生产矿产品）；根据开采计划发展并开采其采矿许可中相关的矿产，根据良好开采及环境保护的目标和实践及时对相关计划做出调整；根据要求划分矿物开采区域的界限并保持该界限，在获利日期之前向部长提交该开采区域的图表。

4. 矿物许可

欲进行小规模矿产开采者可申请钻石除外的矿物许可证，每份许可证开采面积不超过0.5 km^2。小规模矿产开采是指拟在每年开采和加工不超过50000吨原矿过程中获得除钻石以外矿产的行为，其中固定资产总投资不超过100万普拉。钻石开采不适用矿物许可。申请矿物许可应注意以下事项：①任何成文法律规定经许可后才可开采的区域需附有证据表明已经获得该许可；②如果申请人并非土地的所有人，申请人应附有证据表明已经取得土地所有人或当地土地局（若土地属于部落领地）的同意；③如果矿物许可涉及区域在勘探区、保留区或开采区或是包含在以上区域内，需附有证据表明该区域勘探许可、保留许可或开采许可的持有者已经同意，如该等持有者不会因矿物许可的颁发受到损失则无需获得持有者的同意。

在部长授予矿物许可前，申请人须满足的条件包括：计划的工作方案确保有效、有益地利用矿产资源；已经获得根据成文法所申请区域需获得的同意、来自所申请区域的所有者的同意及所申请区域现存任一矿产开发权证持有者的同意。开采工业矿石的矿物许可不能授予非博茨瓦纳公民；出于公众利益的考虑，申请许可涉及的工业矿石开采需要专项作业，申请人也做出了开采的矿产不会被出售或为牟利而处理的保证时，开采工业矿石的矿物许可也可授予非博茨瓦纳公民。矿物许可有效期不超过5年，可延期，每次经部长批准后的延期不超过5年。

矿物许可持证者享有的权利包括：可以与其雇佣人员或代理人进入许可界定的区域，开采、处置许可证相关的矿产，建设除居民住宅外用于矿石开采的临时搭建物。持证者应履行的义务包括：应通知部长其地址的任何改变；以良好的开采质量和环保实践开采区域内许可证相关的矿产；在其矿产许可期或续期内每年向部长呈上报告，报告所开采区域上一年度的矿石生产情况及产值、上一年度的平均雇佣人员数以及对其工作间、车辆、设备的简单描述；许可期满之时，清理并保证所开采区域的安全，直到矿务局局长满意。该法不会阻止地方当局、土地的所有者或合法占有者、在该土地上拥有矿产开发权的所有者在区域内完全用于该区域的建筑、筑路或农业用途而进行工业矿物的勘探和开采，除非与其他矿产开发权所有者的利益有冲突时。在这个区域行使权利的任何个人都要尽可能地减少对环境的伤害并在合理的时间内恢复环境，探矿和采矿的选址都要获得矿务局局长的同意。

（三）许可证的转让

所有矿产许可权证须经过矿产、能源和水资源部长的批准后方得转让。以转让勘探许可证为例，持证人需转让勘探许可证的，应在转让发生的30天前通告部长。通告中申请人应向部长提供受让者的详细信息。

（四）土地征用权

博茨瓦纳的土地分为三种，分别为私有土地、国有土地和部落土地。私有土地指由私人持有的农业、商业和工业用地，主要位于博东部和南部地区，约占国土面积的5%。农业用地的转让费率为30%，商业和工业土地的转让费率为5%。私有土地的出售或转让不需经过土地部门的审批。国有土地指城镇土地、野生动物保护区、森林保护区和部分野生动植物管理园区，约占国土面积的25%。国有土地由政府土地部门管理。商业和工业用地的租赁年限为50年，住宅用地的租赁年限为99年。部落土地约占国土面积的70%，由政府土地部门委派博国民进行管理。商业和工业用地的租赁年限为50年。在博注册成立的外国公司，可以租用国有土地用作工业和住宅用途。博政府禁止本国公民向外国人出售国家无偿分配给本国公民的私人住宅用地。

保留许可、开采许可或矿物许可证持有人若要求专用该保留区域或者开采区域的全部或者部分，如果该土地所有者或合法占有人要求从中获得租约或按照条款以相同的租金支付其他权益，双方可以对该租约使用期限或者土地使用的程度和范围达成一致，对于未能达到一致的情况将通过仲裁决定。

二、跨国矿业投资相关法律制度

（一）劳工制度

博茨瓦纳劳工法律体系完善，雇工法律意识较强，社会对劳工的保护充分认同。博制定有《雇佣法》《外籍人员雇佣法》《工资法》《工人补偿法》和《劳工组织法》。博负责外国人工作许可的管理部门是劳动局和移民局。博政府没有颁布明确限制外来人员的规定，但根据《外籍人员雇佣法》规定，外国人在博工作必须取得工作许可，持有工作签证。博要求申请工作许可时要提交相应个人资质证明，实际操作中对不具备大学学历的人员到博工作控制很严。博要求由在博当地经营的雇主向劳动局提出申请，经过劳动局批准并发放工作许可后，方能办理签证。自2008年7月起，博对外国人申请签证采取“返签”制度，即将申请赴博的签证材料先递交博移民局审核，获得同意后，博驻外使馆才发给签证。同时，博在劳工与内政部设立签证委员会，每周开2次会，集体审议签证申请。申请人到达博后再办理相关工作和居留手续。持有工作许可的外国人在回国半年后重新入境需要申请入境签证。《雇佣法》主要是关于劳动合同、雇佣、薪酬规定、休息时间工时规定、工作条件规定、特种行业从业规定、妇女和儿童雇佣规定、劳动健康规定、最低工资规定、劳工意见委员会、相关罚则等方面的法律。聘用合同终止时，雇员（不管是本国居民还是外籍雇员）均有权要求雇主将其送回原聘地（不管原聘地是在博茨瓦纳境内还是境外）并由雇主承担遣返费用。如雇员家属随任，雇员家属在雇员被遣返时或在雇员死后，有权要求雇主将其遣回原聘地并由雇主负担遣返费用。

（二）贸易和投资制度

博茨瓦纳贸工部是工业、贸易和投资主管部门。与投资相关的法律有《公司法》《贸易法》。《公司法》主要内容包括：公司成立的相关规定，如公司章程、公司注册等；公司形式、公司责任范围、股权规定、募集资本金、股份转让和增减、股权抵押；公司内部管理规定。根据博《公司法》规定，公司形式包括有限公司、内部股份公司和担保有限公司。博贸工部公司登记中心负责企业注册，也可通过博投资贸易中心的一站式服务申请。

《贸易法》的主要内容为申请从事商业活动执照的规定。博茨瓦纳被联合国贸发组织列为采矿业推动经济发展的典范，采矿业对经济发展起到了支柱性作用。2011年，采矿业在GDP构成中的比例为32.3%，独立以来，采矿业对GDP增长的贡献率平均在40%以上。博是非洲第二大矿产品生产国，世界上主要毛坯钻石生产国之一，钻石业是其经济支柱，产值约占国内生产总值的1/3。采矿业大型企业为德比尔斯公司（DE BEERS）与博政府合资成立的DEBSWANA公司。博政府已与德比尔斯新签10年销售合同，德比尔斯公司将于2013年底前将钻石交易公司总部迁至博首都哈博罗内市。博将可能借此机会成为世界钻石业的中心。2011年，博矿产出口按金额占总出口比例分别为钻石75.5%、铜镍7.3%、金1.4%、盐和苏打灰1.1%、钢铁及制品0.6%。中国从博进口商品主要包括珠宝、贵金属及制品、首饰、硬币、矿砂、矿渣及矿灰等。

博实行鼓励出口政策，对出口产品不征收任何关税，但对放射性矿产品、宝石、钻石实行出口许可证制度。除从南部非洲关税同盟成员国和津巴布韦、马拉维进口商品无需办理进口许可证外，从其他国家进口商品均需办理进口许可证。博重点鼓励外国投资者进入可以产生进口替代和出口导向的制造业领域，重点欢迎外国企业投资玻璃生产业、皮革加工业、纺织和服装业、珠宝加工行业、信息及传播技术产业、食品加工、医药生产、旅游业和金融服务业等。

博鼓励外国投资的政策包括行业鼓励政策、地区鼓励政策；主要优惠措施包括税收优惠、财政补贴和外汇管理宽松。在行业鼓励政策方面，博实施产业多元化政策，1982 年，博颁布了《财政援助政策》，为外国投资者提供的优惠政策主要有：制造业公司享受 15% 的所得税税率；在博注册登记的公司计算所得税税基时，可扣除针对股利所征收的 15% 税赋；经核准的公司可享受 5 ~ 10 年的免税；没有外汇管制，利润、股利和资本可自由汇出。中博两国政府于 1986 年签订贸易协定；于 2000 年签订《中博投资保护协定》。

（三）国内市场义务

矿产权证的持有者在进行其权证下的经营活动和在设施购买、建造和安装时，应在符合安全、效率和经济原则的情况下最大限度地优先购买在博茨瓦纳制造的材料和产品及位于博茨瓦纳境内或为博茨瓦纳公民或根据《公司法》设立的 bodies corporate 所有的服务机构的服务。矿产权证持有者应在其进行矿产活动的所有阶段，在符合安全、效率和经济原则的情况下最大限度地优先雇佣博茨瓦纳公民。

（四）争端解决机制

《矿山和矿产法》所涉条款下发生的争议提交仲裁的，应由争议双方共同指定的独任仲裁员根据国际投资争端解决中心（the International Centre for the Settlement of Investment Disputes）的规则或当事人选定的规则或程序进行仲裁。如果当事人无法就独任仲裁员人选达成一致意见，则每方各选一名仲裁员，再从选出的仲裁员中选一名仲裁员。

三、法律环境总结

博茨瓦纳矿产资源丰富，矿业管理制度相对规范，经济环境较好；博茨瓦纳政局一直保持稳定，内外政策较稳定、务实，各级官员比较廉洁，政治环境较好。博茨瓦纳独立后建立了自由市场经济体制，采取优惠措施吸引外资和国外先进技术。博由独立时世界上最不发达国家发展成为中等收入水平国家的竞争优势主要体现在政治稳定、经济平稳持续发展、矿产资源丰富、地理位置独特、法治程度高。

矿业在博茨瓦纳国民经济发展中占有重要地位，为促进矿业的发展，政府十分重视对外资的吸引。为此政府一直在努力改善矿业投资环境。政府通过修改矿法、减少政府干预、简化矿业权审批程序、取消矿业权转让的限制、引入新的税收制度、降低相关税费等举措改善投资环境。此外政府还采取了修改商业竞争法、简化企业审批手续、与多国签定避免双重征税协定等配套措施，使其矿业投资环境有了较大的改善。特别是 1999 年颁布新矿法，取消政府在矿山企业中拥有“干股”的权力，降低矿产权利金标准，较大地减轻了投资者的负担，受到了投资者的欢迎。新法颁布以来政策一直保持稳定。

在博茨瓦纳，外国投资者被允许参与所有重要经济部门的活动，外国与本国投资者之间并无差别。外国企业享有国民待遇，博对外资企业没有任何正式或非正式的歧视政策，也没有任何业绩要求，不要求从当地货源进行采购，在投资许可、特定投资地区选择、产品本地成分的比例、当地股份、进口替代、出口要求或当地融资来源等方面，政府都没有附加任何条件。此外，在投资方面还有许多优惠政策如便利的信贷政策，外国投资者可以在当地市场获得贷款并可便利地利用现有信贷机构，实际上外国投资者在博茨瓦纳经营公司一般都享有比当地公司更加便利的信贷条件，如宽松的外汇管制政策，优惠的税收政策，博茨瓦纳的税收水准在南部非洲地区国家中属于较低的。投资企业所需设备和配件，从国外进口的，免征进口税。从已知情况来看，博茨瓦纳私营企业尚无限制外国投资参与或控制本国企业的做法。

另一方面也需注意到，博茨瓦纳人口少，市场小，消费能力有限；作为内陆国家，进口依存度较高，原材料、食品、电力等都需要进口；经济规模较小，汇率变动幅度大；已采取措施控制外籍劳务人员。

世界经济论坛《2011—2012 年全球竞争力报告》显示，博在全球最具竞争力的 142 个国家和地区中排名第 80 位。根据世界银行公布的数据，2011 年博经济增长幅度在非洲排第 10 位，继续将博评为最具吸引力的投资目的国之一。2012 年 2 月加拿大弗雷泽（Fraser）研究所发布了 2011—2012 年度矿业公司关于世界主要国家或地区矿业投资环境评价的调查结果。在“政策潜力指数”（用以衡量政府政策对矿产勘探开发投资影响的一个综合指数，包括政治不确定性、政策解释、法规实施、腐败管理、环境控制、税收、土地占有制和劳工问题等，指数得分越高表示其政策对吸引矿产勘查投资越有利）方面，博茨瓦纳最好，排在第17位，是南共体国家中排名最前者；在“现行法规和土地限制条件下的矿产潜力”指标方面，博茨瓦纳得到全球评分最高的0.75分，位居首位，这也是博连续3个年度保持在前10位；在“矿产潜力”指数评价方面，博茨瓦纳列第24位。

综上所述，博茨瓦纳目前的矿业投资环境总体上讲是比较好的，加上政府实施的各项鼓励外国直接投资的政策，使博茨瓦纳成为外国投资者向往的非洲国家而且也被认为是世界上投资风险最小的国家之一，得到了较多国际矿业投资者的认可。

第四节 税 制 研 究

一、税制总论

博茨瓦纳是一个法制比较健全和规范的国家，尤其是在2007年颁布了新的《公司法》，该法规定凡是资产在200万普拉以上或年营业收入500万普拉以上的企业需提供财务年报和审计报告，政府每年都会对一些营业额较大的公司进行税务抽查。博茨瓦纳税制基本为单一税制，有所得税和增值税两类主要税种，相应有《所得税法》和《增值税法》两部法规。

博茨瓦纳实施属地兼属人税制。属地方面，博茨瓦纳《所得税法》规定，对所有来源于博茨瓦纳的收入征收所得税，在征收方式上，对居民与非居民采取不同的征收标准。属人方面，对以下人员的收入征收所得税：与博茨瓦纳政府签署雇佣合同的人员在博茨瓦纳以外的收入；博茨瓦纳居民在博茨瓦纳以外国家短期活动的收入；博茨瓦纳中央银行同意批准的对外投资和对外经营所得。博茨瓦纳的会计年度是每年7月至次年的6月，中资公司也可以选择1—12月作为公司的会计年度。

总体而言，博茨瓦纳的税赋水平不高，为吸引投资，博茨瓦纳政府采取宽松的税收政策，税赋在南部非洲国家中为较低水平。博茨瓦纳的企业所得税率从1995之前的35%到1995年的25%再到近年的22%，下降明显。此外，经批准的制造企业还可享有15%的低税率。据普华永道最新发布的2016年全球189个主要经济体总体税赋情况排名，博茨瓦纳税收负担排名第161位，整体税赋为25.4%，整个税务环境质量排名第47位。博茨瓦纳主要税种见表13-1-5。

表13-1-5 博茨瓦纳主要税种（税率更新至2015年12月31日）

税种		税率	税种		税率
企业所得税		22%	预提所得税	利息	15%
资本所得税		22%		特许权使用费	15%
分支机构税		30%	个人所得税		0~25%，累进税率
预提所得税	股息	7.5%	增值税		12%

此外，截止2016年底，博茨瓦纳已经与全世界10多个国家和地区签订了避免双重征税税收协定。

中国内地已经于2012年4月11日与博茨瓦纳签署了双边税收协定，但是至今仍未生效。协定规定中国大陆股息预提税率为7.5%，若中方拥有企业20%以上的表决权则可以享受5%的税率。利息的预提税率为7.5%，特许权使用费的预提税率为5%。

中国香港特别行政区未与博茨瓦纳签署双边税收协定，按照未签订条约国家政策缴纳预提税。

二、与煤炭开采行业相关其他税费政策

（一）矿业特许权使用费

博茨瓦纳规定，持有矿产开发权的持证人应向政府支付所获矿产开采的特许权使用费，基础矿产为3%，精矿为5%，含钻石精矿为10%，税款应在收到每一笔矿产品时缴纳，特许权使用费计算依据为投资

矿产支付的对价，对价计算依据为矿产的销售收入除去折扣、佣金或者销毁矿产品发生的金额后的净额。

（二）租金

博茨瓦纳的勘查许可证最大面积为 1000 km²，最初期限 3 年，可延期两次，每次两年，每次延期时，原有的勘查面积必须减少 50%。

博茨瓦纳的勘查许可证每年租金为 1 普拉/km²，但最少不能低于 250 普拉。一般矿产的采矿许可证（包括煤矿）每年的租金为 6 普拉/km²。

（三）采矿权税

博茨瓦纳采矿权税计税基础为土地面积或采矿权市场价值，税率以下两者高者计：40 普拉每平方千米和采矿权价值的 10%。实行按年度申报政策。

三、税制总结

博茨瓦纳税赋较低，税收环境较好，具有较好的投资吸引力。为吸引投资，博茨瓦纳政府采取宽松的税收政策，税赋在南部非洲国家中为较低水平。据普华永道和世界银行共同合作发布的 2013 年全球 189 个主要经济体总体税赋情况排名，综合税赋从重到轻，博茨瓦纳税收负担排名第 161 位，整体税赋为 25.4%，属于低税赋国家序列。此外，博茨瓦纳民主观念深入，政府透明度较高，政府对经济犯罪和腐败现象打击力度大，所以税务系统的执法环境较好。在上述世行报告中，博国的整个税务环境质量排名第 47 强，属于较好国家序列。最后，博国与中国内地已签署了双边税收协定，协定税率为 5% ~ 7.5%，均低于普通协定税率水平。

第五节　环　评　体　系

一、矿业项目开发的环境监管机构及相关环境法律

（一）环境监管机构

博茨瓦纳矿业项目开发过程中主要涉及以下环境审批部门：

（1）矿业、能源和水利部（MMEWR）。

（2）环境、野生动物和旅游部。

（3）环境事务部门（DEA）。

（4）博茨瓦纳环境评估从业者协会（BEAPA）。

（二）环境相关法律及法规

（1）《博茨瓦纳宪法》。该法为博茨瓦纳基本法，涉及环境的一些基本权利。其中与环境相关主要条例包括《野生动物保护和国家公园条例》（ActNo. 28 of 1992）《水条例》（1968）《城镇规划条例》（1977）《公众安全条例》（1988）《废弃物管理条例》（1988）等。

（2）《博茨瓦纳环境法》。

（3）《环境影响评价法规》（2005）。

（4）《环境评价条例》（2011）。

（5）《环境评价规章》（2012）。

（6）《博茨瓦纳矿业法》（1977）。

（7）《博茨瓦纳能源法》。

二、环境审批

1. 项目方提交项目申请，在环境事务部门登记

项目方在提交项目申请后，还要到环境事务部门登记。

2. 环境事务部进行初步环境影响评价并确定职权范围

由项目申请者搜集项目的基本信息（包括地理位置、产品等），交予环境事务部门进行审批，确定

是否可以进行具体的环境影响评价研究工作并确定环境影响评价职权范围。

3. 环境事务部批复是否需要进行环境影响评价（EIA）工作并确定职权范围

环境影响评价条例第九章第一节规定：环境事务部认为申请或提议的项目可能会造成不良环境影响的，需要进行环境影响评价工作。首先由政府按照环境影响条例和指令进行审批和筛选工作。环境影响条例列出了需要进行环境影响评价的活动，包括环境敏感区域方圆 2 km 范围内的项目、会引起民众的反对以及导致部分移民现象的项目均需要进行环境影响评价工作。

4. 环境事务部确认需要进行环境影响评价的项目并发给申请者一份书面的做此决定的参考法律法规依据

环境影响评价条例第二期规定，当提出申请的项目不需要做环境影响评价时，应该在项目实施之前提出环境管理计划（EMP）。当项目运行在环境影响评价相关法律颁发之前发生，则需要补交环境管理计划，否则就要进行详细的环境影响评价研究。

5. 项目方进行环境影响评价工作

当政府确定该项目需要做环境影响评价时，由项目方在项目开始之前委托环境影响评价专业人士准备环境影响评价的项目陈述资料，由项目方在规定时间内提交给政府审核（环境影响评价条例第九章第三节）。

只有在环境影响评价法令约束下成功注册并认证的环境影响评价师才有资格进行环境影响评价的相关工作，《环境影响评价法规》规定了环境影响评价师注册的标准和程序。法规还规定，当环境影响评价工作从业者与项目有重要利害关系时禁止其从事顾问工作；当从业者违反这一条例时将处以罚款或者长达 3 个月监禁。主要是因为当环境影响评价从业者与顾客之间产生专业或者个人的利益时会破坏评价工作的客观性。

6. 项目方环境影响评价报告编写

环境影响评价编写的要求包括以下内容：

（1）满足环境相关法律要求。

（2）提供一个单独的文件满足官方对矿业环境影响的管理的需求。

（3）评价项目的可行性分析和成本效益分析。

（4）描述项目实施地点以及周边的环境状况。

（5）简洁明了地介绍采矿的方法以及相关配套活动，以便对采矿前以及采矿后进行全面有效的环境影响评价。

（6）说明管理该项目环境负外部性的方法，同时最大化它的正外部性。

（7）制定具体的环境管理标准，在整个项目的周期中依照这个标准达到土地容量的实现，违反时可以据此标准责令停工。

（8）指出资源的可利用性。

7. 项目方将环境影响评价报告提交环境事务部进行审查

环境事务部审核工作需要 60 天以上，认为项目申请陈述符合部长相关要求的就应该进入下一步审批流程。

在以下情况下，环境事务部认为需要举行一场听证会：

（1）审查完项目环境许可申请陈述后，政府当局决定该项申请活动是否值得举行听证会，相关利益群体和感兴趣的组织个人共同参与共同讨论这项采矿活动的合理性。

（2）这项活动受到公众的极大关心，因为它会产生恶劣的环境影响。环境事务部部长需要咨询其他政府当局，共同商议决定听证会的具体程序。

8. 环境影响评价报告进入公示期，为期 7 天

使用官方语言将环评报告公示至少 7 天。

9. 公众参与评审，提出意见建议，为期 28 天

接着至少 28 天的时间邀请项目可能影响的公众和组织以及一些感兴趣的组织或个人参加项目的审议和评论。主要讨论内容包括该项目的大小、量级、项目的位置、预料到的环境影响、对一些消极影响的削减措施。上述活动费用均由项目方承担。

10. 环境事务部参考各方意见，进行最终决策，决策通过，颁发环境许可证

环境事务部公布最终决策并指出决策的原因。当环境事务部认为环评报告中陈述了完整的环境因子识别，描述的项目可能产生的环境影响已经充分完整，这些消极的环境影响可以通过其中的削减措施有效的弥补和改善，同时满足在经济上和技术上的可行性，则会通过审核。审核后下发书面决定，审核通过后会给项目方授权环境许可证，授权许可证的有效期在环境影响评价法令中有明确的规定，根据具体授权情况的不同而不同，许可证到期后可续。若环境影响评价被认为存在陈述报告不够充分、陈述报告未能完整描述相关的环境影响、报告中提出的削减措施不足以使环境影响降到能够接受的范围或者是所需费用过高、项目方不能正常维持等问题，环境事务部将会驳回申请并给予书面通知。项目方接到通知后应及时进行修改，再次提交审核申请。审核不通过的，环境事务部将给出书面拒绝申请并指出原因。接到判决书不满意的可以在30天内上诉到委员会。环评及审计所有费用由项目申请者负担。

具体环境许可证审批流程如图13－1－5所示。

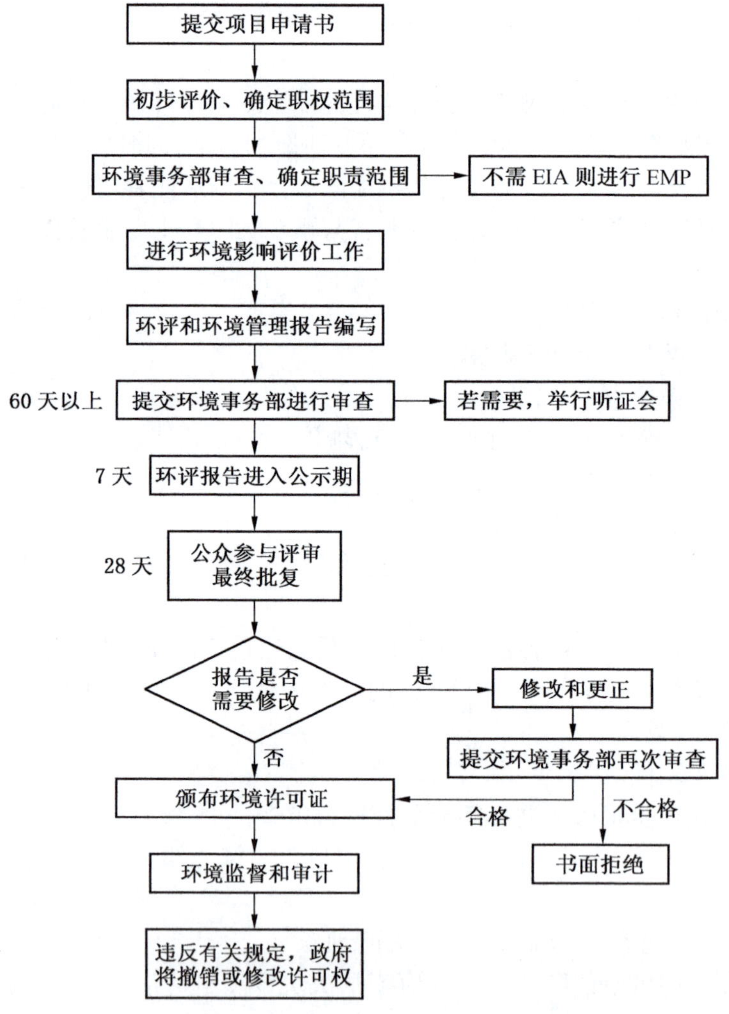

图13－1－5　环境许可证审批流程图

三、环境影响评价

（一）环境影响评价报告内容

1. 项目基本概况

项目基本概况包括以下内容：

（1）矿产项目的地址、探矿、保留、放弃、开矿的矿产出让权。

（2）探矿、保留、放弃、开矿的矿产开发许可证编号或者探矿的弃权，该许可证覆盖的具体矿产种类。

（3）采矿项目所在地的所有者的地址、姓名以及土地所有者的证明、契约等。

（4）地图包括平面图、航空照片。

（5）矿产所在区域的政府单位。

（6）与邻近城镇或主要定居点的距离和相对方位。

（7）矿产区周边 2 km 以内的基础设施（如周边的道路，铁路和电力线路）。

（8）土地所有权情况。

（9）河流的名称和位置。

（10）提议项目的具体描述。包括矿床、矿山产品或勘探目标矿物；估计储量或程度上的目标区域；提出勘探或采矿方法；估计整个项目的周期；矿产开发速度、估计资本、雇佣和预期就业。

2. 项目的效益分析、项目实施计划的优化选择和替代方案

3. 采矿项目运行前周边环境的评价

包括地质、气候、地形、土壤、土地的生产能力、方圆 2 km 的土地利用、经济现状、动物生活、租赁区原有的和现有的矿区、地表水现状、地下水现状、空气质量、噪音和振动、考古地貌和文化现状、敏感景观和保护区、人口架构、公共参与。

4. 该项目的具体描述

包括项目的基础设施建设以及建设阶段和运营阶段的具体工作指导。

5. 环境影响评价

环境影响评价分为采矿前、采矿运营期、停运期、矿区废置后项目对周边环境的影响评价，包括对水、土壤、空气、生态环境、动植物、人类活动、经济、社会的全方位影响评价分析。

6. 环境管理计划

针对上述环境影响的评价提出计划用于削减对空气、土壤、水环境等产生的不良影响。建设期、运行期、停运阶段提出相应时间规划表、持续时间和相关工作的先后顺序，资金的可周转性。

7. 咨询阶段细节内容

项目申请者需要提供有关官方和个体的听证会议具体的细节，这个阶段项目的支持者要对其他人提出的问题进行解答并承担责任，专家根据上述评价提出该项目的环境影响需要解决的问题并讨论解决对策。

8. 结论

该部分包括法律要求、参考文献、机密文件等材料。

（二）环境管理计划

环境管理计划作为环境影响评价报告的重要组成部分，是整个项目生命周期之内的环境削减措施的管理和实际执行的工具。环境管理计划必须明确分配责任、资金和资源以及时间节点。环境管理计划最重要的部分是监测项目。监测是为了评估项目方环境削减措施的执行进展以及是否有进步，是否达到了相关环境标准和规章条例。同时环境管理计划对矿产关闭后的修复和治理也是非常必要的。无论项目周期有多长，矿产项目关闭后的情况都需要纳入环境管理计划。环境管理计划必须涵盖解决项目运行前、运行中以及运行后的所有环境影响削减措施。因此，环境管理计划主要包括三部分：环境影响削减措施计划、环境监测计划、闭矿计划。

1. 环境影响削减措施计划

为了清晰地表示影响缓解措施的计划，应该采取管理和影响列表的形式进行详细描述。该计划至少应该包含项目每一个阶段的发展、活动或过程可能产生的影响、需要削减的环境影响、对每个环境影响制定合理的缓解目标、要达到减排目标需要的具体缓解措施和具体行动计划、环境影响削减措施所需的资源、估计缓解措施和管理计划的成本、明确实施缓解措施的责任人。

2. 环境监测计划

环境影响评价专业团队需要站在项目申请者的角度设计可行的环境监测计划。任何一个监测计划都是用来检查这个项目的实际运行情况是否符合相关的环境标准和条例规定。同时，环境监测计划还要检查矿业项目的实际执行情况是否达到了预设的目标。监测计划用来保证项目运行环境方面符合相关规章要求，同时可以验证并纠正环境影响预测结果的准确性，明确政府当局和开发者在环境监管方面的责任和义务。因此，监管计划必须包括长期监测计划和短期监测计划。明确指出在环境评价条例中规定的监测责任是属于相关技术部门还是政府当局。项目方需要相关技术部门或者政府当局按照环境评价条例监测的结果提交评估报告。监测数据对未来项目的环境影响趋势起预警作用，必须在环境危害未扩大之前积极采取补救措施。环境监测计划必须明确清晰地以列表的形式呈现出以下几个关键部分：项目所处阶段、可能的影响、需要检测的指标、监测的位置或者来源、指示环境削减计划效果的指标、监测方法、监管的责任机构、监测的频率、报告机制、环境标准和阈值规定、如果相关指标超标的建议削减措施。

3. 闭矿计划

不同的项目有不同的生命周期，大部分项目最终均会走向关闭，但是有些矿产项目关闭得比较突然，同时环境影响也比较大，因此，有必要在环境影响评价阶段就纳入闭矿管理计划。闭矿计划至少包括以下几个部分：预测项目的生命周期、简单识别会导致闭矿的因素以及出现之后的应对措施、提供闭矿之后的生态修复方案。

四、环评体系总结

博茨瓦纳作为发展中国家，独立至今政治体系稳定，逐步建立自由市场经济体制，成为世界上经济增长最快的国家之一。博茨瓦纳矿产资源丰富，主要矿藏为钻石，其次为铜镍、煤、铂、金、铀等，钻石储量和产量均居世界前列。但博茨瓦纳在大力发展经济的同时对该国的环境保护重视程度并不高。在博茨瓦纳，无论政府项目还是私人项目均需进行环境审批，博茨瓦纳的环境法律法规较为健全，相比发达国家的环境影响评价，环境审批程序较为简单。政府当局审批速度相对于其他发展中国家来说要慢，政府当局审查 60 天后，进行公示，再由公众、媒体、环境专家及环保组织共同监督审查，总时长约在 3 个月以上。

博茨瓦纳矿产环境影响评价的主要监管机构是环境、野生动物和旅游部以及矿业、能源和水利部。由环境、野生动物和旅游部下属的环境事务部主要负责。核心规范法律是《环境影响评价法规》和《环境评价条例》。

在博茨瓦纳申请矿业项目，主要的环境审批包括以下程序：项目申请→初步评价→确定职权范围→环境影响评价工作及撰写报告→环评报告提交环境事务部审查→进入公示期→由公众审查报告→如需修改则需重新提交报告进行二次审批→审批通过者授权环境许可证。环评报告的编制一般委托博茨瓦纳专业注册和认证的环境评估从业者，环境影响评价报告的主要内容包括项目概况、效益分析、周边环境评价、环境影响评价、环境管理计划、咨询部分和结论。环境管理计划作为环评报告中的重要组成部分，是引导整个项目生命周期之内的环境削减措施的管理和实际执行的工具。环境管理计划中必须明确分配责任、资金和资源以及时间节点。监测计划是环境管理计划的重要部分。矿业环境影响评价报告从提交到审批时间一般为 3 个月，包括环境事务部审查 60 天、公示 7 天、公众反馈意见收集期 28 天。矿区运营和关闭阶段依然需要环境管理报告，如果违反规定，将撤销授权许可。在博茨瓦纳的环境法律法规中未对替代方案、应急方案和环境恢复保证金等方面做出明确规定。

总体来说，博茨瓦纳对环境保护工作重视程度不足，有进一步提高的空间，因此，对开发矿业项目获取环境许可证的要求不是非常严格。

五、环境保护成本分析

矿业投资环境是指在矿业领域开发投资中面对的各种周围情况和条件的总和，一般按影响的要素进行分类。主要因素包括目标国自然资源、政治环境、经济环境、法律体系、财税体系、环境保护成本等。本书主要探讨环境保护成本因素对境外投资矿业尤其是煤炭业的主要影响。

本书主要通过 5 个方面对目标国家的环境保护成本进行定性分析。分析后给出“高”“中”“低”三种评估结论，以环境审批一般办理时限为例，“高”表示目标国家环境审批一般办理时限相对于其他国家较长，反之则判定为“低”，当目标国家环境审批一般办理时限介于“高”和“低”之间时，结论偏中性，无法给出“高”或“低”的单方面结论时，评估结果为“中”。

评估目标国家环境保护成本的5个因素依次为目标国家环境法律体系完善程度、环境审批程序复杂程度、环境审批一般办理时限、公众参与程度及环境保护敏感度、矿区复垦及环境保护保证金收取要求。

1. 环境法律体系完善程度

博茨瓦纳独立以来经济取得良好发展，是南部非洲经济状况较好的国家之一，外债处于可控状态，经济政策稳定且高效。近些年经济的快速发展也引起了国际投资者的注意，发展潜力良好。博茨瓦纳独立后继承了英国的法律体系，建立了完善的司法制度，其司法独立指数排名世界前列，是南部非洲地区法制状况较好的国家之一。相应地，相较于其他发展中国家，其环境法律法规也相对较完整。在博茨瓦纳，约束矿业项目开发的主要法律包括《博茨瓦纳环境法》《环境影响评价法规》《环境评价条例》《环境评价规章》等，这些法律均在2000年前后颁布，具有时效性，但也侧面反映出博茨瓦纳环境保护工作起步较晚，这与博茨瓦纳大力发展经济的同时忽略了环境保护的相关工作有直接关系。

综上所述，本书对博茨瓦纳环境法律体系完善程度评定为“中”。

2. 环境审批程序复杂程度

尽管博茨瓦纳环境法律体系相对完整，但由于博茨瓦纳对环境保护工作起步较晚，重视程度不够，因此，在博茨瓦纳开展矿业项目所需环境审批相较于发达国家略显简单。与其他发展中国家不同，博茨瓦纳的审批流程中设置了初步环境影响评价阶段，既在项目提交申请后的，由项目申请者搜集项目的基本信息（包括地理位置、产品等），交予环境事务部门进行初步环境影响评价，确定是否可以进行具体的环境影响评价研究工作并确定环境影响评价职权范围。在博茨瓦纳，不是所有项目的审批程序都要求公众全程参与，而是在一些特殊情况下，环境事务部决定是否需要举行公共听证会或者需要对环评报告进行公示。

综上所述，本书对博茨瓦纳环境审批程序复杂程度评定为“低”。

3. 环境审批一般办理时限

博茨瓦纳的环境审批程序较为简单，因此博茨瓦纳环境审批一般办理时限也相对较短，一般情况下在自项目提交申请之后起的2个月左右完成审批，若涉及特殊项目，需要举行公共听证会、进行环评公示并需要公众参与评审，提出意见建议，则审批时限延长，但一般不超过3个月。

综上所述，本书对博茨瓦纳环境审批一般办理时限评定为“低”。

4. 公众参与程度及环境保护敏感度

博茨瓦纳环境法律规定，在环境审批程序中，提交环境影响评价报告后，环境事务部审核工作需要60天以上，认为项目申请陈述符合部长相关要求的就应该进入下一步审批流程。但是在特殊情况下，环境事务部有权召开公共听证会。这种情况一般包括：审查完项目环境许可申请陈述后，政府当局决定该项申请活动是否值得举行听证会，相关利益群体和感兴趣的组织个人共同参与共同讨论这项采矿活动的合理性；或者这项活动受到公众的极大关心，因为它会产生恶劣的环境影响。政府要求环评报告需使用官方语言进行为期7天的公示。公示期结束后，公众可以参与评审，提出意见和建议，为期28天；在这28天内，矿业企业需邀请项目可能影响的公众和组织以及一些感兴趣的组织或个人参加项目的审议和评论。环境事务部参考各方意见，进行最终决策。然而事实上博茨瓦纳公众对环境保护的敏感度相对较低，在该国矿业开发历史上，也未曾出现过因公众反对或环保组织的抗议迫使矿业项目申请延期或项目停滞的先例。总体来说，博茨瓦纳公众对环境保护的敏感度不高，环评审批涉及公众参与程度适中。

综上所述，本书对博茨瓦纳公众参与程度及环境保护敏感度评定为“中”。

5. 矿区复垦及环境保护保证金收取要求

虽然博茨瓦纳环境保护工作起步较晚，在国家大力发展经济的同时，对环境保护的重视程度也略显不足。但是博茨瓦纳环境法律对博茨瓦纳的矿业项目计划关闭矿区时的环境修复工作也有相关的规定——要求在环境影响评价阶段纳入闭矿管理计划。闭矿计划至少包括以下内容：预测项目的生命周期；简单识别会导致闭矿的因素以及出现之后的应对措施；提供闭矿之后的生态修复计划方案。然而，博茨瓦纳法律并没有相应的法律条文对闭坑后的生态修复需要达到何种目标和水平以及矿产开发环境保证金方面做出明确规定。

综上所述，本书对博茨瓦纳矿区复垦及环境保护保证金收取要求保守评定为“低”。

定性分析结果显示，评估博茨瓦纳环境保护成本的5个因素中：国家环境法律体系完善程度、公众参与程度及环境保护敏感度均评定为“中”级别；环境审批程序复杂程度、环境审批一般办理时限、矿区复垦及环境保护保证金收取要求均评定为“低”级别。总体而言，博茨瓦纳被定级为环境保护低成本国家。

第六节　基　础　设　施

一、公路

博茨瓦纳以公路运输为主，主要城镇之间由公路相连，总长1.83万km，其中30%为柏油路面。全国各主要城镇之间以及与南非、赞比亚、津巴布韦和纳米比亚邻国之间已基本由柏油马路连接，干线公路等级较高。博茨瓦纳公路分布如图13-1-6所示。

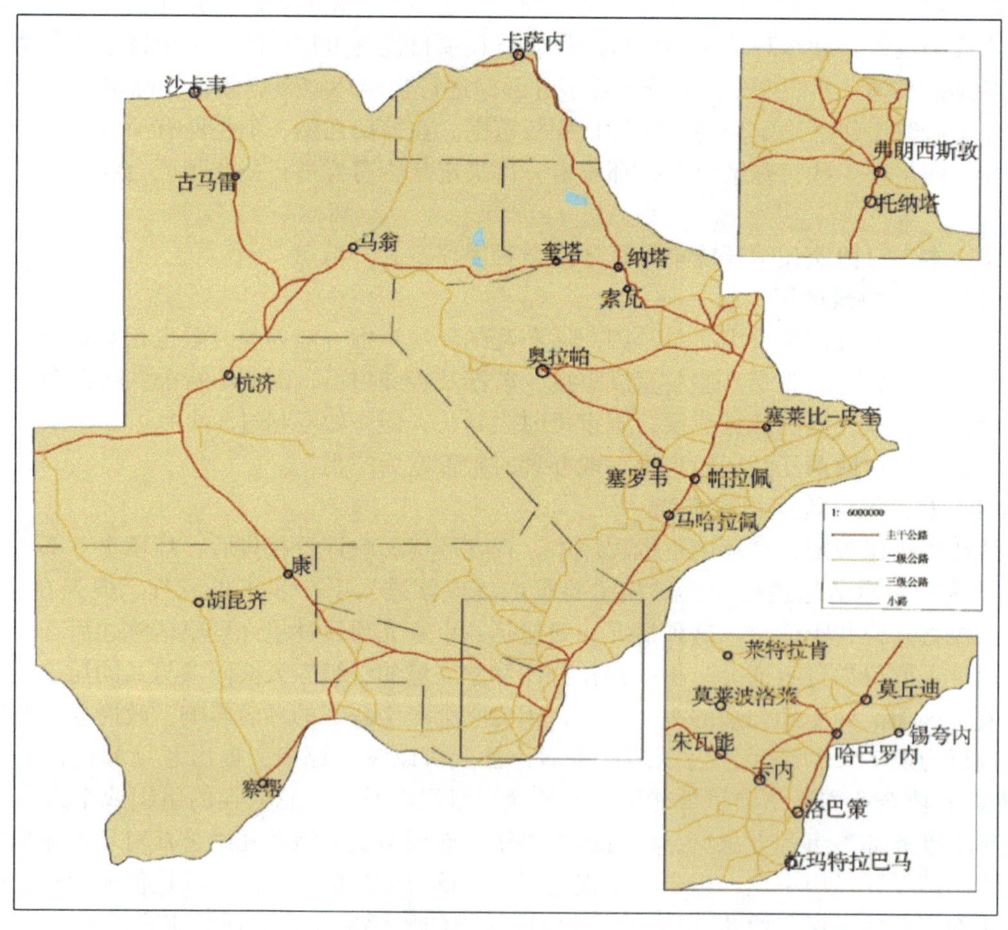

图13-1-6　博茨瓦纳公路分布（维基百科，2013）

二、铁路

博茨瓦纳仅有一条铁路，分布在东部，全长900 km。跨越弗朗西斯敦、哈博罗内和洛巴策，连接南非和津巴布韦。铁路公司是负责铁路运输的国有企业。博茨瓦纳铁路分布如图 13－1－7 所示。

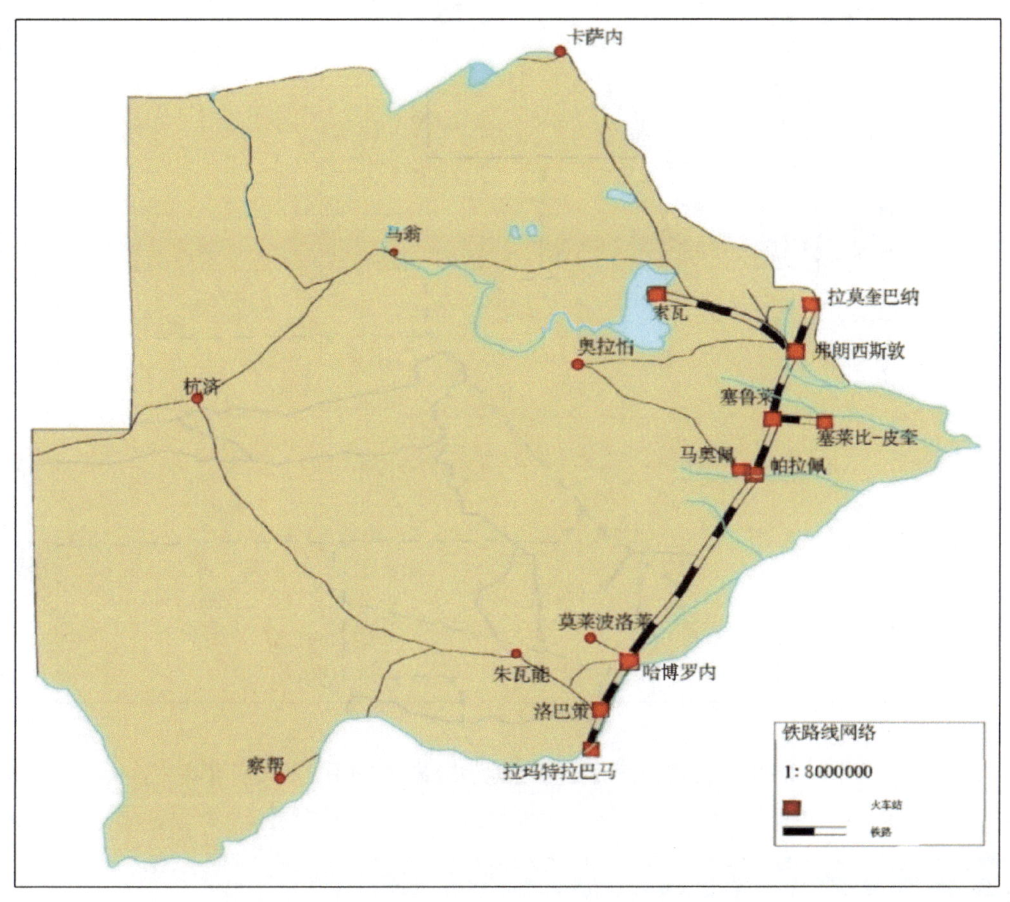

图 13－1－7 博茨瓦纳铁路分布（维基百科，2013）

三、航空

博茨瓦纳现有 6 个大型机场，首都有卡马国际机场，其余 5 个机场设在弗朗西斯敦、马翁、卡萨尼、塞莱比－皮奎和杭济。此外有数十个小型机场分散在全国各地。航空公司辟有飞往南非等国家和地区及国内主要城镇及旅游区之间的航线。

四、电力

博茨瓦纳电力资源一般，属于电力短缺的国家，其东中部建有一约 100 MW 的水力发电站，除此之外，东中部还建有两座中小型火力发电站，发电能力不及 100 MW。目前，博茨瓦纳境内主要发电站 MORUPULE B 电站装机容量为 600 MW，如能满产发电，则基本满足国内需求。博茨瓦纳及周边国家电力分布如图 13－1－8 所示。

五、基础设施总结

经过 40 多年的平稳发展，博茨瓦纳基础设施建设逐步完整，属于非洲基础设施较好的国家之一，但整体情况依旧较差，对经济的制约作用不容忽视。博茨瓦纳政府加大基础设施投资，修建和改扩建机场、公路、水坝、电站、输水管等。2011 年 8 月，该国获得石油输出国组织国际发展基金 4000 万美元贷款，用于综合交通建设项目，旨在整合博茨瓦纳现有的公路和铁路系统，建设新的交通设施，提高运输能力，促进经济发展。目前的基础设施建设主要着力于发展物流交通，为矿业发展提供电力和供水服务。

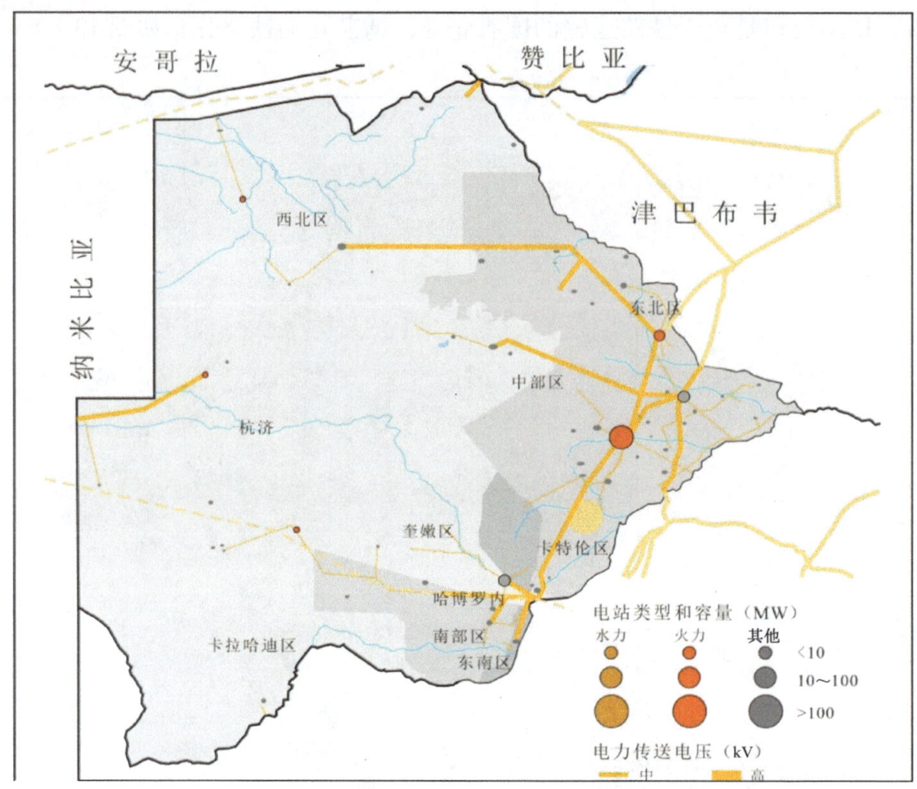

图 13-1-8 博茨瓦纳及周边国家电力分布（AICD，2013；有修改）

本章参考文献

[1] 宋国明. 博茨瓦纳矿业开发与投资环境［J］. 国土资源情报，2006（5）：21-22.

[2] 徐人龙. 博茨瓦纳独立后政治发展刍议［J］. 西亚非洲，2005（2）：43-46.

[3] 徐人龙. 列国志—博茨瓦纳［M］. 北京：社会科学文献出版社，2007.

[4] 中华人民共和国商务部. 对外投资合作国别（地区）指南-博茨瓦纳（2015年版）［R］. 商务部对外投资和经济合作司，2015.

[5] 中华人民共和国商务部，中华人民共和国国家审计局，国家外汇管理局. 2015年度中国对外直接投资统计公报［R］. 2015.

[6] 中国出口信用保险公司. 国家风险投资报告—博茨瓦纳［R］. 2015.

[7] 中华人民共和国外交部. 博茨瓦纳国家概况［EB/OL］. 2016［2016-07］. http：//www.fmprc.gov.cn/web/gjhdq_676201/gj_676203/fz_677316/1206_677438/1206x0_677440/.

[8] 中华人民共和国驻博茨瓦纳共和国大使馆. 国家概况［EB/OL］. 2015［2015-06］. http：//bw.chineseembassy.org/chn/.

[9] Klaus Schwab. The Global Competitiveness Report 2016—2017［R］. World Economic Forum.

[10] The World Bank，International Finance Corporation［R］. Doing Business 2015. 12th edition.

[11] Central Intelligence Agency（2009）. “Botswana”. The World Factbook［R］. Retrieved 3 February 2010.

[12] “Botswana”. International Monetary Fund［R］. Retrieved 2012-04-17.

[13] Transparency International 2008 Corruption Perception Index 2008［R］. Retrieved 2007-23-09.

[14] “Ranking Of The World's Diamond Mines By Estimated 2013 Production”［R］. Kitco August 20. 2015.

[15] “World Bank Botswana Data”［R］. Retrieved 2016-10-20.

[16] 中国出口信用保险公司. 国家风险投资报告—博茨瓦纳［R］. 2012.

[17] 窦可视. 博茨瓦纳矿业投资研究［J］. 法律与经济，2008（07）.

[18] 景普秋. 范昊矿业收益管理与经济增长奇迹：博茨瓦纳经验及对中国的启示［J］. 中国地质大学学报，2010（05）.

[19] 宋国明．博茨瓦纳矿业投资指南［J］．山东国土资源，2010（7）．
[20] 刘涛．南部非洲国家矿业政策变迁［J］．中国矿业，2007（5）．
[21] 陈风．外国直接投资与博茨瓦纳经济发展［J］．上海师范大学学报，2009（1）．
[22] 汪峰．博茨瓦纳独立以来经济发展述评［J］．石家庄经济学院学报，2010（10）．
[23] 齐如．发展中国家的金融体系问题研究——基于法律制度的视角［J］．中国经济，2012（8）．
[24] 吴智慧等．非洲矿产资源勘查和开发——博茨瓦纳［J］．中国地质，1998（1）．
[25] 徐人龙．博茨瓦纳独立后政治发展刍议［J］．西亚非洲，2005（2）．
[26] 中华人民共和国商务部．对外投资合作国别（地区）指南－博茨瓦纳（2012 年版）［R］．2012.
[27] 中华人民共和国外交部．博茨瓦纳国家概况［EB/OL］．http：//www. fmprc. gov. cn/mfa_chn/gjhdq_603914/gj_603916/fz_605026/1206_605148/.
[28] 中华人民共和国驻博茨瓦纳共和国大使馆．国家概况［EB/OL］．http：//bw. chineseembassy. org/chn/.
[29] 安永会计师事务所．Worldwide Corporate Tax Guide 2016［G］．
[30] 安永会计师事务所．Worldwide Personal Tax Guide 2016［G］．
[31] 安永会计师事务所．Worldwide VAT，GST and Sales Tax Guide 2016［G］．
[32] 普华永道会计师事务所．A Comparison of Tax System in 189 Economies Worldwide 2016［G］．
[33] 中华人民共和国商务部网站．［OL］http：//www. mofcom. gov. cn.
[34] 博茨瓦纳矿业投资指南［R］．山东国土资源，2010，26：73－74.
[35] Countryreport：Botswana. A New Environmental Impact Assessment Law for Botswana［J］．4 IUCNAEL E Journal：69－76.
[36] Botswana Environmental Assessment Practitioners Association（BEAPA），Environmental Assessment Act，2011. Botswana Environment Assessment Act，2011（Act No. 10 of 2011）.
[37] Botswana Environment Assessment Regulations，2012（Published on，2012）.
[38] David Aniku，Department of environmental affairs，Environmental Assessment（EA）as a planning tool for sustainable development—the case of Botswana. 2011［2011－04－11］．http：//www. environmental－mainstreaming. org/documents/EA% 20in% 20Botswana% 20－% 20David% 20Aniku. pdf.
[39] Department of Mines，Botswana. Environmetal Impact Assesment Guidelines for Mining［EB/OL］．2003［2003－09］．http：//www. mines. gov. bw/guidelines. php.
[40] Department of Mines，Botswana. Rehabilitation Guidelines for Sand and Gravel Mineral Concessions［EB/OL］．2003［2003－09］．http：//www. mines. gov. bw/guidelines. php.
[41] Environmental Law Alliance Worldwide，EIA Country Report for Botswana［R］．2012［2012－07－17］．
[42] Ghaghoo Diamond project websites，Ghaghoo Diamond project environment impact assessment report［R］．2013.
[43] The Mineral industry of Botswana，2009 Minerals Yearbook［R］．2010.
[44] Mining License and Minerals Permits Application Requirement，August 2007，department of mines，Botswana［EB/OL］．2007［2007－08］．http：//www. mines. gov. bw/Forms/ml% 20mp% 20applications% 20guide. pdf.
[45] Project：Kazungula bridge countries：Botswana and Zambia Environmental and Social impact assessment summary［EB/OL］．2011［2011－07－05］．http：//www. afdb. org/fileadmin/uploads/afdb/Documents/Environmental－and－Social－Assessments/Botswana% 20and% 20Zambia－Kazungula% 20Bridge－ESIA% 20Summary. pdf.
[46] Republic of Botswana，Department of environmental affairs，African Environmental Information Network（AEIN）［EB/OL］．2007［2007－05］．http：//www. mewt. gov. bw/DEA/article. php? id_mnu＝32.
[47] Saiea Calabash Website，Botswana EIA guidelines and applicable laws［EB/OL］．2013. http：//www. saiea. com/calabash/html/botswana. html.
[48] Walmsley，B and Tshipala，KE（2007）．Handbook on Environmental Assessment Legislation in the SADC Region. Published by the Development Bank of Southern Africa incollaboration with the Southern African Institute for EnvironmentalAssessment［EB/OL］．http：//www. gemdiamonds. com/gem/en/operations/botswana/.

第二章　煤炭资源分析

第一节　资　源　概　览

一、地质概况

（一）以往地质与矿产勘查工作

20 世纪 30 年代之后，地质人员开始在卡拉哈里地区打水井过程中使用冲击钻，最深达 40 m，间距约 6500 m。

正式的博茨瓦纳地调机构——贝专纳（Bechuanalan）地调所组建于 1948 年，由英国人控制，主要任务是为干旱 - 半干旱地区找水及为国家找矿。到 1970 年，该所不仅找矿找水而且采煤，同时开展基础地质研究及地球物理调查。之后博茨瓦纳成立了矿产、能源和水务部（简称 MMEWR），以协调矿产、能源和水利方面的工作，制定、指导和协调矿产、能源和水资源政策，制定和落实国家关于矿产、能源和水资源长期和短期的工作战略，提供优质的水资源，改善水的质量，领导和协调政府各相关部门的工作，管理矿权和采矿权。矿产、能源和水务部下设地质调查局、水资源局、矿山局、能源局以及矿产局。另还有两家下属国营公司，分别为博茨瓦纳电力公司和博茨瓦纳自来水公司。大部分乡村均设有相应的办事处（中国地质调查局发展研究中心境外矿产资源研究室，2011）。上述部门主要做以下几方面工作：

博茨瓦纳全国范围内的地表地质填图工作集中于 20 世纪 50 ~ 80 年代，以 1∶250000 比例尺填图为主。20 世纪 50 年代，四分之一度分幅地质图（1∶125000）成为区域地质调查的标准分幅。填图工作在 2000 年前已经全部完成，目前主要是重新修编。在航磁测量的基础上，博茨瓦纳 1984 年编制了全国 1∶1000000 地质图，1998 年又根据最新的地质工作进展和科研成果，编辑并出版了新的 1∶1000000 地质图。

该国大规模的重力及遥感解译工作始于 1979 年，主要集中在卡拉哈里地区。地球物理工作对有效的确定和划分构造地质单元起到了举足轻重的作用。

博茨瓦纳的找矿工作主要集中在东部，勘查工作程度较高。博茨瓦纳大面积被沙漠覆盖，基岩主要出露在东部和中部。在博茨瓦纳的西北部，基岩出露良好，勘查程度也比较高；而在卡拉哈里盆地内，由于沙漠覆盖的原因，勘查程度不高。1979 年后，随着盆地内大规模航磁测量工作的开展，更多的基岩被揭露出来，勘查程度也在不断加大。在东部先后勘查发现并成功开发了包括金刚石、铜、镍、金及煤炭等一批矿产资源，特别是与金伯利岩有关的金刚石矿产的成功开发，给该国带来了巨大的经济效益，该国的金刚石矿产宝石级占到总产量的一半，出口所赚外汇占国民经济总收入的 1/3，使该国从一个牧业国一跃成为非洲的小康之国。现已查明，该区东部不仅是宝石和有色金属富集区，而且是煤、铀及煤层气资源富集区，有着巨大的发展前景和机会（中国地质调查局发展研究中心境外矿产资源研究室，2011）。2007—2011 年博茨瓦纳主要矿产品产量见表 13 - 2 - 1。

表 13 - 2 - 1　2007—2011 年博茨瓦纳主要矿产品产量　　t

矿　种	2007 年	2008 年	2009 年	2010 年	2011 年
黏土	50000	50000	50000	50000	50000
煤（动力煤）	828164	909511	737798	988240	900000
钴 - 冰钴（熔炼钴）	242	337	342	252	300

表 13-2-1（续） t

矿 种	2007 年	2008 年	2009 年	2010 年	2011 年
铜矿石	24400	28800	28959	20833	22000
冰铜	53 947	48000	38000	44138	45000
铜金属量	19996	23146	13600	7170	7200
金刚石（$\times 10^3$ct）	33639	32959	17734	22019	24000
宝石、半宝石	48	50	30	50	50
金	2.722	3.176	1.626	1.774	18.000
镍矿石	27600	28940	28595	23053	26000
冰镍	53947	54000	54000	53000	53000
镍金属量	22844	24000	29616	29000	29000
盐（天然碱粉副产品）	165710	170994	242114	364761	300000
天然碱	279625	263566	215118	250898	230000

注：金刚石 70% 可达宝石级。

数据来源：Minerals Yearbook U. S. Department of the Interior U. S. 2011

（二）地质演化简史

1. 区域地质背景

前人资料表明，博茨瓦纳所在的非洲大陆在前寒武纪结束之前位于冈瓦纳板块中部，非洲大陆通过泛非构造带与其他大陆如南美洲、南极洲及澳洲相连。整个古生代北部非洲位于巨神海海滨地带，而南部非洲南邻陆棚海。巨神海于中泥盆世闭合，晚石炭世形成海西构造带，残留地块形成劳亚古陆（Laurussia），此时非洲又位于劳亚古陆中部，这种局面一直维持到中新生代古泛大陆解体。在此地质构造背景下，非洲大陆沉积盆地可划分为以下 4 个类型（Clifford，1986）：离散的被动大陆边缘盆地、内陆凹陷盆地、内陆裂陷盆地及裂谷－克拉通前陆盆地，沉积盆地的面积估计占到陆地面积的一半。根据盆地形成的构造位置、主要沉积作用特点以及盆地本身的威尔逊旋回，上述四种盆地还可继续划分，盆地具体分布如图 13－2－1 所示。在晚石炭世－早侏罗世，非洲沉积盆地主要形成卡鲁盆地，包括南非的主卡鲁盆地及南部非洲东部的裂谷型卡鲁盆地（图 13－2－2），卡鲁盆地（或者说卡鲁沉积地区）是南部非洲的主要含煤盆地或地区。博茨瓦纳的煤主要形成于卡拉哈里卡鲁盆地（Benson NM，2007；Benson NM，et al，2009），该盆地规模可与主卡鲁盆地媲美，是南部非洲另一个重要的大型含煤盆地。

1）地层

图 13－2－3 所示为博茨瓦纳地质略图，表明了博茨瓦纳地层分布情况。太古代地层主要分布于东部和东北部，元古代造山带主要隐伏于卡鲁沉积之下，与太古代地层相邻。晚古生代－中生代卡鲁沉积主要分布于卡拉哈里盆地之中。在西北部中新元古代地层裸露地表，与东北部的太古代地层卡拉哈里盆地相望。现将主要地层单元自老而新简述如下：

（1）太古代早中期地层主要由未分的变沉积岩、变火山岩及变深成岩组成。新太古代地层下部主要由洛巴茨群（Lobatse Group）组成，主要岩性为变流纹岩及沉积岩，上部为下德兰士瓦超群（Lower Transvaal Supergroup）沉积岩。

（2）元古代下部地层主要由上德兰士瓦超群（Upper Transvaal Supergroup）沉积岩以及其他变沉积岩、变火山岩、花岗闪长岩组成。

（3）新元古代及寒武纪地层主要由纳马群（Nama Group）和奥卡瓦群（Okwa Group）沉积岩组成。

（4）寒武纪或奥陶纪地层主要分布于博茨瓦纳西北部，主要由卡万多杂岩（Kvando Complex）组成，杂岩组合为花岗岩、角闪片麻岩及混合岩。

（5）卡鲁期（晚石炭世－早侏罗世）沉积主要分布于卡拉哈里盆地，厚近 2000 m，其中一半为火山岩，二者构成博茨瓦纳的卡鲁超群（Karoo Supergroup）。晚石炭世－早三叠世，形成卡鲁超群下部陆源含煤沉积，晚三叠世－早侏罗世也形成陆源沉积，但基本不含煤，称之为上卡鲁超群的下部，早侏罗

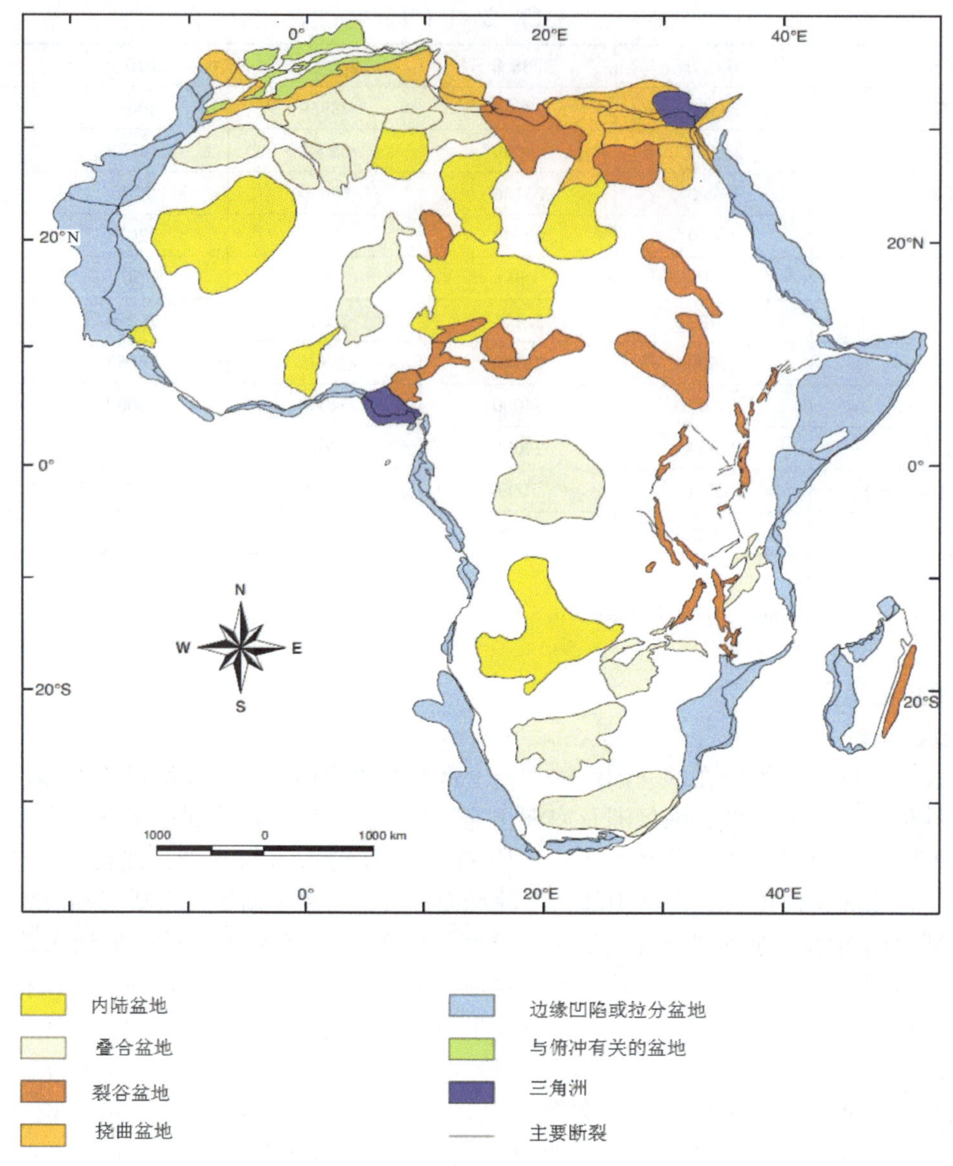

图 13－2－1 非洲沉积盆地分布图（Clifford，1986）

世也形成斯道姆博格群（Stormberg Group）火山岩，该群也属卡鲁超群上部。后卡鲁期沉积厚度不大，一般不超过 100 m。

（6）白垩纪发育十分重要的金伯利岩。

博茨瓦纳地区地层柱状图如图 13－2－4 所示，下面简单介绍下本区卡鲁沉积研究成果。1984 年 Smith 对博茨瓦纳卡鲁超群的描述具有权威性，后来的工作者又补充了一些细节问题。卡鲁超群可划为 5 个岩石地层单元（群）。底部为冰川沉积物组成的德维卡群（Key 等，1998），主要岩性为冰碛岩、砂岩、粉砂岩。为冰期、冰期后古气候、冰河（湖）古环境。向上为爱卡群，主要岩性为泥岩夹砂岩，是主含煤层位，为冰期后逐渐变暖的古气候、河流三角洲、沼泽、湖泊及边缘海古环境。爱卡群之上为毕福特群，主要岩性为粉砂岩、泥岩及灰岩组合，气候向干热条件过渡，为湖相，毕福特群上部出现的沉积岩被归于勒邦群（Lebung Group），与毕福特群不整合接触，古气候转为干旱，出现红色泥岩层及砂砾岩层，为风成、河流、湖泊相，之上被巨厚的泛流玄武岩覆盖，这些玄武岩的喷发年龄为（180 ± 2）Ma，为冈瓦纳裂解期产物。上述各群基本能与南非主卡鲁盆地的各群对比（Key 等，1998）。

德维卡群形成于晚石炭世－早二叠世，爱卡群形成于二叠纪，毕福特群上部出现的沉积岩被归于勒

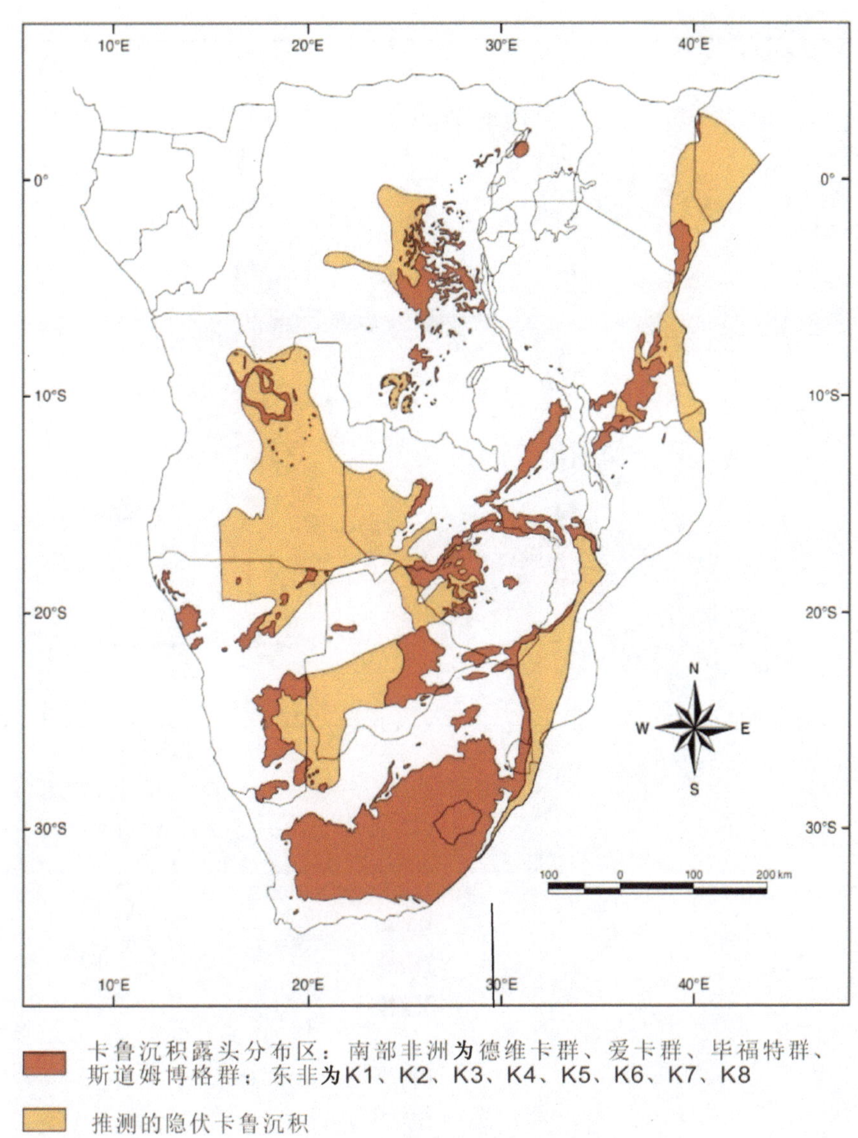

图 13－2－2　南部和东部非洲卡鲁沉积盆地分布（Schlüter et al，1993）

邦群，毕福特群形成于晚二叠世－早三叠世，而不整合面之上的勒邦群形成于三叠纪－早侏罗世。

2）构造

博茨瓦纳航磁解译构造格架如图 13－2－5 所示，博茨瓦纳前卡鲁期构造比较复杂，根据露头及重力资料，主要由古地块及 NE、NW 向线性构造带组成，大致呈现“棋盘格式”构造特点。该盆地属内陆坳陷盆地，与主卡鲁盆地隔古高地相望。到中新生代卡拉哈里内陆盆地叠加其上，无论是卡鲁期卡拉哈里盆地还是中新生代卡拉哈里盆地，盆地走向均为 NE 向。

2. 构造演化

博茨瓦纳地质构造在前卡鲁期比较复杂，总的趋势是古克拉通被线性构造带焊接、沉积岩（表壳岩）不断增多、地壳成熟度不断增加的过程，从而形成了卡拉哈里卡鲁盆地的稳定基底。

到卡鲁期，从晚石炭世－早侏罗世，地壳受深部热构造影响，受热下沉凹陷，形成盆地构造，即卡拉哈里卡鲁盆地。在冰后期（中爱卡期）湿热环境条件下，形成含煤建造，随着地幔岩浆的喷出，卡鲁沉积宣告结束，中新生代该区又进入另一构造旋回，进入新的凹陷体制，形成现代意义上的卡拉哈里盆地，其上多被风沙所覆。关于卡鲁期以来更多的相关构造演化信息将在下文中讨论。

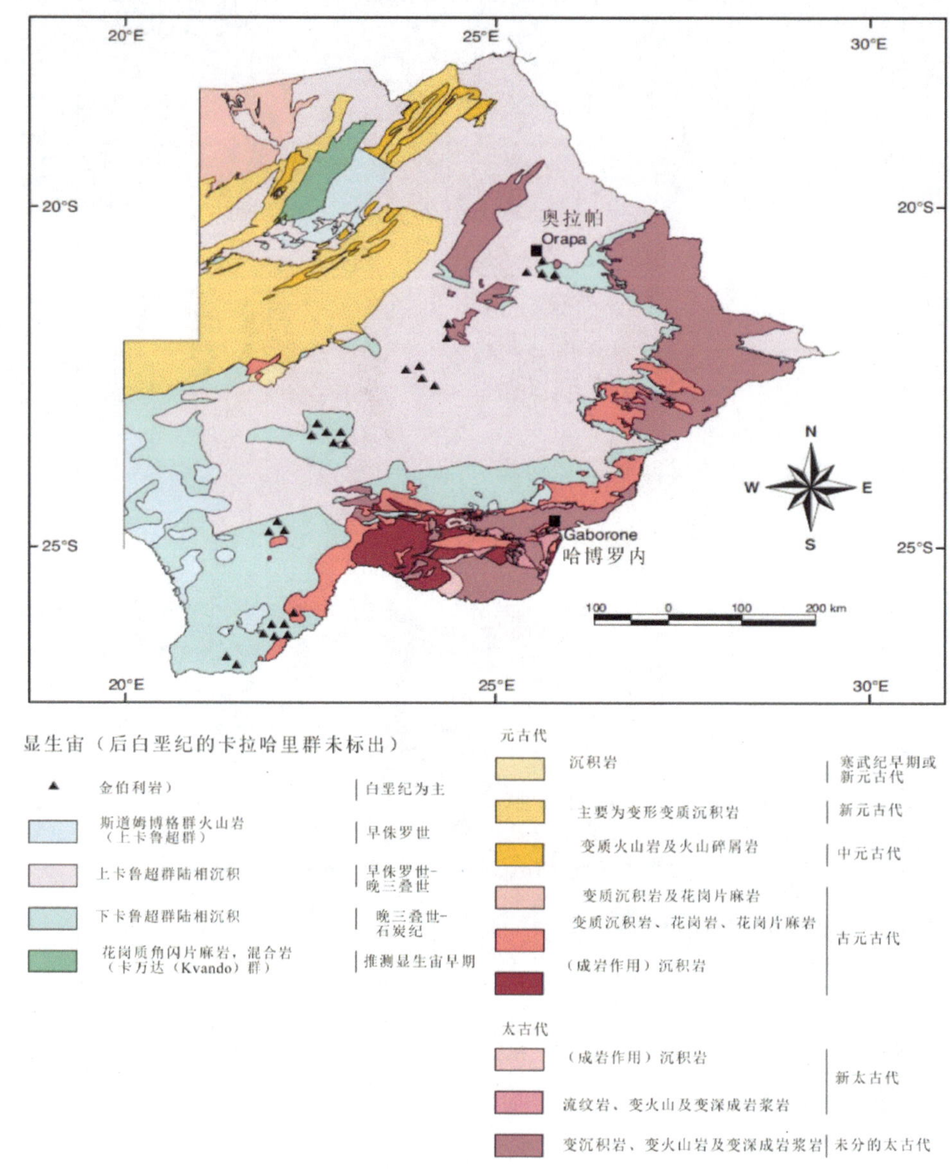

图 13－2－3　博茨瓦纳地质略图（Key 等，1998；Thomas Schlüter. 2006）

二、矿产资源

（一）储量与分布

博茨瓦纳矿产资源丰富，主要矿产有金刚石、铜、镍、天然碱、金、锰、煤等。上述主要矿产中，金刚石特别是宝石级金刚石储量巨大，仅次于刚果（金），位居世界第二，另外天然碱储量也仅次于美国，位居世界第二，镍矿储量居世界前列（US Department of the Interior；US Geological Survey，2012，2013）。优势矿种简介如下：

1. 金刚石

根据国际钻石业“金伯利流程认证方案”提供的数字，全球钻石业生产的毛坯钻石总价值每年约为 115 亿美元。其中，博茨瓦纳毛坯钻石的总价值占全球份额的 25%，位居世界第一。金刚石主要产自哈博罗内以西 120 km 处的朱瓦能矿床，该矿是非洲最丰富的金刚石矿床，总资源量达 4.12 亿克拉，储量达 1.3 亿克拉（US Department of the Interior；U. S. Geological Survey，2012，2013）。矿床类型为金伯利岩筒型。

2. 铜、镍

铜、镍主要集中在东中部，已发现的矿床（点）多达40余处，具有很大的找矿潜力。目前主要矿床有赛莱比－皮奎（Selebi－Phikwe）、马体斯塔马（Matsitama）、杜奎（Dukwe）和塔体（Tati）等。

赛莱比－皮奎铜矿位于弗朗西斯敦南东90 km处，为岩浆型浸染状和块状硫化物型矿床，镍储量49万t，品位小于1%。2010年产镍3万t、铜2.5万t，钴400 t，岩体围岩由绿片岩相－角闪石相沉积－酸性变火山变质岩及花岗岩组成。成矿时代为古太古代，与我国金川矿床类似。

马体斯塔马铜矿位于弗朗西斯敦北西80 km，为火山岩型块状浸染状硫化物铜矿床，铜储量为16万t，品位2%。目前尚未形成生产能力（U. S. Department of the Interior；U. S. Geological Survey，2012，2013）。矿体呈透镜体状沿剪切带分布，成矿火山岩为海相火山岩，围岩为片岩、角闪岩、绿泥石岩、石灰岩、大理岩和条带状含铁建造，成矿时间为太古代。成矿类型与我国白银矿床相似，但后者形成于新元古代到早古生代。

3. 金

博茨瓦纳金矿主要分布在东部的津巴布韦克拉通太古代绿岩带中，主要的金矿床（点）都产于片岩带和片麻岩带中。金矿床类似石英脉型和剪切带型金矿，已发现矿床多达100余处。

4. 天然碱

博茨瓦纳天然碱资源主要分布于博茨瓦纳中部的马卡迪卡迪盐沼（Makgadikgadi Pan）盆地。天然碱是一种蒸发盐矿物，为水合碳酸氢钠。天然碱呈纤维状或柱状块，灰或黄白色或无色，具有玻璃光泽，在盐湖沉积地带和干旱地呈盐霜状出现，一些地方会形成大面积的碱荒漠。

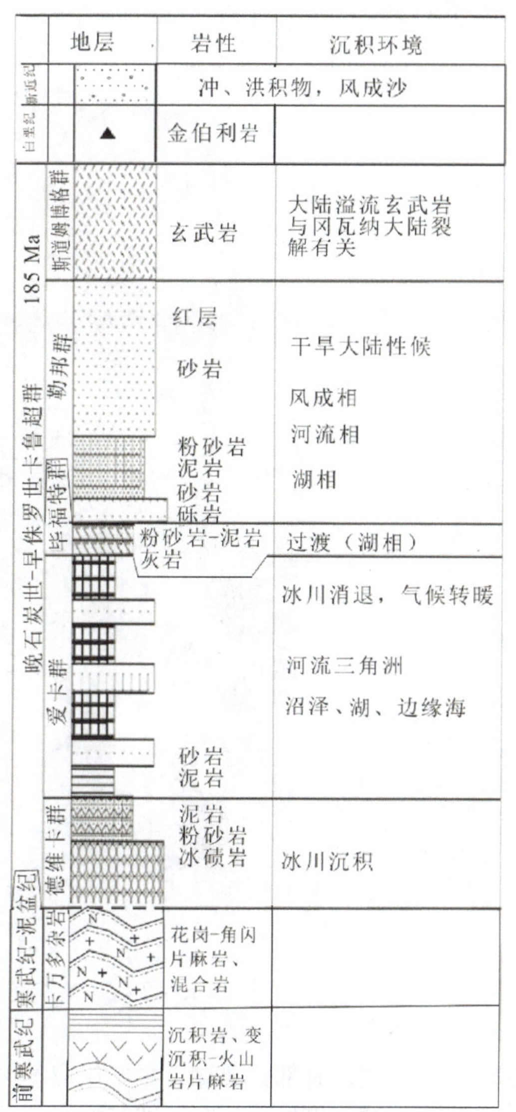

图13－2－4 博茨瓦纳地区地层柱状图
（Benson N，et al，2009）

马卡迪卡迪盐沼中，盆地东西长约200 km，南北宽约120 km，面积为20000 km^2。主要的含碱盐湖为哈博罗内北部的阿干盐湖（Sun Pan），面积915 km^2，2010年储量为400 Mt，仅次于美国。估算Na_2CO_3储量有233 Mt，NaCl储量为1026 Mt，Na_2SO_4储量为110 Mt，此外KCl储量也达34 Mt。

需要特别说明的是，该区东部不仅是宝石和有色金属富集区，而且是煤、铀及煤层气资源富集区，有着巨大的发展前景和机会。

（二）开发情况

前已述及，博茨瓦纳矿产品收入占国内生产总值的1/3以上，主要为金刚石，产量与刚果（金）一样，名列世界前茅，2011产量达22 Mct，2011年达24 Mct。另外，2011年该国天然碱产量达0.25 Mt，镍达29000 t，均居世界前列。上述均为重要的出口矿产品。

三、煤炭资源分布

煤炭储量排在世界第54位，推测资源量超过212 Gt（爱森哲，2011；U. S. Chamber of Commerce，2012），但探明储量约为7.1 Gt（U. S. Chamber of Commerce，2012），探明率不到10%，其中具有开采经济价值的约为5 Gt，仅部分被开采。

博茨瓦纳煤的开发程度不高，近年来产量一般约90万t，2012年达3 Mt，仅限于国内利用。煤种

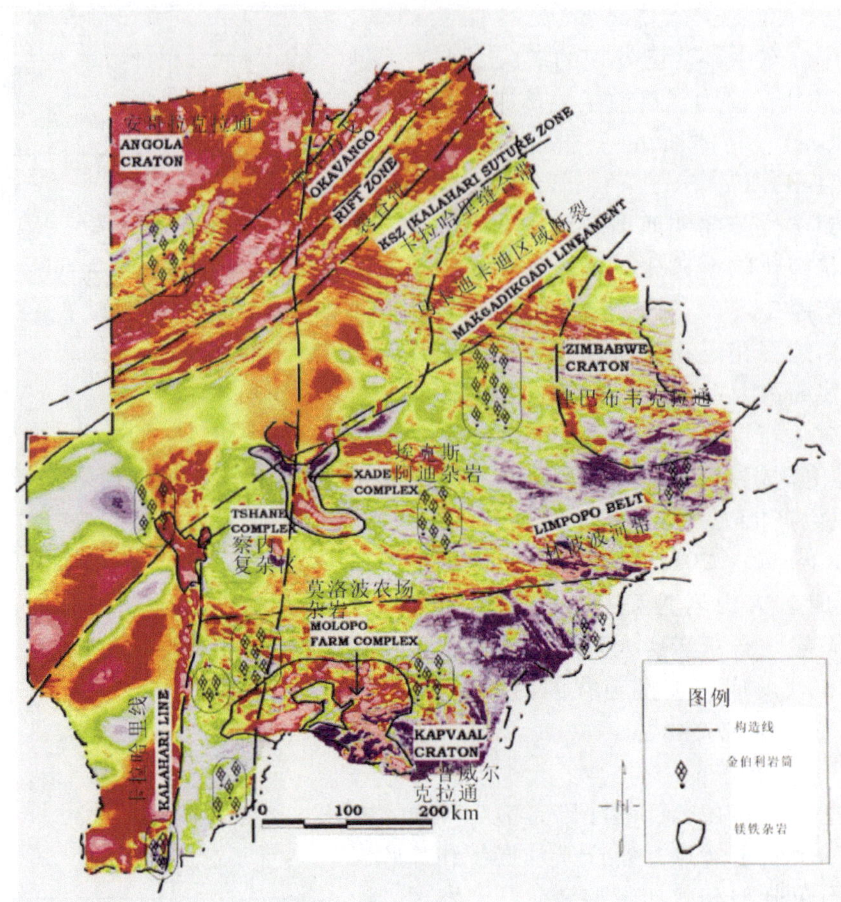

图 13－2－5 博茨瓦纳航磁解译构造格架图（Benson N，2007）

以动力煤为主，有部分硬煤，主要供应本国发电市场。

博茨瓦纳的煤炭分布在该国东部和南部的卡鲁群中。目前，在产煤矿为帕拉佩西北 50 km 处的莫鲁普莱（Morupule）矿山，最新资料表明，该矿 2012 年产量已达 3 Mt，主要供应帕拉佩电厂（US Chamber of Commerce，2012）。博茨瓦纳其他重要煤矿位于帕拉佩南约 130 km 处的姆马马布拉（Mmamabula），尚未进行开发。

第二节 煤 炭 工 业

一、简史

莫鲁普莱地区的煤矿早在 19 世纪末就被发现，并进行了少量深部钻探（Molyneux，1903）。20 世纪 50 年代，贝专纳地调所除了在该国寻找水资源外，还根据国家的需要对煤炭资源进行了系统勘查，之后随着私人公司的加入，到 20 世纪 50 年代末勘探工作达到了高潮，私人公司相继成功勘探了莫鲁普莱和姆马马布拉地区的煤炭资源。这两个煤田均位于铁路附近，交通方便。

到 20 世纪 60 年代后期，上述两处煤田又由英美联合公司（Anglo American Corporation）重新评价，并对莫鲁普莱煤田东部进行了详查，确定该处煤矿储量较大，煤质较好，可以满足井工（定边界、留矿柱）开采条件，1973 年生产出了第一吨煤。历年来煤产量在 8 万～10 万 t 之间，2012 年产量达 3 Mt。

1970 年后，博茨瓦纳煤资源还引起了另外一些公司的注意，这些公司对一些重点地区进行了不同程度的勘查，评价其可能的经济潜力。结果表明该区煤资源量较大，属煤质低到中等的烟煤，可以大量生产和出口。只是未发现焦煤资源。其中 1977—1983 年壳牌博茨瓦纳煤炭公司（Shell Coal Botswana）

在莫鲁普莱钻了 48 口井（钻井密度 1/ km^2）；CIC 能源公司在姆马马布拉煤田目前钻探进尺超过 177000 m，已完钻孔 1980 口。至此，博茨瓦纳煤资源勘查工作主要沿卡拉哈里盆地东部和南部边沿的卡鲁沉积分布区进行。这些卡鲁沉积或出露于地表或隐伏于地下，均被划分不同的矿权区（BP Coal Ltd.，1983a.，b；Shell Coal Botswana（Pty）Lt d.，1982a，b，c，d；1983）。

二、煤炭工业现状

目前，博茨瓦纳在产矿山仍然是莫鲁普莱煤矿，而姆马马布拉煤田的开发正在酝酿之中。2008 年 12 月 CIC 能源公司向政府提交了开采许可申请，获得了莫鲁普莱煤田的采矿权，建成了一个年产量 70 万 t 的煤矿，除满足了国内基本生活需求外，大量用于 Selebi－Phikwe 和 Gaborone 电厂发电以及铜镍矿熔炼。

CIC 能源公司目前正准备开发姆马马布拉煤田。该煤田是南非瓦特贝格煤矿矿层的向西延伸，根据 2009 年 8 月的 CIC 能源公司勘探报告，姆马马布拉煤矿共计拥有储量为 2.63 Bt，其中可采储量约为 1.9 Bt。CIC 能源公司完全拥有整个矿区（东、西、南，中央区域）共计 340 km^2 的勘探权。

目前 CIC 能源公司正在进行的与该煤田相关的项目是博茨瓦纳煤电联营项目（Mmamabula Energy Project，MEP）。这是博茨瓦纳历史上最大的私营项目，也是非洲最先进的独立发电工程（IPP），主要用于满足南非短期内新增的电力需求。该项目是 Matimba 火力发电站（位于南非境内）的扩建工程（图 13－2－6），整个工程包括两台 667 MW 的超临界发电机组，满负荷运行下年燃煤消耗量为 4.4 Mt [298 t/(小时·台)]，烟气脱硫消耗 98 kt $CaCO_3$，水消耗量为 3.1 Mt/a（0.34 L/kW·h）。

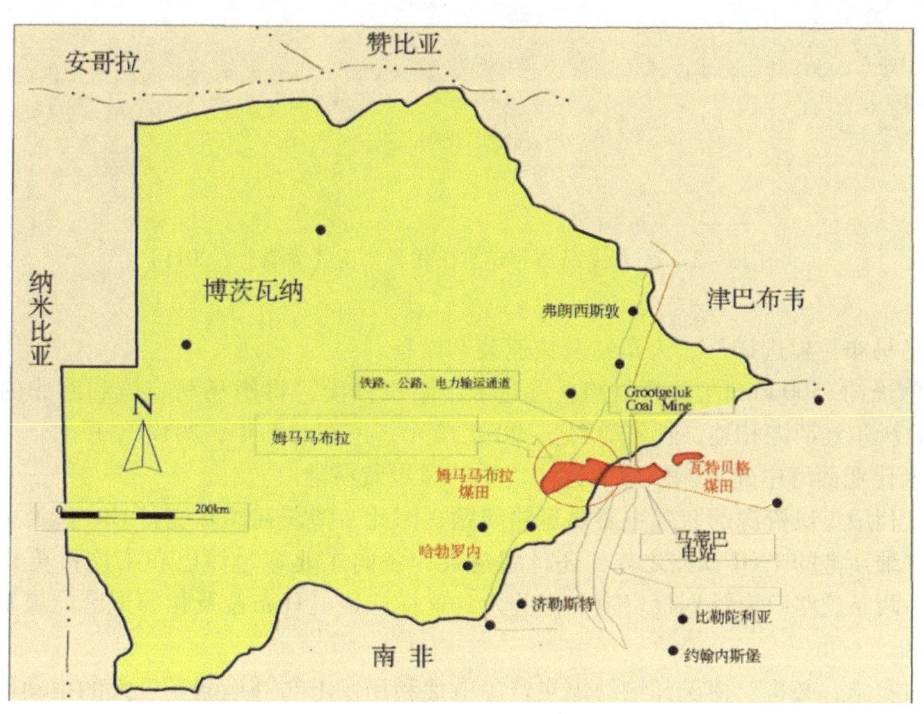

图 13－2－6 博茨瓦纳－煤电联营项目（MEP）位置（爱森哲，2011）

姆马马布拉煤矿工作程度如图 13－2－7 所示。姆马马布拉煤矿中央区块最大产能为 6.7 Mt，计划将通过 Serorome 矿业工程为 MEP 项目 1200 MW 发电机组每年提供煤约 4.3 Mt，计划供应 30 年。

整个 MEP 项目资本提供方为 CIC、EPC（上海电气）、电能采购方（Eskom 占 75%，BPC 占 25%）、独立发电商以及其他投资者。

为了进一步拓展姆马马布拉的煤炭资源需求，CIC 能源正计划发展其 A 级动力煤的海运贸易能力，计划进行以下工作：

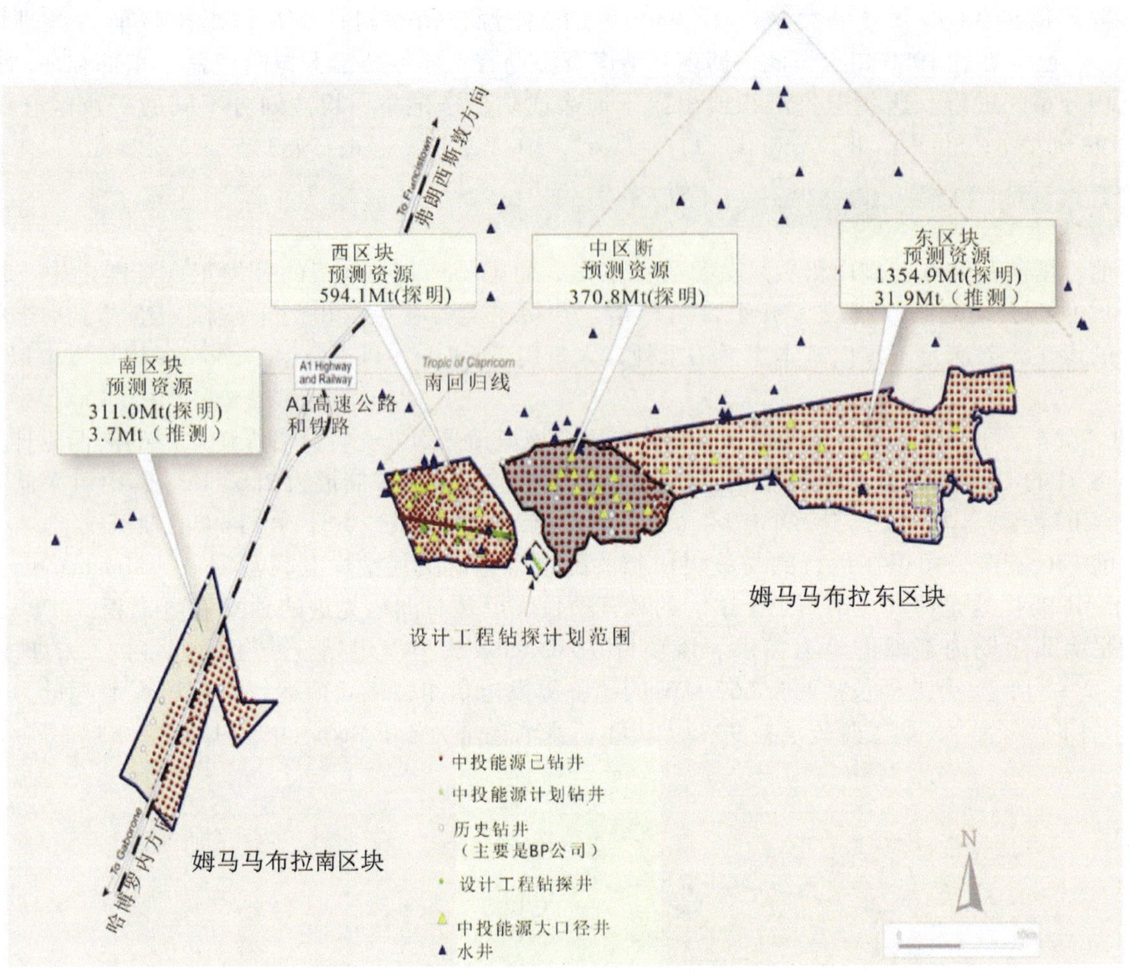

图 13-2-7　姆马马布拉煤矿工作程度图（爱森哲，2011）

（1）在姆马马布拉建选矿厂、火车站及快速装卸设备。

（2）建设总长约 1500 km 的 TKR 铁路，穿过卡拉哈里沙漠，将姆马马布拉和南非的瓦特贝格煤矿区与纳米比亚的沃尔维斯港相连，耗资 50 亿～90 亿美元，工期约 5 年，2012 年开工。

（3）在纳米比亚西海岸建设能够停泊远洋货轮的煤炭贸易港口。

考虑到开发利用煤炭资源的瓶颈主要是运输问题，因此，博茨瓦纳除支持 CIC 能源公司修建向西连接纳米比亚沃尔维斯港的 TKR 铁路之外，还计划建设一条向东北穿过津巴布韦连接莫桑比克马普托港的煤外运铁路，两条铁路政府计划投资 100 亿美元，这样，姆马马布拉及相邻地区的煤炭资源将会得到最大程度的利用。

上述项目的实施，必将对博茨瓦纳的煤炭资源就地利用发电与外运起到巨大的推动作用。

第三节　主要含煤盆地分析

一、盆地概述

博茨瓦纳的主要含煤盆地是卡拉哈里卡鲁盆地，该盆地沉积分布如图 13-2-8 所示，其次是位于东部国界中端向东突出部位的图利盆地（南非图利盆地的西延部分）。卡拉哈里盆地的面积遍布博茨瓦纳的大部分地区，卡鲁岩系在其东南部及西南部遭受剥蚀并缺失。该盆地目前大致呈椭圆状 NE 向展布，短轴约 300 km，长轴约 900 km，面积约 43 万 km^2，略大于我国的鄂尔多斯盆地，略小于塔里木盆地以及南非主卡鲁盆地（面积约 55 万 km^2）。东中部突出边界部位的图利盆地面积不足 10000 km^2。

注：下图为钻孔揭示的爱卡群的沉积分布

图 13－2－8　博茨瓦纳卡拉哈里卡鲁盆地沉积分布图（Farr，1981；Smith，1984）

卡拉哈里卡鲁盆地的主要含煤地层是卡鲁超群的爱卡群，与南部非洲的其他国家一样，该盆地不仅规模上与南非主卡鲁盆地相当，而且聚煤规律与主卡鲁盆地也基本相同。煤田多分布于盆地边部，二者的区别仅在于主卡鲁盆地的煤炭资源开发利用程度高，已处于勘探开发的中后期，而卡拉哈里卡鲁盆地的煤炭资源开发利用才刚刚起步。除煤炭资源外，卡拉哈里卡鲁盆地还赋存着煤层气、黏土及地下水等重要资源。

卡拉哈里卡鲁盆地属冈瓦纳大陆西南部石炭纪－二叠纪的一系列卡鲁盆地之一。南非中南部的卡鲁盆地被称为主卡鲁盆地，而位于博茨瓦纳的卡鲁盆地被称为卡拉哈里卡鲁盆地。考虑到分布于纳米比亚东部阿拉诺斯盆地以及分布于津巴布韦西部的中赞比泽盆地实际上与博茨瓦纳卡拉哈里卡鲁盆地相连，三者实际上可能属同一个盆地，只是由于行政边界的原因而被分别命名，因此可笼统地将三者统称为大卡拉哈里卡鲁盆地（Smith et al，1993；Johnson et al，1996；ECL，1998），面积约 100 万 km^2。大卡拉哈里卡鲁盆地沉积分布如图 13－2－9 所示。

位于南部非洲东南部的卡鲁沉积地区被称为裂谷卡鲁盆地。南非主卡鲁盆地属弧后前陆盆地，卡拉哈里卡鲁盆地属于凹陷盆地，这些盆地都是石炭纪－二叠纪冈瓦纳大陆活跃时期的产物，各种卡鲁原型盆地总面积约有 450 万 km^2，沉积厚度 1000～10000 m。一个陆相盆地规模及沉积厚度如此之大，在全球地质历史上极其少见。另外，卡拉哈里卡鲁盆地分布的辉绿岩脉可能是卡鲁玄武岩浆的通道，火山岩及次火山岩在全区广泛分布。

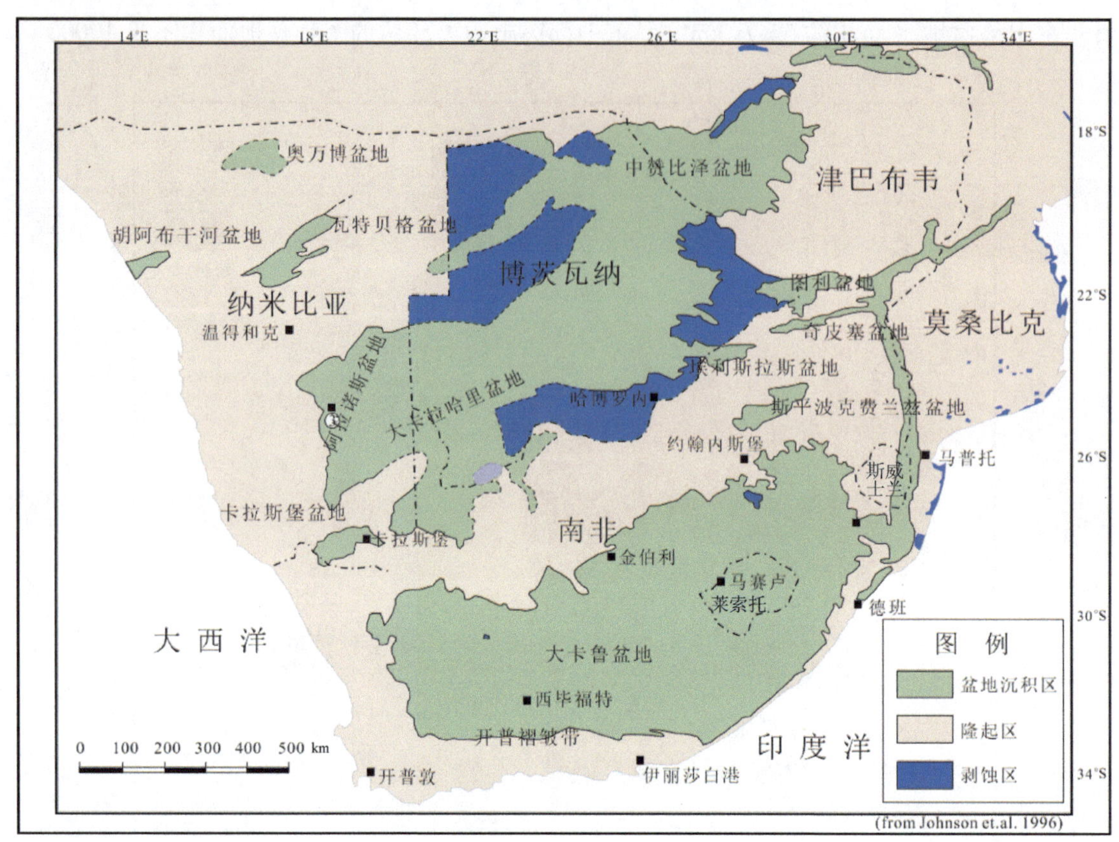

注：图中盆地沉积范围为绿色区，深蓝色部分为剥蚀区，暗红色部分为隆起区。

图 13-2-9　大卡拉哈里卡鲁盆地沉积分布图（ECL，1998）

卡拉哈里卡鲁盆地主体属内克拉通凹陷盆地，延伸走向 NE-SW，盆内主要充填卡鲁沉积，厚度一般大于 1000 m。在博茨瓦纳，爱卡群沉积厚度大于 100 m，沉积中心呈 NW-SE 向展布，与盆地主体走向垂直。盆地地表多被沙漠所覆，这些松散的第四纪沉积均匀覆盖全区，被称为卡拉哈里层，厚约数米，局部大于 200 m。基底老地层在东部出露，在西部和西北部仅见个别露头，其上沙层较薄或缺失，但大多埋深 300~400 m。卡鲁沉积是博茨瓦纳的主含煤层位，分布面积超过国土面积的 60% 以上，在盆地边部最为发育，厚度大于 1000 m；而在盆地东北、中部及西南部沉积厚度相对较薄，厚约 1000 m。盆地东部露头良好。

盆地内部的构造格局资料较少，推测并非一个构造简单的大型盆地。地球物理资料表明，盆地内部有构造高地、断层、不整合面及地层厚度的变化。所有这些都使得盆地内部构造更为复杂，而这些要素也正是盆地进一步划分的依据。在东部少量地层出露的地方可见断陷构造特点，这可能是靠近东部盆地向断陷盆地演变的结果。但新的航磁及重力资料表明，卡拉哈里卡鲁盆地内部确实也有张性断裂构造存在，值得深入研究究竟是凹陷发生初期的产物还是沉积主期或期后的产物。原因之一可能是非洲南部东、西地区地质背景不同。一般认为，凹陷性盆地早期也是拉张背景，即所谓“先断后凹”（李思田，1982）。弧后盆地同样具备这种发展特点。如果这种认识成立，就可以解释南部非洲煤田集中盆地某一部位发育的特点，因为它们早期均受有一定展布方向的断裂控制，而这些断裂往往控制沉积相的分布进而控制包括煤在内的沉积矿产的分布规律。

卡鲁盆地形成的地球动力学背景是冈瓦纳大陆南部开普陆缘（后形成开普褶皱带）南侧的古太平洋板块俯冲的结果。主卡鲁盆地及卡拉哈里盆地在晚古生代冈瓦纳大陆的位置如图 13-2-10 所示。

自 1948 年以来，博茨瓦纳地质调查所就对卡拉哈里盆地进行过资源调查（Green，1966；Baldock et al，1977；Farr，1981；Clark et al，1986；Gwosdz and Sekwale，1982；Williamson，1996；ECL，1998；ARI，2003），累积查明煤炭储量约 17 Gt（SADC，2001）。

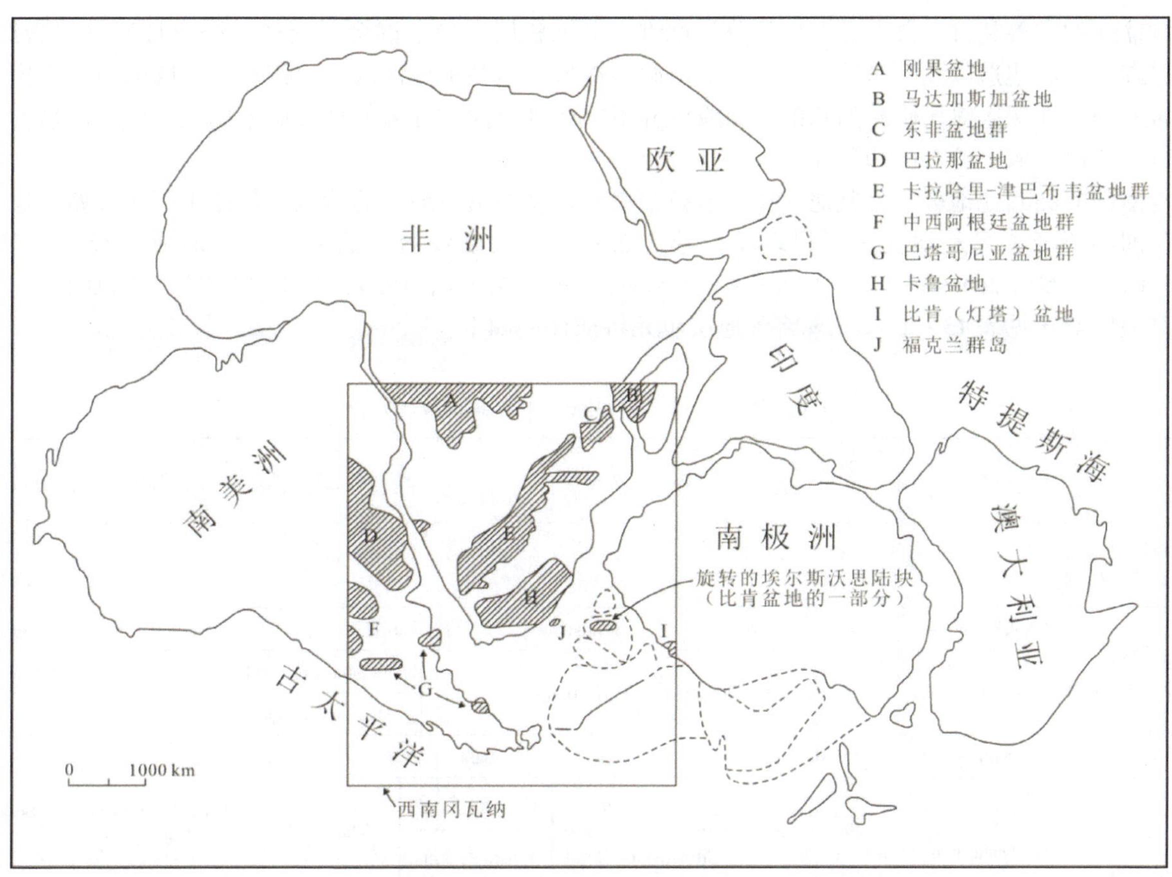

图 13-2-10 主卡鲁盆地及卡拉哈里盆地在晚古生代冈瓦纳大陆的位置
（De Wit et al，1988；Marshall，1984；Visser，1995）

二、沉积地层

卡拉哈里盆地卡鲁超群综合地层柱状图如图 13-2-11 所示，卡拉哈里盆地的卡鲁超群可对比南非

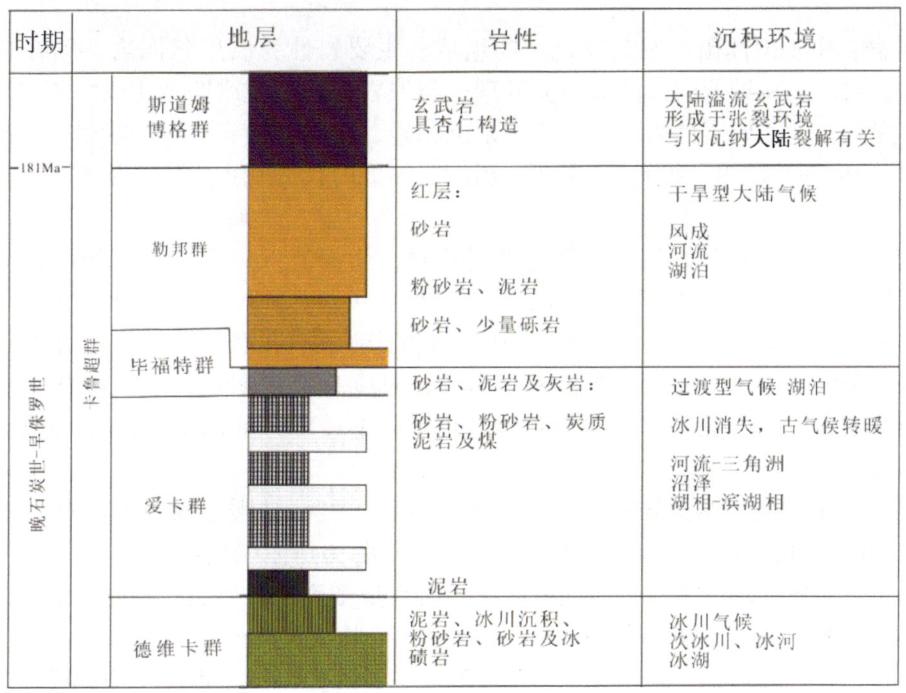

图 13-2-11 卡拉哈里盆地卡鲁超群综合地层柱状图（Cairncross，1987，有修改）

主卡鲁盆地的卡鲁超群，自下而上也可分为德维卡群冰积层、爱卡群含煤建造、毕福特群砂泥岩沉积、勒邦群红色碎屑建造以及巨厚的玄武岩－斯道姆博格群，但各个地区或煤田则对应不同的组。根据地层学命名原则，在深入对比研究的基础上，应废弃不同地区组同物异名的现象而采用统一的地层名称，便于进行更广泛区域上的对比和研究。

与南部非洲其他地区卡鲁盆地一样，卡拉哈里卡鲁盆地沉积地层的特点是从冰川沉积开始，通过河流三角洲和沼泽相最终演变为干旱环境，继之而来的是大陆溢流玄武岩的广泛形成（Smith，1984；Smith et al，1993；Johnson et al，1996；Williamson，1996；Modie，1999；ARI，2003）。卡拉哈里盆地卡鲁超群地层对比见表 13－2－2。现将各地层单元特征详述如下：

表 13－2－2　卡拉哈里盆地卡鲁超群地层对比

<table>
<tr><th>群</th><th>西南</th><th>奎嫩/中西
卡拉哈里</th><th>姆马马布拉</th><th>东南中部
卡拉哈里</th><th>东北及北带</th><th>西北</th><th>图利盆地</th></tr>
<tr><td>斯道姆博格熔岩
（上斯道姆博格群）</td><td colspan="6"></td><td>Bobonong
Lava Fm.</td></tr>
<tr><td rowspan="3">勒帮群
（上斯道姆博格群）</td><td>Nakalatiou Sst.</td><td colspan="4">Ntane Sandstone Formation</td><td>Bodibeng Sst.</td><td>Tshcung Sst.</td></tr>
<tr><td rowspan="2">Dongdong Fm.</td><td colspan="3" rowspan="2">Mosolotsane Formation</td><td>Ngwasha（n/cast）</td><td rowspan="2">Savuti Fm.</td><td>Thune Fm.</td></tr>
<tr><td>Pandamatenga</td><td>Korebo Fm.</td></tr>
<tr><td>毕福特群</td><td>Kule Fm.</td><td>Kwetla Fm.</td><td colspan="3">Tlhabala Formation</td><td rowspan="5">?
Marakwena Fm.
Tale Fm.
?
?</td><td rowspan="5">Seswe
Formation
Mofdiahogolo
Fm.</td></tr>
<tr><td rowspan="4">爱卡群</td><td rowspan="3">Otshc Fm.</td><td rowspan="2">Boritse Fm.</td><td>Korotlo Fm.</td><td>Serowe Fm.</td><td rowspan="2">Tlapana Fm.</td></tr>
<tr><td>Mmamabula Fm.</td><td>Morupule Fm.</td></tr>
<tr><td>Kweneng Fm.</td><td>Mosomane Fm.</td><td>Kamotaka Fm.</td><td>Mea Arkose</td></tr>
<tr><td>Kobe Fm.</td><td>Bori Fm.</td><td>Bori Fm.</td><td>Markoro Fm.</td><td>Tswane Fm.</td></tr>
<tr><td rowspan="3">德维卡群</td><td>Middlepits Fm.</td><td colspan="4" rowspan="3">Dukwl Formation</td><td rowspan="3">?</td><td rowspan="3">?</td></tr>
<tr><td>Khuis Fm.</td></tr>
<tr><td>Malogong Fm.</td></tr>
</table>

数据来源：据 Smith，1994

（1）德维卡群：主要由冰碛岩及其变化产物组成，主要岩性为纹层状泥岩、陆缘杂岩，分布于前卡鲁期地层之上。对博茨瓦纳西南部露头研究发现了与泥岩相关的前冰期湖相或海相碎屑流沉积。在盆地东缘，见到零星露头，主要岩性为块状陆源混杂沉积岩，局部夹砂岩、纹层状粉砂岩凸镜体，反映次冰川－冰河沉积（Modie，1999，2000）。上述冰川沉积形成时代为晚古生代，是南冈瓦纳大陆漂经南极地区的产物。

（2）爱卡群：与德维卡群连续沉积，属冰期后产物，为河流－三角洲平原相沉积。具体岩性为砂岩、粉砂岩、泥岩、炭质泥岩夹煤层（Smith，1984；Williamson，1996）。在爱卡群沉积期间，湖泊密布，植物丰茂，湖滨和湖湾堆积了大量有机质碎屑，它们构成煤层的物质基础。在卡拉哈里卡鲁盆地的东缘，可以见到爱卡群的零星露头，主要由砂岩组成，具变化的纹层状构造及板状交错层理。在钻孔中，可见到煤层及炭质泥岩、泥岩。根据双壳类（Bivalve i. e. Eurydesma）化石的发现（Ellis，1979），证明早期有海泛发生。

（3）毕福特群：随着冈瓦纳大陆进一步移离南极地区，气候转暖干燥，湖岸进一步堆积形成毕福特群（Smith，1984；Williamson，1996）。在卡拉哈里盆地称为塔尔哈巴拉组（Tlhabala Formation），主要岩性由单调的不含炭质的粉砂岩、钙质泥岩组成，夹少量细到粗粒砂岩、粉砂岩、钙质结核和粉砂质灰岩（Williamson，1996；ECL，1998）。露头主要见于卡拉哈里盆地东北地区即北带中部次盆范围内。见交错层及纹层构造，钙质增加，表明浅水弱干旱环境（ECL，1998，Modie，2000）。

（4）勒邦群：该群为卡鲁超群最后一个沉积建造，其特征表明气候进一步干热，沉积环境已彻底从湿热的湖泊环境演变为干热的河流－风成环境（Williamson，1996）。该群包括纳塔那组及莫索洛察内组（Ntane Formations and Mosolotsane Formations），主要为红层碎屑沉积相，在东部底部局部可见三角洲相－勒空特萨那组（Lekotsana Formation）（Williamson，1996）。莫索洛察内组位于勒邦群下部，分布较广，但露头较少，从钻孔中可见其以粉砂岩及细－中粒砂岩为主，夹少量泥岩，见赤铁矿层（Williamson，1996）。博茨瓦纳图利盆地在该组中见明显的钙质结核（Modie，2000），反映浅水陆相半干旱沉积环境，存在远端河流体系（Williamson，1996）。纳塔那组整合于莫松洛特撒那组之上，为块状－层状不等粒杂砂岩，具低角度板状层理及槽状交错层理（少量高角度交错层理），露头主要见于盆地东部边缘，分别形成水下和风成两种沉积类型（Modie，2000）。

卡拉哈里卡鲁盆地沉积结束于早侏罗世（Aldiss et al，1984），玄武岩喷发，形成斯道姆博格群。玄武岩喷发年龄为185～177 Ma（Jourdan et al，2005）。

三、煤炭资源

（一）概述

博茨瓦纳赋存有较为丰富的煤炭资源。这些煤炭资源开发程度较低，以高灰中热值为特征，含煤盆地为卡拉哈里卡鲁盆地，面积占到全博茨瓦纳的一半以上，煤田主要分布于盆地的东侧与南侧，含煤地层与南非一样为晚古生代－中生代早期卡鲁超群，两地的含煤地层不论是形成时代还是岩性组合均可对比。除博茨瓦纳和南非之外，卡鲁超群在整个南部非洲如纳米比亚、津巴布韦等国家均具有很好的对比性。迄今为止博茨瓦纳发现的最优质煤田当属莫鲁普莱煤田，已有煤矿在该煤田进行少量生产，该煤田探明待量为7270 Mt。规模最大、更有前景的煤田当属姆马马布拉煤田，其中可采储量约为1900 Mt，是该国待开发的大型煤田，而基础设施落后以及水资源缺乏是煤炭资源开发的瓶颈。

博茨瓦纳主要煤田（矿）资源量及储量见表13－2－3，博茨瓦纳的煤炭资源量接近50 Gt，其中探明储量约为20 Gt，具有开采经济价值的约为5 Gt（表13－2－3）。莫鲁普莱地区的储量为4.5 Gt，可采储量2.5 Gt，而姆马马布拉地区的储量5.7 Gt，其中可采储量约为1.9 Gt。

表13－2－3　博茨瓦纳主要煤田（矿）资源量及储量

盆地/煤田	面积/km^2	资源量/Gt	探明储量/Gt	备　注
卡拉哈里盆地				
莫鲁普莱煤田	610	8.27	4.399	可加斯威销售储量0.5～1 Gt；西南部莫加巴纳可采储量1.3 Gt
莫鲁普莱煤矿	84	0.45	0.009	
西南部莫加巴纳煤区	276	4.98	2.49	
可加斯威煤区	250	2.84	1.9	
杜奎煤矿探区	200	3.5	2	
姆马马布拉煤田	800	5.7	4.522	1.9 Gt可采储量
奎嫩煤田	1020	5.529	3.8	隐伏煤煤质好，井工开采，埋深小于300 m
莱特拉肯煤矿	670	3.529	2.4	
杜特卢韦煤矿	350	2	1.4	
其他地区				
其他地区		27	5.2	
总计		48.999	19.921	
可采储量4.754 Gt（EIA－Energy Information Administration，2000）				

（二）含煤岩系

南部非洲卡鲁超群的煤田分布如图13－2－12所示，从图中可以看出博茨瓦纳主要煤田位于东部，另外在西部也发现两处煤矿，主要煤田有奎嫩煤田(⑩)、姆马马布拉煤田、莫鲁普莱煤矿、东北煤田、西北煤田及图利煤田；西南煤田(⑨）仅见卡鲁沉积分布，未见煤层。莫鲁普莱煤矿(⑫）的生产历史最早，姆马马布拉煤田是准备大规模开发的煤田。

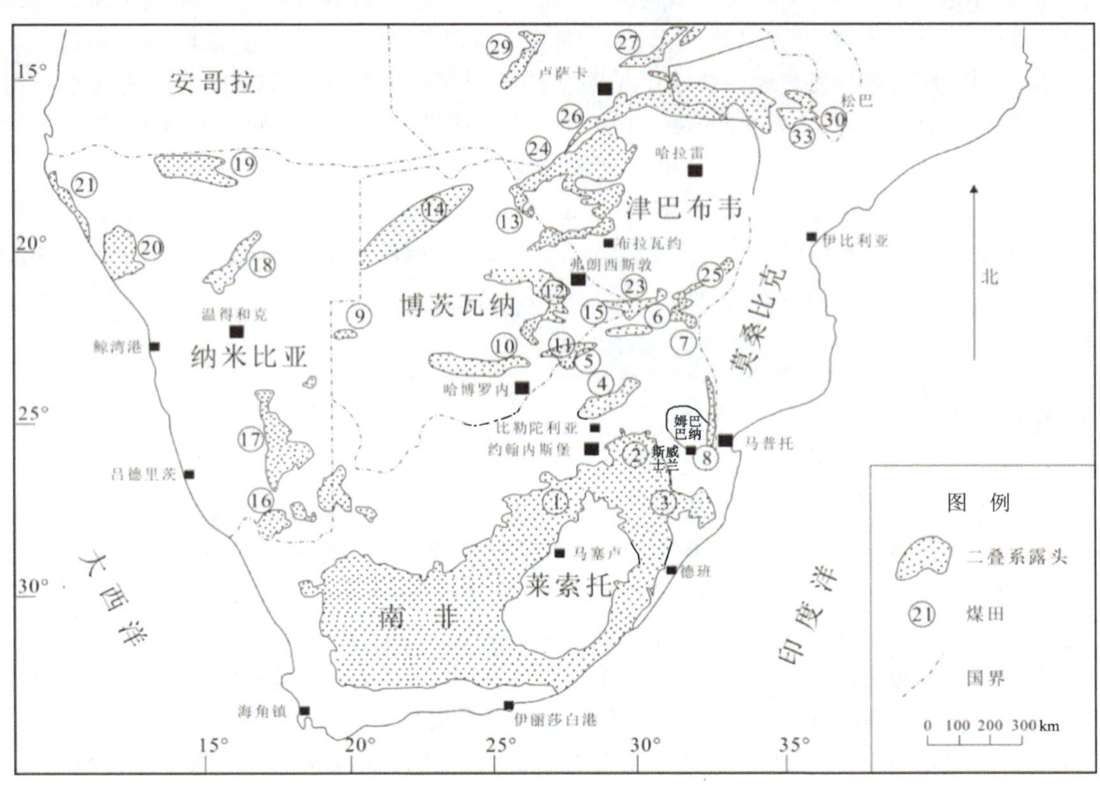

图 13-2-12 南部非洲卡鲁超群的煤田分布图（B Cairncross，2001）

博茨瓦纳卡拉哈里盆地卡鲁超群地层对比如图 13-2-13 所示，博茨瓦纳成煤期主要有早、晚二叠世两个成煤期，早期为主成煤期即莫鲁普莱成煤期，属爱卡早期。

（三）煤质与煤种

博茨瓦纳的二叠纪煤属烟煤，中高发热量、中高灰分、中高硫，在东北煤田有焦煤特征。博茨瓦纳煤质分析见表 13-2-4，莫鲁普莱煤田煤层总厚约 8 m，原煤发热量一般在 24.44 MJ/kg，平均灰分 21.1%，平均挥发分 24.3%，硫分 1.44%（Clark et al，1986）。姆马马布拉煤田煤层厚度约 10 m（三层煤总厚），原煤发热量一般在 22.67 MJ/kg，平均灰分 24.50%，平均挥发分 25%，硫分 1.98%。

表 13-2-4 博茨瓦纳煤质（原煤，干燥基）分析

煤田及煤矿	厚度/m	热值（GCV）/（MJ·kg⁻¹）	灰分/%	挥发分/%	硫分/%	备注
莫鲁普莱田莫鲁普莱主煤矿	6~9	24.44	21.1	24.3	1.44	资源计算面积 610 km^2
可加斯威	1.6~5.91	19.59~23.08	25.4~36.3	23.3~26.1	1.52~6.45	平均比重 1.6，洗出率 43%~52%
莫加巴纳煤矿	2.07~5.39	18.94~25.10	19.5~34.2	24.1~25.1	1.68~2.08	平均比重 1.6，洗出率 30%~80%
弗利煤矿	2	24.69	17.7	25	0.7	固定碳 57.3%，有焦煤，勘探程度低，埋藏浅（约 180 m）
赛鲁莱煤矿	4.42	20.39~21.69	9.2~34.2	20.2~30.4		洗出率 50%；埋深 100 m 以内
杜奎煤矿	2.1	24.8	22.1	25.4		埋深 120 m
姆马马布拉煤田	10	22.67	24.5	25	1.98	面积为计算资源的面积；煤主要集中在 50 km 范围内

表 13-2-4（续）

煤田及煤矿	厚度/m	热值（GCV）/（MJ·kg^{-1}）	灰分/%	挥发分/%	硫分/%	备　注
奎嫩煤田莱特拉肯煤矿	6.22	22.83～25.04	18.7～23.3	25.3～28.3	1.41～1.81	资源计算面积 670 km^2；平均比重 1.5；洗出率 52%～71%，洗后硫平均 0.38%，发热量 29 MJ/kg
杜特卢韦煤查区	3.8～8.5	26.88	13.4		0.6	资源计算面积为 350 km^2；平均比重 1.5，洗出率 50%
东北煤探区潘达马滕加						埋藏深达 500 m 以下，暂无经济价值；与津巴布韦 Wanlie 相连
西北煤探区						仅见卡鲁沉积，未发现煤
图利煤田博博农煤探区	1.2	18.9	37			仅施两个钻孔，仅一个孔在 100 m 深处见到薄煤层。卡鲁超群不发育
西南区诺加内煤探区	＜1.6					低热值、高灰分、高湿度，质量差；已施钻孔进尺 1500 m

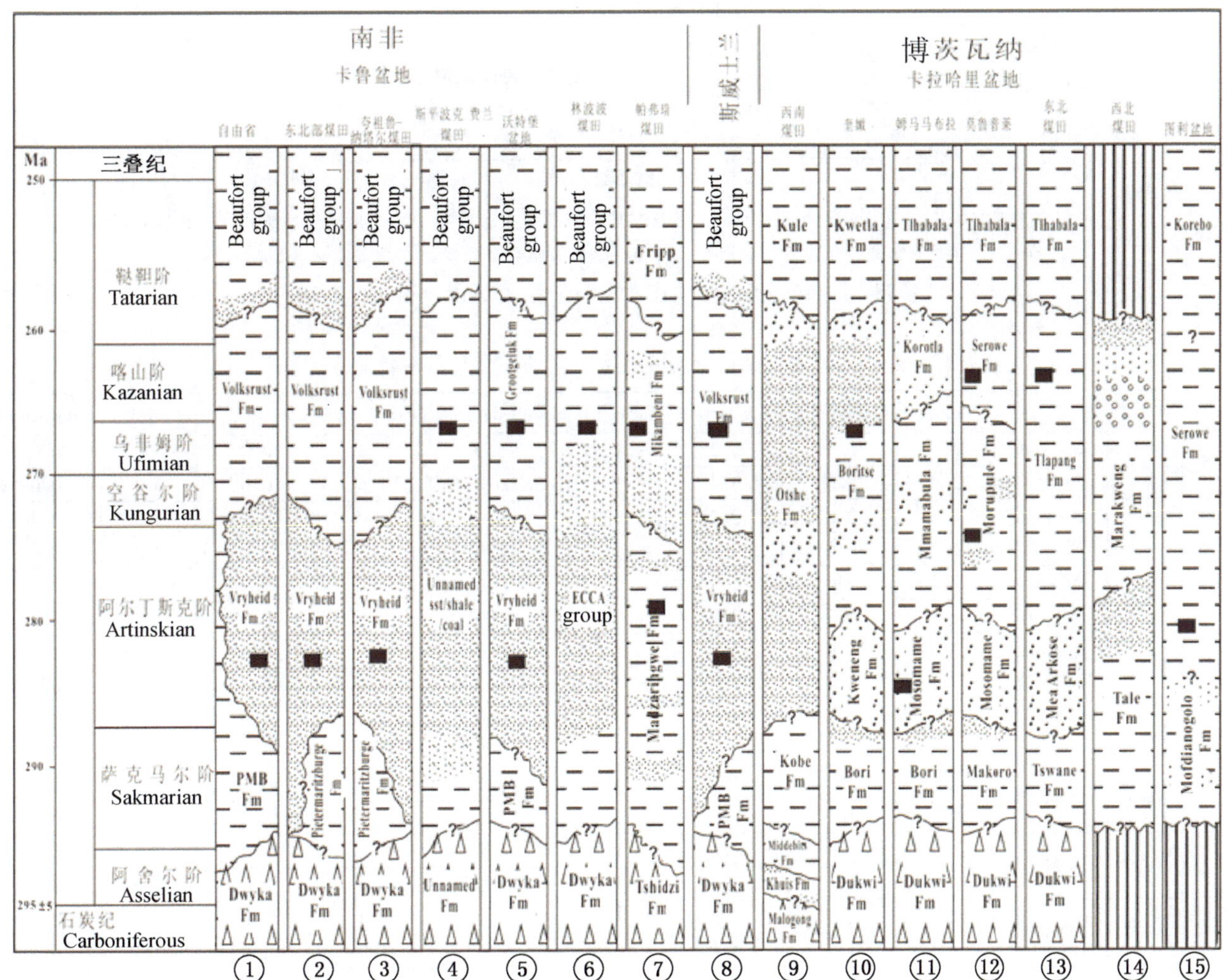

附南非卡鲁盆地地层柱状图，剖面的地理位置参考图 13-2-12，按照不同岩石单元的年龄对其进行描述，任何剖面都没有厚度的含义；黑色方块代表每个位置重要的成煤阶段

图 13-2-13　博茨瓦纳卡拉哈里盆地卡鲁超群地层对比

（Cairncross，1987；Langford，1992，有修改）

博茨瓦纳煤素质分配如图 13－2－14 所示，博茨瓦纳煤田煤素质成分反映冈瓦纳煤质特点，一般惰质组分大于镜质组分（表 13－2－5）。但莫鲁普莱煤田镜质体含量较高，这可能与当时的具体沉积环境有关，推测莫鲁普莱地区当时相对稳定，木质成分要高于泥质成分且为厌氧还原环境。在姆马马布拉下部主煤层中 Ro% 为 0.64～0.52。博茨瓦纳煤湿度较大，这与其惰质组分高、煤的空隙大有一定的关系，而低的镜质体反射率表明煤的成熟度较低。煤的半丝质体 56.8%～75%、总惰质组占 75% 以上，镜质体的类型以结构镜质体和含生质镜煤组为主（Clark et al，1986）。

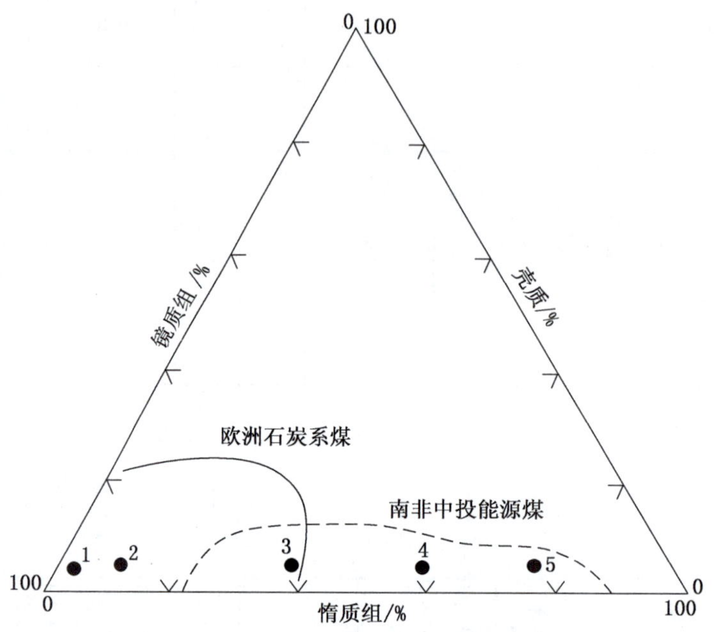

1—塞罗韦明亮煤层（莫鲁普莱地区）；2—洛茨曼煤层（莫鲁普莱地区）；3—下部煤层（莱特拉肯地区）；4—下部煤层（姆马马布拉地区）；5—莫鲁普莱主要煤层（莫鲁普莱地区）

图 13－2－14 博茨瓦纳煤素质分配图（Clark et al，1986）

表 13－2－5 博茨瓦纳煤素质及组分、矿物、镜质组及镜质体反射率

			Telinite	Collotelinite	Telovitrinite	Vitrodetrinite	Collodetrinite	Detrovitrinite	Corpogelinite	Gelinite	Gelovitrinite
博茨瓦纳	Bot01	Morupule 0～0.95	2.6	0.6	3.2	1.4	0.0	1.4	0.0	0.0	0.0
			2.8	0.6	3.4	1.5	0.0	1.5	0.0	0.0	0.0
	Bot04	Morupule 0.95～1.55	1.6	0.6	2.2	1.0	0.0	1.0	0.4	0.0	0.4
			1.7	0.6	2.3	1.1	0.0	1.1	0.4	0.0	0.4
	Bot02	Morupule 1.55～2.1	1.4	0.6	2.0	0.8	0.0	0.8	0.0	0.0	0.0
			1.5	0.7	2.2	0.9	0.0	0.9	0.0	0.0	0.0
	Bot03	Morupule 2.1～2.85	4.8	1.0	5.8	1.0	0.0	1.0	0.4	0.0	0.4
			5.2	1.1	6.3	1.1	0.0	1.1	0.4	0.0	0.4
	Bot05	ROM 1A	2.6	1.6	4.2	1.2	0.0	1.2	0.6	0.0	0.6
			3.0	1.8	4.8	1.4	0.0	1.4	0.7	0.0	0.7
	Bot06	ROM 1B	4.4	1.0	5.4	1.8	0.2	2.0	0.6	0.0	0.6
			4.8	1.1	5.9	2.0	0.2	2.2	0.7	0.0	0.7
	Bot07	ROM 2A	2.6	1.0	3.6	1.2	0.0	1.2	0.0	0.0	0.0
			3.0	1.2	4.2	1.4	0.0	1.4	0.0	0.0	0.0
	Bot08	ROM 2B	2.6	1.0	3.6	1.4	0.0	1.4	0.0	0.0	0.0
			2.9	1.1	4.0	1.6	0.0	1.6	0.0	0.0	0.0
	Bot09	ROM 2C	4.8	2.0	6.8	0.4	0.0	0.4	0.2	0.0	0.2
			5.6	2.3	8.0	0.5	0.0	0.5	0.2	0.0	0.2
	Bot10	ROM 3A	4.4	1.6	6.0	0.6	0.0	0.6	0.0	0.0	0.0
			5.0	1.8	6.9	0.7	0.0	0.7	0.0	0.0	0.0
	Bot11	ROM 3B	2.2	1.4	3.6	0.4	0.0	0.4	0.2	0.0	0.2
			2.5	1.6	4.1	0.5	0.0	0.5	0.2	0.0	0.2

表 13-2-5（续）

Total vitrinite	Fusinite	Semifus inite	Micrinite	Macrinite	Secretinite	Funginite	Total inertinite	Sporinite	Cutinite	Resinite	Alginite	Liptodet rinite
68.8	6.6	14.8	0.2	0.4	0.2	0.2	22.4	0	0	0	0	0
75.4	7.2	16.2	0.2	0.4	0.2	0.2	24.6	0	0	0	0	0
4.6	6.8	68.8	0.4	1.6	6	t	83.6	3.8	1.2	t	0	0
4.9	7.3	73.8	0.4	1.7	6.4	t	89.7	4.1	1.3	t	0	0
3.6	5.6	64	0.6	1.8	11.8	t	83.8	5.8	1.8	t	0	0
3.8	5.9	67.4	0.6	1.9	12.4	t	88.2	6.1	1.9	t	0	0
2.8	6.6	69	1	0.8	6.8	0	84.2	3.8	1.2	t	0	0
3.0	7.2	75	1.1	0.9	7.4	0	91.5	4.1	1.3	t	0	0
7.2	6.6	60	0.8	2	8.4	0	77.8	5.6	1.8	t	0	0
7.8	7.1	64.9	0.9	2.2	9.1	0	84.2	6.1	1.9	t	0	0

注：眉栏中英文说明：Telinite（结构镜质体）、Collotelinite（无结构镜质体）、Telovitrinite（含生质镜煤组）、Vitrodetrinite（碎屑镜质体）、Collodetrinite（基质镜质体）、Detrovitrinite（碎磨镜煤组）、Corpogelinite（团块凝胶体）、Gelinite（团块凝胶体）、Gelovitrinite（胶凝镜煤组）、Total vitrinite（总镜质体）、Fusinite（丝质体）、Semifusinite（半丝质体）、Micrinite（微粒体）、Macrinite（粗粒体）、Macrinite、Secretinite：Secretinite（分泌体）、Funginite Funginite（真菌体）、Total inertinite（总惰质组）、Sporinite（孢粉）、Cutinite（角质体）、Resinite（脂质体）、Alginite（藻类体）、Liptodetrinite（碎屑壳质体）。

数据来源：James et al，2012

四、构造及煤田划分

卡拉哈里卡鲁盆地为陆内凹陷型盆地，其形成的地球动力来自石炭纪－二叠纪冈瓦纳大陆南侧的古太平洋板块俯冲，导致卡拉通内部地幔上涌，加热地壳致其变软而下沉。在这种构造机制下，盆内构造样式相对简单，一般形成张性断裂构造，缺乏褶皱和逆冲断层。

由于卡拉哈里卡鲁盆地基底由多个卡拉通和线性构造拼贴而成，故基底构造相对复杂，具有棋盘格式构造特点，线状构造相对发育，这对盆地沉积有一定控制作用，具体表现在盆地出现不同形状、不同方向的凹陷和隆起，使之成为盆地进一步划分的依据。如在盆地马卡迪卡迪（Makgadikgadi）线状构造和杭济－乔贝（Ghanzi－Chobe）带状构造对沉积的控制就比较明显，该盆地南部出现一条近东西向的大断裂——Zoetfontein 断裂，不仅控制盆地的南边界，而且对煤田有一定的控制作用，主要是破坏作用，该断裂属张性断裂，属基底活化断裂，近东西向延伸，向西一直延伸到卡拉哈里盆地内部，向东一直延伸到南非西北部的瓦特贝格地区。

根据现存沉积地层的分布特点、构造特征以及残留盆地的特点，博茨瓦纳可分为两个盆地、9 个煤田。最大的盆地为卡拉哈里卡鲁盆地，可进一步细分为下述 8 个煤田（Smith，1984），分别是西北煤田、东北煤田、中部北带煤田、西南煤田、中部西煤田、中部东南煤田以及中部南带区的奎嫩煤田和姆马马布拉煤田。其中中部北带煤田、奎嫩煤田和姆马马布拉煤田的煤炭资源较为丰富，勘探程度最高，是开发研究的重点。东部的图利盆地规模较小，定为图利煤田。博茨瓦纳煤田划分方案如图 13－2－15 所示。

五、卡拉哈里盆地的煤田

（一）莫鲁普莱煤田

1. 自然地理

莫鲁普莱煤田位于帕拉佩以西约 12 km 处，罗德西亚铁路旁，海拔 910～960 m，地形平缓，两条宽缓的河流——鲁特萨尼和莫鲁普莱围绕煤田蜿蜒流过。煤田地表被厚层红色砂层覆盖，其上生长有多刺灌丛及小草，在塞罗威－帕拉佩旧公路北侧及煤田东部分布低山丘陵，高差约 12 m。

洪泛期形成的黑色松软冲积层覆盖宽阔的河谷阶地。现代河道对其下切较深，偶尔形成陡坎，露出

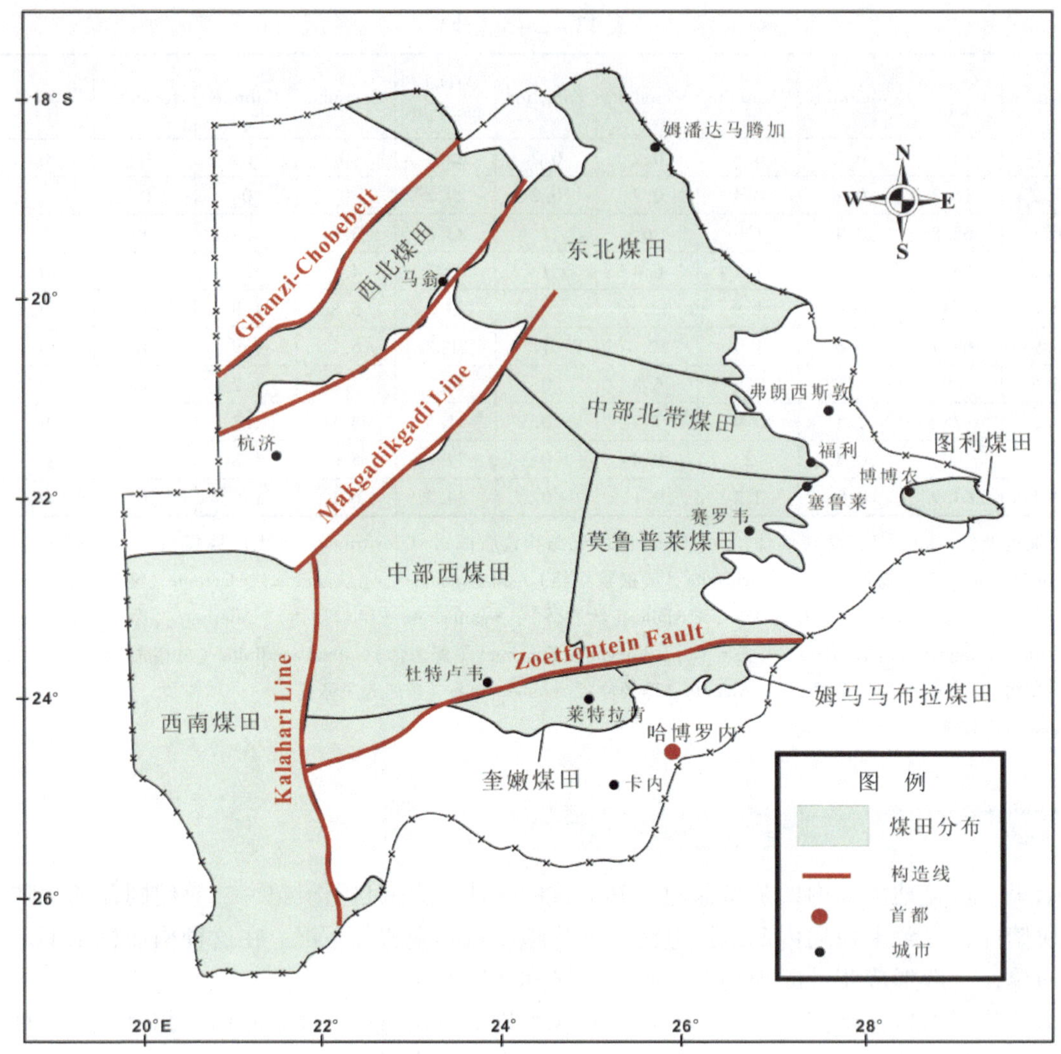

图 13－2－15　博茨瓦纳的煤田划分方案（Benson，2007，有修改）

红色砂层。河道在上游交汇处宽度一般不超过 20 m，下游则明显变宽。河流具季节性特点，雨季水流较大。

近南北向的主干铁路从煤矿的东侧穿过，煤矿与主干铁路在帕拉佩由铁路支线衔接，塞罗韦到帕拉佩的公路也穿过矿区。

该区经济落后，以放牧养牛为主，沿河谷仅有少量的农业。地下水缺乏，所打水井最小出水量为 1.591 m^3/h，为咸水。在河流南部爱卡群与辉绿岩脉接触带赋存淡水，出水量不清楚。因此，水资源缺乏是该区煤炭开发的瓶颈。根据有限的地下水文资料，远距离的排水系统通过深部爱卡群或瓦特博格群岩石进行大量充水来解决矿山的水资源问题并不现实。可供水资源最有希望的地方是两条河道之间地区，特别是矿区最南部辉绿岩脉的北段河流分叉处或辉绿岩脉与河流交叉处。

2. 勘探历史

莫鲁普莱和莫加巴纳煤田是中卡拉哈里卡鲁次盆地东南部中的主要煤田，勘查工作始于 1948 年。当时的国家地质调查所于 1952 年在帕拉佩西南对莫鲁普莱煤田首次用钻探法进行了初步评价（Van Straten，1959）。调查控制面积 25 km^2。到 1955 年完成钻孔 9 口，完成煤田区的地质填图，建立了煤田的地层格架，研究了煤田的构造特征，通过岩芯样品分析确定煤质，着重研究了主煤层在莫鲁普莱次盆地东部的厚度分布特征。Green 主持了这段时间的评价工作（Green，1955，1957，1966）。1957 年，国家地质调查所决定在次盆中部 25 km^2 范围内进行详查，并在 1957—1958 年完成钻探 1563 m，共施工钻孔 17 口。煤样的分析测试完成于南非燃料研究所。OJ van Straten 主持了相关的工作并编写了煤田地质报告，详细描述了莫鲁普莱地区含煤特征，结合历史资料及新的信息对莫鲁普莱煤田进行了评价（Van Straten，1959）。

1970 年，英美资源公司对莫鲁普莱煤田又进行了详查工作，肯定了煤田的经济价值，于 1973 年建立了博茨瓦纳第一个煤矿，后来壳牌煤炭公司在莫鲁普莱煤矿西侧的矿权区进行了详细的找煤工作，在莫加巴纳发现了与莫鲁普莱类似的煤层［Shell Coal Botswana（Pty）Lt d，1982］。随后不久，在同一地区又发现了可加斯威煤矿，三者位置相近、含煤层位相同，可视为同一煤田。

3. 区域地质

1）地层

该区地表覆盖严重，仅见零星卡鲁沉积及前卡鲁岩石出露。在鲁特萨尼河流下游，见卡鲁页岩和砂岩分布，在莫鲁普莱－塞罗韦旧公路北侧的小山上，见辉绿岩和正长岩露头。

由于地层出露条件差，该区地质特征主要通过钻孔资料了解。区域上，该区卡鲁沉积主要属卡拉哈里卡鲁盆地的东缘部分，在帕拉佩西部最为发育。在帕拉佩不规则的盆地边缘所见岩石主要是红色和绿色页岩及石英岩（扁平砾岩），相当于瓦特贝格群。Geen（1955）对该区进行了地质填图，将该区卡鲁沉积分为两段。东南部钻孔钻遇中下爱卡群及德维卡群。本区具体地层见表 13－2－6 及图 13－2－17。

表 13－2－6　莫鲁普莱煤田主要地层及侵入体

第　四　系		冲积层，砂砾松散堆积（爱卡群风化产物）、局部见钙结砾岩
卡鲁超群	上、中卡鲁超群	页岩、粉砂岩标志层、钙质页岩、页岩煤、煤、粉砂岩、长石砂岩及粗砂岩
	下卡鲁超群	云母粉砂岩和页岩，夹砾岩、泥岩和页岩
瓦特贝格群		红色、绿色页岩及薄层砂岩
侵入岩	辉绿岩	晚卡鲁期
	辉长闪长岩	可能晚于瓦特博格期而早于卡鲁期

卡鲁地层不整合于前寒武系（主要是瓦特博格群）之上，这些基岩可见于煤田东部，向西倾伏于盆地之中，在大于 400 m 处可钻遇基底。局部可见卡鲁超群底部的冰碛岩－德维卡群，但大多数地区卡鲁超群底部所见岩石为爱卡群泥岩（当地称马克罗组）或砂岩（当地称卡莫塔卡组）。二者有层位上下关系，在莫加巴纳西南，上述这些卡鲁超群底部含有一些不连续的煤层。继之所见地层为卡鲁超群莫鲁普莱组，厚约 60 m，主要由炭质泥岩和煤层组成，局部夹砂岩。该组底部发育一层煤，被称为主煤层，正是此层煤成为该矿山的主采煤层。

莫鲁普莱组之上整合分布塞罗韦组，该组主要由连续性较好的粉砂岩层及其上覆的炭质泥岩和煤层组成。塞罗韦组的煤层普遍发育较差，但在该组顶部附近发现一层亮煤，可能具有工业意义。

布塞罗韦组之上整合分布有勒邦群。大量的卡拉哈里层未固结砂层覆盖于卡鲁超群之上，厚度在几米至 40 多米。

2）构造

在莫鲁普莱－莫加巴纳区可识别出两个沉积凹陷，其间被构造高地分开。东部凹陷中心位于莫鲁普莱煤矿，西南部次凹陷位于莫加巴纳勘探区，凹内卡鲁含煤沉积地层较厚，而构造高地被煤层及沉积地层减薄。地层倾角很少超过 2°。NWW 向的岩脉常沿同走向断裂穿切卡鲁超群，断层断距达数十米。

3）岩浆岩

岩浆岩分为两期：第一期为瓦特贝格期后前卡鲁侵入体；第二期为卡鲁晚期火山岩。

瓦特贝格期后－前卡鲁期侵入体分布在塞罗威－帕拉佩旧公路北侧，呈岩脉状，穿插于瓦特贝格群中，地貌上表现为一排排低山分布。岩脉宽约 9 m，具体岩性为粗粒正长岩及闪长岩，零星分布于岩石中的粉红色碱性长石比较明显。由于风化等因素，与围岩关系不清。

卡鲁晚期火山岩呈层状分布于卡鲁超群上部，较为广泛，主要为玄武岩、正长岩及辉绿岩脉。

4. 煤田地质

卡拉哈里盆地煤层对比如图 13－2－16 所示，莫鲁普莱和莫加巴纳煤田位于中卡拉哈里卡鲁次盆地东南部。莫鲁普莱主煤层的孢粉研究表明其形成于 Aktastinian 期（Stephenson and McLean，1999）。莫鲁普莱煤田地层柱状图如图 13－2－17 所示，莫鲁普莱煤田主要可采煤层有 3 层，分别为莫鲁普莱主煤层、鲁特撒内薄煤层及塞罗韦亮煤层，均赋存在爱卡群莫鲁普莱组和塞罗韦组中。含煤地层岩性主要为粉砂岩、泥岩、砂岩和砾岩，最大厚度达 160 m。辉绿岩岩墙大体西－北西走向，沿断层侵入到此地区的卡鲁超群中。

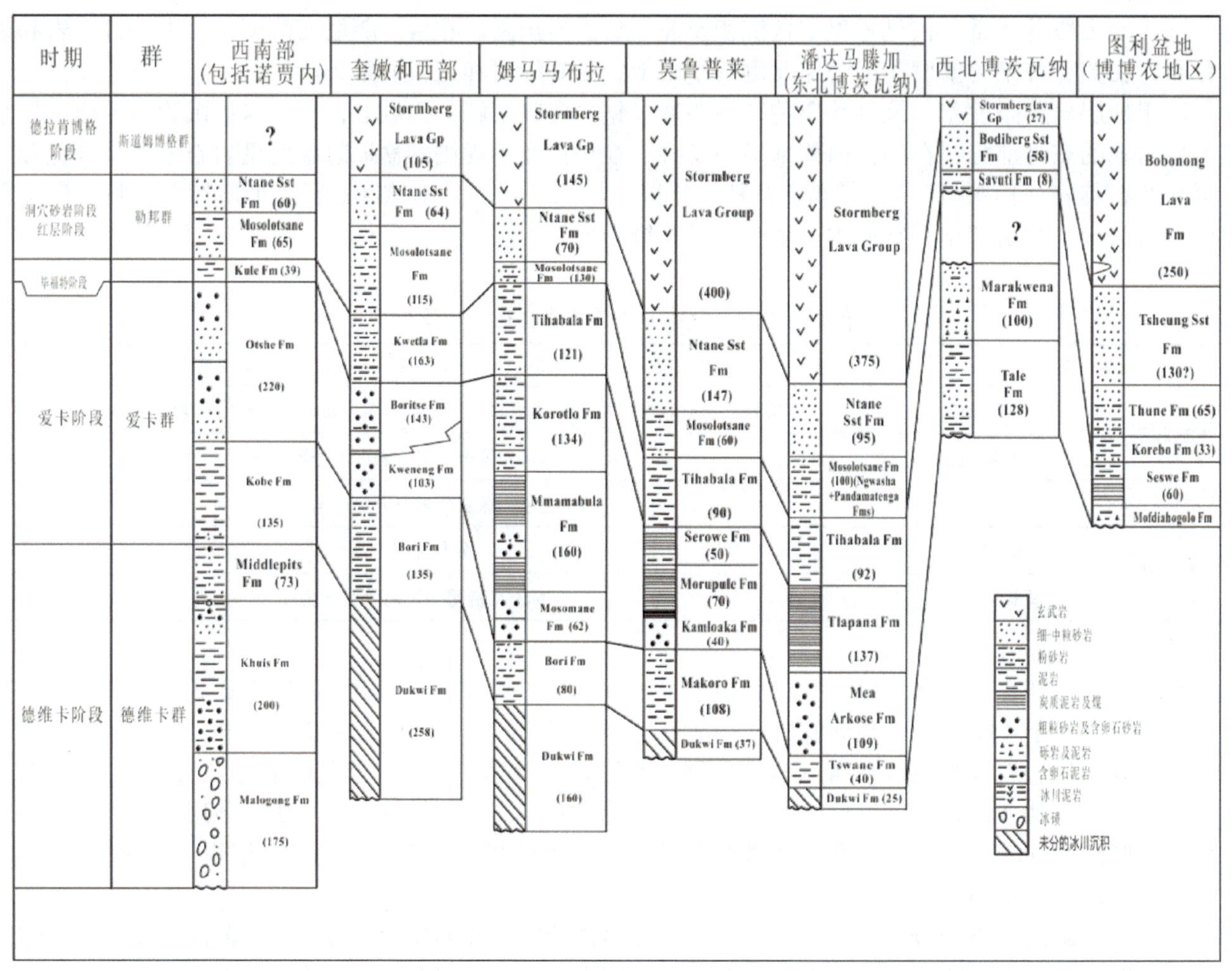

注：方框括号内的数值为各地层的最大厚度，单位为 m。

图 13－2－16　卡拉哈里盆地煤层对比图（Clark et al，1986）

莫鲁普莱煤田地质及剖面图如图 13－2－18 所示，莫鲁普莱主煤层分布范围广，较为连续，厚度为 6.5～9.5 m。厚度向北、向南均变薄，约为 1 m。主煤层之上的鲁特撒内煤层厚度为 1.7～2.7 m，与炭质页岩互层，该层粉砂岩和页岩之上为塞罗韦亮煤层，平均厚度为 1.61～2.43 m。莫加巴纳煤田实际上与莫鲁普莱煤田为同一煤田，二者有着相同的煤系特征。莫鲁普莱主煤层（粗煤）平均品质为灰分 21.1%、挥发分 24.3%、发热量 24.4 MJ/kg、硫分 1.44%（Clark et al，1986）。

莫鲁普莱煤田是目前勘探发现的煤质最好、厚度最大、延续最为稳定的煤田，含 3 层煤，但仅对莫鲁普莱主煤层进行了勘探。

莫鲁普莱煤矿煤层对比如图 13－2－19 所示，主煤层厚为 6.5～9.5 m，向南、向北减薄至 1 m 左右。煤田东部煤层埋深不超过 40 m，煤层多被风化，向西埋深大于 300 m（钻孔揭露），厚约 6 m。在主层之上 7～10 m 处可见一条煤质较差的煤层，仅局部可采，故未计算资源量。

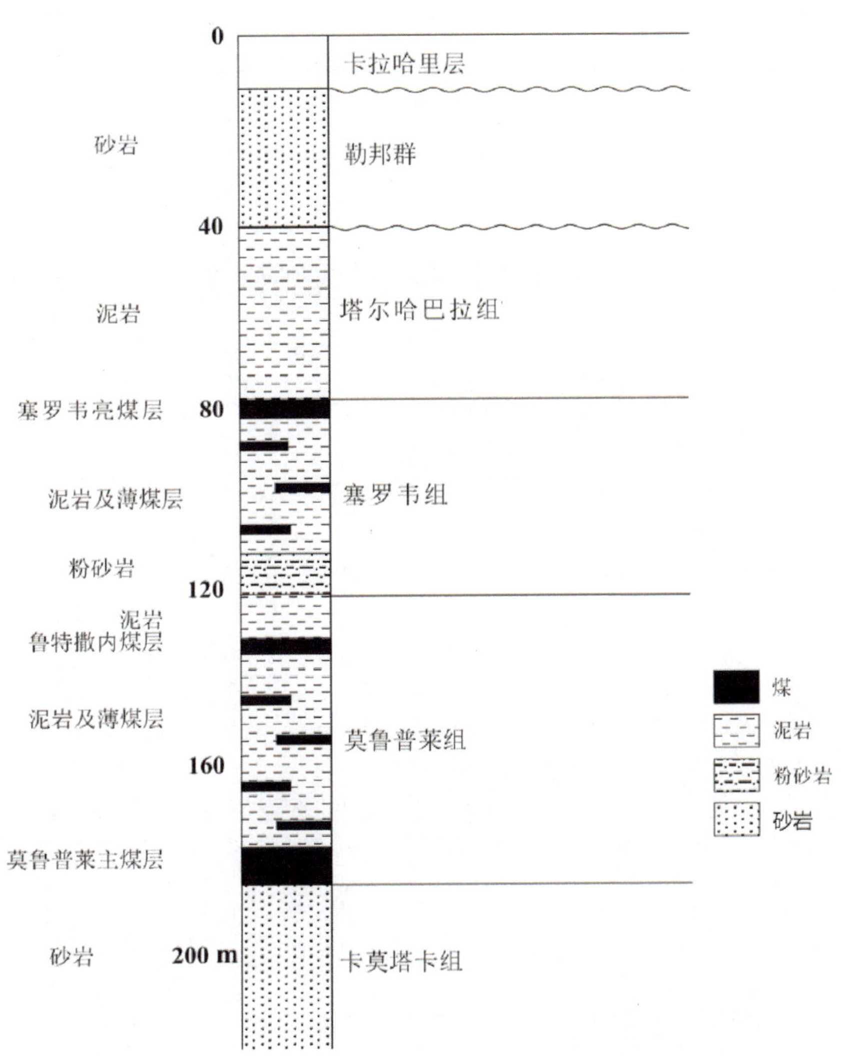

图 13-2-17 莫鲁普莱煤田地层柱状图（Green，1961）

鲁特撒内煤层是该矿山第二个可采煤层，位于主煤层之上 30～60 m 处，含炭岩石层位的顶部属莫鲁普莱组上部的煤层。该层厚度一般为 0.4～4.5 m 并且煤层中的夹层厚度变化也大，煤质与主煤层相比变化也较大。亮煤与高灰煤混在一起，原煤发热量比主煤层低。莫鲁普莱煤田西部钻孔揭露其埋藏深度大于 250 m。

塞罗韦亮煤层与鲁特撒内煤层之间被约 50 m 粉砂岩、炭质页岩及薄煤层分开，煤层位于塞罗韦组顶部，平均厚约 1.8 m。一般有 2～3 层薄亮煤层组成，其间被延伸稳定、分布较广的黏土岩薄层分开。亮煤层向北向南减薄，但在全区均可采，该煤层的发热量类似于莫鲁普莱主煤层，挥发分、硫含量均较高，因此，作为锅炉用煤煤质不及下伏煤层。由于挥发分较高，起先调查者考虑将其作为潜在的焦煤资源，但其自由膨胀指数、罗加指数均远低于焦煤要求。局部在 1.4S. G 浮选条件下硫含量为 2.5%，因此，也不能作为冶金用煤。

莫鲁普莱煤田的煤资源量估算是分 3 个区块分别进行的。

第一个区块为西南莫加巴纳地区，这一区块的煤炭资源壳牌煤炭资源公司估算约有 4980 Mt，共施工钻孔 84 个，密度为 2 孔/km^2，其中一半可算作证实储量（2490 Mt）。该区块的原煤煤质特征见表 13-2-7。主要用于国内消费。三层煤样的湿度试验结果表明，其湿度为 5%～7.5%。高值出现在可加斯威勘探区块与莫鲁普莱煤矿之间的地区，意味着这一地区煤的级别较低，洗出率也低。

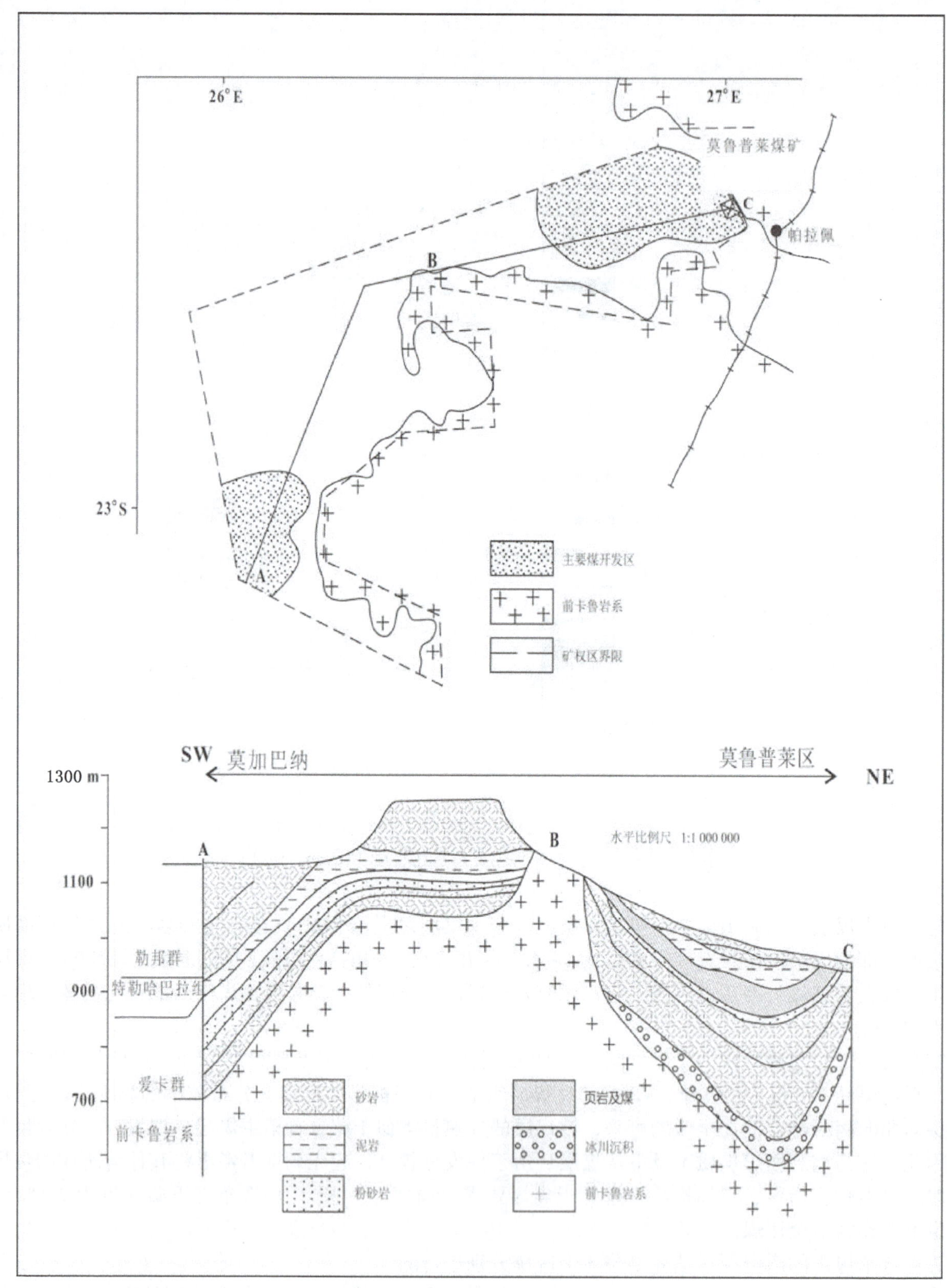

图 13－2－18　莫鲁普莱煤田地质及剖面图（Clark et al，1986）

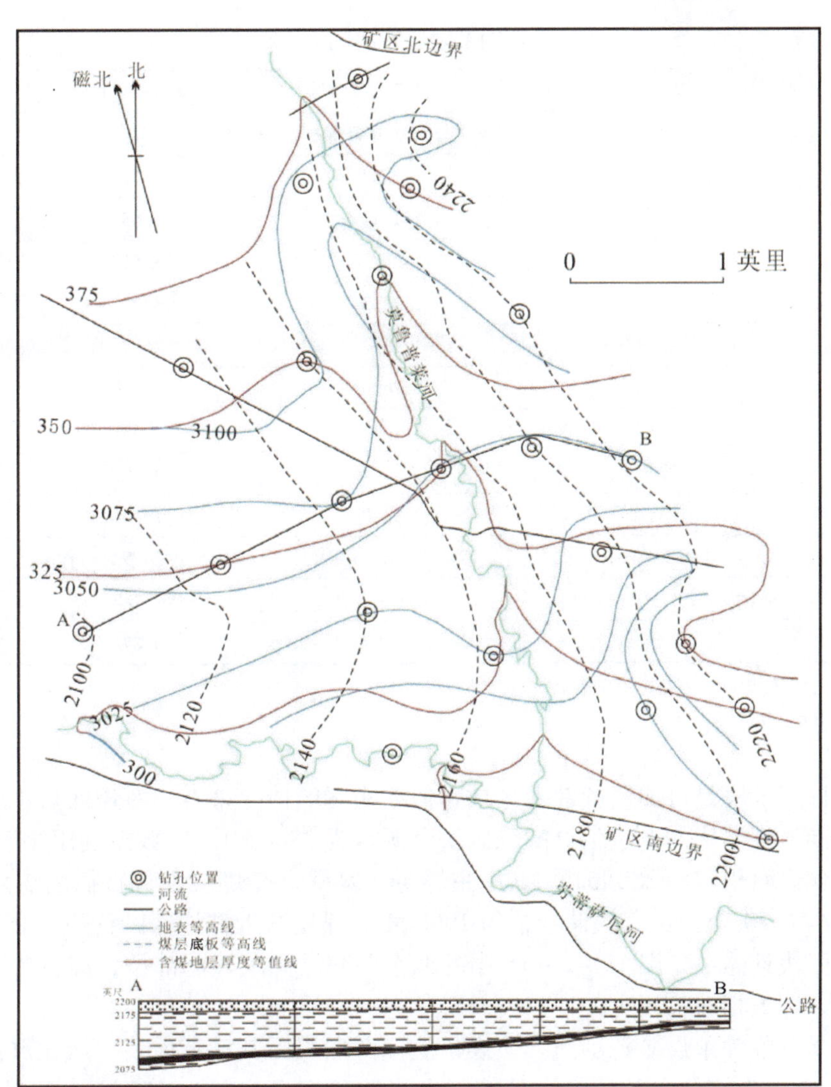

注：1 英里 =5280 英尺；1 英尺 =0.3048 m。

图 13-2-19 莫鲁普莱煤矿煤层对比（Van Straten，OJ，1959）

表 13-2-7 莫鲁普莱可加斯威西南及可加斯威煤矿与莫鲁普莱煤矿之间地区煤的煤质特征

煤层	煤质	塞罗韦亮煤	鲁特撒内层	莫鲁普莱主煤层
可加斯威西南				
平均厚度/m		1.61	1.72	5.91
平均比重		1.62	1.65	1.56
原味煤（*1000）		437199	777164	2679415
原煤	灰分/%	32.3	36.3	25.4
	挥发分/%	31.8	26.1	23.3
	发热量/（$MJ \cdot kg^{-1}$）	20.73	19.59	23.08
	硫分/%	6.45	2.35	1.52
洗煤（洗液比重 1.5）	回收率/%	52.0	43.1	47.4
	灰分/%	14.7	12.9	13.5
	挥发分/%	37.8	34.7	26.7
	发热量/（$MJ \cdot kg^{-1}$）	27.61	28.28	27.77
	硫分/%	2.64	0.72	0.41

表 13－2－7（续）

煤层	煤质	塞罗韦亮煤	鲁特撒内层	莫鲁普莱主煤层
可加斯威煤矿与莫鲁普莱煤矿之间				
平均厚度/m		2.43	2.71	8.7
平均比重		1.47	1.65	1.53
原味煤（＊1000）		40807	235518	811148
原煤	灰分/%	22.3	37.3	21.1
	挥发分/%	32.4	26.2	24.3
	发热量/(MJ·kg^{-1})	24.88	19.17	24.41
	硫分/%	1.91	1.48	1.44
洗煤（洗液比重 1.5）	回收率/%	70.7	35.0	48.2
	灰分/%	13.0	13.4	11.7
	挥发分/%	36.2	34.9	26.5
	发热量/(MJ·kg^{-1})	28.23	27.94	28.32
	硫分/%	0.97	0.87	0.31

注：由于辉绿岩脉影响所列吨位均减少 0～45%；干燥基。

数据来源：Clark et al，1986

第二个资源量计算区块是可加斯威勘探区块，但在实际的情况来看，对该区块进行储量计算是不现实的。但通过与外围地区类比的方法估算的该区块资源量为 2840 Mt，该数据利用小于表 13－2－6 中所列的厚度与体重，含煤面积定为 250 km^2。其中主煤层、塞罗韦亮煤层及鲁特撒内煤层分别计得资源量为 1800 Mt、570 Mt 和 470 Mt。该区块储量估得 1900 Mt。煤质与近邻地区的优质煤相近。

可加斯威勘探区块具体位于图 13－2－18 中的两个凹陷之间的隆起部位，即莫鲁普莱煤矿分布区与莫加巴纳地区之间，埋藏相对较浅。

第三个区块就是莫鲁普莱煤矿范围内。该煤矿上面两层煤因其已近地表，风化严重，未计算煤资源量。利用表 13－2－7 第 2 部分中的厚度，计算了主煤层的资源量，为 450 Mt，储量为 90 Mt。综上所述，莫鲁普莱煤田赋存总资源量为 7910 Mt 的中灰分、中等发热量的烟煤。

进一步向西，即在莫加巴纳煤探区，煤层显著变薄，但在其西南部又有厚煤层出现，该区煤资源量约 1295 Mt。

在莫鲁普莱煤田爱卡群下部的卡莫塔卡组中，主煤层下面的还有一层煤，厚约 1 m 到大于 4 m，资源量约 300 Mt。该层煤灰分较高，达 29%，发热量 20 MJ/kg，煤洗出率较低。

在莫鲁普莱煤田爱卡群莫鲁普莱组中部，炭质层的底部发育一薄煤层，储量约 420 Mt，局部最厚可达 2 m，平均厚 1 m。煤质虽较下伏煤层好，但厚度小于开采厚度。类似的小于 1 m 的薄煤层还见于塞罗韦组中，储量估计约 575 Mt。

莫加巴纳地区的煤相对于莫鲁普莱来说煤质较差，目前看来没有经济意义。因此，莫鲁普莱煤田唯一有开采价值的煤层就是主煤层。可井工或露天开采。

（二）姆马马布拉煤田

姆马马布拉煤田是当前博茨瓦纳最有开发潜力的煤田。该煤田南起姆马马布拉镇，东至林波波河，位于姆马马布拉铁路东侧，莫鲁普莱市南约 130 km 处，南非西北省梅富根市北 180 km 处。属南非瓦特博格煤田向西延伸部分。

1. 自然地理

姆马马布拉地区地形平缓。在煤田东侧与马布阿内镇东侧高点之间有约 9 m 的高差，高点海拔 1005.84 m。在 Zoetfontein 断层以北地区的砂岩地区，海拔局部达 1036 m。区内基本无水系，地势有向东部塞鲁鲁马河谷及林波波河倾斜的趋势。在马布阿内镇附近有一条较大的干河谷，起初延向东北，然后沿 Zoetfontein 断层呈直线状向东延伸。另外在该区西部也有两条小的干谷切穿上爱卡群地层，消失于马布阿内断层附近。

在钙结层分布区（其下为爱卡群下段页岩）的干河谷内分布矮丛树，该群大部分地区为稀树草原区，有薄的砂质覆盖层，其下为爱卡群中段的砂岩层，局部见小树林分布。区内以畜牧业为主，农业为辅。东部灰岩区地下水较浅。本区所示施两个钻孔中出水量仅为 9 m^3/h，估计北部洞穴砂岩区地下水资源较为丰富。

2. 勘查历史

在姆马马布拉地区，最早的岩石露头描述者是 A. L. du Toit（1929）。当时的国家地质调查所（贝专纳地质调查所）于 1955 年对该区 500 km^2 范围内进行了较系统的地表地质调查（Green，1955）并进行了深部钻探，实施钻孔 39 口，合计钻探进尺 3214 m。发现主要煤层共计 3 层并对煤层取样分析和选煤试验。勘查工作一直持续到 1959 年，Green（1961）随后对这些勘查成果进行了总结。到 20 世纪 70 年代中期，英美公司重新评价了上述工作（Barnard and Whittak er，1975），但未投入实物工作量。1982 年壳牌博茨瓦纳煤炭公司的勘查工作集中在中部区块 50 km^2 小范围内并求得了部分储量。但在一年之后放弃了该区的探矿权。CIC 能源公司在姆马马布拉也对该区进行了大规模的勘探工作，据 2009 年 8 月的 CIC 能源公司勘探报告，该公司在姆马马布拉煤田已施钻孔 1980 口，累计进尺超过 177000 m（埃森哲，2011）。

1）地层

煤田卡鲁地层出露齐全（图 13－2－17、表 13－2－8）。煤田仅限于爱卡群中。西部覆盖卡鲁地层之上的卡拉哈里层厚约 15m，东部覆盖较薄。钻孔揭露该区卡鲁超群层序是爱卡群底部到洞穴砂岩段，未见到卡鲁超群中上部的毕福特群和莫尔泰诺组。从表 13－2－7 中不难看出，本区卡鲁超群主要由爱卡群及斯道姆博格阶段的红层岩、泥岩组成，爱卡群分为三段：下段主要为长石砂岩、粉砂岩与泥岩韵律层，经砂岩与泥岩互层阶段过渡到爱卡群中段，爱卡群中段主要为黑色泥岩、长石砂岩、粗砂岩夹煤层组成 3 个大的旋回，含上、下主煤层 2 层，层厚分别为 5.4 m、2.4 m。

表 13－2－8　姆马马布拉煤田地层剖面

序号	岩　　性		厚度/m	岩性段划分	地层单位
			397		
14	土壤、沙层、钙结岩				第四系
		不整合			
13	红色细粒砂岩			洞穴砂岩段	斯道姆博格
12	紫红色、绿色泥岩		22	红层岩段	
		不整合			
11	黑色泥岩和煤层		29	爱卡群上段	爱卡群
10	灰色粉砂岩和煤层		53		
9	黑色泥岩和煤层		20		
8	黄色、白色长石砂岩及粗砂岩		35	爱卡群中段	
7	黑色泥岩夹薄煤层		14		
6	上部煤层（上煤）		5.4		
5	黄色、白色长石砂岩及粗砂岩		29		
4	下部煤层（下煤）		2.4		
3	黄色、白色长石砂岩及粗砂岩		20		
2	砂岩与泥岩互层		19	过渡带	
1	细粒长石砂岩、粉砂岩、砂质页岩、成韵律状产出		>76	爱卡群下段	
		未见底			

综合区域地层分布特点，本区地层可与南非西北部瓦特贝格煤田地层对比，对比结果如图 13－2－20 所示。

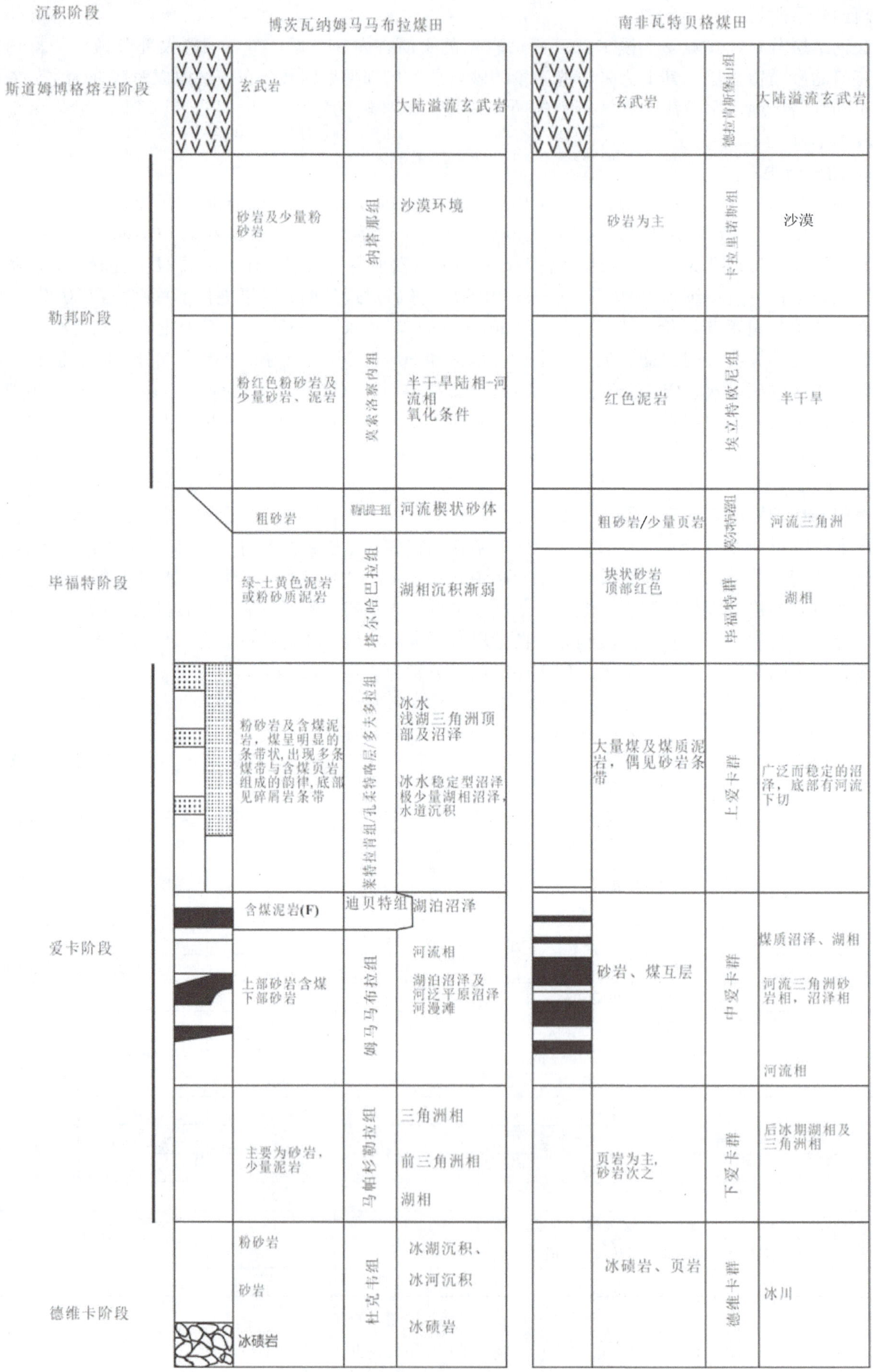

沉积阶段	博茨瓦纳姆马马布拉煤田 岩性	组	沉积环境	南非瓦特贝格煤田 岩性	组	沉积环境
斯道姆博格熔岩阶段	玄武岩		大陆溢流玄武岩	玄武岩	德拉肯斯堡山组	大陆溢流玄武岩
勒邦阶段	砂岩及少量粉砂岩	纳塔那组	沙漠环境	砂岩为主	卡拉里诺斯组	沙漠
勒邦阶段	粉红色粉砂岩及少量砂岩、泥岩	莫索洛察内组	半干旱陆相-河流相 氧化条件	红色泥岩	埃立特欧尼组	半干旱
毕福特阶段	粗砂岩	[illegible]	河流楔状砂体	粗砂岩/少量页岩	莫尔特诺组	河流三角洲
毕福特阶段	绿-土黄色泥岩或粉砂质泥岩	塔尔哈巴拉组	湖相沉积渐弱	块状砂岩 顶部红色	毕福特群	湖相
爱卡阶段	粉砂岩及含煤泥岩，煤呈明显的条带状,出现多条煤带与含煤页岩组成的韵律,底部见碎屑岩条带	莱特拉肯组/孔末特略层/多夫多拉组	冰水 浅湖三角洲顶部及沼泽 冰水稳定型沼泽极少量湖相沼泽，水道沉积	大量煤及煤质泥岩，偶见砂岩条带	上爱卡群	广泛而稳定的沼泽，底部有河流下切
爱卡阶段	含煤泥岩(F)	迪贝特组	湖泊沼泽	砂岩、煤互层	中爱卡群	煤质沼泽、湖相 河流三角洲砂岩相，沼泽相 河流相
爱卡阶段	上部砂岩含煤 下部砂岩	姆马马布拉组	河流相 湖泊沼泽及河泛平原沼泽 河漫滩			
爱卡阶段	主要为砂岩，少量泥岩	马帕杉勒拉组	三角洲相 前三角洲相 湖相	页岩为主，砂岩次之	下爱卡群	后冰期湖相及三角洲相
德维卡阶段	粉砂岩 砂岩 冰碛岩	杜克韦组	冰湖沉积、 冰河沉积 冰碛岩	冰碛岩、页岩	德维卡群	冰川

图 13-2-20　姆马马布拉煤田与瓦特贝格煤田地层对比（Williamson，1996）

2）构造

几条大断裂控制煤田地层的分布，NEE 向 Zoetfontein 断层控制煤田北界，断距达 250 m。

虽然已有钻孔资料表明 Zoetfontein 断层以北也有含煤地层分布，但无详细可用的资料。期后 NW - SE 向断裂将 Zoetfontein 断层南部卡鲁地层断开，据此可将煤田分为东、中、西 3 个块断段。

3. 煤田地质

姆马马布拉煤田位于莫鲁普莱以南 130 km 处，可分 4 个块断，而奎嫩煤田可进一步分为莱特拉肯煤矿和杜特卢韦地区。姆马马布拉煤田主要含煤层位为卡鲁超群下部爱卡群，煤系地层最厚约 294 m。含煤层位与莫鲁普莱煤田的主煤层层位大体相当。中部块断有最大的煤炭储量，该块断也存在 3 层煤，姆马马布拉煤田煤层一般厚约 10 m，下煤层平均厚约 2. 83 m，中煤层平均厚约 5. 39 m，而上煤层厚约 2. 07 m。中煤层最厚并且侧向分布最广。来自中部块断的煤经过选矿后可获得中等 - 良好品质（中等灰分）的煤，适合出口。中煤层（粗煤）平均品质为灰分 20. 8%、挥发分 5%、发热量 23. 95 MJ/kg 以及硫分 2. 19%（Clark et al，1986）。

1）中块断

姆马马布拉煤田地质图如图 13 - 2 - 21 所示，中块断勘探线剖面如图 13 - 2 - 22 所示。中块断已实施 190 个钻孔，控制面积 44 km^2。钻孔控制地层为姆马马布拉组和莫松马内组，相当于爱卡群中段。含煤地层产状基本水平，大致呈盆状，但向下变陡。块断西界是马布内断裂。共有 3 层煤，下煤层分布于莫松马内组中，平均厚度 2. 83 m，埋深 30 ~ 60 m，东浅西深。中煤层与下煤层之间分布有 17 ~ 18 m 长

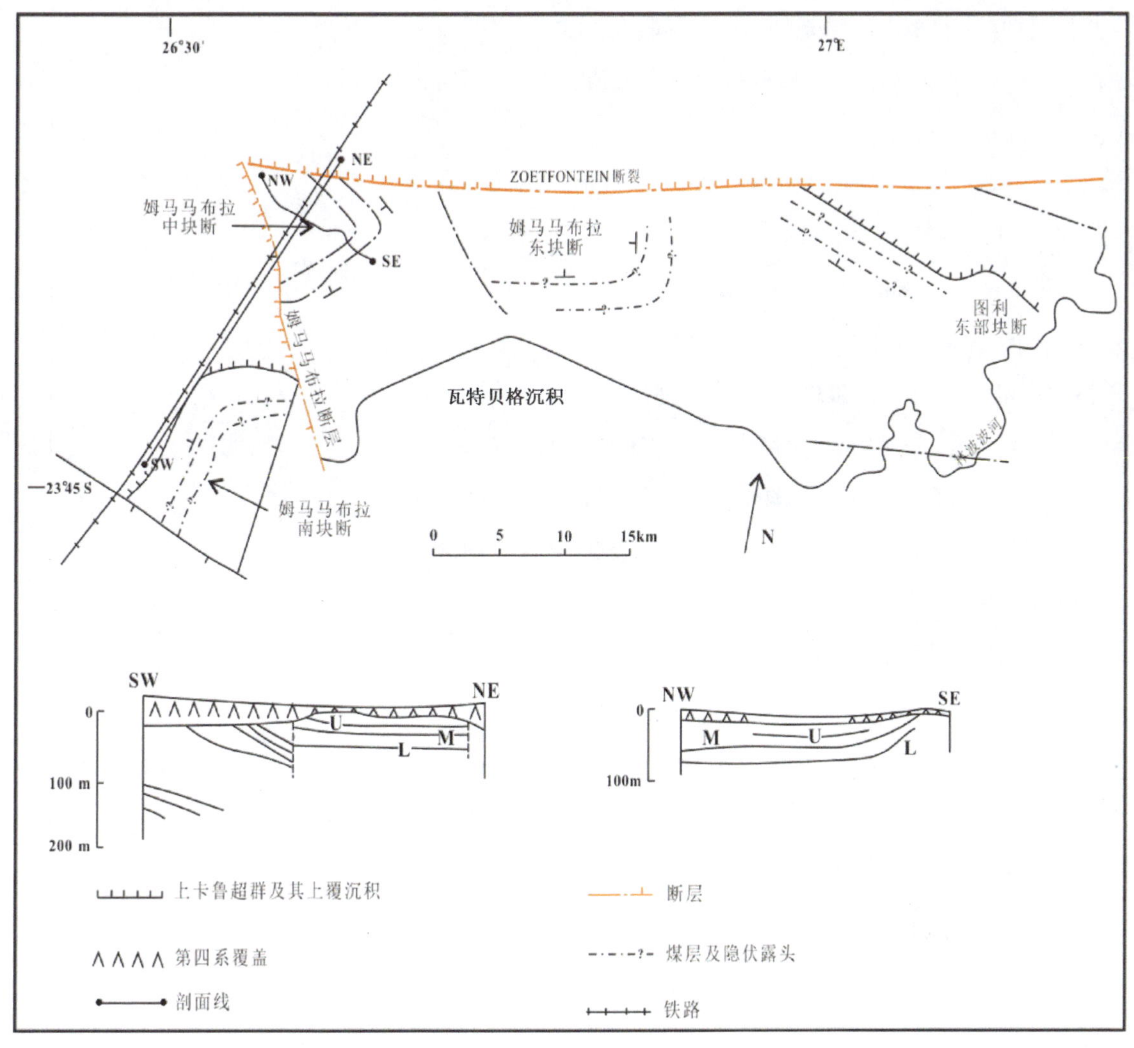

图 13 - 2 - 21　姆马马布拉煤田地质图（Clark et al，1986）

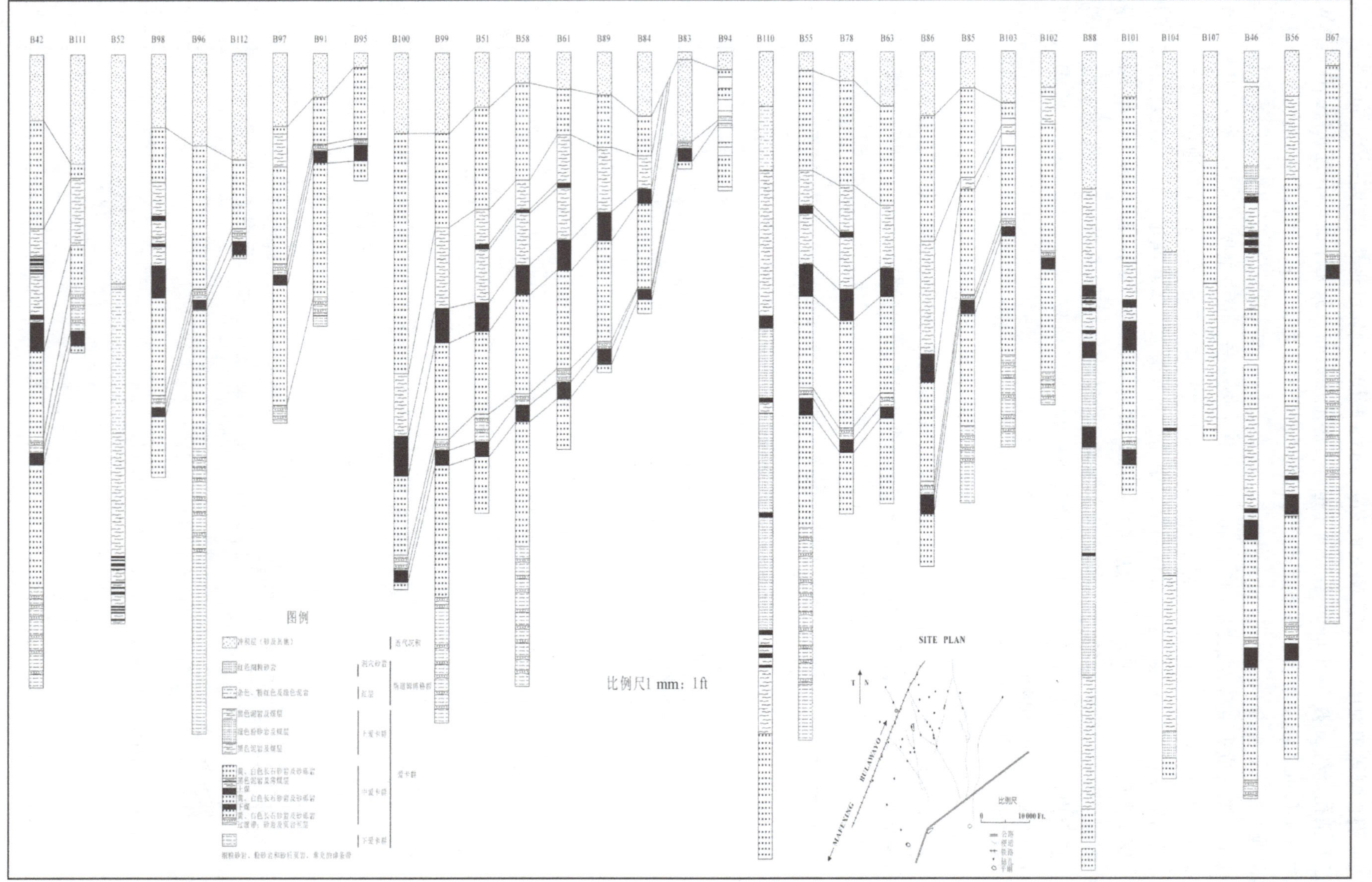

图 13-2-22 中块断勘探线剖面图

石细砂岩及薄层泥岩。中煤层位于姆马马布拉组底部，可与莫鲁普莱煤田的中煤层对比。中煤层分布面积32 km^2，平均厚约5.39 m。上煤层位于中煤层之上约10 m处，面积较小，约15 km^2，平均厚度2.07 m，如果露天开采，可能具有潜在的经济意义。下煤层局部夹有亮煤煤带及页岩层。中煤层相对于下煤层煤质较差，夹有大量的炭质页岩（局部厚达0.5 m）。上煤层在三层煤中煤质最差，但夹有亮煤层，在底部分布有炭质页岩层。姆马马布拉煤田中块断煤质特征见表13－2－9。

表13－2－9　姆马马布拉煤田中块断煤质特征

煤　　层	煤　　质	下煤层	中煤层	上煤层
平均厚度/m		2.83	5.39	2.07
平均比重		1.50	1.54	1.67
原味煤（*1000）		159251	212769	70923
原煤	灰分/%	19.5	20.8	34.2
	挥发分/%	25.1	25.0	24.1
	发热量/($MJ \cdot kg^{-1}$)	25.10	23.95	18.94
	硫分/%	2.08	1.68	2.19
洗煤		1.6	1.5	1.5
洗液比重1.5	回收率/%	80.0	46.0	30.0
	灰分/%	13.3	11.4	10.1
	挥发分/%	27.3	27.0	32.8
	发热量/($MJ \cdot kg^{-1}$)	27.35	27.76	28.24
	硫分/%	0.44	0.41	0.42

注：干燥基。

从SW到NE，中爱卡群的煤发育程度不断提高（Green，1960）。在Zoetfontein和马布阿内断裂交汇处，煤质与西南部相邻的较深部位的马布阿内断层下盘煤相比，显著变好。

爱卡群上段的煤不具工业意义，泥岩中的灰分高、发热量低，而迄今发现的粉砂岩中的煤不是较薄就是页岩与薄煤频繁互层。

下煤层局部夹有亮煤煤带及页岩层。中煤层相对于下煤质较差，夹有大量的炭质页岩（局部厚达0.5 m）。上煤层在三层煤中煤质最差，但夹有亮煤层，在底部分布有炭质页岩层。

壳牌博茨瓦纳煤炭公司通过研究中块断的岩芯发现，煤主要由惰性煤素质组成，具开孔结构，这使得煤在干燥基湿度不稳定时却有较高的保湿能力（湿度9%～10%）(Shell Coal Botswana，1982b)。

壳牌博茨瓦纳煤炭公司在中部区块估算资源为1443 Mt，根据钻孔密度、厚度变化等参数可将其当作储量。

2）南块断

南块断位于马布阿内断裂西南侧，含煤地层被断层断落，下煤层埋深80～100 m，大于中部区块。该块断贝专纳地质调查所已施9个钻孔（Green，1961），其中6个钻孔见到与中部区块相同的3层煤。钻孔资料表明，下煤层厚度较大，下煤层与中煤层合并。与中部区块相比，发热量低而灰分高。已计得钻孔控制范围内下煤和中煤资源量分别为145 Mt、345 Mt，而上煤未计资源量。南部区块其余地区下煤和中煤资源量分别为500 Mt、1400 Mt。

南块断再向南，具体勘探工作是由BP博茨瓦纳勘探公司（BP Coal Botswana，1983b）完成的。也发现3层煤，自上而下各层厚度分别为7.52 m、3.95 m、8.66 m。虽然这3层煤也产于爱卡群中，但具体与中部区块不能对比。下煤具有工业意义，BP博茨瓦纳勘探公司估得资源量为300 Mt，发热量为20.12 MJ/kg，可用于国内消费市场。

整个南部区块资源量总计达2790 Mt，其中储量约为1953 Mt。

3）东块断

东块断与南非瓦特贝格煤田毗连，以断裂为界。所含煤层与中部区块相当，西部煤层总厚9～10 m，东部总厚10～12 m。煤质略逊于中部区块，估得资源量1467 Mt（下煤层249 Mt，中煤层1218 Mt），其中储量约为1126 Mt。

整个姆马马布拉煤田资源量约5700 Mt，储量4522 Mt，为烟煤，以中高灰分、中等发热量为特征。在搞清煤结构及湿度的基础上，经选矿后估计可获得煤质较高的出口煤。

（三）奎嫩煤田

博茨瓦纳卡鲁超群分布及早期勘探井分布如图13－2－23所示，奎嫩区含煤层位略高，分莱特拉肯和杜特卢韦两个地区。

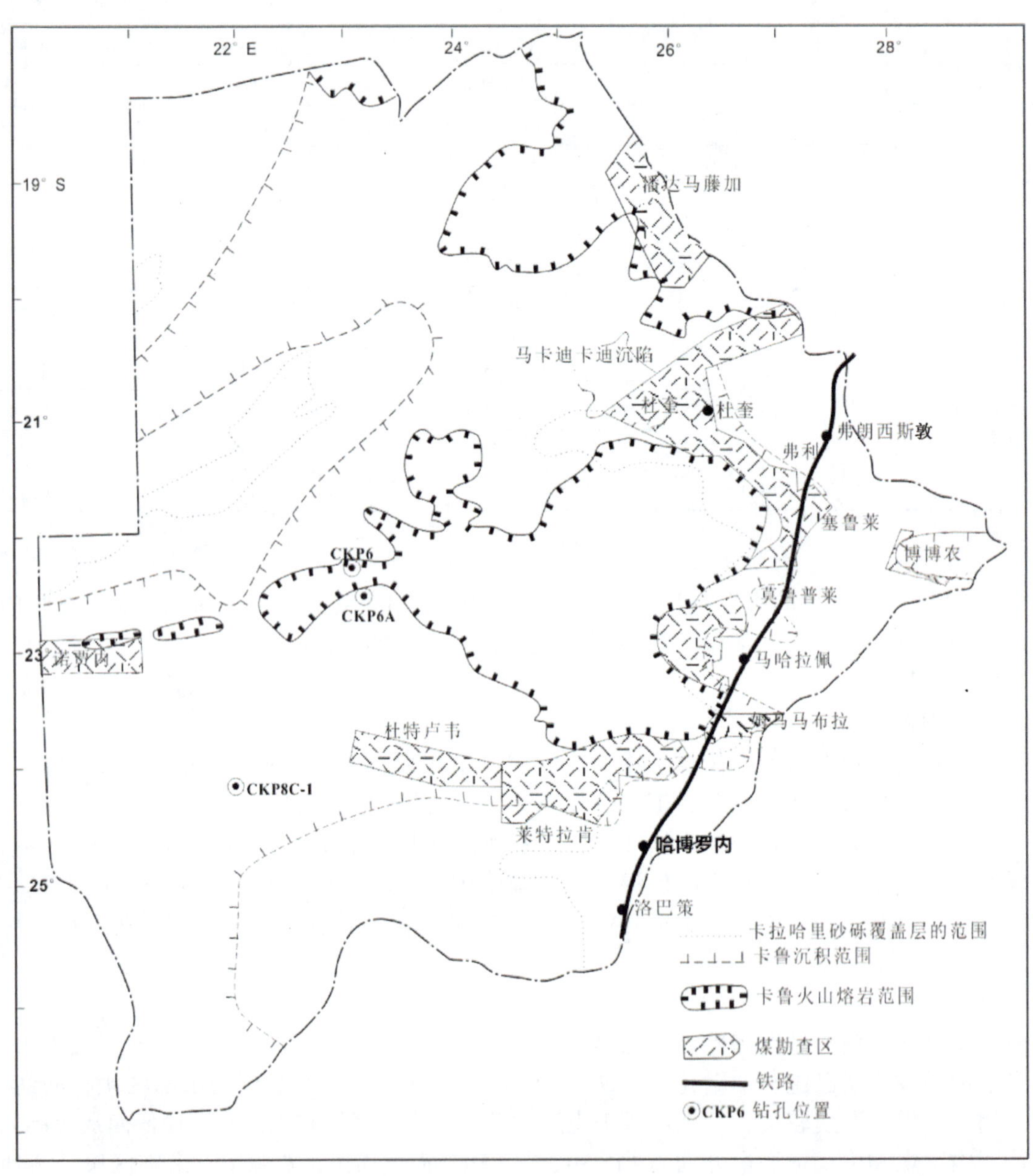

图13－2－23 博茨瓦纳卡鲁超群分布及早期勘探井分布（Clark et al，1986）

莱特拉肯位于奎嫩煤田东部，含煤地层由炭质页岩、煤和砂岩组成，厚约140 m，煤层一般厚约6.22 m，共有2层煤，下煤层（E2b）平均厚约1.71 m，上煤层（G1）平均厚约4.51 m，两层煤（粗煤）的品质各为灰分18.7%和23.3%、挥发分28.3% 和25.3%、发热量25.04 MJ/kg和22.83 MJ/kg以及硫分1.86%和1.41%（Clark et al，1986）。

杜特卢韦位于莱特拉肯煤田西侧，二者含煤层位相当，含煤地层也由炭质页岩、煤和砂岩组成，厚约百米，煤层一般厚 3.8 ~ 8.5 m，共见煤 7 层，有 2 层可采煤层，均为低阶高灰分中低硫烟煤（Clark et al，1986）。

1. 莱特拉肯地区

莱特拉肯（Letlhakeng）面积约 8000 km²，壳牌博茨瓦纳煤炭公司从 1974 年开始勘查，直到 1982 年实施钻孔 217 口，勘探线剖面间距为 1.2 ~ 10 km。莱特拉肯煤矿地质图如图 13 - 2 - 24 所示。

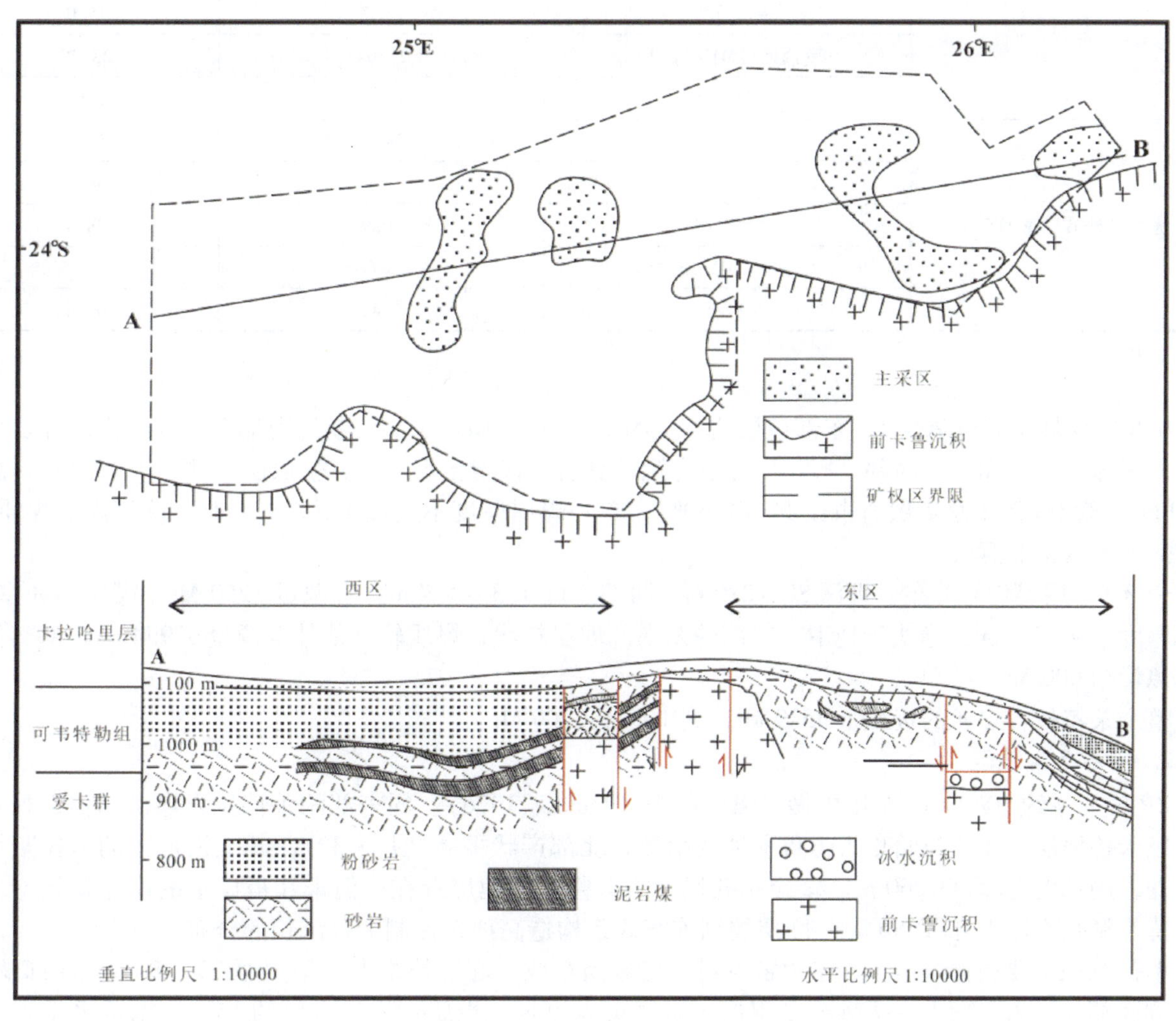

图 13 - 2 - 24　莱特拉肯煤矿地质图（Clark et al，1986）

前卡鲁地层出露于调查区的边部，其上被德维卡群冰碛岩层或爱卡群碎屑岩所覆。爱卡群底部见有约 60 m 厚的泥岩，泥岩之上为含煤层及砂岩，上部为炭质泥岩、煤层及砂岩，厚约 80 m，向东泥岩和煤层增加且常见河道砂岩夹层。爱卡群之上为奎特拉组，主要由块状粉砂岩组成，夹有少量的炭质泥岩及煤层，向西变薄，在姆马马布拉地区相变为孔鲁特勒组、特勒哈巴拉，本区大部分卡鲁岩石之上为松散的卡拉哈里层，在东北厚数米至 40 m。

根据航磁资料，该区的断裂特征与姆马马布拉地区相同，存在早、晚两期断裂（Reeeves，1978）。NW - SE 断裂将本区断开形成堑垒构造，断块内的地层基本水平，倾角一般不超过 3°。在北部，卡鲁沉积下部地层被断开而与 E - NE 向断裂北部的斯道姆博格群火山熔岩相接。E - NE 向断裂可能是 Zoetfontein 断层的西延部分。断层倾向朝北，断距达 500 m。该断裂又被晚期 NW - SE 向断裂切断。煤层主要分布于 4 个似地堑构造中，E2b 号煤赋存层位为莫松马内组，与河流相砂岩互层。东部煤层厚度 1.45 ~ 3.16 m，与西部相比比较稳定，发育较好，煤层中夹有暗煤及 1 号亮煤条带。莱特拉肯煤矿南块断东部煤质特征见表 13 - 2 - 10。

表 13-2-10 莱特拉肯煤矿南块断东部煤质特征

煤　　层	煤　　质	下煤层（E2b）	上煤层（G1）
平均厚度/m		1.71	5.39
平均比重		1.50	1.54
原味煤（*1000）		325809	212769
原煤	灰分/%	18.7	20.8
	挥发分/%	28.7	25.0
	发热量/(MJ·kg^{-1})	25.04	23.95
	硫分/%	1.86	1.68
洗煤（洗液比重1.5）	回收率/%	74.0	52.3
	灰分/%	9.3	9.5
	挥发分/%	30.9	28.4
	发热量/(MJ·kg^{-1})	28.66	28.25
	硫分/%	0.41	0.36

注：干燥基。

E2b层煤埋深60～200 m，东部该层估算资源量为1000 Mt。东部块断的南部煤质好，为高挥发分的烟煤，资源量326 Mt。在西部，E2b层之上为鲍日瑟组，该组含煤多层，主煤层较薄，夹有泥岩，总厚约20 m。该组煤系中总煤层所占比例小于50%，单一煤层厚度不超过1.5 m。因此，该组煤层煤质差，厚度薄，不具工业意义。

全区G1层煤均有分布，埋深80～220 m。西部厚度1.3～4.7 m，资源量1250 Mt，煤质不如东部。东部厚度2.9～7.4 m，隐伏于地下，东部的东南部埋层较浅，煤质较好估计资源量679 Mt，东部其他地区资源量约600 Mt。

整个莱特拉肯煤矿的资源量3529 Mt，其中储量2400 Mt。

2. 杜特卢韦地区

BP公司在约5000 km^{2}范围内做过煤田普查（James，1976）。同东部的莱特拉肯煤矿相似，杜特卢韦矿区卡鲁地层位于卡拉哈里大卡鲁盆地的南侧，北部产状平缓（1°～3°），其上被松散的卡拉哈里砂层覆盖，局部覆盖厚度达60 m。22个钻孔揭示了卡鲁沉积地层存在，但未获得详细的层序及构造方面的信息。钻孔密度1孔/225 km^2。断层控制前寒武系构造高地，控制卡鲁沉积的分布。

卡鲁沉积主要由德维卡群、卡鲁群及可韦特勒组组成。底部德维卡冰碛岩厚20～50 m，局部缺失。爱卡群底部为泥岩，向上变为砂岩及煤层、炭质页岩煤带。炭质页岩煤带厚约15 m。南部爱卡群与可韦特勒组之间可能为不整合。可韦特勒组主要为粉砂岩夹泥岩，底部见薄煤层，其上为淡灰色-白色砂岩。

煤层仅限于爱卡群中，具体层位相当于南非爱卡群中上部。根据为数不多的钻孔揭露情况，上部煤带无工业意义，下部发现6～7层煤，其中两层煤具工业意义。

有11个孔揭示这两层煤向东变厚，其中7个钻遇下部主煤层，下部主煤层厚1.5～4 m。6个钻孔钻遇上部的顶层煤，这层煤厚2.3～3.5 m。根据上述工作，取煤层厚1.25 m，在该区埋深300 m以内，350 km^{2}范围内计得煤资源量为2000 Mt，为低品级高灰分中高硫的烟煤，其中估得储量1400 Mt。

洗煤结果：主煤层煤在比重1.5浮选液条件下，洗后发热量达26.88 MJ/kg，灰分13.4%，硫分0.6%，洗出率50%（干燥基）。在比重1.7浮选液条件下洗出率增至80%，发热量减至24.89 MJ/kg，灰分增至19%。

顶部煤层在比重1.5浮选液条件下，洗后发热量、灰分与主煤层煤相似，但硫含量较高，为1.6%，洗出率仅44%。在比重1.7浮选液条件下洗出率增至68%，发热量减至24.25 MJ/kg，灰分增至22.1%。

主煤层之下还可见到第三层煤，煤质较好，在比重1.5浮选液条件下，洗后发热量、灰分与主煤层煤相似，但硫含量较高，为1.6%，洗出率仅44%。在比重1.7浮选液条件下，洗后灰分13.0%，发热量26.64 MJ/kg，洗出率71%。在比重1.7浮选液条件下洗出率大于95%，发热量减至25.74 MJ/kg，灰分增至16%。有限的资料表明该层煤有较大的资源潜力。

煤的空干基水分为6%~8%，因此，水分可能与其他地区类似。

该勘探区的其他地区工作程度较低，仅打了4个钻孔，表明该区其他地区有高灰分的劣质煤层存在，一般埋深80 m。

随着勘探工作的进行，在该区将会发现更多的中等煤质的煤炭，但该地区的基础设施落后，开发难度大。

（四）中部北带煤田

1977年，壳牌博茨瓦纳煤炭公司在中部北带煤田东南部的福利（Foley）地区进行勘探，实施钻孔20口，勘探面积为2560 km^2。大部分地区均有煤层分布，但煤质差，变化大，目前不具经济远景。随着勘查工作的深入，可能会找到低品级的动力煤。

前寒武纪变质基底在东南部出露地表，向西南隐伏于卡鲁沉积之下。卡鲁沉积一般由爱卡群湖相沉积组成，局部见冰碛岩。爱卡群下部主要由长石粗砂岩组成，加有少量粉砂岩及黏土岩。上部为爱卡群特拉帕纳组炭质沉积，有非炭质块状泥岩分布。这些岩石被勒邦群所覆。

特拉帕纳组底部的煤层断续分布，为典型的暗煤。煤层变化较大，孔间对比不易，未估算资源量。采样及分析结果如下：采样深度为186.7~188.7 m；煤层厚度2 m；原煤在无水情况下，最好的分析结果为挥发分25%、固定碳57.3%、灰分17.7%、发热量24.17 MJ/kg、硫分0.7%。洗煤后，灰分16%，发热量24.70 MJ/kg。

特拉帕纳组上部的煤层较薄，为亮煤，也有混合煤层。厚度一般小于1.5 m。原煤在无水情况下，最好的分析结果为灰分19.3%、固定碳57.3%、发热量24.18 MJ/kg、硫分1.8%。洗煤后，灰分16%，发热量24.37 MJ/kg。

（五）中部东南煤田

英美资源公司曾经对中部东南煤田东北部的赛鲁莱地区的焦煤资源进行过评估（Barnard and Whittaker，1975）。勘查面积2500 km^2，施工钻孔10口，控制了所有煤层。1982年安格鲁博茨瓦纳煤炭公司对赛鲁莱与莫鲁普莱之间的地区进行了勘查。

赛鲁莱区块位于卡拉哈里卡鲁盆地东部边缘。主要地层也为卡鲁超群的德维卡群、爱卡群及上覆特勒哈巴拉组。卡鲁超群下部直接不整合覆于前寒武纪变质地层之上。区块南部断层发育，地层侧向变化明显，很难与莫鲁普莱煤田对比，但煤主要产于爱卡群的上部，含煤层序大致与莫鲁普莱煤田类似，底部分布厚层煤，它是特勒哈巴拉组底部与爱卡群的分界。向上出现100 m左右的泥岩，含多层薄煤层，局部较厚、可采。

底部煤层属暗煤，厚约2.7~10.6 m，钻孔揭示埋深88~175 m。原煤灰分较高，为40%~50%，发热量较低，为17~19 MJ/kg，煤质逊于莫鲁普莱原煤。上覆特勒哈巴拉组的亮煤层厚度大于1.5 m。赛鲁莱区块煤质见表13-2-11。

表13-2-11 赛鲁莱区块煤质

煤层	深度/m	厚度/m	灰分/%	挥发分/%	发热量/($MJ \cdot kg^{-1}$)
上部煤层	49	1.7	29.2	30.4	21.69
下部煤层	92	2.7	34.2	20.2	20.39

洗煤实验结果：在浮选液比重1.6条件下，煤洗后灰分21.1%，发热量24.67 MJ/kg，洗出率51%。在相同条件下，上部煤洗后灰分为13.8%，发热量27.33 MJ/kg，洗出率64.7%。

英美资源公司的勘探项目主要针对烟煤，由于钻探工作量有限，目前还不能评价其资源远景，也没有找到像莫鲁普莱煤矿那样的煤层。

（六）东北煤田

该区与津巴布韦煤盆相连，是津巴布韦最大的万基焦煤矿西延部分。该地区发育较厚的盖层，曾有钻探到达卡拉哈里层和Drakensberg组火山岩，层厚均在200～300 m。

贝专纳地质调查所在1961—1963年对东北煤田东南部的杜奎地区进行过煤炭资源评价（Stansfield，1973），实施钻孔9口，后来英美资源公司对该区做了进一步焦煤评价工作（Barna rd and Whittaker，1975），施工钻孔12口，1984年BP公司继续在本区勘查。

该区勘查面积9000 km^2。卡鲁沉积被新近纪马卡迪卡迪沉积覆盖。该区东端施工条件差，很难进行钻探。钻孔中可见爱卡群及德维卡群被辉绿岩脉或岩墙穿插，煤层对比困难。主煤层见于特拉帕纳组炭质泥岩中。主煤层和大量的薄煤层（局部可采）总厚70 m。煤以高灰分、中挥发分为特点，无焦煤。主煤层深度119.1～121.2 m，厚2.1 m。原煤在干燥基状态下，最好的分析结果为灰分22.1%、挥发分25.4%、发热量24.91 MJ/kg、硫分1.8%。洗煤后，灰分16%、发热量24.37 MJ/kg。

贝专纳地质调查所在杜奎村南部开展过一个钻孔，在139 m处发现厚8.7 m的煤层，其边界品位为灰分22.1%，发热量23.6 MJ/kg。主煤层上覆还见有厚度分别为1.5 m和1.9 m的2层煤，煤质情况不详。勘探结果表明，该区的煤为高灰低级别烟煤。煤层有大量岩脉穿插。

1978年，壳牌公司在东北煤田东北侧的姆潘达马滕加地区开展钻探，目的是查明津巴布韦的万基煤田向西南延伸到博茨瓦纳的情况。韦克地区可采煤层厚达12 m，底部主煤层产优质焦煤。所施的两个孔深达400 m以上。所穿的卡拉哈里层及斯道姆博格火山熔岩厚度均达200～300 m，仅见到上部勒邦群。根据钻探结果及地球物理资料，推测此区煤层埋深在地表以下500～700 m，深度过大难以取得经济效益。

（七）西南煤田

壳牌公司曾在1979年在西南煤田的诺贾内（NcoJane）地区开展勘探，目的是了解西南部卡鲁沉积及煤层的分布情况。钻探进尺共计1500 m，均打到了卡鲁地层，但未打到基底，估计基底埋深在600 m左右。隐伏的卡鲁沉积厚度大于450 m。德维卡群和爱卡群之上为库莱组和勒邦群，共见两层薄煤层。这两个薄煤层均发育在两个进积型三角洲（包括奥特舍组）的顶部。上煤层由于构造隆升而出露地表，风化剥蚀现象严重，未风化的煤层灰分高、水分大、热量低，无进一步勘探意义。

六、图利盆地

图利盆地仅划分出一个煤田即图利煤田。安格鲁博茨瓦纳勘探公司对该区曾做过简单的调查（Barnard and Whittaker，1975），主要目的是寻找焦煤资源。在1000 km^{2}范围内仅打过两口井。结果表明该区爱卡群不发育，仅见少量泥岩，可能与塔拉哈巴拉组相当。在两个孔中，也发现了两层薄煤，深度为106～108 m。煤层最厚1.2 m，灰分37.8%，发热量18.9 MJ/kg，勘探意义不大。

七、小结

勘探结果表明，博茨瓦纳存在大量的高灰分、中等发热量的烟煤，估计在上述煤矿或勘探区之外，还有一定的资源量和储量。

目前，博茨瓦纳的煤炭消费量不足40万t，未来数年内也不会显著增加。因此，煤炭的勘探与开发工作是否能进一步进行取决于世界煤炭需求。博茨瓦纳的基础设施比较落后，水资源比较缺乏，这也制约了该国大规模煤炭的开采。

第四节 优质煤炭资源富集区

一、成煤条件与煤炭资源潜力

（一）成煤条件

研究表明，博茨瓦纳所在的非洲大陆在前寒武纪结束之前位于冈瓦纳陆块中部，随着冈瓦纳板块逐渐漂离南极，向中纬度地区进发，气温升高，冰雪消融，在晚石炭世开始形成大陆冰川沉积（德维卡群)，随着气候不断变为温湿，二叠纪在冈瓦纳板块南部地区，即现在非洲大陆南部、南极洲北部、澳洲东部以及南美洲东南部等地形成河流湖泊三角洲相含煤沉积建造，这是南半球最重要的成煤建造，在南非称之为卡鲁超群爱卡群含煤沉积。此时，冈瓦纳大陆南部开普陆缘（后形成开普褶皱带）南侧的古太平洋板块向冈瓦纳大陆俯冲，在非洲南部形成主卡鲁前陆盆地、大卡拉哈里卡鲁内陆凹陷盆地以及非洲东南部的裂陷盆地。它们为上述河流湖泊三角洲相爱卡群沉积提供了良好的堆积环境并发生聚集成煤作用，这是博茨瓦纳成煤作用发生的大地构造背景。

卡拉哈里卡鲁凹陷盆地是博茨瓦纳的主要含煤盆地。此类盆地往往具有先断后凹的发育特点，因此，早期发育的不同方向的张性断裂往往控制三角洲及沉积中心的分布，进而控制煤层的展布。盆地沉积发育受控于构造。因此，成煤作用往往沿一定方向及部位发生。这是成煤作用发生的具体构造要素。

博茨瓦纳卡鲁超群可划为5个岩石地层单元（群）：底部为冰川沉积物组成的德维卡群，主要岩性为冰碛岩、砂岩、粉砂岩，为冰期、冰期后古气候、冰河（湖）古环境；向上为爱卡群，主要岩性为泥岩夹砂岩，是主含煤层位，为冰期后逐渐变暖的古气候、河流三角洲、沼泽、湖泊及边缘海古环境；爱卡群之上为毕福特群，主要岩性为粉砂岩、泥岩及灰岩组合，气候向干热条件过渡，为湖相；毕福特群上部出现的沉积岩被归于勒邦群，与毕福特群为不整合接触，古气候转为干旱，出现红色泥岩层及砂砾岩层，为风成、河流、湖泊三角洲相；之上被巨厚的泛流玄武岩覆盖，这些玄武岩的喷发年龄为(180±2)Ma，为冈瓦纳裂解期产物。通过地质对比以及孢粉研究，认为德维卡群形成于晚石炭世－早二叠世，爱卡群形成于二叠纪，毕福特群形成于晚二叠世－早三叠世，而不整合面之上的勒邦群形成于三叠纪－早侏罗世。因此，博茨瓦纳的成煤时代与南非等地一样，主要为二叠纪，含煤层位为爱卡群。

（二）开发潜力

研究表明，除金刚石、天然碱和铜镍之外，博茨瓦纳拥有丰富的煤炭资源，煤探明储量约为20 Gt，其中具有开采经济价值的约为5 Gt，仅部分被开采，剩余储量较大。2012年之前，年产量约在90万t。煤种以动力煤为主。与南非相比，博茨瓦纳煤炭的勘探开发程度相对较低，与莫桑比克相比，因交通不便，导致开发工作滞后，因此，博茨瓦纳煤炭资源有着较大的开发潜力。2012年博茨瓦纳地质调查局数据显示，该国煤炭可开采储量约占南部非洲尚未开采储量的66%。南非虽然煤炭保有储量也约20 Gt，但开采难度大，莫桑比克现查明煤储量10 Gt，小于博茨瓦纳的探明储量，因此，博茨瓦纳有望成为南部非洲最大的煤炭生产国和出口国。可以预计，随着向西纳米比亚澳尔维斯港和向东莫桑比克马普拉港运煤通道的开通、国内外能源需求量的不断增加、煤炭开发利用技术的不断提高及多样化、国际奢侈品市场的萎缩以及工业利用铜镍总量的减少，该国的煤炭资源将会被大规模勘探、开发和利用。

虽然现有资料反映博茨瓦纳并不存在焦煤资源，但是博茨瓦纳仍有希望找到焦煤资源。由于现有资料比较陈旧，多为1980年前后的资料，因此，根据这些资料不能完全否定博茨瓦纳焦煤资源的存在，还应做进一步工作或进一步收集新的资料。博茨瓦纳东北煤田、潘达马滕加探区与津巴布韦煤盆相连，是津巴布韦万基煤矿的西延部分。万基是有名的焦煤煤矿，因此，潘达马滕加有可能存在焦煤资源。以往工作表明，该地区发育较厚的盖层，已有钻探表明卡拉哈里层和德拉肯斯堡组火山岩厚度均在200～300 m，含煤地层可能位于地下500～700 m深处。可通过研究盆地的基底构造，在隆起部位钻探，有望获得埋藏较浅的煤层，如在莫鲁普莱煤矿与莫加巴纳之间的隆起部位的煤层。东边的图利煤田，在南非的相应断陷盆地里发现了焦煤资源，因此，姆马马布拉等与之相近的煤田也可能存在焦煤资源。盆地中部发育巨厚的玄武岩盖层及辉绿岩岩脉，可为焦煤形成提供热能。

因此，建议继续加强博茨瓦纳焦煤资源的研究。

二、优质煤炭资源富集区

根据现存盆地沉积分布特征和构造特点，博茨瓦纳卡拉哈里卡鲁盆地可进一步细分为西北博茨瓦纳盆地区、东北博茨瓦纳盆地区、北带中卡拉哈里次盆、西南博茨瓦纳地区、西中卡拉哈里次盆、东南中部卡拉哈里次盆及南带中卡拉哈里次盆。南带中卡拉哈里次盆又可以细分为奎嫩区和姆马马布拉煤田。其中，北带中卡拉哈里次盆和南带中卡拉哈里次盆勘探程度较高，煤炭资源较为丰富，是开发研究的重点。

具体说来，东南中部卡拉哈里卡鲁次盆地内主要形成莫鲁普莱和莫加巴纳煤田，后者是前者的外围扩展区。莫鲁普莱煤田主要可采煤层有 3 层，分别为莫鲁普莱主煤层、鲁特撒内薄煤层及塞罗韦亮煤层，分别赋存在与爱卡群莫鲁普莱组和塞罗韦组中。莫鲁普莱主煤层分布范围广，较为连续，厚度为 6.5 ~9.5 m，具中灰分、高发热量、中硫特点。资源量约 7.3 Gt，储量约 4.4 Gt。该煤田部分开采，2012 年之前，年产量约 90 万 t，是博茨瓦纳的主力煤田。

南带中卡拉哈里卡鲁次盆主要包括姆马马布拉和奎嫩煤田（勘探区），主要含煤层位为卡鲁超群下部爱卡群，煤系地层最厚约 294 m。含煤层位与莫鲁普莱煤田的主煤层层位大体相当，也存在 3 层煤。

姆马马布拉煤田煤层一般厚约 10 m，下煤层平均厚约 2.83 m，中煤层平均厚约 5.39 m，而上煤厚约 2.07 m。中煤层最厚并且侧向分布最广泛，具中灰分、高发热量、中高硫特点。

奎嫩煤田（勘探区）含煤层位略高，分莱特拉肯和杜特卢韦两个次级煤田（勘探区）。莱特拉肯煤田位于姆马马布拉煤田西部，为其西延部分，二者含煤层位相当，含煤地层由炭质页岩、煤和砂岩组成，厚约 140 m，煤层一般厚约 6.22 m，共有 2 层煤，下煤层（E2b）平均厚约 1.71 m，上煤层（G1）平均厚约 4.51 m，E2b 具中灰分、高发热量、中高硫特点，G1 具中灰分、高发热量、中硫特点。杜特卢韦煤探区位于莱特拉肯煤田西侧，二者含煤层位相当，含煤地层也由炭质页岩、煤和砂岩组成，厚约百米，煤层一般厚约 3.8 ~8.5 m，共见煤 7 层，有 2 层可采煤层，均为低阶高灰分、中低硫烟煤。姆马马布拉和奎嫩煤的资源量分别为 5.7 Gt、5.5 Gt，储量分别为 4.5 Gt、3.8 Gt。

上述 3 个煤田的煤炭总储量为 12.7 Gt，占博茨瓦纳全国煤储量的 60% 以上。

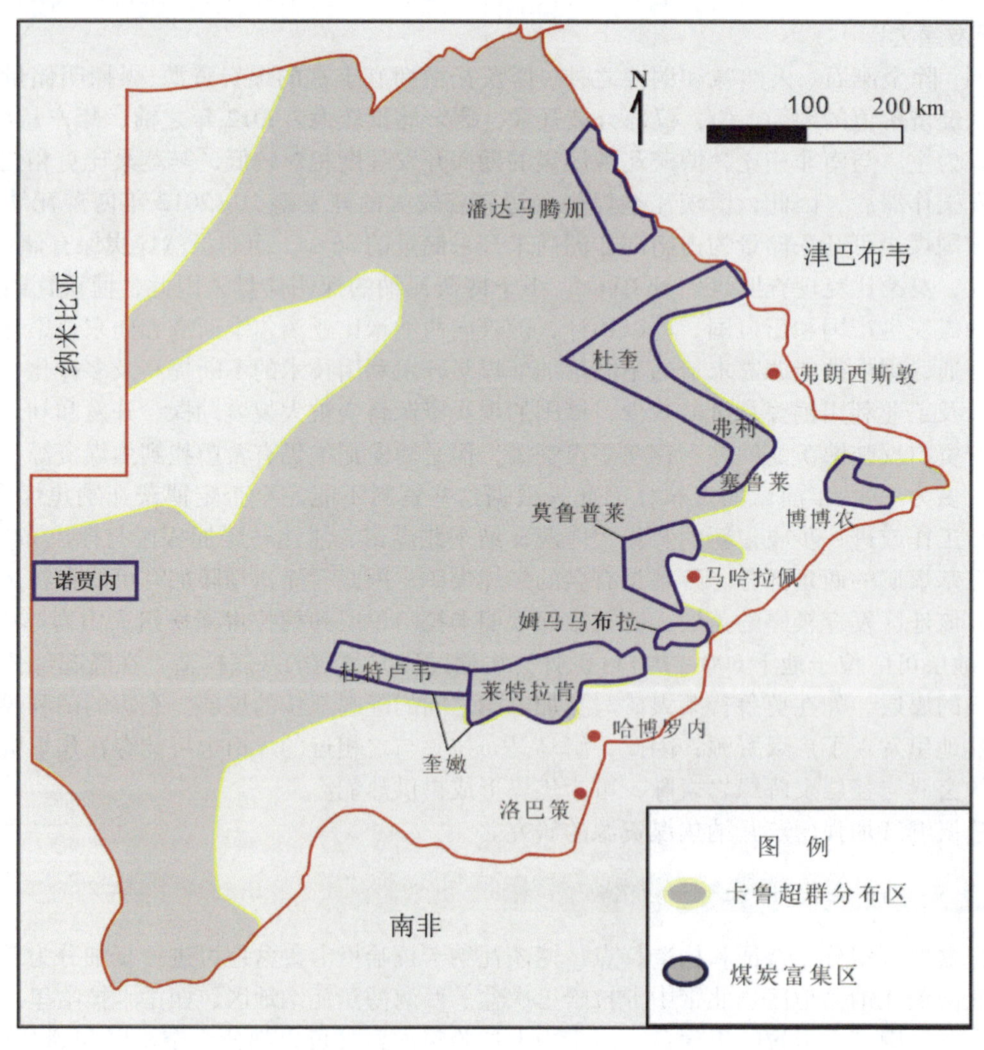

图 13 -2 -25　博茨瓦纳煤炭资源富集区划分

另外，在博茨瓦纳东北部杜奎地区也有 2 Gt 的动力煤储量。其他地区工作程度低，基本未求储量。

综上所述，博茨瓦纳煤的富集区是东南部莫鲁普莱地区、姆马马布拉地区及奎嫩地区。根据目前的研究程度，其他地区如姆潘达马腾加勘探区、杜奎煤探区、福利煤探区、塞鲁莱勘探区、博博农煤探区、诺加内勘探区，现暂定为煤次富集区，这也是勘探的远景地区。博茨瓦纳煤炭资源富集区划分如图 13－2－25 所示。

本章参考文献

[1] 爱森哲．神华国际化研究项目汇报摘要［R］．2011.

[2] 邓晋福，莫宣学．中国东部燕山期岩石圈－软流圈系统大灾变与成矿环境［J］．矿床地质，18（4）：301－315.

[3] 李思田．论沉积盆地分析系统［C］.//赵鹏大，王亨君．地质科学思维．北京：地震出版社，［S. l.］．56－77.

[4] 中国地质调查局发展研究中心境外矿产资源研究室．应对全球化：全球矿产资源信息系统数据库建设（二十七）非洲：博茨瓦纳［R］．2011.

[5] 中华人民共和国商务部贸易经济合作研究院，投资促进事务局，中国驻纳米比亚大使馆经济商务参赞处．对外投资合作国别（地区）指南－博茨瓦纳［R/OL］．http：//baike. baidu. com/view/2432. htm.

[6] Advanced Resources International Inc. Results of the Central Kalahari Karoo Basin Coalbed Methane Feasibility Study［R］. Technical Report Geological Survey Botswana，GC 54.

[7] AICD. Africa infrastructure country diagnostic，Botswana Interactive Infrastructure Atlas［DB/OL］. 2013. http：//www. botswanatourism. us/experience_botswana/nxai_map. html.

[8] Aldiss，D T. The geology of the Tsetsebjwe area. Bulletin Geological Survey Botswana［J］.［S. l］，1983a：24，86.

[9] Aldiss，D T. The geology of the Semolale area. Bulletin Geological Survey Botswana［J］.［S. l］，1983b：25，64.

[10] Aldiss，DT. Benson，et al. Early Jurassic pillow lavas and palynomorphs in the Karoo of eastern Botswana［J］. Nature，［S. l. ］：310，302－304.

[11] Barnard，RS，Whittaker，et al. State grant of a special Prospecting Li cence for coking coal. No. 5174. Anglo Botswana Coal Prospecting（Pty）Lt d. Unpubl. Rep.［R］.

[12] Baldock，JW，Hepworth，et al. Gold，Base metals and diamonds in Botswana［J］. Econ Geol 71（I）：139－156.

[13] Benson NM. The Palaeozoic Palynostratigraphy of the Karoo Supergroup and Palynofacies Insight into Palaeoenvironmental-Interpretations，Kalhari Karoo Basin，Botswana［D］. University de Bretagne Occidentale，2008.

[14] Benson NM，Alain le H. Late Palaeozoic palynomorph assemblages from the Karoo Supergroup and their potential for biostratigraphic correlation，Kalahari Karoo basin，Botswana［J］. Bulletin of Geosciences，2009：84（2）：337－358.

[15] BP Coal Ltd. Prospecting Licence No. 5/82. Mmamantswe［R］. Relinquishment report Unpubl Rep. 1983b.

[16] Cairncross，B. Permian coal deposits of Southern Africa（Incorporating Botswana，Malawi，Mozmbique，Namibia，Republic of South Africa，Swaziland，Tanzania，Zambia and Zimbabwe）［R］. 1987.

[17] Cairncross，B. An overview of the Permian（Karoo）coal deposits of southern Africa［J］. African Earth Sciences 33（2001）：529－562.

[18] Clark，GC，Lock，et al. Coal Resources of Botswana［M］.//Anhaeusser CR，and Maske S（Eds.）. Mineral Deposits of Southern Africa. Vols I& II Geol Soc S Afr：Johannesburg. 2071－2085.

[19] Clifford，AC. African oil－past，present and future. In：Future petroleum of the world［J］. AAPC Mem：40，339－373.

[20] De Wit，M，Jeffery，et al. Geological Map of sectors of Gondwana. American Association of Petroleum Geologists and University of the Witwatersrand，scale a）1：10000000.

[21] Ellis，CJR. Report on the exploration of Block "W" Botswana. Shell Coal Botswana（Pty）Ltd. Geological Survey Botswana.

[22] Exploration Consultants Ltd. PanAfricanBasin Study［R］. Geological Survey Botswana. 1990.

[23] Exploration Consultants Ltd. Petroleum Potential of the Karoo of Botswana［R］. Volume 1 – Report GC 122/2/2/1a. Geological Survey Botswana. 1998.

[24] Farr，JL. Distribution of the Karoo in Botswana［R］. 1：2000000map. Geological Survey Botswan. 1981.

[25] Green，D. "Potential Coal Areas"［R］. Ann Rept Geol Surv Bech Prot（1955），15－22.

[26] Green，D. Coal exploration：records of boreholes［R］. Volume I Ceol Surv. Botswana，1957，260.

[27] Green，D. The Mmamabula coal area［R］. Mineral Res Rep geol Surv Botswana，1961，265.

[28] Green，D. The Karoo System of Bechuanaland［J］. Bulletin Geological Survey Bechuanaland. Protectorate 2，1966：74.

[29] Gwosdz, W, Sekwale, et al. Brick - Earth and Clay resources of eastern Botswana [R]. Mineral Resources Report Geological Botswana. 1982.

[30] James, AV. Completion report for the coal invstigatlon of the Kweneng Licence Block [R]. Botswana BP Botswana Exploration Company (Pty) Ltd, Unpubl Rep. 1976.

[31] James CH, Nicola JW, Stucker, et al. Maceral types in some Permian southern African coals [J]. International Journal of Coal Geology 100, 2012 (100): 93 - 107.

[32] Jourdan, F, Féraud, et al. The Karoo Large Igneous Province: brevity, origin and relation with mass extinction in question from new 40Ar/39Ar age data [J]. Geology 33: 745 - 748.

[33] Johnson, MR. Stratigraphy and Sedimentology of the Cape and Karoo sequences in Eastern Cape Province [D]. Unpublished Ph D thesis, Rhodes University, Grahamstowm, 1976.

[34] Johnson, MR. Sandstone petrography, provenance and plate tectonic setting in Gondwana context of the south - eastern Cape Karoo Basin S Afr [J]. J Geol 94 (2/3): 137 - 154.

[35] Johnson, MR, Van Vuuren, et al. Stratigraphy of the Karoo Supergroup in southern Africa: an overview [J]. Journal of African Earth Science, 23: 3 - 15.

[36] Johnson, MR, Roberts, et al. The foreland Karoo Basin, South Africa. In: Selley, RC (Ed), African Basins—Sedimentary Basins of the World [R]. 1997, 269 - 317.

[37] Key, RM. An introduction to the crystalline basement of Africa. In: Hydrogeology of crystalline basement aquifers in Africa [J]. Geol Soc Spec Publ, 1992, 66: 29 - 57.

[38] Key, RM, Ayres, et al. The 1998 edition of the National Geological Map of Botswana [J]. Journal African Earth Siences, [S. l], 30 (3): 427 - 452.

[39] Langford, RP. Permian coal and palaeogeography of Gondwana (with contributions by B Cairncross, M Friedrich, JM Totterdell and G Liu) [R]. Bureau of Mineral Resources/Australian.

[40] Marshall, JEA. The Falkland Islands: A key element in Gondwana paleogeography [J]. Tectonics, 1994, 13: 499 - 514.

[41] Modie, BN. The geology of the area around Mochudi [J]. Bulletin Geological Survey Botswana, 1999, 48: 122.

[42] Modie, BN. 2000. The Karoo Supergroup of the KalahariBasin: report on field visit to exposures in the Kalahari Karoo basin of Botswana [R]. Internal Report Geological Survey Botswana BNM/5/2000, 57.

[43] SADC. SADC Trade, Industry and Investment Review 2001, 5th Anniversary Edition [C]. South African Marketing Co, 8.

[44] Schlüter, Picho - Olarker, G & Kreuser T. A review of some neglected Karoo grabens of Uganda [J]. Journal of African Earth Sciences, 1993, 17: 415 - 428; Oxford.

[45] Shell Coal Botswana (Pty) Lt d. Block "C" Third Relinquishment report [R]. Unpubl Rep, 1982a.

[46] Shell Coal Botswana (Pty) Lt d. An assessment of the geology and coal reserves of The Central Mmamabula Deposit. Botswana Unpubl Rep, 1982b.

[47] Shell Coal Botswana (Pty) Ltd. An assessment of the geology and coal reserves of Block S - West. Botswana Unpubl Rep, 1982c.

[48] Shell Coal Botswana (Pty) Ltd. An assessment of the geology and coal reserves of BlockS - East [R]. Botswana Unpubl Rep, 1982d.

[49] Shell Coal Botswana (Pty) Ltd. An assessment of the geology and coal reserves of Prospecting Licences 11182 and 12/82a Botswana Unpubl Rep [R]. 1983.

[50] Smith, RA. The Karoo Supergroup in Botswana: The main divisions reviewed and defined [R]. Geological Survey, Botswana, 1982, RAS/1/82. 21.

[51] Smith, RA. The lithostratigraphy of the Karoo supergroup in Botswana [J]. Bulletin of the Geolgical Survey, 1984, 26: 239.

[52] Smith, RMH. Eriksson, et al. A review of the stratigraphy and sedimentary environments of the Karoo - aged basins of southern Africa [J]. South African Journal of Geology, 1993: 97, 107 - 169.

[53] Stephenson, MH, McLean D. International correlation of Early Permian palynofloras from the Karoo sediments of Morupule, Botswana [J]. South African Journal Geology, 1999: 102.

[54] Turner, BR. Tectonic stratigraphical development of the Upper Karoo foreland basin: orogenic unloading versus thermally - induced Gondwana rifting [J]. Journal African Earth Sciences 1999, 28: 215 - 238.

[55] Visser, JNJ. Post - glacial Permian stratigraphy and geography of southern and central Africa: boundary conditions for climat-

ic modeling [J]. Palaeogeography, Palaeoclimatology, Palaeoecology, 1995, 118: 213 - 243.

[56] US Chamber of Commerce 2012. Investment Climate Update: Botswana [J]. Africa Business Initiative, 2012, 4: 1.

[57] US Department of the Interior and US Geological Survey. Mineral Commodity Summaries [R/OL]. 2012. http: //minerals. usgs. gov/minerals/pubs/country/africa. html#mz.

[58] US Department of the Interior and US Geological Survey. 2011 Minerals Yearbook Botswana [Advance Release][R/OL]. 2013. http: //minerals. usgs. gov/minerals/pubs/country/africa. html#mz.

[59] Van Straten, OJ. Geological survey department Mineral resources report No. 1. The Morapule coalfield, Palapye area [R]. 1959. Bechuanaland Protectorate Reprinted by The Botswana Governmext Prikter, 1975.

[60] Williamson, IT. The geology of the area around Mmamabula and Dibete: including an account of the Greater Mmamabula Coalfield [C]. District Memoir Geological Survey Botswana 6, 1996: 239.

第三章　煤炭资源开发投资建议

第一节　国别投资建议

一、对外资的吸引力

博茨瓦纳由独立时的世界上最不发达的国家发展成为中等收入水平国家，成为非洲地区经济发展的典范。从投资环境吸引力角度看，博茨瓦纳的竞争优势表现在以下几方面：政治稳定、经济平稳持续发展、矿产资源丰富、地理位置独特、法制程度高。世界经济论坛《2016—2017 年全球竞争力报告》显示，博茨瓦纳在全球 138 个国家中排名第 64 位，较上年度上升 7 个位次。

博茨瓦纳政府积极吸引外资，目前矿业、银行、电信等主要以外资公司为主。外资主要来自英联邦国家。美国、俄罗斯等国也加大了对博茨瓦纳的投资力度。目前，在博茨瓦纳投资的世界著名跨国公司有戴比尔斯、Orange、渣打银行、巴克莱银行等。据世界银行数据显示，2015 年，博茨瓦纳吸引外资流量为 3.94 亿美元。

中博贸易始于 1982 年，据中国商务部统计，2014 年中国对博茨瓦纳直接投资流量 5295 万美元。截至 2014 年底，中国对博茨瓦纳直接投资存量 2.62 亿美元。中国和博茨瓦纳的合作主要在煤炭业、纺织业、电信业、计算机与电子产品及设备等领域展开。影响力较大的投资项目包括中国—博茨瓦纳经济贸易合作区和莫鲁卜勒发电站 EPC，此外还有浙江达亨公司投资 5000 万美元开发的博茨瓦纳纺织工业园等。

二、投资环境排名

从宏观角度分析，评价一国投资环境，首先需要关注的是该国的整体竞争力水平，由于矿业投资的金额大、周期长、需考虑的相关因素多，所以国家的基本制度、基础设施条件、宏观经济状况、市场效率以及商业成熟度都是应该关注的问题。博茨瓦纳全球竞争力在 148 个国家和地区的排名见表 13 - 3 - 1，通过对报告各指标的分析，作者认为该国制度规范、金融市场发展较好、宏观经济环境尚佳，但健康与初等教育、技术装备、市场规模、商业成熟度与创新方面存在问题。

表 13 - 3 - 1　博茨瓦纳全球竞争力在 148 个国家和地区中的排名

	2015—2016 年排名	2016—2017 年排名		2015—2016 年排名	2016—2017 年排名
基本条件（47.9%）	61	55	劳动力市场效率	39	36
制度	37	37	金融市场发展	63	66
基础设施	96	90	技术装备	91	86
宏观经济环境	9	10	市场规模	105	105
健康与初等教育	119	113	政府促进创新（8%）	111	90
市场效率（44.1%）	91	84	商业成熟度	111	100
高等教育和培训	100	88	创新	102	84
商品市场效率	95	73			

数据来源：The Global Competitiveness Report 2016—2017，2015—2016

从微观角度分析，本报告更关注企业在具体商业经营活动中所遇到的困难与阻碍，并依此来评估该国微观商业经营环境。参考世界银行发布的国家和地区营商环境报告（表13－3－2），世界银行《2016全球营商环境报告》显示，该国在189个国家中排名第72位，比上年度上升了2位。但在获得电力、跨境贸易等指标上的世界排名在100名之后，在创建公司、合同执行与融资上的世界排名也在70名以后。综合表明博茨瓦纳作为发展中国家，在营商环境方面还有待进一步提高。

表13－3－2　博茨瓦纳营商环境在189个国家和地区中的排名

	2014年	2015年		2014年	2015年
总体营商环境	56	74	投资保护	52	106
创办公司	96	149	纳税	47	67
获得建筑许可	69	93	跨境贸易	145	157
获得电力	107	103	合同执行	86	61
资产注册	41	51	解决无偿付能力	34	49
获得融资	73	61			

数据来源：世界银行营商环境报告2014、2015

从产业发展角度来看，一个国家矿业投资环境的好坏与该国的政治经济状况有着很强的正相关性。在多贝尔的评价体系中，博茨瓦纳在本次研究的13个富煤国家中排名第5，各项指标的评分较为均衡，没有明显的投资环境短板。在此次研究的4个非洲国家中排名最高，与南非相比，博茨瓦纳最大的优势在于没有尖锐的政治腐败与社会问题；与纳米比亚和莫桑比克相比，博茨瓦纳最大的优势在于政府透明度高、经济发展状况良好。

三、投资环境的冷热分析

国别冷热比较法由美国经济学家伊西阿·利特法克和彼得·班廷在20世纪60年代后半期提出，该分析法是通过对各国投资环境中的8种因素进行综合和统一尺度的比较分析，是投资环境定性分析的代表性方法之一。

对投资环境的研究而言，除了应在政治、经济和法律等方面对其进行分析外，通过对近年来中国企业海外矿业投资的成功经验与失败教训的归纳和总结，作者发现在实际投资中能否克服基础设施的瓶颈以及按时获得环境审批往往直接决定着项目的成败，而东道国的税收环境和汇率变动也会对投资收益产生重大影响。基于上述原因，本书将汇率、税收、环境要求和基础设施条件一并纳入冷热分析中，给出了针对矿业投资特点与需求的9方面评价因素，依次是政治稳定性、市场、经济增长与发展、汇率稳定性、法令障碍、税务环境、环境保护成本、基础设施条件、地理及文化。

判断结果以该因素是否有利于在东道国进行矿业投资为标准，给出了“热”“中”“冷”3种评估结论，东道国的投资环境因素越“热”（即越好）外国投资者在该国投资就越有利。以政治稳定性为例，“热”表示该国有一个由社会各阶层代表所组成的、被群众拥护的政府，基本没有民族和地区矛盾，社会稳定，政府鼓励和促进企业发展，可创造出良好的、适宜企业长期经营的环境。反之为“冷”因素，当东道国政治稳定性介于“热”和“冷”之间时，情况比较复杂或偏中性，无法给出单方面的结论时，评估结果为“中”。

1. 政治稳定性

博茨瓦纳独立以来，国内政局长期稳定，国内没有较有力量的在野政党及其他反对力量，政府执政基础较为良好。博茨瓦纳继承了英国的政治体制，执政党能力强、政绩好，廉洁政府的建立为其执政打下了良好基础。在对外关系上，博茨瓦纳积极参与南部非洲建设和非洲一体化进程，在化解南部非洲国家政治危机、解决地区冲突方面取得较大成绩，赢得了良好的国际声誉。构筑稳定积极的周边环境为博茨瓦纳的发展提供了较多的机遇。

博茨瓦纳政府由议会选举产生，多年来执政党良好的执政效果为其赢得了广泛支持。执政党在议会中的席位常年保持绝对优势，有利于政府在议会推动相关法案政策，削弱了其他因素的影响，强化了执政能力。

综合多方因素考虑，本书对博茨瓦纳的政治稳定性评定为“热”。

2. 市场

博茨瓦纳人口较少，消费能力不足，但该国与莱索托、斯威士兰、纳米比亚和南非都是南部非洲关税同盟的成员，博茨瓦纳的产品可免税、免受任何限制地进入这四国。同时，博茨瓦纳的产品可自由进入欧盟市场，不受关税和配额限制，纺织品出口美国享受《非洲增长与机会法案》的优惠。

博茨瓦纳国内经济正在由过去单纯地依靠钻石业向多元化发展方向转型，对外资的进入持欢迎态度，其国内电力严重短缺，在相关的资源开发和基础设施建设上存在较多的投资机会。

因此，我们对博茨瓦纳的市场机会评定为“热”。

3. 经济增长与发展

博茨瓦纳独立以来经济取得良好发展，是南部非洲经济状况较好的国家之一，外债处于可控状态，经济政策稳定且高效。经济的快速发展也引起了国际投资者的注意，主要的钻石生产商以及相关行业的投资者纷纷前往博茨瓦纳进行投资。

博茨瓦纳工业发展起步较晚，尚处于起步阶段，工业基础较为薄弱，制造业增速缓慢，过于依赖钻石业使该国经济非常容易受到外部因素影响。同时，紧邻南非这个非洲制造业大国，抑制了其制造业的发展，而制造业发展的滞后又使得国内相关的能源和电力产业处于初始阶段。

综合考虑，本书对博茨瓦纳经济增长与发展评定为“中”。

4. 汇率稳定性

博茨瓦纳普拉采用爬行钉住汇率制与一揽子货币挂钩。由于该国经济过于依赖钻石业，国际收支持续逆差，货币持续贬值且波动性较大。

综合考虑，本书对博茨瓦纳汇率稳定性评定为“冷”。

5. 法令阻碍

博茨瓦纳独立后继承了英国的法律体系，建立了完善的司法制度，司法独立指数排名世界前列，是南部非洲地区法制状况较好的国家之一。

博茨瓦纳执政党政绩良好，领导人行政能力得到民众普遍认可，这都使得政府的法令得以顺利贯彻执行。同时，较为稳定的三权分立体系使司法机构受到行政系统干预的程度较低，法律对外资的保护得到广泛认可。

综合分析，本书对博茨瓦纳法令阻碍评定为“热”。

6. 税务环境

博茨瓦纳是一个法制比较健全和规范的国家，为吸引投资，博茨瓦纳政府采取宽松的税收政策，是税赋较轻的发展中国家。博茨瓦纳基本为单一税制，有所得税和增值税两类主要税种。博茨瓦纳的企业所得税税率下降明显，从1995年之前的35%降到目前的22%，此外，经批准的制造企业还可享受15%的低税率。据普华永道发布的2016年全球189个主要经济体总体税赋情况排名，博茨瓦纳税收负担排名第71位，整体税赋为25.1%。

博茨瓦纳当前的综合税赋较低，但税收环境尚未稳定、成熟。因此，本书对该国的税务环境评定为“中”。

7. 环境保护成本

博茨瓦纳的国家环境法律体系尚不完善；环境许可证审批程序不复杂；环境许可证审批办理时限较短，但存在审批时限延期的可能性；公众参与程度及环境保护敏感度较低；矿区复垦及环境保护保证金收取要求评定在法律中未作明确规定。

因此，本书对博茨瓦纳的环境保护成本评定为“热”。

8. 基础设施条件

博茨瓦纳煤炭资源储量丰富，分布地区有利于大规模开发。然而该国深处内陆，交通线稀疏且运力有限，煤炭开发需大量投资交通设施。其次，博茨瓦纳是个电力供应短缺的国家，电力主要依靠进口。这些因素都限制了其煤炭资源的开发及销售。

综合考虑，本书对博茨瓦纳的基础设施条件评定为“冷”。

9. 地理及文化

博茨瓦纳在地理位置上同中国距离较远，交通不便，语言文化差异也较大。一直以来，中国与博茨瓦纳政府保持了较为良好的关系，但目前中国在该国投资不多，以援助项目为主，大型项目也较少。

综合分析，本书对博茨瓦纳地理及文化差异评定为“中”。

通过以上9个因素对博茨瓦纳的投资环境进行“冷”“热”评估分析，得出该国在政治稳定性、市场、法令阻碍和环境保护成本上均得到了“热”评价，在经济增长与发展、税务环境和地理及文化差异上的评价为“中”，在汇率稳定性和基础设施（资源条件）上的评定为“冷”。

第二节　国别煤炭资源开发投资建议

一、投资环境展望

中国与博茨瓦纳于1975年建交，建交以来两国关系稳步发展，经贸合作发展顺利，两国贸易增长迅速，对博投资逐年增加，工程承包市场份额逐步扩大，同时，对博的经济援助和合作也逐步开展，两国关系发展良好。中国公司于1988年起陆续进入博工程承包市场，初期在博投资有限，近年来增长较快。目前，经商务部核准或备案的在博中资企业有20家，涉及建筑、通信、电力、水利、交通、贸易等多个领域。在中非合作论坛的框架下，为落实北京峰会八项举措，我国为博援建了2所农村学校，派遣高级农业技术专家和青年志愿者等项目也取得了积极进展；提供无息贷款建设的哈博罗内多功能青年活动中心仍在进行中；提供的优惠贷款对博铁路、公路、住房建设项目起到了重要作用。中国在博茨瓦纳投资额逐年增加，两国在2000年6月签订了投资保护协定。据中国商务部统计，2008年末，中国企业在博茨瓦纳的直接投资额为4689万美元。2009年上半年中国企业在博的投资额为1560万美元。随着经济合作的进一步深化，中国企业在博茨瓦纳的投资将逐年增长，规模将进一步扩大。

博茨瓦纳是一个矿产资源比较丰富的国家，是非洲第二大矿产品生产国，世界上主要毛坯钻生产国之一，钻石业是其经济支柱。主要矿藏有钻石、铜镍、煤、苏打灰、铂、金、锰和天然气等。已探明钻石储量7亿~9亿克拉，铜镍蕴藏量4600万t，煤理论蕴藏量212 Gt。多个国际研究机构都将博采矿业的发展潜力排名在非洲第一位。博茨瓦纳被联合国贸易与发展委员会列为采矿业推动经济发展的经典范例，采矿业对经济发展起到了至关重要的作用，是其支柱产业，占GDP总值的39%。

在博投资矿业，首先应该了解博与矿业有关的法律法规，博目前有关法律主要包括《矿和矿物法》《开采法》《钻石进出口条例》等。这些法律对投资者的权利和义务进行了详细的规定。其次，要了解博矿业结构情况和产量情况。博矿业主要是钻石、铜镍、煤、苏打灰和盐，其中钻石是最主要的矿产资源，大部分国外企业投资于钻石业，其次是铜镍。政府希望企业能在现有资源基础上积极开采新的矿产资源。再次，在博投资矿业需向政府申请矿业许可证书，企业应对许可证颁发程序和条件有所了解。博主管矿业的部门是矿产、水和能源部，企业如想投资博矿业，应首先和这些部门有关人员取得联系，具体了解有关信息。最后，企业还要对博在矿业劳工方面、环境保护方面的具体要求有所了解。目前，已有数家中资企业进入博茨瓦纳矿业领域，但仍处于初级阶段。因此，中国企业在博茨瓦纳投资矿业的潜力较大。

2010年，习近平主席访问博茨瓦纳，与博茨瓦纳总统伊恩·卡马和副总统蒙帕蒂·梅拉费举行会谈，就推进两国重点领域合作以及共同关心的国际和地区问题交换意见，并共同出席一系列双边协定的签字仪式。包括含有向博提供4000万元人民币无偿援助内容的中博《经济技术合作协定》《博茨瓦纳电力公司、中国国家开发银行、香港协鑫集团关于基础设施和能源开发领域合作谅解备忘录》及《中国进出口银行和博茨瓦纳财政和发展计划部合作及项目融资谅解备忘录》。习近平的此次访问，充分体现了两国领导人对发展双边关系的重视，两国长期以来的互信互利友好合作关系将迈上一个新台阶。

二、煤炭资源开发潜力

（一）煤炭资源开发的有利条件

博茨瓦纳目前煤炭控制资源量约为 32.543 Gt，由于勘探程度低，博茨瓦纳境内还有大量地区未开发，煤炭资源量潜力较大。

博茨瓦纳是个电力供应短缺的国家，目前只有 54% 的家庭通电。据博茨瓦纳统计署数据，2013 年博茨瓦纳发电量为 16.81 亿千瓦·时，消费量是 35.02 亿千瓦·时，进口电力 18.21 亿千瓦·时，电力对外依存度为 52%。因此，博茨瓦纳政府在大力发展本国电力工业，加之博茨瓦纳煤炭资源充足，煤电联营的前景较好。

（二）煤炭资源开发存在的不利条件

博茨瓦纳煤炭资源开发存在的不利条件有：

（1）博茨瓦纳煤炭工业基础薄弱，人力资源、法律环境等非常落后。

（2）博茨瓦纳基础设施较差、交通设施落后、电力匮乏，均成为煤炭工业发展的瓶颈。

（3）博茨瓦纳水资源缺乏，制约了未来煤炭的开发洗选。

（4）博茨瓦纳人口稀少，煤炭资源需求量很小，国内煤炭市场前景较小。

（三）总结

博茨瓦纳是内陆国家，煤炭出口不易且国内市场的煤炭需求量较小，总体来看，煤炭资源开发前景不乐观，但是博茨瓦纳小规模进行煤电联营项目在条件具备的前提下应该有一定前景。未来在该国存在发现储量丰富的优质焦煤和无烟煤的可能性，届时煤炭资源开发的潜力也会剧增。

三、煤炭资源开发投资建议

根据前文介绍的博茨瓦纳煤炭资源情况，莫鲁普莱煤田以及姆马马布拉煤田是首先考虑进入的领域。这些煤田资源有保证、煤发热量较高、可露天开采且位于铁路线附近，运输方便。不足之处在于煤田地区缺水、缺乏优质资源，多为中灰中高硫煤。由于博茨瓦纳是内陆国家，因交通设施限制出口，外运困难，这些均是博茨瓦纳煤炭资源开发的瓶颈，只有很好地解决这些问题，煤炭资源才能有效地开发和利用。

另外，应加强对焦煤资源的研究，进一步收集资料并关注博茨瓦纳煤炭富集区的勘探进展，关注政府对煤电联营项目的招标。

煤炭的销路主要从南非出口，运往欧洲和印度或供给本国发电。因此，对博茨瓦纳的投资环境和煤炭工业的现状进行综合分析，博茨瓦纳的煤炭开发方向有两个：①在人口稠密、电力匮乏的地区（如弗朗西斯敦－塞罗韦－哈博罗内一带）开发优质动力煤，修建电厂，进行煤电联营；②在有焦煤的前景区（如东北煤田、莫鲁普莱煤田及姆马马布拉煤田等）寻找焦煤资源，寻求出口。